Cisco Networking Academy Program
3. und 4. Semester

Cisco Systems

Übersetzung: Christian Alkemper
Lokalisierung: Ernst Schawohl

Cisco Networking Academy Program
3. und 4. Semester

Cisco Press

Markt+Technik Verlag

Bibliografische Information Der Deutschen Bibliothek
Die Deutsche Bibliothek verzeichnet diese Publikation in der Deutschen Nationalbibliografie; detaillierte bibliografische Daten sind im Internet über <http://dnb.ddb.de> abrufbar.

Umwelthinweis:
Dieses Buch wurde auf chlorfrei gebleichtem Papier gedruckt.
Die Einschrumpffolie – zum Schutz vor Verschmutzung – ist aus umweltverträglichem und recyclingfähigem PE-Material.

10 9 8 7 6 5 4 3 2 1
07 06 05

ISBN 3-8272-6649-1

Übersetzung: Christian Alkemper, info@alkemper.com
Lokalisierung: Ernst Schawohl, ernst.schawohl@fh-duesseldorf.de
Lektorat: Sylvia Hasselbach, shasselbach@pearson.de
Herstellung: Claudia Bäurle, cbaeurle@pearson.de
Einbandgestaltung: H2 Design, München
Satz: text&form, Fürstenfeldbruck
Druck und Verarbeitung: Bercker, Kevelaer

Printed in Germany

Inhaltsverzeichnis

Einleitung

Willkommen zu unserem Titel »Cisco Network Academy Program – 3. und 4. Semester, 2. Auflage«, der als Ergänzung zu Ihrer Ausbildung gedacht ist. Der Lehrplan zum Cisco Network Academy Program wurde gezielt auf der Basis der Anforderungen entwickelt, die heutzutage auf dem Gebiet der Computernetzwerke gestellt werden. Sie werden es mit dieser Grundlage später leichter haben, eine Beschäftigung zu finden oder Ihre Kenntnisse im Netzwerkbereich weiter zu vertiefen.

Das Buch versteht sich als Lehrmittel, dessen Fokus auf die Online-Übungsmaterialien ausgerichtet ist, die Sie bereits im Rahmen des Programms kennen gelernt haben. Sie finden hier außerdem Themen, die in Zusammenhang mit der CCNA-Prüfung (Cisco Certified Network Associate) wichtig sein werden. Stil und Format des Buchs sind eng an den Cisco-Lehrplan angelehnt. Vervollständigt wird das Buch durch eine CD-ROM mit verschiedenen Übungen und Filmen in einem interaktiven Multimediaformat.

Mit dem Buch wollen wir Ihnen Kenntnisse und praktische Erfahrung mit der Entwicklung, der Konfiguration und der Wartung von Switches, LANs und VLANs vermitteln und bereits vorhandenes Wissen vertiefen. Die hier vermittelten Konzepte ermöglichen es Ihnen, sich praktische Erfahrung in bezug auf die Konfiguration von LANs, WANs, Novell-Netzwerken, die Protokolle IGRP, EIGRP und OSPF und die Problembehebung in Netzwerken anzueignen. Ferner will das Buch Kenntnisse zur Entwicklung, Konfiguration und Wartung von WANs, ISDN-, PPP- und Frame-Relay-Netzwerken vermitteln.

Was dieses Buch will

Der Zweck dieses Buchs besteht darin, Sie mit von Cisco unterstützten Netzwerktechnologien vertraut zu machen und Ihnen zu zeigen, wie man Netzwerke plant und realisiert und Cisco-Router konfiguriert. Sie können das Buch wahlweise ergänzend zum Lehrplan des Cisco Network Academy Program oder als eigenständige Referenz verwenden.

Für wen dieses Buch geschrieben wurde

Dieses Buch wurde für all diejenigen geschrieben, die sich Kenntnisse im Bereich der Netzwerktechnik aneignen wollen. Die bevorzugte Zielgruppe sind Lernende, die am CNAP (Cisco Networking Academy Program) teilnehmen. Das Buch kann sowohl als Lehrbuch im Schulungsraum als auch als Übungsbuch im Netzwerklabor verwendet werden. Eine zweite Zielgruppe sind Teilnehmer betriebsinterner und -externer Fortbildungen und Schulungen.

Nicht vergessen werden soll aber auch der einfache Benutzer. Der benutzerfreundliche und »untechnische« Ansatz dieses Buches sollte insbesondere auf solche Leser ansprechend wirken, die die Lektüre technischer Handbücher und Bedienungsanleitungen eher scheuen.

Besonderheiten dieses Buchs

Dieses Buch enthält viele hilfreiche Besonderheiten, die Ihnen das Verständnis von Computersystemen und die Fehlersuche erleichtern sollen:

Wie dieses Buch aufgebaut ist

Dieses Buch umfasst 17 Kapitel und drei Anhänge. Die Kapitel 1 bis 9 behandeln den Stoff des Online-Curriculums CCNA 3, die Kapitel 10 bis 15 den Stoff des Online-Curriculums CCNA 4. Die Kapitel 16 und 17 enthalten zusätzliches Material, welches Sie auf die Prüfungen vorbereiten und Ihnen Wissen in neuen Technologien vermitteln soll.

Im Einzelnen umfassen die Kapitel die folgenden Themen:

- **Kapitel 1: »Einführung in klassenloses Routing«.** Dieses Kapitel stellt die Grundlagen von VLSM (Variable-Length Subnet Masking) da und zeigt, wie und warum es verwendet wird. Ferner wird die Konfiguration von VLSM erläutert. Weitere Schwerpunkte sind die Geschichte des RIP-Protokolls sowie Konfiguration, Überprüfung und Fehlersuche bei RIPv2.
- **Kapitel 2: »Single-Area-OSPF«.** Dieses Kapitel erläutert die Grundlagen von Link-State-Protokollen sowie die Konzepte und die Konfiguration von Single-Area-OSPF.
- **Kapitel 3: »Das EIGRP-Protokoll«.** In diesem Kapitel werden die Grundkonzepte von EIGRP dargestellt und mit IGRP verglichen. Ebenfalls beschrieben werden die Schritte zur Konfiguration, Überprüfung und Fehlersuche bei EIGRP.

- **Kapitel 4: »Switching-Konzepte und LAN-Design«.** Dieses Kapitel beschreibt die Probleme, die in LANs auftreten können, und passende Lösungen, die die Leistungsfähigkeit des Netzwerks verbessern können. Außerdem enthält das Kapitel Informationen zu den Vor- und Nachteilen der Verwendung von Bridges, Switches und Routern zur LAN-Segmentierung und zu den Auswirkungen des Switchings, Bridgings und Routings auf den Durchsatz im Netzwerk.
- **Kapitel 5: »Switches«.** Dieses Kapitel erklärt 802.3-LANs und beschreibt die Vor- und Nachteile der LAN-Segmentierung. Außerdem werden hier grundlegende Schicht-2-Bridging- und Switching-Funktionen erläutert.
- **Kapitel 6: »Switches konfigurieren«.** Dieses Kapitel schildert die Prozesse des LAN-Switchings. Beschrieben werden die Schritte zur Konfiguration und Überprüfung der Switch-Konfiguration und die Prozeduren zur Wiederherstellung von Passwörtern und zur Durchführung von Firmwareupgrades.
- **Kapitel 7: »Das Spanning-Tree-Protokoll«.** Dieses Kapitel vermittelt einen Überblick zum Spanning-Tree-Protokoll und zu redundanten Topologien.
- **Kapitel 8: »VLANs«.** Dieses Kapitel erläutert die Grundkonzepte von VLANs und schildert ihre Vorteile. Ferner wird erklärt, wie man VLANs konfiguriert, überprüft, speichert, löscht und entsprechende Probleme behebt.
- **Kapitel 9: »Das VTP-Protokoll«.** Dieses Kapitel bietet einen Überblick zur Leitungsvermittlung (engl. *Trunking*). Außerdem werden Konzepte, Betrieb und Konfiguration von VTP beschrieben und die Grundlagen des Routings zwischen VLANs erklärt.
- **Kapitel 10: »IP-Adressen skalieren«.** Dieses Kapitel beschreibt NAT und PAT sowie die zugehörigen Komponenten, die zur Skalierung von Netzwerken eingesetzt werden. Ferner werden das DHCP-Protokoll, sein Betrieb, seine Konfiguration und die Schritte zur Fehlersuche erläutert.
- **Kapitel 11: »WAN-Technologien«.** Dieses Kapitel stellt die verschiedenen Protokolle und Technologien dar, die in WAN-Umgebungen zum Einsatz kommen. Veranschaulicht werden die Grundlagen von WANs, einschließlich gängiger WAN-Technologien, WAN-Diensttypen, Kapselungsformate und Leitungsoptionen. Abschließend beschreibt das Kapitel Point-to-Point-Leitungen, Paket- und Leitungsvermittlung, virtuelle Leitungen, Einwahldienste und WAN-Geräte.

- **Kapitel 12: »Das Point-to-Point-Protokoll«.** Dieses Kapitel beschreibt die wesentlichen Komponenten, Prozesse und Betriebsschritte, die die PPP-Kommunikation definieren. Ferner wird erläutert, wie man PPP und die PPP-Authentifizierung konfiguriert und überprüft.
- **Kapitel 13: »ISDN und DDR«.** Dieses Kapitel präsentiert die Dienste, Standards, Komponenten, Betriebsschritte und die Konfiguration der ISDN-Kommunikation.
- **Kapitel 14: »Frame Relay«.** Dieses Kapitel beschreibt die Dienste, Standards, Komponenten und Betriebsschritte von Frame Relay. Ferner werden hier die Konfigurationsaufgaben für den Frame Relay-Dienst und die Befehle zur Überwachung und Wartung einer Frame Relay-Verbindung dargestellt.
- **Kapitel 15: »Einführung in die Netzwerkadministration«.** Dieses Kapitel vermittelt einen Überblick zu den Methoden, die für das WAN-Design eingesetzt werden. Es enthält eine Beschreibung der WAN-Kommunikation und der Prozesse und Gesichtspunkte des WAN-Designs. Ferner behandelt werden der Prozess zur Ermittlung der Benutzeranforderungen an das WAN-Design und die Vorteile der Verwendung eines hierarchischen Modells. Ferner werden die Basiskomponenten der verschiedenen Workstation- und Servertypen (einschließlich Microsoft-, UNIX- und Apple-Systeme) erläutert und Netzmanagement-Tools sowie das OSI- und das Netzmanagementmodell vorgestellt. Abschließend wird die Frage beantwortet, wie die Managementsoftware Informationen sammelt und Probleme aufzeichnet.
- **Kapitel 16: »Netzmanagement«.** Dieses Kapitel beschreibt die Grundlagen des Netzmanagements: Dokumentation, Sicherheit und Wartung, Datenwiederherstellung, Serveradministration und -wartung und Fehlersuche.
- **Kapitel 17: »Zusammenfassung des Stoffes für die CCNA-Prüfung«.** Dieses Kapitel soll Ihnen bei der Vorbereitung der CCNA-Prüfung behilflich sein. Es enthält eine Zusammenfassung der prüfungsrelevanten Themen.
- **Anhang A, »Glossar«.** Das Glossar enthält Definitionen aller Schlüsselbegriffe, die im Buch verwendet werden.
- **Anhang B, »Lernzielkontrolle: Die Antworten«.** Dieser Anhang enthält alle Antworten zur den Lernzielkontrollen.
- **Anhang C: »Inhalt der CD-ROM CCNA 3 und 4.** Dieser Anhang enthält eine detaillierte Aufstellung der CD-Inhalte.

Zur beiliegenden CD-ROM

Um den Lernerfolg zu steigern, liegt diesem Buch eine CD-ROM bei, die eine Simulation der CCNA-Prüfung mit echten Prüfungsfragen, interaktive e-Labs, Zusatzmaterialien, PhotoZooms von Netzwerkgeräten und Hardware sowie Videos und Animationen enthält, die potenziell komplexe Konzepte veranschaulichen sollen. All diese Materialien sind dazu gedacht, das selbstständige Lernen und Vertiefen des Stoffs außerhalb des Schulungsraums zu unterstützen. Zusätzlich enthält die CD-ROM folgendes:

- intuitive grafische Benutzeroberfläche
- Aktivitäten und Ressourcen für jedes Kapitel
- Informationen und Aktivitäten, die online nicht verfügbar sind
- exakte und umfassende Antworten auf die Fragen der Übungsprüfung
- lernorientierte Übungen und Studien
- Flexibilität für Lernende aller Niveaus

Diese Lernhilfsmittel sollen nicht nur das konzeptionelle Material unterstreichen, sondern auch die Bedeutung der praktischen Übung des Erlernten. Die CD-ROM erleichtert Ihnen das Verständnis von Netzwerktechnologien und stellt das Bindeglied zwischen Theorie und Praxis dar.

Teil I

CCNA 3: Routingprotokolle und Grundlagen des Switchings

Lernziele:

Wenn Sie dieses Kapitel gelesen haben, werden Sie

- klassenloses Routing (CIDR) kennen,
- Subnetze mit VLSM berechnen können,
- die Routenzusammenfassung mit VLSM kennen,
- das RIPv2-Protokoll beschreiben und konfigurieren können,
- RIPv2 verifizieren und entsprechende Fehler suchen und beseitigen können.

Kapitel 1

Einführung in klassenloses Routing

In diesem Kapitel stellen wir klassenloses Routing, CIDR, VSLM und die RIP-Versionen 1 und 2 vor.

Beachten Sie bitte die diesem Kapitel zugeordneten Videos, Photo-Zooms und E-Labs auf der beiliegenden CD-ROM. Sinn dieser Zusatzinformationen ist die Ergänzung des Materials und Vertiefung des Stoffes, der in diesem Kapitel vorgestellt wird.

1.1 Übersicht CIDR

Durch die explosionsartige Zunahme von IP-Netzwerken und insbesondere durch das Wachstum des globalen Internets wurde der verfügbare IP-Adressraum immer kleiner, und die Kern-Router im Internet arbeiteten ständig an ihrer Kapazitätsgrenze. Um dieses Problem zu lösen, wurde CIDR (Classless Interdomain Routing, klassenloses Routing zwischen Internetdomänen) entwickelt.

Bei CIDR wird der althergebrachte Vorgang der auf den Klassen A, B und C basierenden Zuweisung von IP-Adressen durch ein allgemeineres Netzwerkpräfix ersetzt. Statt auf die 8, 16 oder 24 Bit langen Netzwerkkennungen (Präfixe) beschränkt zu sein, verwendet CIDR derzeit Präfixe mit einer Länge zwischen 13 und 27 Bits. Adressblöcke können Netzwerken zugewiesen werden, die zwischen 32 und 500.000 Hosts umfassen. Auf diese Weise wird eine Adressvergabe ermöglicht, die den spezifischen Anforderungen einer Organisation eher entsprechen.

Mit CIDR hat sich die IP-Adressnotation ein wenig verändert. Zu einer CIDR-Adresse gehören neben der normalen 32-Bit-Adresse auch Informationen dazu, wie viele Bits als Netzwerkpräfix verwendet werden. Beispielsweise gibt der Teil */25* in der CIDR-Adresse 206.13.01.48/25 an, dass die ersten 25 Bits das Netzwerk bezeichnen, während die übrigen Bits zur Adressierung eines bestimmten Hosts benutzt werden. 206.13.01.48/25 könnte man auch als 206.13.01.48 255.255.255.128 schreiben.

1.1.1 Warum CIDR?

In einem klassenorientierten System bestimmt ein Router eine Adressklasse und ermittelt dann Netzwerk- und Hostoktette basierend auf dieser Klasse. Bei CIDR hingegen verwendet der Router ein Präfix, das angibt, wie viele der führenden Bits in einer Adresse als Netzwerkkennung zu betrachten sind; die verbleibenden Bits sind dann Hostbits. Die Präfixzahl folgt einem Schrägstrich am Ende der Adresse, d. h., bei der Adresse 10.10.10.10/30 heißt das Präfix »30«. Netzwerk- und Hostanteile sind also nicht mehr auf vollständige Oktette beschränkt.

CIDR wurde 1993 in den RFCs 1517, 1518, 1519 und 1520 vorgestellt und wird seit 1994 genutzt. Aus den folgenden Gründen stellt CIDR in puncto Skalierbarkeit und Effizienz eine erhebliche Verbesserung von IPv4 dar:

- Das klassenorientierte Adresssystem wurde durch ein flexibleres und weniger verschwenderisches klassenloses System ersetzt.
- Die Zusammenfassung von Routen – die so genannte Supernetzbildung – wird optimiert.

In den folgenden Abschnitten werden wir die Zusammenfassung von Routen, die Supernetzbildung und die Adresszuweisung näher betrachten.

1.2 Routenzusammenfassung und Supernetzbildung

Durch Verwendung einer Bitmaske statt einer Adressklasse zur Bestimmung des Netzanteils einer Adresse ermöglicht CIDR Routern die Zusammenfassung von Routing-Informationen (auch Aggregation genannt). Auf diese Weise wird die Größe der Routing-Tabellen eines Routers reduziert. Anders gesagt: Die Routen zu vielen anderen Netzwerken werden durch genau eine Kombination von Adresse und Maske dargestellt. Ohne CIDR und Routenzusammenfassung muss der Router einzelne Einträge für die Klasse-B-Netzwerke anlegen, die in Tabelle 1.1 aufgelistet sind.

Die schattierten Spalten in der Tabelle zeigen die 16 Bits, die entsprechend den Klassenregeln die Netzwerknummer darstellen. Klassenorientierte Router sind gezwungen, Klasse-B-Netzwerke mit Hilfe dieser 16 Bits zu verwalten. Da die ersten 16 Bits aller acht Netzwerknummern eindeutig sind, erkennt ein klassenorientierter Router acht separate Netzwerke und muss für jedes dieser Netze einen Eintrag in der Routing-Tabelle anlegen.

Diese acht Netzwerke aber weisen, wie aus den schattierten Teilen von Tabelle 1.2 hervorgeht, gemeinsame Bits auf. Wenn das letzte gemeinsame Bit – in Tabelle 1.1 fett gedruckt – durch das Präfix definiert ist, kann der

Router einen Zeiger auf eine gemeinsame Nummer einrichten, die viele Netzwerke repräsentiert. Genau dies ist die Routenzusammenfassung, die Platz in Routing-Tabellen spart.

Tabelle 1.1: Routenzusammenfassung und Supernetzbildung mit 16 Bits

Netzwerknummer	1. Oktett	2. Oktett	3. Oktett	4. Oktett
172.24.0.0/16	10101100	00011000	00000000	00000000
172.25.0.0/16	10101100	00011001	00000000	00000000
172.26.0.0/16	10101100	00011010	00000000	00000000
172.27.0.0/16	10101100	00011011	00000000	00000000
172.28.0.0/16	10101100	00011100	00000000	00000000
172.29.0.0/16	10101100	00011101	00000000	00000000
172.30.0.0/16	10101100	00011110	00000000	00000000
172.31.0.0/16	10101100	00011111	00000000	00000000

Tabelle 1.2 zeigt, dass bei den acht Beispielnetzwerken die ersten 13 Bits gleich sind.

Tabelle 1.2: Routenzusammenfassung und Supernetzbildung mit 13 Bits

Netzwerknummer	1. Oktett	2. Oktett	3. Oktett	4. Oktett
172.24.0.0/16	10101100	**00011** 000	00000000	00000000
172.25.0.0/16	10101100	**00011** 001	00000000	00000000
172.26.0.0/16	10101100	**00011** 010	00000000	00000000
172.27.0.0/16	10101100	**00011** 011	00000000	00000000
172.28.0.0/16	10101100	**00011** 100	00000000	00000000
172.29.0.0/16	10101100	**00011** 101	00000000	00000000
172.30.0.0/16	10101100	**00011** 110	00000000	00000000
172.31.0.0/16	10101100	**00011** 111	00000000	00000000

Ein CIDR-kompatibler Router kann Routen zu den acht Netzwerken mit Hilfe eines 13-Bit-Präfixes zusammenfassen, das von diesen acht Netzwerken (und nur von diesen) gemeinsam genutzt wird:

10101100 00011

Um dieses Präfix in dezimaler Form darzustellen, wird der Rest der Adresse mit Nullen aufgefüllt und dann mit einer 13-Bit-Subnetzmaske verknüpft:

10101100 00011000 00000000 00000000 = 172.24.0.0

11111111 11111000 00000000 00000000 = 255.248.0.0

Je eine einzelne Adresse und Maske definieren ein klassenloses Präfix, das die Routen zu den acht Netzwerken zusammenfasst: 172.24.0.0/13.

Mit Hilfe eines Präfixes zur Zusammenfassung von Routen können Sie die Routing-Tabelle überschaubar halten. Die Folgen dieser Vorgehensweise sind

- ein effizienteres Routing,
- eine geringere Anzahl benötigter Prozessorzyklen bei der Neuberechnung einer Routing-Tabelle oder den zur Suche nach einem passenden Eintrag notwendigen Vergleichsoperationen,
- geringere Speicheranforderungen an den Router.

Als Supernetzbildung bezeichnet man die Verwendung einer Bitmaske, um mehrere klassenorientierte Netzwerke unter einer einzelnen Netzwerkadresse zusammenzufassen. Supernetzbildung und Routenzusammenfassung sind im Wesentlichen unterschiedliche Namen für den gleichen Vorgang, auch wenn der Begriff »Supernetzbildung« meistens verwendet wird, wenn zusammengefasste Netzwerke gemeinsam administriert werden.

Sie wissen bereits, dass die Klasse-A- und Klasse-B-Adressräume weitgehend erschöpft sind; deswegen haben auch große Organisationen wenige Alternativen zur Bestellung mehrerer Klasse-C-Netzwerkadressen bei ihrem Provider. Wenn es einem Unternehmen gelingt, einen Block aufeinander folgender Klasse-C-Adressen zu erhalten, dann können diese Adressen nach außen hin wie ein einziges großes Netzwerk scheinen: ein so genanntes Supernetz.

1.2.1 Supernetzbildung und Adresszuweisung

Nehmen wir einmal an, die Firma XYZ benötigt Adressen für 400 Hosts. Entscheidet sich die Firma für ein klassenorientiertes Adresssystem, dann könnte sie bei einer zentralen Vergabestelle für Internetadressen eine Klasse-B-Adresse beantragen. Kann XYZ diese Adresse bekommen und verwendet sie dann zur Adressierung einer einzigen logischen Gruppe von 400 Hosts, dann wären Zehntausende von Adressen verschwendet. Ein zweite Option würde in der Beantragung zweier Klasse-C-Adressen bestehen, mit denen sich 2 × 254 = 508 Hosts adressieren ließen. Der Nachteil bei dieser Variante bestünde zunächst darin, dass XYZ ein Routing zwischen den eigenen logischen Netzwerken benötigte, und Internet-Router würden zwei Routing-Tabelleneinträge für das Netzwerk von XYZ (statt nur eines Eintrags) anlegen müssen.

Bei einem klassenlosen Adresssystem würde die Möglichkeit der Supernetzbildung XYZ erlauben, den benötigten Adressraum zu bekommen, ohne Adressen zu verschwenden oder die Routing-Tabellen unnötig aufzublasen. Unter Verwendung von CIDR kann XYZ einen Adressblock beim Internet-Provider beantragen, statt eine zentrale Vergabestelle wie InterNIC zu bemühen. Der Provider weist unter Berücksichtigung des vorhandenen Bedarfs einen Adressraum aus seinem eigenen großen CIDR-Adresspool zu. Die Verwaltung eines Adressraums bleibt bei einem klassenlosen System dem Provider überlassen. Bei diesem System kennen die Internet-Router nur eine einzige zusammengefasste Route zum Netzwerk des Providers – die Supernetzroute –, und der Provider selbst trennt diese Gesamtroute in die Unterrouten zu seinen Kundennetzwerken auf. Diese Methode verringert die Größe der Internet-Routing-Tabellen dramatisch.

Im folgenden Beispiel erhält XYZ zwei aufeinander folgende Klasse-C-Adressen: 207.21.54.0 und 207.21.55.0. Wenn Sie den unterlegten Teil von Tabelle 1.3 betrachten, werden Sie feststellen, dass diese Netzwerkadressen das folgende gemeinsame 23-Bit-Präfix aufweisen:

11001111 00010101 0011011

Tabelle 1.3: Supernetzbildung und Adresszuweisung

Netzwerknummer	1. Oktett	2. Oktett	3. Oktett	4. Oktett
207.21.54.0	11001111	00010101	**0011011** 0	00000000
207.21.55.0	11001111	00010101	**0011011** 1	00000000

Bei der Supernetzbildung mit einer 23-Bit-Maske (207.21.54.0/23) bietet der Adressraum ein gutes Stück mehr als die benötigten 400 Hostadressen (um genau zu sein: $2^9 = 512$ Hosts), ohne dass wie bei einer Klasse-B-Adresse eine Unmenge von Adressen verschwendet würden. Da der Internet-Provider als Vergabestelle für den CIDR-Adressblock fungiert, lassen sich die Kundennetze des Providers – darunter auch das Netzwerk von XYZ – als ein Supernetz bei den Internet-Routern anmelden. In Abbildung 1.1 etwa verwaltet der Internet-Provider einen Block von 256 Klasse-C-Adressen und macht diese mit Hilfe des 16-Bit-Präfixes 207.21.0.0/16 im Internet bekannt.

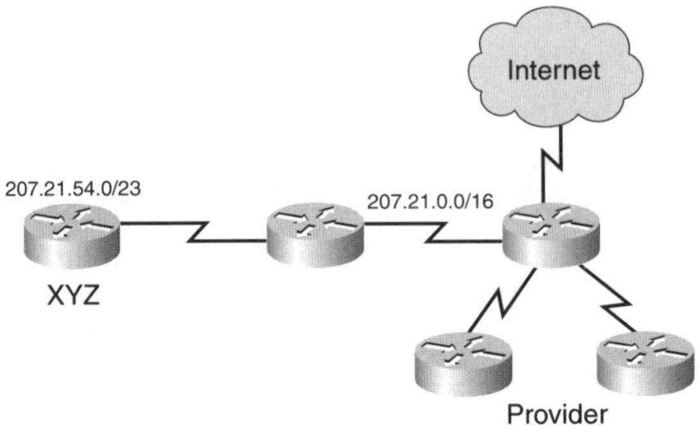

Abbildung 1.1: Adressierung mit CIDR

Da CIDR den Internet-Providern eine hierarchische Verteilung und Verwaltung von Blöcken aufeinander folgender Adressen ermöglicht, profitiert der IPv4-Adressraum durch

- effiziente Adresszuweisung,
- geringere Anzahl von Einträgen in Routing-Tabellen

1.3 VLSM

VLSM (Variable-Length Subnet Masking, Subnetzmaskierung mit unterschiedlicher Länge) wurde entwickelt, um mehrere Ebenen von IP-Subnetzen innerhalb eines einzelnen Netzwerks zu ermöglichen. Diese Strategie kann nur implementiert werden, wenn sie durch das verwendete Routing-Protokoll unterstützt wird. Dies ist etwa bei OSPF (Open Shortest Path First) und EIGRP (Enhanced Interior Gateway Routing Protocol) der Fall, wohingegen RIPv1 (RIP-Protokoll Version 1) älter ist als VLSM und es deswegen nicht unterstützt; RIPv2 jedoch tut dies.

VLSM ermöglicht es einer Organisation, mehr als eine Subnetzmaske innerhalb desselben Netzwerkadressraums einzusetzen. Seine Implementierung erlaubt es dem Administrator, »Subnetze in einem Subnetz« zu bilden und so die Adressierungseffizienz zu maximieren.

1.3.1 Eigenschaften von VLSM

Wenn einem IP-Netzwerk mehr als eine Subnetzmaske zugewiesen wird, dann gilt es als Netzwerk mit Subnetzmasken variabler Länge, wodurch die Begrenzung auf eine festgelegte Anzahl von Subnetzen mit fester Größe beseitigt wird, die durch Verwendung einer einzelnen Subnetzmaske entsteht. In diesem Abschnitt beschreiben wir die Eigenschaften von Subnetzmasken variabler Länge.

Das in Abbildung 1.2 gezeigte Netzwerk 172.16.14.0/24 ist in kleinere Subnetze unterteilt:

- Subnetze mit einer Maske (/27)
- Ein ungenutztes /27-Subnetz ist seinerseits in drei /30-Subnetze gegliedert.

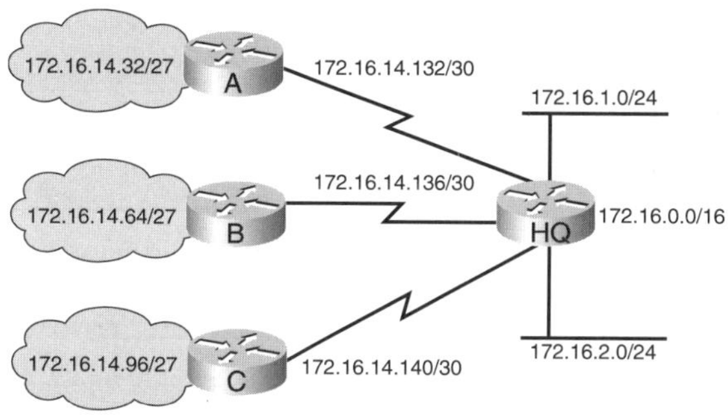

Abbildung 1.2: VLSM

VLSM bietet die Möglichkeit, mehrere Subnetze innerhalb eines Netzwerks zu verwenden und auch Netzwerke in Subnetze zu unterteilen, bei denen eine Subnetzbildung bereits stattgefunden hat. Dies hat die folgenden Vorteile:

- **Noch effizientere Nutzung von IP-Adressen.** Ohne den Einsatz von VLSM müssten Unternehmen eine einzelne Subnetzmaske innerhalb eines gesamten Klasse-A-, Klasse-B- oder Klasse-C-Netzwerks implementieren.

  Betrachten Sie noch einmal Abbildung 1.2. Die Netzwerkadresse 172.16.0.0/16 ist mit Hilfe der Maske /24 in Subnetze unterteilt, und eines der Subnetze in diesem Bereich – nämlich 172.16.14.0/24 – ist mit der Maske /27 in noch kleinere Subnetze aufgespalten. Diese kleineren Subnetze liegen im Bereich zwischen 172.16.14.0/27 und 172.16.14.224/27. Das in der Abbildung gezeigte Subnetz 172.16.14.128/27 ist seinerseits noch einmal mit Hilfe des Präfixes /30 unterteilt, wodurch Subnetze mit nur zwei Hosts – für die Verwendung an WAN-Verbindungen – entstehen. Die /30-Subnetze reichen von 172.16.14.128/30 bis 172.16.14.156/30. Die WAN-Verbindungen in Abbildung 1.2 verwenden die Subnetze 172.16.14.132/30, 172.16.14.136/30 und 172.16.14.140/30.

- **Erweiterte Möglichkeiten zur Verwendung der Routenzusammenfassung.** VLSM ermöglicht mehr Hierarchieebenen und dadurch effizienteres Routing mit Hilfe einer Routenzusammenfassung innerhalb der Routing-Tabellen. Das Subnetz 172.16.14.0/24 in Abbildung 1.2 etwa fasst alle Adressen zusammen, die weitere Subnetze von 172.16.14.0 sind, d. h. auch die der Subnetze 172.16.14.0/27 und 172.16.14.128/30.

Betrachten Sie die Subnetze, die durch Borgen von drei Bits des Hostanteils des Klasse-C-Netzwerks 207.21.24.0 entstanden sind (Tabelle 1.4).

Tabelle 1.4: Subnetzbildung mit einer Maske

Subnetznummer	Subnetzadresse
Subnetz 0	207.21.24.0/27
Subnetz 1	207.21.24.32/27
Subnetz 2	207.21.24.64/27
Subnetz 3	207.21.24.96/27
Subnetz 4	207.21.24.128/27
Subnetz 5	207.21.24.160/27
Subnetz 6	207.21.24.192/27
Subnetz 7	207.21.24.224/27

Wenn Sie den Befehl `ip subnet-zero` verwenden, ist mit dieser Maske die Erstellung von acht[1] verwendbaren Subnetzen mit je 30 Hosts möglich. Sie können vier dieser Subnetze Adressen an Außenstellen des in Abbildung 1.3 gezeigten Unternehmens zuweisen (Standorte A bis D).

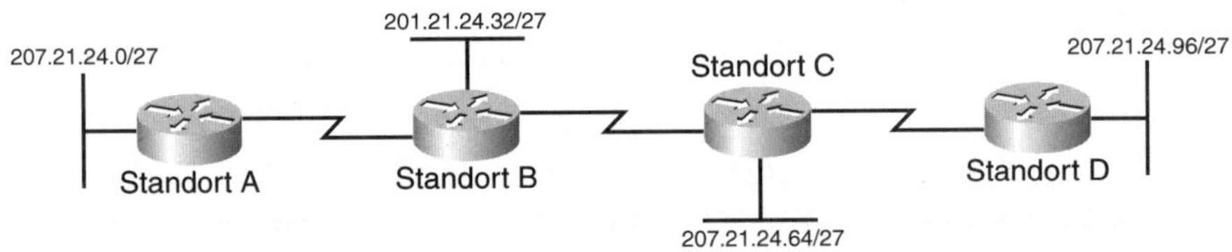

Abbildung 1.3: Mit Hilfe von Subnetzen Adressen im WAN vergeben

Leider sind für zukünftiges Wachstum nur noch vier Subnetze übrig, und die drei Point-to-Point-Verbindungen zwischen den vier Standorten des WANs müssen noch adressiert werden. Wenn Sie die vier verbleibenden Subnetze den WAN-Verbindungen zuweisen, dann sind Ihre IP-Adressen alle aufgebraucht. Außerdem werden, wenn Sie diese Subnetze mit einer Kapazität von bis zu 30 Hosts zur Adressierung dieser nur aus zwei Knoten bestehen-

1. Nach RFC 1878 ist es möglich, auch die Subnetze mit »alles Nullen« und »alles Einsen« zu verwenden, da die aktuelle Software inzwischen in der Lage ist, jedes definierbare Netzwerk zu nutzen. Damit ist die bisherige Praxis, das erste und letzte Netzwerk von der Benutzung auszusparen, obsolet.

den Netzwerke verwenden, mehr als ein Drittel des verfügbaren Adressraums vergeudet.

Es gibt aber, wie Sie wahrscheinlich schon ahnen, Möglichkeiten zum Umgehen einer solchen Verschwendung. Im Laufe der letzten zwanzig Jahre haben Netzwerktechniker drei Strategien zur effizienten Adressierung von Point-to-Point-WAN-Verbindungen entwickelt:

- Verwendung von VLSM
- private Adressierung nach RFC 1918
- Verwendung von IP-Unnumbered

Private Adressen werden in einem späteren Kapitel, IP-Unnumbered im weiteren Verlauf dieses Kapitels behandelt. In diesem Abschnitt soll es zunächst einmal um VLSM gehen. Wenn Sie VLSM auf Ihr Adressierungsproblem anwenden, können Sie Ihre Klasse-C-Adresse in Gruppen (Subnetze) unterschiedlicher Größe unterteilen. Große Subnetze lassen sich zur Adressierung von LANs erstellen, sehr kleine für WAN-Verbindungen und andere Spezialfälle.

Sie verwenden eine 30-Bit-Maske zur Erstellung von Subnetzen mit nur zwei gültigen Hostadressen, d. h. exakt der Anzahl, die für eine Point-to-Point-Verbindung benötigt wird. Abbildung 1.4 zeigt, wie sich aus einem Subnetz acht neue Subnetze erstellen lassen, indem das Präfix auf 30 erweitert wird. Sie sehen dort, was passiert, wenn Sie eines Ihrer drei noch verbleibenden Subnetze nehmen (Subnetz 6 oder 207.21.24.192/27) und dieses mit Hilfe einer 30-Bit-Maske weiter in Subnetze unterteilen.

Subnetz 0	207.21.24.0/27
Subnetz 1	207.21.24.32/27
Subnetz 2	207.21.24.64/27
Subnetz 3	207.21.24.96/27
Subnetz 4	207.21.24.128/27
Subnetz 5	207.21.24.160/27
Subnetz 6	207.21.24.192/27
Subnetz 7	207.21.24.224/27

Subsubnetz 0	207.21.24.192/30
Subsubnetz 1	207.21.24.196/30
Subsubnetz 2	207.21.24.200/30
Subsubnetz 3	207.21.24.204/30
Subsubnetz 4	207.21.24.208/30
Subsubnetz 5	207.21.24.212/30
Subsubnetz 6	207.21.24.216/30
Subsubnetz 7	207.21.24.220/30

Abbildung 1.4: Subnetzbildung mit VLSM

Indem Sie das Subnetz 207.21.24.192/27 auf diese Weise unterteilen, erhalten Sie acht Adressbereiche, die Sie für Point-to-Point-Netzwerke einsetzen können. So können Sie etwa das Netzwerk 207.21.24.192/30 zur Adressierung der seriellen Point-to-Point-Verbindung zwischen den Routern der Standorte A und B in Abbildung 1.5 verwenden: Die IP-Adresse 207.21.24.193 weisen Sie der WAN-Schnittstelle an Standort A zu, die Adresse 207.21.24.194 der WAN-Schnittstelle an Standort B.

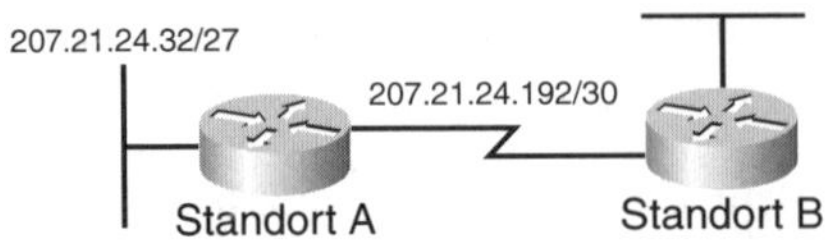

Abbildung 1.5: Mit VLSM Point-to-Point-Verbindungen adressieren

1.3.2 VLSM-Subnetzmasken berechnen

Nehmen wir einmal an, Sie verfügen über die Subnetzadresse 172.16.32.0/ 20 und müssen Adressen in einem Netzwerk mit zehn Hosts zuweisen. Hieraus ergeben sich zwanzig Bits für die Netzwerkadresse, während die verbleibenden zwölf Bits für Hosts verwendet werden können. Diese Subnetzadresse ermöglicht aber die Adressierung von $2^{12} = 4094$ Hostadressen – weitaus mehr, als Sie benötigen, und somit eine beträchtliche Verschwendung. Mit Hilfe von VLSM können Sie die Adresse 172.16.32.0/20 jedoch in weitere Subnetze unterteilen, um so mehr Netzwerkadressen und weniger Hosts pro Netzwerk zu erhalten. Wenn Sie auf diese Weise 172.16.32.0/20 in 172.16.32.0/26 unterteilen, erhalten Sie $2^6 = 64$ Subnetze, die jeweils $2^6 - 2 = 62$ Hosts enthalten können (Abbildung 1.6).

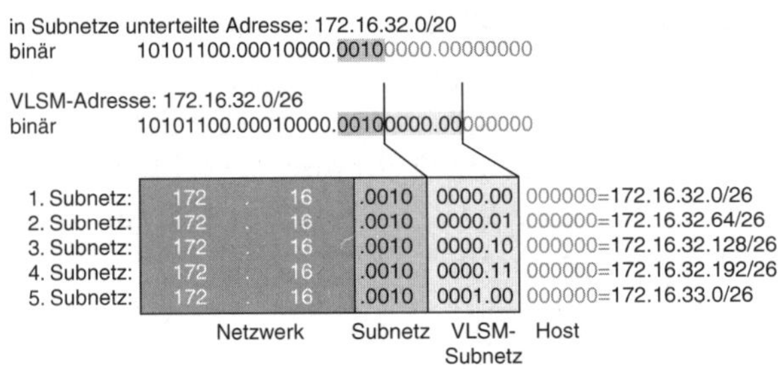

Abbildung 1.6: VLSM-Berechnungen

Gehen Sie wie folgt vor, um das Subnetz 172.16.32.0/20 in 172.16.32.0/26 aufzuteilen:

1. Notieren Sie 172.16.32.0 in binärer Form.
2. Ziehen Sie wie in Abbildung 1.6 gezeigt zwischen dem 20. und 21. Bit eine senkrechte Linie (/20 war die ursprüngliche Subnetzgrenze).
3. Ziehen Sie nun wie ebenfalls in Abbildung 1.6 gezeigt zwischen dem 26. und 27. Bit eine senkrechte Linie (die ursprüngliche Subnetzgrenze /20 wird um sechs Bits nach rechts verschoben, wird also /26).
4. Berechnen Sie in aufsteigender Form die 64 Subnetzadressen mit Hilfe der Bits zwischen den beiden senkrechten Linien. Die Abbildung zeigt die ersten fünf verfügbaren Subnetze.

VLSM-Subnetze werden in der Regel verwendet, um die Anzahl der in einem Netzwerk verfügbaren Adressen zu maximieren. Weil etwa serielle Point-to-Point-Verbindungen nur zwei Hostadressen benötigen, wird bei Einsatz eines /30-Subnetzes keine der ohnehin schon knappen IP-Adressen verschwendet.

Die in Abbildung 1.7 für die Ethernet-Segmente verwendeten Subnetzadressen wurden durch Unterteilung des Subnetzes 172.16.32.0/20 in mehrere /26-Subnetze erstellt. Die Abbildung veranschaulicht, wie die Subnetzadressen je nach Anzahl benötigter Hosts verwendet werden können. Wie erwartet, finden wir für die WAN-Verbindung /30-Subnetzadressen vor, die nur zwei Hosts unterstützen – die passende Anzahl für eine Point-to-Point-Verbindung zwischen zwei Routern.

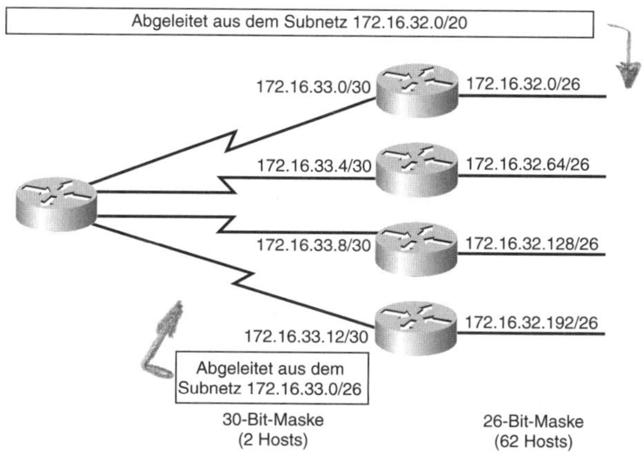

Abbildung 1.7: Beispiel für VLSM

Um die für die WAN-Verbindungen verwendeten Subnetzadressen zu berechnen, müssen Sie eines der unbenutzten /26-Subnetze in weitere Subnetze aufteilen. In diesem Beispiel wird die Adresse 172.16.33.0/26 in weitere Subnetze mit dem Präfix /30 unterteilt. Hierdurch erhalten Sie vier weitere Subnetzbits und damit $2^4 = 16$ Subnetze für WANs.

Beachten Sie, dass nur unbenutzte Subnetze weiter unterteilt werden können, d. h., wenn Sie Adressen in einem Subnetz bereits verwenden, können Sie dieses nicht mehr aufgliedern.

LAB

Siehe auch CNAP und [1] »Calculating VLSM Subnets«.

1.3.3 VLSM konfigurieren

In diesem Abschnitt wollen wir Ihnen zeigen, wie Sie VLSM an einem Cisco-Router konfigurieren. Listing 1.1 zeigt die Befehle, die zur Konfiguration des Routers am Standort A (mit Namen »RTA«) mit einer 27-Bit-Maske am Ethernet-Port e0 und einer 30-Bit-Maske am seriellen Port (s0) benötigt werden.

Listing 1.1: VLSM konfigurieren

```
RTA(config)#interface e0
RTA(config-if)#ip add 207.21.24.33 255.255.255.224
RTA(config-if)#interface s0
RTA(config-if)#ip add 207.21.24.193 255.255.255.252

RTA#show ip route
Codes:  C-connected, S-static, I-IGRP, R-RIP, M-mobile, B-BGP
        D-EIGRP, EX-EIGRP external, O-OSPF, IA-OSPF inter area
        E1=OSPF external type1, E2=OSPF external type 2, E=EGP
        i-IS-IS, L1-IS-IS level-1, L2-IS-IS level-2,
    *-candidate default

Gateway of last resort is not set
   207.21.24.0 is variably subnetted, 2 subnets, 2 masks
C   207.21.24.32 255.255.255.224 is directly connected, Ethernet0
C   207.21.24.192 255.255.255.252 is directly connected, Serial0
```

Damit Router in einem Netzwerk mit variabler Subnetzbildung einander korrekt aktualisieren, müssen Sie die Masken mit den Routing-Updates verschicken. Ohne Subnetzinformationen in den Updates verfügen die Router lediglich über die Adressklasse und ihre eigene Subnetzmaske. Nur Routing-Protokolle, die Regeln zu den Adressklassen ignorieren und klassenlose Präfixe verwenden, arbeiten mit VLSM einwandfrei. Sie sind in Tabelle 1.5 dargestellt.

Tabelle 1.5: Klassenorientierte und klassenlose Routing-Protokolle

Klassenorientierte Routing-Protokolle	Klassenlose Routing-Protokolle
RIP Version 1	RIP Version 2
IGRP	EIGRP
EGP	OSPF
BGP 3	IS-IS
	BGP 4

1.3.4 VLSM mit Hilfe von RIP und IGRP

Die noch häufig anzutreffenden Protokolle RIPv1 und IGRP für interne Gateways können VLSM nicht unterstützen, da sie keine Subnetzinformationen in ihren Updates übermitteln. Bei Empfang eines Update-Pakets verwenden diese klassenorientierten Protokolle eine der folgenden Methoden, um das Netzwerkpräfix einer Adresse zu ermitteln:

- Wenn der Router Informationen zu einem Netzwerk empfängt und die empfangende Router-Schnittstelle zum gleichen Netzwerk (wenn auch einem anderen Subnetz) gehört, dann wendet der Router die Subnetzmaske an, die an der empfangenden Schnittstelle konfiguriert ist.
- Erhält der Router Informationen zu einer Netzwerkadresse, die nicht mit der für die empfangende Schnittstelle konfigurierten identisch ist, dann wendet er die Standardsubnetzmaske für die entsprechende Klasse an.

Trotz seiner Einschränkungen ist RIP ein verbreitetes Routing-Protokoll, das von praktisch allen IP-Routern unterstützt wird. Seine Popularität basiert auf seiner Einfachheit und der universellen Kompatibilität. Allerdings weist die erste RIP-Version (RIPv1) einige schwerwiegende Mängel auf:

- Es sendet keine Subnetzinformationen in seinen Updates. Ohne diese Informationen können VLSM und CIDR aber nicht unterstützt werden.
- Die Updates werden als Broadcasts versendet, erhöhen also das Datenaufkommen im Netzwerk.
- Eine Authentifizierung wird nicht unterstützt.

1988 beschrieb RFC 1058 eine neue (und verbesserte) Version namens RIPv2, die diese Unzulänglichkeiten beseitigen sollte:

- RIPv2 sendet Subnetzinformationen und unterstützt VLSM und CIDR.
- Es sendet seine Routing-Updates über Multicast mit Hilfe der Klasse-D-Adresse 224.0.0.9 und bietet so eine erhöhte Effizienz.
- Es ermöglicht in seinen Updates eine Authentifizierung.

Aufgrund dieser Schlüsselmerkmale sollte RIPv2 immer den Vorzug vor RIPv1 erhalten, sofern im Netzwerk nicht ein älteres Gerät vorhanden ist, das RIPv2 nicht unterstützt.

Wenn RIP auf einem Cisco-Router zum ersten Mal aktiviert wird, horcht dieser nach RIPv1- und RIPv2-Updates, sendet aber nur RIPv1. Um die Vorteile der neuen Version nutzen zu können, können Sie mit dem in Listing 1.2 gezeigten Befehl die Unterstützung von Version 1 deaktivieren und Version 2 aktivieren.

Listing 1.2: RIPv2 konfigurieren

```
Router(config)#router rip
Router(router-config)#version 2
```

Die einfache Handhabung von RIP stellt sicher, dass dieses Protokoll auch in Zukunft noch verwendet werden wird. Eine neue Version zur zukünftigen Unterstützung von IPv6-Netzwerken wurde bereits entwickelt.

E-LAB UND LAB

Siehe CNAP und [1] »Review of Basic Router Configuration with RIP«.

1.4 Zusammenfassung von Routen

Der Einsatz von CIDR und VLSM verhindert nicht nur eine Verschwendung von Adressen, sondern fördert auch die Zusammenfassung (Aggregation) von Routen. Gäbe es diese Möglichkeit der Zusammenfassung nicht, dann wäre das Routing auf Internet-Backbones bereits weit vor 1997 zusammengebrochen.

Abbildung 1.8 zeigt, wie die Aggregation die Belastung von Upstream-Routern verringert. Diese komplexe Hierarchie unterschiedlich großer Netzwerke und Subnetze wird an verschiedenen Punkten mit Hilfe einer Präfixadresse zusammengefasst, bis das gesamte Netzwerk als eine einzige Sammelroute (200.199.48.0/20) bekannt gemacht wird.

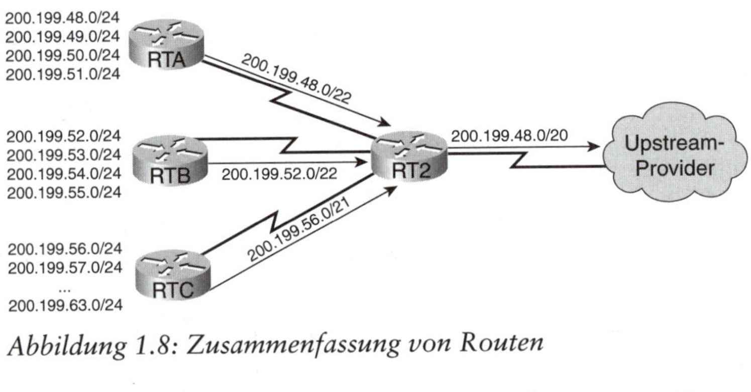

Abbildung 1.8: Zusammenfassung von Routen

Sie erinnern sich: Diese Art der Zusammenfassung von Routen oder Supernetzbildung ist nur möglich, wenn auf den Routern im Netzwerk ein klassenloses Routing-Protokoll (z. B. OSPF oder EIGRP) ausgeführt wird. Klassenlose Routing-Protokolle übertragen das Präfix (Subnetzmaske) mit der 32-Bit-Adresse in Routing-Updates. In Abbildung 1.8 enthält die Sammelroute, die letztendlich beim Provider ankommt, ein 20-Bit-Präfix, das allen Adressen in der Organisation gemein ist: 200.199.48.0/20 oder 11001000 11000111 0011. Damit die Zusammenfassung einwandfrei funktioniert, müssen Sie die Adressen sorgfältig in hierarchischer Form zuweisen, sodass die höherwertigen Bits in den Sammeladressen gleich sind.

So kann der in Abbildung 1.9 gezeigte Router A entweder drei Routing-Update-Einträge senden oder die Adressen zu einer einzigen Netzwerknummer zusammenfassen. Die Abbildung veranschaulicht, wie die Routen 172.16.25.0/24, 172.16.26.0/24 und 172.16.27.0/24 zu 172.16.0.0/16 zusammengefasst werden.

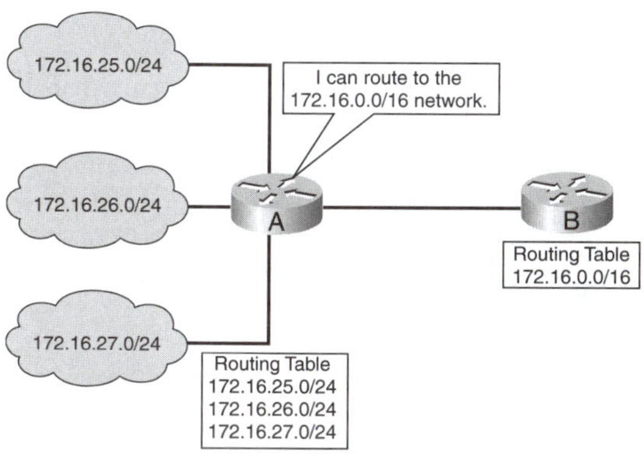

Abbildung 1.9: Weitere Zusammenfassung von Routen

Der Router A in Abbildung 1.9 kann zum Netzwerk 172.16.0.0/16 einschließlich all seiner Subnetze routen. Sind allerdings irgendwo im Netzwerk andere Subnetze von 172.16.0.0 vorhanden (was z. B. der Fall sein könnte, wenn 172.16.0.0 nicht zusammenhängend wäre), dann wäre eine Zusammenfassung auf diese Weise ungültig. Nicht zusammenhängende Netzwerke in Verbindung mit der Routen-Aggregation werden im weiteren Verlauf dieses Kapitels noch beschrieben.

Ein weiterer Vorteil der Routenzusammenfassung in großen komplexen Netzwerken besteht darin, dass Topologieänderungen von anderen Routern isoliert werden können. Dies bedeutet, dass die Sammelroute sich nicht ändert, wenn Routenfluktuation (Flapping) stattfindet, eine Teilroute also in schneller Folge abwechselnd ausfällt und wieder aktiv wird. Auf diese Weise muss kein Router außerhalb der Routing-Domäne seine Routing-Tabelle aufgrund des Flappings ändern.

Die Routenzusammenfassung ist am effektivsten innerhalb einer Umgebung mit Subnetzen, wenn die Netzwerkadressen in zusammenhängenden Blöcken verwendet werden, die jeweils zur Potenz 2 berechnet werden. So lassen sich etwa 4, 16 oder 512 Adressen durch einen einzigen Routing-Eintrag darstellen, weil die Masken der Sammelrouten binär sind, ebenso wie Subnetzmasken, d. h., die Zusammenfassung der Routen muss innerhalb binärer Grenzen erfolgen.

Routing-Protokolle fassen Routen basierend auf gemeinsamen Netzwerknummern innerhalb des Netzwerks zusammen. Klassenlose Routing-Protokolle wie RIPv2, OSPF, IS-IS und EIGRP unterstützen eine Routenzusammenfassung auf der Basis der Subnetzadressen (einschließlich VLSM-Adressierung). Klassenorientierte Routing-Protokolle wie RIPv1 und IGRP hingegen fassen Routen automatisch an den Grenzen des klassenorientierten Netzwerks zusammen und unterstützen die Routen-Aggregation innerhalb anderer Grenzen nicht.

Die Routenzusammenfassung wird in RFC 1518, »An Architecture for IP Address Allocation with CIDR«, umfassend beschrieben.

1.4.1 Zusammenfassung innerhalb eines Oktetts

Angenommen, ein Router empfängt Updates für die folgenden Routen (Abbildung 1.10):

- 172.16.168.0/24
- 172.16.169.0/24
- 172.16.170.0/24
- 172.16.171.0/24
- 172.16.172.0/24
- 172.16.173.0/24
- 172.16.174.0/24
- 172.16.175.0/24

172.16.168.0/24 =	10101100	.	00010000	.	10101	000 .	00000000
172.16.169.0/24 =	172	.	16	.	10101	001 .	0
172.16.170.0/24 =	172	.	16	.	10101	010 .	0
172.16.171.0/24 =	172	.	16	.	10101	011 .	0
172.16.172.0/24 =	172	.	16	.	10101	100 .	0
172.16.173.0/24 =	172	.	16	.	10101	101 .	0
172.16.174.0/24 =	172	.	16	.	10101	110 .	0
172.16.175.0/24 =	172	.	16	.	10101	111 .	0

Anzahl gemeinsamer Bits = 21
zusammengefasste Route: 172.16.168.0/21

nichtgemeinsame
Bits = 11

Abbildung 1.10: Routenzusammenfassung innerhalb eines Oktetts

Um die Sammelroute zu bestimmen, ermittelt der Router die Anzahl der höherwertigen Bits, die in allen Adressen gleich sind. Durch Umwandlung der IP-Adressen in das Binärformat können Sie die Anzahl der allen Adressen gemeinsamen Bits beurteilen. In Abbildung 1.10 sind die ersten 21 Bits bei allen IP-Adressen gleich. Aus diesem Grund lautete die beste Sammelroute 172.16.168.0/21. Sie können Adressen zusammenfassen, wenn die Anzahl der Adressen eine Zweierpotenz ist. Ist dies nicht der Fall, dann unterteilen Sie die Adressen in Gruppen, und fassen Sie diese dann separat zusammen.

Damit der Router eine möglichst große Anzahl von IP-Adressen zu einer Route zusammenfassen kann, sollte Ihr IP-Adresssystem hierarchischer Natur sein. Dieser Ansatz ist besonders bei der Verwendung von VLSMs wichtig.

1.4.2 Zusammenfassung im nicht zusammenhängenden Netzwerk

Klassenorientierte Routing-Protokolle nehmen die Routenzusammenfassung automatisch an den Grenzen des Netzwerks vor. Dieses Verhalten, das bei RIPv1 und IGRP nicht geändert werden kann, hat zwei wichtige Auswirkungen:

- Subnetze werden in einem anderen größeren Netzwerk nicht bekannt gemacht.
- Nicht zusammenhängende Subnetze sind füreinander nicht erkennbar.

In Abbildung 1.11 gibt RIPv1 die Subnetze 172.16.5.0 255.255.255.0 und 172.16.6.0 255.255.255.0 nicht bekannt, weil das Protokoll dies schlichtweg nicht kann; sowohl Router A als auch Router B geben 172.16.0.0 weiter. Dies führt beim Routing durch das Netzwerk 192.168.14.0 zu Verwirrung. In diesem Beispiel erhält Router C Routeninformationen zu 172.16.0.0 aus zwei verschiedenen Richtungen und kann deswegen keine korrekte Routing-Entscheidung treffen.

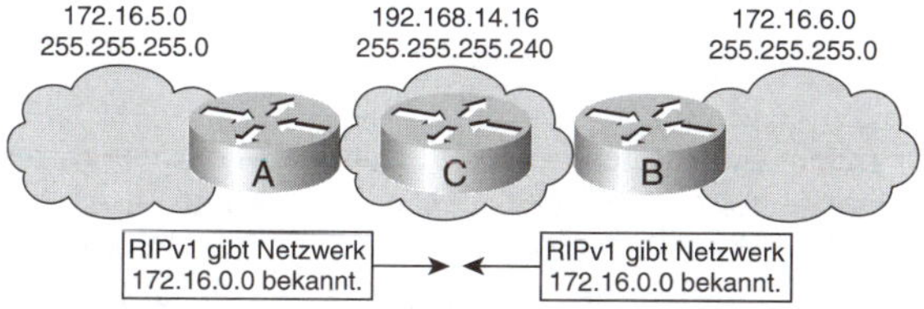

Abbildung 1.11: Zusammenfassung mit unzusammenhängenden Subnetzen

Lösen Sie diese Situation, indem Sie RIPv2, OSPF, IS-IS oder EIGRP verwenden und die automatische Zusammenfassung der Routen nicht benutzen, weil die Subnetzrouten dann mit ihren tatsächlichen Subnetzmasken bekannt gemacht werden.

Die Cisco IOS Software bietet als weitere Lösung auch die Funktion IP-Unnumbered[1], die es erlaubt, nicht zusammenhängende Subnetze mit Hilfe einer seriellen Verbindung zusammenzuschalten.

1.4.3 Flapping

Flapping (Routenfluktuation) findet statt, wenn die Schnittstelle eines Routers die Zustände »aktiv« und »inaktiv« in sehr schneller Folge wechselt. Dies kann von einer ganzen Reihe von Faktoren verursacht werden, so etwa einer defekten Schnittstelle oder unsachgemäß angeschlossenen Medien.

Die Routenzusammenfassung schützt Upstream-Router effizient vor durch Flapping verursachten Probleme. Wenn die mit dem Netzwerk 200.199.56.0 verbundene Schnittstelle von Router A ausfällt, entfernt er diese Route aus seiner Tabelle. Wäre keine Zusammenfassung konfiguriert, dann würde Router A ein Triggered-Update an Router Z senden, um das Netzwerk 200.199.56.0 zu entfernen. Router Z würde seinerseits den nächsten Router im Pfad aktualisieren usw. Jedes Mal, wenn diese Router mit neuen Daten aktualisiert würden, würden auch ihre Prozessoren belastet. Diese Belastung kann – insbesondere beim OSPF-Routing – so hoch sein, dass die Leistung spürbar beeinträchtigt wird. Stellen Sie sich nun die Auswirkungen auf die Leistungsfähigkeit vor, wenn die Schnittstelle von Router A zum Netzwerk 200.199.56.0 bereits nach nur wenigen Sekunden wieder aktiv wird. Die Router werden dann einander aktualisieren und die Routen neu berechnen. Was geschieht außerdem, wenn die Schnittstelle bereits ein paar Sekunden später wieder ausfällt? Und dann wieder aktiv wird? Diese Routenfluktuation kann einen Router mit umfassenden Updates und Neuberechnungen in die Knie zwingen.

Eine konfigurierte Routenzusammenfassung hingegen verhindert, dass das Flapping bei Router A andere Router beeinträchtigt. Router A aktualisiert Router Z mit Informationen zu einem Supernetz (200.199.56.0/21), zu dem

---

1. Der in der Cisco IOS Software vorhandene und auf eine serielle Schnittstelle anwendbare Befehl `RouterA(config_if)#`**`ip unnumbered fa0/0`** erlaubt es, über Point-to-Point-Verbindungen IP-Verkehr zu übertragen, ohne dass die Endpunkte eindeutige IP-Adressen zugewiesen bekommen. Dabei »borgt« sich die serielle Schnittstelle (in diesem Fall) die IP-Adresse der Fast Ethernet-Schnittstelle. Dieser Vorgang der »Teilens« der IP-Adresse ist nur bei aktiver Ethernetschnittstelle möglich. Deshalb ist es besser, die Funktion IP-Unnumbered auf eine immer aktive Loopback-Schnittstelle zu beziehen.

die acht Netzwerke 200.199.56.0 bis 200.199.63.0 gehören. Wenn ein Netzwerk verloren geht, wird die Route zum Supernetz nicht ungültig. Zwar ist Router A wegen des Flappings gut beschäftigt, aber Router Z und alle weiteren angeschlossenen Router erfahren davon nichts. Insofern begrenzt die Routenzusammenfassung auf effektive Weise das Problem des Flappings auf einen betroffenen Router.

1.5 RIP Version 2

Netzwerke müssen skalierbar sein, d. h., sie müssen wachsen können. Das gewählte Routing-Protokoll kann sich in erheblichem Maße auf die Skalierbarkeit des Netzwerks auswirken, weswegen man bei der Auswahl dieses Protokolls Sorgfalt walten lassen sollte. Im Allgemeinen gilt das RIP-Protokoll (Routing Internet Protocol) als für kleine Netzwerke geeignet, aber auf große Netzwerke ist es nicht skalierbar. RIPv1 ist ein klassenorientiertes Routing-Protokoll, RIPv2 dagegen ein klassenloses Protokoll. Eine Einschränkung klassenorientierter Protokolle besteht darin, dass sie Routen automatisch an den Klassengrenzen zusammenfassen. Das bedeutet auch, dass RIPv1 – im Gegensatz zu RIPv2 – VLSM nicht unterstützt.

1.5.1 Herkunft und Entwicklung des RIP-Protokolls

In einem internationalen Netzwerk wie dem Internet ist die Verwendung eines einzigen Routing-Protokolls für das gesamte Netzwerk sehr unwahrscheinlich. Stattdessen wird das Netzwerk als Ansammlung autonomer Systeme (AS) strukturiert. Jedes AS wird in der Regel von einer einzigen Entität administriert und hat ein eigenes Routing-Protokoll, wodurch es sich von anderen autonomen Systemen unterscheidet. Das innerhalb eines AS verwendete Routing-Protokoll wird als IGP (Interior Gateway Protocol) bezeichnet. Ein weiteres Protokoll – das EGP (Exterior Gateway Protocol) – überträgt die Routing-Informationen zwischen den autonomen Systemen. RIP wurde ursprünglich zur Verwendung als IGP in autonomen Systemen mittlerer Größe entwickelt; für einen Einsatz in komplexeren Umgebungen ist es nicht geeignet.

RIPv1 ist ein klassenorientiertes IGP. Es handelt sich um ein Distanzvektorprotokoll, das seine gesamte Routing-Tabelle in vordefinierten Intervallen (z. B. alle 30 Sekunden) an jeden benachbarten Router sendet. Als Metrik verwendet RIP die Anzahl der Hops, wobei ein Maximum von 15 Hops nicht überschritten werden darf.

Für Klasse-A-Adressen lautet die klassenorientierte Default-Maske 255.0.0.0, für Klasse-B-Adressen 255.255.0.0 und für Klasse-C-Adressen 255.255.255.0.

RIPv1 ist ein gängiges und recht beliebtes Routing-Protokoll, weil praktisch alle IP-Router es unterstützen. Seine Popularität basiert auf seiner Einfachheit und der universellen Kompatibilität. RIPv1 kann eine Lastverteilung auf bis zu sechs gleichwertige Pfade vornehmen (standardmäßig sind vier Pfade definiert).

Wir wollen noch einmal ein paar der Nachteile von RIPv1 aufführen:

- RIPv1 sendet keine Subnetzinformationen in seinen Updates.
- Die Updates werden als Broadcasts über 255.255.255.255 geschickt.
- Eine Authentifizierung wird nicht unterstützt.
- RIPv1 unterstützt weder VLSM noch CIDR.

Listing 1.3 zeigt, wie RIPv1 konfiguriert wird.

Listing 1.3: RIPv1 konfigurieren

```
Sydney(config)# router rip
Sydney(config-router)# network 172.16.0.0
Sydney(config-router)# network 192.168.100.0
```

1.5.2 Eigenschaften von RIPv2

RIPv2 ist eine verbesserte Variante von RIPv1, mit dem es die folgenden Eigenschaften teilt:

- Es verwendet die Anzahl der Hops als Metrik (maximal 15 Hops).
- Es ist ein Distanzvektorprotokoll.
- Es verwendet Hold-down-Timer (Standardeinstellung: 180 Sekunden) sowie Split Horizon zur Verhinderung von Routing-Schleifen.
- Es betrachtet 16 Hops als Metrik für »unendliche Entfernung«.
- Es überträgt die Subnetzmaske mit der Route.
- Es aktiviert VLSM durch Weiterleitung der Maske mit jeder Route, sodass das Subnetz exakt definiert ist.
- Es bietet eine Authentifizierung.
- Es verwendet sowohl unverschlüsselte als auch MD5-Übertragungen.
- Es integriert die Router-IP-Adresse des nächsten Hops im Routing-Update.

- Es verwendet externe Routen-Tags.
- Es benutzt für Routing-Updates die Klasse-D-Adresse 224.0.0.9 (Multicast-Adresse).

1.5.3 Ein Vergleich zwischen RIPv1 und RIPv2

RIP verwendet Distanzvektoralgorithmen zur Ermittlung der Richtung und Entfernung aller Verbindungen im Netzwerkverbund. Sind mehrere Pfade zu einem Ziel vorhanden, dann wählt RIP denjenigen mit der geringsten Anzahl der Hops aus. Da allerdings die Anzahl der Hops die einzige von RIP verwendete Routing-Metrik ist, wird dabei nicht unbedingt der schnellste Pfad zu einem Empfänger gewählt.

RIPv1 ermöglicht Routern die Aktualisierung der Routing-Tabellen in programmierbaren Intervallen (standardmäßig 30 Sekunden). Der fortwährende Versand von Routing-Updates führt sehr schnell zu einem starken Anstieg des Netzwerkdatenverkehrs. Damit ein Paket nicht endlos kreist, setzt RIP ein Maximum von 15 Hops; ist der Empfänger weiter als 15 Router entfernt, dann wird er als unerreichbar betrachtet, und das Paket wird verworfen. Aufgrund dieses Sachverhalts entsteht ein Skalierbarkeitsproblem für das Routing in großen, heterogenen Netzwerken. Zur Verhinderung von Schleifen verwendet RIPv1 das Split-Horizon-Verfahren, d. h., über eine Schnittstelle ausgehende Routen werden nur dann bekannt gemacht, wenn diese Routen nicht durch Updates erlernt wurden, die über genau diese Schnittstelle empfangen wurden. Ferner werden auch Holddown-Timer benutzt, um Schleifen zu verhindern; hierbei werden für einen definierten Zeitraum alle neuen Informationen zum Netzwerk ignoriert.

Die folgende Liste fasst das Verhalten von RIPv1 in Bezug auf den Router-Einsatz zusammen:

- Direkt angeschlossene Subnetze sind dem Router bereits bekannt. Diese Routen werden benachbarten Routern bekannt gegeben.
- Routing-Updates werden als Broadcasts versendet. Alle benachbarten Router erhalten ihre Informationen über den gleichen Broadcast.
- Router horchen nach Updates, über die sie neue Routen erlernen können.
- Jeder Route im Update ist eine Metrik zugeordnet, die angibt, wie »gut« die Route ist.
- Sind mehrere Routen vorhanden, dann wird die niedrigste Metrik verwendet.

- Topologieinformationen sind in Routing-Updates enthalten; sie umfassen zumindest Angaben zu Subnetz und Metrik.
- Von benachbarten Routern werden regelmäßige Updates erwartet.
- Wird ein Update nicht rechtzeitig empfangen, dann werden die vom entsprechenden Nachbarn erlernten Routen automatisch entfernt.
- Routen, die von einem benachbarten Router erlernt wurden, werden als über diesen Nachbarn verlaufend betrachtet.

Tabelle 1.6 vergleicht RIPv1 und RIPv2.

Tabelle 1.6: RIPv2 und RIPv1 im Vergleich

RIPv2	RIPv1
Authentifizierung	keine Authentifizierung
klassenlose Subnetzmaskierung, VLSM	klassenorientierte Maskierung
nächster Hop	nächstes Gateway
Multicast (über 224.0.0.9)	Broadcast (über 255.255.255.255)
verwendet Routen-Tags	verwendet keine Routen-Tags
enthält alle weiteren Merkmale von RIPv1	

1.5.4 RIPv2 konfigurieren

RIPv2 ist ein dynamisches Routing-Protokoll, das durch Aufruf des Protokolls und anschließende Zuweisung von IP-Netzwerkadressen ohne Angabe von Subnetzwerten konfiguriert wird. In diesem Abschnitt werden wir die wichtigsten Befehle aufführen, die zur Konfiguration von RIPv2 auf einem Cisco-Router benötigt werden.

Um ein dynamisches Routing-Protokoll zu aktivieren, müssen Sie die folgenden Aktionen durchführen:

- Auswahl eines Routing-Protokolls (z. B. RIPv2)
- Zuweisung von am Routing beteiligten IP-Netzwerkadressen ohne Angabe von Subnetzmasken
- Zuweisung von Netzwerk- oder Subnetzadressen und passender Subnetzmasken an die Schnittstellen des Routers

RIPv2 verwendet zur Kommunikation mit anderen Routern Multicasts. Die Routing-Metrik hilft Routern bei der Ermittlung des besten Pfades zu jedem Netzwerk oder Subnetz.

Der Befehl `router` startet einen Routing-Prozess, während der Befehl `network` die Aktivierung der folgenden drei Funktionen bewirkt:

- Routing-Updates werden als Multicasts über eine Schnittstelle versandt.
- Routing-Updates werden verarbeitet, wenn sie über genau diese Schnittstelle eingehen.
- Das direkt an diese Schnittstelle angeschlossene Subnetz wird bekannt gemacht.

Der Befehl `network` ist notwendig, weil er dem Routing-Prozess erlaubt zu bestimmen, welche Schnittstellen am Versand und Empfang von Routing-Updates beteiligt sind. Der Befehl startet das Routing-Protokoll an allen Schnittstellen, die der Router im angegebenen Netzwerk hat, und ermöglicht es dem Router gleichzeitig, dieses Netzwerk bekannt zu machen.

Die Kombination der Befehle `router rip` und `version 2` legt RIPv2 als Routing-Protokoll fest, während der Befehl `network` ein beteiligtes angeschlossenes Netzwerk angibt.

Die Konfiguration von Router A in Abbildung 1.12 umfasst folgende Befehle:

- **`router rip`.** Aktiviert RIP als Routing-Protokoll.
- **`version 2`.** Benennt Version 2 als zu verwendende RIP-Version.
- **`network 172.16.0.0`.** Gibt ein direkt angeschlossenes Netzwerk an.
- **`network 10.0.0.0`.** Gibt ein direkt angeschlossenes Netzwerk an.

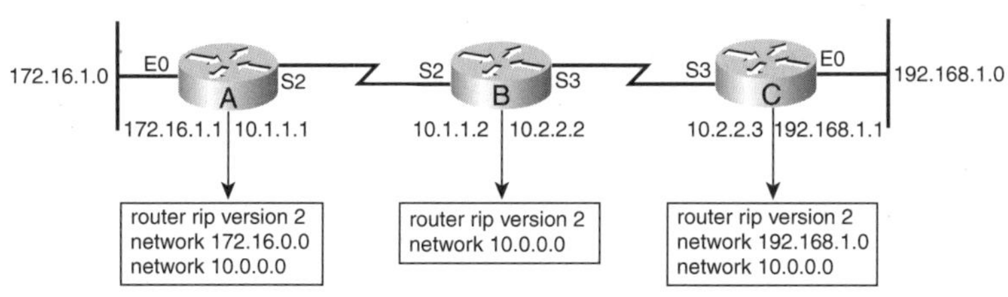

Abbildung 1.12: RIP-Konfiguration

E-Lab und Lab

Siehe auch CNAP und [1] »Converting RIP v1 to RIP v2«.

Die Schnittstellen von Router A zu den Netzwerken 172.16.0.0 und 10.0.0.0 oder deren Subnetze werden nun RIPv2-Updates senden und empfangen. Diese Routing-Updates ermöglichen es dem Router, die Netzwerktopologie zu erlernen. Die Router B und C weisen ähnliche RIP-Konfigurationen auf, die allerdings andere Netzwerkadressen enthalten.

1.5.5 Konfiguration von RIPv2 überprüfen

Die Befehle `show ip protocols` und `show ip route` zeigen Informationen zu Routing-Protokollen und der Routing-Tabelle an. In diesem Abschnitt werden wir beschreiben, wie man mit Hilfe der `show`-Befehle die RIP-Konfiguration kontrolliert.

Der Befehle `show ip protocols` zeigt Werte zu Routing-Protokollen und Informationen zum Routing-Protokoll-Timer an, der dem Router zugeordnet ist. Listing 1.4 zeigt die Ausgabe des Befehls von Router A in Abbildung 1.12:

Listing 1.4: Ausgabe des Befehls `show ip protocols`

```
RouterA#show ip protocols
Routing Protocol is "rip"
Sending updates every 30 seconds, next due in 12 seconds
Invalid after 180 seconds, hold down 180, flushed after 240
Outgoing update filter list for all interfaces is not set
 Incoming update filter list for all interfaces is not set
Redistributing rip
Default Version Control: send version 1 receive any version
   Interface           Send   Receive   Triggard RIP   Key-Chain
   Ethernet0           1      1 2
   Serial2             1      1 2
 EIGRP maximum metric variance 1
Routing for Networks:
   10.0.0.0
   172.16.0.0
 Routing Information Sources:
   Gateway          Distance       Last Update
   (this router)         120       02:12:15
   10.1.1.2              120       01:09:01
 Distance: (default is 120)
```

In Listing 1.4 ist der Router für RIP konfiguriert und sendet alle 30 Sekunden aktualisierte Routing-Tabellendaten (das Intervall ist konfigurierbar). Wenn ein Router unter RIP 180 Sekunden oder länger kein Update von einem anderen Router erhalten hat, markiert er diesen nicht aktualisierenden Nachbarn als ungültig. In Listing 1.4 hat der Hold-down-Timer einen Wert von 180 Sekunden, d. h., ein Update für eine zuvor ausgefallene Route, die jetzt wieder verfügbar ist, wird 180 Sekunden lang unterdrückt, bevor es angewandt wird.

Hat nach insgesamt 240 Sekunden (Flush-Timer) noch immer kein Update stattgefunden, dann entfernt der Router die Routing-Tabelleneinträge aus dem Router. Im Listing 1.4 sind seit dem letzten Empfang eines Updates von Router B 1 Stunde und 9 Minuten vergangen.

Der Router speist Routen für die Netzwerke ein, die auf die Zeile `Routing for Networks` folgend aufgelistet sind, und erhält Routen von den benachbarten RIP-Routern, die auf die Zeile `Routing Information Sources` folgend aufgeführt sind. Der Parameter `Distance` bezieht sich auf die administrative Distanz einer RIP-Route.

Sie können auch den Befehl `show ip interface brief` verwenden, um eine Zusammenfassung der IP-Informationen und des Status einer Schnittstelle anzuzeigen.

Der Befehl `show ip route` zeigt den Inhalt der IP-Routing-Tabelle an (Listing 1.5).

Listing 1.5: Ausgabe des Befehls `show ip route`

```
RouterA#show ip route
Codes: C - connected, S - static, I - IGRP, R - RIP, M - mobile, B - BGP
       D - EIGRP, EX - EIGRP external, O - OSPF, IA - OSPF inter area
       N1 - OSPF NSSA external type 1, N2 - OSPF NSSA external type 2
       E1 - OSPF external type 1, E2 - OSPF external type 2, E - EGP
       i - IS-IS, L1 - IS-IS level-1, L2 - IS-IS level-2, ia - IS-IS inter area
       * - candidate default, U - per-user static route, o - ODR
       P - periodic downloaded static route

Gateway of last resort is not set

    172.16.0.0/16 is subnetted, 1 subnets
C       176.16.1.0/24 is directly connected, Ethernet0
     10.0.0.0/24 is subnetted, 2 subnets
R       10.2.2.0/24 [120/1] via 10.1.1.2, 00:00:07, Serial2
C       10.1.1.0/24 is directly connected, Serial2
R    192.168.1.0/24 [120/1] via 10.1.1.2, 00:00:07, Serial2
```

Die Routing-Tabelle enthält Einträge für alle bekannten Netzwerke und Subnetze sowie einen Code, der angibt, wie die Informationen ermittelt wurden. Die Ausgabe der wichtigsten Felder dieses Befehls und deren Funktion werden in Tabelle 1.7 erläutert.

Tabelle 1.7: Erläuterungen zur Ausgabe der Routing-Tabelle

Ausgabe	Beschreibung
`R` bzw. `C`	Bezeichnet die Herkunft der Route. `C` gibt an, dass die Route aus einem direkt angeschlossenen Subnetz stammt, während sie bei `R` auf einer von einem anderen RIP-Router übermittelten Information basiert.
`192.168.1.0` `10.2.2.0`	Adresse des Remote-Netzwerks
`120/1`	Die erste Zahl in den Klammern ist die administrative Entfernung der Informationsquelle, die zweite die Metrik der entsprechenden Route (hier: 1 Hop).
`via 10.1.1.2`	Adresse des Routers im Remote-Netzwerk, der nächster Hop ist
`00:00:07`	Gibt die Zeit seit dem letzten Update der Route im Format HH:MM:SS an.
`Serial 2`	Bezeichnet die Schnittstelle, über die das betreffende Netzwerk erreicht werden kann.

Überprüfen Sie die Ausgabe darauf, ob die Routing-Tabelle mit Routing-Daten gefüllt ist. Werden keine Routing-Informationen ausgetauscht (dies ist der Fall, wenn die Ausgabe des Befehls `show ip route` keine Einträge enthält, die über ein Routing-Protokoll erlernt wurden), dann verwenden Sie die Befehle `show running-config` oder `show ip protocols` im privilegierten Modus, um zu prüfen, ob das Routing-Protokoll fehlkonfiguriert ist.

LAB

Siehe auch CNAP und [1] »Verifying RIP v2 Configuration«.

1.5.6 Fehlersuche bei RIP

In diesem Abschnitt werden wir die Verwendung des Befehls `debug ip rip` erläutern. Der Befehl `debug ip rip` zeigt RIP-Routing-Updates in dem Moment an, in dem sie gesendet und empfangen werden. Mit den Befehlen `no debug all` oder `undebug all` können Sie das Debugging global abschalten.

Listing 1.6 zeigt, dass der überprüfte Router Updates von einem Router mit der Absenderadresse 10.1.1.2 erhalten hat. Dieser Router hat im Routing-Update Informationen zu zwei Zielen übermittelt. Auch der überprüfte Router hat Updates gesendet: in beiden Fällen an die Broadcast-Adresse 255.255.255.255. Die Zahl in Klammern ist die im IP-Header gekapselte Absenderadresse. Da hier RIPv1 verwendet wird, werden die Updates an die

Broadcast-Adresse gesendet. RIPv2 hingegen würde die Routing-Updates an die Klasse-D-Multicast-Adresse 224.0.0.9 schicken, was effizienter wäre.

Listing 1.6: Ausgabe des Befehls `debug ip rip`

```
RouterA#debug ip rip
RIP protocol debugging is on
RouterA#
00:06:24: RIP: received v1 update from 10.1.1.2 on Serial2
00:06:24:      10.2.2.0 in 1 hops
00:06:24:      192.168.1.0 in 2 hops
00:06:33: RIP: sending v1 update to 255.255.255.255 via Ethernet0 (172.16.1.1)
00:06:34:       network 10.0.0.0, metric 1
00:06:34:      network 192.168.1.0, metric 3
00:06:34: RIP: sending v1 update to 255.255.255.255 via Serial2 (10.1.2.1)
00:06:34:       network 176.168.0.0, metric 1
```

Manchmal gehören zur Ausgabe des Befehls `debug ip rip` auch Einträge wie der folgende, die beim Start oder bei bestimmten Ereignissen auftreten, so etwa, wenn eine Schnittstelle ihren Zustand wechselt oder ein Benutzer die Routing-Tabelle manuell löscht:

```
RIP: broadcasting general request on Ethernet0
RIP: broadcasting general request on Ethernet1
```

Ein Eintrag wie der folgende wird in der Regel durch ein fehlerhaftes Paket vom Sender verursacht:

```
RIP: bad version 128 from 160.89.80.43
```

Die Bedeutung der einzelnen Ausgabezeilen von `debug ip rip` ist in Tabelle 1.8 aufgeführt.

Tabelle 1.8: Erläuterungen zur Ausgabe von `debug ip rip`

Ausgabe	Beschreibung
`RIP:broadcasting general request on Ethernet0 as startup`	Wechsel der Schnittstelle oder manuelles Löschen der Schnittstelle durch einen Benutzer
`RIP:bad version 128 from 160.89.80.43`	fehlerhaft formatiertes Paket von 160.89.80.43
`RIP:received v2 update from 150.100.2.3 on Serial0`	Zeigt die RIP-Version, mit der 150.100.2.3 sendet.
`RIP:sending v1 update to 255.255.255.255 via Serial0 (150.100.2.2)`	Zeigt an, dass RIPv1 an Schnittstelle Serial0 konfiguriert ist.
`RIP:ignored v1 packet from 150.100.2.2 (illegal version)`	Zeigt an, dass der Router nicht für RIPv1 konfiguriert ist.

Tabelle 1.8: Erläuterungen zur Ausgabe von `debug ip rip` *(Forts.)*

Ausgabe	Beschreibung
`RIP:sending v2 update to 224.0.0.9 via FastEthernet0 (150.100.3.1)`	Zeigt an, dass RIPv2 konfiguriert ist und Updates sendet.
`RIP:build update entries 150.100.2.0/24 via 0.0.0.0, metric 1, tag0`	Zeigt die Verwendung von Default-Route und -Tag an.

E-Lab und Lab

Siehe auch CNAP und [1] »RIP v2 Using Debug« und »Troubleshooting RIP v2 Using Debug«.

1.6 Default-Routen

Es gibt drei verschiedene Arten, wie ein Router die Pfade zu den Empfängernetzwerken erkennt:

- **Statische Routen.** Diese Routen werden vom Systemadministrator manuell als nächster Hop im Pfad zu einem Empfänger konfiguriert. Der Einsatz statischer Routen kann sich aus Sicherheitsgründen oder zur Reduzierung des Datenaufkommens anbieten, weil keine andere Route bekannt ist.
- **Default-Routen.** Auch diese Routen werden vom Systemadministrator manuell konfiguriert. Dieser Pfad wird verwendet, wenn in der Routing-Tabelle keine Route zum Empfänger enthalten ist. Wenn ein Eintrag für ein Empfängernetzwerk in der Routing-Tabelle nicht vorhanden ist, dann wird das Paket an das Default-Netzwerk gesendet.
- **Dynamisches Routing.** Der Router ermittelt die Pfade zu Zielnetzwerken auf der Basis von Informationen, die er als regelmäßige Aktualisierungen über ein Routing-Protokoll (z. B. RIP) von anderen Routern erhält.

Eine einfache statische Route kann mit Hilfe des in Listing 1.7 gezeigten Befehls definiert werden.

Listing 1.7: Statische Route

```
Router(config)# ip route 172.16.1.0  255.255.255.0  172.16.2.1
```

CD-ROM

Siehe auch e-Lab auf der Buch-CD-ROM »Using ip route Command«.

Die Konfiguration einer statischen Default-Route ist auf zwei verschiedene Arten möglich: mit dem Befehl `ip default-network` oder mit `ip route`. Der Befehl `ip default-network` erzeugt eine Default-Route, wenn auf dem Router eine statische oder dynamische Route zu dem in diesem Befehl benannten Zielnetzwerk existiert (Listing 1.8). Dieser Befehl arbeitet klassenorientiert, d. h., das Zielnetzwerk darf kein Subnetz sein.

Listing 1.8: Default-Route mit dem Befehl `ip default-network` erstellen

```
Router(config)# ip default-network 192.168.20.0
```

Wenn in der Routing-Tabelle alle konfigurierten Netzwerke berücksichtigt sind, ist es häufig nützlich sicherzustellen, dass alle anderen Pakete an ein bestimmtes Ziel gesendet werden – z. B. an einen Router, der an das Internet angeschlossen ist. Dies wird als Default-Route des Routers bezeichnet. Alle Pakete, deren Empfänger nicht in der Routing-Tabelle definiert sind, werden an die benannte Schnittstelle des Default-Routers gesendet. Abbildung 1.13 zeigt das Default-Netzwerk 192.168.20.0, an das solche Pakete entsprechend der Definition in Listing 1.8 weitergeleitet werden. In Abbildung 1.13 sind die Router Berlin 2, 3 und 4 mit dem Befehl `ip default-network 192.168.20.0` konfiguriert.

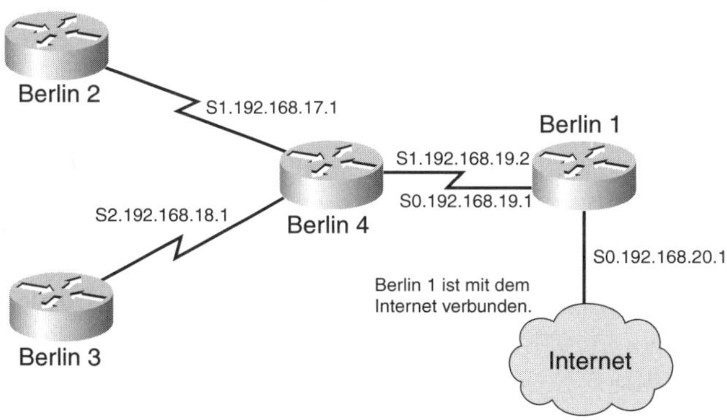

Abbildung 1.13: Default-Routing

Dabei verwenden die Router Berlin 2 und Berlin 3 den Router Berlin 4 als Default-Gateway. Berlin 4 verwendet die Schnittstelle 192.168.19.2 als Default-Gateway. Berlin 1 routet Pakete für alle internen Hosts ins Internet. Damit Berlin 1 diese Pakete routen kann, ist es notwendig, eine Default-Route zu konfigurieren (Listing 1.9).

Listing 1.9: Default-Route mit dem Befehl `ip route`

```
Berlin1(config)#ip route 0.0.0.0  0.0.0.0  192.168.20.1
```

Die Nullen repräsentieren jedes Zielnetzwerk mit jeder Maske. In der Abbildung hat Berlin 1 nur einen Weg hinaus ins Internet: über die Schnittstelle 192.168.20.1.

Ist im Netzwerk dynamisches Routing mit RIP eingeschaltet, dann reicht auf Berlin 1 der Befehl `ip route` nach Listing 1.9 oder `ip default-network` nach Listing 1.8 aus, um die Default-Route im gesamten Netzwerk dynamisch zu verbreiten. Ausnahme: Bei Routern ab Release 12.1 ist zur dynamischen Verteilung der Default-Route zusätzlich die Bekanntgabe im RIP-Prozess erforderlich (`default-information originate`).

1.7 Zusammenfassung

In diesem Kapitel werden die folgenden Sachverhalte erläutert:

- CIDR (Classless Interdomain Routing) ersetzt die alte Methode der Zuweisung von IP-Adressen basierend auf klassenorientierten Grenzen.
- CIDR wurde 1993 in den RFCs 1517, 1518, 1519 und 1520 vorgestellt und im darauffolgenden Jahr ausgearbeitet.
- Neue Merkmale von CIDR waren die Supernetzbildung und die Routenzusammenfassung.
- VLSM ermöglicht Netzwerkadministratoren eine effizientere Zuteilung von IP-Adressen. Der Einsatz des klassenlosen Routings macht VLSM effizienter, weil klassenorientierte Netzwerkgrenzen nicht mehr notwendig sind.
- Die Zusammenfassung von Routen ist am effektivsten in Netzwerken mit Subnetzen.
- RIPv1 und RIPv2 sind Distanzvektorprotokolle, welche die Anzahl der Hops als Metrik zur Routenauswahl verwenden und Routing-Updates alle 30 Sekunden versenden.
- RIPv1 sendet in seinen Updates keine Subnetzmaskeninformationen. Ohne diese Informationen können VLSM und CIDR aber nicht unterstützt werden. Das Broadcasting von Updates erhöht das Datenaufkommen im Netzwerk, außerdem wird eine Authentifizierung nicht unterstützt.
- RIPv2 sendet Subnetzinformationen und unterstützt VLSM und CIDR. Die Routing-Updates werden als Multicasts über die Klasse-D-Adresse 224.0.0.9 versendet, was die Effizienz steigert. Auch eine Authentifizierung der Updates wird unterstützt.

- Der Befehl `router rip` legt RIP als Routing-Protokoll fest.
- Der Befehl `network` bezeichnet ein beteiligtes angeschlossenes Netzwerk. RIPv2 unterstützt Authentifizierung, Subnetzmaskenbildung, Informationen über den nächsten Host, Multicasting und Routen-Tags.

Um den hier erlernten Stoff zu vertiefen, beachten Sie bitte auch die diesem Kapitel zugeordneten Videos, Photo-Zooms und E-Labs auf der CD-ROM.

1.8 Lernzielkontrolle

1. Welche der folgenden Adressen sind gültige Subnetzadressen, wenn von der Adresse 172.17.15.0/24 mit weiteren vier Bits Subnetze gebildet werden? Wählen Sie **zwei** Antworten!

   a) 172.17.15.0

   b) 172.17.15.8

   c) 172.17.15.40

   d) 172.17.15.96

   e) 172.17.15.248

2. Welche Subnetzmaske ist die effizienteste bei Point-to-Point-WAN-Verbindungen?

   a) 255.255.255.0

   b) 255.255.255.224

   c) 255.255.255.252

   d) 255.255.255.248

3. Welche der folgenden sind Merkmale von CIDR? Wählen Sie **alle zutreffenden** Antworten!

   a) klassenorientierte Adressierung

   b) Supernetzbildung

   c) mehr Einträge in der Routing-Tabelle

   d) Routenzusammenfassung

4. Wie heißt die zusammengefasste Adresse für die Netzwerke 172.21.136.0/24 und 172.21.143.0/24?

   a) 172.21.136.0/21

   b) 172.21.136.0/20

c) 172.21.136.0/22

d) 172.21.128.0/20

5. Welches Routing-Protokoll enthält keine Subnetzinformationen in den Routing-Updates?

   a) EIGRP

   b) OSPF

   c) RIPv1

   d) RIPv2

6. Welche Methode stellt eine Ansammlung von (Netzwerk-)IP-Adressen innerhalb einer einzelnen (Netzwerk-)IP-Adresse dar?

   a) klassenorientierte Adressierung

   b) Supernetzbildung

   c) Adressübersetzung

   d) Routenzusammenfassung

Lernziele:

Wenn Sie dieses Kapitel gelesen haben, werden Sie

- OSPF beschreiben können,
- den Auswahlvorgang des DR (Designated Router) kennen,
- OSPF-Netzwerktypen aufzählen können,
- OSPF in einer Single-Area konfigurieren können,
- OSPF überprüfen und Probleme beheben können.

Kapitel 2

Single-Area-OSPF

Link-State-Routing-Protokolle sind sehr differenzierte und gut skalierbare Protokolle. In diesem Kapitel wollen wir das OSPF-Protokoll (Open Shortest Path First)[1] vorstellen, das einen Industriestandard darstellt. Sie werden den Router-Auswahlprozess von OSPF kennen lernen und erfahren, wie sich das Protokoll in verschiedenen Netzwerken verhält. Zudem erläutern wir die Vorgehensweise zur Konfiguration eines einfachen Single-Area-OSPF-Netzwerks. Abschließend erläutern wir die Themenbereiche Kontrolle der Arbeitsweise von OSPF und Fehlersuche.

Beachten Sie bitte die diesem Kapitel zugeordneten Videos, Photo-Zooms und E-Labs auf der beiliegenden CD-ROM. Sinn dieser Zusatzinformationen ist die Ergänzung des Materials und Vertiefung des Stoffes, der in diesem Kapitel vorgestellt wird.

2.1 Konzepte des Single-Area-OSPF

Link-State-Protokolle unterscheiden sich von Distanzvektorprotokollen, denn sie fluten Link-State-Informationen und ermöglichen jedem Router die Erstellung einer vollständigen Ansicht der Netzwerktopologie. Bei Distanzvektorprotokollen dagegen erlernen Router die vollständige Netzwerktopologie nicht. OSPF ist ein Link-State-Protokoll.

Bei OSPF kommt der SPF-Algorithmus (Shortest Path First, kürzester Pfad zuerst) des Computerwissenschaftlers Dijkstra zur Bestimmung des besten Pfades – d. h. des Pfades mit den niedrigsten Kosten – zum Einsatz. Der SPF-Algorithmus wurde ursprünglich als Algorithmus für Point-to-Point-Netzwerkverbindungen entwickelt. Da heute sehr viele unterschiedliche Arten von Netzwerken vorhanden sind, muss OSPF den Netzwerktyp erkennen, in dem es verwendet wird.

1. Das »Open« in Open Shortest Path First bedeutet offen im Sinne von »nicht proprietär«.

Vor dem Austausch von Link-State-Daten stellt das OSPF-Protokoll eine Nachbarschaftsbeziehung zwischen Routern her. Zu diesem Zweck kommt das OSPF-Hello-Protokoll zum Einsatz.

OSPF ist ein komplexes Protokoll und wird nachfolgend in mehreren Schritten beschrieben.

2.1.1 Überblick auf OSPF

OSPF ist ein Link-State-Protokoll, das auf offenen Standards basiert. Verschiedene IETF-Standards beschreiben dieses Protokoll; der aktuellste ist RFC 2328. OSPF wird angesichts seiner Skalierbarkeit immer mehr zum bevorzugten IGP und ist im Begriff, das RIP-Protokoll abzulösen. RIP ist nicht über 15 Hops hinaus skalierbar, konvergiert langsam und wählt häufig langsame Routen aus, da es bei der Routenbestimmung kritische Faktoren wie die Bandbreite ignoriert. OSPF hebt diese Einschränkungen auf und hat sich als robustes, skalierbares Routing-Protokoll erwiesen, das für moderne Netzwerke geeignet ist. OSPF kann in einer so genannten Single-Area (dt. *Einzelbereich*) für kleine Netzwerke und in mehreren Areas für große Netzwerke eingesetzt werden.

OSPF kann in großen Netzwerken eingesetzt werden, sofern beim Netzwerkaufbau hierarchische Prinzipien berücksichtigt werden. Große OSPF-Netzwerke basieren auf hierarchischen Entwurfsprinzipien. Hierbei sind mehrere Bereiche an einen Verteilerbereich (Backbone) angeschlossen, der »Area 0« heißt. Ein solcher Ansatz ermöglicht eine umfassende Steuerung von Routing-Updates. Durch Definition von Bereichen wird das Routing-Aufkommen verringert und die Konvergenz beschleunigt, Netzwerkinstabilitäten beschränken sich auf eine Area, und die Leistungsfähigkeit wird optimiert.

Die Unterteilung von OSPF-Netzwerken in Areas ermöglicht eine effiziente Steuerung des Netzwerkbetriebs. Alle OSPF-Netzwerke haben eine Area 0 und verwenden diese als Hauptverteilbereich.

2.1.2 OSPF-Terminologie

Als Link-State-Protokoll operiert OSPF anders als Distanzvektorprotokolle. Link-State-Router ermitteln benachbarte Router und kommunizieren mit diesen Nachbarn. OSPF führt eine neue Terminologie ein, die in Abbildung 2.1 gezeigt ist.

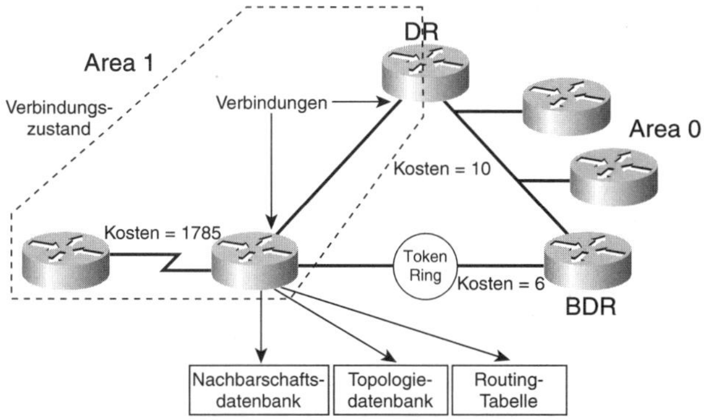

Abbildung 2.1: OSPF-Terminologie

Die von den OSPF-Nachbarn erhaltenen Daten stellen keine vollständige Routing-Tabelle dar. Jeder OSPF-Router gibt Auskunft über den Status seiner Verbindungen (Abbildung 2.2). Diese Daten werden an alle Nachbarn geflutet. Dieses so genannte Flooding (dt. *Fluten*) ist ein Vorgang, bei dem Informationen über alle Ports mit Ausnahme desjenigen gesendet werden, über den sie empfangen wurden. Ein OSPF-Router gibt seine Verbindungszustände (engl. *Link States*) bekannt und leitet empfangene Informationen zu den Verbindungszuständen anderer Router weiter.

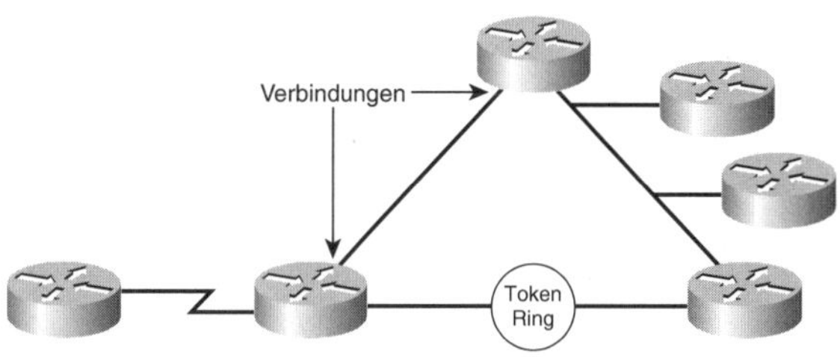

Abbildung 2.2: OSPF-Verbindungen

Die Router in Area 1 verarbeiten diese Informationen und erstellen daraus eine Link-State-Datenbank (Topologiedatenbank, Abbildung 2.3). Jeder Router in einer OSPF-Area wie der in Abbildung 2.4 gezeigten verfügt über die gleiche Link-State-Datenbank, arbeitet also mit den gleichen Daten zu den Verbindungszuständen und den Nachbarn aller anderen Router. Ein autonomes System kann in eine Anzahl von Areas unterteilt werden, die aus Gruppen zusammenhängender Netzwerke und angeschlossener Hosts bestehen. Router mit mehreren Schnittstellen können Mitglieder mehrerer Areas sein. Diese Router – die Area-Border-Router – führen getrennte Topologiedatenbanken für jede Area.

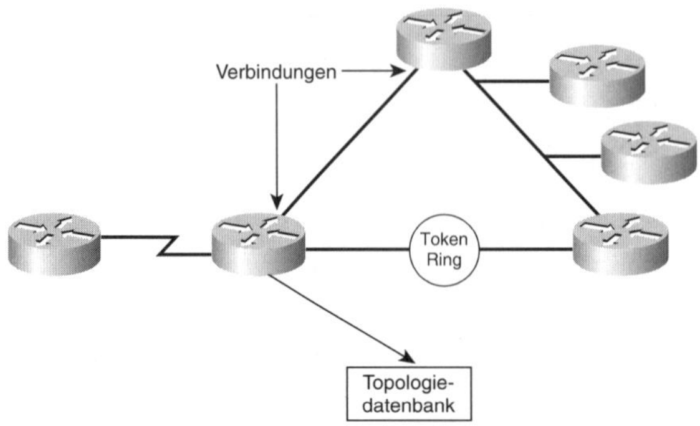

Abbildung 2.3: OSPF-Topologiedatenbank

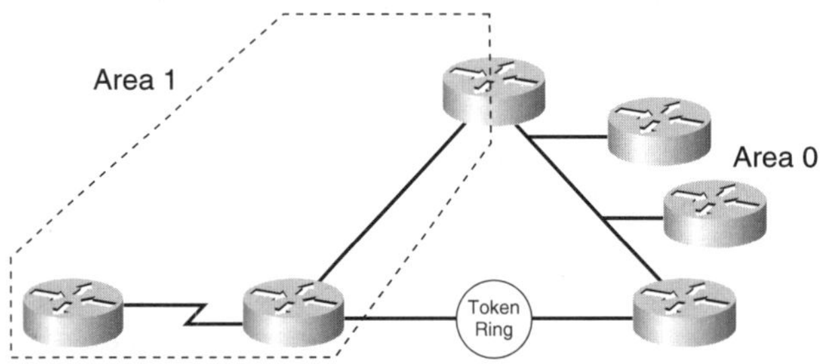

Abbildung 2.4: OSPF-Area

Danach bearbeitet jeder Router seine Kopie der Datenbank mit dem SPF-Algorithmus. Diese Berechnung ermittelt die beste Route zu einem Empfänger. Der SPF-Algorithmus fügt die Kosten hinzu – einen Wert, der in der Regel auf der Bandbreite basiert (Abbildung 2.5). Der Pfad mit dem niedrigsten Kostenwert wird in die Routing-Tabelle eingetragen, die auch Weiterleitungsdatenbank heißt.

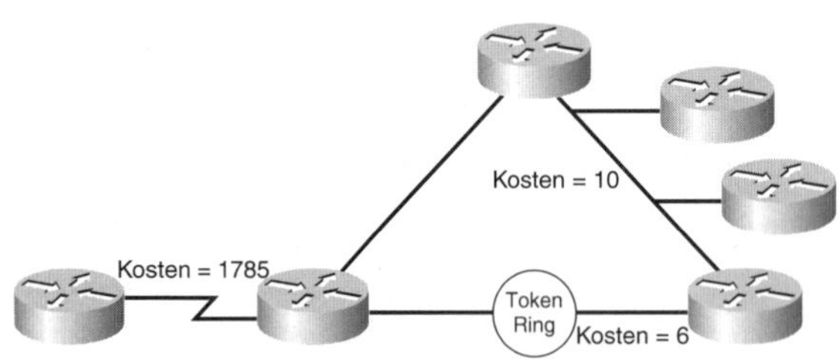

Abbildung 2.5: OSPF-Kosten

OSPF-Router zeichnen Informationen zu ihren Nachbarn in der Nachbarschaftsdatenbank auf. Um den Umfang des Austauschs von Routing-Daten zwischen mehreren Nachbarn innerhalb desselben Netzwerks zu beschränken, wählt OSPF einen DR (Designated Router, designierter Router) und einen BDR (Backup DR, Ersatz-DR) aus, die als zentrale Punkte dem Austausch von Routing-Daten dienen.

2.1.3 OSPF-Zustände

OSPF-Router stellen zunächst Beziehungen zu ihren Nachbarn her, um Link-State-Daten gemeinsam verwenden zu können. Im Gegensatz dazu senden Distanzvektorprotokolle wie RIP ihre gesamte Routing-Tabelle als Broadcast oder Multicast blindlings über jede Schnittstelle – in der Hoffnung, dass ein Router angeschlossen ist, der die Tabelle erhalten wird. RIP-Router senden alle 30 Sekunden nur eine einzige Meldung: ihre komplette Routing-Tabelle. OSPF-Router hingegen verwenden zur Ermittlung ihre Nachbarn und zur Aktualisierung der Link-State-Daten fünf verschiedene Pakettypen, die in Tabelle 2.1 aufgeführt sind.

Tabelle 2.1: OSPF-Pakettypen

OSPF-Pakettyp	Beschreibung
Typ 1: Hello	Stellt mit dem Nachbarn eine Verbindung für den Austausch von Informationen her.
Typ 2: DBD (Database Description Packet, Datenbankbeschreibungspaket)	Beschreibt den Inhalt der Link-State-Datenbank eines Routers.
Typ 3: LSR (Link State Request, Link-State-Anforderung)	Fordert bestimmte Teile aus der Link-State-Datenbank eines Routers an.
Typ 4: LSU (Link State Update)	Überträgt LSAs (Link State Advertisements) an benachbarte Router.
Typ 5: LSACK (Link State Acknowledgement, Link-State-Bestätigung)	Bestätigt den Empfang einer LSA-Meldung von einem Nachbarn.

Diese Pakettypen ermöglichen OSPF eine ausgeklügelte und komplexe Kommunikation. Wir werden sie im Verlauf dieses Kapitels noch näher beschreiben; an dieser Stelle wollen wir erst einmal die verschiedenen Beziehungen, die zwischen OSPF-Routern auftreten können, die verschiedenen Arten von OSPF-Netzwerken und das OSPF-Hello-Protokoll kennen lernen.

Der Schlüssel für einen guten Entwurf von OSPF-Netzwerken und für die Fehlersuche besteht darin, die Beziehungen (oder Zustände) zu kennen, die zwischen OSPF-Routern hergestellt werden. OSPF-Schnittstellen haben immer einen von sieben Zuständen. Die OSPF-Nachbarschaftsbeziehungen durchlaufen entsprechend der nachfolgenden Liste von oben nach unten eine Reihe von Stadien:

- Zustand *Down*
- Zustand *Init*
- Zustand *Two-Way*
- Zustand *ExStart*
- Zustand *Exchange*
- Zustand *Loading*
- Zustand *Full Adjacency*

Der Zustand *Down*

Im Zustand *Down* hat der OSPF-Prozess keine Informationen mit einem Nachbarn ausgetauscht. OSPF wartet hier auf den Wechsel in den nächsten Zustand *Init*.

Der Zustand *Init*

OSPF-Router senden in regelmäßigen Abständen (standardmäßig alle zehn Sekunden) Pakete vom Typ 1 (*Hello*-Pakete), um eine Beziehung mit benachbarten Routern herzustellen. Empfängt eine Schnittstelle das erste *Hello*-Paket, dann wechselt der Router in den Zustand *Init*, d. h., er weiß, dass ein Nachbar existiert und darauf wartet, zum nächsten Schritt zur Herstellung der Beziehung übergehen zu können.

Es gibt zwei Arten von Beziehungen – bidirektionale Beziehungen (engl. *Two-Way Communication*) und Nachbarschaftsbeziehungen (engl. *Full Adjacency*) –, zwischen denen allerdings eine Reihe von Phasen liegt.

Mit Hilfe von *Hello*-Paketen versucht jeder OSPF-Router, eine bidirektionale Kommunikation mit jedem benachbarten Router im selben IP-Netzwerk herzustellen. *Hello*-Pakete enthalten u. A. eine Liste der OSPF-Nachbarn, die der Absender kennt. Ein Router wechselt in das Stadium *Two-Way*, wenn er sich selbst im *Hello*-Paket eines Nachbarn wiederfindet. Wenn also RTB in Abbildung 2.6 erfährt, dass RTA über die Existenz von RTB Bescheid weiß, erklärt RTB, dass eine bidirektionale Beziehung mit RTA vorhanden ist.

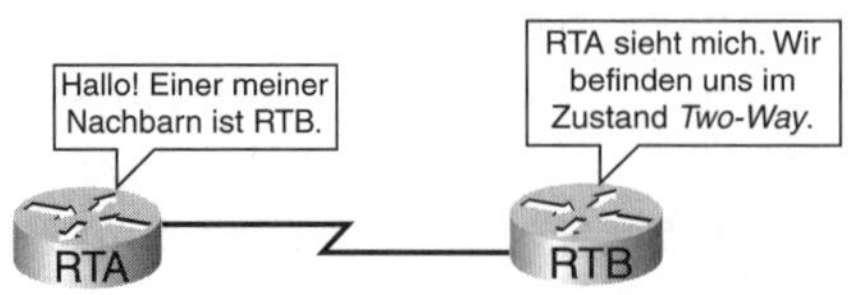

Abbildung 2.6: OSPF-Zustand Two-Way

Der Zustand *Two-Way* ist die grundlegendste Beziehung, die OSPF-Nachbarn zueinander haben können, aber Routing-Daten werden in diesem Fall nicht ausgetauscht. Um Informationen über die Verbindungszustände anderer Router erhalten und daraus letztendlich eine Routing-Tabelle erstellen zu können, muss jeder OSPF-Router mindestens eine Nachbarschaft bilden. Eine Nachbarschaft (engl. *Adjacency*) ist eine fortgeschrittene Beziehung zwischen OSPF-Routern, für die eine Reihe aufeinander folgender Zustände durchlaufen werden muss, die sich nicht nur auf *Hello*-Pakete beschränken, sondern auch die anderen vier OSPF-Pakettypen umfassen. Router, die versuchen, benachbarte Router zu werden, tauschen bereits Routing-Informationen aus, bevor die Nachbarschaft vollständig hergestellt ist. Der erste Schritt zur vollwertigen Nachbarschaft ist der Zustand *ExStart*.

Der Zustand *ExStart*

Technisch gesehen kann die Kommunikation eines Routers mit seinem Nachbarn bereits als Nachbarschaft beschrieben werden, wenn der Zustand *ExStart* erreicht wird, aber trotzdem sind diese Router dann noch keine vollwertigen Nachbarn. Der Zustand wird mit Hilfe von Paketen des Typs 2 (DBD) hergestellt. Die beiden benachbarten Router handeln über *Hello*-Pakete aus, welcher Router in der Beziehung als Master und welcher als Slave agiert; dann tauschen sie mit Hilfe von DBD-Paketen die Datenbanken aus (Abbildung 2.7).

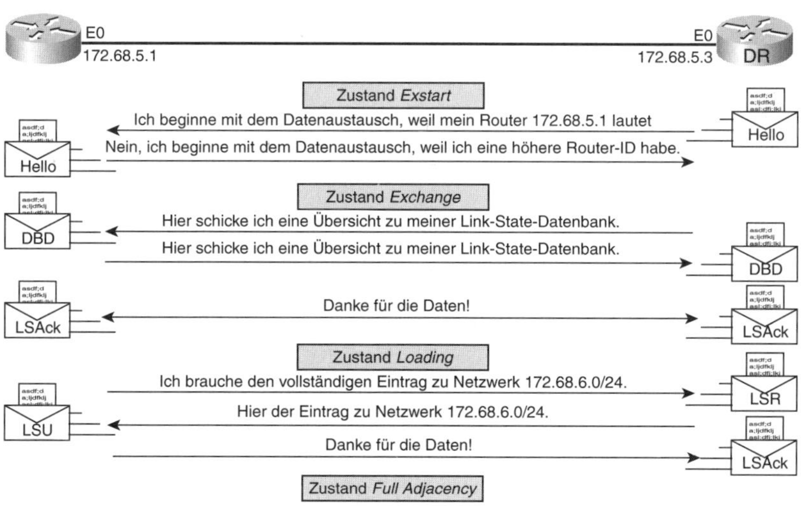

Abbildung 2.7: OSPF-Routenermittlung

Der Router mit der höchsten OSPF-Router-ID (Kennung) wird zum Master (was das für eine Kennung ist, wird im Verlauf dieses Kapitels noch beschrieben werden). Wenn die Nachbarn ihre Funktionen als Master und Slave übernommen haben, wechseln sie in den Zustand *Exchange* und starten mit der Übertragung von Routing-Informationen.

Der Zustand *Exchange*

Im Zustand *Exchange* senden benachbarte Router mit Hilfe von DBD-Paketen einander Link-State-Informationen zu (Abbildung 2.7), d. h., sie beschreiben einander ihre Link-State-Datenbanken. Die Router vergleichen das, was sie erfahren, mit ihren vorhandenen Link-State-Datenbanken. Erhält einer der Router Informationen zu einer Verbindung, die noch nicht in der Datenbank vorhanden ist, dann fordert er bei seinem Nachbarn ein vollständiges Update an. Die vollständigen Routing-Informationen werden dann im Zustand *Loading* ausgetauscht.

Der Zustand *Loading*

Haben die Router einander ihre Datenbanken beschrieben, dann können Sie mit Hilfe von Typ-3-Paketen (LSRs) vollständigere Daten abrufen. Empfängt ein Router ein LSR, dann antwortet er, indem er sein Update in Typ-4-Paketen (LSUs) versendet. Diese LSU-Pakete enthalten die eigentlichen LSAs, die das Herzstück der Link-State-Protokolle sind. Wie aus Abbildung 2.7 hervorgeht, werden LSU-Pakete mit Typ-5-Paketen (LSACKs) bestätigt.

Der Zustand *Full Adjacency*

Ist das Stadium *Loading* abgeschlossen, dann sind die Router vollwertige Nachbarn. Jeder Router führt eine Liste seiner Nachbarn, die so genannte Nachbarschaftsdatenbank. Verwechseln Sie diese Datenbank nicht mit der Link-State-Datenbank oder der Weiterleitungsdatenbank. Tabelle 2.2 zeigt die wichtigen OSPF-Datenbanken.

Tabelle 2.2: OSPF-Datenbanken

Datenbank	Beschreibung
Nachbarschaftsdatenbank	Liste aller benachbarten Router, mit denen ein Router eine bidirektionale Kommunikation hergestellt hat. Diese Liste ist auf jedem Router individuell.
Link-State-Datenbank (Topologiedatenbank)	Liste der Informationen zu allen anderen Routern im Netzwerk. Diese Datenbank zeigt die Netzwerktopologie. Alle Router innerhalb einer Area haben identische Link-State-Datenbanken.
Weiterleitungsdatenbank (Routing-Tabelle)	Routenliste, die erzeugt wird, wenn die Link-State-Datenbank einen Algorithmus durchläuft. Die Routing-Tabellen sind spezifisch für den jeweiligen Router und enthalten Informationen dazu, wie und wohin Pakete an andere Router gesendet werden können.

2.1.4 Vergleich von OSPF und Distanzvektorprotokollen

OSPF basiert auf der Link-State-Technologie, wohingegen das RIP-Protokoll die Distanzvektortechnologie verwendet. Link-State-Router arbeiten mit einem gemeinsamen Abbild des Netzwerks und tauschen Informationen zu Verbindungen aus, wenn diese beim Start von OSPF entdeckt werden oder wenn später Änderungen im Netzwerk stattfinden.

Link-State-Router senden anders als Distanzvektorprotokolle nicht in regelmäßigen Abständen ihre gesamten Routing-Tabellen und benötigen insofern zur Aktualisierung der Tabellen weniger Bandbreite.

RIP ist für kleine Netzwerke geeignet. OSPF hingegen wurde für große, skalierbare Netzwerkverbünde entwickelt. RIP wählt den besten Pfad basierend auf der Anzahl der Hops aus – dies kann aber durchaus der langsamste Pfad sein. RIP und andere Distanzvektorprotokolle verwenden zur Berechnung der besten Pfade einfache Algorithmen, während der von OSPF verwendete SPF-Algorithmus recht komplex ist. Insofern benötigen Router, die ein Distanzvektorprotokoll implementieren, weniger Arbeitsspeicher und einen weniger leistungsfähigen Prozessor als ein OSPF-Router.

OSPF wählt Routen basierend auf den Kosten aus – ein Wert, der auf die Bandbreite bezogen ist: Je höher die Bandbreite, desto geringer sind die OSPF-Kosten der Verbindung. OSPF wählt den schnellsten Pfad ohne Schleife – den SPF-Baum – als besten Pfad im Netzwerk aus. OSPF garantiert schleifenfreies Routing, während bei Distanzvektorprotokollen Routing-Schleifen durchaus auftreten können.

Sind Verbindungen instabil, dann kann das Fluten des Netzwerkes mit Link-State-Informationen zu unsynchronisierten LSAs und hierdurch zu inkonsistenten Routing-Entscheidungen der einzelnen Router führen.

OSPF weist die folgenden Vorteile auf:

- schnelle Konvergenz
- Unterstützung für VLSM
- für große Netzwerke geeignet
- intelligente Pfadauswahl
- Fähigkeit zur Gruppierung

In großen Netzwerken kann die RIP-Konvergenz mehrere Minuten dauern, da die Routing-Tabelle jedes Routers kopiert und dann an die direkt angeschlossenen Router weitergeleitet wird. Bei OSPF erfolgt die Konvergenz schneller, denn nur die Änderungen im Netzwerk werden an die anderen

Router in der Area geflutet. Wenn nur die Änderungen übertragen werden, bezeichnet man dies auch als inkrementelles Update.

OSPF ist ein klassenloses Protokoll und unterstützt VLSM. RIPv1 unterstützt im Gegensatz zu RIPv2 VLSM nicht. RIP ist auf 15 Hops beschränkt und betrachtet ein Netzwerk, das mehr als 15 Router entfernt ist, als nicht erreichbar. Insofern ist RIP auf kleine Topologien beschränkt. OSPF dagegen weist praktisch keine Größenbeschränkungen auf und ist für mittlere und große Netzwerke geeignet.

RIP wählt einen Pfad aus, indem es 1 zur Anzahl der Hops bis zu einem Netzwerk hinzuaddiert, das ihm als Nachbar gemeldet wird. Es vergleicht dann die Anzahl der Hops bis zu einem Ziel und wählt den Pfad mit der kürzesten Distanz (d. h. der geringsten Anzahl von Hops) aus. Dieser Algorithmus ist einfach und benötigt weder einen leistungsfähigen Router noch eine große Menge Speicher. RIP berücksichtigt die verfügbare Bandbreite bei der Ermittlung des besten Pfades nicht.

OSPF wählt den Pfad auf der Basis der Kosten aus. Alls OSPF-Router müssen vollständige Informationen zu den Netzwerken erhalten, damit jeder Router den kürzesten Pfad ermitteln kann. Dies ist ein komplexer Algorithmus, und OSPF benötigt leistungsfähigere Router mit mehr Speicher als RIP.

RIP verwendet eine flache Topologie, und alle Router in einem RIP-Bereich tauschen alle Daten mit allen anderen Routern aus. OSPF hingegen setzt Areas ein. Ein Netzwerk kann in mehrere Router-Cluster unterteilt werden. Auf diese Weise verringert OSPF den Datenverkehr in diesen Areas, und Änderungen in einer Area beeinträchtigen die Leistung in anderen Areas nicht. Dieser hierarchische Ansatz erlaubt die Skalierung eines Netzwerks auf ideale Weise.

CD-ROM

Siehe auch e-Lab auf der Buch-CD-ROM »Link State Routing Overview«.

2.1.5 Der SPF-Algorithmus

OSPF verwendet den SPF-Algorithmus, um den besten Pfad zu einem Empfänger zu ermitteln. In diesem Algorithmus ist der beste Pfad der mit den geringsten Kosten. Dieser Algorithmus wurde vom niederländischen Computerwissenschaftler Edsger Wybe Dijkstra entwickelt und 1959 vorgestellt. Er betrachtet ein Netzwerk als eine Gruppe von Knoten, die durch Punkt-zu-Punkt-Verbindungen miteinander verbunden sind.

Jede Verbindung hat einen Kostenwert. Jeder Knoten hat einen Namen und verfügt über eine vollständige Datenbank aller Verbindungen, d. h., alle

Informationen zur physischen Topologie sind bekannt. Der SPF-Algorithmus berechnet nun eine schleifenfreie Topologie, wobei der Knoten als Ausgangspunkt verwendet und die Informationen untersucht werden, die dieser Knoten über benachbarte Knoten hat.

2.1.6 OSPF-Netzwerktypen

Damit OSPF-Router Routing-Informationen weitergeben können, ist eine Nachbarschaftsbeziehung Voraussetzung. Ein Router versucht, zum Nachbarn mindestens eines anderen Routers in jedem IP-Netzwerk zu werden, an das er angeschlossen ist. Einige Router versuchen möglicherweise, eine Nachbarschaftsbeziehung mit all ihren benachbarten Routern herzustellen, bei anderen hingegen sind dies nur ein oder zwei Router. OSPF-Router bestimmen basierend auf dem Typ des angeschlossenen Netzwerks, mit welchen Routern sie eine Nachbarschaftsbeziehung eingehen sollen. Wurde eine solche Beziehung zwischen benachbarten Routern geschaffen, dann werden Link-State-Informationen ausgetauscht. Wie nachfolgend aufgelistet und in Abbildung 2.8 gezeigt, erkennen OSPF-Schnittstellen drei Arten von Netzwerken:

- Broadcast-Multiaccess-Netzwerke (dt. *Mehrfachzugriffsnetze mit Broadcasting*)
- NBMA-Netzwerke (Non-Broadcast Multiaccess)
- Point-to-Point-Netzwerke

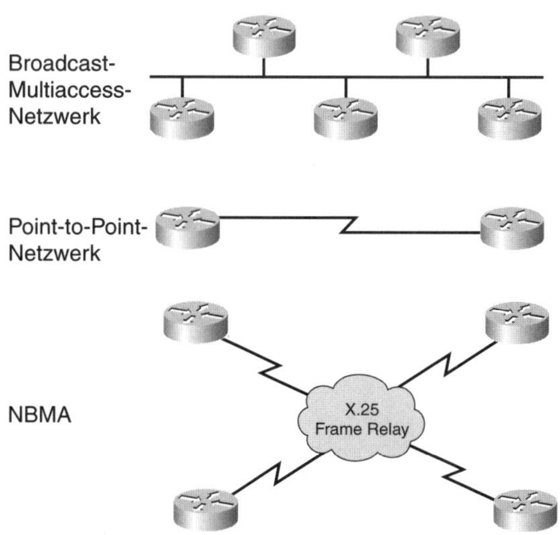

Abbildung 2.8: OSPF-Netzwerktypen

Ein Administrator kann einen vierten Netzwerktyp – das Point-to-Multipoint-Netzwerk – an einer Schnittstelle konfigurieren. Tabelle 2.3 listet die OSPF-Netzwerktypen auf.

Tabelle 2.3: OSPF-Netzwerktypen

Netzwerktyp	Technologien/Eigenschaften	DR-Auswahl?
Broadcast-Multiaccess (BMA)	Ethernet, Token Ring oder FDDI	Ja
NBMA	Frame Relay, X.25, SMDS	Ja
Point-to-Point	PPP, HDLC	Nein
Point-to-Multipoint	von Administrator konfiguriert	Nein

In einem Broadcast-Multiaccess-Netzwerk ist vorher nicht bekannt, wie viele Router angeschlossen sein werden. Bei Point-to-Point-Netzwerken sind immer nur zwei Router angeschlossen. Müsste jeder Router mit jedem anderen Router eine vollwertige Nachbarschaft herstellen und mit jedem Nachbarn Link-State-Informationen austauschen, dann wäre in NBMA- und BMA-Netzwerken das Datenaufkommen viel zu hoch. Fünf Router beispielsweise würden die Herstellung von zehn Nachbarschaftsbeziehungen und den Austausch von zehn Link-State-Informationen bedingen. Bei zehn Routern wären es bereits 45 Nachbarschaftsbeziehungen. Die allgemeine Formel besagt, dass für n Router $(n \times (n - 1)) \div 2$ Nachbarschaftsbeziehungen geschaffen werden müssten.

Die Lösung für dieses Problem besteht in der Auswahl eines designierten Routers. Dieser DR wird für alle Router im Broadcast-Segment zum Nachbar. Alle Router im Segment senden ihre Link-State-Daten an den DR. Dieser agiert sozusagen als »Sprachrohr« des Segments. Verwendet man die Zahlen des vorangegangenen Beispiels, dann werden nur fünf bzw. zehn Link-State-Sätze ausgetauscht. Der DR sendet die Link-State-Informationen an alle anderen Router im Segment, wobei er die Multicast-Adresse der OSPF-Router (224.0.0.5) verwendet.

Trotz des Zuwachses an Effizienz, den die DR-Auswahl bietet, entsteht dabei ein Problem: Der DR stellt eine fehlerkritische Komponente (engl. *Single Point of Failure*) dar. Aus diesem Grund wird ein zweiter Router als BDR (Backup Designated Router, Reserve-DR) festgelegt. Dieser übernimmt die Aufgaben des DR, wenn dieser ausfallen sollte. Abbildung 2.9 zeigt DR und BDR beim Empfang von LSAs. Um sicherzustellen, dass sowohl der DR als auch der BDR die Link-State-Meldungen erhalten, senden alle Router im Segment ihre Routing-Informationen unter Verwendung der Multicast-Adresse der designierten Router (224.0.0.6).

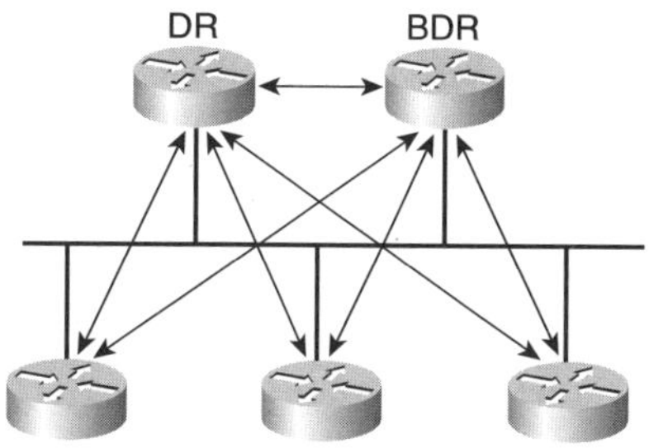

Abbildung 2.9: DR und BDR empfangen LSAs.

In Point-to-Point-Netzwerken sind nur zwei Knoten vorhanden, weswegen hier DR und BDR nicht ausgewählt werden. Die beteiligten Router werden vollwertige Nachbarn des jeweils anderen Routers.

2.1.7 Das Hello-Protokoll

Wenn ein Router einen OSPF-Routing-Prozess an einer Schnittstelle startet, sendet er ein *Hello*-Paket und wiederholt dies dann in regelmäßigen Abständen. Die Regeln, nach denen der Austausch von *Hello*-Paketen erfolgt, werden vom Hello-Protokoll vorgeschrieben.

In Schicht 3 des OSI-Modells werden die *Hello*-Pakete an die Multicast-Adresse 224.0.0.5 gesendet. Diese Adresse bedeutet übersetzt »an alle OSPF-Router«. Für OSPF-Router sind *Hello*-Pakete der erste Schritt zur Bildung neuer Nachbarschaften; sie sollen zudem sicherstellen, dass die benachbarten Router noch immer funktionieren. Standardmäßig werden *Hello*-Pakete in Multiaccess-Netzwerken mit Broadcasting und in Point-to-Point-Netzen alle zehn Sekunden gesendet. An Schnittstellen, die mit NBMA-Netzwerken verbunden sind (z. B. Frame Relay), werden *Hello*-Pakete alle 30 Sekunden versendet. In Multiaccess-Netzwerken wählt das Hello-Protokoll einen DR und einen BDR aus.

Zwar sind *Hello*-Pakete klein, aber sie enthalten den OSPF-Paket-Header (Abbildung 2.10). Das Typenfeld im *Hello*-Paket hat den Wert 1.

<table>
<tr><td>Version</td><td>Typ</td><td colspan="2">Paketlänge</td></tr>
<tr><td colspan="4">Router-ID</td></tr>
<tr><td colspan="4">Area-ID</td></tr>
<tr><td colspan="2">Prüfsumme</td><td colspan="2">Authentifizierungstyp</td></tr>
<tr><td colspan="4">Authentifizierungsdaten</td></tr>
</table>

Abbildung 2.10: OSPF-Paket-Header

Den vom *Hello*-Paket übermittelten Informationen müssen alle Nachbarn zustimmen, um eine Nachbarschaft bilden und Link-State-Informationen austauschen zu können (Abbildung 2.11).

Netzwerkmaske		
Hello-Interval	Optionen	Router-Priorität
Dead-Intervall		
DR		
BDR		
ID des benachbarten Routers		
ID des benachbarten Routers		
(Bei Bedarf können weitere Kennungen benachbarter Router bis zum Ende des Headers eingefügt werden.)		

Abbildung 2.11: OSPF-Hello-Header

2.2 Ablauf des OSPF-Prozesses

Router durchlaufen bei einem OSPF-Vorgang fünf getrennte Schritte:

- Router-Nachbarschaften herstellen
- DR und BDR auswählen (sofern notwendig)
- Routen ermitteln
- geeignete Routen auswählen
- Routing-Daten aktualisieren

Die folgenden Abschnitte beschreiben diesen Ablauf detailliert.

2.2.1 Router-Nachbarschaften herstellen

Der erste Schritt beim OSPF-Vorgang ist die Herstellung von Router-Nachbarschaften. Jeder der drei in Abbildung 2.12 gezeigten Router versucht, benachbarter Router eines anderen Routers im gleichen IP-Netzwerk zu werden. Zu diesem Zweck sendet RTB *Hello*-Pakete und macht so seine eigene Router-ID bekannt.

Wenn man davon ausgeht, dass RTB entsprechend konfiguriert ist, sendet er *Hello*-Pakete als Multicasts über die beiden Schnittstellen S0 und E0. RTA und RTC sollten diese *Hello*-Pakete empfangen. Diese beiden Router fügen die Router-ID von RTB dann in das entsprechende Feld für Nachbarn ihrer *Hello*-Pakete ein und wechseln mit RTB in das Stadium *Init*.

RTB empfängt *Hello*-Pakete seiner beiden Nachbarn und findet darin seine eigene Kennung (10.6.0.1) im Nachbarkennungsfeld wieder. Aufgrund dessen deklariert RTB den Zustand *Two-Way* zwischen sich und RTA sowie zwischen sich und RTC.

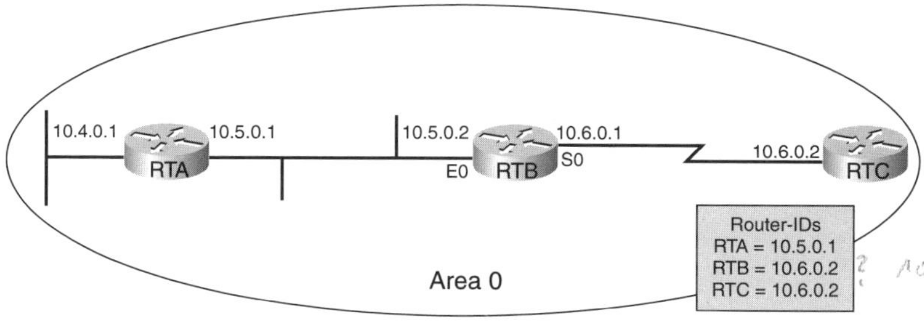

Abbildung 2.12: OSPF-Topologie (Beispiel)

An dieser Stelle entscheidet RTB basierend auf dem Typ des Netzwerks, in dem eine gegebene Schnittstelle liegt, mit welchen Routern Nachbarschaften hergestellt werden sollen. Handelt es sich um ein Point-to-Point-Netzwerk, dann stellt der Router eine Nachbarschaftsbeziehung mit seinem einzigen Partner her. In Multiaccess-Netzwerken tritt RTB in den Vorgang zur Auswahl von DR oder BDR ein, sofern diese beiden Funktionen nicht bereits vergeben sind (dies entnimmt der Router den Informationen im *Hello*-Paket-Header).

Ist eine Auswahl notwendig, dann fahren die OSPF-Router wie im nächsten Abschnitt beschrieben fort. Andernfalls – also wenn keine Auswahl notwendig ist – wechseln die Router in den *ExStart*-Zustand (siehe Abschnitt »Routen «).

2.2.2 DR und BDR auswählen

Da Multiaccess-Netzwerke mehr als zwei Router unterstützen, wählt OSPF einen DR aus, der als Konzentrationspunkt aller Link-State-Updates und LSAs dient. Da die DR-Funktion systemkritisch ist, wird ein BDR ausgewählt, der bei Ausfall des DR reibungslos einspringt. Abbildung 2.13 zeigt den Auswahlprozess für DR und BDR.

Wie jede Wahl kann auch der DR-/BDR-Auswahlvorgang manipuliert werden. Die *Hello*-Pakete sind hierbei die Stimmzettel; sie enthalten die Router-ID- und Prioritätsfelder eines Routers. Der Router mit dem höchsten Prioritätswert in einer Gruppe benachbarter Router gewinnt die Wahl und wird zum DR, der Router mit der zweithöchsten Priorität zum BDR. Sind DR und BDR gewählt, dann behalten sie ihre Funktionen, bis einer von ihnen ausfällt, und zwar auch dann, wenn zusätzliche Router mit höheren Prioritätswerten im Netzwerk erscheinen. *Hello*-Pakete informieren Neuankömmlinge über die Existenz von DR und BDR.

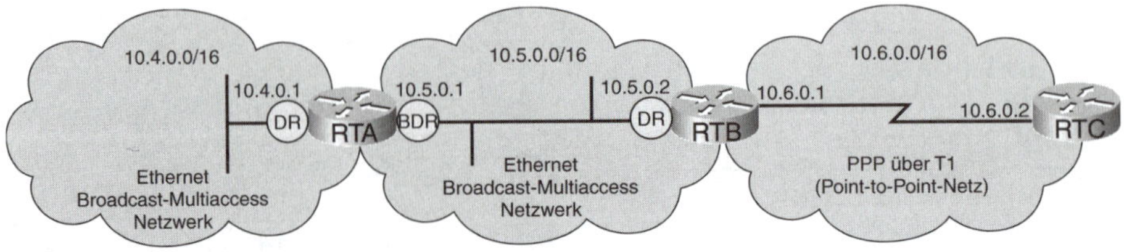

Abbildung 2.13: OSPF-Auswahlprozess für DR und BDR

OSPF-Router weisen standardmäßig immer den gleichen Prioritätswert 1 auf. Sie können nun jeder vorhandenen OSPF-Schnittstelle eine Priorität zwischen 0 und 255 zuweisen. Der Prioritätswert 0 verhindert, dass der Router eine Auswahl an der betreffenden Schnittstelle gewinnen kann, während die Priorität 255 zumindest ein Patt ermöglicht. Das Feld mit der ID des Routers wird verwendet, um einen solchen Gleichstand aufzulösen: Weisen zwei Router die gleiche Priorität auf, dann wird der Router mit der höheren ID ausgewählt. Trotzdem sollte stattdessen der Prioritätswert über die Auswahl entscheiden, denn an jeder Schnittstelle lässt sich eine individuelle Priorität konfigurieren. Ein Router lässt sich leicht so einstellen, dass er eine Auswahl an einer Schnittstelle gewinnt, während eine andere seiner Schnittstellen die Auswahl verliert.

Wie nun wirkt sich der DR-Auswahlvorgang im Beispielnetzwerk aus? Wie Abbildung 2.13 zeigt, sind RTB und RTC durch eine Point-to-Point-Leitung miteinander verbunden, die das PPP-Protokoll (Point-to-Point Protocol) verarbeitet. Im Netzwerk 10.6.0.0/16 wird kein DR benötigt, denn an dieser Verbindung können nur zwei Router vorhanden sein.

Da die Netzwerke 10.4.0.0/16 und 10.5.0.0/16 Multiaccess-Netzwerke auf Ethernet-Basis sind, können hier theoretisch mehr als zwei Router angeschlossen werden. Auch wenn nur ein Router in einem Mehrzugriffssegment angeschlossen ist, wird ein DR ausgewählt, weil nachträglich immer noch weitere Router dem Netzwerk hinzugefügt werden können. Insofern muss für die Netzwerke 10.4.0.0/16 und 10.5.0.0/16 jeweils ein DR ausgewählt werden.

ANMERKUNG

DRs und BDRs werden jeweils pro Netzwerk ausgewählt. Da eine OSPF-Area durchaus mehr als ein IP-Netzwerk umfassen kann, kann jeder Bereich auch mehrere DRs und BDRs aufweisen.

In der Beispieltopologie spielt RTA eine Doppelrolle als DR und BDR. Da er der einzige Router im Netzwerk 10.4.0.0/16 ist, wählt er sich selbst als DR aus. Dieses Netzwerk ist ein Multiaccess-Netzwerk auf Ethernet-Basis, d. h., ein DR muss gewählt werden, weil ja immer noch weitere Router in diesem Netzwerk hinzugefügt werden können. RTA ist aber auch der Zweitplatzierte der Auswahl im Netzwerk 10.5.0.0/16 und insofern der BDR dieses Netzwerks. Zwar weist RTA den gleichen Prioritätswert wie RTB auf, aber ausschlaggebend für die Wahl von RTB als DR in diesem Netzwerk ist die höhere Router-ID (10.5.0.2 gegenüber 10.5.0.1).

Sind die Wahlen abgeschlossen und ist die bidirektionale Kommunikation hergestellt, dann sind die Router zur Weitergabe von Routing-Informationen an benachbarte Router und zum Aufbau der Link-State-Datenbank bereit. Dieser Vorgang wird im nächsten Abschnitt beschrieben.

2.2.3 Routen ermitteln

In einem Multiaccess-Netzwerk findet der Austausch von Routing-Daten zwischen dem DR oder dem BDR und den anderen Routern im Netzwerk statt. Als DR und BDR im Netzwerk 10.5.0.0/16 tauschen RTA und RTB Link-State-Daten aus. Verbindungspartner in einem Point-to-Point- oder Point-to-Multipoint-Netzwerk nehmen ebenfalls am Datenaustausch teil. Insofern tauschen auch RTB und RTC Link-State-Daten aus.

Bleibt die Frage: Wer fängt an? Die Antwort finden wir in der ersten Stufe des Austauschvorgangs. Der Zweck des Stadiums *ExStart* ist, eine Master-Slave-Beziehung zwischen den zwei Routern herzustellen.

Der Router, der die höchste Router-ID im *Hello*-Paket angibt, agiert als Master (vgl. Abbildung 2.7). Er dirigiert sozusagen den Austausch von Link-State-Informationen, während der Slave-Router auf Aufforderungen des Masters reagiert. RTB führt diesen Vorgang sowohl mit RTA als auch mit RTC durch.

Haben die Router ihre Rollen als Master und Slave definiert, dann wechseln sie in das *Exchange*-Stadium. Wie Abbildung 2.7 zeigt, geleitet der Master den Slave durch einen Austausch von DBD-Paketen, die Angaben aus der Link-State-Datenbank des Routers enthalten. Zu diesen Angaben gehört der Link-State-Typ, die Adresse des bekannt gebenden Routers, die Kosten der Verbindung und eine Sequenznummer.

Die Router bestätigen den Empfang eines DBD-Pakets durch Versand eines LSACK-Pakets (Typ 5), das die Sequenznummer des DBD-Pakets enthält. Jeder Router vergleicht die über das DBD-Paket erhaltenen Informationen mit den Daten, über die er bereits verfügt. Gibt das DBD-Paket neue oder aktuellere Link-State-Informationen bekannt, dann wechselt der Router in den *Loading*-Zustand, indem er ein LSR-Paket (Typ 3) zu diesem Eintrag versendet. Als Reaktion auf das LSR-Paket sendet ein Router die vollständigen Link-State-Informationen in einem LSU-Paket (Typ 4). LSUs transportieren LSAs.

Ist das *Loading*-Stadium abgeschlossen, dann erreichen die Router eine vollwertige Nachbarschaftsbeziehung, d. h., sie wechseln in den Zustand *Full Adjacency*. Am Ende des in Abbildung 2.7 gezeigten Vorgangs ist RTB ein vollwertiger Nachbar von RTA und RTC. In diesem Stadium müssen sich benachbarte Router befinden, bevor sie ihre Routing-Tabellen erstellen und Daten routen können. An diesem Punkt sollten alle benachbarten Router identische Link-State-Datenbanken aufweisen.

2.2.4 Beste Route auswählen

Verfügt ein Router über eine vollständige Link-State-Datenbank, dann kann er seine eigene Routing-Tabelle erstellen und auf dieser Basis Datenverkehr weiterleiten. Wie bereits weiter oben in diesem Kapitel erwähnt, verwendet OSPF als Metrik den Kostenwert, um den besten Pfad zu einem Empfänger zu bestimmen (Abbildung 2.14). Der Standardwert der Kosten basiert auf der Bandbreite der jeweiligen Verbindung. In der Regel sind die Kosten umso niedriger, je schneller eine Verbindung ist. Die 10-Mbit/s-Ethernet-Schnittstelle E0 von RTB beispielsweise hat einen niedrigeren Kostenwert als die serielle T1-Leitung (S0), da 10 Mbit/s schneller sind als 1,544 Mbit/s.

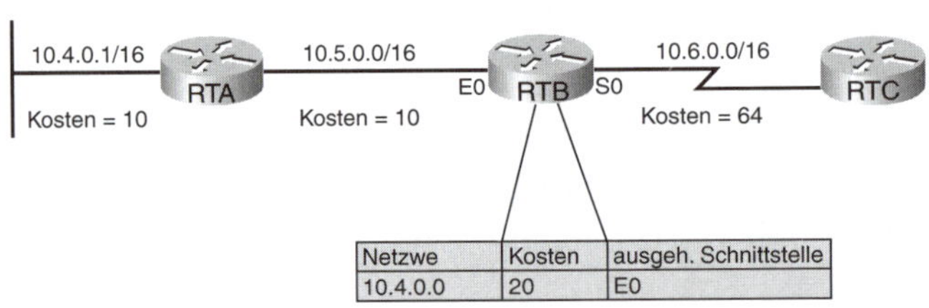

Abbildung 2.14: Auswahl der besten Router bei OSPF

Zur Berechnung der geringsten Kosten zu einem Empfänger verwendet RTB den SPF-Algorithmus. Vereinfacht gesagt, addiert dieser Algorithmus die Gesamtkosten zwischen dem lokalen Router (der *Root* genannt wird) und dem Zielnetzwerk auf. Existieren mehrere Pfade zu einem Empfänger, dann wird der Pfad mit dem geringsten Kostenfaktor bevorzugt. Abbildung 2.14 zeigt diesen Vorgang. Standardmäßig schreibt OSPF zum Zweck des Verteilung der Last (engl. *Load Balancing*) bis zu vier Routeneinträge mit identischen Kosten in die Routing-Tabelle.

Wenn beispielsweise eine Verbindung in schneller Folge ausfällt und kurz danach wieder verfügbar ist, bezeichnet man dies als Flapping. Verursacht eine derart instabile Verbindung die Erzeugung von LSU-Paketen, dann müssen Router, die diese Updates erhalten, den SPF-Algorithmus wiederholt ausführen, um die Routen neu zu berechnen. Ein andauerndes Flapping kann die Leistungsfähigkeit des Routers erheblich beeinträchtigen, denn die wiederkehrenden SPF-Berechnungen können den Prozessor des Routers überfordern; zudem verhindern die ständigen Updates eine Konvergenz der Link-State-Datenbanken.

Um diesem Problem zu begegnen, verwendet die Cisco IOS Software einen SPF-Hold-Timer. Wird eine LSU empfangen, dann bestimmt dieser Timer, wie lange ein Router warten muss, bevor er den SPF-Algorithmus ausführt. Mit Hilfe des Befehls `timers spf` können Sie den Timer einstellen; der Vorgabewert beträgt 10 Sekunden.

Nachdem RTB nun die besten Routen mit Hilfe des SPF-Algorithmus ermittelt hat, wechselt er ins letzte Stadium des OSPF-Prozesses.

2.2.5 Routeninformationen pflegen

Wenn ein OSPF-Router Routen in seiner Routing-Tabelle installiert hat, muss er diese Daten regelmäßig pflegen. Tritt eine Änderung in den Link-State-Daten auf, dann informiert der OSPF-Router die anderen Router mit Hilfe des Flooding-Verfahrens über diese Änderungen. Das Feld *Dead Interval* des Hello-Protokolls stellt eine einfache Methode dar, um einen Verbindungspartner als ausgefallen zu deklarieren. Wenn RTB für eine bestimmte Zeit – eben das *Dead*-Intervall (das den Standardwert von 40 Sekunden hat) – nichts mehr von RTA hört, dann definiert RTB seine Verbindung zu RTA als ausgefallen.

Nun versendet RTB ein LSU-Paket, das die neuen Link-State-Informationen enthält:

- In einem Point-to-Point-Netzwerk sind DR und BDR nicht vorhanden. Neue Link-State-Daten werden an die Multicast-Adresse 224.0.0.5 gesendet. Alle OSPF-Router hören auf diese Adresse.
- In einem Multiaccess-Netzwerk existieren DR und BDR und realisieren Nachbarschaftsbeziehungen mit allen anderen OSPF-Routern im Netzwerk. Müssen ein DR oder BDR ein Link-State-Update senden, dann wird dieses über die Adresse 224.0.0.5 an alle OSPF-Router gesendet. Die übrigen Router im Multiaccess-Netzwerk sind nur mit dem DR und dem BDR benachbart und können LSUs nur an diese versenden. Aus diesem Grund haben DR und BDR eine eigene Multicast-Adresse

(224.0.0.6). Router, die nicht DR oder BDR sind, senden ihre LSUs an 224.0.0.6, d. h. an alle DR- und BDR-Router.

In Abbildung 2.15 bemerkt ein Router eine Änderung des Verbindungszustandes und sendet ein LSU-Paket, das den aktualisierten LSA-Eintrag enthält, als Multicast an 224.0.0.6, also an alle OSPF-DRs (und -BDRs).

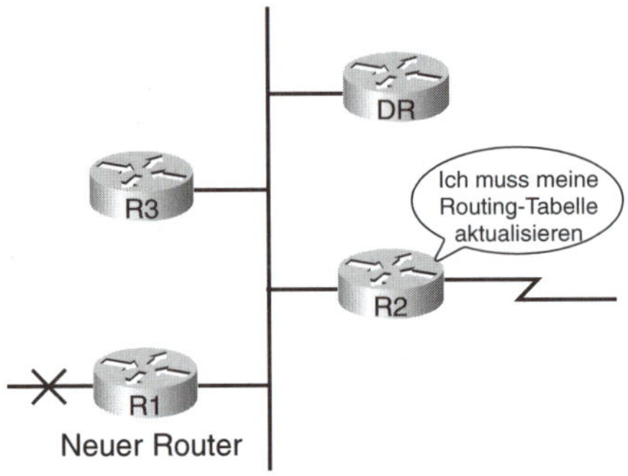

Abbildung 2.15: OSPF-Link-State-Informationen

Wenn der DR die für 224.0.0.6 bestimmte LSU empfangen und bestätigt hat, flutet er sie an 224.0.0.5, also an alle OSPF-Router im Netzwerk. Jeder Router bestätigt den Empfänger der LSU mit einer LSACK-Meldung.

Ist ein OSPF-Router an noch ein Netzwerk angeschlossen, dann flutet er die LSU in weitere Netzwerke, indem er sie an den DR des Multiaccess-Netzwerks bzw. an den benachbarten Router eines Point-to-Point-Netzwerks weiterleitet. Der DR wiederum sendet die LSU als Multicast an alle anderen OSPF-Router in jenem Netzwerk.

Hat ein OSPF-Router eine LSU empfangen, die neue Daten enthält, dann aktualisiert er seine Link-State-Datenbank. Danach führt er unter Verwendung der neuen Informationen den SPF-Algorithmus aus, um die Routing-Tabelle neu zu berechnen. Nach Ablauf des SPF-Hold-Timers schaltet der Router dann auf die neue Routing-Tabelle um.

Ist an einem Cisco-Router eine Route zu einem Ziel bereits vorhanden, dann wird diese verwendet, während der SPF-Algorithmus die neuen Informationen verarbeitet. Berechnet der Algorithmus eine neue Route, dann wird diese erst nach Abschluss der SPF-Berechnungen benutzt.

Beachten Sie, dass, auch wenn keine Änderung des Verbindungsstatus stattgefunden hat, die OSPF-Routing-Daten regelmäßig aktualisiert werden. Jeder LSA-Eintrag hat einen eigenen Ablauftimer. Der Standardtimerwert beträgt 30 Minuten. Läuft der Eintrag ab, dann sendet der Router, von dem der Eintrag ursprünglich stammte, eine LSU an das Netzwerk, um zu prüfen, ob die Verbindung noch immer aktiv ist.

CD-ROM

Siehe auch e-Lab auf der Buch-CD-ROM »OSPF Terminology Crossword Puzzle«.

2.3 Single-Area-OSPF konfigurieren

Um OSPF zu konfigurieren, müssen Sie es zunächst am Router aktivieren und dann die Netzwerkadressen und Area-Informationen konfigurieren (Abbildung 2.16). Hierzu gehen Sie wie folgt vor:

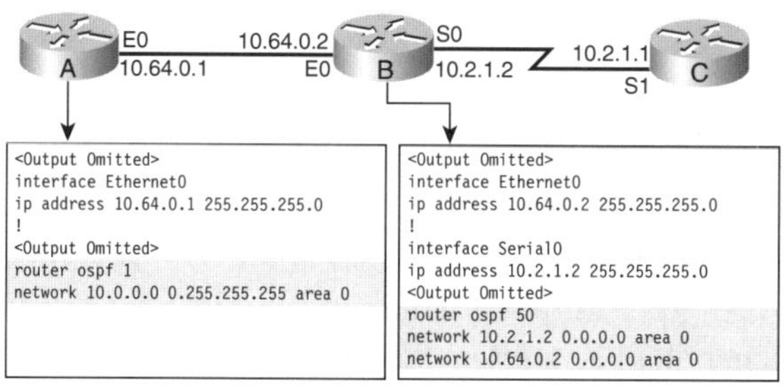

Abbildung 2.16: Grundlegende OSPF-Konfiguration

1. Aktivieren Sie OSPF mit Hilfe des folgenden Befehls am Router:

   ```
   router(config)# router ospf prozess-id
   ```

   prozess-id ist eine Nummer zur Kennung des Routing-Prozesses am lokalen Router. Die Prozesskennung wird zur Unterscheidung mehrerer OSPF-Prozesse am gleichen Router verwendet. Es handelt sich hierbei um einen Wert zwischen 1 und 65.535. Sie müssen bei der Nummerierung von OSPF-Prozessen aber nicht mit 1 beginnen. Die meisten Netzwerkadministratoren verwenden im gesamten AS global die gleiche Prozesskennung. Sie können mehrere OSPF-Prozesse am gleichen Router ausführen, aber davon sei abgeraten, da auf diese Weise mehrere Datenbankinstanzen erstellt werden, welche die Arbeitsbelastung des Routers unnötig erhöhen.

2. Bezeichnen Sie nun mit Hilfe des folgenden Befehls die IP-Netzwerke am Router:

```
router(config-router)# network adresse wildcard-maske area area-id
```

Für jedes Netzwerk müssen Sie die Area angeben, zu der es gehört. Der Wert *adresse* kann die Adresse eines Netzwerks, eines Subnetzes oder der Schnittstelle sein. Der Router weiß, wie er die Adresse zu interpretieren hat, indem er sie mit der Wildcard-Maske vergleicht. Eine Wildcard-Maske ist notwendig, weil OSPF anders als RIPv1 und IGRP CIDR- und VLSM-Unterstützung bietet. Das Argument *area-id* ist auch dann notwendig, wenn OSPF für eine einzelne Area konfiguriert wird. Auch hier ist wieder zu beachten, dass mehr als ein IP-Netzwerk zur gleichen Area gehören kann.

Entwurf und Implementierung großer OSPF-Netze beginnen immer damit, das OSPF-Routing für eine einzelne Area zu konfigurieren. OSPF wird dabei ähnlich wie andere Routing-Protokolle konfiguriert. Einige Unterschiede liegen bei der Art und Weise vor, wie die bekannt zu machenden Netzwerke in der Anweisung `network` angegeben werden; das liegt daran, dass es sich um ein Link-State-Protokoll handelt.

OSPF benötigt für einen erfolgreichen Betrieb eine Prozesskennung (Prozess-ID) und eine Router-Kennung (Router-ID). Um die Stabilität von OSPF sicherzustellen, wird eine Loopback-Adresse als Router-ID konfiguriert. Ferner wird in Multiaccess-Netzwerken mit Broadcasting ein DR gewählt. Dieser Router verteilt im Namen aller anderen Router Link-State-Informationen im Segment. In manchen Fällen sollten Sie sicherstellen, dass ein bestimmter Router ausgewählt wird. Diesem Router konfiguriert man eine hohe Priorität, um das Ergebnis des DR-Auswahlprozesses sicherzustellen.

CD-ROM

Siehe auch e-Lab auf der Buch-CD-ROM »Configuring OSPF in a Single Area«.

2.3.1 Loopback-Adresse konfigurieren

Wenn der OSPF-Prozess startet, verwendet die Cisco IOS Software die höchste lokale IP-Adresse als OSPF-Router-ID. Wenn eine Loopback-Schnittstelle konfiguriert wird, wird hingegen deren Adresse unabhängig von ihrem Wert benutzt. Sie weisen mit den folgenden Befehlen einer Lookback-Schnittstelle eine IP-Adresse zu:

```
router(config)#interface loopback nummer
router(config-if)#ip address ip-adresse subnetzmaske
```

Die Implementierung einer Router-ID über eine Loopback-Adresse gewährleistet Stabilität, denn diese Schnittstelle ist immun gegen Leitungsausfall.

Die Loopback-Schnittstelle muss konfiguriert werden, bevor der OSPF-Prozess startet, damit sie Vorrang vor der höchsten Schnittstellen-IP-Adresse erhält.

Die Verwendung der Loopback-Adresse wird für alle zentralen Router in Ihrem OSPF-basierten Netzwerk empfohlen. Um Routing-Probleme zu vermeiden, ist es gängige Praxis, bei der Konfiguration einer Loopback-IP-Adresse eine 32-Bit-Subnetzmaske zu verwenden (Listing 2.1).

Listing 2.1: Loopback-Adresse mit Hostmaske konfigurieren

```
router(config)#interface loopback0
router(config-if)#ip address 192.168.1.1 255.255.255.255
```

Eine 32-Bit-Maske wird manchmal auch als Hostmaske bezeichnet, denn sie gibt einen einzelnen Host und nicht ein Netzwerk oder Subnetz an.

2.3.2 OSPF-Router-Priorität ändern

Sie können die Auswahl von DR und BDR manipulieren, indem Sie eine andere Priorität als die Standardeinstellung (1) konfigurieren. Die Einstellung 0 gewährleistet, dass der betreffende Router nicht zum DR oder BDR gewählt wird. Jede OSPF-Schnittstelle kann eine andere Priorität verwenden. Sie können den Prioritätswert – eine Zahl zwischen 0 und 255 – mit Hilfe des Befehls `ip ospf priority` wie folgt konfigurieren:

```
router(config-if)#ip ospf priority nummer
```

Um der Schnittstelle E0 eines Routers die Priorität 0 zuzuweisen (wodurch verhindert wird, dass dieser Router zum DR oder BDR des Netzwerks wird), verwenden Sie die in Listing 2.2 gezeigten Befehle.

Listing 2.2: Priorität von E0 einstellen

```
RTB(config)#interface e0
RTB(config-if)#ip ospf priority 0
```

Damit der Prioritätswert bei der Auswahl berücksichtigt werden kann, muss er gesetzt werden, bevor die Wahl stattfindet. Der Prioritätswert einer Schnittstelle und andere Schlüsselinformationen können mit dem Befehl `show ip ospf interface` (Listing 2.3) angezeigt werden. Die Ausgabe dieses Beispiels zeigt die Router, die als DR und BDR gewählt wurden, den Netzwerktyp (in diesem Fall `BROADCAST`, d. h. ein Multiaccess-Netzwerk mit Broadcasting), die Kosten (10) und die für die Schnittstelle festgelegten Timerintervalle: *Hello* (10), *Dead* (40), *Wait* (40) und *Retransmit* (5). Diese Timer werden im nächsten Abschnitt beschrieben.

Je höher die Priorität, desto wahrscheinlicher ist die Wahl eines Routers zum DR. Sie ändern die OSPF-Priorität durch Eingabe des Befehls `ip ospf priority` für eine Schnittstelle im OSPF-Netzwerk. In Listing 2.3 zeigt der Befehl `show ip ospf interface` den Wert 1 für die Priorität der Schnittstelle an.

Listing 2.3: Ausgabe des Befehls `show ip ospf interface`

```
Routers#show ip ospf interface e0

Ethernet0 is up, line protocol is up
    Internet Address 10.5.0.2, Area 0
    Process ID 1, Router ID 10.6.0.1, Network Type BROADCAST, Cost:  10
    Transmit Delay is 1 sec, State Dr, Priority 1
    Designated Router (ID) 10.6.0.2, Interface address 10.6.0.1
    Backup Designated router (ID) 10.5.0.1, Interface address 10.5.0.1
    Timer intervals configured, Hello 10, Dead 40, Wait 40, Retransmit 5
        Hello due in 00:00:03
    Index 1/1, flood queue length 0
    Next 0x0(0)/0x0(0)
    Last flood scan length is 1, maximum is 1
    Last flood scan time is 0 msec, maximum is 0 msec
    Neighbor Count is 2, Adjacent neighbor count is 2
        Adjacent with neighbor 10.5.0.1 (Backup Designated Router)
    Suppress hello for 0 neighbor(s)
```

E-Lab und Lab

Siehe auch CNAP und [1] »Configuring the OSPF Routing Process« und »Configuring OSPF with Loopback Addresses«.

2.3.3 OSPF-Metrik ändern

OSPF verwendet zur Bestimmung des besten Pfades die Kosten als Metrik. Die Cisco IOS Software bestimmt die Kosten automatisch basierend auf der Bandbreite der Schnittstelle. Die Kosten werden mit der folgenden Formel berechnet:

$$10^8 \div \text{Bandbreite}$$

Damit OSPF die Routen korrekt berechnen kann, müssen alle Schnittstellen, die an der gleichen Verbindung beteiligt sind, sich über die Kosten einig sein. Der Kostenwert kann geändert werden, um das Ergebnis der OSPF-Kostenberechnung zu beeinflussen. Eine Änderung der Kosten ist oft notwendig in Routing-Umgebungen, in denen Geräte unterschiedlicher Hersteller eingesetzt werden. Dies liegt daran, dass die Kostenwerte der Hersteller angeglichen werden müssen.

Für Verbindungen sind Standardkosten definiert, die auf der Verbindungstechnologie basieren. Ein Administrator kann die OSPF-Kostenmetrik einer Verbindung ändern. Tabelle 2.4 zeigt die Standardverbindungskosten.

Tabelle 2.4: OSPF-Standardkosten

Medium	Kosten
serielle Verbindung mit 56 Kbit/s	1785
T1 (serielle Verbindung mit 1,544 Mbit/s)	64
E1 (serielle Verbindung mit 2,048 Mbit/s)	48
10-Mbit/s-Ethernet	10
Token Ring (16 Mbit/s)	6
100-Mbit/s-Fast Ethernet, FDDI	1

Die Verbindungskosten werden mit Hilfe des folgenden Schnittstellenkonfigurationsbefehls eingestellt:

```
Router(config-if)#ip ospf cost nummer
```

Der Wert *nummer* ist eine Zahl zwischen 1 und 65.535. Je niedriger der Wert, desto besser ist die Verbindung. Eine alternative Möglichkeit, die OSPF-Kosten einer Verbindung zu ändern, besteht in der Einstellung des Bandbreitenwertes an der Schnittstelle selbst (Listing 2.4).

Listing 2.4: Bandbreite für OSPF einstellen

```
Router(config)# interface serial 0/0
Router(config-if)# bandwidth 64
```

Die Standardbandbreite dieser seriellen Schnittstelle war 1544.

E-LAB UND LAB

Siehe auch CNAP und [1] »Modifying OSPF Cost Metrics«.

2.3.4 OSPF-Authentifizierung konfigurieren

Die Sicherheit in Netzwerken wird dadurch verbessert, dass Routing-Daten garantiert aus einer bestimmten Quelle stammen. Die OSPF-Implementierung gestattet Routern, sich gegenseitig zu authentifizieren.

Ein Router vertraut standardmäßig darauf, dass die Routing-Informationen, die er empfangen hat, von dem Router stammen, von dem sie auch stammen sollen. Ferner geht er davon aus, dass diese Daten unterwegs nicht modifiziert wurden. Damit dieses Vertrauen gerechtfertigt ist, können sich Router in einer Ara gegeneinander authentifizieren.

Die Authentifizierung ist eine weitere schnittstellenspezifische Konfiguration. Jede OSPF-Schnittstelle eines Routers kann einen anderen Authentifizierungsschlüssel benutzen, der als Passwort bei den OSPF-Routern in dem gleichen Bereich dient. Der folgende Befehl konfiguriert die OSPF-Authentifizierung:

```
router(config-if)#ip ospf authentication-key passwort
```

Nachdem ein Passwort konfiguriert wurde, können Sie die Authentifizierung innerhalb der gesamten Area mit dem folgenden Befehl aktivieren, der auf allen teilnehmenden Routern eingegeben werden muss:

```
router(config-router)#area nummer authentication [message-digest]
```

Zwar ist das Schlüsselwort `message-digest` optional, aber Sie sollten es trotzdem immer in diesem Befehl verwenden. Standardmäßig werden Authentifizierungspasswörter unverschlüsselt über die Verbindung gesendet. Ein Paket-Sniffer könnte ein OSPF-Paket leicht abfangen und das unverschlüsselte Kennwort dekodieren. Wird allerdings das Schlüsselwort `message-digest` verwendet, dann wird statt des Passworts selbst ein so genannter Message-Digest (MD, eine kryptografische Prüfsumme) oder Hash des Passworts über die Verbindung gesendet. Sofern am Empfänger nicht der passende Authentifizierungsschlüssel konfiguriert wurde, kann der dortige Benutzer mit dem Message-Digest nichts anfangen.

Wenn Sie sich für die Verwendung der MD-Authentifizierung entscheiden, ist der Authentifizierungsschlüssel (`authentication-key`) nicht notwendig. Stattdessen müssen Sie einen MD-Schlüssel (`message-digest-key`) an der Schnittstelle des OSPF-Routers konfigurieren. Die hierfür benötigte Syntax sieht wie folgt aus:

```
router(config-if)#ip ospf message-digest-key schlüssel-id md5
[verschlüsselungstyp] passwort
```

Die Schlüssel-ID ist ein Zahl aus dem Bereich 1 bis 255. Die MD5-Authentifizierung erstellt einen Message-Digest. Hierbei handelt es sich um ein auf Passwort und Paketinhalt basierenden kryptografischen Fingerabdruck (Hash-Code). Der Empfänger-Router verwendet die Schlüssel-ID, das gemeinsame Passwort und das empfangene Paket, um den Digest neu zu berechnen. Stimmen die Digests überein, dann geht der Router davon aus, dass die Quelle des Pakets zuverlässig ist und die Daten unterwegs nicht modifiziert wurden. Der Verschlüsselungstyp gibt die Verschlüsselung des folgenden Passwortes im NVRAM an, sofern diese verwendet wurde (0 bei fehlender, 7 bei proprietärer Cisco-Verschlüsselung). Im Falle der MD-

Authentifizierung enthält das Authentifizierungsdatenfeld im OSPF-Paket-Header die Schlüssel-ID und die Länge des Message-Digests, der an das Paket angehängt ist. Der Message-Digest ist eine Art Wasserzeichen, das nicht gefälscht werden kann.

E-Lab und Lab

Siehe auch CNAP und [1] »Modifying Configuring OSPF Authentication«.

2.3.5 OSPF-Timer konfigurieren

In manchen Fällen kann es notwendig sein, Meldungen zu Link-State-Fehlern zu beschleunigen. Bei OSPF wird dies mit Hilfe konfigurierter OSPF-Timer realisiert.

Damit OSPF-Router Daten austauschen können, müssen Sie mit den gleichen *Hello*- und *Dead*-Intervallen arbeiten. Standardmäßig ist das *Dead*-Intervall viermal so lang wie der Wert des *Hello*-Intervalls. Das bedeutet, dass der Router vier Chancen bekommt, ein *Hello*-Paket zu schicken, bevor er für ausgefallen erklärt wird.

In Broadcasting-OSPF-Netzwerken beträgt das *Hello*-Standardintervall zehn Sekunden, das *Dead*-Standardintervall 40 Sekunden, bei Nicht-Broadcasting-Netzwerken liegen diese Werte bei 30 bzw. 120 Sekunden. Die Standardwerte haben einen optimalen OSPF-Betrieb zur Folge, brauchen also normalerweise nicht geändert zu werden.

Ein Netzwerkadministrator hat jedoch die Freiheit, diese Timerwerte zu modifizieren. Allerdings sollte zunächst festgestellt werden, ob sich hierdurch eine bedeutende Optimierung der Leistungsfähigkeit im OSPF-Netzwerk erzielen lässt. Die Timer müssen so konfiguriert werden, dass sie mit denen der anderen Router übereinstimmen.

Um die *Hello*- und *Dead*-Intervalle an einem Schnittstellentyp zu konfigurieren, verwenden Sie die folgende Befehlssyntax:

```
Router(config-if)# ip ospf hello-interval sekunden
Router(config-if)# ip ospf dead-interval sekunden
```

E-Lab und Lab

Siehe auch CNAP und [1] »Configuring OSPF Timers«.

2.4 OSPF in NBMA-Netzwerken konfigurieren

Ein anderer OSPF-Netzwerktyp – NBMA-Netzwerke (Non-Broadcast Multiaccess) – kann mehr als zwei Knoten enthalten. Hier werden je ein DR und ein BDR gewählt. Zu den verbreiteten NBMA-Implementierungen gehören Frame Relay, X.25 und SMDS (Switched Multimegabit Data Service). NBMA-Netzwerke folgen Regeln der Schicht 2 des OSI-Modells, die verhindern, dass Broadcasts und Multicasts ausgeliefert werden. Abbildung 2.17 fasst die OSPF-Netzwerktypen zusammen.

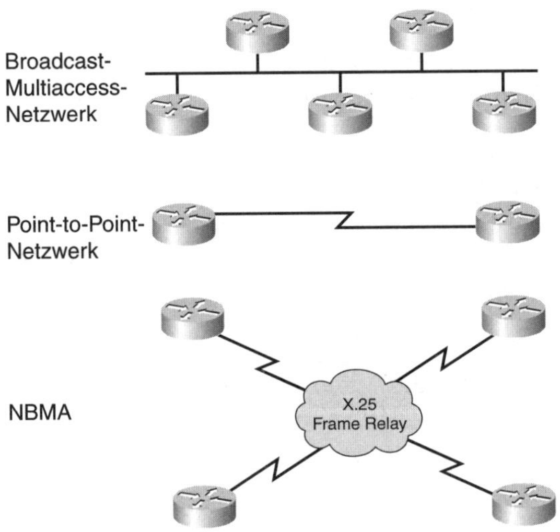

Abbildung 2.17: OSPF-Netzwerktypen

In NBMA-Netzwerken können Probleme beim OSPF-Betrieb – genauer gesagt, beim Austausch von *Hello*-Paketen im Multicasting – entstehen. In dem in Abbildung 2.18 gezeigten Beispiel gehören die Router RTA, RTB und RTC zum gleichen IP-Subnetz. Sie versuchen nun, einen DR und einen BDR zu wählen, können jedoch keine gültige Wahl durchführen, weil sie keine *Hello*-Multicasts von allen anderen Routern im Netzwerk empfangen können. Findet nun kein administrativer Eingriff statt, dann wird eine merkwürdige Wahl durchgeführt. Aus der Sicht von RTA nimmt RTC daran nicht teil, und RTC führt die Wahl durch, ohne seinerseits RTA zu berücksichtigen. Eine solche verpatzte Wahl kann zu Problemen führen, wenn der zentrale Router RTB nicht zum DR gewählt wird.

Die Cisco IOS Software bietet mehrere Konfigurationsoptionen für OSPF, um die Einschränkungen in NBMA-Netzwerken in den Griff zu bekommen. Hierzu gehören etwa der OSPF-Befehl `neighbor`, Point-to-Point-Subschnittstellen und die Point-to-Multipoint-Konfiguration. Welche Lösungen Sie verwenden können, hängt von der Topologie Ihres NBMA-Netzes ab.

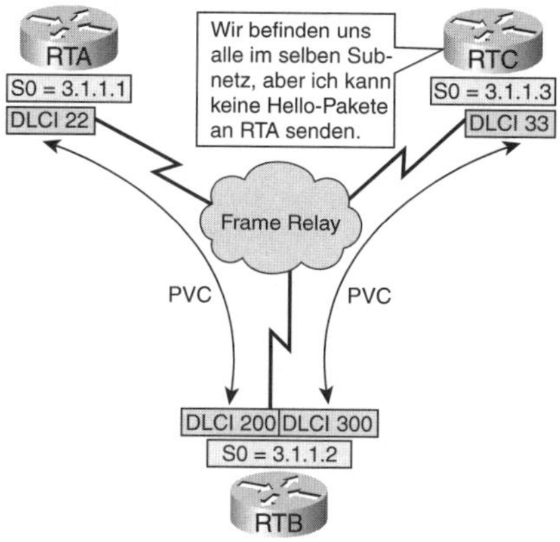

Abbildung 2.18: OSPF-Nachbarn in einem NBMA-Netzwerk

Bevor Sie eine OSPF-Konfigurationsstrategie für ein Frame Relay-Netzwerk (oder ein früher sehr verbreitetes X.25-Netzwerk) auswählen, müssen Sie die verschiedenen NBMA-Topologien kennen. Im Wesentlichen existieren für Frame Relay-Netzwerke zwei grundlegende physische Topologien:

- vollständig vermaschte Topologie
- teilvermaschte Topologie (einschließlich Hub-and-Spoke-Topologie)

Abbildung 2.19 zeigt Frame Relay-Topologien.

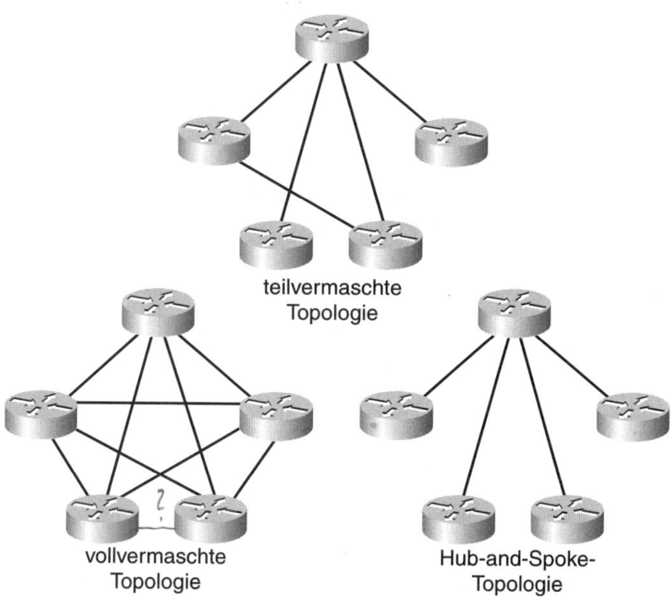

Abbildung 2.19: OSPF-Frame-Relay-Topologien

Die folgenden Abschnitte beschreiben, wie man OSPF sowohl in voll- als auch in teilvermaschten Frame Relay-Netzwerken konfiguriert.

2.4.1 Vollvermaschte Frame Relay-Topologie

Organisationen setzen Frame Relay in erster Linie ein, weil diese Technologie mehrere logische Verbindungen über eine Schnittstelle unterstützt und so eine flexible und kostengünstige Option für WAN-Verbindungen darstellt. Eine vollvermaschte Topologie nutzt die Fähigkeit von Frame Relay, mehrere virtuelle Festverbindungen (PVCs, vom engl. Begriff *Permanent Virtual Circuit*) über eine serielle Schnittstelle zu unterstützen. In einer solchen Topologie verfügt jeder Router über einen PVC zu jedem anderen Router (Abbildung 2.20).

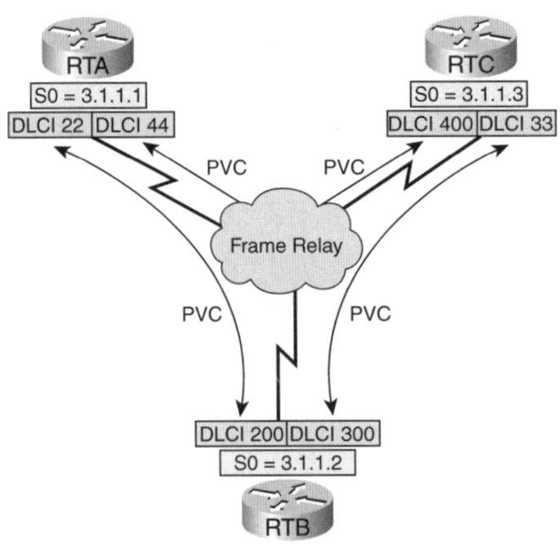

Abbildung 2.20: OSPF in vermaschter Frame Relay-Topologie

Damit OSPF in einer vermaschten Topologie mit Multiaccess-Netzwerken, die aber kein Broadcasting unterstützt, einwandfrei funktioniert, müssen Sie die Adressen aller OSPF-Nachbarn an jedem Router manuell angeben, und zwar immer eine Adresse pro Eingabezeile. Der OSPF-Befehl `neighbor` informiert den Router über die IP-Adressen seiner Nachbarn, damit er mit diesen ohne Multicasts Routing-Informationen austauschen kann. Listing 2.5 zeigt, wie der Befehl `neighbor` verwendet wird.

Listing 2.5: OSPF-Befehl `neighbor` verwenden

```
RTA(config)#router ospf 1
RTA(config-router)#network 3.1.1.0 0.0.0.255 area 0
RTA(config-router)#neighbor 3.1.1.2
RTA(config-router)#neighbor 3.1.1.3
```

Die Angabe jedes einzelnen Nachbarn ist nicht die einzige Option, die verfügbar ist, um OSPF in einer solchen Umgebung zum Laufen zu bringen. Der folgende Abschnitt erläutert, wie durch Konfiguration von Subschnittstellen die Notwendigkeit beseitigt wird, den Befehl `neighbor` zu verwenden.

Subschnittstellen für die Einrichtung von Point-to-Point-Netzwerken konfigurieren

Die von der Cisco IOS Software unterstützte Subschnittstellenfunktion kann verwendet werden, um ein Multiaccess-Netzwerk in mehrere Point-to-Point-Netzwerke aufzuteilen. So wird etwa in Abbildung 2.21 jedem PVC ein anderes IP-Subnetz zugewiesen.

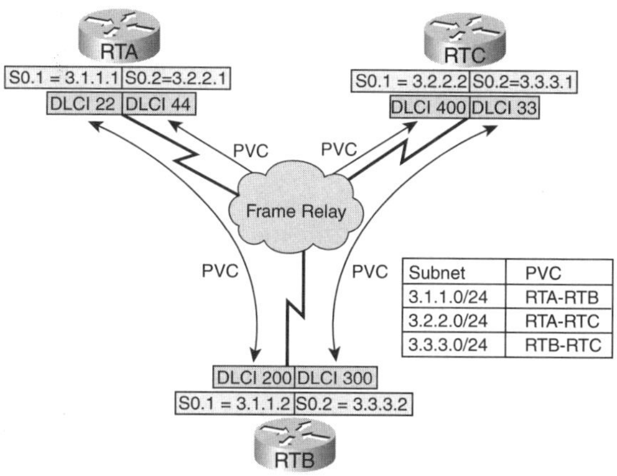

Abbildung 2.21: Subschnittstellen in vermaschter Frame Relay-Topologie

OSPF erkennt eine solche Konfiguration als Point-to-Point-Netzwerk (und nicht als NBMA), und zwar auch dann, wenn Frame Relay an den Schnittstellen konfiguriert ist. Zur Erinnerung: OSPF-Point-to-Point-Netzwerke wählen keinen DR aus. Stattdessen benutzt der Frame Relay-Router das RARP-Protokoll (Reverse Address Resolution Protocol) oder eine Frame Relay-Map, um die Adresse des Verbindungspartners zu ermitteln und nachfolgend Routing-Informationen austauschen zu können.

Eine vollvermaschte Topologie bietet zahlreiche Vorteile, so etwa den einer maximalen Fehlertoleranz. Leider können vermaschte Topologien sehr teuer werden, denn jeder PVC muss bei einem Provider gemietet werden. Um nur zehn Router in einer voll vermaschten Topologie zu unterstützen, müssten bereits 45 PVCs gemietet werden. Werden zur Erstellung von Point-to-Point-Netzwerken Subschnittstellen verwendet, dann müssen zudem 45 IP-Subnetze zugewiesen und verwaltet werden, was den Aufwand weiter erhöht.

2.4.2 Teilvermaschte Frame Relay-Topologie

Da eine vollständig vermaschte Topologie kostenintensiv ist, implementieren viele Organisationen stattdessen eine teilvermaschte Topologie. Hierbei handelt es sich um eine Konfiguration, bei der zumindest ein Router über mehrere Verbindungen zu anderen Routern verfügt, ohne dass eine vollständige Vermaschung vorliegt. Die kostengünstigste teilvermaschte Topologie ist die so genannte Hub-and-Spoke-Topologie (dt. *Nabe* bzw. *Speiche* eines Rades). In dieser Topologie ist ein einzelner Hub-Router mit mehreren Spoke-Routern verbunden.

Die Hub-and-Spoke-Topologie ist eine kostengünstige WAN-Lösung, bringt allerdings eine fehlerkritische Komponente – den Hub-Router – in das Netzwerk ein. Organisationen verwenden in der Regel Frame Relay nicht, weil es fehlertolerant, sondern weil es preisgünstig ist. Da zur Übertragung unternehmenskritischer Daten meist dedizierte Standleitungen (und nicht Frame Relay-Verbindungen) eingesetzt werden, ist eine wirtschaftliche Frame Relay-Topologie wie etwa die Hub-and-Spoke-Topologie durchaus sinnvoll.

Leider funktioniert der Befehl `neighbor` bei einer Hub-and-Spoke-Topologie nicht so gut wie in einer vermaschten Topologie. Der Hub-Router in Abbildung 2.22 sieht alle Spoke-Router und kann mit Hilfe des Befehls `neighbor` Routing-Daten an sie senden, die Spoke-Router hingegen senden ihre *Hello*-Pakete nur an den Hub.

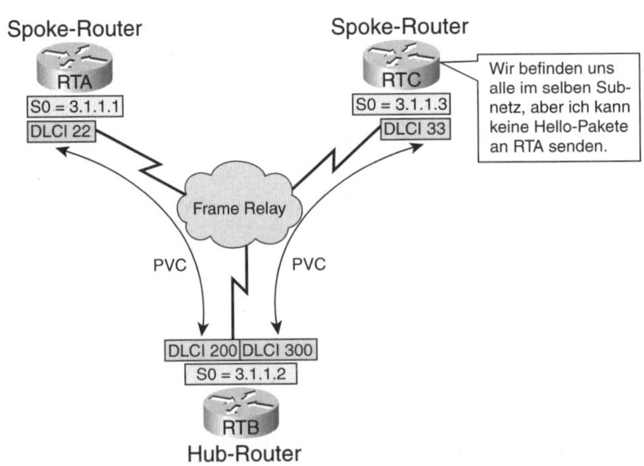

Abbildung 2.22: OSPF-Hub-and-Spoke-Topologie

Die DR-/BDR-Wahl wird zwar stattfinden, aber nur der Hub-Router erfasst alle Kandidaten. Da der Hub-Router als DR in diesem OSPF-Netzwerk agieren muss, damit es einwandfrei funktioniert, könnten Sie an allen Spoke-

Routern eine Schnittstellenpriorität von 0 konfigurieren. Zur Erinnerung: Die Priorität 0 macht es für einen Router unmöglich, als DR oder BDR in einem Netzwerk gewählt zu werden.

Ein zweiter Ansatz, mit dieser Topologie zu verfahren, besteht in der Beseitigung der gesamten DR-/BDR-Problematik, indem man nämlich das Netzwerk in Point-to-Point-Verbindungen aufteilt. Point-to-Point-Netzwerke wie in Abbildung 2.23 wählen weder DR noch BDR.

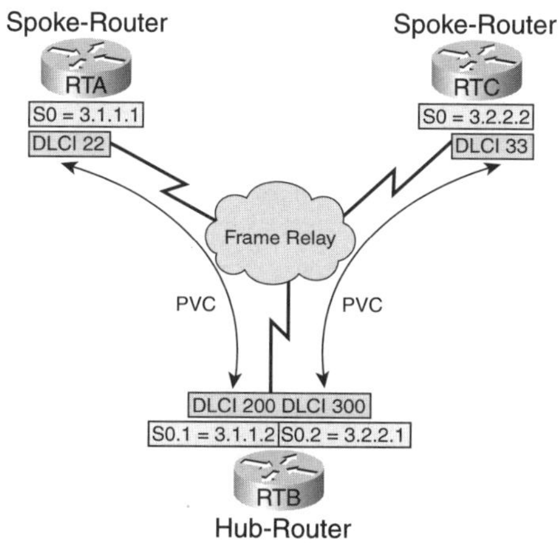

Abbildung 2.23: Point-to-Point-Netzwerke in einer OSPF-Hub-and-Spoke-Topologie

Zwar macht die Implementierung von Point-to-Point-Netzwerken die OSPF-Konfiguration sehr einfach, aber in Verbindung mit der Hub-and-Spoke-Topologie weist sie wesentliche Nachteile auf. Subnetze müssen für jede Verbindung zugewiesen werden, was eine komplexe und schwierig zu verwaltende WAN-Adressierung zur Folge haben kann. Sie können dieses Problem durch Verwendung von IP-Unnumbered lösen, aber viele Organisationen haben Richtlinien zur WAN-Verwaltung implementiert, die eine Verwendung dieser Funktion ausschließen. Gibt es denn ernst zu nehmende Alternativen zur Point-to-Point-Konfiguration? Nun, die Cisco IOS Software bietet eine relativ neue Möglichkeit, bei der eine Hub-and-Spoke-Topologie manuell als Point-to-Multipoint-Netzwerk konfiguriert werden kann. Diese Vorgehensweise wird im folgenden Abschnitt beschrieben.

2.4.3 Point-to-Multipoint-OSPF

In einem Point-to-Multipoint-Netzwerk wird der Hub-Router direkt an mehrere Spoke-Router angeschlossen, aber alle WAN-Schnittstellen haben Adressen im gleichen Subnetz (Abbildung 2.24).

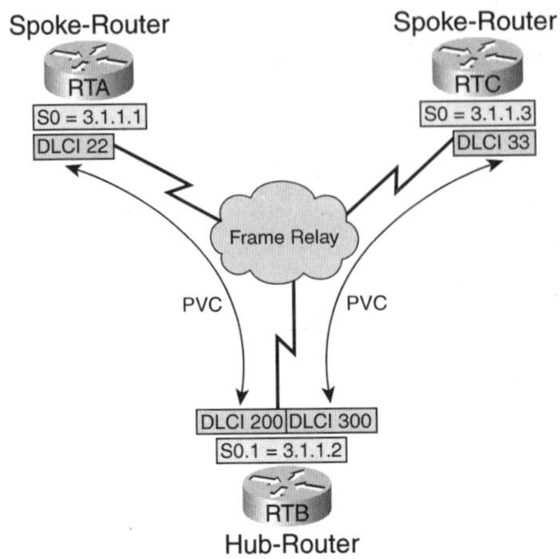

Abbildung 2.24: Point-to-Multipoint-Netzwerke in einer OSPF-Hub-and-Spoke-Topologie

Sie haben diese logische Topologie bereits weiter oben in diesem Kapitel gesehen, aber dort auch erfahren, dass OSPF in einem NBMA-Netzwerk nicht einwandfrei arbeitet. Indem man nun manuell den OSPF-Netzwerktyp zu Point-to-Multipoint ändert, kann man diese logische Topologie zum Funktionieren bringen. Das Routing zwischen RTA und RTC verläuft über RTB – den Router, der virtuelle Verbindungen zu den beiden anderen Routern hat. Beachten Sie, dass eine Konfiguration der Nachbarn unnötig ist, wenn man diese Vorgehensweise wählt, denn sie werden mit Hilfe von Inverse ARP erkannt.

Point-to-Multipoint-Netzwerke haben die folgenden Eigenschaften:

- Zwischen allen benachbarten Routern werden Nachbarschaftsbeziehungen hergestellt. In einem Point-to-Multipoint-Netzwerk gibt es weder einen DR noch einen BDR. Für solche Netzwerke werden auch keine LSAs erzeugt. Die Router-Priorität wird weder für Point-to-Multipoint-Schnittstellen noch für Nachbarn in Point-to-Multipoint-Netzwerken konfiguriert.
- Wenn ein Router-LSA erzeugt wird, wird die Point-to-Multipoint-Schnittstelle als Bündel von Point-to-Point-Verbindungen an alle Nachbarn der Schnittstelle übermittelt, gemeinsam mit der Bekanntgabe einer einzelnen Stub-Verbindung, welche die IP-Adresse der Schnittstelle mit einem Kostenwert von 0 angibt.

Wenn das LSU- oder LSA-Paket über eine Schnittstelle geflutet wird, die Broadcasts nicht unterstützt, dann muss es repliziert werden, um an alle Nachbarn der Schnittstelle übermittelt werden zu können.

Um ein Point-to-Multipoint-Netzwerk zu konfigurieren, müssen Sie den erkannten OSPF-Netzwerktyp manuell überschreiben. Dies geht mit dem folgenden Befehl:

```
router(config-if)#ip ospf network point-to-multipoint
```

Sie sollten ferner die Schnittstelle mit dem Befehl `frame-relay map ip` konfigurieren:

```
router(config-if)#frame-relay map ip adresse dlci broadcast
```

Das Schlüsselwort `broadcast` gestattet dem Router den Versand von Broadcasts über den angegebenen DLCI (Data-Link Connection Identifier) an den oder die zugeordneten Nachbarn.

In einer Point-to-Multipoint-Konfiguration behandelt OSPF alle Verbindungen zwischen Routern im NBMA-Netzwerk als Point-to-Point-Verbindungen. Im Netzwerk wird kein DR gewählt. Sie können Nachbarn mit Hilfe des Befehls `neighbor` manuell konfigurieren oder sie dynamisch mit Hilfe von Inverse ARP erkennen lassen.

Als Fazit kann man also festhalten, dass Point-to-Multipoint-OSPF einen effizienten Betrieb ohne komplexe Administration ermöglicht.

2.5 Propagieren einer Default-Route

Um Zugriff auf Netzwerke zu erhalten, die nicht in der Routing-Tabelle verzeichnet sind, muss an einem Border-Router ein Default-Gateway konfiguriert werden. Informationen zu dieser Default-Route können an alle anderen Router in der OSPF-Area propagiert werden.

Beim OSPF-Routing ermöglichen Domänen-Routing-Tabellen das Kontaktieren aller Netzwerke in der betreffenden Domäne. Benutzer in einer OSPF-Domäne müssen aber auch Netzwerke erreichen können, die nicht Teil der Domäne sind (z. B. das Internet).

Es gibt also einen Bedarf an einer Default-Route, die es dem Router gestattet, Pakete mit unbekannter Empfängeradresse an einen anderen Router zu senden, in dessen Routing-Tabelle die Netzwerkadresse des Pakets vorhanden sein könnte.

Router verwenden eine konfigurierte Default-Route als »letzten Ausgang« (engl. *Gateway of Last Resort*). Die folgende Syntax zur Konfiguration einer statischen Default-Route verwendet das Netzwerk 0.0.0.0 und die Subnetzmaske 0.0.0.0:

```
Router(config)#ip route 0.0.0.0 0.0.0.0 [schnittstelle |
adresse_nächster_hop]
```

Diese Route passt zu jeder Netzwerkadresse, denn sie basiert auf der Regel, dass das Zielnetzwerk durch eine UND-Verknüpfung der Empfängeradresse des Pakets mit der Subnetzmaske bestimmt wird. Um diese Route allen Routern innerhalb einer normalen OSPF-Area bekannt zu machen, verwenden Sie nun die folgende Konfigurationsanweisung:

```
Router(config-router)# default-information originate
```

Alle Router in der OSPF-Area erlernen so eine Default-Route (natürlich vorausgesetzt, dass die Schnittstelle des Border-Routers zum Default-Gateway aktiv ist).

E-Lab und Lab

Siehe auch CNAP und [1] »Propagate Default Routes in an OSPF Domain«.

2.6 Häufige Probleme bei der OSPF-Konfiguration

Für den optimalen, schnellen und erfolgreichen Einsatz von OSPF müssen Netzwerkadministratoren häufig auftretende Konfigurationsprobleme kennen. Es gibt eine Reihe von Gründen dafür, dass das Single-Area-OSPF-Routing fehlschlagen kann. Ein OSPF-Router muss eine Nachbarschaftsbeziehung mit einem anderen OSPF-Router eingehen, um Routing-Daten austauschen zu können. Die folgenden Faktoren können Ursache dafür sein, dass eine solche Beziehung nicht hergestellt werden kann:

- Es werden nicht von beiden Nachbarn *Hello*-Pakete gesendet.
- Die Timerintervalle für *Hello* und *Dead* sind nicht identisch.
- Die Schnittstellen befinden sich an unterschiedlichen Netzwerktypen.
- Die Authentifizierungspasswörter oder -schlüssel sind unterschiedlich.

Beim OSPF-Routing muss aber auch gewährleistet sein, dass

- alle Schnittstellen die korrekten Adressen und Subnetzmasken haben,
- `network area`-Anweisungen mit den korrekten Wildcard-Masken konfiguriert sind,
- die Schnittstellen über `network area`-Anweisungen den korrekten Areas zugeordnet werden.

2.7 OSPF-Konfiguration überprüfen

Um die OSPF-Konfiguration zu überprüfen, steht eine Anzahl von `show`-Befehlen bereit, die in Tabelle 2.5 aufgeführt sind.

Tabelle 2.5: Befehle zur Überprüfung der Konfiguration und Funktion von OSPF

Befehl	Beschreibung
`show ip protocol`	Zeigt die Werte für Timer, Filter, Metriken, Netzwerk u. a. für den gesamten Router an.
`show ip route`	Zeigt die Routen an, die der Router kennt, und wie er sie erlernt hat. Dies ist eine der besten Möglichkeiten, die Konnektivität zwischen dem lokalen Router und dem Rest des Netzwerkverbunds zu ermitteln.
`show ip ospf interface`	Verifiziert, dass die Schnittstellen in den gewünschten Areas konfiguriert wurden. Wurde keine Loopback-Adresse festgelegt, dann wird die Schnittstellenadresse als Router-ID verwendet. Zeigt auch die Timerintervalle (einschließlich des *Hello*-Intervalls) und die Nachbarschaftsbeziehungen an.
`show ip ospf`	Zeigt an, wie häufig der SPF-Algorithmus ausgeführt wurde. Ferner angegeben ist das Intervall des Link-State-Updates für den Fall, dass keine Topologieänderungen stattgefunden haben.
`show ip ospf neighbor detail`	Gibt detaillierte Listen der Nachbarn, ihrer Prioritäten und der Zustände (z. B. *Init*, *ExStart* oder *Full Adjacency*) an.
`show ip ospf database`	Zeigt den Inhalt der Topologiedatenbank des betreffenden Routers an. Ferner gibt der Befehl die ID des Routers und des OSPF-Prozesses an. Durch Verwendung von Parametern kann eine Anzahl von Datenbanktypen mit diesem Befehl angezeigt werden (weitere Informationen zu diesen Befehlsparametern finden Sie unter *http://www.cisco.com*).
`clear ip route *`	Löscht die gesamte IP-Routing-Tabelle; dieser Befehl wird in den LABs sehr häufig zur Funktionskontrolle des dynamischen Routings benutzt.
`clear ip route` *a.b.c.d*	Löscht nur die durch *a.b.c.d* angegebene Route.
`debug ip ospf`	Ermöglicht Debugging von OSPF-Aktivitäten.

2.8 Zusammenfassung

In diesem Kapitel werden die folgenden Sachverhalte erläutert:

- Die Implementierung des Single-Area-OSPF-Routings ist für kleine Netzwerke geeignet.
- OSPF wird ähnlich wie andere Routing-Protokolle konfiguriert. Unterschiede ergeben sich daraus, dass OSPF ein Link-State-Protokoll ist.
- OSPF benötigt eine Prozess- und eine Router-Kennung (ID) .
- Die OSPF-Stabilität wird durch Konfiguration einer Loopback-Adresse sichergestellt.
- In Non-Broadcast-Multiaccess-Netzwerken wird ein DR (Designated Router, designierter Router) gewählt. Dieser Router macht im Namen der anderen Router die Verbindungszustände im Segment bekannt. Die OSPF-Priorität kann an einer Schnittstelle konfiguriert werden, um sicherzustellen, dass ein bevorzugter Router gewählt wird.
- Der Netzwerkadministrator kann die Verbindungskosten und Timer, welche die Verbreitung der Verbindungszustände im Netzwerk beeinflussen, steuern und die Sicherheit durch Konfiguration der Router-Authentifizierung erhöhen.
- Die OSPF-Konfiguration wird mit Hilfe einer Reihe grundlegender Schritte und Befehle vorgenommen und überprüft.
- Das OSPF-Link-State-Protokoll unterscheidet sich von Distanzvektorprotokollen wie RIP. OSPF-Router treffen ihre Entscheidungen bezüglich des besten Pfades basierend auf vollständigen Informationen zur Netzwerktopologie. Die bei OSPF eingesetzte Metrik sind die Kosten, und diese basieren auf der Übertragungsgeschwindigkeit der Verbindungen. Aufgrund des hierarchischen Aufbaus ist OSPF auch für einen großen Netzwerkverbund geeignet.
- Der SPF-Algorithmus ermittelt den besten schleifenfreien Pfad, d. h. den Pfad zu einer Verbindung oder einem Netzwerk mit den geringsten Kosten. Da OSPF-Router eine vollständige Topologie des Netzwerks benötigen und der SPF-Algorithmus recht komplex ist, werden leistungsfähige Router mit viel Arbeitsspeicher benötigt.
- Der SPF-Algorithmus wurde seinerzeit für Point-to-Point-Netzwerkverbindungen entwikkelt. Um OSPF in der Vielzahl der heutigen Netzwerke einsetzen zu können, muss das Protokoll den Typ des Netzwerks kennen, in dem es operiert. Für einen effizienten Betrieb in Multiaccess-Netzwerken ist es notwendig, einen DR als Konzentrationspunkt für den

Austausch von Link-State-Daten sowie – aus Zuverlässigkeitsgründen – einen BDR zu wählen.

- OSPF stellt zwischen Routern eine Nachbarschaftsbeziehung her, bevor Routing-Informationen ausgetauscht werden können. Das Hello-Protokoll stellt eine solche Beziehung zwischen benachbarten Routern her.

Um den hier erlernten Stoff zu vertiefen, beachten Sie bitte auch die diesem Kapitel zugeordneten Videos, Photo-Zooms und E-Labs auf der CD-ROM.

2.9 Lernzielkontrolle

1. In welchem Zustand befinden sich OSPF-Netzwerk-Router nach der Wahl von DR und BDR?

   a) *ExStart*

   b) *Full Adjacency*

   c) *Loading*

   d) *Exchange*

2. Mit welchem OSPF-Pakettyp werden Nachbarschaftsbeziehungen normalerweise hergestellt und aufrechterhalten?

   a) LSR

   b) LSA

   c) Hello

   d) DBD

3. Worauf basiert die OSPF-Standardkostenmetrik?

   a) Laufzeit

   b) Bandbreite

   c) Effizienz

   d) Netzwerkverkehr

4. Welche Multicast-Adresse repräsentiert alle OSPF-Router?

   a) 224.0.0.6

   b) 224.0.0.1

   c) 224.0.0.4

   d) 224.0.0.5

5. Mit welchem Befehl kann man die OSPF-Priorität an einer Schnittstelle ändern?
   a) `ip priority` *number* `ospf`
   b) `ip ospf priority` *number*
   c) `ospf priority` *number*
   d) `set priority ospf` *number*
6. Welche Multicast-Adresse wird zum Versand von LSUs an alle DR- und BDR-Router verwendet?
   a) 224.0.0.6
   b) 224.0.0.1
   c) 224.0.0.4
   d) 224.0.0.5
7. Welche Gemeinsamkeit weisen NBMA-Netzwerke auf?
   a) Sie unterstützen nur zwei Router.
   b) Sie unterstützen mehr als zwei Router.
   c) Es werden keine DRs gewählt.
   d) Broadcasting- und Multicasting-Pakete werden vollständig unterstützt.
8. Welcher Befehl ermöglicht OSPF-Routern den Austausch von Routing-Updates ohne Multicasts?
   a) `ip ospf neighbor`
   b) `ospf neighbor`
   c) `neighbor`
   d) `ip neighbor`
9. Welcher Befehl zeigt an, welche Routen ein Router kennt und wie er sie erlernt hat?
   a) `show ip protocol`
   b) `show ip route`
   c) `show ip ospf`
   d) `show ip ospf neighbor detail`

Lernziele:

Wenn Sie dieses Kapitel gelesen haben, werden Sie

- Eigenschaften und Grundlagen des EIGRP-Protokolls und
- DUAL beschreiben können,
- die EIGRP-Datenstrukturen kennen,
- EIGRP konfigurieren können,
- EIGRP-Einstellungen überprüfen und entsprechende Probleme beheben können.

Kapitel 3

Das EIGRP-Protokoll

In diesem Kapitel werden Sie Ciscos proprietäre Implementierung des EIGRP-Protokolls (Enhanced Interior Gateway Routing Protocol) kennen lernen. Sie werden erfahren, wie man dieses Protokoll konfiguriert, überprüft und entsprechende Probleme beseitigt. Ferner wird das EIGRP-Protokoll mit dem IGRP (Interior Gateway Routing Protocol) verglichen werden. Außerdem werden wir die wesentlichen Konzepte, Technologien und Datenstrukturen von EIGRP untersuchen. Nach diesem prinzipiellen Überblick werden Sie abschließend Wissenswertes zur Konvergenz von EIGRP und zum grundlegenden Einsatz des Protokolls mit Hilfe des modernen Routing-Algorithmus DUAL erfahren.

Beachten Sie bitte die diesem Kapitel zugeordneten Videos, Photo-Zooms und E-Labs auf der beiliegenden CD-ROM. Sinn dieser Zusatzinformationen ist die Ergänzung des Materials und Vertiefung des Stoffes, der in diesem Kapitel vorgestellt wird.

3.1 Überblick auf EIGRP

EIGRP ist ein proprietäres, von Cisco entwickeltes Routing-Protokoll, das auf IGRP basiert. Anders als IGRP, welches ein klassenorientiertes Routing-Protokoll ist, unterstützt EIGRP jedoch das klassenlose Routing (Classless Interdomain Routing, CIDR), was es Netzwerkdesignern ermöglicht, den Adressraum mit Hilfe von CIDR und VLSM zu maximieren. Im Vergleich zu IGRP bietet EIGRP schnellere Konvergenz, optimierte Skalierbarkeit und eine überlegene Behandlung von Routing-Schleifen. Außerdem kann EIGRP das RIP (Routing Information Protocol) für IPX von Novell und das AppleTalk-RTMP (Routing Table Maintenance Protocol) ersetzen und so auch in IPX- und AppleTalk-Netzwerken seine hohe Leistungsfähigkeit zeigen.

EIGRP wird oft als hybrides Routing-Protokoll beschrieben, das die Vorteile von Distanzvektor- und Link-State-Algorithmen in sich vereint. Technisch gesehen ist EIGRP ein modernes Distanzvektorprotokoll, das jedoch mit Funktionen arbeitet, die man gemeinhin Link-State-Protokollen zuschreibt. Einige der besten Funktionen von OSPF – z. B. Teilaktualisierungen oder

Ermittlung von Nachbarn – sind in ähnlicher Form auch in EIGRP implementiert. Allerdings ist EIGRP leichter zu konfigurieren als OSPF.

EIGRP ist die ideale Wahl für große Netzwerke mit mehreren Protokollen, die in erster Linie mit Cisco-Routern arbeiten.

3.1.1 EIGRP-Prozesse und -Technologien

1994 veröffentlichte Cisco EIGRP als skalierbare, verbesserte Version seines proprietären Distanzvektorprotokolls IGRP. Die Distanzvektortechnologie, die bereits bei IGRP eingesetzt worden war, wurde auch bei EIGRP verwendet, und die zugrunde liegenden Distanzinformationen blieben dieselben. Wesentlich verbessert wurden hingegen die Konvergenzeigenschaften und die Betriebseffizienz. Auf diese Weise konnte die Architektur optimiert werden, ohne die Investitionen in IGRP aufgeben zu müssen.

Kompatibilitätsmodus

IGRP und EIGRP sind miteinander kompatibel. Diese Kompatibilität ermöglicht eine nahtlose Interoperabilität mit IGRP-Routern; eine solche Interoperabilität ist wichtig, damit Benutzer die Vorteile beider Protokolle nutzen können. Anders als IGRP bietet EIGRP Multiprotokollunterstützung.

Berechnung der Metrik

EIGRP und IGRP verwenden unterschiedliche Metrikberechnungen. EIGRP skaliert die Metrik von IGRP um dem Faktor 256, denn EIGRP verwendet eine 32 Bit lange Metrik (im Gegensatz zur 24-Bit-Metrik von IGRP). Durch Multiplikation bzw. Division mit 256 kann EIGRP problemlos Daten mit IGRP austauschen. Die beiden Protokolle verwenden die folgende Metrikberechnung:

> Metrik = [K1 × Bandbreite + (K2 × Bandbreite) ÷ (256 – Last) + K3 × Laufzeit] × [K5 ÷ (Zuverlässigkeit + K4)]

Die Standardwerte der Konstanten lauten:

- K1 = 1
- K2 = 0
- K3 = 1
- K4 = 0
- K5 = 0

Wenn K4 und K5 gleich 0 sind, wird der Teil *[K5 ÷ (Zuverlässigkeit + K4)]* der Gleichung bei der Metrik nicht berücksichtigt. Dies bedeutet, dass die Metrikgleichung bei Verwendung der Standardwerte wie folgt lautet:

Metrik = Bandbreite + Laufzeit

IGRP und EIGRP verwenden die folgenden Gleichungen zur Ermittlung der Werte, die in der Metrikberechnung verwendet werden:

- Bandbreite IGRP: 10.000.000 ÷ Bandbreite
- Bandbreite EIGRP: (10.000.000 ÷ Bandbreite) × 256[1]
- Laufzeit IGRP: Laufzeit ÷ 10
- Laufzeit EIGRP: (Laufzeit ÷ 10) × 256

Anzahl der Hops

EIGRP setzt bei der Anzahl der Hops ein Limit von 224. Dies ist für den Betrieb auch der größten modernen Netzwerkverbunde mehr als ausreichend. IGRP erlaubt maximal 255 Hops, bei RIP sind es nur 15.

Redistribution

Die Verwendung unterschiedlicher Routing-Protokolle wie OSPF und RIP und der gegenseitige Austausch der Routing-Daten (engl. *Redistribution*) setzen eine komplexe Konfiguration voraus. Zwischen IGRP und EIGRP ist diese gemeinsame Nutzung jedoch automatisch gegeben, solange beide Prozesse mit der gleichen AS-Nummer (autonomes System) arbeiten. Der Router RTB in Abbildung 3.1 übergibt die mit EIGRP erlernten Routen an das IGRP-AS und umgekehrt.

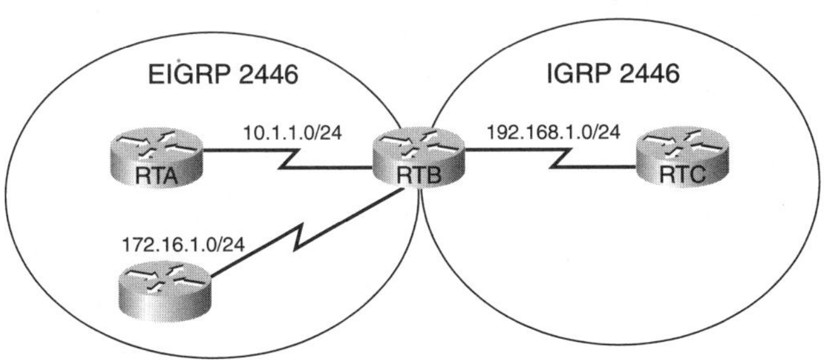


```
RTB (config) #router igrp 2446
RTB (config-router) #network 192.168.1.0
RTB (config) #router eigrp 2446
RTB (config)-router) #network 10.1.1.0
RTB (config-router) #network 172.16.1.0
```

Abbildung 3.1: EIGRP und IGRP tauschen ihre Routing-Daten aus (Redistribution).

1. Noch einmal zur Erinnerung: EIGRP skaliert die Werte um den Faktor 256.

Routen-Tagging

Routen, die EIGRP über IGRP (oder aus anderer externer Quelle) erlernt hat, werden als »externe« Routen gekennzeichnet, da sie nicht ursprünglich von EIGRP-Routern stammen. IGRP hingegen unterscheidet nicht zwischen internen und externen Routen.

In der in Listing 3.1 gezeigten Ausgabe des Befehls `show ip route` sind die EIGRP-Routen mit dem Buchstaben `D` und externe Routen mit `EX` gekennzeichnet. RTA erkennt den Unterschied zwischen dem Netzwerk, das via EIGRP erlernt wurde (172.16.0.0), und demjenigen, das von IGRP übergeben wurde (192.168.1.0). In der Tabelle von RTC hingegen findet eine solche Unterscheidung nicht statt, da dort das IGRP-Protokoll verwendet wurde.

Listing 3.1: Ausgabe des Befehls `show ip route`

```
RTA#show ip route
<ausgabe unterdrückt>
C       10.1.1.0 is directly connected, Serial0
D       172.16.1.0 [90/2681856] via 10.1.1.1, Serial0
D  EX   192.168.1.1 [170/2681856] via 10.1.1.1, 00:00:04, Serial0

RTC#show ip route
<ausgabe unterdrückt>
C       192.168.1.0 is directly connected, Serial0
I       10.0.0.0 [100/10476] via 192.168.1.1, 00:00:04 Serial0
I       172.16.0.0 [100/10476] via 192.168.1.1, 00:00:04, Serial0
```

Der Router RTC, auf dem nur IGRP läuft, sieht trotz der Tatsache, dass sowohl 10.1.1.0 und 172.16.1.0 von EIGRP übergeben wurden, nur die (mit `I` markierten) IGRP-Routen.

3.1.2 Vorteile von EIGRP

Die Betriebsweise von EIGRP unterscheidet sich erheblich von der von IGRP. Eigentlich ein modernes Distanzvektorprotokoll, handelt EIGRP bei der Aktualisierung von Nachbarn und der Pflege der Routing-Informationen wie ein Link-State-Protokoll. Im Vergleich zu einfachen Distanzvektorprotokollen bietet EIGRP die folgenden Vorteile:

- **Schnelle Konvergenz.** EIGRP-Router konvergieren schnell, denn sie verwenden einen modernen Routing-Algorithmus namens DUAL. DUAL gewährleistet einen unterbrechungsfreien schleifenlosen Betrieb auch während der Routenberechnung und ermöglicht allen an einer Topologieänderung beteiligten Routern, sich gleichzeitig zu synchronisieren.

- **Effiziente Bandbreitennutzung.** EIGRP verwendet die vorhandene Bandbreite optimal, indem es keine vollständigen Updates sendet und weil es bei stabilem Netzwerk nur minimale Bandbreite verbraucht:
  - **Eingeschränkte Teil-Updates.** EIGRP-Router erstellen inkrementelle Teil-Updates, statt ihre gesamten Tabellen zu schicken. Hier liegt eine Ähnlichkeit zu OSPF vor, aber anders als OSPF-Router senden EIGRP-Router diese inkrementellen Updates nur an diejenigen Router, die die Informationen benötigen, und nicht an alle Router in der Area. Deswegen heißen diese inkrementellen Updates auch »eingeschränkte« Updates.
  - **Minimaler Bandbreitenverbrauch bei stabilem Netzwerk.** Statt zeitgesteuert Routing-Updates zu versenden, bleiben EIGRP-Router miteinander in Kontakt, indem sie sich kleine *Hello*-Pakete zusenden. Obwohl diese Pakete regelmäßig ausgetauscht werden, benötigen sie nur unwesentlich viel Bandbreite. Im Gegensatz hierzu senden etwa RIP und IGRP ihre gesamten Routing-Tabellen alle 30 bzw. 90 Sekunden an die Nachbarn.
- **Unterstützung von VLSM und CIDR.** Anders als IGRP bietet EIGRP vollständige Unterstützung für klassenlose IP-Netzwerke durch Austausch von Subnetzmasken in Routing-Updates.
- **Unterstützung für mehrere Schicht-3-Protokolle.** EIGRP unterstützt IP, IPX und AppleTalk über so genannte PDMs (Protocol-Dependent Modules, protokollabhängige Module). Diese sorgen dafür, dass eine aufwändige Revision von EIGRP nicht mehr notwendig sein wird; wenn sich geroutete Protokolle wie IP weiter entwickeln, muss EIGRP nicht vollständig neu geschrieben, sondern nur ein neues Protokollmodul entwickelt werden.

3.2 EIGRP-Terminologie

EIGRP-Router halten Routen- und Topologiedaten im RAM verfügbar, damit sie auf Änderungen schnell reagieren können. Wie OSPF speichert auch EIGRP diese Daten in verschiedenen Tabellen oder Datenbanken.

EIGRP verarbeitet Routen auf spezielle Weise. Diesen wird ein bestimmter Status zugewiesen, weitere nützliche Informationen können über Tags vermittelt werden.

3.2.1 Nachbartabelle

Die Nachbartabelle ist die wichtigste EIGRP-Tabelle. Jeder EIGRP-Router führt eine Nachbartabelle, in der die benachbarten Router aufgelistet sind. Diese Tabelle ist vergleichbar mit der OSPF-Nachbarschaftstabelle. Für jedes geroutete Protokoll ist bei EIGRP eine Nachbartabelle vorhanden.

Werden Routen zu neu entdeckten Nachbarn erlernt, dann werden Adresse und Schnittstelle des Nachbarn registriert. Diese Daten werden in der Nachbardatenstruktur gespeichert. Wenn ein Nachbar ein *Hello*-Paket sendet, dann gibt er eine Haltezeit an; dies ist die Periode, während der ein Router einen Nachbarn als erreichbar und betriebsbereit betrachtet. Mit anderen Worten: Wenn während der Haltezeit kein *Hello*-Paket empfangen wird, dann läuft die Haltezeit aus. In diesem Fall wird DUAL – der EIGRP-Distanzvektoralgorithmus – über eine Topologieänderung in Kenntnis gesetzt und muss dann die neue Topologie berechnen.

Die Nachbartabelle enthält die folgenden Felder:

- **Adresse des Nachbarn (`Address`).** Die Schicht-3-Adresse des Nachbar-Routers.
- **Haltezeit (`Hold Uptime`).** Zeitabstand, der ohne Empfang eines Pakets vom Nachbarn verstreichen darf, bis die Verbindung als ausgefallen betrachtet wird. Ursprünglich handelte es sich beim erwarteten Paket um ein *Hello*-Paket, aber in aktuellen Versionen der Cisco IOS Software setzt jedes EIGRP-Paket, das nach dem ersten *Hello* empfangen wird, diesen Timer zurück.
- **SRTT (Smooth Round-Trip Timer, `SRTT`).** Die Durchschnittszeit, die für das Senden und Empfangen von Paketen von einem Nachbarn benötigt wird. Dieser Timer bestimmt das RTI (Retransmit Interval, Intervall für Neuübertragung).
- **Warteschlangenzähler (`Q Cnt`).** Anzahl der Pakete in der Sendewarteschlange. Ist dieser Wert ständig größer als 0, dann könnte am Router ein Überlastungsproblem aufgetreten sein. 0 hingegen bedeutet, dass keine EIGRP-Pakete in der Warteschlange vorhanden sind.
- **Sequenznummer (`Seq No`).** Nummer des letzten Pakets, das vom Nachbarn empfangen wurde. EIGRP verwendet dieses Feld, um die Übertragung von einem Nachbarn zu bestätigen und Pakete zu ermitteln, die in der falschen Reihenfolge eintreffen. Die Nachbartabelle unterstützt eine zuverlässige, geordnete Auslieferung von Paketen und kann insofern als dem TCP-Protokoll ähnlich bezeichnet werden, das zur zuverlässigen Auslieferung von IP-Paketen benutzt wird.

3.2.2 Topologietabelle

Die Topologietabelle besteht aus allen EIGRP-Routing-Tabellen im autonomen System. Der DUAL-Algorithmus berechnet auf der Basis der in den Nachbar- und Topologietabellen vorhandenen Informationen für jedes Ziel die Routen mit den niedrigsten Kosten. Durch Auswertung dieser Informationen können EIGRP-Router alternative Routen schnell ermitteln und auf diese umschalten. Diese Informationen zur primären Route – oder Successor-Route – werden in der Routing-Tabelle abgelegt. Eine Kopie wird zudem in der Topologietabelle gespeichert.

Jeder EIGRP-Router führt für jedes konfigurierte Netzwerkprotokoll eine Topologietabelle. Diese Tabelle enthält Routeneinträge für alle Ziele, die der Router erlernt hat. Alle erlernten Routen zu einem Ziel werden in der Tabelle abgelegt.

Die Topologietabelle enthält die folgenden Felder:

- **FD (Feasible Distance, `FD is xxxx`).** Die FD (Feasible Distance, potenzielle Entfernung) ist der niedrigste berechnete Metrikwert zu jedem Ziel. In Listing 3.2 beispielsweise hat die FD zum Netzwerk 32.0.0.0 den Wert 2195456 (`FD is 2195456`).
- **Routenherkunft (`via xxx.xxx.xxx.xxx`).** Die Herkunft einer Route ist die ID des Routers, der sie ursprünglich bekannt gemacht hat. Dieses Feld ist nur bei Routen ausgefüllt, die extern im EIGRP-Netzwerk erlernt wurden. Das Routen-Tagging kann insbesondere in Verbindung mit richtlinienbasiertem Routing sehr nützlich sein. In Listing 3.2 beispielsweise ist 200.10.10.10 die Routenherkunft für das Netzwerk 32.0.0.0 (`via 200.10.10.10`).
- **RD (Reported Distance, gemeldete Entfernung).** Die RD des Pfades ist die Entfernung, die ein direkter Nachbar zu einem bestimmten Ziel gemeldet hat. In Listing 3.2 ist 281600 die RD für das Netzwerk 32.0.0.0 (`2195456 / 281600`).
- **Schnittstelleninformation.** Dies ist die Schnittstelle, über die das Ziel erreicht werden kann (`Serial1`).
- **Routenstatus.** Routen werden wahlweise als passiv (`P`) oder als aktiv (`A`) gekennzeichnet. Passive Routen sind stabil und können verwendet werden, aktive Routen hingegen werden gerade vom DUAL-Algorithmus neu berechnet.

Listing 3.2: EIGRP-Topologietabelle

```
Router#show ip eigrp topology
IP-EIGRP Topology Table for process 100

Codes:    P - Passive, A - Active, U - Update, Q - Query, R - Reply,
    R - Reply Status

P  32.0.0.0/8, 1 successors, FD is 2195456
       via 200.10.10.10 (2195456/281600), Serial1
P  170.32.0.0/16/8, 1 successors, FD is 2195456
       via 199.55.32.10 (2195456/2169856) Ethernet0
       via 200.10.10.5 (2195456/281600), Serial0
P  200.10.10.8/30, 1 successors, FD is 2169856
       via connected, Serial1
P  200.10.10.12/30, 1 successors, FD is 2681856
       via 200.10.10.10 (2681856/2169856), Serial1
P  200.10.10.0/24, 1 successors, FD is 2169856
       via summary (2169856/0), Null0
P  3200.10.10.4/30, 1 successors, FD is 2169856
       via connected, Serial0
P  205.205.205.0/24, 1 successors, FD is 2221056
       via 199.55.32.10 (2221056/2195456), /Ethernet0
       via 200.10.10.5 (2707456/2195456), Serial0
```

EIGRP sortiert die Topologietabelle so, dass die Successor-Routen ganz oben stehen, gefolgt von den FS-Routen. Unten in der Tabelle werden Routen aufgeführt, von denen DUAL annimmt, dass es sich um Schleifen in der Topologietabelle handelt.

3.2.3 Successor-Routen

Als beste Route (engl. *Successor*, im Deutschen auch *Nachfolger* genannt) wird eine Route bezeichnet, die als primäre Route zu einem Ziel ausgewählt ist. DUAL ermittelt diese Route basierend auf den Informationen in den Nachbar- und Topologietabellen und legt sie dann in der Routing-Tabelle ab. Für jedes Ziel können bis zu vier Successor-Routen vorhanden sein. Diese Routen können die gleiche oder aber (mit Hilfe des Befehls `variance`) unterschiedliche Kostenmetriken aufweisen und werden als beste schleifenlose Pfade zum gegebenen Empfänger betrachtet. Eine Kopie dieser Routen wird in der Topologietabelle abgelegt.

3.2.4 FS-Route

Eine FS-Route (Feasible Successor, *potenzieller Nachfolger*) ist eine Reserveroute. Diese Routen werden gleichzeitig mit den Successor-Routen ermittelt, aber nur in der Topologietabelle abgelegt. Mehrere FS-Routen zu einem

Empfänger können in der Topologietabelle vorhanden sein. Die Ermittlung einer FS-Route für eine Route zu einem Empfänger erfolgt aber nicht zwingend.

Ein Router betrachtet seine FS-Routen als näher am Empfänger gelegen, als er selbst es ist. Das ergibt sich aus der vom Nachbar-Router gemeldeten Kostenmetrik zum Ziel und bedeutet, dass diese Route nicht über den Successor-Router führt. Fällt eine Successor-Route aus, dann sucht der Router eine ermittelte FS-Route heraus. Diese Route wird dann in den Rang einer primären Route heraufgestuft. Die Kosten (RD) einer FS-Route müssen niedriger sein als die Kosten (FD) der für ein Ziel vorhandenen Successor-Route. Diese Bedingung wird als FC (*Feasibility Condition*) bezeichnet. Lässt sich aus den vorhandenen Daten keine FS-Route ermitteln, dann versetzt der Router eine Route in den aktiven Zustand und sendet an alle Nachbarn Anfragepakete, um die aktuelle Topologie neu zu berechnen. Der Router kann dann aus den neuen Daten, die er als Antworten auf die Anfragepakete erhält, eine beliebige neue Successor- oder FS-Route ermitteln. Diese versetzt er dann in den Passivstatus.

3.2.5 Auswahl von Successor- und FS-Routen

Wie nun wählt ein EIGRP-Router Successor- und FS-Routen aus? Nehmen wir einmal an, der Router RTA in Abbildung 3.2 führt in seiner Routing-Tabelle eine Route zum Netzwerk Z über RTB. Aus Sicht von RTA ist RTB der aktuelle Successor-Router für Netzwerk Z, d. h., RTA leitet Pakete, die für Netzwerk Z bestimmt sind, an RTB weiter. RTA muss mindestens einen Successor-Router für das Netzwerk Z kennen, damit der DUAL-Algorithmus diesen in der Routing-Tabelle ablegen kann.

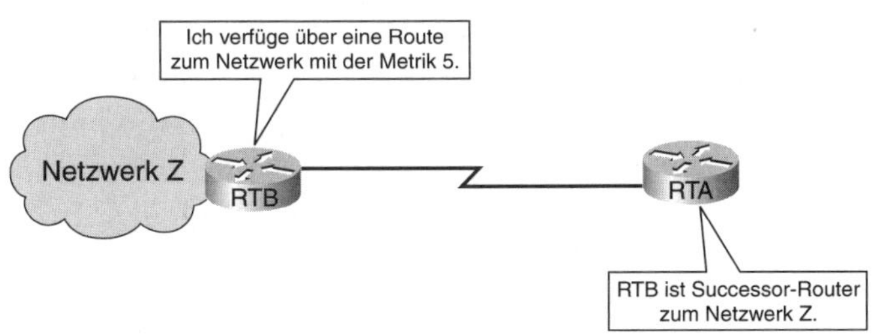

Abbildung 3.2: EIGRP-Successor- und FS-Routen (1)

Kann RTA nun mehr als eine Successor-Route zum Netzwerk Z haben? Wenn RTC angibt, eine Route zum Netzwerk Z mit der gleichen Metrik wie RTB zu kennen, dann betrachtet RTA auch RTC als Successor-Router, und DUAL installiert eine zweite Route via RTC zum Netzwerk Z (Abbildung 3.3).

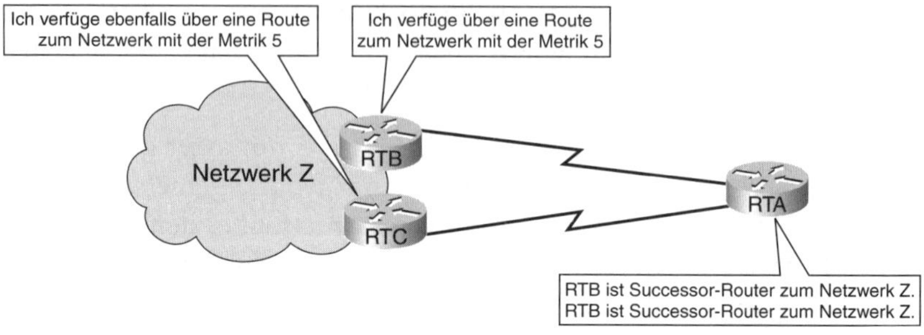

Abbildung 3.3: EIGRP-Successor- und FS-Routen (2)

Alle anderen Nachbarn von RTA, die eine schleifenlose Route zum Netzwerk Z angeben, deren RD höher als die Metrik der besten Route und niedriger als die FD ist, werden als FS-Routen in die Topologietabelle aufgenommen (Abbildung 3.4).

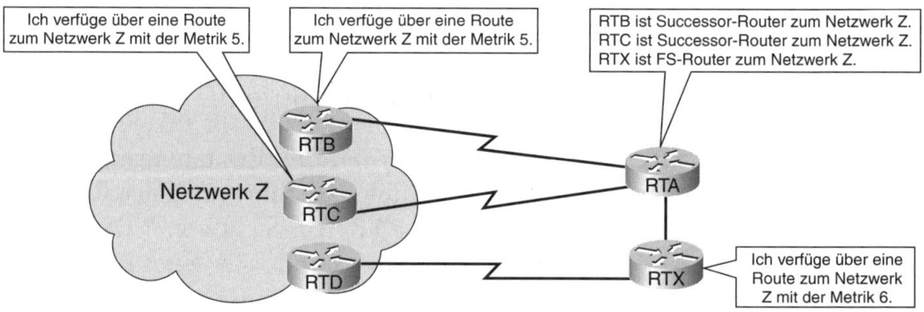

Abbildung 3.4: EIGRP-Successor-- und FS-Routen (3)

Wie bereits gesagt, betrachtet ein Router seine FS-Router als Nachbarn, die unterhalb des Ziels oder näher am Ziel sind als er selbst. Fällt eine Successor-Route aus, dann kann der DUAL-Algorithmus schnell eine FS-Route aus der Topologietabelle heraussuchen und als neue Route zum Empfänger installieren. Ist keine FS-Route vorhanden, dann wird die primäre Route in den aktiven Status versetzt. Zur Erinnerung: Für Einträge in der Topologietabelle gibt es den aktiven und den passiven Zustand. Diese Zustände bezeichnen nicht den Status des Eintrags selbst, sondern der Route, die der Eintrag repräsentiert.

Eine passive Route ist stabil und kann verwendet werden, aktive Routen hingegen werden gerade vom DUAL-Algorithmus neu berechnet. Eine solche Neuberechnung findet statt, wenn eine Route ausgefallen ist und DUAL keine FS-Route findet. In diesem Fall muss der Router seine Nachbarn um Hilfe bei der Ermittlung eines neuen, schleifenlosen Pfades zum Empfänger bitten. Nachbar-Router sind dazu verpflichtet, auf die Anfrage eines Routers zu antworten. Kennt ein benachbarter Router eine Route, dann antwortet er mit Informationen zu der oder den Successor-Routen. Verfügt er hingegen über keinerlei derartige Informationen, dann teilt er dem Absender mit, dass er auch keine Route zum Empfänger kennt.

Finden im Netzwerk Neuberechnungen im Übermaß statt, dann ist dies ein Symptom für Netzwerkinstabilitäten und hat eine schlechte Netzwerkleistung zur Folge. Um Überlastungsprobleme zu vermeiden, versucht der DUAL-Algorithmus immer, eine FS-Route zu finden, bevor er als letzten Ausweg eine Neuberechnung wählt. Ist eine FS-Route vorhanden, dann kann DUAL die neue Route schnell installieren und so eine Neuberechnung vermeiden.

3.2.6 SIA-Routen

Wenn ein oder mehrere Router, an die eine Anfrage gesendet wurde, nicht innerhalb des für den aktiven Status gültigen Maximalzeitraums von 180 Sekunden (drei Minuten) antworten, wird (bzw. werden) die Route(n) in den SIA-Status (Stuck in active, dt. sinngemäß *Antwortet nicht*) versetzt. In diesem Fall löscht EIGRP die Nachbarn, die keine Antwort gesendet haben, und protokolliert die Fehlermeldung *Stuck in active* für die Route(n), die aktiv wurde(n).

3.2.7 Routing-Tabelle

Dank der Verwendung von DUAL wählt EIGRP die besten Routen zu einem Ziel aus der Topologietabelle aus und legt diese Routen dann in der Routing-Tabelle ab. Jeder EIGRP-Router führt eine Routing-Tabelle für jedes Netzwerkprotokoll.

3.2.8 Routen-Tagging

Die Topologietabelle kann zu jeder Route zusätzliche Daten aufzeichnen. EIGRP unterscheidet interne und externe Routen. Jeder Route wird eine Kennzeichnung – ein so genanntes Tag – hinzugefügt, die angibt, ob es sich um eine interne oder externe Route handelt.

Interne Routen stammen aus dem jeweiligen EIGRP-AS, externe Routen hingegen von außerhalb des autonomen Systems. Routen, die mit Hilfe anderer Routing-Protokolle (z. B. RIP, OSPF oder IGRP) erlernt oder übergeben wurden, sind extern. Gleiches gilt für statische Routen, die von außerhalb des AS stammen. Das Tag kann zu Organisationszwecken eine Zahl zwischen 0 und 255 erhalten.

Alle externen Routen sind in der Topologietabelle aufgeführt und mit Tags versehen, die die folgenden Informationen enthalten:

- ID des EIGRP-Routers, der die Route in das EIGRP-Netzwerk übergeben hat
- AS-Nummer des Empfängers
- das im externen Netzwerk verwendete Protokoll
- Kosten oder Metrik, die von diesem externen Protokoll übergeben wurde
- das konfigurierbare Administrator-Tag

Listing 3.3 zeigt einen Topologietabelleneintrag für eine externe Route.

Listing 3.3: Tag-Informationen zu einer Route anzeigen

```
Router#show ip eigrp topology 204.100.50.0
IP=EIGRP topology entry for 204.100.50.0/24
  State is Passive, Query origin flag is 1, 1 Successor(s), FD is 2297856
  Routing Descriptor Blocks:
  10.1.0.1 {Serial0}, from 10.1.0.1, Send flag is 0x0
    Composite metric is (2297856/128256), Route is External
    Vector metric:
      Minimum bandwidth is 1544 Kbit
      Total delay is 25000 microseconds
      Reliability is 255/255
      Load is 1/255
      Minimum MTU is 1500
      Hop count is 1
    External data:
      Originating router is 192.168.1.1
      AS number of route is 0
      External protocol is Connected, external metric is 0
      Administrator tag is 0 (0x00000000)
```

Um eine präzise Routing-Richtlinie (engl. *Policy*) zu entwickeln, sollten Sie die Vorteile des Routen-Taggings und insbesondere des (im Listing kursiv gesetzten) Administrator-Tags nutzen. Sie können für dieses Tag eine beliebige Zahl zwischen 0 und 255 konfigurieren; im Endeffekt handelt es sich also um ein benutzerdefiniertes Tag, das sie zur Implementierung einer speziellen Routing-Richtlinie verwenden können. Externe Routen können basierend auf den Routen-Tags (einschließlich des Administrator-Tags) zugelassen, zurückgewiesen oder weiterverbreitet werden. Da Sie das Administrator-Tag beliebig konfigurieren können, bietet das Routen-Tagging ein hohes Maß an Steuerbarkeit. Dieses Maß an Präzision und Flexibilität erweist sich insbesondere dann als nützlich, wenn EIGRP-Netzwerke mit BGP-Netzwerken (Border Gateway Protocol) zusammenarbeiten, die richtlinienbasiert sind.

3.3 Funktionen und Technologien von EIGRP

EIGRP umfasst viele neue Technologien, die im Vergleich zu IGRP und anderen Routing-Protokollen alle eine Verbesserung in puncto Leistungsfähigkeit für große Netzwerke, Konvergenzgeschwindigkeit oder Funktionalität darstellen. All diese Technologien fallen in eine der folgenden vier Kategorien:

- Erkennen oder Wiederauffinden von Nachbarn
- RTP-Protokoll
- DUAL-FSM-Algorithmus
- protokollspezifische Module

3.3.1 Erkennen oder Wiederauffinden von Nachbarn

Einfache Distanzvektor-Router stellen keine Nachbarschaftsbeziehungen her. RIP- und IGRP-Router versenden lediglich Updates als Broadcasts oder Multicasts über konfigurierte Schnittstellen. Im Gegensatz dazu stellen EIGRP-Router aktiv Beziehungen zu ihren Nachbarn her – ähnlich wie dies auch OSPF-Router tun. Abbildung 3.5 zeigt, wie EIGRP-Nachbarschaftsbeziehungen hergestellt werden. EIGRP-Router stellen solche Beziehungen mit Hilfe von *Hello*-Paketen her. Diese werden standardmäßig alle fünf Sekunden über Verbindungen mit hoher Bandbreite und alle 60 Sekunden über Multipoint-Verbindungen mit niedriger Bandbreite gesendet. Ein EIGRP-Router geht davon aus, dass, solange er von einem Nachbarn *Hello*-Pakete empfängt, dieser Nachbar (und die Route zu ihm) ansprechbar – also passiv! – ist.

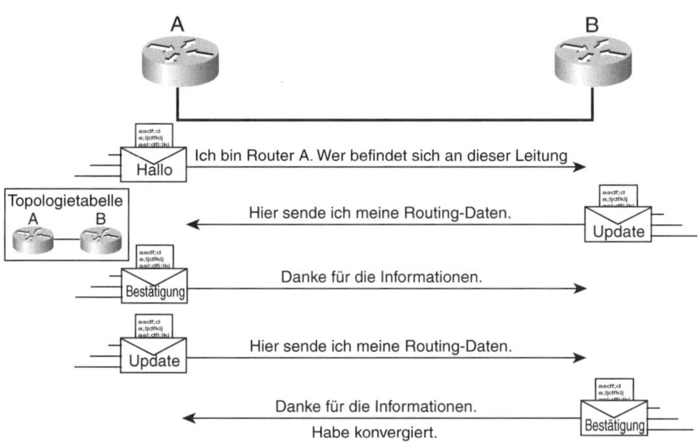

Abbildung 3.5: EIGRP-Nachbarn tauschen Routendaten aus.

Durch Herstellung von Nachbarschaftsbeziehungen können EIGRP-Router

- dynamisch von neuen Routen erfahren, die Bestandteil des Netzwerks werden,
- Router erkennen, die entweder nicht erreichbar oder nicht betriebsbereit sind,
- Routen wiederauffinden, die zuvor nicht erreichbar waren.

3.3.2 Das RTP-Protokoll

Das RTP-Protokoll (Reliable Transport Protocol) ist ein Transportschichtprotokoll, das die Auslieferung von EIGRP-Paketen in der korrekten Reihenfolge an alle Nachbarn garantiert. In einem IP-Netzwerk verwenden die Hosts TCP, um die Pakete zu ordnen und die rechtzeitige Auslieferung sicherzustellen. EIGRP dagegen ist protokollunabhängig (d. h., es verwendet anders als RIP, IGRP oder OSPF für den Austausch von Routing-Daten nicht TCP/IP). Um von IP unabhängig zu bleiben, benutzt EIGRP zur garantierten Auslieferung der Routing-Daten das RTP-Protokoll als proprietäres Transportschichtprotokoll.

EIGRP kann RTP je nachdem, wie es die Situation erfordert, zur Bereitstellung eines zuverlässigen oder nicht zuverlässigen Dienstes verwenden. Für *Hello*-Pakete etwa wird der zusätzliche Aufwand der zuverlässigen Auslieferung nicht benötigt, weil sie häufig versandt werden und klein sind. Ungeachtet dessen kann die zuverlässige Auslieferung anderer Routing-Daten die Konvergenz letztendlich beschleunigen, weil EIGRP-Router im Falle einer Neuübertragung nicht auf den Ablauf eines Timers warten.

Mit Hilfe des RTP-Protokolls kann EIGRP gleichzeitig an verschiedener Partner Multicasts und Unicasts senden, was die Leistungsfähigkeit erheblich steigert.

3.3.3 Die DUAL-FSM

Das Herzstück von EIGRP ist DUAL (Diffusing Update Algorithm), eine Engine zur Routenberechnung, die bei SRI International von Dr. J. J. Garcia-Luna-Aceves entwickelt wurde. Der vollständige Name dieser Technologie lautet »DUAL Finite-State Machine« (endlicher Automat), kurz DUAL-FSM. Eine FSM ist kein mechanisches Gerät mit beweglichen Teilen, sondern eine abstrakte Maschine. FSMs definieren eine Folge möglicher Zustände, die das System durchlaufen kann, Ereignisse, die diese Zustände auslösen, und die Folgen dieser Zustände. Entwickler benutzen FSMs, um zu beschreiben, wie ein Gerät, ein Computerprogramm oder ein Routing-Algorithmus auf bestimmte Eingaben reagieren. Die DUAL-FSM enthält die gesamte Logik, die zur Berechnung und zum Vergleich von Routen in einem EIGRP-Netzwerk verwendet wird.

DUAL ermittelt alle Routen, die von den Nachbarn bekannt gegeben werden, und vergleicht sie anhand ihrer jeweiligen zusammengesetzten Metrik. Ferner gewährleistet DUAL, dass alle Pfade schleifenlos sind. Der DUAL-Algorithmus fügt dann die Pfade mit den geringsten Kosten in die Routing-Tabelle ein. Wie wir bereits wissen, heißen diese primären Pfade »Successor-Routen«. Eine Kopie jeder Successor-Route wird außerdem in der Topologietabelle abgelegt.

EIGRP hält wichtige Routen- und Topologiedaten in der Nachbar- und der Topologietabelle bereit. Diese Tabellen vermitteln DUAL im Falle von Netzwerkstörungen umfassende Routeninformationen. DUAL wählt alternative Routen sehr schnell anhand der Informationen in diesen Tabellen aus. Fällt eine Verbindung aus, dann sucht DUAL in der Topologietabelle nach einer FS-Route. Pakete in das Empfängernetzwerk werden sofort über diese FS-Route weitergeleitet, die gleichzeitig zur Successor-Route heraufgestuft wird (Abbildung 3.6).

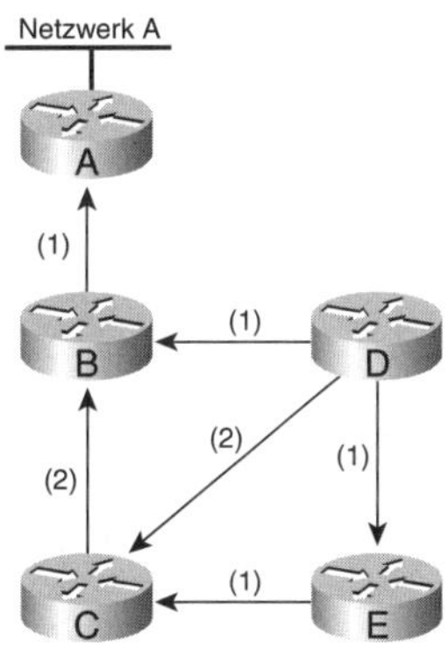

C EIGRP	FD	RD	Topologie
Netzwerk A	3		(FD)
via B	3	1	(Successor-Router)
via D	4	2	(FS)
via E	4	3	

D EIGRP	FD	RD	Topologie
Netzwerk A	2		(FD)
via B	2	1	(Successor-Router)
via C	5	3	

E EIGRP	FD	RD	Topologie
Netzwerk A	3		(FD)
via D	3	2	(Successor-Router)
via C	4	3	

Abbildung 3.6: Konvergenz im EIGRP-Netzwerk mit Hilfe des DUAL-Algorithmus

Beachten Sie in der Abbildung, dass beispielsweise Router D keine FS-Route kennt. Die FD (also die berechneten Kosten) für Router D zu Router A beträgt 2, die RD[1] (Reported Distance, bekannt gegebene Distanz) über Router C hat den Wert 3. Für C wird die FC nicht erfüllt, da die RD höher ist als die FD; es wird in der Topologietabelle keine FS-Route abgelegt. Router C kennt hingegen eine FS-Route, denn die Route ist schleifenlos, und die RD für den nächsten Hop ist kleiner als die FD für die Successor-Route.

1. Statt »RD« (Reported Distance) wird seltener auch »AD« (Advertised Distance) benutzt.

3.3.4 PDMs

Eines der interessantesten Merkmale von EIGRP ist sein modularer Aufbau. Ein solcher Aufbau erweist sich immer wieder als am besten skalier- und anpassbar. Unterstützung für geroutete Protokolle wie IP, IPX und AppleTalk wird in EIGRP durch PDMs implementiert. Theoretisch lässt sich EIGRP über PDMs problemlos an neue oder überarbeitete Protokolle (z. B. IPv6) anpassen. Abbildung 3.7 zeigt die Funktionsweise von PDMs.

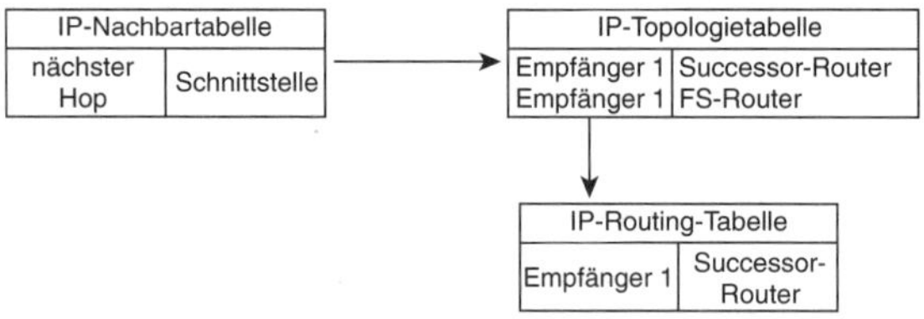

Abbildung 3.7: EIGRP-PDMs

Jedes PDM ist für sämtliche Funktionen verantwortlich, die das jeweilige geroutete Protokoll benötigt. So ist etwa das IP-EIGRP-Modul für die folgenden Aufgaben zuständig:

- Versand und Empfang von EIGRP-Paketen, die IP-Daten beinhalten
- Mitteilung neu empfangener IP-Routing-Daten an DUAL
- Eintragen der Routing-Entscheidungen von DUAL in die IP-Routing-Tabelle
- Übergabe von Routing-Informationen, die über andere IP-fähige Routing-Protokolle erlernt wurden

3.4 EIGRP-Pakettypen

Wie OSPF verwendet auch EIGRP mehrere verschiedene Pakettypen, um die diversen Tabellen zu pflegen und komplexe Beziehungen mit benachbarten Routern herzustellen. Die fünf EIGRP-Pakettypen sind:

- Hello
- Bestätigung (engl. *Acknowledgment*)
- Update
- Anforderung (engl. *Query*)
- Antwort (engl. *Reply*)

3.4.1 *Hello*-Pakete

Zum Erkennen, Überprüfen und Wiederauffinden benachbarter Router verwendet EIGRP *Hello*-Pakete. Ein Wiederauffinden findet statt, wenn ein EIGRP-Router während der Haltezeit keine *Hello*-Pakete eines bestimmten anderen Routers empfängt, danach aber die Kommunikation wiederherstellen kann.

EIGRP sendet *Hello*-Pakete in einem festgelegten (aber konfigurierbaren) Abstand, dem *Hello*-Intervall. Wie groß dieses Intervall standardmäßig ist, hängt von der Bandbreite der Schnittstelle ab (Tabelle 3.1).

Tabelle 3.1: Hello-Intervall

Bandbreite	**Verbindung (Beispiel)**	***Hello*-Intervall (Standard)**	**Haltezeit (Standard)**
≤ 1,544 Mbit/s	Multipoint-Frame Relay	60 Sekunden	180 Sekunden
> 1,544 Mbit/s	Ethernet, T1, Point-to-Point-Verbindung	5 Sekunden	15 Sekunden

Hello-Pakete werden durch EIGRP als Multicasts versendet. In IP-Netzwerken senden EIGRP-Router diese Pakete an die Multicast-IP-Adresse 224.0.0.10.

Ein EIGRP-Router speichert Informationen zu seinen Nachbarn in der Nachbartabelle. Diese Tabelle enthält das *Seq No*-Feld, in dem die Nummer des vom jeweiligen Nachbarn zuletzt empfangenen EIGRP-Pakets gespeichert ist. Die Nachbartabelle enthält auch ein Haltezeitfeld (*Hold*), in dem die Zeit aufgezeichnet wird, die seit dem Empfang des letzten Pakets vergangen ist. Pakete müssen innerhalb der Haltezeit empfangen werden, damit der passive Status erhalten bleibt (d. h. der Router als erreichbar und betriebsbereit erkannt wird).

Wenn von einem Nachbar auch nach Verstreichen der Haltezeit keine Daten empfangen wurden, betrachtet EIGRP ihn als ausgefallen, und die Routing-Tabelle wird mit Hilfe des DUAL-Algorithmus neu erstellt. Standardmäßig entspricht die Haltezeit dem dreifachen *Hello*-Intervall, aber ein Administrator kann beide Timer nach Bedarf ändern.

Bei OSPF müssen benachbarte Route dieselben Einstellungen für das *Hello*- und das *Dead*-Intervall aufweisen; EIGRP hingegen kennt eine solche Einschränkung nicht. Benachbarte Router erfahren von den gegenseitigen Timereinstellungen durch den Austausch von *Hello*-Paketen und bilden mit Hilfe dieser Informationen auch dann eine stabile Beziehung, wenn die Timer unterschiedlich eingestellt sind.

Hello-Pakete werden generell nicht-zuverlässig übertragen und benötigen auch keine Bestätigungen.

3.4.2 Bestätigungspakete

Mit Hilfe von Bestätigungspaketen zeigt ein EIGRP-Router den Empfang eines EIGRP-Pakets während eines »zuverlässigen« Datenaustauschs an. Eine zuverlässige Kommunikation zwischen EIGRP-Hosts wird mit Hilfe des RTP-Protokolls realisiert. Damit der Transport zuverlässig ist, muss der Empfänger die Nachricht des Senders bestätigen. Bestätigungspakete – hierbei handelt es sich um *Hello*-Pakete ohne Daten – werden für diesen Zweck verwendet. Anders als normale *Hello*-Pakete, die als Multicasts gesendet werden, sind Bestätigungspakete Unicast-Pakete, die an einen bestimmten Host gerichtet sind. Bestätigungen können auch im Huckepackverfahren mit anderen EIGRP-Paketen (z. B. Antwortpaketen) gesendet werden.

3.4.3 Update-Pakete

Update-Pakete werden verwendet, wenn ein Router einen neuen Nachbarn erkennt. Ein EIGRP-Router sendet in diesem Fall Update-Pakete als Unicasts an diesen neuen Nachbarn, sodass der ihn zu seiner Topologietabelle hinzufügen kann. Zur Übertragung aller Topologieinformationen an den neuen Nachbarn werden unter Umständen mehrere Update-Pakete benötigt.

Update-Pakete werden auch dann eingesetzt, wenn ein Router eine Änderung in der Topologie feststellt. In diesem Fall sendet der EIGRP-Router ein Update-Paket als Multicast an alle seine Nachbarn, um sie auf die Änderung hinzuweisen.

Update-Pakete werden immer zuverlässig versendet.

3.4.4 Anforderungs- und Antwortpakete

Ein EIGRP-Router verwendet Anforderungspakete immer dann, wenn er bestimmte Informationen von einem oder all seinen Nachbarn benötigt. Eine solche Anforderung wird mit einem Antwortpaket erwidert.

Verliert ein EIGRP-Router seine Successor-Route und kann für diese keine FS-Route finden, dann versetzt DUAL-FSM die Route in den aktiven Zustand. Danach sendet der Router eine Anforderung als Multicast an alle Nachbarn und sucht auf diese Weise eine Successor-Route zum Empfängernetzwerk. Die Nachbarn müssen dann Antworten senden, die entweder Informationen zu möglichen primären Routen enthalten oder aber angeben, dass derartige Informationen nicht verfügbar sind.

Anforderungen sind wahlweise Multicast- oder Broadcast-Meldungen, während Antworten immer Unicasts sind. Beide Pakettypen werden zuverlässig versendet.

3.5 EIGRP-Konvergenz

Die ausgesprochen schnelle Konvergenz von EIGRP ist Folge des ausgeklügelten DUAL-Algorithmus. Um die Konvergenz mit Hilfe von DUAL besser verstehen zu können, betrachten Sie einmal das in Abbildung 3.8 dargestellte Szenario. Router RTA kann das Netzwerk 24 über drei verschiedene Router erreichen: RTX, RTY und RTZ.

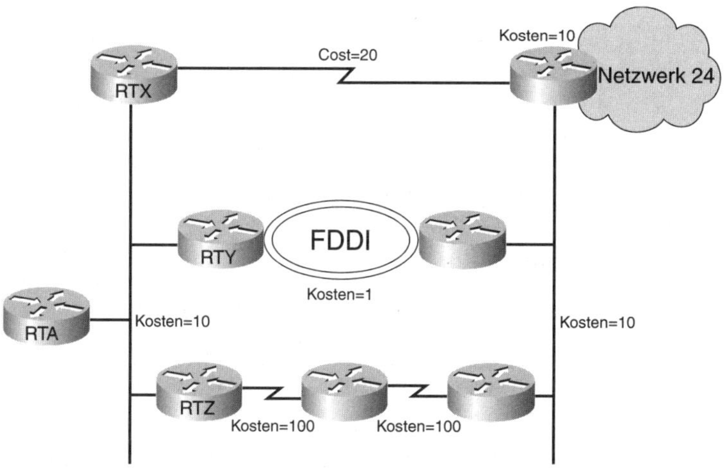

Abbildung 3.8: EIGRP-Konvergenz

In der Abbildung wird die zusammengesetzte Metrik von EIGRP zwecks einfacherer Berechnung durch einen Verbindungskostenwert ersetzt. Die Topologietabelle von RTA enthält eine Liste aller Routen, die von den Nachbarn bekannt gegeben wurden. Für jedes Netzwerk speichert RTA die realen (berechneten) Kosten bis zum Ziel ebenso wie die vom Nachbarn bekannt gegebenen Kosten (RD). Die Werte können Sie Tabelle 3.2 entnehmen.

Tabelle 3.2: Zusammengesetzte Metrik

Nachbar	Berechnete Kosten zum Netzwerk 24	RD-Wert zum Netzwerk 24
RTY	31	21
RTZ	230	220
RTX	40	30

Zunächst ist RTY aufgrund der niedrigsten berechneten Kosten der Successor-Router zum Netzwerk 24. Die niedrigste berechnete Metrik zum Netzwerk 24 beträgt 31; dieser Wert ist die FD zum Netzwerk 24.

RTA führt nun einen aus drei Schritten bestehenden Prozess durch, um den FS-Router zu bestimmen, der ggf. zum Successor-Router für das Netzwerk 24 werden soll:

1. RTA ermittelt, welche Nachbarn eine RD zum Netzwerk 24 haben, die geringer ist als die FD von RTA zum Netzwerk 24. Die FD beträgt 31, während die RD von RTX 30 und die RD von RTZ laut Tabelle 3.2 220 beträgt. Die RD von RTX ist folglich niedriger als die aktuelle FD, die RD von RTZ hingegen nicht.
2. RTA bestimmt dann das Minimum der berechneten Kosten zum Netzwerk 24 über die übrigen noch vorhandenen Routen. Die berechneten Kosten über RTX betragen 40, die berechneten Kosten über RTZ 230. Insofern bietet RTX die niedrigsten berechneten Kosten.
3. Abschließend prüft RTA, ob Router, die die Bedingung in Schritt 1 erfüllt haben, auch die Bedingung von Schritt 2 erfüllen. Dies trifft auf RTX zu: RTX wird also zum FS-Router.

Wenn RTY ausfällt, schaltet RTA sofort zum FS-Router – RTX – um, um Pakete an Netzwerk 24 weiterzuleiten. Die Fähigkeit, eine solche unmittelbare Umschaltung auf eine Reserveroute vorzunehmen, ist der Schlüssel für die extrem schnelle Konvergenz von EIGRP.

Könnte jetzt RTZ zum FS-Router werden? Wenn RTA den gleichen Vorgang wie oben abarbeitet, stellt er fest, dass RTZ einen Kostenwert von 220 angibt – ein Wert, der höher ist als der FD-Wert 31. Aus diesem Grund kann RTZ (noch) kein FS-Router werden. Die FD kann sich nur bei einem Übergang vom aktiven in den passiven Zustand ändern, weswegen sie weiterhin 31 beträgt. Weil kein Übergang stattgefunden hat, führt DUAL einen Vorgang aus, der lokale Berechnung heißt.

RTA kann keine FS-Router finden; deswegen wechselt er schließlich – bezogen auf Netzwerk 24 – vom passiven in den aktiven Zustand und fragt seine Nachbarn zu Netzwerk 24 ab. Diesen Vorgang bezeichnet man als unscharfe Berechnung. Befindet sich Netzwerk 24 im aktiven Zustand, dann wird die FD zurückgesetzt. Auf diese Weise kann RTA schließlich auch RTZ als Successor-Route zum Netzwerk 24 akzeptieren.

3.6 EIGRP konfigurieren

In diesem Abschnitt werden die allgemeinen Schritte zur EIGRP-Konfiguration beschrieben. Besonderes Augenmerk wird dabei darauf gelegt, wie EIGRP Beziehungen mit benachbarten Routern herstellt, primäre und Reserverouten berechnet und bei Bedarf auf Ausfälle bekannter Routen zu einem bestimmten Ziel reagiert.

3.6.1 EIGRP für IP konfigurieren

Trotz der Komplexität von DUAL ist die Konfiguration von EIGRP meist recht einfach. Die Konfigurationsbefehle für EIGRP variieren je nach zu routendem Protokoll. In diesem Abschnitt werden wir sehen, wie EIGRP für das IP-Protokoll konfiguriert wird. Betrachten Sie zunächst einmal Abbildung 3.9.

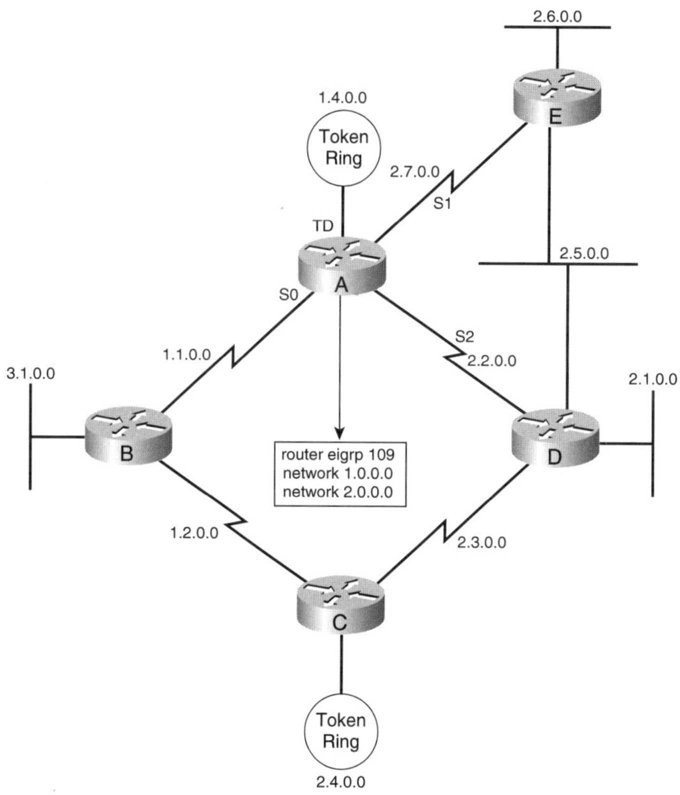

Abbildung 3.9: EIGRP für IP konfigurieren

Gehen Sie wie folgt vor, um EIGRP für IP zu konfigurieren:

1. Aktivieren Sie mit dem folgenden Befehl EIGRP. und definieren Sie dabei ein autonomes System:

   `router(config)#` **`router eigrp`** *`as-nummer`*

   as-nummer ist die Nummer, die das autonome System eindeutig benennt. Sie kennzeichnet alle Router innerhalb dieses Netzwerkverbundes. Der Wert muss bei all diesen Routern gleich sein.

2. Geben Sie mit dem folgenden Befehl am lokalen Router an, welche Netzwerke zum EIGRP-AS gehören:

   router(config-router)# **`network`** *`netzwerknummer`*

   netzwerknummer ist die Netzwerknummer, die bestimmt, welche Schnittstellen des Routers an EIGRP teilnehmen und welche Netzwerke vom Router bekannt gegeben werden. Sie wird nach IP-Adressklasse eingegeben. So werden etwa die Netzwerke 2.2.0.0 und 2.7.0.0 wie folgt mit Hilfe des Befehls `network` angegeben:

   `Router_A(config-router)#`**`network 2.0.0.0`**

   Dieser Befehl konfiguriert nur angeschlossene Netzwerke. Das Netzwerk 3.1.0.0 (in der Abbildung ganz links zu sehen) ist nicht direkt mit Router A verbunden und deswegen auch nicht Teil der Konfiguration von Router A.

3. Wenn Sie serielle Verbindungen mit Hilfe von EIGRP konfigurieren, muss die Bandbreite für die Schnittstelle angegeben werden. Wenn die Bandbreite für diese Schnittstellen nicht geändert wird, geht EIGRP von der Standardbandbreite der Verbindung aus und nicht von der tatsächlichen Bandbreite. Ist die Verbindung nun langsamer als die Standardbandbreite, dann kann der Router möglicherweise nicht konvergieren, Routing-Updates könnten verloren gehen, oder die Pfadauswahl ist vielleicht nicht optimal. Deswegen konfiguriert man wie folgt die Bandbreiteneinstellung:

   `router(config-if)#` **`bandwidth`** *`bandbreite_in_Kbit/s`*

   Der Befehl `bandwidth` wird *nur* vom Routing-Prozess verwendet und sollte so eingestellt werden, dass er mit der Leitungsgeschwindigkeit der Schnittstelle übereinstimmt.

4. Cisco empfiehlt ferner, den folgenden Befehl allen EIGRP-Konfigurationen hinzuzufügen:

   `router(config-if)#` **`eigrp log-neighbor-changes`**

Mit diesem Befehl aktivieren Sie die Protokollierung von Änderungen bei den Nachbarbeziehungen. Auf diese Weise können Sie die Stabilität des Routing-Systems überwachen und Probleme schneller erkennen.

CD-ROM

Siehe auch e-Lab auf der Buch-CD-ROM »4.1 Configuring EIGRP in an Autonomous System«.

E-Lab und Lab

Siehe auch CNAP und [1] »Configuring EIGRP Routing«.

3.6.2 Konfiguration der Bandbreite bei NBMA-Netzwerken

Bei der Konfiguration von EIGRP über eine NBMA-Wolke – z. B. Frame Relay – müssen Sie drei Grundregeln beachten:

- Der EIGRP-Datenverkehr sollte die CIR-Kapazität (Committed Information Rate) der virtuellen Leitung (Virtual Circuit, VC) nicht überschreiten.
- Der EIGRP-Gesamtdatenverkehr über alle VCs sollte die Leitungsgeschwindigkeit der Schnittstelle nicht überschreiten.
- Die für EIGRP in den einzelnen VCs reservierte Bandbreite muss für beide Richtungen gleich sein.

Wenn diese Regeln beachtet werden, funktioniert EIGRP im WAN einwandfrei, andernfalls kann EIGRP das Netzwerk zum Stillstand bringen.

3.6.3 Bandbreite über ein Multipoint-Netzwerk konfigurieren

Die Konfiguration des Befehls `bandwidth` in einer NBMA-Wolke hängt von der Struktur der VCs ab. Wenn die serielle Verbindung mehrere VCs im Rahmen einer Multipoint-Konfiguration umfasst und die Bandbreite gleichmäßig auf alle VCs verteilt wird, stellen Sie als Bandbreite die Gesamt-CIR ein. In Abbildung 3.10 beispielsweise beträgt die CIR der einzelnen VCs jeweils 56 Kbit/s. Da vier VCs vorhanden sind, muss für die Bandbreite der Wert 4 × 56 = 224 eingestellt werden.

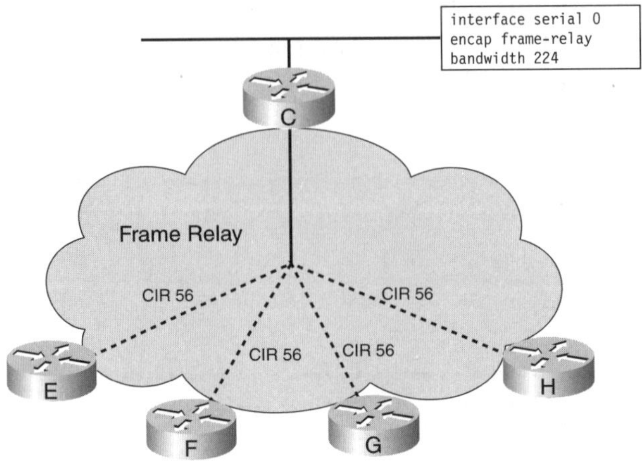

Abbildung 3.10: EIGRP-Konfiguration für homogene Multipoint-WANs

Bandbreite über ein nicht homogenes Multipoint-Netzwerk konfigurieren

Wenn die VCs im Multipoint-Netzwerk mit unterschiedlichen Datenraten betrieben werden, wird eine etwas komplexere Lösung benötigt. Sie können hier einen von zwei Ansätzen verfolgen:

- **Multiplikation der niedrigsten CIR mit der Anzahl der VCs.** Wie in Abbildung 3.11 gezeigt, wird diese Bandbreite dann für die physische Schnittstelle konfiguriert. Das Problem besteht darin, dass Verbindungen mit höheren Bandbreiten möglicherweise nicht optimal genutzt werden.
- **Verwendung von Subschnittstellen.** Der Befehl `bandwidth` kann für jede Subschnittstelle separat konfiguriert werden, wodurch unterschiedliche Geschwindigkeiten für jeden VC möglich sind. In diesem Fall werden Subschnittstellen für die Verbindungen mit unterschiedlichen CIRs konfiguriert. Verbindungen mit identischer CIR benutzen eine einzige Subschnittstelle mit einer Bandbreite, die der Gesamt-CIR aller Leitungen entspricht. In Abbildung 3.12 haben drei der VCs die gleiche CIR von 256 Kbit/s. Diese drei VCs werden nun zur Multipoint-Subschnittstelle S0.1 zusammengefasst. Der verbliebene VC mit der niedrigeren CIR von 56 Kbit/s wird mit der Point-to-Point-Subschnittstelle S0.2 realisiert.

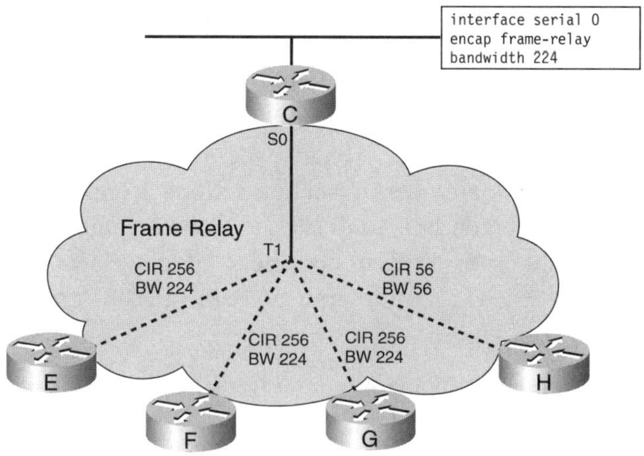

Abbildung 3.11: EIGRP-Konfiguration für nicht homogene Multipoint-WANs

3.6.4 Der Befehl `ip bandwidth-percent`

Der Befehl `ip bandwidth-percent` konfiguriert die für EIGRP reservierte prozentuale Bandbreite der Schnittstelle. Standardmäßig kann EIGRP bis zu 50 Prozent der Bandbreite einer Schnittstelle für den Austausch von Routing-Informationen für sich beanspruchen. Zur Berechnung des Prozentwerts verwendet `ip bandwidth-percent` den mit dem Befehl `bandwidth` angegebenen Wert als Basis.

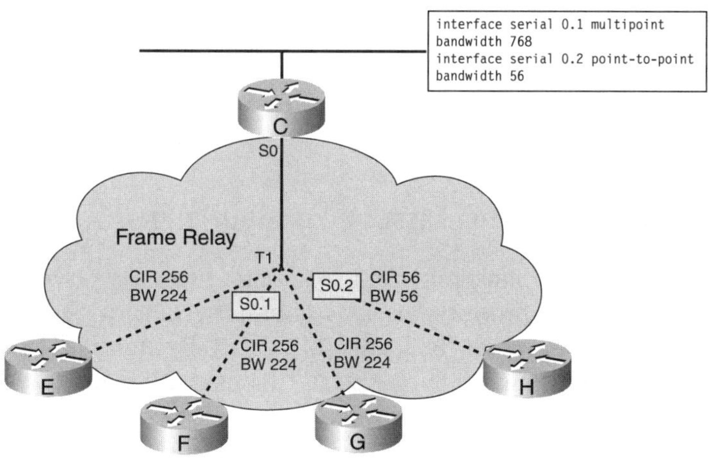

Abbildung 3.12: Bevorzugte EIGRP-Konfiguration für nicht homogene Multipoint-WANs

Verwenden Sie den Befehl `ip bandwidth-percent`, wenn die Bandbreiteneinstellung einer Verbindung nicht ihre tatsächliche Geschwindigkeit widerspiegelt. Der Bandbreitenwert kann aus einer Vielzahl von Gründen klein gehalten werden; hierzu gehören etwa die Manipulation der Metrik für das Routing oder die Kompensation einer überbeanspruchten Multipoint-Frame-Relay-Konfiguration. Ungeachtet der Ursachen jedoch können Sie EIGRP so konfigurieren, dass die Nachteile einer künstlich niedrig gehaltenen Bandbreiteneinstellung nicht zum Tragen kommen – Sie weisen mit Hilfe von `ip bandwidth-percent` einfach einen höheren Wert zu (dieser kann in bestimmten Fällen sogar über 100 liegen).

Nehmen wir beispielsweise einmal an, die tatsächliche Bandbreite einer seriellen Router-Verbindung beträgt 64 Kbit/s, der Bandbreitenwert aber wurde manuell auf 32 Kbit/s gesetzt. Abbildung 3.13 zeigt, wie man das Verhalten von EIGRP so ändert, dass es den durch das Routing-Protokoll verursachten Datenverkehr entsprechend der tatsächlichen Bandbreite der seriellen Schnittstelle begrenzt. In diesem Beispiel wird die prozentuale Bandbreite für den EIGRP-Prozess, der im autonomen System 24 läuft, auf 100 Prozent gesetzt. Da 100 Prozent von 32 Kbit/s genau 32 Kbit/s entspricht, darf EIGRP die Hälfte der tatsächlichen Bandbreite von 64 Kbit/s nutzen.

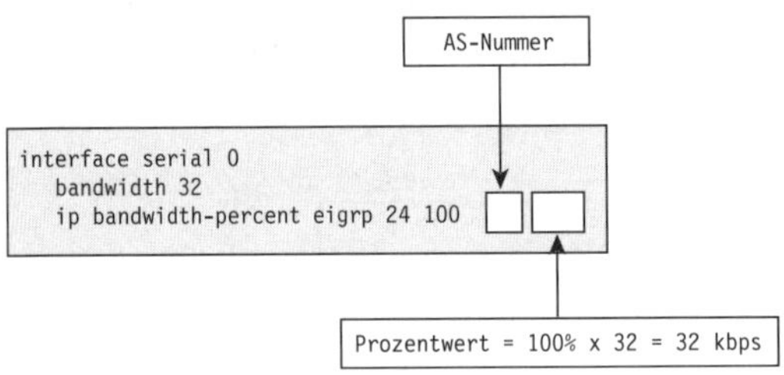

Abbildung 3.13: Der Befehl `ip bandwidth-percent`

3.6.5 EIGRP-Routenzusammenfassung konfigurieren

EIGRP fasst Routen an der klassenorientierten Grenze (d. h. an der Grenze, an der das Netzwerk laut Definition der klassenbasierten Adressierung endet) automatisch zusammen. Dies bedeutet, dass sich Router RTC in Abbildung 3.14, obwohl er nur an das Subnetz 2.1.1.0 angeschlossen ist, als mit dem gesamten Klasse-A-Netzwerk 2.0.0.0 verbunden bekannt gibt. In den meisten Fällen ist diese automatische Summierung eine vorteilhafte Sache, denn auf diese Weise lassen sich Routing-Tabellen so kompakt wie möglich halten.

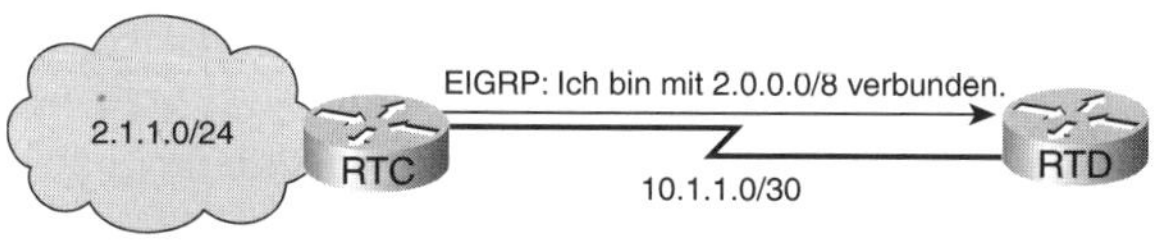

Abbildung 3.14: Automatische Routenzusammenfassung bei EIGRP

In manchen Fällen kann es aber vorkommen, dass die automatische Zusammenfassung der Routen nicht die optimale Lösung darstellt. Wenn etwa nicht zusammenhängende Subnetze vorhanden sind (Abbildung 3.15), müssen Sie die automatische Summierung deaktivieren, damit das Routing einwandfrei funktioniert. Dies tun Sie mit dem folgenden Befehl:

```
router(config-router)#no auto-summary
```

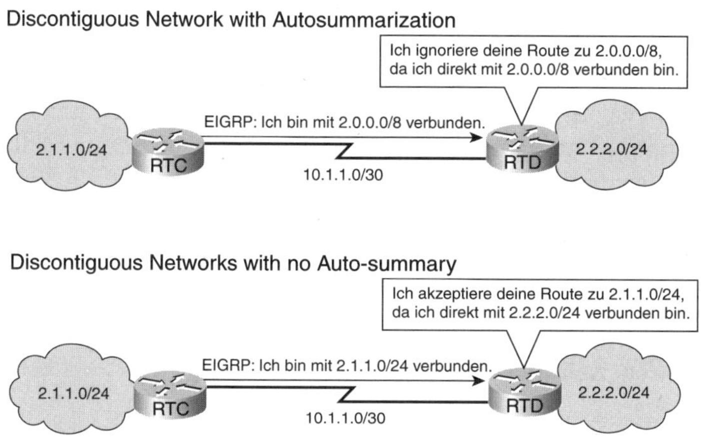

Abbildung 3.15: Klassenbasierte Routenzusammenfassung bei EIGRP

Bei EIGRP können Sie manuell ein Präfix als Summenadresse konfigurieren. Manuelle Summenrouten werden jeweils für eine Schnittstelle konfiguriert, d. h., es muss zunächst die Schnittstelle ausgewählt werden, die die Routenzusammenfassung verbreiten soll. Danach kann die Summenadresse mit dem Befehl `ip summary-address eigrp` definiert werden:

```
router(config-if)#ip summary-address eigrp as-nummer ip-adresse subnetzmaske
administrative-distanz
```

Standardmäßig haben EIGRP-Summenrouten eine administrative Distanz von 5. Sie können bei Bedarf einen Wert zwischen 1 und 255 zuweisen.

Der Router RTC in Abbildung 3.15 kann mit Hilfe der Befehle in Listing 3.4 konfiguriert werden.

Listing 3.4: Manual Summarization

```
RTC(config)#router eigrp 2446
RTC(config-router)#no auto-summary
RTC(config-router)#exit
RTC(config)#interface serial0
RTC(config-if)#ip summary-address eigrp 2446 2.1.0.0 255.255.0.0
```

Durch diese Befehlsfolge fügt RTC seiner Tabelle eine Route hinzu:

```
D   2.1.0.0/16 is a summary, 00:00:22, Null0
```

Die Summenroute wird von *Null0* und nicht von der tatsächlichen Schnittstelle gespeist. Das liegt daran, dass die Route für die dynamische Weitergabe verwendet wird und keinen Pfad darstellt, den RTC verwenden kann, um das betreffende Netzwerk zu erreichen. Auf RTD hat diese Route eine administrative Distanz von 5.

In dieser Abbildung erhält RTD jedoch die Zusammenfassung nicht, akzeptiert die Route und weist ihr die administrative Distanz einer »normalen« EIGRP-Route zu (standardmäßig ist das der Wert 90). In der Konfiguration für RTC wird die automatische Routenzusammenfassung mit Hilfe des Befehls `no auto-summary` abgeschaltet. Würde man dies unterlassen, dann würde RTD zwei Routen erhalten: die manuelle Summenadresse (2.1.0.0/16) und die automatische, klassenorientierte Summenadresse (2.0.0.0/8).

In den meisten Fällen sollten Sie, wenn Sie eine manuelle Zusammenfassung der Routen durchführen, den Befehl `no auto-summary` verwenden.

3.7 Kontrolle und Fehlersuche bei EIGRP

Sie können den EIGRP-Betrieb mit Hilfe verschiedener `show`-Befehle kontrollieren. Tabelle 3.3 listet die für EIGRP relevanten `show`-Befehle auf und beschreibt kurz ihre Funktionen.

Tabelle 3.3: show-Befehle zur Verifizierung von EIGRP

Befehl	Beschreibung
`show ip eigrp neighbors [`*typ nummer*`] [details]`	Zeigt die EIGRP-Nachbartabelle an. Mit den Optionen *typ* und *nummer* können Sie eine Schnittstelle angeben. Der Befehlsparameter `details` erweitert die Ausgabe.

Tabelle 3.3: show-Befehle zur Verifizierung von EIGRP (Forts.)

Befehl	Beschreibung
`show ip eigrp interfaces [typ nummer] [as-nummer] [details]`	Zeigt die EIGRP-Informationen zu den einzelnen Schnittstellen an. Die optionalen Schlüsselwörter schränken die Ausgabe auf eine bestimmte Schnittstelle oder ein AS ein. Der Befehlsparameter `details` erweitert die Ausgabe.
`show ip eigrp topology [as-nummer] | [[ip-adresse] subnetzmaske]`	Zeigt alle FS-Routen in der EIGRP-Topologietabelle an. Die optionalen Befehlsparameter können die Ausgabe basierend auf einer AS-Nummer oder eine bestimmte Netzwerkadresse filtern.
`show ip eigrp topology [active | pending | zero-successors]`	Je nach verwendetem Schlüsselwort werden alle Routen in der Topologietabelle angezeigt, die aktiv, wartend oder ohne Successor-Route sind.
`show ip eigrp topology all-links`	Zeigt alle Routen (nicht nur die FS-Routen) in der EIGRP-Topologie an.
`show ip eigrp traffic [as-nummer]`	Gibt die Anzahl der EIGRP-Pakete an, die gesendet und empfangen werden. Die Befehlsausgabe kann durch Hinzufügen einer AS-Nummer eingeschränkt werden.

Auch zwei `debug`-Befehle der Cisco IOS Software ermöglichen eine Überwachung von EIGRP. Diese Befehle sind in Tabelle 3.4 aufgeführt.

Tabelle 3.4: debug-Befehle zur Kontrolle von EIGRP

Befehl	Beschreibung
`debug eigrp fsm`	Mit Hilfe dieses Befehls können Sie FSM-Aktivitäten unter EIGRP beobachten und feststellen, ob ein Routing-Prozess Routen-Updates installiert bzw. löscht.
`debug eigrp packet`	Die Ausgabe dieses Befehls zeigt die Übertragung und den Empfang von EIGRP-Paketen an. Zu den Pakettypen gehören *Hello*-, Bestätigungs-, Update-, Anforderungs- und Antwortpakete. Vom zuverlässigen EIGRP-Transportalgorithmus verwendete Sequenz- und Bestätigungsnummern sind Bestandteil der Ausgabe.

E-Lab und Lab

Siehe auch CNAP und [1] »Verifying Basic EIGRP Configuration«.

3.8 Zusammenfassung

In diesem Kapitel wurden die folgenden Sachverhalte erläutert:

- EIGRP ist ein proprietäres, von Cisco entwickeltes Routing-Protokoll, das aus IGRP entwickelt wurde.
- EIGRP bietet schnellere Konvergenz, optimierte Skalierbarkeit und eine überlegene Behandlung von Routing-Schleifen.
- EIGRP kann das RIP (Routing Information Protocol) von Novell und das AppleTalk-RTMP (Routing Table Maintenance Protocol) ersetzen und so in IPX- und AppleTalk-Netzwerken sehr wirkungsvoll eingesetzt werden.
- EIGRP ist ein fortschrittliches Distanzvektorprotokoll, das jedoch mit Funktionen arbeitet, die man gemeinhin Link-State-Protokollen zuschreibt. Einige der besten Funktionen von OSPF – z. B. Teilaktualisierungen oder Ermittlung von Nachbarn – sind in ähnlicher Form auch in EIGRP implementiert.
- EIGRP ist die ideale Wahl für große Netzwerke mit mehreren Protokollen, die in erster Linie mit Cisco-Routern arbeiten.

Um den hier erlernten Stoff zu vertiefen, beachten Sie bitte auch die diesem Kapitel zugeordneten Videos, Photo-Zooms und E-Labs auf der CD-ROM.

3.9 Lernzielkontrolle

1. Wie konfigurieren Sie die automatische Übergabe von Routen zwischen IGRP und EIGRP?

   a) Sie konfigurieren die beiden Protokolle mit unterschiedlichen AS-Nummern.

   b) Sie konfigurieren die beiden Protokolle mit DS-Nummern.

   c) Sie konfigurieren die beiden Protokolle mit identischer AS-Nummer.

   d) Sie konfigurieren die beiden Protokolle mit identischer DS-Nummer.

2. Welches Protokoll kombiniert die Vorteile von Link-State- und Distanzvektorprotokollen?

   a) RIP

   b) OSPF

   c) IGRP

   d) EIGRP

3. Welcher Algorithmus wird für eine schnelle Konvergenz verwendet?
   a) Dijkstras-Algorithmus
   b) Diffusing Update-Algorithmus
   c) Konvergenzalgorithmus
   d) Dual-Konvergenzalgorithmus
4. Welches Protokoll unterstützt EIGRP mit Hilfe von PDMs?
   a) IS-IS
   b) SNMP
   c) IPX
   d) DHCP
5. Welche Tabelle enthält die Routeneinträge zu allen Empfängern, die der Router erlernt hat, und ist für jedes konfigurierte Routing-Protokoll separat vorhanden?
   a) Topologietabelle
   b) Routing-Tabelle
   c) Nachbartabelle
   d) Successor-Tabelle
6. Welche der folgenden Komponenten stellt bei EIGRP die Nachbarschaftsbeziehungen her?
   a) DUAL-FSM
   b) *Hello*-Pakete
   c) Topologietabelle
   d) RTP-Protokoll
7. Welche der folgenden Komponenten gewährleistet die geordnete Auslieferung der EIGRP-Pakete an alle Nachbarn?
   a) DUAL-FSM
   b) *Hello*-Pakete
   c) Topologietabelle
   d) RTP-Protokoll

8. Was tut der DUAL-Algorithmus, nachdem er alle Routen ermittelt, sie miteinander verglichen und sichergestellt hat, dass keine Schleifen vorhanden sind?

   a) Er fügt bis zu vier Pfade mit den geringsten Kosten in die Routing-Tabelle ein.

   b) Er ermittelt den optimalen Pfad und gibt diesen den benachbarten Routern mit Hilfe von *Hello*-Paketen bekannt.

   c) Er unterstützt andere geroutete Protokolle mit Hilfe von PDMs.

   d) Er sendet eine Unicast-Anfrage an die benachbarten Router.

9. Wie verhindert EIGRP das Auftreten von Routing-Schleifen bei externen Routen?

   a) EIGRP weist externe Routen zurück, deren Tag eine Router-Kennung enthält, die mit der eigenen Kennung identisch ist.

   b) EIGRP speichert die Identitäten derjenigen Nachbarn, die FS-Router sind.

   c) EIGRP weist alle benachbarten Router zurück, die eine zusammengesetzte Metrik bekannt gegeben haben, die geringer ist als die aktuelle beste eigene Metrik.

   d) EIGPR speichert alle Nachbarrouten, für die in der Routing-Tabelle Schleifen ermittelt wurden.

10. Wie lang ist das *Hello*-Intervall bei Verbindungen mit hohen Bandbreiten, also etwa seriellen Point-to-Point- oder Multipoint-Verbindungen?

   a) 5 Sekunden

   b) 10 Sekunden

   c) 60 Sekunden

   d) 120 Sekunden

Lernziele:

Wenn Sie dieses Kapitel gelesen haben, werden Sie

- Ethernet /802.3-LANs beschreiben können,
- die Konzepte des LAN-Switchings verstanden haben,
- Konzepte für das LAN-Design kennen und anwenden können,
- grundlegende Schicht-2-Bridging- und Switching-Prozesse beschreiben können.
- die Switch-Weiterleitung beschreiben können,
- den Zusammenhang von Switches und Kollisionsdomänen kennen,
- den Zusammenhang von Switches und Broadcast-Domänen kennen,

Kapitel 4

Switching-Konzepte und LAN-Design

In diesem Kapitel wollen wir Probleme, die in einem LAN (Local-Area Network) auftreten können, und mögliche Lösungen für diese Probleme behandeln, mit denen sich die Leistungsfähigkeit im LAN verbessern lässt. Sie werden die Überlastung des LANs und ihre Auswirkungen auf die Leistungsfähigkeit ebenso kennen lernen wie die Vorteile der Segmentierung. Ferner werden wir die Vor- und Nachteile der Verwendung von Bridges, Switches und Routern bei der LAN-Segmentierung und deren Auswirkungen auf den Datendurchsatz im Netzwerk behandeln. Sie werden zudem die grundlegenden Anforderungen, Ziele und Aspekte eines effektiven LAN-Designs kennen lernen. Abschließend werden wir noch einen Blick auf Switching-Technologien wie auf Ethernet, Fast Ethernet, Gigabit-Ethernet und VLANs werfen, die Vorzüge dieser Standards näher beleuchten und zeigen, wie sie im LAN-Design eingesetzt werden.

Beachten Sie bitte die diesem Kapitel zugeordneten Videos, Photo-Zooms und E-Labs auf der beiliegenden CD-ROM. Sinn dieser Zusatzinformationen ist die Ergänzung des Materials und Vertiefung des Stoffes, der in diesem Kapitel vorgestellt wird.

4.1 Ethernet /802.3-LANs

Die meisteingesetzte LAN-Architektur ist Ethernet. Ethernet wird für die Übertragung von Daten zwischen Geräten (z. B. Computern, Druckern und Dateiservern) in einem Netzwerk benutzt.

4.1.1 Entwicklung von Ethernet /802.3-LAN

Die ersten LAN-Technologien, die flächendeckend installiert wurden, basierten auf einer linearen Busstruktur und verwendeten wahlweise Thicknet- oder Thinnet-Koaxialverkabelungen. Um zu verstehen, wo das LAN-Switching heute steht, muss man einige Beschränkungen dieser Infrastrukturen kennen.

Zu den Beschränkungen von Thicknet (10Base5) gehören die folgenden Faktoren:

- Reichweitenbeschränkung auf 500 Meter (bei größeren Reichweiten findet eine Signalverschlechterung statt)
- Notwendigkeit eines Repeaters nach je 500 Metern Kabelstrecke
- Einschränkungen bei Anzahl und Platzierung von Stationen
- teures, dickes und unhandliches und in Gebäuden schwierig zu verlegendes dickes Kabel
- Neue Benutzer können relativ problemlos hinzugefügt werden.
- gemeinsam genutzte Bandbreite von 10 Mbit/s
- Ausfall der LAN-Kommunikation bei schlechten Verbindungen oder Unterbrechung des linearen Busses

Die Beschränkungen von Thinnet (10Base2, auch *Cheapernet* genannt) sind die folgenden:

- billiges Kabel mit vergleichsweise kleinem Durchmesser
- vorübergehender Ausfall des Netzwerks beim Hinzufügen neuer Benutzer
- gemeinsam genutzte Bandbreite von 10 Mbit/s
- Ausfall der LAN-Kommunikation bei schlechten Verbindungen oder Unterbrechung des linearen Busses

Das Hinzufügen von Hubs oder Konzentratoren zum Netzwerk ermöglichte eine Verbesserung der Thicknet- und Thinnet-Technologien. Ein Hub ist ein Gerät der Schicht 1 und wird manchmal auch als Ethernet-Konzentrator oder Multiport-Repeater bezeichnet. Hubs in einem Netzwerk erlauben mehr Netzwerkzugriffe für eine größere Anzahl von Benutzern. Zudem ermöglichten aktive Hubs, die das eingehende Signal verstärken, sogar eine Vergrößerung der Netzwerkreichweiten (Abbildung 4.1). Ein Hub trifft keine Entscheidungen, wenn er Datensignale empfängt, sondern verstärkt die von allen angeschlossenen Geräten empfangenen Datensignale lediglich. In Netzwerken mit linearer Busstruktur kann eine Unterbrechung irgendwo im Buskabel – oder auch eine schlechte Verbindung an einer Benutzer-Workstation – einen LAN-Ausfall verursachen. Wenn man hingegen neuere Ethernet-Technologien wie Hubs oder Switches für TP-Kabel verwendet, sind andere Benutzer im Netzwerk von einem Kabelbruch nicht betroffen. Andererseits stellt ein Hub oder Switch eine fehlerkritische Komponente (engl. *Single Point of Failure*) dar.

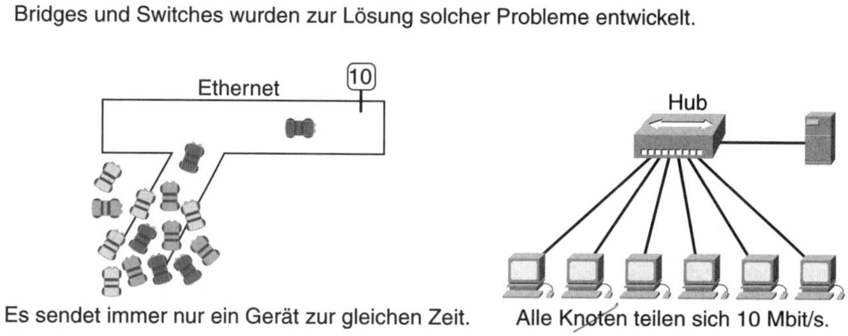

Abbildung 4.1: Hubs (Schicht 1)

Ethernet ist im Wesentlichen eine Technologie mit gemeinsamer Mediennutzung, d. h., alle Benutzer in einem LAN-Segment stehen im Wettbewerb um die vorhandene Bandbreite (Abbildung 4.2). Diese Situation ähnelt dem Straßenverkehr, in dem eine einspurige Straße auch immer nur von einem Fahrzeug gleichzeitig verwendet werden kann – andere Fahrzeuge müssen ggf. warten. Die Einführung von Hubs in ein Netzwerk führt dazu, dass mehr Benutzer im Wettbewerb um die vorhandene Bandbreite stehen.

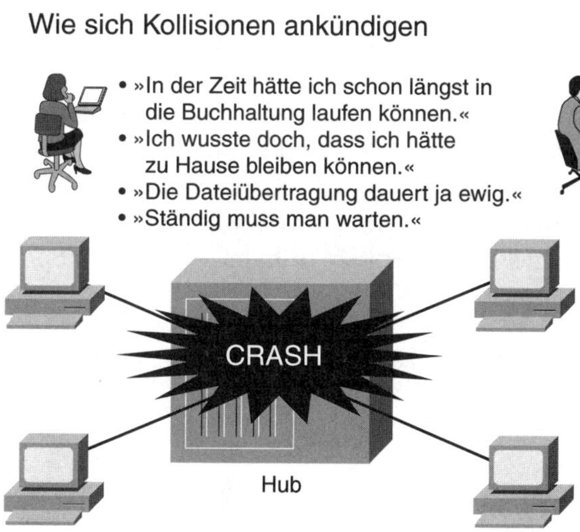

Abbildung 4.2: Kollisionen

Kollisionen sind eine normale Erscheinung in Ethernet-Netzen. Sie treten auf, wenn zwei oder mehr Geräte gleichzeitig Daten zu senden versuchen. Diese Situation ähnelt einem Fall, in dem zwei nebeneinander fahrende Autos auf die gleiche Spur wechseln – auch hier kommt es zur Kollision. Der (Daten-)Verkehr staut sich dann, bis die Kollision aufgelöst ist. Wenn die Anzahl der Kollisionen in einem Netzwerk zu hoch wird, führt dies zu einem schleppenden Netzwerkbetrieb; dies zeigt an, dass das Netzwerk überlastet ist bzw. zu viele Benutzer gleichzeitig darauf zuzugreifen versuchen.

Schicht-1-Geräte wie Repeater und Hubs verstärken das Signal lediglich, um größere Entfernungen überbrücken zu können. Schicht-2-Geräte hingegen sind intelligenter: Sie treffen basierend auf MAC-Adressen (Media Access Control, Steuerung des Medienzugriffs), die in den Headern der übertragenen Daten-Frames gespeichert sind, Entscheidungen bezüglich der Weiterleitung der Frames.

Eine Bridge ist ein Schicht-2-Gerät, das früher zur Gliederung (Segmentierung) eines Netzwerks verwendet wurde und Daten-Frames sammeln und selektiv zwischen zwei Netzwerksegmenten weiterleiten kann. Dies tun Bridges durch das Erlernen der MAC-Adressen aller Geräte in jedem angeschlossenen Segment. Mit Hilfe dieser Daten erstellt die Bridge eine Adresstabelle, auf der basierend sie Datenverkehr weiterleitet oder blockiert. So entstehen kleinere Kollisionsdomänen, und die Netzwerkeffizienz wird erhöht. Bridges schränken den Broadcast-Datenverkehr nicht ein, ermöglichen aber eine bessere Steuerung des Datenverkehrs und eine Verringerung der Kollisionen innerhalb eines Netzwerks.

Auch ein Switch ist ein Schicht-2-Gerät – man könnte ihn auch als Multiport-Bridge bezeichnen. Switches verringern Kollisionen durch optimierte Steuerung des Datenverkehrs (Abbildung 4.3). Ein Switch kann Weiterleitungsentscheidungen basierend auf den in den Daten-Frames vorhandenen MAC-Adressen treffen. Wie andere Schicht-2-Geräte auch erlernt der Switch die MAC-Adressen der an den einzelnen Schnittstellen angeschlossenen Geräte; diese Angaben werden dann in einer Switching-Tabelle gespeichert, die im CAM (Content-Adressable Memory, inhaltsadressierter Speicher) abgelegt ist.

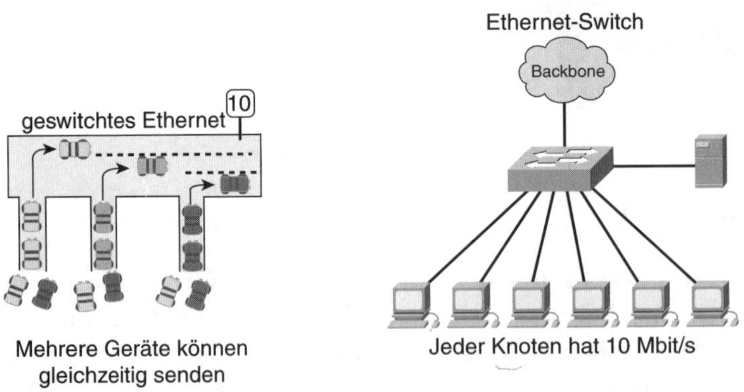

Abbildung 4.3: Schicht-2-Switches

Switches stellen eine virtuelle Leitung zwischen zwei angeschlossenen Geräten her, die kommunizieren wollen. Wenn diese virtuelle Leitung erstellt wird, wird ein dedizierter Kommunikationspfad zwischen den beiden Geräten geschaffen. Die Implementierung eines Switchs im Netzwerk ermöglicht eine Mikrosegmentierung. Theoretisch wird eine kollisionsfreie Umgebung zwischen Absender und Empfänger hergestellt, die eine optimale Nutzung der vorhandenen Bandbreite ermöglicht. Ein Switch unterstützt mehrere Verbindungen über virtuelle Leitungen gleichzeitig. Auch hier lässt sich eine Analogie aus dem Straßenverkehr finden: Auf einer Autobahn mit mehreren Spuren können mehrere Fahrzeuge gleichzeitig über »eigene« Spuren fahren. Abbildung 4.4 veranschaulicht die Unterschiede zwischen einem Schicht-1-Hub und einem Schicht-2-Switch.

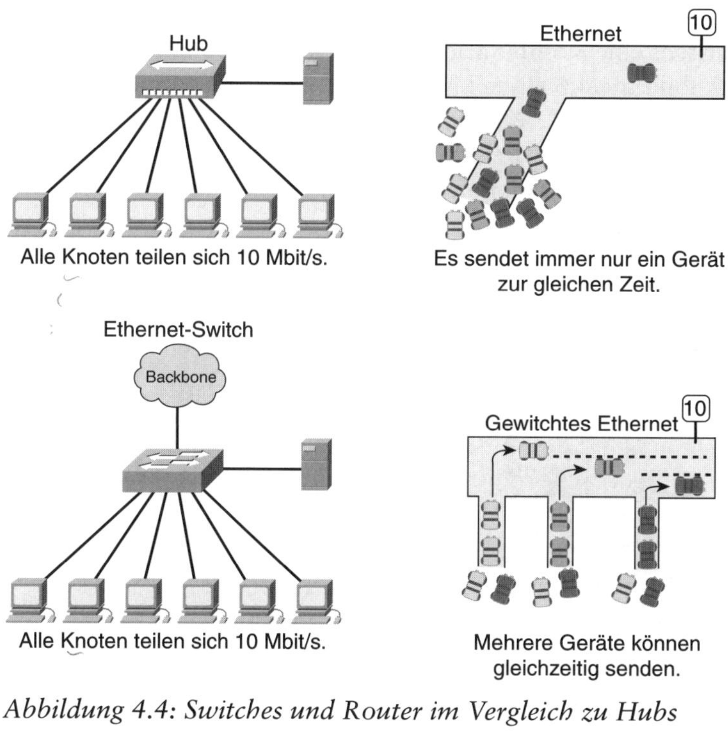

Abbildung 4.4: Switches und Router im Vergleich zu Hubs

Der Nachteil von Schicht-2-Geräten besteht darin, dass sie Broadcasts an alle an das Netzwerk angeschlossenen Geräte weiterleiten. Wenn in einem Netzwerk zu viele Broadcasts übertragen werden, kann dies die Reaktionszeiten erheblich verlangsamen.

Ein Router ist ein Gerät der Schicht 3, das Entscheidungen basierend auf Netzwerkadressen trifft – im Gegensatz zu Schicht-2-Geräten, die mit einzelnen MAC-Adressen arbeiten. Router verwenden Routing-Tabellen zur

Speicherung von Schicht-3-Adressen der erreichbaren Netzwerke. Sie als Netzwerkadministrator können diese Netzwerke wahlweise manuell konfigurieren, oder der Router erlernt sie mit Hilfe eines Routing-Protokolls durch Mitteilungen der benachbarten Router.

Der Zweck eines Routers besteht darin, die in eingehenden Paketen vorhandenen Schicht-3-Daten zu prüfen, für jedes Paket den besten Pfad durch das Netzwerk zu ermitteln und es dann an die passende Ausgangsschnittstelle weiterzuleiten. Router leiten Broadcasts im Normalfall nicht weiter; aufgrund dessen verkleinern sie sowohl die Kollisionsdomäne als auch die Broadcast-Domäne in einem Netzwerk. In großen Netzwerken sind Router die wichtigsten Geräte zur Datenverkehrssteuerung. Sie ermöglichen es Computern der unterschiedlichsten Plattformen, mit anderen Computern in aller Welt zu kommunizieren.

LANs nutzen meistens eine Kombination aus Geräten der Schichten 1, 2 und 3. So zeigt etwa Abbildung 4.5 einen Hub (Schicht 1), zwei Switches (Schicht 2) und einen Router (Schicht 3). Wie und in welcher Anzahl diese Geräte eingesetzt werden, hängt davon ab, welche speziellen Bedürfnisse das Netzwerk der jeweiligen Organisation erfüllen muss.

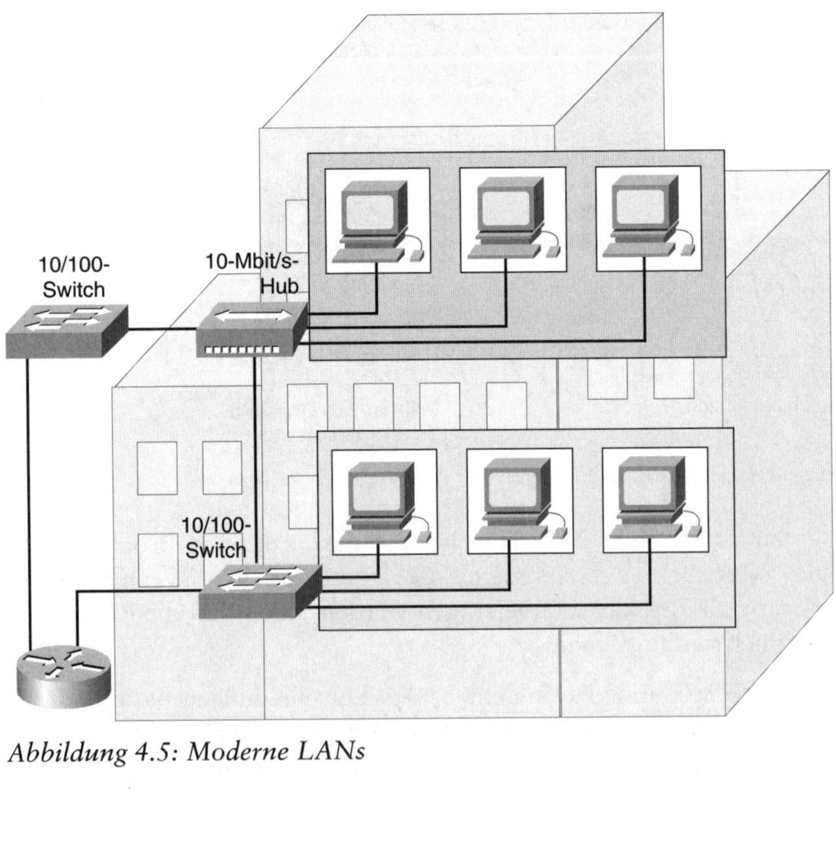

Abbildung 4.5: Moderne LANs

CD-ROM

Siehe auch e-Lab auf der Buch-CD-ROM »5.1 Device Function at Layers«.

4.1.2 Faktoren, die die Netzwerkleistung beeinflussen

Moderne LANs werden zunehmend überlastet und blockiert. Neben einer immer größer werdenden Benutzergemeinde gibt es noch eine Reihe anderer Faktoren, die in der Summe die Belastung traditioneller LANs verstärkt haben (Abbildung 4.6):

- Die Multitasking-Umgebungen, die in aktuellen Desktop-Betriebssystemen (Windows, Unix und Mac OS) implementiert sind, ermöglichen gleichzeitige Netzwerktransaktionen. Diese modernen Möglichkeiten haben den Bedarf an Netzwerkressourcen gesteigert.
- Zwar nimmt der Einsatz netzwerkintensiver Anwendungen wie dem World Wide Web weiter zu, aber Client-Server-Anwendungen erlauben Administratoren eine Zentralisierung von Daten, was die Datenpflege und Datenschutz vereinfacht. Client-Server-Anwendungen entlasten lokale Workstations von der Datenpflege und verringern zudem die Kosten für die Bereitstellung von Festplattenkapazitäten zur Datenspeicherung. Angesichts der Kostenvorteile von Client-Server-Anwendungen wird deren Verbreitung in Zukunft wahrscheinlich noch zunehmen.

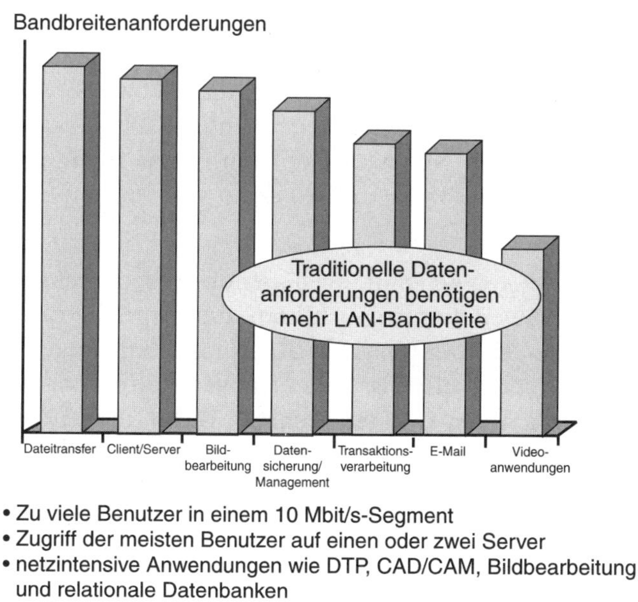

Abbildung 4.6: Typische Ursache der Netzwerküberlastung

4.1.3 Elemente der Ethernet /802.3-Netzwerke

Die meisteingesetzte LAN-Architektur ist Ethernet. Ethernet wird für die Übertragung von Daten zwischen Geräten (z. B. Computern, Druckern und Dateiservern) in einem Netzwerk benutzt, die an das gleiche Übertragungsmedium angeschlossen sind. Ethernet-Medien verwenden als Übertragungsmethode das Broadcasting von Daten-Frames an alle Knoten, die mit dem gemeinsamen Medium verbunden sind (Abbildung 4.7).

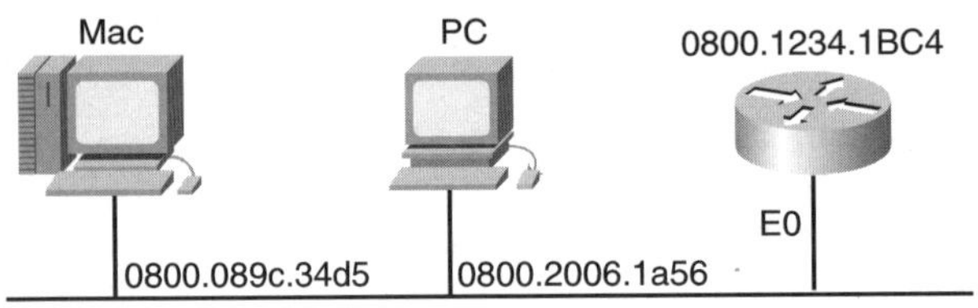

Abbildung 4.7: Ethernet /802.3-Schnittstellen

4.1.4 Halbduplex-Ethernet

Ethernet ist zunächst eine Halbduplextechnik. Jeder Ethernet-Host prüft das Netzwerk darauf, ob gegenwärtig Daten übertragen werden, bevor er selber Daten sendet (Abbildung 4.8). Wird das Netzwerk gerade benutzt, dann wird die Datenübertragung aufgeschoben. Trotz dieser Verschiebung aber kann es vorkommen, dass zwei Ethernet-Hosts gleichzeitig Daten übertragen, was dann zu einer Kollision führt. Wenn eine Kollision auftritt, sendet der Host, der diese als erster bemerkt, ein so genanntes Jam-Signal. Jeder Host, der dieses Signal erkennt, wird nun für eine zufällig bestimmte Zeit warten, bevor er die Übertragung wiederholen wird (die Netzwerkkarte führt zur Festlegung dieser Zufallsperiode einen so genannten Backoff-Algorithmus aus). Je mehr Hosts sich im Netzwerk befinden und je mehr von ihnen gleichzeitig eine Übertragung starten wollen, desto wahrscheinlicher ist eine Kollision.

Überlastungen in Ethernet-LANs treten auf, weil Benutzer netzintensive Software (z. B. Client-Server-Anwendungen) ausführen, die immer häufiger und immer länger Daten übertragen. Der physische Anschluss, den Geräte in einem Ethernet-LAN benutzen (beispielsweise eine Netzwerkkarte), erlaubt für die Kommunikation zwischen den Geräten mehrere Verbindungen zur gleichen Zeit.

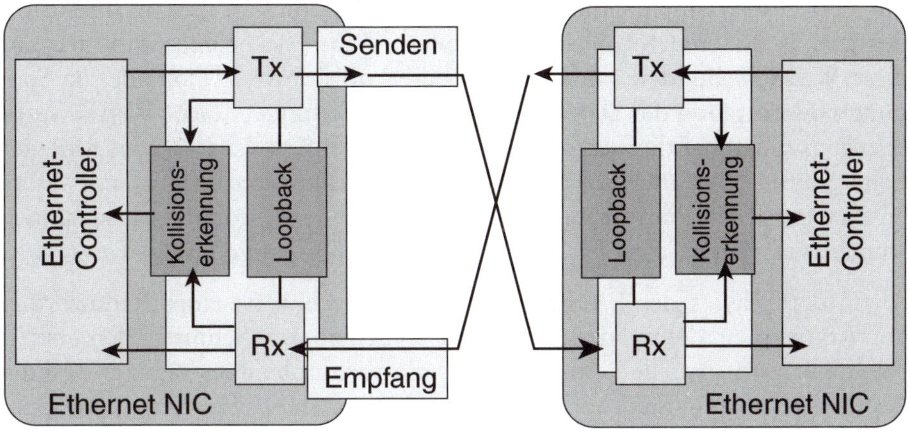

- Die wichtigsten sind Empfang(Rx), Senden (Tx) und die Kollisionserkennung.
- Das Ethernet-Prinzip erlaubt mehrere Verbindungen.

Abbildung 4.8: Ethernet als Halbduplextechnik

4.1.5 Vollduplex-Ethernet

Vollduplex-Ethernet ermöglicht das gleichzeitige Senden und Empfangen von Paketen. Diese gleichzeitigen Übertragungsvorgänge erfordern die Verwendung zweier Leiterpaare im Kabel und einer geswitchten Verbindung zwischen den Knoten. Es handelt sich dabei um eine kollisionsfreie Punkt-zu-Punkt-Verbindung. Da beide Knoten gleichzeitig senden und empfangen können, gibt es keine gemeinsame Nutzung der Bandbreite. Vollduplex-Ethernet kann das gleiche Medium wie im Halbduplexbetrieb verwenden, solange die Mindeststandards für Ethernet erfüllt werden. Ausnahme: Mit den koaxialen Medien 10Base2 und 10Base5 ist kein Vollduplexbetrieb möglich.

Um gleichzeitig senden und empfangen zu können, benötigt jeder Knoten einen dedizierten Port. Vollduplexverbindungen können über UTP-Kupfermedien nach den Standards 10Base-T, 100Base-TX (Fast Ethernet) und 1000Base-T Punkt-zu-Punkt-Verbindungen herstellen. Ferner sind über Glasfaserkabel Verbindungen nach 10Base-FL, 100Base-FX (Fast Ethernet) oder 1000Base-SX bzw. -LX (Gigabit-Ethernet) möglich. Die Netzwerkkarten an den beiden Endstationen müssen vollduplexfähig sein und die entsprechenden Datenraten unterstützen. Eine 10-Gigabit-Version von Ethernet ist auch standardisiert, ist aber zurzeit nur für Glasfasermedien spezifiziert.

Ein Vollduplex-Ethernet-Switch nutzt die beiden Leiterpaare im Kupferkabel, um eine direkte Verbindung zwischen dem TX-Anschluss (Sendefunktion) des jeweils einen Knotens mit dem RX-Anschluss (Empfangsfunktion) des jeweils anderen Knotens herzustellen. Wenn die beiden Stationen auf diese Weise verbunden sind, entsteht eine kollisionsfreie Domäne, da Sendung und Empfang der Daten über getrennte Leitungen (ohne Wettbewerb) erfolgen. Gigabit-Ethernet über ScTP und UTP-Kabel verwendet alle vier Leiterpaare im Kabel zur gleichzeitigen Duplexübertragung mit Hilfe anspruchsvoller Schaltungen. Alle Ethernet-Versionen, die Glasfaser unterstützen, verwenden zwei Fasern, nämlich eine TX- und eine RX-Faser.

Allein der Einsatz des LAN-Switchings führt schon zu einer Reduzierung von Kollisionen, denn jede Verbindung zwischen zwei Schnittstellen erstellt eine dedizierte virtuelle Leitung. Durch die Vollduplexübertragung wird die Bandbreite noch einmal optimiert – sie führt zu einer effektiven Verdoppelung der Bandbreite zwischen den einzelnen Knoten. Dieses Merkmal kann beispielsweise für Verbraucher hoher Bandbreiten wichtig sein, z. B. bei einer Verbindung zwischen einem Switch und einem Server oder zwischen zwei Switches. Diese Übertragungsform realisiert eine kollisionsfreie Übertragungsumgebung. Da beide Knoten gleichzeitig senden und empfangen können, existieren Einschränkungen der Bandbreite schlichtweg nicht.

So bietet die Vollduplexübertragung bei Verbindungen mit einer Rate von 10 Mbit/s eine Sende- und eine Empfangskapazität von je 10 Mbit/s, d. h. in der Summe eine Kapazität von 20 Mbit/s für eine einzelne Verbindung. Ähnlich ermöglicht diese Technologie bei einer 100-Mbit/s-Leitung einen Durchsatz von 200 Mbit/s (Abbildung 4.9). Allgemein unterstützt die Vollduplexkommunikation mehrere Datenpfade mit Gesamtdatenraten von bis zu 20 Gbit/s.

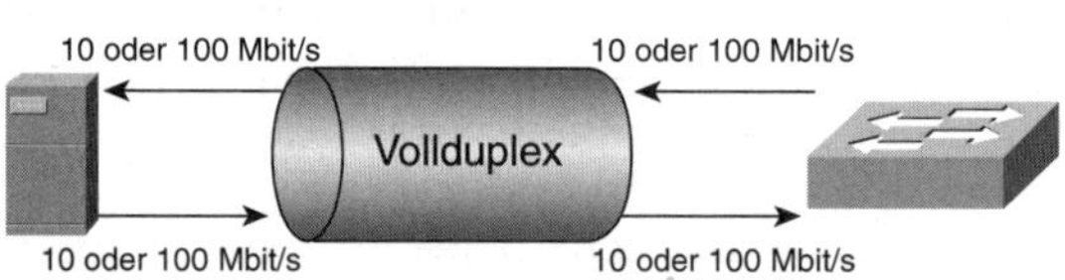

Abbildung 4.9: Vollduplexkommunikation

4.2 Einführung in das LAN-Switching

Switching ist ein Verfahren, das Überlastungen in LANs verringert, indem der Datenverkehr vermindert und die Bandbreite erhöht werden. LAN-Switches ersetzen häufig Hubs und sind so konzipiert, dass sie in die vorhandene Kabelstruktur integriert werden können, d. h., sie können installiert werden, ohne dass die Übertragung von Daten für längere Zeit unterbrochen werden müsste.

LAN-Switches verwenden die Mikrosegmentierung, um die Anzahl der Kollisionen in einem LAN zu verringern und die Bandbreite zu erhöhen. Ferner unterstützen LAN-Switches Funktionen wie die Vollduplexkommunikation und die gleichzeitige Durchführung mehrerer Kommunikationsvorgänge. Die Vollduplexkommunikation erlaubt den beiden beteiligten Geräten das gleichzeitige Senden und Empfangen und verdoppelt so im Endeffekt den Durchsatz des LAN-Switchs. In einem geswitchten Vollduplex-LAN treten keine Kollisionen auf.

Zur Weiterleitung eines Frames durch einen Switch können drei Switching-Modi eingesetzt werden: das Store-and-Forward-, das Cut-Through- und das Fragment-Free-Switching. Die Latenz oder Verzögerung der einzelnen Switching-Modi hängt davon ab, wie der Switch die Frames weiterleitet: Je schneller der Switching-Modus arbeitet, desto kürzer ist die Latenz des Switches.

4.3 Switching-Methoden

Man unterscheidet zwei Methoden zur Weiterleitung eines Frames durch einen Switch: das Cut-Through- und das Store-and-Forward-Switching.

4.3.1 Store-and-Forward-Switching

Beim Store-and-Forward-Switching muss der Frame vollständig empfangen werden, bevor die Weiterleitung erfolgen kann. Empfänger- und/oder Absenderadressen werden gelesen und bestimmte Filterregeln angewendet, bevor der Frame weitergeleitet wird. Während des Empfangs des Frames kommt es zu Latenzen, die umso größer werden, je länger ein Frame ist (denn es wird mehr Zeit benötigt, um einen langen Frame einzulesen). Die Fehlererkennungsrate ist hoch, da der Switch den Frame *während* des Empfangs bereits auf Fehler prüfen kann (Abbildung 4.10).

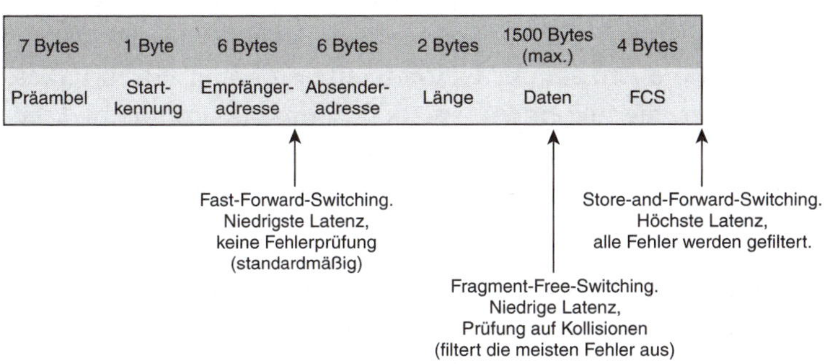

Abbildung 4.10: Frame-Header

4.3.2 Cut-Through-Switching

Beim Cut-Through-Switching liest der Switch bereits während des Empfangs die Empfängeradresse aus und leitet den Frame sofort an den richtigen Ausgangsport weiter (und zwar noch bevor er überhaupt vollständig empfangen wurde). Dieses Verfahren verringert die Übertragungslatenz, weist aber eine schwache Fehlererkennung auf (Abbildung 4.11).

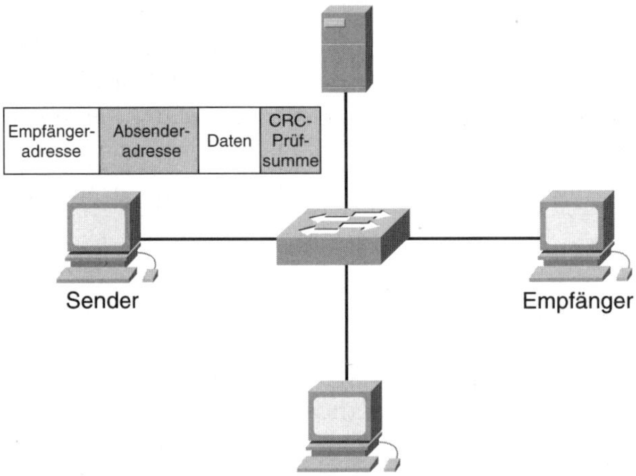

Abbildung 4.11: Cut-Through-Switching

Es gibt zwei Untermethoden des Cut-Through-Switchings:

- **Fast-Forward-Switching.** Fast-Forward-Switching ermöglicht die geringste Latenz, denn hier werden die Pakete unmittelbar nach Erhalt der Empfängeradresse weitergeleitet. Da beim Fast-Forward-Switching die Weiterleitung bereits beginnt, bevor das gesamte Paket empfangen wurde, können auch fehlerhafte Pakete weitergeleitet werden. Das geschieht zwar nur selten (und die Netzwerkkarte des Empfängers wird ein solches Paket bei Empfang ohnehin sofort verwerfen), aber in bestimmten Umgebungen ist der hierdurch hervorgerufene zusätzliche Datenverkehr nicht akzeptabel. Um die Anzahl der weitergeleiteten fehlerhaften Pakete zu verringern, sollten Sie in einem solchen Fall das Fragment-Free-Switching benutzen. Beim Fast-Forward-Switching ist die Latenz die Zeit, die vom Empfang des ersten Bits bis zu dessen Weiterleitung vergeht (Zeitspanne »First In, First Out«, kurz FIFO).
- **Fragment-Free-Switching.** Beim Fragment-Free-Switching werden vor Beginn der Weiterleitung Kollisionsfragmente ausgefiltert, die die Mehrzahl der Paketfehler darstellen. In einem korrekt funktionierenden Netzwerk sind die Kollisionsfragmente kleiner als 64 Bytes; alles, was größer

als 64 Bytes ist, ist demzufolge ein gültiges Paket, das gewöhnlich fehlerfrei empfangen wird. Das Fragment-Free-Switching wartet mit der Weiterleitung, bis klar ist, dass es sich beim empfangenen Paket nicht um ein Kollisionsfragment handelt. Auch hier wird die Latenz als FIFO gemessen.

Die Latenz in den einzelnen Switching-Modi hängt davon ab, wie der Switch die Frames weiterleitet. Je schneller der Switching-Modus, desto geringer ist die Latenz des Switchs. Um die Frame-Weiterleitung zu beschleunigen, nimmt sich der Switch weniger Zeit für die Fehlerprüfung; dies wiederum kann auch ein Nachteil sein, da sich hierdurch die Anzahl der Neuübertragungen erhöht. Das Store-and-Forward-Switching erhöht zwar die Latenz, gewährleistet aber auch die Datenintegrität.

LAN-Switches und -Bridges agieren in Schicht 2 des OSI-Referenzmodells, d. h., sie leiten Frames basierend auf der MAC-Adresse weiter. Wenn diese Schicht-2-Adresse unbekannt ist, flutet das Gerät den Frame in einem Versuch, den gewünschten Empfänger zu ermitteln. LAN-Switches und -Bridges leiten zudem alle Broadcast-Frames weiter. Hierdurch können »Stürme« von Broadcasts auftreten, die das Netzwerk blockieren.

Das Spanning-Tree-Protokoll verhindert im geswitchten Ethernet die Entstehung von unerlaubten Schleifen. Es handelt sich hierbei um eine Technologie, die Switches die gegenseitige Kommunikation mit dem Ziel ermöglicht, physische Schleifen im Netzwerk zu entdecken. Das Spanning-Tree-Protokoll erlaubt die Konfiguration redundanter Pfade als Reservewege, deaktiviert aber einen der an einer Schleife beteiligten Pfade, solange er nicht benötigt wird.

4.3.3 LAN-Segmentierung

Es gibt zwei Hauptgründe für die Segmentierung eines LAN: die Trennung von Datenverkehr zwischen Segmenten und die Erhöhung der Bandbreite pro Benutzer durch Einrichtung kleiner Kollisionsdomänen.

Ohne LAN-Segmentierung würden LANs, die mehr Systeme als nur eine kleine Arbeitsgruppe umfassen, sehr schnell durch Datenverkehr und Kollisionen überlastet werden und könnten praktisch keine Bandbreite mehr liefern. Die LAN-Segmentierung kann mit Hilfe von Bridges, Switches und Routern implementiert werden. Jedes dieser Geräte weist hierbei Vor- und Nachteile auf. Ein Netzwerk wird dabei in viele kleinere Einheiten unterteilt, die Segmente heißen. In jedem Segment wird die Zugriffsmethode CSMA/CD (Carrier Sense Multiple Access with Collision Detection) verwendet, und der Datenverkehr untereinander wird auf die Benutzer im Segment beschränkt.

Abbildung 4.12 zeigt ein Beispiel für ein segmentiertes Ethernet-Netzwerk. Das gesamte Netzwerk umfasst 15 Computer (sechs Dateiserver und neun PCs). Durch Verwendung von Segmenten in einem Netzwerk nutzen weniger Benutzer oder Geräte die Bandbreite von 10 Mbit/s gemeinsam. Jedes Segment bildet eine eigene Kollisionsdomäne (Abbildung 4.13).

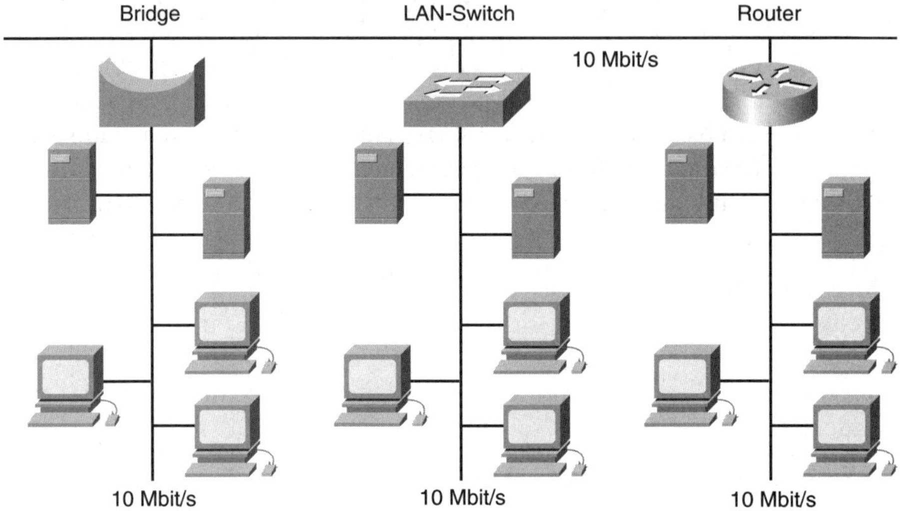

Abbildung 4.12: Segmentierte Netzwerke

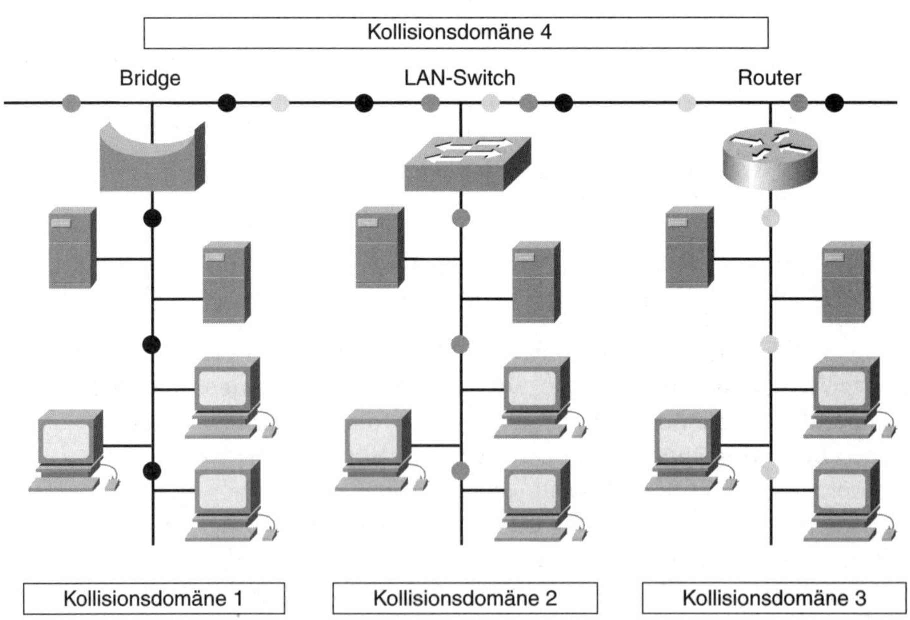

Abbildung 4.13: Kollisionsdomänen

Durch Unterteilung des Netzwerks in drei Segmente kann ein Netzwerkmanager die Last im einzelnen Segment mindern. Bei der Datenübertragung innerhalb eines Segments können die fünf beteiligten Geräte die vorhandene Bandbreite von 10 Mbit/s gemeinsam nutzen. In einem segmentierten Ethernet-LAN werden Daten, die in ein anderes Segment geschickt werden, über den Backbone des Netzwerks übertragen. Hierzu werden in unserem Beispiel eine Bridge, ein Router und ein Switch benutzt. Der Backbone bildet ein viertes Segment, in dem Daten aus den drei anderen Segmenten übertragen werden.

Das grundlegende Konzept des LAN-Switchings besteht in der Mikrosegmentierung, die die Erstellung eines Segments pro angeschlossenem Computer ermöglicht und so jedem Benutzer im Netzwerk dedizierte Bandbreite bereitstellt. Jeder Benutzer erhält also direkten Zugriff auf die gesamte Bandbreite und muss nicht mit anderen Benutzern darum konkurrieren. Dies hat zur Folge, dass zwei beliebige Geräte, die an den gleichen Switch angeschlossen sind, parallel kommunizieren können und nur ein Minimum an Kollisionen auftritt. Die Mikrosegmentierung verringert die Anzahl der Kollisionen durch Verkleinerung der Kollisionsdomänen. Auf diese Weise wird die Kapazität für alle Stationen erhöht, die an das Netzwerk angeschlossen sind.

4.3.4 LAN-Segmentierung mit Bridges

Ethernet-LANs, in denen die Segmentierung über eine Bridge erfolgt, stellen mehr Bandbreite pro Benutzer bereit, denn die Anzahl der Benutzer pro Segment ist geringer. Umgekehrt bekommt jeder Benutzer eines nicht segmentierten LAN weniger Bandbreite zur Verfügung gestellt, denn hier ist die Anzahl der Benutzer höher. Abbildung 4.14 zeigt ein Beispiel für ein mit einer Bridge segmentiertes LAN.

Bridges »erlernen« die Segmentierung eines Netzwerks, indem sie Adresstabellen erstellen, welche die Adressen aller Netzwerkgeräte sowie Angaben zu den Segmenten enthalten, in denen diese Geräte stehen. Abbildung 4.15 zeigt beispielhaft, wie Bridging-Tabellen zur Ermittlung der verschiedenen Knoten im gesamten Netzwerk verwendet werden. Bridges sind Schicht-2-Geräte, denn sie leiten Daten-Frames auf der Basis der in ihnen gespeicherten MAC-Adressen weiter. Für andere Geräte im Netzwerk sind Bridges transparent.

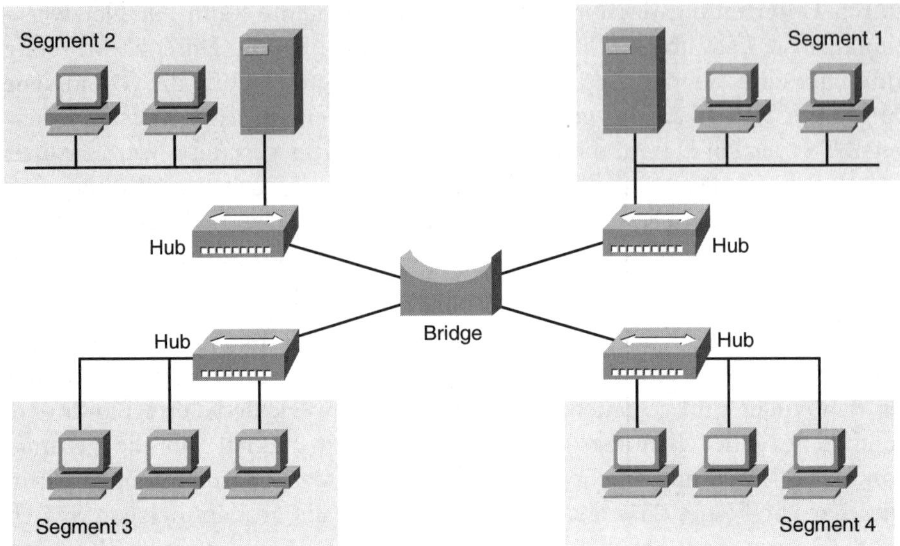

Abbildung 4.14: Segmentierung mit Bridges

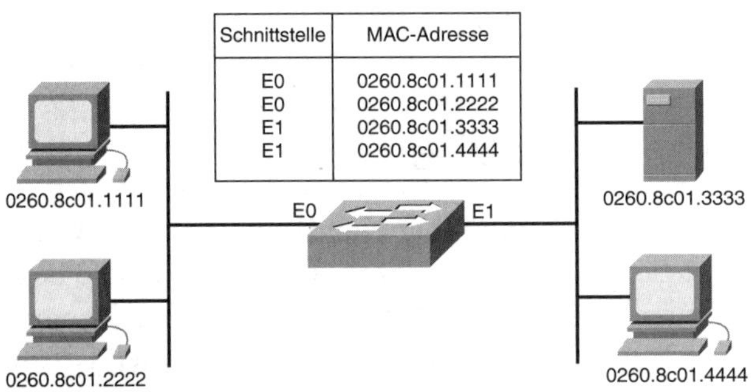

Abbildung 4.15: Bridging-Tabellen

Eine Bridge erlernt die Standorte der Stationen A, B, C und D in Abbildung 4.16 durch Untersuchung der MAC-Adressen. Wenn die Bridge einen eingehenden Frame erhält und entweder die Absender- oder die Empfängeradresse nicht kennt, dann fügt sie die Absenderadresse ihrer Tabelle hinzu und leitet den Frame an alle Schnittstellen mit Ausnahme derjenigen weiter, über die sie ihn empfangen hat. Wenn die Antwort zurückkommt, untersucht die Bridge die Absenderadresse und fügt die Station dann der Bridging-Tabelle hinzu. Nachfolgend kann die Weitergabe der Frames direkt zwischen den beteiligten Geräten erfolgen.

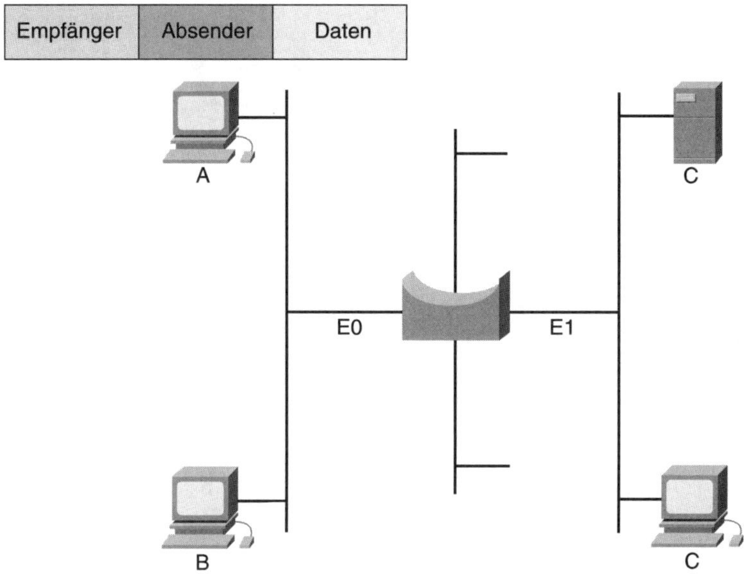

Abbildung 4.16: Segmentierung mit Bridges

Bridges erhöhen die Latenz in einem Netzwerk um etwa 10 bis 30 Prozent, weil sie eine gewisse Zeit brauchen, um bei der Datenübertragung Entscheidungen bezüglich des Zielsegments zu treffen. Eine Bridge ist ein Store-and-Forward-Gerät, da sie erst den gesamten Frame empfangen und die CRC-Prüfsumme verifizieren muss, bevor sie den Frame weiterleiten kann. Wenn die Schnittstelle zum Empfänger gerade besetzt ist, speichert die Bridge den Frame so lange, bis die Schnittstelle wieder frei ist.

Die Zeit, die zur Durchführung dieser Aufgaben benötigt wird, kann die Übertragung im Netzwerk verlangsamen.

4.3.5 LAN-Segmentierung mit Routern

Router sind etwas komplexer als normale Bridges. Eine Bridge ist in der Vermittlungsschicht passiv und arbeitet in der Sicherungsschicht (Schicht 2). Ein Router hingegen operiert in der Vermittlungsschicht und stellt alle Entscheidungen bezüglich der Weiterleitung von Daten auf die Basis der Schicht-3-Protokolladresse. Router stellen die höchste Ebene der Segmentierung dar. Der Router untersucht die Zieladresse im Datenpaket und schlägt die entsprechenden Weiterleitungsanweisungen dann in seiner Routing-Tabelle nach (Abbildung 4.17).

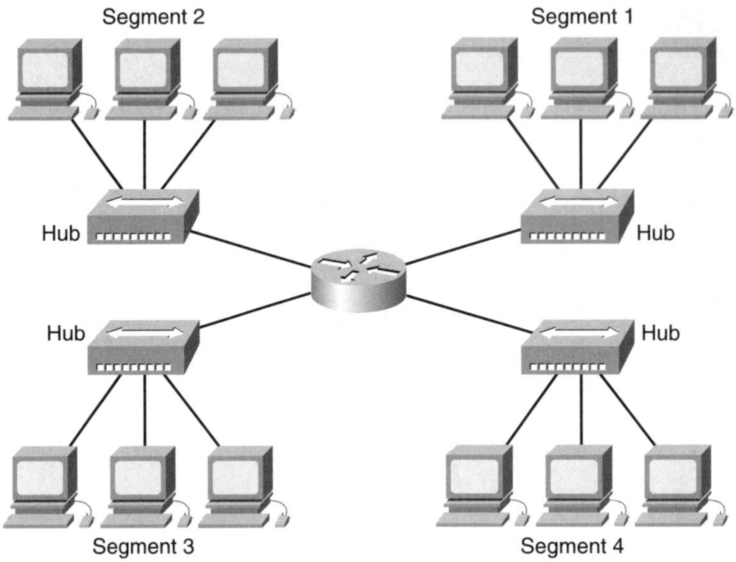

Abbildung 4.17: Segmentierung mit Routern

Ein Router muss ein Paket in Schicht 3 untersuchen, um den besten Pfad zur Weiterleitung des Pakets an seinen Empfänger zu ermitteln. Dieser Vorgang benötigt Zeit. Protokolle, die für jedes ausgelieferte Paket eine Bestätigung des Empfängers an den Absender benötigen (so genannte »bestätigungsorientierte« Protokolle), verringern den Durchsatz um 30 bis 40 Prozent, Protokolle mit Minimalbestätigung (d. h. Protokolle mit Fenstertechnik) hingegen nur um 20 bis 30 Prozent, weil es aufgrund der geringeren Anzahl von Bestätigungen zu weniger Datenverkehr zwischen Sender und Empfänger kommt.

4.3.6 LAN-Segmentierung mit Switches

Mit Hilfe des LAN-Switchings werden Bandbreiten- und Netzwerkengpässe – etwa zwischen mehreren PCs und einem Dateiserver – beseitigt. Ein Switch unterteilt ein LAN in Mikrosegmente, die aus zwei Teilnehmern bestehen. Auf diese Weise entstehen aus einer großen Kollisionsdomäne viele kleine kollisionsfreie Domänen. Zwar beseitigt der LAN-Switch Kollisionsdomänen, aber alle an ihn angeschlossenen Hosts befinden sich nach wie vor in der gleichen Broadcast-Domäne. Das bedeutet, dass alle Knoten, die über einen LAN-Switch miteinander verbunden sind, jeden Broadcast empfangen, der von einem dieser Knoten stammt. Zu den Vorteilen gehören eine geringe Latenz, die schnelle Weiterleitung von Frames an allen Schnittstellenports und die Kompatibilität mit vorhandenen 802.3-kompatiblen Netzwerkkarten, Hubs und Verkabelung.

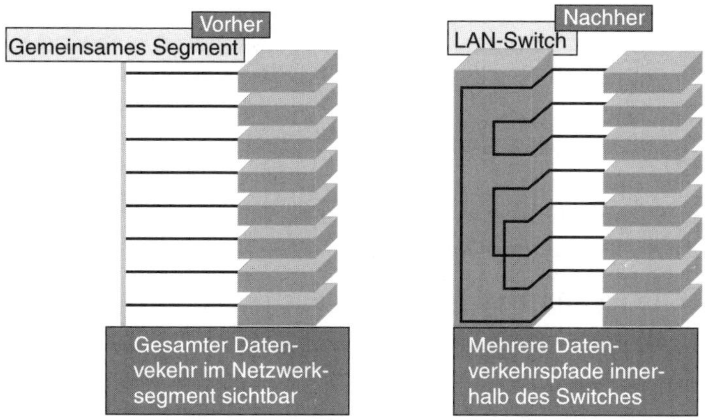

Abbildung 4.18: Mikrosegmentierung eines Netzwerks

Geswitchtes Ethernet basiert auf dem Grundprinzip von Ethernet. Jeder Host ist direkt an einen der Ports des Switchs oder an ein Segment angeschlossen, das mit einem seiner Ports verbunden ist. So entsteht zwischen jedem Computer und jedem Segment am Switch – je nach verwendeter Ethernet-Version – eine Verbindung mit 10, 100 oder 1000 Mbit/s. Ein Computer, der direkt an einen Ethernet-Switch mit 10 Mbit/s angeschlossen ist, bildet eine eigene Kollisionsdomäne und kann die gesamte Datenrate vollständig nutzen. Ist beispielsweise an jeden Port eines 12-Port-Switchs eine Workstation angeschlossen, dann entstehen zwölf Kollisionsdomänen.

Ein LAN, dessen Topologie mit einem Switch realisiert wurde, an dessen Anschlüssen sich jeweils nur ein Gerät befindet, verhält sich so, als ob es aus nur zwei Teilnehmern besteht (nämlich aus dem Absender und dem Empfänger). Diese beiden Knoten teilen sich die Bandbreite von 10 Mbit/s untereinander auf, d. h., praktisch die gesamte Bandbreite steht für die Datenübertragung zur Verfügung. Ein solches Ethernet-LAN ermöglicht dank dieser wirkungsvollen Bandbreitennutzung ein schnelleres und effizienteres Arbeiten im Vergleich zu einem Ethernet-LAN, in dem die Verbindungen mit Bridges oder Hubs hergestellt werden, denn in der geswitchten Umgebung beträgt der Anteil der verfügbaren Bandbreite fast 100 Prozent.

Ethernet-Switching erhöht die Bandbreite in einem Netzwerk, indem dedizierte Netzwerksegmente (d. h. Punkt-zu-Punkt-Verbindungen) angelegt werden, die dann innerhalb des Switches miteinander zu einem »virtuellen« Netzwerk verbunden werden. Die virtuelle Netzwerkverbindung zwischen zwei Ports ist nur vorhanden, solange die beiden betreffenden Knoten miteinander kommunizieren; genau deswegen spricht man von der *virtuellen* Verbindung, da diese nur innerhalb des Switchs hergestellt wird.

Ein Nachteil von Switches bestand anfangs darin, dass sie teurer waren als Hubs. Praktisch alle neuen Ethernet-LANs werden durch gesunkene Kosten heute nur noch in Switching-Technologie ausgeführt.

4.4 Grundlagen zum Switching

In der heutigen Datenkommunikation führen alle Geräte, die Switching beherrschen, zwei grundlegende Funktionen aus:

- **Switching (Vermittlung von Daten-Frames).** Ein Frame wird an einem Eingangsmedium empfangen und dann an ein Ausgabemedium übertragen.
- **Tabellen erstellen und pflegen.** Switches erstellen und aktualisieren Vermittlungstabellen.

Der Begriff Bridging benennt eine Technik, bei der ein als Bridge bezeichnetes Gerät zwei oder mehr LAN-Segmente miteinander verbindet. Switches verwenden das Prinzip des Bridgings ebenfalls und werden deswegen häufig als Multiport-Bridges bezeichnet.

Ein Switch sendet Datagramme von einem Segment an den oder die Empfänger in anderen Segmenten. Wenn ein Switch eingeschaltet wird und mit dem Betrieb beginnt, untersucht er zunächst die MAC-Adressen der eingehenden Datagramme und erstellt auf dieser Basis eine Tabelle der bekannten Empfänger. Wenn der Switch weiß, dass der Empfänger eines Datagramms sich im gleichen Segment befindet wie dessen Absender, dann verwirft er das Datagramm, da es keinen Grund für die Weiterleitung gibt. Stellt der Switch hingegen fest, dass sich der Empfänger in einem anderen Segment befindet, dann sendet er das Datagramm weiter – allerdings nur in das betreffende Segment. Kennt der Switch das Zielsegment nicht, dann schickt er das Datagramm an alle Segmente mit Ausnahme des Absendersegments (diese Methode nennt man auch Flooding). Der wesentliche Vorzug beim Switching wie auch beim Bridging ist die Tatsache, dass beide den Datenverkehr auf ein bestimmtes Segment begrenzen.

Sowohl Bridges als auch Switches verbinden LAN-Segmente, benutzen eine MAC-Adresstabelle zur Bestimmung des Segments, in das ein Datagramm übertragen werden muss, und dienen der Verkehrsreduzierung. In modernen Netzwerken sind Switches wirksamer, denn sie arbeiten mit wesentlich höheren Geschwindigkeiten als Bridges und können neuartige Funktionen wie etwa VLANs unterstützen. Bei Bridges wird das Switching in der Regel über eine Software realisiert, bei Switches hingegen mit Hilfe der Hardware.

In diesem Abschnitt werden wir den grundlegenden Betrieb eines LAN-Switchs betrachten. Abbildung 4.19 zeigt ein LAN mit drei Workstations, einem LAN-Switch und dessen Adresstabelle. Der LAN-Switch hat vier Schnittstellen (oder Netzwerkverbindungen). Die Stationen A und C sind über einen Hub an Schnittstelle 3 des Switchs angeschlossen, die Station B an Schnittstelle 4. Wie die Abbildung zeigt, will Station A Daten an Station B übertragen.

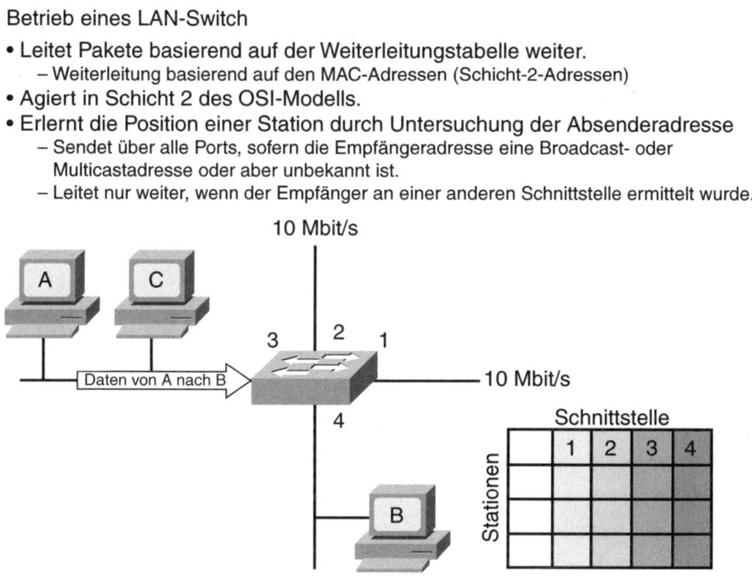

Abbildung 4.19: Betrieb eines LAN-Switchs

Bedenken Sie, dass der Switch in Schicht 2 agiert, d. h., er überprüft die MAC-Adresse der Daten, die ihn erreichen. Wenn Station A Frames sendet und der Switch diese empfängt, dann entnimmt der ihnen die MAC-Adresse des Absenders und speichert diese in seiner Adresstabelle (Abbildung 4.20).

Es wird ein Eintrag in der Adresstabelle vorgenommen, der die Absenderstation und die Schnittstelle angibt, über die diese Station mit dem Switch verbunden ist. Der Switch weiß nun, wo Station A angeschlossen ist. Wenn der Frame nun den Switch erreicht, flutet er ihn über alle Ports, da der Empfänger B unbekannt ist (Abbildung 4.21).

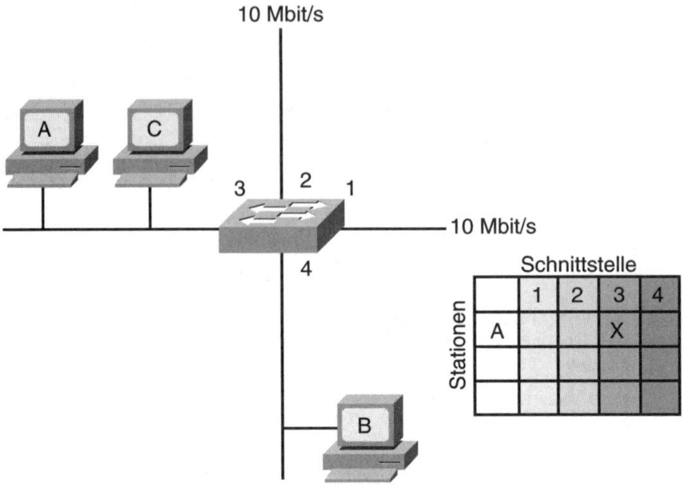

Abbildung 4.20: Adresstabelle erstellen

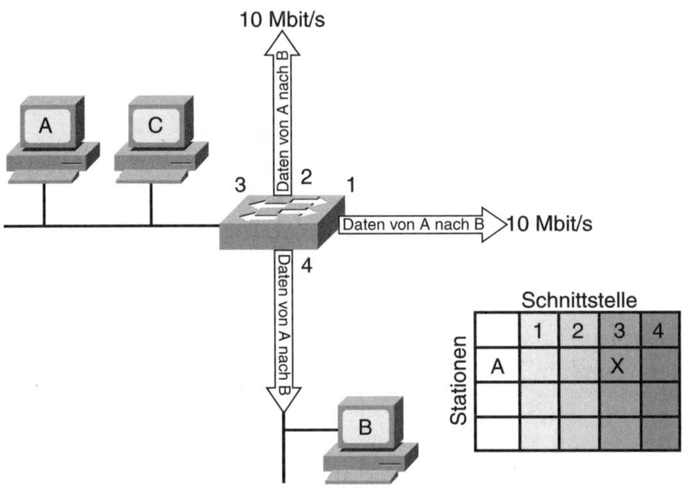

Abbildung 4.21: Daten über alle Switch-Schnittstellen fluten

Nachdem der Adresseintrag in der Tabelle vorgenommen wurde, kommt von Station B eine Antwort zurück, die an Station A gerichtet ist. Der Switch weiß nun, dass Station B an Schnittstelle 4 angeschlossen ist (Abbildung 4.22).

Die Daten werden dann vom Switch empfangen, der sie diesmal jedoch nicht flutet; stattdessen sendet er die Daten nur über Schnittstelle 3, denn er weiß, wo sich Station A im Netzwerk befindet (Abbildung 4.23).

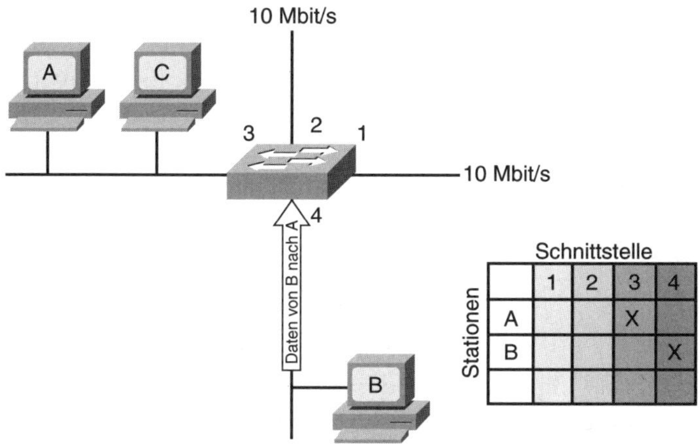

Abbildung 4.22: Beantwortung der Flooding-Nachricht

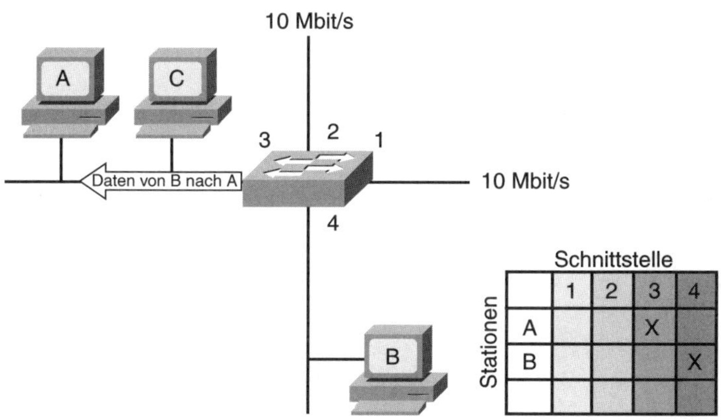

Abbildung 4.23: Übertragen von Daten an eine bekannte Station

4.4.1 Latenz von Ethernet-Switches

Jeder Switch, der in einem Ethernet-LAN eingesetzt wird, erhöht die Netzwerklatenz. Wie groß diese Latenz ist, hängt vom verwendeten Switch-Modell und davon ab, welche Form des Switchings eingesetzt wird. Wie wir gesehen haben, unterscheiden sich die verschiedenen Switching-Modi (Store-and-Forward-, Cut-Through- und Fragment-Free-Switching) dadurch, wann die Entscheidung für das Switching eines eingehenden Frames getroffen wird. Die Latenz, die durch die »Entscheidungsfindung« des Switchs ausgelöst wird, muss zu der Zeit hinzuaddiert werden, die der Frame für den Empfang an und das Senden über die Schnittstellen des Switchs benötigt; die Summe bestimmt dann die durch den Switch verursachte Gesamtlatenz.

Beachten Sie, dass ein Hub, der Frames einfach nur weiterleitet (d. h., sie nicht filtert oder Entscheidungen trifft), nur eine Latenz von Port zu Port einbringt. Diese Sekundenbruchteile scheinen auf den ersten Blick nicht wesentlich zu sein, aber es sei daran erinnert, dass wir Daten in Raten von 10, 100 oder 1000 Mbit/s senden (d. h. 1 Bit pro 100, 10 oder 1,0 Nanosekunden). Die Geräte im Netzwerk arbeiten mit unglaublich hohen Geschwindigkeiten, weswegen jede Nanosekunde zählt.

4.4.2 Schicht-2- und Schicht-3-Switching

Es gibt zwei Methoden für das Switching von Daten-Frames, nämlich das Schicht-2-Switching (Abbildung 4.24) und das Schicht-3-Switching (Abbildung 4.25). Switching ist die Annahme eines an einer Schnittstelle eingehenden Daten-Frames und dessen Weiterleitung an eine andere Schnittstelle. Router verwenden das Schicht-3-Switching, um ein Paket zu *routen*, während Switches (genauer: Schicht-2-Switches) Frames mit Hilfe des Schicht-2-Switching weiterleiten.

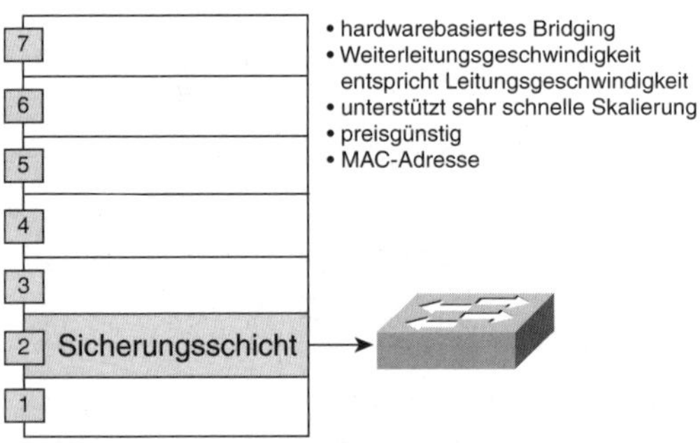

Abbildung 4.24: Schicht-2-Switching

Abbildung 4.25: Schicht-3-Switching

Schicht-2- und Schicht-3-Switching unterscheiden sich darin, welche Art von Informationen innerhalb des Frames zur Ermittlung der richtigen Ausgangsschnittstelle herangezogen wird. Beim Schicht-2-Switching werden die Frames auf der Basis der MAC-Adressdaten weitergeleitet, beim Schicht-3-Switching auf der Basis der Netzwerkadresse.

Beim Schicht-2-Switching wird die Vermittlungsschichtinformation – anders als beim Schicht-3-Switching – nicht überprüft; es wird lediglich die MAC-Adresse des Empfängers aus dem Frame herausgesucht. Dann werden die Daten an die passende Schnittstelle gesendet (soweit der Standort der Empfängeradresse bekannt ist). Beim Schicht-2-Switching wird eine Switching-Tabelle erstellt, in der verzeichnet ist, welche MAC-Adresse über welchen Port bzw. welche Schnittstelle erreicht werden kann.

Weiß ein Schicht-2-Switch nicht, wohin er einen Frame senden soll, dann schickt er ihn als Broadcast an alle Ports ins Netzwerk und erhält so mit der Antwort die neue Adresse und die dazugehörige Schnittstelle, die er dann in seiner Switching-Tabelle ablegt.

Schicht-2-Adressen werden von den Herstellern der Netzwerkhardware vergeben. Es handelt sich hierbei um eindeutige (d. h. weltweit genau einmal vergebene) Adressen, die aus zwei Teilen bestehen: dem Herstellercode OUI (vom Engl. *Organizationally Unique Identifier*) und einer Seriennummer. Der Herstellercode wird vom amerikanischen IEEE (Institute of Electrical and Electronic Engineers) an die Hersteller vergeben, die selbst wiederum ihre eindeutige Seriennummer erteilen. Außer in SNA-Netzwerken (Systems Network Architecture) haben Benutzer wenig bis gar keinen Einfluss auf die Schicht-2-Adressierung, weil diese Adressen fest in das Gerät einprogrammiert sind, wohingegen sich Schicht-3-Adressen ändern lassen. Schicht-2-Adressen ergeben einen flachen (d. h. nicht hierarchischen) Adressraum mit eindeutigen Adressen.

Schicht-3-Switching findet in der Vermittlungsschicht statt. Dabei werden die Informationen in einem Paket untersucht, und dieses wird dann auf der Basis der Vermittlungsschichtadresse an den Empfänger weitergeleitet. Das Schicht-3-Switching ist identisch mit einer Router-Funktion.

In der Regel bestimmt der Netzwerkadministrator die Schicht-3-Adressen, die dann von Protokollen wie IP, IPX und AppleTalk benutzt werden können. Durch die Erstellung von Schicht-3-Adressen baut der Netzwerkadministrator lokale Bereiche auf, die als einzelne Adressierungseinheiten zu sehen sind (man kann dies mit Straßen, Städten, Bundesländern und Staaten vergleichen), und weist jeder lokalen Einheit eine Adresse zu. Wenn ein Netzwerkbenutzer etwa mit seinem Computer in ein anderes Gebäude umzieht, dann erhält die Station zwar eine neue Schicht-3-Adresse, die Schicht-2-Adresse des Rechners indessen bleibt gleich.

Da Router in der Schicht 3 des OSI-Modells agieren, können Sie eine hierarchische Adressierungsstruktur aufbauen. Aus diesem Grund kann die logische Adressierungsstruktur eines Netzwerks die physische Infrastruktur nachbilden, z. B. über TCP/IP-Subnetze oder IPX-Netzwerke für jedes Segment. Der Datenfluss in einem Switching-Netzwerk (d. h. einem flachen Netzwerk) unterscheidet sich daher bereits von seiner Natur her vom Datenfluss in einem Router-Netzwerk (d. h. einem hierarchischen Netzwerk). Der Datenfluss in hierarchischen Netzwerken kann flexibler gesteuert werden als bei Switching-Netzwerken, denn dank der Netzwerkhierarchie lassen sich optimale Pfade bestimmen und Broadcast-Domänen bilden.

4.4.3 Auswirkungen des Schicht-2- und Schicht-3-Switchings

Die zunehmende Leistungsfähigkeit von Desktop-Prozessoren und die Anforderungen seitens der Client-Server- und Multimediaanwendungen haben zu einem erhöhten Bedarf an Bandbreite auch in traditionellen Umgebungen geführt. Aufgrund dieser Tatsache ist man beim Netzwerkentwurf schon vor einiger Zeit dazu übergegangen, die Hubs in den Verteilerräumen durch Switches zu ersetzen.

Schicht-2-Switches benutzen die Mikrosegmentierung, um den Mehrbedarf an Bandbreite und Leistung zu befriedigen. Mittlerweile aber sehen sich die Netzwerkdesigner mit neuen Problemen konfrontiert, denn es besteht ein Bedürfnis an Kommunikation zwischen den Subnetzen. Beispielsweise muss jedes Mal, wenn ein Benutzer auf Server und weitere Ressourcen zugreift, die sich in anderen Subnetzen befinden, der Datenverkehr ein Schicht-3-Gerät (z. B. einen Router) passieren. Hier kann potenziell ein Engpass auftreten, der die Gesamtleistungsfähigkeit des Netzwerks drastisch einschränken kann. Um diesen Engpass zu umgehen, werden Funktionen der Vermittlungsschicht im gesamten Netzwerk implementiert, wodurch die Belastung der zentralen Router verringert wird. Dafür können Schicht-3-Switches, die Routing beherrschen, eingesetzt werden. Ein solcher Switch optimiert die Bandbreitennutzung durch Trennung von Kollisions- und Broadcast-Domänen und selektiver Weiterleitung von Daten an die passenden Netzwerksegmente.

4.4.4 Symmetrisches und asymmetrisches Switching

Symmetrisches Switching ist eine Charakterisierung eines LAN-Switchs auf der Basis der Bandbreite, die jedem Port des Switchs zugewiesen wird. Wie Abbildung 4.26 zeigt, ermöglicht ein symmetrischer Switch Verbindungen zwischen den Ports, die alle die gleiche Bandbreite aufweisen (z. B. 10 Mbit/s oder 100 Mbit/s). Im Gegensatz dazu erlaubt ein asymmetrischer LAN-Switch (Abbildung 4.27) auch Verbindungen von Ports ungleicher Bandbreite, z. B. von einem Port mit 10 Mbit/s auf einen Port mit 100 Mbit/s.

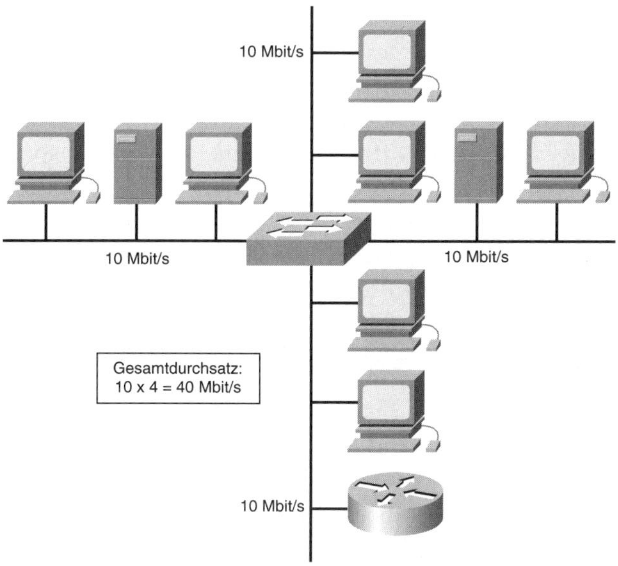

Abbildung 4.26: Symmetrisches Switching

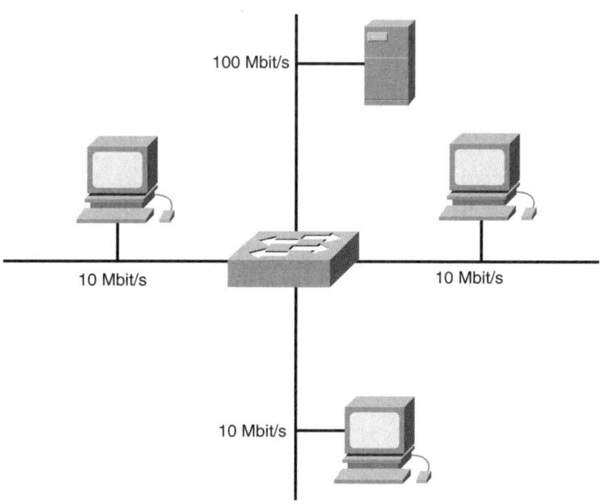

Abbildung 4.27: Asymmetrisches Switching

Das asymmetrische Switching optimiert den Datenfluss in Client-Server-Netzwerken, in denen mehrere Clients gleichzeitig mit einem einzigen Server kommunizieren, weil der Port, an den der Server angeschlossen ist, mehr Bandbreite benötigt als die anderen Ports (andernfalls würde ein Engpass auftreten). Wie Sie im nächsten Abschnitt erfahren werden, ist in einem asymmetrischen Switch eine Pufferung notwendig, damit ein 100-Mbit/s-Port mit einem 10-Mbit/s-Port verbunden werden kann, ohne dass es am 10-Mbit/s-Port zur Überlastung kommt. Ein asymmetrischer Switch muss zudem Verbindungen hoher Bandbreiten zwischen Switches ermöglichen, um eine Vertikalverkabelung oder Backbone-Segmente realisieren zu können.

4.4.5 Pufferung

Ein Ethernet-Switch kann mit Hilfe einer Puffertechnik Pakete zwischenspeichern und dann an den oder die richtigen Ports weiterleiten. Die Zwischenspeicherung ist auch dann erforderlich, wenn der gewünschte Ausgangsport belegt ist. Der Speicherbereich, in dem der Switch Empfänger- und Übertragungsdaten ablegt, heißt Puffer (oder auch Zwischenspeicher). Dieser Puffer kann zur Weiterleitung der Pakete zwei unterschiedliche Methoden nutzen: die portbasierte Pufferung und die Pufferung in einem gemeinsamen Speicher.

Bei der portbasierten Pufferung werden die Pakete in Warteschlangen gespeichert, die den jeweiligen Eingangsports zugeordnet sind. Ein Paket wird erst dann an den ausgehenden Port übermittelt, wenn alle Pakete, die sich vor ihm in der Warteschlange befanden, erfolgreich übertragen wurden. Ein einziges Paket kann die Übertragung aller Pakete im Speicher verzögern, wenn der Empfängerport ausgelastet ist. Diese Verzögerung tritt auch dann auf, wenn andere Pakete an nicht ausgelastete Ports gesendet werden könnten.

Bei der gemeinsamen Pufferung werden alle Pakete in einem gemeinsamen Puffer abgelegt, der von allen Ports des Switchs genutzt wird. Die einem Port zugewiesene Speichermenge wird davon bestimmt, wie viel Speicher er benötigt; man nennt dies »dynamische Zuweisung von Pufferspeicher«. Die Pakete im Puffer werden dann dynamisch mit dem Ausgangsport verknüpft, d. h., ein Paket wird in dem Speicherbereich abgelegt, der dem zugehörigen Ausgangsport zugewiesen ist. Auf diese Weise kann das Paket über einen Port empfangen und einen anderen weitergeleitet werden, ohne in eine andere Warteschlange verschoben werden zu müssen.

Der Switch führt ein Verzeichnis der Ports, an die ein Paket übermittelt werden muss. Die Einträge in diesem Verzeichnis werden erst gelöscht, wenn das

Paket erfolgreich übertragen wurde. Da der Puffer von allen Ports gemeinsam genutzt wird, ist die Größe des Pakets nicht von der Zuweisung des Speichers an einen bestimmten Port begrenzt, sondern von der Gesamtgröße des Pufferspeichers. Das bedeutet, dass größere Pakete gesendet werden können, ohne dass Pakete verloren gehen. Dies ist in Zusammenhang mit dem 10/100-Switching wichtig, bei dem ein 100-Mbit/s-Port Pakete an einen 10-Mbit/s-Port weiterleitet.

4.4.6 Kommunikation zwischen Switches und PCs

Ein Switch ist ein Schicht-2-Gerät, das MAC-Adressen der Geräte erlernt, die an die Ports des Switchs angeschlossen sind. Diese Daten werden in eine Switching-Tabelle eingetragen. Ist die Tabelle vollständig, dann kann der Switch die in einem eingehenden Frame gespeicherte Empfänger-MAC-Adresse auslesen, diese in der Switching-Tabelle nachschlagen und den Frame dann über den Port weiterleiten, der mit der Empfänger-MAC-Adresse verknüpft ist.

Übertragung vom PC zum Switch

Wenn ein PC an ein LAN angeschlossen wird, hat er keine Ahnung davon, welche Geräte außer ihm mit dem LAN-Medium verbunden sind. Der PC versendet einfach seine Daten über eine Netzwerkkarte an das Netzwerkmedium; für ihn ist es unerheblich, ob er über ein Crossover-Kabel an einen anderen PC oder aber über ein Straight-Through-Kabel an ein Netzwerkgerät wie einen Hub, einen Switch oder einen Router angeschlossen ist.

Kommunikation zwischen Switches

Wenn Host A (mit der MAC-Adresse A) Daten an Host B (mit der MAC-Adresse B) sendet, tritt der übertragene Daten-Frame über Port 1 in Switch 1 ein. Der Switch liest die MAC-Adresse des Empfängers im eingehenden Frame aus und schlägt sie in der Switching-Tabelle nach. Er erkennt, dass die MAC-Adresse von Host B Port 2 zugeordnet ist, und leitet den Frame über diesen Ausgangsport weiter.

Switching-Tabellen können mehrere MAC-Adressen mit einem bestimmten Port verknüpfen. Dies kommt häufig vor, etwa wenn ein Hub oder ein weiterer Switch, an den mehrere Workstations angeschlossen sind, mit einem Switch-Port verbunden werden.

Ein ähnlicher Prozess findet statt, wenn die Übertragung zwei Switches durchlaufen muss. In diesem Beispiel will etwa Host A Daten an Host F (mit der MAC-Adresse F) senden. Host A leitet den Frame also an Switch 1 weiter, der ihn über Port 1 empfängt. Switch 1 überprüft die Switching-Tabelle, kann aber die MAC-Adresse von Host F dort nicht finden. Aufgrund dessen flutet er den eingehenden Daten-Frame über alle Ports mit Ausnahme von Port 1.

Die Hosts B, C, D und E überprüfen die Empfänger-MAC-Adresse und ignorieren den Frame, denn die ausgelesene MAC-Adresse stimmt ja nicht mit der ihren überein. Der Daten-Frame wird also an Switch 2 weitergeleitet, der ihn über Port 5 empfängt. Switch 2 überprüft nun seinerseits seine Switching-Tabelle und erkennt die Empfänger-MAC-Adresse; er sendet den Frame also über Port 1 an den Host F.

Bei der Antwort von Host F an Host A verläuft der Vorgang umgekehrt. Switch 1 kann seine Switching-Tabelle nun aktualisieren, indem er Host F mit Port 5 verknüpft, und Switch 2 hat seinerseits die Switching-Tabelle bereits durch Zuordnung von Host A zu Port 5 auf den neuesten Stand gebracht.

Im Laufe der Zeit erlernt Switch 1 auch, dass die Hosts G, H, I und K mit seinem Port 5 verknüpft werden müssen, und Switch 2 lernt, dass die Hosts B, C, D und E mit Port 5 zu verknüpfen sind.

4.5 LAN-Design

Die Planung von Netzwerken ist – ungeachtet der verbesserten Leistungsfähigkeit von Geräten und der erhöhten Übertragungskapazitäten der Kabelmedien – im Laufe der Zeit immer komplizierter geworden. Der Trend geht zu zunehmend aufwändigeren Umgebungen mit Multimedia und zu Verbindungen mit Netzwerken, die sich nicht innerhalb des LAN einer einzelnen Institution befinden. Die Berücksichtigung all dieser Faktoren ist wesentlich, denn die sorgfältige Planung eines Netzwerks kann den Aufwand, der mit dem Wachstum einer Netzwerkumgebung verbunden ist, erheblich verringern.

Einer der wesentlichsten Schritte zur Gewährleistung eines schnellen und stabilen Netzwerks ist ein sauberer Entwurf. Wenn ein Netzwerk nicht bedarfsgerecht geplant ist, können sich viele unvorhergesehene Probleme stellen, und das Wachstum des Netzwerks ist gefährdet. Dieser Planungsprozess ist in der Tat eine tief gehende Angelegenheit. In diesem Abschnitt werden Sie einen Einblick in diesen Prozess der LAN-Planung erhalten. Ferner werden wir uns den Zielen und den verschiedenen Aspekten der LAN-Planung, der Vorgehensweise beim Netzdesign und der Entwicklung von LAN-Topologien widmen.

4.5.1 Ziele beim LAN-Design

Die Planung eines Netzwerks kann eine echte Herausforderung darstellen und ist weit mehr als die einfache Verbindung mehrerer Computer. Ein Netzwerk benötigt viele verschiedene Eigenschaften, um zuverlässig, skalierbar und administrierbar zu sein. Um zuverlässige und skalierbare Netzwerke planen zu können, muss der Netzdesigner sich zunächst einmal klar machen, dass jede der wesentlichen Netzwerkkomponenten bestimmte Anforderungen an das Design stellt.

Der erste Schritt beim LAN-Design ist die Formulierung und Dokumentierung der *Ziele* des Designs. Diese Ziele unterscheiden sich von Institution zu Institution und von Situation zu Situation. Die folgenden Anforderungen jedoch sind in vielen Fällen beim Netzdesign zu berücksichtigen:

- **Funktionalität.** Das Netzwerk muss funktionieren, d. h., es muss Benutzern erlauben, ihre Aufgaben zu erfüllen. Das Netzwerk muss Benutzer untereinander und Benutzer mit Anwendungen verbinden können, und dies ausreichend schnell und zuverlässig.
- **Skalierbarkeit.** Das Netzwerk muss wachsen können – oder, anders gesagt, das ursprüngliche Design muss erweitert werden können –, ohne grundsätzlich verändert werden zu müssen.
- **Flexibilität.** Das Netzwerk muss auch im Hinblick auf zukünftig verfügbare Techniken geplant sein und sollte kein Element enthalten, das die Implementierung neuer Technologien beschränken oder verhindern könnte.
- **Verwaltbarkeit.** Das Netzwerk sollte so geplant sein, dass die Überwachung und Administration möglichst erleichtert wird und auf diese Weise eine fortwährende Betriebssicherheit gewährleistet ist.

Diese Anforderungen sind bei bestimmten Netzwerktypen spezifischer Natur, während sie für andere Typen nur allgemein formulierbar sind.

4.5.2 Komponenten des Netzdesigns

Mit dem Aufkommen von Hochgeschwindigkeitstechniken wie Gigabit-Ethernet und komplexeren LAN-Architekturen, die LAN-Switching und VLANs nutzen, haben viele Organisationen in den letzten Jahren vorhandene LANs aktualisiert oder neue LANs geplant und implementiert. Während ATM (Asynchronous Transfer Mode) eine in WANs häufig eingesetzte Technologie ist, spielt sie für moderne LANs keine Rolle mehr.

Um Bandbreite und Leistungsfähigkeit des LAN zu optimieren, müssen Sie die folgenden wichtigen Komponenten des LAN-Gesamtdesigns einbeziehen:

- Funktion und Platzierung der Server
- Aspekte der Segmentierung
- Aspekte von Broadcast-Domänen

4.5.3 Funktion und Platzierung der Server

Server ermöglichen die gemeinsame Nutzung von Dateien und Druckern, die Kommunikation und die Bereitstellung von Anwendungsdiensten. Normalerweise fungieren Server nicht als Workstations, sondern laufen unter speziellen Betriebssystemen wie NetWare, Windows NT/2000/XP, Unix oder Linux. Heutzutage werden Server meist für genau eine Funktion verwendet (z. B. als Mailserver oder als Dateiserver).

Alle Server lassen sich in eine von zwei Kategorien einordnen: Unternehmensserver und Arbeitsgruppenserver. Ein Unternehmensserver versorgt alle Benutzer des Netzwerks mit Diensten wie E-Mail oder DNS. Dies sind Dienste, die jeder Benutzer innerhalb einer Organisation benötigt, da es sich um zentrale Funktionen handelt. Ein Arbeitsgruppenserver hingegen arbeitet nur für eine bestimmte Gruppe von Benutzern und stellt Dienste wie Textverarbeitung und Filesharing bereit, die nur in dieser Gruppe benötigt werden.

Unternehmensserver sollten im Hauptverteilerraum (MDF, vom Engl. *Main Distribution Facility*) aufgestellt werden. Auf diese Weise muss Datenverkehr zu den Unternehmensservern nur in den MDF gelangen und braucht nicht über andere Netzwerke übertragen zu werden. Arbeitsgruppenserver hingegen sollten im Idealfall in denjenigen Zwischenverteilerräumen (IDFs, vom Engl. *Intermediate Distribution Facility*) untergebracht werden, die sich in unmittelbarer Nähe der Benutzer befinden, die auf Anwendungen auf diesen Servern zugreifen müssen. Indem Sie die Arbeitsgruppenserver in unmittelbarer Nähe der betroffenen Benutzer aufstellen, sorgen Sie dafür, dass Datenverkehr in der Netzwerkinfrastruktur nur zu diesem IDF gelangen muss und andere Benutzer im gleichen Netzwerksegment nicht beeinträchtigt werden. Innerhalb des MDF und der IDFs sollten die LAN-Switches für diese Server eine Übertragungsrate von mindestens 100 Mbit/s (besser 1 Gbit/s) haben.

4.5.4 Segmentierung

Unter dem Begriff Segmentierung versteht man den Vorgang, bei dem eine Kollisionsdomäne in zwei oder mehr Kollisionsdomänen unterteilt wird (Abbildung 4.28). Bridges oder Switches (Schicht-2-Geräte) können zur Segmentierung einer logischen Bustopologie herangezogen werden und bilden neue, getrennte Kollisionsdomänen. Die Folge ist, dass den einzelnen Stationen mehr Bandbreite zur Verfügung steht. Beachten Sie in Abbildung 4.29, dass die gesamte Bustopologie nach wie vor eine einzige Broadcast-Domäne darstellt, weil die Bridges und Switches zwar keine Kollisionen, aber Broadcast-Pakete weiterleiten.

Alle Broadcasts der Hosts einer Broadcast-Domäne werden von allen anderen Hosts in dieser Domäne erkannt. Dies ist notwendig, um Konnektivität zu gewährleisten. Die Skalierbarkeit der Bandbreitendomäne hängt vom Datengesamtaufkommen und die Skalierbarkeit der Broadcast-Domäne von der Gesamtzahl der Broadcasts ab. Sie dürfen nicht vergessen, dass Bridges und Switches Broadcast-Daten (d. h. solche mit der Empfängeradresse *FF-FF-FF-FF-FF*) weiterleiten, Router jedoch (normalerweise) nicht.

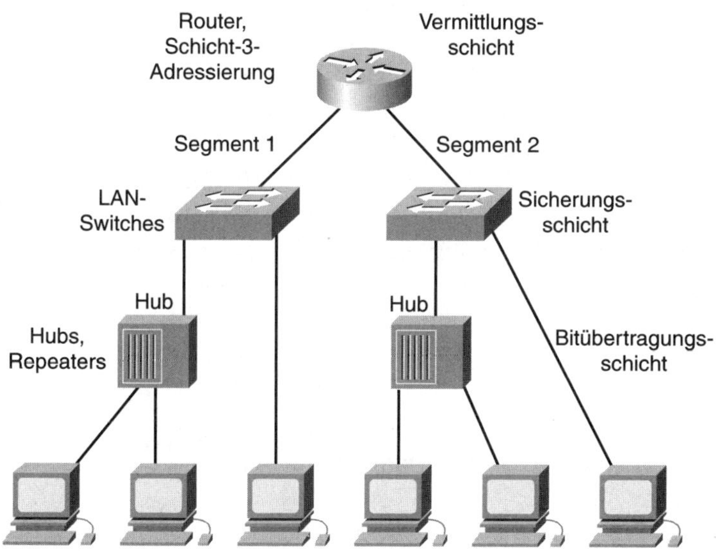

Abbildung 4.28: LAN-Umgebung planen

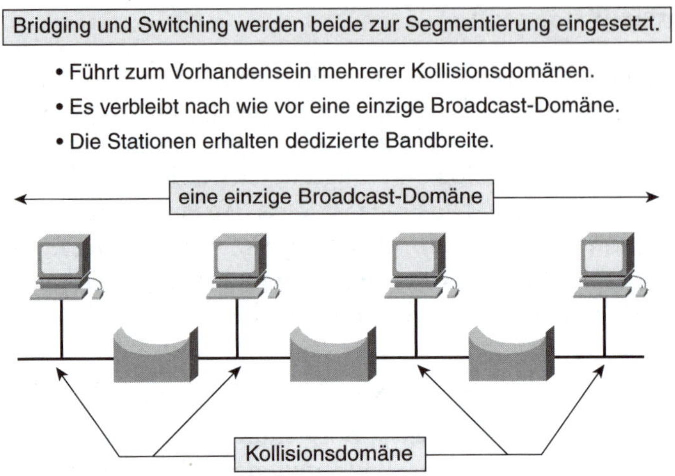

Abbildung 4.29: Segmentierung

4.5.5 Broadcast-Domänen

Eine Bandbreitendomäne ist – einfach gesagt – alles, was an einem bestimmten Port einer Bridge, eines Switchs oder eines Routers hängt. Im Falle eines Ethernet-Switchs heißt die Bandbreitendomäne auch Kollisionsdomäne. Wie aus Abbildung 4.30 hervorgeht, kann ein Switch eine Bandbreitendomäne pro Port bilden. Alle Workstations innerhalb einer Bandbreitendomäne konkurrieren um die gleiche Menge an LAN-Bandbreite. Der gesamte von einem Host stammende Verkehr ist für alle anderen Hosts in der Bandbreitendomäne sichtbar. Im Falle einer Ethernet-Kollisionsdomäne können zwei Stationen die Übertragung gleichzeitig starten, was dann eine Kollision zur Folge hat.

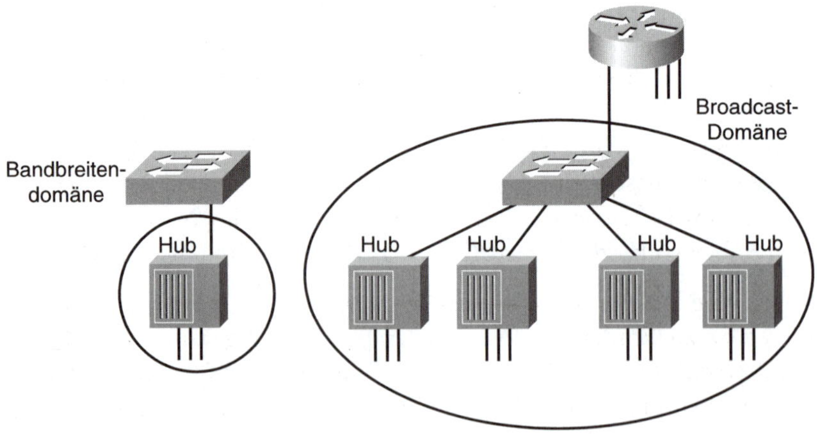

Abbildung 4.30: Bandbreiten- und Broadcast-Domänen

4.5.6 Vorgehensweise beim LAN-Design

Damit ein LAN effizient arbeitet und die Bedürfnisse der Benutzer erfüllt, sollte es gemäß einer systematischen Vorgehensweise geplant und implementiert werden:

1. Ermittlung der Benutzeranforderungen und -erwartungen
2. Analyse der Anforderungen
3. Aufbau der LAN-Struktur in den Schichten 1, 2 und 3 (d. h. der Topologie)
4. Dokumentierung der logischen und physischen Netzwerkimplementierung

Der erste Schritt bei der Entwicklung eines Netzwerks sollte in der Ermittlung von Daten zur Organisationsstruktur bestehen. Zu diesen Daten gehören die Vorgeschichte und der gegenwärtige Zustand der Institution, das angestrebte oder erwartete Wachstum, betriebliche Richtlinien und Verwaltungsprozesse, Bürosysteme und -prozesse sowie die Anforderungen der Mitarbeiter, die das LAN später einmal benutzen werden. Sie müssen dabei die folgenden Fragen beantworten:

- Wer sind die potenziellen Benutzer des Netzwerks?
- Welche PC-Kenntnisse haben diese zukünftigen Netzwerkbenutzer?
- Welche Vorstellungen und Visionen sind in der Organisation hinsichtlich des Einsatzes von Computern vorhanden?

Die Antworten auf diese und ähnliche Fragen werden Ihnen auch bei der Feststellung helfen, wie viele Mitarbeiter fortgebildet werden müssen, um das LAN zu betreuen, und wie diese Fortbildung auszusehen hat.

Im Idealfall trägt bereits der Vorgang der Informationsermittlung zur Bestimmung der Probleme bei. Sie müssen auch überprüfen, ob dokumentierte Firmenrichtlinien anwendbar sind. Gibt es Daten oder Prozesse, die als »unternehmenskritisch« deklariert sind (d. h., jederzeit verfügbar bzw. durchführbar sein müssen, um den Erfolg des Unternehmens- oder Organisationsziels zu gewährleisten)? Welche Protokolle sind im Netzwerk zulässig? Werden nur bestimmte Plattformen der Arbeitsplatzrechner zugelassen?

Danach sollten Sie ermitteln, welche Personen in der Organisation Entscheidungskompetenz zu Fragen der Adressierung, Namensgebung, Topologiestruktur und Konfiguration des Netzwerks haben. In manchen Unternehmen gibt es eine »allmächtige« IT-Abteilung (Information Technology). In anderen wiederum ist die IT-Abteilung sehr klein, d. h., Kompetenzen werden an andere Abteilungen abgegeben. Ermitteln Sie die Ressourcen *und* die Einschränkungen in der Organisation.

Es gibt zwei Kategorien von Organisationsressourcen, die sich auf die Implementierung eines neuen LAN-Systems auswirken können: Hardware-/Softwareressourcen einerseits und menschliche Ressourcen (d. h. Mitarbeiter) andererseits. Die in der Organisation vorhandene Computerhardware und -software muss erfasst und die geplanten Anschaffungen in diesen Bereichen müssen ermittelt werden. Wie sind die vorhandenen Ressourcen miteinander verbunden, und wer nutzt sie wie? Welche finanziellen Möglichkeiten hat die Organisation? Wenn Sie diese Aspekte dokumentieren, dann werden Ihnen die Einschätzung der Kosten und die Entwicklung eines Budgets für das LAN leichter fallen. Ferner sollten Sie sich hinsichtlich der Leistungsfähigkeit eines möglicherweise bereits vorhandenen Netzwerks kundig machen.

Der nächste Schritt beim Netzdesign besteht in der Analyse der Anforderungen des Netzwerks und seiner Benutzer, die wir im vorangegangenen Schritt ermittelt haben. Netzwerkbenutzer ändern ihre Ansprüche ständig – je höher beispielsweise die Verfügbarkeit von sprach- und videobasierten Netzanwendungen wird, desto stärker steigt der Bedarf an Netzwerkbandbreite.

Ein weiterer Bestandteil der Analysephase ist die Einschätzung der Benutzeranforderungen. Ein LAN, das nicht in der Lage ist, Informationen schnell und korrekt an Benutzer weiterzugeben, ist nutzlos. Aus diesem Grund müssen Sie Maßnahmen ergreifen, um sicherzustellen, dass die Anforderungen der Organisation und ihrer Mitarbeiter an die Datenverfügbarkeit erfüllt werden.

4.5.7 Verfügbarkeit des Netzwerks

Die Verfügbarkeit eines Netzwerks bestimmt seinen Nutzen. Es gibt eine Reihe von Faktoren, welche die Verfügbarkeit beeinflussen, so etwa

- Durchsatz,
- Reaktionszeit,
- Ressourcenzugang.

Jeder Kunde hat ein anderes Verständnis des Begriffs »Verfügbarkeit«. Vielleicht müssen im geplanten Netzwerk Sprache und Videos transportiert werden. Solche Dienste jedoch benötigen mehr Bandbreite, als das Netzwerk oder der Backbone bereitstellen können. Sie können die Verfügbarkeit nun erhöhen, indem Sie weitere Ressourcen hinzufügen, aber hierdurch werden die Kosten gesteigert. Ein Ziel des Netzdesigns besteht also darin, größtmögliche Verfügbarkeit bei möglichst niedrigen Kosten bereitzustellen.

4.5.8 Netztopologie entwickeln

Nachdem Sie die Gesamtanforderungen an das Netzwerk ermittelt haben, müssen Sie sich nun für eine LAN-Topologie entscheiden, welche die Bedürfnisse der Benutzer erfüllt. Im Curriculum werden wir den Schwerpunkt auf die Sterntopologie und die erweiterte Sterntopologie legen (Abbildung 4.31). Wie wir bereits gesehen haben, basieren diese Topologien auf Ethernet/IEEE 802.3 mit CSMA/CD-Technik. Wir haben den Schwerpunkt so gesetzt, weil derartige Konfigurationen in der Netzwerkwelt sehr oft zu finden sind.

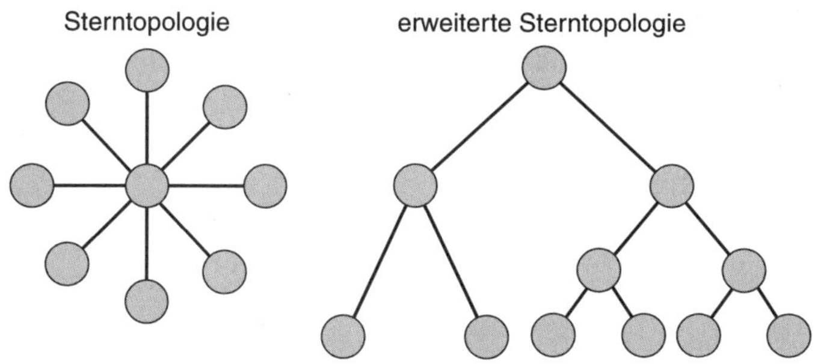

Abbildung 4.31: Sterntopologien

Die wesentlichen Komponenten einer LAN-Topologie lassen sich jeweils einer von drei Schichten des OSI-Referenzmodells eindeutig zuordnen: der Vermittlungsschicht, der Sicherungsschicht und der Bitübertragungsschicht (vgl. Abbildung 4.29). Wir werden diese Komponenten in den folgenden Abschnitten näher betrachten.

Netzdesign in Schicht 1

In diesem Abschnitt werden wir die Schicht 1 der Sterntopologie und der erweiterten Sterntopologie betrachten. Wir nehmen dabei Bezug auf Abbildung 4.31.

Die physische Verkabelung ist eine der wichtigsten Komponenten, die beim Netzdesign zu berücksichtigen sind. Zu den wesentlichen Aspekten gehören der Typ der zu verwendenden Kabel (in der Regel Kupfer oder Glasfaser) und die Gesamtstruktur der Verkabelung. Zu den Kabelmedien der Schicht 1 gehören beispielsweise CAT5e UTP- oder Glasfaserkabel, deren Struktur und Verbindungen gemäß dem EIA/TIA-568-Standard in Verkabelungsplänen festgelegt werden (Abbildung 4.28).

Neben den entfernungsbedingten Einschränkungen sollten Sie unbedingt verschiedene Kabeltypen prüfen, denn ein Netzwerk kann nur so gut sein wie das in ihm verwendete Kabel. Die meisten Netzwerkprobleme werden durch Unzulänglichkeiten in der Schicht 1 verursacht. Wenn Sie grundlegende Änderungen an einem Netzwerk planen, sollten Sie *sämtliche* Kabel überprüfen, um Bereiche ausfindig zu machen, in denen beschädigte oder veraltete Kabel ausgetauscht werden müssen.

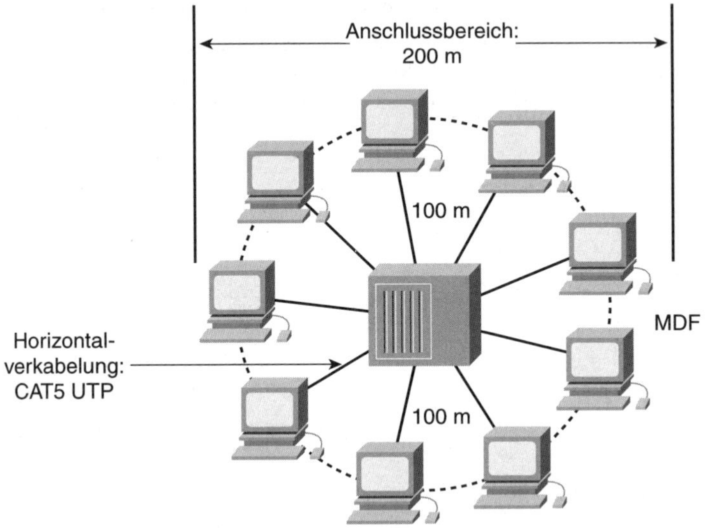

Abbildung 4.32: Sterntopologie

Egal ob Sie ein Netzwerk neu planen oder die Verkabelung eines vorhandenen Netzwerks ändern: Verwenden Sie für Backbone und Steigleitungen möglichst Glasfaserkabel und für die Horizontalverkabelung CAT5e UTP-Kabel. Sie sollten auch den Einsatz neuerer Technologien wie CAT6/CAT7 ScTP bzw. UTP in Betracht ziehen. Wenn das Netzdesign sieben bis zehn Jahre halten soll, muss die Qualität der Kabel Priorität haben, auch wenn der Meterpreis dann etwas höher liegt. Ein Austausch veralteter Kabel sollte immer Vorrang vor allen anderen Änderungen haben. Jede Institution sollte gewährleisten, dass ihre Systeme – ausnahmslos – den gängigen und bewährten Industriestandards (z. B. EIA/TIA568B) entsprechen.

Der EIA/TIA-568B-Standard legt fest, dass jedes an das Netzwerk angeschlossene Gerät über Horizontalkabel mit einem zentralen Sternpunkt verbunden wird. Diese Voraussetzung kann in jedem Fall erfüllt werden, wenn alle Hosts, die auf das Netzwerk zugreifen, sich innerhalb eines Umkreises von 100 Metern befinden (dies ist gemäß EIA/TIA 568B die zulässige Maximallänge von CAT5 UTP-Ethernet-Kabeln). Tabelle 4.1 zeigt verschiedene Kabeltypen und ihre Eigenschaften.

Tabelle 4.1: IEEE 802.3-Eigenschaften verschiedener Kabeltypen

Merkmal	10Base-T	10Base-FL	100Base-TX	100Base-FX	1000Base-T	1000Base-SX	1000Base-LX
Datenrate	10 Mbit/s	10 Mbit/s	100 Mbit/s	100 Mbit/s	1 Gbit/s	1 Gbit/s	1 Gbit/s
Signalmethode	Basisband	Basisband	Basisband	Basisband	Basisband	Basisband	Basisband
Medientyp	CAT5 UTP	Multimode-Glasfaser (2 Fasern)	CAT5 UTP	Multimode-Glasfaser (2 Fasern)	CAT5e UTP	Multimode-Glasfaser (2 Fasern)	Singlemode-Glasfaser (2 Fasern)
Maximallänge	100 m	2.000 m	100 m	2.000 m	100 m	550 m	5.000 m

In einer einfachen Sterntopologie mit nur einem Verteilerraum, wie sie in Abbildung 4.33 dargestellt ist, befinden sich im MDF ein oder mehrere Verteilerfelder. Die Schicht-1-Horizontalverkabelung wird über Patchkabel mit den Anschlüssen der LAN-Switches (Schicht 2) verbunden. Der Uplink-Port des LAN-Switchs, der modellabhängig im Gegensatz zu den anderen Ports nicht als Crossover-Anschluss ausgeführt ist, ist seinerseits über ein Patchkabel mit dem Ethernet-Port des Schicht-3-Routers verbunden. Auf diese Weise besteht eine durchgehende Netzwerkverbindung zwischen einem Endgerät und dem Router-Port.

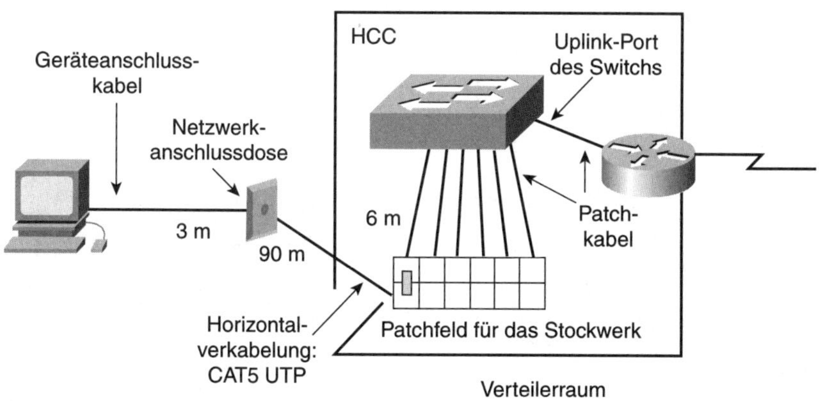

Abbildung 4.33: Typischer MDF in einer Sterntopologie

Wenn sich Hosts in größeren Netzwerken außerhalb der 100-Meter-Grenze für CAT5 UTP-Kabel befinden, dann ist das Vorhandensein mehrerer Verteilerräume erforderlich. Auf diese Weise entstehen auch mehrere Einzugsbereiche. Die sekundären Verteilerräume sind die IDFs (Abbildung 4.34). Der Standard EIA/TIA 568B sieht vor, dass IDFs über die so genannte Backbone-Verkabelung (oder Vertikalverkabelung) mit dem MDF verbunden werden.

CD-ROM

Siehe auch e-Lab auf Buch-CD-ROM »5.2 Ethernet Media«.

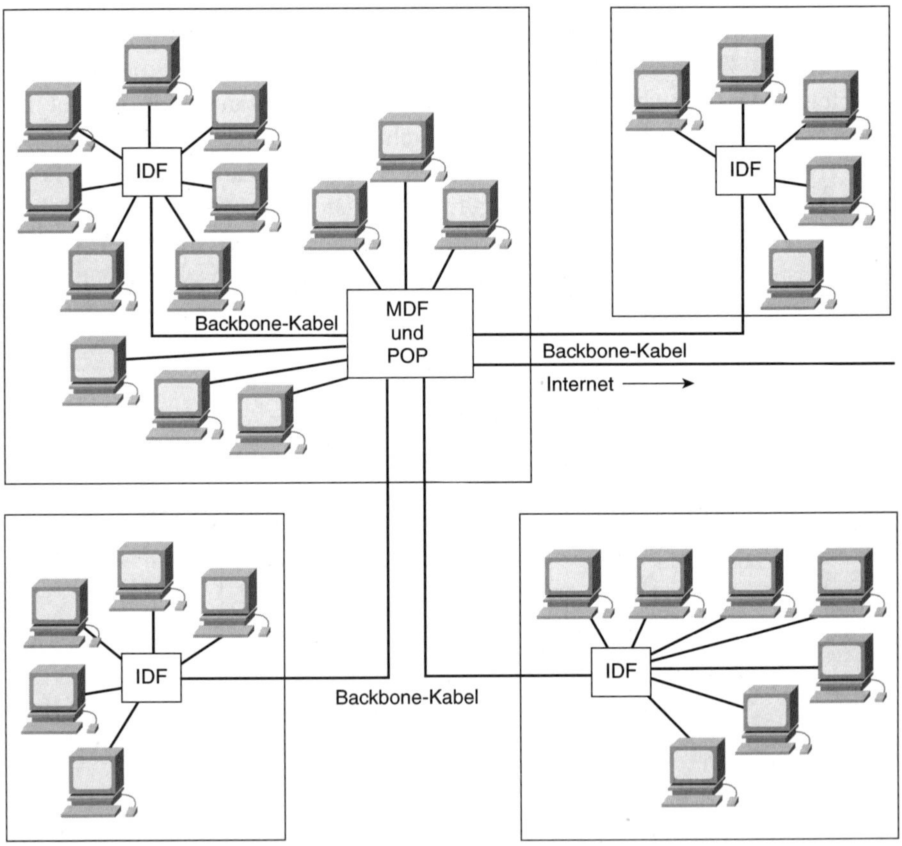

Abbildung 4.34: Erweiterte Sterntopologie auf einem Campus mit mehreren Gebäuden

Wie Abbildung 4.35 zeigt, wird zur Anbindung der IDFs an den MDF eine Backbone-Verbindung benutzt. Da deren Länge die 100-Meter-Grenze von CAT5 UTP-Kabeln in der Regel überschreitet, verwendet man hier vorzugsweise Glasfaserkabel (Abbildung 4.36).

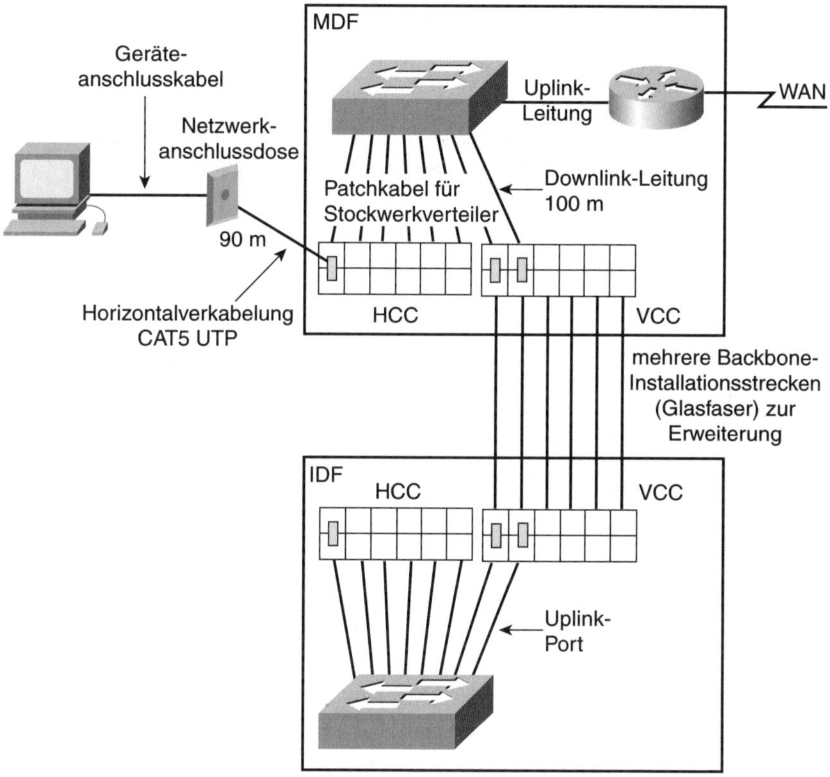

Abbildung 4.35: Vertikale Verbindungsleitung in erweiterter Sterntopologie

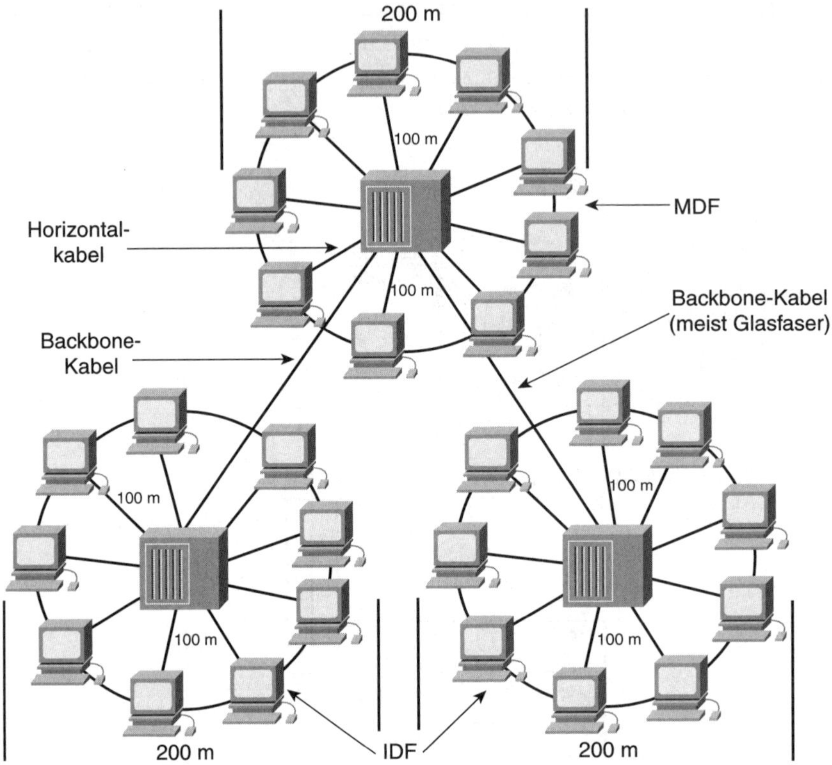

Abbildung 4.36: Backbone-Verkabelung in erweiterter Sterntopologie

Fast Ethernet ist eine Technik mit einer Datenrate von 100 Mbit/s. Es basiert auf der broadcast-orientierten logischen 10Base-T-Bustopologie für Standard-Ethernet und verwendet als Zugriffsmethode das bekannte CSMA/CD. Tatsächlich ist Fast Ethernet eine Kombination verschiedener Standards für Kupferleitungen (100Base-TX) und Glasfaserkabel (100Base-FX), die zur Verbindung von Haupt- und Zwischenverteilerräumen benutzt wird (Abbildung 4.37). Geswitchtes 100Base-TX-Ethernet zu den Desktopcomputern und Fast Ethernet-Backbones sollten für die Bandbreitenanforderungen der meisten Netzwerke ausreichend sein. In neueren Netzwerken entscheidet man sich – sofern das Budget es zulässt – für die Verwendung von Gigabit-Ethernet über Glasfaser für die Backbone-Verkabelung und für Fast Ethernet über CAT5e-Kabel für die Horizontalverkabelung zu den Desktop-Rechnern.

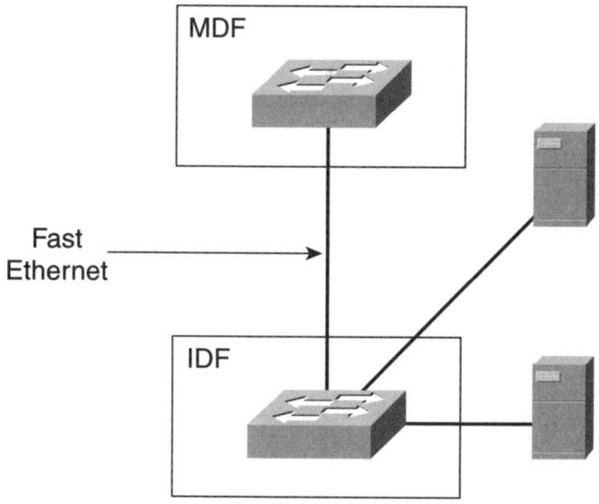

Abbildung 4.37: Vertikalverkabelung vom MDF zum IDF

Wie Abbildung 4.38 zeigt, ist der logische Netzwerkplan nichts anderes als eine vereinfachte Darstellung der Netzwerktopologie (d. h. ohne exakte Angaben der Kabelinstallationsstrecken).

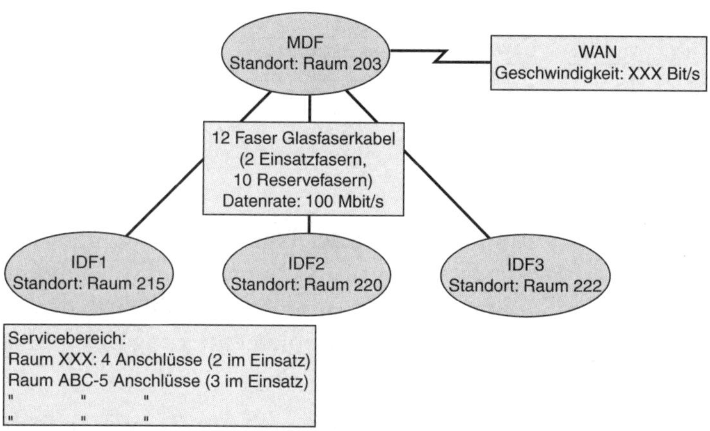

Abbildung 4.38: Logischer Netzwerkplan

Es handelt sich hierbei um den Fahrplan zum LAN. Zu seinen Elementen gehören

- die exakten Standorte des MDF und der IDFs,
- Typ und Umfang der Verkabelung, die zur Verbindung der IDFs mit dem MDF benötigt wird, sowie die Anzahl der vorzusehenden Ersatzkabel zur Erhöhung der Bandbreite zwischen den Verteilerräumen (wenn beispielsweise die Backbone-Kabel zwischen IDF 1 und MDF zu 80 Prozent ausgelastet sind, können Sie mit Hilfe zweier weiterer Paare die Kapazität verdoppeln),

– eine detaillierte Dokumentation (vgl. Abbildung 4.39) aller Installationsstrecken, ihrer Kennungen und des Verteilerports, an den die Installationsstrecke angeschlossen ist. Nehmen wir einmal an, Zimmer 203 hat keinen Anschluss mehr ans Netzwerk. Aus der Verkabelungsübersicht geht hervor, dass die Installationsstrecke mit der Kennung 203-1 an Port 13 des Stockwerkverbinders HCC 1 angeschlossen ist. Sie können diese Installationsstrecke nun mit Hilfe eines Kabeltesters überprüfen und so feststellen, ob es sich um einen Ausfall in Schicht 1 handelt. Ist dies der Fall, dann können Sie einfach eine der beiden anderen Installationsstrecken benutzen, um die Netzwerkkonnektivität wiederherzustellen, und danach das Problem mit Kabel 203-1 beheben.

Verbindung	Kabel-kennung	Patchfeld Stockwerk Kennung/Port	Kabel-typ	Status
IDF1 nach Rm 203	203-1	HCCI/Port 13	CAT5 UTP	im Einsatz
IDF1 nach Rm 203	203-2	HCC1/Port 14	CAT5 UTP	nicht verwendet
IDF1 nach Rm 203	203-3	HCC2/Port 3	CAT5 UTP	nicht verwendet
IDF1 nach MDF	IDF1-1	VCC1/Port 1	Multimode-Glasfaser	im Einsatz
IDF1 nach MDF	IDF1-2	VCC1/Port 2	Multimode-Glasfaser	im Einsatz

Abbildung 4.39: Verkabelungsübersicht

Netzdesign in Schicht 2

Das häufigste Schicht-2-Gerät (abgesehen von der Netzwerkkarte, über die jeder Host im Netzwerk verfügen muss) ist der LAN-Switch. Geräte in dieser Schicht bestimmen die Größe von Kollisionsdomänen und Broadcast-Domänen. In diesem Abschnitt wollen wir die Implementierung des LAN-Switchings in Schicht 2 näher betrachten.

Kollisionen und die Größe von Kollisionsdomänen sind zwei Faktoren, welche die Leistungsfähigkeit eines Netzwerks empfindlich beeinträchtigen können. Mit Hilfe des LAN-Switchings lässt sich ein Netzwerk »mikrosegmentieren«, wodurch die Anzahl der Kollisionen ebenso verringert wird wie die Größe der Kollisionsdomänen. Wie Abbildung 4.40 zeigt, ist ein weiteres wesentliches Merkmal eines LAN-Switchs die Bandbreite auf einer Pro-Port-Basis. So verfügen Backbone-, Uplink- und Serververbindungen über mehr Bandbreite. Man bezeichnet diese Art des Switchings als asymmetrisches Switching. Asymmetrisches Switching ermöglicht geswitchte Verbindungen zwischen Ports ungleicher Bandbreite, z. B. in einer Kombination von Ports mit 10 bzw. 100 Mbit/s oder 100 und 1000 Mbit/s.

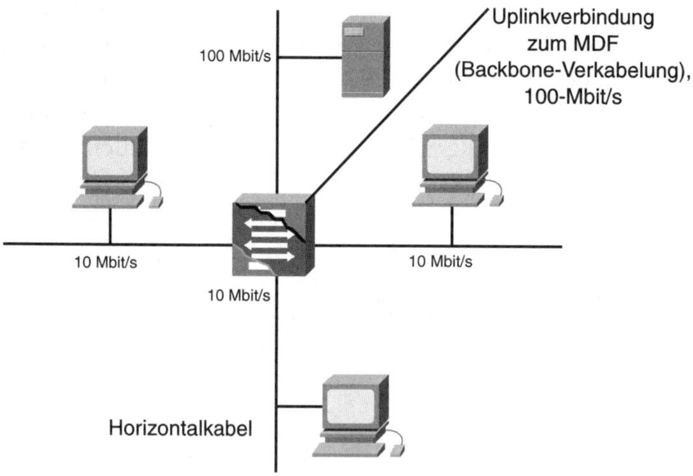

Abbildung 4.40: Asymmetrisches Switching

Wie Sie bereits wissen, bezeichnet der Begriff »Mikrosegmentierung« die Steigerung der Leistung einer Arbeitsgruppe oder eines Backbones mit Hilfe von Switches. Meist ist das Ethernet-Switching ein wesentlicher Schlüssel zu einer Leistungssteigerung. Switches könnten noch in Kombination mit Hubs benutzt werden, um für verschiedene Benutzer und Server den jeweils ausreichenden Leistungsbedarf bereitzustellen (Abbildung 4.41). Aufgrund der Kosten pro Port werden Switches jedoch mittlerweile insbesondere in neu geplanten LANs praktisch ausschließlich verwendet.

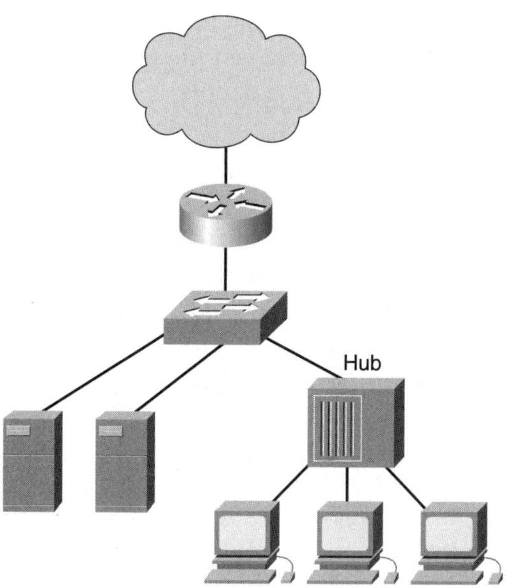

Abbildung 4.41: Netzwerklast verringern

Wie Abbildung 4.42 zeigt, werden, wenn man im MDF und in den IDFs LAN-Switches installiert und Backbone-Kabel zwischen MDF und IDFs verlegt, alle Daten zwischen MDF und den IDFs über diese Backbone-Kabel transportiert. Aus diesem Grund muss die Kapazität dieser Installationsstrecke größer sein als die der Verbindungen zwischen den IDFs und den Workstations.

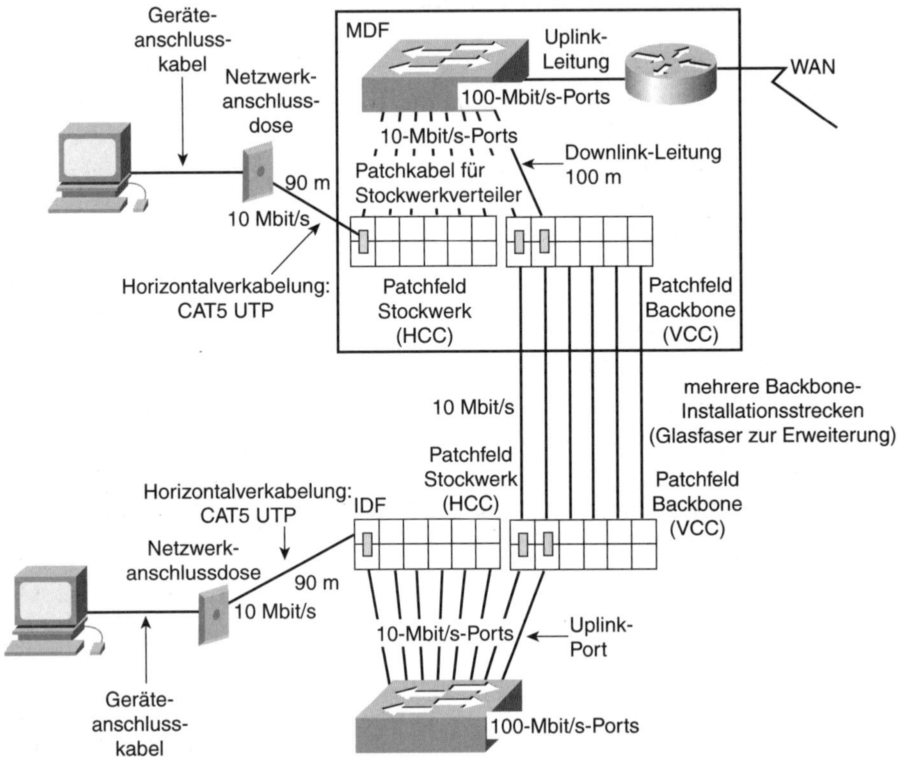

Abbildung 4.42: Schicht-2-Switching

Für Horizontalinstallationsstrecken verwenden wir CAT5e ScTP bzw. UTP-Kabel (oder besser), wobei keine Kabelstrecke länger als 100 Meter sein darf; auf diese Weise sind Datenraten von 10, 100 oder 1000 Mbit/s garantiert. In einer normalen Umgebung sind 10 Mbit/s für Horizontalinstallationsstrecken meist ausreichend, auch wenn 10-/100-/1000-Mbit/s-Verbindungen zum Desktop in neueren LANs mittlerweile zum Standard werden. Da asymmetrische LAN-Switches gemischte Ports (10 und 100 Mbit/s oder 100 und 1000 Mbit/s) an einem einzelnen Switch erlauben, besteht unsere nächste Aufgabe darin, die Anzahl der 10-, 100- und 1000-Mbit/s-Ports zu bestimmen, die im Hauptverteilerraum bzw. in den Zwischenverteilerräumen benötigt werden. Diese Bestimmung kann auf der Basis der Benutzeranforderungen erfolgen; stellen Sie fest, wie viele Horizontalkabel pro Raum und wie viele Installationsstrecken in allen Einzugsbereichen benötigt werden bzw. wie viele Backbone-Kabel zu verlegen sein werden. Nehmen wir beispielsweise einmal an, entsprechend den Benutzeranforderungen seien vier Installationsstrecken pro Raum notwendig. Wenn ein IDF einen Einzugsbereich von 18 Räumen hat, dann werden 4 × 18 = 72 Switch-Ports benötigt.

Um die Größe einer Kollisionsdomäne zu ermitteln, muss man bestimmen, wie viele Hosts direkt mit einem Port des Switchs verbunden sind. Daraus ergibt sich auch, wie viel Bandbreite jedem Host zur Verfügung steht. In einer idealen Situation ist an einen Switch-Port lediglich ein einziger Host angeschlossen. In diesem Fall beträgt die Größe der Kollisionsdomäne 2 (nämlich das Endgerät und der Switch-Port). Dank dieser kleinen Kollisionsdomäne kommen Kollisionen bei der Kommunikation der beiden Hosts praktisch nicht vor. Eine weitere Implementierungsmöglichkeit für das LAN-Switching besteht in der Installation gewöhnlicher LAN-Hubs an den Switch-Ports, um damit mehrere Hosts mit einem einzelnen Switch-Port zu verbinden (Abbildung 4.43). In diesem Fall befinden sich alle an den LAN-Hub angeschlossenen Hosts in derselben Kollisionsdomäne und teilen sich die Bandbreite (Abbildung 4.44). Abbildung 4.45 soll veranschaulichen, wie die Bandbreite zu einem einzelnen Benutzer in einer gemeinsamen Ethernet-Umgebung berechnet wird. Bei neuen LANs würde man davon abraten, 24 Benutzer an einen Hub mit 10 Mbit/s anzuschließen und diesen mit einem einzelnen Switch-Port zu verbinden.

CD-ROM

Siehe auch den e-Lab auf Buch-CD-ROM »7.1 Switched and Collision Domain«.

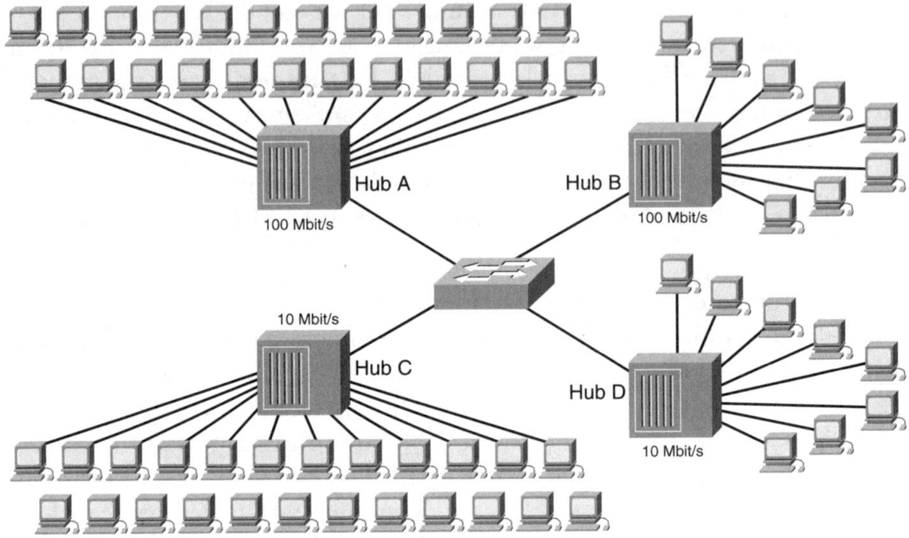

Hub A: Kollisiondomäne = 24 Hosts
verfügbare Bandbreite: 100 Mbit/s : 24 Hosts = 4,167 Mbit/s pro Host

Hub B: Kollisiondomäne = 8 Hosts
verfügbare Bandbreite: 100 Mbit/s : 8 Hosts = 12,5 Mbit/s pro Host

Hub C: Kollisiondomäne = 24 Hosts
verfügbare Bandbreite: 10 Mbit/s : 24 Hosts = 0,4167 Mbit/s pro Host

Hub D: Kollisiondomäne = 8 Hosts
verfügbare Bandbreite: 10 Mbit/s : 8 Hosts = 1,25 Mbit/s pro Host

Abbildung 4.43: Größe der Kollisionsdomänen beim Einsatz von Hubs

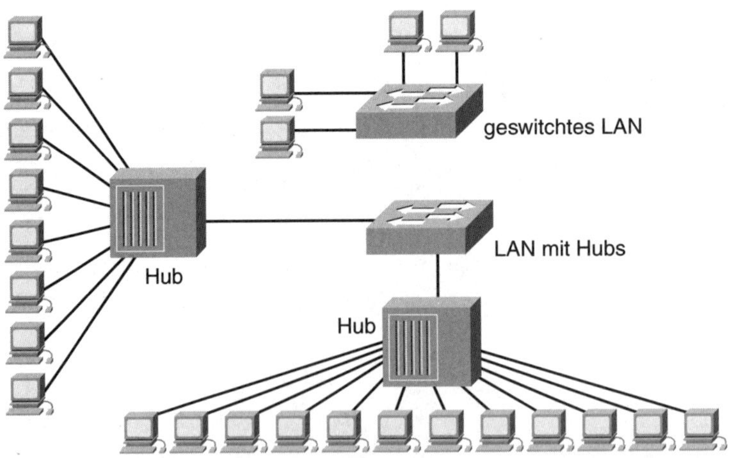

- In einer konsequent geswitchten LAN-Umgebung umfasst eine Kollisionsdomäne zwei Hosts.
- Beim Einsatz von Hubs vergrößert sich die Kollisionsdomäne, und die Bandbreite wird geteilt.

Abbildung 4.44: Kollisionsdomänen bei Einsatz von Schicht-2-Switches

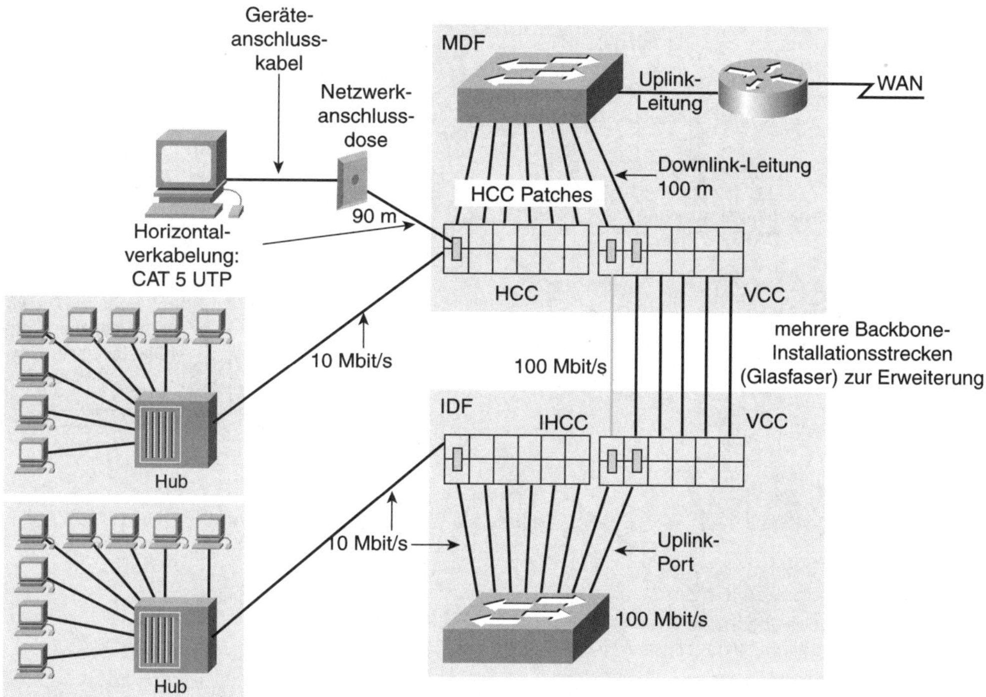

Abbildung 4.45: Schicht-2-Switch und Hubs

Beachten Sie, dass einige ältere Switches (z. B. der Catalyst 1700) die gemeinsame Nutzung derselben Kollisionsdomäne und Bandbreite nicht wirklich unterstützen, da sie ein und demselben Port nicht mehrere MAC-Adressen zuweisen können. In diesem Fall gibt es viele Broadcasts und ARP-Anfragen.

Hubs am gemeinsamen Medium wurden häufig in einer LAN-Switch-Umgebung eingesetzt, um am Ende horizontaler Installationsstrecken mehr Anschlüsse bereitzustellen. Dies war früher eine aus Kostengründen durchaus vertretbare Lösung; heute jedoch müssen Sie sich vergewissern, dass die Bandbreitenanforderungen, die in der ersten Phase des Netzplanungsvorgangs ermittelt wurden, erfüllt und die Kollisionsdomänen möglichst klein gehalten werden.

Wenn das Netzwerk wächst, dann wächst auch der Bedarf an höherer Bandbreite. Bei der Backbone-Verkabelung zwischen MDF und IDFs können Glasfaserkabel, die nicht benutzt werden, über ein Verteilerfeld mit 1000-Mbit/s-Ports am Switch verbunden werden. Das in Abbildung 4.46 gezeigte Netzwerk verdoppelt die Kapazität der Vertikalverkabelung im Netzwerk noch einmal durch Aktivierung einer weiteren Leitung.

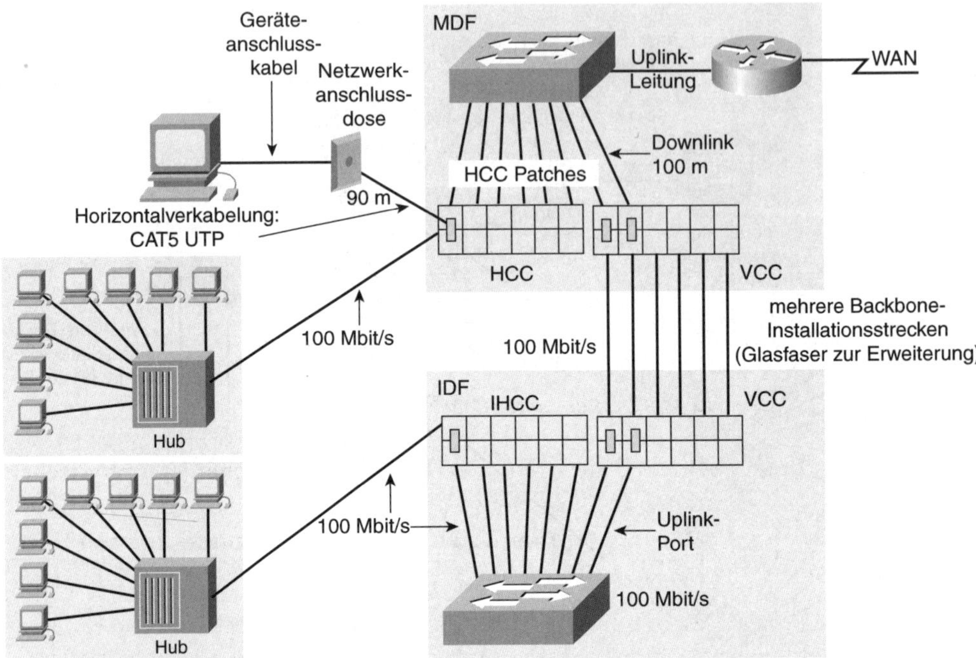

Abbildung 4.46: Schicht 2: auf höhere Bandbreite migrieren

Bei der Horizontalverkabelung können Sie die Bandbreite um den Faktor 10 erhöhen, indem Sie den Stockwerkverteiler mit einem 1000-Mbit/s-Port des Switchs im MDF verbinden und die 10-Mbit/s-Hubs durch 10/100-Mbit/s-Switches ersetzen. Achten Sie bei der Anschaffung des LAN-Switches darauf, dass auch 1000-Mbit/s-Ports für Glasfaser vorhanden sind, um eine solche Migration auf höhere Bandbreiten überhaupt zu ermöglichen. Vergessen Sie auch keinesfalls, die Datenrate jedes aktiven Kabels zu dokumentieren.

Netzdesign in Schicht 3

Wie Abbildung 4.47 zeigt, lassen sich mit Geräten der Schicht 3 (Vermittlungsschicht) – z. B. Routern – einzelne LAN-Segmente einrichten; ferner ermöglichen sie die Kommunikation zwischen den Segmenten auf der Basis der Schicht-3-Adressierung (IP-Adressierung). Die Implementierung von Schicht-3-Geräten ermöglicht also die Gliederung eines LAN in eindeutige, physisch getrennte und in logische Netzwerke. Zudem bieten Router auch WAN-Konnektivität (z. B. die Internetanbindung).

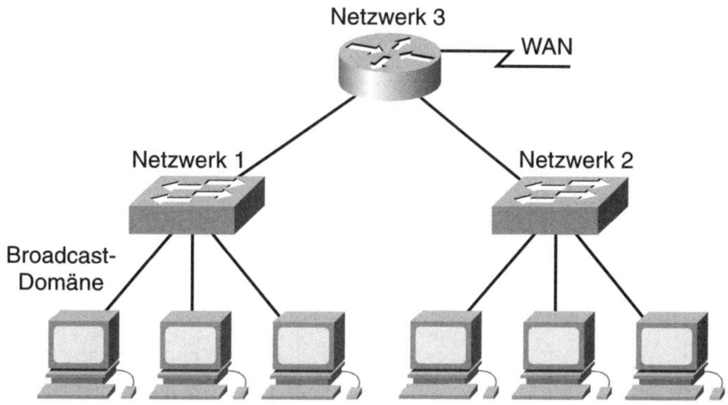

Abbildung 4.47: Einsatz eines Schicht-3-Routers

Das Routing in Schicht 3 bestimmt den Datenfluss zwischen den physischen Netzwerksegmenten auf der Basis der Schicht-3-Adressierung (z. B. IP-Adressen, Subnetzmasken). Router gehören zu den leistungsfähigsten Geräten in einer Netzwerktopologie.

Wie wir bereits gesehen haben, leitet ein Router Datenpakete basierend auf der Zieladresse weiter. Nicht weitergeleitet werden hingegen LAN-basierte Broadcasts wie etwa ARP-Anfragen. Aus diesem Grund gilt die Router-Schnittstelle als Anfang bzw. Ende einer Broadcast-Domäne; der Router verhindert, dass Broadcasts in andere LAN-Segmente gelangen können.

Ein wesentlicher Faktor in einem Netzwerk ist die Gesamtanzahl an Broadcasts (z. B. ARP-Anfragen). Durch Verwendung von VLANs lässt sich der Broadcast-Verkehr auf das jeweilige VLAN beschränken, wodurch kleinere Broadcast-Domänen eingerichtet werden können (Abbildung 4.48). VLANs lassen sich aber auch zur Verbesserung der Sicherheit verwenden, wenn etwa VLAN-Gruppen entsprechend der Organisationsstruktur erstellt werden (Abbildung 4.49).

In Abbildung 4.48 wird eine Port-Zuweisung zur Implementierung von VLANs benutzt. Die Ports P0, P1 und P4 sind VLAN 1 zugewiesen, die Ports P2, P3 und P5 VLAN 2. Die Kommunikation zwischen VLAN 1 und VLAN 2 muss ausschließlich über den Router erfolgen. Auf diese Weise wird die Größe der Kollisionsdomänen verringert, und über den Router wird festgelegt, ob eine Kommunikation zwischen den VLANs möglich ist. Auf diese Weise können Sie auf der Basis der VLAN-Zuordnungen Sicherheitskonzepte implementieren.

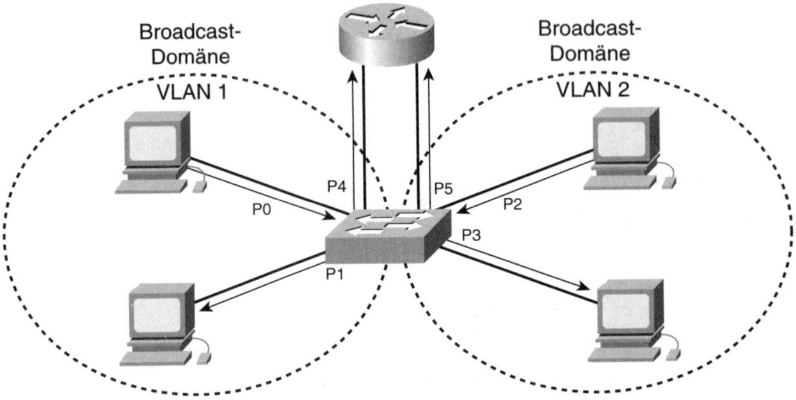

Abbildung 4.48: VLAN-Kommunikation

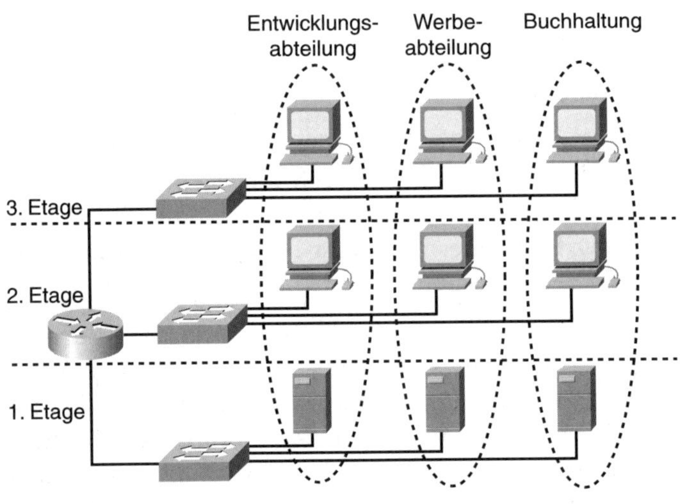

Abbildung 4.49: Einsatz von VLANs

Router ermöglichen auch den Aufbau skalierbarer Netzwerke, denn sie lassen sich als Firewalls für Broadcasts einsetzen. Die Skalierungsmöglichkeiten durch Router gehen aber noch weiter, denn Schicht-3-Adressen weisen in der Regel eine Struktur auf. Netzwerke und Subnetze können mit Routern unterteilt und angesprochen werden; man kann also sagen, dass die Struktur von Schicht-3-Adressen mit Hilfe von Routern *erweitert* werden kann (Abbildung 4.50). Es gibt verschiedene Arten, wie die Skalierbarkeit in Netzwerken vergrößert werden kann; diese sind in Abbildung 4.51 aufgeführt.

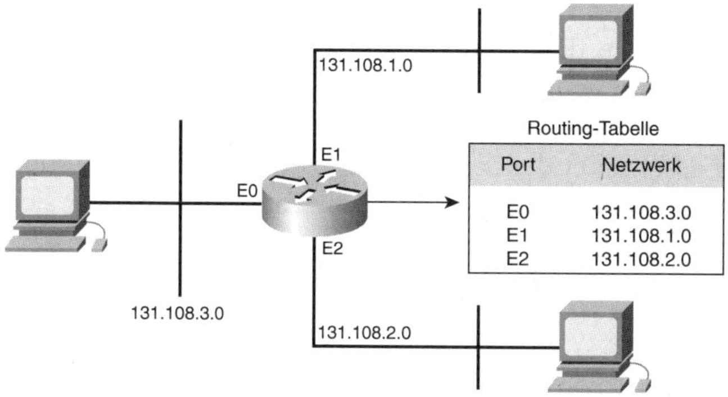

Abbildung 4.50: Einrichten einer logischen Struktur mit Routern

Logische Adresse	Aktive Netzwerkkomponenten
x.x.x.1-x.x.x.10	Router, LAN- und WAN-Ports
x.x.x.11-x.x.x.20	LAN-Switches
x.x.x.21-x.x.x.30	Unternehmensserver
x.x.x.31-x.x.x.80	Arbeitsgruppenserver
x.x.x.81-x.x.x.254	Hosts

Abbildung 4.51: Zuordnung der logischen Adressierung zu den aktiven Komponenten

Nachdem die Netzwerke in Subnetze unterteilt wurden, besteht der letzte Schritt darin, den IP-Adressierungsplan für das Netzwerk zu entwickeln und zu dokumentieren. Die Routing-Technik filtert Broadcasts und Multicasts in der Sicherungsschicht. Durch Hinzufügen von Router-Ports mit zusätzlichen Subnetz- oder Netzwerkadressen können Sie Ihr Gesamtnetzwerk nach Bedarf segmentieren. Mit Hilfe von Schicht-3-Adressierung und Routing kann eine Skalierung problemlos erfolgen. Bevor Sie sich aber für Router oder Switches entscheiden, machen Sie sich klar, welches Problem Sie zu lösen versuchen. Wenn das Problem eher mit Protokollen und weniger mit Kollisionen zu tun hat, dann sind Router die richtige Lösung. Mit ihnen lassen sich Probleme lösen, die mit übermäßigem Broadcasting, schlecht skalierbaren Protokollen, Sicherheitsfragen oder der Adressierung in der Vermittlungsschicht zusammenhängen. Router sind allerdings teurer als Switches und auch schwieriger zu konfigurieren.

Wie Abbildung 4.52 zeigt, lassen sich mit Routern IP-Subnetze realisieren und Adressen auf diese Weise strukturieren. Bei Bridges und Switches müssen alle unbekannten Adressen an alle Ports übermittelt werden; bei Routern hingegen können Hosts, die Protokolle mit Schicht-3-Adressierung benutzen, andere Hosts auch ohne Flooding finden. Ist die Empfängeradresse lokal, dann kann der Absenderhost das Paket in einem Schicht-2-Header kapseln und einen Unicast-Frame direkt an die Zielstation senden. Der Router erhält den Frame nicht und flutet ihn auch nicht. Der Absender muss möglicherweise ARP benutzen; dies würde zwar einen Broadcast auslösen, aber dieser wäre nur lokal und würde nicht durch den Router weitergeleitet werden. Ist der Empfänger nicht lokal, dann überträgt der Absender das Paket an den Router. Dieser leitet den Frame basierend auf seiner Routing-Tabelle an den Empfänger oder den nächsten Hop weiter. Wenn man sich diese Routing-Funktionalität klar macht, wird offensichtlich, dass große, skalierbare LANs nicht ohne mehrere Router auskommen können.

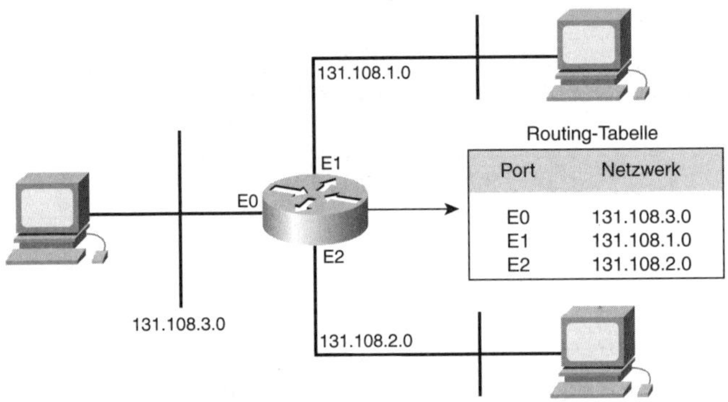

Abbildung 4.52: Logische Struktur mit Routern implementieren

Abbildung 4.53 zeigt ein Beispiel für eine Implementierung, die aus mehreren physischen Netzwerken besteht. Der gesamte Datenverkehr von Netzwerk 1, der für Netzwerk 2 bestimmt ist, muss den Router passieren. In dieser Implementierung gibt es zwei Broadcast-Domänen. Die beiden Netzwerke verfügen jeweils über eindeutige IP-Adressierungssysteme für Netzwerke und Subnetze (Schicht-3-Adressen). In einem strukturierten Schicht-1-Verkabelungssystem lassen sich mehrere physisch getrennte Netzwerke problemlos erstellen, indem man Horizontal- und Backbone-Verkabelung mit Hilfe von Patchkabeln an den entsprechenden Schicht-2-Switch anschließt. Eine solche Implementierung bietet ein hohes Maß an Sicherheit. Zusätzlich ist der Router ein zentraler Punkt für die Weiterleitung im LAN bzw. WAN.

Nachdem Sie nun für Ihren Kunden ein geeignetes IP-Adressierungsschema entwickelt haben, sollten Sie dieses nach Standort und nach Netzwerk innerhalb der jeweiligen Standorte dokumentieren. Für die Adressierung wichtiger Hosts im Netzwerk sollte eine Standardkonvention festgelegt werden, die im gesamten Netzwerk konsistent sein muss (Abbildung 4.54). Durch Anfertigung von Adressierungsübersichten (Abbildung 4.55) erstellen Sie eine Momentaufnahme des Netzwerks, und die Skizzierung von Netzwerkplänen (Abbildung 4.56) ermöglicht eine schnellere Fehlersuche und -behebung im Netzwerk.

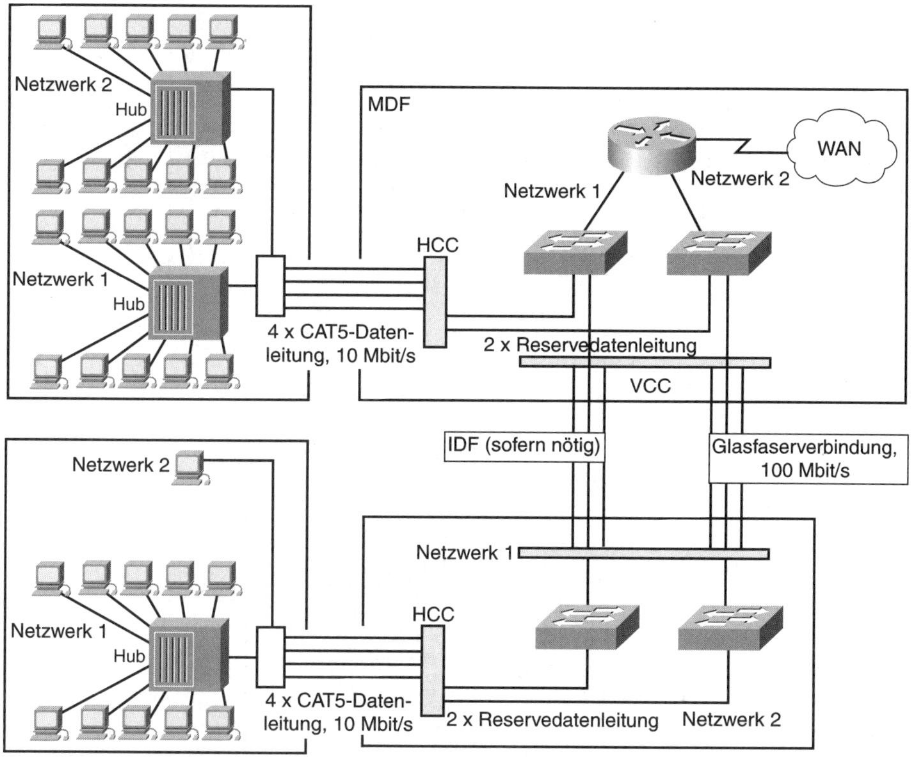

Abbildung 4.53: Schicht-3-Segmentierung

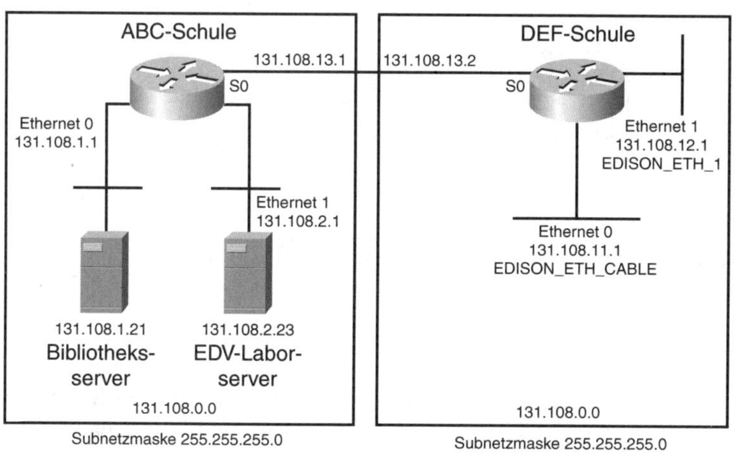

Abbildung 4.54: Adresszuordnungen

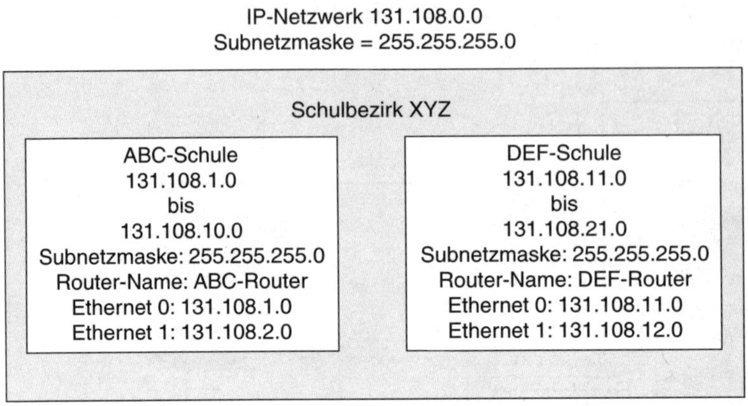

Abbildung 4.55: Adressierungsübersichten

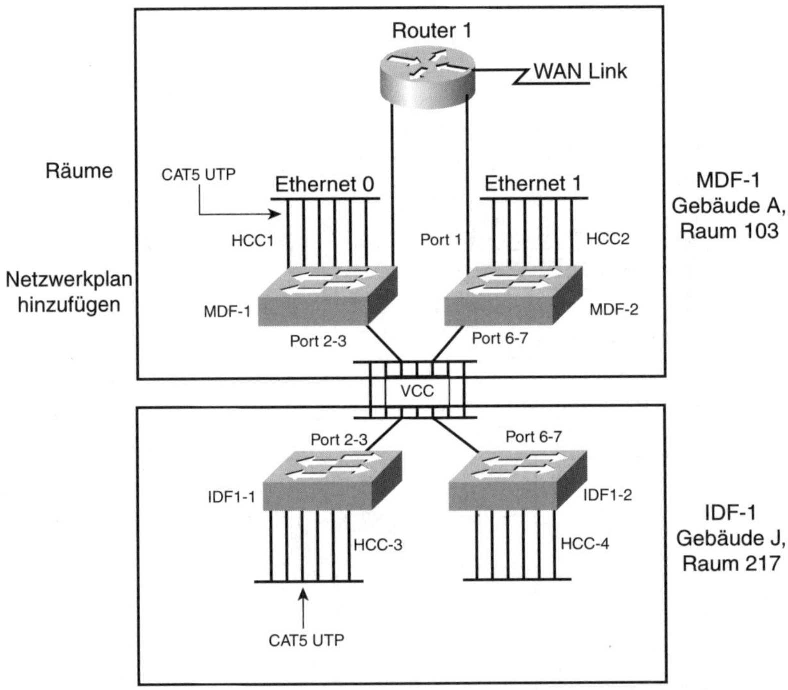

Abbildung 4.56: Plan des Netzwerks

4.5.9 Einfaches Schicht-2-Bridging und -Switching

In diesem Abschnitt konzentrieren wir uns auf die Funktionen von Switches und Bridges, die als Geräte der Schicht 2 des OSI-Modells klassifiziert sind. Hier werden die Methoden, mit denen Switches Frames übertragen, und die Art und Weise beschrieben, wie Frames gefiltert werden können. Die Interaktion mit Switches und Bridges hilft Benutzern dabei, ein Verständnis dafür zu entwickeln, wie diese Geräte Adressen erlernen. Sie müssen die Prinzipien von LAN-Segmentierung und Kollisionsdomänen kennen, denn nicht jedes LAN muss segmentiert werden. Die Segmentierung ist eine Methode, die dabei hilft, sicherzustellen, dass die Leistung eines Netzwerks sich nicht infolge seiner zunehmenden Größe verringert.

Wenn das Netzwerk und die Anzahl seiner Benutzer wachsen und diese Benutzer immer mehr Bandbreite für die Ausführung ihrer Anwendungen benötigen, kann das Netzwerk sich so sehr verlangsamen, dass die Benutzer am Ende kein Vertrauen mehr darin haben. Benutzer sind dafür berüchtigt, schnell ungeduldig zu werden, wenn eine Anwendung nicht zügig ausgeführt wird. Eine der effektivsten Möglichkeiten, das Problem einer Netzwerküberlastung zu beseitigen, ist die Unterteilung in kleinere Segmente. Sie können diese Segmente mit Hilfe eines Switchs physisch koppeln und so die Anzahl der Geräte pro Netzwerksegment begrenzen.

Ein Switch konzentriert Konnektivität und macht die Datenübertragung gleichzeitig effizienter. Frames werden von Eingangsports (Schnittstellen) an Ausgangsports weitergeleitet. Jeder Port bietet dem Host die volle Bandbreite der Verbindung.

Bei einem typischen Ethernet-Hub sind alle Ports an eine gemeinsame Backplane oder einen physischen Anschluss im Hub angeschlossen, und alle mit dem Hub verbundenen Geräte teilen sich die Bandbreite des Netzwerks. Richten zwei Stationen eine Sitzung ein, die sehr bandbreitenintensiv ist, dann verschlechtert sich die Leistungsfähigkeit aller anderen an den Hub angeschlossenen Stationen.

Um den Grad dieser Verschlechterung einzuschränken, behandelt der Switch jede Schnittstelle als eigenes Segment. Müssen Stationen an verschiedenen Schnittstellen miteinander kommunizieren, dann leitet der Switch die Frames von einer Schnittstelle fast in Leitungsgeschwindigkeit zur anderen weiter und stellt so sicher, dass jede Sitzung die volle Bandbreite erhält.

Damit Frames zwischen Schnittstellen effizient weitergeleitet werden können, führt der Switch eine Adresstabelle. Tritt ein Frame in den Switch ein, dann verknüpft der Switch die MAC-Adresse der sendenden Station (d. h. des Absenders) mit der Schnittstelle, über die der Frame empfangen wurde.

Ethernet-Switches haben zwei Grundfunktionen:

- Trennung des Datenverkehrs zwischen Segmenten
- Optimierung der von jedem Benutzer verwendbaren Bandbreite durch Einrichtung kleinerer Kollisionsdomänen

Die erste Funktion ist die Trennung des Datenverkehrs zwischen Segmenten. Segmente sind Untereinheiten eines Netzwerks, die durch Verwendung solcher Ethernet-Switches entstehen. Jedes Segment verwendet die CSMA/CD-Zugriffsmethode zur Realisierung des Datenflusses zwischen den Benutzern des Segments. Eine solche Segmentierung ermöglicht Benutzern eine gleichzeitige Datenübertragung in verschiedenen Segmenten des Netzwerks, ohne dieses zu verlangsamen.

Ethernet-Switches filtern den Datenverkehr durch Umleitung der Datagramme an den oder die korrekten Ports basierend auf der Schicht-2-Adresse (MAC-Adresse). Die zweite Funktion eines Ethernet-Switchs besteht darin, durch Einrichtung von Kollisionsdomänen sicherzustellen, dass jeder Benutzer über mehr Bandbreite verfügt.

Ein Fast Ethernet-Switch ermöglicht die Segmentierung des LAN – also die Unterteilung in kleinere Kollisionsdomänen – und bietet jedem Segment eine dedizierte Netzwerkleitung mit 100 Mbit/s (wie eine eigene Spur auf der Autobahn). Stark beanspruchte Server haben manchmal auch eigene 100-Mbit/s- oder sogar 1000-Mbit/s-Leitungen. In modernen Netzwerken agiert meistens ein Fast Ethernet- oder Gigabit-Ethernet-Switch als Backbone des LAN, während Ethernet-Switches mit 10 oder 100 Mbit/s die Desktop-Computer in den Arbeitsgruppen anbinden. In dem Maße, wie neue Anwendungen – z. B. Multimedia- oder Videokonferenzanwendungen – auf Desktop-Computern bereitgestellt werden, haben bestimmte Desktop-Computer sogar bereits eigene 1000-Mbit/s-Leitungen ins Netzwerk. Moderne Netzwerke sind vollständig geswitcht und verwenden 100-Mbit/s-, 1-Gbit/s- oder 10-Gbit/s-Backbones und 10-, 100- oder 1000-Mbit/s-Anbindungen für die Desktop-Computer.

Wie Switches und Bridges Frames filtern

Bridges und Switches können Frames basierend auf beliebigen Schicht-2-Feldern filtern. So kann eine Bridge beispielsweise so programmiert werden, dass sie alle Frames zurückweist (also nicht weiterleitet), die aus einem bestimmten Netzwerk stammen. Da die Sicherungsschichtdaten einen Verweis auf das Protokoll der übergeordneten Schicht enthalten, können Bridges meist auch auf diesem Parameter basierend eine Filterung durchführen. Filter können aber auch für die Behandlung unnötiger Broadcast- und Multicast-Pakete nützlich sein. Die Bridging-Funktion ist auch bei Routern möglich und muss nicht unbedingt mit Hilfe eines separaten Geräts realisiert werden.

Sobald die Bridge die lokale Adresstabelle eingerichtet hat, ist sie betriebsbereit. Wenn sie nun einen Frame empfängt, untersucht sie die Absenderadresse. Ist diese Adresse lokal, dann ignoriert die Bridge den Frame; ist dieser jedoch an eine Adresse in einem anderen Segment gerichtet, dann kopiert die Bridge ihn in das zweite LAN. Das Ignorieren des Frames wird als Filterung bezeichnet, das Kopieren als Weiterleitung.

Formen der Filterung

Es gibt zwei Grundprinzipien der einfachen Filterung:

- Lokale Frames werden lokal gehalten.
- Remote-Frames werden in das andere Segment weitergeleitet.

Bei einer Filterung nach bestimmten Absender- oder Empfängeradressen sind zwei Fälle zu unterscheiden:

- Es wird verhindert, dass eine bestimmte Station Frames aus dem lokalen LAN hinaus sendet.
- Es wird verhindert, dass Frames von »draußen«, die an eine bestimmte Station gerichtet sind, in das lokale LAN gesendet werden; auf diese Weise wird die Anzahl der Remote-Stationen begrenzt, mit denen die betreffende Station kommunizieren kann.

Beide Filtertypen bieten ein gewisses Maß an Kontrolle über den LAN-übergreifenden Datenverkehr und verbessern die Sicherheit.

Die meisten Ethernet-Switches können Broadcast- und Multicast-Frames filtern. Gelegentlich sendet ein Gerät, das eine Fehlfunktion aufweist, ununterbrochen Broadcast-Frames, die fortwährend im ganzen Netzwerk kopiert bzw. beantwortet werden. Ein solches Phänomen, das als Broadcast-Sturm bezeichnet wird, kann das Netzwerk vollständig überlasten. Ist eine Bridge nun in der Lage, Broadcast-Frames zu filtern, dann kann sich ein solcher Sturm nicht aufschaukeln.

Moderne Bridges können auch eine Filterung nach dem Vermittlungsschichtprotokoll durchführen. Insofern wird die Unterscheidung zwischen Bridges und Routern ein wenig verwässert: Ein Router agiert in der Vermittlungsschicht und leitet Datenverkehr mit Hilfe eines Routing-Protokolls durch das Netzwerk. Eine Bridge, die fortgeschrittene Filtermethoden implementiert, wird deswegen oft auch als »Brouter« bezeichnet. Ein solches Gerät filtert zwar nach Vermittlungsschichtprotokoll, verwendet aber kein Routing-Protokoll.

4.6 Zusammenfassung

In diesem Kapitel werden die folgenden Sachverhalte erläutert:

- Die Kombination leistungsfähiger Computer und Workstations mit netzintensiven Anwendungen hat zu einem gesteigerten Bedarf an Bandbreite geführt – wesentlich mehr als die 10 Mbit/s, die in nicht geswitchten Ethernet- oder IEEE 802.3-LANs verfügbar sind.
- Wenn immer mehr Menschen ein Netzwerk nutzen, um große Dateien zu übertragen, auf Dateiserver zuzugreifen oder eine Verbindung zum Internet herzustellen, dann tritt eine Netzüberlastung auf.
- In einem segmentierten Ethernet-LAN werden Daten, die in ein anderes Segment geschickt werden, über eine Bridge, einen Router oder einen Switch übertragen. Ein Switch segmentiert das LAN in Mikrosegmente und gliedert eine große Kollisionsdomäne auf diese Weise in mehrere kollisionsfreie Domänen.
- Ein LAN, dessen Topologie mit einem Ethernet-Switch realisiert wurde, verhält sich so, als ob es aus nur zwei Knoten bestünde (nämlich dem Absender und dem Empfänger).
- Switches erreichen hohe Übertragungsraten, indem sie – ähnlich wie eine Bridge – nur die MAC-Adresse (Schicht-2-Adresse) des Empfängers auslesen.
- Ethernet-Switching erhöht die Bandbreite in einem Netzwerk, indem dedizierte Netzwerksegmente (d. h. Punkt-zu-Punkt-Verbindungen) angelegt werden, die dann innerhalb des Switches miteinander zu einem virtuellen Netzwerk verbunden werden.
- Bei symmetrischem Switching haben alle Ports die gleiche Bandbreite.
- Ein VLAN ist eine logische Gruppierung von Netzwerkgeräten oder Benutzern, die nicht auf ein physisches Segment beschränkt ist.
- Die Hauptfunktion des Spanning-Tree-Protokolls besteht darin, doppelte Switching- oder Bridging-Pfade zu erlauben, ohne dass es zu schleifenbedingten Latenzeffekten im Netzwerk kommt.
- Einer der wesentlichsten Faktoren eines schnellen und stabilen Netzwerks ist seine Struktur. Wenn ein Netzwerk nicht sorgfältig geplant ist, können sich viele unvorhergesehene Probleme stellen, und das Wachstum des Netzwerks ist gefährdet.

- Zu den Zielen des Netzdesigns gehören Funktionalität, Skalierbarkeit, Flexibilität und Netzmanagement.
- Der Prozess des Netzdesigns umfasst die folgenden Schritte:
  - Ermittlung der Anforderungen und Erwartungen seitens der Benutzer
  - Analyse der Anforderungen durch die zu erwartenden Verkehrsbeziehungen unter Berücksichtigung des Netzwerkwachstums und des Anschlussortes von Servern
  - Aufbau der LAN-Struktur in den Schichten 1, 2 und 3 gemeinsam mit der LAN- und WAN-Topologie
  - Dokumentierung der logischen und physischen Netzwerkimplementierung

Um den hier erlernten Stoff zu vertiefen, beachten Sie bitte auch die diesem Kapitel zugeordneten Videos, Photo-Zooms und E-Labs auf der CD-ROM.

4.7 Lernzielkontrolle

1. Welche der folgenden Broadcast-Methoden verwendet ein Ethernet-Medium für Versand und Empfang von Daten an alle Knoten im Netzwerk?

   a) Paket

   b) Daten-Frame

   c) Segment

   d) immer ein Byte gleichzeitig

2. Welche(s) der folgenden gehört zu den Merkmalen der Mikrosegmentierung?

   a) virtuelle Pfade zwischen Absender- und Empfängerhost

   b) mehrere Datenverkehrspfade innerhalb des Switches

   c) sofortige Visualisierung des Datenverkehrs im Netzwerksegment

   d) A und B

3. Was sind LAN-Switches?

   a) Multiport-Repeater, die in Schicht 1 agieren

   b) Multiport-Hubs, die in Schicht 2 agieren

   c) Multiport-Router, die in Schicht 3 agieren

   d) Multiport-Bridges, die in Schicht 2 agieren

4. Für welche der folgenden Gegebenheiten ist asymmetrisches Switching optimiert?

   a) Client-Server-Netzwerkverkehr, bei dem der »schnelle« Switch-Port an den Server angeschlossen ist

   b) gleichrangige Verteilung von Netzwerkdatenverkehr

   c) Switches ohne Puffer

   d) A und B

5. Beschreiben Sie den Betrieb von Vollduplex- und Halbduplex-Ethernet.

6. Beschreiben Sie die wesentliche Funktion des Spanning-Tree-Protokolls.

7. Wie erscheint jedes Segment in einem Netzwerk, das mit Switches segmentiert ist?

   a) Als ein Netzwerk

   b) Als Campusnetzwerk

   c) Als Kollisionsdomäne

   d) Als WAN

8. Welche der folgenden Aussagen ist zutreffend?

   a) Mit einem Vollduplex-Ethernet-Switch sind Kollisionen praktisch ausgeschlossen.

   b) Bei einem Vollduplex-Ethernet-Switch werden zwei Kabelpaare und eine Switch-Verbindung zwischen den kommunizierenden Knoten benutzt.

   c) Bei Verwendung eines Vollduplex-Ethernet-Switchs sind alle Verbindungen zwischen Knoten als Punkt-zu-Punkt-Verbindungen zu betrachten.

   d) Alle genannten.

9. Welche der folgenden sind Auswirkungen der Netzüberlastung?

   a) geringere Zuverlässigkeit und wenig Datenverkehr

   b) hohe Kollisionsraten

   c) unvorhersehbare Folgen im Netzwerk und hohe Fehlerraten

   d) längere Antwortzeiten, längere Download-Zeiten und Verzögerungen im Netzwerk

   e) alle genannten

10. Host A sendet Daten an einen zweiten Host B. Dabei erfolgt die Kommunikation derart, dass Host A mit der Übertragung von Datenpaketen aufhört, woraufhin Host B mit der Übertragung beginnt. Umgekehrt startet Host A auch erst dann wieder mit der Datenübertragung, wenn Host B diese abgeschlossen hat. Wie nennt man diese Art der Übertragung?

    a) Vollduplexübertragung

    b) Halbduplexübertragung

    c) Simplexübertragung

    d) keines der genannten

11. Welche der folgenden Aussagen zur Weiterleitung von Paketen in einem LAN ist nicht zutreffend?

    a) Das Store-and-Forward-Switching ist die Switching-Methode, bei der Frames vollständig verarbeitet werden, bevor sie über den korrekten Port weitergeleitet werden.

    b) Das Store-and-Forward-Switching arbeitet weniger schnell als das Cut-Through-Switching.

    c) Cut-Through-Switching heißt auch »On-the-Fly-Switching«.

    d) Beim Cut-Through-Switching wird keine Pufferung benötigt, wenn die Netzwerkverbindung langsam ist.

12. Welche der folgenden Aussagen trifft auf einen LAN-Switch zu?

    a) Ein LAN-Switch repariert Netzwerkfragmente, die »Mikrosegmente« genannt werden.

    b) LAN-Switches sind sehr schnelle Multiport-Bridges.

    c) Bei LAN-Switches wird eine hohe Latenz durch niedrige Bandbreiten ausgeglichen.

    d) LAN-Switches benötigen für jeden angeschlossenen Host eine neue Netzwerkkarte.

13. Wie viele Kollisionsdomänen werden mit einem LAN-Switch mit 16 Ports erstellt?

    a) 1

    b) 2

    c) 14

    d) 16

14. Was geschieht in einem Segment, wenn man mit LAN-Switches eine virtuelle Verbindung herstellt?
    a) Die Anzahl der Kollisionen wird erhöht.
    b) Die verfügbare Bandbreite wird verringert.
    c) Die Anzahl der Broadcasts wird erhöht.
    d) Die verfügbare Bandbreite wird erhöht.
15. Wie erlernen Switches die Adressen von Geräten, die an ihre Ports angeschlossen sind?
    a) Switches erhalten die Tabellen von einem Router.
    b) Switches lesen die Absenderadresse von Paketen aus, die über einen Port empfangen werden.
    c) Switches tauschen Tabellen mit anderen Switches aus.
    d) Switches sind nicht in der Lage, Adresstabellen zu erstellen.
16. Worin besteht der Zweck des symmetrischen Switchings?
    a) Es ermöglicht die Verbindung von Ports gleicher Bandbreite.
    b) Es gewährleistet symmetrische Netzwerktabellen.
    c) Es ermöglicht die Verbindung von Ports unterschiedlicher Bandbreite.
    d) Switches ermöglichen ausschließlich asymmetrisches Switching.
17. Welches Gerät ermöglicht die logische Segmentierung eines LAN?
    a) Router
    b) Bridge
    c) Switch
    d) Hub
18. Auf welche Weise segmentiert ein Router ein LAN?
    a) Er verkleinert die Broadcast-Domäne.
    b) Er erstellt mehr logische Segmente.
    c) Er verringert die Bandbreite.
    d) A und B.

19. Welcher der folgenden Punkte ist *kein* Vorteil der Implementierung von Schicht-3-Geräten in Ihr LAN?

    a) Die Implementierung ermöglicht die Segmentierung des LAN in physische und logische Netzwerke.

    b) Die Implementierung bietet WAN-Konnektivität.

    c) Die Implementierung ermöglicht eine logische Strukturierung des Netzwerks.

    d) Die Implementierung vergrößert das LAN.

20. Welcher der folgenden ist ein Beispiel für einen Unternehmensserver?

    a) CAD-Server in einer großen Firma

    b) DNS-Server für einen Schulamtsbezirk

    c) Administrationsserver (Zensuren, Skripte) in einer Schule

    d) Lohnbuchhaltungs- und Finanzbuchhaltungsserver

Lernziele:

Wenn Sie dieses Kapitel gelesen haben, werden Sie

- einen Switch in Betrieb nehmen können,
- die Komponenten eines Switchs kennen,
- wissen, wie und wo Access-Layer-, Distribution-Layer- und Core-Layer-Switches verwendet werden.

Kapitel 5

Switches

Dieses Kapitel konzentriert sich auf die verschiedenen Arten und Modelle von Switches, auf das hierarchische Netzdesign und die Nutzung von Switches im Access-, Distribution- und Core-Layer. Es enthält ferner einen kurzen Vergleich zwischen Hubs und moderner Switching-Technologie. Wir werden zudem die physischen Eigenschaften und Komponenten von Switches behandeln, so etwa die Anzeige-LEDs und ihre jeweilige Bedeutung. Auch der Initialisierungsvorgang, der Konsolenanschluss und die Hilfefunktion über die Befehlszeile sind Themen dieses Kapitels.

Beachten Sie bitte die diesem Kapitel zugeordneten Videos, Photo-Zooms und E-Labs auf der beiliegenden CD-ROM. Sinn dieser Zusatzinformationen ist die Ergänzung des Materials und Vertiefung des Stoffes, der in diesem Kapitel vorgestellt wird.

5.1 Überblick zu Switches

Ein Switch ist ein Netzwerkgerät der Schicht 2, das als Konzentrationspunkt für die Anbindung von Workstations, Servern, Routern, Hubs und anderen Switches dient. Ein Hub dagegen ist ein älterer Vertreter der Konzentrationsgeräte. Er bietet wie ein Switch mehrere Ports (Schnittstellenanschlüsse). Hubs sind Switches aber unterlegen, denn alle Geräte, die an einen Hub angeschlossen sind, befinden sich in derselben Bandbreitendomäne, und das Auftreten von Kollisionen ist unvermeidlich. Hinzu kommt, dass Hubs nur im Halbduplexmodus arbeiten, d. h., sie können Daten nur abwechselnd senden und empfangen, nicht jedoch gleichzeitig.

Switches sind Multiport-Bridges und stellen die Standardtechnologie für moderne Ethernet-LANs dar, die auf einer Sterntopologie basieren. Ein Switch schafft zwischen zwei angeschlossenen Netzwerkgeräten eine dedizierte virtuelle Point-to-Point-Verbindung, weswegen es nicht zu Kollisionen kommen kann. Switches können im Vollduplexmodus arbeiten, also Daten gleichzeitig senden und empfangen. Das Verhalten von Switches zu kennen und sie konfigurieren zu können, ist für die Arbeit im Netzwerk unabdingbar.

LANs können sich über einen Raum, ein Gebäude oder eine Ansammlung benachbarter Gebäude erstrecken. Eine Gruppe von Gebäuden, die sich am gleichen Ort befinden und einer einzelnen Organisation angehören, bezeichnet man als Campus. Der Entwurf größerer LANs erfolgt unter Verwendung eines Ansatzes, bei dem die folgenden Layer (Schichten) unterschieden werden:

- **Access-Layer.** Bindet Endgeräte der Benutzer an das LAN an.
- **Distribution-Layer.** Realisiert richtlinienbasierte Konnektivität zwischen Endbenutzer-LANs.
- **Core-Layer.** Stellt im Zentrum des Netzwerks (Backbone) schnelle Verbindungen zwischen den Verteilerpunkten her.

Je stärker sich die Größe eines LANs den Campusdimensionen annähert, desto größer ist auch der Bedarf an einer Vielzahl von LAN-Switches. Jeder Layer benötigt spezielle Typen von Switches, die für die Erledigung der jeweiligen Aufgaben optimal geeignet sind. Die Merkmale, Funktionen und technischen Daten der einzelnen Switches variieren abhängig davon, für welchen Layer der Switch entwickelt wurde. Die Auswahl des für einen Layer geeignetsten Switchs gewährleistet eine optimale Netzwerkleistung für LAN-Benutzer.

Um ein leistungsfähiges LAN mit Switches entwerfen zu können, muss man die Funktionen der einzelnen Layer und der Switches, die in den jeweiligen Layern verwendet werden, genau kennen.

5.2 Switch in Betrieb nehmen

Es müssen verschiedene Schritte durchgeführt werden, damit ein abgeschalteter oder womöglich fabrikneuer Switch in ein funktionsfähiges Gerät verwandelt wird, das in der Lage ist, den Datenverkehr im und durch das Netzwerk zu steuern. In diesem Abschnitt wollen wir diese Schritte beschreiben und zeigen, wie man sicherstellt, dass der Switch erfolgreich in Betrieb genommen wird, und man alle notwendigen Schritte abarbeitet, sodass er sauber konfiguriert in den Produktionsbetrieb übernommen werden kann.

5.2.1 Bootvorgang beim Catalyst-Switch

Switches sind dedizierte, spezialisierte Computer, die einen Prozessor, RAM und ein Betriebssystem enthalten. Sie weisen meist mehrere Ports für den Anschluss von Hosts sowie einige Sonderports für Wartungs- und Verwaltungszwecke auf (Abbildung 5.1). Ein Switch kann über den Konsolenport administriert werden; dies ist ein spezieller Port, an den eine Konsole (ein

Terminal, heutzutage aber oft ein Notebook mit Terminalprogramm) angeschlossen wird, um die Konfiguration anzuzeigen und bei Bedarf zu ändern (Abbildung 5.2).

Abbildung 5.1: Ports eines Cisco-Switchs

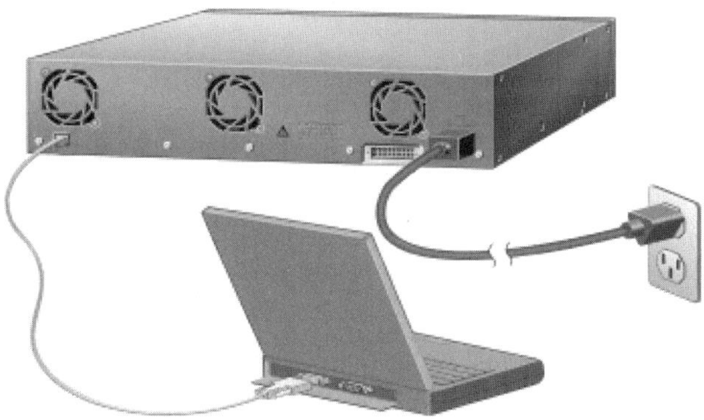

Abbildung 5.2: Anschluss einer Konsole

Switches weisen meist keinen eigenen Netzschalter auf, mit dem sie ein- oder ausgeschaltet werden, sondern werden einfach an eine Netzsteckdose angeschlossen. Listing 5.1 zeigt die CLI-Ausgabe (Command-Line Interface, Befehlszeile) eines Cisco-Switchs nach dem Einschalten.

Listing 5.1: Meldungen eines Cisco-Switchs beim Booten

```
32K bytes of flash-simulated non-volatile configuration memory
Base Ethernet MAC address: 00:04:4D:D2:3D:00
Motherboard assembly number:73-3382-08
Power supply part number:34-0834-01
Motherboard serial number: FAB044685H5
```

Listing 5.1: Meldungen eines Cisco-Switchs beim Booten (Forts.)

```
Power supply serial number: DAB04283EPL
Model revision number: A0
Motherboard revision number: C0
Model number: WS-C2924-XL-EN
System serial number: FAB0447S0M2

Press RETURN to get started!

00:00:27: %SYS-5-RESTART: System restarted –
Cisco Internetwork Operating System Software
IOS (tm) C2900XL Software (C2900XL-C3H2S-M), Version 12.0(5.2)XU,
   MAINTENANCE INTERIM SOFTWARE
Copyright (c) 1986-2000 by cisco Systems, Inc.
```

5.2.2 Anzeige-LEDs eines Switchs (Catalyst 2950)

Auf der Vorderseite eines Switchs befinden sich diverse Anzeigeleuchten, die zur Überwachung der Systemaktivität und -leistung hilfreich sind. Diese Anzeigen werden kurz als LEDs (Light Emitting Diodes, Leuchtdioden) bezeichnet. Sie finden vorne am Catalyst-Switch die folgenden LEDs:

- SYSTEM-LED
- RPS-LED (Remote Power Supply, externe Spannungsversorgung)
- MODE-LEDs
- Status-LEDs

SYSTEM-LED

Die SYSTEM-LED zeigt an, ob das System Strom erhält und einwandfrei funktioniert. Tabelle 5.1 zeigt die verschiedenen Zustände dieser LED an.

Tabelle 5.1: Zustände der SYSTEM-LED

Farbe	Systemstatus
Aus	System ist nicht eingeschaltet.
Grün	System arbeitet einwandfrei.
Bernsteinfarben	System wird mit Spannung versorgt, arbeitet aber nicht einwandfrei.

RPS-LED

Die RPS-LED zeigt an, ob die externe Spannungsversorgung verwendet wird. Tabelle 5.2 listet die einzelnen Zustände der LED auf.

Tabelle 5.2: Zustände der RPS-LED

Farbe	Status
Aus	RPS ist abgeschaltet oder nicht installiert.
Grün leuchtend	RPS ist angeschlossen und betriebsbereit.
Grün blinkend	RPS ist für einen anderen Switch im Stapel aktiviert.
Bernsteinfarben leuchtend	RPS ist angeschlossen, arbeitet aber nicht einwandfrei. Mögliche Ursachen: RPS im Standby-Modus, ein RPS ausgefallen oder überlastet.
Bernsteinfarben blinkend	Die interne Spannungsversorgung des Switchs ist ausgefallen. Der Switch wird von der RPS versorgt.

MODE-LED

Die MODE-LED zeigt die aktuelle Einstellung der MODE-Taste an. Die Modi werden benutzt, um zu definieren, wie die Status-LEDs zu interpretieren sind. Um den Portmodus zu ändern, betätigen Sie die MODE-Taste mehrfach, bis die MODE-LED den gewünschten Modus anzeigt. Je nach hier vorgenommener Einstellung haben die Status-LEDs unterschiedliche Bedeutungen (siehe Tabelle 5.3 weiter unten). Für die MODE-Taste gibt es drei verschiedene Zustände:

- STAT (Status)
- UTL (Utilization, Auslastung)
- FDUP (Full Duplex, Vollduplexbetrieb)

Wenn die Statusanzeige des Switchs orangefarben blinkt, liegt in der Regel ein Hardwareproblem mit dem Port, dem Modul oder dem Switch vor. Dies gilt auch, wenn ein fehlerhafter Port- oder Modulstatus angezeigt wird.

Portstatus-LEDs

Für jeden Port gibt es eine Portstatus-LED (kürzer auch »Port-LED« genannt). Diese LEDs zeigen Informationen zum Switch und den einzelnen Ports an. Tabelle 5.3 listet auf, was die einzelnen Portmodi bedeuten.

Tabelle 5.3: Portmodi

MODE	Portmodus	Beschreibung
STAT	Portstatus	Portstatus (Standardmodus)
UTIL	Auslastung des Switchs	aktuelle Auslastung des Switchs (Bandbreite)
DUPLX	Duplexmodus	Halbduplex- oder Vollduplexbetrieb
SPEED	Portgeschwindigkeit	Datenrate des Ports (z. B. entweder 10 oder 100 Mbit/s bei 10/100-Ports)

Um den Portmodus zu wählen bzw. zu ändern, betätigen Sie die MODE-Taste wiederholt, bis der gewünschte Modus angezeigt wird. Wenn Sie die MODE-Taste loslassen, wird der gewählte Modus aktiviert. Tabelle 5.4 zeigt, was die einzelnen PORT-MODE-LEDs in den verschiedenen Modi auf welche Weise anzeigen.

Tabelle 5.4: Bedeutung der einzelnen Port-Status-LEDs in den verschiedenen Modi

MODE-LED	Farbe	Beschreibung
STAT Portstatus	Aus	keine Verbindung
	Grün leuchtend	Verbindung betriebsbereit
	Grün blinkend	Datenempfang oder -versand
	Abwechselnd grün/bernsteinfarben	Verbindungsfehler. Ursache: Frame-Fehler durch eine Vielzahl von Kollisionen, CRC-Alignment- und Jabber-Fehler.
	Bernsteinfarben leuchtend	Keine Weiterleitung von Paketen über den Port. Ursache: Port deaktiviert, Adresskonflikt oder durch das STPprot (Spanning Tree Protocol) blockiert. Nach Freigabe ist der Port zur Schleifenprüfung durch STP noch 30 Sekunden blockiert.

Tabelle 5.4: Bedeutung der einzelnen Port-Status-LEDs in den verschiedenen Modi (Forts.)

MODE-LED	Farbe	Beschreibung
UTIL Auslastung des Switchs	Grün	Aktuelle Auslastung der Backplane (interner Datenbus) in Form einer grünen logarithmischen Skala und eines bernsteinfarbenen Hintergrunds.
	Bernsteinfarben	Maximale Auslastung der Backplane seit dem Einschalten
	Grün bzw. bernsteinfarben	Wenn alle LEDs grün leuchten, verwendet der Switch mindestens 50 % der Gesamtbandbreite. Wenn die Auslastung sinkt, leuchten die LEDs bernsteinfarben.
DUPLX Duplexmodus	Aus	Halbduplexbetrieb
	Grün	Vollduplexbetrieb
SPEED Portgeschwindigkeit bei 10/100-Ports	Aus	10 Mbit/s
	Grün	100 Mbit/s

5.2.3 Port-LEDs beim Switch-POST prüfen

Sobald das Netzkabel angeschlossen ist, führt der Switch eine Reihe von Tests durch. Diese Tests werden in ihrer Gesamtheit als POST (Power-On Self Test, Einschaltselbsttest) bezeichnet und automatisch durchfgeührt, um sicherzustellen, dass der Switch korrekt arbeitet. Erfolg oder Fehler des POST werden durch die SYSTEM-LED angezeigt. Ist der Switch an das Stromnetz angeschlossen, die SYSTEM-LED aber aus, dann wird der Selbsttest gerade durchgeführt. Nach erfolgreichem POST leuchtet sie grün, nach einem Fehler bernsteinfarben. Ein fehlgeschlagener POST wird als schwerer Fehler betrachtet; Sie können in einem solchen Fall nicht mit einem zuverlässigen Betrieb des Switchs rechnen.

Während des POST ändern sich auch die Farben der Portstatus-LEDs. Sie leuchten zunächst etwa 30 Sekunden lang bernsteinfarben – dies ist der Zeitraum, in dem der Switch die Netzwerktopologie ermittelt und nach Schleifen sucht. Schaltet eine LED dann auf Grün um, dann hat der Switch eine Leitung zwischen dem Port und einem Empfänger – z. B. einem Computer – hergestellt. Schaltet sich die LED hingegen ab, dann hat der Switch festgestellt, dass kein Gerät an den Port angeschlossen ist.

5.2.4 Ausgabe des Switchs beim Bootvorgang

Um den Status eines Switchs zu konfigurieren oder zu überprüfen, müssen Sie zunächst einen Computer an den Switch anschließen und eine Kommunikationsverbindung zwischen Switch und Computer herstellen. Verbinden Sie den Konsolenport auf der Rückseite des Switchs mit Hilfe eines Rollover-Kabels mit einem COM-Port auf der Rückseite des Computers (die Vorgehensweise beim Anschluss ist die gleiche wie bei der Verbindung mit dem Konsolenport eines Routers).

Starten Sie HyperTerminal auf dem Computer. Um die Kommunikationsverbindung mit dem Switch erstmalig herzustellen, müssen Sie der Verbindung zunächst einen Namen geben (Abbildung 5.3). Wählen Sie dann den COM-Port im Listenfeld VERBINDUNG HERSTELLEN ÜBER aus, und klicken Sie auf die Schaltfläche OK (Abbildung 5.4). Nun wird ein zweites Dialogfeld angezeigt, in dem Sie die Parameter wie in Abbildung 5.5 gezeigt konfigurieren. Klicken Sie abschließend auf die Schaltfläche OK.

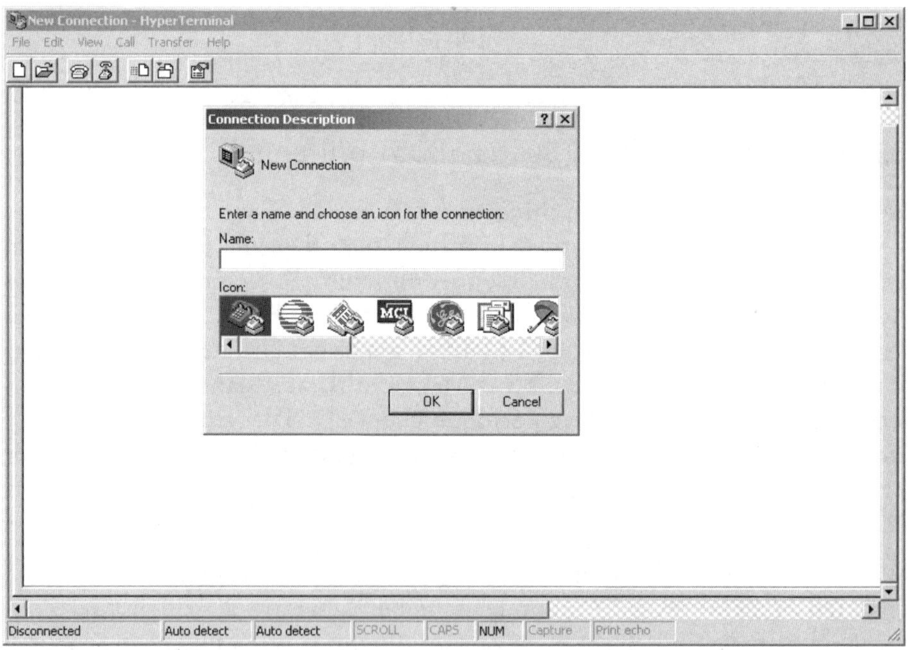

Abbildung 5.3: Einer HyperTerminal-Sitzung einen Namen geben

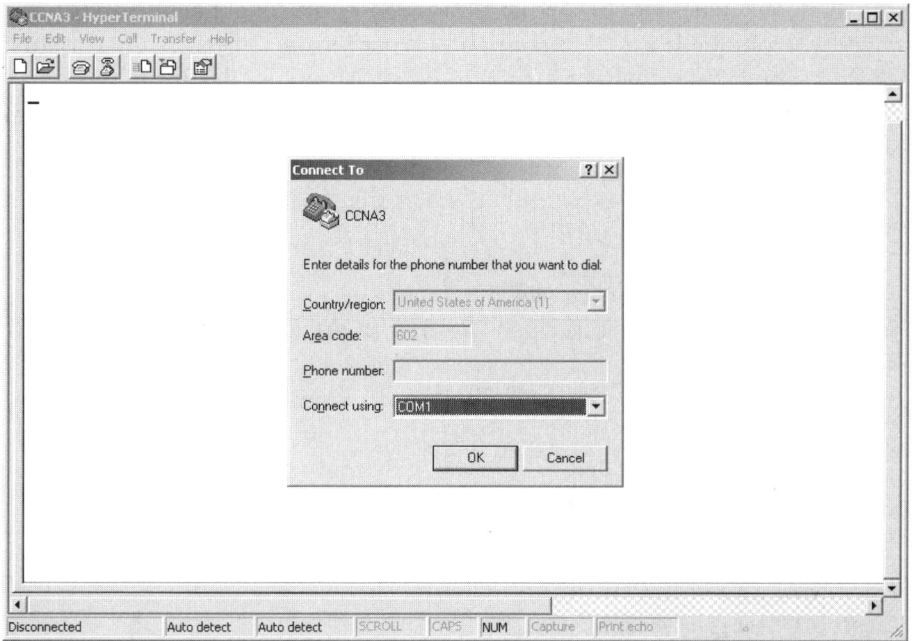

Abbildung 5.4: Angabe des seriellen Ports

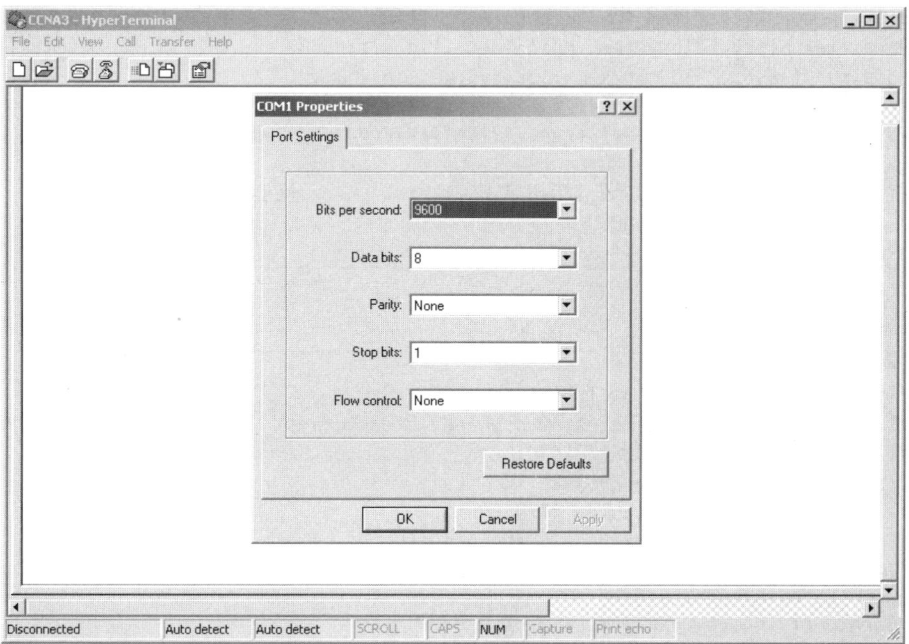

Abbildung 5.5: Konfiguration des seriellen Ports

Schließen Sie den Switch – sofern möglich – an eine überspannungsgeschützte Stromquelle an. Nun sollte im HyperTerminal-Fenster die Ausgabe der Bootsequenz des Switchs erfolgen. Nach Abschluss des Initialisierungsvorgangs sollten Sie diese Ausgabe überprüfen; sie zeigt Informationen zum Switch selbst, zum POST-Status und zur Switch-Hardware.

Die Listings 5.2 bis 5.4 veranschaulichen die Ausgabe der verschiedenen Abschnitte beim Booten.

Listing 5.2: Flashspeicher laden und initialisieren

```
C2950 Boot Loader (CALHOUN-HBOOT-M) Version 12.0(5.3)WC(1), MAINTENANCE
INTERIM SOFTWARE
Compiled Mon 30-Apr-01 07:56 by devgoyal
WS-C2950-24 starting...
Base ethernet MAC Address: 00:08:e3:2e:e6:00
Xmodem file system is available.
Initializing Flash...
flashfs[0]: 162 files, 3 directories
flashfs[0]: 0 orphaned files, 0 orphaned directories
flashfs[0]: Total bytes: 7741440
flashfs[0]: Bytes used: 2961920
flashfs[0]: Bytes available: 4779520
flashfs[0]: flashfs fsck took 6 seconds.
...done initializing flash.
Boot Sector Filesystem (bs:) installed, fsid: 3
Parameter Block Filesystem (pb:) installed, fsid: 4
Loading "flash:c2950-c3h2s-mz.120-5.3.WC.1.bin"...
###############################################################
################################################################

File "flash:c2950-c3h2s-mz.120-5.3.WC.1.bin" uncompressed and installed,
    entry point: 0x80010000
executing...
```

Listing 5.3: POST

```
Initializing flashfs...
flashfs[1]: 162 files, 3 directories
flashfs[1]: 0 orphaned files, 0 orphaned directories
flashfs[1]: Total bytes: 7741440
flashfs[1]: Bytes used: 2961920
flashfs[1]: Bytes available: 4779520
flashfs[1]: flashfs fsck took 6 seconds.
flashfs[1]: Initialization complete.
Done initializing flashfs.
C2950 POST: System Board Test : Passed
C2950 POST: Ethernet Controller Test : Passed
C2950 POST: MII TEST : Passed
```

Listing 5.3: POST (Forts.)

```
cisco WS-C2950-12 (RC32300) processor (revision B0) with 22260K bytes of
memory.
Processor board ID FOC0605W0BH
Last reset from system-reset
```

Listing 5.4: Abschluss der Initialisierung

```
Processor is running Enterprise Edition Software
Cluster command switch capable
Cluster member switch capable
12 FastEthernet/IEEE 802.3 interface(s)

32K bytes of flash-simulated non-volatile configuration memory.
Base ethernet MAC Address: 00:08:E3:2E:E6:00
Motherboard assembly number: 73-5782-08
Power supply part number: 34-0965-01
Motherboard serial number: FOC060502HP
Power supply serial number: PHI05500C5D
Model revision number: B0
Motherboard revision number: B0
Model number: WS-C2950-12
System serial number: FOC0605W0BH


Press RETURN to get started!


C2950 INIT: Complete
```

Wenn der Switch Bootvorgang und POST abgeschlossen hat, werden die Eingabeaufforderungen für den Systemkonfigurationsdialog angezeigt. Sie können den Switch mit oder ohne Hilfe dieses Dialogs (der oft auch einfach »Setup-Dialog« heißt) konfigurieren. Der Setup-Dialog für einen Switch ist einfacher zu bearbeiten als der eines Routers. Sie können ihn jederzeit im privilegierten Modus durch Eingabe des Befehls `setup` aufrufen.

5.2.5 Die Hilfefunktion der Switch-Befehlszeile verwenden

Die Befehlszeilenoberfläche von Cisco-Switches ähnelt der von Cisco-Routern. Der Hilfebefehl wird durch Eingabe eines Fragezeichens ausgeführt. Geben Sie diesen Befehl am Systemprompt ein, dann wird eine Liste der Befehle angezeigt, die im aktuellen Befehlsmodus verfügbar sind (Listing 5.5).

Listing 5.5: Ausgabe des Hilfebefehls ?

```
Switch>?

access-enable    Create a temporary Access-List entry
 access-profile   Apply user-profile to interface
 clear            Reset functions
 connect          Open a terminal connection
 disable          Turn off privileged commands
 disconnect       Disconnect an existing network connection
 enable           Turn on privileged commands
 exit             Exit from the EXEC
 help             Description of the interactive help system
 lat              Open a lat connection
 lock             Lock the terminal
 login            Log in as a particular user
 logout           Exit from the EXEC
 mtrace           Trace reverse multicast path from destination to source
 name-connection  Name an existing network connection
 pad              Open a X.29 PAD connection
 ping             Send echo messages
 ppp              Start IETF Point-to-Point Protocol (PPP)
--more--
```

Der Hilfebefehl ist sehr flexibel. Um eine Liste der Befehle zu erhalten, die mit einer bestimmten Zeichenfolge beginnen, geben Sie die betreffenden Zeichen ein, gefolgt vom Fragezeichen (`?`). In diesem Fall dürfen Sie vor dem Fragezeichen kein Leerzeichen eingeben. Diese Art der Hilfefunktion heißt Worthilfe, weil sie zur Vervollständigung eines Befehlswortes verwendet wird. Wenn Sie die kontextsensitive Hilfe verwenden, hat das Vorhandensein oder Fehlen des Leerzeichens vor dem Fragezeichen eine wichtige Bedeutung. Um etwa eine Liste der Optionen für den Switch-Befehl `show` zu erhalten, geben Sie den Befehl `show` ein, gefolgt von einem Leer- und einem Fragezeichen (Listing 5.6). Das nachfolgende Listing 5.7 hingegen zeigt, wie Sie Befehle ermitteln, die mit dem Buchstaben `r` beginnen: Sie geben den Buchstaben ein, unmittelbar (d. h. ohne Leerzeichen) gefolgt vom Fragezeichen.

Listing 5.6: Ausgabe des Befehls show ?

```
Switch>show ?
    class-map    Show QoS Class Map
    clock        Display the system clock
    diags        Show runtime diagnostic info
    exception    exception information
    flash:       display information about flash: file system
    history      Display the session command history
    hosts        IP domain-name, lookup style, nameservers, and host table
    location     Display the system location
    policy-map   Show QoS Policy Map
--more--
```

Listing 5.7: Hilfefunktion zur Schlüsselwortfindung

```
Switch>show r?
rmon

Switch>show r_
```

Um wie in Listing 5.6 gezeigt die Schlüsselwörter oder Argumente eines Befehls zu finden, geben Sie anstelle eines Schlüsselworts oder Arguments ein Fragezeichen ein. Hier müssen Sie ein Leerzeichen vor dem Fragezeichen einfügen. Diese Art der Hilfefunktion heißt Befehlssyntaxhilfe, da sie Ihnen abhängig von bereits eingegebenen Befehlen, Schlüsselwörtern oder Argumenten zeigt, welche Schlüsselwörter oder Argumente Sie verwenden können.

Bei Switches gibt es im Gegensatz zu Routern zwei verschiedene Arten des IOS: das so genannte CatOS bei den `set`-basierten Switches und das native IOS beim IOS-basierten Switch, das eine größere Ähnlichkeit mit dem IOS von Routern hat. Wie Router haben auch Switches verschiedene Befehlsmodi. Der Standardmodus ist der EXEC-Benutzermodus; er kann beim IOS-basierten Switch an seiner Eingabeaufforderung erkannt werden, die stets mit einem Größer-als-Zeichen (`>`) endet. Die Befehle, die im Benutzermodus verfügbar sind, beschränken sich auf die Änderung von Terminaleinstellungen, die Durchführung einfacher Tests und die Anzeige von Systeminformationen.

Mit Hilfe des Befehls `enable` wechseln Sie vom Benutzer- in den privilegierten EXEC-Modus. Auch der privilegierte Modus kann beim nativen IOS an der Eingabeaufforderung erkannt werden, die mit einer Raute endet:

```
Switch#
```

Zum Befehlssatz des privilegierten Modus gehören beim IOS-basierten Switch alle Befehle des Benutzermodus sowie weitere Befehle wie `configure terminal`, `configure memory` oder `configure network`, über die andere Befehlsmodi aufgerufen werden. Weil diese Modi die Konfiguration des Switchs erlauben, sollte der Zugang zum privilegierten Modus passwortgeschützt sein, um eine Verwendung durch Unbefugte zu verhindern. Wenn der Systemadministrator ein Passwort konfiguriert hat, dann werden Benutzer, die in den privilegierten Modus wechseln wollen, zur Eingabe des Passworts aufgefordert. Das Passwort unterscheidet Groß- und Kleinschreibung und wird nicht auf dem Bildschirm angezeigt. Listing 5.8 zeigt eine Liste der Befehle, die beim nativen IOS im privilegierten EXEC-Modus zur Verfügung stehen.

Listing 5.8: Befehle im privilegierten Modus

```
Switch#?
Exec commands:
access-enable    Create a temporary Access-List entry
access-profile   Apply user-profile to interface
access-template  Create a temporary Access-List entry
Archive          manage archive files
clear            Reset functions
clock            Manage the system clock
configure        Enter configuration mode
connect          Open a terminal connection
copy             Copy from one file to another
debug            Debugging functions (see also 'undebug')
delete           Delete a file
dir              List files on a filesystem
disable          Turn off privileged commands
disconnect       Disconnect an existing network connection
enable           Turn on privileged commands
erase            Erase a filesystem
--More--
```

Beachten Sie, wie sich diese Befehle von denen im Benutzermodus unterscheiden.

Bei den mit den `set`-Kommandos arbeitenden Switches unter CatOS erkennt man den Benutzermodus nicht am Größer-als-Zeichen (>) der Eingabeaufforderung. Es ist jedoch sinnvoll, die Eingabeaufforderung durch Konfiguration des Prompts mit einem abschließenden Größer-als-Zeichen (>) anzupassen. Mit Hilfe des Befehls `enable` wechseln Sie auch bei Switches unter CatOS vom Benutzer- in den privilegierten EXEC-Modus. Der privilegierte Modus kann beim `set`-basierten Switch an seiner Eingabeaufforderung erkannt werden, die mit einem in Klammern gesetzten `enable` (Enable-Modus) abschließt :

```
Switch> (enable)
```

5.3 LAN-Switches und hierarchisches Netzdesign

Ein hierarchisches Netzmodell unterteilt den Bereich des Netzdesigns in kleinere, leichter zu bearbeitende Bereiche. Jede Ebene in der Hierarchie steht in Zusammenhang mit anderen Aufgaben, sodass Netzhardware und -software für die Erledigung bestimmter Funktionen optimiert werden können. Geräte auf der untersten Ebene der Hierarchie sind dafür gedacht, Datenverkehr, der an das Netzwerk gerichtet ist, anzunehmen und an die übergeordneten Schichten weiterzuleiten.

Cisco implementiert eine aus drei Ebenen bestehende Hierarchie für das Netzdesign. In diesem Netzmodell sind die Netzwerkgeräte und -leitungen drei Layern zugeordnet: dem Core-, dem Distribution- und dem Access-Layer (Abbildung 5.6). Wie das OSI-Modell stellt auch dieses Modell einen konzeptionellen Rahmen, d. h. ein abstraktes Abbild des Netzwerks dar.

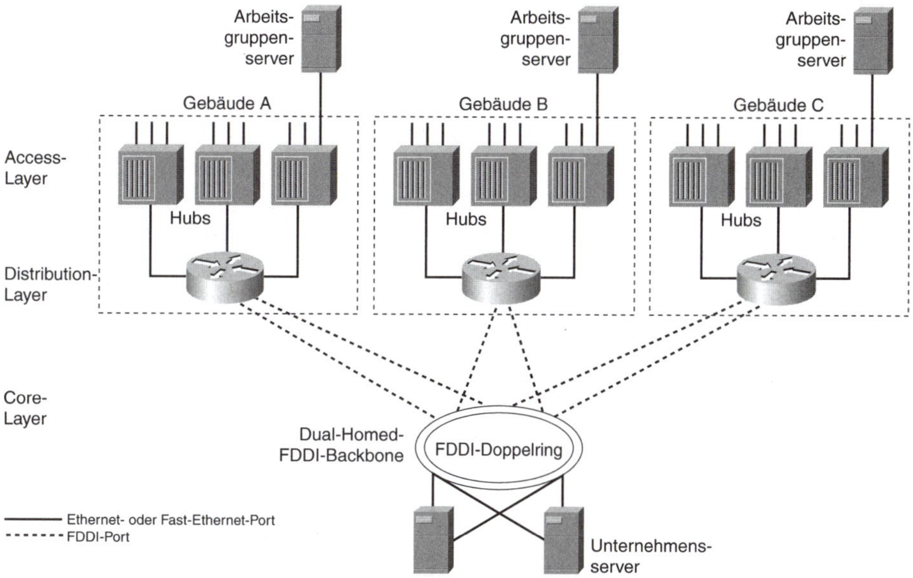

Abbildung 5.6: Hierarchisches Netzdesignmodell

Schichtorientierte Modelle sind nützlich, weil sie modulare Ansätze erst möglich machen. Da die Geräte in allen Schichten ähnliche und genau definierte Funktionen aufweisen, können Administratoren einzelne Netzwerkkomponenten leicht hinzufügen, ersetzen und entfernen. Diese Form der Flexibilität und Anpassbarkeit macht hierarchisches Netzdesign zu skalierbarem Netzdesign.

Das Modell lässt sich auf jedes Netzdesign anwenden. Es ist wichtig festzuhalten, dass diese drei Schichten physisch klar getrennt sein können, aber nicht müssen. Die Schichten werden definiert, damit erfolgreiches Netzdesign erleichtert wird und um Funktionalitäten darzustellen, die in einem Netzwerk vorhanden sein müssen.

Gleichzeitig können schichtorientierte Modelle aber auch schwierig nachzuvollziehen sein, denn die exakte Zusammensetzung der einzelnen Schichten variiert von Netzwerk zu Netzwerk. So kann etwa jeder Layer im vorliegenden Designmodell einen Router, einen Switch, eine Leitung oder eine Kombination dieser Komponenten enthalten. Tatsächlich sind die Funktionalitäten zweier Layer in manchen Netzwerken in einem einzigen Gerät zusammengefasst, während in anderen ein Layer vollständig entfällt.

Nun wollen wir uns die drei Layer einmal im Detail ansehen.

5.3.1 Der Core-Layer

Der Kern des Netzwerks erfüllt genau einen Zweck, nämlich die Bereitstellung einer optimierten und zuverlässigen Transportstruktur durch Weiterleitung des Datenverkehrs mit hoher Geschwindigkeit. Mit anderen Worten: Der Core-Layer (dt. *Kernschicht*) sollte Pakete so schnell wie möglich weiterleiten. Geräte dieses Layers sollten nicht mit Aufgaben wie der Überprüfung von ACLs (Access Control Lists, Zugriffssteuerungslisten), der Verschlüsselung von Daten, der Adressübersetzung und anderen Prozessen belastet werden, die dem Switching von Paketen mit möglichst hohen Datenraten im Wege stehen.

5.3.2 Der Distribution-Layer

Der Distribution-Layer (dt. *Verteilerschicht*) liegt zwischen dem Access- und dem Core-Layer und hilft dabei, den Core-Layer vom Rest des Netzwerks zu isolieren. Zweck dieses Layers ist eine definierte Abgrenzung, d. h., er steuert mit Hilfe von ACLs und anderen Filtern, was genau in den Netzwerkkern gelangt. Insofern definiert dieser Layer die Richtlinie für das Netzwerk. Eine Richtlinie ist ein Ansatz, unterschiedlichen Arten von Datenverkehr – Routing-Updates, Routensummierungen, VLAN-Daten und Routen-Aggregation – auf jeweils spezifische Art zu behandeln. Sie können so Netzwerke mit Hilfe von Richtlinien schützen und Ressourcen sparen, indem Sie unerwünschte Daten abweisen.

Wenn ein Netzwerk zwei oder mehr Routing-Protokolle verwendet – z. B. das RIP-Protokoll (Routing Information Protocol) und das IGRP-Protokoll (Interior Gateway Routing Protocol) –, dann können Daten von den verschiedenen Routing-Domänen im Distribution-Layer gemeinsam genutzt bzw. einander übergeben werden.

5.3.3 Der Access-Layer

Der Access-Layer (dt. *Zugangsschicht*) speist die Daten in das Netzwerk ein und führt die Steuerung des Datenzugangs durch. Der Anschluss von Endgeräten der Benutzer auf das Netzwerk erfolgt über den Access-Layer. Als »Hauptzugang« zum Netzwerk arbeitet der Access-Layer mit ACLs, mit deren Hilfe ein Zugriff durch unbefugte Benutzer verhindert werden soll. Der Access-Layer kann auch Remote-Standorten Zugriff auf das Netzwerk vermitteln; hierzu wird eine WAN-Technologie wie etwa Frame Relay, ISDN oder Standleitungen verwendet.

5.3.4 Das hierarchische Netzmodell im geswitchten LAN

Die Erstellung eines LAN, das die Anforderungen mittelgroßer und großer Organisationen erfüllt, ist nur dann erfolgreich, wenn ein hierarchisches Modell als Grundlage verwendet wird. Eine solche Vorgehensweise vereinfacht zudem Anpassungen des Netzwerks infolge eines Wachstums der Organisation.

Fälschlicherweise geht man häufig davon aus, dass die drei Layer in klar getrennten physischen Einheiten vorhanden sein müssen, was aber nicht immer der Fall ist; die Art und Weise ihrer Implementierung hängt vielmehr von den Anforderungen des jeweiligen Netzwerks ab. Wichtig ist in erster Linie, dass ein Netzwerk eine Hierarchie aufweist, um optimal funktionieren und sich an das Unternehmenswachstum anpassen zu können.

Übersicht zum Access-Layer

Der Access-Layer ist für Workstations und Server der Eintrittspunkt in das Netzwerk. In einem Campus-LAN wird das Gerät, das den Access-Layer implementiert, ein Switch sein.

Zu den Funktionen des Access-Layers gehören auch die folgenden:

- geteilte Bandbreite
- geswitchte Bandbreite
- Filterung in der MAC-Schicht
- Mikrosegmentierung

Die Filterung in der MAC-Schicht gestattet Switches, Frames nur an den Port weiterzuleiten, an den das betreffende Empfängergerät angeschlossen ist. Der Switch erstellt kleine Schicht-2-Segmente, die so genannten Mikrosegmente. Diese Kollisionsdomänen können aus nur zwei Geräten bestehen (d. h. dem Empfängergerät und dem Switch-Port, an den es angeschlossen ist). Im Access-Layer werden Schicht-2-Geräte verwendet.

Access-Layer-Switches

Access-Layer-Switches (Abbildung 5.7) arbeiten in Schicht 2 des OSI-Modells und realisieren Dienste wie beispielsweise die Mitgliedschaft in einem VLAN (Virtual LAN, virtuelles LAN). Der Hauptzweck eines Access-Layer-Switchs besteht darin, eine Verbindung von Endbenutzern zum Netzwerk herzustellen. Ein Access-Layer-Switch sollte diese Funktionalität zu niedrigen Kosten und mit hoher Portdichte bieten.

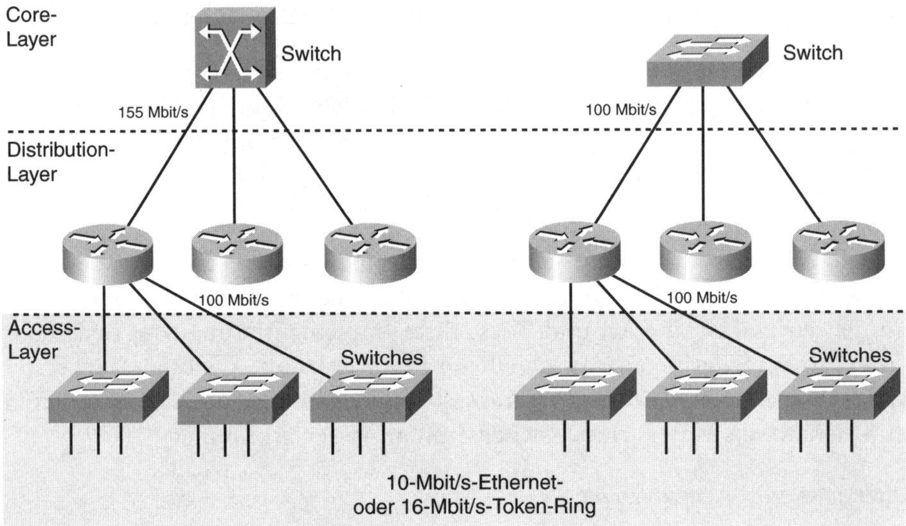

Abbildung 5.7: Access-Layer-Switches

Die folgenden Cisco-Switches werden häufig als Access-Layer-Switches eingesetzt [1]:

- Catalyst 1900-Serie
- Catalyst 2820-Serie
- Catalyst 2950-Serie
- Catalyst 3550-Serie
- Catalyst 3750-Serie
- Catalyst 4500-Serie
- Catalyst 5500-Serie

Die Funktionen dieser Access-Layer-Switches sind in Tabelle 5.5 aufgelistet.

1. Die Typen der Serien 1900, 2820 und 5500 haben den Status EOL (End of Life) bzw. EOS (End of Sale), d. h., sie werden nicht mehr unterstützt bzw. produziert.

Tabelle 5.5: Access-Layer-Switches

Catalyst	Typ	unterstützte OSI-Schichten	Ethernet-Ports	Fast Ethernet-Ports	Gigabit Ethernet-Ports	Unternehmensgröße
1900-Serie	feste Konfiguration	Schicht 2	12 oder 24	2	0	klein bis mittelgroß
2820-Serie	modulare Erweiterungen	Schicht 2	24	2	0	klein bis mittelgroß
2950-Serie	feste Konfiguration	Schicht 2	0	12 oder 24 konfigurierbare Datenrate	0 oder 2	klein bis mittelgroß
3550-Serie	feste Konfiguration	Schicht 2 und Schicht 3	0	24 oder 48 konfigurierbare Datenrate	2	mittelgroß
3750-Serie	feste Konfiguration	Schicht 2 und Schicht 3	0	max. 48 konfigurierbare Datenrate	max. 24 konfigurierbare Datenrate max. 4 feste Datenrate	mittelgroß
4500-Serie	modulare Steckplätze pro Gehäuse	Schicht 2 und Schicht 3	0	konfigurierbar (bis zu 240)	konfigurierbar (bis zu 240)	mittelgroß bis groß
5500-Serie	modulare Steckplätze pro Gehäuse	Schicht 2 und Schicht 3	0	variiert abhängig von den gewählten Optionen	variiert abhängig von den gewählten Optionen	mittelgroß bis groß

Die Switches der Serien Catalyst 2950 und 3550 sind universelle Switches in Campusnetzwerken. Der Catalyst 3750 ist die geeignete Wahl für Umgebungen, in denen Benutzer und Server höhere Bandbreiten benötigen; dies realisiert das Gerät durch Switch-Ports, die auch Gigabit-Ethernet unterstützen. Die Switches der Serien Catalyst 4000 schließlich bieten auch modulare Gigabit-Ethernet-Ports und sind die passenden Geräte für große Campusnetze mit sehr vielen Benutzern.

In Umgebungen, die nicht die Ausmaße eines Campus erreichen, bietet der Access-Layer Remote-Standorten über WAN-Technologien wie Frame Relay, ISDN, DSL (Digital Subscriber Line) oder eine Standleitung Zugriff auf das Unternehmensnetzwerk.

Übersicht zum Distribution-Layer

Der Distribution-Layer des Netzwerks liegt zwischen Access- und Core-Layer und hilft dabei, den Kern zu definieren und zu isolieren. Zweck dieses Layers ist die Definition eines abgegrenzten Bereichs, in dem eine Paketmanipulation stattfinden kann. Dieser Layer unterteilt Netzwerke in Broadcast-Domänen. Mit Hilfe von ACLs können Richtlinien angewendet und Pakete gefiltert werden. Der Distribution-Layer grenzt Netzwerkprobleme auf die Arbeitsgruppen ein, in denen sie aufgetreten sind, und verhindert, dass sich solche Probleme auf den Core-Layer auswirken. Die Switches in diesem Layer arbeiten in den OSI-Schichten 2 und 3. Für unsere Zwecke ist es an dieser Stelle ausreichend, das Schicht-3-Switching als schnelles Routing zu betrachten.

In Campusumgebungen erfüllt der Distribution-Layer mehrere Funktionen:

- Zusammenfassung der Anschlüsse in den Netzwerkverteilerräumen (Adressen und Bereiche bzw. Areas)
- Anschluss für Organisationseinheiten oder Arbeitsgruppen
- Definition von Broadcast- und Multicast-Domänen
- VLAN-Routing
- Medienwechsel (sofern erforderlich)
- Sicherheit

In Umgebungen, die nicht die Ausmaße eines Campus erreichen, kann der Distribution-Layer als Übergabepunkt zwischen Routing-Domänen oder als Demarkationspunkt zwischen statischen und dynamischen Routing-Protokollen dienen. Ferner ist dieser Layer auch der Punkt, über den Remote-

Standorte auf das Organisationsnetzwerk zugreifen. Zusammengefasst kann man den Distribution-Layer als Schicht auffassen, die richtlinienbasierte Konnektivität bietet.

Distribution-Layer-Switches

Distribution-Layer-Switches (Abbildung 5.8) sind Aggregationspunkte für mehrere Access-Layer-Switches. Der Switch muss in der Lage sein, das Gesamtaufkommen des von den Access-Layer-Geräten kommenden Datenverkehrs verarbeiten zu können.

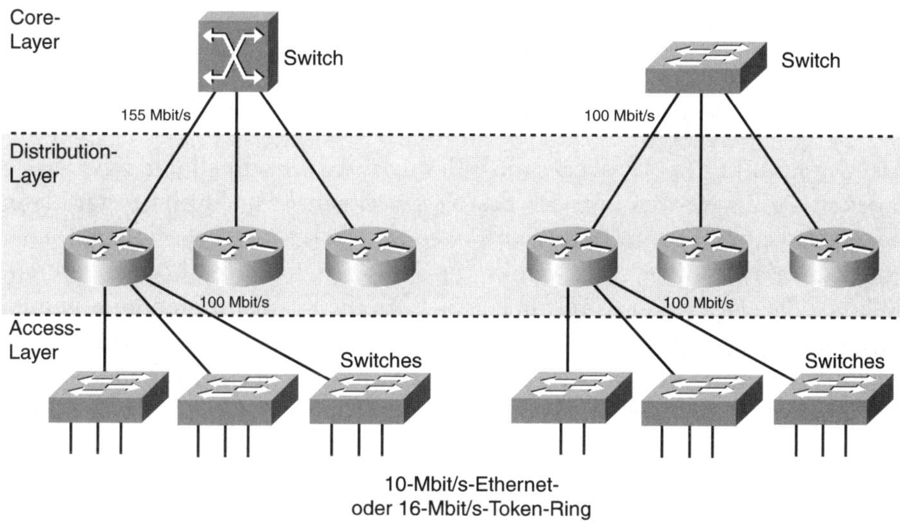

Abbildung 5.8: Distribution-Layer-Switch

Distribution-Layer-Switches zeichnen sich durch hohe Leistungsfähigkeit aus. Sie bilden die Grenze einer Broadcast-Domäne. Der Distribution-Layer fasst den VLAN-Datenverkehr zusammen und ist ein Konzentrationspunkt mit Richtlinien, die den Datenverkehrsfluss steuern. Aus diesen Gründen agieren Distribution-Layer-Switches sowohl in Schicht 2 als auch in Schicht 3 des OSI-Modells. Distribution-Layer-Switches heißen deswegen auch Multilayer-Switches (d. h. Switches für mehrere Schichten), denn sie kombinieren Funktionen eines Routers und eines Switchs in einem Gerät, sind aber für das Switching des Datenverkehrs ausgelegt, um eine bessere Leistung zu erzielen als ein Standard-Router. Sind solche Distribution-Layer-Switches nicht mit einem Router-Modul ausgestattet, dann wird für die Schicht-3-Funktionen ein externer Router verwendet.

Die folgenden Cisco-Switches sind für den Distribution-Layer geeignet[1]:

- Catalyst 2926G
- Catalyst 3750-Serie
- Catalyst 5500-Familie
- Catalyst 6500-Familie

Distribution-Layer-Switches benötigen weniger Schnittstellen und eine geringere Switching-Geschwindigkeit als ihre Gegenstücke im Core-Layer, denn sie müssen weniger Datenverkehr verarbeiten. Trotzdem ist ein ultraschneller Kern natürlich nutzlos, wenn durch einen Engpass im Distribution-Layer verhindert wird, dass Benutzerdaten in die Kernleitungen gelangen.

Übersicht zum Core-Layer

Als Mittelpunkt des Netzwerks muss der Core-Layer schnell und zuverlässig arbeiten. ACLs werden im Kern des Netzwerks nicht mehr eingesetzt, denn sie würden eine Verzögerung verursachen und so die Latenz erhöhen. Hinzu kommt, dass Benutzer nicht direkt auf den Kern zugreifen können sollten. Nehmen Sie etwa einen Apfel als Beispiel: An die Kerne im Inneren kommen Sie nicht heran, ohne vorher die Schale zu durchbrechen. In einem hierarchischen Netzwerk sollte der Datenverkehr der Endbenutzer erst auf die Kern-Router treffen, nachdem er den Distribution- und den Access-Layer durchquert hat; in diesen Layern können ACLs angewendet werden.

Da das Core-Routing ohne ACLs, Adressübersetzung oder andere Paketmanipulationen erfolgt, könnte man den Eindruck gewinnen, dass weniger leistungsstarke Router bzw. Switches für eine so einfache Aufgabe zweifellos ausreichen würden. Zutreffend ist allerdings das Gegenteil dieser Aussage: Die leistungsfähigsten Cisco-Router bedienen den Kern, denn hier sind die schnellsten Switching-Technologien implementiert, und sie bieten auch die größte Kapazität an verfügbaren Schnittstellen.

Core-Layer-Switches

Wie Abbildung 5.9 zeigt, ist der Core-Layer der Backbone eines geswitchten Campusnetzwerks. Die Switches in diesem Layer können eine Vielzahl von Schicht-2-Technologien verwenden. Sofern die Entfernungen zwischen den Core-Layer-Switches nicht zu groß sind, können sie auf Ethernet-Technologien basieren. Andere Schicht-2-Technologien wie etwa das zellenbasierte ATM-Switching (Asynchronous Transfer Mode) können ebenfalls eingesetzt

1. Der Catalyst 2926G und die Typen der Serie 5500 haben den Status EOL (End of Life) bzw. EOS (End of Sale), d. h., sie werden nicht mehr unterstützt bzw. produziert.

werden. In einem Netzdesign kann der Core-Layer ein gerouteter oder ein geswitchter Schicht-3-Kern sein. Core-Layer-Switches können bei Bedarf sehr leistungsfähige Schicht-3-Funktionalitäten bereitstellen. Bevor Sie sich für einen Core-Layer-Switch entscheiden, sollten Sie Faktoren wie die Kosten, den Bedarf und die Leistungsfähigkeit in Betracht ziehen.

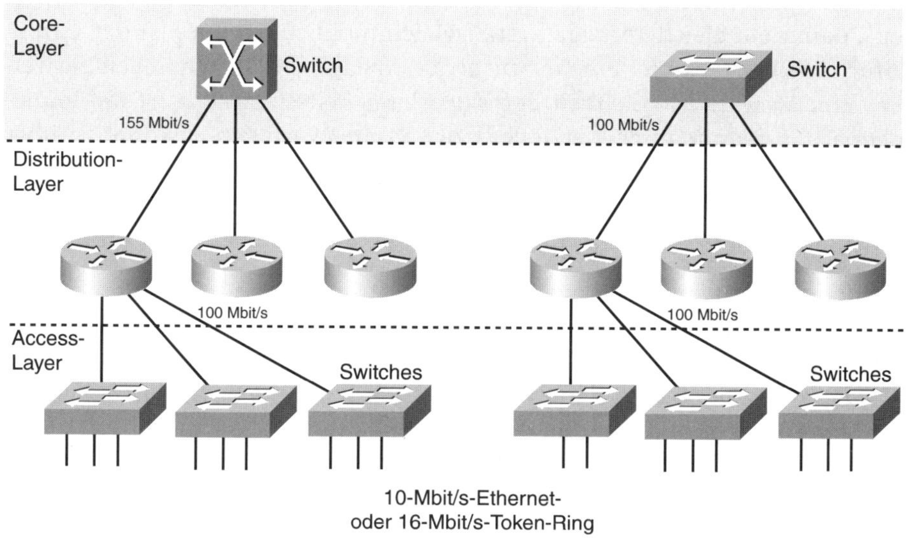

Abbildung 5.9: Core-Layer-Switches

Die folgenden Cisco-Switches sind für den Core-Layer geeignet:

- Catalyst 6500-Serie
- Catalyst 8500-Serie
- IGX 8400-Serie
- Lightstream 1010 (ATM)

Als Core-Router für Unternehmen bieten die Router der Cisco-Serien 7000, 7200 und 7500 die derzeit schnellsten Switching-Modi. Auch der Router der 12000-Serie ist ein Core-Router, zielt jedoch eher auf die Anforderungen von Internet-Providern. Sofern Ihr Unternehmen nicht im Bereich der Internetzugangsvermittlung für andere Unternehmen tätig ist, werden Sie wohl kaum einen Router der 12000-Serie in Ihrem TK-Raum vorfinden.

Anders als andere Router wie etwa die 2500-Serie sind die Router der Serien 7000, 7200 und 7500 modular aufgebaut, d. h., Sie können Schnittstellenmodule nach Bedarf hinzufügen. Das große Gehäuse dieser Router kann Dutzende von Schnittstellen auf mehreren Modulen für praktisch jeden

Medientyp aufnehmen, was diese Router zu skalierbaren, zuverlässigen Kernlösungen macht.

Eine Möglichkeit, die Zuverlässigkeit von Core-Routern zu erhöhen, besteht in der Verwendung redundanter Leitungen, die in der Regel zu allen anderen Core-Routern verlaufen. Sofern möglich, sollten diese redundanten Leitungen symmetrisch sein (d. h., sie sollten alle den gleichen Durchsatz aufweisen), damit ein gleichwertiger Lastausgleich möglich ist. Dies ist der Grund dafür, dass Core-Router eine relativ große Anzahl von Schnittstellen aufweisen. Eine weitere Möglichkeit der Zuverlässigkeitssteigerung ist die Implementierung redundanter Netzteile. Core-Router verfügen gewöhnlich über mindestens zwei Netzteile, zwischen denen im laufenden Betrieb gewechselt werden kann. Diese so genannte Hot-Swap-Funktionalität erlaubt das Entfernen und Ersetzen von Netzteilen, ohne den Router abschalten zu müssen.

Verbindungsleitungen im Core-Layer sollten immer die schnellsten, zuverlässigsten und auch teuersten Standleitungen im WAN sein: T1, T3, OC3 oder noch besser. Werden für einen WAN-Kern beispielsweise redundante T1-Leitungen eingesetzt, dann benötigt jeder Router vier Schnittstellen für zwei Point-to-Point-Verbindungen zu jedem Standort.

Da High-End-Router und WAN-Leitungen notwendig sind, kann der Core-Layer eine sehr teure Angelegenheit werden. Zum Zweck der Kostenreduzierung verzichten manche Netzdesigner auf symmetrische Leitungen. Anstelle redundanter Leitungen können paketvermittelte und DOD-Technologien (Dial on Demand, Einwahl bei Bedarf) als Reserveleitungen verwendet werden – z. B. Frame Relay oder SDSL. Bemerkbar macht sich die Kosteneinsparung bei der Leistung. Wenn Sie etwa SDSL als Reserveleitungen verwenden, verlieren Sie unter Umständen die Möglichkeit eines gleichwertigen Lastausgleichs.

Der Kern des Netzwerks muss nicht unbedingt ein WAN sein. Es gibt meist einen LAN-Backbone als Core-Layer. Auch Campusnetzwerke oder große Netze, die einen Bürokomplex oder mehrere benachbarte Gebäude umfassen, haben in der Regel einen LAN-basierten Kern. In diesem Fall sind Gigabit-Ethernet und 10-Gigabit-Ethernet die gängigsten Kerntechnologien, die zudem meist über Glasfaser eingesetzt werden. Unternehmens-Switches wie die Catalyst-Switches der Serien 4500 und 6500 verarbeiten die Last in den LAN-Kernen, denn sie leiten Frames bzw. Pakete in der Schicht 2 und 3 wesentlich schneller weiter, als dies Router mit Paketen in der Schicht 3 tun können. Diese Switches sind als modulare Geräte mit Route-Switch-Modulen ausgestattet, wodurch das Schicht-3-Routing mit Switch-Geschwindigkeit realisiert werden kann.

CD-ROM

Siehe auch e-Lab auf der Buch-CD-ROM »6.1 The Three Layer Design Model«.

5.4 Zusammenfassung

In diesem Kapitel lernen Sie ein allgemeines Modell kennen, das Sie zur Analyse und zum Entwerfen von Netzwerken verwenden können. Dieses Modell betrachtet größere Netzwerke als aus drei Layern (Schichten) bestehend:

- Access-Layer
- Distribution-Layer
- Core-Layer

Alle Layer erfüllen bestimmte Funktionen, und in einem geswitchten Netzwerk gibt es für jeden Layer optimiert Switches, deren Eigenschaften wir hier untersuchen. Technologie und netzwerkspezifische Anforderungen an Bandbreite und Leistungsfähigkeit ändern sich. Geräte, die heute noch geeignet erscheinen mögen, sind in Zukunft vielleicht nicht mehr zweckmäßig. Es liegt in Ihrer Verantwortung als Netzwerkexperte sicherzustellen, dass die Switching-Geräte eingesetzt werden, die für Ihre Netzwerke die besten sind.

Um den hier erlernten Stoff zu vertiefen, beachten Sie bitte auch die diesem Kapitel zugeordneten Videos, Photo-Zooms und E-Labs auf der CD-ROM.

5.5 Lernzielkontrolle

1. Was stellt der Access-Layer dar?
   a) Anschlussbereich für Benutzer und Server an das Netzwerk
   b) Anschlussbereich aller Geräte an das Netzwerk
   c) Gesamtbandbreite für jeden Benutzer
   d) Verbindung zwischen den High-End-Routern und den Switches in einem Netzwerk
2. Welche der folgenden Aussagen ist zutreffend?
   a) Der Core-Layer implementiert eine möglichst starke Paketmanipulation, um die Sicherheit zu steigern.
   b) Der Core-Layer agiert als sehr schneller Switching-Backbone zur Weiterleitung von Datenverkehr von einem Bereich in einen anderen.

c) Der Core-Layer kann nur Schicht-2-Switches umfassen.

d) Der Core-Layer implementiert mehrere Pfade, um den Datenverkehr zu verlangsamen.

3. Welches der folgenden ist ein Vorteil der Implementierung von Schicht-3-Geräten in Ihrem LAN?

   a) Sie ermöglicht eine Segmentierung des LAN in eindeutige physische und logische Netzwerke.

   b) Sie filtert Broadcasts und Multicasts der Sicherungsschicht und ermöglicht WAN-Konnektivität.

   c) Sie implementiert eine logische Struktur im Netzwerk.

   d) Alle genannten.

4. Welches der folgenden Geräte ermöglicht die logische Segmentierung eines LAN?

   a) Router

   b) Bridge

   c) Switch

   d) Hub

5. Was geschieht bei der Mikrosegmentierung mit Switches?

   a) Es entstehen zusätzliche Broadcast-Domänen.

   b) Die Anzahl der Netzwerksegmente wird verringert.

   c) Es entstehen zusätzliche Kollisionsdomänen.

   d) Antworten A und C.

Lernziele:

Wenn Sie dieses Kapitel gelesen haben, werden Sie

- die Mikrosegmentierung kennen,
- wissen, wie ein Switch Adressen erlernt,
- LAN-Switches konfigurieren und administrieren und die Konfiguration überprüfen können,
- Die Portsicherheit konfigurieren können,
- mit Konfigurationsdateien und IOS-Images umgehen können,
- die Passworte eines Switches wiederherstellen können.

Kapitel 6

Switches konfigurieren

Switches sind Schicht-2-Geräte, die zur Lösung des Problems der zu geringen Bandbreite und der damit entstehenden »Flaschenhälse« im Netzwerk verwendet werden. Ein Switch unterteilt ein LAN in Mikrosegmente, die genau zwei Hosts umfassen. Auf diese Weise entstehen aus einer großen Kollisionsdomäne viele kleine kollisionsfreie Domänen. Zwar teilt ein LAN-Switch Kollisionsdomänen, aber alle Hosts, die an ihn angeschlossen sind, bleiben Mitglieder der gleichen Broadcast-Domäne. Aus diesem Grund empfangen alle Knoten, die über einen LAN-Switch miteinander verbunden sind, auch jeden Broadcast, der von einem dieser Knoten gesendet wurde.

In diesem Kapitel werden wir einige grundlegende Merkmale von Switches und ihren Betriebseigenschaften betrachten. Wir werden uns auf die Grundkonfiguration, deren Überprüfung und die Administration eines Switchs konzentrieren, der unter der Cisco IOS Software läuft. Sie finden hier Anweisungen für die Einstellung der Eigenschaften des Switch-IP-Adressports und anderer Parameter.

Beachten Sie bitte die diesem Kapitel zugeordneten Videos, Photo-Zooms und E-Labs auf der beiliegenden CD-ROM. Sinn dieser Zusatzinformationen ist die Ergänzung des Materials und Vertiefung des Stoffes, der in diesem Kapitel vorgestellt wird.

6.1 Ausgangskonfiguration eines Catalyst-Switchs überprüfen

Ein fabrikneuer Switch beinhaltet eine Standardkonfiguration mit Werkseinstellungen. Diese Konfiguration wird in den seltensten Fällen mit dem übereinstimmen, was ein Administrator sich wünscht. Switches können über die Befehlszeile konfiguriert und verwaltet werden, aber auch webbasierte Oberflächen und Browser setzen sich für die Konfiguration von Switches immer mehr durch.

Ein Netzwerkadministrator muss mit einer ganzen Reihe von Aufgaben vertraut sein, um ein Netzwerk mit Switches effizient verwalten zu können. Zu diesen Aufgaben gehören der Betrieb des Geräts und der Cisco IOS Software ebenso wie die Administration von Schnittstellen und Tabellen für einen optimalen, zuverlässigen und sicheren Betrieb.

Es kommt vor, dass ein Benutzer sein Passwort vergisst; in diesem Fall muss der Administrator eine Passwortwiederherstellung durchführen, um auf den Switch zugreifen zu können. Die grundlegende Konfiguration des Switchs, die Aktualisierung der Cisco IOS Software und die Wiederherstellung von Passwörtern sind wesentliche Fähigkeiten des Netzwerkadministrators.

6.1.1 Standardkonfiguration des Catalyst-Switchs überprüfen

Wenn ein Switch zum ersten Mal eingeschaltet wird, sind in der Konfigurationsdatei Grundeinstellungen abgelegt. Der Switch hat beispielsweise den Vorgabenamen »Switch«. Weder für die Konsolenverbindung noch für die *VTY*-Verbindungen (virtuelle Terminals) sind Passwörter konfiguriert. Der Befehl `show run` in Listing 6.1 wird zur Anzeige der Standardkonfiguration eines Switches mit Cisco IOS Software (z. B. Cisco 2900) verwendet. Im weiteren Verlauf dieses Kapitels werden nur die Befehle der IOS-basierten Switches behandelt; die entsprechenden Befehle bei Switches mit den `set`-Befehlen des CatOS finden Sie in der Befehlsliste im Anhang.

Listing 6.1: Standardkonfiguration eines Switchs

```
Switch#show run
Building configuration...

Current configuration:
!
version 12.0
no service pad
service timestamps debug uptime
service timestamps log uptime
no service password-encryption
!
hostname Switch
!

!
ip subnet-zero
!

!
interface FastEthernet0/1
!
interface FastEthernet0/2
!
interface FastEthernet0/3
```

Listing 6.1: Standardkonfiguration eines Switchs (Forts.)

```
!
interface FastEthernet0/4

!
interface FastEthernet0/5
!
interface FastEthernet0/6
!
interface FastEthernet0/7
!
<AUSGABE UNTERDRÜCKT>
!
line con 0
 transport input none
 stopbits 1
line vty 5 15
!
end
```

6.1.2 Eigenschaften von Switch-Ports

Mit Hilfe des Befehls `show interface` können Sie die Eigenschaften einer Schnittstelle anzeigen. Denken Sie daran, Slot-Nummer (Steckplatznummer) und Portnummer (z. B. `0/1`) anzugeben. Standardmäßig sind die Switch-Ports (Schnittstellen) auf den Automodus eingestellt, d. h., Parameter wie Halbduplex- oder Vollduplexbetrieb und die Portgeschwindigkeit (z. B. 10 oder 100 Mbit/s) werden automatisch erkannt (Listing 6.2).

Listing 6.2: Standardeigenschaften einer Schnittstelle

```
Switch#show interface FastEthernet0/1
FastEthernet0/1 is down, line protocol is down
  Hardware is Fast Ethernet, address is 0008.e32e.e601 (bia 0008.e32e.e601)
  MTU 1500 bytes, BW 0 Kbit, DLY 100 usec,
     reliability 255/255, txload 1/255, rxload 1/255
  Encapsulation ARPA, loopback not set
  Keepalive not set
  Auto-duplex , Auto Speed , 100BaseTX/FX
  ARP type: ARPA, ARP Timeout 04:00:00
  Last input never, output 00:31:54, output hang never
  Last clearing of "show interface" counters never
  Queueing strategy: fifo
  Output queue 0/40, 0 drops; input queue 0/75, 0 drops
  5 minute input rate 0 bits/sec, 0 packets/sec
  5 minute output rate 0 bits/sec, 0 packets/sec
     1 packets input, 64 bytes
     Received 0 broadcasts, 0 runts, 0 giants, 0 throttles
     0 input errors, 0 CRC, 0 frame, 0 overrun, 0 ignored
```

Listing 6.2: Standardeigenschaften einer Schnittstelle (Forts.)

```
     0 watchdog, 0 multicast
     0 input packets with dribble condition detected
     5 packets output, 495 bytes, 0 underruns
     0 output errors, 0 collisions, 1 interface resets
     0 babbles, 0 late collision, 0 deferred
     0 lost carrier, 0 no carrier
```

6.1.3 VLAN-Eigenschaften

Alle Switch-Ports befinden sich zunächst im VLAN 1 (virtuelles LAN), dem standardmäßigen Verwaltungs-LAN. Über den Befehl `show vlan` können Sie Informationen zu allen VLANs anzeigen, die im Switch definiert sind. Listing 6.3 zeigt die Standardeigenschaften für VLAN 1. Beachten Sie, dass alle zwölf Ports dieses Switchs sich in VLAN 1 befinden; dies entspricht der Ausgangskonfiguration.

Listing 6.3: Eigenschaften der standardmäßig vorhandenen VLANs

```
Switch#show vlan
VLAN Name                             Status    Ports
---- -------------------------------- --------- -------------------------------
1    default                          active    Fa0/1, Fa0/2, Fa0/3, Fa0/4,
                                                Fa0/5, Fa0/6, Fa0/7, Fa0/8,
                                                Fa0/9, Fa0/10, Fa0/11, Fa0/12
1002 fddi-default                     active
1003 token-ring-default               active
1004 fddinet-default                  active
1005 trnet-default                    active

VLAN Type  SAID       MTU   Parent RingNo BridgeNo Stp  BrdgMode Trans1 Trans2
---- ----- ---------- ----- ------ ------ -------- ---- -------- ------ ------
1    enet  100001     1500  -      -      -        -    -        1002   1003
1002 fddi  101002     1500  -      -      -        -    -        1      1003
1003 tr    101003     1500  1005   0      -        -    srb      1      1002
1004 fdnet 101004     1500  -      -      1        ibm  -        0      0
1005 trnet 101005     1500  -      -      1        ibm  -        0      0
```

6.1.4 Das Flash-Verzeichnis

Da es sich um einen neuen Switch handelt, der noch nicht konfiguriert wurde, enthält das Flash-Verzeichnis keine VLAN-Datenbankdatei (*vlan.dat*) und zeigt auch keine gespeicherte Konfigurationsdatei (*config.txt*) an. Die Datei *vlan.dat* enthält später die lokalen VLAN-Daten, und mit ihrer Hilfe kann der Switch VLAN-Informationen mit anderen Switches austauschen. Das Flash-Verzeichnis enthält standardmäßig eine Datei, die mit der

Erweiterung *.bin* versehen ist und das IOS-Image enthält, eine Datei namens *env_vars* und ein Unterverzeichnis namens *html*. Mit Hilfe des Befehls `dir flash:` können Sie den Inhalt des Flash-Verzeichnisses anzeigen (Listing 6.4).

Listing 6.4: Flash-Verzeichnis im Grundzustand

```
Switch#dir flash:

Directory of flash:/

  2  -rwx    1674921   Apr 30 2001 15:09:51  c2950-c3h2s-mz.120-5.3.WC.1.bin
  3  -rwx        269    Jan 01 1970 00:00:57  env_vars
  4  drwx      10240    Apr 30 2001 15:09:52  html
7741440 bytes total (4780544 bytes free)
```

6.1.5 IOS-Versionsinformationen anzeigen

Die IOS-Version und die Einstellungen des Konfigurationsregisters können Sie mit dem Befehl `show version` anzeigen (Listing 6.5). Weitere Details wie etwa der Dateiname des IOS-Systemimages, die Modellnummer des Switchs, die Seriennummer, den Umfang des installierten Speichers sowie Anzahl und Typen der Ports, die am Switch vorhanden sind, werden ebenfalls angezeigt.

Listing 6.5: IOS-Version und Einstellungen des Konfigurationsregisters überprüfen

```
Switch#show version
Cisco Internetwork Operating System Software
IOS (tm) C2950 Software (C2950-C3H2S-M), Version 12.0(5.3)WC(1),
    MAINTENANCE INTERIM SOFTWARE
Copyright (c) 1986-2001 by cisco Systems, Inc.
Compiled Mon 30-Apr-01 07:56 by devgoyal
Image text-base: 0x80010000, data-base: 0x8031A000

ROM: Bootstrap program is CALHOUN boot loader

Switch uptime is 1 hour, 24 minutes
System returned to ROM by power-on
System image file is "flash:c2950-c3h2s-mz.120-5.3.WC.1.bin"
cisco WS-C2950-12 (RC32300) processor (revision B0) with 22260K bytes of memory.
Processor board ID FOC0605W0BH
Last reset from system-reset

Processor is running Enterprise Edition Software
Cluster command switch capable
Cluster member switch capable
12 FastEthernet/IEEE 802.3 interface(s)
```

Listing 6.5: IOS-Version und Einstellungen des Konfigurationsregisters überprüfen (Forts.)

```
32K bytes of flash-simulated non-volatile configuration memory.
Base ethernet MAC Address: 00:08:E3:2E:E6:00
Motherboard assembly number: 73-5782-08
Power supply part number: 34-0965-01
Motherboard serial number: FOC060502HP
Power supply serial number: PHI05500C5D
Model revision number: B0
Motherboard revision number: B0
Model number: WS-C2950-12
System serial number: FOC0605W0BH
Configuration register is 0xF
```

6.1.6 Vorteile der Verwendung einer Standardkonfiguration

In der Ausgangskonfiguration hat der Switch eine Broadcast-Domäne und kann via Konsolenport über die Befehlszeile verwaltet und konfiguriert werden. Das Spanning-Tree-Protokoll ist ebenfalls aktiviert. Außerdem ist eine zusätzliche Sicherheitsmaßnahme dadurch gegeben, dass dem Switch keine IP-Adresse zugewiesen ist.

In kleinen Netzwerken ist die Standardkonfiguration oft ausreichend. Die Vorteile einer besseren Leistung durch Mikrosegmentierung kommen sofort zur Geltung.

E-Lab und Lab

Siehe auch CNAP und [1] »Verifying Default Switch Configuration«.

6.2 Netzwerkeinstellungen des Catalyst-Switchs konfigurieren

Ein Switch kann bereits vorkonfiguriert sein; in diesem Fall müssen nur die entsprechenden Passwörter eingegeben werden, um auf die verschiedenen Betriebsmodi (Benutzer-, Enable- oder privilegierter Modus) zugreifen zu können. In den Konfigurationsmodus des Switchs wechseln Sie vom privilegierten Modus aus. Standardmäßig ist der privilegierte Modus am Prompt `Switch#` zu erkennen, während der Prompt `Switch>` den Benutzermodus anzeigt.

6.2.1 Einstellungen des Switchs zurücksetzen

Gehen Sie wie folgt vor, um zu gewährleisten, dass eine neue Konfiguration die vorhandene vollständig überschreibt (Listing 6.6):

- Entfernen Sie vorhandene VLAN-Informationen, indem Sie die VLAN-Datenbankdatei *vlan.dat* aus dem Flash-Verzeichnis entfernen.
- Löschen Sie die Konfigurationssicherungsdatei *startup-config*. Das Listing zeigt, wie dies für die Catalyst 2950- und Catalyst 1900-Switches zu bewerkstelligen ist.
- Führen Sie am Switch einen Reload aus.

Listing 6.6: Zurücksetzen der Switch-Einstellungen bei den Catalyst 2950- und Catalyst 1900-Modellen

```
Catalyst 2950
Switch#delete flash:vlan.dat
Delete filename [vlan.dat]?
Delete flash:vlan.dat? [confirm]
Switch#erase startup-config

<ausgabe unterdrückt>
Switch#reload



Catalyst 1900
Switch#delete nvram
```

6.2.2 Hostname und Passwörter konfigurieren

Sicherheit, Dokumentation und Administrierbarkeit sind für jedes Gerät im Netzwerk von hoher Bedeutung. Deswegen sollte an einem Switch ein Hostname konfiguriert werden. Ferner sind Passwörter für die Konsolen- und *VTY*-Verbindungen (Telnet) zu konfigurieren (Listing 6.7).

Listing 6.7: Hostnamen und passwortgeschützte Verbindungen konfigurieren

```
Switch(config)#hostname ALSwitch
ALSwitch(config)#line console 0
ALSwitch(config-line)#password CISCO
ALSwitch(config-line)#login
ALSWitch(config-line)#line vty 0 4
ALSwitch(config-line)#password CISCO
ALSwitch(config-line)#login
```

6.2.3 IP-Adresse und Default-Gateway konfigurieren

Damit der Switch über Telnet und andere TCP/IP-Anwendungen erreichbar ist, müssen Sie eine IP-Adresse und ein Default-Gateway konfigurieren. Listing 6.8 zeigt, wie dies für die Catalyst 2950- und Catalyst 1900-Switches zu bewerkstelligen ist. Standardmäßig ist VLAN 1 das Management-VLAN. In einem Netzwerk sollten sich alle Switches in diesem Management-VLAN befinden, denn auf diese Weise lassen sie sich alle über eine einzige Workstation ansprechen, konfigurieren und administrieren.

Listing 6.8: IP-Adresse und Default-Gateway am Switch konfigurieren

```
Catalyst 2950
ALSwitch(config)#interface VLAN1
ALSwitch(config-if)#ip address 192.168.1.2 255.255.255.0


ALSwitch(config)#ip default-gateway 192.168.1.1


Catalyst 1900
ALSwitch(config)#ip address 192.168.1.2 255.255.255.0
ALSwitch(config)#ip default-gateway 192.168.1.1
```

6.2.4 Porteinstellungen vornehmen

Die FastEthernet-Ports eines Switchs stellen Übertragungsrate und Duplexbetrieb standardmäßig automatisch ein, d. h., die Schnittstellen können diese Einstellungen aushandeln. Wenn ein Netzwerkadministrator aber sicherstellen muss, dass eine Schnittstelle mit einer bestimmten Geschwindigkeit (10 oder 100 Mbit/s) oder in einem bestimmten Duplexbetrieb (Halb- oder Vollduplexmodus) betrieben wird, kann er diese Parameter auch manuell konfigurieren (Listing 6.9).

Listing 6.9: Portrate und Duplexbetrieb konfigurieren

```
Switch(config)#interface FastEthernet0/2
Switch(config-if)#duplex full
Switch(config-if)#
00:34:01: %LINK-3-UPDOWN: Interface FastEthernet0/2, changed state to down
00:34:02: %LINEPROTO-5-UPDOWN: Line protocol on Interface FastEthernet0/2,
    changed state to down
00:34:03: %LINK-3-UPDOWN: Interface FastEthernet0/2, changed state to up
00:34:04: %LINEPROTO-5-UPDOWN: Line protocol on Interface FastEthernet0/2,
    changed state to up
Switch(config-if)#speed 100
Switch(config-if)#
00:34:24: %LINK-3-UPDOWN: Interface FastEthernet0/2, changed state to down
```

Listing 6.9: Portrate und Duplexbetrieb konfigurieren (Forts.)

```
00:34:25: %LINEPROTO-5-UPDOWN: Line protocol on Interface FastEthernet0/2,
    changed state to down
00:34:27: %LINK-3-UPDOWN: Interface FastEthernet0/2, changed state to up
00:34:28: %LINEPROTO-5-UPDOWN: Line protocol on Interface FastEthernet0/2,
    changed state to up
```

Eine weitere nützliche Option, die Sie für einen Port konfigurieren können, ist `portfast`. Ist ein Switch-Port nur mit Endbenutzerstationen (d. h. nicht mit einem anderen Switch oder einer Bridge) verbunden, dann sollten Sie die Option `portfast` für diese Endbenutzerports aktivieren. Sobald der betreffende Port aktiviert wird, wechselt er automatisch vom Statuszustand *Blocking* in den Zustand *Forwarding*. Diese Option kann insbesondere in Verbindung mit Clients hilfreich sein, die beim Hochfahren einen Server kontaktieren müssen, um eine Anmeldung durchführen zu können. Listing 6.10 zeigt, wie man `portfast` einstellt. Der `portfast`-Status wird in der Spalte `Fast-Start` angezeigt.

Listing 6.10: `portfast` an einem Port aktivieren und die Konfiguration prüfen

```
Switch>#set spantree portfast 4/1 enable
Warning: Spantree port fast start should only be enabled on ports connected
to a single host.  Connecting hubs, concentrators, switches, bridges, etc. to
a fast start port can cause temporary spanning tree loops.  Use with caution.
Spantree port 4/1 fast start enabled.
Switch>#show spantree 4/1
Port      Vlan Port-State    Cost  Priority Fast-Start Group-method
--------- ---- ------------- ----- -------- ---------- ------------
 4/1      1    blocking         19       20  enabled
 4/1      100  forwarding       10       20  enabled
 4/1      521  blocking         19       20  enabled
 4/1      522  blocking         19       20  enabled
 4/1      523  blocking         19       20  enabled
 4/1      524  blocking         19       20  enabled
 4/1      1003 not-connected    19       20  enabled
 4/1      1005 not-connected    19        4  enabled
Switch>#
```

6.2.5 Webbasierte Oberfläche

Intelligente Netzwerkgeräte bieten eine webbasierte Oberfläche für Konfiguration und Management. Sobald am Switch eine IP-Adresse und ein Gateway konfiguriert sind, können Sie über eine solche Oberfläche auf ihn zugreifen. Der Browser wird so eingestellt, dass er über eine IP-Adresse und einen TCP-Port (standardmäßig Port 80) einen Webdienst aufruft. Sie können den HTTP-Dienst aktivieren oder deaktivieren und die Portadresse für diesen Dienst konfigurieren (Listing 6.11).

Listing 6.11: HTTP-Dienst und -Port aktivieren

```
Switch(config)#ip http ?
  access-class    Restrict access by access-class
  authentication  Set http authentication method
  path            Set base path for HTML
  port            HTTP port
  server          Enable HTTP server
Switch(config)#ip http server

Switch(config)#ip http port ?
  <0-65535>  HTTP port

Switch(config)#ip http port 80
Switch(config)#
```

Weitere Software-Applets können vom Switch in den Browser geladen werden. Auf diese Weise ist die browserbasierte Verwaltung von Netzwerkgeräten über eine grafische Oberfläche möglich.

6.3 MAC-Adresstabelle administrieren

Switches erlernen MAC-Adressen von PCs oder Workstations, die an die Switch-Ports angeschlossen sind, indem sie die Absenderadresse der Frames überprüfen, die über einen Port empfangen werden. Diese erlernten MAC-Adressen werden dann in einer MAC-Adresstabelle aufgezeichnet. Frames, deren Empfängeradresse in dieser Tabelle aufgeführt sind, können sofort über die richtige Schnittstelle weitergeleitet werden.

Um die Adressen anzuzeigen, die ein Switch bereits erlernt hat, wechseln Sie in den privilegierten Modus und geben dann den Befehl `show mac-address-table` ein (Listing 6.12).

Listing 6.12:Ausgabe des Befehls `show mac-address-table`

```
Switch#show mac-address-table
Dynamic Address Count:                 2
Secure Address Count:                  0
Static Address (User-defined) Count:   0
System Self Address Count:             13
Total MAC addresses:                   15
Maximum MAC addresses:                 8192
Non-static Address Table:
Destination Address  Address Type  VLAN  Destination Port
-------------------  ------------  ----  --------------------
0010.7a60.ad7e       Dynamic          1  FastEthernet0/2
00e0.2917.1884       Dynamic          1  FastEthernet0/5
```

Adressen werden dynamisch erlernt; ein einziger Switch kann Tausende von MAC-Adressen aufzeichnen und speichern und auch mehrere Adressen einem Port zuordnen. Um Speicher zu sparen und einen optimalen Switch-Betrieb zu gewährleisten, müssen erlernte Einträge wieder aus der MAC-Adresstabelle entfernt werden. Dies wird ermöglicht, indem alle Einträge in der Tabelle mit einem Zeitstempel versehen werden, der sich auf den Empfangszeitpunkt des Paketes am Port bezieht. Geräte könnten von einem Port entfernt, abgeschaltet oder an einen anderen Port desselben oder eines anderen Switchs angeschlossen worden sein. Bei der Weiterleitung von Frames würden dann Verbindungsprobleme entstehen. Wenn von einer Adresse 300 Sekunden lang kein Frame empfangen wurde, wird der entsprechende MAC-Adresseintrag automatisch gelöscht.

Der Administrator muss aber nicht darauf warten, dass dynamisch erlernte Einträge auf diese Weise verfallen, sondern kann im privilegierten Modus zum Löschen den Befehl `clear mac-address-table` (Listing 6.13) verwenden. Auch MAC-Adresseinträge, die der Administrator selbst konfiguriert hat, können auf diese Weise entfernt werden. Das Löschen von Tabelleneinträgen auf diese Weise stellt sicher, dass ungültig gewordene Adressen sofort verworfen werden.

Listing 6.13: Ausgabe des Befehls `clear mac-address-table`

```
Switch#clear mac-address-table
Switch#show mac-address-table
Dynamic Address Count:                 0
Secure Address Count:                  0
Static Address (User-defined) Count:   0
System Self Address Count:             13
Total MAC addresses:                   14
Maximum MAC addresses:                 8192
Non-static Address Table:
Destination Address  Address Type  VLAN  Destination Port
-------------------  ------------  ----  --------------------
```

E-Lab und Lab

Siehe auch CNAP und [1] »Managing the MAC Address Table«.

6.3.1 Statische MAC-Adressen konfigurieren

Es kommt vor, dass einer Schnittstelle eine bestimmte MAC-Adresse dauerhaft zugewiesen werden soll, d. h., eine solche Adresse wird nicht automatisch verfallen. Die permanente Zuweisung kann notwendig sein, weil ein bestimmter Server oder eine Benutzerworkstation an den betreffenden Port angeschlossen werden muss und die MAC-Adresse bekannt ist. Auch sicherheitsrelevante Aspekte können eine Rolle spielen.

Verwenden Sie die folgenden Befehle im globalen Konfigurationsmodus, um einen statischen MAC-Adresseintrag für einen Switch-Port zu konfigurieren:

```
Switch(config)#mac-address-table static mac-adresse_des_hosts
Switch(config)#interface FastEthernetethernet-nummer vlan vlan-name
```

Um den Eintrag wieder zu entfernen, verwenden Sie die negierte Form des Befehls (Listing 6.14).

Listing 6.14: Statische MAC-Adressen konfigurieren

```
Switch(config)#mac-address-table ?
  aging-time  Set MAC address table entry maximum age
  secure      Configure a secure address
  static      Configure a static 802.1d static address
Switch(config)#mac-address-table static 0010.7a60.1884 interface
    FastEthernet0/5 vlan VLAN1

Switch(config)#no mac-address-table static 0010.7a60.1884 interface
    FastEthernet0/5 vlan VLAN1
```

E-Lab und Lab

Siehe auch CNAP und [1] »Configuring Static MAC Addresses«.

6.3.2 Portsicherheit konfigurieren

Die Sicherheit im Netzwerkverbund ist eine der wichtigsten Aufgaben des Administrators. Switch-Ports im Access-Layer sind bei strukturierter Verkabelung über die Anschlussdosen in Büros und anderen Räumen zugänglich, an die *jeder* Benutzer einen PC oder ein Laptop anschließen kann. Insofern sind Switches auch für Unbefugte ein potenzieller Eintrittspunkt ins Netzwerk. Deswegen bieten Switches die Funktion `port security` (Portsicherheit). Sie können hiermit die Anzahl der Adressen begrenzen, die an einer Schnittstelle erlernt werden können; der Switch kann dann so konfiguriert werden, dass er eine bestimmte Aktion ausführt, wenn diese Anzahl überschritten wird (Listing 6.15). Sie können sichere MAC-Adressen auch statisch festlegen, aber dies ist eine komplexe und sehr fehleranfällige Vorgehensweise.

Listing 6.15: Portsicherheit konfigurieren

```
Switch(config)#interface FastEthernet0/2
Switch(config-if)#port security ?
  action          action to take for security violation
  max-mac-count   maximum mac address count
  <cr>

Switch(config-if)#port security action ?
  shutdown   shut down the port from which security violation is detected
  trap       send snmp trap for security violation
```

Eine andere Möglichkeit besteht darin, mit dem Befehl `port security` ohne weitere Parameter die Portsicherheit an einer Switch-Schnittstelle lediglich einzuschalten. Die erste Adresse, die der Switch dynamisch erlernt, wird zur sicheren Adresse.

Wenn Sie die Portsicherheit an einer Schnittstelle deaktivieren wollen, verwenden Sie die `no`-Form des Befehls. Um den Portsicherheitsstatus zu überprüfen, können Sie den Befehl `show port security` eingeben.

E-Lab und Lab

Siehe auch CNAP und [1] »Configuring Port Security«.

6.3.3 MAC-Adressen hinzufügen, verschieben und ändern

Wenn Sie im Netzwerk einen neuen Switch hinzufügen, müssen Sie den Switch-Namen, eine IP-Adresse für den Switch im Management-VLAN, ein Default-Gateway und Passwörter für die verschiedenen Anschlüsse konfigurieren. Dabei müssen die folgenden Aufgaben erfüllt werden:

- Switch-Name konfigurieren
- IP-Adresse für das Management bestimmen und konfigurieren
- Default-Gateway konfigurieren
- Administrativen Zugriff für die Konsolen-, *AUX*- und *VTY*-Schnittstellen konfigurieren
- Gerätesicherheit konfigurieren
- Switch-Ports nach Bedarf konfigurieren

Wenn Sie einen Host von einem Port oder Switch an einen anderen verlegen, sollten Sie Konfigurationen entfernen, die unerwünschtes Verhalten verursachen könnten. Nachfolgend kann die korrekte Konfiguration hinzugefügt werden. Beim Hinzufügen, Ändern oder Umzug von Hosts sind die folgenden Schritte erforderlich:

- MAC-Adresse hinzufügen
  - Portsicherheit konfigurieren
  - MAC-Adresse konfigurieren
- MAC-Adresse ändern
  - MAC-Adressbeschränkungen entfernen
- MAC-Adresse verschieben
  - Adresse einem neuen Port hinzufügen
  - Portsicherheit am neuen Switch konfigurieren
  - MAC-Adresse für den Port konfigurieren, der dem neuen Benutzer zugewiesen wird
  - Alte Portkonfiguration entfernen

E-Lab und Lab

Siehe auch CNAP und [1] »Add, Move, and Change MAC Addresses«.

6.4 Switch-Betriebssystem-Images und Gerätekonfigurationsdateien administrieren

Betriebsfähige Konfigurationsdateien für Netzwerkgeräte müssen dokumentiert und auf dem aktuellen Stand gehalten werden. Bewahren Sie immer Sicherungskopien der aktuellen Version der Datei *running-config* auf einem Server oder einem separaten Medium auf. Diese Dokumentation ist wesentlich, wenn eine Konfiguration wiederhergestellt werden muss. Sie können die Informationen zudem als Grundlage für die Konfiguration ähnlicher Switches verwenden.

Sichern Sie das IOS-Image auf einem lokalen Server; auf diese Weise können Sie es bei Bedarf wieder in den Flashspeicher laden.

E-Lab und Lab

CNAP und [1] »Managing Switch Operating System Images« und »Managing Switch Startup Configuration Files«.

6.4.1 Wiederherstellung von Passwörtern bei den Catalyst 1900/2950-Switches

Durch die Switch-Verwaltung wird sichergestellt, dass Passwörter für die Konsolen- und *VTY*-Verbindungen definiert werden. Ein Enable-Passwort und ein Enable-Secret-Passwort werden ebenfalls konfiguriert. Auf diese Weise können Sie gewährleisten, dass nur befugte Benutzer den Benutzer- und den privilegierten Modus am Switch aufrufen können.

Manchmal kommt es vor, dass Sie physisch auf den Switch zugreifen müssen, aber keinen Zugriff auf den Benutzer- oder den privilegierten Modus erhalten, weil Sie die Passwörter nicht kennen oder aber vergessen haben. In diesem Fall müssen Sie eine Passwortwiederherstellung durchführen.

E-Lab und Lab

Siehe auch CNAP und [1] »Password Recovery Procedure for a Catalyst 29XX Switch«.

6.4.2 Aktualisierung von Firmware und IOS bei den Catalyst 1900/2900-Switches

IOS- und Firmware-Images werden regelmäßig in aktualisierter Form veröffentlicht, um Fehler zu beheben, neue Funktionen zu implementieren und die Leistung zu verbessern. Mit einer neuen IOS-Version kann das Netzwerk besser abgesichert werden und effizienter arbeiten.

Um das IOS zu aktualisieren, melden Sie sich mit Ihrem Kundennamen und Passwort beim Cisco Software Center (*http://www.cisco.com*) an und laden eine Kopie des neuen Images auf einen lokalen Server herunter. Danach können Sie das Image auf dem Switch installieren.

E-Lab und Lab

Siehe auch CNAP und [1] »Firmware Upgrade of a Catalyst 29XX Switch«.

6.5 Zusammenfassung

In diesem Kapitel wird erläutert,

- welche Standardeinstellungen ein Catalyst-Switch hat,
- wie IP-Adresse und Default-Gateway am Switch konfiguriert werden, um seine Erreichbarkeit und Management über das Netzwerk zu realisieren,
- wie die Switch-Einstellungen mit einem Webbrowser vorgenommen werden,
- wie man an den Schnittstellen Übertragungsrate und Duplexmodus einstellt,
- wie man die MAC-Adresstabelle eines Switchs überprüft und konfiguriert,
- wie man die Portsicherheit konfiguriert,
- wie man Konfigurationsdateien und IOS-Images administriert,
- wie man das Passwort eines Switchs wiederherstellt,
- wie man das IOS eines Switchs aktualisiert.

Um den hier erlernten Stoff zu vertiefen, beachten Sie bitte auch die diesem Kapitel zugeordneten Videos, Photo-Zooms und E-Labs auf der CD-ROM.

6.6 Lernzielkontrolle

1. Welche der folgenden gehören zu den Merkmalen der Mikrosegmentierung? Wählen Sie alle zutreffenden:
   a) dedizierte Pfade zwischen Absender- und Empfängerhost
   b) mehrere Datenverkehrspfade innerhalb des Switchs
   c) erhöhte Anzahl an Kollisionen
   d) Erstellung genau einer Broadcast-Domäne im LAN
2. Was sind LAN-Switches?
   a) Multiport-Repeater, die in Schicht 1 agieren
   b) Multiport-Hubs, die in Schicht 2 agieren
   c) Multiport-Router, die in Schicht 3 agieren
   d) Multiport-Bridges, die in Schicht 2 agieren

3. Für welche der folgenden Gegebenheiten ist asymmetrisches Switching optimiert?
   a) Client-Server-Netzwerkverkehr, bei dem der »schnelle« Switch-Port an den Server angeschlossen ist
   b) gleichrangige Verteilung von Netzwerkdatenverkehr
   c) Switches ohne Puffer
   d) Lastausgleich zwischen Leitungen
4. 1) Bei welchem Switching-Typ überprüft der Switch die Zieladresse und beginnt sofort mit der Übertragung? 2) Bei welchem Switching-Typ empfängt der Switch zunächst den vollständigen Frame, bevor er ihn weiterleitet?
   a) 1) Store-and-Forward-Switching – 2) Symmetrisches Switching
   b) 1) Cut-Through-Switching – 2) Store-and-Forward-Switching
   c) 1) Store-and-Forward-Switching – 2) Cut-Through-Switching
   d) 1) Pufferung – 2) Cut-Through-Switching
5. Fragment-Free- und Fast-Forward-Switching sind zwei Formen welches Switching-Typs?
   a) Store-and-Forward-Switching
   b) Pufferung
   c) Cut-Through-Switching
   d) symmetrisches Switching
6. Mit welchem Kabel schließen Sie eine Workstation an einen Switch an?
   a) Straight-Through-Kabel
   b) Crossover-Kabel
   c) Nullmodemkabel
   d) Standardtelefonkabel
7. Welche Kommunikationsmethode wird durch je einen sendenden und einen empfangenden Host charakterisiert?
   a) Broadcasting
   b) Unicasting
   c) Multicasting
   d) Keine der genannten.

Lernziele:

Wenn Sie dieses Kapitel gelesen haben, werden Sie

- die Vorteile redundanter Topologien kennen,
- das Spanning-Tree-Protokoll (STP-Protokoll) näher kennen,
- die einzelnen Spanning-Tree-Portzustände und die Auswahl designierter Ports beschreiben können,
- die Stufen des Auswahlprozesses einer Root-Bridge aufzählen können,
- wissen, was Pfadkosten sind,
- STP-Timer einstellen können,
- wissen, wie das STP-Protokoll die Konvergenz verbessert,
- das RSTP-Protokoll (Rapid Spanning Tree Protocol) kennen.

Kapitel 7

Das Spanning-Tree-Protokoll

In diesem Kapitel werden redundante Topologien und ihre Bedeutung für den Betrieb von Netzwerken beschrieben. Ferner werden hier die Funktionalitäten sowohl des STP- als auch des RSTP-Protokolls erläutert.

Beachten Sie bitte die diesem Kapitel zugeordneten Videos, Photo-Zooms und E-Labs auf der beiliegenden CD-ROM. Sinn dieser Zusatzinformationen ist die Ergänzung des Materials und Vertiefung des Stoffes, der in diesem Kapitel vorgestellt wird.

7.1 Übersicht zu redundanten Topologien

Redundanz ist in einem Netzwerk ein wesentlicher Faktor, denn erst sie ermöglicht Fehlertoleranz. Redundante Topologien schützen gegen Netzunterbrechungen aufgrund des Ausfalls einer einzelnen Leitung, eines Ports oder eines Netzwerkgeräts. Redundante Topologien, die auf Switches und Bridges basieren, sind allerdings anfällig für Broadcast-Stürme, Mehrfachübertragung von Frames und Instabilitäten der MAC-Tabellen.

7.1.1 Was ist Redundanz?

Unternehmen und Organisationen sind für ihren Betrieb zunehmend auf Computernetze angewiesen. Der Zugriff auf Dateiserver, Datenbanken, das Internet, Intranets und Extranets ist für erfolgreiche Unternehmen absolut kritisch. Fällt das Netzwerk aus, dann geht Produktivität verloren, und die Kunden sind unzufrieden.

Ziel aller Unternehmen ist ein Betrieb der Computernetzwerke rund um die Uhr. Eine Betriebszeit von 100 Prozent zu erreichen ist wahrscheinlich unmöglich, aber eine Betriebszeit von 99,999 Prozent – die so genannten *five nines* – ist ein Ziel, das sich viele Organisationen setzen. Umgerechnet ist dies eine Ausfallzeit von durchschnittlich einem Tag alle 30 Jahre, einer Stunde je 4000 Tage oder 5,25 Minuten pro Jahr. Diese Faustregel gilt für viele Unternehmenstypen wie Finanzdienstleister, Krankenhäuser, Internet-Provider usw., und ihre Umsetzung kostet Ressourcen. Deswegen setzen sich viele andere Organisationen bezüglich der Verfügbarkeit moderatere Ziele, um Kosten zu sparen.

Um eine Zuverlässigkeitsquote von 99,999 Prozent zu erzielen, benötigt man extrem zuverlässige Netzwerke. Zuverlässigkeit wird durch den Einsatz sehr zuverlässiger Geräte und durch ein Netzdesign erreicht, an dessen erster Stelle ausfallsichere und fehlertolerante Netzwerke stehen. Das Netzwerk wird auf extrem schnelle Konvergenz ausgerichtet, damit sich Fehler möglichst nicht auf den Betrieb auswirken.

Fehlertoleranz wird durch Redundanz ermöglicht. Redundanz heißt erst einmal, dass mehr von einer Sache vorhanden ist, als normalerweise notwendig wäre. Wie aber ermöglicht Redundanz Zuverlässigkeit? Nehmen wir einmal an, Ihre einzige Möglichkeit, zur Arbeit zu kommen, bestünde darin, mit dem Auto zu fahren. Tritt an Ihrem Auto nun ein Fehler auf, aufgrund dessen es nicht mehr fahrbereit ist, dann können Sie erst wieder zur Arbeit fahren, wenn das Auto repariert wurde.

Wenn der Wagen ausfallbedingt an durchschnittlich einem von zehn Tagen nicht zur Verfügung steht, dann hat er eine Nutzungsquote von 90 Prozent.

Die Sachlage verbessert sich schlagartig, wenn Sie ein zweites Auto kaufen. Natürlich benötigen Sie keine zwei Autos, um zur Arbeit zu kommen – im Grunde genommen ist das zweite Auto also überflüssig. Aber es ist da, falls das erste einmal ausfällt. Hierdurch wird die Zuverlässigkeit beträchtlich erhöht.

7.1.2 Redundante Topologien

Das Ziel redundanter Topologien besteht darin, Netzwerkausfälle zu beseitigen, die durch fehlerkritische Komponenten (engl. *Single Point of Failure*) verursacht werden. Zur Zuverlässigkeitssteigerung benötigen alle Netzwerke Redundanz. Auch ein Straßennetz hat eine redundante Topologie; wird eine Straße für Bauarbeiten gesperrt, dann gibt es immer einen anderen Weg zum Ziel.

Betrachten Sie einmal eine kleine Vorstadt, die vom Stadtzentrum durch einen Fluss getrennt ist. Wenn nur eine einzige Brücke über diesen Fluss vorhanden ist, dann ist dies auch der einzige Weg in die Innenstadt. Dieser Topologie mangelt es an Redundanz.

Ist die Brücke nun überflutet oder durch einen Unfall beschädigt worden, dann ist es nicht mehr möglich, ins Stadtzentrum zu fahren. Wenn man nun eine zweite Brücke über den Fluss bauen würde, dann entstünde eine redundante Topologie: Auch bei Unpassierbarkeit einer Brücke wäre die Vorstadt nicht vom Zentrum abgeschnitten.

7.1.3 Redundante geswitchte Topologien

Redundante Pfade und Geräte erhöhen die Verfügbarkeit des Netzwerks. Wie Abbildung 7.1 zeigt, beseitigen redundante Topologien kritische Ausfallpunkte. Wenn ein Pfad oder ein Gerät ausfallen, kann der redundante Pfad bzw. das redundante Gerät die Aufgaben der ausgefallenen Komponente übernehmen. Fällt also etwa Switch A aus, dann kann der Datenverkehr immer noch über Switch B von Segment 2 zu Segment 1 und weiter zur Router-Verbindung fließen. Und wenn Port 1 an Switch A ausfällt, fließen die Daten eben über Port 1 von Switch B.

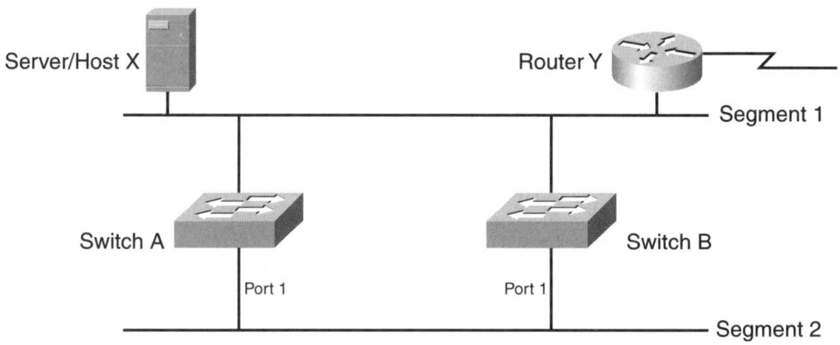

Abbildung 7.1: Redundante Switch-Topologie

Switches erlernen die MAC-Adressen von Geräten an ihren Ports, um die Daten ordnungsgemäß an den Empfänger weiterleiten zu können. Kennt ein Switch die MAC-Adresse eines Geräts nicht, dann muss er entsprechende Frames fluten. Auch Broadcasts und Multicasts müssen geflutet werden.

7.1.4 Probleme in redundanten Topologien

In redundanten geswitchten Topologien kann es einige Probleme geben, z. B. Broadcast-Stürme, Mehrfachkopien von Frames oder Instabilitäten der MAC-Tabelle.

Broadcast-Stürme

Broadcasts und Multicasts sind potenzielle Problemquellen in einem geswitchten Netzwerk. Switches behandeln Multicasts wie Broadcasts. Broadcast- und Multicast-Frames werden geflutet: Der Frame wird über alle Ports mit Ausnahme desjenigen gesendet, über den er empfangen wurde.

Sendet Host X in Abbildung 7.2 einen Broadcast – z. B. eine ARP-Anfrage zur Schicht-2-Adresse des Routers –, dann leitet Switch A den Broadcast über alle Ports weiter. Da Switch B sich im gleichen Segment befindet, leitet er ebenfalls alle Broadcasts weiter. Switch B erkennt alle Broadcasts, die Switch A weiterleitet, während umgekehrt Switch A alle Broadcasts sieht, die Schicht B weiterleitet. Switch A sieht nun diese neuen Broadcasts und leitet sie weiter; Switch B tut selbiges usw.

Auf diese Weise vervielfachen die Switches den Broadcast-Datenverkehr. Dieses Phänomen nennt man Broadcast-Sturm, und es setzt sich so lange fort, bis einer der Switches aus dem Netz genommen wird. Die Switches und Endgeräte sind mit der Verarbeitung der Broadcasts so sehr beschäftigt, dass Benutzerdaten überhaupt nicht mehr fließen können – das Netzwerk erscheint extrem langsam, wenn nicht sogar ausgefallen.

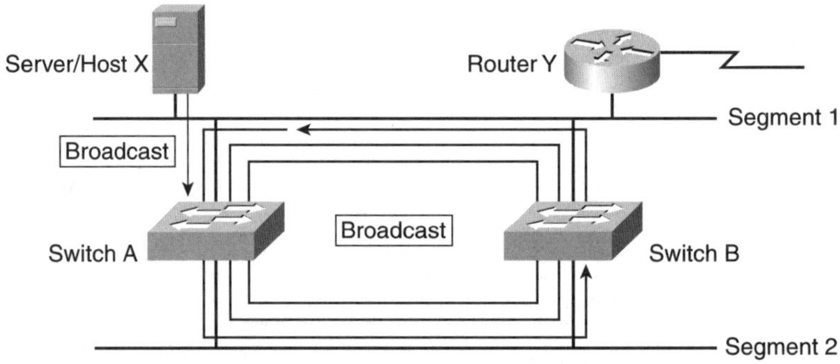

Abbildung 7.2: Broadcast-Sturm

Mehrfachübertragung von Frames

In einem redundanten geswitchten Netzwerk kann ein Endgerät mehrere Kopien desselben Frames erhalten (Abbildung 7.3).

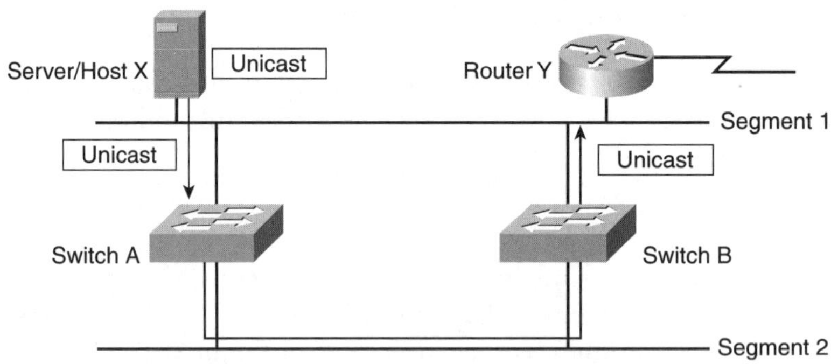

Abbildung 7.3: Mehrfachübertragung von Frames

Die meisten Protokolle können mit Doppelübertragungen umgehen bzw. ignorieren diese. In der Regel gehen Protokolle, die eine Methode mit Sequenznummern einsetzen, ohnehin davon aus, dass zahlreiche Übertragungen fehlschlagen und die Sequenznummer mehrfach zirkuliert. Andere Protokolle versuchen, doppelt übertragene Frames an das Protokoll der übergeordneten Schicht zu übergeben, wobei die Folgen nicht vorhersagbar sind. Betrachten Sie einmal Abbildung 7.3, und machen Sie sich den folgenden Verlauf klar:

- Wenn Host X einen Unicast-Frame an Router Y sendet, wird eine Kopie des Frames über die direkte Ethernet-Verbindung (Segment 1) empfangen, während gleichzeitig Switch A eine Kopie erhält und diese in seinem Puffer ablegt.
- Wenn Switch A das Empfängeradressfeld im Frame überprüft und keinen Eintrag für Router Y in der MAC-Adresstabelle findet, dann flutet er den Frame über alle Ports mit Ausnahme des Herkunftsports.
- Erhält Switch B nun eine Kopie des Frames über Switch A in Segment 2, dann leitet er ebenfalls eine Kopie des Frames über Segment 1 weiter, wenn kein Eintrag für Router Y in der MAC-Adresstabelle vorhanden ist.
- Router Y empfängt auf diese Weise eine weitere Kopie ein und desselben Frames.

Eine Vermeidung von Schleifen könnte das Problem der Doppelübertragung lösen, indem die Schleife logisch getrennt und die Übertragung über einen der vier Ports verhindert wird.

Instabilitäten der MAC-Datenbank

In einem redundanten geswitchten Netzwerk werden Switches zudem falsche Informationen erlernen. Ein Switch kann eine MAC-Adresse mit einem Port verknüpfen, die über diesen gar nicht erreichbar ist. Abbildung 7.4 zeigt ein Beispiel für eine solche Instabilität der MAC-Tabellen.

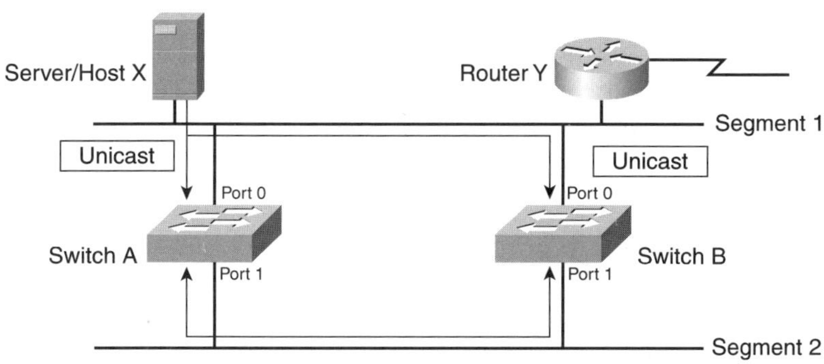

Abbildung 7.4: Instabilität der MAC-Tabelle

In diesem Beispiel speichert Switch B eine Verknüpfung zwischen der MAC-Adresse von Host X und dem Port 0 beim Eintreffen des ersten Frames, der damit an das Segment 1 angeschlossen ist. Kurz darauf, wenn eine Kopie des Frames, der über Switch A gesendet wurde, an Port 1 von Switch eintrifft, muss Switch B den ersten Eintrag entfernen und einen neuen speichern, der die MAC-Adresse von Host X fälschlicherweise mit Port 1 verknüpft, der an Segment 2 angeschlossen ist.

Je nach interner Architektur des betreffenden Switchs kann dieser schnelle Änderungen in der MAC-Datenbank mehr oder minder gut verarbeiten. Im vorliegenden Beispiel könnte eine Lösung zur Vermeidung von Schleifen Probleme mit einem Switch beseitigen, indem nämlich die Schleife logisch getrennt und eine Übertragung über einen der vier Ports im normalen Betrieb verhindert wird.

7.2 Übersicht zum Spanning-Tree-Protokoll

Das STP-Protokoll (Spanning Tree Protocol) ist ein Schicht-2-Protokoll zur Steuerung von Bridges oder Switches mit dem Ziel, ein schleifenloses Netzwerk zu erstellen. Ursprünglich von der Firma DEC (Digital Equipment Corporation) entwickelt, wurde es nachfolgend vom IEEE 802-Komitee überarbeitet und als Bestandteil der Spezifikation IEEE 802.1d veröffentlicht. Der DEC- und der 802.1d-Algorithmus sind nicht miteinander identisch und auch nicht kompatibel. Die Cisco-Switches wie der Catalyst 1900 und der Catalyst 2950 verwenden das STP-Protokoll in der 802.1d-Variante.

Der Zweck von STP ist der Betrieb einer schleifenlosen Netzwerktopologie. Eine solche Topologie ist realisiert, wenn der Switch bzw. die Bridge eine Schleife in der Topologie erkennt und einen oder mehrere redundante Ports automatisch sperrt.

STP schickt fortwährend Probes (dt. *Sondierungen*) in das Netzwerk, um Ausfall oder Ergänzung einer Leitung, eines Switchs oder einer Bridge sofort erkennen zu können (Abbildung 7.5). Ändert sich die Netzwerktopologie, dann konfigurieren alle Switches und Bridges, auf denen STP ausgeführt wird, ihre Ports automatisch um, um Konnektivitätsverluste ebenso zu vermeiden wie die Entstehung von Schleifen.

Abbildung 7.5: Das Spanning-Tree-Protokoll

Geswitchte Netzwerke bieten verschiedene Vorteile, z. B. kleinere Kollisionsdomänen, Mikrosegmentierung und Vollduplexbetrieb. Einfach gesagt, besteht der Vorteil in mehr Leistung. STP wird in geswitchten Netzwerken zu Einrichtung einer schleifenlosen logischen Topologie basierend auf einer physischen Topologie verwendet, in der Schleifen zur Erhöhung der Redundanz bewusst vorgesehen wurden. Leitungen, Ports und Switches, die nicht Bestandteil der aktiven schleifenlosen Topologie sind, werden bei der Weiterleitung von Frames nicht berücksichtigt.

Fällt eine Komponente der aktiven Topologie aus, dann muss eine neue schleifenlose Topologie ermittelt werden. Diese neue Topologie muss schnellstmöglich berechnet werden und konvergieren, um die Zeit, in der die Endstationen nicht auf Netzwerkressourcen zugreifen können, möglichst kurz zu halten.

Für heutige Netzwerke ist das in IEEE 802.1d definierte STP in der Konvergenz zu einer neuen Topologie zu langsam. Um bekannte Einschränkungen zu umgehen, wurde ein neuer Standard definiert, der IEEE 802.1w oder RSTP (Rapid Spanning Tree Protocol) heißt. In diesem Kapitel werden sowohl STP als auch RSTP behandelt.

7.2.1 Spanning-Tree-Verfahren

Wenn ein Netzwerk sich stabilisiert hat, hat es konvergiert: Jedes Netzwerk hat dann eine exakt definierte »umfassende Baumstruktur« (engl. *Spanning Tree*). Als Ergebnis dieses Prozesses gelten die folgenden Aussagen für jedes geswitchte Netzwerk bei eingeschaltetem STP:

- Es ist genau eine Root-Bridge pro Netzwerk vorhanden.
- Pro Non-Root-Bridge[1] existiert genau ein Root-Port.
- Pro Segment ist genau ein designierter Port vorhanden.
- Nichtdesignierte Ports werden nicht verwendet.

Root-Ports und designierte Ports werden zur Weiterleitung (*Forwarding*, »F«) von Datenverkehr eingesetzt, undesignierte Ports hingegen verwerfen Daten und sind deswegen Sperrports (*Blocking*, »B«). Der Root-Port einer Bridge ist der Port, der am nächsten an der Root-Bridge liegt. Jede Non-Root-Bridge muss einen Root-Port auswählen. Abbildung 7.6 zeigt den Ablauf des Spanning-Tree-Verfahrens.

1. Jede Bridge, die nicht Root-Bridge ist, ist eine Non-Root-Bridge.

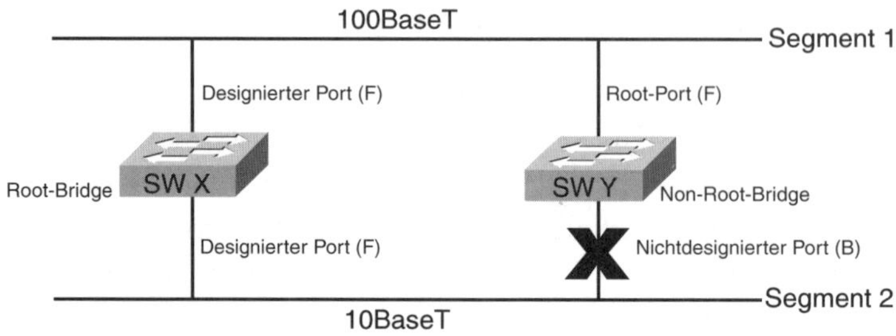

Abbildung 7.6: Spanning-Tree-Verfahren

Um zu einer schleifenlosen logischen Netzwerktopologie zu konvergieren, führt STP zunächst die folgenden drei Schritte durch:

- **Auswählen einer Root-Bridge.** Das Protokoll beinhaltet ein Verfahren zur Auswahl einer Root-Bridge. In jedem unabhängigen Teil des Netzwerks (Broadcast-Domäne) kann nur eine einzige Bridge als Root-Bridge agieren. Alle Ports der Root-Bridge sind designierte Ports, die normalerweise den Status *Forwarding* (Weiterleitung) haben. Ports mit dem Status *Forwarding* können Datenverkehr senden und empfangen. Im Beispiel wird Switch X als Root-Bridge ausgewählt.
- **Auswählen der Root-Ports an den Non-Root-Bridges.** STP richtet an jeder Non-Root-Bridge einen Root-Port ein. Es handelt sich dabei um den Pfad mit den geringsten Kosten von der Non-Root-Bridge zur Root-Bridge. Root-Ports haben im Betrieb den *Forwarding*-Status. Die STP-Pfadkosten sind ein Gesamtkostenwert, der basierend auf der Bandbreite berechnet wird. Im Beispiel verläuft der kostengünstigste Pfad von Switch Y zur Root-Bridge über die 100BaseT-Leitung.
- **Auswählen des designierten Ports in jedem Segment.** In jedem Segment benennt STP einen designierten Port. Dieser wird an der Bridge ausgewählt, die die niedrigsten Pfadkosten zur Root-Bridge aufweist. Designierte Ports haben im Betrieb den *Forwarding*-Status und leiten Datenverkehr für das Segment weiter. In unserem Beispiel befindet sich der designierte Port beider Segmente an der Root-Bridge, denn die Root-Bridge ist mit beiden Segmenten direkt verbunden. Der 10BaseT-Ethernet-Port an Switch Y ist ein nichtdesignierter Port, denn es kann nur einen designierten Port pro Segment geben. Nichtdesignierte Ports haben im Betrieb den Status *Blocking* (gesperrt), um die Schleife in der Topologie logisch zu unterbrechen. Hat ein Port diesen Status, dann leitet er Datenverkehr nicht weiter, kann aber immer noch Daten empfangen.

7.3 Erweiterte STP-Funktionen

STP ernennt einen Stammknoten – die so genannte Root-Bridge – und erstellt eine Topologie, in der jeweils genau ein Pfad zu jedem Netzwerkknoten vorhanden ist. Die so entstehende Baumstruktur verzweigt von der Root-Bridge aus. Redundante Leitungen, die nicht Teil eines kürzesten Pfades sind, werden blockiert, denn nur so ist die Einrichtung einer schleifenlosen Topologie möglich. Daten-Frames, die über blockierte Verbindungen empfangen werden, werden verworfen.

STP setzt voraus, dass Netzwerkgeräte Meldungen austauschen können, um Bridging-Schleifen zu erkennen. Die von Switches gesendeten Meldungen, welche die Bildung einer schleifenlosen logischen Topologie ermöglichen, heißen BPDUs (Bridge Protocol Data Units, Bridge-Protocol-Dateneinheiten). BPDUs werden auch an blockierten Ports weiterhin empfangen, wodurch gewährleistet ist, dass, wenn ein aktiver Pfad oder ein Gerät ausfallen, eine neue übergreifende Baumstruktur berechnet werden kann.

Die BPDUs enthalten genug Informationen, damit alle Switches folgende Aufgaben erledigen können:

- Auswählen eines einzelnen Switchs, der als Root-Switch in der Baumstruktur dient.
- Berechnen des eigenen kürzesten Pfades zum Root-Switch.
- Ermitteln eines Switchs in jedem LAN-Segment, der dem Root-Switch am nächsten liegt. Diese Bridge heißt designierter Switch. Der designierte Switch verwaltet die gesamte Kommunikation zwischen diesem LAN-Segment und der Root-Bridge.
- Auswahl eines Root-Ports durch jeden Non-Root-Switch. Dies ist die Schnittstelle, die den besten Pfad zum Root-Switch darstellt.
- Auswählen von Ports, die Teil der Baumstruktur sind (designierte Ports). Nichtdesignierte Ports werden gesperrt.

Wenn STP eine schleifenlose logische Topologie erstellt, wird immer der gleiche, aus vier Schritten bestehende Entscheidungsprozess durchgeführt:

1. niedrigste BID (Bridge ID, Bridge-Kennung) der Root-Bridge
2. niedrigste Pfadkosten zur Root-Bridge
3. niedrigste Absender-BID
4. niedrigste Port-ID

Basierend auf diesem Entscheidungsprozess speichert die Bridge eine Kopie der »besten« BPDU, die an jedem Port erkannt wird. Wenn eine Bridge diese Bewertung durchführt, werden nicht nur alle BPDUs in Betracht gezogen, die am betreffenden Port empfangen wurden, sondern auch solche, die über diese Port gesendet worden wären. Wird eine BPDU empfangen, dann wird sie durch den Entscheidungsprozess abgeglichen, um festzustellen, ob ihre Verwendung attraktiver wäre als die für den betreffenden Port gespeicherte BPDU (d. h. der Kostenwert der empfangenen BPDU ist geringer). Ist dies der Fall, dann wird der alte Wert ersetzt.

Dieser Prozess des Speicherns der besten BPDU steuert auch den Versand von BPDUs. Wenn eine Bridge aktiv wird, werden über alle ihre Ports alle zwei Sekunden BPDUs versendet (sofern die Standardeinstellung für den Timer nicht geändert wurde). Erkennt ein Port aber eine BPDU von einer anderen Bridge, die attraktiver ist als die von ihm gesendete BPDU, dann stellt er den Versand von BPDUs ein; werden hingegen diese attraktiveren BPDUs für einen bestimmten Zeitraum (standardmäßig 20 Sekunden) nicht mehr empfangen, dann kann der lokale Port den Versand eigener BPDUs wieder aufnehmen.

7.3.1 Root-Bridge auswählen

Bei STP wird die Bridge zur Root-Bridge, die die kleinste BID aufweist. Die BID setzt sich aus der Priorität der Bridge und ihrer MAC-Adresse zusammen.

Switches und Bridges, auf denen der Spanning-Tree-Algorithmus ausgeführt wird, tauschen über die BPDUs in regelmäßigen Abständen mit anderen Switches und Bridges Konfigurationsmeldungen aus. Die BID ist eine der Informationen, die mit der BPDU übermittelt werden.

STP setzt voraus, dass jeder Bridge eine BID als eindeutige Kennung zugewiesen ist. Die BID setzt sich aus einem Prioritätswert (2 Bytes) und der MAC-Adresse (6 Bytes) zusammen. Entsprechend dem 802.1d-Standard beträgt der Standardprioritätswert 32768 (binär 1000 0000 0000 0000, hexadezimal 0x8000), denn dies ist der Mittelwert zwischen den beiden Extremen.

Die beiden Switches in Abbildung 7.7 verwenden jeweils den gleichen Prioritätswert, weswegen derjenige mit der niedrigeren MAC-Adresse zur Root-Bridge wird. In diesem Beispiel wird Switch X zur Root-Bridge mit der BID 0x8000 (0c00.1111.1111).

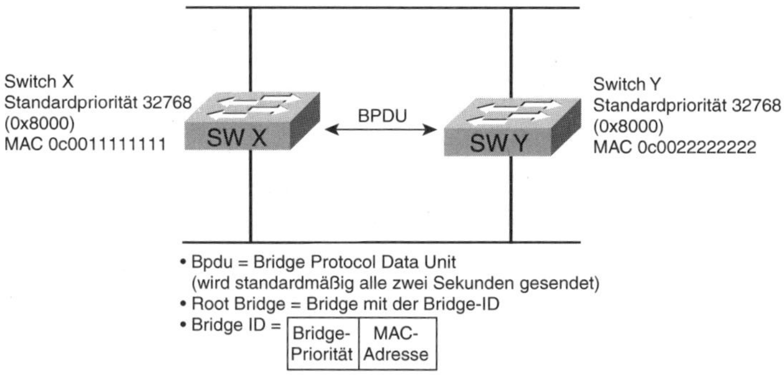

Abbildung 7.7: Root-Bridge auswählen

ANMERKUNG

Ein Cisco Catalyst-Switch verwendet eine MAC-Adresse aus einem ganzen Pool von MAC-Adressen, die – je nach Switch-Modell – entweder der Backplane oder dem Supervisor-Modul zugewiesen sind.

Die in Abbildung 7.8 gezeigte Bridge-ID besteht aus dem Standardprioritätswert 32768 und der MAC-Adresse der Bridge.

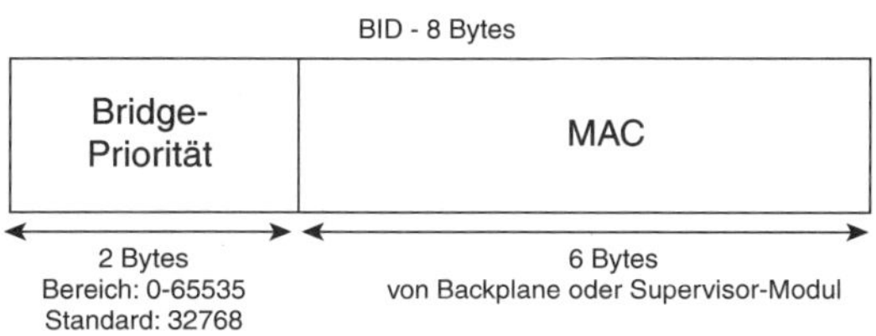

Abbildung 7.8: Bridge-ID

Wenn ein Switch gestartet wird, geht er davon aus, dass er als Root-Switch agiert, und sendet Inferior-BPDUs (dt. »unterlegene« BPDUs). Diese enthalten die MAC-Adresse des Switchs sowohl in der Root- als auch in der Absender-BID. Alle Switches werten die gesendeten BIDs aus. Wenn ein Switch eine BPDU mit niedrigerer Root-BID empfängt, verwendet er diese in den von ihm gesendeten BPDUs. Diese BPDUs werden von allen Bridges erkannt, die daraufhin die Bridge mit dem kleinsten BID-Wert zur Root-Bridge machen.

Der Administrator kann diese Entscheidung durch Verringerung der Priorität beeinflussen, denn hierdurch wird die BID kleiner. Das kann in vielen Fällen wünschenswert sein – so etwa, wenn der Datenfluss im Netzwerk logisch vorgegeben ist.

CD-ROM

Siehe auch e-Lab auf der Buch-CD-ROM » 8.1 Spanning Tree States «.

E-Lab und Lab

Siehe auch CNAP und [1] »Selecting the Root Bridge«.

7.3.2 Portzustände bei STP

Wenn STP aktiviert wird, durchläuft jede Bridge im Netzwerk beim Einschalten die Zustände *Blocking*, *Listening* und *Learning*. Sind die Ports einwandfrei konfiguriert, dann steht am Ende des Vorgangs einer der Zustände *Forwarding* oder *Blocking*. Ports mit dem Status *Forwarding* stellen den kostengünstigsten Pfad zur Root-Bridge dar. Erkennt die Bridge eine Änderung in der Netzwerktopologie, dann werden die beiden Übergangszustände *Listening* und *Learning* durchlaufen. Abbildung 7.9 zeigt die verschiedenen STP-Zustände.

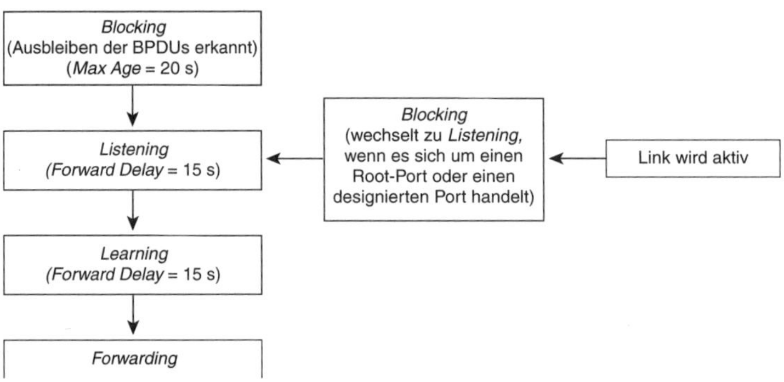

Abbildung 7.9: Portzustände bei STP

Normalerweise starten alle Bridge-Ports im Status *Blocking* und horchen nach BPDUs. Wenn die Bridge gestartet wird, geht sie davon aus, dass sie die Root-Bridge ist, und wechselt in den Status *Listening*. Bleiben für eine bestimmte Zeit BPDUs aus, dann kann dies ebenfalls einen Wechsel vom Status *Blocking* in den Status *Listening* zur Folge haben. In diesem Status kann ein Port BPDUs senden und empfangen, um die aktive Topologie zu bestimmen. Es werden allerdings keine Benutzerdaten weitergeleitet. In diesem Status führt die Bridge die zur Auswahl der Root-Bridge notwendigen Schritte durch und wählt die Root-Ports and den Non-Root-Bridges und die designierten Ports in jedem Segment aus.

Ports, die nach 15 Sekunden (d. h. nach Verstreichen des *Forward Delay*, der so genannten »Weiterleitungsverzögerung«) designierte Ports oder Root-Ports bleiben, wechseln in den Status *Learning*. Alle anderen Ports kehren zurück zum Status *Blocking*. Ein Port im *Learning*-Zustand kann seine MAC-Adresstabelle mit den MAC-Adressen, die er erlernt hat, versenden, aber er kann keine Benutzer-Frames weiterleiten. Auch der Zustand *Learning* bleibt standardmäßig für 15 Sekunden aktiv. An dieser Stelle werden noch immer keine Benutzerdaten weitergeleitet.

Zusammengefasst kennt STP die folgenden Zustände:

- **Blocking.** Frames werden nicht weitergeleitet. BPDUs werden erkannt.
- **Listening.** Frames werden nicht weitergeleitet. Wartet auf Frames.
- **Learning.** Frames werden nicht weitergeleitet. Adressen werden erlernt.
- **Forwarding.** Frames werden weitergeleitet. Adressen werden erlernt.
- **Disabled.** Frames werden nicht weitergeleitet. BPDUs werden nicht erkannt.

Der Status *Learning* verringert die Überflutung mit Paketen, die zu Beginn der Datenweiterleitung notwendig ist. Ist ein Port bei Beendigung des Status *Learning* noch immer designierter Port oder Root-Port, dann wechselt er zum Status *Forwarding*. Alle anderen Ports kehren zurück zum Status *Blocking*. Erst im Status *Forwarding* kann ein Port Benutzerdaten senden und empfangen.

Normalerweise dauert es etwa 30 bis 50 Sekunden, bis ein Port den Prozess vom Status *Blocking* zum Status *Forwarding* durchläuft. Sie können die STP-Timer zwar Ihren Bedürfnissen entsprechend ändern, sollten die Standardwerte aber im Zweifelsfall unverändert lassen, denn diese sind so konfiguriert, dass das Netzwerk genug Zeit hat, um alle wichtigen Informationen zur Netzwerktopologie zu sammeln.

Wie bereits erwähnt, heißt die Zeit zwischen den Wechseln eines Ports von *Listening* zu *Learning* und von *Learning* zu *Forwarding* Weiterleitungsverzögerung (engl. *Forward Delay*); sie beträgt standardmäßig 15 Sekunden. Ferner gibt es einen Timer namens *Max Age*, der angibt, wie lange eine Bridge eine BPDU speichert, bevor sie sie verwirft. Er beträgt standardmäßig 20 Sekunden. Wenn ein Port sich im Zustand *Blocking* befindet und innerhalb des durch *Max Age* angegebenen Zeitraums keine neue BPDU empfängt, wechselt er zum Status *Listening*.

Ist ein Switch-Port nur mit Endgeräten (d. h. nicht mit einem anderen Switch oder einer Bridge) verbunden, dann sollten Sie die Option `portfast` für die Endbenutzerports aktivieren. Sobald der betreffende Port aktiviert wird, wechselt er automatisch vom Statuszustand *Blocking* in den Status *Forwarding*. Dies ist zulässig, weil über diese Ports keine Schleifen entstehen können, denn es gibt keine anderen Switches oder Bridges, die daran angeschlossen sind. Abbildung 7.10 zeigt ein Beispielnetzwerk mit den verschiedenen Portzuständen.

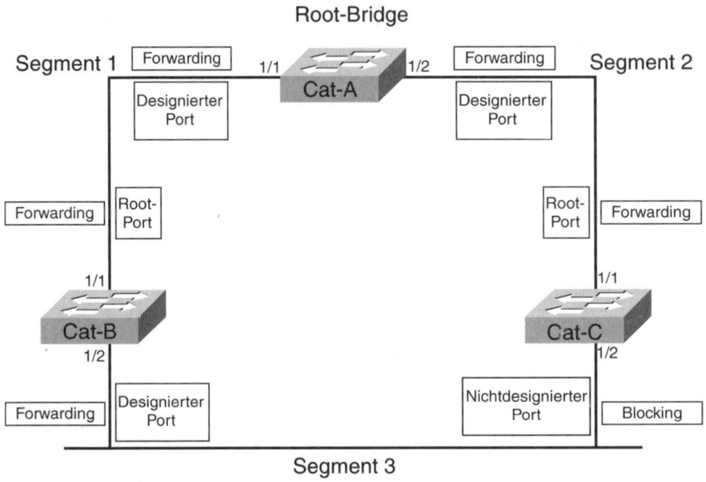

Abbildung 7.10: Portzustände im Beispielnetzwerk

7.3.3 Designierte Ports auswählen

Jedes Segment in einem Netzwerk mit Bridges hat genau einen designierten Port. Dieser Port fungiert als einziger Port der Bridge, der Daten sowohl aus dem Segment empfängt und an die Root-Bridge weiterleitet als auch von der Root-Bridge in das Segment sendet. Die Idee dahinter ist die, dass, wenn pro Segment nur ein einziger Port den Datenverkehr steuert, alle potenziellen Schleifen unterbrochen sind. Die Bridge, an der sich der designierte Port für ein gegebenes Segment befindet, heißt auch designierte Bridge dieses Segments.

Ist die Root-Bridge gewählt, dann fahren die Switches mit der Auswahl der Root-Ports fort. Der Root-Port einer Bridge ist derjenige Port, der der Root-Bridge am nächsten ist. An jeder Non-Root-Bridge muss ein Root-Port ausgewählt werden.

Auch hier verwenden Bridges das Konzept der Kosten, um die »Nähe« zu ermitteln. Insbesondere ermitteln Bridges die so genannten Root-Pfadkosten, d. h. die Gesamtkosten aller Verbindungen zur Root-Bridge. Abbildung 7.11 zeigt ein Beispiel dafür, wie Root-Ports gewählt werden, und veranschaulicht, wie dieser Wert über mehrere Bridges hinweg berechnet wird und wie die Auswahl des Root-Ports letztendlich stattfindet.

1. Wenn Cat-A (die Root-Bridge) BPDUs sendet, enthalten diese einen Kostenwert von 0 für den Root-Pfad.
2. Empfängt Cat-B diese BPDUs, dann fügt er die Pfadkosten von Port 1/1 den Root-Pfadkosten hinzu, die in der empfangenen BPDU gespeichert sind. Nehmen wir einmal an, dass das Netzwerk unter Fast Ethernet läuft. Cat-B empfängt dann einen Root-Pfadkostenwert von 0 und führt den Kostenwert von Port 1/1 in Höhe von 19 hinzu.
3. Cat-B verwendet diesen Wert 19 nun intern und versendet BPDUs mit einem Kostenwert in Höhe von 19 für den Root-Pfad über Port 1/2.
4. Empfängt Cat-C diese BPDUs von Cat-B, dann erhöht er die Root-Pfadkosten auf 38 (19 + 19).
5. Cat-C empfängt aber auch BPDUs von der Root-Bridge. Diese BPDUs mit dem Kostenwert 0 treten über Port 1/1 in Cat-C ein, und der Wert wird von Cat-C intern auf 19 erhöht.
6. Cat-C muss nun eine Entscheidung treffen, denn es muss ein Root-Port ausgewählt werden, also der Port, der am nächsten zur Root-Bridge liegt. An Port 1/1 erkennt Cat-C Root-Pfadkosten in Höhe von 19, an Port 1/2 in Höhe von 38. Aus diesem Grund wird Port 1/1 zum Root-Port.
7. Nun beginnt Cat-C damit, den Kostenwert in Höhe von 19 für den Root-Pfad nachgelagerten Switches mitzuteilen.

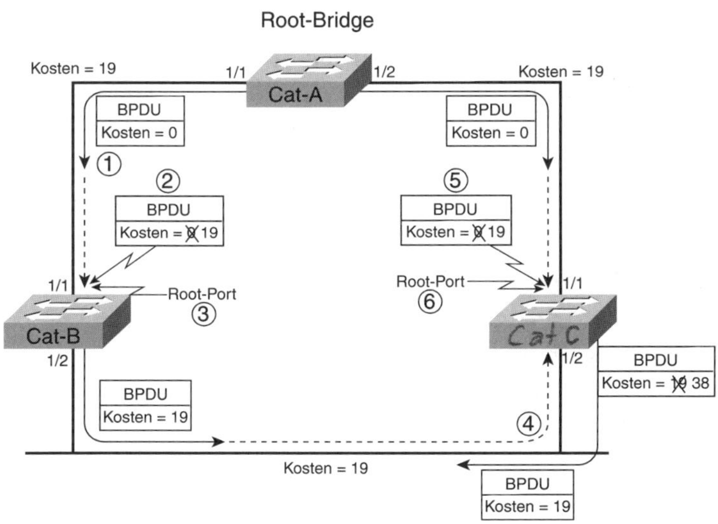

Abbildung 7.11: Auswahl der Root-Ports

Obwohl Cat-B in Abbildung 7.11 nicht detailliert dargestellt ist, durchläuft er eine ähnliche Abfolge von Berechnungen. Port 1/1 von Cat-B erreicht die Root-Bridge mit einem Kostenwert von 19, während Port 1/2 von Cat-B einen Wert von 38 berechnet. Der Root-Port von Cat-B wird also Port 1/1. Beachten Sie, dass sich der Kostenwert immer erhöht, wenn eine BPDU einen Port erreicht (und nicht dann, wenn sie über einen Port versendet wird). Empfängt Cat-B an Port 1/1 BPDUs mit dem Kostenwert 0, dann wird dieser »innerhalb« von Cat-B auf 19 erhöht.

Wie STP Schleifen verhindert, wird während des dritten Schritts des Konvergenzvorgangs offensichtlich: Es werden designierte Ports ausgewählt. Jedes Segment in einem Netzwerk mit Bridges hat genau einen designierten Port; dieser fungiert als einziger Bridge-Port, über den Daten zwischen Segment und Root-Bridge weitergeleitet werden. Die Idee dahinter ist die, dass, wenn der gesamte Datenverkehr einer Leitung über nur einen einzigen Port abgewickelt wird, alle Schleifen unterbrochen sein müssen. Die Bridge, die den designierten Port für ein gegebenes Segment enthält, heißt auch designierte Bridge des Segments.

Wie die Root-Ports werden auch die designierten Ports basierend auf dem Gesamtkostenwert für den Root-Pfad zur Root-Bridge ermittelt (Abbildung 7.12). Suchen Sie in der Abbildung die einzelnen designierten Ports, und betrachten Sie davon ausgehend die jeweiligen Segmente. Sehen Sie sich zunächst einmal Segment 1 an, die Verbindung zwischen Cat-A und Cat-B. In diesem Segment befinden sich zwei Bridge-Ports: Port 1/1 an Cat-A und Port 1/1 an Cat-B. Port 1/1 an Cat-A hat einen Kostenwert von 0 für den Root-Pfad (denn schließlich ist dies die Root-Bridge), während Port 1/1 von Cat-B Stammkosten in Höhe von 19 hat (dies entspricht dem in den BPDUs gespeicherten Wert 0 zuzüglich des Wertes 19 für den Port). Da Port 1/1 an Cat-A niedrigere Root-Pfadkosten aufweist, wird er zum designierten Port dieses Segments.

In Segment 2 (zwischen Cat-A und Cat-C) findet eine ähnliche Auswahl statt. Hier hat der Port 1/2 an Cat-A Root-Pfadkosten in Höhe von 0, der Port 1/1 an Cat-C hat hingegen einen Kostenwert von 19. Also wird Port 1/2 an Cat-A zum designierten Port, denn seine Kosten sind geringer.

Beachten Sie, dass jeder aktive Port der Root-Bridge zu einem designierten Port wird; diese Regel hat nur eine einzige Ausnahme, wenn nämlich eine physische Schleife (d. h. eine Schleife in der Bitübertragungsschicht) vorhanden ist. Das kann beispielsweise vorkommen, wenn zwei Ports der Root-Bridge an denselben Hub angeschlossen sind oder wenn zwei Ports über ein Crossover-Kabel miteinander verbunden sind.

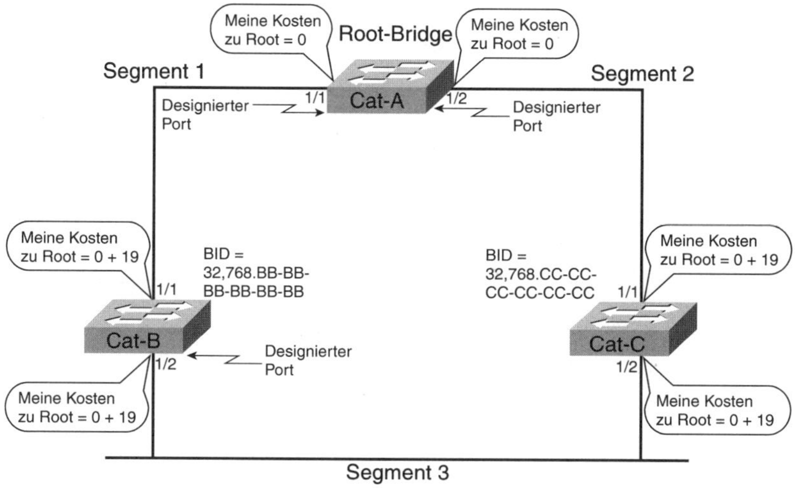

Abbildung 7.12: Auswahl designierter Ports

Betrachten Sie nun Segment 3 (zwischen Cat-B und Cat-C). Die Ports 1/2 von Cat-B und Cat-C haben jeweils einen Root-Pfadkostenwert von 19 – es liegt ein Gleichstand vor. Wenn STP einen solchen Gleichstand vorfindet, dann verwendet es den bereits beschriebenen, vier Schritte umfassenden Ablauf:

1. niedrigste BID der Root-Bridge
2. niedrigste Pfadkosten zur Root-Bridge
3. niedrigste Absender-BID
4. niedrigste Port-ID

Im in Abbildung 7.12 gezeigten Beispiel sind sich die drei Bridges einig, dass Cat-A die Root-Bridge ist, wodurch nachfolgend die Root-Pfadkosten berechnet werden können. Wie aber bereits im vorigen Absatz ausgeführt, haben sowohl Cat-B als auch Cat-C den Kostenwert 19. Infolgedessen wird das dritte Kriterium – die BID – zum entscheidenden Faktor. Da die BID von Cat-B (32768.BB-BB-BB-BB-BB-BB) kleiner ist als die BID von Cat-C (32768.CC-CC-CC-CC-CC-CC), wird Port 1/2 von Cat-B zum designierten Port für Segment 3. Port 1/2 von Cat-C wird also zum nichtdesignierten Port.

7.3.4 Pfadkosten

Die STP-Pfadkosten sind ein Summenwert, der auf der Bandbreite aller Verbindungen im Pfad basiert. Tabelle 7.1 zeigt einige in IEEE 802.1D für verschiedene Netzwerktechnologien wie Token Ring, Ethernet und SONET festgelegte Pfadkosten. Bridges bewerten anhand der Kosten, wie groß die Entfernung zu anderen Bridges ist. Der 802.1D-Standard definierte Kosten ursprünglich als Ergebnis von 1000 Mbit/s geteilt durch die Bandbreite der Verbindung in Mbit/s. Angesichts des Aufkommens von 10-Gigabit-Ethernet ist diese Formel allerdings nicht mehr zeitgemäß. Tabelle 7.2 zeigt die ursprünglich und aktuell definierten Leitungskosten für verschiedene Ethernet-Technologien.

Tabelle 7.1: Revidierte Pfadkosten für verschiedene Netzwerktechnologien

Bandbreite	STP-Kosten
4 Mbit/s	250
10 Mbit/s	100
16 Mbit/s	62
45 Mbit/s	39
100 Mbit/s	19
155 Mbit/s	14
622 Mbit/s	6
1 Gbit/s	4
10 Gbit/s	2

Tabelle 7.2: Leitungskosten für Ethernet

Leitungsgeschwindigkeit	Kosten (aktuelle IEEE-Spezifikation)	Kosten (ursprüngliche IEEE-Spezifikation)
10 Gbit/s	2	1
1 Gbit/s	4	1
100 Mbit/s	19	10
10 Mbit/s	100	100

Aus der Tabelle geht hervor, wie die Verbindungskosten von Bridges verwendet werden, um zu bewerten, wie weit entfernt sie von anderen Bridges sind. So hat beispielsweise eine 10BaseT-Leitung einen Kostenfaktor von 100 (1000 ÷ 10), während Fast Ethernet und FDDI (Fiber Distributed Data Interface) einen Faktor von 10 (1000 ÷ 100) aufweisen. Dieses System hat der Welt gute Dienste erwiesen, seit Radia Perlman 1983 mit der Entwicklung von STP begann. Nun allerdings sind durch die Implementierung von Gigabit-Ethernet und OC-48 ATM (2,4 Gbit/s) Probleme aufgetreten, weil der Kostenfaktor als Ganzzahl gespeichert wird und Bruchzahlen nicht berücksichtigt werden können. Bei OC-48 ATM etwa würde der Kostenwert 1000 Mbit/s ÷ 2400 Mbit/s = 0,41667 betragen. Dies ist jedoch ein ungültiger Kostenfaktor, d. h., er würde auf 1 aufgerundet werden und damit den gleichen Wert wie andere Technologien aufweisen, die mit einer Bandbreite von 1 Gbit/s oder höher arbeiten. Eine Option bestünde darin, für alle Leitungen, die eine Bandbreite von 1 Gbit/s oder höher haben, einen Kostenfaktor von 1 festzuschreiben; hierdurch aber würde verhindert, dass STP in Gigabit-Netzwerken den »besten« Pfad akkurat ermitteln kann. Um dieses Problem zu lösen, beschloss das IEEE, die Kostenfaktoren auf nichtlineare Weise zu modifizieren. In der Norm 802.1t ist sogar eine so genannte »Lange Methode« mit 32-Bit-Kostenwerten vorgesehen, die einen Bereich von 1 bis 200.000.000 umfassen (empfohlen werden Werte von 2.000.000 für 10 Mbit/s und 200 für 10 Gbit/s).

7.3.5 STP-Timer

Das *Hello*-Intervall steuert die Zeit zwischen dem Versand der Konfigurations-BPDUs. Der 802.1D-Standard legt einen Standardwert von 2 Sekunden hierfür fest. Dieser Wert gilt aber tatsächlich nur für die Konfigurations-BPDUs, wenn sie von der Root-Bridge erzeugt werden. Andere Bridges leiten BPDUs der Root-Bridge beim Empfang direkt weiter, d. h., wenn BPDUs aufgrund einer Störung im Netzwerk für 2 bis 20 Sekunden ausfallen, versenden Non-Root-Bridges während dieses Zeitraums keine periodischen BPDUs. Dauert der Ausfall länger als 20 Sekunden – der standardmäßige Höchstwert (*Max Age*) für den Timer –, dann macht die Bridge die gespeicherten BPDUs ungültig und sucht nach einem neuen Root-Port. *Max Age* bezeichnet die Zeit, für die eine Bridge eine BPDU speichert, bevor sie diese verwirft.

Wie wir bereits wissen, bezeichnet die Weiterleitungsverzögerung die Periode, welche die Bridge in den Zuständen *Listening* und *Learning* verbringt. Es handelt sich hier um einen einzelnen Wert, der beide Zustände steuert. Der Standardwert von 15 Sekunden wurde ursprünglich definiert, weil man von einer maximalen Netzwerkgröße von sieben Hops, maximal drei verlorenen BPDUs und einem *Hello*-Intervall von 2 Sekunden ausging. Der Timer für die Weiterleitungsverzögerung steuert auch die Ablaufzeit der Bridge-Tabelle nach einer Veränderung in der aktiven Topologie.

Zur Erinnerung: Jeder Port speichert eine Kopie der besten erkannten BPDU. Solange die Bridge kontinuierlich alle 2 Sekunden BPDUs empfängt, speichert die empfangende Bridge auch eine kontinuierliche Kopie der BPDU-Werte. Fällt das Gerät, das die beste BPDU gesendet hat, jedoch aus, dann muss eine Methode vorhanden sein, die ein Übernehmen durch andere Bridges ermöglicht. Tabelle 7.3 zeigt einige STP-Timer.

Tabelle 7.3: STP-Timer

Timer	Zweck	Standardwert
Hello Time	Zeit zwischen dem Versand von Konfigurations-BPDUs durch die Root-Bridge	2 Sekunden
Forward Delay	Weiterleitungsverzögerung (Dauer der Zustände *Listening* und *Learning*)	15 Sekunden
Max Age	Speicherdauer der BPDU	20 Sekunden

In manchen Situationen können Switches Topologieänderungen an direkt angeschlossenen Leitungen erkennen und sofort in den Status *Listening* wechseln, ohne die durch *Max Age* angegebene Zeitdauer abzuwarten.

Nehmen wir einmal an, dass die Verbindung von Segment 3 in Abbildung 7.13 einen Hub verwendet und dass der Transceiver des Ports 1/2 von Cat-B ausfällt. Cat-C wird nicht direkt über den Ausfall in Kenntnis gesetzt, denn er sieht immer noch eine »Ethernet-Leitung« vom Hub. Cat-C stellt also lediglich fest, dass die BPDUs ausbleiben. 20 Sekunden (*Max Age*-Wert) nach dem Ausfall macht Port 1/2 von Cat-C die BPDU-Informationen ungültig, die Cat-B als besten designierten Port für Segment 3 definieren. Nun ist Port 1/2 von Cat-C gezwungen, in den Status *Listening* zu wechseln, um designierter Port zu werden. Da Port 1/2 von Cat-C jetzt die attraktivste Zugriffsmöglichkeit der Root-Bridge auf diese Verbindung darstellt, wechselt er letztendlich in den Status *Forwarding*. In der Praxis dauert es etwa 50 Sekunden (20 Sekunden *Max Age*, 15 Sekunden *Listening* und 15 Sekunden *Learning*), bis Cat-C nach dem Ausfall von Port 1/2 an Cat-B übernehmen kann.

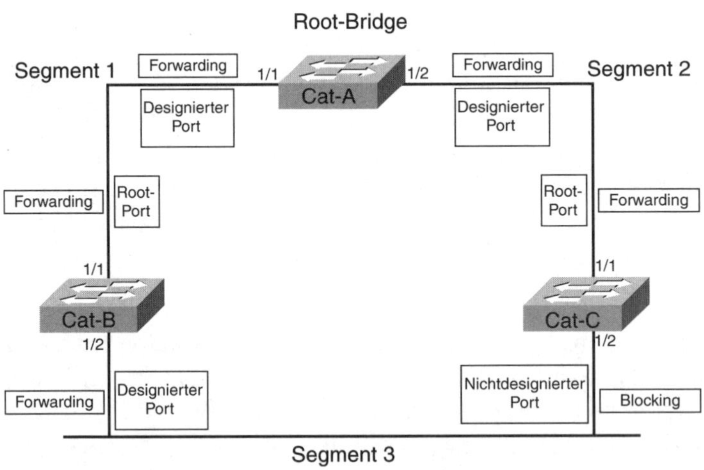

Abbildung 7.13: Beispielnetzwerk mit Darstellung der Portzustände

Ein weiteres Beispiel zeigt Abbildung 7.14. Hier ist Port 1/1 von Cat-C ausgefallen. Da dieser Ausfall einen Verbindungsausfall am Root-Port nach sich zieht, müssen keine 20 Sekunden vergehen, bis die vorherigen Informationen ungültig werden. Stattdessen wechselt Port 1/2 von Cat-C direkt in den *Learning*-Status, um neuer Root-Port zu werden. Auf diese Weise verringert sich die STP-Konvergenzzeit von 50 auf 30 Sekunden (15 Sekunden *Listening* und 15 Sekunden *Learning*).

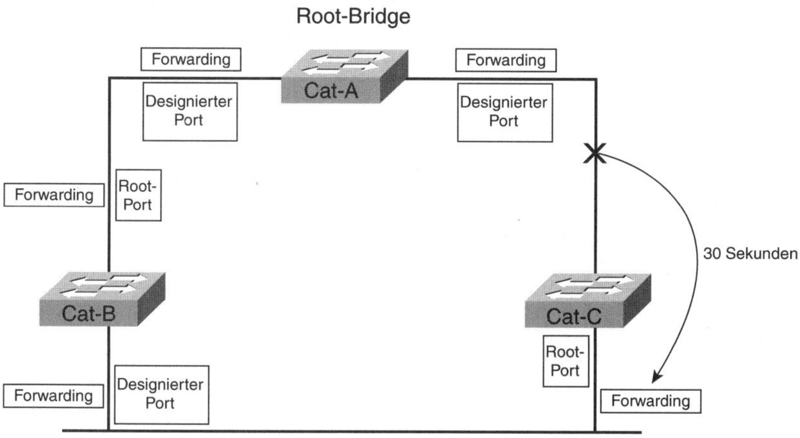

Abbildung 7.14: Beispielnetzwerk mit Darstellung der Portzustände

Zwei wesentliche Aspekte muss man sich in Zusammenhang mit STP-Timern vor Augen halten: Erstens sollten die Standardwerte nur nach reiflicher Überlegung geändert werden, und zweitens sollten Sie, wenn Sie die Timereinstellungen auf Höchstwerte setzen wollen, nur die STP-Timer an der Root-Bridge ändern. Die BPDUs enthalten drei Felder, über welche die Timerwerte von der Root-Bridge an alle anderen Bridges im Netzwerk weitergegeben werden. Betrachten Sie die Alternative: Müsste der Reihe nach jede Bridge lokal konfiguriert werden, dann können einige Bridges bereits in den *Forwarding*-Status gewechselt haben, bevor andere überhaupt den Status *Listening* verlassen haben. Ein solch chaotischer Ansatz kann schnell zu einem instabilen Netzwerk führen. Durch Übermittlung von Timerfeldern in den BPDUs kann die Bridge, die als Root-Bridge agiert, die Timingparameter für alle Bridges im Netzwerk diktieren.

7.3.6 Neuberechnung der Topologie

Tritt in der Netzwerktopologie eine Änderung auf, dann erhält STP die Konnektivität aufrecht, indem einige zuvor gesperrte Ports in den Status *Forwarding* versetzt werden. Erfolgt die Topologieänderung aufgrund des Ausfalles einer Bridge oder Leitung, dann stellt STP durch diesen Statuswechsel die Topologie um, um die Konnektivität im Netzwerk sicherzustellen.

Wenn Switch X – die Root-Bridge – in Abbildung 7.15 ausfällt und innerhalb der durch *Max Age* vorgegebenen Frist keine BPDUs mehr ans Switch Y sendet (standardmäßig sind dies 20 Sekunden, was zehn fehlenden BPDUs entspricht), dann erkennt Switch Y den Ausfall von Switch X. In diesem Fall erfolgt eine Neuberechnung der Baumstruktur. Switch Y schaltet seinen gesperrten Port 1 vom Status *Blocking* über die Zustände *Listening* und *Learning* in den Status *Forwarding* um.

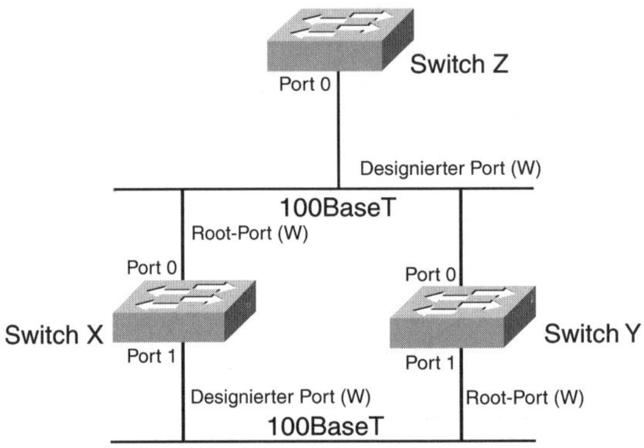

Abbildung 7.15: Neuberechnung der Topologie

Etwa 50 Sekunden nach der Konvergenz des Netzwerks wird Switch Y zur Root-Bridge und leitet den Datenverkehr zwischen den beiden Segmenten weiter.

E-LAB UND LAB

Siehe auch CNAP und [1] »Spanning-Tree Recalculation«.

7.3.7 Konvergenz

Für den normalen Netzwerkbetrieb ist Konvergenz unabdingbar. In Netzwerken mit Switches oder Bridges ist die Zeit, die nach dem Auftreten einer Änderung in der Netzwerktopologie zur Konvergenz benötigt wird, ein sehr wichtiger Punkt. In Zusammenhang mit STP bezeichnet Konvergenz einen Zustand, in dem alle Switch- und Bridge-Ports sich entweder im Status *Forwarding* oder im Status *Blocking* befinden.

Eine schnelle Konvergenz ist ein wünschenswertes Netzwerkmerkmal, denn hierdurch wird die Zeit verkürzt, während der sich die Ports in Übergangszuständen befinden und keine Benutzerdaten weiterleiten. In der Regel beträgt die Konvergenzzeit 30 bis 50 Sekunden.

7.4 RSTP

RSTP wurde entwickelt, um die Neuberechnung der Baumstruktur bei Änderungen der Netzwerktopologie erheblich zu beschleunigen. Das Protokoll definiert die zusätzlichen Funktionen »Alternativport« (engl. *Alternate*) und »Reserveport« (engl. *Backup*); die Portzustände heißen hier *Discarding*, *Learning* und *Forwarding*.

Es gelingt dem Protokoll, die Zeit bis zur Konvergenz der aktiven Topologie im Netzwerk erheblich zu verkürzen, wenn sich die physische Topologie oder die Konfigurationsparameter ändern. RSTP wählt einen Switch als Stamm einer aktiven Topologie aus, die als Baumstruktur ausgeführt ist, und weist den einzelnen Ports am Switch abhängig davon, ob sie Bestandteile der aktiven Topologie sind oder nicht, verschiedene Rollen zu.

RSTP ermöglicht nach dem Ausfall eines Switchs, eines Switch-Ports oder eines LAN eine schnelle Wiederherstellung der Konnektivität. Ein neuer Root-Port und ein designierter Port am anderen Ende der Bridge wechseln mit Hilfe eines expliziten Handshake-Datenaustauschs in den Status *Forwarding*. RSTP erlaubt die Konfiguration von Switch-Ports dahingehend, dass sie bei der Neuinitialisierung des Switchs selbsttätig in den Status *Forwarding* wechseln.

RSTP ist im Standard IEEE 802.1w festgeschrieben und ersetzt STP (IEEE 802.1d), ist aber abwärtskompatibel zu STP. Um die RSTP-Funktionen verwenden zu können, müssen Sie das EI (Enhanced Image, erweitertes Software-Image) auf Ihrem Switch installieren.

RSTP verwendet für die einzelnen Portfunktionen die folgenden Definitionen:

- **Root-Port.** Ein Port im *Forwarding*-Zustand, der für die Baumstruktur ausgewählt wird.
- **Designierter Port.** Ein Port im *Forwarding*-Zustand, der für jedes geswitchte LAN-Segment ausgewählt wird.
- **Alternativer Port.** Ein alternativer Pfad zur Root-Bridge, der zusätzlich zum aktuellen Root-Port vorhanden ist.
- **Backup-Port.** Ein Reservepfad, der über einen designierten Port in Richtung der Verästelungen der Baumstruktur bereitgestellt wird. Backup-Ports können nur dort existieren, wo zwei Ports als Loopback durch eine

Point-to-Point-Verbindung oder eine Bridge mit zwei oder mehr Verbindungen zu einem gemeinsamen LAN-Segment verbunden sind.

– **Deaktiviert.** Ein Port, der keine Betriebsfunktion in der Baumstruktur hat.

Die Rollen des Root-Ports und des designierten Ports machen einen Port zum Bestandteil der aktiven Topologie. Analog schließen die Funktionen des alternativen und der Backup-Port die betreffenden Ports aus der aktiven Topologie aus.

7.4.1 Portzustände bei RSTP

Der Portzustand steuert die Weiterleitungs- und Lernprozesse. Unterschieden werden die Zustände *Discarding*, *Learning* und *Forwarding*. Tabelle 7.4 vergleicht die Portzustände von STP und RSTP miteinander.

Tabelle 7.4: Vergleich der Portzustände bei STP und RSTP

Betriebszustand	STP-Portzustand	RSTP-Portzustand	Port Bestandteil der aktiven Topologie?
aktiviert	*Blocking*	*Discarding*	Nein
aktiviert	*Listening*	*Discarding*	Nein
aktiviert	*Learning*	*Learning*	Ja
aktiviert	*Forwarding*	*Forwarding*	Ja
deaktiviert	*Disabled*	*Discarding*	Nein

In einer stabilen Topologie gewährleistet RSTP, dass sich alle Root-Ports und alle designierten Ports im Zustand *Forwarding* befinden, alle alternativen und Backup-Ports hingegen im Zustand *Discarding*.

Wechsel zum Status *Forwarding*

Der extrem schnelle Übergang zum Status *Forwarding* ist das wesentliche Merkmal von IEEE 802.1w. Bevor dieser Standard eingeführt wurde, wartete der Spanning-Tree-Algorithmus tatenlos, bis das Netzwerk konvergiert hatte, bevor er einen Port in diesen Status *Forwarding* versetzte. RSTP dagegen bestätigt aktiv, dass ein Port sicher in den Status *Forwarding* wechseln kann, ohne auf eine Timerkonfiguration angewiesen zu sein. Um die schnelle Konvergenz an einem Port zu ermöglichen, führt das Protokoll zwei neue Variablen ein: den Edge-Port (dt. *Port am Rand*) und den Leitungstyp.

Als Edge-Ports werden jene Ports bezeichnet, die direkt an Endstationen angeschlossen sind. Sie können in einem Netzwerk mit Bridges keine Schleifen verursachen, weswegen sie die Zustände *Listening* und *Learning* überspringen und direkt in den Status *Forwarding* wechseln können. Ein geänderter Leitungsstatus an einem Edge-Port führt keinesfalls zu einer Änderung der Topologie.

RSTP kann einen solchen schnellen Wechsel zum Status *Forwarding* nur an den Edge-Ports und bei Point-to-Point-Verbindungen realisieren. In modernen geswitchten Netzwerken ist dies aber eher der Ausnahmefall. Deswegen wird basierend auf dem Duplexmodus eines Ports automatisch der Leitungstyp ermittelt. Ein Port, der im Vollduplexmodus arbeitet, ist ein Point-to-Point-Port, während ein Port im Halbduplexmodus standardmäßig als mehrfach genutzter Port betrachtet wird. Sie können die automatische Ermittlung des Leitungstyps durch Eingabe einer expliziten Konfiguration außer Kraft setzen. Abbildung 7.16 zeigt beispielhaft einen schnellen Übergang zum Status *Forwarding.*

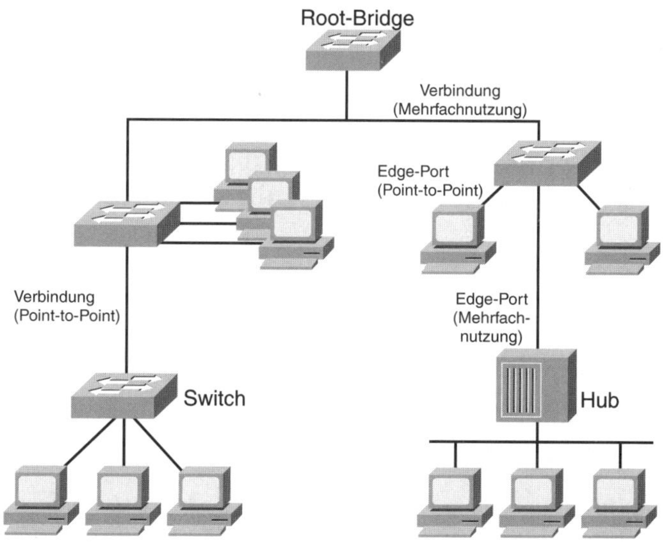

Abbildung 7.16: Schneller Übergang zum Status Forwarding

In absehbarer Zeit wird RSTP das STP-Protokoll ersetzen.

7.5 Zusammenfassung

In diesem Kapitel werden die folgenden Sachverhalte erläutert:

- Zu den in diesem Kapitel erläuterten Begriffen und Konzepten gehören redundante Topologien, redundante geswitchte Topologien, Broadcast-Stürme, Mehrfachübertragung von Frames und Instabilitäten in der MAC-Datenbank.
- Redundante Topologien ermöglichen die Einrichtung zuverlässigerer und fehlertoleranter Netzwerke.
- STP und der Spanning-Tree-Algorithmus gewährleisten eine schleifenlose logische Topologie innerhalb einer physischen Topologie, die Schleifen aufweisen kann.
- Zu den wichtigen Begriffen, die im Zusammenhang mit STP geläufig sein müssen, gehören der STP-Betrieb, die Baumstruktur, die Auswahl der Root-Bridge, die Portzustände, die Auswahl designierter Ports, Pfadkosten, STP-Timer, die Neuberechnung der Topologie und die Konvergenz.
- Zu den wichtigen Begriffen, die im Zusammenhang mit RSTP geläufig sein müssen, gehören die Portzustände und der schnelle Wechsel in den Status *Forwarding*.

Um den hier erlernten Stoff zu vertiefen, beachten Sie bitte auch die diesem Kapitel zugeordneten Videos, Photo-Zooms und E-Labs auf der CD-ROM.

7.6 Lernzielkontrolle

1. Zweck redundanter Topologien ist die Beseitigung von Netzwerkausfällen, die von bestimmten Komponenten verursacht werden. Wie heißen diese Komponenten?
   a) fehlerkritische Komponenten
   b) elementare Komponenten
   c) wichtige Komponenten
   d) vernachlässigbare Komponenten
2. Was ist der Zweck von STP?
   a) Aufrechterhaltung von Pfaden mit Einzelschleifen
   b) Aufrechterhaltung eines schleifenlosen Netzwerks
   c) Aufrechterhaltung eines Mehrfachschleifennetzwerks
   d) Aufrechterhaltung eines schleifenreduzierten Netzwerks

3. Was müssen Sie tun, wenn die Netzwerktopologie sich ändert, damit ein schleifenfreies Netzwerk erhalten bleibt?
   a) Sie müssen eine STP-Neuberechnung starten.
   b) Sie müssen den Stammknoten der Baumstruktur neu konfigurieren.
   c) Sie müssen alle Geräte in der Baumstruktur neu konfigurieren.
   d) Sie müssen nichts tun. STP konfiguriert die Ports von Switch oder Bridge automatisch.
4. Was sind alle Ports an der Root-Bridge?
   a) Root-Ports
   b) gesperrte Ports
   c) designierte Ports
   d) nichtdesignierte Ports
5. Wie wählt STP den Root-Port an einer Non-Root-Bridge aus?
   a) Der Root-Port ist der Pfad mit dem höchsten Kostenfaktor von der Non-Root-Bridge zur Root-Bridge.
   b) Der Root-Port ist der Pfad mit dem niedrigsten Kostenfaktor von der Non-Root-Bridge zur Root-Bridge.
   c) Der Root-Port ist der Pfad mit dem niedrigsten Kostenfaktor von der Non-Root-Bridge zur Backup-Root-Bridge.
   d) Der Root-Port ist der Pfad mit dem höchsten Kostenfaktor von der Non-Root-Bridge zur Backup-Root-Bridge.
6. Welche Bridge wählt STP als Root-Bridge aus?
   a) Die Bridge mit der niedrigsten Priorität.
   b) Die Bridge mit der niedrigsten BID.
   c) Die Bridge mit der höchsten BID.
   d) Die Bridge mit der höchsten MAC-Adresse.
7. Woraus setzt sich die STP-BID zusammen?
   a) Bridge-Priorität und IP-Adresse der Bridge
   b) Bridge-Priorität und MAC-Adresse der Bridge
   c) MAC-Adresse und IP-Adresse der Bridge
   d) MAC-Adresse der Bridge und Ethernet-Portnummer

8. In welchem Status kann ein Port seine MAC-Adresstabelle weitergeben, nicht aber Benutzer-Frames weiterleiten?

   a) *Learning*

   b) *Blocking*

   c) *Listening*

   d) *Forwarding*

9. Wie hoch sind die Kosten für eine 100-Mbit/s-Leistung entsprechend der aktualisierten IEEE-Spezifikation?

   a) 4

   b) 10

   c) 19

   d) 100

10. Wie ist die Konvergenz in Bezug auf STP definiert?

    a) Alle Ports sind in den Status *Blocking* übergegangen.

    b) Alle Ports sind in den Status *Forwarding* übergegangen.

    c) Alle Ports sind in den Status *Forwarding* oder *Listening* übergegangen.

    d) Alle Ports sind in den Status *Forwarding* oder *Blocking* übergegangen.

11. Wie hoch ist der Wert *Max Age* bei STP standardmäßig?

    a) 2 Sekunden

    b) 15 Sekunden

    c) 20 Sekunden

    d) 30 Sekunden

12. Wie heißt bei RSTP das Äquivalent zum STP-Status *Blocking*?

    a) *Blocking*

    b) *Dropping*

    c) *Discarding*

    d) *Forwarding*

13. Welchen Zustand hat bei RSTP der Weiterleitungsport, der für jedes geswitchte LAN-Segment ausgewählt wird?

    a) Root-Port

    b) Reserveport

    c) alternativer Port

    d) designierter Port

14. Wie realisiert STP ein schleifenloses Netzwerk?

    a) Indem es alle Ports in den Status *Blocking* versetzt.

    b) Indem es alle Bridges in den Status *Blocking* versetzt.

    c) Indem es einige Ports in den Status *Blocking* versetzt.

    d) Indem es einige Bridges in den Status *Blocking* versetzt.

Lernziele:

Wenn Sie dieses Kapitel gelesen haben, werden Sie

- erläutern können, was VLANs sind,
- Gründe zur Einrichtung von VLANs aufzählen und ihre Vorteile nennen können,
- die Methoden der VLAN-Implementierung nennen und beschreiben können,
- in der Lage sein, VLAN-Konfigurationen zu erstellen, zu überprüfen und zu löschen,
- grundlegende Methoden der Fehlersuche und -behebung bei VLANs erläutern können.

Kapitel 8

VLANs

Dieses Kapitel bietet eine Einführung in VLANs und beschreibt die Vorteile einer geswitchten VLAN-Architektur. Ferner werden die Prinzipien und der Betrieb von VLANs erklärt. Außerdem erläutert das Kapitel die Anweisungen zur Erstellung, Überprüfung und Löschung eines VLAN und beschreibt Schritte zur Fehlersuche und -behebung, mit deren Hilfe Sie Schwierigkeiten bei der VLAN-Implementierung erkennen und beseitigen.

Beachten Sie bitte die diesem Kapitel zugeordneten Videos, Photo-Zooms und E-Labs auf der beiliegenden CD-ROM. Sinn dieser Zusatzinformationen ist die Ergänzung des Materials und Vertiefung des Stoffes, der in diesem Kapitel vorgestellt wird.

8.1 Einführung in VLANs

Eine sehr wichtige Technik beim Ethernet-Switching sind VLANs (Virtual LAN, virtuelles LAN). Hierbei werden Workstations und Server mit Hilfe von Switches zu logischen Gruppen zusammengefasst. Alle Geräte in einem VLAN können zunächst nur ausschließlich mit den anderen Geräten im eigenen VLAN kommunizieren, sodass das geswitchte Netzwerk wie eine Anzahl mehrerer, nicht verbundener LANs zu betrachten ist. Es ist häufig schwierig, ein VLAN exakt zu definieren, denn die verschiedenen Hersteller verwenden unterschiedliche Ansätze zur Einrichtung von VLANs.

Unternehmen nutzen VLANs häufig als Möglichkeit, eine bestimmte Gruppe von Benutzern logisch zusammenzufassen. Man kann dies mit einem traditionellen Arbeitsplatz vergleichen, wo mehrere Abteilungen häufig in einem Gebäude unterbracht sind; insofern kann man ein auf die Abteilung begrenztes traditionelles LAN als natürliches Abbild dieser Anforderung betrachten.

Heutzutage sind die Mitarbeiter eines Unternehmens mit ihrem Arbeitsplatz jedoch nicht mehr an einen bestimmten Standort im Unternehmen gebunden, da VLANs die Bildung »logischer« Abteilungsbereiche ermöglicht haben. So werden Mitarbeiter der Marketingabteilung eines Unternehmens zu Mitgliedern des Marketing-VLAN gemacht, während Entwickler und Techniker im Entwicklungs-VLAN platziert werden.

VLANs bieten Sicherheit, Skalierbarkeit und einfacheres Netzmanagement. Router in VLAN-Topologien ermöglichen die Filterung von Broadcasts und bieten Sicherheit und Datenflussmanagement.

Ein VLAN ist eine logische Gruppierung von Netzwerkgeräten oder Benutzern, die nicht auf ein physisches Segment beschränkt ist. Abbildung 8.1 zeigt die logische Gruppierung von Workstations in VLANs im Vergleich mit der physischen Gruppierung von Workstations in traditionellen LANs.

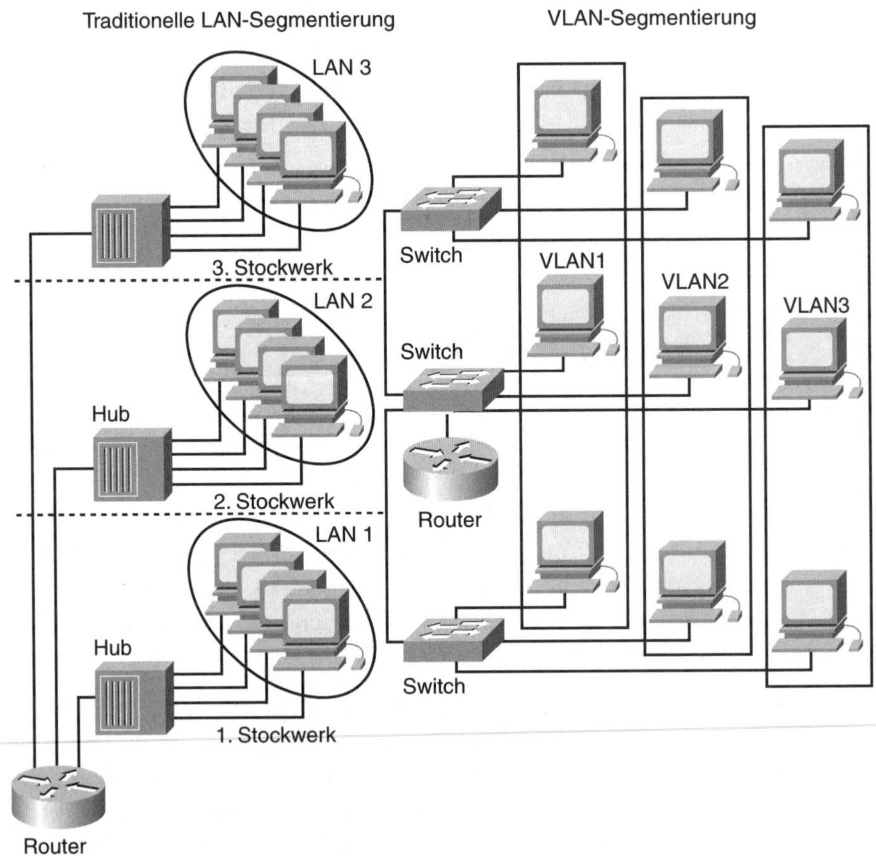

Abbildung 8.1: LANs und VLANs und ihre physischen Grenzen

VLANs segmentieren geswitchte Netzwerke logisch nach Funktionen innerhalb einer Organisation, nach Projektteams oder nach Anwendungen, nicht jedoch auf einer physischen oder geografischen Basis. So können beispielsweise alle Workstations und Server, die von einer bestimmten Arbeitsgruppe verwendet werden, unabhängig von ihrem Standort im Netzwerk an das gleiche VLAN angeschlossen werden. Abbildung 8.2 zeigt ein VLAN-Design, bei dem drei VLANs über zwei Switches hinweg definiert werden, die über einen Router miteinander verbunden sind. Eine Neukonfiguration dieses Netzwerks erfolgt nicht durch physische Trennung und Verlegung von Geräten und Kabeln, sondern einzig über die Konfiguration der Geräte, d. h. auf einer Softwareebene.

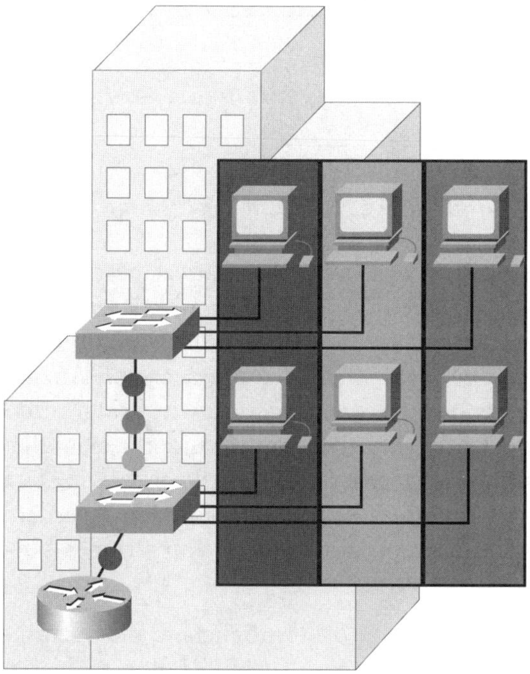

Abbildung 8.2: VLAN-Design

Abbildung 8.3 zeigt ein VLAN-Design für verschiedene Abteilungen innerhalb des Unternehmens. Hier ist für jede Abteilung – Entwicklung, Marketing und Buchhaltung – jeweils ein VLAN definiert, das sich über drei Switches an drei verschiedenen Standorten erstreckt.

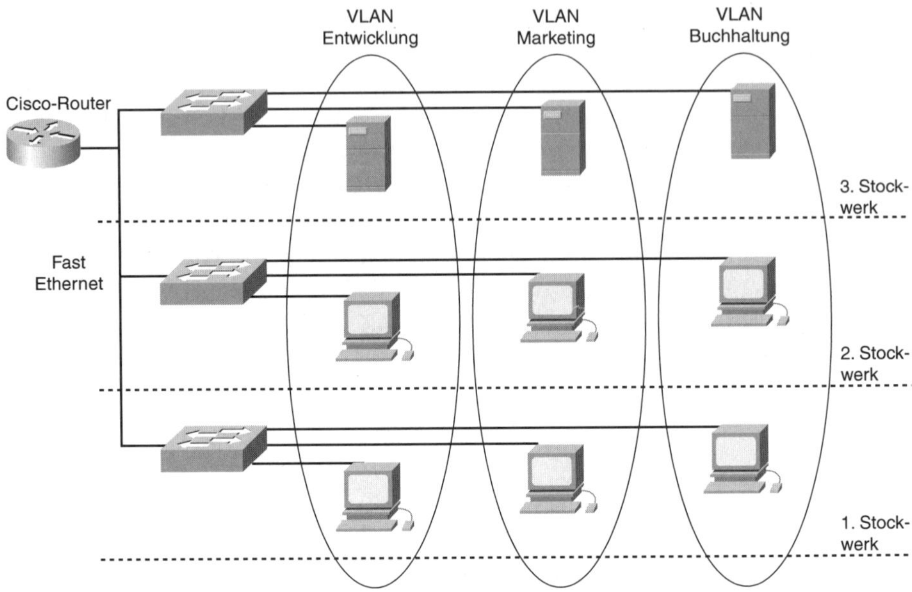

Abbildung 8.3: VLANs sind nicht auf physische Standorte beschränkt.

Eine Client-Workstation in einem VLAN ist zunächst darauf beschränkt, Dateiserver und Workstations im gleichen VLAN zu kontaktieren. Man kann sich ein VLAN als Broadcast-Domäne vorstellen, die innerhalb einer definierten Gruppe von Switches existiert. VLANs umfassen eine Anzahl von Endsystemen – entweder Hosts oder Netzwerkgeräte wie Bridges und Router –, die durch eine einzige Bridge-Domäne miteinander verbunden sind. Die Bridge-Domäne wird durch verschiedene Netzwerkgeräte wie etwa LAN-Switches realisiert, auf denen Bridging-Protokolle ausgeführt werden; dabei ist für jedes VLAN virtuell eine separate Gruppe von Bridges vorhanden.

VLANs werden erstellt, um die Segmentierung zu ermöglichen, die in traditionellen LANs durch Router realisiert wird. In VLAN-Topologien bieten Router Broadcast-Filterung, Sicherheit und Datenverkehrsmanagement. Switches können den Datenverkehr zwischen VLANs nicht einfach wie eine Bridge weiterleiten, da dies die Integrität der VLAN-Broadcast-Domäne beschädigen würde. Daher muss der Datenverkehr zwischen VLANs immer geroutet werden.

8.2 Broadcast-Domänen mit VLANs und Routern

Ein VLAN ist eine Broadcast-Domäne, die sich über einen oder mehrere Switches erstreckt. Im folgenden Szenario benötigt das Netzdesign zwei getrennte Broadcast-Domänen. In Abbildung 8.4 werden mit Hilfe dreier separater Switches zwei getrennte Broadcast-Domänen erstellt. Beachten Sie, dass der Router eine Weiterleitung von Paketen zwischen den Broadcast-Domänen durchführt, die sich wie getrennte Schicht-3-Gruppierungen verhalten. Dazu ist mindestens eine Verbindung zum Router erforderlich.

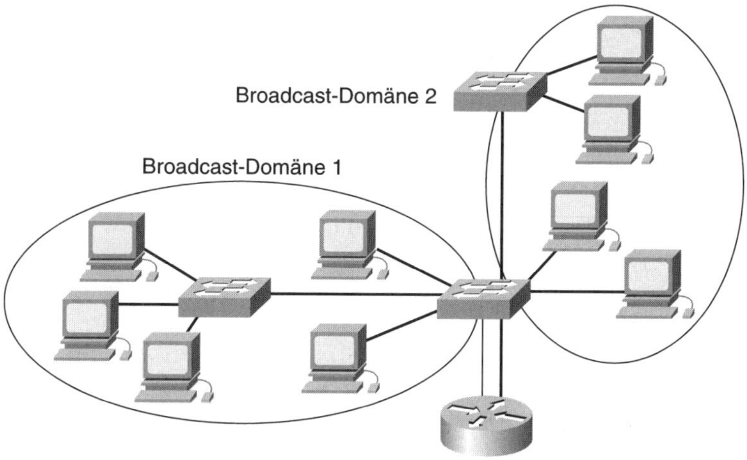

Abbildung 8.4: Verteilung von Broadcasts im VLAN

8.3 Betrieb eines VLAN

Ein VLAN bildet ein geswitchtes Netzwerk, das nach Funktionen, Projektteams oder Anwendungen gruppiert wird, ohne dass die physischen Standorte der Benutzer hierbei eine Rolle spielen. Jeder Switch-Port kann einem VLAN zugewiesen werden. Ports, die dem gleichen VLAN zugeordnet sind, verarbeiten auch die gleichen Broadcasts; Ports, die unterschiedlichen VLANs zugewiesen sind, tun dies nicht. Auf diese Weise wird die Gesamtleistung des Netzwerks optimiert, denn die Auswirkung unnötiger, Bandbreite verschwendender Broadcasts wird reduziert.

Man unterscheidet zwei Methoden der VLAN-Konfiguration:

- **Statische VLANs.** Diese Methode heißt auch »portbasierte Mitgliedschaft«. Die Zuordnung eines Ports zu einem VLAN erfolgt durch statische VLAN-Konfiguration. Wenn ein Gerät ans Netzwerk angeschlossen wird, nimmt es automatisch am VLAN »seines« Ports teil. Wechselt der Benutzer die Ports, möchte aber im gleichen VLAN bleiben, dann muss der Administrator eine manuelle Zuweisung des neuen Ports zum gewünschten VLAN vornehmen (Abbildung 8.5).
- **Dynamische VLANs.** Dynamische VLANs entstehen durch den Einsatz von Softwarelösungen wie CiscoWorks 2000. Mit Hilfe eines VMPS (VLAN Management Policy Server, Server für VLAN-Verwaltungsrichtlinien) können Sie Switch-Ports VLANs dynamisch basierend auf der MAC-Adresse des Gerätes zuweisen, das an den Port angeschlossen ist. Derzeit ermöglichen die Catalyst-Switches eine Mitgliedschaft in dynamischen VLANs nur basierend auf der MAC-Adresse des Endgerätes. Sobald ein Gerät dem Netzwerk hinzugefügt wird, fragt der Switch den VMPS automatisch zur VLAN-Zugehörigkeit ab (Abbildung 8.6).

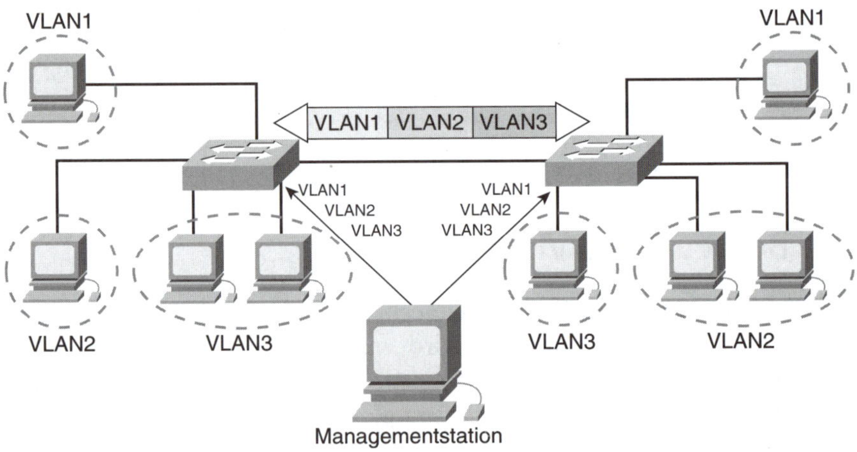

Abbildung 8.5: Statische VLANs

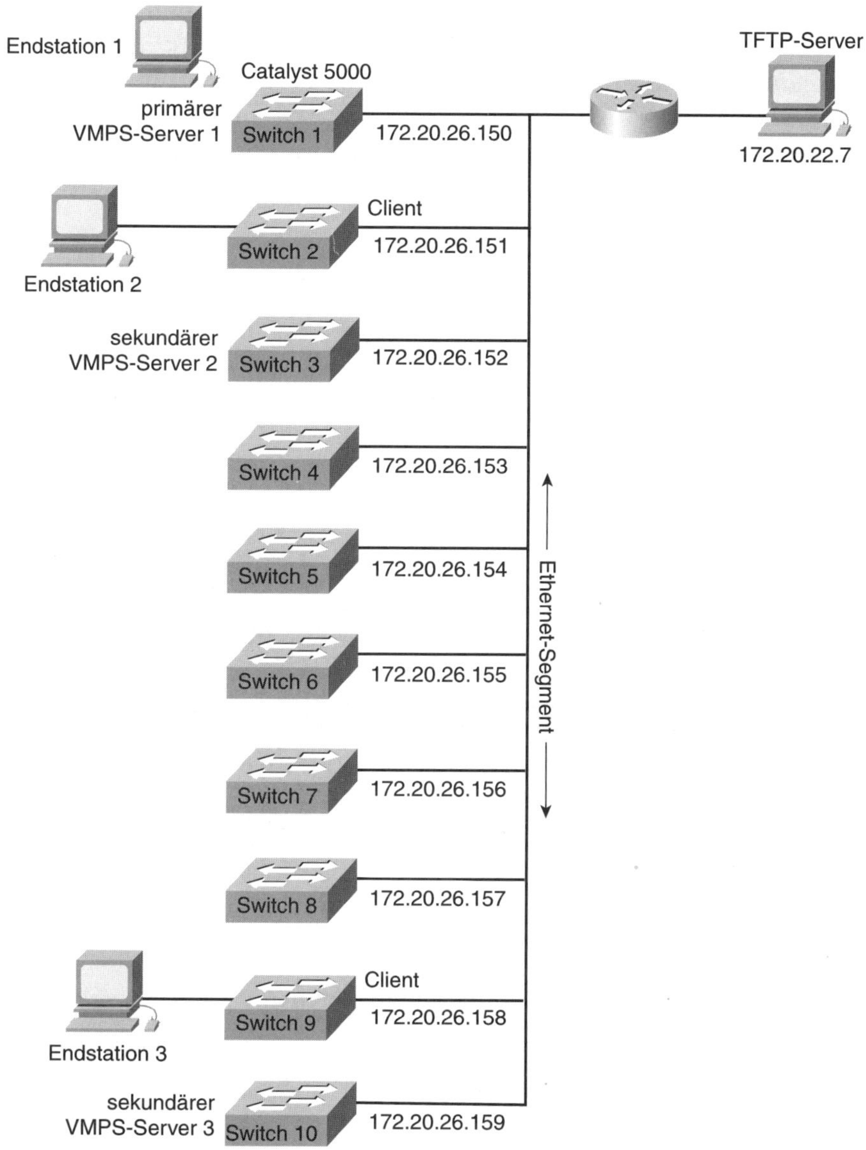

Abbildung 8.6: Dynamische VLANs

Abbildung 8.7 zeigt ein statisches, portbasiertes VLAN. Der Port wird einem bestimmten VLAN zugewiesen – abhängig davon, welcher Benutzer oder welches System an ihn angeschlossen ist. Dies bedeutet, dass alle Benutzer, die an den Port angeschlossen werden, Mitglieder desselben VLANs sind. An einen einzelnen Switch-Port sind entweder eine einzelne Benutzer-Workstation oder ein Hub angeschlossen, der wiederum mit mehreren Workstations verbunden ist. Die VLAN-Zuweisung erfolgt in der Regel durch den

Netzwerkadministrator. Die Portkonfiguration ist statisch und kann nicht automatisch auf ein anderes VLAN umgeschaltet werden, ohne dass der Switch manuell neu konfiguriert werden müsste. Beachten Sie in der Abbildung 8.7, dass jedes VLAN sich in einem separaten Subnetz befindet und dass der Router zur Kommunikation zwischen diesen Subnetzen verwendet wird.

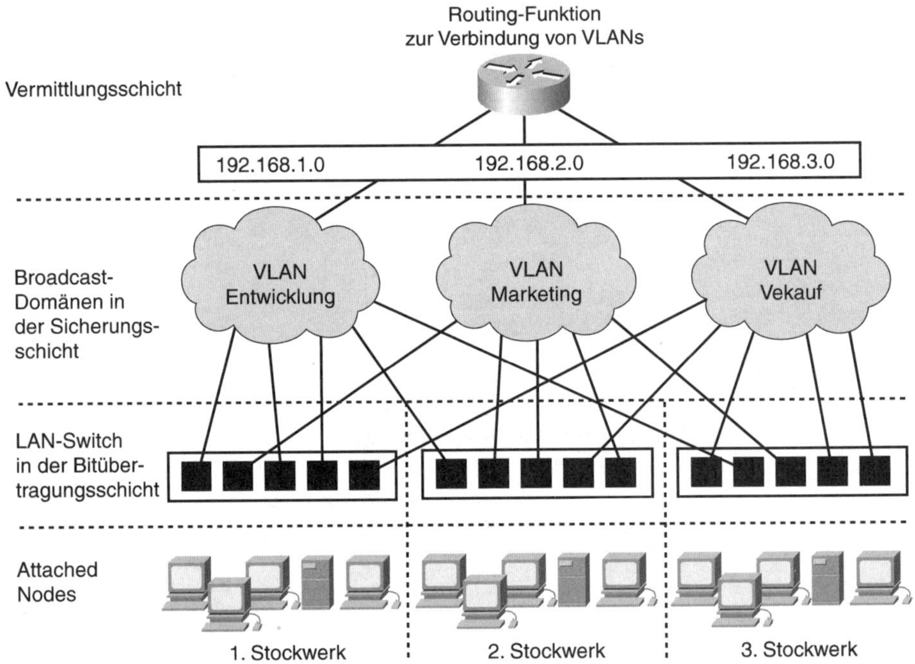

Abbildung 8.7: Portzentrische statische VLANs

VLANs bieten Benutzern mehr Bandbreite in einem großen Netzwerk, denn sie definieren separate Broadcast-Domänen.

Das Standard-VLAN für jeden Port eines Switchs ist VLAN1, das so genannte Management-VLAN. Das Management-VLAN kann nicht gelöscht werden, aber es lassen sich weitere VLANs erzeugen, denen die Ports dann zugewiesen werden können.

Wir erinnern uns: Jede Schnittstelle eines Switchs verhält sich wie ein Port einer Bridge, und Switches sind im Grunde genommen nichts anderes als Multiport-Bridges. Bridges filtern Datenverkehr aus, bei dem Ursprungs- und Zielsegment gleich sind. Muss ein Frame nun eine Bridge passieren und ist die Empfänger-MAC-Adresse bekannt, dann leitet die Bridge den Frame über die korrekte Schnittstelle (und nur über diese) weiter. Weiß die Bridge bzw. der Switch nicht, wo sich der Empfänger befindet, dann flutet er bzw.

sie den Frame über alle Ports in der Broadcast-Domäne (VLAN) mit Ausnahme des Herkunftsports.

Ein VLAN muss immer eine eindeutige Schicht-3-Netzwerk- oder Subnetzadresse haben. Dies ermöglicht erst das Schicht-3-Switching von Paketen zwischen VLANs mit Routern. VLANs können entweder als Ende-zu-Ende-Netzwerke, welche die gesamte Switch-Struktur umfassen, oder aber innerhalb geografischer Grenzen existieren.

8.3.1 Ende-zu-Ende-VLANs

Ende-zu-Ende-VLANs (Abbildung 8.8) ermöglichen eine Gruppierung von Geräten basierend auf den im Netzwerk zu nutzenden Ressourcen. Hierzu gehören Gesichtspunkte wie die Serverauslastung, Projektteams und Abteilungen.

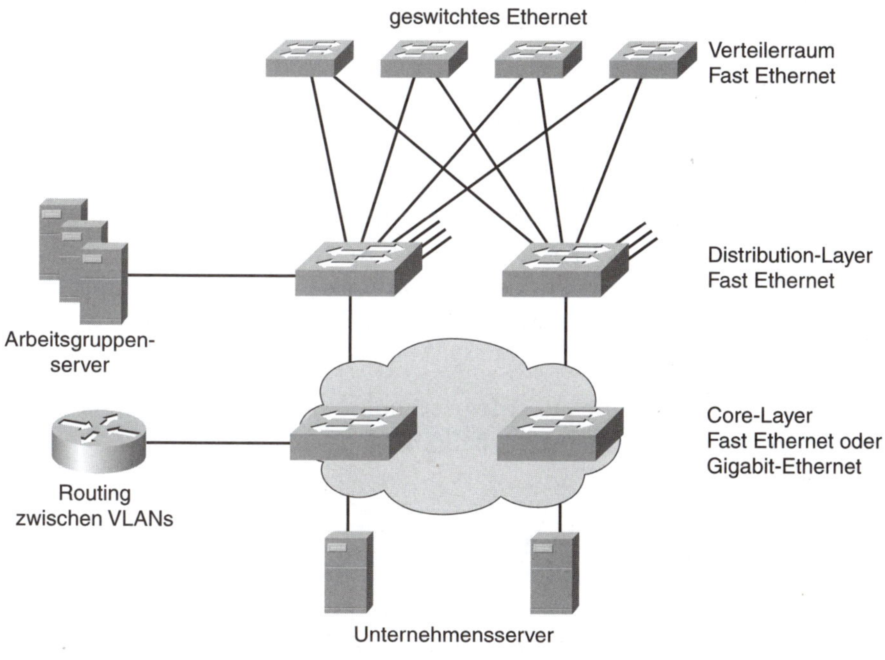

Abbildung 8.8: Ende-zu-Ende-VLANs

Der Zweck von Ende-zu-Ende-VLANs besteht darin, 80 Prozent des Datenverkehrs im lokalen VLAN zu behalten. Ende-zu-Ende-VLANs haben die folgenden Eigenschaften:

- Benutzer werden ungeachtet ihres physischen Standorts, aber in Abhängigkeit von ihrer Gruppe oder Arbeitsfunktion zu VLANs zusammengefasst.

- Alle Benutzer in einem VLAN sollten das gleiche Datenflussmuster im Verhältnis 80:20 aufweisen.
- Wenn ein Benutzer innerhalb des Campus umzieht, soll seine VLAN-Zugehörigkeit erhalten bleiben.
- Jedes VLAN hat bestimmte Sicherheitsanforderungen, die für alle Mitglieder gleichermaßen gelten.

8.3.2 Geografische VLANs

Da man in vielen Unternehmensnetzwerken dazu übergegangen ist, die Ressourcen zu zentralisieren, ist die Verwaltung von Ende-zu-Ende-VLANs zunehmend schwieriger geworden. Benutzer müssen viele verschiedene Ressourcen verwenden, von denen wiederum sich längst nicht alle innerhalb ihres VLAN befinden. Angesichts dieser Verschiebung von Ressourcenplatzierung und -verwendung werden VLANs mittlerweile immer häufiger innerhalb enger Grenzen standortbezogen (statt campusweit) erstellt.

Ein solcher geografischer Standort kann ebenso ein vollständiges Gebäude wie auch einen einzigen Switch in einem Verteilerraum umfassen. Innerhalb einer geografischen VLAN-Struktur findet die neue 20:80-Regel normalerweise Anwendung, die besagt, dass 80 Prozent externer Datenverkehr sind, während 20 Prozent lokaler Natur sind – dies ist exakt das Gegenteil der Regel für Ende-zu-Ende-VLANs. Doch auch wenn diese Topologie zur Folge hat, dass 80 Prozent der Ressourcenzugriffe eines Benutzers über einen Router laufen, erlaubt dieses Netzdesign eine logische und folgerichtige Methode des Ressourcenzugriffs.

Geografische VLANs sind außerdem erheblich leichter zu administrieren und zu planen als VLANs, die mehrere geografisch getrennte Bereiche umfassen.

8.4 Vorteile von VLANs

Unternehmen strukturieren sich ständig um. Beispielsweise werden in den Vereinigten Staaten jedes Jahr zwischen 20 und 40 Prozent aller Firmenmitarbeiter an andere Standorte versetzt. Diese Verschiebungen, Ergänzungen und Änderungen gehören zu den größten Herausforderungen aller Netzwerkmanager und erhöhen den Aufwand bei der Administration eines Netzwerks beträchtlich. Viele Versetzungen machen eine Neuverkabelung notwendig, und eine Neuadressierung von Stationen wie auch die Umkonfigurierung von Switches und Routern sind in diesem Zusammenhang der Normalfall.

8.4.1 Änderungen administrieren

VLANs bieten eine einfache Möglichkeit solcher Änderungen und der Verringerung eines Großteils der Kosten, die mit der Neukonfiguration von Switches und Routern verbunden sind. Benutzer in einem VLAN nutzen den gleichen Netzwerkadressraum (d. h. das IP-Subnetz) unabhängig von ihrer physischen Position. Wenn Benutzer in einem VLAN von einem Standort an einen anderen verlegt werden, ändern sich ihre Netzwerkadressen nicht, solange sie im ursprünglichen VLAN verbleiben und an einen Switch-Port angeschlossen sind. Ein Standortwechsel mag lediglich darin bestehen, einen Benutzer an einen Port eines VLAN-fähigen Switchs anzuschließen und diesen Port dann für das entsprechende VLAN zu konfigurieren. Bei dynamischen VLANs konfiguriert der Switch den Port automatisch für das richtige VLAN, sobald die MAC-Adresse der Netzwerkkarte der umgezogenen Workstation beim VMPS abgefragt wurde. VLAN Management Policy Server

8.4.2 VLANs und Sicherheit

VLANs stellen eine Methode zur Erweiterung der von Routern isolierten Bereiche auf die Switch-Struktur dar und schützen das Netzwerk gegen potenziell gefährliche Broadcasting-Probleme. Ferner sorgen VLANs dafür, dass alle Leistungsvorteile des Switchings beibehalten werden.

Sie erstellen diese geschützten Bereiche, indem Sie Switch-Ports bzw. Benutzern bestimmte VLAN-Gruppen zuweisen. Das ist sowohl innerhalb einzelner Switches als auch über mehrere verbundene Switches hinweg möglich. Broadcast-Datenverkehr innerhalb eines VLAN gelangt nicht aus diesem VLAN heraus. Abbildung 8.9 zeigt ein Beispiel für Broadcast-Domänen. Umgekehrt erhalten benachbarte Ports den Broadcast-Datenverkehr nicht, der von anderen VLANs erzeugt wird. Diese Form der Konfiguration verringert den Broadcast-Gesamtdatenverkehr erheblich, gibt Bandbreite für echten Benutzerdatenverkehr frei und verringert die Gesamtanfälligkeit des Netzwerks gegenüber Broadcast-Stürmen. Abbildung 8.10 zeigt, wie ein Router als eine Art Firewall zwischen LANs agieren kann.

Ein Problem gemeinsam genutzter LANs besteht darin, dass ein Eindringen in solche Netzwerke vergleichsweise einfach ist. Wenn ein Angreifer eine physische Verbindung mit einem angeschlossenen Port herstellt, kann er auf den gesamten Datenverkehr im Segment sehen. Je größer die Gruppe, desto umfangreicher ist auch der potenzielle Zugriff.

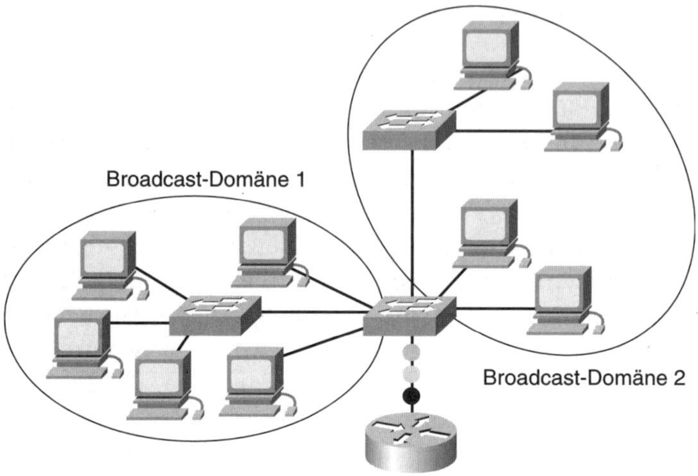

Abbildung 8.9: Broadcast-Domänen

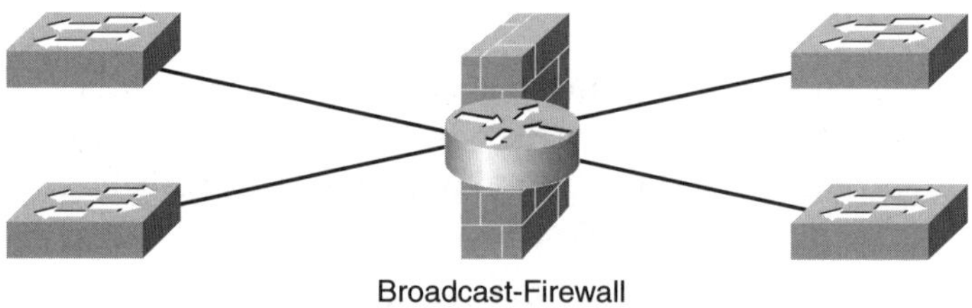

Abbildung 8.10: Broadcast-Firewall

Eine kostengünstige und leicht zu administrierende Erhöhung der Sicherheit ist die Segmentierung des Netzwerks in mehrere Broadcast-Gruppen. Dies ermöglicht dem Netzwerkmanager,

- die Anzahl der Benutzer pro VLAN-Gruppe zu beschränken,
- einem Benutzer, dessen Mitgliedschaft zum VLAN noch nicht durch die Managementanwendung (und damit durch den Netzwerkmanager) genehmigt wurde, den Eintritt in eine Gruppe zu verweigern,
- alle nicht benutzten Ports als Low-Service-VLANs zu konfigurieren.

Die Umsetzung dieser Form der Segmentierung ist relativ unkompliziert. Switch-Ports werden basierend auf Zugriffsrechten der Anwendungen gruppiert. Eingeschränkte Anwendungen und Ressourcen werden normalerweise in einer gesicherten VLAN-Gruppe abgelegt. In diesem gesicherten VLAN schränkt der Switch oder Router den Zugriff auf die Gruppe ein. Einschränkungen können basierend auf Stationsadressen, Anwendungs- oder Protokolltypen konfiguriert werden. Ein Beispiel für VLAN-Sicherheit zeigt Abbildung 8.11.

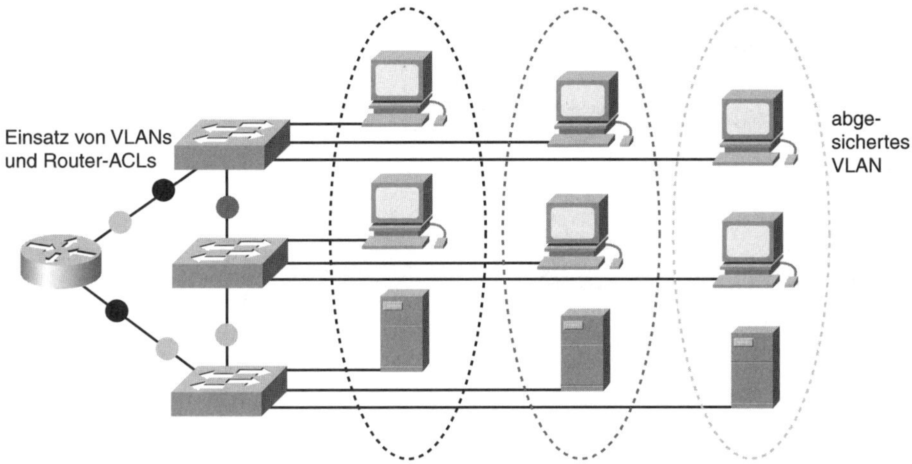

Abbildung 8.11: Abgesichertes VLAN

CD-ROM

Siehe auch e-Lab-Activity »9.1 VLAN Operation«.

8.5 Hubs und nicht VLAN-fähige Switches

Während der letzten Jahre haben Netzwerkadministratoren eine bedeutende Anzahl an Hubs und nicht VLAN-fähigen Switches installiert. Viele dieser Geräte wurden dann durch neuere VLAN-Switches ersetzt. Da jedoch nicht alle Netzwerkanwendungen mehr dedizierte Bandbreite und Leistungsfähigkeit benötigen, können diese Hubs bzw. Switches in vielen Installationen nach wie vor Funktionen erfüllen (Abbildung 8.12).

Jedes Hub- bzw. Switch-Segment, das mit einem VLAN-Switch-Port verbunden ist, kann nur einem VLAN zugeordnet werden. Alle Stationen innerhalb dieses Segments werden der gleichen VLAN-Gruppe zugewiesen. Der VLAN-Switch arbeitet mit mehreren MAC-Adressen (einer pro Workstation), die dem Port zugewiesen werden, an den der Hub bzw. Switch angeschlossen ist. Wenn später nun eine Station einem anderen VLAN zugeordnet werden soll, dann muss diese an den entsprechenden Hub bzw. Switch angeschlossen werden. Durch den Anschluss von Hubs bzw. Switches an VLAN-Switches können Sie diese älteren bzw. einfachen Geräte als Teil der VLAN-Architektur benutzen.

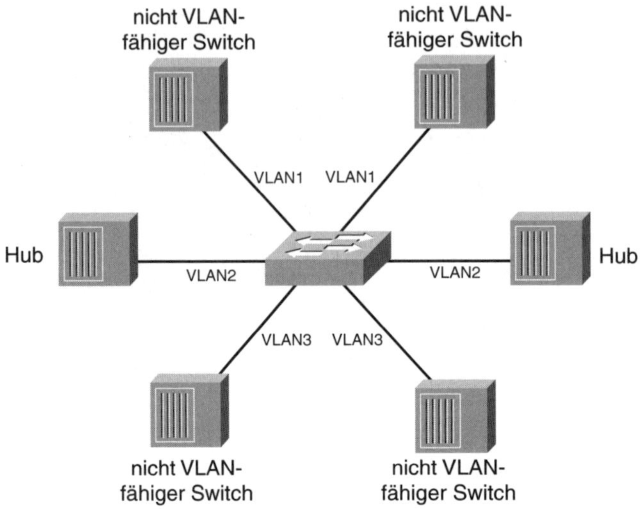

Abbildung 8.12: Ältere Hubs bzw. Switches in einer VLAN-Umgebung

8.6 VLAN-Typen

Es gibt drei Verfahren der Zuweisung ein Paketes zu einem VLAN:

- portbasierte VLANs (statisch)
- auf MAC-Adressen basierende VLANs (dynamisch)
- protokollbasierte VLANs (dynamisch)

Die Anzahl der VLANs im Switch kann aufgrund mehrerer Faktoren variieren. Zu diesen Faktoren gehören Datenverkehrsmuster, Anwendungstypen, Netzmanagementbedürfnisse und Gruppenzugehörigkeit. Ein wesentlicher Aspekt bei der Definition der Switch-Größe und der Anzahl der VLANs ist das verwendete IP-Adressschema.

Nehmen wir beispielsweise an, ein Netzwerk verwendet zur Definition der Subnetze eine 28-Bit-Maske. Hieraus ergibt sich, dass insgesamt 14 Hostadressen in einem Subnetz zulässig sind. Da ein 1:1-Verhältnis zwischen VLANs und IP-Subnetzen strikt empfohlen wird, können in jedem VLAN nicht mehr als 14 Geräte vorhanden sein.

8.7 Kennzeichnung von VLAN-Frames

In VLANs mit mehreren Switches werden die Frame-Header gekapselt oder modifiziert, um die Frames mit einer VLAN-Kennung zu markieren, wenn sie über die Leitung zwischen Switches weitergeleitet werden. Vor der Weiterleitung zum Endgerät wird der Header dann wieder in sein Ursprungsformat zurückversetzt. Mit Hilfe dieser VLAN-Kennzeichnung wird logisch ermittelt, welche Pakete zu welcher VLAN-Gruppe gehören. Es gibt mehrere derartige Bündelungsmethoden (engl. *Trunking)*: IEEE 802.1Q, ISL, 802.10 und LANE.

8.7.1 IEEE 802.1Q (Frame-Tagging)

Dieses Protokoll ist eine IEEE-Standardmethode zur Kennzeichnung von VLANs durch Einfügen einer VLAN-Kennung in den Frame-Header. Der Vorgang heißt deswegen auch Frame-Tagging (Frame-Kennzeichnung). Abbildung 8.13 zeigt das Format eines 802.1Q-Frames. Jeder 802.1Q-Port arbeitet als »VLAN-Leitungsbündel« (engl. *Trunk*) und gehört zum »nativen« VLAN, standardmäßig mit einer VLAN-ID 1. 802.1Q versieht Frames für das native VLAN nicht mit einem Tag. Deswegen könnten normale Stationen an einem 802.1Q-Port die nativen, nicht gekennzeichneten Frames lesen, alle anderen Frames aber nicht (weil diese eben gekennzeichnet sind). Das IEEE 802.1Q-Frame-Tagging ist die bevorzugte Methode für den Austausch von VLAN-Daten zwischen Switches.

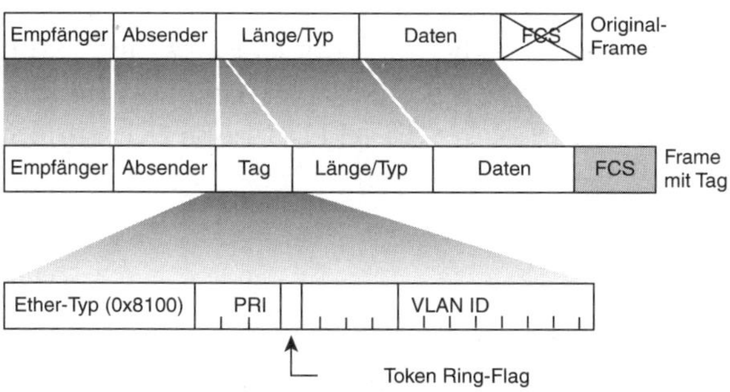

Abbildung 8.13: 802.1Q-Frame-Format

8.7.2 ISL

ISL (Inter-Switch Link) ist ein proprietäres Trunking-Protokoll von Cisco, das ebenfalls mehrere Switches miteinander verbindet. Es wird von Switches und Routern gleichermaßen unterstützt. Abbildung 8.14 zeigt das Frame-Format.

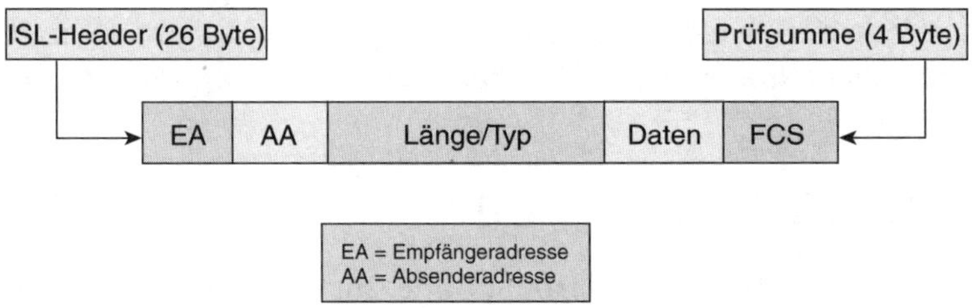

Abbildung 8.14: ISL-Frame-Format

Die ISL-Kapselung, die von den Switches der Catalyst-Serien verwendet wird, ist eine latenzarme Methode für das Multiplexing von Datenverkehr mehrerer VLANs über einen einzigen physischen Pfad. Es wurde für Verbindungen zwischen Switches, Routern und Netzwerkkarten implementiert, die in Knoten (z. B. Servern) installiert sind. Um ISL verwenden zu können, benötigte jedes beteiligte Gerät eine ISL-Konfiguration. Ein Router mit mindestens einem ISL-Port wird verwendet, um die Kommunikation zwischen VLANs zu ermöglichen. Wir werden in Kapitel 9, »Das VTP-Protokoll«, noch näher darauf eingehen.

Ein Nicht-ISL-Gerät, das ISL-gekapselte Ethernet-Frames empfängt, kann diese als Protokollfehler interpretieren, wenn die Gesamtgröße von Header und Daten-Frame aufgrund der ISL-Kapselung die MTU-Größe (Maximum Transmission Unit) überschreitet.

8.7.3 FDDI 802.10

802.10 ist eine proprietäre Methode von Cisco zum Transport von VLAN-Daten innerhalb eines standardkonformen IEEE 802.10-Frames (FDDI, Fiber Distributed Data Interface). Die VLAN-Daten werden in den SAID-Anteil (Security Association Identifier, Sicherheits-ID) des 802.10-Frames geschrieben. Diese Methode wird verwendet, um VLAN-Daten über FDDI-Backbones zu übertragen.

8.7.4 LANE

LANE (LAN Emulation) ist ein durch das ATM-Forum definierter Standard, der zwei Stationen, die über ATM (Asynchronous Transfer Mode) angebunden sind, die gleichen Möglichkeiten wie in herkömmlichen LANs (z. B. Ethernet oder Token Ring) bietet. Wie der Name bereits sagt, besteht die Funktion des LANE-Protokolls in der Emulation eines LAN, die auf ein ATM-Netzwerk aufsetzt. Im Speziellen beschreibt das LANE-Protokoll Methoden zur Emulation von IEEE 802.3-Ethernet- oder 802.5-Token Ring-LANs.

Das LANE-Protokoll definiert eine Dienstschnittstelle für Protokolle übergeordneter Schichten (genauer: der Vermittlungsschicht), die mit der vorhandener LANs identisch ist. Daten, die über das ATM-Netzwerk gesendet werden, werden im passenden LAN-MAC-Format gekapselt, d. h., das LANE-Protokoll sorgt dafür, dass sich ein ATM-Netzwerk so darstellt und auch verhält wie ein Ethernet- oder Token Ring-LAN. Abbildung 8.15 zeigt ein Beispiel für ein LANE-Netzwerk.

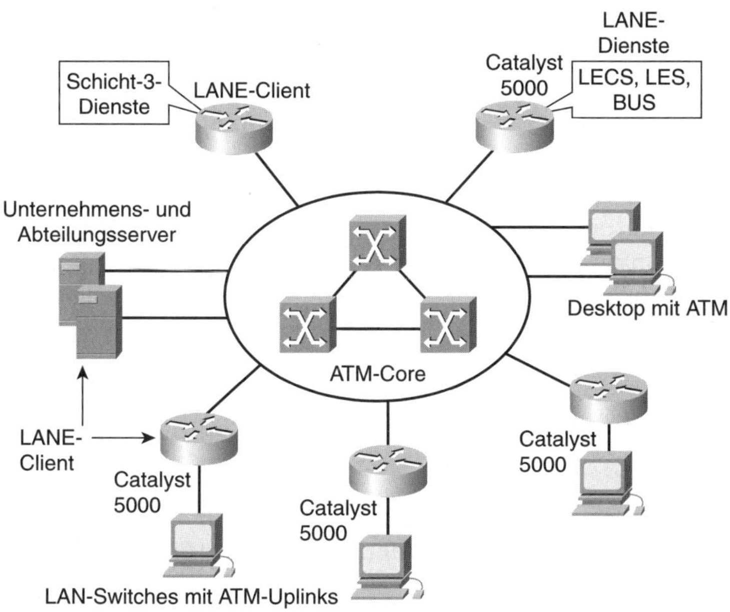

Abbildung 8.15: LANE-Netzwerk

Tabelle 8.1 fasst die Methoden für Frame-Tagging und Kapselung zusammen.

Tabelle 8.1: Frame-Tagging- und Kapselungsmethoden

Erkennungsmethode	Kapselung	Tagging	Medium
802.1Q	Nein	Ja	Ethernet
ISL	Ja	Nein	Ethernet
802.10	Nein	Nein	FDDI
LANE	Nein	Nein	ATM

8.8 VLAN-Konfiguration

Ursprünglich glaubten die Netzwerkadministratoren, dass VLANs ihre Arbeit erleichtern und Router in Zukunft nicht mehr benötigt würden. Zum ihrem Leidwesen aber war dies eine falsche Annahme: VLANs beseitigen nämlich keine Probleme in Schicht 3. Möglicherweise erleichtern sie den Administratoren die Lösung des einen oder anderen Schicht-3-Problems – z. B. die leichtere Erstellung von ACLs –, aber ohne Schicht-3-Routing geht es nach wie vor nicht.

8.8.1 Statische VLANs konfigurieren

Statische VLANs sind Ports an einem Switch, die einem VLAN durch eine VLAN-Managementanwendung oder durch direkte Konfiguration der Ports statisch zugewiesen sind. Diese Ports behalten ihre VLAN-Konfiguration so lange bei, bis Sie sie selbst ändern. Zwar müssen Änderungen bei statischen VLANs explizit vom Administrator vorgenommen werden, aber dafür sind sie sicher, leicht zu konfigurieren und ohne Aufwand zu überwachen. Statische VLANs sind die richtige Wahl für Netzwerke, für welche die folgenden Bedingungen zutreffen:

- Änderungen müssen verfolgt und administriert werden.
- Es ist eine robuste VLAN-Managementsoftware vorhanden, um die Ports zu konfigurieren.
- Es ist nicht wünschenswert, zusätzlichen Aufwand zur Administration der MAC-Adressen von Endstationen und angepassten Filtertabellen zu betreiben.

Dynamische VLANs hingegen haben keine Ports, die einem bestimmten VLAN zugewiesen sind. Hier basiert die VLAN-Zuweisung vielmehr auf der MAC-Adressierung, der logischen Adressierung oder dem Protokolltyp.

Beachten Sie die folgenden Grundsätze, wenn Sie statische VLANs an Cisco 29xx-Switches konfigurieren:

- Die maximale Anzahl der VLANs ist Switch-spezifisch und durch die Anzahl der Ports am Switch beschränkt.
- VLAN1 ist das werksseitig für alle Ports vorkonfigurierte VLAN.
- VLAN1 ist das native VLAN.
- CDP- und VTP-Advertisements (Cisco Discovery Protocol, VLAN Trunking Protocol) werden über VLAN1 gesendet.
- An allen Switch-Trunks, die am VLAN teilnehmen, muss das gleiche Trunk-Protokoll (z. B. 802.1Q oder ISL) konfiguriert sein.
- Die Befehle zur Konfiguration von VLANs variieren je nach Switch-Modell.
- Die Management-IP-Adresse eines Catalyst 29xx-Switchs befindet sich standardmäßig in der VLAN1-Broadcast-Domäne.
- Der Switch muss im VTP-Servermodus betrieben werden, damit man VLANs erstellen, hinzufügen oder löschen kann.

Die Erstellung eines statischen VLAN an einem Switch ist eine einfache und unkomplizierte Angelegenheit. Wenn es sich um einen Switch mit nativer IOS-Kommandozeile handelt, wechseln Sie mit Hilfe des Befehls `vlan database` aus dem privilegierten in den VLAN-Konfigurationsmodus. Die zur Konfiguration notwendigen Schritte sind die folgenden:

```
Switch#vlan database
Switch(vlan)vlan vlan_nummer [name vlan_name]
Switch(vlan)exit
```

Bei Bedarf kann auch ein Name für das VLAN konfiguriert werden.

Nach Bestätigen des Befehls `exit` ist das VLAN auf dem Switch vorhanden. Der nächste Schritt besteht nun darin, das VLAN einer oder mehreren Schnittstellen zuzuweisen:

```
Switch(config)#interface fastethernet 0/3
```

Beim Catalyst 2900-Switch sieht das für VLAN2 so aus:

```
Switch(config-if)#switchport access vlan 2
```

Und beim Catalyst 1900-Switch so:

```
(config-if)#vlan-membership static 2
```

Sie können die Konfiguration mit Hilfe des Befehls `show running-configuration` wie in Listing 8.1 gezeigt überprüfen.

Listing 8.1: Ausgabe des Befehls show running-configuration

```
Switch#show running-config

Hostname Switch
!
ip subnet-zero
!
interface FastEthernet0/1
!
interface FastEthernet0/2
!
interface FastEthernet0/3

switchport access vlan 2
--- ausgabe weggelassen ---
```

E-Lab und Lab

Siehe auch CNAP und [1] »Configuring Static VLANs«.

8.8.2 VLAN-Konfiguration überprüfen

Eine empfehlenswerte Vorgehensweise besteht darin, die Konfiguration des VLAN mit Hilfe der Befehle `show vlan` (Listing 8.2), `show vlan brief` oder `show vlan id` *kennung* zu überprüfen.

Listing 8.2: Ausgabe des Befehls show vlan

```
Switch#show vlan
Virtual LAN ID: 300 (IEEE 802.10 Encapsulation)
vLAN Trunk Interface: FDDI 1/1.10
Protocols Configured: Address: Received: Transmitted:
IP 31.108.1.1 642 645
Virtual LAN ID: 400 (ISL Encapsulation)
vLAN Trunk Interface: FastEthernet 2/1.20
Protocols Configured: Address: Received:Transmitted:
IP 171.69.2.2 123456 654321
Bridge Group 50 5190 8234
Virtual LAN ID:500 (ISL Encapsulation)
vLAN Trunk Interface: FastEthernet 2/1.30
Protocols Configured: Address: Received:Transmitted:
IPX 1000 987654 456789
Virtual LAN ID:600 (ISL Encapsulation)
vLAN Trunk Interface: FastEthernet 2/1.30
```

Listing 8.2: Ausgabe des Befehls `show vlan` *(Forts.)*

```
Protocols Configured: Address: Received:Transmitted:
IP 198.92.3.3 8114 4508
IPX 1001 2 3
Bridge Group 50 8234 5190
```

Für alle VLANs treffen die folgenden Aussagen zu:

- Ein erstelltes VLAN bleibt so lange unbenutzt, bis es einem Switch-Port zugewiesen wird.
- Standardmäßig befinden sich alle Ethernet-Ports in VLAN1.
- Geben Sie zwischen den Portnummern keine Leerzeichen ein. Andernfalls gibt der Switch eine Fehlermeldung aus, weil das Leerzeichen zur Abtrennung eines anderen Argumentes vorgesehen ist, das nicht Bestandteil dieses Befehls ist.

8.8.3 VLAN-Konfiguration speichern

Sie können die VLAN-Konfigurationsdatei auf einer Diskette speichern und sie dann auf andere Computer übertragen. Außerdem ist es immer nützlich, eine Kopie der VLAN-Konfiguration als Textdatei zu Sicherungs- und Überwachungszwecken aufzuheben. Enthält die Konfigurationsdatei unnötige Zeichen, dann löschen Sie diese vor dem Speichern.

Gehen Sie wie folgt vor, um die VLAN-Konfiguration zu kopieren:

1. Wechseln Sie an der Switch-Konsole in den privilegierten Modus.
2. Wählen Sie im Menü ÜBERTRAGUNG von HyperTerminal den Eintrag TEXT AUFZEICHNEN.
3. Wählen Sie, wo die Konfiguration gespeichert werden soll (z. B. auf dem Desktop).
4. Geben Sie als Dateiname *VLANconfig.txt* ein.
5. Klicken Sie auf STARTEN.
6. Geben Sie am Switch erst den Befehl `terminal length 0` und dann den Befehl `show run` ein.
7. Wenn die Anzeige der Konfigurationsdatei endet, kehren Sie zurück zu HyperTerminal. Wählen Sie erneut TEXT AUFZEICHNEN und dann BEENDEN, um die Datei zu speichern und zu schließen.

8. Geben Sie am Switch den Befehl `terminal length 24`, und löschen Sie ggf. überflüssige Zeichen und Zeilen in der Datei *VLANconfig.txt* auf dem PC.

E-LAB UND LAB

Siehe auch CNAP und [1] »Verifying VLAN Configurations«.

8.8.4 VLAN-Konfiguration löschen

Um ein VLAN von einem Switch mit `set`-Kommandos (CatOS) zu entfernen, geben Sie den Befehl `clear vlan` *`vlan_nummer`* ein (Listing 8.3). In diesem Listing wird VLAN 2 durch Eingabe des Befehls `clear vlan 2` aus der Domäne entfernt. Es ist wichtig festzuhalten, dass Sie diesen Befehl an einem Switch im VTP-Servermodus absetzen müssen; VLANs können nicht von einen Switch im VTP-Clientmodus gelöscht werden. Im VTP-Transparentmodus können Sie zwar ein VLAN löschen, aber das VLAN wird dann nur am betreffenden Catalyst-Switch gelöscht, nicht jedoch in der gesamten VTP-Domäne. Alle Konfigurations- und Löschvorgänge von VLANs haben an einem transparenten Switch nur lokale Bedeutung. VTP-Domänen werden in Kapitel 9 eingehend behandelt werden.

Listing 8.3: Ausgabe des Befehls `clear vlan`

```
Console>(enable) clear vlan 2
This command will deactivate all ports on vlan2
In the entire management domain
Do you want to continue (y/n) [n]?y
Vlan 2 deleted
```

Das Entfernen eines VLAN von einem Switch unter der nativen Cisco IOS Software verläuft genau so wie das Entfernen eines Befehls von einem Router. Weiter oben haben Sie das VLAN2 an der Schnittstelle FastEthernet0/3 mit Hilfe des folgenden Befehls erstellt:

```
Switch(config-if)#switchport access vlan 2
```

Um dieses VLAN wieder von der Schnittstelle zu entfernen, verwenden Sie die `no`-Form des Befehls bei aktiver Schnittstelle Fa 0/3:

```
Switch(config-if)#no switchport access vlan 2
```

Anmerkung

Wenn Sie ein VLAN löschen, werden alle Ports dieses VLANs inaktiv. Diese Ports bleiben dem gelöschten VLAN zugeordnet und inaktiv, bis sie einem neuen VLAN zugewiesen werden.

E-Lab und Lab

Siehe auch CNAP und [1] »Deleting VLAN Configurations«.

8.9 Fehlersuche und -behebung bei VLANs

Die Fehlkonfiguration eines VLAN ist einer der häufigsten Fehler in geswitchten Netzwerken. In diesem Abschnitt wollen wir die häufigsten Konfigurationsfehler beschreiben und Lösungen für die Problembehebung in Ihrem geswitchten Netzwerk vorschlagen.

Tabelle 8.2 zeigt VLAN-Probleme der oberen Ebene, die bei einem Router oder Switch auftreten können. Die Angaben zu den Symptomen und zu den möglichen Ursachen und Abhilfemaßnahmen können bei der Ermittlung und Lösung von Problemen sehr hilfreich sein.

Tabelle 8.2: VLAN-Probleme

Symptome	Mögliche Ursachen und Abhilfemaßnahmen
Geringer oder unzuverlässiger Durchsatz des VLAN	Die angeschlossene Hardware funktioniert nicht einwandfrei. Prüfen Sie die Hardware. Die Vollduplex- oder Halbduplexeinstellungen sind fehlerhaft. Es liegt ein Verkabelungsproblem vor. Überprüfen Sie die Anschluss-LEDs, und stellen Sie sicher, dass das Anschlusskabel einwandfrei angeschlossen ist und die maximal zulässige Kabellänge nicht überschreitet.
Die angeschlossene Terminal- oder Modemverbindung kann mit dem Router bzw. Switch nicht kommunizieren.	Der Terminal- bzw. Konsolenanschluss ist falsch konfiguriert. Stellen Sie sicher, dass Baudrate und Zeichenformat korrekt eingestellt sind. Prüfen Sie, ob am Router eine Default-Route benötigt wird, um den Switch in einem anderen IP-Subnetz erreichen zu können.

Tabelle 8.2: VLAN-Probleme (Forts.)

Symptome	Mögliche Ursachen und Abhilfemaßnahmen
Lokale VLAN-Geräte können nicht mit Remote -Geräten im VLAN kommunizieren, die sich jenseits des Routers befinden.	Die IP-Adressierung oder Subnetzmaske ist falsch konfiguriert. Prüfen Sie dies mit den `cdp`-Befehlen bzw. `show interface`. Das Default-Gateway ist nicht oder falsch angegeben. Überprüfen Sie Router, Switch, Server und Clients. Das VLAN ist fehlerhaft konfiguriert. Überprüfen Sie die Portzuweisungen. Beseitigen Sie nicht benötigte Verbindungen zwischen VLANs, wenn ein Port zu mehreren VLANs gehört. Es liegt ein Konsistenzproblem im VLAN vor. Vergewissern Sie sich, dass die VLANs auf beiden Seiten eines Trunks zueinander passen. Es liegt ein ISL-Problem vor. Stellen Sie sicher, dass das Trunking korrekt konfiguriert ist, verwenden Sie VLAN 1, und vergewissern Sie sich, dass eine gültige Aktualisierung der VTP-Serverinformationen stattgefunden hat.

Wenn Sie vor einem Datendurchsatzproblem stehen, überprüfen Sie, welche Art von Fehler vorliegt. Ursache könnte etwa eine fehlerhafte Netzwerkkarte sein. Kombinationen aus FCS-Fehlern (Frame Check Sequence, Rahmenprüfsequenz), Alignment-Fehlern und Runts weisen in der Regel auf eine fehlende Duplexübereinstimmung hin. Hier ist der Schuldige meist die *Autonegotiation* (automatische Aushandlung) zwischen den Geräten oder nicht zueinander passende Einstellungen der Geräte an den beiden Enden der Verbindung. Beachten Sie die folgenden Fragen:

- Liegt das Problem auf der lokalen oder der entfernten Seite der Verbindung vor? Bedenken Sie: An einer Verbindung ist immer eine Anzahl von Switch-Ports beteiligt.
- Welchen Pfad nimmt das Paket? Wird es über Trunks oder Nicht-Trunks an andere Switches übertragen?

Wenn Sie feststellen, dass die Anzahl der Kollisionen in der Ausgabe des Befehls `show interface` rapide zunimmt, kann die Problemursache eine überlastete Leitung sein. Der Legende nach beseitigt geswitchtes Ethernet Kollisionen; die Wahrheit aber ist, dass Switches zwar die Anzahl der Kollisionen minimiert, dass aber im Halbduplexmodus immer noch Kollisionen auftreten können, da zwei Geräte durchaus zur gleichen Zeit einen Kommunikationsversuch starten können.

Ein Beispiel hierfür ist ein Newsserver, auf den gleichzeitig mehrere Clients zuzugreifen versuchen. Der Datenverkehr passiert Router und Switch und landet beim direkt angeschlossenen Server. Gleichzeitig versucht der Server, seinerseits mit den Clients zu kommunizieren. Während also der Server die Anfrage eines Clients beantwortet, schickt ein anderer Client eine Anfrage – eine Kollision ist also möglich. Die einzige Möglichkeit, Kollisionen definitiv zu vermeiden, besteht in der Aktivierung des Vollduplexmodus. Abbildung 8.16 zeigt den Vorgang der Fehlersuche und -beseitigung in VLANs.

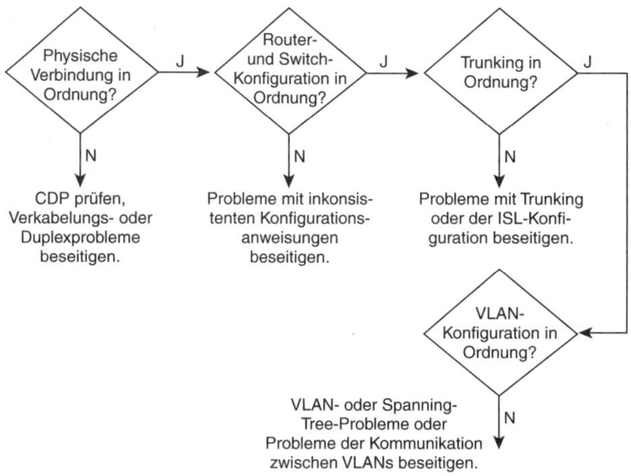

Abbildung 8.16: Fehlersuche und -beseitigung in VLANs

Wir wollen hier ein Beispiel zur Fehlersuche behandeln. Gehen wir also davon aus, dass ein bestimmtes Gerät nicht mit einem anderen kommunizieren kann. Hier einige Lösungsvorschläge zur Fehlersuche:

- Stellen Sie mit Hilfe des Befehls `show interface` sicher, dass IP-Adresse, Subnetzmaske und VLAN-Zugehörigkeit der Switch-Ports korrekt sind. Um Konflikte zu vermeiden, müssen Sie gewährleisten, dass die Ports verschiedener VLANs mit IP-Adressen und Subnetzmasken in unterschiedlichen Subnetzen konfiguriert sind.
- Befindet sich der Host im gleichen Subnetz wie der Zielhost, dann vergewissern Sie sich mit Hilfe der Befehle `show interface` und `show port`, dass die lokale Switch-Schnittstelle und der Switch-Port, an den der Zielhost angeschlossen ist, dem gleichen VLAN zugewiesen sind.
- Befindet sich der Zielhost in einem anderen Subnetz, dann stellen Sie mit Hilfe des Befehls `ipconfig /all` an den PCs sicher, dass das Gateway mit der Adresse des jeweiligen Routers im gleichen Subnetz konfiguriert ist.
- Prüfen Sie den Spanning-Tree-Status des Ports mit Hilfe des Befehls `show spantree` (Catalyst 1900) bzw. `show spanning-tree vlan` (Catalyst 2950). Befindet sich der Port in den Zuständen *Listening* oder *Learning*, dann warten Sie, bis er in den Status *Forwarding* wechselt, und versuchen Sie dann erneut, eine Verbindung mit dem Host herzustellen.

- Vergewissern Sie sich mit Hilfe des Befehls `show port`, dass die Geschwindigkeits- und Duplexeinstellungen des Hosts und der entsprechenden Switch-Ports korrekt sind.
- Wenn das angeschlossene Gerät eine Endstation ist:
  - Aktivieren Sie mit Hilfe des Befehls `set spantree portfast enable` die *portfast*-Option am Port (nicht bei Switches der 2900-Reihe). Diese Methode versetzt den Port direkt in den Status *Forwarding*, d. h., die Modi *Listening* und *Learning* werden umgangen[1].
  - Deaktivieren Sie mit dem Befehl `set trunk 2/1 off` die Möglichkeit, an diesem Port Trunking ohne Ihre Erlaubnis zu nutzen (Sicherheitsrisiko).
  - Deaktivieren Sie mit dem Befehl `set port channel 2/1-2 off` die Kanalbündelung (engl. *Etherchannel*) mit diesem Port. Sie müssen zu diesem Befehl einen gültigen Portbereich angeben, er kann nicht nur für einen einzigen Port abgesetzt werden.
- Vergewissern Sie sich mit Hilfe des Befehls `show cam dynamic`, dass der Switch die MAC-Adresse vom Host erlernt.

8.10 Zusammenfassung

In diesem Kapitel haben Sie gelernt, dass die VLAN-Implementierung die folgenden Vorteile bietet:

- einfacher Neuanschluss, Umzug und Änderung von Endgeräten
- mehr administrative Kontrolle durch Verwendung eines Schicht-3-Routers zwischen VLANs
- verringerter LAN-Bandbreitenbedarf im Vergleich zu einer einzigen Broadcast-Domäne
- Verringerung der Prozessorbelastung der Endgeräte durch geringere Broadcast-Weiterleitung

Zur Fehlersuche und -behebung bei VLANs haben Sie Folgendes kennen gelernt:

- einen spezifischen Ansatz zur Fehlersuche in VLAN-basierten Netzwerken
- einige der häufigsten Probleme bei der Konfiguration von VLANs und deren Behebung

1. Verwenden Sie diese Option keinesfalls für Verbindungen mit Geräten, die nicht Endstationen sind.

- Wege zur Vermeidung von Broadcast-Stürmen und von Schleifen im Netzwerk
- Befehle zur Fehlersuche und deren Verwendung

Um den hier erlernten Stoff zu vertiefen, beachten Sie bitte auch die diesem Kapitel zugeordneten Videos, Photo-Zooms und E-Labs auf der CD-ROM.

8.11 Lernzielkontrolle

1. Welche Probleme im Netzwerk können mit VLANs gelöst werden?
   a) Skalierbarkeit
   b) Sicherheit
   c) Datenflussmanagement
   d) alle genannten
2. Als was kann ein VLAN bezeichnet werden?
   a) Broadcast-Domäne
   b) Kollisionsdomäne
   c) Broadcast-Domäne und Kollisionsdomäne
   d) Domänenname
3. Was ist die Aufgabe eines Routers in VLAN-Topologien?
   a) Broadcast-Filterung
   b) Sicherheit
   c) Steuerung des Datenflusses
   d) alle genannten
4. Was bezeichnet der Begriff der »Mikrosegmentierung mit Skalierbarkeit«?
   a) Die Fähigkeit, Netzwerke zu vergrößern, ohne die Größe der Kollisionsdomänen zu erhöhen.
   b) Die Fähigkeit, eine große Anzahl von Hosts an einen Switch anzuschließen.
   c) Die Fähigkeit, Broadcasts an mehr als einen Knoten gleichzeitig zu senden.
   d) alle genannten

5. Für welche der folgenden Aufgaben stellen Switches als zentrale Komponenten von VLANs die notwendigen Voraussetzungen bereit?
   a) Gruppierung von Benutzern, Ports oder logischen Adressen in einem VLAN
   b) Filterungs- und Weiterleitungsentscheidungen
   c) Kommunikation mit anderen Switches und Routern.
   d) alle genannten
6. Was für ein Segment, das an was für einen Port angeschlossen ist, kann nur einem einzelnen VLAN zugeordnet werden?
   a) Switch-Segment und Hub-Port
   b) Hub-Segment und Router-Port
   c) Hub-Segment und Switch-Port
   d) LAN-Segment und Hub-Port
7. Welches der folgenden ist *kein* Vorteil statischer VLANs?
   a) Sie sind sicher.
   b) Sie sind leicht zu konfigurieren.
   c) Sie sind leicht zu überwachen.
   d) Sie konfigurieren Ports automatisch immer dann, wenn neue Stationen hinzugefügt werden.
8. Welches der folgenden ist ein Kriterium, auf dem ein VLAN gebildet werden kann?
   a) Port-Kennung
   b) Protokoll
   c) MAC-Adresse
   d) alle genannten
9. Welches der folgenden ist ein Vorteil des Hinzufügens eines VLANs? Wählen Sie **alle zutreffenden** Antworten!
   a) Switches müssen nicht konfiguriert werden.
   b) Broadcasts lassen sich steuern.
   c) Vertrauliche Daten können geschützt werden.
   d) Physische Grenzen, welche die Gruppierung bestimmter Benutzer verhindern, lassen sich überwinden.

10. Welche der folgenden Aussagen zu VLANs ist *nicht* zutreffend?

    a) Die Ansätze zur logischen Gruppierung von Benutzern in unterschiedliche VLANs sind die Frame-Filterung und das Frame-Tagging.

    b) Zu den Vorteilen von VLANs gehört eine stringentere Netzwerksicherheit, da sich sichere Benutzergruppen bilden lassen.

    c) Bridges stellen eine der zentralen Komponenten in der VLAN-Kommunikation dar.

    d) VLANs unterstützen die Verteilung der Datenverkehrslast.

11. Welche Schicht-2-Funktion eines Switchs gestattet Ihnen die problemlose Zuordnung von Geräten, die sich in verschiedenen IP-Subnetzen befinden?

    a) transparentes Bridging

    b) Segmentierung

    c) Reduzierung der Kollisionsdomänen

    d) VLANs

12. Welches Gerät wird benötigt, um ein Paket von einem VLAN zu einem anderen zu senden?

    a) Bridge

    b) Router

    c) Switch

    d) Hub

13. In welcher Schicht des OSI-Referenzmodells findet das Frame-Tagging statt?

    a) Schicht 1

    b) Schicht 2

    c) Schicht 3

    d) Schicht 4

14. 1) Was ermöglicht Switches, Adresstabellen gemeinsam zu nutzen?
    2) Was weist jedem Frame eine benutzerdefinierte VLAN-Kennung zu?

    a) 1) Frame-Tagging. 2) Frame-Weiterleitung

    b) 1) Frame-Ermittlung. 2) Frame-Entfernung

c) 1) Frame-Filterung. 2) Frame-Tagging

d) 1) Frame-Tagging. 2) Frame-Filterung

15. Warum soll man VLANs benutzen?

a) Umzug, Hinzufügungen und Änderungen von Netzwerkgeräten werden einfacher.

b) Der administrative Aufwand ist geringer.

c) Ein Router führt Switching-Funktionen schneller aus.

d) Antworten A und B.

Lernziele:

Wenn Sie dieses Kapitel gelesen haben, werden Sie

- wissen, was man unter Trunking versteht,
- die Grundlagen zu VTP und zu dessen Konfiguration kennen,
- das Routing zwischen VLANs verstehen,
- einfaches Routing zwischen VLANs konfigurieren können.

Kapitel 9

Das VTP-Protokoll

In diesem Kapitel werden Sie Herkunft und Einsatz der Leitungsbündelung (engl. *Trunking*) kennen lernen. Sie werden ferner erfahren, wie VTP (VLAN Trunking Protocol) einige der Probleme lösen kann, die mit der Administration und Implementierung von VLANs in einer ausgedehnten LAN-Umgebung in Zusammenhang stehen. Abschließend erhalten Sie eine Einführung in das Routing zwischen VLANs.

Beachten Sie bitte die diesem Kapitel zugeordneten Videos, Photo-Zooms und E-Labs auf der beiliegenden CD-ROM. Sinn dieser Zusatzinformationen ist die Ergänzung des Materials und Vertiefung des Stoffes, der in diesem Kapitel vorgestellt wird.

9.1 Leitungsbündelung

Die Geschichte der Mehrfachnutzung von Leitungen beginnt in der Frühzeit der Radio- und Telefontechnologien. In der Nachrichtentechnik ist ein Leitungsbündel (engl. *Trunk*) eine einzelne Kommunikationsleitung, über die mehrere Signalkanäle übertragen werden. In der Telefontechnologie wird diese Bündelung auf einem Kommunikationspfad oder -kanal zwischen zwei Punkten benutzt, von denen einer in der Regel die Vermittlungsstelle ist. Abbildung 9.1 zeigt ein Beispiel. Mehrfach verwendete Leitungen werden auch aus Redundanzgründen zwischen Vermittlungsstellen eingerichtet werden (Abbildung 9.2).

Genau dieses Konzept aus der Telefon- und Rundfunktechnik wurde schon sehr frühzeitig mit Hilfe von Hardware im Bereich der Datenübertragung benutzt. Ein Beispiel hierfür ist ein Segment in einem Netzwerk, in dem viele Leitungen zusammenkommen (Abbildung 9.3).

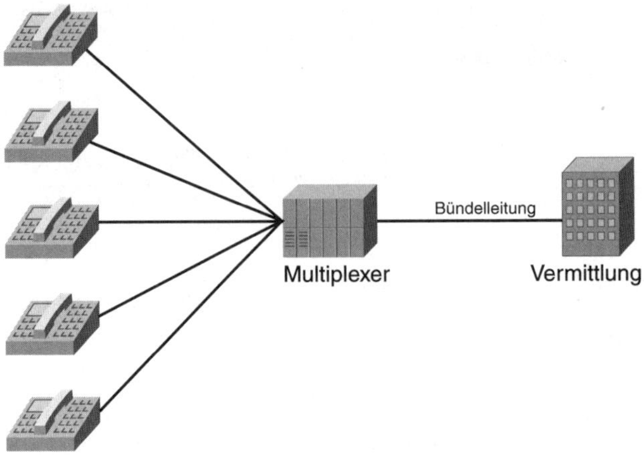

Abbildung 9.1: Leitungsbündel

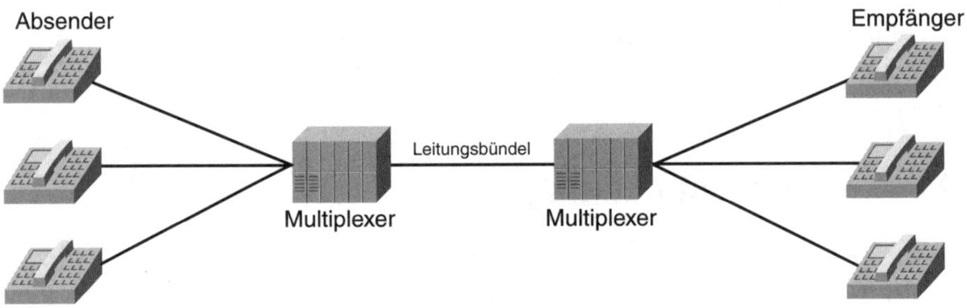

Abbildung 9.2: Mehrfach genutzte Leitung

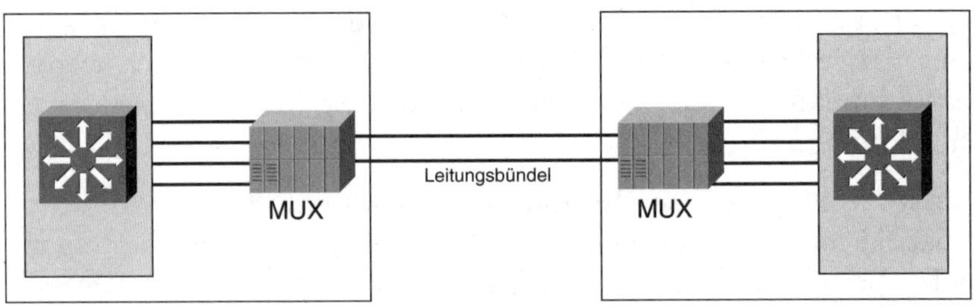

Abbildung 9.3: Auf FDM (Frame Division Multiplexing) basierende Leitungsbündelung

Mittlerweile wird dieses Prinzip der Leitungsbündelung auch durch Switching-Technologien in Netzwerken angewendet, wobei ein Trunk eine physische und mehrere logische Verbindungen zwischen zwei Switches darstellt, über die der Datenverkehr übertragen wird. Aus einer Anzahl von Trunks setzt sich ein Backbone zusammen.

9.1.1 Trunking

In einer geswitchten VLAN-Umgebung ist ein Trunk eine Point-to-Point-Leitung, die mehrere VLANs überträgt. Der Zweck des Trunkings ist das Einsparen von Ports bei der Herstellung einer Verbindung zwischen zwei Geräten, die VLANs übertragen (in der Regel also zwei Switches). Abbildung 9.4 zeigt zwei VLANs, die an zwei Switches Sa und Sb angeschlossen sind.

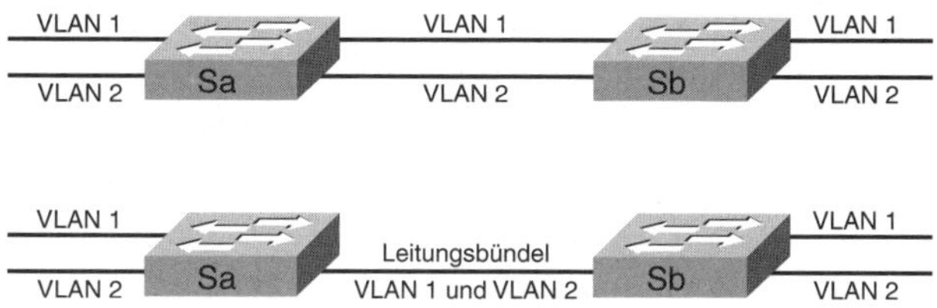

Abbildung 9.4: Warum Trunking eingesetzt wird

Die erste in der Abbildung gezeigte Methode benutzt zwei physische Leitungen zwischen den Geräten, die jeweils die Daten eines der beiden vorhandenen VLANs separat übertragen. Eine solche Lösung ist nicht gut skalierbar: Wird ein drittes VLAN hinzugefügt, dann müssen zwei weitere Ports geopfert werden. Auch im Bereich der Lastverteilung ist ein solcher Aufbau nicht besonders effizient – möglicherweise rechtfertigt das Datenaufkommen in einer der Verbindungen gar keine dedizierte Leitung. Ein Trunk hingegen fasst mehrere virtuelle (logische) Verbindungen in einer physischen Leitung zusammen.

9.1.2 Prinzip des Trunkings

Switching-Tabellen an beiden Enden des Trunks verwenden auf MAC-Adressen basierende Entscheidungen bezüglich der Ports, über die Daten weitergeleitet werden. Der Zugriff auf diese Tabellen wird in dem Maße, wie neue VLANs hinzukommen, die über den Trunk übertragen werden sollen, zunehmend langsamer und zudem schwerer zu verwalten. Je größer die Tabellen sind, die ein Switch speichern muss, desto länger dauern die Entscheidungsprozesse beim Switching.

Um die Übertragung von Frames aus verschiedenen VLANs über eine einzelne Leitung zwischen zwei Netzwerkgeräten verbessern zu können, wird zur Kommunikation eine »Sprache« benötigt, mit der sich die beiden betroffenen Geräte verständigen. Dieses »Protokoll« wird verwendet, damit die Geräte sich über die Übertragung und Verteilung von Frames an die zugehörigen Ports zu beiden Enden des Trunks einig werden.

Trunking-Protokolle erlauben die Übertragung von Frames aus verschiedenen VLANs über einen einzigen physischen Kanal und steuern die Verteilung der Frames auf die zugehörigen VLAN-Ports. Zurzeit gibt es zwei Arten von Trunking-Methoden: Frame-Filterung und Frame-Tagging. In diesem Kapitel werden wir das Frame-Tagging beschreiben, da dies die vom IEEE empfohlene Methode für das Trunking ist. Abbildung 9.5 zeigt ein Beispiel für Trunk-Leitungen.

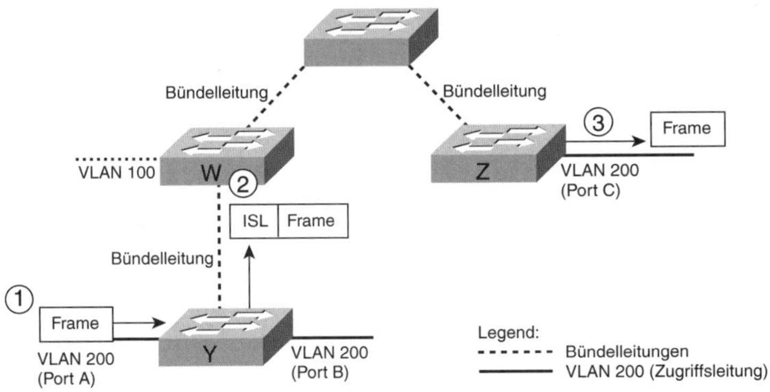

Abbildung 9.5: Trunk-Leitungen

Trunking-Protokolle, die als Methode das Frame-Tagging einsetzen, setzen vor jeden Frame eine Kennung, um die Verarbeitung zu vereinfachen, was wiederum zu einer schnelleren Auslieferung der Frames führt. Diese Tags (dt. *Markierungen*) werden am Beginn der Trunk-Leitung hinzugefügt und am anderen Ende wieder entfernt; sie werden nicht weitergeleitet.

Eine einzelne Leitung zwischen zwei Switches kann so den Datenverkehr aller VLANs übertragen. Der Tag des gesendeten Frames zeigt an, zu welchem VLAN der Frame gehört. Man unterscheidet bei Ethernet zwei verschiedene Formen des Taggings:

- **ISL (Inter-Switch Link).** Ein proprietäres Kapselungsprotokoll von Cisco.
- **802.1Q.** Die IEEE-Standardmethode zur Angabe der VLAN-Mitgliedschaft in einem Ethernet-Frame.

9.1.3 VLANs und Trunking

Ein VLAN ist eine Gruppe von Geräten in einem oder mehreren LANs, die – mit Hilfe einer Managementsoftware – so konfiguriert werden, dass sie miteinander kommunizieren, als wenn sie physisch miteinander verbunden wären, während sie sich eigentlich in vielen verschiedenen LAN-Segmenten befinden (Abbildung 9.6).

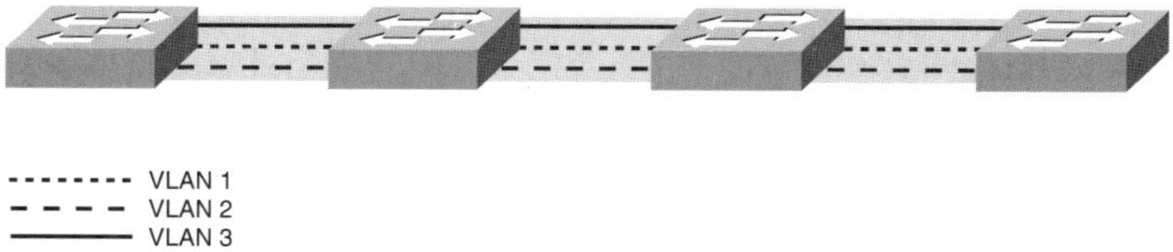

Abbildung 9.6: VLANs und Trunking

Das Frame-Tagging (Abbildung 9.7) ist der Standardmechanismus der Leitungsbündelung. Verglichen mit der Frame-Filterung stellt das Frame-Tagging eine besser skalierbare Lösung zur (insbesondere campusweiten) VLAN-Implementierung dar. IEEE 802.1Q sieht vor, dass das Frame-Tagging als Standardmethode zur VLAN-Implementierung beim Switching verwendet wird.

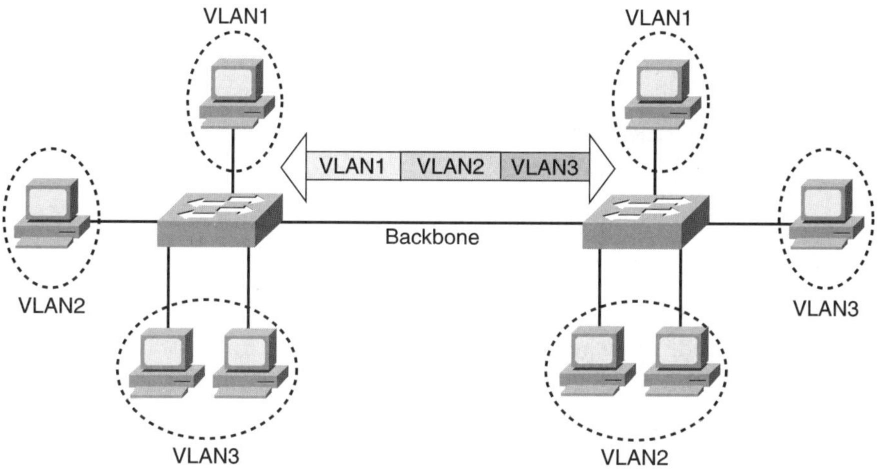

Abbildung 9.7: Frame-Tagging

Beim Frame-Tagging wird eine eindeutige Kennung im Header jedes Frames abgelegt, bevor dieser über den Netzwerk-Backbone versendet wird. Jeder Switch untersucht und interpretiert diesen Header, bevor er Broadcasts oder Übertragungen an andere Switches, Router oder Endgeräte durchführt. Verlässt der Frame den Netzwerk-Backbone, dann entfernt der Switch die Kennung, bevor er den Frame an das Empfängergerät ausliefert. Die Frame-Erkennung findet in Schicht 2 statt; sie ist wenig aufwändig und benötigt nur sehr geringe Verarbeitungskapazitäten.

Ein Trunk ist keinem bestimmten VLAN zugeordnet. Seine Aufgabe besteht lediglich darin, als Kanal für mehrere VLANs zwischen Switches und Routern zu dienen.

Die Switches in Abbildung 9.6 kommunizieren miteinander über ISL, ein Protokoll, das die Integrität von VLAN-Daten sichert, wenn diese zwischen Switches übertragen werden. Bei ISL wird ein Ethernet-Frame mit einem Header gekapselt, der eine VLAN-Kennung enthält.

9.1.4 Switch-CLIs

Je nach Switch-Modell, mit dem Sie arbeiten, können Sie auf zwei verschiedene Arten der Befehlseingabe treffen. Die Befehlszeile (Command-Line Interface, CLI) bei Cisco-Switches basiert entweder auf IOS-Befehlen (beim nativen IOS) oder auf set-Befehlen (CatOS). Im ersten Fall werden IOS-Befehl ähnlich denen eingesetzt, die Sie von den Cisco-Routern her kennen, im zweiten Fall werden set-Befehle zur Konfiguration des Switchs benutzt. Je nach Befehlstyp werden unterschiedliche Befehle verwendet (in den nachfolgenden Listings sind jeweils beide Formen angegeben). Switches der Cisco-Serie 2900 sind IOS-basiert, während die Serien 4500 und 6500 je nach IOS auch die set-Befehle verwenden. Ältere Basismodelle wie die Serie 1900 benutzen IOS-Befehle und bieten zudem eine menügesteuerte Oberfläche. Alle Switch-Modelle erlauben ferner eine grafikbasierte Konfiguration über eine Weboberfläche, auf die Sie mit einem Browser zugreifen können.

Der folgende Befehl ist ein Beispiel für eine Eingabeaufforderung und einen Befehl im privilegierten Modus der nativen IOS-Variante.

```
Switch#show trunk
```

Der folgende Befehl hingegen ist ein Beispiel für eine Eingabeaufforderung und einen Befehl im privilegierten Modus der set-Variante.

```
Switch>(enable)set vtp v2 enable
```

9.1.5 Implementierung der Leitungsbündelung

Um ein VLAN-Trunk an einem Switch zu konfigurieren, der Cisco IOS-basiert arbeitet, müssen Sie zunächst den Port als Trunk konfigurieren und dann das Trunkprotokoll angeben. Die Kapselung muss an beiden Enden des Trunks gleich sein. Geben Sie hierzu die in Listing 9.1 gezeigten Befehle ein.

Listing 9.1: Befehl zur Konfiguration eines VLAN-Trunks

```
Switch(config-if)#switchport mode trunk ?
allowed        Set allowed VLAN characteristics when interface is in trunking
               mode
encapsulation  Set trunking encapsulation when interface is in trunking mode
native         Set trunking native characteristics when interface is in trunking
               mode
```

Listing 9.1: Befehl zur Konfiguration eines VLAN-Trunks (Forts.)

```
pruning        Set pruning VLAN characteristics when interface is in trunking mode


Switch(config-if)#switchport trunk encapsulation ?
dot1q          Interface uses only 802.1q trunking encapsulation when trunking
isl            Interface uses only ISL trunking encapsulation when trunking

Switch(config-if)#switchport trunk encapsulation isl
```

E-LAB

Siehe auch CNAP und [1] »Trunking with ISL«.

Bevor Sie mit der Konfiguration eines VLAN-Trunks an einem Port beginnen, ermitteln Sie zunächst, welches Trunk-Protokoll der Port unterstützen kann. Dies können Sie bei einem Switch mit nativem IOS durch den Befehl `show interfaces capabilities` erfahren. Bei einem auf `set`-Befehlen basierenden Switch benutzen Sie den Befehl `show port capabilities` (Listing 9.2). Beachten Sie, dass Port 2/1 hier nur IEEE 802.1Q-Trunking unterstützt.

Listing 9.2: Ausgabe des Befehls `show port capabilities`

```
Console>(enable) show port capabilities 2/1
Model                   WS-X4232-GB-RJ
Port                    2/1
Type                    No GBIC
Speed                   1000
Duplex                  full
Trunk encap type        802.1Q
Trunk mode              on,off,desirable,auto,nonegotiate
Channel                 2/1-2
Flow control            receive-(off,on,desired),send-(off,on,desired)
Security                yes
Membership              static,dynamic
Fast start              yes
QOS scheduling          rx-(none), tx-(2q1t)
CoS rewrite             no
ToS rewrite             no
Rewrite                 no
UDLD                    yes
SPAN                    source,destination
```

Um ein VLAN-Trunk an einem Switch zu konfigurieren, der auf `set`-Befehlen basiert, müssen Sie die Ports an beiden Enden mit Hilfe des Befehls `set` `trunk` jeweils als Trunk-Port konfigurieren und die VLANs angeben, die über diese Trunk-Leitung übertragen werden sollen:

```
Switch> (enable) set trunk mod_num/port_num [on | off | desirable | auto |
    nonegotiate] vlan_bereich [isl | dot1q | dot10 | lane | negotiate]
```

Sie können mit dem Befehl `set trunk` auch den Modus eines Trunks ändern (Listing 9.3).

Listing 9.3: Ausgabe des Befehls `set trunk`

```
Console>(enable)
Console>(enable)set trunk 2/1 on dot1q
Port(s) 2/1 trunk mode set to on.
Port(s) 2/1 trunk type set to dot1q
```

10-Mbit/s-Ethernet unterstützt in der Regel kein Trunking, bei Fast Ethernet und Gigabit-Ethernet hingegen gibt es mehrere Trunking-Modi, die mit den folgenden Befehlsparametern aufgerufen werden:

- **`on`.** Dieser Modus versetzt den Port in einen permanenten Trunking-Modus. Der Port wird auch dann ein Trunk-Port, wenn der benachbarte Port diesem Wechsel nicht zustimmt. Der Status *on* erlaubt keine Aushandlung eines Trunk-Protokolls, d. h., Sie müssen die Art der Kapselung in der Konfiguration angeben.
- **`off`.** Dieser Modus schaltet den Trunk-Modus für den Port permanent ab und signalisiert diesen Umstand der anderen Seite, um die Verbindung in eine Nicht-Trunk-Leitung umzuwandeln. Der Port wird auch dann ein Nicht-Trunk, wenn der benachbarte Port diesem Wechsel nicht zustimmt.
- **`desirable`.** In diesem Modus versucht der Port aktiv, die Leitung in einen Trunk umzuwandeln. Der Port wird ein Trunk-Port, wenn der benachbarte Port einen der Zustände *on*, *desirable* oder *auto* hat.
- **`auto`.** In diesem Modus ist der Port bereit, die Leitung in eine Trunk-Leitung umzuwandeln. Der Port wird ein Trunk-Port, wenn der benachbarte Port einen der Zustände *on* oder *desirable* hat. Es handelt sich hierbei um den Standardmodus vom Fast Ethernet- und Gigabit-Ethernet-Ports. Beachten Sie, dass, wenn diese Standardeinstellung auf beiden Seiten einer Trunk-Leitung vorhanden ist, diese Leitung kein Trunk wird, denn keine Seite wird die andere zur Umwandlung in eine Trunk-Leitung auffordern.
- **`nonegotiate`.** Dieser Modus versetzt den Port in einen permanenten Trunk-Modus, verhindert aber, dass er DTP-Frames (Dynamic Trunking Protocol) erzeugt. Um eine Trunk-Leitung zu erstellen, müssen Sie den benachbarten Port manuell als Trunk-Port konfigurieren.

Mit Hilfe des Befehls `show trunk` [*mod_num/port_num*] können Sie bei CatOS im privilegierten Modus prüfen, ob das Trunking korrekt konfiguriert und die Einstellungen wie gewünscht vorgenommen wurden.

Die entsprechenden Befehle zum Aktivieren der Trunkleitung sind beim nativen IOS:

```
Switch(config-if)# switchport mode trunk
Switch(config-if)# switchport trunk encapsulation {isl | dotlq}
```

Eine Überprüfung folgt hier mit den Befehlen:

```
Switch(config)# show interfaces [mod_num/port_num] switchport
Switch(config)# show interfaces [mod_num/port_num] trunk
```

9.2 Das VTP-Protokoll

In diesem Abschnitt wollen wir Konzept und Funktionsweise von VTP (VLAN Trunking Protocol) und seine Implementierung in einer VLAN-geswitchten LAN-Umgebung erläutern.

9.2.1 Der Zweck von VTP

VTP wurde entwickelt, um den Betrieb von geswitchten VLAN-Umgebungen zu verbessern. Betrachten wir beispielsweise einmal eine Domäne, in der mehrere Switches vorhanden sind, die ihrerseits mehrere VLANs unterstützen. Um innerhalb der VLANs Konnektivität aufzubauen und aufrechtzuerhalten, muss jedes VLAN an jedem Switch manuell konfiguriert werden. Wenn die Organisation dann wächst und im Netzwerk weitere Switches hinzugefügt werden, muss jeder neue Switch manuell mit VLAN-Informationen konfiguriert werden. Eine einzige falsche VLAN-Zuweisung kann zwei mögliche Probleme verursachen:

- Überkreuzverbindungen von VLANs aufgrund von Inkonsistenzen in der VLAN-Konfiguration
- Notwendigkeit einer gegenseitigen Abstimmung der VLAN-Konfigurationen bei Medienübergängen (z. B. zwischen Ethernet und FDDI)

Dank VTP kann die Konsistenz der VLAN-Konfiguration in der gesamten Administrationsdomäne aufrechterhalten werden. Zudem vereinfacht VTP das Management und die Überwachung von VLAN-Netzwerken.

9.2.2 Das Konzept des VTP-Protokolls

Der Zweck von VTP besteht darin, die Konsistenz der VLAN-Konfiguration innerhalb einer gemeinsamen VTP-Domäne sicherzustellen. VTP ist ein Protokoll, das mit Hilfe von Trunking-Frames in Schicht 2 Vorgänge wie das Hinzufügen, Entfernen und Umbenennen von VLANs in einer Domäne mitteilt. So ermöglicht VTP zentrale Änderungen, die an alle anderen Switches im Netzwerk übermittelt werden.

VTP-Meldungen werden in Frames gekapselt, die entweder Ciscos proprietärem ISL-Protokoll oder dem IEEE 802.1Q-Protokoll entsprechen, und dann über Trunk-Leitungen an andere Geräte übermittelt. Bei IEEE 802.1Q-Frames wird ein vier Bytes umfassendes Feld hinzugefügt, das als Tag des Frames dient. Außerdem übertragen beide Formate die VLAN-Kennung.

Während Switch-Ports normalerweise nur einem einzigen VLAN zugewiesen werden, übertragen Trunk-Ports standardmäßig Frames aus allen VLANs.

9.2.3 Vorteile von VTP

VTP minimiert mögliche Inkonsistenzen der Konfiguration, die entstehen können, wenn Änderungen am VLAN vorgenommen werden. Diese Inkonsistenzen können sogar die Verletzung der Sicherheitsrichtlinien zur Folge haben; so findet z. B. bei Verwendung doppelter Namen eine Überkreuzverbindung von VLANs statt. Hinzu kommt, dass VLANs auch intern abgetrennt werden können, wenn sie einem anderen LAN-Typ zugewiesen werden (z. B. ein Wechsel von Ethernet zu ATM oder FDDI). VTP bietet die folgenden Vorteile:

- Konsistenz der VLAN-Konfiguration im gesamten Netzwerk
- ein Zuordnungssystem, das Trunks der VLANs über unterschiedliche Medien erlaubt (z. B. Zuordnung eines Ethernet-VLAN zu einem VLAN wie ATM LANE oder FDDI)
- Verfolgung und Überwachung von VLANs
- dynamische Meldung hinzugefügter bzw. gelöschter VLANs im gesamten Netzwerk
- Plug & Play-Konfiguration beim Hinzufügen neuer VLANs

Vor der Erstellung von VLANs am Switch müssen Sie zunächst eine VTP-Domäne erstellen, innerhalb derer Sie die aktuellen VLANs im Netzwerk verifizieren können. Alle Switches innerhalb einer Verwaltungsdomäne synchronisieren ihre VLAN-Informationen zueinander, und ein Switch kann immer nur Mitglied einer VTP-Verwaltungsdomäne sein. Switches in verschiedenen Domänen tauschen ihre VTP-Informationen nicht miteinander aus.

Mit Hilfe von VTP gibt jeder Switch der Catalyst-Familie die folgenden Informationen an seinen Trunk-Ports bekannt:

- Verwaltungsdomäne
- Nummer der Konfigurationsrevision
- bekannte VLANs und deren spezifische Parameter

9.2.4 VTP-Domänen

Eine VTP-Domäne besteht aus einem oder mehreren miteinander verbundenen Switches, die den gleichen VTP-Domänennamen nutzen. Ein Switch kann sich immer nur in einer VTP-Domäne gleichzeitig befinden.

Wenn eine VTP-Meldung an andere Switches im Netzwerk übermittelt wird, wird sie in einem Frame eines Trunking-Protokolls (z. B. ISL oder IEEE 802.1Q) gekapselt. Damit die Daten übertragen werden, müssen die VTP-Domänennamen exakt (einschließlich der Groß-/Kleinschreibung) miteinander übereinstimmen. Abbildung 9.8 zeigt die generische Kapselung einer VTP-Meldung in einem ISL-Frame.

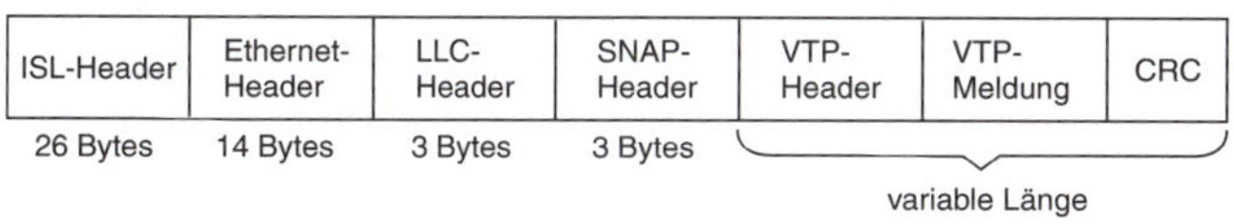

Abbildung 9.8: VTP-Kapselung im ISL-Frame

Der VTP-Header unterscheidet sich je nach Typ der VTP-Meldung; es gibt aber vier Elemente, die Bestandteil aller VTP-Meldungen sind:

- **VTP-Protokollversion.** Dies ist entweder Version 1 oder Version 2.
- **VTP-Meldungstyp.** Gibt einen von vier Typen an.
- **Länge des VTP-Domänennamens.** Gibt die Länge des nachfolgenden Namens an.
- **VTP-Domänenname.** Gibt den Namen an, der für die VTP-Verwaltungsdomäne konfiguriert wurde.

9.2.5 VTP-Betriebsarten

VTP-Switches kennen drei verschiedene Betriebsarten:

- Server
- Client
- Transparent

VTP-Servermodus

Wenn ein Switch für den Betrieb im Servermodus konfiguriert ist (Standardeinstellung), dann können Sie VLANs erstellen, ändern und löschen sowie andere Konfigurationsparameter (wie die VTP-Version oder das VTP-Pruning) für die gesamte VTP-Domäne konfigurieren. VTP-Server speichern VLAN-Konfigurationsdaten im Catalyst-NVRAM (Non-Volatile RAM, nichtflüchtiges RAM). VTP-Server versenden ihre VTP-Meldungen über alle Trunk-Ports.

VTP-Server geben ihre VLAN-Konfiguration anderen Switches innerhalb der gleichen VTP-Domäne bekannt und synchronisieren die Konfiguration mit anderen Switches basierend auf Advertisements (Mitteilungen), die sie über Trunk-Leitungen erhalten.

VTP-Clientmodus

Ein als VTP-Client konfigurierter Switch nimmt an einer VTP-Domäne teil, kann aber VLAN-Daten weder erstellen noch ändern oder löschen. Außerdem können Clients VLAN-Informationen nicht speichern. Dieser Modus ist für Switches geeignet, die nicht genug Speicher aufweisen, um große Tabellen mit VLAN-Daten zu speichern, wie dies für VTP-Server vorgesehen ist. VTP-Clients verarbeiten Änderungen im VLAN ebenso wie Server und versenden VTP-Meldungen über alle Trunk-Ports.

Transparenter Modus

Switches, die für den Betrieb im transparenten Modus konfiguriert sind, nehmen nicht an einer VTP-Domäne teil. Ein transparenter Switch gibt weder seine VLAN-Konfiguration bekannt, noch synchronisiert er seine Konfiguration basierend auf empfangenen Advertisements. Er leitet VTP-Advertisements zwar weiter, die er an seinen Trunk-Ports empfängt (nur bei Version 2), die in den Meldungen enthaltenen Informationen werden aber ignoriert. Ein transparenter Switch aktualisiert beim Empfang von Updates weder seine Datenbank, noch sendet er ein Update, das eine Änderung seines VLAN-Status anzeigt. Mit Ausnahme der Weiterleitung von VTP-Advertisements ist VTP an einem transparenten Switch vollständig deaktiviert.

9.2.6 VTP-Betrieb

Durch die Fähigkeit, den VTP-Advertisements Informationen zu neuen bzw. gelöschten VLANs zu entnehmen, können sich Switches (Server und Clients) auf den Datenverkehr mit neu definierten VLAN-Kennungen, emulierten LAN-Namen und 802-10-SAIDs (Security Association ID, Sicherheitskennungen) an ihren Trunk-Ports vorbereiten.

In Abbildung 9.9 überträgt Switch C einen VTP-Datenbankeintrag mit Neuaufnahmen oder Streichungen an Switch A und Switch B. Die Konfigurationsdatenbank hat eine Revisionsnummer, die dem Parameter *Notification* + 1 entspricht. Eine höhere Revisionsnummer der Konfiguration zeigt an, dass die gesendeten VLAN-Informationen aktueller sind als die gespeicherte Kopie. Empfängt ein Switch ein Update mit einer höheren Revisionsnummer, dann überschreibt er die gespeicherten Daten mit den neuen, im VTP-Update enthaltenen Daten. Switch F verarbeitet das Update übrigens nicht, denn er befindet sich in einer anderen Domäne.

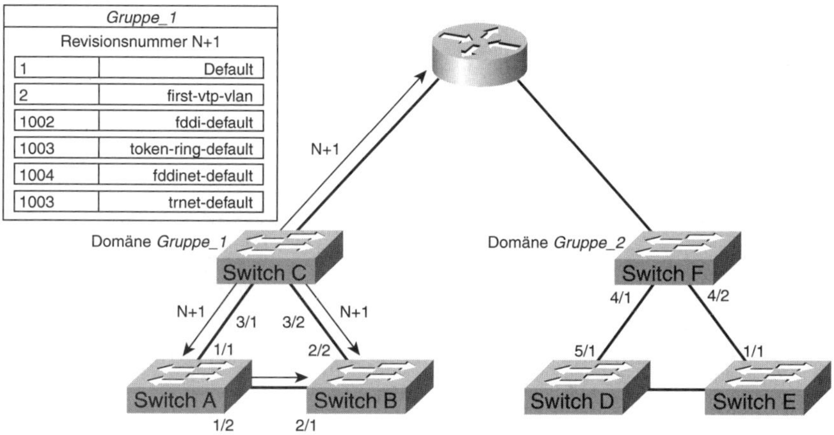

Abbildung 9.9: VTP-Betrieb

Standardmäßig befinden sich die VTP-Managementdomänen im nichtsicheren Modus, d. h., die Switches verständigen sich miteinander ohne Passwortangabe. Das Hinzufügen eines Passworts versetzt die VTP-Domäne in den sicheren Modus. An allen Switches in der VTP-Domäne muss in diesem Fall das gleiche Passwort konfiguriert werden, damit der sichere Modus verwendet werden kann.

9.2.7 VTP-Implementierung

Bei VTP meldet jeder Switch über die Trunk-Ports seine Verwaltungsdomäne, die Revisionsnummer der Konfiguration, die ihm bekannten VLANs sowie bestimmte Parameter zu jedem bekannten VLAN. Diese Advertisement-Frames werden an eine Multicast-Adresse gesendet, damit alle benachbarten Geräte die Frames empfangen können. Allerdings werden die Frames nicht durch normales Bridging weitergeleitet. Alle Geräte in der gleichen VTP-Managementdomäne erlernen Informationen zu allen neuen VLANs, die am übertragenden Gerät neu konfiguriert wurden. Deswegen muss ein neues VLAN an nur einem Gerät in der Verwaltungsdomäne erstellt und konfiguriert werden – alle anderen Geräte in der betreffenden Verwaltungsdomäne erhalten die Informationen automatisch.

Advertisements zu den standardmäßig vorhandenen VLANs beziehen sich auf die unterschiedlichen Medientypen (Abbildung 9.9). Benutzerports sollten nicht als VTP-Trunks konfiguriert werden. Jedes Advertisement startet mit Revisionsnummer 0. Werden Änderungen vorgenommen, dann erhöht sich diese Revisionsnummer um den Wert 1. Die Revisionsnummer wird in der Verwaltungsdomäne so lange weiter erhöht, bis der Wert 2.147.483.648 erreicht wird, danach wird der Zähler auf 0 zurückgesetzt.

Es gibt zwei Arten von VTP-Advertisements:

- Anfragen von Clients, die beim Systemstart Informationen anfordern
- Antworten von Servern

Außerdem gibt es drei Arten von VTP-Meldungen:

- **Advertisement-Anforderungen.** Clients rufen VLAN-Informationen ab.
- **Summary Advertisement.** Server senden eine Zusammenfassung als Antwort.
- **Subset Advertisement.** Server senden eine Teilmenge als Antwort.

Diese Typen von VTP-Meldungen sind in Abbildung 9.10 dargestellt.

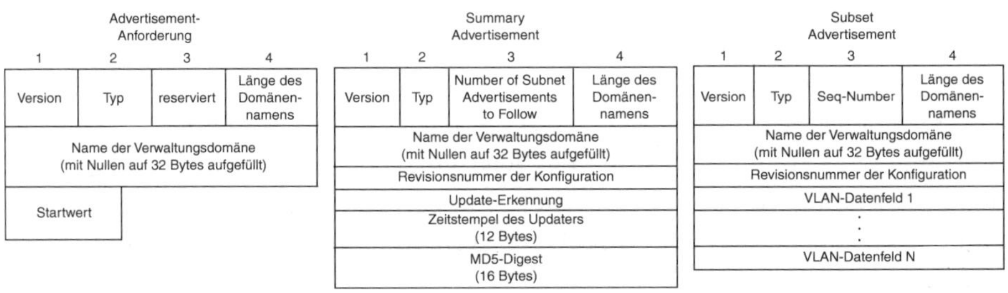

Abbildung 9.10: Advertisement-Anforderungen

Standardmäßig versenden Catalyst-Switches im Server- oder Clientmodus alle fünf Minuten Summary Advertisements und teilen den benachbarten Switches mit, welches ihrer Ansicht nach die aktuelle VTP-Revisionsnummer ist. Wenn die Domänennamen übereinstimmen, wertet der empfangende Server oder Client die Revisionsnummer der Konfiguration aus; ist diese Nummer höher als die aktuelle Revisionsnummer am empfangenden Switch, dann sendet dieser eine Advertisement-Anforderung nach neuen VLAN-Informationen. Abbildung 9.11 zeigt beispielhaft das Format dieser Anforderung.

Version	Typ	Anzahl der folgenden Subset Advertisements	Länge des Domänennamens
Name der Verwaltungsdomäne (mit Nullen auf 32 Bytes aufgefüllt)			
Revisionsnummer der Konfiguration			
Update-Erkennung			
Zeitstempel des Updaters (12 Bytes)			
MD5-Digest (16 Bytes)			

Abbildung 9.11: Format des Summary Advertisements

Subset Advertisements enthalten detaillierte Angaben zu VLANs, so etwa die VTP-Versionsnummer, den Domänennamen und zugehörige Felder sowie die Revisionsnummer der Konfiguration. Der Versand solcher Advertisements kann durch das Erstellen oder Löschen eines VLAN, durch das Aktivieren oder Deaktivieren eines VLAN, das Ändern eines VLAN-Namens oder das Ändern der MTU (Maximum Transmission Unit, Maximalübertragungseinheit) ausgelöst werden. Abbildung 9.12 zeigt beispielhaft das Format eines Subset-Advertisements.

Version	Typ	Sequenznummer	Länge des Domänennamens
Name der Verwaltungsdomäne (mit Nullen auf 32 Bytes aufgefüllt)			
Revisionsnummer der Konfiguration			
VLAN-Datenfeld 1			
⋮			
VLAN-Datenfeld N			

Das VLAN-Datenfeld enthält Daten für alle VLANs und ist wie folgt formatiert:

Datenlänge	Status	VLAN-Typ	Länge des VLAN-Namens
VLAN-ID (ISL-Kennung)		MTU-Größe	
802.10-Index			
VLAN-Name (mit Nullen auf ein ganzzahliges Vielfaches von 4 Bytes aufgefüllt)			

Abbildung 9.12: Format eines Subset-Advertisements

Advertisements können u. a. die folgenden Informationen enthalten:

- **Name der VTP-Managementdomäne.** Advertisements mit anderen Namen werden ignoriert.
- **Revisionsnummer der Konfiguration.** Je höher die Nummer, desto aktueller ist die Konfiguration.
- **Message Digest 5 (MD5).** MD5 ist der Schlüssel, der mit VTP gesendet wird, wenn ein Passwort zugewiesen wurde. Stimmt der Schlüssel nicht, dann wird das Update ignoriert.
- **Updater-ID.** Die Update-Erkennung ist die Kennung des Switchs, der das VTP Summary Advertisement sendet.

9.2.8 VTP-Konfiguration

Die folgenden Aufgaben müssen erledigt werden, bevor VTP und VLANs im Netzwerk konfiguriert werden können:

- Ermitteln der zu verwendenden VTP-Versionsnummer
- Entscheiden, ob der betreffende Switch Mitglied einer vorhandenen VTP-Domäne oder eine neue Domäne erstellt werden soll (bei Verwendung einer vorhandenen Domäne müssen deren Name und Passwort bekannt sein)
- Auswählen eines VTP-Modus für den Switch

VTP-Version konfigurieren

In Ihrer Verwaltungsdomäne können zwei verschiedene VTP-Versionen ausgeführt werden: VTP Version 1 und VTP Version 2. Die beiden Versionen sind nicht kompatibel, d. h., wenn Sie einen Switch in einer Domäne mit VTP Version 2 konfigurieren, dann müssen Sie alle anderen Switches in der Verwaltungsdomäne ebenfalls mit VTP Version 2 konfigurieren. Standardmäßig wird VTP Version 1 verwendet. VTP Version 2 müssen Sie verwenden, wenn Sie einige der speziellen Merkmale von VTP Version 2 benötigen, die von VTP Version 1 nicht geboten werden. Das wichtigste dieser Merkmale ist die Unterstützung von Token Ring-VLANs.

Um die VTP-Version an einem befehlszeilenbasierten Switch unter Cisco IOS Software zu konfigurieren, wechseln Sie zunächst in den VLAN-Datenbankmodus. Dann ändern Sie mit dem folgenden Befehl die VTP-Versionsnummer am Switch:

```
Switch#vlan database
Switch(vlan)#vtp v2-mode
```

Verwenden Sie den folgenden Befehl, um die VTP-Versionsnummer am auf set-Befehlen basierenden Switch zu ändern:

```
Switch(enable) set vtp v2 enable
```

VTP Version 2 bietet im Gegensatz zu Version 1 die folgenden Funktionen:

- **Unterstützung von Token Ring.** VTP Version 2 unterstützt das Token Ring-LAN-Switching und VLANs.
- **Unterstützung nicht erkannter TLV-Einstellungen.** Ein VTP-Server oder Client leitet empfangene Konfigurationsänderungen über seine anderen Trunk-Ports weiter – und zwar auch solche, bei denen er Typ, Länge und Wert (engl. *Type, Length, Value*, kurz TLV) nicht analysieren kann. Das nicht erkannt TLV-Element wird im NVRAM gespeichert.
- **Transparenter Modus in Versionsabhängigkeit.** Bei VTP Version 1 durchsucht ein transparenter Switch VTP-Meldungen nach Angaben zum Domänennamen und zur Version und leitet eine Meldung nur dann weiter, wenn Version und Domänenname übereinstimmen. Da nur eine Domäne durch die Software der Supervisor-Engine unterstützt wird, leitet VTP Version 2 VTP-Meldungen im transparenten Modus weiter, ohne die Version zu überprüfen.
- **Konsistenzprüfungen.** Bei VTP Version 2 werden VLAN-Konsistenzprüfungen (beispielsweise auch VLAN-Namen und Werte) nur dann durchgeführt, wenn Sie über die Befehlszeile oder mit Hilfe des SNMP-Protokolls (Simple Network Management Protocol) neue Informationen eingeben. Konsistenzprüfungen werden hingegen nicht durchgeführt, wenn neue Informationen aus einer VTP-Meldung gewonnen oder aus dem NVRAM ausgelesen werden. Ist der Digest einer empfangenen VTP-Meldung korrekt, dann werden die Daten ohne Konsistenzprüfung übernommen. Ein Switch, der VTP Version 2 ausführen kann, kann in der gleichen Domäne wie ein Switch unter VTP Version 1 laufen, wenn VTP Version 2 deaktiviert bleibt.

Können alle Switches in einer Domäne VTP Version 2 ausführen, dann müssen Sie Version 2 (mit Hilfe des Befehls `set vtp v2 enable`) nur an einem einzigen Switch aktivieren. Die Versionsnummer wird dann an alle anderen Switches in der VTP-Domäne weitergegeben, die VTP Version 2 unterstützen.

VTP-Domäne konfigurieren

Wenn der zu installierende Switch der erste im Netzwerk ist, erstellen Sie zunächst eine VTP-Management-Domäne, andernfalls geben Sie den Namen der VTP-Domäne an, der der Switch beitreten soll. Wird die VTP-Domäne im sicheren Modus betrieben, dann muss zudem das Passwort der Domäne konfiguriert werden.

Um eine VTP-Management-Domäne zu erstellen, verwenden Sie am IOS-basierten Switch folgenden Befehl:

```
Switch(vlan)#vtp domain domänenname
Switch(vlan)#vtp password passwort
```

Der Domänenname kann zwischen einem und 32 Zeichen umfassen und unterscheidet die Groß-/Kleinschreibung. Das Passwort muss zwischen acht und 64 Zeichen lang sein.

Um einen VTP-Client einer vorhandenen VTP-Domäne hinzuzufügen, müssen Sie immer sicherstellen, dass seine VTP-Revisionsnummer niedriger ist als die der anderen Switches in der Domäne. Hierzu verwenden Sie den Befehl `show vtp status`. Switches in einer VTP-Domäne verwenden nämlich die VLAN-Konfiguration des Switchs mit der höchsten Revisionsnummer; wird die Domäne also um einen Switch erweitert, der eine höhere Revisionsnummer aufweist als die übrigen Switches in der Domäne, dann kann dieser alle (!) VLAN-Daten vom VTP-Server und aus der VTP-Domäne löschen.

Um eine Verwaltungsdomäne zu erstellen bzw. Ihren `set`-basierten Switch einer Domäne hinzuzufügen, verwenden Sie den folgenden Befehl:

```
Switch(enable)set vtp domain domänenname [passwd passwort]
```

VTP-Modus konfigurieren

Wählen Sie eine der möglichen VTP-Betriebsarten für den Switch. Nachfolgend finden Sie einige Empfehlungen zur Auswahl des Switch-Modus:

- Handelt es sich um den ersten Switch in Ihrer VTP-Domäne und wollen Sie weitere Switches hinzufügen, dann wählen Sie den Servermodus. Die später dazukommenden Switches erlernen die VLAN-Daten dann von diesem Server-Switch. In jeder Domäne sollte mindestens ein Server vorhanden sein.
- Sind hingegen in der Domäne bereits andere Switches vorhanden, dann wählen Sie den Clientmodus, um zu verhindern, dass der neue Switch versehentlich falsche Daten im vorhandenen Netzwerk verteilt. Wollen Sie diesen Switch als VTP-Server verwenden, dann ändern Sie den Switch-Modus erst, nachdem der Switch die vollständigen VLAN-Informationen aus dem Netzwerk erhalten hat.
- Soll der Switch keinerlei VLAN-Daten mit anderen Switches im Netzwerk austauschen, dann konfigurieren Sie den transparenten Modus. In diesem Modus können Sie VLANs nach Belieben erstellen, löschen oder

umbenennen, ohne dass der Switch diese Änderungen an andere Switches weitergibt. Konfigurieren mehrere Administratoren die Geräte in Ihrem Netzwerk, dann besteht das Risiko, dass zwei VLANs mit unterschiedlichem Zweck, aber gleicher Kennung einander im Netzwerk überschneiden.

Um über die Befehlszeile den korrekten Modus am IOS-basierten Switch zu konfigurieren, verwenden Sie den folgenden Befehl:

```
Switch(vlan)#vtp {client | server | transparent}
```

Um den Modus für Ihren auf `set`-Befehlen basierenden Switch zu konfigurieren, verwenden Sie den folgenden Befehl:

```
Switch>(enable) set vtp mode server | client | transparent
```

VTP-Konfiguration überprüfen

Listing 9.4 zeigt die Ausgabe des Befehls `show vtp status`. Dieser Befehl überprüft die VTP-Konfigurationseinstellungen auf einem IOS-basierten Switch.

Listing 9.4: Ausgabe des Befehls `show vtp status` *(natives IOS)*

```
Switch#show vtp status
VTP Version                          : 2
Configuration Revision               : 2
Maximum VLANs supported locally      : 68
Number of existing VLANs             : 6
VTP Operating Mode                   : Client
VTP Domain Name                      : Cisco
VTP Pruning Mode                     : Disabled
VTP V2 Mode                          : Enabled
VTP Traps Generation                 : Disabled
MD5 Digest                           : 0x35  0x84  0x7B  0x04  0x3D
                                       0x55  0x3B  0xDA
Configuration last modified by 0.0.0.0 at 12-23-02 20:24:33
```

Listing 9.5 zeigt die Ausgabe des Befehls `show vtp statistics` auf einem `set`-basierten Switch. Dieser Befehl erzeugt eine Zusammenfassung der gesendeten und empfangenen VTP-Advertisements sowie der erkannten Konfigurationsfehler. Diese Befehle können Sie auch bei der Fehlersuche und -behebung von VTP verwenden.

Listing 9.5: Ausgabe des CatOS-Befehls `show vtp statistics`

```
Switch>(enable) show vtp statistics
VTP statistics:
summary advts received          0
subset advts received           0
request advts received          0
```

Listing 9.5: Ausgabe des CatOS-Befehls `show vtp statistics` *(Forts.)*

```
summary advts transmitted       0
subset advts transmitted        0
request advts transmitted       0
No of config revision errors    0
No of config digest errors      0
```

Mit der Ausgabe des CatOS-Befehls `show vtp domain` erhalten Sie auf einem set-basierten Switch Informationen zum aktuellen VTP-Status:

Listing 9.6: Ausgabe des CatOS-Befehls `show vtp domain`

```
Switch>(enable) show vtp domain

Domain Name     Domain Index     VTP Version    Local Mode    Password
-----------     ------------     -----------    ----------- ---------
Cisco           1                2                server
Vlan-count      Max-vlan-storage Config Revision Notifications
-----------     ---------------- --------------- -------------
15              1023             5               disabled

Last Updater    V2 Mode Pruning  PruneEligible on Vlans
--------------- ------- -------- -------------------------
192.168.9.30    enabled disabled 2-1000
```

E-Lab und Lab

Siehe auch CNAP und [1] »Trunking with 802.1Q« und »VTP Client and Server Configuration«.

9.2.9 VTP-Pruning

Standardmäßig verteilt ein Switch Broadcast- und unbekannte Pakete im gesamten Netzwerk. Dieses Verhalten führt dazu, dass im Netzwerk viele unnötige Daten übertragen werden.

Das VTP-Pruning (dt. *Stutzen*) erhöht die Bandbreite im Netzwerk, indem es das unnötige Fluten von Datenverkehr (z. B. Broadcast- und Multicast-Pakete, unbekannte Pakete und geflutete Unicast-Pakete) einschränkt. Der geflutete Datenverkehr wird auf diejenigen Trunk-Leitungen beschränkt, auf denen der Datenverkehr weitergeleitet werden muss, um die aktuell angeschlossenen Netzwerkgeräte erreichen zu können. Ist etwa an einem Remote-Switch kein Gerät aus VLAN 3 angeschlossen, dann verhindert das Pruning, dass über den Trunk VLAN 3-Datenverkehr gesendet und somit Bandbreite verschwendet wird.

Standardmäßig ist das VTP-Pruning deaktiviert. Die Aktivierung des VTP-Pruning an einem VTP-Server schaltet es innerhalb weniger Sekunden für die gesamte Domäne ein. Standardmäßig kann das Pruning für die VLANs 2 bis 1000 aktiviert werden. VTP unterdrückt nicht den Verkehr aus solchen VLANs, für die das Pruning nicht aktiviert werden kann. Dies betrifft zum Beispiel VLAN 1, d. h., der Datenverkehr aus dem nativen VLAN kann nicht eingeschränkt werden. Sie können die Möglichkeit des Prunings für bestimmte VLANs an einem Switch gezielt aktivieren oder deaktivieren. Um das Pruning an einem IOS-basierten Switch zu ermöglichen, geben Sie den folgenden Befehl ein:

```
Switch(vlan)#vtp pruning
```

Wollen Sie hingegen die Möglichkeit des Prunings für ein bestimmtes VLAN ausschließen, dann verwenden Sie an einem IOS-basierten Switch folgende Befehlsfolge:

```
Switch(config)#interface fastethernet 0/3
Switch(config-if)#switchport trunk pruning vlan remove vlan-kennung
```

Um das Pruning an einem `set`-basierten Switch zu ermöglichen, geben Sie den folgenden Befehl ein:

```
Console> (enable) set vtp pruneeligible vlan_bereich
```

Wollen Sie hingegen die Möglichkeit des Prunings für ein bestimmtes VLAN ausschließen, dann verwenden Sie an einem `set`-basierten Switch folgenden Befehl:

```
Console> (enable) clear vtp pruneeligible vlan_bereich
```

9.3 Routing zwischen VLANs

Wenn ein Host in einer Broadcast-Domäne mit einem Host in einer anderen Broadcast-Domäne kommunizieren will, wird ein Router benötigt. Das Gleiche gilt auch für VLANs (Abbildung 9.13).

Port 1 an einem Switch ist Bestandteil von VLAN 1, Port 2 ist Bestandteil von VLAN 200. Wären alle Ports des Switchs Bestandteil von VLAN 1, dann könnten die Hosts, die an diese Ports angeschlossen sind, direkt miteinander kommunizieren. In diesem Fall jedoch befinden sich die Ports in unterschiedlichen VLANs (1 und 200). Wollen Hosts aus verschiedenen VLANs miteinander kommunizieren, dann wird ein Router benötigt (Abbildung 9.14).

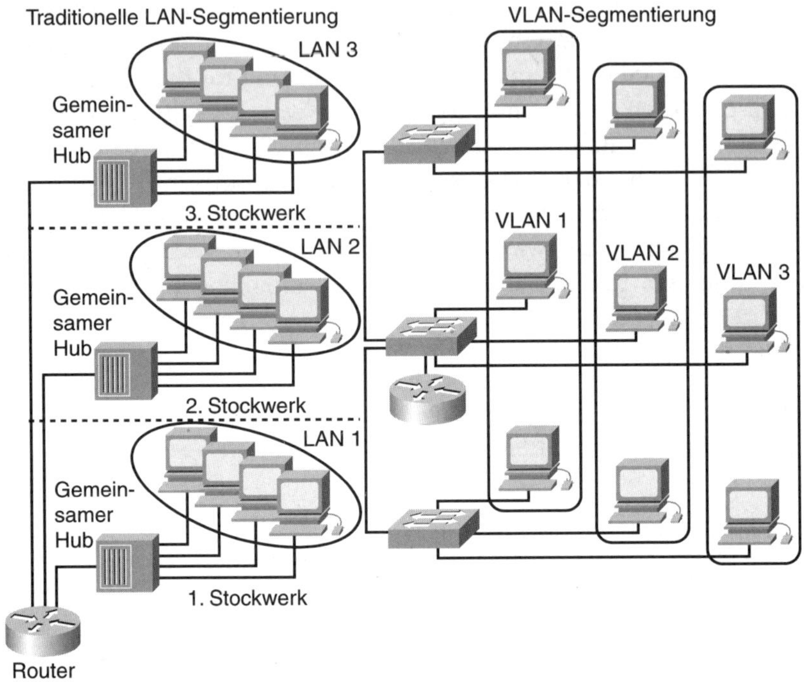

Abbildung 9.13: Router und VLANs

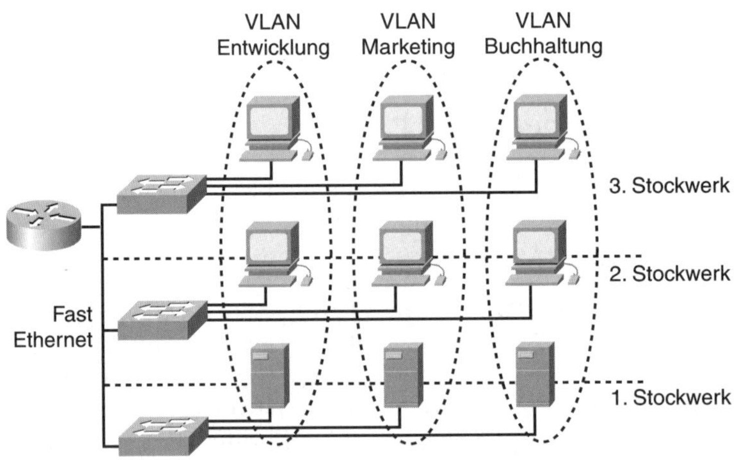

Abbildung 9.14: Unabhängigkeit vom Standort

Der wichtigste Vorteil des Routings ist seine bewährte Fähigkeit, den Aufbau von Netzwerken zu vereinfachen – und zwar insbesondere von solchen Netzwerken, die groß sind. Zwar wird das Internet immer wieder als offensichtlichstes Beispiel herangezogen, tatsächlich aber gilt dies für alle Arten von Netzwerken, z. B. auch für den Backbone eines großen Firmennetzwerks. Da Router die Ausbreitung von Broadcasts verhindern und intelligentere Algorithmen zur Weiterleitung verwenden als Bridges und Switches, ermöglichen sie eine wesentlich bessere Nutzung der Bandbreite. Dies führt gleichzeitig auch zu einer flexiblen und optimalen Pfadauswahl. So ist es durch Routing beispielsweise in den meisten Netzwerken recht einfach, einen Lastausgleich über mehrere Pfade zu realisieren. Im Gegensatz dazu ist eine Lastverteilung in Schicht 2 schwer zu entwickeln, zu implementieren und zu betreiben.

Erstreckt sich ein VLAN über mehrere Geräte, dann werden diese durch einen Trunk miteinander verbunden. Ein Trunk überträgt den Datenverkehr mehrerer VLANs und kann etwa zur Verbindung eines Switchs mit einem anderen Switch, einem VLANs verbindenden Router oder einem Server verwendet werden, der mit einer speziellen, das Trunking unterstützenden Netzwerkkarte ausgestattet ist.

Immer wenn ein Host in einem VLAN mit einem Host in einem anderen VLAN kommunizieren will, wird ein Router oder ein Schicht-3-Switching benötigt.

9.3.1 Probleme bei der VLAN-übergreifenden Kommunikation und ihre Lösungen

Wenn VLANs miteinander verbunden werden, stellen sich einige technische Fragen. Zwei der häufigsten Probleme in einer Umgebung mit mehreren VLANs sind

- die Notwendigkeit der Endgeräte, Remote-Hosts zu erreichen,
- die Anforderungen der Hosts in verschiedenen VLANs, miteinander zu kommunizieren.

Wenn ein Gerät eine Verbindung mit einem Remote-Host herstellen möchte, schlägt es in seiner Routing-Tabelle nach, um zu überprüfen, ob ein bekannter Pfad vorhanden ist. Ist der Remote-Host Bestandteil eines Subnetzes, bei dem das Gerät weiß, wie es zu erreichen ist, dann überprüft es, ob es über die betreffende Schnittstelle eine Verbindung herstellen kann. Schlagen alle bekannten Pfade fehl, dann hat das System noch eine letzte Möglichkeit: die Default-Route.

Bei der Default-Route handelt es sich um eine spezielle Gateway-Route, die normalerweise nur einmal im System vorhanden ist. Beim Router erscheint die Default-Route mit einem Stern (*) markiert in der Ausgabe des Befehls `show ip route`. Bei Hosts in einem LAN ist dieses Gateway über ein Gerät realisiert, das über eine direkte oder indirekte Verbindung zur Außenwelt verfügt; es wird als *Standardgateway* in den TCP/IP-Einstellungen der Workstations eingetragen. Wird die Default-Route für einen Router konfiguriert, der als Gateway zum Internet fungiert, dann verweist sie dadurch auf das Gateway am Standort des Internet-Providers. Default-Routen werden mit Hilfe des Befehls `ip route` konfiguriert:

```
Router(Config)#ip route 0.0.0.0 0.0.0.0 192.168.1.1
```

Hier ist 192.168.1.1 das Gateway.

Konnektivität zwischen VLANs kann entweder logisch oder physisch realisiert werden. Logische Konnektivität wird über eine einzelne Verbindung – den Trunk – vom Switch zum Router hergestellt. Über einen einzelnen Trunk können dabei mehrere VLANs übertragen werden. Diese Topologie bezeichnet man auch als »Router on a Stick« (Abbildung 9.15), denn es gibt zwar nur eine Verbindung zum Router, aber mehrere logische Verbindungen zwischen Router und Switch.

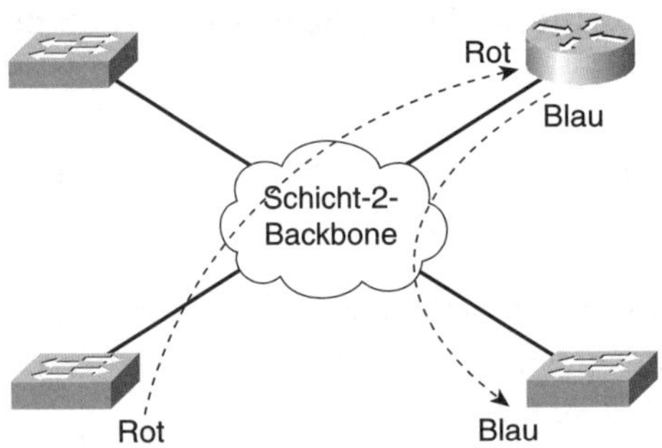

Abbildung 9.15: »Router on a Stick«

9.3.2 Isolierte Broadcast-Domänen

In geswitchten Netzwerken realisieren Route-Prozessormodule die Kommunikation zwischen VLANs. Diese Prozessoren ermöglichen VLAN-Zugriff auf gemeinsame Ressourcen und sind mit anderen Teilen des Netzwerks verbunden, die entweder – unter Verwendung der traditionellen Subnetzbildung – logisch segmentiert sind oder Zugriff auf Remote-Standorte über WAN-Leitungen haben. Route-Prozessormodule sind in vielerlei Hinsicht wie Router, werden aber in einen Switch eingebaut. Zwar fehlen ihnen oft die physischen Schnittstellen, aber sie werden mit den gleichen IOS-Befehlen konfiguriert wie herkömmliche Router.

Bevor Sie das Routing zwischen VLANs konfigurieren können, müssen Sie diese zunächst an den Switches in Ihrem Netzwerk konfiguriert haben. Aspekte des Netzdesigns und der VLAN-Definition sollten während der Netzplanungsphase bereits berücksichtigt werden. Zu diesen Aspekten gehören die folgenden:

- VLAN-übergreifende gemeinsame Nutzung von Ressourcen
- Lastverteilung
- redundante Leitungen
- logische Adressierung
- Segmentierung des Netzwerks mit Hilfe von VLANs

Abbildung 9.16 zeigt isolierte Broadcast-Domänen.

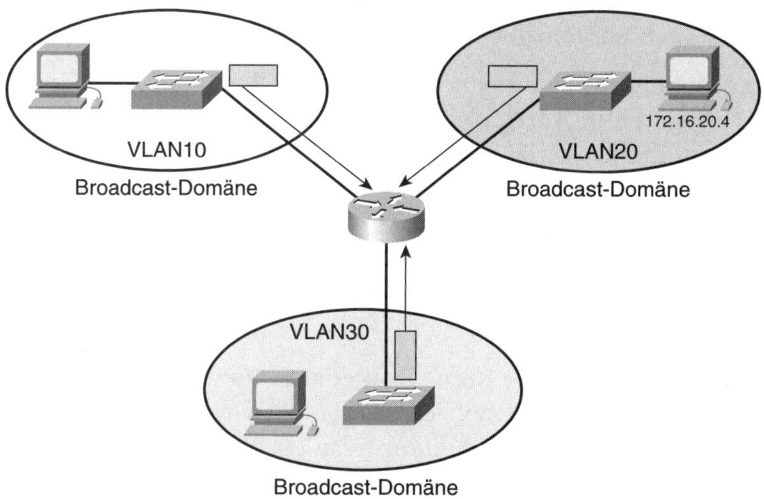

Abbildung 9.16: Isolierte Broadcast-Domänen

9.3.3 Route zwischen VLANs ermitteln

Das Route-Prozessormodul enthält die Systemspeicherkomponenten und den Hauptsystemprozessor. Ein Default-Gateway ist vereinfacht dargestellt eine Router-Schnittstelle, die über ihre IP-Adresse angesprochen wird, ein Default-Router ein Router mit mindestens einer Schnittstelle, die als Default-Gateway agiert. Abbildung 9.17 zeigt ein Default-Gateway.

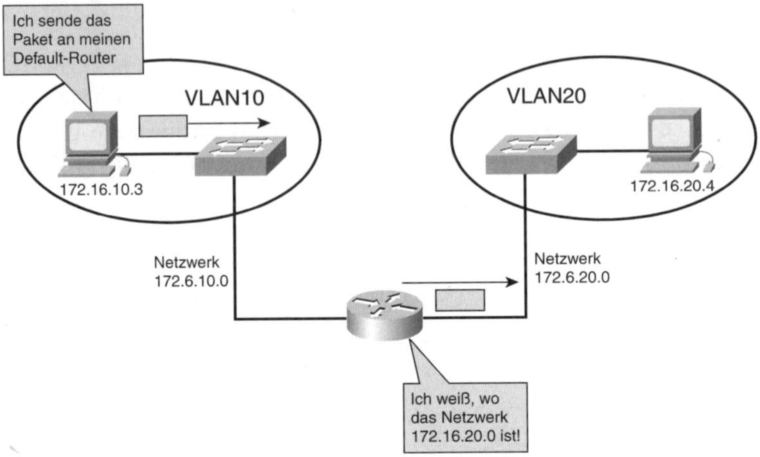

Abbildung 9.17: Default-Gateway

Verbindet man getrennte Subnetze über ein Route-Prozessormodul, dann stellt sich das Problem, wie Endgeräte über mehrere LAN-Segmente hinweg mit anderen Geräten kommunizieren können.

Damit nicht jedes Endgerät eine eigene Routing-Tabelle führen muss, ist an den meisten Geräten die IP-Adresse eines Route-Prozessormoduls konfiguriert. Dieser designierte Route-Prozessor ist der Default-Router, an den alle Pakete gesendet werden, die nicht für das lokale Netzwerk bestimmt sind. Der Route-Prozessor leitet die Pakete dann zum jeweiligen Empfänger weiter. Welche IP-Adresse für einen Default-Router an einem Endgerät im Netzwerk zu konfigurieren ist, hängt davon ab, in welchem IP-Subnetz sich das Netzwerkgerät befindet.

Frühe VLAN-Designs waren auf externe Router angewiesen, die an VLAN-fähige Switches angeschlossen waren. Bei diesem Ansatz werden traditionelle Router über eine oder mehrere Leitungen an ein geswitchtes Netzwerk angeschlossen. Bei Designs nach dem *Router on a Stick*-Prinzip wird ein einziger Trunk verwendet, der den Router mit dem Rest des Campusnetzwerks verbindet. Zwischen VLANs ausgetauschter Datenverkehr muss in diesem Fall den Schicht-2-Backbone durchqueren, um den Router zu erreichen, von wo aus er zwischen VLANs geroutet werden kann. Danach werden die Daten mit Hilfe des normalen Schicht-2-Switchings zurück zur gewünschten Endstation geführt. Dieser Datenfluss aus dem Router heraus und wieder zurück ist charakteristisch für *Router on a Stick*-Designs.

9.3.4 Physische und logische Schnittstellen

In einem traditionellen Szenario benötigte ein Netzwerk, dass vier VLANs enthielt, vier physische Verbindungen zwischen dem Switch und dem externen Router.

Wenn die Anzahl von VLANs im Netzwerk steigt, wird der physische Ansatz einer Router-Schnittstelle pro VLAN schnell unskalierbar. Netzwerke mit vielen VLANs müssen das Trunking zu Hilfe nehmen, um einer Router-Schnittstelle mehrere VLANs zuzuweisen.

Zwar können heute verschiedene Techniken des Trunkings verwendet werden – ISL, 802.1Q, 802.10 oder LANE –, aber die ethernet-basierten Ansätze (ISL, 802.1Q) sind am weitesten verbreitet. Bei Catalyst 2900-Switches wird standardmäßig 802.1Q verwendet, bei 29xx-Switches hingegen ISL. Ciscos proprietäres ISL-Protokoll erlaubt die Bündelung von VLANs nur über Fast-Ethernet- und Gigabit-Ethernet-Leitungen.

Der wesentliche Vorteil bei der Verwendung einer Trunk-Leitung ist eine Verringerung der Router- und Switch-Schnittstellen. Dies ist nicht nur aus finanziellen Gesichtspunkten interessant, sondern kann auch die Komplexität der Konfiguration verringern. Insofern lässt sich der Ansatz eines über eine Trunk-Leitung angeschlossenen Routers weitaus besser auf eine hohe Anzahl von VLANs skalieren als ein Design mit einer Leitung pro VLAN.

Physische Schnittstellen in Subschnittstellen unterteilen

Eine Subschnittstelle ist eine logische Schnittstelle an einer physischen Schnittstelle (z. B. einer Fast Ethernet-Schnittstelle) an einem Router. An einer physischen Schnittstelle können mehrere Subschnittstellen vorhanden sein.

Jede Subschnittstelle kann genau einem VLAN und genau einer IP-Adresse zugeordnet werden. Damit mehrere Geräte im gleichen VLAN kommunizieren können, müssen die IP-Adressen aller Geräte sich im gleichen Netzwerk oder Subnetz befinden. Hat beispielsweise die Subschnittstelle 2 die IP-Adresse 192.168.1.1, dann wären 192.168.1.2, 192.168.1.3, 192.1.1.4 usw. die IP-Adressen der Geräte, die an diese Subschnittstelle angeschlossen sind. Dabei übernimmt auf allen Endgeräten des VLAN die jeweilige Subschnittstelle des Routers die Funktion des Default-Gateways, hier mit der Adresse 192.168.1.1. Um zwischen VLANs mit Subschnittstellen routen zu können, müssen Sie zunächst für jedes VLAN eine Subschnittstelle einrichten.

9.3.5 Routing zwischen VLANs konfigurieren

In diesem Abschnitt wollen wir die Befehle erläutern, die an Router und Switch zur Konfiguration des Routings zwischen VLANs benötigt werden. Vor der Konfiguration dieser Befehle sollten Sie überprüfen, welche VLAN-Trunking-Protokolle Ihre Router und Switches unterstützen. So beherrscht etwa der Catalyst 2950-Switch das 802.1Q-Trunking seit Release 12.0(5.2)WC(1) der Cisco IOS Software, nicht aber das ISL-Trunking. Cisco-Router unterstützen Funktionen zum ISL- und 802.1Q-Trunking seit Release 12.0(T). Damit das Routing zwischen VLANs einwandfrei funktioniert, müssen alle beteiligten Router und Switches das gleiche Trunk-Protokoll verwenden.

Am Router kann eine Schnittstelle logisch in mehrere virtuelle Subschnittstellen unterteilt sein. Gehen Sie wie folgt vor, um Subschnittstellen an einer physischen Schnittstelle zu definieren:

1. Ermitteln Sie die Schnittstelle.
2. Konfigurieren Sie das VLAN-Trunking-Protokoll.
3. Weisen Sie der Schnittstelle eine IP-Adresse zu.

Zur Konfiguration der Subschnittstelle verwenden Sie den Befehl `interface` im globalen Konfigurationsmodus:

```
Router(config)#interface FastEthernet slotnummer/portnummer.subschnittstel-
lennummer
```

`slotnummer` bezeichnet das Modul, während `portnummer` die physische und `subschnittstellennummer` die virtuelle Schnittstelle bezeichnet. Der Router muss über ein standardisiertes Trunking-Protokoll mit dem Switch kommunizieren können, d. h., die beiden miteinander verbundenen Geräte müssen einander auch verstehen können. Im Beispiel wird 802.1Q verwendet.

Um die VLAN-Kapselung zu definieren, geben Sie den Befehl `encapsulation` im Schnittstellenkonfigurationsmodus ein:

```
Router(config-if)#encapsulation dot1q vlan-nummer
```

`vlan-nummer` benennt das VLAN, dessen Datenverkehr über die Subschnittstelle übertragen wird. Eine VLAN-Kennung wird dem Frame nur dann hinzugefügt, wenn dieser an ein nichtlokales Netzwerk adressiert ist. Jedes VLAN-Paket überträgt die VLAN-Kennung im Paket-Header.

Um der Schnittstelle die benötigte IP-Adresse zuzuweisen, verwenden Sie den folgenden Befehl im Schnittstellenkonfigurationsmodus:

```
Router(config-if)#ip address ip-adresse subnetzmaske
```

`ip-adresse` und `subnetzmaske` sind die 32 Bits umfassende Netzwerkadresse und Maske der betreffenden Schnittstelle.

Im folgenden Beispiel wird für das VLAN 10 zur besseren Übersichtlichkeit die virtuelle Subschnittstelle 10 gewählt. Die dem entsprechende Netzwerkadresse 192.168.10.1 ist auf den Workstations in VLAN10 als Default-Gateway zu konfigurieren.

CD-ROM

Siehe auch e-Lab auf der Buch-CD-ROM »Inter-VLAN Routing«.

E-Lab und Lab

Siehe auch CNAP und [1] »Configuring Inter-VLAN Routing«.

```
Router(config)#interface FastEthernet 0/2.10
Router(config-if)#encapsulation dot1q 10
Router(config-if)#ip address 192.168.10.1 255.255.255.0
```

9.4 Zusammenfassung

Trunking wird in VLAN-Netzwerkumgebungen benutzt, um eine Weiterleitung der VLANs über das gesamte Netzwerk zu ermöglichen. Die Implementierung erfolgt in der Regel dadurch, dass wenigstens ein Port eines jeden Switchs in den Trunking-Modus versetzt und mit diesem Port die Verbindung zu den Trunking-Ports der anderen Switches herstellt wird. Die beiden wichtigsten Trunking-Protokolle, die den Datenfluss der Frames aus verschiedenen VLANs steuern können, sind ISL und 802.1Q.

VTP wurde entwickelt, um den Betrieb in geswitchten VLAN-Umgebungen zu vereinfachen, und bietet die folgenden Vorteile:

- Konsistenz der VLAN-Konfiguration im gesamten Netzwerk
- ein Zuordnungssystem, das Trunking der VLANs über verschiedene Medien erlaubt
- Rückverfolgung und Kontrolle von VLANs
- dynamische Meldung hinzugefügter VLANs im gesamten Netzwerk
- Plug & Play-Konfiguration beim Hinzufügen neuer VLANs

Wenn ein Host in einem VLAN mit einem Host in einem anderen VLAN kommunizieren will, wird ein Routing zwischen den VLANs benötigt.

Um den hier erlernten Stoff zu vertiefen, beachten Sie bitte auch die diesem Kapitel zugeordneten Videos, Photo-Zooms und E-Labs auf der CD-ROM.

9.5 Lernzielkontrolle

1. Worin besteht der wesentliche Vorteil bei der Verwendung einer Trunk-Leitung?

   a) Es wird mehr Bandbreite bereitgestellt.

   b) Die Verwendung von Router- und Switch-Ports wird effizienter gestaltet.

   c) Sie ermöglicht die Implementierung eines VLAN pro physischem Port.

   d) Das Datenaufkommen am Router wird verringert.

2. Welches Protokoll überträgt mehrere VLANs über einen einzelnen Trunk?

   a) 802.2

   b) 802.3

   c) 802.1Q

   d) 802.11B

3. Welches proprietäre Cisco-Protokoll wurde entwickelt, um Daten mehrerer VLANs zu übertragen?

   a) 802.11A

   b) 802.1Q

   c) VNET

   d) ISL

4. Um einen VLAN-Trunk an einem IOS-basierten Switch zu erstellen oder zu konfigurieren, muss zunächst der Port als Trunk-Port konfiguriert und dann das Trunking-Protokoll angegeben werden.

   a) Die Aussage trifft zu.

   b) Die Aussage trifft nicht zu.

5. In Frames welchen Protokolls werden VTP-Meldungen alternativ zum ISL-Protokoll gekapselt?
   a) IEEE 802.1Q
   b) IEEE 802.1R
   c) 802.11D
   d) 802.19
6. Welche Informationen gibt ein Catalyst-Switch über seine Trunk-Ports weiter?
   a) Managementdomäne
   b) Revisionsnummer der Konfiguration
   c) bekannte VLANs und deren spezifische Parameter
   d) alle genannten
7. In welchen Modi können VTP-Switches betrieben werden?
   a) Servermodus
   b) Clientmodus
   c) alle genannten
8. In Ihrer Verwaltungsdomäne können zwei verschiedene VTP-Versionen laufen, nämlich VTP Version 1 und VTP Version 2. Die beiden Versionen sind interoperabel.
   a) Die Aussage trifft zu.
   b) Die Aussage trifft nicht zu.
9. Welchen Befehl verwenden Sie zur Erstellung einer VTP-Domäne?
   a) `Switch(vlan)#`**`domain Cisco`**
   b) `Switch(vtp)#`**`domain Cisco`**
   c) `Switch(vlan)#`**`vtp domain Cisco`**
   d) `Switch(vtp)#`**`vtp domain Cisco`**
10. Was leitet ein Switch neben Broadcasts standardmäßig ins gesamte Netzwerk weiter?
    a) unbekannte Frames
    b) unbekannte Pakete

c) unbekannte Tags

d) unbekannte VLANs

11. In welchem Bereich wird durch Aktivierung des VTP-Prunings an einem VTP-Server das Pruning aktiviert?

    a) Serverdomäne

    b) transparente Domäne

    c) Verwaltungsdomäne

    d) Benutzerdomäne

12. Was wird in geswitchten Netzwerken verwendet, um die Kommunikation zwischen VLANs zu ermöglichen?

    a) Route-Prozessormodul

    b) Modulatoren

    c) VTPs

    d) Subnetze

Teil II

CCNA 4: WAN-Technologien

Lernziele:

Wenn Sie dieses Kapitel gelesen haben, werden Sie

- wissen, warum die Skalierung von IP-Adressen wichtig ist,
- Terminologie und Eigenschaften von NAT beschreiben können,
- zwischen statischer und dynamischer NAT und PAT unterscheiden können,
- NAT und PAT konfigurieren und überprüfen können,
- in der Lage sein, Probleme in Zusammenhang mit NAT und PAT zu beheben,
- zwischen BOOTP und DHCP unterscheiden können,
- DHCP konfigurieren und überprüfen können,
- Terminologie und Eigenschaften von DHCP beschreiben können,
- in der Lage sein, Probleme in Zusammenhang mit DHCP zu beheben,
- zwischen öffentlichen und privaten IP-Adressen unterscheiden können.

Kapitel 10

IP-Adressen skalieren

Jedes Gerät, das mit dem Internet verbunden ist, benötigt zur Kommunikation eine IP-Adresse. Die Anzahl der Geräte, die eine solche Adresse benötigen, nimmt rapide zu; gleichzeitig jedoch ist die Anzahl der verfügbaren IP-Adressen beschränkt. In diesem Kapitel werden wir das Problem des immer enger werdenden IP-Adressraums und Lösungen zu Problemen der IP-Skalierung beschreiben. Hierzu gehören NAT und PAT, das DHCP-Protokoll und die Verwendung privater IP-Adressen. Sie werden außerdem lernen, wie man NAT und DHCP mit Routern konfiguriert, überprüft und Probleme behebt.

Beachten Sie bitte die diesem Kapitel zugeordneten Videos, Photo-Zooms und E-Labs auf der beiliegenden CD-ROM. Sinn dieser Zusatzinformationen ist die Ergänzung des Materials und Vertiefung des Stoffes, der in diesem Kapitel vorgestellt wird.

10.1 Überblick zum IP-Protokoll

Bei den Kommunikationsprotokollen hat sich IP (Internet Protocol) weltweit durchgesetzt. IP-Anwendungen werden sehr zügig entwickelt, d. h., immer mehr Hosts stellen eine Verbindung mit dem Internet her. In den Frühzeiten des Internets waren PCs, Workstations, Server und Router die einzigen Geräte, die an das Internet angeschlossen waren. IP-Adressen wurden vom Administrator statisch zugewiesen.

Heute stellen PDAs, Laptops, Desktop-Computer, Mainframes, Speichergeräte, Router, Switches, Spielkonsolen und Sicherheitskameras Internetverbindungen her. Sogar von internetfähigen Haushaltsgeräten ist bereits die Rede. Insofern ist offensichtlich, dass, wenn das Skalierungsproblem nicht gelöst wird, die Internetrevolution schon bald an ihre Grenzen stoßen wird.

Das Internet sieht sich heute mit zwei schwerwiegenden Problemen konfrontiert:

- Der registrierte IP-Adressraum erschöpft sich zusehends, während das Internet immer größer wird.
- In dem Maße, wie das Internet wächst, nimmt auch die Anzahl der IP-Routen in den Routing-Tabellen der Internet-Backbones zu. Dort entsteht ein Skalierungsproblem für Routing-Algorithmen.

Im Laufe der Jahre wurden verschiedene Skalierungsoptionen entwickelt, so etwa VLSM (Variable-Length Subnet Masking), CIDR (Classless Interdomain Routing) und IPv6 (Internet Protocol Version 6). In diesem Kapitel nun wollen wir drei weitere Lösungen für das Skalierungsproblem von IP vorstellen: die private Adressierung nach RFC 1918, die Adressübersetzung (NAT und PAT) und die Bildung von Adresspools (DHCP).

NAT (Network Address Translation, Netzwerkadressübersetzung) ist eine Methode, mit der registrierte IP-Adressen in großen Netzwerken eingespart und die Aufgaben bei der Administration von IP-Adressen vereinfacht werden. NAT basiert auf Standards und ist in RFC 1631 beschrieben.

Wird ein Paket durch einen NAT-Router weitergeleitet, der unter der Cisco IOS Software läuft, dann übersetzt der Router die im Paket gespeicherte interne Netzwerkadresse in eine gültige IP-Adresse, d. h., das Paket kann über öffentliche Netzwerke (wie das Internet) transportiert werden. Umgekehrt wird Datenverkehr, der an einen Empfänger im internen Netzwerk gerichtet ist, durch den Router ebenso umgesetzt. NAT werden wir im Laufe dieses Kapitels noch weiter erläutern.

Das Internet ist explosionsartig gewachsen, und es gibt keine Anzeichen dafür, dass sich dieses Wachstum verlangsamt. Administratoren müssen für Hosts, die Internetanbindung benötigen, IP-Adressen, Default-Gateways und andere Informationen konfigurieren. Das DHCP-Protokoll (Dynamic Host Configuration Protocol) ermöglicht Administratoren die dynamische Ausgabe dieser IP-Adressen.

Als der Siegeszug des Internets seinerzeit begann, wollten sich viele Organisationen über IP anschließen, aber nicht alle Hosts über das Internet zugänglich machen. Aus diesem Umstand heraus entstand RFC 1918, wo es um die Definition öffentlicher und privater IP-Adressräume geht.

Die IANA (Internet Assigned Numbers Authority, Vergabestelle für Adressnummern im Internet) hat für das Internetprotokoll drei private Adressblöcke definiert, die in Tabelle 10.1 aufgeführt sind. RFC 1918 enthält Empfehlungen zur Verwendung dieser Adressen.

Tabelle 10.1: Private Adressen nach RFC 1918

Klasse	Internet Adressbereich nach RFC 1918	CIDR-Präfix
A	10.0.0.0 ... 10.255.255.255	10.0.0.0/8
B	172.16.0.0 ... 172.31.255.255	172.16.0.0/12
C	192.168.0.0 ... 192.168.255.255	192.168.0.0/16

Diese drei Bereiche bieten zusammen mehr als 17 Millionen private Adressen. »Privat« heißt in diesem Zusammenhang, dass diese Adressen nicht über das Internet geroutet werden, sondern dass sie von Organisationen auf beliebige Weise intern genutzt werden können. Deswegen heißen diese Adressen auch »nichtroutbare« Adressen.

IPv4- und IPv6-Adressen werden über mehrere Stationen zugewiesen, d. h., Benutzer erhalten IP-Adressen von ihren Internet-Providern, die wiederum Adressen von nationalen oder lokalen Registrierstellen erhalten. Diese Registrierstellen sind das APNIC (Asia Pacific Network Information Centre), die ARIN (American Registry for Internet Numbers), die LACNIC (Latin American and Caribbean IP Address Regional Registry) und die RIPE-NCC (Réseaux IP Européens).

Jeder kann die reservierten privaten IP-Adressen frei verwenden, d. h., ein und dieselbe Adresse kann in verschiedenen Netzwerken mehrfach verwendet werden. Pakete von RFC 1918-Adressen werden im Internet niemals auftauchen; ein Internet-Router wird diese Adressen nicht routen. Internet-Provider konfigurieren ihre Router in der Regel so, dass Kundendatenverkehr mit privaten IP-Adressen ausgefiltert wird.

Wenn Sie IP-Adressen in einem nichtöffentlichen Intranet, einem Test- oder Heimnetzwerk vergeben, dann können Sie diese privaten Adressen statt global eindeutiger Adressen verwenden. Globale Adressen sind – entgeltpflichtig – über einen Provider oder eine Registrierstelle zu beziehen.

Auch in Produktionsnetzwerken werden RFC 1918-Adressen eingesetzt. Dank VLSM können Sie z. B. ein Subnetz, das im Adressraum der Klasse C liegt, in weitere Subnetze zur Adressierung von Point-to-Point-Verbindungen unterteilen. Zwar ist dieser Ansatz besser, als ein Subnetz mit 30 möglichen Hosts für eine WAN-Leitung mit gerade einmal einem Host an jedem Ende zu verschwenden, aber er kostet Sie ein Subnetz, das für zukünftiges Wachstum notwendig sein könnte. Eine wirtschaftlichere Lösung besteht darin, die WAN-Leitungen mit privaten Netzwerknummern zu adressieren. Die WAN-Leitungen in Abbildung 10.1 werden mit Hilfe von Subnetzen aus dem privaten Adressraum 10.0.0.0/8 adressiert.

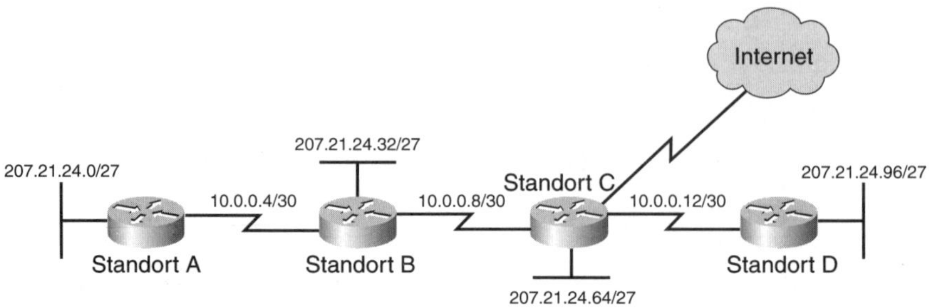

Abbildung 10.1: Private Adressen im WAN verwenden

Wie aber können diese Router private Adressen verwenden, wenn LAN-Benutzer an den Standorten A, B, C und D auf das Internet zugreifen müssen? Endbenutzer an diesen Standorten sollten diesbezüglich keine Probleme haben, denn sie verwenden global eindeutige Adressen aus dem Netzwerk 207.21.24.0. Die Router verwenden ihre seriellen Schnittstellen mit den privaten Adressen ausschließlich zur Weiterleitung von Datenverkehr und zum Austausch von Routing-Informationen. Nachgeschaltete Provider und Internet-Router sehen nur die Absender- und Ziel-IP-Adressen im Paket; für sie ist es irrelevant, ob das Paket an irgendeiner Stelle über Leitungen mit privaten Adressen übertragen wurde. Tatsächlich verwenden viele Provider RFC 1918-Adressen im Kern ihres Netzwerks, um eine Vergeudung ihrer global eindeutigen Adressen zu vermeiden.

Ein Nachteil der Verwendung privater Adressen für WAN-Leitungen besteht darin, dass diese seriellen Schnittstellen weder als ursprünglicher Absender von ins Internet gesendetem Datenverkehr noch als endgültiger Empfänger von Datenverkehr aus dem Internet dienen können. Da Router in der Regel nicht im Internet aktiv sind, wird diese Einschränkung nur bei ICMP, SNMP oder bei einer Telnet-Remote-Verbindung über das Internet zum Problem – in diesen Fällen kann der Router nur über seine global eindeutigen LAN-Schnittstellen angesprochen werden.

NAT bietet eine Reihe von Vorteilen für einzelne Unternehmen und das Internet. Vor der Einführung von NAT konnte ein Host mit einer privaten Adresse nicht auf das Internet zugreifen. Mit NAT nun können Unternehmen einige oder alle Ihre Hosts mit privaten Adressen versehen und den Internetzugriff dann mit Hilfe von NAT realisieren. Die Hosts können dann auf das Internet zugreifen, ohne dass öffentliche IP-Adressen verschwendet werden.

10.2 NAT und PAT

NAT (Network Address Translation, Netzadressübersetzung) ist ein Verfahren, bei dem die Adressen im IP-Header eines Pakets derart verändert werden, dass die Empfänger-, die Absender- oder beide Adressen durch andere, vom Administrator zugewiesene Adressen ersetzt werden. Ein Computer, auf dem eine spezielle NAT-Software läuft, oder aber eine entsprechende Hardware können diesen Adresstausch durchführen. Die in der Cisco IOS Software implementierte NAT wurde zur Vereinfachung der IP-Adressierung und zum Einsparen von Adressen entwickelt. Sie ermöglicht Netzwerken, in denen unregistrierte IP-Adressen verwendet werden, eine Anbindung ans Internet, indem sie diese Adressen in global registrierte IP-Adressen konvertiert. Außerdem schützt die Cisco IOS-NAT das Netzwerk vor Einblicken von außen, indem sie interne IP-Adressen vor externen Netzwerken verbirgt.

Ein NAT-fähiges Gerät ist in der Regel am Rand eines Stub-Netzes angeschlossen. Ein Stub-Netz ist ein Netzwerk, das über nur eine Verbindung zum benachbarten Netzwerk verfügt; Abbildung 10.2 zeigt ein einfaches Beispiel. Wenn ein Host in einem Stub-Netzwerk an einen Host außerhalb Daten übertragen will, dann leitet er das Paket an den als Gateway agierenden Border-Router weiter. In diesem Fall realisiert der Border-Router auch die NAT.

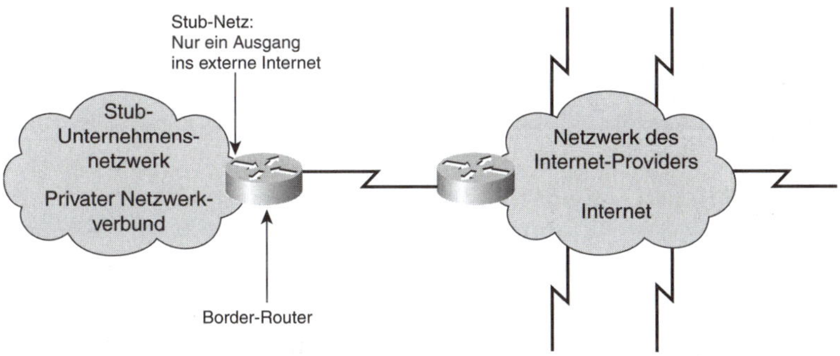

Abbildung 10.2: Stub-Netz mit NAT

NAT arbeitet hier auf einem Cisco-Router, der zwei Netzwerke miteinander verbindet, und übersetzt die privaten (d. h. lokalen) Adressen vom internen Netzwerk in öffentliche Adressen, bevor die Pakete weitergeleitet werden.

Die Abbildungen 10.3 bis 10.6 zeigen diesen Prozess: Ein interner Host (10.0.0.2) möchte mit einem externen Host (128.23.2.2) kommunizieren. Er sendet sein Datenpaket also an das Gateway (RTA in Abbildung 10.3).

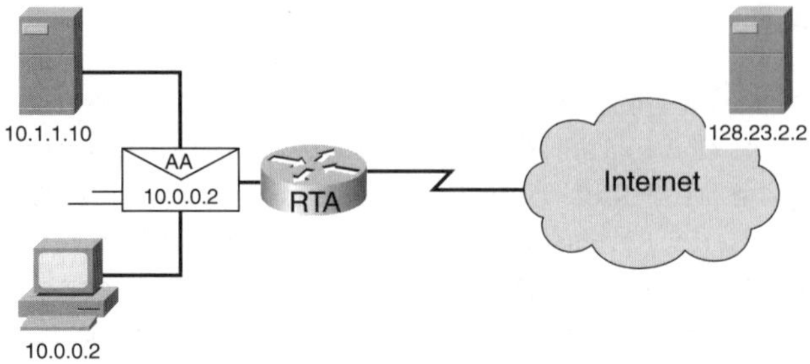

Abbildung 10.3: Funktionsweise von NAT

RTA erkennt, dass das Paket in das Internet geroutet werden muss. Der NAT-Prozess wählt eine global eindeutige IP-Adresse (179.9.8.80) und ersetzt die lokale Adresse im Absenderfeld des Pakets durch diese globale Adresse. Die Verknüpfung der lokalen mit der globalen Adresse speichert er in der NAT-Tabelle (Abbildung 10.4).

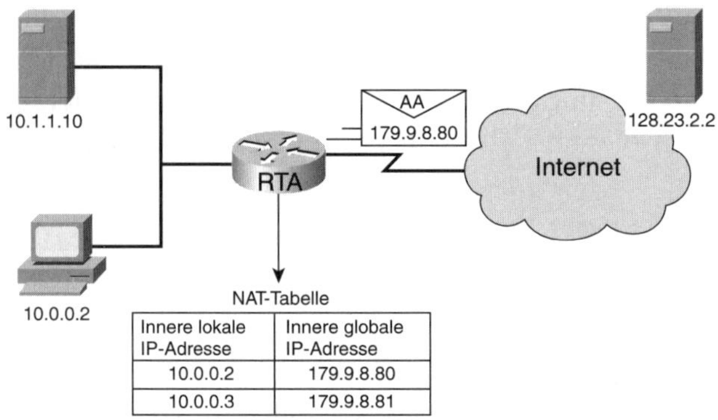

Abbildung 10.4: Funktionsweise von NAT: NAT-Tabelle

Das Paket wird dann an den Empfänger geroutet. In dieser Client-Server-Umgebung antwortet der Server darauf vielleicht mit einem Datenpaket, das dann von RTA empfangen wird. Dieses Paket hat die globale Empfängeradresse 179.9.8.80 (Abbildung 10.5).

In Abbildung 10.6 schließlich erkennt der NAT-Prozess das von außen ins interne Netzwerk geroutete Paket. Er ermittelt mit Hilfe der NAT-Tabelle die lokale Adresse, die mit dieser globalen Adresse verknüpft ist. Dann wird die globale Adresse im Empfängerfeld durch die lokale Adresse ersetzt, und das Paket wird intern weitergeleitet.

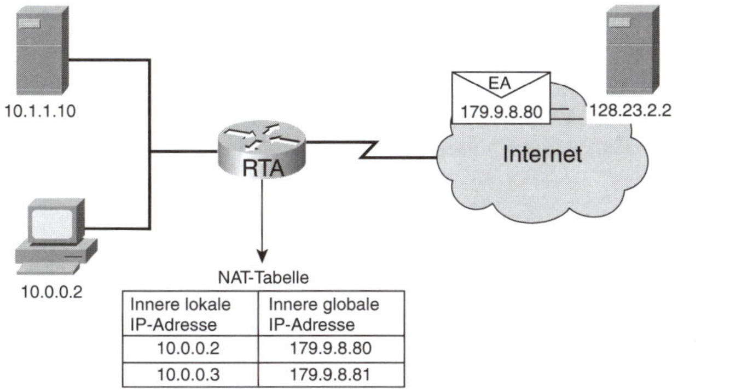

Abbildung 10.5: Funktionsweise von NAT: Antwortpaket

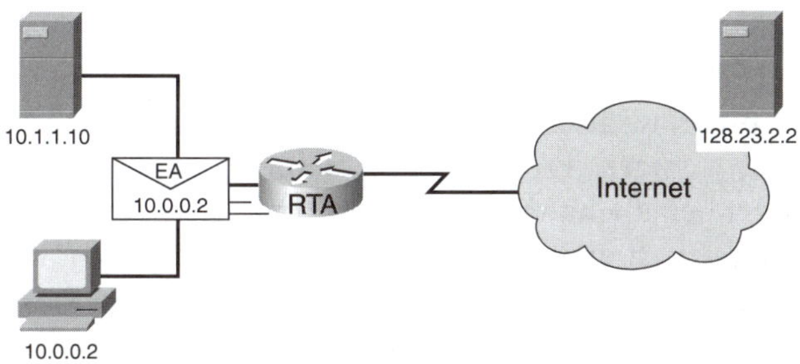

Abbildung 10.6: Funktionsweise von NAT: Abschluss des Vorgangs

In der NAT-Terminologie ist das innere Netzwerk (engl. *Inside*) ein Netzwerk, dessen Adressen übersetzt werden müssen. Als äußeres Netzwerk (engl. *Outside*) hingegen werden alle anderen Adressen bezeichnet; in der Regel sind dies gültige Adressen, die im Internet verwendet werden.

Die Konfiguration von NAT kann u. a. bewirken, dass das gesamte innere Netzwerk durch nur eine einzige Adresse in der Außenwelt repräsentiert wird. Auf diese Weise wird das interne Netzwerk effektiv vor der Außenwelt verborgen, was die Sicherheit beträchtlich erhöht. Dieses NAT-Merkmal bezeichnet man als statische PAT (Port Address Translation, Portadressübersetzung; Abbildungen 10.7 und 10.8). In der Cisco IOS-Konfiguration heißt die PAT auch Overloading (Überladen). Mit Hilfe von NAT lassen sich mehrere interne Adressen übersetzen, während die Übersetzung bei PAT auf eine oder nur wenige externe Adressen beschränkt ist. Die Hosts 10.0.0.2 und 10.0.0.3 in Abbildung 10.7 senden Pakete unter Verwendung einer einzigen öffentlichen IP-Adresse (179.9.8.80) an externe Empfänger. Der Router behält die Übersicht über die Pakete der verschiedenen Hosts, indem er an die für das äußere Netzwerk verwendete Absender-IP-Adresse eine eindeutige Absenderportnummer anhängt.

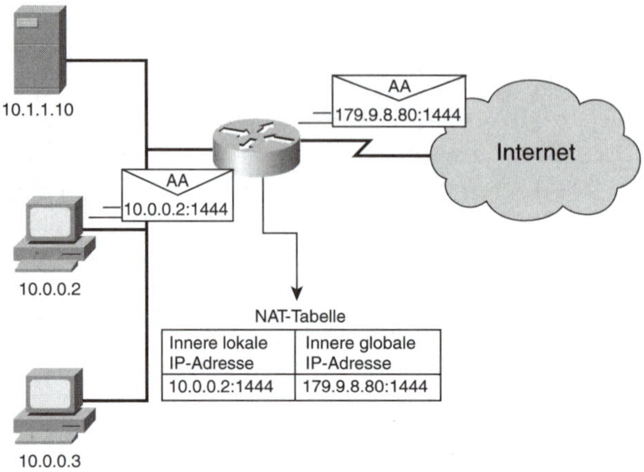

Abbildung 10.7: Funktionsweise von PAT

Da diese Portnummer als 16-Bit-Zahl kodiert ist, lassen sich mit Hilfe von PAT pro externer Adresse theoretisch 65.536 interne Adressen übersetzen, praktisch sind es deutlich weniger. PAT versucht dabei zunächst, den ursprünglichen Absenderport beizubehalten. Ist dieser Port bereits vergeben, dann versucht PAT, die erste verfügbare Portnummer aus der passenden Portgruppe (0 ... 511, 512 ... 1023 oder 1024 ... 65535) zu ermitteln. Ist in der jeweiligen Portgruppe kein Port mehr verfügbar und sind mehrere externe IP-Adressen konfiguriert, dann wechselt PAT zur nächsten IP-Adresse und startet dort wieder mit dem Versuch, den Originalport zu verwenden. Dieses Prinzip setzt sich fort, bis keine Ports und externen IP-Adressen mehr verfügbar sind.

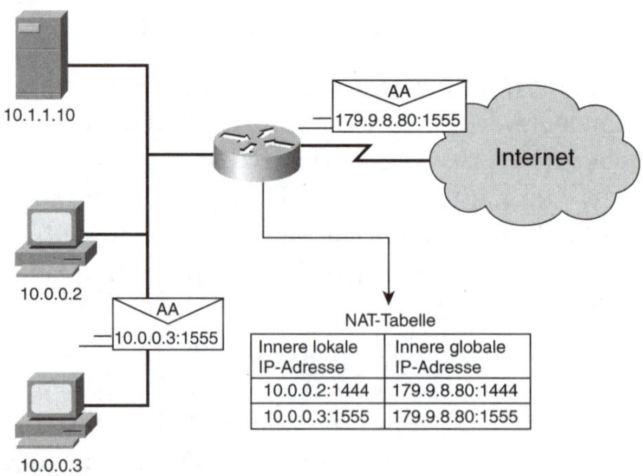

Abbildung 10.8: Funktionsweise von PAT: Abschluss

10.2.1 Eigenschaften von NAT und PAT

NAT kann dynamisch oder statisch erfolgen und lässt sich für eine Vielzahl von Zwecken verwenden. Dabei ermöglicht die statische NAT eine 1:1-Zuordnung zwischen lokalen und globalen Adressen (Abbildung 10.9). Dies ist insbesondere für IP-Hosts im inneren Netzwerk praktisch, die über das Internet zugänglich sein müssen, z. B. DNS- oder Mailserver.

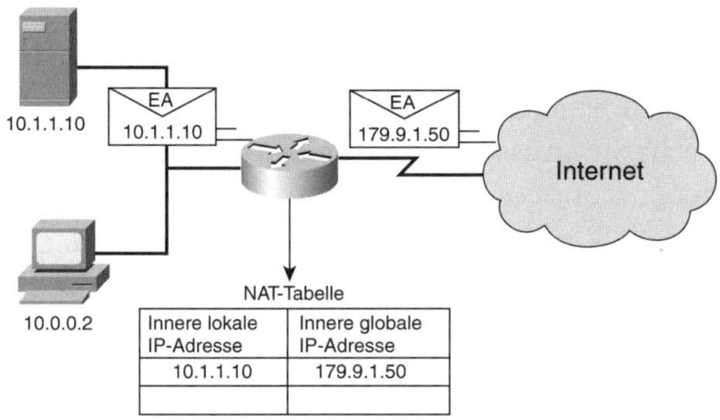

Abbildung 10.9: Statische NAT

Dynamische NAT hingegen wird zur Verknüpfung einer unregistrierten IP-Adresse mit einer registrierten IP-Adresse aus einer Gruppe registrierter Adressen verwendet (Abbildung 10.10).

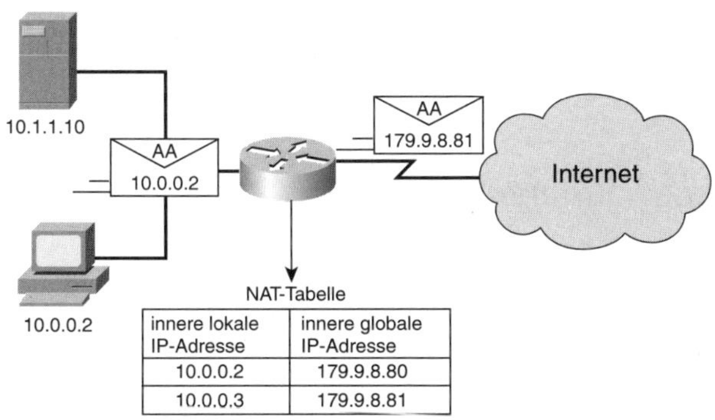

Abbildung 10.10: Dynamische NAT

Cisco hat in Bezug auf NAT die folgenden Begriffe definiert:

- **Innere lokale Adresse (*Inside Local*).** IP-Adresse, die einem Host im inneren Netzwerk zugewiesen wird (in der Regel eine private Adresse gemäß RFC 1918)

- **Interne globale Adresse (*Inside Global*).** Gültige, von einer Registrierstelle oder einem Dienstanbieter zugewiesene Adresse, mit der eine oder mehrere innere lokale IP-Adressen nach außen hin erscheinen.
- **Äußere lokale Adresse (*Outside Local*).** IP-Adresse, mit der sich ein äußerer Host dem inneren Netzwerk darstellt.
- **Äußere globale Adresse (*Outside Global*).** Originäre IP-Adresse, die einem Host im äußeren Netzwerk von seinem Besitzer zugewiesen wird.

NAT bietet die folgenden Vorteile:

- **Vermeiden einer aufwändigen Neuadressierung.** Wenn Sie beispielsweise den Internet-Provider wechseln, müssen Sie nicht mehr alle Hosts, die externen Zugriff benötigen, neu adressieren und sparen so Zeit und Geld.
- **Sparen von Adressen durch Multiplexen auf der Anwendungsportebene.** Mit NAT können interne Hosts eine einzige registrierte IP-Adresse für die gesamte externe Kommunikation nutzen. Bei einer solchen Konfiguration werden zur Unterstützung zahlreicher interner Hosts vergleichsweise wenige Adressen benötigt, wodurch IP-Adressen gespart werden.
- **Schutz der Netzwerksicherheit.** Da private Netzwerke ihre Adressen oder internen Topologien nicht bekannt geben, sind sie mit NAT einigermaßen sicher vor externen Zugriffen.

CD-ROM

Siehe auch e-Lab auf der Buch-CD-ROM »Basic Network Adress Translation« und »Network Adress Translation with Overload (NAT)«.

10.2.2 NAT und PAT konfigurieren

In diesem Abschnitt beschreiben wir die folgenden Themen:

- Statische Übersetzung konfigurieren
- Dynamische Übersetzung konfigurieren
- Overloading konfigurieren

Statische Übersetzung konfigurieren

Die statische Übersetzung findet statt, wenn Sie Adressen in der NAT-Tabelle gezielt konfigurieren. Eine bestimmte innere lokale Adresse wird dort einer vorgegebenen internen globalen Adresse zugeordnet. Die beiden inneren

Adressen werden dabei direkt miteinander verknüpft, d. h., für jede innere lokale Adresse benötigt die statische NAT eine innere globale Adresse. Um statische NAT für innere Absenderadressen zu konfigurieren, gehen Sie vor wie in Tabelle 10.2 beschrieben.

Tabelle 10.2: Statische NAT konfigurieren

Schritt	Handlung	Anmerkungen
1.	Stellen Sie eine statische Übersetzung zwischen einer inneren lokalen und einer inneren globalen Adresse her: `Router(config)#`**`ip nat inside source static`** *`lokale_ip globale_ip`*	Um die statische Absenderadressenübersetzung aufzuheben, verwenden Sie den Befehl `no ip nat inside source static`.
2.	Geben Sie die innere Schnittstelle an: `Router(config)#`**`interface`** *`typ nummer`* Kennzeichnen Sie die Schnittstelle als mit dem inneren Netzwerk verbunden: `Router(config-if)#`**`ip nat inside`**	Wenn Sie den Befehl `interface` eingeben, schaltet die Eingabeaufforderung von `(config)#` auf `(config-if)#` um.
3.	Geben Sie die äußere Schnittstelle an: `Router(config)#`**`interface`** *`typ nummer`* Kennzeichnen Sie die Schnittstelle als mit dem äußeren Netzwerk verbunden: `Router(config-if)#`**`ip nat outside`**	

Die statischen Übersetzungen geben Sie direkt in die Konfiguration ein, woraufhin sie in der Übersetzungstabelle erscheinen. Listing 10.1 zeigt die Befehle für IOS-basierte Router.

Listing 10.1: Statische NAT konfigurieren

```
Router(config)#ip nat inside source static 10.1.1.2 192.168.1.2
Router(config)#interface s0
Router(config-if)#ip nat outside
Router(config-if)#interface e0
Router(config-if)#ip nat inside
```

Abbildung 10.11 zeigt den Einsatz der statischen NAT. Der Router übersetzt Pakete von Host 10.1.1.2 so, dass sie die Absenderadresse 192.168.1.2 aufweisen. Listing 10.2 zeigt die entsprechende Gateway-Konfiguration.

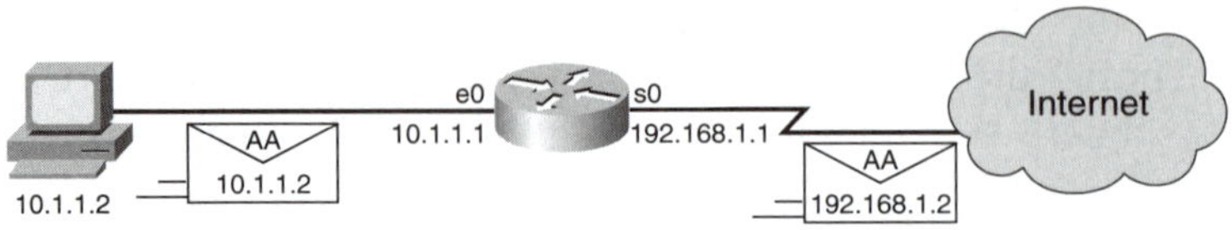

Abbildung 10.11: Statische NAT (Beispiel)

Listing 10.2: Gateway-Konfiguration

```
hostname GW
!
ip nat inside source static 10.1.1. 2 192.168.1.2

!
interface Ethernet0
 ip address 10.1.1.1 255.255.255.0
 ip nat inside
!
interface Serial0
 ip address 192.168.1.1 255.255.255.0
 ip nat outside
!
```

Dynamische Übersetzung konfigurieren

Bei dynamischer NAT werden erst dann Übersetzungen in die NAT-Tabelle eingetragen, wenn der Router Datenverkehr empfängt, der übersetzt werden muss. (Welcher Art dieser Datenverkehr ist, wird vom Administrator festgelegt.) Dynamische Übersetzungen sind temporärer Natur und werden nach einer gewissen Zeit ungültig. Um dynamische NAT für innere Absenderadressen zu konfigurieren, gehen Sie vor, wie in Tabelle 10.3 beschrieben.

Tabelle 10.3: Dynamische NAT konfigurieren

Schritt	Handlung	Anmerkungen
1.	Definieren Sie einen Pool mit globalen Adressen, die bei Bedarf zugewiesen werden: `Router(config)#`**`ip nat pool`** *`name start-ip end-ip`* `{`**`netmask`** *`netzmaske`* `|` **`prefix-length`** *`präfixlänge`*`}`	Um den Pool statischer Adressen zu löschen, verwenden Sie den Befehl `no ip nat pool`.
2.	Erstellen Sie eine ACL, um die Hosts für die Übersetzung zu ermitteln: `Router(config)#`**`access-list`** *`acl-nummer`* **`permit`** *`absender`* `[`*`absender-wildcard`*`]`	Geben Sie den globalen Befehl `no access-list` *`acl-numner`* ein, um die ACL zu entfernen.

Tabelle 10.3: Dynamische NAT konfigurieren (Forts.)

Schritt	Handlung	Anmerkungen
3.	Konfigurieren Sie eine dynamische NAT basierend auf der Absenderadresse: `Router(config)#`**`ip nat inside source list`** *`acl-nummer`* **`pool`** *`name`*	Um die dynamische Absenderadressenübersetzung zu beseitigen, verwenden Sie den Befehl `no ip nat inside source`.
4.	Geben Sie die innere Schnittstelle an: `Router(config-if)#`**`ip nat inside`**	Wenn Sie den Befehl `interface` eingeben, schaltet die Eingabeaufforderung von `(config)#` auf `(config-if)#` um.
5.	Geben Sie die äußere Schnittstelle an: Router(config-if)#**`interface`** *`typ number`* Router(config-if)#**`ip nat outside`**	

Die dynamische Übersetzung gibt einen Pool mit globalen Adressen an, in die innere Adressen übersetzt werden können (Listing 10.3):

```
Router(config)#ip nat pool nat-pool 179.9.8.80 179.9.8.95
    netmask 255.255.255.0 255.255.255.240
```

Die ACL (Access Control List, Zugriffsliste) darf nur jene Adressen zulassen, die übersetzt werden sollen. Bedenken Sie, dass am Ende jeder ACL eine implizite `deny all`-Anweisung (»Alle verweigern«) vorhanden ist. Eine ACL, die zu tolerant ist, kann zu unvorhersehbaren Folgen führen. Cisco rät dringend von der Konfiguration von ACLs ab, die durch NAT-Befehle mit `permit any` (»Alle zulassen«) referenziert werden. Ein `permit any` kann dazu führen, dass NAT zu viele Router-Ressourcen verbraucht, wodurch Netzwerkprobleme verursacht werden.

Die folgenden Befehle konfigurieren die entsprechenden Schnittstellen für das äußere und das innere Netzwerke:

```
Router(config)#interface s0
Router(config-if)#ip nat outside
Router(config-if)#interface e0
Router(config-if)#ip nat inside
```

In Abbildung 10.12 werden alle Absenderadressen, die ACL 1 passieren (d. h. eine Absenderadresse im Bereich 10.0.0.0/16 aufweisen), in eine Adresse aus einem Pool namens *nat-pool* übersetzt. Der Pool enthält die Adressen 179.9.8.80/28 bis 179.9.8.95/28. Listing 10.4 zeigt die entsprechende Gateway-Konfiguration.

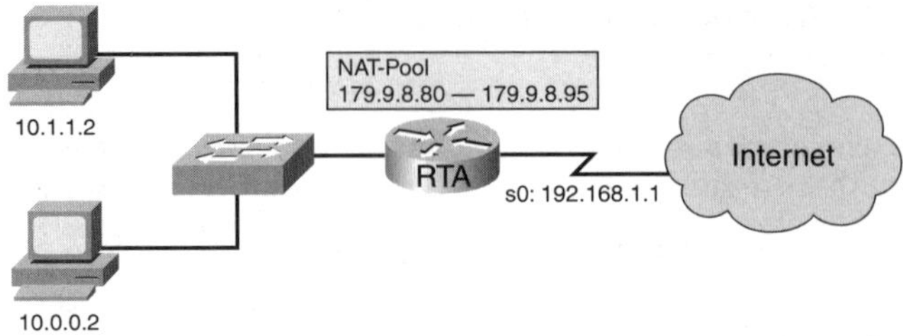

Abbildung 10.12: PAT (Beispiel)

Listing 10.3: Gateway-Konfiguration

```
<ausgabe unterdrückt>
ip nat pool nat-pool1 179.9.8.80 179.9.8.95 netmask 255.255.255.0
ip nat inside source list 1 pool nat-pool1
!
interface fastethernet0/0
 ip address 10.1.1.1 255.255.255.0
 ip nat inside
!
interface Serial0/0
 ip address 192.168.1.1 255.255.255.0
 ip nat outside
!
```

Overloading konfigurieren

Eine der mächtigsten Funktionen von NAT-Routern ist ihre Fähigkeit, PAT zu verwenden. PAT ist eine Art n:1-NAT und wird auch als Overloading bezeichnet. Beim Overloading können Hunderte Computer mit privaten Adressen unter Verwendung einer einzigen globalen Adresse auf das Internet zugreifen. Der NAT-Router behält dabei die Übersicht über die verschiedenen Kommunikationsvorgänge, indem er TCP- und UDP-Portnummern in der Übersetzungstabelle zuordnet.

Um das Overloading innerer globaler Adressen zu konfigurieren, gehen Sie so vor, wie in Tabelle 10.4 beschrieben.

Tabelle 10.4: NAT-Overloading konfigurieren

Schritt	Handlung	Anmerkungen
1.	Definieren Sie eine Standard-ACL, welche die zu übersetzenden Adressen zulässt: `Router(config)#`**`access-list`** *`acl-nummer`* **`permit`** *`absender`* `[`*`absender-wildcard`*`]`	Geben Sie den globalen Befehl `no access-list` *`acl-numner`* ein, um die ACL zu entfernen.

Tabelle 10.4: NAT-Overloading konfigurieren

Schritt	Handlung	Anmerkungen
2.A	Stellen Sie die dynamische Übersetzung der Absenderadressen ein, und geben Sie dabei die im vorherigen Schritt erstellte ACL an: `Router(config)#`**`ip nat inside source list`** *`acl-nummer`* **`interface`** *`schnittstelle`* **`overload`**	Um die dynamische Absenderadressenübersetzung zu deaktivieren, verwenden Sie den Befehl `no ip nat inside source`. Der Parameter `overload` aktiviert PAT.
2.B	Geben Sie die globale Adresse (als Pool) an, die für das Overloading verwendet werden soll: `Router(config)#`**`ip nat pool`** *`name`* *`ip-adresse`* {**`netmask`** *`netzmaske`* | **`prefix-length`** *`präfixlänge`*} Aktivieren Sie das Overloading. `Router(config)#`**`ip nat inside source list`** *`acl-nummer`* **`pool`** *`name`* **`overload`**	
3.	Geben Sie die innere Schnittstelle an: `Router(config)#`**`interface`** *`typ nummer`* `Router(config-if)#`**`ip nat inside`**	Wenn Sie den Befehl `interface` eingeben, schaltet die Eingabeaufforderung von `(config)#` auf `(config-if)#` um.
4.	Geben Sie die äußere Schnittstelle an: `Router(config-if)#`**`interface`** *`typ nummer`* `Router(config-if)#`**`ip nat outside`**	

Definieren Sie eine Standard-ACL für IP, die jene inneren lokalen Adressen zulässt, die übersetzt werden sollen (Listing 10.5).

Listing 10.4: Standard-IP-ACL

```
Router(config)#access-list 1 permit 10.0.0.0 0.0.255.255
```

Aktivieren Sie die Overloading-Übersetzung unter Verwendung einer einzelnen externen Overloading-IP-Adresse, die der äußeren Schnittstelle zugewiesen wurde (Listing 10.6).

Listing 10.5: Overloading über eine Schnittstelle

```
Router(config)#ip nat inside source list 1 interface serial0/0 overload
```

Alternativ können Sie für die Übersetzung einen Pool von externen IP-Adressen aktivieren, indem Sie für die Overloading-Übersetzung einen Poolnamen angeben (Listing 10.7).

Listing 10.6: Overloading mit einem Adresspool

```
Router(config)#ip nat pool nat-pool2 179.9.8.20 netmask 255.255.255.240
Router(config)#ip nat inside source list 1pool nat-pool2 overload
Router(config)#interface s0
Router(config-if)#ip nat outside
Router(config-if)#interface ethernet 0
Router(config-if)#ip nat inside
```

E-Lab und Lab

Siehe auch CNAP und [1] »Configuring NAT«, »Configuring PAT« und »Configuring Static NAT Addresses« .

10.2.3 NAT- und PAT-Konfiguration überprüfen

Wenn Sie NAT konfiguriert haben, müssen Sie sicherstellen, dass alles wie erwartet funktioniert. Hierzu verwenden Sie die Befehle `clear` und `show`.

Standardmäßig werden dynamische Adressübersetzungen aus der NAT-Tabelle nach einer bestimmten Zeit ungültig. Ist die Portübersetzung nicht konfiguriert, dann verfallen die Einträge nach der letzten Nutzung innerhalb von 24 Stunden, sofern sie nicht mit dem Befehl `ip nat translation timeout` neu konfiguriert werden. Vor Ablauf dieses Zeitraums können Sie die Einträge mit Hilfe der in Tabelle 10.5 gezeigten Befehle löschen.

Tabelle 10.5: Befehl zum Löschen von NAT-Tabelleneinträgen

Befehl	Beschreibung
clear ip nat translation*	Löscht alle dynamisch übersetzten Adresseinträge aus der NAT-Tabelle.
clear ip nat translation inside *globale-ip lokale-ip* [**outside** *lokale-ip globale-ip*]	Löscht einen einfachen dynamischen NAT-Eintrag, der eine innere bzw. eine innere *und* eine äußere Übersetzung enthält.
clear ip nat translation protocol inside *global-ip global-port local-ip local-port* [**outside** *local-ip local-port global-ip global-port*]	Löscht einen erweiterten dynamischen NAT-Adresseintrag.

Aktuelle Daten von NAT können durch Ausführen eines der in Tabelle 10.6 gezeigten Befehle im EXEC-Modus angezeigt werden.

Tabelle 10.6: Befehle zum Anzeigen von Übersetzungsinformationen

Befehl	Beschreibung
`show ip nat translations`	Zeigt aktive Übersetzungen an.
`show ip nat statistics`	Zeigt Übersetzungsstatistiken an.

Alternativ können Sie auch den Befehl `show run` verwenden und nach den Befehlszeilen für NAT, ACLs, Schnittstellen oder Pools mit den erforderlichen Werten suchen.

E-LAB UND LAB

Siehe auch CNAP und [1] »Verifying NAT and PAT configuration«.

10.2.4 Problembehebung bei der NAT- und PAT-Konfiguration

Wenn es in einer NAT-Umgebung zu IP-Verbindungsproblemen kommt, ist es häufig schwierig, die Problemursache zu ermitteln. Oftmals wird fälschlicherweise NAT verdächtigt, während das eigentliche Problem auf einer tieferen Ebene liegt.

Wenn Sie die Ursache eines Verbindungsproblems ermitteln möchten, kann es hilfreich sein, NAT schon frühzeitig auszuschließen. Gehen Sie wie folgt vor, um zu überprüfen, ob NAT wie gewünscht arbeitet:

1. Definieren Sie basierend auf der Konfiguration unmissverständlich, was mit Hilfe von NAT erreicht werden soll.
2. Stellen Sie sicher, dass in der Übersetzungstabelle die korrekten Übersetzungen vorhanden sind.
3. Überzeugen Sie sich mit Hilfe der Befehle `show` und `debug` davon, dass die Übersetzung wie gewünscht stattfindet.
4. Überprüfen Sie detailliert, was genau mit dem Paket geschieht, und vergewissern Sie sich, dass die Router über die notwendigen Routing-Informationen verfügen, um das Paket weiterleiten zu können.

Mit Hilfe des Befehls `debug ip nat` können Sie den Betrieb der NAT-Funktion überprüfen, indem Sie Informationen zu jedem Paket anzeigen, das vom Router übersetzt wird. Der Befehl `debug ip nat` *`detailed`* erzeugt eine Beschreibung jedes überprüften Pakets und gibt zudem Informationen zu bestimmten Fehlern oder Ausnahmebedingungen aus, etwa der fehlgeschlagenen Zuweisung einer globalen Adresse.

Listing 10.8 zeigt eine Beispielausgabe von `debug ip nat` für das in Abbildung 10.13 gezeigte Netzwerk. Die ersten beiden Zeilen dieses Beispiels zeigen die Debugging-Ausgabe, die von einer DNS-Anforderung und der zugehörigen Antwort erstellt wurde. Die übrigen Zeilen stellen die Ausgabe einer Telnetverbindung von einem Host auf der Innenseite des Netzwerks zu einem Host auf der Außenseite dar.

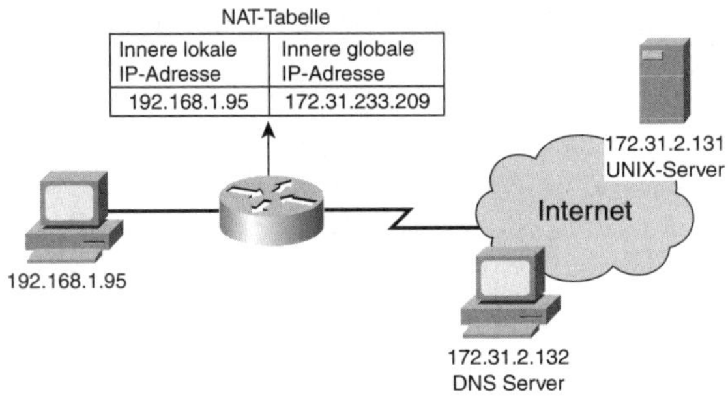

Abbildung 10.13: NAT-Debugging-Befehle verwenden

Listing 10.7: Ausgabe von `debug ip nat`

```
Router#debug ip nat

NAT: s=192.168.1.95->172.31.233.209, d=172.31.2.132 [6825]
NAT: s=172.31.2.132, d=172.31.233.209->192.168.1.95 [21852]
NAT: s=192.168.1.95->172.31.233.209, d=172.31.1.161 [6826]
NAT*: s=172.31.1.161, d=172.31.233.209->192.168.1.95 [23311]
NAT*: s=192.168.1.95->172.31.233.209, d=172.31.1.161 [6827]
NAT*: s=192.168.1.95->172.31.233.209, d=172.31.1.161 [6828]
NAT*: s=172.31.1.161, d=172.31.233.209->192.168.1.95 [23313]
NAT*: s=172.31.1.161, d=172.31.233.209->192.168.1.95 [23325]
```

Die Ausgabe von `debug ip nat` ist wie folgt zu entschlüsseln:

- **`NAT*`.** Der auf `NAT` folgende Stern (*) zeigt an, dass die Übersetzung über den schnellen Pfad erfolgt. Das erste Paket eines Kommunikationsvorgangs nimmt immer den langsamen Pfad (d. h., es findet ein Prozess-Switching statt). Die verbleibenden Pakete nehmen hingegen den schnellen Pfad, sofern ein Cacheeintrag existiert.
- **`s = a.b.c.d`.** *`a.b.c.d`* ist die Absenderadresse.
- **`a.b.c.d -> w.x.y.z`.** *`w.x.y.z`* ist die Adresse, in welche die Absenderadresse übersetzt wurde.
- **`d = a.b.c.d`.** *`a.b.c.d`* ist die Empfängeradresse.

- [23325]. Der Wert in Klammern ist die IP-Identifikationsnummer. Diese kann für das Debugging nützlich sein, denn sie ermöglicht eine Korrelation mit anderen Paketspuren beispielsweise aus Protokollanalysatoren.

E-LAB UND LAB

Siehe auch CNAP und [1] »Troubleshooting NAT and PAT configuration«.

10.2.5 Vor- und Nachteile von NAT

NAT bietet u. a. die folgenden Vorteile:

- NAT ermöglicht das Einsparen registrierter Adressen durch die »Privatisierung« von Intranets.
- NAT erhöht die Flexibilität der Verbindung mit dem öffentlichen Netzwerk. Mehrere Pools, Reservepools sowie Pools für Lastverteilung und -ausgleich können implementiert werden und ermöglichen auf diese Weise zuverlässige Verbindungen mit öffentlichen Netzwerken.
- Die Umstellung eines Netzwerks auf (andere) öffentliche Adressen setzt die Neukonfiguration des vorhandenen Netzwerks voraus. Dabei stehen die Kosten in direktem Verhältnis zur Anzahl der Hosts, die das neue Adresssystem erhalten. NAT ermöglicht ein Verbleiben im vorhandenen Adresssystem und ermöglicht trotzdem außerhalb des Netzwerks die Verwendung des neu zugewiesenen Adresssystems.

NAT ist aber nicht ohne Nachteile. Um die Adressübersetzung realisieren zu können, muss man im Gegenzug auf Funktionen verzichten. Dies gilt insbesondere für all jene Protokolle und Anwendungen, die IP-Adressdaten innerhalb der IP-Payload senden; dies muss zusätzlich durch die NAT-Funktion realisiert werden.

Zu den Nachteilen von NAT gehören die folgenden:

- NAT erhöht die Laufzeit, denn aufgrund der Übersetzung aller IP-Adressen im Paket-Header kommt es zu Verzögerungen in den Switching-Pfaden. Die Leistung kann ein zu berücksichtigender Aspekt sein, denn NAT wird meist durch ein Prozess-Switching realisiert. Der Prozessor muss jedes einzelne Paket betrachten, um zu entscheiden, ob eine Übersetzung notwendig ist, und dann den IP- und möglicherweise auch den TCP-Header modifizieren. Damit dieser Vorgang über einen Cache realisiert werden kann, ist unter Umständen spezielle Hardware (Accelerator) erforderlich.

beschleuniger, (Gaspedal)

- Ein ganz wesentlicher Nachteil bei der Verwendung von NAT ist der Verlust der Möglichkeit, IP-Daten von Ende zu Ende zu verfolgen. Je mehr NAT-Hops auf dem Weg zum Empfänger passiert werden, desto schwieriger ist es, Pakete zu verfolgen. Andererseits führt diese Situation natürlich auch zu sichereren Verbindungen, denn für Hacker, welche die Herkunft eines Pakets ermitteln wollen, wird es schwierig – wenn nicht sogar unmöglich –, die ursprüngliche Absender- oder Empfängeradresse zu ermitteln.
- NAT behindert auch die Funktion bestimmter Anwendungen, welche die IP-Adressierung intern verwenden, denn Ende-zu-Ende-IP-Adressen werden verändert. Anwendungen, die physische Adressen statt eines qualifizierten Domänennamens verwenden, erreichen ihre Empfänger nicht mehr, weil deren Adressen am NAT-Router übersetzt werden. Manchmal kann dieses Problem durch Implementierung statischer NAT-Zuordnungen beseitigt werden.
- NAT unterstützt zunächst nur TCP- und UDP-Datenverkehr, der in den Anwendungsdaten keine Absender- oder Empfänger-IP-Adressen benutzt (z. B. HTTP, TFTP oder Telnet).

Zwar übertragen die folgenden Datenverkehrstypen IP-Adressen im Anwendungsdatenstrom, aber sie werden trotzdem von Cisco IOS-NAT unterstützt:

- ICMP
- FTP (File Transfer Protocol) einschließlich der Befehle `PORT` und `PASV`
- NetBIOS over TCP/IP (Datagramm-, Namens- und Sitzungsdienste)
- RealAudio von Progressive Networks
- CuSeeMe von White Pines
- Streamworks von Xing Technologies
- DNS-A- und DNS-PTR-Abfragen
- NetMeeting (2.1, 2.11 & 3.01)
- H.323v2 (H.225/245-Meldungstypen mit Ausnahme von RAS - 12.1(5)T)
- VDOLive (11.3(4)/11.3(4)T und höher)
- Vxtreme (11.3(4)/11.3(4)T und höher)
- IP-Multicast (12.0(1)T) (nur Absenderadressübersetzung)

Nicht unterstützt werden von Cisco IOS-NAT die folgenden Datenverkehrstypen:

- Routing-Updates
- DNS-Zonentransfers
- BOOTP
- talk, ntalk
- SNMP (Simple Network Management Protocol)
- NetShow

10.3 Überblick zu DHCP

Router, Server und andere Elemente im Netzwerk benötigen in der Regel eine feste IP-Konfiguration. Desktop-Clients hingegen brauchen keine bestimmte Adresse, sondern kommen mit einer beliebigen Adresse aus einem bestimmten Adressbereich aus. Dieser Bereich liegt meist innerhalb eines IP-Subnetzes. Ein Desktop-Client, der sich in einem bestimmten Subnetz befindet, kann jede Adresse aus diesem Bereich verwenden, während es für alle anderen Werte Standardeinstellungen gibt. Zu diesen Standardwerten gehören die Subnetzmaske, das Default-Gateway und die Adresse des DNS-Servers für das Subnetz oder Netzwerk.

Wenn Sie einen Host konfigurieren, der an einen TCP/IP-Netzwerkverbund angeschlossen ist, benötigen Sie mehrere Parameterwerte:

- IP-Adresse
- Subnetzmaske
- Default-Gateway
- DNS-Serveradresse

Diese Liste stellt das Minimum einer IP-Konfiguration dar, denn je nach Netzwerkumgebung können noch weitere Variablen notwendig sein. Diese müssen normalerweise an jedem IP-Host manuell konfiguriert werden. Sie werden meistens in einer Konfigurationsdatei abgelegt, auf die der Computer beim Start zugreift.

Es gibt auch Clients ohne Festplatte, d. h., bei diesen sind Betriebssystem und Software im ROM gespeichert. Der Hersteller des ROM-Chips kennt die Werte der erforderlichen IP-Konfiguration zum Herstellungszeitpunkt natürlich nicht und kann diese Werte deswegen auch nicht konfigurieren. Daher muss die Konfiguration nach Ende des Bootvorgangs übermittelt werden. In solchen Umgebungen können Sie diese IP-Werte beim Start eines IP-Hosts dynamisch zuweisen. Für genau diese Aufgabe wurde das DHCP-Protokoll (Dynamic Host Configuration Protocol) entwickelt. Da Desktop-Clients den größten Anteil in einem Netzwerk darstellen, ist DHCP für Systemadministratoren eine große Erleichterung.

10.3.1 Eine Einführung in DHCP

Das DHCP-Protokoll ermöglicht es Hosts (DHCP-Clients) in einem IP-Netzwerk, ihre Konfigurationen von einem DHCP-Server zu beziehen. Die wichtigste Konfigurationsoption, die der Client vom Server bezieht, ist die IP-Adresse. Das DHCP-Protokoll wird in RFC 2131 beschrieben.

Der DHCP-Client ist Bestandteil der meisten modernen Betriebssysteme, darunter Windows 9x/NT/2000/XP, Solaris, Linux und Mac OS. Die Clientseite fordert die Konfigurationsdaten aus dem Netzwerk an. Das Netzwerk muss einen DHCP-Server enthalten, der die Zuweisung der IP-Konfigurationsdaten steuert und Anfragen von DHCP-Clients beantwortet. Ein Server kann dabei Anfragen aus vielen Subnetzen beantworten. DHCP ist eigentlich nicht für den Einsatz zur Konfiguration von Routern, Switches und Servern gedacht, denn diese Hosts benötigen statische IP-Adressen.

Bei DHCP wird der Server so konfiguriert, dass er IP-Daten an Clients vergibt. Clients »leasen« die Daten für eine durch den Administrator festgelegte Zeit vom Server. Wird das Lease ungültig, dann muss der Client eine Adresse erneut anfordern (wobei er in der Regel die gleiche Adresse erhält).

Administratoren bevorzugen meist Windows NT/2000/XP-Server oder Unix-Computer für die Bereitstellung von DHCP-Diensten, denn diese Lösungen sind skalierbar und vergleichsweise einfach zu administrieren. Aber auch das Cisco IOS-Feature-Set Easy IP bietet optional einen vollwertigen DHCP-Server, der durch einen Router realisiert wird. Bei der Cisco IOS Software werden die IP-Konfigurationsdaten standardmäßig für 24 Stunden geleast. Diese Funktionalität ist insbesondere in Heim- und kleinen Firmennetzwerken nützlich, welche die Vorteile von DHCP und NAT nutzen können, ohne einen dedizierten DHCP-Server zu benötigen.

Administratoren konfigurieren DHCP-Server so, dass sie Adressen aus vordefinierten Pools zuweisen. DHCP-Server können auch weitere Daten vergeben, z. B. Adressen von DNS- und WINS-Servern sowie Domänennamen. Außerdem ermöglichen die meisten DHCP-Server dem Administrator die Auswahl der zulässigen Client-MAC-Adressen, die je nach Konfiguration auch immer wieder gleiche IP-Adressen erhalten können.

Der DHCP-Client sendet ein IP-Paket, das eine DHCP-Anforderung enthält, als Broadcast. Im einfachsten Fall befindet sich im gleichen Segment ein DHCP-Server, der diese Anforderung empfängt. Die Abbildungen 10.14 bis 10.16 veranschaulichen den Vorgang von DHCP-Anforderung und -Antwort. Der Server stellt fest, dass das GIADDR-Feld leer ist, d. h., der Client befindet sich im gleichen Segment. Dann beachtet der Server die Hardwareadresse des Clients im Anforderungspaket (Abbildung 10.14).

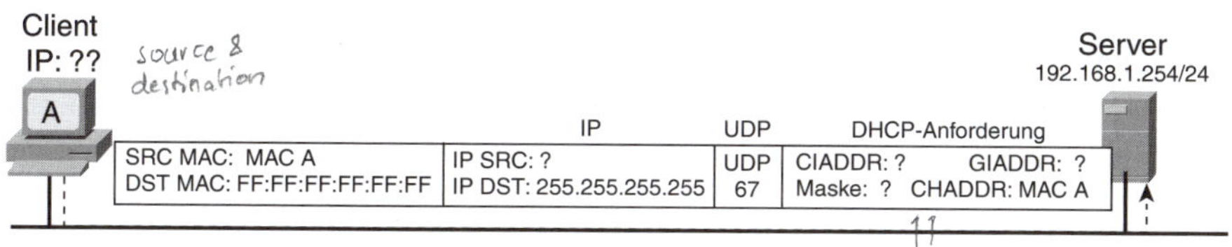

Abbildung 10.14: DHCP-Prozess (Start)

Der DHCP-Server wählt nun eine IP-Adresse aus dem für dieses Segment vorhandenen Adresspool sowie weitere Daten für das Segment und die globalen Parameter aus. Dann fügt er diese Parameterwerte in die entsprechenden Felder des DHCP-Pakets ein. Der Server erstellt danach unter Verwendung der Hardwareadresse des Clients (CHADDR) einen passenden Frame, der an den Client zurückgeschickt wird (Abbildung 10.15).

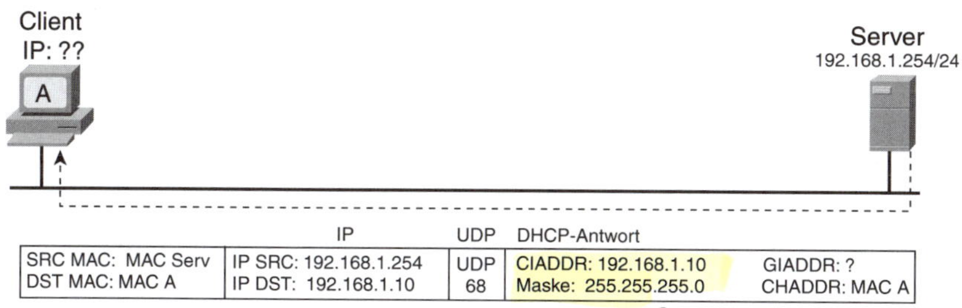

Abbildung 10.15: DHCP-Serverantwort

Das Betriebssystem des DHCP-Clients konfiguriert nun anhand der Werte in der DHCP-Antwort seinen IP-Protokollstapel (Abbildung 10.16).

Abbildung 10.16: DHCP-Prozess (Abschluss)

DHCP verwendet UDP als Transportprotokoll. Der Client sendet Meldungen über Port 67 an den Server, und der Server sendet Meldungen über Port 68 an den Client.

10.3.2 Unterschiede zwischen BOOTP und DHCP

Um festplattenlose Clients in einem Netzwerk zu konfigurieren, entwickelte die Internet-Community zunächst BOOTP (Bootstrap Protocol). BOOTP wurde 1985 in RFC 951 definiert und weist die gleichen Betriebsmerkmale auf wie sein Nachfolger DHCP: Beide Protokolle sind client-Server-basiert und verwenden die Ports 67 und 68, die deswegen auch als »BOOTP-Ports« bezeichnet werden (denn BOOTP ist älter als DHCP).

BOOTP vermittelt die vier grundlegenden IP-Parameter, die bereits erwähnt wurden, arbeitet allerdings nicht dynamisch. Wenn ein Client eine IP-Adresse anfordert, durchsucht der BOOTP-Server eine vordefinierte Tabelle nach dem Eintrag, der mit der MAC-Adresse des Clients übereinstimmt. Ist ein solcher Eintrag vorhanden, dann wird die entsprechende IP-Adresse für diesen Eintrag an den Client zurückgegeben. Das bedeutet, dass eine Zuordnung zwischen der MAC-Adresse und der IP-Adresse am BOOTP-Server bereits vorkonfiguriert sein muss.

DHCP dagegen ist ein Verfahren, mit dessen Hilfe Clients für die Dauer eines Lease eine IP-Adresse erhalten. Dies erlaubt zum einen die spätere dynamische Neuzuweisung einer IP-Adresse an einen anderen Client, zum anderen die automatische Vergabe einer anderen Adresse an einen Client, der in ein anderes Subnetz umgezogen ist. Clients können Leases erneuern und ihre aktuelle IP-Adresse so behalten. Neben IP-Adressen vermittelt DHCP aber auch andere Parameter für die IP-Konfiguration, die im TCP/IP-Netzwerk benötigt werden (z. B. WINS-Parameter oder Domänennamen).

Tabelle 10.7 fasst die Unterschiede zwischen DHCP und BOOTP zusammen.

Tabelle 10.7: DHCP und BOOTP

BOOTP	DHCP
statische Zuordnung	dynamische Zuordnung
dauerhafte Zuordnung	Zuordnung nur für die Dauer des Lease
unterstützt nur vier Konfigurationsparameter	unterstützt mehr als 30 Konfigurationsparameter
dient der Übermittlung eines bootfähigen Betriebssystems an einen Host	kann nicht zur Übermittlung eines bootfähigen Betriebssystems an einen Host verwendet werden

10.3.3 Merkmale von DHCP

Zur Zuweisung einer IP-Adresse an einen Client werden drei Methoden verwendet:

- **Automatische Zuweisung.** DHCP weist einem Client eine permanente IP-Adresse zu.
- **Manuelle Zuweisung.** Der Administrator weist dem Client eine IP-Adresse zu, die dann von DHCP übermittelt wird.
- **Dynamische Zuweisung.** DHCP weist dem Client eine IP-Adresse für eine bestimmte Frist zu.

In diesem Abschnitt wollen wir uns in erster Linie der dynamischen Zuweisung zuwenden. Einige der implementierten Konfigurationsparameter sind in RFC 1533 aufgeführt. Zu ihnen gehören u. a. die folgenden:

- IP-Adresse
- Subnetzmaske
- Router (Default-Gateway)
- Domänenname
- DNS-Server
- NetBIOS-Namensserver (z. B. WINS)

Betrachten Sie Abbildung 10.17. Der DHCP-Server verfügt über Pools mit IP-Adressen und zugehörigen Parametern. Solche Adresspools sind immer jeweils einem logischen IP-Subnetz zugeordnet. Es können auch mehrere DHCP-Server ein und dasselbe Subnetz bedienen, was etwa Mobilität für IP-Clients ermöglicht. Können mehrere Server antworten, dann kann ein Client auch mehrere Angebote erhalten; allerdings kann er immer nur einen Server wählen.

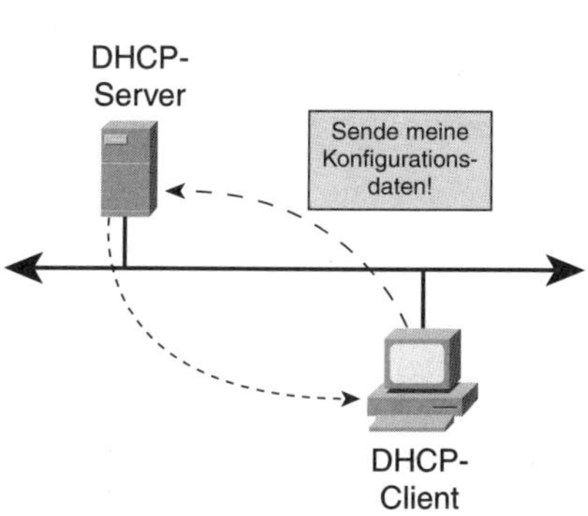

Abbildung 10.17: DHCP-Client und -Server

Listing 10.9 zeigt die Daten, die der DHCP-Server an diesen DHCP-Client sendet.

Listing 10.8: DHCP-Konfigurationsdatei

```
IP Address: 192.204.18.7
Subnet Mask: 255.255.255.0
Default Routers: 192.204.18.1, 192.204.18.3
DNS Servers: 192.204.18.8, 192.204.18.9
Lease Time: 5 days
```

DHCP-Clients gibt es von zahlreichen Anbietern und für eine Vielzahl von Betriebssystemen wie etwa Windows 3.1, Windows 9x, Windows NT, Windows 2000, Windows XP, Solaris, Linux, MAC OS, Novell NetWare, FTP Software, NetManage und Cisco.

10.3.4 DHCP-Prozess

Der Vorgang der DHCP-Clientkonfiguration (Abbildung 10.18) besteht aus insgesamt fünf Schritten:

1. **Der Client sendet einen DHCPDISCOVER-Broadcast an alle Knoten.** Der Client ist für die Verwendung von DHCP konfiguriert. Er sendet nun – in der Regel während des Bootvorgangs – eine Broadcast-Anfrage, um von einem Server eine IP-Konfiguration zu erhalten. Alternativ kann der Client die IP-Adresse, die er verwenden will, auch vorschlagen (z. B. wenn er eine Lease verlängern will). Der Client stellt die Anfrage an seinen DHCP-Server als Broadcast.
2. **Der Server sendet einen DHCPOFFER-Unicast an den Client.** Wenn der Server den Broadcast erhält, bestimmt er zunächst, ob er die Anforderung aus seiner eigenen Datenbank bedienen kann. Ist dies nicht der Fall, dann kann er die Anforderung – je nach seiner Konfiguration – an einen oder mehrere andere DHCP-Server weiterleiten. Kann er die Anfrage jedoch bearbeiten, dann bietet er die IP-Konfigurationsdaten in Form eines DHCPOFFER-Unicasts an. Dies ist ein Konfigurationsvorschlag, der eine IP-Adresse und Angaben zu einer DNS-Serveradresse und der Lease enthalten kann.
3. **Der Client sendet einen DHCPREQUEST-Broadcast an alle Knoten.** Wenn dem Client die angebotene Konfiguration annehmbar erscheint, sendet er eine weitere Broadcast-Meldung namens DHCPREQUEST, in der er genau diese IP-Parameter anfordert. Natürlich stellt sich die Frage, warum der Client die Anfrage nicht als Unicast an den Server sendet; es muss jedoch bedacht werden, dass die erste DHCPDISCOVER-Meldung natürlich mehrere DHCP-Server erreicht haben könnte. Machen nun

mehrere Server Angebote, dann teilt der Client via DHCPREQUEST allen Beteiligten mit, welches Angebot er angenommen hat (meistens ist dies der erste Konfigurationsvorschlag, den er empfangen hat).

4. **Der Server sendet einen DHCPACK-Unicast an den Client.** Der Server empfängt den DHCPREQUEST und macht daraufhin die Konfiguration offiziell, indem er als Unicast eine Bestätigung (DHCPACK) schickt. Beachten Sie, dass es möglich – wenn auch sehr unwahrscheinlich – ist, dass der Server die DHCPACK-Meldung nicht sendet, weil er die Konfiguration zwischenzeitlich einem anderen Client zur Lease überlassen hat. Der Empfang der DHCPACK-Meldung hingegen erlaubt dem Client die sofortige Verwendung der zugewiesenen Adresse.

   Erkennt der Client, dass die Adresse im lokalen Subnetz bereits verwendet wird, dann sendet er eine DHCPDECLINE-Meldung, woraufhin der Vorgang aufs Neue beginnt. Empfängt der Client nach dem Versand von DHCPREQUEST eine DHCPNAK als Antwort, dann startet er den Prozess ebenfalls erneut.

5. **Der Client gibt die IP-Adresse wieder frei.** Wenn der Client die IP-Adresse nicht mehr benötigt, dann sendet er eine DHCPRELEASE-Meldung an den Server.

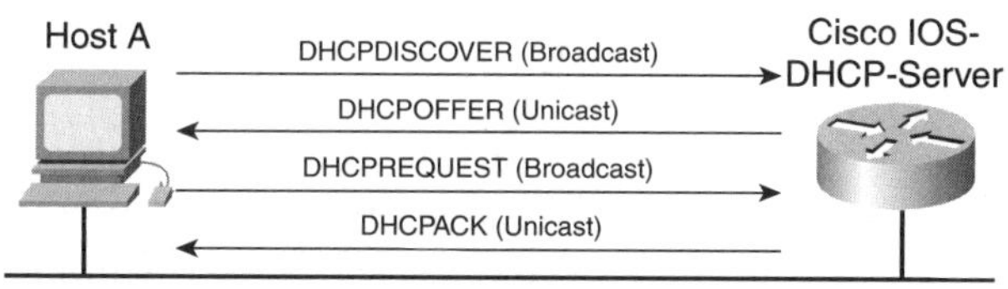

Abbildung 10.18: DHCP-Discovery

Je nach den Richtlinien der Organisation kann es für einen Endbenutzer oder Administrator notwendig sein, einem Host eine statische IP-Adresse zuzuweisen, die zum Pool des DHCP-Servers gehört. Der Cisco IOS-DHCP-Server prüft, ob eine Adresse nicht bereits verwendet wird, bevor der Server sie einem Client anbietet. Der Server sendet mit Hilfe des `ping`-Befehls ICMP-Echoanforderungen an die entsprechende Adresse im Pool, bevor er an den Client eine DHCPOFFER-Meldung schickt. Die Anzahl der `ping`-Befehle, die zur Überprüfung eines potenziellen IP-Adresskonflikts versendet werden, liegt standardmäßig bei 2, kann aber konfiguriert werden.

Befindet sich der Server in einem anderen Segment, dann können Sie einen BOOTP-Relay-Agenten am Router verwenden, um die Anfrage in das andere Segment weiterzuleiten.

10.3.5 DHCP-Prozess konfigurieren

Wie NAT benötigt auch der DHCP-Server einen Adresspool, der vom Administrator konfiguriert werden muss. Mit Hilfe des Befehls `ip dhcp` definieren Sie, welche Adressen den Hosts zugewiesen werden. Die Befehlssyntax sieht wie folgt aus:

```
Router(config)#ip dhcp pool name1
Router(dhcp-config)#network netzwerknummer maske
```

Der erste Befehl `ip dhcp pool` *name1* erstellt einen Adresspool *name1* und versetzt den Router in einen speziellen DHCP-Konfigurationsmodus. In diesem Modus verwenden Sie die Anweisung `network`, um den Bereich der zu leasenden Adressen festzulegen. Müssen bestimmte Adressen bei der Vergabe im Netzwerk ausgeschlossen werden, dann kehren Sie in den globalen Konfigurationsmodus zurück und verwenden den Befehl `ip dhcp excluded-address`. Geben Sie `exit` ein, um den DHCP-Konfigurationsmodus wieder zu verlassen.

Der Befehl `ip dhcp excluded-address` konfiguriert den Router so, dass einzelne Adressen oder Adressbereiche bei der Zuweisung an Clients ausgeschlossen werden. Sie können mit diesem Befehl Adressen reservieren, die wichtigen Hosts (z. B. dem Router) zugewiesen werden sollen. Die Befehlssyntax ist die folgende:

```
Router(config)#ip dhcp excluded-address ip-adresse [end-ip-adresse]
```

Normalerweise ist ein DHCP-Server so konfiguriert, dass er weitaus mehr als nur Adressen zuweist. Sie können aus dem DHCP-Konfigurationsmodus heraus weitere IP-Konfigurationsparameter konfigurieren. Ohne Default-Gateway beispielsweise kommt ein IP-Client nicht weit; Sie können das Gateway mit dem Befehl `default-router` vorgeben. Ferner können Sie die Adresse eines DNS-Servers (`dns-server`) oder eines WINS-Servers (`netbios-name-server`) konfigurieren. Der Cisco IOS-DHCP-Server kann praktisch fast jede TCP/IP-Information für Clients konfigurieren

Tabelle 10.8 enthält eine Liste der wesentlichen Befehle des IOS-DHCP-Servers, die Sie im DHCP-Konfigurationsmodus eingeben.

Tabelle 10.8: DHCP-Poolbefehle

Befehl	Zweck
`Router(config)#` **`ip dhcp pool`** *`name`*	Weist dem Adresspool des DHCP-Servers einen Namen zu und wechselt in den Konfigurationsmodus für den DHCP-Pool (zu erkennen an der Eingabeaufforderung `config-dhcp#`).
`Router(config-dhcp)#` **`network`** *`netzwerknummer`* `[`*`maske`* `|` `/`*`präfixlänge`*`]`	Gibt die Netzwerkadresse und Netzmaske des DHCP-Adresspools an. Die Präfixlänge gibt die Anzahl der Bits an, aus denen das Adressenpräfix besteht. Dieses Präfix ist eine alternative Art zur Angabe der Netzmaske des Clients. Der Präfixlänge muss im Befehl ein Schrägstrich (/) vorangehen.
`Router(config-dhcp)#` **`domain-name`** *`domäne`*	Gibt den Domänennamen für den Client an.
`Router(config-dhcp)#` **`dns-server`** *`adresse`* `[`*`adresse2 ... adresse8`*`]`	Gibt die IP-Adresse eines DNS-Servers an, der vom DHCP-Client benutzt werden soll. Mindestens eine IP-Adresse wird benötigt, Sie können aber in einer Befehlszeile bis zu acht IP-Adressen angeben.
`Router(config-dhcp)#` **`netbios-name-server`** *`adresse`* `[`*`adresse2 ... adresse8`*`]`	Gibt den NetBIOS-WINS-Server an, der vom Microsoft-DHCP-Client benutzt werden soll. Mindestens eine IP-Adresse wird benötigt, Sie können aber in einer Befehlszeile bis zu acht IP-Adressen angeben.
`Router(config-dhcp)#` **`default-router`** *`adresse`* `[`*`adresse2 ... adresse8`*`]`	Gibt die IP-Adresse des Default-Routers für einen DHCP-Client an. Mindestens eine IP-Adresse wird benötigt, Sie können aber in einer Befehlszeile bis zu acht IP-Adressen angeben.
`Router(config-dhcp)#` **`lease`** `{`*`tage`* `[`*`stunden`*`][`*`minuten`*`]` `|` **`infinite`**`}`	Gibt die Dauer der Lease an (Standard: 1 Tag).

Zwar ist der DHCP-Server bei allen Cisco IOS-Versionen, die ihn unterstützen, standardmäßig aktiviert, aber er kann bei Bedarf mit Hilfe des Befehls `service dhcp` im globalen Konfigurationsmodus reaktiviert werden. Der Befehl `no service dhcp` deaktiviert den Server.

10.3.6 DHCP-Betrieb überprüfen

Tabelle 10.9 listet Befehle auf, mit denen sich im EXEC-Modus bei Bedarf DHCP-Serverinformationen anzeigen lassen.

Tabelle 10.9: Befehl zum Anzeigen von DHCP-Serverinformationen

Befehl	Zweck
`Router>` **`show ip dhcp binding`** [*`adresse`*]	Zeigt eine Liste aller Zuordnungen an, die für den DHCP-Server erstellt wurden.
`Router>` **`show ip dhcp conflict`** [*`adresse`*]	Zeigt eine Liste aller Adresskonflikte an, die durch den DHCP-Server aufgezeichnet wurden.
`Router#` **`show ip dhcp database`** [*`url`*]	Zeigt die zuletzt durchgeführten Aktivitäten in der DHCP-Datenbank an. (Verwenden Sie diesen Befehl im privilegierten Modus.)
`Router>` **`show ip dhcp server statistics`**	Zeigt Zähler zu Serverstatistiken sowie zu gesendeten und empfangenen Meldungen an.

10.3.7 Problembehebung bei der DHCP-Konfiguration

Um das Debugging des DHCP-Servers zu starten, verwenden Sie den Befehl `debug ip dhcp server` im privilegierten EXEC-Modus. Tabelle 10.10 listet die Befehle zur Fehlersuche bei DHCP-Serverinformationen auf.

Tabelle 10.10: Befehle zur Fehlersuche beim DHCP-Server

Befehl	Zweck
`debug ip dhcp server events`	Meldet Serverereignisse, z. B. Adresszuweisungen und Datenbankaktualisierungen.
`debug ip dhcp server packets`	Dekodiert DHCP-Empfangs- und -Sendevorgänge.
`debug ip dhcp server linkage`	Zeigt Zuordnungen von Datenbankinformationen an (z. B. Parent-Child-Beziehungen in einer Baumstruktur).

Um Fehler im DHCP-Serverbetrieb zu beheben, können Sie den Befehl `debug ip dhcp server events` wie in Listing 10.10 gezeigt verwenden.

Listing 10.9: Ausgabe des debug-Befehls für DHCP

```
Router#debug ip dhcp server events
Router#
00:22:53: DHCPD: checking for expired leases.
00:23:23: DHCPD: assigned IP address 172.16.13.11 to client
0100.10a4.97f4.6d.
00:27:49: DHCPD: returned 172.16.13.11 to address pool remote.
00:29:59: DHCPD: assigned IP address 172.16.13.11 to client
0100.10a4.97f4.6d.
```

Aus dem Listing geht hervor, dass der Server regelmäßig überprüft, ob Leases abgelaufen sind. Ferner sehen Sie, wann Adressen zurückgegeben und wann sie zugewiesen wurden.

10.3.8 DHCP-Relay

Wie bereits beschrieben, finden DHCP-Clients mit Hilfe von IP-Broadcasts einen DHCP-Server im Segment. Was aber passiert, wenn sich Server und Clients nicht im selben Segment befinden, sondern durch einen Router getrennt sind? Immerhin leiten Router diese Broadcasts ja nicht weiter.

DHCP ist nicht der einzige problematische Dienst, der Broadcasts verwendet. Cisco-Router und andere Geräte benutzen Broadcasts, um TFTP-Server zu lokalisieren. Manchmal suchen Clients auch TACACS-Server (Terminal Access Controller Access Control System) mit Hilfe von Broadcasts. In komplexen hierarchischen Netzwerken befinden sich die Clients in der Regel im gleichen Subnetz wie die Server. Remote-Clients senden Broadcasts, um diese Server zu ermitteln, aber Router leiten diese Broadcasts standardmäßig nicht über das betreffende Subnetz hinaus.

Da manche Clients ohne Dienste wie DHCP nicht arbeitsfähig sind, muss eine von zwei möglichen Optionen eingesetzt werden: Entweder werden in allen Subnetzen Server aufgestellt, oder man verwendet die Cisco IOS-Funktion der Helper-Adresse (dt. Hilfsadresse). Die erste Option ist wenig attraktiv, denn würde man Dienste wie DHCP oder DNS auf vielen Computern ausführen, dann wäre das sehr aufwändig und außerdem schwer zu administrieren. Der Administrator sollte sich, sofern möglich, für die zweite Option entscheiden und mit Hilfe des Befehls `ip helper-address` Broadcasts-Anforderungen dieser wichtigen UDP-Dienste weiterleiten.

Mit Hilfe der Helper-Adressfunktion kann der Router so konfiguriert werden, dass er eine Broadcast-Anforderung eines UDP-Dienstes annimmt und sie als Unicast an eine bestimmte IP-Adresse weiterleitet.

Standardmäßig leitet `ip helper-address` die folgenden acht UDP-Dienste weiter:

- Zeitdienste
- TACACS
- DNS
- BOOTP/DHCP-Server
- BOOTP/DHCP-Client
- TFTP
- NetBIOS-Namensdienst
- NetBIOS-Datagrammdienst

Im speziellen Fall von DHCP schickt ein Client ein DHCPDISCOVER-Paket als Broadcast in das lokale Segment. Das Format der DHCP-Meldung zeigt Abbildung 10.19. Das Gateway nimmt das Paket an; ist nun eine Helper-Adresse konfiguriert, dann wird das DHCP-Paket an diese Adresse weitergeleitet.

OP-Code	Hardwaretyp	Hardwarelänge	HOPS
Transaction ID (XID)			
Seconds		Flags	
Client-IP-Adresse (CIADDR)			
Deine IP-Adresse (YIADDR)			
Server-IP-Adresse (SIADDR)			
Gateway-IP-Adresse (GIADDR)			
Client-Hardwareadresse (CHADDR) – 16 Bytes			
Servername (SNAME) – 64 Bytes			
Dateiname (128 Bytes)			
DHCP-Optionen			

Abbildung 10.19: DHCP-Protokollformat

Bevor das Paket weitergeleitet wird, trägt der Router seine IP-Adresse für dieses Segment in das GIADDR-Feld des Pakets ein. Diese Adresse wird dann zur Gateway-Adresse für den DHCP-Client, sobald er seine IP-Adresse erhält (Abbildung 10.20).

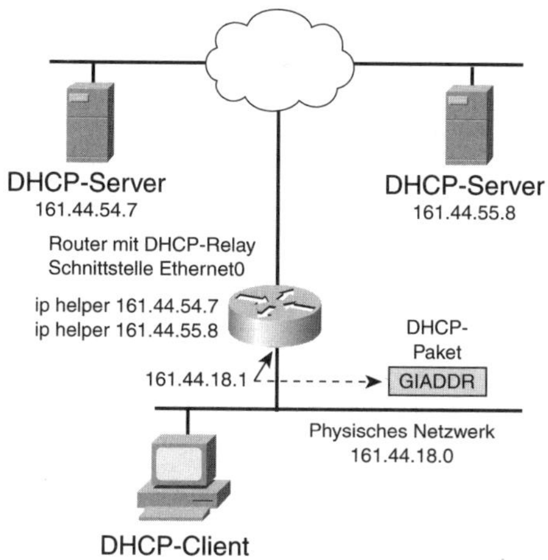

Abbildung 10.20: Der DHCP-Client erhält eine IP-Adresse.

Der DHCP-Server empfängt das DHCPDISCOVER-Paket und überprüft die Adresse im Feld GIADDR in der Liste seiner Adresspools; dort sucht er nach einem Pool, dessen Gateway-Adresse mit der im GIADDR-Feld gefundenen übereinstimmt. Aus diesem Pool wird dem Client dann eine IP-Adresse übermittelt. Abbildung 10.21 zeigt den Broadcast eines DHCP-Clients, Abbildung 10.22 den Unicast eines DHCP-Servers.

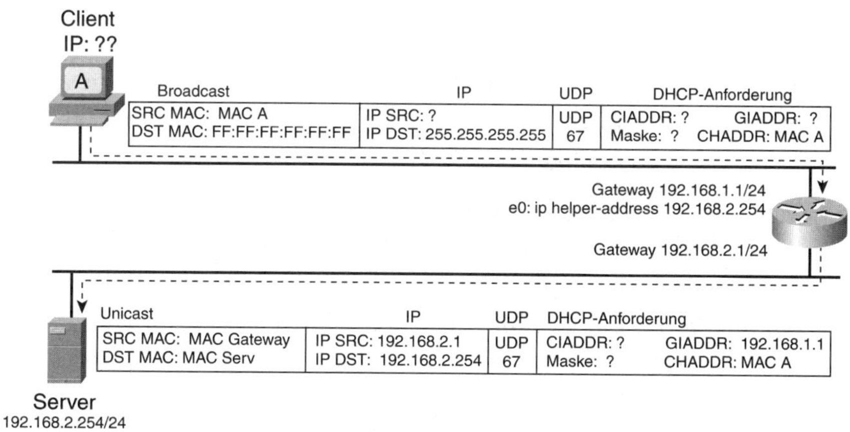

Abbildung 10.21: DHCP-Client-Broadcast

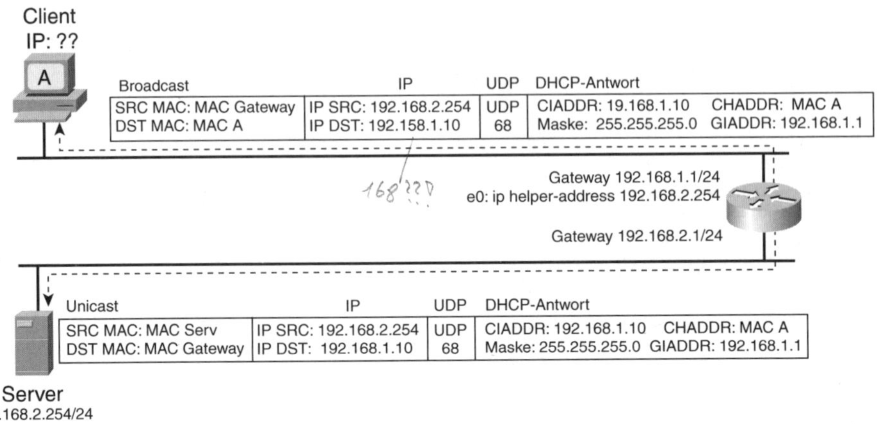

Abbildung 10.22: DHCP-Server-Unicast

E-Lab und Lab

Siehe auch CNAP und [1] »Configuring DHCP« und »Configuring DHCP Relay«.

10.4 Zusammenfassung

In diesem Kapitel werden die folgenden Sachverhalte erläutert:

- In dem Maße, wie das Internet wächst, nimmt auch die Anzahl der IP-Routen in den Routing-Tabellen der Internet-Backbones zu. Damit entsteht ein Skalierungsproblem für Routing-Algorithmen. Vorgestellt werden im Kapitel drei Lösungen für dieses Problem.
- RFC 1918 beschreibt die Zuweisung von IP-Adressen für private Netzwerke. Es enthält zudem Empfehlungen für Unternehmen, die IP verwenden wollen, aber keine vollständige Internetkonnektivität benötigen.
- NAT ermöglicht die Übersetzung privater Adressen in öffentliche Adressen, die im Internet benutzt werden können. Das Kapitel beschreibt Beispiele zur Konfiguration und Überprüfung von NAT.
- PAT erlaubt einer Gruppe innerer Hosts bei der Kommunikation mit äußeren Hosts die gemeinsame Verwendung einer externen Overloading-Adresse. Das Kapitel beschreibt Beispiele zur Konfiguration und Überprüfung von PAT.

– DHCP bietet eine Methode zur dynamischen Zuweisung von IP-Adressen, d. h., Adressen können automatisch neu vergeben werden, wenn Hosts sie nicht mehr benötigen. Das Kapitel beschreibt Beispiele zur DHCP-Konfiguration und Problembehebung.

Um den hier erlernten Stoff zu vertiefen, beachten Sie bitte auch die diesem Kapitel zugeordneten Videos, Photo-Zooms und E-Labs auf der CD-ROM.

10.5 Lernzielkontrolle

1. Wer weist die privaten Adressen zu?

   a) Netzwerkadministrator (nach RFC 1918)

   b) ARIN

   c) RIPE

   d) Jede Adresse kann eine private Adresse sein.

2. Welche der folgenden sind gültige private Adressen nach RFC 1918?

   a) 10.0.0.0/7

   b) 10.0.0.0/8

   c) 192.168.0.0/16

   d) 172.16.0.0/12

3. Ein Unternehmen betreibt einen eigenen öffentlichen Webserver und möchte NAT implementieren. Welcher NAT-Typ sollte für den Webserver benutzt werden?

   a) dynamische NAT

   b) statische NAT

   c) PAT

   d) NAT sollte nicht implementiert werden.

4. Welche der folgenden Anwendungen unterstützt Cisco IOS-NAT?

   a) ICMP

   b) DNS-Zonentransfers

   c) BOOTP

   d) FTP (einschließlich der Befehle `PORT` und `PASV`)

5. Welche der folgenden Datenverkehrstypen unterstützt Cisco IOS-NAT *nicht*?
   a) ICMP
   b) DNS-Zonentransfers
   c) BOOTP
   d) FTP (einschließlich der Befehle `PORT` und `PASV`)
6. Welche der folgenden Methoden wird von BOOTP und welche von DHCP unterstützt?
   a) statische Zuordnungen
   b) dynamische Zuordnungen
   c) PAT
   d) NAT
7. Bringen Sie die folgenden DHCP-Meldungen in die richtige Reihenfolge, in der sie im DHCP-Prozess auftauchen.
   a) DHCPACK
   b) DHCPREQUEST
   c) DHCPOFFER
   d) DHCPDISCOVER
8. Wofür steht das Akronym »DHCP«?
   a) Dynamic Host Configuration Protocol
   b) Dynamic Hosting Configuration Protocol
   c) Dynamic Host Computer Protocol
   d) Dynamic Host Computer Port
9. NAT ermöglicht das Einsparen legal registrierter Adressen durch die Privatisierung von Intranets.
   a) Die Aussage trifft zu.
   b) Die Aussage trifft nicht zu.

10. DHCP ist nicht für den Einsatz zur Konfiguration von Routern, Switches und Servern gedacht, denn diese Hosts benötigen statische IP-Adressen.

    a) Die Aussage trifft zu.

    b) Die Aussage trifft nicht zu.

Lernziele:

Wenn Sie dieses Kapitel gelesen haben, werden Sie

- die Unterschiede zwischen einem LAN und einem WAN kennen,
- Geräte benennen können, die in einem WAN eingesetzt werden,
- WAN-Standards aufzählen können,
- WAN-Frames beschreiben können,
- in der Lage sein, die verschiedenen WAN-Optionen einzuordnen
- zwischen paket- und leitungsvermittelten WAN-Technologien unterscheiden können,
- die einzelnen Schritte des WAN-Designs benennen können.

Kapitel 11

WAN-Technologien

Sobald ein Unternehmen über einen Einzelstandort hinauswächst, ist es notwendig, die LANs in den verschiedenen Zweigstellen miteinander zu einem WAN (Wide-Area Network, Weitverkehrsnetzwerk) zu verbinden. In diesem Kapitel untersuchen wir einige der für diese Verbindungen vorhandenen Optionen, die benötigte Hardware und die Terminologie, die zu deren Beschreibung verwendet wird.

Beachten Sie bitte die diesem Kapitel zugeordneten Videos, Photo-Zooms und E-Labs auf der beiliegenden CD-ROM. Sinn dieser Zusatzinformationen ist die Ergänzung des Materials und Vertiefung des Stoffes, der in diesem Kapitel vorgestellt wird.

11.1 Überblick zu den WAN-Technologien

Ein WAN ist ein Netzwerk, dessen geografischer Erfassungsbereich den eines LAN überschreitet. Ein WAN unterscheidet sich vom LAN z. B. dahingehend, dass Sie die Dienste eines WAN-Providers (Dienstanbieters) in Anspruch nehmen müssen. Ein WAN verwendet Datenleitungen, die über ein öffentliches Netz ausreichend Bandbreite für Weitverkehrsverbindungen bereitstellen. Es verbindet die Standorte einer Organisation untereinander, mit Standorten anderer Organisationen, externen Diensten (z. B. Datenbanken) und Remote-Benutzern. In WANs gibt es unterschiedliche Datenverkehrstypen, z. B. Sprach-, Daten- und Videoverkehr. Die meistverwendeten WAN-Dienste sind Telefon- und Datendienste.

Geräte, die sich am Standort des Teilnehmers befinden (Abbildung 11.1), heißen CPE-Geräte (Customer Premises Equipment, Geräte am Kundenstandort). CPE-Geräte sind entweder Eigentum des Kunden oder aber werden beim Provider gemietet. Über Kupfer- oder Glasfaserkabel werden CPEs mit der nächstgelegenen Vermittlungsstelle (CO, vom Engl. *Central Office*) des Providers verbunden. Diese Teilnehmeranschlussleitung wird häufig auch als »letzte Meile« (oder engl. *Local Loop*) bezeichnet. Dabei erfolgt eine Ruf lokal zu anderen Teilnehmeranschlussleitungen oder aber nichtlokal über eine Trunk-Leitung zu einer Vermittlungszentrale, von wo aus der Anruf je nach Ziel an eine Regional- oder eine internationale Vermittlung weitergeleitet wird. Abbildung 11.2 veranschaulicht die Funktion des WAN-Providers.

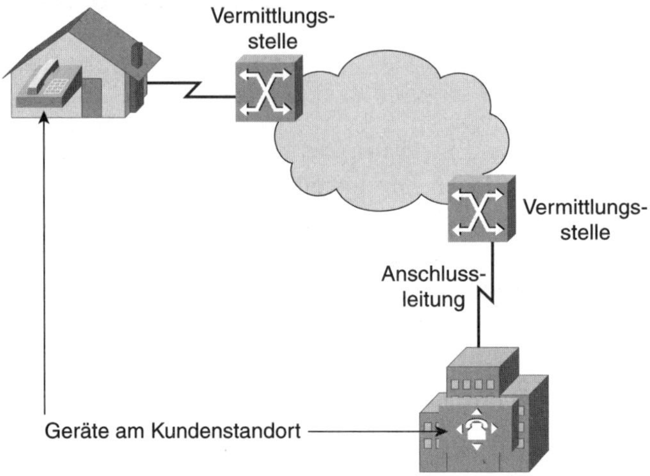

Abbildung 11.1: CPEs (Endgeräte des Kunden)

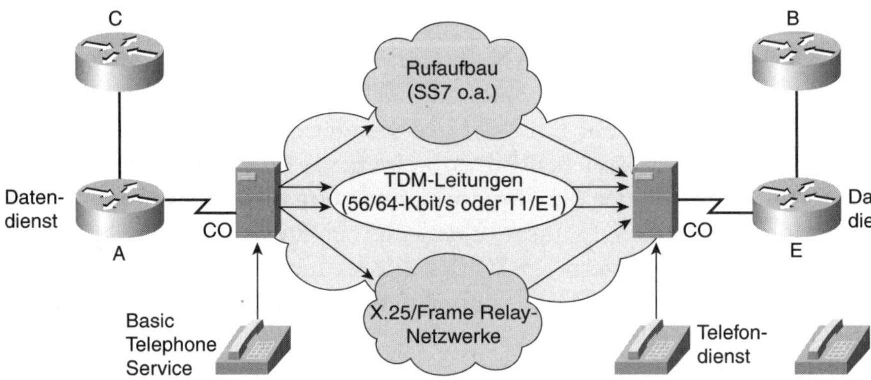

Abbildung 11.2: WAN-Provider

Werden Daten über die Teilnehmeranschlussleitung übertragen, dann wird ein Gerät (beispielsweise ein Modem) benötigt, um die Daten für die Übertragung aufzubereiten. Ein Gerät, das Daten in die Teilnehmeranschlussleitung einspeist, heißt Datenübertragungseinrichtung (kurz DCE, vom Engl. *Data Communications Equipment*). Die Geräte des Kunden, die Daten an das DCE übergeben, werden Datenendgeräte (kurz DTE, vom Engl. *Data-Terminal Equipment*) genannt. Abbildung 11.3 zeigt Beispiele für DCEs und DTEs. Das DCE stellt in erster Linie eine Schnittstelle zwischen dem DTE und der Kommunikationsleitung in die WAN-Wolke dar. Die DTE/DCE-Schnittstelle verwendet verschiedene Protokolle (z. B. HSSI und V.35), welche die für die Kommunikation der Geräte untereinander benötigten Codes bereitstellen (Abbildung 11.4).

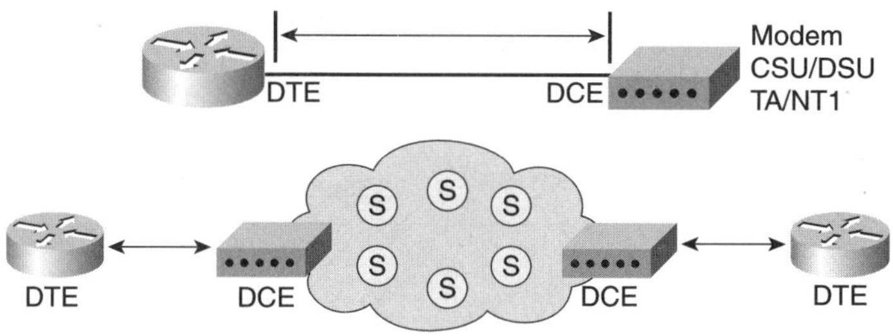

Abbildung 11.3: DTEs und DCEs

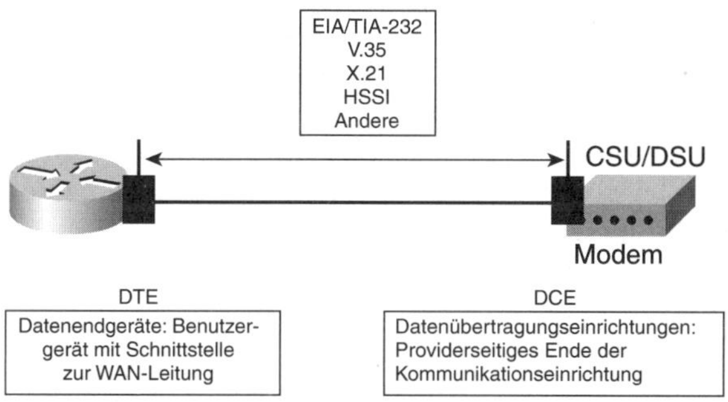

Abbildung 11.4: WANs in der Bitübertragungsschicht

Beim Provider sind WAN-Verbindungen unterschiedlicher Geschwindigkeiten verfügbar, deren Kapazitäten in Bit/s, Kbit/s, Mbit/s oder Gbit/s angegeben werden. Die Angaben beziehen sich normalerweise auf den Vollduplexbetrieb, d. h., eine E1-Leitung kann *pro Richtung* 2 Mbit/s gleichzeitig übertragen, eine T1-Leitung 1,5 Mbit/s usw. Im Unterschied zu Datenspeichern, bei denen das einer Einheit vorangestellte *K* binäre Bedeutung hat (d. h., auf Zweierpotenzen Bezug nimmt), wird es bei Datentransferraten dezimal verwendet. Tabelle 11.1 zeigt gängige WAN-Leitungstypen und ihre Bandbreiten.

Tabelle 11.1: Typen und Bandbreiten von WAN-Verbindungen

Verbindungstyp	Signalisierungsstandard	Kapazität
56	DSO	56 Kbit/s
64	DSO	64 Kbit/s
T1	DS1	1,544 Mbit/s
E1	ZM	2,048 Mbit/s
E3	M3	34,064 Mbit/s
J1	Y1	2,048 Mbit/s
T3	DS3	44,736 Mbit/s
OC-1	SONET	51,84 Mbit/s
OC-3	SONET	155,54 Mbit/s
OC-9	SONET	466,56 Mbit/s
OC-12	SONET	622,08 Mbit/s
OC-18	SONET	933,12 Mbit/s
OC-24	SONET	1244,16 Mbit/s
OC-36	SONET	1866,24 Mbit/s
OC-48	SONET	2488,32 Mbit/s
OC-96	SONET	4976,640 Mbit/s
OC-192	SONET	9953,280 Mbit/s

11.2 WAN-Geräte

WANs sind eigentlich Gruppen von LANs, die über von einem Provider bereitgestellte Kommunikationsleitungen miteinander verbunden sind. Da diese Leitungen nicht direkt an das LAN angeschlossen werden können, ist es notwendig, die verschiedenen Schnittstellen und Geräte zu kennen.

Computer, die Daten übertragen wollen, senden diese an einen Router, der sowohl über LAN- als auch über WAN-Schnittstellen verfügt (Abbildung 11.5). Der Router leitet die Daten unter Verwendung der Adressdaten an die passende WAN-Schnittstelle weiter. Router sind aktive und intelligente Netzwerkknoten und können als solche an der Steuerung des Netzwerks mitwirken. Zu diesen Steuerfunktionen gehören der Aufbau von Verbindungen, eine stabile Leistung, eine gute Administrierbarkeit und eine hohe Flexibilität.

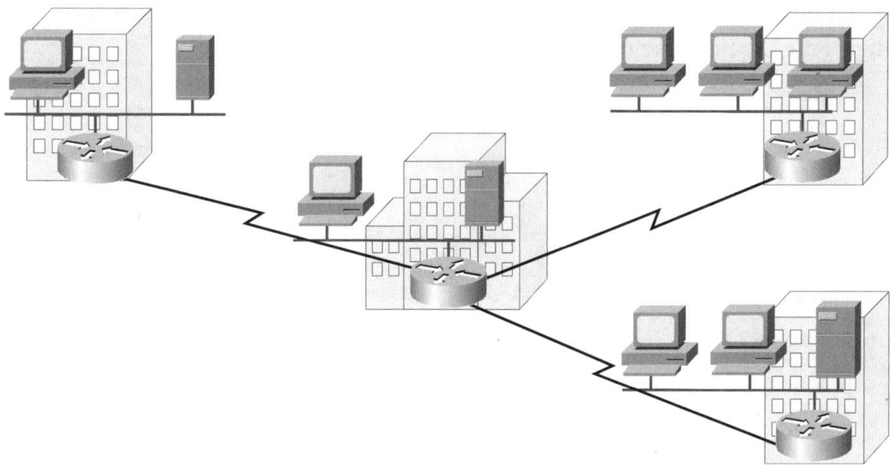

Abbildung 11.5: WANs und LANs sind über Router miteinander verbunden

Die Kommunikationsverbindung benötigt Signale, die entsprechend formatiert sind. Für digitale Leitungen werden eine CSU (Channel Service Unit) und eine DSU (Data Service Unit oder Digital Service Unit) benötigt. In der Praxis sind diese beiden Geräte häufig zu einer Einrichtung – der CSU/DSU (Abbildung 11.6) – zusammengefasst. Manchmal ist die CSU/DSU auch auf der Schnittstellenkarte des Routers integriert.

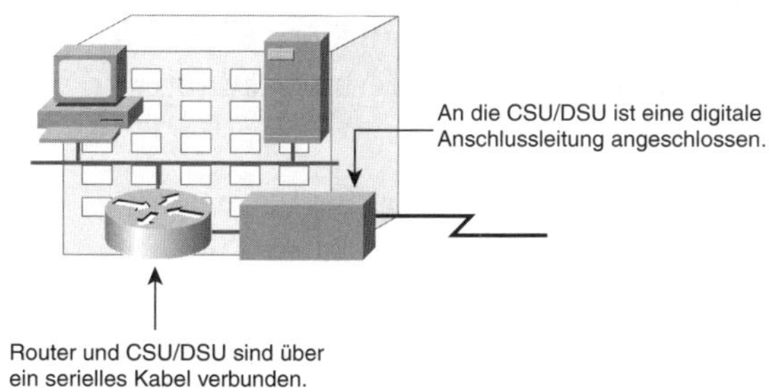

Abbildung 11.6: WAN-CSU/DSU

Ist die Teilnehmeranschlussleitung nicht digitaler, sondern analoger Natur, dann wird ein Modem benötigt (Abbildung 11.7). Ein Modem überträgt Daten z. B. über Telefonleitungen, indem es das Signal moduliert und demoduliert. Dabei werden die Digitalsignale für die Übertragung auf ein analoges Trägersignal aufgesetzt (d. h., das Trägersignal wird moduliert). Das modulierte Signal kann man bei Modems hören, wenn der interne Lautsprecher des Modems eingeschaltet wird; es wird als Abfolge von Pfeif- und Zischgeräuschen wiedergegeben. Auf Empfängerseite wird das analoge Signal wieder in seine digitale Ursprungsform zurückkonvertiert; dieser Vorgang heißt Demodulation.

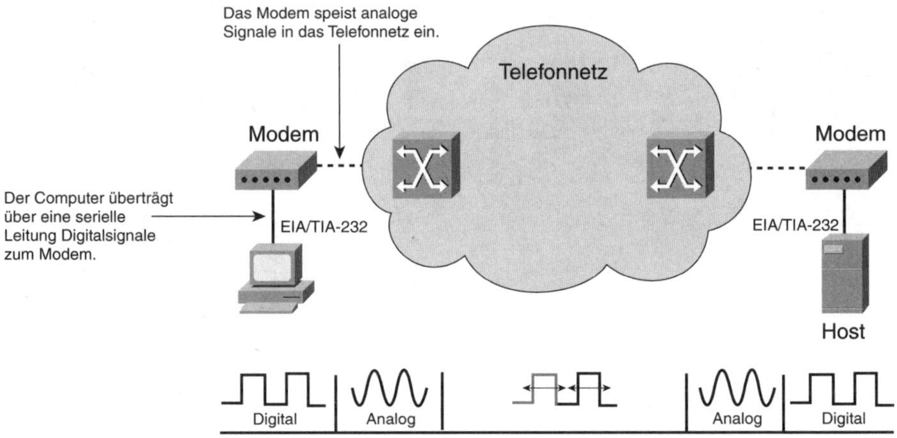

Abbildung 11.7: WANs und Modems

Wird ISDN (Integrated Services Digital Network) für die Kommunikationsverbindung verwendet, dann müssen alle an den ISDN-Bus angeschlossenen Geräte ISDN-kompatibel sein. In der Regel ist diese Kompatibilität durch die entsprechende Schnittstelle gegeben, und zwar entweder am Computer (für Einwahlverbindungen) oder am Router (für Verbindungen zwischen LANs und dem WAN). Ältere Geräte verfügen möglicherweise nicht über eine ISDN-Schnittstelle; in diesem Fall ist ein ISDN-Terminaladapter zu verwenden.

Kommunikationsserver übernehmen in einem Gerät die Verarbeitung von mehreren Einwahlverbindungen. Sie werden für den Remote-Zugriff auf das LAN verwendet und weisen normalerweise eine Kombination von analogen und digitalen (ISDN-)Schnittstellen auf. Kommunikationsserver können Dutzende bis mehrere hundert Benutzer gleichzeitig mit einem LAN verbinden.

11.3 WAN-Standards

WANs basieren ebenso wie LANs auf dem OSI-Referenzmodell, arbeiten aber vorzugsweise in den unteren beiden Schichten. WAN-Standards beschreiben deswegen in der Regel die Zustellungsverfahren in der Bitübertragungsschicht und die Anforderungen der Sicherungsschicht in Bezug auf Adressierung, Flusssteuerung und Kapselung. WAN-Standards werden durch mehrere anerkannte Institutionen festgelegt bzw. verabschiedet.

Die Bitübertragungsschichtprotokolle für WANs schreiben vor, wie elektrische, mechanische, operationale und funktionale Verbindungen für WAN-Dienste auszusehen haben, die von Providern bereitgestellt werden. Das an das WAN angeschlossene Gerät – normalerweise ein Router – ist das DTE, das Gerät am andere Ende der Verbindung agiert als DCE, d. h., es stellt die Schnittstelle zum Provider dar. Tabelle 11.1 listet einige sehr verbreitete Bitübertragungsschichtstandards auf, deren Schnittstellenanschlüsse Abbildung 11.8 zeigt.

Tabelle 11.2: WAN-Standards in der Bitübertragungsschicht

Standard	Beschreibung
EIA/TIA 232	Ermöglicht über kurze Strecken Übertragungsraten von bis zu 115,2 Kbit/s über einen 25-poligen D-Steckverbinder. Frühere Bezeichnung: RS232. Die ITU-T V.24-Spezifikation ist im Wesentlichen identisch.
EIA/TIA 449, EIA-530	Eine schnellere Version von EIA/TIA 232. Verwendet einen 36-poligen D-Steckverbinder und ermöglicht längere Kabelstrecken bei bis zu 2.048 Mbit/s. Es gibt mehrere Versionen. Auch als RS422 bzw. RS423 bezeichnet.
EIA/TIA 612/613	Der HSSI-Standard (High Speed Serial Interface). Bietet über einen 50-poligen D-Steckverbinder Übertragungsraten von bis zu 52 Mbit/s.
V.35	ITU-Standard für synchronen Datenaustausch. In den Vereinigten Staaten ist V.35 ein häufig verwendeter Schnittstellenstandard bei Routern und DSUs, die an T1-Leitungen angeschlossen werden.
X.21	ITU-T-Standard für synchrone digitale Kommunikation mit bis zu 10 Mbit/s. Verwendet einen 15-poligen D-Steckverbinder. Dieser Typ wird vorzugsweise in Europa und Japan eingesetzt.

Die Sicherungsschicht im WAN definiert, wie Daten für die Übertragung an entfernte Standorte aufgebaut sein müssen. Die WAN-Protokolle der Sicherungsschicht schreiben dabei vor, wie Frames zwischen Systemen zu übertragen sind. Es gibt eine Vielzahl unterschiedlicher Technologien, z. B. ISDN, Frame Relay und ATM (Asynchronous Transfer Mode), die aber fast alle den gleichen Frame-Mechanismus verwenden: den ISO-Standard HDLC (High-Level Data Link Control) oder eine seiner Unterversionen oder Varianten (Abbildung 11.9).

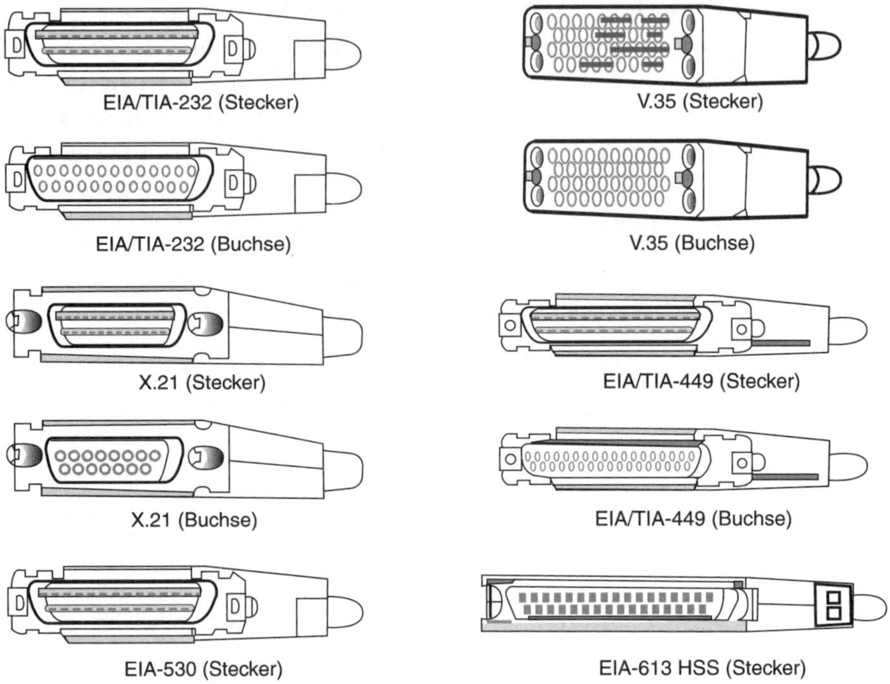

Abbildung 11.8: WAN-Steckverbinder

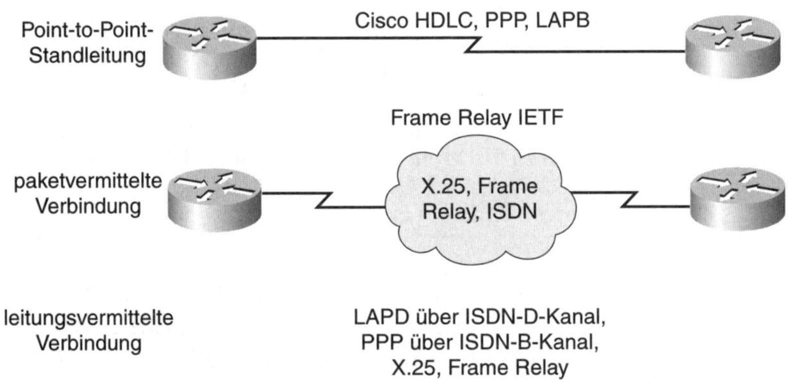

Abbildung 11.9: WAN-Protokolle der Schicht 2

11.4 WAN-Kapselung

Daten werden aus der Vermittlungsschicht in die Sicherungsschicht übergeben, um über eine physische Leitung – meist eine Point-to-Point-Verbindung – ausgeliefert zu werden. Die Sicherungsschicht baut dann um diese Daten der Schicht 3 herum einen Rahmen (engl. *Frame*) auf, um die notwendigen

Test- und Steuerfunktionen zu implementieren. Jeder WAN-Verbindungstyp benutzt ein Schicht-2-Protokoll zur Kapselung der Daten in der WAN-Verbindung. Um sicherzustellen, dass das korrekte Protokoll benutzt wird, müssen Sie für jede serielle Schnittstelle am Router den richtigen Typ des Schicht-2-Frames konfigurieren. Die Auswahl des Protokolls hängt von der verwendeten WAN-Technik und den angeschlossenen Kommunikationsgeräten ab, sehr oft werden Frames nach dem HDLC-Standard benutzt.

Das HDLC-Framing ist so aufgebaut, dass es eine zuverlässige Auslieferung der Daten auch über unzuverlässige Verbindungen ermöglicht, weswegen es Signalisierungsmethoden für Fluss- und Fehlersteuerung enthält. Der Frame startet und endet immer mit einem 8-Bit-Flag, welches das Bitmuster 01111110 ($7E_{16}$) aufweist. Da es durchaus möglich ist, dass dieses Datum auch in den Nutzdaten auftaucht, fügt das sendende HDLC-System nach fünf Einserbits im Datenfeld immer ein Nullbit ein, d. h., in der Praxis kann die Flagsequenz nur am Ende von Frames auftreten. Das empfangende System entfernt die eingefügten Bits dann wieder. Werden Frames unmittelbar aufeinander folgend übertragen, dann wird das Endflag des ersten Frames als Startflag des folgenden benutzt.

Das Adressfeld wird bei WAN-Leitungen zwar nicht benötigt (weil es sich hierbei fast immer um Point-to-Point-Verbindungen handelt), aber es ist trotzdem vorhanden und kann ein oder zwei Bytes umfassen. Das Steuerfeld gibt den Frame-Typ an; dabei wird unterschieden zwischen den Typen *Information* (enthalten Daten der Vermittlungsschicht), *Supervisory* (steuern den Fluss der Daten-Frames und fordern im Fehlerfall eine Neuübertragung an) und *Unnumbered* (übertragen Informationen zur Leitungskonfiguration). Das Steuerfeld ist normalerweise ein Byte lang, kann aber bei Systemen, welche die dynamische Fenstertechnik (»Sliding Windows«) intensiv nutzen, auch zwei Bytes umfassen.

Auf das Steuerfeld folgen die gekapselten Daten und darauf ein FCS-Feld (Frame Check Sequence, Frame-Prüffeld), das auf einer CRC-Methode (Cyclic Redundancy Check) basiert und zwei oder vier Bytes umfasst. Diverse Sicherungsschichtprotokolle arbeiten mit Untervarianten oder proprietären Versionen von HDLC. So weisen etwa sowohl PPP (Point-to-Point Protocol) als auch die Cisco-Version von HDLC ein zusätzliches Feld im Header auf, welches das Vermittlungsschichtprotokoll der gekapselten Daten angibt (Abbildung 11.10).

PPP

Flag	Adresse	Steuerzeichen	Protokoll	Daten	FCS	Flag

HDLC

Flag	Adresse	Steuerzeichen	proprietär	Daten	FCS	Flag

Abbildung 11.10: Formate der WAN-Frames für HDLC und PPP

11.5 WAN-Verbindungen

In den folgenden Abschnitten wollen wir unterschiedliche Technologien betrachten, die für WAN-Verbindungen eingesetzt werden. Es ist hilfreich, die verschiedenen Optionen zu kennen und voneinander unterscheiden zu können.

11.5.1 Leitungsvermittelte Verbindungen

Mit Hilfe der Leitungsvermittlung wird eine Verbindung für Sprache oder Daten zwischen zwei geografisch getrennten Punkten hergestellt. Bevor die Kommunikation beginnen kann, muss die Verbindung über WAN-Switches aufgebaut werden. Dies erfolgt durch das Vermittlungssystem, das die Verbindung unter Berücksichtigung der Einwahlnummer über normale Sprach- und digitale ISDN-Leitungen aufbaut.

Um Verzögerungen zu vermeiden, die beim Aufbau einer Verbindung entstehen können, bieten die Netzbetreiber auch Standleitungen über ihre Systeme an, die mehr Bandbreite bieten als eine Wählleitung. Zu den leitungsvermittelten Verbindungen gehören:

- das analoge Telefonnetz
- ISDN-Basisanschluss (BRI)
- ISDN-Primärmultiplexanschluss (PRI)

11.5.2 Paketvermittelte Verbindungen

Viele WAN-Benutzer nutzen die feste Bandbreite, die über leitungsvermittelte Einwahlverbindungen oder Standleiten bereitgestellt werden, nicht effizient, denn die Daten fließen nur sporadisch. Um solche Benutzer besser bedienen zu können, stellen Provider Datendienste zur Verfügung, bei denen die Daten in Zellen, Frames oder Paketen durch ein paketvermitteltes Netzwerk bewegt werden. Da die internen Verbindungen zwischen den Switches von vielen Benutzer gleichzeitig verwendet werden, sind die Kosten bei dieser Paketvermittlung niedriger als bei der Leitungsvermittlung. Weil die Leitungen gemeinsam verwendet werden und Pakete vollständig an einem Switch empfangen werden müssen, bevor sie zum nächsten weitergeleitet werden können, treten Latenzen und Jitter (nicht konstante Verzögerungen) eher auf als bei leitungsvermittelten Netzwerken. Doch trotz Latenz und Jitter ermöglichen moderne Technologien eine zufrieden stellende Übertragung von Sprache und sogar von Video in solchen Netzwerken.

Paketvermittelte Netzwerke bauen für bestimmte Ende-zu-Ende-Verbindungen Routen über Switches auf. Wenn diese Routen beim Start des Switchs aufgebaut werden, dann heißen sie virtuelle Festverbindungen (PVC, vom Engl. *Permanent Virtual Circuit*); werden sie hingegen nur bei Bedarf hergestellt, dann nennt man sie virtuelle Wählverbindungen (SVC, vom Engl. *Switched Virtual Circuit*). Ist das Routing nicht vorkonfiguriert, sondern wird für jedes Paket von jedem Switch neu hergestellt, dann spricht man von einem verbindungslosen Netzwerk.

Um eine Verbindung mit einem paketvermittelten Netzwerk herzustellen, benötigt ein Teilnehmer eine Verbindung zum nächstgelegenen Standort, an dem der Provider den benötigten Dienst bereitstellt: den POP (Point of Presence, Netzzugang). Normalerweise handelt es sich dabei um eine dedizierte Standleitung, die wesentlich kürzer als eine Standleitung bis zum Provider ist und häufig weitere virtuelle Verbindungen (Virtual Circuits, VCs) überträgt. Da in der Regel nicht alle VCs gleichzeitig und vollständig genutzt werden, ist die Kapazität dieser Standleitung häufig kleiner als die Summe der einzelnen VCs. Beispiele für Technologien, die auf Paket- oder Zellenvermittlung basieren, sind:

- Frame Relay
- X.25
- ATM

11.5.3 Paket- und Leitungsvermittlung

Paketvermittelte Netzwerke wurden entwickelt, um die hohen Kosten leitungsvermittelter Dienste zu senken und die kostengünstigere WAN-Technologie anbieten zu können.

Wenn ein Teilnehmer einen Telefonanruf durchführt, werden auf der Basis der gewählten Nummer Switches in den Vermittlungsstellen entlang der Anrufroute durchgeschaltet, sodass eine durchgehende Leitung vom Telefon des Anrufers bis zur angerufenen Seite entsteht. Aufgrund der Vermittlungsvorgänge, die zur Herstellung der Leitung verwendet werden, spricht man von einem leitungsvermittelten Netzwerk. Ersetzt man das Telefon durch ein Modem, das an einen Computer angeschlossen ist, dann können auch Computerdaten über die Leitung übertragen werden. Abbildung 11.11 zeigt ein Beispiel für die Leitungsvermittlung.

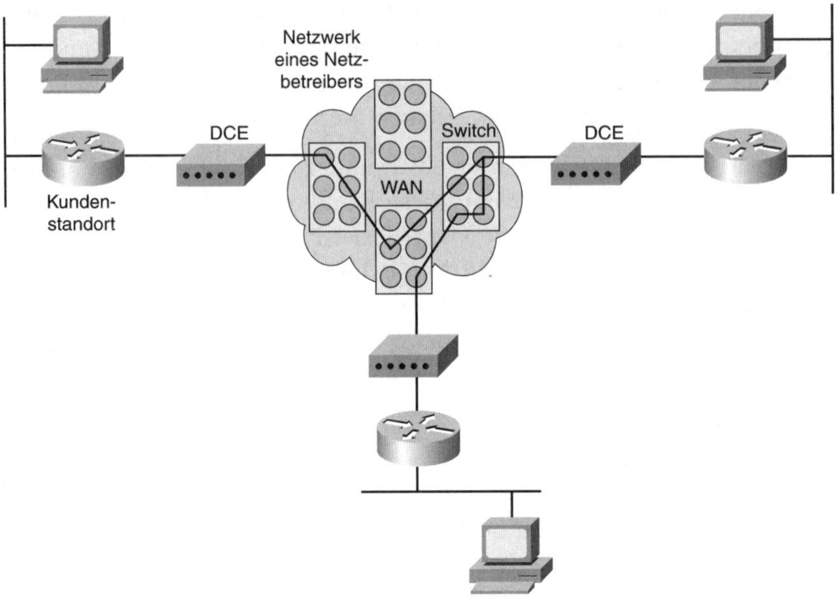

Abbildung 11.11: Leitungsvermittlung

In der Praxis kann die Leitung teilweise auch aus anderen Medien als Kupfer bestehen, z. B. Glasfaserkabel oder Funkwellen. Intern wird der Pfad, den die Leitung zwischen den Vermittlungsstellen nimmt, von mehreren Kommunikationsvorgängen genutzt, weswegen das TDM-Verfahren (Time-Division Multiplexing, Zeitmultiplexverfahren) sehr verbreitet ist, um all diesen Kommunikationsprozessen nacheinander einen Anteil an der Verbindung zu gewähren. Mit Hilfe von TDM wird sichergestellt, dass der Teilnehmer eine Verbindung mit fester Übertragungskapazität erhält.

Sollen über die Leitung Computerdaten übertragen werden, dann kann die Verwendung einer festen Kapazität unökonomisch sein. Beim Zugriff auf das Internet etwa werden die Daten bei der Übertragung einer Webseite sporadisch gesendet, es erfolgt keine Aktivität, während der Benutzer die Seite liest; erst beim Aufruf der nächsten Seite werden wieder viele Daten übertragen. Diese Nutzungsschwankungen zwischen Null und Maximum sind für Computerdatenverkehr typisch. Da der Teilnehmer die fest zugewiesene Kapazität nur für sich nutzt, stellt die Leitungsvermittlung eine teure Form des Datentransfers dar.

Eine Alternative besteht darin, die notwendige Kapazität dem Datenverkehr nur bei Bedarf zuzuweisen; in diesem Fall könnte die vorhandene Gesamtkapazität flexibel unter mehreren Benutzern aufgeteilt werden. Bei einer leitungsvermittelten Verbindung erreichen alle Datenbits, die in die Leitung eingespeist werden, automatisch das entfernte Ende, denn die Leitung ist ja durchgehend. Wenn sie mehrfach verwendet wird, dann muss eine Möglichkeit zur Kennzeichnung der Bits vorhanden sein, damit das System weiß, wohin sie ausgeliefert werden sollen. Da es schwierig ist, einzelne Bits zu markieren, werden diese zu Gruppen zusammengefasst, die je nach Aufbau als Zellen, Frames oder Pakete bezeichnet werden; das resultierende markierte Datenpäckchen kann dann im Netzwerk des Providers von Vermittlungsstelle zu Vermittlungsstelle weitergeleitet und schließlich beim Empfänger ausgeliefert werden. Netzwerke, die dieses System benutzen, heißen paketvermittelte Netzwerke. Abbildung 11.12 zeigt ein Beispiel für die Paketvermittlung.

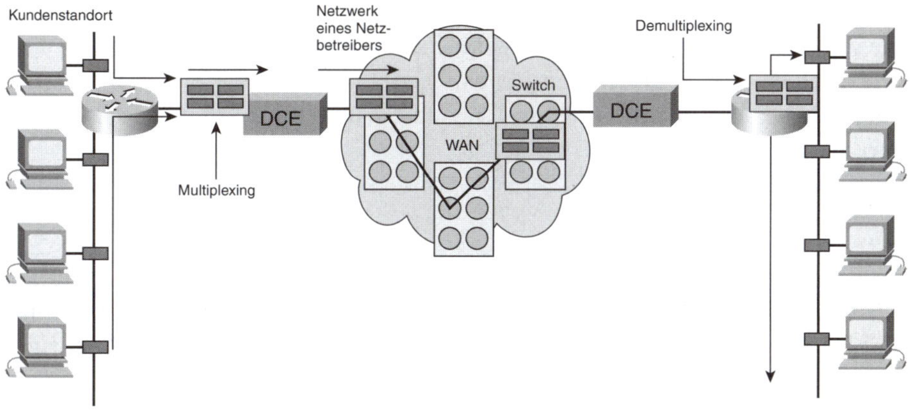

Abbildung 11.12: Paketvermittlung

Die Leitungen, die die Vermittlungsstellen oder Switches im Netzwerk des Providers miteinander verbinden, werden nur dann von einem Teilnehmer benutzt, wenn dieser Daten versendet. Daher können mehrere Teilnehmer diese Leitungen gemeinsam nutzen, was die Kosten pro Teilnehmer im Vergleich zur dedizierten leitungsvermittelten Verbindung erheblich senkt. Auf der anderen Seite kann es aber, weil ein einzelnes Paket an einem Switch möglicherweise darauf warten muss, dass ein Paket eines anderen Teilnehmers die Leitung freigibt, zu größeren Verzögerungen bei der Datenübertragung in paketvermittelten Netzwerken kommen.

Die Switches in einem paketvermittelten Netzwerk müssen in der Lage sein, auf der Basis der Adressdaten des Pakets zu bestimmen, über welche Leitung das Paket als Nächstes gesendet werden muss. Für diese Leitungsermittlung gibt es zwei Ansätze, nämlich einen verbindungslosen und einen verbindungsorientierten. Verbindungslose Systeme wie das Internet übertragen in jedem Paket die vollständigen Adressdaten, während verbindungsorientierte Systeme die Route eines Pakets vorherbestimmen und jedes Paket dann lediglich eine Kennung übertragen muss – im Falle von Frame Relay etwa die DLCIs (Data-Link Connection Identifier). Der Switch bestimmt die Weiterleitungsroute, indem er diese Kennung in mehreren Tabellen im Speicher nachschlägt. Die Summe der Einträge in all diesen Tabellen bezeichnet eine bestimmte Route – oder Leitung – durch das System. Wenn diese Leitung physisch allerdings nur vorhanden ist, solange sie von einem Paket benutzt wird, spricht man wiederum von einer »virtuellen« Verbindung. Von virtuellen Fest- und Wählverbindungen war bereits die Rede.

11.6 Überblick zu WAN-Technologien

Die folgenden Abschnitte beschreiben einige der verschiedenen WAN-Technologien, die zur Einrichtung von WAN-Verbindungen verwendet werden. Hierzu gehören die analoge Einwahl, ISDN, Standleitungen, X.25, Frame Relay, ATM, DSL und Kabelmodems. Ferner erläutert werden die Vor- und Nachteile dieser Technologien und die Umgebungen, in denen sie verwendet werden können.

11.6.1 Analoge Einwahl

Für Datenübertragungen, die sehr unregelmäßig stattfinden und nur ein geringes Übertragungsvolumen aufweisen, bieten Modems und analoge Wählverbindungen eine dedizierte geswitchte Verbindung mit niedriger Übertragungsrate (Abbildung 11.13).

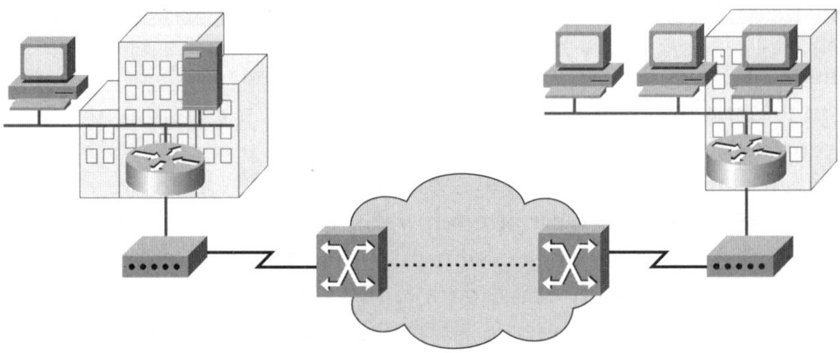

Abbildung 11.13: WANs mit Modems

Die herkömmliche Telefontechnologie verbindet den Telefonapparat am Teilnehmerstandort über ein Kupferkabel – die Teilnehmeranschlussleitung – mit dem Telefonnetz. Die Teilnehmeranschlussleitung ist nicht direkt für den Transport binärer Computerdaten geeignet, aber mit Hilfe eines Modems lassen sich solche Daten über das Telefonnetz versenden. Ein Modem beim Absender konvertiert die Binärdaten in analoge Signale, die dann übertragen werden (Modulation); das Modem auf Empfängerseite wandelt diese Signale wieder in Daten zurück (Demodulation).

Die Übertragungsrate ist bei dieser Form der Signalisierung durch die physischen Eigenschaften der Anschlussleitung und der Verbindung zum Telefonnetz auf etwa 33 Kbit/s beschränkt; stammt das Signal aus einer digitalen Quelle, so lässt sich die Rate auf 56 Kbit/s erhöhen. Die Tarife basieren meist auf der Entfernung der Endpunkte voneinander, der Tageszeit und der Dauer des Anrufs.

Die Vorteile eines Modems und analoger Leitungen sind ihre weltweite Verfügbarkeit, einfache Handhabung und die niedrigen Kosten. Nachteilig sind die niedrige Datenrate und manchmal auch die relative lange Dauer des Verbindungsaufbaus. Jitter oder Latenzen treten beim Point-to-Point-Datenverkehr nicht auf, aber für digitale Sprachübertragung oder Videokommunikation ist eine Modemverbindung angesichts der niedrigen Datenraten nicht sinnvoll.

11.6.2 ISDN

Die internen Verbindungen des Telefonnetzes übertragen heute nicht mehr die analogen Signale nach dem Frequenzmultiplexverfahren, sondern digitale TDM-Signale. Eine logische Konsequenz ist es, auch über die Teilnehmeranschlussleitung digitale Signale zu übertragen und so geswitchte Verbindungen mit höherer Kapazität zu realisieren.

Mit Hilfe von ISDN (Integrated Services Digital Network) wird aus der normalen Teilnehmeranschlussleitung eine digitale TDM-Verbindung. Über B-Kanäle (Bearer Channels) werden mit je 64 Kbit/s Sprache oder Daten übertragen, während ein D-Kanal (Delta Channel) die Signalisierung für den Verbindungsaufbau und andere Zwecke erledigt.

ISDN-Basisanschlüsse (BRI, vom Engl. *Basic Rate Interface*) sind für Privatanwender und kleine Unternehmen gedacht. Sie haben zwei B-Kanäle sowie einen D-Kanal mit 16 Kbit/s. In größeren Installationen verwendet man dagegen den ISDN-Primärmultiplexanschluss (PRI, vom Engl. *Primary Rate Interface*). Dieser stellt in Nordamerika 23 B-Kanäle sowie einen D-Kanal bereit, was eine Gesamtübertragungsrate von 1,544 Mbit/s ermöglicht (hierbei ist ein gewisser Overhead für die Synchronisation bereits berücksichtigt). In Europa, Australien und anderen Teilen der Welt hingegen hat der Primärmultiplexanschluss 30 B-Kanäle und einen D-Kanal, also eine Gesamtrate von 2,048 Mbit/s (einschließlich des Synchronisations-Overheads). Der D-Kanal des Primärmultiplexanschlusses benutzt 64 Kbit/s (Abbildung 11.14). Beachten Sie, dass die Rate eines nordamerikanischen Primärmultiplexanschlusses der einer T1-Verbindung entspricht, die des internationalen Primärmultiplexanschlusses der einer E1-Verbindung.

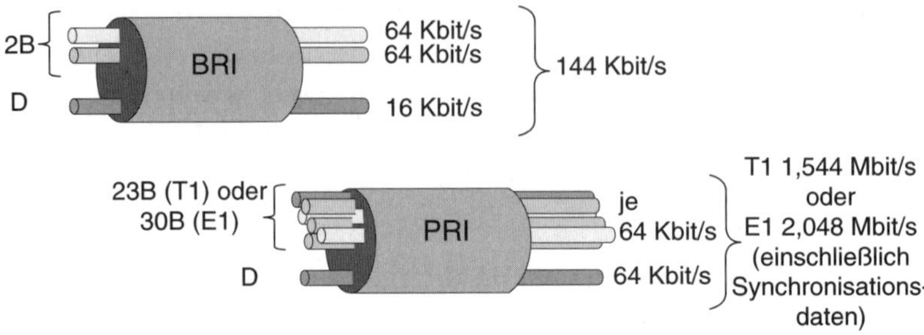

Abbildung 11.14: ISDN-Kanäle

Beim ISDN-Basisanschluss ist der D-Kanal mit der Steuerung der beiden B-Kanäle nicht ausgelastet. Deswegen ermöglichen manche Provider die Übertragung von Daten mit niedrigen Bitraten über diesen Kanal, z. B. X.25-Verbindungen mit 9,6 Kbit/s.

In kleinen WANs stellt der ISDN-Basisanschluss eine ideale Verbindungsmethode dar. Er benötigt für den Verbindungsaufbau relativ wenig Zeit (meist unter einer Sekunde), und bereits ein B-Kanal mit 64 Kbit/s bietet eine größere Kapazität als eine analoge Modemverbindung. Abbildung 11.15 zeigt WANs, die ISDN einsetzen. Wird mehr Kapazität benötigt, dann kann ein zweiter B-Kanal aktiviert werden, was zu einer Gesamtkapazität von 128 Kbit/s führt. Zwar sind diese Raten für Videoanwendungen ungeeignet, erlauben aber bereits gleichzeitige Sprachkommunikation zusätzlich zur Datenübertragung.

Eine früher häufig anzutreffende ISDN-Anwendung besteht darin, bei Bedarf Zusatzkapazitäten für eine vorhandene Standleitung bereitzustellen. Die Standleitung ist so dimensioniert, dass sie ein durchschnittliches Datenverkehrsaufkommen verarbeiten kann; in Spitzenzeiten wird dann die ISDN-Leitung hinzugeschaltet. Auch als Reserveleitung kann ISDN dienen, wenn eine Standleitung einmal ausfallen sollte.

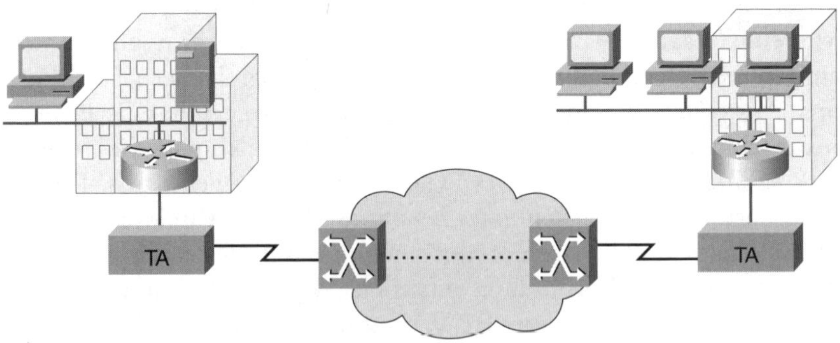

Abbildung 11.15: WANs mit ISDN

Tarifseitig liegt ein einzelner ISDN-B-Kanal in einer ähnlichen Preiskategorie wie eine analoge Telefonverbindung. Das bedeutet, dass der gleichzeitige Einsatz zweier Verbindungen mit 64 Kbit/s etwa doppelt so teuer ist.

Beim ISDN-Primärmultiplexanschluss können mehrere B-Kanäle zwischen zwei Endpunkten benutzt werden, die dann latenz- und jitterfrei Videokonferenzen oder Datenverbindungen mit höherer Bandbreite ermöglichen. Mehrere derartige Langstreckenverbindungen können schnell sehr teuer werden.

11.6.3 Standleitungen

Wenn dedizierte Festverbindungen benötigt werden, verwendet man Standleitungen mit einer Kapazität von bis zu 2,5 Gbit/s.

Eine Point-to-Point-Leitung ist eine permanente WAN-Verbindung vom Kundenstandort über ein kommerzielles Netzwerk – z. B. dem einer Telefongesellschaft – zu einem Remote-Netzwerk. Point-to-Point-Verbindungen werden in der Regel bei einem Netzbetreiber gemietet und deswegen auch Mietleitungen genannt. Diese Standleitungen sind mit verschiedenen Kapazitäten verfügbar. Die Preisgestaltung ergibt sich in erster Linie aus der benötigten Bandbreite und der Entfernung zwischen den beiden Endpunkten. Point-to-Point-Verbindungen sind meist teurer als mehrfach genutzte Dienste wie Frame Relay. Die Kosten einer standleitungsbasierten Lösung können schnell sehr hoch werden, wenn sie zur Anbindung mehrerer Standorte eingesetzt wird. Die dedizierte Kapazität sorgt für eine latenz- und jitterfreie Übertragung zwischen den Endpunkten. Die ständige Verfügbarkeit ist für manche Anwendungen – z. B. den Aktienhandel einer Börse – unabdingbar.

Für jede Standleitungsverbindung werden ein serieller Router-Port sowie eine CSU/DSU und die eigentliche Leitung des Providers benötigt. Standleitungen werden zur Einrichtung von WANs sehr häufig verwendet (Abbildung 11.16) und bieten ständig dedizierte Kapazität, weisen aber auch eine Reihe von Nachteilen auf. WAN-Datenverkehr ist oft starken Schwankungen unterworfen, Standleitungen dagegen haben eine Festkapazität; das führt dazu, dass die Bandbreite der Leitung nur sehr selten dem Bedarf entspricht. Ferner muss für jeden Endpunkt eine Router-Schnittstelle vorhanden sein, d. h., der Router im Zentrum einer Sterntopologie kann sehr teuer werden. Änderungen an der Standleitung machen in der Regel den Besuch eines Technikers des Netzbetreibers notwendig, damit dieser die Kapazität ändert.

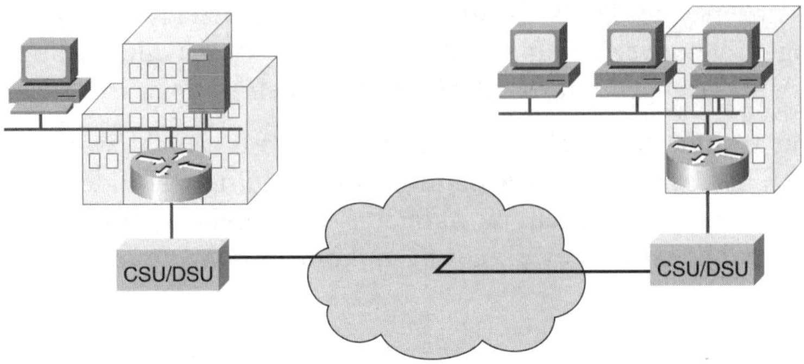

Abbildung 11.16: WANs mit Standleitungen

Standleitungen können zur Einrichtung direkter Point-to-Point-Verbindungen zwischen Unternehmens-LANs benutzt werden. Sie dienen außerdem der Anbindung einzelner Zweigstellen an ein paketvermitteltes Netzwerk. Im Multiplexverfahren können gleichzeitig mehrere Verbindungen über eine solche Leitung laufen, was die Leitungen verkürzt und die Anzahl der benötigten Router-Schnittstellen verringert.

11.6.4 X.25

Als Antwort auf die hohen Kosten von Standleitungen führten die Telekommunikationsprovider paketvermittelte Netzwerke ein, in denen mehrfach genutzte Leitungen zur Kostenreduzierung beitrugen. Das erste dieser paketvermittelten Netzwerke wurde als Protokollgruppe namens X.25 standardisiert. X.25 bietet bei niedriger Bitrate eine variable Übertragungskapazität für eine Verbindung, die wahlweise geswitcht oder permanent sein kann. Abbildung 11.17 zeigt ein X.25-WAN.

Die Teilnehmer in einem solchen Netzwerk erhalten vom Provider eine Netzwerkadresse. Über Call-Request-Pakete, die an die Zieladresse gesendet werden, lassen sich über das Netzwerk virtuelle Verbindungen herstellen. Die hierbei entstehende SVC wird durch ihre Kanalnummer identifiziert. Datenpakete, die mit dieser Kanalnummer gekennzeichnet sind, werden dann an die entsprechende Adresse ausgeliefert. In einer Verbindung können mehrere Kanäle aktiv sein.

Die Verbindung zum X.25-Netzwerk stellen die Teilnehmer entweder über Standleitungen oder Wählverbindungen her. In X.25-Netzwerken lassen sich auch Kanäle zwischen Teilnehmern fest durchschalten, wodurch PVCs entstehen.

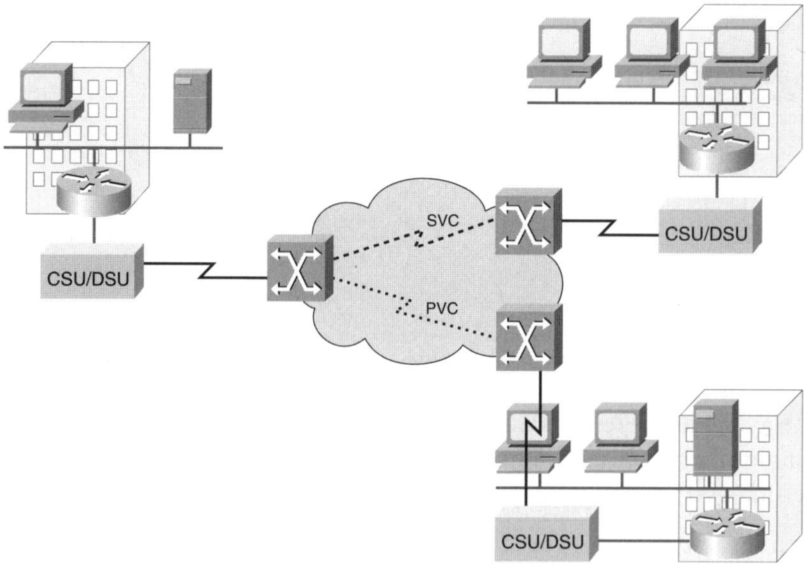

Abbildung 11.17: WANs mit X.25

X.25 kann sehr kostengünstig sein, denn die Tarife basieren auf dem Volumen der übertragenen Daten und nicht auf der Verbindungsdauer oder der Entfernung. Daten werden mit beliebiger Datenrate übertragen – beschränkt natürlich durch die maximale Übertragungskapazität. Dieser Ansatz bietet viel Flexibilität. X.25-Netzwerke haben meist niedrige Übertragungsraten von maximal 2 Mbit/s. Zudem verzögert sich die Auslieferung von Paketen gelegentlich – dies ist ein Problem aller mehrfach genutzten Verbindungen.

11.6.5 Frame Relay

Angesichts der steigenden Nachfrage nach einer Paketvermittlung mit hoher Bandbreite und kurzen Antwortzeiten benötigten Kunden und Provider eine neue Lösung; deswegen wurde Frame Relay entwickelt (Abbildung 11.18). Die Netzwerkstruktur ähnelt hierbei zwar der von X.25, aber die verfügbaren Datenraten liegen bei bis zu 4 Mbit/s, und manche Provider bieten noch höhere Raten an.

Frame Relay unterscheidet sich in mehreren Punkten von X.25. Der wichtigste Unterschied besteht wohl darin, dass Frame Relay in der Sicherungsschicht ein wesentlich einfacheres Protokoll verwendet. Der Begriff *Frame* wird für Dateneinheiten in der Sicherungsschicht verwendet.

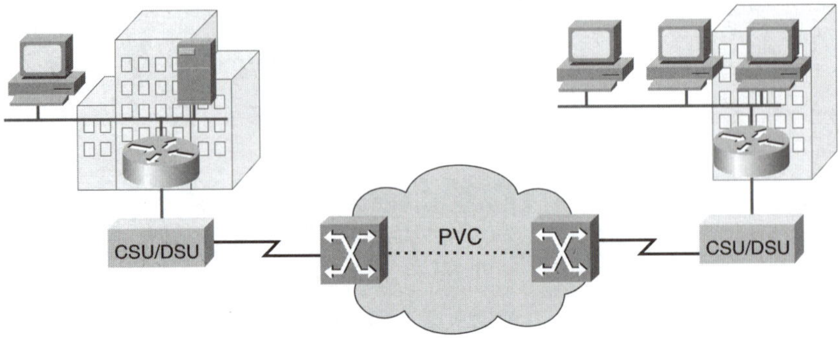

Abbildung 11.18: WANs mit Frame Relay

Frame Relay benutzt keine Fehler- oder Flusskontrolle. Die vereinfachte Handhabung von Frames verringert zudem die Latenz, und Maßnahmen zur Verhinderung von Frame-Staus an Switches im Pfad verringern den Jitter.

Die meisten Frame Relay-Verbindungen basieren auf PVCs (statt SVCs). Die Verbindung zum POP ist vorwiegend eine Standleitung. Auch ein ISDN-D-Kanal kann verwendet werden, um eine SVC über einen oder mehrere B-Kanäle zu realisieren. Die Tarife bei Frame Relay basieren auf der Kapazität des Anschlussports am POP und der vertraglich vereinbarten Kapazität (CIR, Committed Information Rate) für die verschiedenen PVCs über diesen Port.

Frame Relay bietet permanente, mehrfach genutzte Verbindungen mit mittlerer Bandbreite für Sprache und Datenverkehr. Die Technologie ist ideal für die Verbindung mehrerer Unternehmens-LANs. Der Router im LAN benötigt lediglich eine einzige Schnittstelle (und zwar auch dann, wenn mehrere VCs verwendet werden) sowie eine kurze Zugangsleitung (Teilnehmeranschlussleitung) zum Anschlusspunkt des Frame Relay-Netzwerks, was kostengünstige Verbindungen zwischen weit verstreuten LANs ermöglicht.

11.6.6 ATM

Parallel zur Entwicklung von Frame Relay erkannten die Kommunikationsprovider auch einen Bedarf an einer Netzwerktechnologie, die für mehrfach genutzte Festverbindungen geeignet ist und bei wesentlich höheren Bandbreiten als bis dato vorhanden nur wenige Latenz- und Jitterprobleme verursacht. Die Lösung war ATM (Asynchronous Transfer Mode), eine Technologie mit Datenraten bis 2048 Mbit/s. Der WAN-Aufbau sieht ebenso wie bei den anderen gemeinsam genutzten Technologien X.25 und Frame Relay aus, aber ATM ermöglicht Verbindungen für sehr hohes Datenaufkommen und ist insbesondere für Daten geeignet, die keine Laufzeitunterschiede tolerieren (z. B. Videoübertragungen).

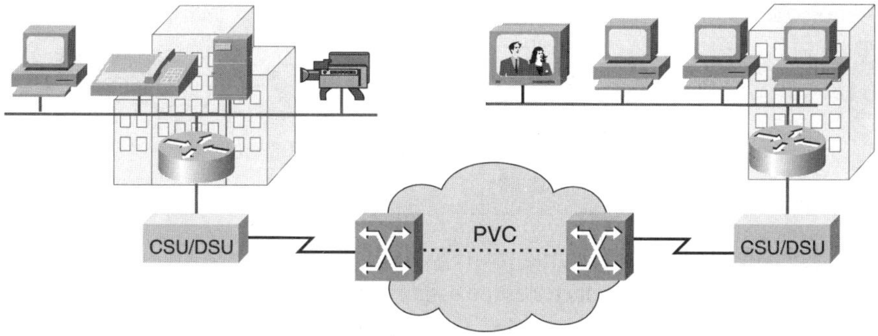

Abbildung 11.19: WANs mit ATM

ATM ist eine Technologie, die Sprache, Video und Daten über private und öffentliche Netze übertragen kann. Sie arbeitet nicht mit Frames, sondern basiert auf einer Zellenarchitektur. ATM-Zellen haben immer eine feste Länge von 53 Bytes: Einem 5 Byte langen Header folgen 48 Bytes Nutzdaten. Derart dimensionierte Zellen sind für die Übertragung von Sprache und Videodaten gut geeignet, da diese Datentypen schnell verarbeitet und weitergeleitet werden können, denn sie müssen nicht auf die Übertragung größerer Datenpakete warten.

Angesichts des Verhältnisses von Steuer- zu Nutzdaten ist die ATM-Zelle natürlich relativ gesehen weniger effektiv als größere Frames und Pakete bei Frame Relay und X.25. Wenn die Zelle viele kleine Pakete der Vermittlungsschicht überträgt, dann ist der Aufwand höher, weil der ATM-Switch die Pakete beim Empfänger wieder zusammensetzen muss. Eine typische ATM-Leitung benötigt deswegen fast 20 Prozent mehr Bandbreite als Frame Relay, um die gleiche Menge Vermittlungsschichtdaten übertragen zu können.

ATM benutzt PVCs und SVCs, wobei Erstere bei WANs eher zum Einsatz kommen. Wie andere Technologien mit mehrfacher Mediennutzung erlaubt auch ATM mehrere virtuelle Verbindungen über eine einzelne Standleitung zum POP.

11.6.7 DSL

Durch das Telefonsystem ist die genutzte Bandbreite der Teilnehmeranschlussleitung begrenzt. Die Entkopplung der Anschlussleitung von diesem System kann insofern einen erheblichen Bandbreitenzuwachs ermöglichen, ohne dass neue Kabel installiert werden müssten. Dies geschieht mit Hilfe der DSL-Technologie (Digital Subscriber Line, Abbildung 11.20).

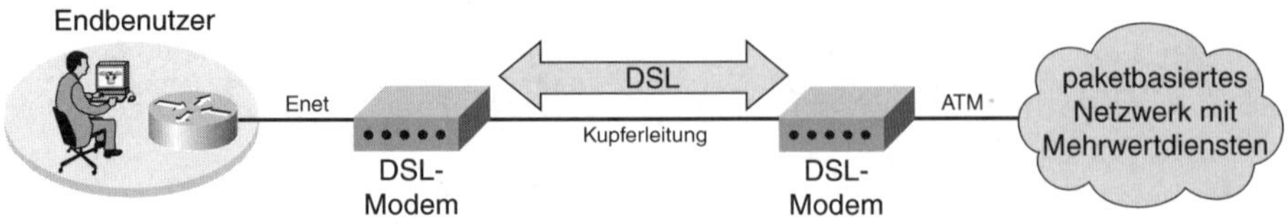

Abbildung 11.20: DSL

DSL trennt die Anschlussleitung vom Switch an der Orts- oder Hauptvermittlung und verbindet sie stattdessen – gemeinsam mit den Anschlussleitungen anderer DSL-Teilnehmer in der Umgebung – mit einem DSLAM (DSL Access Multiplexer, DSL-Zugangsmultiplexer), der sich ebenfalls in der Hauptvermittlungsstelle befindet. Um auch weiterhin normale Telefonate zu ermöglichen, wird der DSLAM seinerseits wieder mit der TK-Vermittlung verbunden. Außerdem ist er – meist via ATM – an den Internetdienst des Providers angebunden.

DSL stellt eine dauerhafte Verbindung zur Verfügung. Sobald ein Benutzer seinen Computer mit aktiviertem DSL-Modem einschaltet, ist er mit dem Netzwerk verbunden. Eine solche Konfiguration hat den Vorteil, dass eine aufwändige Einwahl entfällt.

Es werden zwei Arten von DSL-Technologien unterschieden: ADSL (Asymmetric Digital Subscriber Line) und SDSL (Symmetric Digital Subscriber Line). Alle Ausprägungen von DSL gehören zu einer dieser beiden Kategorien, und für beide Kategorien ist wiederum eine Reihe von Varianten vorhanden (der Begriff »xDSL« wird oft zur zusammenfassenden Bezeichnung aller vorhandenen DSL-Technologie verwendet). Bei asymmetrischen Diensten sind die Download-Raten (d. h. die so genannte Downstream-Geschwindigkeit) höher als die Upstream-Raten (d. h. die Übertragungsraten zum Provider), bei symmetrischem DSL sind Downstream und Upstream hingegen gleich schnell.

Die verschiedenen Varianten von DSL haben unterschiedliche Bandbreiten, wobei die meisten die Bandbreite einer T1- bzw. E1-Standleitung übertreffen. Die in der Praxis erzielbaren Raten hängen allerdings in bedeutendem Maße von der tatsächlichen Länge der Anschlussleitung sowie Art und Zustand der Verkabelung ab. Damit der Dienst zufrieden stellend läuft, darf die Anschlussleitung nicht länger als ca. 5,5 Kilometer sein. Die Verfügbarkeit von DSL ist leider nicht flächendeckend, und angesichts der Vielzahl von Typen sowie vorhandenen und geplanten Standards erfreut sich DSL derzeit bei IT-Abteilungen in den Unternehmen, die für ihre Mitarbeiter ein Home-Office unterstützen wollen, keiner großen Beliebtheit. Der Teilnehmer kann keine direkte Verbindung zum Netzwerk der Firma oder Organisation herstellen, sondern muss zunächst eine Verbindung zum Internet-Provider aufbauen und dann über das Internet eine IP-Verbindung zum Unternehmen herstellen. Diese Einschränkung birgt ohne zusätzliche Maßnahmen auch Sicherheitsrisiken.

11.6.8 Kabelmodem

In städtischen Gebieten ist das Koaxialkabel zur Verteilung von TV-Signalen flächendeckend vorhanden. Das Kabelfernsehnetz kann auch für Netzzugänge genutzt werden und bietet dabei wesentlich höhere Bandbreiten als die konventionellen Telefonanschlüsse. Abbildung 11.21 zeigt Kabelmodemverbindungen.

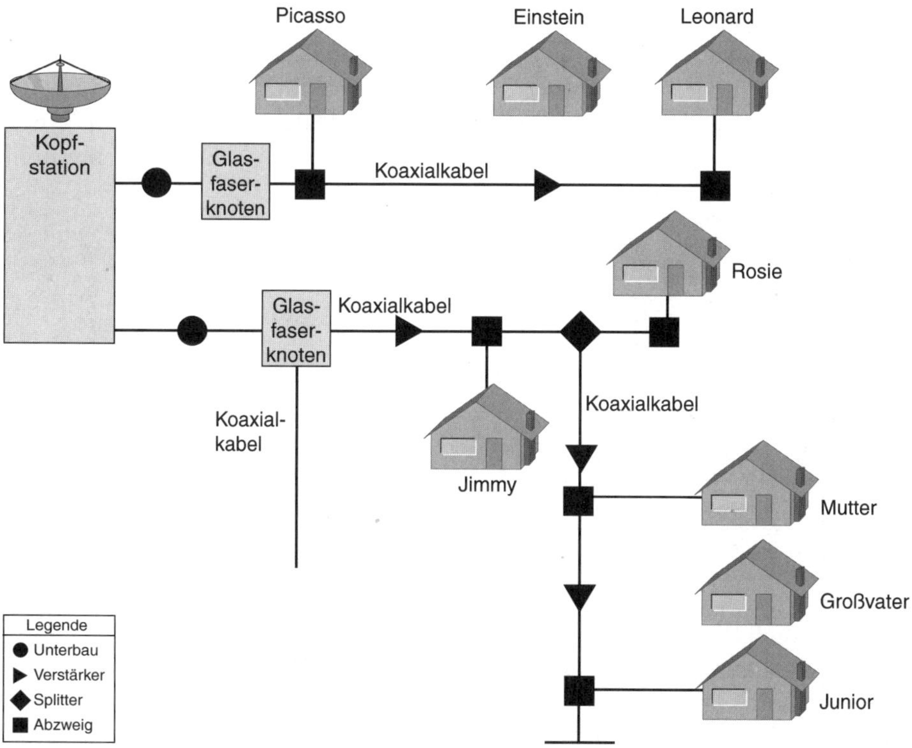

Abbildung 11.21: Kabelmodem

Kabelmodems ermöglichen sehr schnelle bidirektionale Datenübertragungen über die gleichen Koaxialkabel, mit denen auch Kabelfernsehen übertragen wird. Einige Kabelnetzbetreiber versprechen Datenraten von bis zum Sechseinhalbfachen von T1-Standleitungen. Derart hohe Geschwindigkeiten machen das Kabel zum attraktiven Medium für die schnelle Übertragung großer Datenmengen, wie sie bei Videoclips, Audiodateien und umfangreichen Datendateien auftreten. Eine Datenmenge, deren Download mit einem ISDN-Basisanschluss zwei Minuten dauern würde, lässt sich über eine Kabelverbindung in zwei Sekunden herunterladen.

Kabelzugänge bieten Geschwindigkeiten, die denen von Standleitungen überlegen sind; gleichzeitig sind die Kosten niedriger, und die Installation ist einfacher. Kabelmodems vermitteln eine dauerhafte Verbindung zum Provider: Schaltet der Benutzer seinen Computer ein, so ist er sofort mit dem Internet verbunden. Auch hier entfällt also die umständliche und zeitaufwändige Einwahl. Allerdings sind Dauerverbindungen auch jederzeit anfällig für Hacker und müssen mit Hilfe von Firewalls ausreichend gesichert werden.

Ein Kabelmodem kann über einen 6-MHz-Kabelkanal Raten zwischen 30 und 40 Mbit/s erzielen, was fast 500 Mal so schnell ist wie ein 56k-Modem. Natürlich kann der Teilnehmer auch bei Verwendung des Kabelmodems weiterhin Kabelfernsehen empfangen, während Daten gleichzeitig an seinen PC übermittelt werden. Dies wird mit Hilfe eines einfachen so genannten Splitters ermöglicht (Abbildung 11.22).

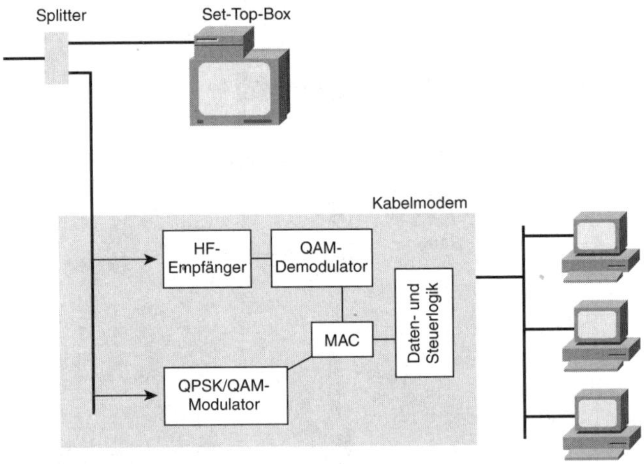

Abbildung 11.22: Splitter für Kabelmodem

Wie bei DSL hat der Teilnehmer auch hier keine andere Wahl, als den Internet-Provider zu verwenden, der die Kabelverbindung anbietet, und auch hier erfolgt die Verbindung zu einem Unternehmensnetzwerk dann über eine TCP/IP-Anwendung wie etwa Telnet. Ein weiterer Nachteil besteht darin, dass alle lokalen Teilnehmer sich die Kabelbandbreite teilen müssen, wie man es von koaxialkabelbasiertem Ethernet her kennt. Je mehr Benutzer diesen Dienst verwenden, desto niedriger liegt die tatsächliche Bandbreite unter der erwarteten. Ein noch gravierenderes Problem tritt im Sicherheitsbereich auf: Der Computer ist nicht nur anfällig für Angriffe aus dem Internet, sondern auch von Benutzern am gleichen Kabel; deswegen ist die Implementierung einer lokalen Firewall unumgänglich.

Um die Sicherheitsprobleme zu lösen, bieten Kabeldienste Funktionen für den Einsatz von VPN-Verbindungen (Virtuelles Privates Netzwerk) mit einem VPN-Server an, der sich normalerweise am Unternehmensstandort befindet.

11.7 WAN-Kommunikation

Der Netzwerkadministrator von heute muss komplexe WANs administrieren können, um die wachsende Anzahl von Softwareanwendungen zu ermöglichen, die auf dem IP-Protokoll und dem Internet basieren. Diese WANs stellen für Netzwerkressourcen eine große Herausforderung dar und setzen leistungsfähige Netzwerktechnologien voraus. WANs sind Umgebungen, die sehr viele unterschiedliche Medien und Protokolle sowie Anbindungen an andere Netzwerke wie das Internet enthalten. Wachstum und Administration dieser Netzwerkumgebungen werden erst durch die häufig sehr komplexe Interaktion von Protokollen und Funktionen ermöglicht.

Trotz der erhöhten Leistungsfähigkeit von Netzwerkgeräten und Medien wird das WAN-Design zunehmend komplizierter. Sorgfältig geplante WANs können Probleme verringern, die durch die Vergrößerung einer Netzwerkumgebung verursacht werden. Um zuverlässige und skalierbare WANs entwerfen zu können, müssen Netzdesigner ständig beachten, dass jedes WAN seine ihm eigenen Anforderungen stellt. Der folgende Abschnitt bietet eine Übersicht zur den Methoden, die für die WAN-Kommunikation und das WAN-Design eingesetzt werden.

WANs sind im Prinzip ein Satz von Datenleitungen, die die Router von LANs an verschiedenen Standorten miteinander verbinden. Endstationen und Server in den LANs tauschen Daten miteinander aus. Die Router leiten die Daten nach Bedarf über Datenleitungen des WANs in andere LANs weiter.

Die WAN-Kommunikation findet zwischen geografisch getrennten Bereichen statt. Wenn ein lokales Endgerät mit einer Remotestation (d. h. einer Station an einem anderen Standort) kommunizieren will, dann müssen die Daten über eine oder mehrere WAN-Verbindungen gesendet werden. Innerhalb von WANs fungieren Router als Verbindungselemente im Netzwerk: Sie bestimmen den für die Datenströme optimalen Pfad durch das Netzwerk.

Aus rechtlichen und finanziellen Gründen befinden sich die Datenleitungen, die ein WAN bilden, meist in Besitz eines Kommunikationsproviders oder Netzbetreibers und werden Unternehmen gegen ein Entgelt zur Verfügung gestellt.

Paket- und Leitungsvermittlung sind zwei Arten von WAN-Diensten, von denen jede Vor- und Nachteile aufweist. Leitungsvermittelte Netzwerke beispielsweise bieten Benutzern dedizierte Bandbreite, die von anderen Benutzern nicht mitbenutzt werden kann; bei der Paketvermittlung hingegen teilen sich mehrere Netzwerkgeräte eine einzelne Punkt-zu-Punkt-Verbindung, um Pakete über ein öffentliches Netz von einem Absender zu einem Empfänger zu transportieren. Paketvermittelte Netzwerke haben sich im Laufe der Zeit als flexibler und – hinsichtlich der Bandbreitennutzung – als effizienter erwiesen. Diese Leitungen, die LANs miteinander oder mit anderen Netzwerken verbinden, erreichen in der Regel eine Bandbreite von weitaus weniger als die in einem LAN üblichen 100 Mbit/s. Das wesentliche Kostenelement eines WAN sind die Entgelte für die Bereitstellung der WAN-Leitungen, weswegen das WAN-Design eine akzeptable Bandbreite zu akzeptablen Kosten anstreben muss. Angesichts der Tatsache, dass immer mehr Benutzer mit immer höherer Geschwindigkeit auf immer mehr Dienste zugreifen wollen, die Kosten aber gleichzeitig im Rahmen bleiben sollen, ist die Ermittlung der optimalen WAN-Konfiguration eine alles andere als einfache Aufgabe.

WANs können viele unterschiedliche Formen des Datenverkehrs – Sprache, Daten und Video – übertragen. Das gewählte Design muss angemessene Kapazitäten und Übertragungszeiten ermöglichen, um die Unternehmensanforderungen zu erfüllen. Hierzu gehört u. a. die Festlegung einer Topologie für die Verbindungen zwischen den verschiedenen Standorten, das Verhalten dieser Verbindungen und ihre jeweilige Kapazität.

Während ältere WANs häufig aus Datenleitungen bestanden, die räumlich getrennte Großcomputer direkt miteinander verbanden, dienen moderne WANs eher der gegenseitigen Verbindung geografisch getrennter LANs. Benutzerstationen, Server und Router befinden sich in diesen LANs, und die WAN-Leitungen werden an die Router angeschlossen. Durch Austausch von Daten zu den angeschlossenen LANs ermitteln die Router für die angeforderten Datenströme den besten Pfad durch das Netzwerk. Router können auch ein QoS-Management (Quality of Service, Dienstgüte) durchführen, indem sie verschiedenen Datenströmen unterschiedliche Prioritäten zuweisen.

Im Vergleich zu aktuellen WANs sind neue WAN-Infrastrukturen noch komplexer. Sie basieren auf modernen Technologien und verarbeiten eine immer größer werdende (und sich ständig ändernde) Mischung von Anwendungen mit unterschiedlicher Dienstgüte. Hinzu kommt, dass die Unternehmen angesichts einer prognostizierten 300-prozentigen Steigerung des Datenverkehrsvolumens in den nächsten fünf Jahren unter noch stärkerem Druck stehen werden, die WAN-Kosten zu senken.

Die Router, mit denen die Campusumgebungen verbunden werden, können beispielsweise eine Datenverkehrsoptimierung durchführen, mehrere Redundanzpfade, eine Backup-Leitung bei Totalausfall und QoS für kritische Anwendungen zur Verfügung stellen. Tabelle 11.3 fasst die verschiedenen WAN-Technologien zusammen.

Tabelle 11.3: Zusammenfassung der WAN-Technologien

WAN-Technologie	Typischer Anwendungszweck
Standleitung	Standleitungen können für PPP-Netzwerke und für Hub-and-Spokes-Topologien, aber auch als Backup-Leitung für einen anderen Leitungstyp verwendet werden.
ISDN	ISDN kann für einen kostengünstigen Remote-Zugriff auf Firmennetze genutzt werden. Es unterstützt gleichermaßen Sprache und Video und kann auch als kleine Backup-Leitung für einen anderen Leitungstyp verwendet werden.
Frame Relay	Frame Relay bietet eine kostengünstige, verzögerungsarme, vollvermaschte Topologie zwischen Remote-Standorten. Die Technologie kann sowohl in privaten Netzen als auch über Providernetzwerke verwendet werden.

Da ein WAN lediglich eine Gruppe von Verbindungen zwischen Routern in verschiedenen LANs darstellt, gibt es im WAN auch keine Dienste der oberen Schichten, d. h., WAN-Technologien basieren nur auf den drei unteren Ebenen des OSI-Referenzmodells: der Bitübertragungsschicht, der Sicherungsschicht und der Vermittlungsschicht (Abbildung 11.23). Router ermitteln den Empfänger von Daten aus dem Vermittlungsschicht-Header und übergeben die Pakete dann an die passende Sicherungsschichtverbindung, damit in der Bitübertragungsschicht die Auslieferung erfolgt.

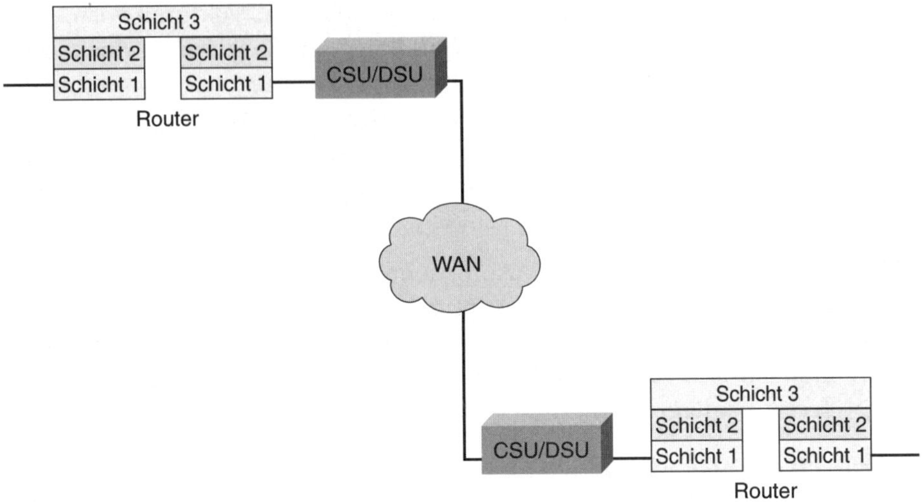

Abbildung 11.23: WANs agieren in den Schichten 1, 2 und 3.

Früher waren ein vergleichsweise geringer Durchsatz, eine hohe Verzögerung und hohe Fehlerraten typische Kennzeichen der WAN-Kommunikation. Ein weiterer Nachteil waren die Mietkosten für die Medien (Leitungen), die ein Provider für die Verbindung zweier oder mehrerer Standorte berechnet. Weil eine solche WAN-Infrastruktur häufig von einem Service-Provider gemietet wird, sind die Minimierung der Bandbreitenkosten und die effiziente Nutzung der Bandbreite beim WAN-Design von wesentlicher Bedeutung. Alle Techniken und Funktionen, die in WANs eingesetzt werden, wurden in Hinblick auf die folgenden Anforderungen entwickelt:

- Optimierung der Bandbreitennutzung
- Minimierung der Kosten
- hohe Dienstverfügbarkeit für die Endnutzer

In letzter Zeit haben die traditionell aufgebauten Netzwerke mit mehrfach genutzten Medien den folgenden neuen Anforderungen nicht mehr standhalten können:

- Die Netzwerknutzung hat drastisch zugenommen, da immer mehr Unternehmen zur Produktivitätssteigerung Client-Server-, Multimedia- und andere Anwendungen benutzen.
- Der schon jetzt starke Trend zu immer höheren Ansprüchen der Anwendungen wird sich weiter fortsetzen (man beachte beispielsweise die Push-Technologien im Internet).

- Weil Anwendungen den Endbenutzern zuverlässige Dienste bereitstellen wollen, benötigen sie ihrerseits zunehmend eine bestimmte Dienstgüte (QoS, vom Engl. *Quality of Service*) im Netzwerk.
- Eine immer größer werdende Anzahl von Verbindungen wird zwischen Firmen und Institutionen aller Art und Größe und deren entfernten und mobilen Benutzern, internationalen Standorten, Kunden und Zulieferern über das Internet hergestellt.
- Das explosionsartige Wachstum von Intranets und Extranets hat den Bedarf an Bandbreite extrem gesteigert.
- Die Zunahme der Nutzung von Unternehmensservern setzt sich fort, weil die Ansprüche der Organisationen ebenfalls immer weiter steigen.

11.7.1 LAN-/WAN-Integration

Verteilte Anwendungen benötigen immer mehr Bandbreite, und die explosionsartige Zunahme der Internetnutzung bringt viele LAN-Architekturen an ihre Grenzen. Der Anteil der auf Sprache beruhenden Kommunikation hat ebenso drastisch zugenommen wie die Bedeutung zentralisierter Voice-Mail-Dienste. Das Netzwerk ist heute für viele Unternehmen das wichtigste Werkzeug für den Informationsfluss geworden. Netzwerke sollen immer neuere Anwendungen und immer mehr Benutzer bei immer besserer Leistung unterstützen und dabei immer weniger kosten.

Bislang blieben LAN- und WAN-Kommunikation immer logisch voneinander getrennt. Im LAN ist die Bandbreite quasi kostenlos, und nur die Installations- und Betriebskosten beschränken die Verbindungen. Im WAN hingegen ist die Bandbreite der wesentliche Kostenfaktor; Informationen, die verzögerungsfrei übertragen werden müssen (z. B. Sprache) blieben von den Datenströmen getrennt.

Internetanwendungen wie etwa Sprach- oder Videoübertragung in Echtzeit benötigen eine gesteigerte und besser vorhersagbare Leistung in LANs und WANs. Diese Multimediaanwendungen sind in vielen Unternehmen schon heute ein wichtiges Werkzeug zur Steigerung der Produktivität. Weil in vielen Organisationen bereits darüber nachgedacht wird, neue intranetbasierte und bandbreitenintensive Multimediaanwendungen wie Videoschulungen und -konferenzen oder IP-Telefonie einzusetzen, können die Auswirkungen dieser Anwendungen in vorhandenen Netzwerkinfrastrukturen zu einem echten Problem werden.

Nehmen wir einmal an, eine Firma hat in ihrem Netzwerk bislang ausschließlich unternehmenskritischen IP-Datenverkehr transportiert und will nun eine Videoanwendung für die Online-Schulung von Mitarbeitern integrieren. Das Netzwerk muss eine Dienstgüte realisieren können, die den Transport der Multimediadaten sicherstellen muss, die wiederum jedoch keinerlei Auswirkungen auf die garantierte Übermittlung der unternehmenskritischen Daten haben dürfen. Daraus ergibt sich, dass Netzdesigner mehr Flexibilität bei der Lösung mehrerer Vernetzungsprobleme brauchen, ohne gleich unterschiedliche Netzwerke erstellen oder dem Management mitteilen zu müssen, dass die gerade erst getätigten Investitionen in die Datenkommunikation abgeschrieben werden können.

11.7.2 Netzwerkfähigkeiten ermitteln und auswählen

Nachdem Sie die Anforderungen an Ihr Netzwerk formuliert haben, müssen Sie die speziellen Fähigkeiten des WANs, die zu Ihrer Computerumgebung passen, ermitteln und auswählen. Die folgenden Abschnitte sollen Ihnen bei diesen Aufgaben Hilfestellung leisten. Ziel ist es, eine Anbindung zwischen den verschiedenen Standorten sowie die hierfür benötigte Technologie so auszuwählen, dass die Anforderungen Ihres Unternehmens zu akzeptablen Kosten erfüllt werden.

Viele WANs basieren – oft aus historischen Gründen – auf einer Sterntopologie. Wächst ein Unternehmen und werden neue Zweigstellen eingerichtet, dann werden diese meistens mit der Firmenzentrale verbunden, wodurch eine typische Sterntopologie entsteht. Manchmal werden aus Gründen der Zuverlässigkeit oder zur Latenzverringerung auch einige der Endpunkte des Sterns miteinander verbunden, woraus sich eine vermaschte oder teilvermaschte Topologie ergibt. Zwischen Sterntopologie und vollständig vermaschter Topologie liegen viele Entwurfsmöglichkeiten für das Layout der WAN-Verbindungen. Wenn Sie ein neues WAN entwerfen oder – was wohl häufiger vorkommt – ein vorhandenes WAN neu bewerten oder modifizieren müssen, dann muss eine Topologie ausgewählt werden, welche die oben formulierten Designanforderungen erfüllt.

Bei der Auswahl eines Layouts sind verschiedene Faktoren zu beachten. Generell gilt: Je mehr Leitungen, desto höher sind die Kosten. Andererseits erhöhen mehrere Pfade zwischen den Zielen die Zuverlässigkeit. Je mehr Knoten oder Router die Daten zwischen den Endstationen passieren müssen, desto länger dauert die Übertragung, denn normalerweise müssen alle Dateneinheiten oder -pakete von einem Netzwerkgerät vollständig empfangen werden, bevor sie weitergesendet werden können.

Wie Tabelle 11.4 zeigt, gibt es eine Reihe verschiedener Technologien mit unterschiedlichen Merkmalen für Datenleitungen.

Tabelle 11.4: WAN-Technologien

Leitungstyp	Providerentgelt	Bandbreite	Verbindungstyp
private Standleitung	Distanz, Kapazität	je nach Technologie	Permanentverbindung mit fester Kapazität
Telefonleitung	Distanz, Dauer	33–56 Kbit/s	langsame Einwahlverbindung
ISDN	Distanz, Kapazität	64–128 Kbit/s	Einwahlverbindung mit mittlerer Geschwindigkeit
X.25	Volumen	< 2 Mbit/s	geswitchte Verbindung mit fester Kapazität
Frame Relay	Kapazität	< 44 Mbit/s	Permanentverbindung mit fester Kapazität
ATM	Kapazität	< 2048 Mbit/s	Permanentverbindung mit fester Kapazität
SDH/SONET	Distanz, Kapazität	< 9953 Mbit/s	Permanentverbindung mit fester Kapazität
10-Gigabit-Ethernet (Ethernet 802.3ae)	Distanz	10 GBit/s	Permanentverbindung mit fester Kapazität

Technologien, bei denen vor Übertragungsbeginn eine Verbindung hergestellt werden muss – z. B. analoge Einwahl, ISDN oder X.25 –, sind für WANs, die kurze Reaktionszeiten und geringe Latenzen verlangen, nicht geeignet (obwohl ISDN- und Telefonverbindungen, wenn sie erst einmal hergestellt sind, durchaus als jitterarme Leitungen mit geringer Latenz bezeichnet werden können). Insbesondere ISDN findet oft zur Anbindung von SOHO-Umgebungen (Small Office/Home Office, Klein- und Heimbüros) an das Unternehmensnetzwerk Anwendung, denn die Verbindungen sind schnell und die Bandbreite annehmbar. Auch als Reserveleitung für Primärverbindungen und zur Bereitstellung zusätzlicher Bandbreite bei Bedarf (parallel zur Primärverbindung) ist ISDN durchaus nützlich. Ein Vorteil dieser Technologien besteht darin, dass Kosten nur bei ihrer Verwendung anfallen.

Verschiedene Teile eines Unternehmens können über Standleitungen direkt miteinander verbunden oder an eine Zugangsleitung zum nächsten POP des Providers angeschlossen sein. X.25, Frame Relay und ATM sind Beispiele für Netzwerktechnologien, die von mehreren Teilnehmern gleichzeitig benutzt werden können. Standleitungen sind normalerweise wesentlich länger und deswegen weitaus teurer als Zugangsleitungen, bieten aber praktisch unbegrenzte Bandbreite (E1, E3, SONET/SDH und neueste WAN-

Technologien mit 10-Gigabit-Ethernet) und sind wenig anfällig für Latenzen und Jitter.

ATM-, Frame Relay- und X.25-Netzwerke übertragen den Datenverkehr mehrerer Kunden über die gleichen internen Leitungen. Der Kunde kann keinen Einfluss auf die Anzahl der Leitungen und Hops, die seine Daten im gemeinsamen Netzwerk passieren müssen, oder die Wartezeit der Daten an den einzelnen Netzwerkgeräten vor der Weiterleitung über die nächste Leitung nehmen. Diese Unsicherheit bezüglich Latenz und Jitter macht diese Technologien ungeeignet für bestimmte Formen des Datenverkehrs im Netzwerk. Allerdings werden diese Nachteile oft durch die Kostenteilung ausgeglichen. Da mehrere Kunden die Leitung gemeinsam nutzen, sind die Kosten pro Kunde meist wesentlich geringer als die Kosten einer Direktleitung gleicher Kapazität.

Ein typisches WAN verwendet eine Kombination dieser Technologien, die basierend auf Typ und Umfang des Datenverkehrs ausgewählt wird. ISDN, Frame Relay und Standleitungen werden zur Anbindung einzelner Zweigstellen innerhalb eines Bereichs verwendet. Frame Relay, ATM und Standleitungen benutzt man zur Anbindung dieser Bereiche an den Backbone, der wiederum meistens auf ATM oder Standleitungen basiert.

11.7.3 Netzwerkmodell ermitteln und auswählen

Hierarchische Modelle für das Netzdesign erlauben Ihnen einen Entwurf des Netzwerkes in Schichten. Um die Bedeutung dieser Schichtenbildung besser zu verstehen, betrachten wir einmal das OSI-Referenzmodell, ein aus mehreren Schichten bestehendes Modell zum besseren Verständnis der Computerkommunikation. Durch die Verwendung der Schichten vereinfacht das OSI-Modell die Aufgaben, die ausgeführt werden müssen, damit zwei Computer miteinander kommunizieren können. Auch hierarchische Netzdesignmodelle verwenden Schichten, um die Aufgaben zu vereinfachen, die beim Einrichten eines Netzwerkverbundes anfallen. Jede Schicht konzentriert sich auf spezielle Funktionen und erlaubt es dem Netzwerkdesigner dadurch, die für die jeweilige Schicht benötigten Netzwerkgeräte und -funktionen auszuwählen.

Die Verwendung eines hierarchischen Modells kann Änderungen erleichtern. Durch Verwendung eines modularen Designs können Sie Designelemente erstellen, die sich bei Wachstum des Netzwerks replizieren lassen. Da jedes Netzwerk früher oder später aktualisiert werden muss, beschränken sich Kosten und Komplexität des Upgrades auf einen kleinen Teilbereich des Gesamtnetzwerks (in umfangreichen flachen oder vermaschten Netzwerkarchitekturen betreffen Änderungen häufig eine große Anzahl von Systemen). Sie können ferner durch Strukturierung des Netzwerks in kleine, leicht überschaubare Einheiten die neuralgischen Punkte im Netzwerk besser erkennen, was wiederum Rückschlüsse auf mögliche Fehlerquellen zulässt.

11.7.4 Das hierarchische Netzdesignmodell

Das Netzdesign basiert in der Regel auf einem von zwei Modellen: dem vermaschten oder dem hierarchischen Design. In einer vermaschten Struktur ist die Netzwerktopologie flach, d. h., alle Router haben mehr oder minder die gleichen Funktionen, und es gibt normalerweise keine klare Definition davon, wo bestimmte Funktionen ausgeführt werden. Die Erweiterung solcher Netzwerke erfolgt oft in zufälliger und willkürlicher Weise. In einer hierarchischen Struktur hingegen ist das Netzwerk in Schichten organisiert, die jeweils eine oder mehrere spezielle Funktionen erfüllen. Ein solches Modell hat die folgenden Vorteile:

- **Skalierbarkeit.** Netzwerke, die auf dem hierarchischen Modell basieren, können wesentlich größer werden, ohne Einbußen bei der Administrierbarkeit hinnehmen zu müssen, denn alle Funktionen sind auf einen Punkt beschränkt, und potenzielle Probleme lassen sich leichter erkennen. Ein Beispiel für ein extrem großes Netzwerk mit hierarchischem Design ist das öffentliche Telefonnetz.
- **Leichte Implementierbarkeit.** Ein hierarchisches Design weist jeder Schicht eindeutig einen bestimmten Funktionsumfang zu und erleichtert auf diese Weise die Netzwerkimplementierung.
- **Erleichterte Fehlersuche und -behebung.** Dank der klaren Definition der einzelnen Schichtfunktionen ist die Eingrenzung von Problemen und Fehlern im Netzwerk weitaus weniger kompliziert. Eine vorübergehende Segmentierung des Netzwerks zum Zwecke der Fehlerermittlung ist ebenfalls einfacher.
- **Vorhersagbarkeit.** Das Verhalten eines Netzwerks mit Funktionsschichten ist vergleichsweise zuverlässig vorhersagbar und macht die Planung für zukünftiges Wachstum wesentlich einfacher. Mit diesem Entwurfsprinzip ist auch die modellhafte Nachbildung der Netzwerkleistung zu Analysezwecken leichter.
- **Protokollunterstützung.** Die Mischung aktueller und zukünftiger Anwendungen und Protokolle ist in Netzwerken, die den Prinzipien des hierarchischen Designs folgen, viel leichter, denn die zugrunde liegende Infrastruktur ist bereits logisch organisiert.
- **Management.** Alle hier aufgelisteten Vorteile tragen zu einem verbesserten Management des Netzwerks bei.

11.7.5 Designmodelle mit drei Schichten

Ein hierarchisches Netzdesign basiert auf den folgenden drei Schichten (oder Layern):

- **Core-Layer.** Realisiert einen optimalen Transport zwischen Standorten.
- **Distribution-Layer.** Liefert richtlinienbasierte Konnektivität.
- **Access-Layer.** Ermöglicht Arbeitsgruppen und Benutzern Zugriff auf das Netzwerk.

Abbildung 11.24 zeigt eine globale Ansicht der verschiedenen Aspekte eines hierarchischen Netzdesigns.

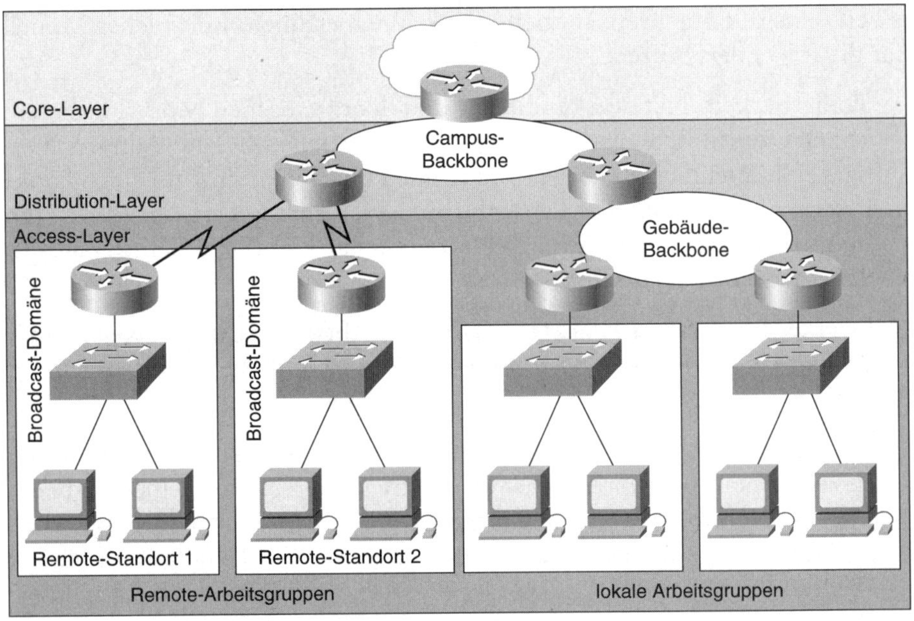

Abbildung 11.24: Hierarchisches Netzdesign

Stellen Sie sich ein Unternehmen – beispielsweise ein Kreditinstitut – vor, das in allen Ländern der EU operiert und in jeder Stadt mit mehr als 10.000 Einwohnern eine Filiale betreibt. Jede Filiale hat ein LAN. Nun wird seitens der Verwaltung beschlossen, die Filialen in einem WAN zusammenzufassen. Ein vermaschtes Netzwerk ist augenscheinlich nicht machbar, denn für die 900 Zentren würden mehr als eine halbe Million Leitungen benötigt. Eine einfache Sterntopologie wäre schwierig zu implementieren, denn man benötigte im Zentrum einen Router mit 900 Schnittstellen oder aber ein Schnittstelle, die 900 VCs über ein paketvermitteltes Netzwerk realisieren könnte.

Betrachten Sie stattdessen ein hierarchisches Designmodell, in dem eine Gruppe von LANs in einem Bereich miteinander verbunden würde; dann würden mehrere Bereiche zu einer Region zusammengefasst, und die verschiedenen Regionen bilden durch gegenseitige Anbindung den Kern des WAN.

Die Definition eines Bereichs könnte entsprechend der Anzahl der zu verbindenden Standorte (wobei eine Obergrenze zwischen 30 und 50 realistisch wäre) oder traditionell entsprechend geografischen Grenzen erfolgen. Ein Bereich hätte eine Sterntopologie (Abbildung 11.25), wobei die miteinander verbundenen Zentren des Sterns die Region bilden – möglicherweise wieder als Stern. Regionen müssten dann geografischer Natur sein und würden zwischen drei und zehn Bereiche verbinden; zwischen den Zentren der einzelnen Regionen könnten dann Point-to-Point-Verbindungen hergestellt werden (Abbildungen 11.26 und 11.27).

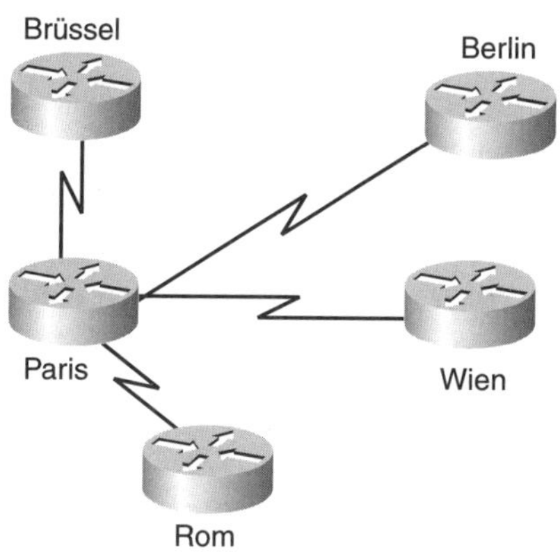

Abbildung 11.25: Hierarchisches Netzwerk

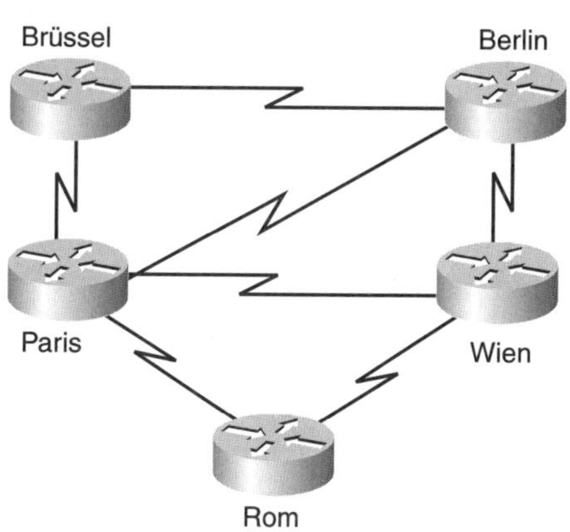

Abbildung 11.26: Mehrere Bereiche zusammenfassendes Netzwerk (1)

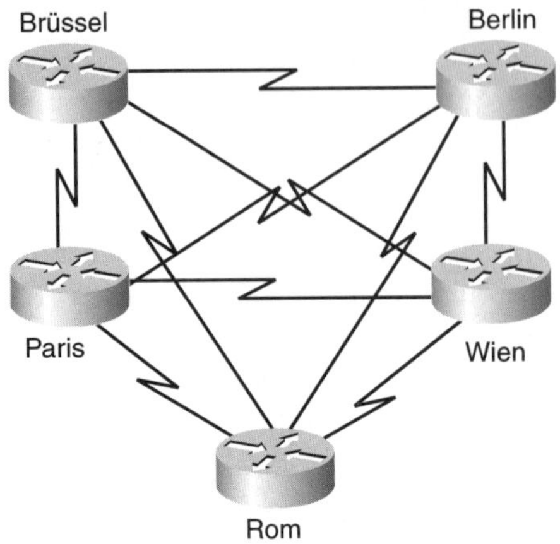

Abbildung 11.27: Mehrere Bereiche zusammenfassendes Netzwerk (2)

Dieses Drei-Schichten-Modell ähnelt einer Hierarchie, wie man sie von Telefonnetzen her kennt. Die Leitungen, welche die verschiedenen Standorte in einem Bereich miteinander verbinden und den Standorten so den Zugriff auf das Unternehmensnetzwerk ermöglichen, werden als Zugangsleitungen des WAN bezeichnet, weswegen die entsprechende Schicht auch Access-Layer (dt. *Zugangsschicht*) heißt. Der Datenverkehr zwischen diesen Bereichen wird im Distribution-Layer (dt. *Verteilungsschicht*) durch Leitungen verteilt und dort, wo es nötig ist, in die Kernleitungen im Core-Layer (dt. *Kernschicht*) eingespeist, um in andere Regionen übertragen zu werden.

Diese Hierarchie erweist sich häufig als nützlich, wenn der Datenverkehr eines Unternehmens auch die horizontale Unternehmensstruktur widerspiegelt, also die Aufteilung in Regionen, Bereiche und Zweigstellen. Sinnvoll ist sie auch, wenn es zwar einen zentralen Dienst gibt, an den alle Zweigstellen angebunden sein müssen, aber das Datenverkehrsvolumen die Einrichtung einer direkten Verbindung von jeder Zweigstelle zu diesem Dienst nicht rechtfertigt.

Das LAN im Zentrum des Bereichs kann Server enthalten, die lokale und bereichsbasierte Dienste anbieten. Je nach Volumen und Typen des Datenverkehrs können als Zugang Einwahlverbindungen (z. B. ISDN), Standleitungen oder Frame Relay eingesetzt werden. Frame Relay ermöglicht bis zu einem gewissen Grad die Vermaschung aus Redundanzgründen, ohne dass hierfür zusätzliche physische Verbindungen benötigt würden. Die Leitungen im Distribution-Layer könnten dann auf Frame Relay oder ATM basieren, der Kern des Netzwerks auf ATM oder Standleitungen.

11.7.6 Vorteile eines hierarchischen WAN-Designs

Einer der Vorteile eines hierarchischen WAN-Designs ist die Tatsache, dass es eine Methode zur Steuerung des Datenverkehrs darstellt, denn im gesamten Netzwerk sind Schicht-3-Routing-Punkte verteilt. Weil Router die Fähigkeit besitzen, Pfade von einem Absender- zu einem Empfängerhost auf der Basis der Schicht-3-Adressierung zu ermitteln, fließen die Daten in der Hierarchie nur so weit nach oben, wie dies für die Zustellung an den Empfängerhost notwendig ist (Abbildung 11.28).

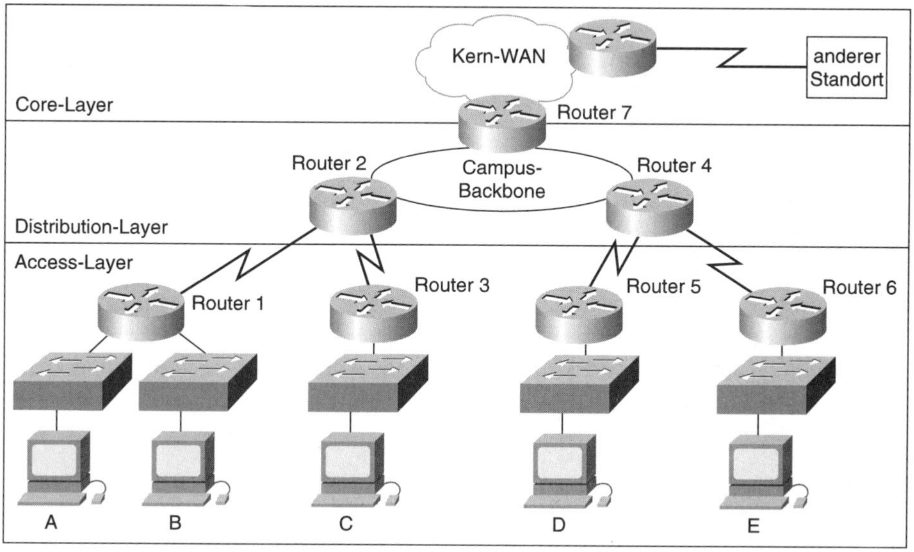

Abbildung 11.28: Router sind Entscheidungspunkte für den richtigen Weg der Daten.

Wenn also Host A eine Verbindung mit Host B herstellen soll, dann würde der Datenstrom dieser Verbindung zu Router 1 gesendet und von diesem direkt an Host B weitergeleitet werden. Beachten Sie in Abbildung 11.29, dass es in diesem Fall keinen Datenverkehr zwischen Router 1 und Router 2 gibt; dies spart bei dieser Verbindung Bandbreite.

Auch in einem Zwei-Schichten-WAN (Abbildung 11.30) wandern die Daten in der Hierarchie nur so weit nach oben wie notwendig, wodurch ebenfalls Bandbreite gespart wird.

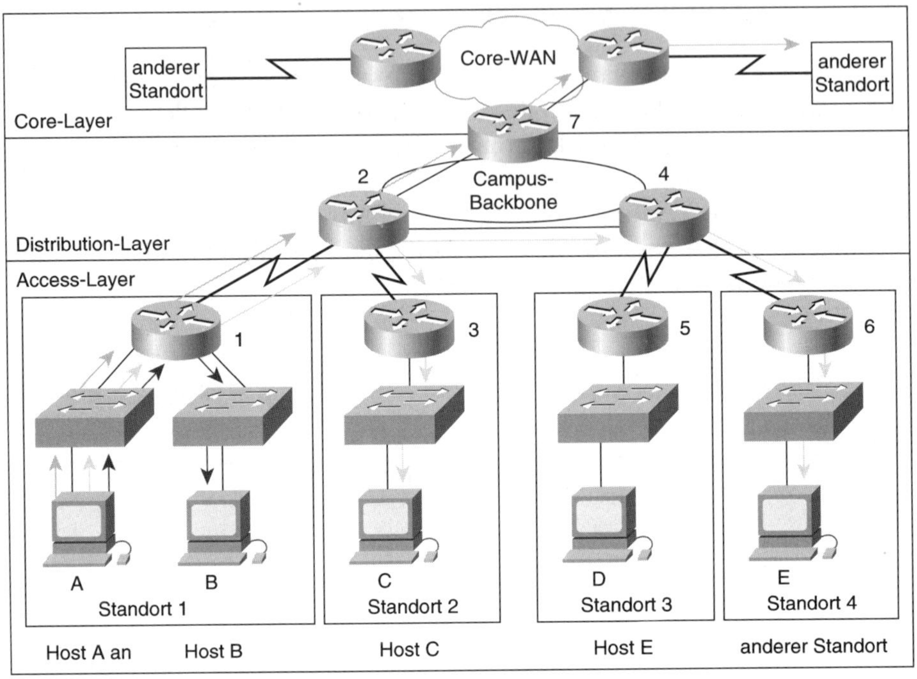

Abbildung 11.29: Datenfluss auf der Basis der Absender- und Empfängeradressierung

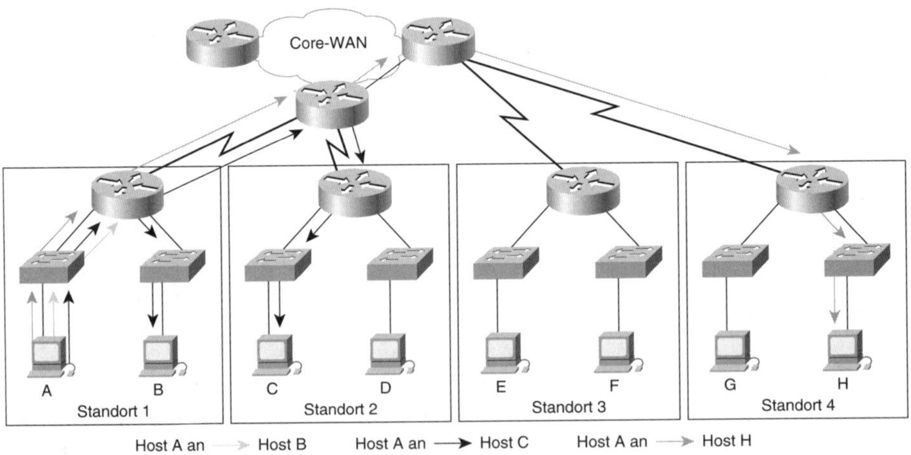

Abbildung 11.30: Zwei-Schichten-WAN

11.7.7 Serveraufstellung

Auch die Platzierung der Server (d. h. die Frage, wer auf die Server zugreift) kann sich auf den Verkehrsfluss im WAN auswirken. Wenn Sie einen Unternehmensserver im Access-Layer von Standort 1 (Abbildung 11.31) aufstellen, dann müssen alle Daten, die für diesen Server bestimmt sind, die Verbindungen zwischen den Routern 1 und 2 passieren. Auf diese Weise wird am Standort 1 eine beachtliche Menge an Bandbreite verschwendet.

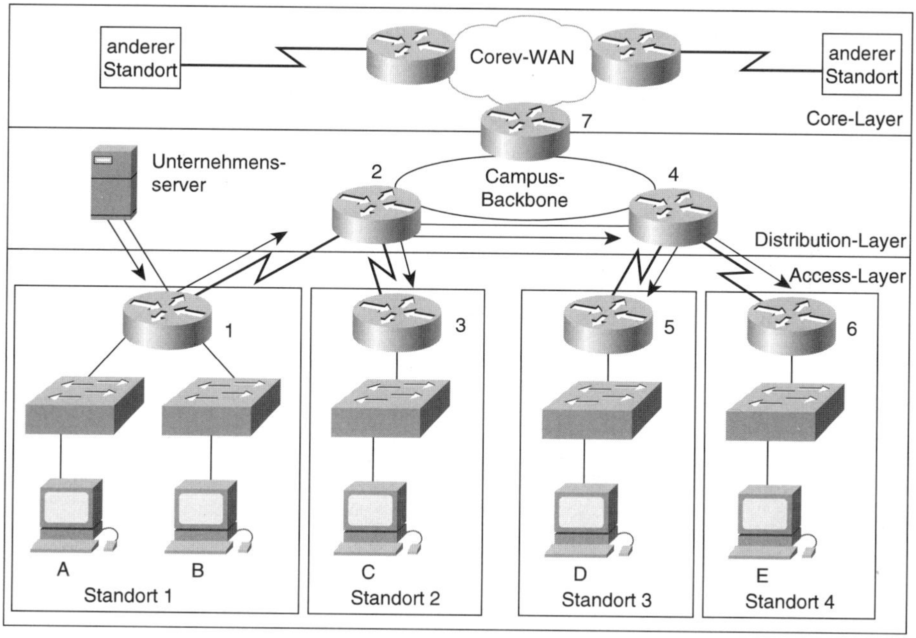

Abbildung 11.31: Aufstellung eines Unternehmensservers im Access-Layer

Wenn Sie den Unternehmensserver in einer höheren Ebene der Hierarchie aufstellen würden (Abbildung 11.32), dann wird der Verkehr in der Verbindung zwischen den Routern 1 und 2 reduziert, und den Benutzern an Standort 1 steht mehr Bandbreite für die Verwendung anderer Dienste zu Verfügung. In Abbildung 11.33 wird ein Arbeitsgruppenserver im Access-Layer des Standorts platziert, wo auch die meisten Benutzer dieses Servers angeschlossen sind. Dadurch wird der Verkehr, der über die WAN-Verbindung zu diesem Server transportiert werden muss, eingeschränkt. Auf diese Weise steht mehr Bandbreite für den Zugriff auf Ressourcen außerhalb des Standorts bereit.

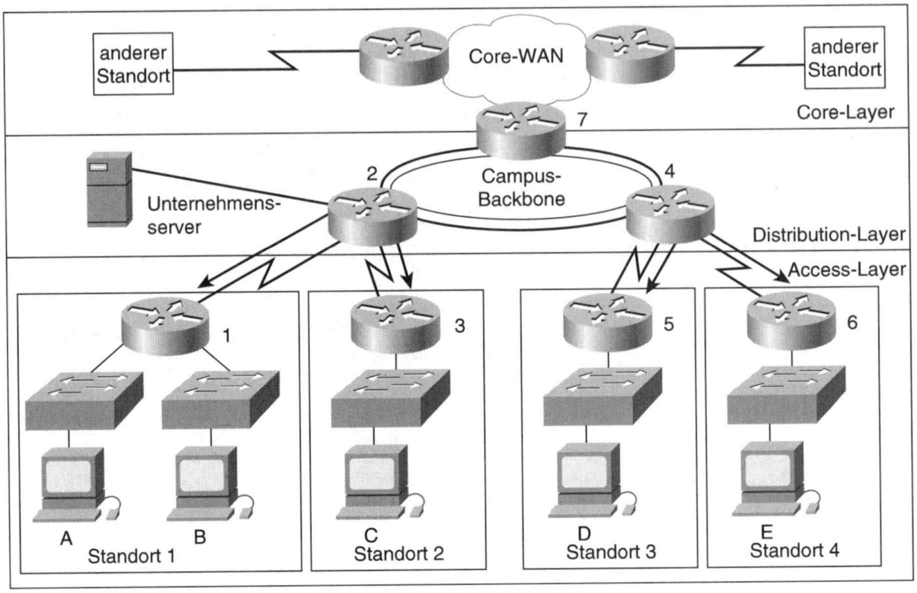

Abbildung 11.32: Aufstellung eines Unternehmensservers in einem höheren Layer

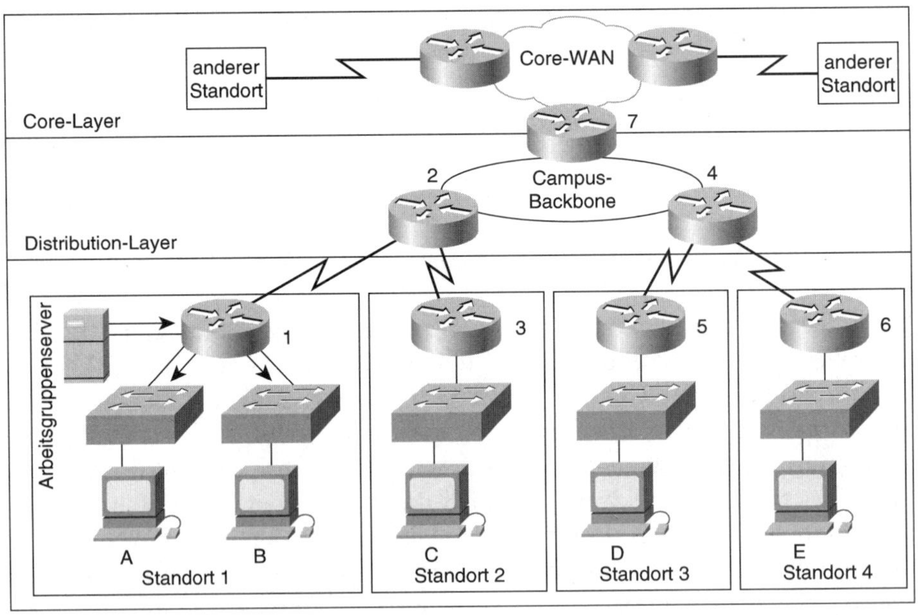

Abbildung 11.33: Aufstellung eines Arbeitsgruppenservers

11.8 WAN-Design

Wenn der gesamte Datenfluss in einem Unternehmen sich innerhalb eines einzigen Gebäudes abspielt, dann kann zur Übertragung ein LAN eingesetzt werden. Müssen Daten zwischen Gebäuden in einer Campusumgebung ausgetauscht werden, dann können diese Gebäude durch Hochgeschwindigkeitsleitungen miteinander verbunden werden, wodurch ein Campus-LAN entsteht. Der individuelle Remote-Zugriff auf das LAN und die Anbindung des LAN an das Internet sind allerdings separate Lernthemen, die an dieser Stelle nicht behandelt werden sollen. Müssen Daten hingegen zwischen geografisch getrennten Standorten ausgetauscht werden, dann wird zur Übertragung ein WAN benötigt.

Die meisten Studenten werden keine Möglichkeit zum Design eines neuen WAN haben, aber viele von ihnen werden bei der Erweiterung oder Aktualisierung vorhandener WANs miteinbezogen werden und die hier erlernten Methoden dann auch einsetzen können.

11.8.1 WAN-Design: Die ersten Schritte

Das WAN-Design kann eine echte Herausforderung darstellen. Ziel ist es, durch ein optimiertes WAN-Design die Kosten zu senken und die Leistungsfähigkeit zu verbessern. Durch Integration der nachfolgend beschriebenen Schritte in den Planungsvorgang können Unternehmen ihre WANs kontinuierlich optimieren. Viele WANs wurden ursprünglich nicht entsprechend den hier beschriebenen Richtlinien entworfen, sondern haben sich im Laufe der Zeit entwickelt. Trotzdem sollte man immer dann, wenn Änderungen am vorhandenen WAN notwendig sind, die hier erläuterten Schritte durchführen. Durch Änderungen können sich Modifikationen am WAN selbst ergeben – etwa dann, wenn das Unternehmen, welches das WAN einsetzt, expandiert oder sich Arbeitspraktiken oder Geschäftsmethoden ändern.

Unternehmen und Institutionen installieren WANs, weil sie Daten sehr schnell zwischen verschiedenen Zweigstellen austauschen müssen. Durch die Erfüllung dieses Bedarfs entstehen Kosten, und zwar in erster Linie für die Bereitstellung und Verwaltung der Datenleitungen.

Um ein WAN entwerfen zu können, müssen Sie zunächst einmal wissen, welche Art Datenverkehr woher und wohin transportiert werden muss. WANs können sehr verschiedene Datentypen mit unterschiedlichen Anforderungen an Parameter wie Bandbreite, Latenz und Jitter übertragen. Für jedes Endgerät und jeden Datentyp werden Informationen zu den Eigenschaften benötigt. Die Bestimmung dieser Eigenschaften kann umfangreiche Studien zur Struktur der Netzwerkbenutzer und eine umfassende Kommunikation mit diesen Benutzern notwendig machen. Bestandteil des WAN-Designs ist häufig die Aktualisierung, Erweiterung oder Modifizierung eines vorhandenen WAN. Viele der benötigten Daten lassen sich unter Umständen vorhandenen Netzmanagementstatistiken entnehmen.

Die verschiedenen Endgeräte zu kennen, ermöglicht die Auswahl einer Topologie bzw. eines Layouts für das WAN. Die Topologie wird durch geografische Aspekte, aber auch die Anforderungen (wie etwa die Verfügbarkeit) beeinflusst. So macht etwa eine hohe Verfügbarkeit zusätzliche Leitungen für alternative Datenpfade notwendig.

Sind die Endgeräte und ihre Verbindungen bekannt, dann kann die notwendige Bandbreite für Leitungen, die nur eigenen Datenverkehr übertragen, und für die, die den Verkehr aus anderen Quellen übertragen, geschätzt werden.

Der Datenverkehr der Verbindungen stellt unterschiedliche Ansprüche bezüglich Latenz und Jitter; weil die erforderlichen Bandbreiten bereits bestimmt sind, können auf der Basis dieser Ansprüche nun geeignete Leitungstechnologien ausgewählt werden. Installations- und Betriebskosten für das WAN können bestimmt und zum WAN-Bedarf des Unternehmens in ein Verhältnis gesetzt werden.

Die nachfolgenden Erläuterungen beschreiben unterschiedliche Bereiche, die Sie sorgfältig beachten müssen, wenn Sie die Implementierung eines WAN planen. Die hier beschriebenen Schritte können die Kosten des WANs senken und seine Leistung verbessern. Unternehmen können ihre WANs durch Anwendung dieser Schritte im Planungsprozess kontinuierlich optimieren.

Bei Design und Implementierung eines WAN gibt es zwei wesentliche Ziele:

- **Verfügbarkeit von Anwendungen.** Netzwerke übertragen die Daten von Anwendungen zwischen Computern. Wenn die Anwendungen den Netzwerkbenutzern nicht zur Verfügung stehen, dann erfüllt das Netzwerk seinen Zweck nicht.
- **Geringe Betriebskosten.** Das Budget der IT-Abteilungen in den Unternehmen beträgt oft mehrere Millionen Euro. Da große Firmen für die Verwaltung von Unternehmensaktivitäten zunehmend elektronische Daten benutzen, werden die Kosten für Netzwerkressourcen auch weiterhin steigen. Ein sauber aufgebautes WAN kann diese Kostensteigerung verringern. Die Infrastruktur eines optimal aufgebauten WAN erhöht die Anwendungsverfügbarkeit und ermöglicht zudem die kostengünstige Nutzung vorhandener Netzwerkressourcen.

Prinzipiell müssen beim WAN-Design drei allgemeine Faktoren berücksichtigt werden:

- **Umgebungsvariablen.** Zu den Umgebungsvariablen gehören die Aufstellungsorte für Hosts, Server, Terminals und andere Endknoten, das voraussichtliche Datenaufkommen in der Umgebung und die voraussichtlichen Kosten für die Bereitstellung von Diensten unterschiedlicher Güte.
- **Leistungsbeschränkungen.** Leistungsengpässe ergeben sich aus der Zuverlässigkeit des Netzwerks, dem Datendurchsatz und den Geschwindigkeiten von Host- bzw. Client-Computern (z. B. Geschwindigkeit der verwendeten Netzwerkkarten oder Zugriffszeiten von Festplatten).
- **Netzwerkvariablen.** Netzwerkvariablen sind die Netzwerktopologie, die Leitungskapazitäten und der Paketverkehr. Die Einschätzung des Netzwerkverkehrs ist für ein erfolgreiches WAN-Design zwar von wesentlicher Bedeutung, aber nur die wenigsten Planer führen diesen Schritt angemessen durch – wenn überhaupt!

Beim WAN-Design gibt es kaum etwas Wichtigeres als die Einschätzung des Datenverkehrs, der im WAN transportiert wird. Zu den gängigen Verkehrstypen gehören:

- Sprache/Fax
- Transaktionsdaten (z. B. SNA[1]-Daten)
- Client-Server-Daten
- elektronischer Versand von Mitteilungen (z. B. E-Mail)
- Dateiübertragungen
- Batch-Daten
- Netzmanagement
- Videokonferenzen

Eine grundlegende Analyse und Kategorisierung des Datenverkehrs ist die Basis für wesentliche Entscheidungen beim Design. Je mehr Verkehr, desto größer die benötigten Kapazitäten und auch die damit verbundenen Kosten. Es gibt für traditionelle Netzwerke Möglichkeiten zur Messung und Einschätzung des Datenverkehrs, die sich im Laufe der Zeit als praktikabel erwiesen haben; leider gibt es solche Prozesse für WANs aber nicht.

---

1. Systems Network Architecture; eine in den 70er-Jahren von IBM entwickelte, sehr komplexe Netzwerkarchitektur

Zu den typischen Merkmalen des Datenverkehrs gehören die folgenden:

- Umfang des Datenverkehrs (Durchschnitts- und Spitzenwerte)
- Datenfluss
- verbindungsorientiert oder verbindungslos
- Latenzzeit (Betrag und Schwankungen)
- Netzwerkverfügbarkeit
- Fehlerrate
- Priorität
- Protokolltyp
- durchschnittliche Paketlänge

Weil viele Netzwerkplaner die Planungs- und Designmethoden nicht kennen, die zur Einschätzung der Komplexitäten und Unsicherheiten beim WAN-Verkehr benötigt werden, können sie die benötigte Bandbreitenkapazität nur grob schätzen. Das Ergebnis sind entweder teure und überdimensionierte oder leistungsschwache und unterdimensionierte Netzwerke.

Das übergeordnete Ziel des WAN-Designs ist die Minimierung der Kosten bei gleichzeitiger Bereitstellung von Diensten, ohne Kompromisse an die Verfügbarkeit zuzulassen. Sie sehen sich also mit zwei primären Faktoren konfrontiert: Verfügbarkeit und Kosten. Diese Ziele stehen leider in einem gewissen Gegensatz zueinander, denn jede Steigerung der Verfügbarkeit spiegelt sich notwendigerweise auch in höheren Kosten wider. Aus diesem Grund müssen Sie das Verhältnis von Ressourcenverfügbarkeit und Gesamtkosten gegeneinander abwägen.

Der erste Schritte beim Designprozess besteht darin, sich die unternehmenstechnischen Anforderungen klar zu machen; diese werden in den folgenden Abschnitten beschrieben. Die Anforderungen an das WAN müssen die Ziele, Aufgaben, Prozesse und Richtlinien des Unternehmens reflektieren, in dem das WAN eingesetzt werden soll.

11.8.2 Anforderungen ermitteln

Wenn Sie ein WAN planen, dann müssen Sie mit der Ermittlung von Daten über die Unternehmensstruktur und immanente Prozesse beginnen. Danach müssen Sie feststellen, wer die wichtigsten Personen sind, die Ihnen beim Netzdesign helfen werden. Sprechen Sie mit den Hauptbenutzern, und ermitteln Sie deren geografischen Standort, die derzeit von ihnen benutzten

Anwendungen und die zukünftigen Bedürfnisse. In letzter Konsequenz muss das Netzdesign schließlich die Bedürfnisse der Benutzer reflektieren.

Allgemein gesprochen, wollen Benutzer in erster Linie nicht anderes als ihre Anwendungen im Netzwerk benutzen. Die wesentlichen Faktoren hinsichtlich der Anwendungsverfügbarkeit sind Reaktionszeit, Durchsatz und Zuverlässigkeit und ähneln den Anforderungen im LAN stark:

- Unter der Reaktionszeit versteht man den Zeitraum zwischen der Eingabe eines Befehls bzw. der Betätigung einer Taste und der Ausführung des Befehls oder der Funktion durch das Hostsystem. Zu den Anwendungen, bei denen eine schnelle Antwortzeit als wesentlich erachtet wird, gehören interaktive Onlinedienste wie z. B. Geräte zum Lesen von Scheck- und Kreditkarten für Abbuchungsvorgänge.
- Durchsatzintensive Anwendungen führen in der Regel häufig Dateiübertragungen durch, weisen allerdings keine allzu hohen Ansprüche an die Reaktionszeit auf. Meist lässt sich bei solchen Anwendungen eine Zeitplanung konfigurieren, um Tageszeiten mit geringem Aufkommen an zeitkritischem Verkehr für den Dateiversand zu nutzen (z. B. nach Geschäftsschluss).
- Die Zuverlässigkeit ist zwar immer wichtig, es gibt aber auch Anwendungen mit speziellen Anforderungen, die über das Normale hinausgehen. Organisationen, die alle Geschäftsvorgänge online erledigen, brauchen eine Betriebszeit von nahezu 100 Prozent. Finanzdienstleister, Sicherheitsdienste sowie Polizei, Feuerwehr und Militär sind nur einige Beispiele für solche Organisationen. Solche Umgebungen beanspruchen ein hohes Maß an Redundanz und entsprechend viel Hardware. Wenn Sie wissen wollen, wie wichtig die Zuverlässigkeit für ein solches Netzwerk ist, dann bestimmen Sie doch einmal die Kosten für jede Minute Ausfallzeit.

Es gibt mehrere Möglichkeiten, die Benutzeranforderungen in Erfahrung zu bringen. Je stärker Sie die Benutzer an diesem Prozess beteiligen, desto höher ist die Wahrscheinlichkeit, dass Ihre Einschätzungen richtig sind. Sie können die folgenden Ansätze zur Informationsermittlung verwenden:

- **Profilerstellung.** Stellen Sie fest, was unterschiedliche Gruppen von Benutzern brauchen. Dies ist der erste Schritt bei der Ermittlung der Netzwerkanforderungen. Es wird viele Benutzer geben, die ähnliche Bedürfnisse an Maildienste haben, aber unterschiedliche Datei- oder Druckserver benutzen werden.

  Interviews, Arbeitsgruppen und Erhebungen stellen eine gute Möglichkeit dar, Grundvoraussetzungen für die Netzwerkimplementierung zu ermitteln. Einige Gruppen brauchen vielleicht Zugriff auf zentrale Server, andere wiederum wollen von außen auf bestimmte interne EDV-Ressourcen zugreifen. Wieder andere benötigen eine spezielle Art der Systemverwaltung, die einem bestimmten Standard entsprechen muss.

Die am wenigsten formelle Methode zur Ermittlung dieser Informationen ist die Durchführung von Interviews mit den wichtigen Benutzergruppen. Auch Arbeitsgruppen können zur Informationsgewinnung eingesetzt werden und haben möglicherweise sogar einen Meinungsaustausch verschiedener Organisationen mit ähnlichen (oder auch völlig unterschiedlichen) Interessen zur Folge. Aber auch eine formale statistische Erhebung kann ein Mittel zum Zweck sein, wenn es darum geht, die Meinung der Benutzer zu bestimmten Faktoren und Aspekten in Erfahrung zu bringen.

– **Tests.** Die teuerste und zeitaufwändigste, aber wohl auch erfolgversprechendste Methode zur Erkennung der Benutzeranforderungen ist die Durchführung eines Tests mit repräsentativen Benutzern in einem Testfeld. Ideal ist dieser Ansatz, wenn Sie die Anforderungen an die Antwortzeit ermitteln wollen. Sie können Arbeitssysteme konfigurieren und die Benutzer dann darum bitten, im Testnetzwerk ganz normale Betriebsvorgänge mit Zugriff auf entfernte Hosts durchzuführen. Durch Bewertung der Benutzerreaktionen auf unterschiedliches Antwortverhalten der Hosts können Sie Vergleichswerte für akzeptable Leistung ermitteln.

Wenn Sie Daten zur Unternehmensstruktur ermittelt haben, müssen Sie feststellen, wie der Informationsfluss im Unternehmen verläuft. Finden Sie heraus, wo gemeinsam genutzte Daten abgelegt sind und wer diese verwendet. Überprüfen Sie zudem, ob auf Daten außerhalb der Firma zugegriffen wird. Machen Sie sich gegebenenfalls ein Bild von der Leistungsfähigkeit vorhandener Netzwerke (wenn die Zeit es zulässt, dann sollten Sie eine vollständige Analyse der vorhandenen Netzwerke durchführen).

11.8.3 Anforderungen analysieren

Nachdem Sie die Anforderungen ermittelt haben, müssen Sie sie analysieren. Dies schließt die unternehmerischen und technischen Absichten des Kunden mit ein: Welche neuen Anwendungen werden implementiert werden? Sind unter diesen auch internetbasierte Anwendungen? Für welche neuen Netzwerke muss eine Zugriffsmöglichkeit hergestellt werden? Wie sehen die Erfolgskriterien aus (d. h., woran erkennen Sie, ob das neue Design erfolgreich ist)?

Die Verfügbarkeit bestimmt den Nutzen eines Netzwerks. Es gibt eine Reihe von Faktoren, die sich auf die Verfügbarkeit auswirken, z. B. Durchsatz, Antwortzeit und Ressourcenzugriff. Jeder Kunde hat für den Begriff »Verfügbarkeit« eine andere Definition. So können Sie Verfügbarkeit durch Hinzufügen von Ressourcen erhöhen; neue Ressourcen jedoch führen zu höheren Kosten. Ziel des Netzdesigns ist es, bei möglichst geringen Kosten eine möglichst hohe Verfügbarkeit zu gewährleisten.

Das Ziel bei der Anforderungsanalyse ist die Feststellung der Spitzen- und Durchschnittswerte bei den Datenraten aller Quellen über einen bestimmten Zeitraum. Versuchen Sie, die Aktivitäten während eines normalen Arbeitstages in Bezug auf Typ und Umfang des Datenverkehrs, die Antwortzeit der Hosts und die Dauer von Dateiübertragungen zu charakterisieren. Sie können auch während des Testzeitraums die Auslastung der vorhandenen Netzwerkgeräte überwachen.

Abhängig vom Verkehrstyp sollten Sie eine der folgenden vier Methoden zur Analyse und Messung des Datenverkehrs benutzen:

- **Netzmanagementsoftware.** Sie können zur Analyse bestimmter Verkehrstypen und -ströme eine Netzmanagementsoftware einsetzen.
- **Messung an vorhandenen Geräten.** Schließen Sie Netzwerkanalysegeräte an Ihre Server an, und verfolgen Sie den Paketfluss mit den Router-Statistiken der vorhandenen Netzwerksegmente.
- **Schätzung.** Wenn eine Messung an vorhandenen Geräten nicht möglich ist (z. B. weil eine bestimmte Anwendung noch nicht implementiert ist), dann können Sie eine Schätzung durchführen. Zur Ermittlung von Transaktionsrate, -dauer und -fluss sollten Sie die Anwendungsentwickler und den Netzwerkadministrator zu Rate ziehen und auf der Basis der Ergebnisse die Verkehrsstatistiken taxieren.
- **Vergleichende Betrachtung.** Wenn Sie Informationen zu einem Netzwerk finden, das ähnlich aufgebaut und genutzt wird wie das geplante Netzwerk, dann können Sie die Verkehrsstatistiken daraus ableiten.

Wenn die Merkmale des getesteten Netzwerks weitgehend mit denen des neuen Netzwerks übereinstimmen, dann können Sie die Anforderungen des neuen Netzwerks basierend auf der voraussichtlichen Zahl der Benutzer und Anwendungen und der Topologie bestimmen. Angesichts der Tatsache, dass keine Mittel zur detaillierten Messung des Verkehrsverhaltens vorhanden sind, können Sie das Datenverkehrsaufkommen natürlich nur grob schätzen.

Sie können neben der Beobachtung des vorhandenen Netzwerks auch die Aktivitäten und den Verkehr messen, der von einer bekannten Anzahl von Benutzern im Testfeldnetz erzeugt wird, und auf der Basis der Ergebnisse Voraussagen zu Aktivitäten und Verkehr in einem Netzwerk mit der angenommenen Benutzergemeinde machen.

Ein Problem bei der Definition der Arbeitslast in Netzwerken besteht darin, dass eine exakte Bestimmung der Verkehrslast und der Leistung von Netzwerkgeräten schwierig ist, denn diese hängen auch ab von der Anzahl der Benutzer, dem Typ der Anwendung(en) und dem geografischen Standort. Dies gilt insbesondere, wenn noch kein Netzwerk am Standort vorhanden ist.

Betrachten Sie einmal die folgenden Faktoren, die sich auf die Dynamik im Netzwerk auswirken können:

- **Die zeitabhängige Natur des Netzwerkzugriffs.** Die Spitzenzeiten können variieren; deswegen müssen die Messungen unterschiedliche Zeiträume berücksichtigen, in denen auch Spitzenbelastungen des Netzwerks stattfinden.
- **Unterschiede, die sich aus verschiedenen Verkehrstypen ergeben.** Verkehr, der über Router und Bridges übertragen wird, stellt unterschiedliche Anforderungen an Netzwerkgeräte und Protokolle. Es gibt Protokolle, die sensibel auf verworfene Pakete reagieren, und Anwendungen, die mehr Bandbreite benötigen als andere.
- **Das Zufallselement beim Netzwerkverkehr.** Exakte Empfangszeitpunkte und genaue Auswirkungen des Verkehrs sind nicht vorhersehbar.

Jeder Datenverkehr hat seine eigene Metrik, und all diese Metriken müssen in die Einheit Bit/s konvertiert werden. Sie sollten das Ausmaß des Verkehrs standardisieren, um Verkehrsraten pro Benutzer ermitteln zu können. Außerdem sollten Sie abschließend einen Faktor mit einkalkulieren, der Elemente wie Protokoll-Overhead, Paketfragmentierung, Verkehrswachstum und Sicherheitsfaktoren repräsentiert. Durch Veränderung dieses Faktors können Sie »Was-wäre-wenn«-Analysen durchführen. Sie könnten z. B. Microsoft Office über einen Server ausführen und dann den Umfang des Verkehrs analysieren, der von den Benutzern dieser Anwendung erzeugt wird. Auf der Basis der Analyseergebnisse können Sie dann die Bandbreiten- und Serveranforderungen ermitteln, die eine Installation von Microsoft Office im Netzwerk verursachen würde.

11.8.4 Prüfung auf Störanfälligkeit

Aus praktischer Sicht besteht eine Prüfung auf Störanfälligkeit darin, stabile Verbindungen im Netzwerk zu trennen und dann zu überprüfen, was geschieht. Wenn Sie mit einem Testnetzwerk arbeiten, dann ist dies vergleichsweise einfach. Sie können das Netzwerk durch Entfernung einer aktiven Schnittstelle aus dem Gleichgewicht bringen und dann kontrollieren, wie sich diese Änderung im Netzwerk auswirkt, d. h., wie der Verkehr neu geroutet wird, wie schnell Konvergenz auftritt, ob Verbindungen verloren gehen und ob es Probleme bei der Verarbeitung bestimmter Verkehrstypen gibt. Sie können auch das Verkehrsaufkommen im Netzwerk steigern, die Übertragungsmedien bis an die Grenze ihrer Leistungsfähigkeit betreiben und dann die Auswirkungen ermitteln.

11.8.5 WAN-Topologie

Die Topologie eines Netzwerks beschreibt die Anordnung der Verbindungen. Zwar ist eine ganze Reihe von Topologien möglich, aber sie alle basieren auf nur wenigen einfachen Layouts.

Wenn zwei LANs über eine einzelne Leitung miteinander verbunden sind, spricht man von einer Point-to-Point-Verbindung (Abbildung 11.34). Auch wenn weitere LANs angebunden werden, kann die Point-to-Point-Topologie aufrechterhalten werden. Sie ist einfach zu implementieren, hat aber den Nachteil, dass Datenverkehr von einem Ende zum anderen alle dazwischen liegenden Knoten passieren muss. Der Vorteil besteht in der wohl kürzesten Gesamtdistanz der Verbindungen – ein wesentlicher Faktor, wenn die Leitungen gemietet werden.

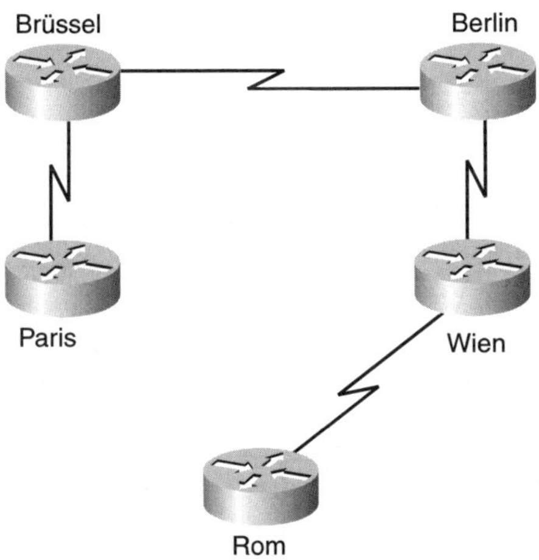

Abbildung 11.34: Point-to-Point-Topologie

Um die Verzögerungen zu minimieren, die beim Datenverkehr zwischen WANs auftreten, können die Verbindungen auch so strukturiert werden, dass sie einen Stern bilden. Die Anzahl der Leitungen ist gleich, aber jeder Endpunkt des Sterns ist nur zwei Hops von jedem anderen Endpunkt entfernt. Die Leitungslänge ist aber größer, was wiederum die Kosten steigert. Der Router im Zentrum des Sterns benötigt für jeden vorhandenen Endpunkt eine eigene Schnittstelle, die Router an den Endpunkten jedoch brauchen nur eine WAN-Schnittstelle.

Wenn Redundanz oder eine geringe Latenz wichtige Faktoren sind, können Sie weitere Leitungen ergänzen und so eine vermaschte Topologie schaffen (Abbildung 11.35). Hier ist jedes LAN nur einen Hop von jedem anderen LAN entfernt, und das Netzwerk ist auch sehr robust, da kein Knotenausfall die Kommunikation der anderen Knoten miteinander unterbrechen kann. Die geringe Latenz und hohe Robustheit haben natürlich ihren Preis – es werden zahlreiche Schnittstellen und Leitungen benötigt.

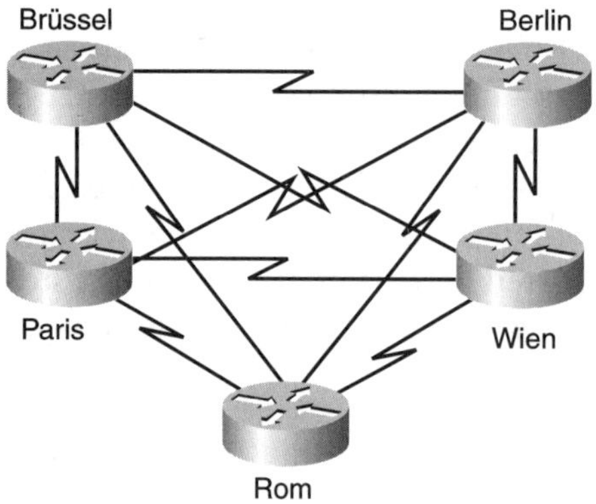

Abbildung 11.35: Vermaschtes WAN

Die Anzahl der Leitungen in einem Point-to-Point- oder einem sternförmigen WAN ist um den Wert 1 geringer als die Anzahl der Knoten, d. h., n Knoten benötigen $n - 1$ Leitungen. Bei einem vermaschten Netzwerk lautet die Formel hingegen $n \times (n - 1) \div 2$. Ein WAN mit 50 Knoten benötigt also 49 Leitungen für eine Sterntopologie, aber 1.225 Leitungen für eine vermaschte Topologie. Dies bedeutet, dass nur sehr kleine WANs mit vertretbarem wirtschaftlichen Aufwand vermascht werden können.

Es sind auch verschiedene Kombinationen dieser Topologien möglich. So wird etwa häufig eine Sterntopologie als Basiskonfiguration eingesetzt, während einige der Randknoten so miteinander verbunden werden, dass man von einer Teilvermaschung reden kann, die im Fehlerfalle Redundanz bietet (Abbildung 11.36). Wenn Netzwerke wachsen, erweisen sich solche Basistopologien häufig als schlecht skalierbar, und für größere Netzwerke wird ein strukturierterer Ansatz benötigt. Eine solche hierarchische Topologie wurde an anderer Stelle des Kapitels bereits beschrieben.

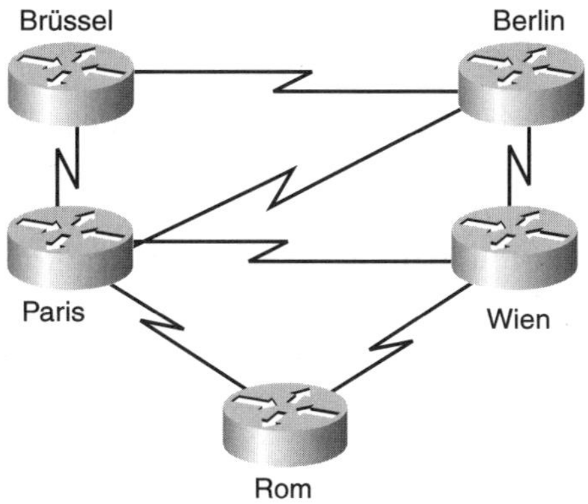

Abbildung 11.36: Teilvermaschtes WAN

11.8.6 Weitere Aspekte des WAN-Designs

Viele Unternehmens-WANs werden an das Internet angebunden. Hierdurch entstehen einerseits Sicherheitsprobleme, andererseits wird aber auch ein Alternativpfad für den Datenverkehr zwischen Zweigstellen bereitgestellt.

Ein Teil des Datenverkehr, für den das WAN-Design ausgerichtet sein muss, stammt aus dem Internet bzw. wird dorthin gesendet. Da der Internetzugriff wahrscheinlich überall dort erfolgt, wo Unternehmens-LANs vorhanden sind, kann er prinzipiell auf zwei möglichen Wegen übertragen werden: Entweder verfügt jedes LAN über eine eigene Verbindung zum lokalen Internet-Provider, oder es gibt eine einzelne Verbindung von einem der Kern-Router zu einem Provider. Der Vorteil der ersten Methode besteht darin, dass der Internetdatenverkehr im Internet – statt über das Netzwerk des Unternehmens – übertragen wird, was die notwendige Bandbreite der Leitungen im Unternehmensnetzwerk verringert. Der Nachteil mehrerer Leitungen ist allerdings die Öffnung des gesamten Unternehmens-WAN gegenüber Angriffen aus dem Internet, und die vielen Anbindungspunkte sind schwer zu überwachen und zu sichern. Ein einzelner Anbindungspunkt lässt sich wesentlich leichter mit Hilfe von Richtlinien sichern, auch wenn im Unternehmens-WAN dann ein gewisses Maß an Datenverkehr übertragen wird, der andernfalls über das Internet gelaufen wäre.

Wenn jedes LAN im Unternehmen eine eigene Internetanbindung hat, eröffnet sich dem Unternehmen noch eine weitere Möglichkeit zu Bildung eines WAN: Wenn das Datenverkehrsvolumen relativ gering ist, kann das Internet selbst als Unternehmens-WAN benutzt werden, d. h., der gesamte Datenverkehr zwischen den Zweigstellen läuft dann über das Internet. Natürlich ist die Sicherheit der verschiedenen LANs dann ein wesentlicher Gesichtspunkt, aber die Einsparungen in Bezug auf WAN-Verbindungen können das zusätzliche Aufkommen für Sicherheitseinrichtungen mehr als ausgleichen.

Soweit es möglich ist, sollten Server an dem Standort aufgestellt werden, an dem sie am häufigsten benötigt werden. Die häufige Replizierung von Servern verringert auch bei Planung außerhalb der Spitzenzeiten die benötigte Leitungskapazität. Wo Dienste, auf die über das Internet zugegriffen wird, platziert werden, hängt vom Wesen des Dienstes selbst, dem abzusehenden Datenverkehrsaufkommen, Sicherheitsaspekten usw. ab. Hierbei handelt es sich um ein recht spezielles Netzdesignthema, das an dieser Stelle nicht behandelt werden soll.

CD-ROM

Siehe auch e-Lab auf der Buch-CD-ROM »The Basic Steps in WAN Design«.

11.9 Zusammenfassung

In diesem Kapitel werden die folgenden Sachverhalte erläutert:

- Es gibt viele Optionen für die Verbindung von WANs.
- WANs übertragen Daten zwischen geografisch getrennten LANs.
- Allgemein befinden sich die Datenleitungen, die ein WAN bilden, meist in Besitz eines Kommunikationsproviders oder Netzbetreibers und werden Unternehmen gegen ein Entgelt zur Verfügung gestellt.
- WANs können viele unterschiedliche Formen des Datenverkehrs – Sprache, Daten und Video – übertragen, und das gewählte Design muss angemessene Kapazitäten und Übertragungszeiten ermöglichen, um die Unternehmensanforderungen zu erfüllen.
- Da ein WAN lediglich eine Gruppe von Verbindungen zwischen Routern in verschiedenen LANs darstellt, gibt es im WAN auch keine Dienste, d. h., WAN-Technologien basieren nur auf den drei unteren Ebenen des OSI-Referenzmodells.
- Bestandteil des WAN-Designs ist häufig die Aktualisierung, Erweiterung oder Modifizierung eines vorhandenen WAN.
- Viele verschiedene WAN-Topologien sind möglich, z. B. Point-to-Point-, Stern- und vermaschte Topologien.
- Ein typisches WAN verwendet eine Kombination aus Technologien wie ISDN, Frame Relay, ATM und Standleitungen.

- Bei großen WANs bietet eine hierarchische Lösung mit drei Schichten viele Vorteile.
- Durch Anbindung von WANs an das Internet wird ein Alternativpfad für den Datenverkehr zwischen Zweigstellen bereitgestellt.
- Der individuelle Remote-Zugriff aus dem Heimbüro auf das Unternehmensnetzwerk kann über Analogmodem, ISDN, DSL oder Kabelmodem erfolgen.
- Analoge-, ISDN- und DSL-Verbindungen verwenden vorhandene Telefonleitungen, während Kabelmodems ein koaxiales Kabelnetzwerk benutzen.
- Analogeinwahl und ISDN sind Wählverbindungen, die Konnektivität nur bieten, solange sie benötigt wird. DSL und Kabelmodem hingegen sind Festverbindungen, die aktiv sind, solange der Computer eingeschaltet ist.
- Die Bandbreite der unterschiedlichen Technologien variiert; die Transferraten von DSL und Kabelmodem liegen jedoch weitaus höher als die von Analogmodem und ISDN.

Um den hier erlernten Stoff zu vertiefen, beachten Sie bitte auch die diesem Kapitel zugeordneten Videos, Photo-Zooms und E-Labs auf der CD-ROM.

11.10 Lernzielkontrolle

1. Für welche der folgenden Datenverkehrstypen sind analoge Wählverbindungen ungeeignet?
   a) E-Mail
   b) Übertragung kleiner Dateien
   c) Berichte
   d) Video
2. Welche der folgenden Aussagen zu ISDN ist zutreffend?
   a) Der ISDN-Basisanschluss bietet zwei B-Kanäle und einen D-Kanal.
   b) Der D-Kanal überträgt Benutzerdaten mit einer Rate von 16 Kbit/s.
   c) Der ISDN-Basisanschluss bietet in Nordamerika 23 B-Kanäle und einen D-Kanal.
   d) Die Gesamtübertragungsrate des ISDN-Basisanschlusses beläuft sich auf 2,533 Mbit/s.

3. Was für eine Leitung ist eine Standleitung, die einen einzelnen dauerhaften WAN-Kommunikationspfad vom Kunden zum Remote-Netzwerk bereitstellt?
   a) Point-to-Point-Leitung
   b) Point-to-Multipoint-Leitung
   c) Analogleitung
   d) Digitalleitung
4. Welche der folgenden Aussagen zu X.25-Netzwerken ist nicht zutreffend?
   a) Die Übertragungsraten sind niedrig.
   b) Datenpakete werden nicht verzögert.
   c) Wird häufig in EDI-Anwendungen (Electronic Data Interchange, Datenaustausch zwischen Geschäftspartnern) eingesetzt.
   d) Die Entgelte variieren in Abhängigkeit von der übertragenen Datenmenge.
5. Wie realisiert Frame Relay mehrere gleichzeitige Kommunikationsvorgänge über eine einzige physische Verbindung?
   a) Die Verbindungen erfolgen im Multiplexbetrieb.
   b) Mehrere Kommunikationsvorgänge sind nicht zulässig.
   c) Die Kommunikationsvorgänge erfolgen im Duplexbetrieb.
   d) Die Kommunikationsvorgänge werden in eine ATM-Zelle konvertiert.
6. Welche der folgenden Aussagen zur ATM-Technologie ist *nicht* zutreffend?
   a) Mit ATM können Sprache, Video und Daten übertragen werden.
   b) ATM bietet eine höhere Bandbreite als Frame Relay.
   c) Die ATM-Architektur basiert nicht auf Frames, sondern auf Zellen.
   d) ATM-Zellen haben immer eine feste Länge von 35 Bytes.
7. Wie heißen Geräte am Kundenstandort, die an die Vermittlungszentrale eines Providers angebunden sind?
   a) DTE
   b) DCE

c) CPE

d) Keines der genannten.

8. Wie heißen Geräte, die Daten über die Teilnehmeranschlussleitung versenden?

   a) DTE

   b) DCE

   c) CPE

   d) Keines der genannten.

9. Wie heißen Kundengeräte, die Daten an DCE-Geräte übergeben?

   a) DTE

   b) DCE

   c) CPE

   d) Keines der genannten.

10. Was wird für digitale Leitungen benötigt?

    a) CSU und DSU

    b) DTE und DCE

    c) T1 und E1

    d) Keines der genannten.

11. Was wird für analoge WAN-Dienste benötigt?

    a) DCE

    b) DTE

    c) Modem

    d) Netzwerkkarte

12. Welche der folgenden Technologien gehört nicht zu den leitungsvermittelten Verbindungen?

    a) Analoges Telefonnetz

    b) ISDN-Basisanschluss

    c) ISDN-Primäranschluss

    d) SONET

13. Wie heißen Routen in einem paketvermittelten Netzwerk, die hergestellt werden, wenn die Switches gestartet werden?

    a) PVC

    b) SVC

    c) PVS

    d) SVS

14. Wie heißen Routen in einem paketvermittelten Netzwerk, die bei Bedarf hergestellt werden?

    a) PVC

    b) SVC

    c) PVS

    d) SVS

15. Welcher Diensttyp charakterisiert eine ISDN-Verbindung?

    a) asynchrone Wählverbindung

    b) asynchrone Standleitung

    c) synchrone Wählverbindung

    d) synchrone Standleitung

16. Welches der folgenden ist ein DCE-Gerät?

    a) Router

    b) Modem

    c) Switch

    d) Hub

17. In welcher OSI-Schicht agiert PPP?

    a) Vermittlungsschicht

    b) Sicherungsschicht

    c) Anwendungsschicht

    d) Transportschicht

18. In welcher der folgenden Schichten operiert Frame Relay?

    a) Schicht 1

    b) Schicht 2

c) Schicht 4

d) Schicht 3

19. Woraus besteht der ISDN-Basisanschluss?

a) 2 B-Kanäle und 2 D-Kanäle

b) 2 B-Kanäle und 1 D-Kanal

c) 23 B-Kanäle und 1 D-Kanal

d) 30 B-Kanäle und 1 D-Kanal

Lernziele:

Wenn Sie dieses Kapitel gelesen haben, werden Sie

- die grundlegenden Komponenten der PPP-Kommunikation kennen,
- den Einsatz von LCP- und NCP-Frames für PPP beschreiben können,
- Schritte bei der Konfiguration und Überprüfung von PPP nennen können,
- die PPP-Authentifizierung erläutern können,
- die Verwendung der Passwortauthentifizierung kennen,
- wissen, was CHAP ist.

Kapitel 12

Das Point-to-Point-Protokoll

Sie werden in diesem Kapitel die wesentlichen Komponenten, Prozesse und Betriebsvorgänge kennen lernen, welche die PPP-Kommunikation bestimmen. Ferner werden wir die Verwendung von LCP- und NCP-Frames (Link Control Protocol, Network Control Protocol) unter PPP beschreiben und erklären, wie Sie PPP konfigurieren und überprüfen. Wenn es abschließend um die PPP-Authentifizierung geht, werden Sie auch etwas über PAP (Password Authentication Protocol) und CHAP (Challenge Handshake Authentication Protocol) erfahren.

Das in RFC 1661 dokumentierte PPP (Point-to-Point Protocol) ist eine gute Lösung für DFÜ-Internetverbindungen wie etwa ISDN. Es handelt sich um ein schichtorientiertes Protokoll, das LCP zur Herstellung, Konfiguration und Überprüfung von Verbindungen verwendet. Nach Initialisierung von LCP können eines oder mehrere von verschiedenen NCPs für den Transfer von Datenverkehr einer bestimmten Protokollfamilie verwendet werden. So gestattet etwa IPCP (IP Control Protocol, dokumentiert in RFC 1332) den Transport von IP-Paketen über eine PPP-Leitung. Weitere NCPs existieren für AppleTalk (RFC 1378), OSI (RFC 1377), DECnet Phase IV (RFC 1762), Vines (RFC 1763), XNS (RFC 1764) und transparentes Ethernet-Bridging (RFC 1638).

In diesem Kapitel werden wir u. a. die folgenden Funktionen von PPP behandeln:

- **Adresszuteilung.** Diese Funktionalität gestattet es einem Server, dem DFÜ-Client eine IP-Adresse für diese Verbindung mitzuteilen. Die Methode ist zudem in der Lage, Clients die Anforderung von IP-Adressen zu ermöglichen und Notfallkonfigurationen zu unterstützen. Bei SLIP musste der Benutzer diese Informationen noch manuell konfigurieren. PPP-Optionen wurden (in RFC 1877) auch zur Übermittlung von Namensserveradressen festgelegt, und zwar sowohl von Internet- als auch für NetBIOS-Namensservern.
- **Authentifizierung.** Eine Authentifizierung ist optional über PAP oder CHAP verfügbar. Beide sind in RFC 1334 dokumentiert.

- **Multiprotokolleinsatz.** Mehrere Protokolle können durch einfache Verwendung zusätzlicher NCPs über die gleiche Verbindung betrieben werden. So können sowohl IP- als auch IPX-Datenverkehr die gleiche PPP-Leitung verwenden.
- **Leitungsüberwachung.** Hierzu gehört u. a. eine Echofunktion auf Leitungsebene, die den Leitungsbetrieb periodisch überprüft.

Beachten Sie bitte die diesem Kapitel zugeordneten Videos, Photo-Zooms und E-Labs auf der beiliegenden CD-ROM. Sinn dieser Zusatzinformationen ist die Ergänzung des Materials und Vertiefung des Stoffes, der in diesem Kapitel vorgestellt wird.

12.1 Die schichtorientierte PPP-Architektur

PPP ermöglicht Verbindungen von Router zu Router und von Host zum Netzwerk sowohl über synchrone als auch über asynchrone Verbindungen (Abbildung 12.1). Es ist das meistverbreitete und populärste WAN-Protokoll, denn es weist die folgenden Merkmale auf:

- Steuerung des Verbindungsaufbaus in Schicht 2
- Zuweisung und Management von IP-Adressen
- Netzwerkprotokoll-Multiplexing
- Konfiguration und Überprüfung der Qualität von Verbindungen
- Fehlererkennung

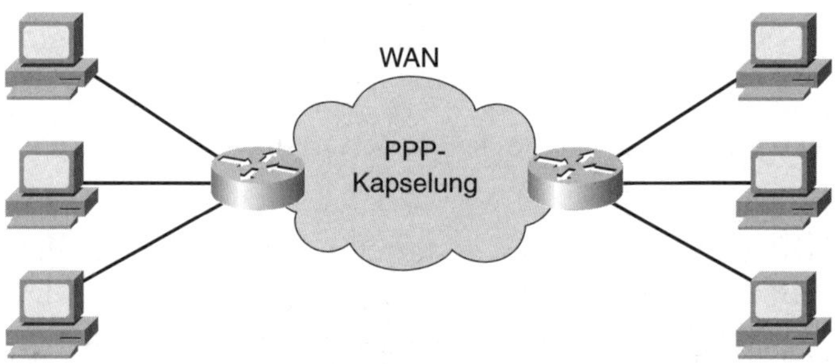

Abbildung 12.1: PPP im WAN

PPP verwendet eine schichtorientierte Architektur. Eine Architektur ist nichts anderes als eine Art logisches Modell oder eine Vorlage. Schichtorientierte Architekturen ermöglichen die Kommunikation von aneinander grenzenden Schichten. Das OSI-Modell ist die Architektur, die in der Netzwerktechnik sehr oft eingesetzt wird. PPP bietet eine Methode zur Kapselung von Multiprotokolldatagrammen über eine Point-to-Point-Leitung und verwendet die Sicherungsschicht zum Testen der Verbindung. Insofern verwendet PPP drei OSI-Schichten in seiner Architektur. Abbildung 12.2 zeigt, wie sich PPP in das OSI-Modell einfügt.

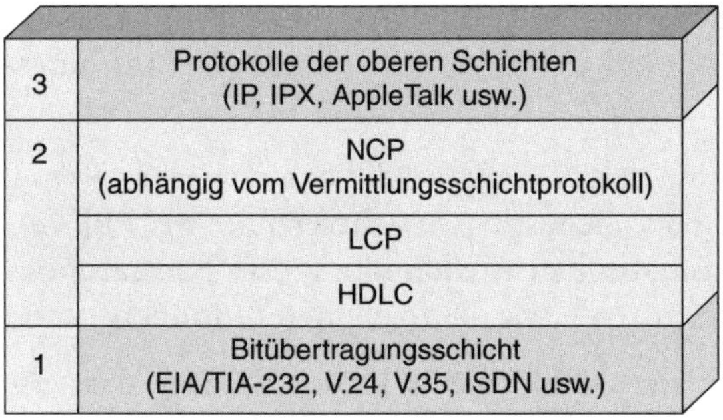

Abbildung 12.2: PPP und das OSI-Modell

Abbildung 12.3 stellt die verschiedenen Funktionen der PPP-Schichten dar.

- Die Bitübertragungsschicht wird für die eigentliche Point-to-Point-Verbindung genutzt.
- Die Sicherungsschicht wird für Aufbau und Konfiguration der Verbindung verwendet.
- Die Vermittlungsschicht wird zur Konfiguration verschiedener Vermittlungsschichtprotokolle eingesetzt.

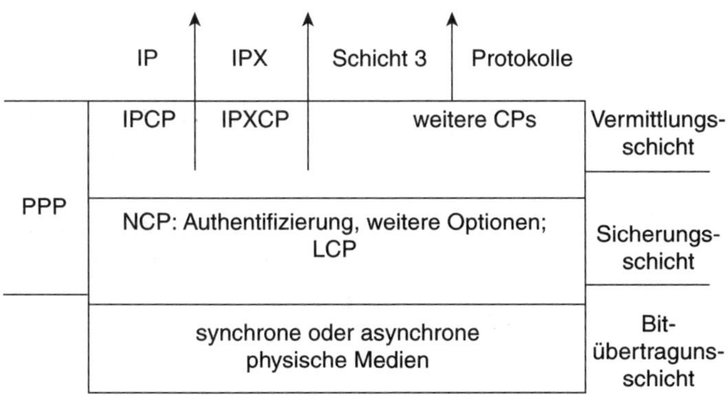

Abbildung 12.3: Funktionen der PPP-Schichten

Sie können PPP an den folgenden Schnittstellen eines Routers konfigurieren:

- asynchrone serielle Schnittstellen
- synchrone serielle Schnittstellen

- HSSI (High Speed Serial Interface)
- ISDN

PPP verwendet LCP zur Aushandlung und Konfiguration von Protokolloptionen für die WAN-Sicherungsschicht. Die NCP-Komponente wird zur Kapselung und zur Aushandlung von Optionen für mehrere Vermittlungsschichtprotokolle benutzt.

LCP setzt auf die Bitübertragungsschicht auf und dient der Herstellung, Konfiguration und Überprüfung der Sicherungsschichtverbindung. PPP verwendet LCP außerdem zur automatischen Aushandlung von Formatoptionen für die Kapselung. Hierzu gehören etwa die folgenden Optionen:

- **Authentifizierung.** Authentifizierungsoptionen setzen voraus, dass die Absenderseite der Verbindung Informationen eingibt, die sicherstellen, dass der Absender die Berechtigung zur Durchführung des Rufs vom Netzwerkadministrator erhalten hat (Abbildung 12.4). Die Peer-Router tauschen dazu Authentifizierungsmeldungen aus. Dabei werden zwei Alternativen unterschieden:
  - PAP
  - CHAP

Abbildung 12.4: Authentifizierung

- **Komprimierung.** Die Komprimierungsoptionen erhöhen den effektiven Durchsatz von PPP-Verbindungen, indem sie die Menge der Daten in dem Frame verringern, der über die Verbindung übertragen wird. Das Protokoll dekomprimiert den Frame dann beim Empfänger wieder (Abbildung 12.5). Bei Cisco-Routern sind zwei Komprimierungsalgorithmen namens *Stacker* und *Predictor* vorhanden.

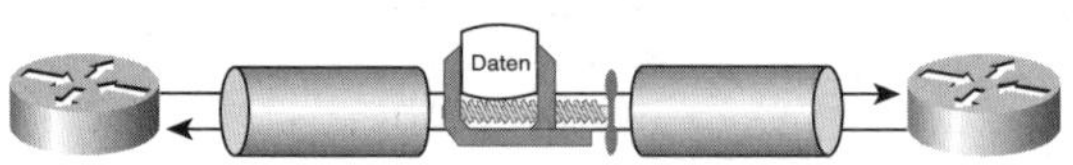

Abbildung 12.5: Komprimierung

- **Fehlererkennung.** Die Fehlererkennungsmethoden von PPP ermöglichen es einem Prozess, fehlerhafte Gegebenheiten zu erkennen. Die Optionen *Quality* und *Magic Number* (in Prozent) gewährleisten eine zuverlässige, schleifenfreie Verbindung.

- **Multilink-PPP.** Cisco IOS Release 11.1 und höher unterstützt Multilink-PPP. Diese Alternative ermöglicht eine Lastverteilung über die von PPP verwendeten Router-Schnittstellen (Abbildung 12.6).

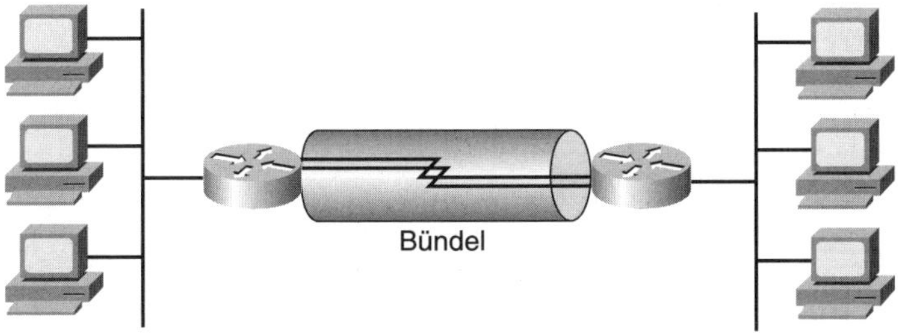

Abbildung 12.6: Multilink-PPP

- **PPP-Callback (Rückruf).** Um die Sicherheit weiter zu optimieren, bietet Cisco IOS ab Release 11.1 als Funktion den Rückruf über PPP. Dank dieser LCP-Option kann ein Cisco-Router als Callback-Client oder -Server verwendet werden. Der Client führt den ersten Ruf durch, bittet um Rückruf und beendet seinen Ruf dann wieder. Der Callback-Router beantwortet diesen Ruf, indem er den Client auf der Grundlage seiner Konfigurationsanweisungen zurückruft.

LCP verarbeitet auch dynamisch Veränderungen der Paketgröße, erkennt häufig auftretende Konfigurationsfehler, beendet Verbindungen und erkennt außerdem, ob eine Leitung einwandfrei funktioniert oder fehlerhaft ist.

PPP gestattet mehreren Protokollen der Vermittlungsschicht gleichzeitig den Betrieb über dieselbe Verbindung. Für jedes verwendete Vermittlungsschichtprotokoll wird ein separates NCP bereitgestellt. IP zum Beispiel benutzt IPCP (Internet Protocol Control Protocol), während IPX das Novell-Protokoll von IPXCP (Internetwork Packet Exchange Control Protocol) nutzt.

NCPs enthalten Funktionsfelder, die Standardcodes zur Angabe des durch PPP gekapselten Vermittlungsschichtprotokolls enthalten.

Abbildung 12.7 zeigt die folgenden Felder eines PPP-Frames:

- **Flag.** Zeigt Anfang und Ende des Frames an und besteht immer aus der Binärsequenz 01111110.
- **Adresse.** Besteht aus einer Broadcast-Adresse (Binärsequenz 11111111). PPP weist hier keine einzelnen Adressen zu.
- **Steuerfeld.** Ein 1 Byte langes Feld, bestehend aus der Binärsequenz 00000011. Dieses fordert die Übertragung der Nutzdaten in einem nicht

sequenzierten Frame an. Auf diese Weise wird ein verbindungsloser Dienst realisiert[1].

- **Protokoll.** Zwei Bytes, die das im Datenfeld des Frames gekapselte Protokoll angeben. Tabelle 12.1 listet einige der Nummern auf, die im PPP-Protokollfeld auftreten können.

Tabelle 12.1: Nummern im PPP-Protokollfeld

Wert (hexadezimal)	Protokollname
8021	IPCP
8023	OSI Network Layer Control Protocol
8029	AppleTalk Control Protocol
802b	Novell IPX Control Protocol
c021	LCP
c023	PAP
c223	CHAP

- **Daten.** Null oder mehr Bytes, die ein Datagramm des im Protokollfeld angegebenen Protokolls enthalten. Das Ende des Datenfelds wird bestimmt, indem das Ende-Flag gesucht und ein Feld als Prüfsumme (FCS) für den Rahmen definiert werden. Die maximal zulässige Länge des Datenfeldes beträgt 1.500 Bytes.
- **FCS (Frame Check Sequence).** Rahmenprüfsumme (die Länge beträgt normalerweise 16 Bits, also zwei Bytes). Das sind Zusatzzeichen, mit denen ein Frame zur Fehlererkennung ergänzt wird.

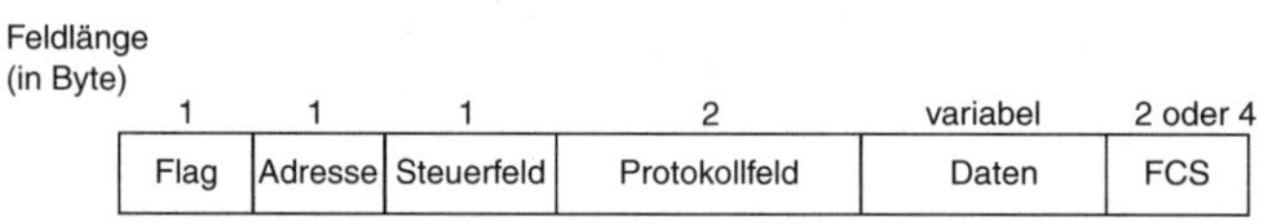

Abbildung 12.7: Format des PPP-Frames

12.2 PPP-Sitzungen aufbauen

PPP bietet eine Möglichkeit für Aufbau, Konfiguration, Aufrechterhaltung und Abbau einer Punkt-zu-Punkt-Verbindung. Zur Realisierung der Kommunikation über eine solche Verbindung durchläuft PPP vier getrennte Phasen:

1. Dieser Dienst ähnelt dem LLC-Protokoll, Typ 1.

– **Aufbau der Verbindung und Verhandlung der Konfiguration.** Ein PPP-Absenderknoten sendet LCP-Frames zwecks Aufbau und Konfiguration einer Datenverbindung.

– **Authentifizierung und Feststellung der Verbindungsqualität.** Die Verbindung wird überprüft, um festzustellen, ob ihre Qualität für den Einsatz von Vermittlungsschichtprotokollen ausreichend ist. Beachten Sie, dass diese Phase optional ist.

– **Aushandlung der Konfiguration der Schicht-3-Protokolle.** Der PPP-Absenderknoten sendet nun NCP-Frames, um die Protokolle der Vermittlungsschicht auszuwählen und zu konfigurieren. Die ausgewählten Protokolle – z. B. IP, Novell IPX oder AppleTalk – werden konfiguriert. Jetzt erst können Pakete der entsprechenden Protokolle gesendet werden.

– **Abbau der Verbindung.** Die Verbindung bleibt so lange für die Kommunikation geöffnet, bis LCP- oder NCP-Frames sie beenden oder ein externes Ereignis stattfindet (d. h., wenn beispielsweise ein Timer ausläuft oder der Benutzer beendet).

In all diesen Phasen werden LCP-Frames benutzt. Von diesen gibt es drei Klassen:

– **Link-Establishment-Frames.** Werden zur Herstellung und Konfiguration einer Verbindung benutzt.

– **Link-Termination-Frames.** Dienen dem Abbau einer Verbindung.

– **Link-Maintenance-Frames.** Diese werden für die Steuerung und das Debugging einer Verbindung genutzt.

Abbildung 12.8 zeigt beispielhaft den Aufbau einer PPP-Verbindung.

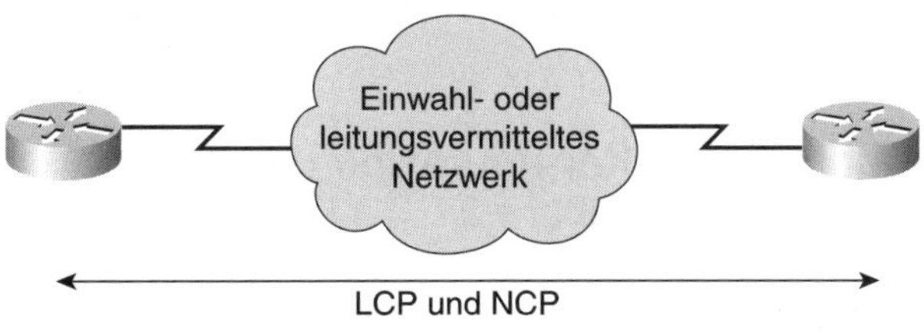

Abbildung 12.8: Aufbau einer PPP-Verbindung

12.2.1 Phase 1: Öffnen der Verbindung und Verhandlung der Konfiguration

In der ersten Phase (Verbindungsöffnung und Konfigurationsverhandlung) senden alle beteiligten PPP-Geräte LCP-Pakete, um die Verbindung aufzubauen und zu konfigurieren. Diese Pakete enthalten ein Konfigurationsoptionsfeld, das den Geräten die Verwendung von Optionen gestattet (z. B. MTU, Maximum Transmission Unit), die Komprimierung bestimmter PPP-Felder und das Authentifizierungsprotokoll). Ist eine Konfigurationsoption in einem LCP-Feld nicht enthalten, dann wird der Vorgabewert für diese Option benutzt.

Bevor Pakete der Vermittlungsschicht (beispielsweise IP-Datagramme) ausgetauscht werden können, muss LCP die Verbindung zunächst öffnen und die Konfigurationsparameter aushandeln. Diese Phase ist abgeschlossen, wenn ein bestimmter Frame zur Konfigurationsbestätigung gesendet und empfangen wurde.

12.2.2 Phase 2: Authentifizierung und Feststellung der Verbindungsqualität

LCP erlaubt nach der ersten Phase eine optionale Phase zur Feststellung der Verbindungsqualität. In dieser Phase wird die Verbindung geprüft, um zu ermitteln, ob ihre Qualität für den Einsatz von Vermittlungsschichtprotokollen ausreichend ist. Ferner können, wenn die Verbindung aufgebaut und das Authentifizierungsprotokoll ausgehandelt ist, der Client oder die Workstation authentifiziert werden. Diese Authentifizierung wird ggf. durchgeführt, bevor die Konfigurationsphase für Vermittlungsschichtprotokolle beginnt. LCP kann die Übertragung der Informationen zum Vermittlungsschichtprotokoll in diesem Fall verzögern, bis die Authentifizierung abgeschlossen ist.

12.2.3 Phase 3: Aushandlung der Konfiguration der Vermittlungsschichtprotokolle

In dieser Phase senden die beiden PPP-Stationen NCP-Pakete zur Auswahl und Konfiguration eines oder mehrerer Protokolle der Vermittlungsschicht (z. B. IP). Sobald die Konfiguration eines solchen Protokolls abgeschlossen ist, können entsprechende Datagramme über die Verbindung gesendet werden.

Wenn LCP die Verbindung abbaut, informiert es die Protokolle der Vermittlungsschicht darüber, sodass diese notwendige Funktionen auslösen können.

Nach der Konfiguration von PPP können Sie den Status von LCP und NCP mit Hilfe des Befehls `show interfaces` überprüfen.

CD-ROM

Siehe auch e-Lab auf der Buch-CD-ROM »show interfaces«.

E-Lab

Siehe auch CNAP »show interfaces«.

12.2.4 Phase 4: Abbau der Verbindung

LCP kann eine Verbindung jederzeit abbauen. Dies geschieht zwar in der Regel auf entsprechende Bedienschritte des Benutzers hin, kann aber auch durch ein Ereignis verursacht werden, z. B. einen Verbindungsausfall oder das Auslaufen eines Timers.

12.3 PPP-Authentifizierungsprotokolle

Die Authentifizierungsphase einer PPP-Sitzung ist optional. Sobald die Verbindung hergestellt ist und ein Authentifizierungsprotokoll gewählt wurde, kann die Gegenseite authentifiziert werden. Sofern sie eingesetzt wird, findet die Authentifizierung vor der Konfiguration des Schicht-3-Protokolls statt.

Die Authentifizierungsoptionen sehen vor, dass die sendende Station Authentifizierungsinformationen eingeben muss, um sicherzustellen, dass der zugehörige Benutzer die Berechtigung hat, die Verbindung herzustellen. Peer-Router tauschen diese Authentifizierungsmeldungen miteinander aus.

Bei der Konfiguration der PPP-Authentifizierung können Sie zwischen PAP und CHAP wählen, wobei CHAP das zu bevorzugende Protokoll ist. Es folgt eine kurze Beschreibung der beiden Protokolle.

12.3.1 PAP

Wie aus Abbildung 12.9 hervorgeht, stellt PAP (Password Authentication Protocol) eine einfache Methode dar, mit der ein entferntes Gerät im Netzwerk seine Identität durch einen Zwei-Schritte-Handshake belegen kann. Wenn die PPP-Verbindungsaufbauphase abgeschlossen ist, wird vom entfernten Gerät wiederholt eine Kombination aus Benutzernamen und Passwort über die Verbindung gesendet, und zwar so lange, bis die Authentifizierung bestätigt oder die Verbindung abgebaut ist.

PAP ist kein starkes Authentifizierungsprotokoll. Die Passwörter werden unverschlüsselt über die Verbindung gesendet, und es gibt keinen Schutz gegen Lauschangriffe oder Trial-and-Error-Attacken. Das entfernte Netzwerkgerät bestimmt Häufigkeit und Timing der Anmeldeversuche.

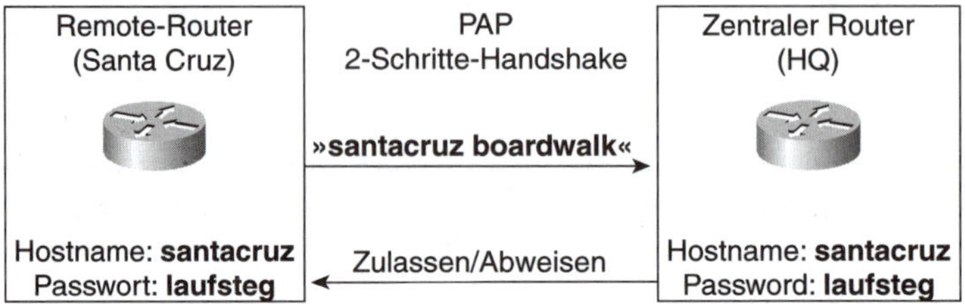

Abbildung 12.9: PAP-Authentifizierung

12.3.2 CHAP

Mit Hilfe von CHAP (Challenge Handshake Authentication Protocol) kann man die Identität des entfernten Geräts im Netzwerk über einen Drei-Schritte-Handshake wiederholt verifizieren (Abbildung 12.10). Diese Verifizierung findet unmittelbar nach Herstellung der Verbindung statt und wird mehrfach wiederholt, solange die Verbindung noch nicht beendet ist.

Wenn die PPP-Verbindungsaufbauphase abgeschlossen ist, sendet der lokale Router eine Challenge-Meldung an den entfernten Router, woraufhin dieser mit der Rückgabe eines Werts antwortet, der mit Hilfe einer Einmal-Hash-Funktion (normalerweise dem MD5-Algorithmus) für Passwort und Challenge-Meldung erstellt wurde. Der lokale Router vergleicht den zurückerhaltenen mit einem selbst erstellten Wert; stimmen die Werte überein, dann wird die Authentifizierung bestätigt, andernfalls wird die Verbindung abgebaut.

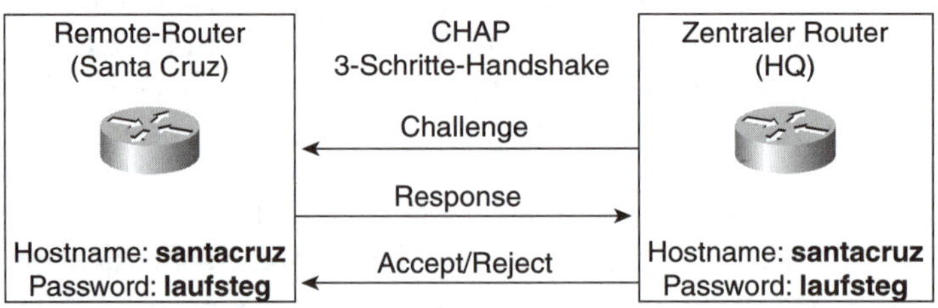

Abbildung 12.10: CHAP-Authentifizierung

CHAP ist gegen Angriffe der von Hackern einfach duplizierten Pakete eher als PAP geschützt, denn der Challenge-Wert ist jedes Mal anders und nicht vorhersagbar. Der Zweck des wiederholten Einsatzes von Challenges liegt darin, die Zeit zu verringern, während der die Verbindung für Hackerangriffe anfällig ist. Der lokale Router – oder ein Authentifizierungsserver – steuert Häufigkeit und Timing der Anmeldeversuche.

12.4 PPP-Kapselung und PPP-Authentifizierung

Wenn Sie die PPP-Authentifizierung konfigurieren, können Sie zwischen PAP und CHAP wählen. Gibt ein Benutzer den Befehl `encapsulation ppp` ein, dann überprüft das System den Authentifizierungstyp, der konfiguriert wurde. Wird keine Authentifizierung benötigt, dann beginnt die PPP-Sitzung sofort, andernfalls wird der nächste Schritt des Authentifizierungsprozesses durchgeführt. Der in Abbildung 12.11 gezeigte Prozess bestimmt die zu verwendende Authentifizierungsmethode.

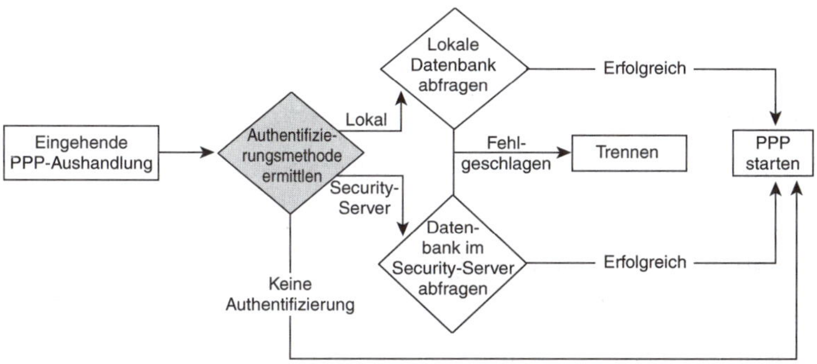

Abbildung 12.11: Authentifizierungsprozess

Dann wird die lokale Datenbank (die Angaben zu Benutzername und Kennwort enthält) oder der Sicherheitsserver bezüglich der Übereinstimmung von Benutzername und Passwort abgefragt. Hierzu werden CHAP oder PAP eingesetzt. Der Prozess überprüft dann die von der lokalen Datenbank erhaltene Authentifizierungsantwort; ist diese positiv, dann wird die PPP-Sitzung gestartet, andernfalls wird der Benutzer direkt zurückgewiesen.

Nach Abschluss der PPP-Verbindungsaufbauphase in PAP sendet das Remote -Gerät wiederholt einen Benutzernamen und das zugehörige Passwort an den Router, bis die Authentifizierung bestätigt oder die Verbindung abgebrochen wird. Bei CHAP hingegen sendet der lokale Router zunächst nur eine Challenge-Meldung an den Remote-Knoten.

Die dargestellten Schritte und Abbildungen zeigen den Ablauf der Ereignisse zwischen zwei Routern während der CHAP-Authentifizierung. Die dazugehörigen Debug-Meldungen, wie sie in der Ausgabe des Befehls `debug ppp negotiation` zu sehen sind, finden Sie im Dokument »Understanding debug ppp negotiation Output« unter *http://www.cisco.com/warp/public/471/debug_ppp_negotiation.html.*

Die folgenden Schritte sind in Abbildung 12.12 dargestellt:

1. Der Ruf wird von 3640-1 empfangen. Die eingehende Schnittstelle ist mit dem Befehl `ppp authentication chap` konfiguriert.
2. LCP handelt CHAP und MD5 aus.
3. Bei diesem Ruf wird von 3640-1 eine CHAP-Challenge beim rufenden Router angefordert.

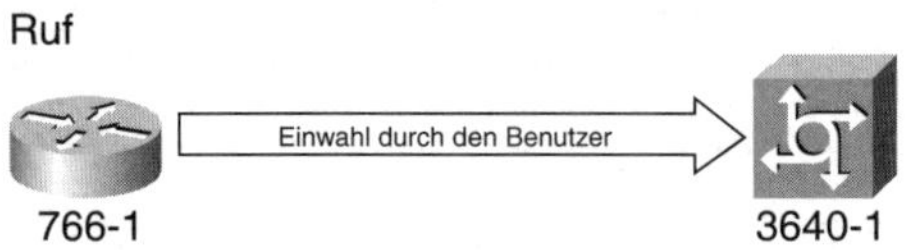

Abbildung 12.12: CHAP-Authentifizierung, Schritt 1

Abbildung 12.13 veranschaulicht die folgenden Schritte bei der CHAP-Authentifizierung zwischen den beiden Routern:

1. Eine CHAP-Challenge wird als Paket mit den folgenden Merkmalen erstellt:
   - **01.** Typenkennung des Challenge-Pakets.
   - **ID.** Sequenznummer, die die Challenge identifiziert.
   - **ZZ.** Vom Router erzeugte, mehr oder weniger zufällige Zahl.
   - **3640-1.** Authentifizierungsname der Station, welche die Challenge sendet.
2. Die Werte *ID* und *ZZ* werden vom Router gespeichert.
3. Das Challenge-Paket wird an den anfragenden Router gesendet. Es wird eine Liste mit ausstehenden Challenges geführt.

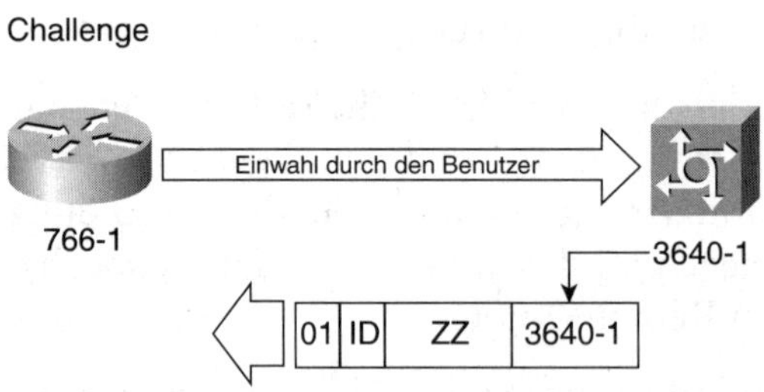

Abbildung 12.13: CHAP-Authentifizierung, Schritt 2

Abbildung 12.14 zeigt Empfang und MD5-Verarbeitung des Challenge-Pakets durch den Peer.

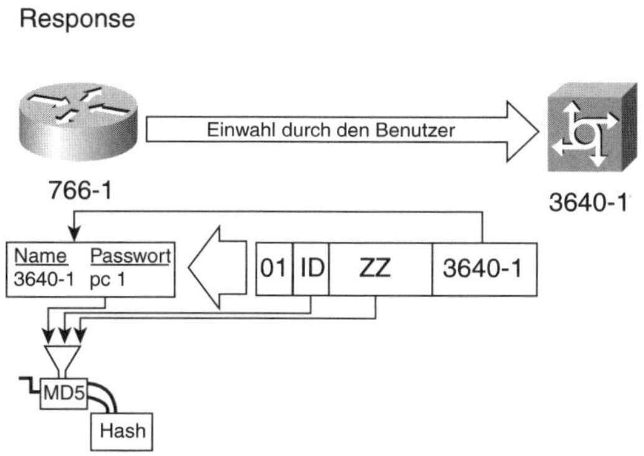

Abbildung 12.14: CHAP-Authentifizierung, Schritt 3

Der Router verarbeitet das eingehende Challenge-Paket wie folgt:

1. Das Feld *ID* wird in den MD5-Hash-Generator eingegeben.
2. Der Wert *ZZ* wird ebenfalls in den MD5-Hash-Generator eingegeben.
3. Das zum Namen *3640-1* gehörende Passwort wird überprüft. Der Router sucht nach einem Eintrag, der zum Benutzernamen in der Challenge passt. Im konkreten Beispiel sieht das so aus:

   ```
   username 3640-1 password pc1
   ```

4. Das Passwort wird in den MD5-Hash-Generator eingegeben.

   Das Ergebnis der unidirektionalen Verarbeitung – ein MD5-Hash – wird als CHAP-Response zurückgesendet.

Abbildung 12.15 zeigt, wie das CHAP-Response-Paket an die authentifizierende Station zurückgesendet wird. Die Abbildung zeigt die folgenden Schritte:

1. Das Response-Paket setzt sich aus den folgenden Komponenten zusammen:
   - **02.** Typenkennung des Response-Pakets.
   - **ID.** Aus der Challenge kopiert.
   - **Hash.** Ausgabe des MD5-Hash-Generators (d. h. die aus dem Challenge-Paket erzeugte Hash-Information).
   - **766-1.** Authentifizierungsname des Geräts. Diese wird benötigt, weil der Peer Benutzer und Passwort überprüfen muss, die zur Identitätsprüfung benötigt werden (wir werden in Kürze näher darauf eingehen).
2. Das Response-Paket wird gesendet.

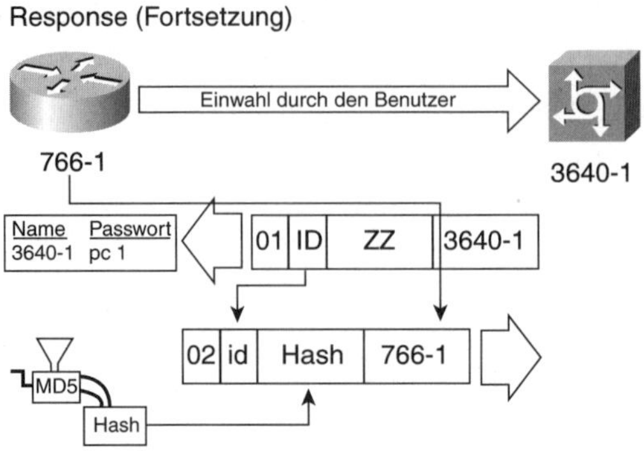

Abbildung 12.15: CHAP-Authentifizierung, Schritt 4

Abbildung 12.16 zeigt, wie die erste Station das Response-Paket verarbeitet.

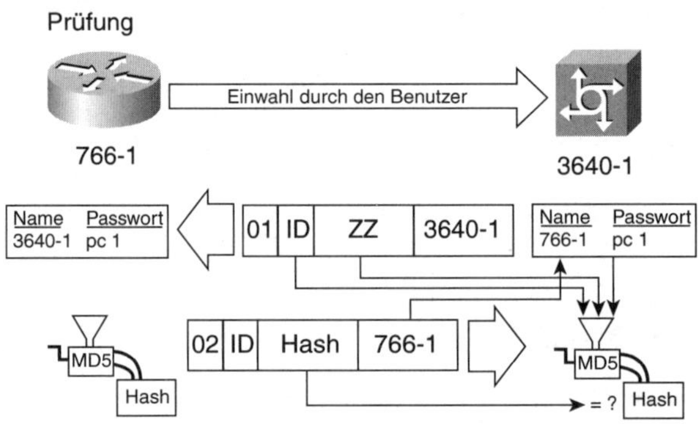

Abbildung 12.16: CHAP-Authentifizierung, Schritt 5

Das CHAP-Response-Paket wird bei der authentifizierenden Station wie folgt verarbeitet:

1. Über das Feld *ID* wird das ursprüngliche Challenge-Paket ermittelt.
2. Das Feld *ID* wird in den MD5-Hash-Generator eingegeben.
3. Der Wert *ZZ* des ursprünglichen Challenge-Pakets wird ebenfalls in den MD5-Hash-Generator eingegeben
4. Das zum Namen *766-1* gehörende Passwort wird an einer der folgenden Quellen überprüft:
   - lokale Datenbank für Benutzernamen und Passwörter
   - RADIUS- oder TACACS+-Server (Remote Authentication Dial-In User Service, Terminal Access Controller Access Control System)
5. Das Passwort wird in den MD5-Hash-Generator eingegeben.

6. Der im Response-Paket enthaltene Hash-Wert wird mit dem selbst berechneten MD5-Hash-Wert verglichen. Stimmen die beiden Werte überein, dann war die CHAP-Authentifizierung erfolgreich.

Abbildung 12.17 zeigt die Erfolgsmeldung, die an den kontaktierenden Router gesendet wird.

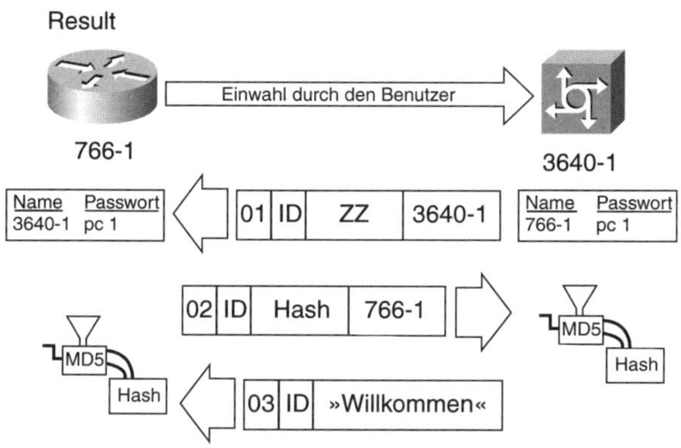

Abbildung 12.17: CHAP-Authentifizierung, Schritt 6

War die Authentifizierung erfolgreich, dann wird ein CHAP-Success-Paket mit den folgenden Komponenten erstellt:

- **03.** CHAP-Success-Meldung.
- **ID.** Aus der Response kopiert.
- **Welcome in.** Eine einfache Textmeldung, die eine benutzerfreundliche Erläuterung enthält.

Schlägt die Authentifizierung fehl, dann wird ein CHAP-Failure-Paket mit den folgenden Komponenten erstellt:

- **04.** CHAP-Failure-Meldung.
- **ID.** Aus der Response kopiert.
- **Authentication Failure.** Eine einfache Textmeldung, die eine benutzerfreundliche Erläuterung enthält.

Die jeweilige Meldung wird dann an den anfragenden Router gesendet.

12.5 Serielle Point-to-Point-Verbindungen

WAN-Technologien basieren auf der seriellen Übertragung in der Bitübertragungsschicht. Das bedeutet, dass alle Bits eines Frames nacheinander über das physische Medium übertragen werden.

Die Bits, aus denen sich der Schicht-2-Frame zusammensetzt, werden der Reihe nach über Prozesse in der Bitübertragungsschicht als Signale an das physische Medium gesendet. Neben anderen Faktoren unterscheiden sich die verschiedenen seriellen Kommunikationsmethoden durch die Signalisierungsmethode NRZ-L (Non-Return to Zero Level), HDB3 (High Density Binary 3) und AMI (Alternative Mark Inversion). Zu den bekanntesten seriellen Kommunikationsstandards gehören die folgenden:

- RS232-E
- V.35
- HSSI (High Speed Serial Interface)

12.6 TDM

Der Begriff TDM (Time-Division Multiplexing, Zeitmultiplex) beschreibt die Übertragung von Daten aus mehreren Quellen über einen gemeinsamen Kanal (oder ein Signal) und die nachfolgende Rekonstruktion der ursprünglichen Datenströme am entfernten Ende.

In Abbildung 12.18 gibt es drei Datenquellen, die abwechselnd über den Ausgangskanal übertragen werden. Dabei wird zunächst aus jedem Eingangskanal eine bestimmte Menge Daten aufgenommen; die Größe dieses Datenblocks kann variieren, meistens aber ist es entweder ein Bit oder ein Byte gleichzeitig. Je nachdem, ob Bits oder Bytes verwendet werden, spricht man vom bitverschachtelndem oder byteverschachtelndem TDM.

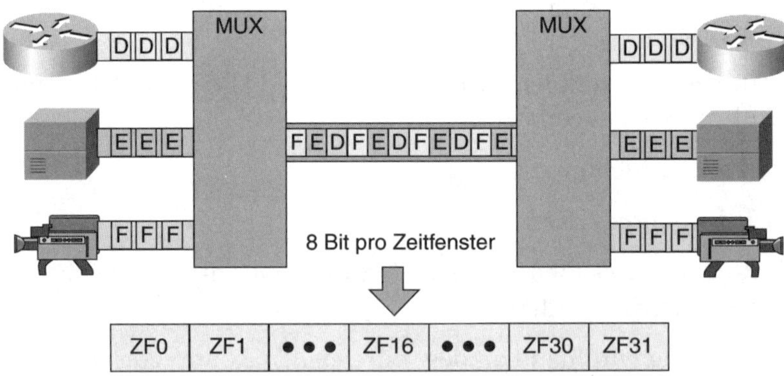

Abbildung 12.18: TDM-Quelldaten

Jeder der drei Eingangskanäle hat seine eigene Kapazität. Damit der Ausgangskanal die Daten aller drei Eingänge verarbeiten kann, darf seine Kapazität nicht geringer sein als die Summe der Eingänge.

Bei TDM sind die Zeitfenster (engl. *Timeslots*) immer vorhanden – unabhängig davon, ob gerade Daten übertragen werden müssen oder nicht. TDM kann insofern mit einem Zug verglichen werden, der beispielsweise 32 Waggons aufweist. Jeder dieser Waggons gehört einer anderen Spedition. Nun verlässt der Zug seine Station tagtäglich mit allen 32 Waggons. Hat eine Spedition Waren zu versenden, dann werden diese in einen Container verpackt, der nachfolgend auf den Waggon gesetzt und von der Lokomotive zu einem anderen Bahnhof befördert wird; müssen keinerlei Waren versendet werden, dann bleibt der Waggon frei, ist aber nach wie vor Teil des Zugs.

TDM ist ein Verfahren der Bitübertragungsschicht: Welche Daten im Multiplexverfahren über den Ausgangskanal übertragen werden, ist nicht von Bedeutung, weswegen die Technologie unabhängig vom von den Eingangskanälen verwendeten Schicht-2-Protokoll arbeitet.

Ein gutes Beispiel für TDM ist ISDN. Wie wir wissen, hat der ISDN-Basisanschluss drei Kanäle, nämlich zwei B-Kanäle mit je 64 Kbit/s (B1 und B2) und einen D-Kanal mit 16 Kbit/s. Das in Abbildung 12.19 dargestellte TDM bietet neun Zeitfenster, die es dem Netzbetreiber ermöglichen, die Teilnehmeranschlussleitung aktiv zu betreiben, da der Demarkationspunkt erst jenseits der NTU (Network Termination Unit, Netzanschlusseinrichtung) liegt.

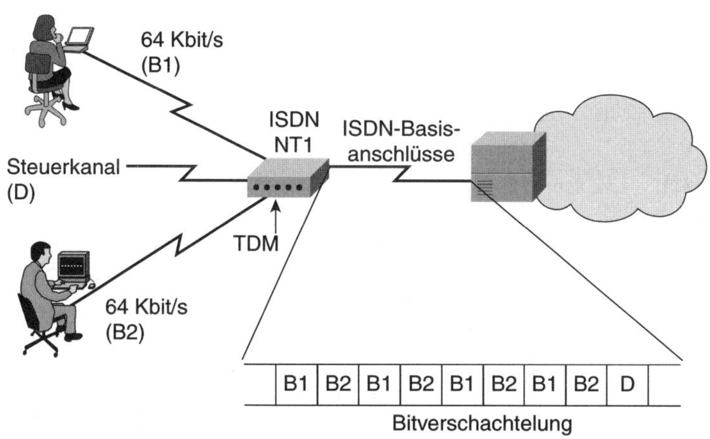

Abbildung 12.19: TDM

12.7 Demarkationspunkt

Der Demarkationspunkt ist der Punkt im Netzwerk, an dem die Zuständigkeit des Providers endet. Hierbei ist zu unterscheiden zwischen Providern in den USA und in der übrigen Welt: In den Vereinigten Staaten stellt der Provider die Teilnehmeranschlussleitung zum Kundenstandort bereit, der Kunden hingegen muss die angeschlossenen aktiven Geräte (CSU/DSU) kaufen und betreiben. Der Anschluss wird häufig in einem TK-Verteilerraum vorgenommen. In diesem Fall ist der Kunde für die Wartung der Hardware und ihren Ersatz bei Ausfall zuständig.

In Nordamerika ist das NT1-Gerät (Network Termination Type 1, Netzanschlusseinrichtung Typ 1) ein CPE-Gerät, während es in fast allen anderen Teilen der Welt Bestandteil des Netzwerks ist, das vom Provider bereitgestellt und gewartet wird. Auf diese Weise kann der Provider die Teilnehmeranschlussleitung aktiv administrieren. Der Demarkationspunkt (Abbildung 12.20) ist es jenseits des NT1 vorhanden. Der Kunde schließt nun ein CPE-Gerät – z. B. einen Router mit Frame Relay-Schnittstelle – an das NT1 an. Der Anschluss erfolgt in der Regel über eine serielle Schnittstelle wie etwa V.35 oder RS232.

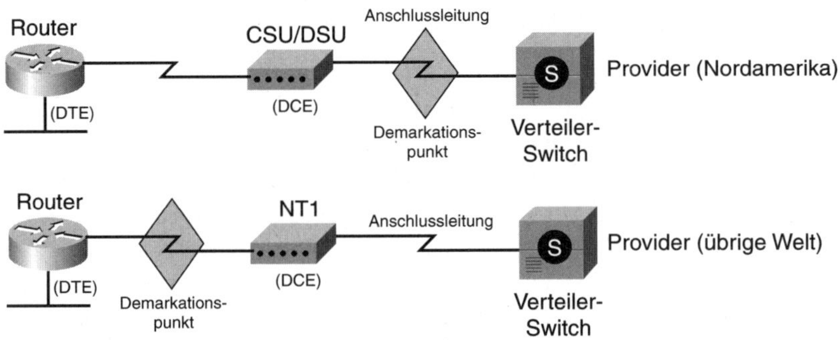

Abbildung 12.20: Demarkationspunkt

12.8 DTE- und DCE-Geräte

Bei jeder WAN-Verbindung sind normalerweise an beiden Enden Geräte vorhanden. Wie Abbildung 12.21 zeigt, handelt es sich um jeweils ein DTE (Data Terminal Equipment, Datenendgerät) und ein DCE (Data Communication Equipment, Datenübertragungseinrichtung). Die Verbindung der beiden DCE-Geräte erfolgt durch das Netzwerk des WAN-Providers. Das Kundenstandortgerät – häufig ein Router – agiert als DTE. Andere Beispiele für DTEs sind ein Terminal, ein Computer, ein Drucker oder ein Faxgerät.

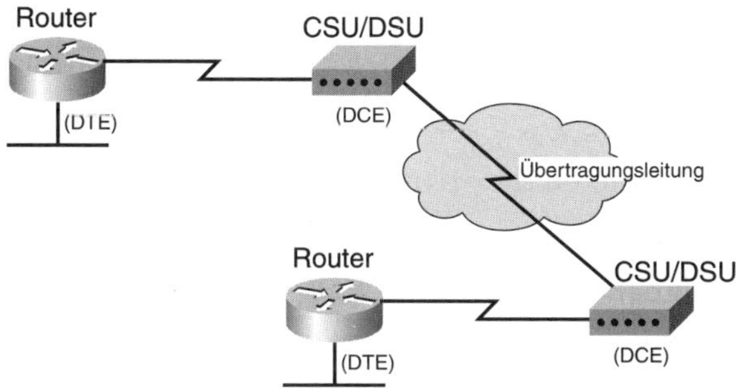

Abbildung 12.21: DCE-Geräte

Das DCE ist in der Regel ein Modem oder eine CSU/DSU. Hierbei handelt es sich um das Gerät, mit dessen Hilfe die vom DTE kommenden Benutzerdaten in eine Form gewandelt werden, die von der Übertragungsleitung des WAN-Providers verarbeitet werden kann. Das Signal wird am entfernten DCE empfangen und dort in eine Bitfolge dekodiert, die an das entfernte DTE weitergegeben wird. Die beiden DCEs müssen so konfiguriert sein, dass sie einander verstehen, d. h., sie müssen mit den gleichen Kodiersystemen und der gleichen Datenrate arbeiten.

Für die Kommunikation von DTEs mit DCEs ist eine Vielzahl von Standards entwickelt worden. Die bei der Entwicklung aktiven Institutionen waren EIA (Electronics Industry Association) und ITU-T (International Telecommunication Union Telecommunications Standardization Sector). Abbildung 12.22 zeigt beispielhaft Netzwerkverbindungen an der CSU/DSU.

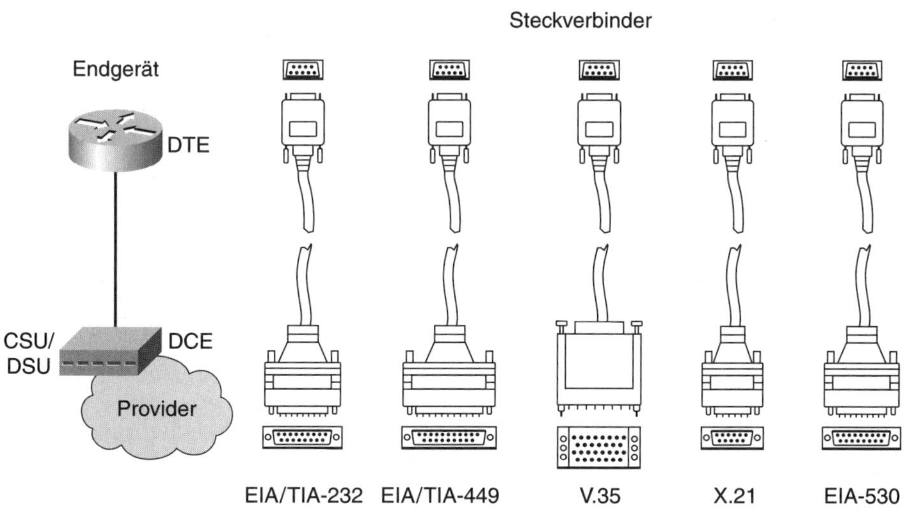

Abbildung 12.22: Netzwerkverbindungen an der CSU/DSU

Die DTE-DCE-Schnittstelle eines gegebenen Standards definiert Folgendes:

- **Mechanische (physische) Eigenschaften.** Anzahl der Kontakte, Steckverbindertyp usw.
- **Elektrische Eigenschaften.** Definieren die Spannungspegel für 0 und 1.
- **Funktionale Eigenschaften.** Legen die durchzuführenden Funktionen fest, indem den einzelnen Signalleitungen der Schnittstelle Bedeutungen zugewiesen werden. Bei EIA/TIA-232 (DB25-Anschluss) beispielsweise wird über Leitung 2 vom DTE zum DCE gesendet, während über Leitung 3 Daten vom DTE empfangen werden; Leitung 15 überträgt die Sendetaktung.
- **Prozedurale Eigenschaften.** Bestimmen die Abfolge der Ereignisse beim Datenversand.

Nehmen wir einmal an, dass Sie zwei DTEs miteinander verbinden müssen – z. B. zwei Computer oder zwei Router bei den Lab-Übungen. Wollen Sie kein DCE einsetzen, dann benötigen Sie ein Spezialkabel, das so genannte Nullmodemkabel (eigentlich handelt es sich hierbei um zwei Kabel in einem). Bei synchronen Verbindungen wird ein Taktsignal benötigt, das entweder von einem externen Gerät oder einem der beiden DTEs erzeugt werden muss (im Normalfall ist das DCE hierfür zuständig).

Der synchrone serielle Port des Routers wird je nach angeschlossenem Kabel als DTE oder DCE konfiguriert; dieses Kabel ist passend zur Router-Konfiguration entweder intern als DTE- oder als DCE-Kabel geschaltet. Wird der Port als DTE konfiguriert – was die Standardeinstellung ist –, dann wird eine durch die CSU/DSU oder ein anderes DCE-Gerät erzeugte externe Taktung benötigt.

Das Kabel für die DTE- oder DCE-Verbindung ist ein geschirmtes serielles Anschlusskabel. Am router-seitigen Ende dieses Kabels kann sich beispielsweise ein DB60-Steckverbinder befinden, der an den DB60-Port einer seriellen WAN-Schnittstellenkarte angeschlossen wird. Das andere Ende des Kabels weist einen Steckverbinder auf, der für den verwendeten Standard geeignet ist. Welcher Standard zutrifft, wird entweder durch den Provider oder durch die CSU/DSU vorgegeben. Cisco-Geräte unterstützen die Standards EIA/TIA-232, EIA/TIA-449, V.35, X.21 und EIA/TIA-530 für serielle Verbindungen.

Um bei der seriellen Steckverbindung eine höhere Anschlussdichte zu erreichen, hat Cisco ein Smart Serial Cable (dt. serielles Kleinkabel) eingeführt. Am seriellen Ende dieses Kabels befindet sich ein 26-poliger Steckverbinder, der wesentlich kompakter ist als der DB60-Steckverbinder.

12.9 HDLC-Kapselung

Ursprünglich war die serielle Kommunikation zeichenorientiert. Zwar war die bitorientierte Kommunikation effizienter, aber die ersten derartigen Protokolle waren proprietärer Natur. 1979 definierte die ISO das HDLC-Protokoll (High-Level Data Link Control) als bitorientiertes Protokoll der Sicherungssicht, das Daten in synchronen seriellen Datenleitungen kapselt. Dieser Standard wurde von anderen Komitees übernommen und erweitert. Seit 1981 hat die ITU-T eine Reihe von HDLC-Derivaten entwickelt, die LA-Protokolle (Link Access) heißen. Zu diesen gehören u. a. die folgenden:

- LAPB (Link Access Procedure – Balanced) für X.25
- LAPD (Link Access Procedure – D Channel) für ISDN
- LAPM (Link Access Procedure for Modems) für Modems
- PPP für Modems
- LAPF (Link Access Procedure for Frame Relay) für Frame Relay

HDLC basiert auf synchroner serieller Übertragung und bietet fehlerfreie Kommunikation zwischen zwei Punkten über eine unzuverlässige Bitübertragungsschicht. HDLC definiert eine Frame-Struktur für Schicht 2, die durch Verwendung von Bestätigungen und einer Fenstertechnik Fluss- und Fehlerkontrolle ermöglicht. Jeder Frame hat das gleiche Format – ganz gleich, ob es sich nun um einen Daten- oder einen Steuer-Frame handelt.

Standard-HDLC an sich unterstützt die Übertragung mehrerer Protokolle über eine einzige Leitung nicht, denn es bietet keine Möglichkeit anzugeben, welches Protokoll gerade übertragen wird. Der Cisco-HDLC-Frame verwendet ein proprietäres Typenfeld und ermöglicht so die gemeinsame Übertragung mehrerer Vermittlungsschichtprotokolle über ein und dieselbe serielle Leitung. HDLC ist das standardmäßige Schicht-2-Protokoll für serielle Schnittstellen an Cisco-Routern.

HDLC definiert drei Frame-Typen mit jeweils unterschiedlichem Steuerfeldformat (Abbildung 12.23):

- **I-Frames (Information Frames).** Diese Frames enthalten die an die Station übermittelten Daten. Weitere Fluss- und Fehlerkontrolldaten können »huckepack« mit einem I-Frame übertragne werden.
- **S-Frames (Supervisory Frames).** Dienen der Implementierung von Anfrage- und Antwortmethoden, wenn die Huckepackmethode nicht verwendet wird.

- **U-Frames (Unnumbered Frames).** Realisiert ergänzende Leitungskontrollfunktionen beispielsweise für den Verbindungsaufbau. Das Codefeld bezeichnet den Typ des U-Frames.

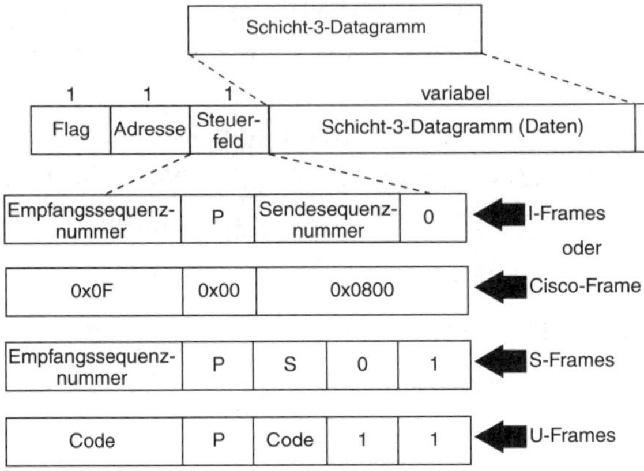

Abbildung 12.23: HDLC-Frames

Die ersten ein oder zwei Bits im Steuerfeld ermöglichen die Kennzeichnung des Frame-Typs. Die Sendesequenznummer im Steuerfeld eines I-Frames bezieht sich auf die Nummer des nächsten gesendeten Frames, die Empfangssequenznummer bezeichnet die Nummer des nächsten zu empfangenden Frames. Sender und Empfänger arbeiten mit Sende- und Empfangssequenznummern.

12.9.1 HDLC-Kapselung konfigurieren

Standardmäßig verwenden Cisco-Geräte die serielle Cisco-HDLC-Kapselung über synchrone serielle Leitungen. Ist die serielle Schnittstelle jedoch mit einem anderen Protokoll konfiguriert und muss auf HDLC zurückgesetzt werden, dann wechseln Sie zunächst in den Schnittstellenkonfigurationsmodus der seriellen Schnittstelle. Geben Sie dann den Befehl `encapsulation hdlc` ein, um die HDLC-Kapselung für die Schnittstelle festzulegen:

```
Router(config-if)#encapsulation hdlc
```

Ciscos HDLC ist ein Point-to-Point-Protokoll, das Sie für Standleitungen zwischen zwei Cisco-Geräten verwenden können. Kommunizieren Sie mit einem nicht von Cisco stammenden Gerät, dann ist synchrones PPP die bessere Option.

12.9.2 Fehlersuche bei einer seriellen Schnittstelle

Die Ausgabe des Befehls `show interfaces serial` zeigt spezielle Informationen zu seriellen Schnittstellen. Sie können mit diesem Befehl die richtige Konfiguration der HDLC- oder PPP-Kapselung überprüfen. Wurde HDLC konfiguriert, dann sollte in der Ausgabe des Befehls die Zeichenkette `Encapsulation HDLC` auftauchen.

Wird PPP konfiguriert, dann können Sie mit dem Befehl `show interfaces serial` die LCP- und NCP-Statusangaben prüfen (Listing 12.1). Das erste Beispiel zeigt die HDLC-Kapselung, das zweite die PPP-Kapselung.

Listing 12.1: Ausgabe des Befehls `show interface s0/0`

```
Router#show interface s0/0
Serial 0 is up, line protocol is up
  Hardware is MCI Serial
  Internet address is 131.108.156.98, subnet mask is 255.255.255.240
  MTU 1500 bytes, BW 1544 Kbit, DLY 20000 usec, rely 255/255, load 1/255
  Encapsulation HDLC, loopback not set, keepalive set (10 sec)
  Last input 0:00:00, output 0:00:00, output hang never
  Last clearing of "show interface" counters never
--- ausgabe unterdrückt ---


Router#show interface s0/0
Serial0 is up, line protocol is up
  Hardware is HD64570
  Internet address is 10.140.1.2/24
  MTU 1500 bytes, BW 1544 Kbit, DLY 20000 usec, rely 255/255, load 1/255
  Encapsulation PPP, loopback not set, keepalive set (10 sec)
  LCP Open
  Open: IPCP, CDPCP
  Last input 00:00:05, output 00:00:05, output hang never
  Last clearing of "show interface" counters never
--- ausgabe unterdrückt ---
```

Tabelle 12.2 bezeichnet mögliche Problemzustände, die Sie der Schnittstellen-Statuszeile der Ausgabe von `show interfaces serial` entnehmen können:

```
Serial x is down, line protocol is down
Serial x is up, line protocol is down
Serial x is up, line protocol is up (looped)
Serial x is up, line protocol is down (disabled)
Serial x is administratively down, line protocol is down
```

Tabelle 12.2: Mögliche Fehlerquellen bei seriellen Leitungen und ihre Lösungen

Statuszeile	Mögliche Ursache	Problembehebung
`Serial x is up, line protocol is up`	Diese Ausgabe erfolgt bei ordnungsgemäßem Betrieb.	–/–
`Serial x is down, line protocol is down` (DTE-Modus)	Der Router empfängt kein Trägersignal (d. h., CD-Signal ist inaktiv). Es ist ein Problem auf Seiten des Providers aufgetreten. Die Leitung ist ausgefallen oder nicht an die CSU/DSU angeschlossen. Die Verkabelung ist fehler- oder schadhaft. Es ist ein Hardwareproblem aufgetreten (CSU/DSU).	1. Überprüfen Sie anhand der Anzeigen auf der CSU/DSU, ob das Trägersignal aktiv ist, oder schalten Sie einen Digitalanalysator in die Leitung ein, um das Signal zu prüfen. 2. Stellen Sie sicher, dass das verwendete Kabel und die Schnittstelle richtig sind. Schlagen Sie ggf. in der Hardwareinstallationsdokumentation nach. 3. Schließen Sie einen Digitalanalysator an, und überprüfen Sie alle Steuerleitungen. 4. Fragen Sie bei Ihrem Provider nach, ob auf seiner Seite ein Problem vorliegt. 5. Tauschen Sie fehlerhafte Teile aus. 6. Vermuten Sie eine schadhafte Router-Hardware, dann schalten Sie die serielle Leitung an einen anderen Port. Wird die Verbindung nun aktiv, dann liegt das Problem an der zuvor angeschlossenen Schnittstelle.

Tabelle 12.2: Mögliche Fehlerquellen bei seriellen Leitungen und ihre Lösungen (Forts.)

Statuszeile	Mögliche Ursache	Problembehebung
`Serial x is up, line protocol is down` (DTE-Modus)	Ein lokaler oder ein Remote-Router ist fehlkonfiguriert. Der Remote-Router sendet keine Keepalives. Ein Problem mit der Standleitung oder ein anderes providerseitiges Problem ist aufgetreten (Störungen bzw. Rauschen in der Leitung, falsch konfigurierter oder ausgefallener Switch). Im Kabel ist ein Synchronisationsproblem aufgetreten; SCTE (Serial Clock Transmit External) an der CSU/DSU nicht eingestellt. Eine lokale oder Remote-CSU/DSU ist ausgefallen. Die Router-Hardware (lokaler oder Remote-Router) ist ausgefallen.	1. Versetzen Sie das Modem, die CSU oder die DSU in den lokalen Loopback-Modus, und prüfen Sie mit dem Befehl `show interfaces serial`, ob das Leitungsprotokoll aktiviert wird. Ist dies der Fall, dann liegt das Problem wahrscheinlich auf Seiten des Providers bzw. des Remote-Routers vor. 2. Scheint das Problem am anderen Ende vorzuliegen, dann wiederholen Sie Schritt 1 am dortigen Modem, CSU oder DSU. 3. Überprüfen Sie die gesamte Verkabelung. Stellen Sie sicher, dass das Kabel an die richtige Schnittstelle, CSU/DSU und den richtigen NT des Netzbetreibers angeschlossen ist. Prüfen Sie mit dem Befehl `show controllers`, welches Kabel an welche Schnittstelle angeschlossen ist. 4. Verwenden Sie den Befehl `debug serial interface`. 5. Wird das Leitungsprotokoll auch im lokalen Loopback-Modus nicht aktiviert und zeigt die Ausgabe von `debug serial interface`, dass der Keepalive-Zähler nicht hochgezählt wird, dann liegt wahrscheinlich ein Problem mit der Router-Hardware vor. Tauschen Sie die Schnittstellenhardware des Routers aus. 6. Wird das Leitungsprotokoll aktiviert und zeigt die Ausgabe von `debug serial interface`, dass der Keepalive-Zähler hochgezählt wird, dann liegt das Problem nicht am lokalen Router vor. 7. Vermuten Sie eine fehlerhafte Router-Hardware, dann schalten Sie die serielle Leitung an einen nicht benutzten Port. Wird die Verbindung nun aktiviert, dann liegt das Problem an der zuvor angeschlossenen Schnittstelle.

Tabelle 12.2: Mögliche Fehlerquellen bei seriellen Leitungen und ihre Lösungen (Forts.)

Statuszeile	Mögliche Ursache	Problembehebung
`Serial x is up, line protocol is down` (DCE-Modus)	Der Schnittstellenkonfigurationsbefehl `clock rate` fehlt. Das DTE unterstützt den SCTE-Modus (Anschlusssynchronisation) nicht oder ist nicht entsprechend konfiguriert. CSU oder DSU am entfernten Ende sind ausgefallen.	1. Fügen Sie den Schnittstellenkonfigurationsbefehl `clock rate` an der seriellen Schnittstelle hinzu: `clock rate bps` `bps` ist die gewünschte Taktrate in Bit/s (1200, 2400, 4800, 9600, 19200, 38400, 56000, 64000, 72000, 125000, 148000, 250000, 500000, 800000, 1000000, 1300000, 2000000, 4000000 oder 8000000). 2. Versetzen Sie das DTE, sofern möglich, in den SCTE-Modus (Serial Clock Transmit External). Unterstützt Ihre CSU/DSU SCTE nicht, dann müssen Sie möglicherweise SCTE an der Schnittstelle des Cisco-Routers deaktivieren. 3. Stellen Sie sicher, dass das richtige Kabel verwendet wird. 4. Ist das Leitungsprotokoll nach wie vor ausgefallen, dann liegt möglicherweise entweder ein Hardwareausfall oder ein Kabelproblem vor. Schleifen Sie eine Breakout-Box ein, und prüfen Sie die Kabel. 5. Tauschen Sie fehlerhafte Komponenten bei Bedarf aus.

Tabelle 12.2: Mögliche Fehlerquellen bei seriellen Leitungen und ihre Lösungen (Forts.)

Statuszeile	Mögliche Ursache	Problembehebung
`Serial x is up, line protocol is up (looped)`	In der Leitung ist eine Schleife vorhanden. Die Sequenznummer im Keepalive-Paket ändert sich zu einer Zufallszahl, wenn eine Schleife erkannt wird. Wird genau diese Zufallszahl über die Leitung zurückgegeben, dann ist eine Schleife vorhanden.	1. Prüfen Sie mit Hilfe des Befehls `show running-config` im privilegierten Modus auf das Vorhandensein von `loopback`-Befehlen für die Schnittstelle. 2. Ist ein `loopback`-Befehl vorhanden, dann verwenden Sie den Befehl `no loopback` zur Entfernung der Schleife. 3. Können Sie keinen solchen Befehl in der Konfiguration finden, dann prüfen Sie, ob für die CSU/DSU der manuelle Loopback-Modus konfiguriert ist. Ist dies der Fall, dann sollten Sie diesen Modus deaktivieren. 4. Setzen Sie CSU oder DSU zurück, und überprüfen Sie den Leitungsstatus. Wird das Leitungsprotokoll aktiviert, dann sind keine weiteren Schritte notwendig. 5. Ist die CSU oder DSU nicht im manuellen Loopback-Modus konfiguriert, dann wenden Sie sich zur Problembehebung an den Provider der Stand- oder Wählleitung.
`Serial x is up, line protocol is down` (inaktiv)	Aufgrund eines Problems auf Seiten des Netzbetreibers ist eine hohe Fehlerrate aufgetreten. Ein CSU- oder DSU-Hardwareproblem ist aufgetreten. Die Router-Hardware (Schnittstelle) ist schadhaft.	1. Führen Sie eine Fehlersuche mit einem Digitalanalysator durch. Suchen Sie nach wechselnden *Clear to Send*- und DSR-Signalen (Data Set Ready). 2. Erzeugen Sie eine Schleife an der CSU/DSU (DTE-Schleife). Ist das Problem weiterhin vorhanden, dann ist ein Hardwareproblem die Ursache. Andernfalls liegt das Problem auf der Seite des Netzbetreibers vor. 3. Tauschen Sie nach Bedarf schadhafte Hardware aus (CSU, DSU, Switch, lokaler oder Remote-Router).

Tabelle 12.2: Mögliche Fehlerquellen bei seriellen Leitungen und ihre Lösungen (Forts.)

Statuszeile	Mögliche Ursache	Problembehebung
`Serial x is administratively down, line protocol is down`	Der Schnittstellenkonfigurationsbefehl `shutdown` ist Bestandteil der Router-Konfiguration. Es ist eine IP-Adresse doppelt vorhanden.	1. Suchen Sie in der Router-Konfiguration nach dem Befehl `shutdown`. 2. Entfernen Sie den Befehl durch Eingabe des Befehls `no shutdown`. 3. Vergewissern Sie sich, dass keine identischen IP-Adressen konfiguriert sind. Verwenden Sie hierzu die Befehle `show running config` im privilegierten Modus oder aber `show interfaces`. 4. Ist eine IP-Adresse doppelt vorhanden, dann lösen Sie den Konflikt durch Ändern einer der beiden Adressen.

LAB

Siehe auch CNAP »Troubleshooting a Serial Interface«.

Der EXEC-Befehl `show controllers` stellt ein weiteres wichtiges Diagnoseprogramm bei Problemen mit seriellen Leitungen dar. Je nach Plattform sieht die Befehlssyntax wie folgt aus:

- Bei seriellen Schnittstellen an Routern der Cisco 7000-Serie verwenden Sie den Befehl `show controllers cbus`.
- Bei Access-Produkten von Cisco (z. B. die Access-Server und -Router der Serien 1700, 2000, 2500, 2600, 3000 und 4000) benutzen Sie einfach `show controllers`.

Listing 12.2 zeigt die Ausgabe des Befehls `show controllers` für die serielle Schnittstelle eines Cisco 2621-Access-Servers.

Listing 12.2: Ausgabe des Befehls `show controllers`

```
Router#show controllers serial 0/0
Interface Serial0/0
Hardware is PowerQUICC MPC860
DTE V.35 TX and RX clocks detected.
idb at 0x81414E2C, driver data structure at 0x8141753C
SCC Registers:
General [GSMR]=0x2:0x00000030, Protocol-specific [PSMR]=0x8
Events [SCCE]=0x0000, Mask [SCCM]=0x001F, Status [SCCS]=0x06
Transmit on Demand [TODR]=0x0, Data Sync [DSR]=0x7E7E
```

Die Ausgabe des Befehls `show controllers` gibt den Status der Schnittstellenkanäle an und zeigt, ob ein Kabel an die Schnittstelle angeschlossen ist. Im Beispiel ist an die serielle Schnittstelle 0/0 ein V.35-DTE-Kabel angeschlossen.

Wird die elektrische Schnittstelle als `UNKNOWN` (und nicht als Schnittstelle vom Typ V.35, EIA/TIA-449 o. Ä.) angezeigt, dann ist die Problemursache wahrscheinlich ein unsachgemäß angeschlossenes Kabel. Auch ein Problem mit der internen Verdrahtung ist möglich. In diesem Fall zeigt zudem die Ausgabe des Befehls `show interfaces` an, dass Schnittstelle und Leitungsprotokoll inaktiv sind.

Nachfolgend aufgeführt ist eine Reihe von Debug-Befehlen, die bei der Behandlung von Problemen mit seriellen Leitungen und/oder im WAN nützlich sein können:

- **`debug serial interface`**. Überprüft, ob HDLC-Keepalive-Pakete hochgezählt werden. Ist dies nicht der Fall, dann liegt an der Schnittstellenkarte oder im Netzwerk möglicherweise ein Synchronisations- bzw. Taktproblem vor. Listing 12.3 zeigt die Ausgabe.
- **`debug arp`**. Zeigt an, ob der Router – über ARP-Pakete – Informationen zu Routern auf der anderen Seite der WAN-Wolke sendet bzw. erlernt. Verwenden Sie diesen Befehl, wenn einige Knoten in einem TCP/IP-Netzwerk reagieren, andere jedoch nicht.
- **`debug frame-relay lmi`**. Zeigt LMI-Informationen (Local Management Interface), mit denen Sie feststellen können, ob ein Frame Relay-Switch und ein Router LMI-Pakete senden und empfangen.
- **`debug frame-relay events`**. Bestimmt, ob zwischen einem Router und einem Frame Relay-Switch Daten ausgetauscht werden.
- **`debug ppp negotiation`**. Zeigt PPP-Pakete an, die während der PPP-Startphase übertragen werden, bei der die PPP-Optionen ausgehandelt werden.
- **`debug ppp packet`**. Zeigt gesendete und empfangene PPP-Pakete an. Der Befehl zeigt Dumps (Paketlistings auf unterster Ebene) an.
- **`debug ppp errors`**. Zeigt PPP-Fehler (wie illegale oder fehlformatierte Frames) an, die mit Optionsaushandlung bei einer PPP-Verbindung und deren Betrieb verbunden sind.
- **`debug ppp chap`**. Zeigt den Austausch von CHAP- und PAP-Paketen bei einer PPP-Verbindung an.

Listing 12.3: Ausgabe des Befehls `debug serial interface`

```
Router#debug serial interface
Serial network interface debugging is on
Router#
00:06:47: Serial0/0: HDLC myseq 29, mineseen 29*, yourseen 29, line up
00:06:57: Serial0/0: HDLC myseq 30, mineseen 30*, yourseen 30, line up
00:07:07: Serial0/0: HDLC myseq 31, mineseen 31*, yourseen 31, line up
00:07:17: Serial0/0: HDLC myseq 32, mineseen 32*, yourseen 32, line up

Router#undebug all
All possible debugging has been turned off
Router#
```

LAB

Siehe auch CNAP und [1] »Troubleshooting a Serial Interface«.

12.10 PPP konfigurieren

Zu den konfigurierbaren Parametern von PPP gehören Authentifizierung, Komprimierung und Fehlererkennung sowie die Unterstützung von Multilink-Verbindungen. In diesem Abschnitt werden die verschiedenen Konfigurationsoptionen von PPP beschrieben.

Cisco-Router, welche die PPP-Kapselung verwenden, bieten einige oder alle der in Tabelle 12.3 gezeigten LCP-Konfigurationsoptionen.

Tabelle 12.3: LCP-Konfigurationsoptionen

Option	Funktion	Protokoll	Befehl
Authentifizierung	Es werden zwei Alternativen unterschieden: PAP und CHAP.	PAP CHAP	`ppp authentication pap` `ppp authentication chap`
Komprimierung	Bei Cisco-Routern sind zwei Komprimierungsalgorithmen namens Stacker und Predictor vorhanden.	*Stacker* oder *Predictor*	`ppp compress stacker` `ppp compress predictor`

Tabelle 12.3: LCP-Konfigurationsoptionen (Forts.)

Option	Funktion	Protokoll	Befehl
Fehler-erkennung	Das Einschalten des Link Quality Monitoring (LQM) von PPP ermöglicht es einem Prozess, fehlerhafte Gegebenheiten zu erkennen. Die Optionen *Quality* und *Magic Number* gewährleisten einen Grenzwert bei der Beurteilung einer zuverlässigen, schleifenfreien Verbindung.	*Quality, Percentage*	`ppp quality` *`prozentwert_zwischen_1_und_100`*
Multilink-Unterstützung	Cisco IOS Release 11.1 und höher unterstützt das PPP-MP (Multilink Protocol). Diese Alternative ermöglicht eine Lastverteilung über die von PPP verwendeten Router-Schnittstellen. MP bietet Paketfragmentierung und -sequenzierung, wodurch eine Lastverteilung für PPP durch Paketversand über parallele Leitungen stattfindet. Dieses Bündel von PPP-Leitungen kann als eine logische Verbindung arbeiten, was den Durchsatz verbessert und die Latenz zwischen Peer-Routern verringert.	MP	`ppp multilink`

12.10.1 PPP-Kapselung konfigurieren

Mit der unten stehenden Befehlsfolge wird die PPP-Kapselung an der seriellen Schnittstelle 0 aktiviert:

```
Router# config terminal
Router(config)# interface serial 0
Router(config-if)# encapsulation ppp
```

Eine Point-to-Point-Softwarekomprimierung kann an Schnittstellen zusammen mit PPP konfiguriert werden. Die Komprimierung erfolgt softwareseitig und kann die Systemleistung erheblich beeinträchtigen. Besteht ein Großteil des Datenverkehrs bereits aus komprimierten Dateien, dann sollte die Komprimierung nicht eingesetzt werden.

Geben Sie zur Konfiguration der Komprimierung über PPP die folgenden Befehle im Schnittstellenkonfigurationsmodus ein:

```
Router(config)# interface serial 0
Router(config-if)# encapsulation ppp
Router(config-if)# compress [predictor | stac]
```

Durch Eingabe der folgenden Befehle können Sie verfolgen, ob Daten auf der Verbindung verloren gehen. Dies ermöglicht die Vermeidung von Schleifen.

```
Router(config)# interface serial 0
Router(config-if)# encapsulation ppp
Router(config-if)# ppp quality prozentwert_zwischen_1_und_100
```

Die folgenden Befehle schließlich ermöglichen eine Lastverteilung über mehrere Verbindungen:

```
Router(config)# interface serial 0
Router(config-if)# encapsulation ppp
Router(config-if)# ppp multilink
```

E-LAB UND LAB

Siehe auch CNAP und [1] »Configuring PPP Protocol«.

12.10.2 PPP-Authentifizierung konfigurieren

Der in Tabelle 12.4 beschriebene Vorgang beschreibt, wie man PPP aktiviert und die PAP- bzw. CHAP-Authentifizierung konfiguriert.

Tabelle 12.4: PAP/CHAP konfigurieren

Schritt	Vorgang	Ergebnisse und Anmerkungen
1.	Weisen Sie im globalen Konfigurationsmodus mit Hilfe des Befehls `hostname` einen Namen zu: `Router(config)#`**`hostname SantaCruz`**	Der Name muss mit dem Benutzernamen übereinstimmen, den der Router am anderen Ende der Verbindung erwartet. Beachten Sie, dass beim Hostnamen die Groß-/Kleinschreibung unterschieden wird.
2.	Definieren Sie die vom Remote-Router erwarteten Angaben zu Benutzername und Passwort mit der Befehlsfolge `username/password`: `Router(config)#`**`username HQ password cisco`**	Bei Cisco-Routern muss das Passwort bei beiden Routern identisch sein. In IOS-Softwareversionen vor 11.2 handelte es sich bei diesem Passwort um ein verschlüsseltes Secret-Passwort. Um Passwörter auf Ihrem IOS-Router zu verschlüsseln, geben Sie den Befehl `service password-encryption` im globalen Konfigurationsmodus ein.

Tabelle 12.4: PAP/CHAP konfigurieren (Forts.)

Schritt	Vorgang	Ergebnisse und Anmerkungen
3.	Aktivieren Sie PPP an einer Schnittstelle mit Hilfe des Befehls `encapsulation ppp` im Schnittstellenkonfigurationsmodus: `Router(config-if)#`**`encapsulation ppp`**	Um PPP an einer asynchronen seriellen Schnittstelle zu aktivieren, sind weitere Konfigurationsschritte notwendig.
4.	Konfigurieren Sie die PPP-Authentifizierung mit dem Befehl `ppp authentication {chap | chap pap | pap chap | pap}` im Schnittstellenkonfigurationsmodus: `Router(config-if)#`**`ppp authentication chap`**	Werden beide Methoden aktiviert, dann wird die erstgenannte während der Verbindungsaushandlung angefordert. Wenn der Peer die Verwendung der zweiten Methode vorschlägt oder die erste verweigert, wird die zweite ausprobiert.
5.	Prüfen Sie die korrekte Konfiguration mit dem Befehl `show interface`: `Router#`**`show interface s0`**	Bei konfiguriertem PPP können die Zustände von LCP und NCP mit Hilfe dieses Befehls überprüft werden.

Die korrekte Schreibweise bei der Konfiguration der Host- und Usernamen sowie Passwörter ist besonders wichtig, da PAP und CHAP bei diesen Authentifizierungsparametern die Groß-/Kleinschreibung unterscheiden.

Abbildung 12.24 zeigt ein Beispiel für eine bidirektionale PAP-Authentifizierungskonfiguration. Beide Router authentifizieren sich und werden authentifiziert, d. h., die PAP-Authentifizierungsbefehle erscheinen spiegelbildlich auf beiden Seiten. Die von den Routern gesendeten PAP-Benutzernamen und -Passwörter müssen mit denen übereinstimmen, die mit dem Befehl `username` *`name`* `password` *`passwort`* am anderen Router konfiguriert wurden.

CD-ROM

Siehe auch e-Lab auf der Buch-CD-ROM »username name password password«.

E-Lab

Siehe auch CNAP »username name password password«.

```
hostname left
username right password sameone
!
int serial 0
  ip address 10.0.1.1 255.255.255.0
  encapsulation ppp
  ppp authentication PAP
  ppp pap sent-username username
    password password
```

```
hostname right
username left password sameone
!
int serial 0
  ip address 10.0.1.2 255.255.255.0
  encapsulation ppp
  ppp authentication PAP
  ppp pap sent-username username
    password password
```

Abbildung 12.24: PAP-Konfiguration

In Abbildung 12.25 findet eine bidirektionale CHAP-Authentifizierung statt. Auch hier müssen der übermittelte Benutzername und das Passwort mit dem am jenseitigen Ende konfigurierten Hostnamen übereinstimmen.

```
hostname left
username right password sameone
!
int serial 0
  ip address 10.0.1.1 255.255.255.0
  encapsulation ppp
  ppp authentication CHAP
```

```
hostname right
username left password sameone
!
int serial 0
  ip address 10.0.1.2 255.255.255.0
  encapsulation ppp
  ppp authentication CHAP
```

Abbildung 12.25: CHAP-Konfiguration

Mit Hilfe der folgenden Methoden können die CHAP-Konfigurationsaufgaben am Router vereinfacht werden:

- **Verwenden Sie den gleichen Hostnamen auf mehreren Routern.** Wenn Sie wollen, dass anstelle des regulären Hostnamens ein anderer gesendet wird, können Sie ein und denselben Hostnamen an allen Routern konfigurieren:

  ```
  Router(config-if)# ppp chap hostname hostname
  ```

- **Verwenden Sie ein Passwort zur Authentifizierung an einem unbekannten Host.** Zweck dieser Vorgehensweise ist es, die Anzahl der Kombinationen aus Benutzernamen und Passwörtern am Router zu beschränken. Hierzu konfigurieren Sie ein Passwort, das an Hosts gesendet wird, die sich am Router authentifizieren wollen:

  ```
  Router(config-if)# ppp chap password geheim
  ```

CD-ROM

Siehe auch e-Lab auf der Buch-CD-ROM »ppp chap hostname«.

E-Lab und Lab

Siehe auch CNAP und [1] »ppp chap hostname« und »Configuring PPP Authentication«.

12.10.3 Konfiguration der seriellen PPP-Kapselung überprüfen

Überprüfen Sie mit Hilfe des Befehls `show interfaces` die richtige Konfiguration von HDLC bzw. PPP (Listing 12.4). Wurde HDLC konfiguriert, dann sollte in der Ausgabe des Befehls die Zeichenkette `Encapsulation HDLC` auftauchen. Bei der Konfiguration von PPP können Sie mit diesem Befehl die LCP- und NCP-Statusangaben prüfen.

Listing 12.4: Konfiguration der seriellen PPP-Kapselung überprüfen

```
Router#show interface s0
Serial0 is up, line protocol is up
  Hardware is HD64570
  Internet address is 10.140.1.2/24
  MTU 1500 bytes, BW 1544 Kbit, DLY 20000 usec, rely 255/255, load 1/255
  Encapsulation PPP, loopback not set, keepalive set (10 sec)
  LCP Open
  Open: IPCP, CDPCP
  Last input 00:00:05, output 00:00:05, output hang never
  Last clearing of "show interface" counters never
--- ausgabe unterdrückt ---
```

Tabelle 12.5 listet Befehle auf, die zur Aktivierung, Konfiguration und Überprüfung von PPP verwendet werden.

Tabelle 12.5: PPP-Befehle

Befehl	Beschreibung
`encapsulation ppp`	Aktiviert PPP an einer Schnittstelle.
`ppp authentication pap`	Aktiviert die PAP-Authentifizierung an einer Schnittstelle.
`ppp authentication chap`	Aktiviert die CHAP-Authentifizierung an einer Schnittstelle.
`username` *benutzername* `password` *password*	Richtet eine Benutzerdatenbank zur Authentifizierung ein.

Tabelle 12.5: PPP-Befehle (Forts.)

Befehl	Beschreibung
`show interfaces`	Zeigt Statistiken zu allen Schnittstellen an, die am Router oder Access-Server konfiguriert sind.
`debug ppp authentication`	Zeigt Debug-Informationen des PAP- oder CHAP-Authentifizierungsvorgangs an.
`undebug all`	Schaltet die Anzeige aller Debug-Meldungen ab.

E-Lab und Lab

Siehe auch CNAP und [1] »Verifying PPP Protocol«.

12.10.4 Überprüfung der PPP-Authentifizierung

Der Befehl `debug ppp authentication` zeigt die einzelnen Schritte der Authentifizierung an. Listing 12.5 zeigt die Ausgabe des Befehls während der Authentifizierung zweier Router namens *Left* und *Right*. Bei konfigurierter Zwei-Wege-Authentifizierung authentifiziert jeder Router den jeweils anderen, weswegen Meldungen sowohl zum Vorgang des Authentifizierens als auch des Authentifiziertwerdens erscheinen. CHAP ist als Ein-Weg-Authentifizierung definiert, durch seine Verwendung in beide Richtungen entsteht jedoch eine bidirektionale Authentifizierung. Bei einem solchen bidirektionalen CHAP initiiert jede Seite einen eigenen Drei-Schritte-Handshake.

Listing 12.5: Problembehebung bei seriellem PPP

```
·4d20h: %LINK-3-UPDOWN: Interface Serial0, changed state to up
·4d20h: Se0 PPP: Treating connection as a dedicated line
·4d20h: Se0 PPP: Phase is AUTHENTICATING, by both
·4d20h: Se0 CHAP: O CHALLENGE ID 2 len 28 from "left"
·4d20h: Se0 CHAP: I CHALLENGE ID 3 len 28 from "right"
·4d20h: Se0 CHAP: O RESPONSE ID 3 len 28 from "left"
·4d20h: Se0 CHAP: I RESPONSE ID 2 len 28 from "right"
·4d20h: Se0 CHAP: O SUCCESS ID 2 len 4
·4d20h: Se0 CHAP: I SUCCESS ID 3 len 4
·4d20h: %LINEPROTO-5-UPDOWN: Line protocol on Interface Serial0, changed sta-
te to up
```

Tabelle 12.6 zeigt die Ausgabe des Routers *Left* für eine bidirektionalen PAP-Authentifizierung:

Tabelle 12.6: PAP-Authentifizierung

Ausgabe	Beschreibung
`Se0 PPP: Phase is AUTHENTICATING, by both`	bidirektionale Authentifizierung
`Se0 PAP: O AUTH-REQ ID 4 len 18 from "left"`	ausgehende Authentifizierungsanfrage
`Se0 PAP: I AUTH-REQ ID 1 len 18 from "right"`	eingehende Authentifizierungsanfrage
`Se0 PAP: Authenticating peer right`	Authentifizierung der eingehenden Anfrage
`Se0 PAP: O AUTH-ACK ID 1 len 5`	ausgehende Bestätigung
`Se0 PAP: I AUTH-ACK ID 4 len 5`	eingehende Bestätigung

Der Befehl `debug ppp` wird zur Anzeige des Betriebs von PPP verwendet. Die negierte Form `no debug ppp` deaktiviert die Debugging-Ausgabe. Tabelle 12.7 zeigt verschiedene Optionen, mit deren Hilfe der Einsatz des Befehls `debug ppp` erweitert werden kann.

```
debug ppp {packet | negotiation | error | chap}
no debug ppp {packet | negotiation | error | chap}
```

Tabelle 12.7: Optionen des Befehls `debug ppp`

Befehlsoption	Definition
`packet`	Zeigt PPP-Pakete zum Sende- bzw. Empfangszeitpunkt an.
`negotiation`	Zeigt PPP-Pakete an, die während der PPP-Startphase übertragen werden, wenn die PPP-Optionen ausgehandelt werden.
`error`	Zeigt Protokollfehler und Fehlerstatistiken an, die mit der Aushandlung der PPP-Verbindung und deren Betrieb verbunden sind.
`chap`	Zeigt den Austausch von CHAP- und PAP-Paketen an.

LAB

Siehe auch CNAP und [1] »Troubleshooting the PPP Configuration«.

12.11 Zusammenfassung

In diesem Kapitel werden die folgenden Sachverhalte erläutert:

- PPP ist das meistverwendete Protokoll im WAN.
- PPP löst das Problem einer universell verwendbaren Verbindung durch Bereitstellung eines LCP und einer Familie von NCPs zur Aushandlung optionaler Konfigurationsparameter und Eigenschaften.
- Eine PPP-Sitzung besteht aus vier Phasen:
  - Aufbau der Leitung
  - Authentifizierung und Prüfung der Leitungsqualität
  - Aushandlung der Konfiguration für das Vermittlungsschichtprotokoll
  - Abbau der Leitung
- Bei der Konfiguration der PPP-Authentifizierung können Sie zwischen PAP und CHAP wählen.
- PAP ist kein starkes Authentifizierungsprotokoll.
- CHAP bietet Schutz gegen Angriffe mit duplizierten Paketen, denn es verwendet einen variablen Challenge-Wert, der eindeutig und nicht vorhersagbar ist.
- Die PPP-Kapselung wird an einer Schnittstelle mit Hilfe des Befehls `encapsulation ppp` konfiguriert.
- Wenn PPP konfiguriert ist, können Sie seine LCP- und NCP-Zustände mit dem Befehl `show interfaces` anzeigen.

Um den hier erlernten Stoff zu vertiefen, beachten Sie bitte auch die diesem Kapitel zugeordneten Videos, Photo-Zooms und E-Labs auf der CD-ROM.

12.12 Lernzielkontrolle

1. Worin besteht der erste Schritt bei der Herstellung einer Verbindung über PPP?
   a) Der anfragende PPP-Knoten sendet eine Sitzungsstartmeldung an den nächsten PPP-Nachbarn.
   b) Router im Pfad handelt Authentifizierungsfunktionen aus, bevor die PPP-Verbindung aktiviert wird.

c) PPP-Knoten senden Advertisements, um IP-Adressen dynamisch zu erhalten, oder fordern vom Server Adressen an.

d) Der anfragende PPP-Knoten sendet LCP-Frames, um die Datenverbindung zu konfigurieren.

2. Was geschieht bei PPP, wenn LCP eine Verbindung abbaut?

   a) Der Empfängerknoten versucht, eine neue Verbindung herzustellen.

   b) NCP sendet einen LMI-Frame.

   c) Der Ursprungsknoten stellt die Verbindungssitzung wieder her.

   d) LCP informiert die Protokolle der Vermittlungsschicht über den Verbindungsabbau.

3. Welches der folgenden ist ein von PPP unterstütztes Vermittlungsschichtprotokoll?

   a) Novell IPX

   b) IP

   c) AppleTalk

   d) Alle genannten.

4. Welche der folgenden Aufgaben erfüllt ein NCP?

   a) Aufbau von Verbindungen

   b) Kapselung verschiedener Protokolle

   c) Umwandlung von Paketen zu Zellen

   d) Abbau von Verbindungen

5. Welches Feld eines PPP-Frames zeigt, ob IPX oder TCP/IP transportiert werden?

   a) Flag

   b) Steuerfeld

   c) Protokollfeld

   d) FCS-Feld

6. Wann wird in der Regel PPP an einer lokalen Workstation für eine Internetverbindung benutzt?
   a) Wenn die Workstation direkt mit einem LAN verbunden ist.
   b) Wenn die Workstation direkt mit einem Router verbunden ist.
   c) Wenn die Workstation eine Wählverbindung zum Internet braucht.
   d) PPP wird auf Workstations gar nicht benutzt.
7. Welche der folgenden Aufgaben erfüllt LCP?
   a) Aufbau, Aufrechterhaltung und Abbau der Punkt-zu-Punkt-Verbindung
   b) Aufrechterhaltung mehrerer Verbindungen
   c) Routing-Updates
   d) Komprimierung
8. Aus wie vielen Phasen setzt sich eine PPP-Sitzung zusammen?
   a) 2
   b) 3
   c) 4
   d) 1
9. Welche Art des Handshakes findet statt, wenn PAP als Authentifizierungsprotokoll für PPP benutzt wird?
   a) Ein-Schritt-Handshake
   b) Zwei-Schritte-Handshake
   c) Drei-Schritte-Handshake
   d) Vier-Schritte-Handshake
10. Mit welchem Router-Befehl können Sie den Status von LCP und NCP für PPP überprüfen?
   a) `router>` **`show interfaces`**
   b) `router(config)#` **`show interfaces`**
   c) `router#` **`show interfaces`**
   d) `router(config-if)#` **`show interfaces`**

11. Welches Protokoll würden Sie verwenden, um eine Remote-Verbindung über ISDN zu realisieren?

    a) PPP

    b) SLIP

    c) PAP

    d) CHAP

12. Welches PPP-Merkmal wird ausgenutzt, wenn PPP eine Lastverteilung über mehrere Verbindungen durchführt?

    a) PAP

    b) Stacker

    c) Komprimierung

    d) Multilink-Funktion

13. Wenn eine PPP-Verbindung aufgebaut wird, muss sie über LCP zunächst geöffnet werden. Wie wird danach fortgefahren?

    a) Zunächst werden die Konfigurationsparameter ausgehandelt, danach wird ein Frame zur Bestätigung der Konfiguration gesendet und empfangen.

    b) Die Verbindung wird zwecks Feststellung geprüft, ob die Verbindungsqualität für den Einsatz von Protokollen der Vermittlungsschicht ausreichend ist.

    c) Die PPP-Knoten werden abgefragt, und danach wird ermittelt, ob ein Pfad zu einem NCP-Server vorhanden ist.

    d) Der nächste PPP-Nachbar wird um die Übermittlung von Routing-Daten (z. B. Anzahl der Hops) gebeten.

Lernziele:

Wenn Sie dieses Kapitel gelesen haben, werden Sie

- die ISDN-Architektur beschreiben können,
- die ISDN-Protokollschichten kennen,
- ISDN konfigurieren können,
- DDR konfigurieren können,
- ISDN und DDR prüfen und auftretende Probleme beheben können.

Kapitel 13

ISDN und DDR

In diesem Kapitel wird eine Gruppe von Technologien namens ISDN (Integrated Services Digital Network) beschrieben, die bereits vor mehr als 30 Jahren entwickelt wurde. Angesichts der Beschränkungen durch das analoge Telefonnetz wurde ISDN entwickelt, um integrierten Zugriff auf eine Vielzahl von Diensten über eine digitale Leitung zu ermöglichen. Zu diesen Diensten gehören Sprache, Paketvermittlung und sogar Video.

Beachten Sie bitte die diesem Kapitel zugeordneten Videos, Photo-Zooms und E-Labs auf der beiliegenden CD-ROM. Sinn dieser Zusatzinformationen ist die Ergänzung des Materials und Vertiefung des Stoffes, der in diesem Kapitel vorgestellt wird.

13.1 ISDN-Standards

Im Laufe der Zeit wurden sehr viele ISDN-Standards verabschiedet, deren Ziel es war, schnelle digitale Dienste in Haushalte und Unternehmen zu bringen. Doch trotz oder gerade wegen des riesigen Arsenals von ISDN-Standards haben die Netzbetreiber die Technologie nicht einheitlich implementiert. Aufgrund dessen können sich ISDN-Konfiguration und Preisgestaltung von Region zu Region erheblich unterscheiden.

Heutzutage setzen Kunden ISDN in erster Linie ein, um Telearbeitern und kleinen Büros Remote-Zugriff zu ermöglichen (Abbildung 13.1). Provider und große Unternehmen verwenden den ISDN-Primärmultiplexanschluss zur Unterstützung der Einwahl von Modem- oder ISDN-Basisanschlüssen. Zwar bietet ISDN einen wesentlich schnelleren Rufaufbau und einen höheren Durchsatz als Modems, aber viele Teilnehmer mit einem ISDN-Basisanschluss entscheiden sich mittlerweile für DSL- und Kabeltechnologien, denn diese bieten einen höheren Durchsatz zu niedrigeren Kosten.

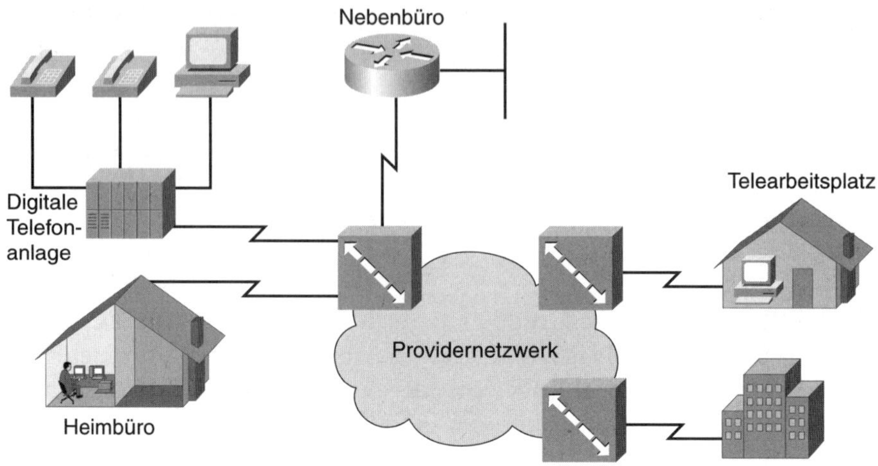

Abbildung 13.1: Integrierte Datendienste

Doch trotz dieser aufstrebenden Technologien bleibt ISDN aus verschiedenen Gründen eine nach wie vor in Betracht zu ziehende Lösung für den Remote-Zugriff:

- Die Verfügbarkeit von ISDN ist höher als die von DSL oder Kabel.
- Viele Unternehmen und Dienstanbieter haben in bedeutendem Maße in ISDN-Hardware und entsprechende Schulungen investiert und wollen diese Investitionen nicht gleich wieder abschreiben.
- Externe Büros, die ISDN einsetzen, können die Zentrale direkt – d. h. ohne Umweg über das Internet – kontaktieren. Die meisten DSL- und Kabelimplementierungen sehen hingegen vor, dass ein Remote-Host nur über ein internetbasiertes VPN (Virtual Private Network, Virtuelles Privates Netzwerk) mit der Zentralstelle kommunizieren darf.

13.2 Überblick auf ISDN

Um einen Netzwerkzugang von entfernten Standorten aus zu ermöglichen, werden verschiedene WAN-Technologien eingesetzt. In diesem Kapitel finden Sie Beschreibungen der Dienste, Standards, Komponenten sowie zu Betrieb und Konfiguration der ISDN-Kommunikation. ISDN wurde seinerzeit gezielt entwickelt, um Probleme mit niedrigen Bandbreiten zu lösen, die in kleinen Büros und bei Einwahlbenutzern mit herkömmlichen Modems häufig auftraten.

Das traditionelle Telefonnetz basierte auf analogen Verbindungen zwischen dem Endgerät des Kunden und der lokalen Vermittlungsstelle, den so genannten Teilnehmeranschlussleitungen (Abbildung 13.2). Die analoge Signalisierung führt zu Bandbreitenbeschränkungen in dieser Anschlussleitung: Analogdaten können nicht schneller übertragen werden als durch die Bandbreite von 3.100 Hz vorgegeben. Die Überwindung dieser Bandbreitenbeschränkung erlaubt nun die Verwendung einer digitalen Signalisierung über die Teilnehmeranschlussleitung, wodurch die Zugriffsgeschwindigkeiten für Remote-Benutzer erhöht wurden (Abbildung 13.3). Benutzer analoger Einwahlmodems verwenden allerdings weiterhin die 3,1-kHz-Bandbreite der analogen Anschlussleitung, was den Download auf 56 Kbit/s und den Upload auf 33 Kbit/s beschränkt.

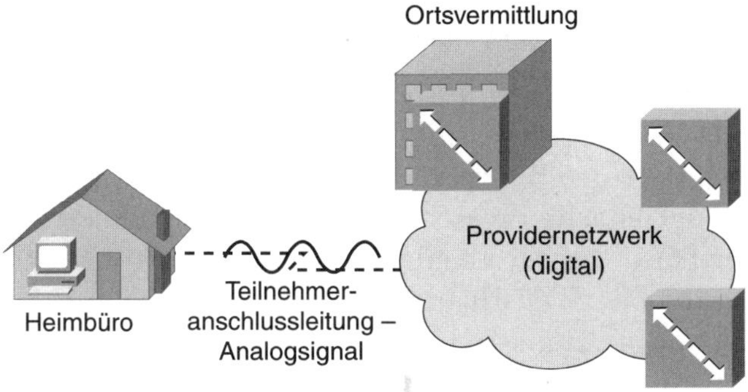

Abbildung 13.2: Teilnehmeranschlussleitung

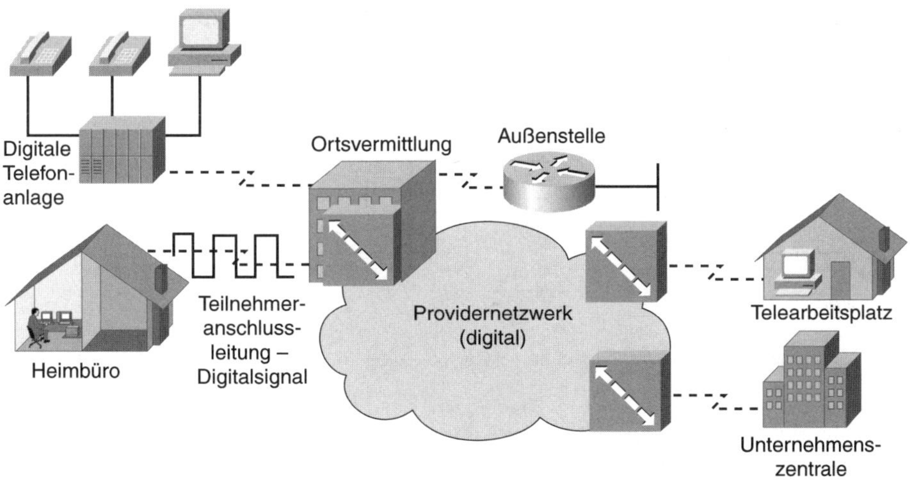

Abbildung 13.3: Digitale Kommunikation mit ISDN

Die Telefonnetzbetreiber haben ISDN mit dem Ziel entwickelt, ein vollständig digitales Netzwerk zu schaffen. ISDN ermöglicht die Übertragung von Digitalsignalen über das vorhandene Telefonnetz. Dies wurde möglich, nachdem die Telefonnetzbetreiber Switches entwickelt hatten, die auch Digitalsignale verarbeiten konnten. ISDN wurde gemeinhin als Alternative zu Standleitungen betrachtet, um Telearbeiter und kleine oder entfernte Büros mit LANs zu vernetzen.

ISDN ist ein Ergebnis der Bemühungen, Teilnehmerdienste weltweit zu standardisieren. Hierzu gehört auch der Standard UNI (User-Network Interface), der die für die Einwahl eines Benutzers in das Netzwerk erforderlichen Prozeduren und Netzwerkfunktionen beschreibt. ISDN-Standards definieren die Hardware und die Systeme für die Signalisierung bei digitalen Punkt-zu-Punkt-Verbindungen, und deswegen können ISDN-Netzwerke weltweit miteinander kommunizieren. Die Digitalisierung der Daten erfolgt dabei am Benutzerstandort und nicht durch den Netzbetreiber.

Wie die englische Bezeichnung *Integrated Services Digital Network* bereits impliziert, handelt es sich bei ISDN um eine digitale Technologie. ISDN ersetzt traditionell analoge Telefone durch schnelle digitale Hardware, die für den Kunden eine digitale Teilnehmeranschlussleitung bereitstellt. Abbildung 13.4 zeigt den Unterschied zwischen analoger und digitaler Kommunikation. Aus diesem Grund sind ISDN-Übertragungen von Ende zu Ende digitaler Natur. Da das alte Telefonsystem eine analoge Teilnehmeranschlussleitung verwendet, muss der Netzbetreiber dabei die Analogsignale zur digitalen Übertragung erst kodieren. Hierzu wird das PCM-Verfahren (Pulse Code Modulation) eingesetzt. Bei dieser Form der A-D-Wandlung (Analog-Digital-Wandlung) entstehen allerdings unerwünschte Latenzen und potenziell auch Störungen bzw. Rauschen.

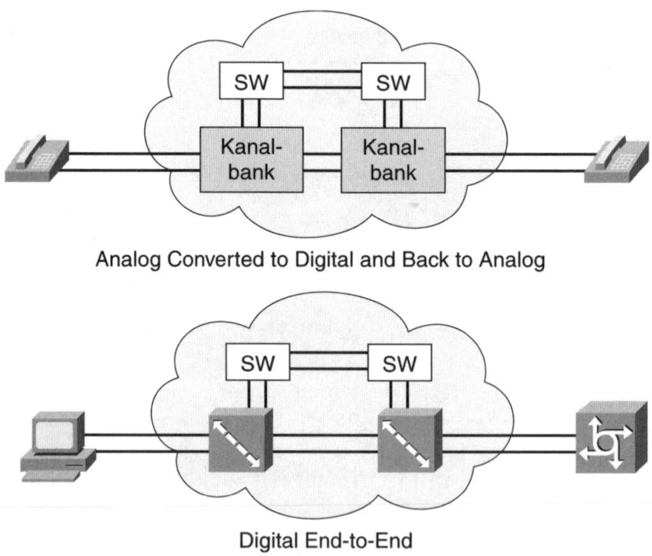

Abbildung 13.4: Analog versus digital

ISDN dagegen ist in der Lage, die digitalen Verbindungen bis zum lokalen Standort zu realisieren. Dies hat folgende Vorteile:

- ISDN kann unterschiedliche Kommunikationsarten (Daten, Sprache und Video) im Netzwerk übertragen.
- Der Rufaufbau erfolgt schneller als bei konventioneller Telefontechnologie.
- Die Übertragungsraten sind höher als bei traditionellen Modems.

Kunden können eine Verbindung zum ISDN-Provider über zwei unterschiedliche physische Schnittstellen herstellen: den ISDN-Basisanschluss (Basic Rate Interface, BRI) und den ISDN-Primärmultiplexanschluss (Primary Rate Interface, PRI). Ein solcher Schnittstellenanschluss besteht jeweils aus einem Bündel von B- und D-Kanälen, die durch Multiplexing auf einer Leitung übertragen werden (Abbildung 13.5).

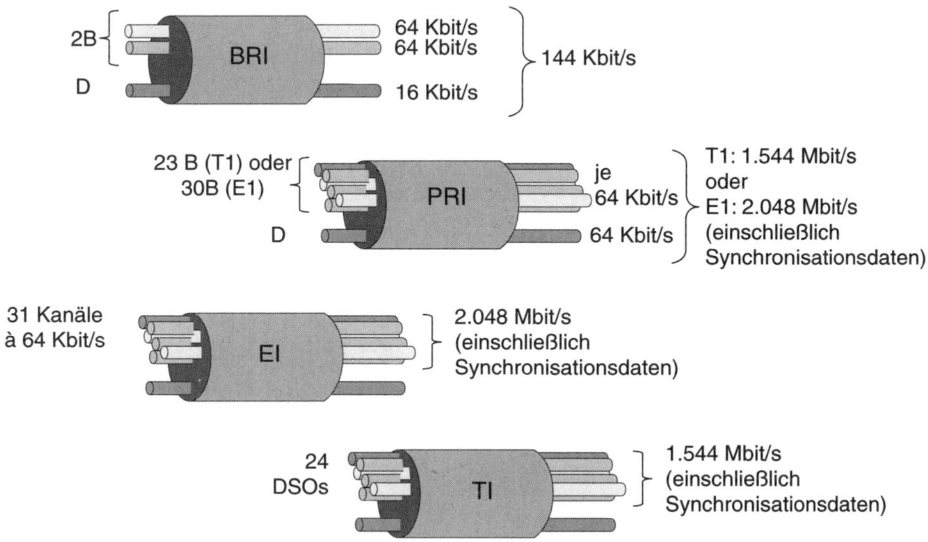

Abbildung 13.5: ISDN-Dienste

ISDN-B-Kanäle (Bearer Channel, Übertragungskanal) übertragen Sprache, Daten und Faxsignale. Die Daten werden als Frames übertragen, wobei wahlweise HDLC oder PPP als Schicht-2-Protokoll zum Einsatz kommen. PPP ist dabei weitaus robuster als HDLC, denn es bietet exzellente Methoden für die Authentifizierung und die Aushandlung einer kompatiblen Leitungs- und Protokollkonfiguration.

Der ISDN-Basisanschluss wird auch als Schmalband-ISDN bezeichnet. Eine Verbindung ist hierbei normalerweise leitungsvermittelt, wobei der B-Kanal die grundlegende Vermittlungseinheit darstellt.

Der D-Kanal (Delta-Kanal) wird zur Außerbandsignalisierung verwendet. Hier werden Steuermeldungen übertragen, beispielsweise für den Rufaufbau und -abbau. Der D-Kanal verwendet normalerweise LAPD (Link Access Procedure, D-Kanal) als Protokoll der Schicht 2.

Der ISDN-Basisanschluss wird über ein Kupferkabel realisiert, das normalerweise analoge Telefonsignale überträgt. In den USA beträgt die maximale Länge einer ISDN-Teilnehmeranschlussleitung 5,5 Kilometer, während die Reichweite der Uk0-Schnittstelle in Europa 8 bis 10 Kilometer zulässt. Der Basisanschluss hat die folgenden Kennzeichen:

- 2 B-Kanäle à 64 Kbit/s
- 1 D-Kanal mit 16 Kbit/s
- 48 Kbit/s für Framing- und Synchronisationsdaten
- Gesamtdatenrate: 192 Kbit/s

Wegen der Aufteilung in zwei B-Kanäle und einen D-Kanal bezeichnet man den ISDN-Basisanschluss manchmal auch kurz als »2B+D«.

Bei der Betrachtung der Bandbreite des ISDN-Basisanschlusses ist es wichtig zu wissen, von welchen der angesprochenen Merkmale genau die Rede ist. Geht es um die für den Benutzer vorhandene Bandbreite, dann bietet der BRI 128 Kbit/s (genauer gesagt zwei B-Kanäle mit 64 Kbit/s); ist von der Gesamtbandbreite für B- und D-Kanäle die Rede, dann steigt die Bandbreite auf 144 Kbit/s. Selten wird auch von der Gesamtbandbreite des Basisanschlusses gesprochen, die auch Framing- und Synchronisationsdaten umfasst und 192 Kbit/s beträgt.

Im Gegensatz zum Basisanschluss erfolgt die Bereitstellung des Primärmultiplexanschlussdienstes über T1- bzw. E1-Standleitungen zwischen dem Kundenstandortgerät und dem ISDN-Switch. Hierbei handelt es sich meistens um einen Switch der Telefongesellschaft an einer Vermittlungsstelle, in der auch Sprachanrufe verarbeitet werden.

Eine T1-Leitung wird in diesem Zusammenhang als DS1 (Digital Service 1) bezeichnet und besteht aus 24 DS0-Kanälen mit je 64 Kbit/s (Tabelle 13.1). Ein DS0 entspricht einem B-Kanal des Basisanschlusses.

Ein Primärmultiplexanschluss über T1 (Nordamerika, Japan) ist wie folgt spezifiziert:

- 23 B-Kanäle à 64 Kbit/s
- 1 D-Kanal mit 64 Kbit/s, übertragen in Zeitabschnitt 24
- 8 Kbit/s für Framing- und Synchronisationsdaten
- Gesamtdatenrate: 1,544 Mbit/s

Ein Primärmultiplexanschluss über E1 (Europa) ist hingegen wie folgt spezifiziert:

- 30 B-Kanäle à 64 Kbit/s
- 1 D-Kanal mit 64 Kbit/s, übertragen in Zeitabschnitt 16
- 64 Kbit/s für Framing- und Synchronisationsdaten
- Gesamtdatenrate: 2,048 Mbit/s

Tabelle 13.1: Digitale Signaldienste

Digitaler Signaldienst	Geschwindigkeit	T-Bezeichnung	Kanäle (DS0)
DS0	64 Kbit/s	—	1
DS1	1,544 Mbit/s	T1	24
DS2	6,312 Mbit/s	T2	96
DS3	44,736 Mbit/s	T3	672
DS4	274,176 Mbit/s	T4	4.032

13.2.1 ISDN-Standards und Zugriffsmethoden

Die Arbeit an den ISDN-Standards begann in den späten 60er-Jahren. Eine umfassende Sammlung von Empfehlungen für ISDN wurde 1984 zum ersten Mal veröffentlicht und wird von der ITU-T (früher CCIT) fortwährend aktualisiert. Die ISDN-Standards stellen einen Satz von Protokollen dar, der digitale Telefontechnologie und Datenkommunikation beschreibt. Die ITU-T gruppiert und organisiert die ISDN-Protokolle wie folgt:

- **E.** Diese Protokolle sind Empfehlungen für Telefonnetzstandards für ISDN. Das Protokoll E.164 beispielsweise beschreibt die internationale ISDN-Adressierung.
- **I.** Diese Protokolle regeln Konzepte, Terminologien und allgemeine Methoden. Die I.100-Serie etwa beschreibt allgemeine ISDN-Konzepte

und die Struktur der weiteren Empfehlungen der I-Serie. Die Serie I.200 behandelt Aspekte der ISDN-Dienste, die Serie I.300 Netzwerkaspekte und die Serie I.400 die UNI-Realisierung (User-Network Interface).

- Q. Diese Protokolle beschreiben Switching und Signalisierung. Signalisierung bedeutet in diesem Kontext den Vorgang des Rufaufbaus. Q.921 enthält Angaben zu den LAPD-Sicherungsschichtprozessen (Link Access Procedure, D-Kanal), die ähnlich wie die Schicht-2-Prozesse des OSI-Referenzmodells ablaufen. Q.931 spezifiziert Funktionen der Schicht 3 des OSI-Referenzmodells.

Kanal	Kapazität	Vorzugsweise verwendet für
B	64 Kbit/s	leitungsvermittelte Daten (HDLC, PPP)
D	16/64 Kbit/s	Signaldaten (LAPD)

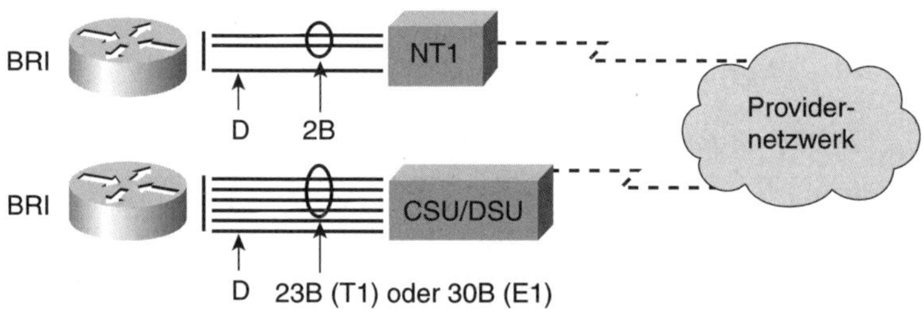

Abbildung 13.6: ISDN-Anschlussmöglichkeiten

13.2.2 Das 3-Schichten-Modell von ISDN und die zugehörigen Protokolle

ISDN nutzt eine Familie von ITU-T-Standards, die sich über die Bitübertragungsschicht, die Sicherungsschicht und die Vermittlungsschicht des OSI-Referenzmodells erstrecken (Tabelle 13.2):

- Die ISDN-Schicht-1-Spezifikationen von ISDN-Basis- und Primärmultiplexanschluss sind in ITU-T I.430 bzw. ITU-T I.431 festgelegt.
- Die ISDN-Schicht-2-Spezifikationen basieren auf LAPD und werden in ITU-T Q.920, ITU-T Q.921, ITU-T Q.922 und ITU-T Q.923 formell beschrieben.
- Die ISDN-Schicht 3 ist in ITU-T Q.930 und ITU-T Q.931 (auch bekannt als I.450 bzw. I.451) definiert. Hier werden Point-to-Point- sowie leitungs- und paketvermittelte Verbindungen beschrieben.

Tabelle 13.2: ISDN-Protokolle

OSI-Schicht	D-Kanal	B-Kanal
3	Q.931-ISDN-Vermittlungsschicht zwischen Terminal und Switch	IP
2	Q.921-LAPD	PPP HDLC
1	Schnittstellen in der ISDN-Bitübertragungsschicht: I.430 für den Basisanschluss, I.431 für den Primärmultiplexanschluss	

Der BRI-Dienst wird über eine kupferbasierte Teilnehmeranschlussleitung übertragen. Physisch ist nur ein Pfad vorhanden, aber dank der Multiplexing-Technologie können die drei Kanäle des Basisanschlusses separat voneinander übertragen werden.

Die Frame-Formate der ISDN-Bitübertragungsschicht (Schicht 1, siehe Abbildung 13.7) unterscheiden sich voneinander abhängig davon, ob es sich um einen ausgehenden Frame (vom Terminal zum Netzwerk – TE-Format) oder einen eingehenden Frame handelt (vom Netzwerk zum Terminal – NT-Format). Beide Frame-Typen sind 48 Bit lang, und von diesen sind 36 Bits Datenbits. Eigentlich handelt es sich um zwei aufeinander folgende 24-Bit-Frames, die sich aus zwei 8-Bit-B-Kanälen, einem 2-Bit-D-Kanal und sechs Bits mit Frame-Informationen zusammensetzen. Pro Sekunde werden 4000 solche Frames übertragen, d. h., die Kanäle B1 und B2 haben eine Kapazität von 16 × 4000 = 64 Kbit/s, der D-Kanal bietet 4 × 4000 = 16 Kbit/s.

Die Bits eines Frames der ISDN-Bitübertragungsschicht werden wie folgt verwendet:

- **Framing-Bit.** Dient Synchronisationszwecken.
- **Ausgleichsbit.** Vermeidet Pegelverschiebung durch mehrere Einsen.
- **E-Kanal (Echokanal) der vorangegangenen D-Kanal-Bits.** Wird zur Lösung bei konkurrierendem Zugriff mehrerer Terminals um einen Kanal benötigt.
- **Aktivierungsbit.** Aktiviert Geräte.
- **Reservebit.** Nicht zugewiesen.

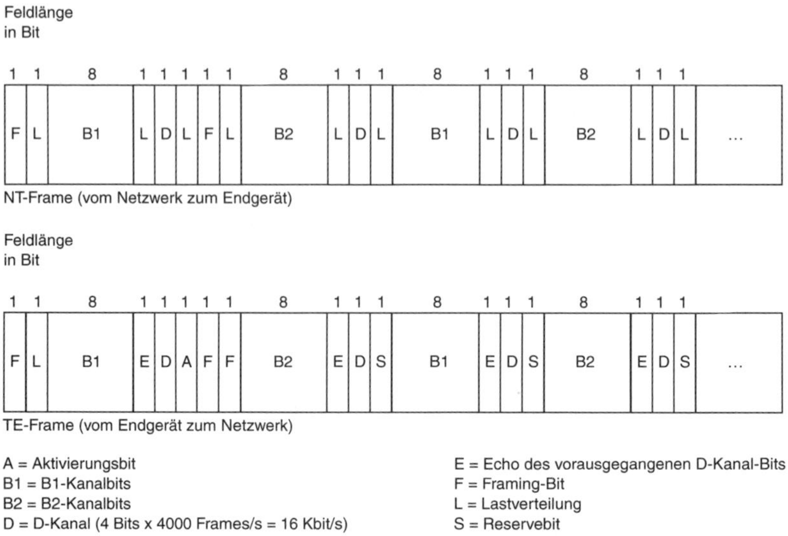

Abbildung 13.7: Frame-Formate in der ISDN-Bitübertragungsschicht

Beachten Sie, dass die physische Bitrate der BRI-Schnittstelle 4000 × 48 = 192 Kbit/s beträgt, die Effektivrate hingegen 40 × 36 = 144 Kbit/s = 64 Kbit/s + 64 Kbit/s + 16 Kbit/s.

Schicht 2 des ISDN-Signalisierungsprotokolls ist LAPD (Link Access Procedure, D-Kanal) – ein Protokoll, das HDLC ähnelt. Es wird über den dedizierten D-Kanal gesendet, um sicherzustellen, dass Steuer- und Signalisierungsinformationen immer korrekt empfangen werden

Die Flag- und Steuerfelder von LAPD sind mit denen von HDLC identisch (Abbildung 13.8). Das Adressfeld bei LAPD ist zwei Bytes lang: Das erste Byte des Adressfeldes enthält die SAPI (Service Access Point Identifier, Kennung des Dienstzugangspunkts), die das Portal bestimmt, an dem LAPD Dienste für Schicht 3 bereitstellt. Das C/R-Bit (Command/Response) zeigt an, ob der Frame einen Befehl oder eine Antwort enthält. Das im zweiten Byte gespeicherte TEI-Feld (Terminal Endpoint Identifier) schließlich gibt ein oder mehrere Terminals an, denn jedes Terminalgerät am Kundenstandort benötigt eine eindeutige Kennung. Sie können die TEI wahlweise bei der Installation zuweisen (Kennungen 0 bis 63) oder dies im Betrieb dem Switch überlassen, wann immer das betreffende Gerät an einem Ruf beteiligt ist (Kennungen 64 bis 126). Wenn das TEI-Feld nur aus Einsen besteht (127), handelt es sich um einen Broadcast-Frame.

Die TEI bildet gemeinsam mit der SAPI die gesamte Schicht-2-Adresse. Die SAPI ist eine 6-Bit-Zahl, die zur Identifizierung und Verwaltung verschiedener Datentypen am selben Endgerät dient, das an das ISDN-Netzwerk angeschlossen ist. Zur Erinnerung: Manche ISDN-Meldungen dienen lediglich der Steuerung (Rufaufbau oder -abbau), während andere die eigentlichen Daten enthalten. Auf diese Weise repräsentiert die TEI das eigentliche ISDN-Gerät und die SAPI den Prozess, der auf diesem Gerät ausgeführt wird. So bezeichnet etwa der SAPI-Wert 0 Rufprozeduren, während der Wert 63 eine Managementfunktion der Schicht 2 darstellt.

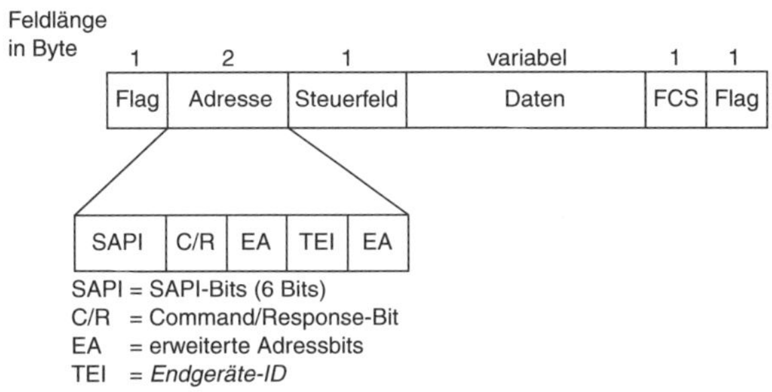

Abbildung 13.8: ISDN-Sicherungsschicht

Ähnlich wie ein Ethernet II-Frame die MAC-Adresse des Empfängers und Angaben zum Protokolltyp enthält, umfasst der LAPD-Frame jeweils einen TEI- und einen SAPI-Wert.

13.2.3 ISDN-Rufaufbau

Damit ein Router einen anderen via ISDN kontaktieren kann, müssen verschiedene Vermittlungsvorgänge stattfinden. Um einen ISDN-Ruf aufzubauen, werden der D-Kanal zwischen Router und ISDN-Switch und die SS7-Signalisierung (Signaling System 7) zwischen den Switches im Netzwerk des Providers benutzt.

Der D-Kanal zwischen dem Router und dem ISDN-Switch ist immer aktiv. Q.921 beschreibt die Prozesse der ISDN-Sicherungsschicht von LAPD, die wie die Schicht-2-Prozesse des OSI-Referenzmodells funktionieren. Der D-Kanal wird für Rufsteuerungsfunktionen wie Rufaufbau, Signalisierung und Rufbeendigung verwendet – Funktionen, die im Protokoll Q.931 implementiert sind. Dieses Protokoll bestimmt die Schicht-3-Funktionen des OSI-Modells. Der Q.931-Standard empfiehlt eine Sicherungsschichtverbindung zwischen dem Terminalendpunkt und dem lokalen ISDN-Switch, macht aber keine Ende-zu-Ende-Empfehlung. Weil einige ISDN-Switches vor der Standardisierung von Q.931 entwickelt wurden, verwenden die verschiedenen ISDN-Provider (und die von ihnen benutzten Switch-Typen) in der Regel unterschiedliche Implementierungen dieses Standards. Da Switch-Typen nicht standardisiert sind, müssen Router in ihren jeweiligen Konfigurationen

Befehle aufweisen, die ihr Verhalten spezifisch an den ISDN-Switch anpassen, mit dem eine Verbindung hergestellt werden soll.

Ein ISDN-Ruf kann auf unterschiedliche Weise initiiert werden. Der Anrufer fordert zunächst einen Rufaufbau an (Abbildung 13.9). Bevor Verbindungs- und Rufaufbau stattfinden, können mehrere verschiedene Meldungen (z. B. Fortschrittsmeldungen) angezeigt werden.

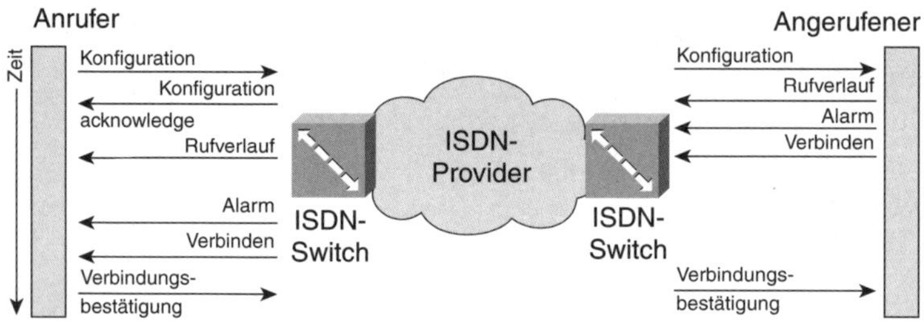

Abbildung 13.9: ISDN-Rufaufbau nach Q.931

Das Gleiche gilt auch für Alarmmeldungen, die für Telefonmeldungen typisch, aber hier nicht notwendig sind. In der Datenübertragung kommt dieser Meldungstyp eher selten vor. Die meisten Meldungen behandeln Datenrufe.

Verschiedene ISDN-Switches benutzen unterschiedliche Prozesse für Rufaufbau und -abbau. Je nach Switch-Typ werden einige oder alle der in Abbildung 13.9 gezeigten Schritte durchlaufen. Zumindest die Rufaufbau-, Rufverlaufs-, Verbindungs- und Verbindungsbestätigungsmeldungen sollten ausgetauscht werden.

Beim Aufbau eines Rufs über einen Basis- oder Primärmultiplexanschluss finden die folgenden Vorgänge statt:

- Über den D-Kanal wird die angerufene Nummer an den lokalen ISDN-Switch gesendet.
- Der lokale Switch konfiguriert mit Hilfe des SS7-Protokolls einen Pfad und leitet die Rufnummer an den entfernten ISDN-Switch weiter.
- Der entfernte Switch spricht den Empfänger über den D-Kanal an.
- Wenn das Remote-ISDN-Endgerät (z. B. ein Router) den Ruf annimmt, sendet der entfernte ISDN-Switch mit Hilfe von SS7 eine *Connect*-Nachricht an den lokalen Switch.
- Nun wird ein B-Kanal zwischen den Enden geöffnet; der zweite Kanal steht für eine weitere Sprach- oder Datenleitung zur Verfügung. Sie können die beiden Kanäle auch gleichzeitig verwenden.

Ähnlich wie beim Aufbau ist auch die Rufabbauanforderung keine Ende-zu-Ende-Funktion, sondern wird vom ISDN-Switch verarbeitet. Die Freigabe beim Rufabbau kennt drei verschiedene Meldungen:

- *Disconnect* (Trennen)
- *Release* (Freigeben)
- *Release Complete* (Freigabe abgeschlossen)

Die *Release*-Meldung wird schnellstmöglich durch das Netzwerk übertragen. In Abbildung 13.10 wird davon ausgegangen, dass der angerufene Partner diese Meldung erzeugt. Der Vorgang wird von einer *Disconnect*-Meldung im D-Kanal ausgelöst, die zwischen Anrufer und Angerufenem ausgetauscht wird. Nach Empfang dieser Meldung beginnt die Vermittlungsstelle umgehend mit der Freigabe des Switch-Pfades im B-Kanal. Gleichzeitig wird eine *Release*-Meldung an die nachfolgende Vermittlungsstelle gesendet. Die Meldung wird auf diese Weise von Vermittlungsstelle zu Vermittlungsstelle weitergereicht, bis sie schließlich die Vermittlungsstelle erreicht, an die das an der Verbindung beteiligte Gerät angeschlossen ist.

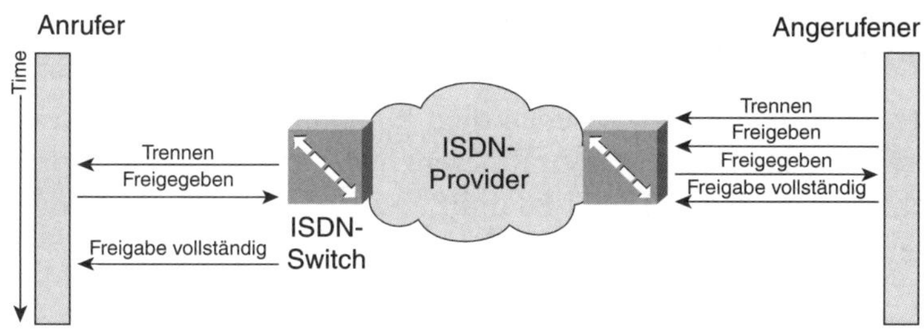

Abbildung 13.10: ISDN-Rufabbau nach Q.931

Empfängt diese Vermittlungsstelle die *Release*-Meldung, dann passiert Folgendes:

- Es wird eine *Disconnect*-Meldung an den Anrufer gesendet.
- Es wird ein Timer gestartet, um den Erhalt der *Release*-Meldung sicherzustellen.
- Der Switch-Pfad wird getrennt.
- Wird die *Release*-Meldung von der vorherigen Vermittlungsstelle im Pfad empfangen, dann wird eine *Release Complete*-Meldung an diese vorherige Vermittlungsstelle gesendet.

13.2.4 ISDN-Funktionen und Referenzpunkte

ISDN-Standards definieren Funktionen als ein Gerät oder eine Hardwarekomponente, mit denen der Benutzer auf die BRI- oder PRI-Dienste zugreifen kann. Die Hersteller können Hardware entwickeln, die eine oder mehrere Funktionen realisieren. ISDN-Spezifikationen definieren vier so genannte Referenzpunkte (Abbildung 13.11), die ein ISDN-Gerät mit einem anderen verbinden. Jedes Gerät in einem ISDN-Netzwerk führt eine bestimmte Aufgabe für eine Ende-zu-Ende-Verbindung durch.

Die folgenden Referenzpunkte betreffen die Kundenseite der ISDN-Verbindung:

- **R.** Bezeichnet die Verbindung zwischen einem nicht ISDN-kompatiblen Gerät (TE2, z. B. serielle RS232-Schnittstelle) und einem Terminaladapter (TA).
- **S.** Bezeichnet die internen Anschlusspunkte eines NT2 oder eines Switchs am Kundenstandort. Hierbei handelt es sich um die Schnittstelle, die Rufe zwischen verschiedenen Endgeräten ermöglicht.
- **T.** Bezeichnet die abgehende Verbindung vom NT2 zum ISDN-Netzwerk oder zum NT1 und ist elektrisch gesehen mit der S-Schnittstelle identisch.
- **U.** Bezeichnet die Verbindung zwischen dem NT1 und dem ISDN-Netzwerk des Telefonnetzbetreibers. Der Referenzpunkt U ist nur in Nordamerika wichtig, weil dort die NT1-Funktionalität nicht vom Service-Provider bereitgestellt wird.

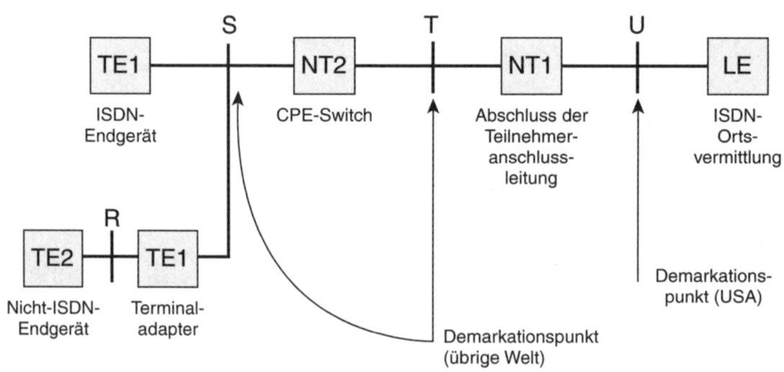

Abbildung 13.11: ISDN-Referenzpunkte

Da die Referenzpunkte S und T elektrisch einander ähnlich sind, ist die entsprechende Schnittstelle häufig mit »S/T« beschriftet, denn der Port ist für beide Varianten identisch und kann sowohl S- als auch T-Funktionen realisieren.

Angesichts der vielen Abkürzungen und Akronyme, die in Zusammenhang mit ISDN eingesetzt werden, sind Sie jetzt möglicherweise etwas verwirrt. Um ISDN zu konfigurieren und Probleme finden und beheben zu können, müssen Sie wissen, wie diese Komponenten und Referenzpunkte im »wirklichen Leben« implementiert sind.

Wie Abbildung 13.12 zeigt, verläuft eine Verbindung von der Wandanschlussdose über ein zweiadriges Standardkabel zum NT1 und von dort aus über ein vieradriges Kabel zum Endgerät (ISDN-Telefon oder -Faxgerät, Terminaladapter oder Cisco-ISDN-Router). Die S/T-Schnittstelle benutzt normalerweise einen achtpoligen Steckverbinder (RJ45), der NT kann die TE mit Spannung versorgen.

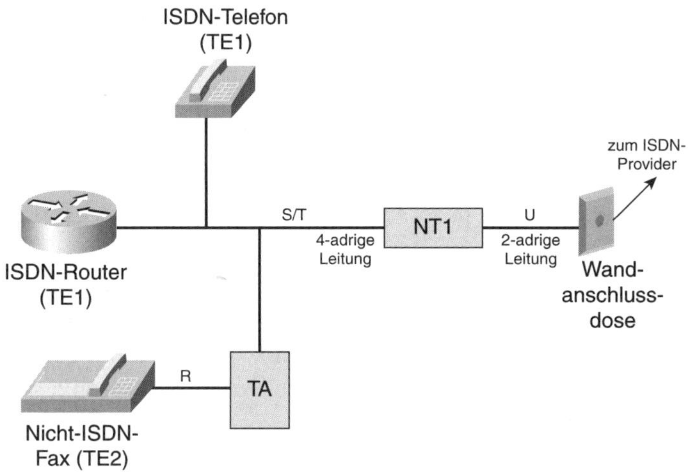

Abbildung 13.12: Referenzpunkte beim ISDN-Basisanschluss

Da alle Steckverbinder (RJ11, RJ45 usw.) sich recht ähnlich sehen, müssen Sie bei Herstellung der Verbindungen mit Umsicht vorgehen. Der S/T-Referenzpunkt ist eine vierpolige Schnittstelle (TX und RX) für Point-to-Point- und Point-to-Multipoint-Verbindungen (passiver Bus) und basiert auf der ITU I.430-Spezifikation. Die S/T-Schnittstelle definiert die Schnittstelle zwischen einem TE1 oder Terminaladapter (TA) und einem NT.

Die U-Schnittstelle definiert die zweipolige Schnittstelle zwischen dem NT und der ISDN-Wolke, die R-Schnittstelle die Schnittstelle zwischen dem TA und einem angeschlossenen Nicht-ISDN-Gerät (TE2).

Ein Kombigerät für NT1 und NT2 wird manchmal als NTU bezeichnet.

Eine reguläre ISDN-S-Schnittstelle kann mit mehreren Endgeräten verbunden sein, die unterschiedliche Dienste über den gleichen S-Bus beziehen.

Wenn der Switch mit mehreren Geräten kommunizieren kann, wird er meist als Multipoint-Switch bezeichnet. Leider führt dieser Umstand bei der Konfiguration der ISDN-Geräte als auch bei der Rufverarbeitung zu einem höheren Aufwand. In diesem Fall werden SPIDs (Service Profile Identifier, Dienstprofilkennung) und EIDs (Endpoint Identifier, Endgerätekennung) benötigt.

Bei der Wahl der ISDN-Hardware ist es besonders wichtig, den Referenzpunkt zu kennen, der den Typ der benötigten ISDN-Schnittstelle bestimmt. In den Vereinigten Staaten brauchen Sie in der Regel eine U-Schnittstelle, um die Verbindung zum Provider herzustellen, d. h., wenn Sie einen ISDN-Router mit S/T-Schnittstelle kaufen, müssen Sie zur Verbindung mit dem Provider zusätzlich ein NT1 erwerben. Außerdem kann die fälschlich vorgenommene Verbindung eines Routers mit U-Schnittstelle und eines NT1 zu einer schweren Beschädigung der beteiligten Geräte führen. Insofern ist das Wissen um die ISDN-Referenzpunkte der Schlüssel zur richtigen Auswahl und Installation von ISDN-Geräten.

13.2.5 ISDN-Schnittstelle des Routers ermitteln

In den USA ist das NT1 vom Kunden bereitzustellen, in Europa und vielen anderen Ländern hingegen übernimmt der Telefonnetzbetreiber die NT1-Funktionalität und stellt beim Kunden eine S/T-Schnittstelle bereit. Bei solchen Konfigurationen muss der Kunde kein separates NT1-Gerät erwerben bzw. keine integrierte NT1-Funktionalität im Anschlussgerät haben. Hardwarekomponenten wie ISDN-Module und -Schnittstellen für Router müssen passend bestellt werden.

Um einen Cisco-Router mit passender ISDN-Schnittstelle auszuwählen, gehen Sie wie folgt vor:

1. Bestimmen Sie, ob der Router den ISDN-Basisanschluss unterstützt.
2. Ermitteln Sie den Anbieter des NT1. Das NT1 bildet den Abschluss der Teilnehmerleitung, die von der Vermittlungsstelle des ISDN-Providers zum Kunden führt. In den Vereinigten Staaten ist das NT1 ein eigenes Gerät des Kunden, d. h., der Kunde ist auch für dieses Gerät verantwortlich. In Europa hingegen ist das NT1 Providersache.
3. Ist das NT1 ein Gerät des Kunden (CPE), dann stellen Sie sicher, dass der Router über eine U-Schnittstelle verfügt; bietet der Router lediglich eine S/T-Schnittstelle, dann benötigen Sie ein externes NT1 für die Verbindung zum Provider.

Weist der Router einen mit »BRI« beschrifteten Anschluss auf, dann unterstützt er bereits ISDN. Ist diese normale ISDN-Schnittstelle vorhanden, dann ist der Router ein TE1. Verfügt der Router über eine U-Schnittstelle, dann ist auch ein NT1 bereits integriert.

Hat der Router keinen mit »BRI« beschrifteten Anschluss und weist er eine Festkonfiguration (d. h. eine nichtmodulare Konfiguration) auf, dann muss eine der vorhandenen seriellen Schnittstellen verwendet werden. Bei Fehlen nativer ISDN-Schnittstellen muss ein externer Terminaladapter (TA) an die serielle Schnittstelle angeschlossen werden, um ISDN-Verbindungen zu ermöglichen.

Ist der Router schließlich modularer Natur, dann kann eine normale ISDN-Schnittstelle möglicherweise nachgerüstet werden, sofern ein freier Steckplatz vorhanden ist.

ACHTUNG

Beachten Sie, dass ein Router, der über eine U-Schnittstelle verfügt, niemals an ein NT1 angeschlossen werden sollte, da auf diese Weise die Schnittstelle beschädigt wird.

13.2.6 ISDN-Switch-Typen

Router müssen so konfiguriert werden, dass sie den richtigen Typ des ISDN-Switchs benutzen, mit dem sie kommunizieren sollen. Es gibt abhängig von der Region, in der ein ISDN-Switch eingesetzt wird, unterschiedliche Switch-Typen. Dies ist eine Folge der verschiedenen Implementierungen von Q.931, dem Signalisierungsprotokoll für den D-Kanal, das von den verschiedenen Switch-Herstellern unterschiedlich ausgelegt wird.

Die von ISDN-Anbietern vermittelten Dienste unterscheiden sich von Land zu Land oder Region zu Region beträchtlich. Wie bei Modems funktioniert jeder Switch-Typ ein ganz klein wenig anders und hat immer eine spezielle Anforderung an den Rufaufbau. Hieraus ergibt sich, dass der Router für den an der Vermittlungsstelle verwendeten Switch-Typ konfiguriert werden muss, bevor er eine Verbindung mit einem ISDN-Dienst herstellen kann. Die entsprechenden Daten sind bei der Konfiguration des Routers anzugeben, damit der Router einwandfrei mit dem Switch kommunizieren, ISDN-Rufe auf Netzwerkebene absetzen und Daten übertragen kann. Tabelle 13.3 listet verschiedene Länder und Regionen sowie die dort verwendeten Switch-Typen auf.

Tabelle 13.3: ISDN-Switch-Typen in aller Welt

Land	Switch-Typ
Vereinigte Staaten von Amerika, Kanada	AT&T 5ESS und 4ESS; Northern Telecom DMS-100
Frankreich	VN2, VN3
Japan	NTT
Großbritannien	Net3 und Net5
Euro-ISDN (übriges Europa)	Net3

Neben den Angaben zu dem von Ihrem Service-Provider verwendeten Switch-Typ müssen Sie bei manchen ISDN-Protokollen auch wissen, welche SPIDs Ihrer Verbindung zugewiesen sind. Ein SPID ist eine Nummer, die der ISDN-Provider zur Identifizierung der Leitungskonfiguration des BRI-Dienstes vergibt. SPIDs ermöglicht mehreren ISDN-Geräten – z. B. Telefonen und Datenübertragungseinrichtungen – die gleichzeitige Nutzung der Teilnehmeranschlussleitung.

SPIDs werden ausschließlich in Nordamerika und Japan verwendet. Der ISDN-Betreiber kennzeichnet die Leitungskonfiguration des ISDN-Dienstes mit einer solchen SPID. So erfordern zum Beispiel die Switch-Typen National-ISDN-1 und DMS-100 die Konfiguration der SPIDs.

Jeder SPID verweist auf die zugehörige Leitungskonfiguration. SPIDs bestehen aus einer Zeichenkette ähnlich einer Telefonnummer und weisen den jeweiligen B-Kanal gegenüber dem Switch an der Vermittlungsstelle aus. Nach der Identifikation verbindet der Switch die vorhandenen Dienste mit der Verbindung. Es sei daran erinnert, dass ISDN normalerweise für Einwahlverbindungen benutzt wird; die SPIDs werden verarbeitet, wenn der Router die Verbindung mit dem ISDN-Switch herstellt. Werden SPIDs benötigt, sind aber nicht konfiguriert, dann schlägt die Initialisierung fehl, und die ISDN-Dienste können nicht benutzt werden.

13.3 ISDN-Konfiguration

ISDN definiert die Daten- und Steuerinformationen, die zwischen dem ISDN-Endgerät und dem Switch des Netzbetreibers ausgetauscht werden. Das Endgerät muss so konfiguriert werden, dass es den Switch-Typ kennt, mit dem es an der Vermittlungsstelle kommuniziert. Diese Information muss am Router konfiguriert werden, damit ISDN-Anrufe durchgeführt und Daten gesendet und empfangen werden können. In diesem Abschnitt geht es um die ISDN-Konfiguration.

Wie wir bereits wissen, gibt es zwei Arten von ISDN-Zugriff: Basisanschluss und Primärmultiplexanschluss. Hinsichtlich ihrer Konfiguration werden wir diese Anschlusstypen separat behandeln. Wir werden außerdem die Befehle untersuchen, die zur Überprüfung der richtigen Konfiguration und bei Problemen verwendet werden.

Um den Router für den Betrieb in einer ISDN-Umgebung vorzubereiten, müssen Sie bestimmte Parameter im globalen und andere im Schnittstellenmodus eingeben. So ist etwa im globalen Konfigurationsmodus der Switch-Typ des ISDN-Providers anzugeben. Abhängig von Ihrem Standort haben Sie hierbei die Auswahl zwischen etwa zehn verschiedenen Switches (Euro-ISDN: Net3).

Zur Konfiguration der ISDN-Schnittstelle gehören die Zuweisung einer IP-Adresse, die Konfiguration einer Dialer-Gruppe (für DDR) und die Anweisungen für ISDN-SPIDs. Außerdem müssen Sie einen `dialer map`-Befehl absetzen, der ein statisch zugeordnetes Ziel mit einer Ziel-IP-Adresse, dem Hostnamen und der ISDN-Einwahlnummer verknüpft.

13.3.1 ISDN-Basisanschluss (BRI) konfigurieren

Mit Hilfe des Befehls `isdn switch-type` *`switch-typ`* können Sie im globalen oder im Schnittstellenkonfigurationsmodus den ISDN-Switch des Providers angeben.

Bei Konfiguration des Befehls `isdn switch-type` im globalen Konfigurationsmodus wird der ISDN-Switch-Typ für alle ISDN-Schnittstellen identisch eingestellt. Einzelne Schnittstellen können nach dieser globalen Zuweisung umkonfiguriert werden, wenn andere Switch-Typen angeschlossen sind. Tabelle 13.4 listet Switch-Typen für den ISDN-Basisanschluss auf.

Tabelle 13.4: Switch-Typen für den ISDN-Basisanschluss

Switch-Typ	Beschreibung
`basic-5ess`	AT&T-BRI-Switches (USA)
`basic-dms 100`	NT DMS-100 (Nordamerika)
`basic-ni`	National ISDN (Nordamerika)
`basic-1tr6`	1TR6 ISDN-Switches (Deutschland 1982 bis 2000)
`basic-nwnet3`	Net3-Switches (Norwegen)
`basic nznet3`	Net3-Switches (Neuseeland)
`basic-ts013`	TS013- und TS014-Switches (Australien)
`basic-net3`	Switch-Typ für NET3 in Europa (einschließlich Großbritannien)
`ntt`	NTT ISDN-Switch (Japan)

Verschiedene ISDN-Provider benutzen unterschiedliche Switch-Typen. Es kommt sogar vor, dass ein Provider eine bestimmte Switch-Hardware zur softwareseitigen Emulation einer anderen Switch-Hardware verwendet. Die passenden Informationen zum Switch-Typ erhalten Sie von Ihrem Provider. Ist Ihr Router mit falschen Daten konfiguriert, dann ist die ISDN-Kommunikation unter Verwendung von Q.931 in Schicht 3 nicht möglich, d. h., ein ISDN-Anruf kann weder gestartet noch empfangen werden.

Sie stellen den Switch-Typ mit Hilfe des Befehls `isdn switch-type` ein. Allerdings ist dabei zu unterscheiden zwischen der Eingabe im globalen Konfigurationsmodus und der Eingabe im Schnittstellenkonfigurationsmodus. Wird der Befehl im globalen Modus eingegeben, dann wird für alle Schnittstellen des Routers der gleiche Switch-Typ konfiguriert:

```
Router(config)#isdn switch-type typ
```

Geben Sie den Befehl hingegen im Schnittstellenkonfigurationsmodus ein, dann wird nur die zu konfigurierende Schnittstelle mit dem Switch-Typ konfiguriert:

```
Router(config-if)#isdn switch-type typ
```

Beachten Sie, dass der Schnittstellenkonfigurationsmodus den entsprechenden Befehl im globalen Modus außer Kraft setzt.

Normalerweise legen Sie den Switch-Typ im globalen Konfigurationsmodus fest. Es ist in manchen Fällen aber auch notwendig, zwei verschiedene Switch-Typen zu definieren, wenn nämlich der Router Verbindungen sowohl mit einem Basis- als auch mit einem Primärmultiplexanschluss herstellt. Aus diesem Grund hat Cisco die Verwendung des Befehls seit IOS-Release 11.3(T) auf den Schnittstellenkonfigurationsmodus ausgedehnt.

Der Befehl `interface bri` *`schnittstellennummer`* bezeichnet eine ISDN-Schnittstelle an einem Router, der ISDN (TE1) direkt unterstützt. Um nun die erste ISDN-Schnittstelle für den Switch-Typ »AT&T BRI« zu konfigurieren, geben Sie die in Listing 13.1 gezeigten Befehle ein.

Listing 13.1: ISDN-Befehl `interface bri`

```
RTA(config)#interface bri 0
RTA(config-if)#isdn switch-type basic-5ess
```

Verfügt der Router nicht über einen eingebauten Basisanschluss (weil er ein TE2-Gerät ist), dann muss er einen externen ISDN-Terminaladapter verwenden. An einem TE2-Router muss der Befehl `interface serial` *`schnittstellennummer`* verwendet werden.

Wenn der ISDN-Anschluss installiert wird, erhalten Sie vom Provider ggf. Informationen zu Switch-Typ und SPIDs. Mit Hilfe von SPIDs werden die Dienste definiert, die einzelnen ISDN-Teilnehmern zur Verfügung stehen. Je nach Switch-Typ müssen die SPIDs der Konfiguration manuell hinzugefügt werden. National ISDN-1- und DMS-100-ISDN-Switches verlangen eine Konfiguration der SPIDs, der AT&T 5ESS-Switch hingegen nicht. SPIDs müssen auch angegeben werden, wenn der Adtran ISDN-Simulator verwendet wird. Dies ist ein Gerät, dass in Test- und Laborumgebungen zur Simulation einer ISDN-Verbindung eingesetzt werden kann, ohne dass tatsächlich ein Anschluss bei einem Provider eingerichtet werden muss.

Das Argument `switch-type` gibt den Typ des Provider-Switchs an. Um den Switch an der ISDN-Schnittstelle zu deaktivieren, geben Sie `isdn switch-type none` ein. Listing 13.2 zeigt die Konfiguration des National ISDN-BRI-Switchs im globalen Konfigurationsmodus.

Listing 13.2: Konfiguration des Euro-ISDN-BRI-Switch-Typs

```
Router(config)#isdn switch-type basic-net3
```

E-LAB

Siehe auch CNAP »isdn switch-type«.

CD-ROM

Siehe auch e-Lab auf der Buch-CD-ROM »isdn switch-type«.

Als Nächstes wechseln Sie in den Schnittstellenkonfigurationsmodus. Hierzu geben Sie im globalen Modus den folgenden Befehl ein:

```
Router(config)#interface bri slot/port
```

Das Argument *`slot/port`* hat das Format *Port-Adapter-Steckplatznummer/ Schnittstellenportnummer*. Die Nummern werden bei der Werksinstallation bzw. nach dem Einbau in ein System zugewiesen und können durch den Befehl `show interfaces` angezeigt werden.

Um nun SPIDs zu definieren, verwenden Sie den Befehl `isdn spid` im Schnittstellenkonfigurationsmodus. Hiermit legen Sie die SPIDs fest, die den B-Kanälen zugewiesen werden und die das ISDN-Netzwerk anfordert, wenn der Router einen Anruf bei der lokalen ISDN-Vermittlung tätigt:

```
Router(config-if)#isdn spid1 spid-nummer [lwn]
Router(config-if)#isdn spid2 spid-nummer [lwn]
```

Das Format der SPIDs kann je nach ISDN-Switch-Typ und Provideranforderungen variieren. Tabelle 13.5 beschreibt die Parameter der Befehle.

Tabelle 13.5: Parameter der Befehle `isdn spid1` *und* `isdn spid2`

Befehlsparameter	Beschreibung
spid-nummer	Eine Nummer, die den bezogenen Dienst bezeichnet. Dieser Wert wird vom ISDN-Provider zugewiesen.
lwn	Lokale Einwahlnummer (optional). Diese Nummer muss den Informationen entsprechen, welche die angerufene Stelle vom ISDN-Switch erhalten hat; nur so können beide B-Kanäle der meisten Switches verwendet werden.

Um SPIDs für beide B-Kanäle an der BRI-Schnittstelle 0/0 zu konfigurieren, verwenden Sie die in Listing 13.3 gezeigte Syntax.

Listing 13.3: SPIDs an einer BRI-Schnittstelle konfigurieren

```
Router(config)#interface bri0/0
Router(config-if)#isdn spid1 51055540000001 5554000
Router(config-if)#isdn spid2 51055540010001 5554001
```

Nachdem DDR (oder ein Benutzer) einen Ende-zu-Ende-Pfad über ISDN hergestellt hat, wird ein Protokoll zur Datagrammerstellung benötigt, damit die Daten transportiert werden können. Für ISDN sind die folgenden Kapselungen verfügbar:

- PPP
- HDLC
- Frame Relay
- LAPB (Link Access Protocol, Balanced)
- CPP (Combined Proprietary Protocol)

LAPB kann zudem zur Datagrammauslieferung über den D-Kanal verwendet werden.

Wie bereits weiter oben angemerkt, werden Sie wahrscheinlich PPP als Schicht-2-Kapselungsprotokoll verwenden.

Der Befehl `encapsulation` konfiguriert den Frame-Typ Ihrer ISDN-Schnittstelle:

```
Router(config-if)#encapsulation [ppp | labp | hdlc | x25 | cpp]
```

Bei der Konfiguration mit PPP müssen Sie die Protokolle PAP oder CHAP verwenden, wenn Sie Anrufe von mehr als einer Einwahlquelle erhalten. Listing 13.4 stellt eine typische Konfiguration für einen Basisanschluss dar, bei der PPP mit CHAP zum Einsatz kommt.

Listing 13.4: Basisanschlusskapselung (Beispiel)

```
Router(config)#interface bri 0
Router(config-if)#encapsulation ppp
Router(config-if)#ppp authentication chap
```

CD-ROM

Siehe auch e-Lab auf der Buch-CD-ROM »isdn spid«.

E-LAB UND LAB

Siehe auch CNAP »isdn spid«.

Siehe auch CNAP und [1] »Configuring ISDN BRI (U-Interface)«.

13.3.2 ISDN-Primärmultiplexanschluss (PRI) konfigurieren

Der ISDN-Primärmultiplexanschluss wird über eine T1- oder E1-Standleitung bereitgestellt. Zur Konfiguration sind im Wesentlichen die folgenden Aufgaben zu erledigen:

- **Stellen Sie den ISDN-Switch-Typ ein.** Geben Sie den richtigen Switch-Typ für den Primärmultiplexanschluss an, mit dem die Router-Schnittstelle in der Vermittlungsstelle des Providers verbunden wird.
- **Wählen Sie den Controller aus.** Geben Sie den T1-/E1-Controller, den Framing-Typ und die Leitungskodierung für die Verbindung zum Provider an.
- **Konfigurieren Sie den Schnittstellenport für die Funktion als Primärmultiplexanschluss.** Definieren Sie ein PRI-Zeitfenster für die T1-/E1-Einrichtung, und geben Sie die verwendete Übertragungsrate ein.

Da die Router über T1 oder E1 mit dem Primärmultiplexanschluss verbunden werden, gibt es keinen Befehl `interface pri`. Stattdessen wird die Schnittstelle des Routers, an der die Standleitung angeschlossen ist, als T1-Controller (bzw. als E1-Controller, wenn eine E1-Leitung benutzt wird) bezeichnet. Dieser Controller muss konfiguriert sein, um sich mit dem Netzwerk des Providers verbinden zu können. Die PRI-B- und PRI-D-Kanäle werden getrennt vom Controller unter Verwendung des Befehls `interface serial` konfiguriert.

Mit dem Befehl `isdn switch-type` geben Sie den ISDN-Switch des Providers an, an den der Primärmultiplexanschluss angeschlossen wird. Wie beim Basisanschluss kann der Befehl auch hier entweder global oder im Schnittstellenkonfigurationsmodus eingegeben werden. Tabelle 13.6 zeigt die Switch-Typen, die für die Konfiguration des ISDN-Primärmultiplexanschlusses bereitstehen.

Tabelle 13.6: Switch-Typen für den ISDN-Primärmultiplexanschluss

Switch-Typ	Beschreibung
`primary-5ess`	AT&T-PRI-Switches (USA)
`primary-dms100`	NT DMS-100 (Nordamerika)
`primary-ni`	National ISDN (Nordamerika)
`primary-net5`	Switch-Typ für NET5 in Europa (einschließlich Großbritannien) und Australien
`primary-ntt`	NTT ISDN-Switch (Japan)

Die Konfiguration eines T1- oder E1-Controllers erfolgt in vier Schritten:

1. Geben Sie im globalen Konfigurationsmodus den Controller und den Steckplatz/Port am Router an, in dem die PRI-Karte eingebaut ist:

   ```
   Router(config)#controller {t1 | e1} {slot/port}
   ```

2. Konfigurieren Sie Framing, Leitungskodierung und Synchronisation entsprechend den Vorgaben des Providers. Der Befehl `framing` wird zur Auswahl des Frame-Typs verwendet, den der PRI-Provider verwendet. Bei T1 sieht die Syntax wie folgt aus:

   ```
   Router(config-controller)#framing {sf | esf}
   ```

   Bei E1-Leitungen verwenden Sie den Befehl mit den folgenden Optionen:

   ```
   Router(config-controller)#framing {crc4 | no-crc4} [australia]
   ```

   Als Nächstes geben Sie mit dem Befehl `linecode` die Signalisierungsmethode des Providers in der Bitübertragungsschicht an:

   ```
   Router(config-controller)#linecode {ami | b8zs| hdb3}
   ```

   In Nordamerika wird die B8ZS-Methode für T1-Betreibereinrichtungen verwendet. Sie bietet die maximale Übertragungsrate von 64 Kbit/s pro ISDN-Kanal. In Europa wird hingegen die HDB3-Kodierung eingesetzt.

3. Konfigurieren Sie die angegebene Schnittstelle für den PRI-Betrieb, und geben Sie die Anzahl benutzter Zeitfenster an, die an der Digitaleinrichtung des Providers reserviert sind:

   ```
   Router(config-controller)#pri-group [timeslots bereich]
   ```

   Bei T1 liegt der Zeitfensterbereich zwischen 1 und 24, bei E1 zwischen 1 und 31.

4. Geben Sie eine Schnittstelle für den PRI-D-Kanalbetrieb an. Hierbei handelt es sich um eine serielle Router-Schnittstelle mit angeschlossener T1- oder E1-Leitung:

   ```
   Router(config)#interface serial {slot/port: | unit:} {23 | 15}
   ```

Innerhalb der E1- oder T1-Einrichtung beginnt die Kanalnummerierung mit 1, serielle Schnittstellen am Cisco-Router hingegen werden beginnend mit 0 nummeriert. Aus diesem Grund entspricht Kanal 16 – der E1-Signalkanal – der Subschnittstelle 15 des seriellen Ports, Kanal 24 (T1-Signalkanal) wird zur seriellen Subschnittstelle 23, d. h., der Befehl `interface serial 0/0:23` bezieht sich auf den D-Kanal eines T1-Primärmultiplexanschlusses.

Subschnittstellen, die häufig in Verbindung mit Frame Relay eingesetzt werden, werden mit einem Punkt gekennzeichnet. So ist etwa S0/0.16 eine Subschnittstelle. Verwechseln Sie die T1- oder E1-Kanäle nicht mit den Subschnittstellen; bei Kanälen sind die Nummern durch einen Doppelpunkt abgetrennt:

- S0/0.23 bezeichnet eine Subschnittstelle.
- S0/0:23 bezeichnet einen Kanal.

13.3.3 ISDN-Konfiguration überprüfen

Zur Überprüfung einer funktionsfähigen ISDN-Konfiguration werden die `show`-Befehle verwendet.

```
Router#show isdn status
Router#show interfaces bri0/0
Router#show isdn active
```

Um die Funktion eines ISDN-Basisanschlusses zu prüfen, geben Sie den Befehl `show isdn status` ein und können so den Status der einzelnen BRI-Schnittstellen überprüfen. Sie können diesen Befehl nach der Konfiguration des ISDN-Basisanschlusses verwenden, um sicherzustellen, dass das TE1 (Router) korrekt mit dem ISDN-Switch kommuniziert. Die Beispielausgabe in Listing 13.5 zeigt, dass die TEIs korrekt ausgehandelt wurden und die ISDN-Schicht 3 (Ende-zu-Ende-Schicht) zur Initiierung oder Annahme von Anrufen bereit ist.

Listing 13.5: Ausgabe des Befehls `show isdn status`

```
Cork#show isdn status

Global ISDN Switchtype = basic-ni
ISDN BRI0/0 interface

    dsl 0, interface ISDN Switchtype = basic-ni

    Layer 1 Status:
    ACTIVE

    Layer 2 Status:
    TEI = 64, Ces = 1, SAPI = 0, State = MULTIPLE_FRAME_ESTABLISHED

    TEI = 65, Ces = 2, SAPI = 0, State = MULTIPLE_FRAME_ESTABLISHED

    Spid Status:
    TEI 64, ces = 1, state = 5(init)

        spid1 configured, no LDN, spid1 sent, spid1 valid

        Endpoint ID Info: epsf = 0, usid = 70, tid = 1

    TEI 65, ces = 2, state = 5(init)

        spid2 configured, no LDN, spid2 sent, spid2 valid

        Endpoint ID Info: epsf = 0, usid = 70, tid = 2

    Layer 3 Status:
    0 Active Layer 3 Call(s)

    Activated dsl 0 CCBs = 0

    The Free Channel Mask:  0x80000003
    Total Allocated ISDN CCBs = 0
```

Stellen Sie sicher, dass als Schicht-1-Status `ACTIVE` und als Schicht-2-Status `MULTIPLE_FRAME_ESTABLISHED` angezeigt wird. Der Befehl zeigt zudem die Anzahl aktiver Anrufe an.

CD-ROM

Siehe auch e-Lab auf Buch-CD-ROM »show isdn status«.

E-LAB

Siehe auch CNAP »show isdn status«.

Mit dem Befehl `show isdn active` zeigen Sie aktuelle Informationen zum Verbindungsaufbau an, so etwa die angerufene Nummer, die Zeit bis zur Trennung des Rufs bei Inaktivität, das ISDN-Leistungsmerkmal AOC (Advice of Charge), d. h. beim betreffenden Anruf verbrauchte Gebühreneinheiten sowie Angaben dazu, ob diese Daten während des Anrufs oder erst nach dessen Beendigung übermittelt werden.

Der Befehl `show dialer` zeigt Informationen zur Dialer-Schnittstelle. Hierzu gehören Daten wie der aktuelle Rufstatus, Werte für Einwahltimer, Grund des Anrufes und Angaben zum verbundenen RemoteGerät.

Der Befehl `show interfaces bri0/0` schließlich zeigt Statistiken zur BRI-Schnittstelle an, die am Router konfiguriert ist. Kanalspezifische Daten werden dargestellt, wenn die Kanalnummer am Ende des Befehls ergänzt wird. Der Befehl `show interfaces bri0/0: 1` in Listing 13.6 etwa zeigt an, dass der erste B-Kanal die PPP-Kapselung verwendet, dass LCP ausgehandelt wurde und offen ist und zwei NCPs (IPCP und CDPCP) ausgeführt werden.

Listing 13.6: Ausgabe des Befehls `show interfaces bri0/0`

```
BranchF#show interface bri0/0: 1
BRI0:1 is up, line protocol is up
  Hardware is BRI
  MTU 1500 bytes, BW 64 Kbit, DLY 20000 usec, rely 255/255, load 1/255
  Encapsulation PPP, loopback not set, keepalive set (10 sec)
  LCP Open
  Open: IPCP, CDPCP
  Last input 00:00:01, output 00:00:01, output hang never
  Last clearing of "show interface" counters never
  Input queue: 0/75/0 (size/max/drops); Total output drops: 0
  Queueing strategy: weighted fair
  Output queue: 0/1000/64/0 (size/max total/threshold/drops)
     Conversations  0/1/256 (active/max active/max total)
     Reserved Conversations 0/0 (allocated/max allocated)
  5 minute input rate 0 bits/sec, 0 packets/sec
  5 minute output rate 0 bits/sec, 0 packets/sec
     82 packets input, 2844 bytes, 0 no buffer
     Received 82 broadcasts, 0 runts, 0 giants, 0 throttles
     0 input errors, 0 CRC, 0 frame, 0 overrun, 0 ignored, 0 abort
     82 packets output, 2838 bytes, 0 underruns
     0 output errors, 0 collisions, 0 interface resets
     0 output buffer failures, 0 output buffers swapped out
     5 carrier transitions
(ausgabe weggelassen)
```

13.3.4 Fehlersuche bei der ISDN-Konfiguration

Die folgenden Befehle werden zur Fehlersuche und -bereinigung in Zusammenhang mit der ISDN-Konfiguration eingesetzt:

- **`debug isdn q921`.** Zeigt Meldungen der Sicherungsschicht auf dem D-Kanal zwischen Router und ISDN-Switch an. Verwenden Sie diesen Befehl, wenn der Befehl `show isdn status` anzeigt, dass Schicht 1 und Schicht 2 nicht aktiv sind.
- **`debug isdn q931`.** Zeigt den Austausch von Rufaufbau- und Rufabbaumeldungen zur ISDN-Vermittlungsschicht (Schicht 3) an.
- **`debug ppp authentication`.** Zeigt die Debug-Meldungen zur PPP-Authentifizierung einschließlich des CHAP- bzw. PAP-Paketaustauschs.
- **`debug ppp negotiation`.** Zeigt Informationen zum PPP-Datenverkehr und -austausch während der Aushandlung der PPP-Parameter an. Hierzu gehören das LCP, Authentifizierung und das NCP. Bei erfolgreicher PPP-Aushandlung wird der LCP-Status geöffnet, danach erfolgen die Authentifizierung und die Aushandlung des NCP.
- **`debug ppp error`.** Zeigt Protokollfehler und Fehlerstatistiken in Zusammenhang mit Aushandlung und Betrieb der PPP-Verbindung an.

13.4 DDR

DDR (Dial On-Demand Routing) bezeichnet eine Vielzahl der durch Cisco implementierten Funktionen, die zwei oder mehr Routern die Herstellung einer dynamischen Verbindung über ein einfaches Einwahlnetzwerk ermöglicht. DDR wird für temporäre Netzwerkverbindungen im ISDN- oder Telefonnetz mit geringem Datenaufkommen verwendet. Ferner ermöglicht DDR auch den Austausch von Routing-Updates bei Bedarf, auch wenn normalerweise statisches Routing verwendet wird.

Traditionell sind WAN-Standleitungen dedizierte Verbindungen zwischen zwei Standorten, die – um kosteneffizient zu sein – tagtäglich für eine beträchtliche Zeitspanne verwendet werden müssen. DDR hingegen ist flexibel, denn es kann Verbindungen zu mehreren Endpunkten herstellen und verwendet WAN-Verbindungen nur bei Bedarf, was wiederum die WAN-Kosten senkt. Normalerweise wird DDR für die folgenden Umgebungen eingesetzt:

- Telearbeiter, die im Laufe eines Arbeitstages immer wieder Verbindungen mit dem Netzwerk ihres Unternehmens herstellen müssen

- entfernte Büros, die regelmäßig geringe Datenmengen – z. B. Verkaufsdaten oder Bestandslisten – an einen Computer am Firmensitz versenden müssen
- Kunden, die ein automatisiertes Bestellsystem verwenden
- Benutzer, die ihre E-Mail periodisch bei ihrem Internet-Provider abrufen

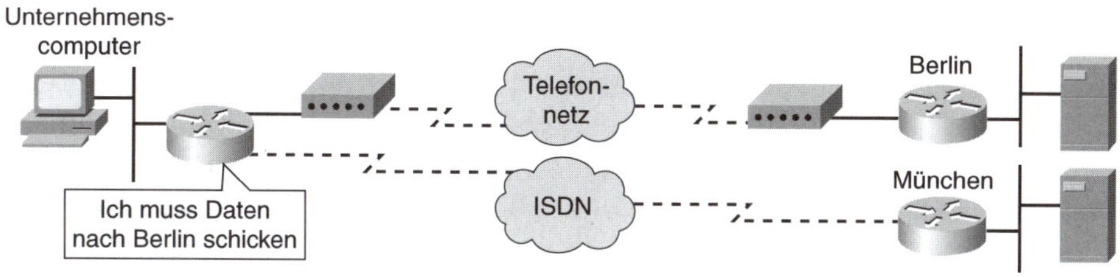

Abbildung 13.13: DDR

13.4.1 DDR-Betrieb

Werden an einer Schnittstelle, die für DDR konfiguriert ist, Daten empfangen, dann wird DDR gestartet. Ist der Verkehr relevant (bei DDR spricht man von »interessantem« Datenverkehr), dann wird ein Anruf initiiert. Was für Datenverkehr interessant ist, wird durch den Netzwerkadministrator definiert und kann ganz verschieden sein: IP-Verkehr eines bestimmten Protokolltyps, Pakete von einer bestimmten Absender- oder mit einer bestimmten Empfängeradresse usw. Nach Übertragung des interessanten Datenverkehrs und dem Verstreichen einer konfigurierten Leerlaufperiode wird der Anruf beendet.

Der Schlüssel für einen sinnvollen DDR-Betrieb ist die Definition interessanten Verkehrs. Es gibt mehrere Methoden für diese Definition, wobei Dialer und Zugriffslisten verwendet werden. Auch Datenverkehr, der nicht interessant ist, kann weitergeleitet werden, wenn die Verbindung zum betreffenden Empfänger gerade aktiv ist.

DDR wird über die folgende Vorgehensweise in Cisco-Routern angewendet:

1. Der Router empfängt Datenverkehr, schlägt in einer Routing-Tabelle nach, um festzustellen, ob eine Route zum Empfänger vorhanden ist, und ermittelt so die ausgehende Schnittstelle.
2. Ist diese ausgehende Schnittstelle für DDR konfiguriert, dann überprüft der Router, ob der Datenverkehr interessant ist. Hierzu muss der Netzwerkadministrator Kriterien für interessanten Datenverkehr definiert haben.

3. Der Router ermittelt nun die Wählinformationen, die für den Anruf benötigt werden. Hierzu verwendet er eine Dialer-Map (Zuordnungsliste für Dialer), die er für den Anruf zum nächsten Router im Pfad benutzt.
4. Der Router prüft nun, ob die Dialer-Map gerade verwendet wird. Ist die Schnittstelle bereits mit dem gewünschten Remot-Gerät verbunden, dann wird der gesamte Datenverkehr für diesen Empfänger weitergeleitet. Der Leerlauftimer wird nur durch als interessant definierte Daten zurückgesetzt. Ist die Schnittstelle hingegen derzeit nicht mit dem Remote-Empfänger verbunden, dann sendet der Router ein Signal zum Rufaufbau über den D-Kanal des Basisanschlusses. Nachdem die Leitung aufgebaut ist, sendet der Router interessanten wie auch uninteressanten Datenverkehr gleichermaßen. Uninteressanter Verkehr können beispielsweise Daten oder auch Routing-Updates sein.
5. Der Leerlauftimer startet, sobald kein interessanter Datenverkehr mehr übertragen wird; wird bis zum Ablauf des Timers kein interessanter Verkehr mehr empfangen, dann wird die Verbindung getrennt.

Dieser Vorgang ist in Abbildung 13.14 veranschaulicht.

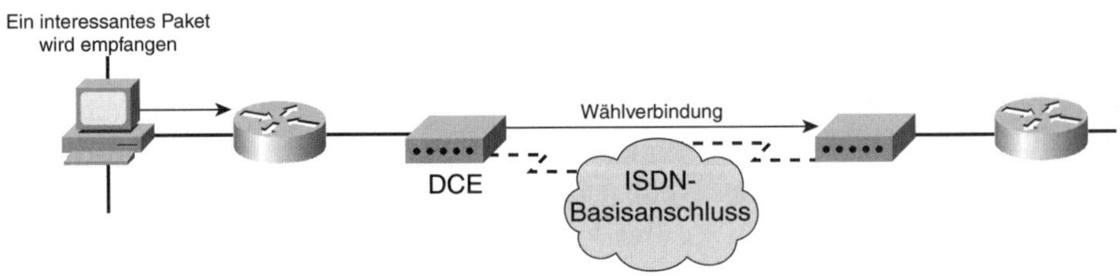

Abbildung 13.14: Generischer DDR-Betrieb

13.4.2 Legacy-DDR

Legacy-DDR ist ein Begriff, der zur Definition einer herkömmlichen, einfachen DDR-Konfiguration verwendet wird, bei der ein Satz von Dialer-Parametern direkt auf eine Schnittstelle angewendet wird. Werden an einer Schnittstelle verschiedene Dialer-Konfigurationen benötigt, dann sollten Sie Dialer-Profile verwenden.

Gehen Sie wie folgt vor, um Legacy-DDR zu konfigurieren:

1. Definieren Sie statische Routen.
2. Legen Sie fest, was interessanter Verkehr ist.
3. Konfigurieren Sie Dialer-Informationen.

Statische Routen für DDR definieren

Um Datenverkehr weiterleiten zu können, müssen Router wissen, welche Route zu einem gegebenen Empfänger zu verwenden ist. Wenn ein dynamisches Routing-Protokoll verwendet wird, wählt die DDR-Schnittstelle jedes Mal, wenn ein Routing-Update oder eine *Hello*-Meldung zu übermitteln ist, sofern diese Datentypen als interessanter Verkehr definiert wurden. Um eine häufige oder dauerhafte Aktivierung der DDR-Leitung bei der Verwendung dynamischer Routing-Protokolle zu unterbinden, sollten die benötigten Routen statisch konfiguriert werden.

Um eine statische Route für IP zu konfigurieren, verwenden Sie den folgenden Befehl:

```
Router(config)#ip route netzpräfix maske {adresse | schnittstelle}
    [distanz] [permanent]
```

Abbildung 13.15 zeigt den Router *Central*, an dem eine statische Route zum LAN des Routers *Home* (10.40.0.0) definiert ist. Der Router *Home* verfügt über zwei statische Routen zu den beiden Subnetzen im LAN *Central*. Ist der Router *Home* für ein Stub-Netz zuständig (d. h., ist die Route nicht lokal), dann sollte der gesamte Datenverkehr an *Central* gesendet werden. In diesem Fall ist die Konfiguration einer Default-Route eine bessere Wahl für den Router *Home*:

```
Home(config)#ip route 0.0.0.0 0.0.0.0 10.1.0.2
```

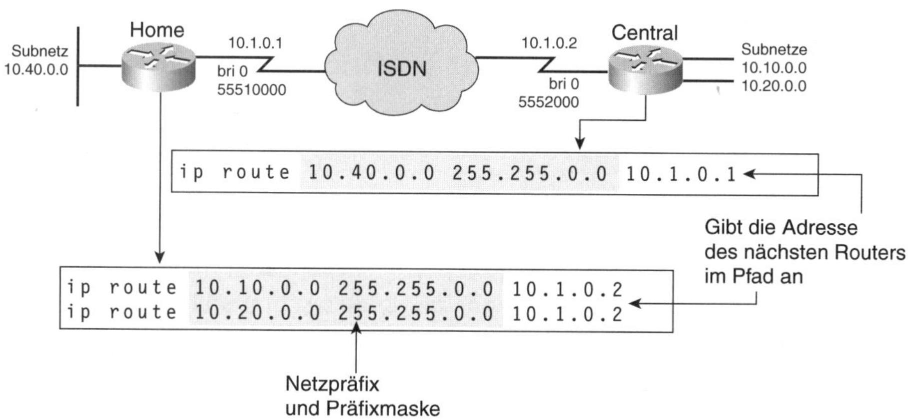

Abbildung 13.15: Statische Routen definieren

Beachten Sie die folgenden Punkte bezüglich der Definition statischer Routen:

- Eine definierte statische Route hat normalerweise Vorrang vor einer dynamischen Route. Alle dynamischen Routen werden ignoriert, wenn für das betreffende Netzwerk eine statische Route mit niedrigerer administrativer Distanz in der Routing-Tabelle vorhanden ist.

- Um die Anzahl statischer Routeneinträge zu verringern, sollten Sie eine Summenroute oder eine statische Default-Route konfigurieren.

Interessanten Datenverkehr für DDR festlegen

DDR-Anrufe werden durch interessanten Datenverkehr initiiert. Was genau das ist, definiert der Netzwerkadministrator mit Hilfe des Befehls `dialer-list` im globalen Konfigurationsmodus:

```
Router(config)#dialer-list dialer-gruppen-nummer protocol protokollname
    {permit | deny | list acl-nummer}
```

Der Befehl `dialer-list 1 protocol ip permit` in Listing 13.7 erlaubt die Initiierung von Anrufen durch jeden IP-Verkehr. Wir finden in diesem Listing zwei Beispiele für die Angabe interessanten Verkehrs, nämlich ohne und mit ACLs. Im ersten Beispiel (ohne ACL) erlaubt der Befehl `dialer-list` das Auslösen eines Anrufs durch jeden IP-Datenverkehr. Im zweiten Beispiel (mit ACL) werden FTP- und Telnet-Datenverkehr als »nicht interessant« deklariert, aktivieren also die DDR-Leitung nicht; jedes andere IP-Paket führt zum Aufbau der DDR-Leitung.

Listing 13.7: Der Befehl `dialer-list` ohne ACL (oben) und mit ACL (unten)

```
dialer-list 1 protocol ip permit

dialer-list 1 protocol ip list 101

access-list 101 deny tcp any any eq ftp
access-list 101 deny tcp any any eq telnet
access-list 101 permit ip any any
```

DDR konfigurieren

Bei der Konfiguration der DDR-Schnittstelle müssen mehrere Schritte durchgeführt werden. PPP wird an der Dialer-Schnittstelle auf ähnliche Weise konfiguriert wie bei einer seriellen Schnittstelle. PPP ist das Sicherungsschichtprotokoll, das in den B-Kanälen eingesetzt wird. Listing 13.8 zeigt, wie PPP an der DDR-Schnittstelle konfiguriert wird.

Listing 13.8: PPP an einer DDR-Schnittstelle konfigurieren

```
Home(config)#username Central password cisco
   Home(config)#interface bri0/0
   Home(config-if)#encapsulation ppp
   Home(config-if)#ppp authentication chap
   Home(config-if)#ip address 10.1.0.1 255.255.255.0
```

Listing 13.8: PPP an einer DDR-Schnittstelle konfigurieren (Forts.)

```
Home#show running-config
hostname Home
!
isdn switch-type basic-5ess
!
!
username Central password cisco
interface BRI0
 ip address 10.1.0.1 255.255.255.0
 encapsulation ppp
 dialer idle-timeout 180
 dialer map ip 10.1.0.2 name Central 5552000
 dialer-group 1
 no fair-queue
 ppp authentication chap
!
router rip
network 10.0.0.0
!
no ip classless
ip route 10.10.0.0 255.255.0.0 10.1.0.2
ip route 10.20.0.0 255.255.0.0 10.1.0.2
!
dialer-list 1 protocol ip permit
```

Sie müssen nun eine Dialer-Liste zuordnen, die den interessanten Datenverkehr für diese DDR-Schnittstelle definiert. Dies kann mit Hilfe des Befehls `dialer-group` *`gruppennummer`* geschehen (Listing 13.9).

Listing 13.9: Der Befehl `dialer-group`

```
Home(config-if)#dialer-group 1

Home#show running-config
hostname Home
!
isdn switch-type basic-5ess
!
username central password cisco
interface BRI0
 ip address 10.1.0.1 255.255.255.0
 encapsulation ppp
 dialer idle-timeout 180
 dialer map ip 10.1.0.2 name Central 5552000
 dialer-group 1
 no fair-queue
```

Listing 13.9: Der Befehl `dialer-group` *(Forts.)*

```
 ppp authentication chap
!
router rip
network 10.0.0.0
!
no ip classless
ip route 10.10.0.0 255.255.0.0 10.1.0.2
ip route 10.20.0.0 255.255.0.0 10.1.0.2
!
!
dialer-list 1 protocol ip permit
```

Bei diesem Befehl gibt *gruppennummer* die Nummer der Dialer-Gruppe an, der die Schnittstelle angehört. Hierbei handelt es sich um eine Ganzzahl im Bereich zwischen 1 und 10, die mit der durch den Befehl `dialer-list` *gruppennummer* definierten Gruppennummer übereinstimmen muss. Jede Schnittstelle kann nur einer Dialer-Gruppe angehören, eine Dialer-Liste hingegen kann – mit Hilfe des Befehls `dialer-group` – mehreren Schnittstellen zugeordnet werden.

Sie müssen nun die korrekten Wählkonfiguration für die entfernte DDR-Schnittstelle eingeben. Dies tun Sie mit dem Befehl `dialer map` (Abbildung 13.16). Dieser Befehl verknüpft die entfernte Netzwerkadresse mit zu wählenden Telefonnummer. Er ist notwendig, um mehrere Standorte anwählen zu können:

```
Router(config-if)#dialer map protokoll adresse-nächster-hop
    [name hostname] [speed 56 | 64] [broadcast] einwahlrufnummer
```

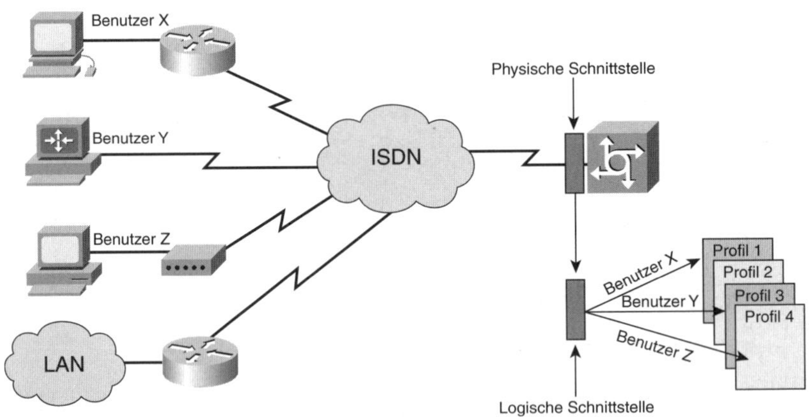

Abbildung 13.16: Dialer-Map

Wenn Sie nur einen Standort anwählen, können Sie den nichtkonditionalen Befehl `dialer-string` für die Einwahl verwenden, der unabhängig vom Empfänger des Datenverkehrs immer die gleiche Nummer wählt. Zwar werden die Informationen immer benötigt, aber die Schritte zur Konfiguration der Empfängerdaten unterscheiden sich, wenn Sie statt Legacy-DDR Dialer-Profile verwenden.

Mit Hilfe des Befehls `dialer idle-timeout` *`sekunden`* geben Sie an, nach welcher Zeitspanne ein Anruf beendet wird. Der Timer fängt immer dann zu zählen an, wenn kein interessantes Datenpaket empfangen wird. Standardmäßig wird ein Wert von 120 Sekunden verwendet.

LAB

Siehe auch CNAP und [1] »Configuring Legacy DDR«.

13.4.3 Dialer-Profile

Legacy-DDR weist eine Reihe von Einschränkungen auf, da die Konfiguration direkt auf eine Schnittstelle angewendet wird, d. h., es gibt eine 1:1-Beziehung zwischen den beiden DDR-Schnittstellen an den Enden einer Leitung. Wird die IP-Adresse direkt auf die Schnittstelle angewendet, dann kann nur mit einer DDR-Schnittstelle in dem betreffenden Subnetz eine Verbindung aufgebaut werden .

Mit Hilfe von Dialer-Profilen kann die Konfiguration von der anrufenden oder empfangenden Schnittstelle gelöst werden; die Bindung der Konfiguration an die Schnittstelle erfolgt dann immer nur für die Dauer des jeweiligen Anrufs. Auf diese Weise können physische Schnittstellen dynamisch unterschiedliche Eigenschaften annehmen, die sich nach den Anforderungen ein- oder ausgehender Anrufe richten. Dialer-Profile können Kapselung und ACLs definieren, eine minimale oder maximale Anrufdauer festlegen und bestimmte Merkmale aktivieren oder deaktivieren.

Dialer-Profile erleichtern Design und Inbetriebnahme komplexerer und skalierbarer Netzwerke. Die Profile trennen die logischen DDR-Bestandteile (Sicherungsschicht, Kapselung und Dialer-Parameter) von der physischen Schnittstelle, die Anrufe durchführt bzw. annimmt.

Mit Hilfe von Dialer-Profilen können Sie

- B-Kanäle einer ISDN-Schnittstelle für unterschiedliche IP-Subnetze konfigurieren,

- verschiedene Kapselungen für die B-Kanäle einer ISDN-Schnittstelle verwenden,
- unterschiedliche DDR-Parameter für die B-Kanäle einer ISDN-Schnittstelle konfigurieren,
- die Verschwendung von ISDN-B-Kanälen vermeiden, indem Sie zulassen, dass ISDN-Schnittstellen zu mehreren Dialer-Pools gehören können.

Ein Dialer-Profil besteht aus den folgenden Elementen:

- **Dialer-Interface.** Eine logische Schnittstelle, die ein Dialer-Profil auf Empfängerbasis verwendet.
- **Dialer-Pool.** Jedes Dialer-Interface verweist auf einen Dialer-Pool, der eine Gruppe aus einer oder mehreren physischen Schnittstellen darstellt, die mit einem Dialer-Profil verknüpft sind.
- **Physische Schnittstellen.** Schnittstellen in einem Dialer-Pool werden so konfiguriert, dass die Schnittstelle die Dialer-Pools ermitteln kann, denen sie angehört. Kapselungstyp, PPP-Authentifizierung und Multilink-PPP müssen an der physischen Schnittstelle bei IOS-Versionen vor 12.0(7)T ebenfalls zusätzlich konfiguriert werden.

Ein interessantes Paket wird an eine entfernte DDR-IP-Adresse geroutet. Der Router sucht unter den konfigurierten Dialer-Schnittstellen nach einer Schnittstelle, die im gleichen Subnetz liegt wie die entfernte DDR-IP-Adresse. Ist eine solche Schnittstelle vorhanden, dann sucht der Router nach einer nicht verwendeten physischen DDR-Schnittstelle im Dialer-Pool. Die Konfiguration im Dialer-Profil wird dann auf die Schnittstelle angewendet, woraufhin der Router versucht, die DDR-Verbindung herzustellen. Wird die Verbindung später wieder abgebaut, dann wird die Schnittstelle wieder dem Dialer-Pool zugefügt, wo sie für weitere Anrufe verwendet werden kann.

Dialer-Profile konfigurieren

An einem Router können mehrere Dialer-Interfaces konfiguriert werden. Jede dieser Schnittstellen stellt eine vollständige Konfiguration der Verbindung für einen Empfänger dar. Der im globalen Konfigurationsmodus verwendete Befehl `interface dialer` erstellt ein Dialer-Interface und wechselt dann in den Schnittstellenkonfigurationsmodus.

Gehen Sie wie folgt vor, um die Dialer-Schnittstelle zu konfigurieren:

1. Konfigurieren Sie zunächst eine oder mehrere Dialer-Interfaces mit allen wesentlichen Elementen, d. h. IP-Adresse, Kapselungstyp und Authentifizierung, Leerlauftimer und Definition interessanten Datenverkehrs.

2. Konfigurieren Sie mit dem Kommando `dialer-string` den Namen des Remote-Routers sowie die Telefonnummer, die zu seiner Anwahl verwendet wird. Im Dialer-Pool wird diese logische Schnittstelle mit mehreren physischen Schnittstellen verknüpft.
3. Konfigurieren Sie die physischen Schnittstellen, und weisen Sie sie mit Hilfe des Befehls `dialer pool-member` einem Dialer-Pool zu. Sie können eine Schnittstelle mehreren Pools zuweisen, indem Sie über den genannten Befehl die Nummer des jeweiligen Dialer-Pools angeben. Sind im Pool zwei oder mehr physische Schnittstellen vorhanden, dann können Sie die Option `priority` des Befehls verwenden, um die Priorität der Schnittstelle innerhalb des Pools festzulegen (diese spielt allerdings nur bei abgehenden Anrufen eine Rolle).

In Dialer-Pools können Sie beliebige Kombinationen aus synchronen und seriellen sowie Basisanschluss- und Primärmultiplexanschlussschnittstellen verwenden.

13.4.4 DDR-Konfiguration überprüfen

Der Befehl `show dialer interface` zeigt Informationen und Statistiken zu ein- und ausgehenden Anrufen an.

Die Meldung `Dialer state is data link layer up` in Listing 13.10 lässt den Rückschluss zu, dass der Dialer ordnungsgemäß gestartet wurde; ferner zeigt `interface bound to profile Dialer0` an, dass die Schnittstelle BRI0 an das Dialer-Profil *Dialer0* gebunden ist.

Listing 13.10: Ausgabe des Befehls `show dialer interface`

```
Router# show dialer interface bri 0
BRI0 - dialer type = ISDN
Dial String Successes Failures Last called Last status
0 incoming call(s) have been screened.
BRI0: B-Channel 1
Idle timer (120 secs), Fast idle timer (20 secs)
Wait for carrier (30 secs), Re-enable (15 secs)
Dialer state is data link layer up
Dial reason: ip (s=10.1.1.8, d=10.1.1.1)
Interface bound to profile Dialer0
Time until disconnect 102 secs
Current call connected 00:00:19
Connected to 5773872 (wolfman)
BRI0: B-Channel 2
Idle timer (120 secs), Fast idle timer (20 secs)
Wait for carrier (30 secs), Re-enable (15 secs)
Dialer state is idle
```

Der Befehl `show isdn active` zeigt Informationen zu den derzeit aktiven ISDN-Anrufen an. In Listing 13.11 finden wir einen ausgehenden ISDN-Anruf zu einem Remote-Router namens *Seattle* vor.

Listing 13.11: Ausgabe des Befehls `show isdn active`

```
Phoenix#show isdn active
--------------------------------------------------------------------------------
                                ISDN ACTIVE CALLS
--------------------------------------------------------------------------------
History table has a maximum of 100 entries.
History table data is retained for a maximum of 15 Minutes.
--------------------------------------------------------------------------------
Call    Calling     Called      Remote  Seconds Seconds Seconds Charges
Type    Number      Number      Name    Used    Left    Idle    Units/Currency
--------------------------------------------------------------------------------
Out                 5551000       Seattle       87      41      78      0
--------------------------------------------------------------------------------
```

Der Befehl `show isdn status` zeigt Informationen zu den drei Schichten der BRI-Schnittstelle an. Mit Hilfe von `debug`-Befehlen schließlich kann man Probleme mit einer DDR-Konfiguration beseitigen.

LAB

Siehe auch CNAP und [1] »Configuring Dialer Profiles«.

13.5 Zusammenfassung

In diesem Kapitel werden die folgenden Sachverhalte erläutert:

- ISDN stellt integrierte Sprach-, Fax- und Datenübertragungsmöglichkeiten über das öffentliche Telefonnetz bereit.
- Zu den ISDN-Komponenten gehören Endgeräte (Terminals), Terminaladapter, NT-Geräte und ISDN-Switches.
- ISDN-Referenzpunkte (R, S, T und U) definieren logische Schnittstellen zwischen Geräten (TAs, NT1s) abhängig von ihrer Funktion.
- Eine Reihe von Standards des ITU-T regelt die ISDN-Kommunikation. Betroffen sind dabei die Bitübertragungs-, die Sicherungs- und die Vermittlungsschicht des OSI-Referenzmodells.
- Die beiden für ISDN meistverwendeten Frame-Typen sind PPP und HDLC.

- Für ISDN gibt es in der Netzwerktechnik mehrere Einsatzgebiete, darunter der Remote-Zugriff, die LAN-Erweiterung und die SOHO-Anbindungen.
- Es gibt zwei ISDN-Dienste, nämlich den ISDN-Basisanschluss (BRI) und den ISDN-Primärmultiplexanschluss (PRI).
- Die Gesamtbandbreite des ISDN-Basisanschlusses beträgt 2 × 64 + 16 = 144 Kbit/s auf drei getrennten Kanälen, die nutzbare Bandbreite liegt bei 128 Kbit/s.
- Zur Konfiguration des Basisanschlusses gehört die Einrichtung einer BRI-Schnittstelle, die Angabe eines ISDN-Switch-Typs und (in Nordamerika) die Definition von SPIDs.
- DDR bietet Konnektivität zwischen ISDN-Standorten, indem abhängig vom Netzwerkverkehr leitungsvermittelte Verbindungen nach Bedarf auf- und abgebaut werden.

Um den hier erlernten Stoff zu vertiefen, beachten Sie bitte auch die diesem Kapitel zugeordneten Videos, Photo-Zooms und E-Labs auf der CD-ROM.

13.6 Lernzielkontrolle

1. Über welchen ISDN-Kanal werden die Daten übertragen?
   a) B-Kanal mit einer Kapazität von 16 Kbit/s
   b) D-Kanal mit einer Kapazität von 16 Kbit/s
   c) B-Kanal mit einer Kapazität von 64 Kbit/s
   d) D-Kanal mit einer Kapazität von 64 Kbit/s
2. Welcher Kanal wird für die ISDN-Außerbandsignalisierung verwendet?
   a) Data-Kanal
   b) Bearer-Kanal
   c) Teilnehmeranschlussleitung
   d) Delta-Kanal
3. Welches ist der erste dynamisch zugewiesene TEI-Wert?
   a) 64
   b) 127
   c) 0
   d) 1

4. Welche Methode wird verwendet, um Steuerdaten zwischen zwei ISDN-Switches zu übertragen?

   a) D-Kanal

   b) SS7

   c) B-Kanal

   d) Q.921

5. Welches ist der wesentliche Zweck des D-Kanals bei der Verarbeitung eines ISDN-Anrufs?

   a) Übertragung von Datenverkehr

   b) Übertragung von Sprache

   c) Übertragung von Videodatenverkehr

   d) Übertragung von Rufsignalen

6. Welche ISDN-Schnittstelle benötigen Sie, wenn Sie einen Router in Nordamerika als Einwahlserver verwenden wollen, der einen ISDN-Basisanschluss nutzt?

   a) ISDN PRI E1

   b) ISDN BRI U

   c) ISDN PRI T1

   d) ISDN BRI S/T

7. Was bedeutet das Vorhandensein einer U-Schnittstelle an einem Router?

   a) Er verfügt über einen integrierten TA.

   b) Er verfügt über ein integriertes TE1.

   c) Er verfügt über ein integriertes NT1.

   d) Er verfügt über einen integrierten Basisanschluss.

8. Welcher der folgenden Switch-Typen wird beim ISDN-Basisanschluss in Europa verwendet?

   a) Net3

   b) Net5

   c) Northern Telecom DMS-100

   d) VN3

9. Wer vergibt die SPIDs?
   a) Hersteller des Routers
   b) ISDN-Switch
   c) ISDN-Provider
   d) Netzwerkadministrator
10. Wofür wird DDR verwendet?
    a) temporäre Netzwerkverbindungen mit geringem Datenaufkommen über Frame Relay
    b) temporäre Netzwerkverbindungen mit geringem Datenaufkommen über ISDN
    c) Netzwerkfestverbindungen mit geringem Datenaufkommen über ISDN
    d) Verbindungen mit hohem Datenaufkommen über ISDN
11. Welche der folgenden Aussagen zu DDR sind nicht zutreffend? Wählen Sie *vier* Antworten aus.
    a) DDR verbindet einen Router mit einem Einwahlnetzwerk.
    b) DDR erstellt Festverbindungen zwischen zwei Standorten.
    c) DDR ermöglicht einem Router lediglich die Verbindung mit einem Endpunkt.
    d) DDR verringert die WAN-Kosten, wenn die Auslastung gering ist.
    e) DDR ist eine geeignete Technologie für einen Webserver mit fester Internetanbindung.
    f) DDR kann nur für ISDN eingesetzt werden.
12. Welches ist die wesentliche Einschränkung von Legacy-DDR?
    a) Die PPP-Authentifizierung wird nicht unterstützt.
    b) Es müssen Dialer-Maps verwendet werden.
    c) Die Konfiguration wird direkt auf die physische Schnittstelle angewendet.
    d) Legacy-DDR ist auf IP-Anwendungen beschränkt.

Lernziele:

Wenn Sie dieses Kapitel gelesen haben, werden Sie

- die Dienste, Standards und Komponenten von Frame Relay beschreiben können,
- die LMI-Funktionen kennen,
- über die Verwendung von Frame-Relay-Subschnittstellen Bescheid wissen,
- Frame Relay konfigurieren können.

Kapitel 14

Frame Relay

In den vorangegangenen Kapiteln haben Sie mit PPP und ISDN zwei WAN-Techniken kennen gelernt, die sich für Verbindungen zwischen geografisch weit voneinander entfernten Standorten verwenden lassen. In diesem Kapitel nun werden wir uns einer weiteren WAN-Technik namens Frame Relay widmen. Diese Technik kann ebenfalls Verbindungen für Benutzer herstellen, die auf entfernte Standorte zugreifen müssen.

Sie werden Wissenswertes zu Diensten, Standards, Komponenten und Betrieb von Frame Relay erfahren. Ferner werden wir beschreiben, welche Aufgaben zur Konfiguration eines Frame-Relay-Dienstes zu erledigen sind und mit welchen Befehlen eine Frame-Relay-Verbindung überwacht und aufrechterhalten werden kann.

Beachten Sie bitte die diesem Kapitel zugeordneten Videos, Photo-Zooms und E-Labs auf der beiliegenden CD-ROM. Sinn dieser Zusatzinformationen ist die Ergänzung des Materials und Vertiefung des Stoffes, der in diesem Kapitel vorgestellt wird.

14.1 Überblick auf Frame Relay

Frame Relay (FR) ist ein Standard des ITU-T und des ANSI (American National Standards Institute) zur Definition einer Verbindung, bei der Daten über ein öffentliches Datennetz gesendet werden. Diese Datentransfertechnik zeichnet sich durch hohe Leistungsfähigkeit und Effizienz aus und wird weltweit in Netzwerken eingesetzt. Bei Frame Relay werden Daten über ein WAN gesendet, indem sie zuvor in Pakete unterteilt werden. Jedes Paket passiert auf seinem Weg zum Empfänger eine Reihe von Switches im Frame-Relay-Netzwerk. Frame Relay agiert in der Bitübertragungs- und der Sicherungsschicht des OSI-Referenzmodells, erwartet aber von Protokollen übergeordneter Schichten (z. B. TCP) die Fehlerkorrektur.

Frame Relay wurde ursprünglich als Protokoll konzipiert, das über ISDN-Schnittstellen benutzt werden sollte. Heutzutage stellt es jedoch einen Industriestandard für ein geswitchtes Protokoll der Sicherungsschicht dar, das mit

Hilfe der HDLC-Kapselung über einen verbindungsorientierten Dienst mehrere virtuelle Verbindungen zwischen den angeschlossenen Geräten herstellt. Um Verbindungen über einen verbindungsorientierten Dienst herzustellen, verwendet Frame Relay so genannte VCs (Virtual Circuits, virtuelle Leitungen).

Netzwerke mit Frame-Relay-Schnittstelle sind meist öffentliche Netze oder aber private Netzwerke eines einzelnen Unternehmens. Frame Relay stellt einen paketvermittelten Datenkommunikationsweg zwischen den Endgeräten der Benutzer (z. B. Router, Bridges und Host-Computer) und Einrichtungen des Netzbetreibers (z. B. Frame-Relay-Switches) her. Wie Sie wissen, bezeichnet man die Endgeräte auch als DTEs (Data Terminal Equipment), während die angeschlossenen Geräte des WAN-Netzwerks häufig Datenübertragungseinrichtungen oder DCEs (Data –Circuit-Terminating Equipment) genannt werden (Abbildung 14.1).

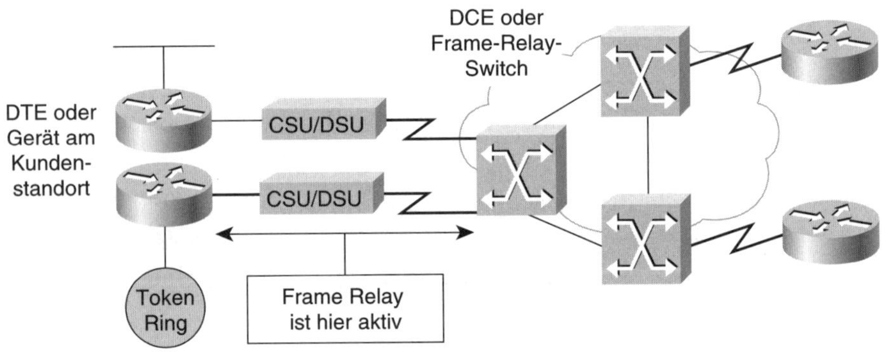

Abbildung 14.1: Endgeräte (DTE) und Datenübertragungseinrichtungen (DCE) bei Frame Relay

14.1.1 Begriffe aus dem Bereich Frame Relay

Die durch ein Frame-Relay-Netzwerk verlaufende Verbindung zwischen zwei DTEs heißt logische Verbindung oder einfach VC. VCs können dynamisch hergestellt werden, indem entsprechende Signalmeldungen an das Netzwerk gesendet werden. In diesem Fall ist von SVCs (Switched Virtual Circuits, virtuelle Wählverbindungen) die Rede, die aber eher selten benutzt werden. Viel häufiger trifft man auf PVCs (Permanent Virtual Circuit, virtuelle Festverbindung), die vom Netzbetreiber vorkonfiguriert werden. Dabei wird die Switching-Information für einen VC im Speicher der im Datenpfad liegenden FR-Switches abgelegt.

Da Frame Relay für den Betrieb über störungssichere Digitalleitungen vorgesehen ist, bietet die Technologie keine eingebaute Fehlerkorrektur. Wie bei

Ethernet-basiertem LAN wird ein Frame, der fehlerhaft ist, einfach verworfen, ohne dass eine entsprechende Mitteilung gesendet wird.

Ein Frame-Relay-fähiges Gerät – auch Frame Relay-Assembler/Disassembler genannt – oder ein Router, der mit dem Frame-Relay-Netzwerk verbunden ist, kann verschiedene VCs zu unterschiedlichen Endpunkten haben. Dieses Merkmal macht Frame Relay zum kostengünstigen Ersatz für ein vermaschtes Netz aus Standleitungen, denn jeder Endpunkt benötigt nur eine kurze Standleitung mit einer Schnittstelle zum Provider. Weitere Kosten können gespart werden, wenn die Kapazität der Standleitung auf dem durchschnittlichen Bandbreitenbedarf der VCs und nicht auf der maximalen Bandbreite basiert.

Die verschiedenen über eine einzige physische Zugangsleitung verlaufenden VCs können voneinander unterschieden werden, da jede von ihnen einen eigenen DLCI (Data-Link Connection Identifier) hat. Der DLCI wird im Adressfeld eines jeden gesendeten Frames übertragen. Seine Bedeutung ist nur lokal; an den beiden Enden einer FR-Verbindung können unterschiedliche DLCIs verwendet werden.

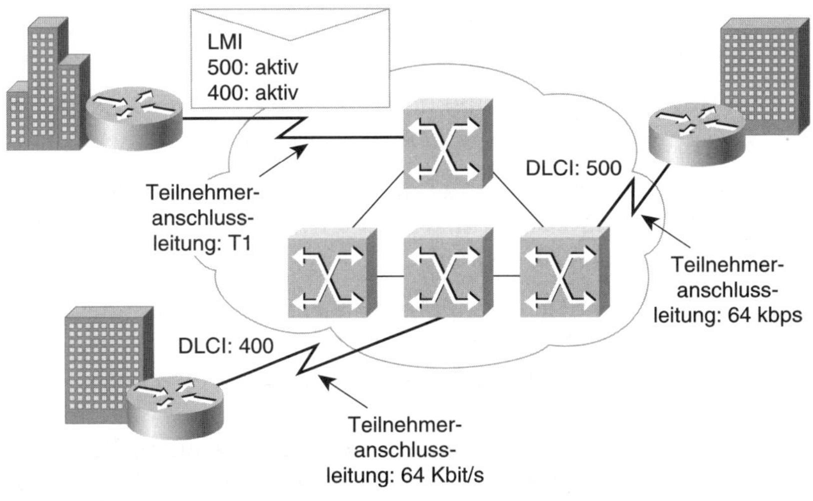

Abbildung 14.2: DLCI-Wert

Nachfolgend wollen wir einige Begriffe definieren, die in diesem Kapitel zur Beschreibung von Frame Relay verwendet werden (siehe auch Abbildung 14.2):

- **Zugriffsrate (lokal).** Die Taktgeschwindigkeit (d. h. Übertragungsrate) der Teilnehmeranschlussleitung zur Frame-Relay-Wolke. Dies ist die Geschwindigkeit, mit der Daten in das Netzwerk gesendet bzw. aus diesem empfangen werden.

- **DLCI.** Ein DLCI ist eine Nummer, welche die logische Verbindung zwischen dem Absender- und dem Empfängergerät bezeichnet. Der Frame-Relay-Switch ordnet allen Verbindungen zwischen zwei Routern DLCIs zu und richtet auf diese Weise eine PVC ein.
- **LMI (Local Management Interface).** Ein Standard für die Signalisierung zwischen Geräten am Kundenstandort und dem Frame-Relay-Switch, der für die Steuerung der Verbindung und die Statusüberwachung der beiden Geräte zuständig ist. LMIs unterstützen beispielsweise
  - Keepalives zur Sicherstellung des Datenflusses,
  - Multicasting zur Übergabe einer lokalen DLCI an den Netzwerkserver,
  - Multicast-Adressierung, welche die Verwendung einiger DLCIs als Multicast-Adressen (d. h. Adressen für mehrere Empfänger) ermöglicht, und die Fähigkeit, DLCIs nicht mehr nur eine lokale, sondern eine globale (also netzwerkweite) Bedeutung zu geben,
  - dauerhafte Statusermittlung aller DLCIs, die der Switch kennt.

  Es gibt mehrere LMI-Typen, weswegen man am Router konfigurieren muss, welcher Typ benutzt werden soll. Man unterscheidet drei verschiedene Typen, nämlich `cisco`, `ansi` und `q933a`.
- **CIR (Committed Information Rate).** Die CIR ist die Datenrate (in Bit/s), die der Serviceprovider bei der Übertragung von Daten garantiert.
- **Maximaler Burst.** Die maximale (garantierte) Anzahl von Bits, die der Switch während einer kurzen Zeitspanne übertragen kann. Wird als »Bc« (vom Engl. *Committed Burst*) notiert.
- **Excess-Burst.** Die maximale Anzahl über die CIR hinausgehender (d. h. nicht garantierter) Bits, die der Frame-Relay-Switch bei der Übertragung zu senden versucht. Der Excess-Burst ist durch die Portgeschwindigkeit der Teilnehmeranschlussleitung beschränkt. Diese auch als »Be« notierten Daten werden mit einer geringeren Wahrscheinlichkeit als Bc ausgeliefert. Das Netzwerk behandelt Be-Daten als Daten, die bei Bedarf verworfen werden können (engl. *Discard Eligible*).
- **FECN (Forward Explicit Congestion Notification).** Wenn ein Frame-Relay-Switch im Netzwerk eine Netzüberlastung erkennt, sendet er ein FECN-Paket an das Empfängergerät und zeigt so das Vorhandensein der Überlastung an.
- **BECN (Backward Explicit Congestion Notification).** Wie Abbildung 14.3 zeigt, sendet ein Frame-Relay-Switch, der im Netzwerk eine Netzüberlastung erkennt, ein BECN-Paket an den Absender-Router und weist

diesen an, die Intervalle, in denen er Pakete sendet, zu verlängern. Wenn der Router während des aktuellen Zeitintervalls BECNs empfängt, dann reduziert er die Übertragungsrate um 25 Prozent.

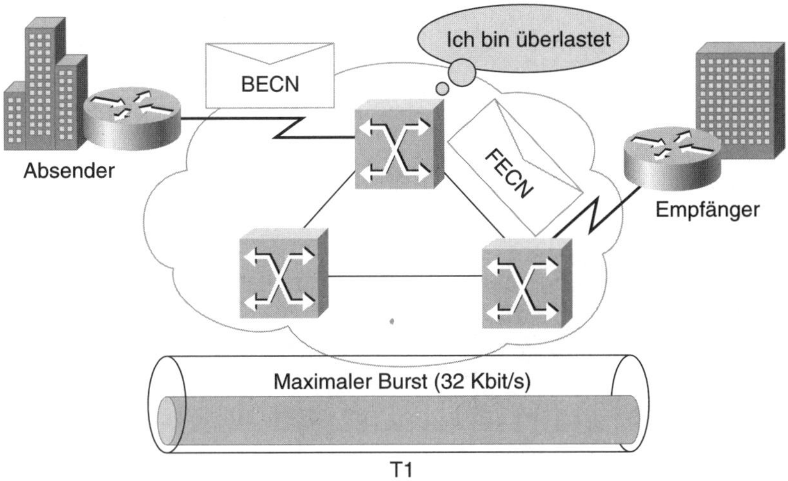

Abbildung 14.3: Frame-Relay-Switch, der BECNs und FECNs sendet

- **DE-Indikator (Discard Eligibility).** Wenn der Router eine Überlastung im Netzwerk erkennt, verwirft der Frame-Relay-Switch Pakete mit gesetztem DE-Bit zuerst. Gesetzt wird das Bit bei überzähligem Datenverkehr (d. h., wenn über die CIR hinausgehend Daten empfangen wurden).

14.1.2 Betrieb von Frame Relay

Frame Relay kann als Schnittstelle entweder zu öffentlichen Telefonnetzen oder zu Netzwerken privater Einrichtungen dienen. Einen öffentlichen Frame-Relay-Dienst setzen Sie ein, wenn Sie Frame-Relay-Switches in der Vermittlungsstelle eines Netzbetreibers benutzen. In einem solchen Fall profitieren Benutzer in wirtschaftlicher Hinsicht von den verkehrsabhängigen Gebühren; zeitlicher wie finanzieller Aufwand für Administration und Wartung von Netzwerkgeräten und -diensten entfallen ebenfalls.

Es gibt derzeit keine Standards für die Anschlusstechnik von Geräten innerhalb eines Frame Relay-Netzwerks. Deswegen hat die Existenz von Frame-Relay-Schnittstellen auch nicht unbedingt die Verwendung des Frame-Relay-Protokolls bei der Kommunikation zwischen den Netzwerkgeräten zur Folge; vielmehr können auch traditionelle Techniken wie Leitungs- oder Paketvermittlung oder entsprechende Hybridansätze eingesetzt werden (Abbildung 14.4).

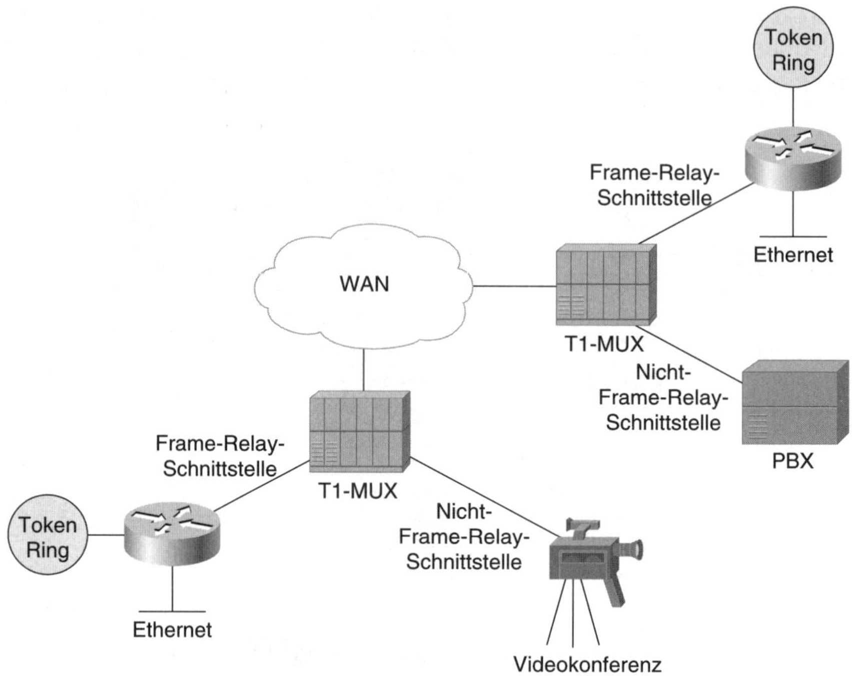

Abbildung 14.4: Koppelkomponenten

Die Leitungen, über welche die Endgeräte der Benutzer mit den Netzwerkgeräten verbunden sind, können unterschiedliche Datenraten aufweisen. Der normale Bereich liegt zwischen 56 Kbit/s und 2 Mbit/s, aber auch niedrigere bzw. höhere Datenraten werden angeboten.

Als Schnittstelle zwischen Benutzer- und Netzwerkgeräten (siehe Abbildung 14.5) stellt Frame Relay eine Methode für das Multiplexing (d. h. die gleichzeitige Übertragung) vieler logischer Datenverbindungen dar, die virtuelle Verbindungen heißen. Das Multiplexing erfolgt über ein gemeinsam genutztes physisches Medium, und jede Verbindung zwischen einem DTE und einem DCE erhält einen eigenen DLCI.

Das Frame-Relay-Multiplexing erhöht die Flexibilität und Effizienz bei der Nutzung der vorhandenen Bandbreite und ermöglicht auf diese Weise die gemeinsame Bandbreitennutzung durch mehrere Benutzer zu verringerten Kosten. Provider bieten Frame-Relay-Verbindungen für WANs an, die Sie entweder allein für sich mieten können (private Frame-Relay-Verbindung) oder – zu geringeren Kosten – gemeinsam mit anderen Nutzern verwenden. Natürlich gibt es auch private Netzwerke mit Frame Relay, aber diese Einsatzmöglichkeit wird nur selten realisiert.

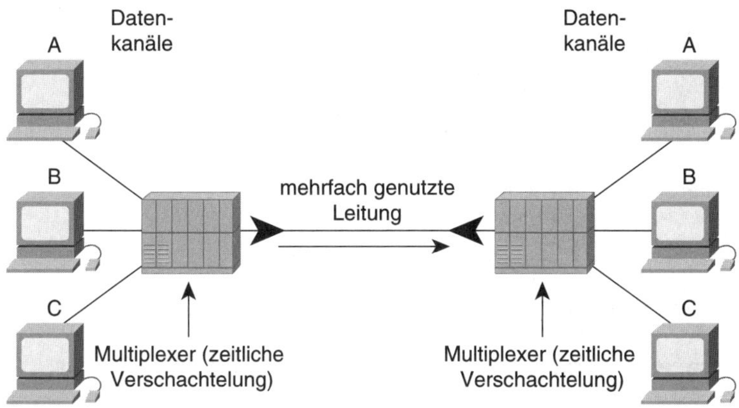

Abbildung 14.5: Einzelne physische Verbindung

Die Frame-Relay-Standards beschreiben virtuelle Festverbindungen, die in einem Frame-Relay-Netzwerk administrativ konfiguriert und verwaltet werden. Diese Frame-Relay-PVCs werden mit DLCIs gekennzeichnet, die lokale Bedeutung haben, d. h., im Frame-Relay-WAN nicht eindeutig sein müssen. Zwei DTE-Geräte, die durch eine virtuelle Verbindung miteinander verbunden sind, können unterschiedlichen DLCIs haben (Abbildung 14.6).

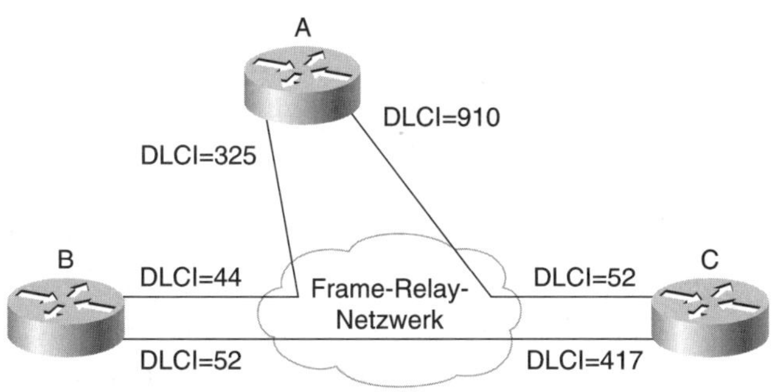

Abbildung 14.6: Endgeräte

Im Frame-Relay-Betrieb erstellen die Switches auf der Providerseite zunächst eine Tabelle, in der den DLCI-Werten die entsprechenden Ausgangsports zugeordnet werden. Wird ein Frame empfangen, dann analysiert der Switch den DLCI und übergibt den Frame dann an den richtigen Ausgangsport. Der vollständige Pfad bis zum Empfänger wird ermittelt, bevor der erste Frame gesendet wird.

Das Format von Frame-Relay-Frames ist in Abbildung 14.7 gezeigt. Das Flag-Feld kennzeichnet Anfang und Ende des Frames. Nach dem Start-Flag folgen zwei Bytes mit Adressinformationen. Zehn Bits dieser zwei Bytes bilden dabei die tatsächlichen Verbindungskennung (d. h. den DLCI).

Feldlänge (in Byte)	1	2	variabel	2	1
	Flag	Adresse (einschließlich DLCI-, FECN-, BECN- und DE-Bits)	Daten	FCS	Flag

Abbildung 14.7: Flag-Felder

Im Einzelnen besteht der Frame-Relay-Frame aus folgenden Feldern:

- **Flag.** Zeigt Anfang und Ende des Frames an.
- **Adressbit.** Gibt die Länge des Adressfeldes an. Zwar sind alle Frame-Relay-Adressen derzeit nur zwei Bytes lang, aber die Adressbits ermöglichen eine zukünftige Erweiterung. Das jeweils achte Bit des Adressfeldbytes zeigt mit null an, dass ein weiteres Adressbyte folgt. Die Adresse setzt sich aus den folgenden Daten zusammen:
  - **DLCI-Wert.** Dieser besteht aus den ersten zehn Bits des Adressfeldes.
  - **Überlaststeuerbits.** Die letzten drei Bits im Adressfeld dienen der Steuerung der Überlastmitteilung von Frame Relay, d. h. die FECN-, BECN- und DE-Bits.
- **Daten.** Feld variabler Länge, das gekapselte Daten übergeordneter Schichten enthält.
- **FCS (Frame Check Sequence).** Rahmenprüfsumme, welche die Integrität der übertragenen Daten gewährleisten soll.

In Abbildung 14.8 sehen Sie zwei PVCs, nämlich eine zwischen Frankfurt und Dresden und eine zwischen Hamburg und Berlin. Frankfurt kennzeichnet seine Verbindung mit Dresden mit DLCI 22, während Dresden die gleiche Verbindung mit DLCI 82 markiert hat. In ähnlicher Weise verwendet Hamburg den DLCI 12 für seine virtuelle Festverbindung mit Berlin, während Berlin seinerseits hierzu den DLCI 62 benutzt. Zur Trennung der lokal signifikanten PVC-Kennung verwendet das Netzwerk interne Mechanismen. Frankfurt und Hamburg nutzen verschiedene DLCIs, d. h., die beiden Kennungen unterscheiden sich bereits, ohne dass interne Mechanismen eingreifen müssten.

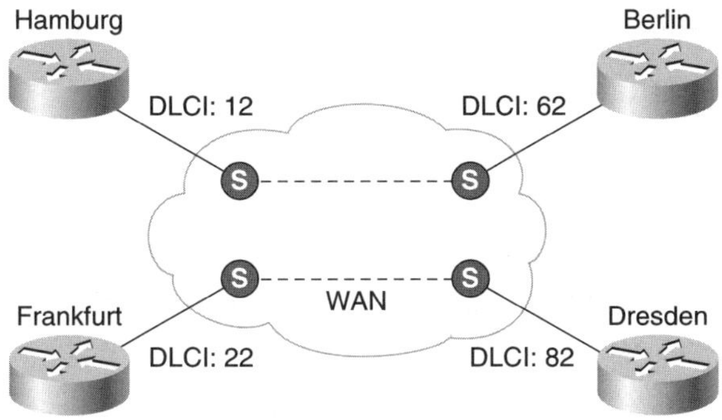

Abbildung 14.8: DLCIs verwenden

Der DLCI-Adressraum ist auf zehn Bits beschränkt, d. h., es können maximal 1.024 DLCI-Werte erstellt werden. Der nutzbare Teil dieser Adressen wird durch den verwendeten LMI-Typ bestimmt. Ciscos LMI-Typ nutzt den DLCI-Adressbereich zwischen 16 und 1007 für den Transport von Benutzerdaten. Die übrigen DLCIs sind der anbieterseitigen Verwendung vorbehalten, so etwa für LMI-Meldungen und Multicast-Adressen.

Die Anzahl der von Ihrer Cisco IOS-Version unterstützten IDBs (Interface Descriptor Blocks, Schnittstellenbezeichnungsblöcke) schränkt die Gesamtanzahl der Schnittstellen und Subschnittstellen pro System ein. Ein IDB ist ein Speicherbereich, in dem schnittstellenbezogene Daten gespeichert sind, z. B. Zähler, Schnittstellenstatusangaben usw. Das IOS erstellt für jede Schnittstelle, die auf einer Plattform vorhanden ist, sowie für jede Subschnittstelle einen IDB. Je schneller eine Schnittstelle ist, desto mehr Speicher braucht der zugehörige IDB. Jede Plattform unterstützt eine unterschiedliche Anzahl von IDBs, die sich mit jedem neuen IOS-Release ändern kann.

14.2 Frame-Relay-LMI

Zu einem wesentlichen Schritt in der Entwicklungsgeschichte von Frame Relay kam es 1990, als Cisco Systems, StrataCom, Northern Telecom und DEC (Digital Equipment Corporation) eine Arbeitsgruppe bildeten, deren Ziel die Entwicklung von Frame-Relay-Techniken und die beschleunigte Einführung interoperabler Frame-Relay-Produkte waren. Diese Arbeitsgruppe entwickelte eine Spezifikation, die einerseits zum ursprünglichen Frame-Relay-Protokoll kompatibel war, dieses jedoch mit zusätzlichen Funktionen für komplexe Netzwerkumgebungen erweiterte. Diese Frame-Relay-Erweiterungen werden LMIs (Local Management Interfaces) genannt.

14.2.1 LMI-Betriebsweise

Der LMI-Prozess hat drei Hauptfunktionen:

- Bestimmung der Betriebszustände der verschiedenen PVCs, die der Router kennt
- Senden von Keepalive-Paketen zur Sicherstellung, dass die PVC aktiv bleibt und nicht aufgrund von Untätigkeit getrennt wird (Abbildung 14.9)
- Mitteilung an den Router, welche PVCs verfügbar sind

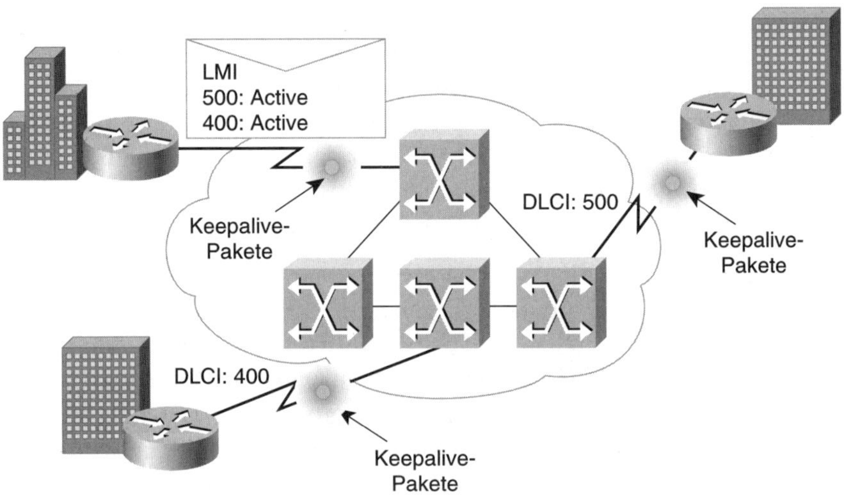

Abbildung 14.9: LMI

Ein Router kann drei LMI-Typen unterstützen, nämlich `cisco`, `ansi` und `q933a`.

Die Frame-Relay-Spezifikation enthält auch LMI-Prozeduren. LMI-Meldungen werden in Frames gesendet, die durch einen LMI-typischen DLCI von anderen Frames unterschieden werden können (*per definitionem* ist dies der DLCI 1023). Abbildung 14.10 zeigt das Format von LMI-Frames.

Feldlänge in Byte	1	2	1	1	1	1	variabel	2	1
	Flag	LMI DLCI	Unnumbered Information Indicator	Protocol Discriminator	Call Reference	Message-Typ	Daten-element(e)	FCS	Flag

Abbildung 14.10: LMI-Frames

Nach den Flag- und DLCI-Feldern enthält der LMI-Frame vier obligatorische Bytes. Das erste dieser Bytes – der *Unnumbered Information Indicator* – hat das gleiche Format wie die UI-Frame-Kennung (*Unnumbered Information*) von LAPB, wobei das letzte Bit (*Poll/Final*) auf null gesetzt ist. Das zweite Byte ist der *Protocol Discriminator*, der einen das LMI kennzeichnenden Wert hat. Das dritte Byte (*Call Reference*) ist immer mit Nullen gefüllt.

Das letzte zwingend erforderliche Byte ist das *Message Type*-Feld (Meldungstyp). Es sind zwei Meldungstypen definiert, nämlich Statusmeldungen und Statusabfragen, wobei Statusmeldungen Antworten auf Statusabfragen sind. Beispiele für solche Meldungen sind Keepalives (Meldungen, die über eine Verbindung gesendet werden, um sicherzustellen, dass beide Seiten der Verbindung diese als nach wie vor aktiv betrachten). Diese LMI-Standardfunktionen werden bei jedem Netzwerk vorausgesetzt, das der Frame-Relay-Spezifikation entspricht.

Die Kombination aus Statusmeldungen und Statusabfragen dient der Integritätsprüfung bei logischen und physischen Verbindungen. Diese Daten sind in einer Routing-Umgebung von wesentlicher Bedeutung, denn Routing-Protokolle treffen Entscheidungen auf der Basis der Verbindungsintegrität.

Auf diese vier Bytes folgt ein IE-Feld (Informationselement) mit einer variablen Anzahl von Bytes. Jedes Informationselement besteht aus einer ein Byte langen IE-Kennung, einem IE-Längenfeld und einem oder mehr Bytes, welche die tatsächlichen Daten enthalten.

14.2.2 LMI-Erweiterungen

Zusätzlich zu den grundlegenden Datenübertragungsfunktionen des Frame-Relay-Protokolls enthält die Frame-Relay-Spezifikation LMI-Erweiterungen, die der Unterstützung großer und komplexer Netzwerke dienen. Man unterscheidet zwischen LMI-Standarderweiterungen und optionalen LMI-Erweiterungen. Standarderweiterungen müssen vorhanden sein, damit Ihr Netzwerk der Spezifikation entspricht. Die Erweiterungen sind die folgenden:

- **Statusmeldungen zu virtuellen Verbindungen (Standard).** Diese Erweiterung ermöglicht die Kommunikation und Synchronisation zwischen dem Netzwerk und dem Endgerät, indem sie in regelmäßigen Abständen Angaben zu neu aufgebauten wie auch zu gelöschten PVCs sowie zur allgemeinen Statusintegrität übermittelt. Durch diese Statusmeldungen wird verhindert, dass Daten über PVCs gesendet werden, die nicht mehr vorhanden sind.

- **Multicasting (optional).** Das Multicasting erlaubt einem Absender die Übertragung eines einzelnen Frames in das Netzwerk, der dann an mehrere Empfänger ausgeliefert wird. Auf diese Weise unterstützt das Multicasting die effektive Auslieferung von Routing-Protokollmeldungen und Protokollen zur Adressauflösung, die an viele Empfänger gleichzeitig übermittelt werden müssen.
- **Globale Adressierung (optional).** Diese Erweiterung gibt DLCIs globale statt lokaler Bedeutung, d. h., sie können zur netzwerkweiten Kennzeichnung einer bestimmten Schnittstelle benutzt werden. Die Möglichkeit der globalen Adressierung schafft eine gewisse Ähnlichkeit des Frame-Relay-Netzwerks zum LAN, weswegen das ARP-Protokoll sich über Frame-Relay-Verbindungen exakt so verhält wie in einem LAN.
- **Einfache Flusskontrolle (optional).** Diese Erweiterung realisiert einen XON-/XOFF-Flusskontrollmechanismus, der für die gesamte Frame-Relay-Schnittstelle gilt. Er ist für Geräte gedacht, deren höhere Schichten die Überlaststeuerbits nicht verarbeiten können und deswegen ein gewisses Maß an Flusskontrolle benötigen.

14.2.3 Globale Adressierung

Neben den LMI-Standardfunktionen sind auch die diversen optionalen LMI-Erweiterungen in einer größeren Netzwerkumgebung sehr nützlich, so etwa die globale Adressierung. Mit dieser Erweiterung werden die DLCI-Werte zu globalen Adressen einzelner Endgeräte (z. B. Router). Die Implementierung erfolgt wie weiter oben in Abbildung 14.8 gezeigt.

Wie bereits erwähnt, unterstützt die Frame-Relay-Basisspezifikation nur DLCIs mit lokaler Bedeutung. In diesem Fall gibt es keine Adressen, die eine Netzwerkschnittstelle oder den angeschlossenen Knoten eindeutig kennzeichnen. Da solche Adressen nicht existieren, können sie mit herkömmlichen Methoden der Adressauflösung auch nicht erkannt werden. Bei der »normalen« Frame-Relay-Adressierung sind deshalb statische Zuordnungen zu erstellen, damit die Router wissen, mit welcher DLCI sie ein entferntes Gerät und die zugehörige Netzwerkadresse erreichen können.

Beachten Sie in Abbildung 14.8, dass jede Schnittstelle eine eigene Kennung hat. Nehmen wir nun einmal an, Berlin muss einen Frame an Hamburg schicken. Die Kennung von Hamburg lautet »12«, d. h., Berlin schreibt den Wert 12 in das DLCI-Feld und schickt den Frame dann in das Frame-Relay-Netzwerk. Am Ausgangspunkt weist das Netzwerk dann dem DLCI-Feld den neuen Wert 62 zu, um den Absender des Frames zu kennzeichnen. Jede Router-Schnittstelle verfügt hier über eine eigene Kennung, mit der die einzelnen Geräte voneinander unterschieden werden können. Erst so wird das

Routing in komplexen Umgebungen möglich. Die globale Adressierung hat – insbesondere in großen Netzwerken – eine Reihe von Vorteilen. Das Frame Relay-Netzwerk erscheint den Routern an seiner Peripherie nun wie ein normales LAN.

14.2.4 Multicasting

Multicasting ist eine weitere wichtige LMI-Funktion. Multicast-Gruppen sind durch eine Reihe von vier reservierten DLCI-Werten (1019 bis 1022) gekennzeichnet. Frames mit einem dieser DLCIs, die von einem Gerät gesendet werden, werden im Netzwerk repliziert und dann an alle Geräte der entsprechenden Gruppe gesendet. Die Multicasting-Erweiterung definiert außerdem LMI-Meldungen, mit denen Benutzergeräte über die Erstellung, Löschung oder Existenz von Multicast-Gruppen informiert werden. In Netzwerken mit dynamischen Routing müssen die Routing-Updates an viele Router weitergeleitet werden. Routing-Meldungen können in Frames mit einem Multicast-DLCI direkt an eine bestimmte Gruppe von Routern übertragen werden.

14.2.5 Inverse ARP

Inverse ARP (»invertiertes« ARP) ermöglicht dem Router die automatische Erstellung einer Frame-Relay-Map, die einem DLCI die Netzwerkadresse des entfernten Routers zuordnet (Abbildung 14.11). Während des ersten LMI-Austauschs erfährt der Router vom Switch, welche DLCIs in Verwendung sind. Der Router sendet dann für jedes Protokoll, das an der Schnittstelle konfiguriert ist, eine Inverse ARP-Anforderung an jeden DLCI, sofern das Protokoll unterstützt wird. Auf der Basis der auf die Inverse ARP-Anforderung erhaltenen Antworten erstellt der Router dann die Frame-Relay-Map.

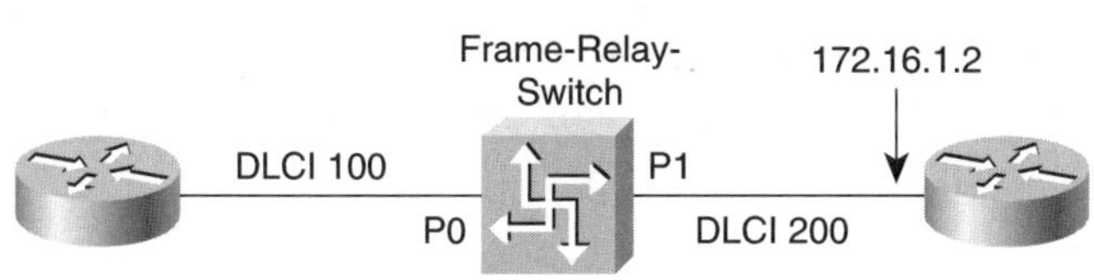

Frame-Relay-Map

Adresse des nächsten Routers	DLCI
172.16.1.2	100

Switching-Tabelle von P0

IN_Port	IN_DLCI	OUT_Port	OUT_DLCI
P0	100	P1	200

Abbildung 14.11: Inverse ARP

Stufen des LMI-Betriebs mit Inverse ARP

Durch Inverse ARP-Meldungen ermöglicht LMI einem Router, die Zuordnung von Sicherungsschicht- und Vermittlungsschichtadressen selbstständig zu erkennen.

Wenn ein Router, der mit einem Frame-Relay-Netzwerk verbunden ist, gestartet wird, sendet er eine LMI-Statusanforderung an das Netzwerk. Das Netzwerk antwortet mit einer LMI-Statusmeldung, die Details zu allen VCs der entsprechenden Zugangsleitung enthält.

Später wiederholt der Router die Statusanforderung regelmäßig; die nachfolgenden Antworten enthalten allerdings zunächst nur Statusänderungen. Erst nach Versand einer bestimmten Anzahl dieser verkürzten Antworten sendet das Netzwerk wieder eine vollständige Statusmeldung.

Muss der Router die VCs den Adressen der Vermittlungsschicht (meist IP-Adressen) zuordnen, dann sendet er über jede VC eine Inverse ARP-Meldung. Diese enthält die Vermittlungsschichtadresse des Routers selbst, sodass das entfernte DTE (Router) ebenfalls eine Zuordnung vornehmen kann. Die Inverse ARP-Antwort ermöglicht es dem Router, die notwendigen Einträge in der Zuordnungstabelle für Adressen und DLCIs vorzunehmen. Werden mehrere Vermittlungsschichtprotokolle (z. B. IP und IPX) über die Leitung übertragen, dann werden Inverse ARP-Meldungen für jedes dieser Protokolle gesendet.

14.2.6 Frame-Relay-Mapping

Die Adresse des nächsten Hops, die ein Router seiner Routing-Tabelle entnimmt, muss er nachfolgend einem Frame-Relay-DLCI zuordnen (Abbildung 14.12). Diese Zuordnung – das so genannte Mapping – erfolgt über eine Datenstruktur, die Frame-Relay-Map heißt. Die Protokolladresse des nächsten Hops oder der DLCI für ausgehenden Verkehr werden dann der Routing-Tabelle entnommen. Die Frame-Relay-Map kann entweder statisch am Router konfiguriert oder – mit Hilfe von Inverse ARP – dynamisch und automatisch erstellt werden.

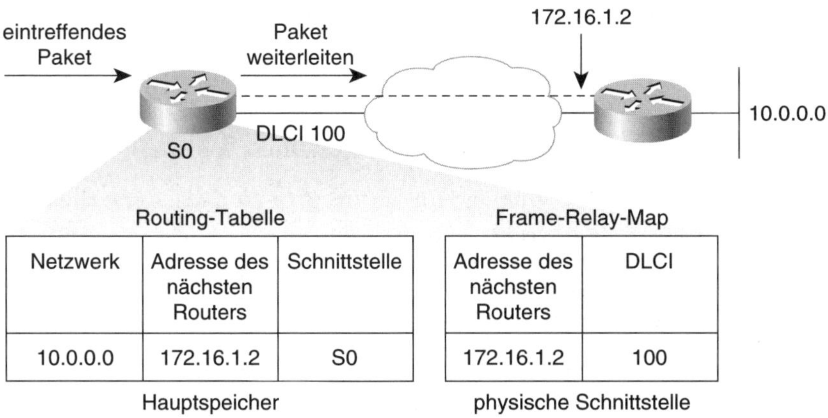

Abbildung 14.12: Antworten auf Inverse ARP-Anforderungen

14.2.7 Frame-Relay-Switching-Tabellen

Die Frame-Relay-Switching-Tabelle besteht aus vier Einträgen: zwei für den Eingangsport und den zugehörigen DLCI und zwei weitere für den Ausgangsport und den zugehörigen DLCI (Abbildung 14.13). Deswegen könnte der DLCI neu zugeordnet werden, wenn er einen Switch passiert. Der Umstand jedoch, dass der Portverweis geändert werden kann, führt dazu, dass der DLCI erhalten bleibt.

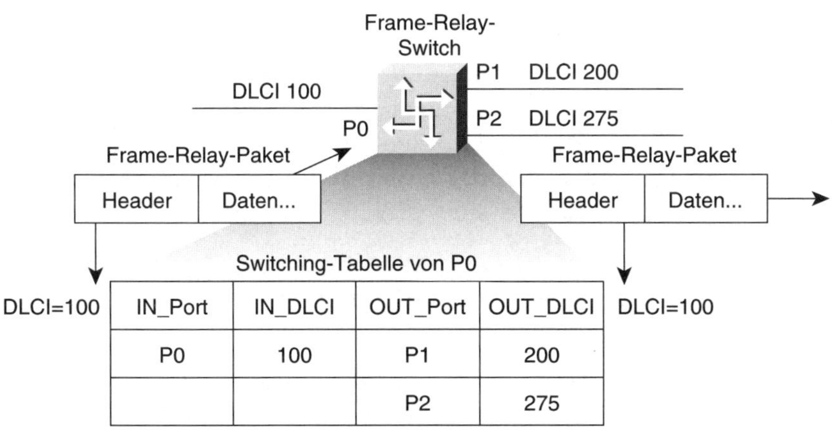

Abbildung 14.13: Frame-Relay-Switching-Tabelle

14.3 Zusammenfassung zum Frame-Relay-Betrieb

Sie haben nun die grundlegende Betriebsweise von Frame Relay kennen gelernt. Implementieren Sie Frame Relay entsprechend den nachfolgenden, in Abbildung 14.14 und Abbildung 14.15 dargestellten Schritten:

1. Beantragen Sie Frame Relay bei einem Serviceprovider, oder erstellen Sie eine private Frame-Relay-Wolke.
2. Verbinden Sie alle Router – wahlweise direkt oder über eine CSU/DSU – mit dem Frame-Relay-Switch.
3. Wenn der Router am Kundenstandort aktiviert ist, sendet er eine Statusabfrage an den Frame-Relay-Switch. Dieser Abfrage entnimmt der Switch den Status des Routers. Ferner wird der Switch um Angaben zum Verbindungsstatus anderer Router gebeten.
4. Wenn der Frame-Relay-Switch die Anforderung erhält, antwortet er mit einer Statusmeldung, welche die DLCIs derjenigen entfernten Router enthält, an die der lokale Router Daten senden kann.
5. Jeder Router sendet für jeden aktiven DLCI ein Inverse ARP-Anfragepaket, in dem er sich vorstellt und seinerseits darum bittet, dass die entfernten Router sich zu erkennen geben, indem sie ihre Vermittlungsschichtadresse zurückgeben.
6. Für jeden DLCI, von dem der Router über eine Inverse ARP-Meldung erfährt, erstellt er in seiner Frame-Relay-Map einen Eintrag. Hierbei werden der lokale DLCI, die Vermittlungsschichtadresse des entfernten Routers und der Status der Verbindung berücksichtigt. Beachten Sie, dass es sich beim DLCI um den lokal konfigurierten DLCI des Routers handelt, *nicht* um den DLCI, den der entfernte Router verwendet. In der Frame-Relay-Mapping-Tabelle sind drei verschiedene Verbindungszustände möglich:
   - **Aktiv.** Zeigt an, dass die Verbindung aktiv ist und dass die Router Daten austauschen können.
   - **Inaktiv.** Zeigt an, dass die lokale Verbindung zum Frame-Relay-Switch funktioniert, nicht jedoch die Verbindung des entfernten Routers zum Frame-Relay-Switch.
   - **Gelöscht.** Zeigt an, dass vom Frame-Relay-Switch kein LMI empfangen wurde oder dass zwischen dem Router am Kundenstandort und dem Frame-Relay-Switch kein Dienst vorhanden ist.
7. Alle 60 Sekunden tauschen die Router Inverse ARP-Meldungen aus.

8. Alle 10 Sekunden (Standardeinstellung) sendet der Router am Kundenstandort eine Keepalive-Meldung an den Frame-Relay-Switch, um sich zu vergewissern, dass dieser noch aktiv ist.

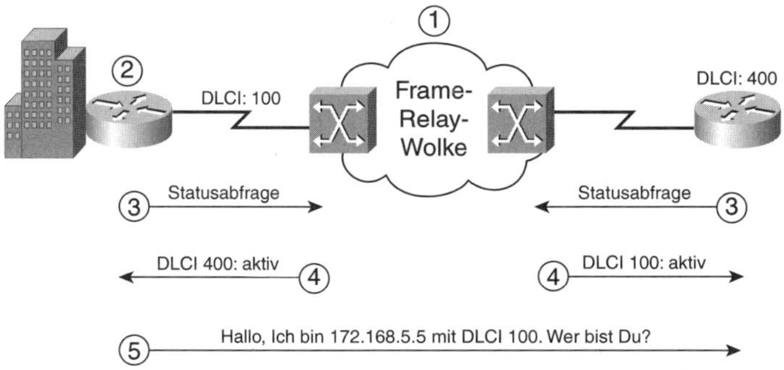

Abbildung 14.14: Routen der Remote-Router konfigurieren

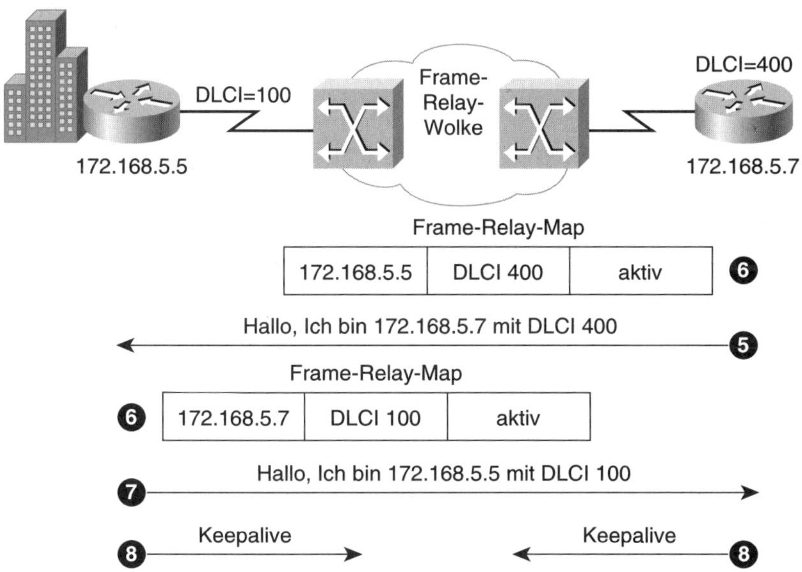

Abbildung 14.15: Status der DLCIs ändern

14.4 Frame-Relay-Subschnittstellen

Um die Übermittlung vollständiger Routing-Updates in einem Frame-Relay-Netzwerk zu ermöglichen, können Sie am Router logische Schnittstellen konfigurieren: die Subschnittstellen. Subschnittstellen sind logische »Unterteilungen« einer physischen Schnittstelle. Die PVC einer Subschnittstelle kann als Punkt-zu-Punkt-Verbindung konfiguriert werden, wodurch eine dedizierte Verbindung entsteht (Abbildung 14.16).

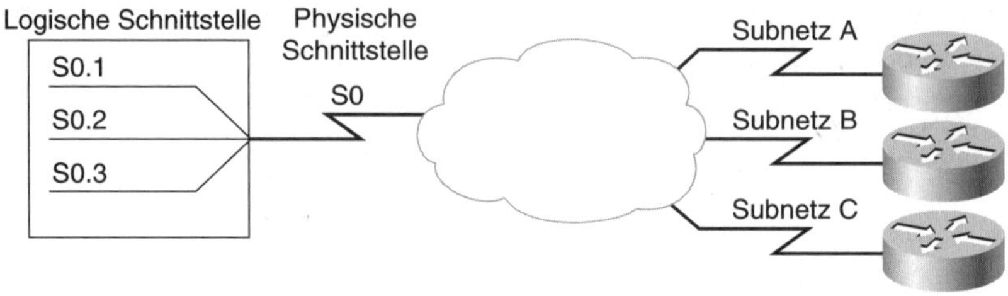

Abbildung 14.16: Routing-Updates

Frühere Frame-Relay-Installationen sahen vor, dass ein Router (d. h. ein DTE-Gerät) für jede PVC über eine serielle WAN-Schnittstelle verfügen muss (Abbildung 14.17). Durch logische Aufteilung einer physischen seriellen WAN-Schnittstelle in mehrere virtuelle Subschnittstellen lassen sich die Gesamtkosten beim Aufbau eines Frame-Relay-Netzwerks verringern. Wie die Abbildung zeigt, können über einzelne getrennte Subschnittstellen einer Router-Schnittstelle viele entfernte Standorte angeschlossen werden.

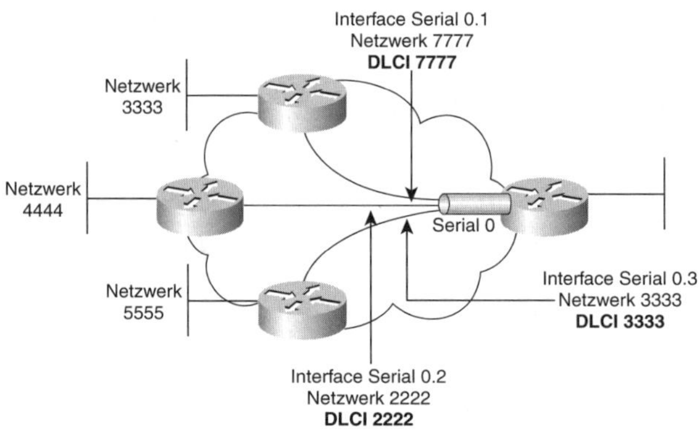

Abbildung 14.17: Eindeutige DLCI-Nummern für jede Subschnittstelle

14.4.1 Routing-Umgebungen mit Split-Horizon-Verfahren

Das Split-Horizon-Verfahren vermeidet das Auftreten von Routing-Schleifen, denn es verhindert, dass ein Routing-Update, das an einer Schnittstelle empfangen wurde, über genau diese Schnittstelle wieder ausgeliefert wird (Abbildung 14.18). Aus diesem Grunde kann, wenn ein entfernter Router ein Update an den Zentral-Router in der Hauptstelle einer Organisation sendet, der dortige Router die neuen Routen nicht an andere entfernte Router weiterleiten, die mit der gleichen Schnittstelle verbunden sind (Abbildung 14.19).

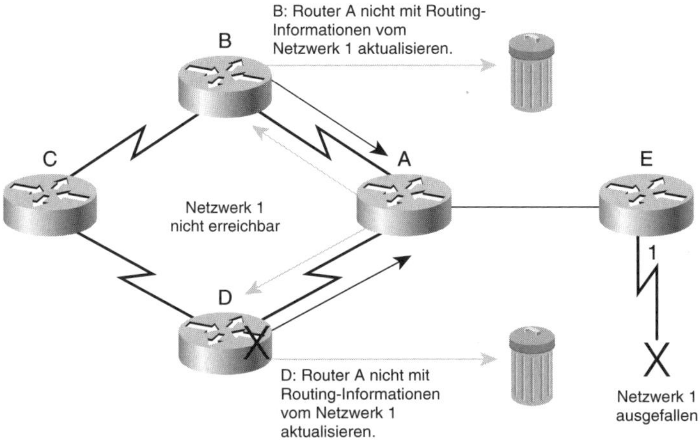

Abbildung 14.18: Split Horizon

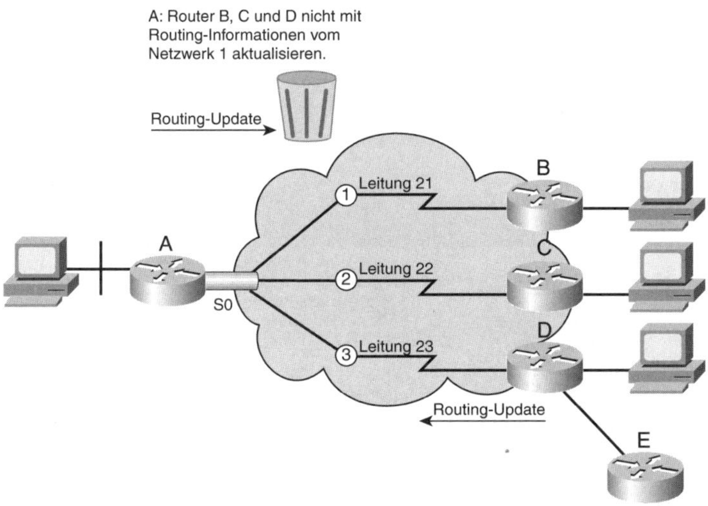

Abbildung 14.19: Updates von Routern und Split Horizon

14.4.2 Probleme mit Routing-Updates bei Subschnittstellen lösen

Subschnittstellen können zur Unterstützung folgender Verbindungstypen konfiguriert werden:

- **Punkt-zu-Punkt-Verbindungen.** Eine einzelne Subschnittstelle wird zur Herstellung einer PVC-Verbindung mit einer anderen physischen Schnittstelle oder einer Subschnittstelle an einem entfernten Router benutzt. In diesem Fall befänden sich die Schnittstellen im gleichen Subnetz, und jede Schnittstelle hätte einen eigenen DLCI. Jede Punkt-zu-Punkt-Verbindung stellt ein eigenes Subnetz dar. In diesem Umgebungsmodell sind Broadcasts kein Problem, da die Router Punkt-zu-Punkt-Verbindungen herstellen und sich wie eine Standleitung verhalten.

– **Multipoint-Verbindungen.** Hier wird eine einzelne Subschnittstelle zur Herstellung mehrerer PVC-Verbindungen zu unterschiedlichen physischen Schnittstellen oder Subschnittstellen an entfernten Routern benutzt. In diesem Fall befinden sich alle teilnehmenden Schnittstellen im gleichen Subnetz und haben einen eigenen lokalen DLCI. In dieser Situation wird, weil die Subschnittstelle wie in einem regulären Frame-Relay-Netzwerk agiert, auf Routing-Updates das Split-Horizon-Verfahren angewendet.

Abbildung 14.20 zeigt Punkt-zu-Punkt- und Multipoint-Verbindungen.

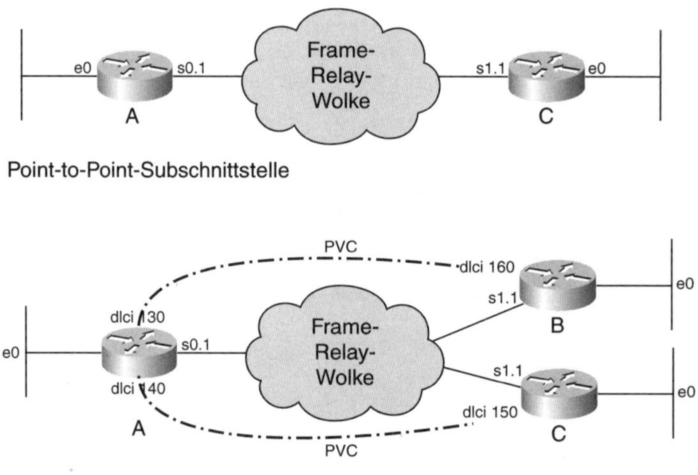

Abbildung 14.20: Point-to-Point- und Multipoint-Subschnittstellen

14.5 Einfache Frame-Relay-Konfiguration

Die einfachste Frame-Relay-Konfiguration sieht vor, dass Frame Relay an einer oder mehreren physischen Schnittstellen konfiguriert werden muss und dass LMI und Inverse ARP vom Frame-Relay-Switch bzw. vom (von) entfernten Router(n) unterstützt wird. In einer solchen Umgebung informiert das LMI den Router über die vorhandenen DLCIs. Inverse ARP ist standardmäßig aktiviert, weswegen es in der Konfigurationsdatei des Routers nicht sichtbar ist. Führen Sie für diese einfache Frame-Relay-Konfiguration die folgenden Schritte durch:

1. Wählen Sie die Schnittstelle aus, und wechseln Sie in den Schnittstellenkonfigurationsmodus:

   ```
   router(config)# interface serial 0
   ```

2. Konfigurieren Sie eine Vermittlungsschichtadresse, z. B. eine IP-Adresse:

   ```
   router(config-if)# ip address 192.168.38.40 255.255.255.0
   ```

3. Wählen Sie einen Frame-Typ aus, mit dem der Datenverkehr von Ende zu Ende gekapselt werden soll:

   ```
   router(config-if)# encapsulation frame-relay [cisco | ietf]
   ```

   Hierbei ist

   – `cisco` die Voreinstellung, die Sie benutzen müssen, wenn Sie eine Verbindung zu einem anderen Cisco-Router herstellen,
   – `ietf` für Verbindungen mit einem Router zu wählen, der nicht von Cisco stammt.

4. Wenn Sie Cisco IOS Release 11.1 oder früher benutzen, geben Sie den vom Frame-Relay-Switch benutzten LMI-Typ an:

   ```
   router(config-if)# frame-relay lmi-type {ansi | cisco | q933a}
   ```

   Hierbei ist `cisco` die werkseitige Voreinstellung.

   Bei Release 11.2 oder später wird der LMI-Typ automatisch erkannt.

5. Konfigurieren Sie die Bandbreite für die Verbindung:

   ```
   router(config-if)# bandwidth kilobit
   ```

   Dieser Befehl hat Auswirkungen auf den Betrieb von Routing-Protokollen wie etwa IGRP, weil er zur Berechnung der Metrik benutzt wird.

6. Sofern Inverse ARP am Router deaktiviert wurde, aktivieren Sie es neu (standardmäßig ist Inverse ARP aktiv):

   ```
   router(config-if)# frame-relay Inverse ARP [protokoll] [dlci]
   ```

   Hierbei steht

   – `protokoll` für die unterstützten Protokolle, also IP, IPX, AppleTalk, DECnet, VINES und XNS,
   – `dlci` für den DLCI an der lokalen Schnittstelle, die Inverse ARP-Meldungen austauschen soll.

Nachdem diese Schritte zur Frame-Relay-Konfiguration allgemein beschrieben wurden, haben wir im Folgenden ein konkretes Beispiel: die Konfiguration von Frame Relay an der seriellen Schnittstelle eines Cisco 1600-Routers.

CD-ROM

Siehe auch e-Lab auf der Buch-CD-ROM »Frame Relay Configuration«.

E-LAB

Siehe auch CNAP » Frame Relay Configuration«.

14.5.1 Serielle Schnittstelle konfigurieren

Gehen Sie wie folgt vor, um die serielle Schnittstelle für Frame Relay zu konfigurieren:

1. Wechseln Sie in den Konfigurationsmodus für die serielle Schnittstelle:

   ```
   1600(config)# interface serial 0
   ```

2. Selektieren Sie Frame Relay für diese Schnittstelle:

   ```
   1600(config-if)# encapsulation frame-relay
   ```

3. Aktivieren Sie die Schnittstelle mit den gerade vorgenommenen Änderungen an der Konfiguration:

   ```
   1600(config-if)# no shutdown
   ```

14.5.2 Frame-Relay-Konfiguration überprüfen

Sie können Ihre Konfiguration überprüfen, indem Sie sich vergewissern, dass eine PVC an der Frame-Relay-Verbindung aktiv ist. Gehen Sie hierzu wie folgt vor:

1. Warten Sie nach Eingabe des Befehls `encapsulation frame-relay` 60 Sekunden.
2. Geben Sie im privilegierten EXEC-Modus den Befehl `show frame-relay pvc` ein.
3. Vergewissern Sie sich, dass die Meldung `PVC STATUS=ACTIVE` in der Ausgabe enthalten ist.

```
1600# show frame-relay pvc
PVC Statistics for interface Serial0 (Frame Relay DTE)
DLCI = 17, DLCI USAGE = LOCAL, PVC STATUS = ACTIVE, INTERFACE =
Serial0.1
input pkts 45 output pkts 52 in bytes 7764
out bytes 9958 dropped pkts 0 in FECN pkts 0
in BECN pkts 0 out FECN pkts 0 out BECN pkts 0
in DE pkts 0 out DE pkts 0
pvc create time 00:30:59, last time pvc status changed 00:19:21
```

4. Notieren Sie die Nummer, die hinter `DLCI =` angezeigt wird (hier die »17«). Sie benötigen diese Nummer für den Abschluss der Frame-Relay-Schnittstellenkonfiguration.

5. Erfolgt nach Eingabe des Befehls keine Ausgabe, dann geben Sie den Befehl `show interfaces serial 0` ein, um festzustellen, ob die serielle Schnittstelle aktiv ist. Ein Beispiel für diesen Befehl finden Sie im nächsten Abschnitt. Die erste Zeile der Befehlsausgabe sollte wie folgt aussehen:

   ```
   Serial0 is up, line protocol is up
   ```

   Heißt die erste Zeile jedoch `Serial0 is up, line protocol is down`, dann sollten Sie überprüfen, ob der LMI-Typ für den Frame-Relay-Switch passend ist. Suchen Sie hierzu die Meldung `LMI type is CISCO` in der Befehlsausgabe.

6. Um die Konfiguration fortzusetzen, wechseln Sie wieder in den globalen Konfigurationsmodus.

CD-ROM

Siehe auch e-Labs auf der Buch-CD-ROM »show frame-relay pvc«.

E-LAB

Siehe auch CNAP »show frame-relay pvc«.

14.5.3 Frame Relay überprüfen

Nachdem Sie Frame Relay konfiguriert haben, können Sie mit den folgenden `show`-Befehlen kontrollieren, ob die Verbindungen aktiv sind:

- `show interfaces serial`: Zeigt Informationen über den Multicast-DLCI, die an der für Frame Relay konfigurierten seriellen Schnittstelle verwendeten DLCIs und den für das LMI verwendete LMI-DLCI an.

– `show frame-relay pvc`: Zeigt die Zustände aller konfigurierten Verbindungen und Verkehrsstatistiken an. Dieser Befehl kann auch benutzt werden, um die Anzahl der vom Router empfangenen BECN- und FECN-Pakete zu betrachten.

– `show frame-relay map`: Zeigt die Zuordnung der entfernten Vermittlungsschichtadresse und den zugehörigen lokalen DLCI an. Dieser Befehl gibt zum Beispiel dynamische Zuordnungen für Point-to-Point-Subschnittstellen mit aktiviertem Inverse ARP und statische Zuordnungen für Multipoint-Schnittstellen und -Subschnittstellen aus.

– `show frame-relay lmi`: Zeigt LMI-Verkehrsstatistiken an, z. B. die Anzahl der zwischen dem lokalen Router und dem Frame-Relay-Switch ausgetauschten Statusmeldungen.

CD-ROM

Siehe auch e-Lab auf der Buch-CD-ROM »show frame relay map«.

E-LAB

Siehe auch CNAP »show frame relay map«.

14.5.4 Status der Verbindung prüfen

Gehen Sie wie folgt vor, um sicherzustellen, dass die Verbindung aktiv ist:

1. Geben Sie im privilegierten EXEC-Modus den Befehl `show interfaces serial 0` ein:

```
1600# show interfaces serial 0
Serial0 is up, line protocol is up
Hardware is QUICC Serial
MTU 1500 bytes, BW 1544 Kbit,
    DLY 20000 usec, rely 255/255, load 1/255
Encapsulation FRAME-RELAY,
    loopback not set, keepalive set (10 sec)
LMI enq sent 163, LMI stat recvd 136,
    LMI upd recvd 0, DTE LMI up
LMI enq recvd 39, LMI stat sent 0, LMI upd sent 0
LMI DLCI 1023 LMI type is CISCO frame relay DTE
Broadcast queue 0/64, broadcasts sent/dropped 27/0,
    interface broadcasts 28
Last input 00:00:01, output 00:00:05, output hang never
Last clearing of "show interface" counters never
Input queue: 0/75/0 (size/max/drops);
    Total output drops: 0
```

```
Queuing strategy: weighted fair
Output queue: 0/64/0 (size/threshold/drops)
Conversations 0/1 (active/max active)
Reserved Conversations 0/0 (allocated/max allocated)
5 minute input rate 0 bits/sec, 0 packets/sec
5 minute output rate 0 bits/sec, 0 packets/sec
1813 packets input, 109641 bytes, 0 no buffer
Received 1576 broadcasts, 0 runts, 0 giants
13 input errors, 0 CRC, 13 frame, 0 overrun,
    0 ignored, 0 abort
1848 packets output, 117260 bytes, 0 underruns
0 output errors, 0 collisions, 32 interface resets
0 output buffer failures, 0 output buffers swapped out
29 carrier transitions
DCD=up DSR=up DTR=up RTS=up CTS=up
```

2. Vergewissern Sie sich, dass die folgenden Meldungen in der Befehlsausgabe enthalten sind (die entsprechenden Zeilen sind im Listing kursiv gedruckt):
   - **`Serial0 is up, line protocol is up.`** Die Frame-Relay-Verbindung ist aktiv.
   - **`LMI enq sent XXX, LMI stat recvd YYY.`** Die Verbindung sendet und empfängt Daten (`XXX` und `YYY` ist hierbei die Anzahl der gesendeten und empfangenen Daten).
   - **`LMI type is CISCO.`** Die LMI-Typ für den Router ist korrekt konfiguriert.
3. Erscheinen die Meldungen in der Befehlsausgabe nicht, dann führen Sie die folgenden Schritte durch:
   - Vergewissern Sie sich bei Ihrem Frame-Relay-Provider, dass die LMI-Einstellung für Ihre Verbindung korrekt ist.
   - Stellen Sie sicher, dass Keepalives aktiviert sind und dass der Router LMI-Updates empfängt.
4. Um die Konfiguration fortzusetzen, wechseln Sie wieder in den globalen Konfigurationsmodus.

14.5.5 Überprüfung des Frame-Relay-Mappings

Gehen Sie wie folgt vor, um die Frame-Relay-Maps zu überprüfen:

1. Geben Sie im privilegierten EXEC-Modus den Befehl `show frame-relay map` ein. Vergewissern Sie sich, dass die Meldung `status defined, active` für jede serielle Subschnittstelle angezeigt wird.

```
1600# show frame-relay map
Serial0.1 (up): point-to-point dlci, dlci 17(0x11,0x410),
    broadcast,
status defined, active
```

2. Erscheint die Meldung in der Befehlsausgabe nicht, dann führen Sie die folgenden Schritte durch:
   - Vergewissern Sie sich, dass der Router am Zentralstandort angeschlossen und konfiguriert ist.
   - Fragen Sie bei Ihrem Frame-Relay-Provider nach, ob die Verbindung ordnungsgemäß arbeitet.
3. Um die Konfiguration fortzusetzen, wechseln Sie wieder in den globalen Konfigurationsmodus.

14.5.6 Konnektivität zum Router am Zentralstandort überprüfen

Gehen Sie wie folgt vor, um die Konnektivität zum Router am Zentralstandort zu überprüfen:

1. Geben Sie im privilegierten EXEC-Modus den Befehl `ping` ein, gefolgt von der IP-Adresse des Zentral-Routers.
2. Beachten Sie den in der Zeile `Success rate is` angegebenen Prozentwert (in der Beispielausgabe kursiv gedruckt).

```
1600# ping 192.168.38.40
Type escape sequence to abort.
Sending 5, 100-byte ICMP Echos to 192.168.38.40,
    timeout is 2 seconds:
!!!!!
Success rate is 100 percent (5/5),
    round-trip min/avg/max = 32/32/32 ms
1600#
```

   Liegt der Wert bei 100 Prozent, dann war die Überprüfung erfolgreich (mitunter wird der erste *Ping*-Befehl zu spät beantwortet).

3. Um die Konfiguration fortzusetzen, wechseln Sie wieder in den globalen Konfigurationsmodus.

E-Lab und Lab

Siehe auch CNAP und [1] »Configuring Frame Relay« und »Configuring Frame Relay PVC«.

14.5.7 Subschnittstellen konfigurieren

Gehen Sie wie nachfolgend beschrieben vor, um an einer physischen Schnittstelle Subschnittstellen zu konfigurieren (Abbildung 14.21).

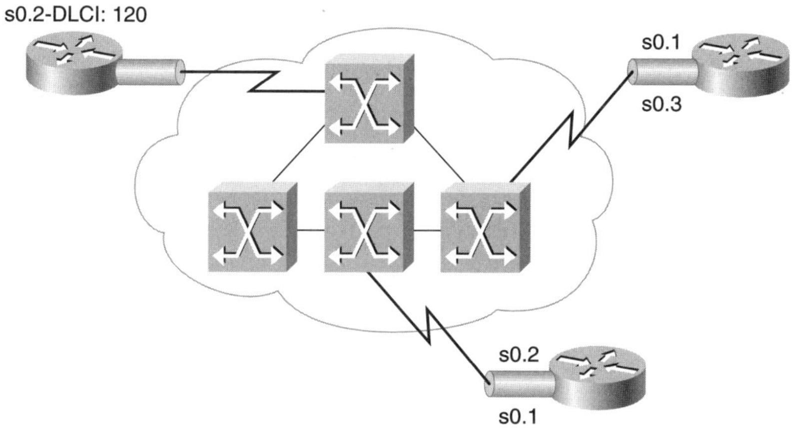

Abbildung 14.21: Point-to-Point-Subschnittstellen

1. Wählen Sie die Schnittstelle aus, an der Sie Subschnittstellen konfigurieren wollen, und wechseln Sie in den Schnittstellenkonfigurationsmodus.
2. Entfernen Sie ggf. eine der physischen Schnittstelle zugewiesene Schicht-3-Adresse, da Frames andernfalls von den lokalen Subschnittstellen nicht erkannt werden.
3. Aktivieren Sie Frame Relay.
4. Wählen Sie die zu konfigurierende Subschnittstelle aus:

```
router(config-if)# interface serial nummer.subschnittstellennummer
    {multipoint | point-to-point}
```

   – `nummer.subschnittstellennummer` ist eine Subschnittstellennummer im Bereich zwischen 1 und 4.294.967.293. Die dem Punkt vorangehende Schnittstellennummer muss mit der Nummer der Schnittstelle übereinstimmen, zu der diese Subschnittstelle gehört.

   – `multipoint` wird benutzt, wenn Sie wollen, dass der Router empfangene Broadcasts und Routing-Updates weiterleitet. Wählen Sie diese Option für das IP-Routing, wenn Sie wollen, dass sich alle Router im selben Subnetz befinden (Abbildung 14.22).

   – `point-to-point` verwenden Sie, wenn Sie keine Weiterleitung von Broadcasts und Routing-Updates wünschen und wollen, dass alle aus zwei Punkt-zu-Punkt-Routern bestehenden Paare jeweils ein eigenes Subnetz bilden (Abbildung 14.23).

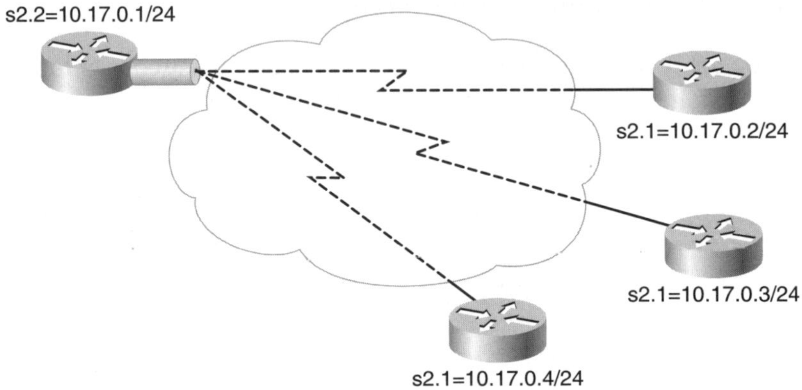

Abbildung 14.22: Multipoint-Konfiguration

Sie müssen in jedem Fall eine der Optionen `multipoint` oder `point-to-point` angeben; es gibt hier keine Voreinstellung.

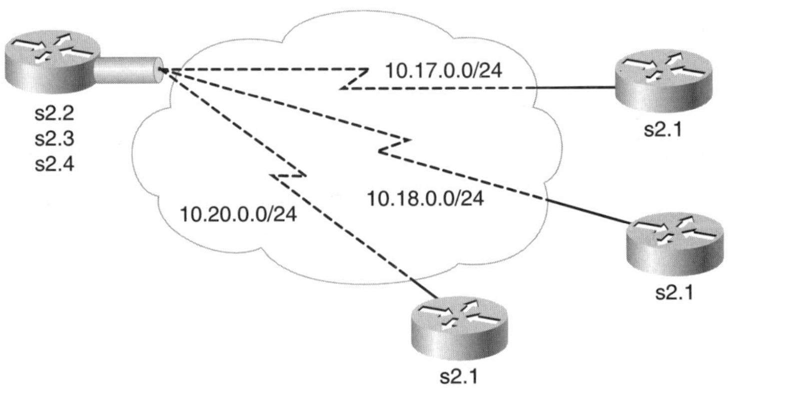

Abbildung 14.23: Konfiguration der Subschnittstellen bei Point-to-Point-Verbindungen

5. Konfigurieren Sie eine Schicht-3-Adresse an der Subschnittstelle. Wenn es sich um eine Punkt-zu-Punkt-Subschnittstelle handelt und Sie IP verwenden, dann können Sie den Befehl `ip unnumbered` einsetzen:

   router(config-subif)# **ip unnumbered** *schnittstelle*

   Wenn Sie diesen Befehl benutzen, sollten Sie darauf achten, dass es sich bei der Schnittstelle um eine Loopback-Schnittstelle handelt. Die Frame-Relay-Verbindung wird andernfalls nicht funktionieren, wenn dieser Befehl auf eine physische Schnittstelle verweist, die gerade aus irgendeinem Grund deaktiviert ist (z. B. bei Verbindungsproblemen).

6. Wenn Sie die Subschnittstelle als Multipoint- oder Point-to-Point-Subschnittstelle konfiguriert haben, müssen Sie noch den lokalen DLCI der Subschnittstelle einrichten, damit diese von der physischen Schnittstelle unterschieden werden kann:

   ```
   router(config-if)# frame-relay interface-dlci dlci-nummer
   ```

   `dlci-nummer` definiert die lokale DLCI-Nummer der Subschnittstelle. Dies ist die einzige Möglichkeit, eine LMI-basierende PVC auf einer Subschnittstelle zu konfigurieren, denn LMI selbst kennt keine Subschnittstellen.

   Dieser Befehl ist für alle Punkt-zu-Punkt-Subschnittstellen und außerdem für diejenigen Multipoint-Subschnittstellen zwingend erforderlich, für die Inverse ARP aktiviert ist. Nicht benötigt wird er hingegen für Multipoint-Subschnittstellen, für die statische Routen konfiguriert sind. Setzen Sie diesen Befehl nicht für physische Schnittstellen ein.

E-LAB UND LAB

Siehe auch CNAP und [1] »Configuring Frame Relay Subinterfaces«.

14.5.8 Optionale Befehle konfigurieren

Die folgenden Befehle können bei Bedarf für die weitere Konfiguration des Routers benutzt werden:

```
router(config-if)# frame-relay map protokoll protokoll-adresse dlci
    [broadcast] [ietf | cisco | payload-compress packet-by-packet]
```

Die einzelnen Parameter haben die folgende Bedeutung:

- *protokoll*. Definiert das unterstützte Protokoll, Bridging oder LLC.
- *protokoll-adresse*. Definiert die Vermittlungsschichtadresse der Schnittstelle am entfernten Router.
- *dlci*. Definiert den lokalen DLCI, über den die Verbindung mit der entfernten Protokolladresse hergestellt wird.
- `broadcast` (optional). Leitet Broadcasts an diese Adresse weiter, wenn das Multicasting nicht aktiviert ist. Verwenden Sie diese Option, wenn Sie wünschen, dass der Router Routing-Updates weiterleitet.
- `ietf | cisco` (optional). Bestimmt den zu verwendenden Frame-Relay-Typ. Verwenden Sie `ietf` nur dann, wenn es sich bei dem entfernten Router nicht um einen Cisco-Router handelt (ansonsten verwenden Sie immer `cisco`).

– `payload-compress packet-by-packet` (optional). Komprimierung der einzelnen Pakete mit der *Stacker*-Methode.

Normalerweise wird Inverse ARP zur Ermittlung der Protokolladresse des nächsten Hops für eine bestimmte Verbindung benutzt. Die Antworten auf Inverse ARP-Anfragen werden in der Frame-Relay-Map gespeichert (d. h. als Verknüpfungen von Adressen und DLCIs; vgl. Abbildung 14.24). Die Tabelle wird dann als Grundlage für das Routing des ausgehenden Verkehrs benutzt. Wenn der entfernte Router Inverse ARP nicht unterstützt, Sie OSPF über Frame Relay konfigurieren oder den Broadcast-Verkehr trotz aktivierten Routings steuern wollen, dann müssen Sie die Zuordnungstabelle für Adressen und DLCIs statisch konfigurieren.

Sie können bei Frame Relay das Intervall der Keepalive-Meldungen an den Frame-Relay-Switch erhöhen oder verringern. Die Voreinstellung beträgt zehn Sekunden. Die Syntax des entsprechenden Befehls sieht wie folgt aus:

```
router(config-if)# keepalive dauer
```

Hierbei ist `dauer` ein Sekundenwert, der zwei bis drei Sekunden kürzer sein sollte als die entsprechende Einstellung am Frame-Relay-Switch; hierdurch werden Synchronisationsprobleme vermieden.

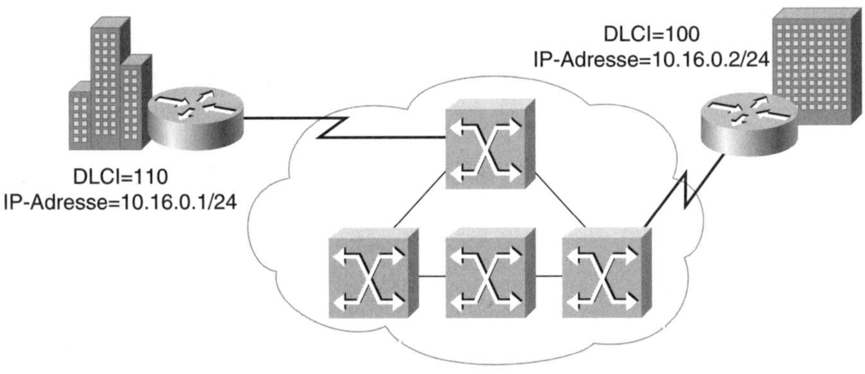

Abbildung 14.24: Antworten auf Inverse ARP

Wird ein LMI-Typ im Netzwerk nicht benutzt oder führen Sie Back-to-Back-Test mit Routern durch, dann müssen Sie mit folgendem Befehl den DLCI für jede lokale Schnittstelle konfigurieren:

```
router(config-if)# frame-relay local-dlci dlci
```

`dlci` ist der an der lokalen Schnittstelle verwendete DLCI.

14.6 Zusammenfassung

In diesem Kapitel werden die folgenden Sachverhalte erläutert:

- Die Frame-Relay-WAN-Technologie stellt eine flexible Methode zur Verbindung von LANs über Frame-Relay-Verbindungen dar.
- Frame Relay ist eine Form der paketvermittelten Datenkommunikation, die über eine (serielle) Schnittstelle zwischen Endgeräten (z. B. Router, Bridges und Hostrechner) und Netzwerkgeräten (z. B. Switches) benutzt wird.
- Frame Relay verwendet zur Herstellung von Verbindungen über das WAN virtuelle Verbindungen.
- Die Hauptfunktionen von LMI sind
  - die Bestimmung der Betriebszustände der verschiedenen PVCs des Routers,
  - das Senden von Keepalive-Paketen zur Sicherstellung, dass die PVC aktiv bleibt und nicht aufgrund von Untätigkeit getrennt wird,
  - die Mitteilung an den Router, welche PVCs vorhanden sind,
- Mit Hilfe von Inverse ARP kann der Router automatisch eine Frame-Relay-Map erstellen.
- Die Adresse des nächsten Hops, die ein Router seiner Routing-Tabelle entnimmt, muss er nachfolgend einem Frame-Relay-DLCI zuordnen.
- Frame Relay kann eine einzelne physische WAN-Schnittstelle in mehrere logische Subschnittstellen unterteilen.
- Das Split-Horizon-Verfahren vermeidet Routing-Schleifen, denn es verhindert, dass ein Routing-Update, das an einer physischen Schnittstelle empfangen wurde, über diese Schnittstelle wieder ausgegeben wird.

Um den hier erlernten Stoff zu vertiefen, beachten Sie bitte auch die diesem Kapitel zugeordneten Videos, Photo-Zooms und E-Labs auf der CD-ROM.

14.7 Lernzielkontrolle

1. Wie realisiert Frame Relay mehrere gleichzeitige Kommunikationsvorgänge über eine einzige physische Verbindung?
   a) Die Kommunikationsvorgänge erfolgen im Duplexbetrieb.
   b) Die Verbindungen erfolgen im Multiplexbetrieb.
   c) Die Kommunikationsvorgänge werden in eine ATM-Zelle konvertiert.
   d) Mehrere Kommunikationsvorgänge sind nicht zulässig.
2. Welche der folgenden Protokolle benutzt Frame Relay für die Fehlerkorrektur?
   a) Protokolle der Bitübertragungs- und Sicherungsschicht
   b) Protokolle der oberen Schichten
   c) Protokolle der unteren Schichten
   d) Frame Relay führt keine Fehlerkorrektur durch.
3. Wie gibt Frame Relay seinen DLCIs eine globale Bedeutung?
   a) Die DLCIs werden als Broadcasts verschickt.
   b) Es werden Unicasts gesendet.
   c) Es werden Multicasts gesendet.
   d) DLCIs können keine globale Bedeutung haben.
4. Wie heißt die garantierte Datenrate, mit der ein Frame-Relay-Switch Daten überträgt?
   a) CIR (Committed Information Rate)
   b) DTR (Data Transfer Rate)
   c) Timingrate
   d) Baudrate
5. Wer darf DLCI-Nummern zuweisen?
   a) Endbenutzer
   b) Netzwerkadministrator
   c) DLCI-Server
   d) Service-Provider

6. In welchem der folgenden Felder des Frame-Relay-Headers sind die DLCI-Daten enthalten?
   a) Flag-Feld
   b) Adressfeld
   c) Datenfeld
   d) Prüfsummenfeld
7. Was benutzt Frame Relay, um PVCs aufrechtzuerhalten?
   a) Punkt-zu-Punkt-Verbindungen.
   b) Windows-Sockets
   c) Keepalives
   d) PVCs lassen sich nicht endlos aufrechterhalten.
8. Wofür benötigt Frame Relay Inverse ARP-Anforderungen?
   a) Für die Zuordnung von IP- zu MAC-Adressen.
   b) Für die Zuordnung von MAC- zu IP-Adressen.
   c) Für die Zuordnung von MAC- zu Netzwerkadressen.
   d) Für die Zuordnung von IP-Adressen zu DLCIs.
9. Welches der folgenden Elemente verwendet Frame Relay zur Bestimmung des nächsten Hops?
   a) ARP-Tabelle
   b) RIP-Routing-Tabelle
   c) Frame-Relay-Map
   d) IGRP-Routing-Tabelle
10. Warum verwendet Frame Relay das Split-Horizon-Verfahren?
    a) Beschleunigung von Routing-Updates
    b) Vermeidung von Routing-Schleifen
    c) Beschleunigung der Konvergenz
    d) Frame Relay nutzt das Split-Horizon-Verfahren nicht.
11. In welcher der folgenden Schichten operiert Frame Relay?
    a) Schicht 2
    b) Schicht 3

c) Schicht 4

d) Schicht 1

12. Welche der folgenden Aussagen ist zutreffend?

a) Der Zweck von DTE-Geräten besteht in der Bereitstellung von Taktungs- und Switching-Diensten in einem Netzwerk.

b) Die ersten Vorschläge für Frame-Relay-Standards wurden von der CCITT erarbeitet.

c) Die älteren Frame-Relay-Versionen werden gemeinhin als LMI (Local Management Interface) bezeichnet.

d) Geswitchte virtuelle Verbindungen sind Festverbindungen für den Einsatz in Situationen, in denen nur sporadisch Daten zwischen DTEs über Frame Relay übertragen werden.

13. Welcher Befehl wird (an der Eingabeaufforderung) benutzt, um den Konfigurationsmodus für die serielle Schnittstelle Frame Relay zu aktivieren?

a) `# configure terminal`

b) `# encapsulation frame-relay`

c) `# frame-relay interface dlci` *`nummer`*

d) `# interface serial0`

14. Was genau bedeutet nach der Ausführung des Befehls `show interface serial 0` die Meldung `Serial line is up, line protocol is up`?

a) Die Verbindung sendet und empfängt Daten.

b) Das LMI für den Router ist korrekt konfiguriert.

c) Die Frame Relay-Verbindung ist aktiv.

d) Der Zentral-Router ist aktiv und angeschlossen.

15. Was bewirkt der Befehl `show interfaces serial`?

a) Er zeigt Informationen über den Multicast-DLCI, die an der für Frame Relay konfigurierten seriellen Schnittstelle verwendeten DLCIs und den für das LMI verwendete LMI-DLCI an.

b) Er zeigt die Zustände aller konfigurierten Verbindungen und Verkehrsstatistiken an. Dieser Befehl kann auch benutzt werden, um die Anzahl der vom Router empfangenen BECN- und FECN-Pakete zu betrachten.

c) Er zeigt für jeden entfernten Empfänger, mit dem der Router verbunden ist, die Vermittlungsschichtadresse und den zugehörigen DLCI an.

d) Er zeigt LMI-Verkehrsstatistiken an, z. B. die Anzahl der zwischen dem lokalen Router und dem Frame-Relay-Switch ausgetauschten Statusmeldungen.

16. Was sind FECN und BECN?

a) Fehlerprüfmechanismen

b) Überlastmitteilungsmechanismen

c) Flusskontrollmechanismen

d) Keepalive-Mechanismen

17. Was ist für virtuelle Frame-Relay-Verbindungen zutreffend?

a) Sie benötigen immer einen gesonderten Auf- und Abbau einer Sitzung.

b) Sie werden nur bei sporadisch auftretendem Datenverkehr benutzt.

c) Sie realisieren permanente Kommunikationspfade über Frame-Relay-Netzwerke.

d) Sie realisieren einen logischen, bidirektionalen Kommunikationspfad zwischen Netzwerkgeräten.

18. Warum implementiert Frame Relay eine CRC-Prüfsumme?

a) Zur Realisierung der Flusskontrolle über virtuelle Verbindungen.

b) Zur Durchführung einer Fehlerprüfung.

c) Zur Verwaltung von Adressauflösungsfunktionen.

d) Zur Verwaltung des BECN- und FECN-Betriebs.

19. Welches der folgenden ist *keine* LMI-Erweiterung?

a) algorithmisch generierte MAC-Adressen

b) Multicast-Gruppen

c) globale Adressierung

d) Statusmeldungen für virtuelle Verbindungen

Lernziele:

Wenn Sie dieses Kapitel gelesen haben, werden Sie

- wichtige Aspekte von Workstations unter Windows, Unix und Linux erläutern können,
- die Funktionen von Netzwerkservern kennen,
- über Netzwerkbetriebssysteme Bescheid wissen.

Kapitel 15

Einführung in die Netzwerkadministration

Der Begriff der »Netzwerkadministration« deckt viele Aufgaben und Zuständigkeiten ab, die bei der Verwaltung eines Computernetzwerks eine Rolle spielen. Dieses Kapitel konzentriert sich auf die Administration von Desktop- und Netzwerkbetriebssystemen und bietet einen Überblick über verschiedene Hardware- und Softwareoptionen, die man zur Administration der Netzwerkressourcen eines Unternehmens einsetzen kann. Abschließend werden wir sehen, wie die Netzwerkverwaltung mit Hilfe von OSI-Modell und SNMP vereinfacht werden kann.

Beachten Sie bitte die diesem Kapitel zugeordneten Videos, Photo-Zooms und E-Labs auf der beiliegenden CD-ROM. Sinn dieser Zusatzinformationen ist die Ergänzung des Materials und Vertiefung des Stoffes, der in diesem Kapitel vorgestellt wird.

15.1 Übersicht zu Desktop- und Serverbetriebssystemen

Die ersten PCs waren als einzelne, voneinander unabhängige Desktop-Computer konzipiert. Die Betriebssystemsoftware ermöglichte immer nur einem Benutzer gleichzeitig den Zugriff auf Dateien und Systemressourcen. Dieser Benutzer musste immer direkt zum Computer gehen. Als dann PC-basierte Computernetze am Arbeitsplatz immer beliebter wurden, entwickelten die Softwarehersteller spezielle Netzwerkbetriebssysteme (kurz auch NOS genannt, vom engl. Begriff *Network Operating System*). Diese Netzwerkbetriebssysteme realisieren Dateisicherheit, Benutzerrechte und die gemeinsame Nutzung von Ressourcen durch mehrere Benutzer. Das explosionsartige Wachstum des Internets hat dazu geführt, dass moderne Netzwerkbetriebssysteme entwickelt wurden, die unsere heutigen Internettechnologien und -dienste wie etwa das WWW (World Wide Web) ermöglichen.

Innerhalb von nur zehn Jahren ist die Netzwerktechnologie zu einem zentralen Faktor bei der Arbeit mit Desktop-Computern geworden. Der Grenzbereich zwischen modernen Desktop-Betriebssystemen, die mittlerweile sehr viele Netzwerkfunktionalitäten und -dienste bieten, und den eigentlichen Netzwerkbetriebssystemen wird immer unschärfer: Beliebte Betriebssysteme wie Microsoft Windows 2000 und Linux findet man inzwischen gleichermaßen auf sehr leistungsstarken Netzwerkservern wie auch auf den Workstations von Endbenutzern.

15.1.1 Workstations

Eine Workstation ist ein Client-Computer, der Anwendungen ausführt und mit einem Server verbunden ist, von dem er Daten bezieht, die er gemeinsam mit anderen Computern nutzt. Ein Server hingegen ist ein Computer, auf dem ein NOS ausgeführt wird. Workstations verwenden spezielle Softwareprogramme wie etwa eine Netzwerk-Shell, um

- Benutzerdaten und Anwendungsbefehle entgegenzunehmen,
- zu entscheiden, ob ein Befehl an das lokale Betriebssystem oder das NOS gerichtet ist,
- den Befehl wahlweise an das lokale Betriebssystem oder – zur Verarbeitung und Übertragung im Netzwerk – an die Netzwerkkarte weiterzugeben,
- Übertragungen aus dem Netzwerk an die entsprechende Anwendung weiterzuleiten, die auf der Workstation ausgeführt wird.

Von Microsoft stammen die Betriebssysteme Windows 95, Windows 98, Windows ME, Windows XP Home, Windows NT, Windows 2000 und Windows XP Professional. Jedes System, das unter einem dieser Betriebssysteme läuft, ist entweder eine Workstation (Abbildung 15.1) oder ein Server (Abbildung 15.2).

Abbildung 15.1: Workstation

Abbildung 15.2: Server

Unix und Linux können zwar auch als Betriebssysteme für Desktop-Computer eingesetzt werden, man findet sie aber in erster Linie auf High-End-Computern. Solche Workstations werden meist für technische und wissenschaftliche Anwendungen eingesetzt, die spezielle Hochleistungscomputer benötigen. Zu derartigen Anwendungen, die häufig auf Unix-Workstations laufen, gehören etwa die folgenden:

- CAD (Computer Aided Design)
- elektronisches Schaltungsdesign
- Analyse von Wetterdaten
- Erstellung animierter Computergrafiken
- Administration von Netzwerken und TK-Anlagen

Die aktuellen Desktop-Betriebssysteme bieten Netzwerkfunktionen und unterstützen den Mehrbenutzerzugriff. Aus diesem Grund geht man inzwischen zunehmend dazu über, Computer und Betriebssysteme nach den Anwendungstypen zu klassifizieren, auf bzw. unter denen sie laufen. Diese Klassifizierung basiert auf der Rolle oder Funktion, die der Computer spielt, z. B. als Workstation oder Server. Zu den typischen Anwendungen für Desktop-Computer oder Standardworkstations gehören etwa Textverarbeitung,

Tabellenkalkulation und Buchhaltungssoftware. Auf Hochleistungsworkstations hingegen laufen beispielsweise Anwendungen für Grafik- oder Hardwaredesign (siehe oben).

Eine festplattenlose Workstation ist eine spezielle Klasse von Computern, die für den reinen Netzwerkbetrieb vorgesehen ist. Wie der Name bereits sagt, verfügt eine festplattenlose Workstation zwar nicht über Festplatten, wohl aber über einen Monitor, eine Tastatur, Speicher, eine Bootprozedur im EPROM und eine Netzwerkkarte. Die Software, die zur Herstellung einer Netzwerkverbindung benötigt wird, wird beim Einschalten aus dem ROM-Speicher geladen, der sich auf der Netzwerkkarte befindet.

Da eine festplattenlose Workstation nicht über Festplattenlaufwerke verfügt, können Sie weder Daten auf die Workstation herunterladen noch andere Daten von ihr hochladen. Eine solche Workstation kann weder einen Virus im Netzwerk verbreiten, noch kann sie verwendet werden, um Netzwerkdaten zu kopieren. Festplattenlose Workstations bieten mehr Sicherheit als normale Workstations, weswegen sie bevorzugt in Netzwerken verwendet werden, in denen Sicherheit oberstes Gebot ist.

Laptops können als Workstations in einem LAN arbeiten und über eine Docking-Station, eine externe LAN-Karte oder eine PCMCIA-Karte angeschlossen werden. Eine Docking-Station (Abbildung 15.3) ist ein Zusatzgerät, das ein Laptop in einen Desktop-Computer verwandelt.

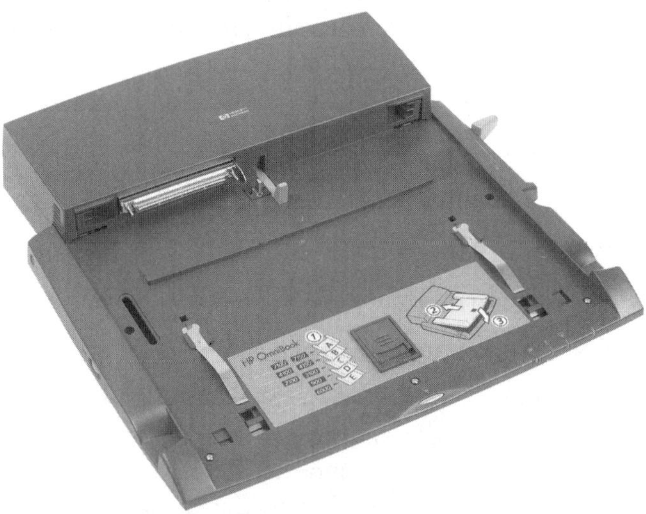

Abbildung 15.3: Docking-Station

15.1.2 Server

In einer Netzwerkumgebung greifen viele Clientsysteme auf einen oder mehrere Server zu und nutzen deren Ressourcen. Desktop-Clientsysteme sind mit eigenem Speicher und Peripheriegeräten wie Tastatur, Monitor und Festplatten ausgestattet. Der Server muss den Simultanzugriff mehrerer Benutzer und die gleichzeitige Ausführung mehrerer Tasks unterstützen, denn die Clients fordern beim Server dessen Ressourcen an.

Netzwerkbetriebssysteme enthalten zusätzliche Tools zur Netzwerkadministration und können den gleichzeitigen Zugriff durch mehrere Benutzer verarbeiten. In praktisch allen Netzwerken – ausgenommen sind hier nur sehr kleine Netze – sind Netzwerkbetriebssysteme auf leistungsfähigen Servern installiert. Viele Benutzer – die so genannten Clients – nutzen die Ressourcen der Server gemeinsam. In der Regel haben Server leistungsfähige und sehr schnelle Festplatten und einen umfangreichen Arbeitsspeicher.

Server, die unter Netzwerkbetriebssystemen laufen, werden auch zur Authentifizierung von Benutzern und zur Vermittlung des Zugriffs auf freigegebene Ressourcen verwendet (Abbildung 15.4). Bevor ein Client auf Serverressourcen zugreifen kann, muss er sich authentifizieren und zur Nutzung der Ressource autorisiert werden. Dies wird durch Konfiguration eines Kontonamens und eines Passworts ermöglicht. Kontoname und Passwort werden dann von einem Authentifizierungsdienst überprüft, der als eine Art Wachposten den Zugang zum Netzwerk steuert. Durch die zentrale Verwaltung von Benutzerkonten, Sicherheit und Zugriffssteuerung erleichtern serverbasierte Netzwerke die Netzwerkadministration.

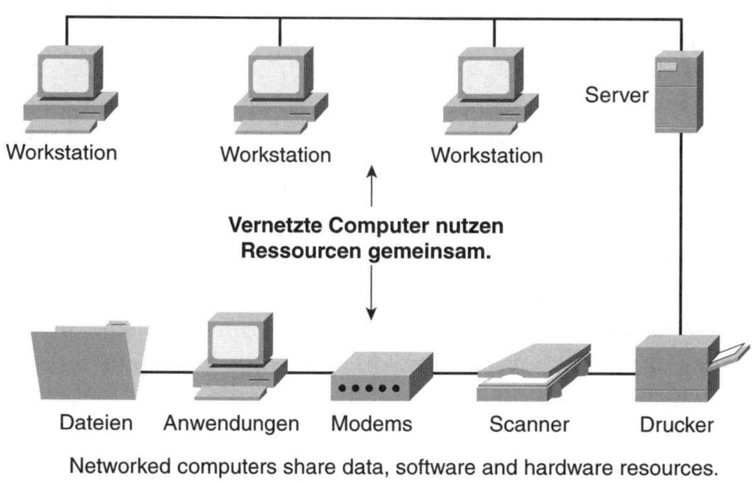

Abbildung 15.4: Gemeinsame Nutzung von Ressourcen

Server sind meist größere Systeme mit viel Arbeitsspeicher, um alle Aufgaben oder Tasks zu unterstützen, die gleichzeitig im Speicher aktiv (oder zumindest vorhanden) sind. Hinzu kommt für Netzwerkdateien ein erhöhter Bedarf an Festplattenkapazität; zudem dient diese Zusatzkapazität auch als Erweiterung des internen Systemspeichers. Server verfügen meist auch über zusätzliche Erweiterungssteckplätze auf der Hauptplatine, um Geräte zur allgemeinen Nutzung – z. B. Drucker oder zusätzliche Netzwerkkarten – anzuschließen.

Ein weiteres Merkmal von Servern ist die Prozessorleistung. Normale Computer haben einen einzelnen Prozessor, der die Anweisungen ausführt, aus denen ein Task oder ein Prozess besteht. Um jedoch eine sehr hohe Verarbeitungsgeschwindigkeit zu erzielen, ist das System mit mehreren Prozessoren auszustatten; solche Systeme nennt man dann Multiprozessorsysteme. Multiprozessorsysteme können mehrere Tasks parallel ausführen, indem jedem Task zur Ausführung ein anderer Prozessor zugewiesen wird. Die erzielbare Gesamtarbeitsleistung eines Multiprozessorservers ist im Vergleich zum Einprozessorsystem wesentlich höher.

Da Server als zentrale Ressourcenspeicher fungieren, die für den Betrieb der Clientsysteme von erheblicher Bedeutung sind (Abbildung 15.5), müssen sie nicht nur effizient, sondern auch robust sein, d. h., sie müssen auch bei hoher Arbeitslast zuverlässig arbeiten. Der Begriff der Robustheit beinhaltet aber auch, dass solche Systeme den Ausfall eines oder mehrerer Prozesse oder Komponenten nicht mit einem allgemeinen Systemausfall quittieren. Dieses Ziel wird dadurch erreicht, dass man Serversysteme redundant auslegt. Unter der Redundanz versteht man die Installation zusätzlicher Hardwarekomponenten, deren wesentlicher Zweck darin besteht, den Betrieb aufrechtzuerhalten, wenn andere Komponenten ausfallen. Redundanz ist ein Merkmal fehlertoleranter Systeme, die solche Ausfälle überbrücken und sogar bei laufendem Betrieb repariert werden können. Da ein Netzwerkbetrieb mit einem unterbrechungsfreien Serverbetrieb steht und fällt, ist der Extraaufwand für die zusätzlichen Hardwarekomponenten gerechtfertigt.

Zu den Anwendungen und Funktionen eines Servers gehören mit HTTP (Hypertext Transfer Protocol) arbeitende Webdienste, auf FTP (File Transfer Protocol) basierende Dateiübertragungen sowie die Namensauflösung mit DNS (Domain Name System). Zu den E-Mail-Standardprotokollen, die ein Netzwerkserver unterstützen muss, gehören SMTP (Simple Mail Transfer Protocol), POP3 (Post Office Protocol) und IMAP (Internet Message Access Protocol). Andere Protokolle wie Sun NFS (Network File System) und Microsoft SMB (Server Message Block) erlauben die gemeinsame Nutzung von Dateien. Netzwerkserver stellen häufig auch Druckdienste bereit. Ein Server kann ferner einen DHCP-Dienst (Dynamic Host Configuration Protocol) anbieten, der Client-Computern automatisch IP-Adressen zuweist.

Server bieten aber nicht nur laufende Dienste für Clients im Netzwerk an, sondern können auch so konfiguriert werden, dass sie als einfache Firewall für das Netzwerk dienen. Dies wird mit Hilfe von Proxys oder NAT (Network Address Translation, Netzadressübersetzung) erreicht; diese beiden Methoden sorgen dafür, dass interne private Netzwerkadressen vor dem Internet verborgen werden. Dies sind Serveranwendungen, die normalerweise nicht auf einer LAN-Workstation implementiert werden.

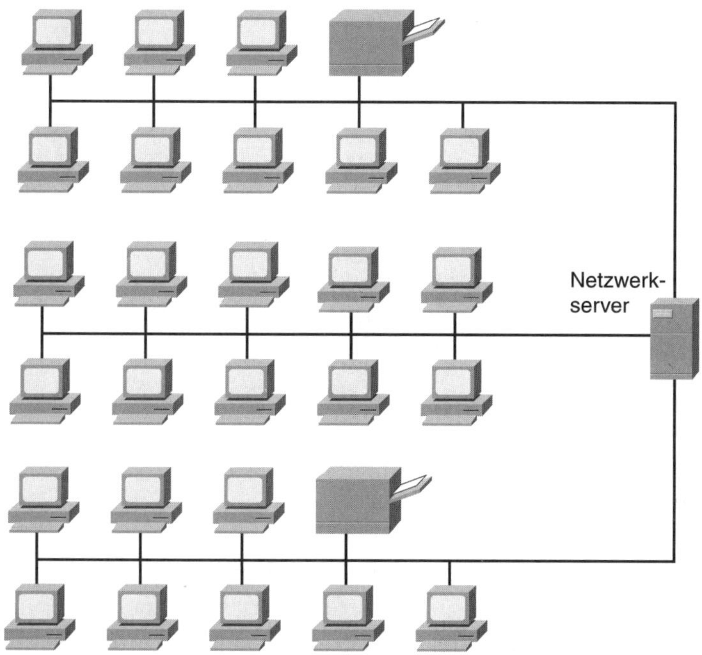

Ein Netzwerkserver kann viele Benutzer und Geräte verwalten.

Abbildung 15.5: Server unterstützen mehrere Clientsysteme.

Muss nur eine kleine Anzahl Clients unterstützt werden, dann kann ein einziger Server mit einem NOS durchaus ausreichend sein. In den meisten Unternehmen jedoch muss man, um eine akzeptable Leistung erzielen zu können, mehrere Server einsetzen (Abbildung 15.6). In einer so genannten Serverfarm werden die verschiedenen Dienste auf die einzelnen Server verteilt, d. h., es gibt zum Beispiel jeweils dedizierte Server für Maildienst, Webinformationen, Dateifreigabe, FTP usw.

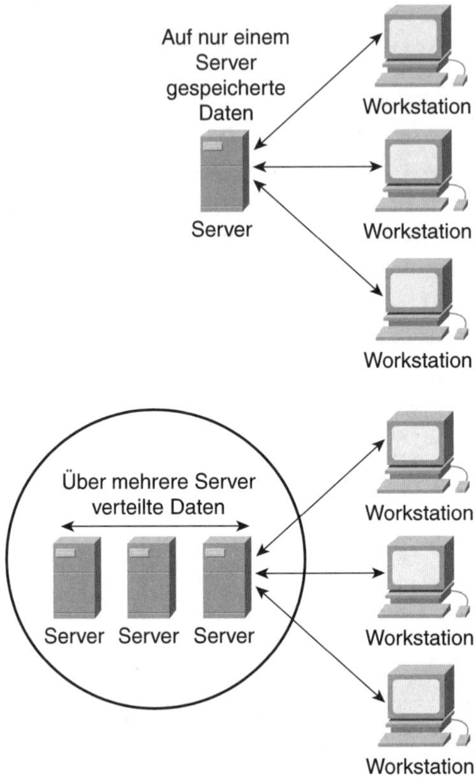

Daten können wahlweise auf einem oder auf mehreren Servern verteilt liegen.

Abbildung 15.6: Client-Server-Umgebung

Die Konzentration von Netzwerkressourcen wie Dateien, Drucker und Anwendungen auf Server (Abbildung 15.7) erleichtert auch die Sicherung und Administration der von ihnen zur Verfügung gestellten Daten, da die Ressourcen nicht über mehrere Hardwaresysteme verstreut sind.

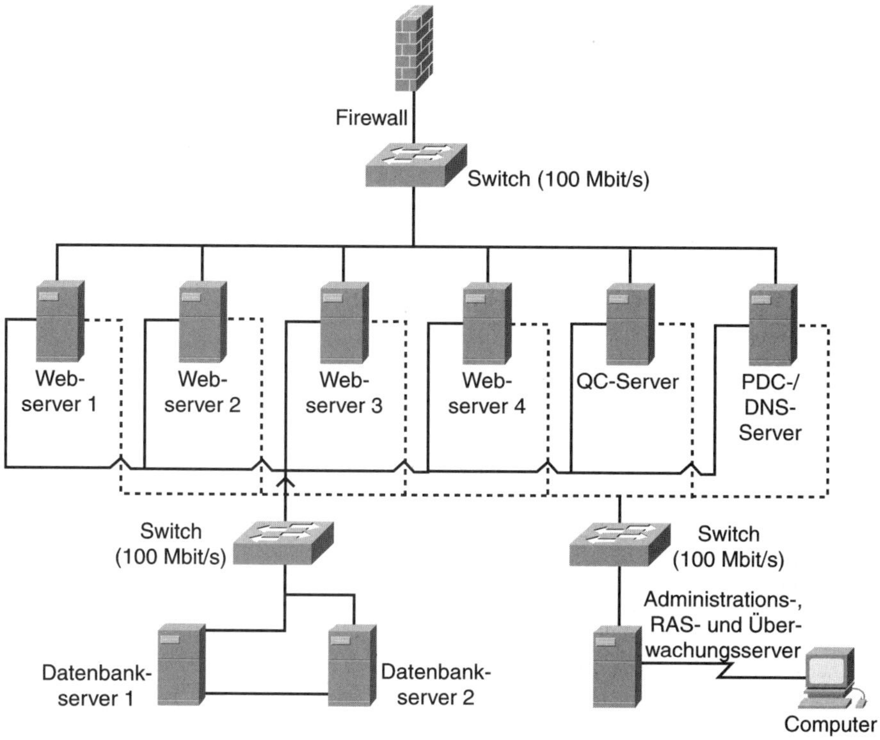

Abbildung 15.7: Serverfarm

15.1.3 Client-Server-Beziehung

Im Client-Server-Modell wird die Verarbeitung auf mehrere Computer verteilt. In einer entsprechenden Umgebung teilen sich Client und Server die Arbeit untereinander, bzw. sie wird von beiden gemeinsam erledigt. Die meisten Netzwerkbetriebssysteme stellen Dienste basierend auf diesem Client-Server-Modell bereit.

Die folgende Liste beschreibt einige der wesentlichen Aspekte einer Client-Server-Beziehung:

- Der lokale Host ist das System, an dem der Benutzer derzeit arbeitet.
- Ein Remote-Host ist ein System, auf das der Benutzer von einem anderen System aus zugreift.
- Ein Server bietet über ein Netzwerk dem oder den Clients seine Ressourcen an.
- Ein Client ist ein Computer, der die Dienste eines oder mehrerer Server im Netzwerk in Anspruch nimmt.

Ein einfaches Beispiel für eine Client-Server-Beziehung ist eine FTP-Sitzung. FTP ist eine einfache Standardmethode zur Übertragung einer Datei unter TCP/IP. Damit der Client eine Datei an den Server übertragen bzw. von diesem herunterladen kann, muss auf dem Server der FTP-Daemon ausgeführt werden. Ist dies der Fall, dann kann der Client die zu übertragende Datei anfordern. Der Server stellt alle notwendigen Dienste bereit, um die Datei zu empfangen bzw. zu senden (Abbildung 15.8).

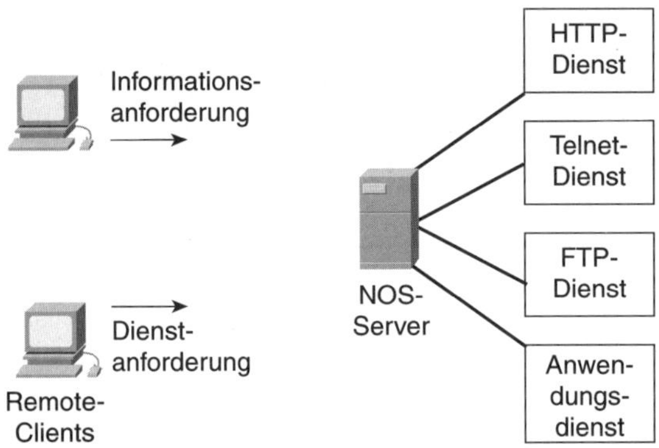

Abbildung 15.8: Client-Server-Beziehung

Auch das Internet ist ein gutes Beispiel für eine Client-Server-Beziehung mit verteilter Verarbeitung. Der Client realisiert als Front-End Darstellungsfunktionen für den Benutzer, z. B. die Anzeigeformatierung oder die Verarbeitung von Formularen und Daten. Dazu wird ein Browser wie dem Internet Explorer oder Mozilla benutzt. Der Webbrowser sendet seine Anfragen an den Webserver, der diese bearbeitet und eine Antwort an den Client zurückgibt. Der Browser zeigt die empfangenen HTTP-Daten dann in seinem Fenster an. Der Server als Back-End verarbeitet die Webanfragen der Clients und stellt HTTP- oder WWW-Dienste bereit.

In einer LAN-Umgebung gibt es ein weiteres Beispiel für eine Client-Server-Beziehung: einen Datenbankserver und einen Client, der die Daten eingibt bzw. abfragt. Auf dem Client (Front-End) könnte beispielsweise eine Anwendung in C oder Java laufen, während auf dem Server Oracle oder eine andere Software zur Datenbankverwaltung ausgeführt wird. In diesem Fall würde der Client ebenfalls die Formatierungs- und Präsentationsaufgaben erfüllen. Der Server hingegen stellt den Speicherplatz für die Datenbank und Dienste zur Datenabfrage für den Benutzer bereit.

In einer typischen Dateiserverumgebung müssen Clients häufig große Teile der Datenbankdateien zur lokalen Verarbeitung abrufen. Solche Abfragen der Datenbankdateien können beachtlich viel Datenverkehr im Netzwerk verursachen. Beim Client-Server-Modell schickt der Client eine Abfrage an den Server, und die Datenbank-Engine des Servers verarbeitet dann 100.000 Datensätze und sendet als Ergebnis nur wenige davon an den Client zurück, um die Anfrage zu beantworten. Server sind in der Regel wesentlich leistungsfähiger als Client-Computer und zur Verarbeitung großer Datenmengen besser geeignet. In einer Client-Server-Umgebung wird die umfangreiche Datenbank auf dem Server gespeichert, wo auch die Verarbeitung stattfindet. Diese Form der Antwort auf die Abfrage des Clients hat einen wesentlich geringeren Verbrauch der Netzwerkbandbreite zur Folge.

Die Verteilung von Funktionen in Client-Server-Netzwerken hat wesentliche Vorteile, bringt aber auch erhöhte Kosten mit sich. Zwar erhöht die Konzentration von Ressourcen auf Serversystemen die Sicherheit, vereinfacht den Zugriff und ermöglicht eine koordinierte Steuerung, aber der Server stellt im Netzwerk eine fehlerkritische Komponente dar: Fällt er aus, dann funktioniert der Dienst nicht mehr. Ferner benötigen Server zur Administration und Wartung speziell ausgebildete Mitarbeiter, was die Betriebskosten erhöht. Ein weiterer, oftmals beträchtlicher Kostenfaktor sind die zusätzlichen Hardwarekomponenten und die benötigte Spezialsoftware.

15.1.4 Netzwerkbetriebssysteme

Ein NOS wie Unix Server, Windows NT Server oder Windows 2000 Server ist ein Betriebssystem, das auf einem Netzwerkserver ausgeführt wird. Tabelle 15.1 zeigt verschiedene Betriebssysteme, die von den einzelnen Herstellern angeboten werden.

Tabelle 15.1: Netzwerkbetriebssysteme

Novell	Unix	Microsoft	Linux
NetWare IntraNetWare GroupWise	HP-UX Sun Solaris BSD SCO AIX	Windows NT Windows 2000 Server .NET Server	Red Hat SCO SuSE Debian Mandrake Xandros

Die Funktion eines Betriebssystems auf einer Workstation besteht in der Steuerung der Computer-Hardware, der Programmausführung und der Benutzeroberfläche. Das Betriebssystem kann diese Funktionen für einen Benutzer oder aber mehrere Benutzer ausführen, die den Rechner nacheinander (d. h. nicht gleichzeitig) verwenden. Ein Administrator kann Konten für mehrere Benutzer erstellen, aber es können nicht mehrere Benutzer gleichzeitig am System angemeldet sein.

Im Gegensatz dazu verteilen Netzwerkbetriebssysteme ihre Funktionen über mehrere vernetzte Computer. Ein NOS ergänzt das auf einem Computer vorhandene native Betriebssystem mit Funktionen, die den gleichzeitigen Zugriff mehrerer Benutzer auf freigegebene Ressourcen ermöglichen.

Workstations fungieren in einer Netzwerkumgebung als Clients. Durch Verwendung von Funktionen des nativen Betriebssystems der Workstation kann der Benutzer auf lokale Ressourcen der Workstation – Anwendungen, Dateien und direkt angeschlossene Geräte wie etwa Drucker – zugreifen. Wird eine Workstation zu einem Client in einer Netzwerkumgebung, dann ermöglicht ein sogenannter Redirector dem lokalen Benutzer den Zugriff auf nichtlokale Ressourcen (d. h. entfernte oder Remote-Ressourcen) so, als ob diese Ressourcen lokaler Natur wären. Das NOS erweitert den Arbeitsbereich der Client-Workstation, indem es Remote-Dienste als Erweiterungen des lokalen normalen Betriebssystems verfügbar macht.

Um den gleichzeitigen Zugriff auf freigegebene Ressourcen zu erlauben, übernehmen Netzwerkserver verschiedene Funktionen oder Rollen. Clientsysteme enthalten eine spezielle Software, die ihnen die Anforderung freigegebener Ressourcen ermöglicht, die von Serversystemen kontrolliert werden, die dann auf Clientanfragen antworten.

Ein Netzwerkbetriebssystem muss mehrere Benutzer gleichzeitig unterstützen können. Der Netzwerkadministrator erstellt für jeden Benutzer ein Konto und ermöglicht es den Benutzern so, mit dem Serversystem eine Verbindung herzustellen und sich anzumelden. Das Benutzerkonto auf dem Server erlaubt die Authentifizierung des Benutzers und die Zuweisung von Ressourcen, auf die der Benutzer zugreifen darf. Diese Systeme heißen auch Mehrbenutzersysteme; zu ihnen gehören Unix, Linux sowie die Microsoft-Betriebssysteme Windows NT, Windows 2000 und Windows XP.

Ein Netzwerkserver ist ein Multitasking-System. Serverbetriebssysteme erreichen dies durch einen so genannten Scheduler (dt. *Zeitplanungssteuerung*), der in die Ausführungsumgebung integriert ist. Diese Software weist den verschiedenen Tasks Prozessorzeit, Speicher und andere Systemelemente so zu, dass diese Systemressourcen gemeinsam verwendet werden können. Jeder Benutzer eines Mehrbenutzersystems wird intern durch einen eigenen Task oder Prozess auf dem Server unterstützt. Diese internen Tasks werden dynamisch erzeugt, wenn Benutzer sich am System anmelden, und werden bei Abmeldung wieder gelöscht.

Die Hauptmerkmale, die bei der Auswahl eines Netzwerkbetriebssystems zu beachten sind, sind Leistungsfähigkeit, vorhandene Tools für Administration und Überwachung, Sicherheit, Skalierbarkeit und Robustheit bzw. Fehlertoleranz. Wir wollen diese Aspekte im Folgenden kurz beleuchten.

Leistungsfähigkeit

Ein Netzwerkbetriebssystem muss in der Lage sein, Dateien über das Netzwerk auf Clients bzw. Servern zu speichern bzw. von diesen zu lesen. Ferner muss es auch bei hoher Belastung eine akzeptable Leistung erbringen können, wenn viele – vielleicht sogar Hunderte – Clients Anfragen gleichzeitig stellen. Das Netzwerkbetriebssystem muss Clientanfragen beantworten können, bei denen ein Zugriff auf Datenbanken angefordert wird (z. B. eine Transaktionsanfrage zur Übermittlung bestimmter Datensätze aus einer Datenbank). Konsistente Leistungsfähigkeit auch bei hohen Anforderungen ist ein wesentliches Merkmal von Netzwerkbetriebssystemen.

Verwaltungs- und Überwachungsprogramme

Die Verwaltungsoberfläche des Netzwerkservers stellt Programme und Tools zur Überwachung des Servers, zur Administration von Clients, Dateien und Druckern sowie zur Verwaltung des Festplattenspeichers bereit. Die Oberfläche erlaubt ebenfalls die Installation neuer Dienste und deren Konfiguration. Server benötigen eine ständige Überwachung und Überprüfung ihres Betriebs.

Sicherheit

Ein Netzwerkbetriebssystem muss die freigegebenen Ressourcen, die es steuert, auch schützen können. Dazu gehört die Authentifizierung des Benutzerzugriffs, um unautorisierten Zugriff auf Netzwerkressourcen zu verhindern. Auch die Verschlüsselung ist ein wesentlicher Aspekt, wenn die Daten sicher zwischen Clients und Servern ausgetauscht werden müssen.

Skalierbarkeit

Unter der Skalierbarkeit versteht man die Fähigkeit des Netzwerkbetriebssystems, mit dem Netzwerk mitwachsen zu können, ohne dass es dadurch zu Leistungseinbußen kommt. Es muss in der Lage sein, seine Leistungsfähigkeit auch dann aufrechtzuerhalten, wenn dem Netzwerk viele neue Benutzer und zusätzliche Server hinzugefügt werden.

Robustheit/Fehlertoleranz

Ein Maß für die Robustheit eines Netzwerkbetriebssystems ist die Fähigkeit, Dienste auch unter schwerer Belastung sowie auch dann zur Verfügung zu stellen, wenn Komponenten oder Prozesse ausfallen. Mit Hilfe redundanter Festplatten und einer Lastverteilung über mehrere Server können Sie die Robustheit des Netzwerkbetriebssystems optimieren.

15.1.5 Windows NT, Windows 2000 und Windows Server 2003

In diesem Abschnitt werden die verschiedenen von Microsoft angebotenen Netzwerkbetriebssysteme beschrieben. Windows NT Workstation war das erste Desktop-Betriebssystem von Microsoft, das auf den Unternehmensmarkt zielte. Windows NT 4 hat eine Benutzeroberfläche, die der von Windows 95 stark ähnelt, und wurde mit dem Ziel entwickelt, eine Umgebung für unternehmenskritische Anwendungen bereitzustellen, die stabiler ist als die konventionellen Microsoft-Betriebssysteme.

Windows 2000 Professional

Windows 2000 Professional ist ein neueres Betriebssystem von Microsoft für Desktop-Computer im Unternehmen. Wie die Windows 2000 Server-Produkte basiert auch Windows 2000 Professional auf dem NT-Kernel und bietet viele erweiterte Funktionen. So realisiert Windows 2000 Professional etwa ein hohes Maß an Sicherheit und Stabilität für unternehmenskritische Aufgaben.

Windows 2000 Professional unterstützt die Plug & Play-Technologie. Es kann auf FAT32-Festplatten installiert werden und enthält eine Funktion zur Verschlüsselung sensibler Daten auf dem Datenträger. Plug & Play ist ein nützliches Werkzeug, denn es erlaubt dem Administrator das schnelle und einfache Hinzufügen von Komponenten zum System. Das Betriebssystem erkennt die Hardware und installiert die passenden Treiber automatisch. Bevor es Plug & Play gab, musste man die Treiber für neu hinzugefügte Hardware noch manuell installieren und das Gerät konfigurieren. Windows 2000 Professional wird mit einer sehr umfangreichen Treiberdatenbank für gängige Plug & Play-Geräte ausgeliefert.

Als Desktop-Betriebssystem und Netzwerkclient weist Windows 2000 Professional ferner die folgenden Vorteile auf:

- Es bietet dank APM (Advanced Power Management) und ACPI (Advanced Configuration and Power Interface) eine bessere Unterstützung für mobile Benutzer. Windows NT unterstützt ACPI nicht.
- Mit den Protokollen L2TP (Layer 2 Tunneling Protocol) und IPSec (IP Security) gestaltet es den Betrieb von VPNs sicherer. Frühere Windows-Versionen unterstützten für VPNs nur PPTP (Point-to-Point Tunneling Protocol).
- Mit Hilfe der Offline-Ordnerfunktion können Benutzer Dokumente aus dem Netzwerk auf das lokale System kopieren und synchronisieren, d. h., sie können auch dann auf diese Dokumente zugreifen, wenn der Computer nicht mit dem Netzwerk verbunden ist.

- Das IPP-Protokoll (Internet Printing Protocol) ermöglicht es Benutzern, Druckaufträge an eine URL-Adresse zu senden und Drucker über eine Browseroberfläche zu verwalten.
- Integrierte Festplattendefragmentierungsprogramme und andere Werkzeuge und Programme erleichtern den Benutzern die Wartung und Verwaltung des Betriebssystems. Windows NT-Benutzer müssen derartige Hilfsmittel kostenpflichtig von Drittanbietern erwerben.
- Windows 2000 Professional unterstützt die Kerberos-Sicherheit (Kerberos ist ein Standard zur Authentifizierung von Netzwerkbenutzern) und als Active Directory-Client die Merkmale einer Windows 2000-Domäne.
- Die Administration der Benutzerkonten wurde unter Windows 2000 vereinfacht und effizienter gestaltet.

Die Verwaltungsaufgaben unter Windows 2000 verwenden ein gemeinsames System: die MMC (Microsoft Management Console). Dieses Programm verwendet Snap-ins, d. h. Module, die alle benötigten Funktionen für die jeweilige Verwaltungsaufgabe bieten. So werden beispielsweise Benutzer und Gruppen mit dem Snap-in *Active Directory-Benutzer und -Computer* erstellt und verwaltet. Sie rufen diese MMC auf, indem Sie START/PROGRAMME/VERWALTUNG/ACTIVE DIRECTORY-BENUTZER UND -COMPUTER auswählen. Anders als Windows NT 4.0 ermöglicht Windows 2000 das Platzieren von Objekten wie etwa Benutzer oder Ressourcen in Containerobjekten; diese heißen hier Organisationseinheiten. Die administrative Kontrolle über jede Organisationseinheit kann an einen Benutzer oder eine Gruppe delegiert werden; auf diese Weise kann die Steuerung des Systems noch gezielter konfiguriert werden als bei Windows NT 4.0.

Die Familie der Windows 2000- und Windows Server 2003-Serverbetriebssysteme

Zur Familie der Windows 2000- und Windows .NET-Serverbetriebssysteme gehören Windows 2000 Server, Windows 2000 Advanced Server und neuerdings auch Windows Server 2003. Die speziellen Anforderungen des Netzwerks bestimmen, welche Windows 2000-Version für die Installation am besten geeignet ist.

Windows 2000 Server

Windows 2000 Server ist die ideale Lösung für kleine bis mittelgroße Netzwerke. Es enthält eine Vielzahl neuer Funktionen wie Datei-, Druck-, Web- und Anwendungsserverdienste. Was Windows 2000 Server von den vorherigen Serverbetriebssystemen von Microsoft unterscheidet, ist das Vorhandensein eines vollständigen Infrastrukturdienstes, dem Active Directory. Active Directory ist vollständig in Windows 2000 Server integriert und dient als zentrale Verwaltungsstelle für Benutzer, Gruppen, Sicherheitsdienste und Netzwerkressourcen. Viele Netzwerkadministratoren, die mit Novell vertraut sind, erkennen die Ähnlichkeit zwischen Active Directory und NDS (Novell Directory Services) wahrscheinlich auf den ersten Blick. Windows 2000 Server kann 4-Wege-SMP-Systeme[1] (Symmetric Multiprocessing) und einen physischen Speicher von maximal 4 Gbyte unterstützen, was es für den Einsatz in kleinen bis mittelgroßen Netzwerken geeignet macht. Zu den weiteren Verbesserungen von Windows 2000 Server gehört auch die integrierte Unterstützung der wichtigsten in modernen Netzwerken eingesetzten Protokolle, z. B. TCP/IP, IPX (Internetwork Packet Exchange) und SPX (Sequenced Packet Exchange).

Windows 2000 Advanced Server

Windows 2000 Server und Windows 2000 Advanced Server sind weitgehend identisch; Windows 2000 Advanced Server bietet Unterstützung für Hard- und Software, die ein Systemadministrator in einem großen Unternehmensnetzwerk benötigt. Advanced Server ist ein leistungsfähigeres Betriebssystem für Abteilungs- und Anwendungsserver, das alle Funktionen von Windows 2000 Server enthält und zudem eine hohe Verfügbarkeit und eine optimierte Skalierbarkeit bietet, wie sie in größeren Netzwerken benötigt werden. Windows 2000 Advanced Server unterstützt 8-Wege-SMP und ist insofern ideal für datenbankintensive Umgebungen. Auch hochwertige und leistungsfähige Hardware, die in Unternehmensnetzen eingesetzt wird, wird von Advanced Server unterstützt. So kann Advanced Server etwa auf Systemen mit mehr als 4 Gbyte physischem Speicher eingesetzt werden.

Windows Server 2003

Microsoft hat Windows Server 2003 mit dem Ziel entwickelt, ein noch sichereres und zuverlässigeres System für Web- und FTP-Sites von Unternehmen anbieten zu können, das in Konkurrenz zu Linux- und Unix-Serverbetriebssystemen steht. Allerdings bietet Windows Server 2003 auch einige besondere Funktionen. Es gibt angesichts des Wachstums in den Bereichen E-Commerce, webbasierte Unternehmen und Unternehmen, die ihre Dienstleistungen auf das Internet ausdehnen, einen Bedarf an einem Serverbetriebssystem, das sichere und zuverlässige Web- und FTP-Dienste bietet. Windows Server 2003 basiert auf dem Kernel von Windows 2000 Server und ist speziell auf die Bereitstellung solcher Dienste zugeschnitten. Es bietet XML-Webdienste für Unternehmen mit mittlerem bis hohem Aufkommen an Webdatenverkehr. Diese Funktion soll es Unternehmen ermöglichen, ihre

1. »4 Wege« bedeutet, dass maximal vier Befehle gleichzeitig ausgeführt werden können.

gesamte Software direkt über die Server auszuführen, was die Desktop-Systeme der Endbenutzer zu einfachen Eingabe- und Ausgabegeräten degradiert: Die gesamte Software und alle Dienste werden über eine Internetverbindung direkt vom Server bezogen, und die Integration mit dem Unternehmensintranet bzw. dem Internet ist vollkommen. Ziel dieses Ansatzes ist es, Sicherheit und Zuverlässigkeit zu erhöhen. Windows Server 2003 bietet Unternehmen, die gerade erst in das E-Business einsteigen, ebenso Unterstützung wie solchen, die bereits seit einiger Zeit mit internetbasierten Unternehmenslösungen arbeiten.

15.1.6 Unix und Linux

Die Serverbetriebssysteme Unix und Linux weisen eine Reihe von Ähnlichkeiten, aber auch einige wesentliche Unterschiede auf. Der folgende Abschnitt beschreibt einige der verschiedenen Unix- und Linux-Versionen und zeigt anhand von Beispielen, für welche Umgebungen welches der beiden Systeme besser geeignet ist.

Die Herkunft von Unix

Unix ist der Name einer Gruppe von Betriebssystemen, deren Anfänge sich bis in das Jahr 1969 zurückverfolgen lassen. Von Beginn an wurde Unix auf die Unterstützung mehrerer Benutzer und die Multitasking-Fähigkeit hin optimiert. Es war auch eines der ersten Betriebssysteme, die IP für das Netzwerk benutzten. Die Geschichte von Unix, die sich mittlerweile über mehr als 30 Jahre erstreckt, ist unübersichtlich, denn viele Unternehmen und Organisationen haben zur Entwicklung beigetragen.

Unix wurde ursprünglich in Assembler geschrieben, einem primitiven Befehlssatz, mit dessen Hilfe sich die internen Anweisungen des Computers steuern lassen. Allerdings lief Unix zunächst nur auf einem speziellen Computer. 1971 jedoch entwickelte Dennis Ritchie die Computersprache C, und zwei Jahre später schrieben er und ein Kollege von Bell Labs, der Programmierer Ken Thompson, die Unix-Systemprogramme in C neu. Da C eine Sprache höherer Ebene ist, konnte Unix mit weitaus weniger Programmieraufwand auf andere Computer portiert werden. Diese Entscheidung zur Entwicklung eines portierbaren Betriebssystems war der Schlüssel zum Erfolg für Unix. Während der Siebzigerjahre wurde Unix dann durch Programmierer bei Bell Labs und an mehreren Universitäten – insbesondere der University of California in Berkeley – weiterentwickelt.

Nachdem mit den Achtzigerjahren die kommerzielle Vermarktung von Unix begonnen hatte, wurde es auf leistungsfähigen Servern, nicht aber auf Desktop-Computern eingesetzt. Heute gibt es Dutzende verschiedener Unix-Versionen, von denen hier einige aufgezählt werden sollen:

- HP-UX (Hewlett Packard Unix)
- BSD Unix (Berkeley Software Design), das Derivate wie FreeBSD hervorgebracht hat
- SCO Unix (Santa Cruz Operation)
- Sun Solaris
- AIX (IBMs Unix-Version)

Nach wie vor baut Unix in seinen verschiedenen Ausprägungen seine Position als *das* zuverlässige und sichere Betriebssystem für unternehmenskritische Anwendungen weiter aus. Unix ist zudem eng mit TCP/IP verbunden, denn TCP/IP ist im Wesentlichen aus Unix heraus entstanden, weil es einen Bedarf an LAN- und WAN-Kommunikation gab.

Die Betriebsumgebung Solaris von Sun Microsystems und das ihr zugrunde liegende Betriebssystem SunOS stellen ebenfalls eine leistungsfähige und vielseitige 64-Bit-Implementierung von Unix dar. Solaris läuft auf einer Vielzahl von Computern, von Intel-basierten PCs bis hin zu leistungsfähigen Mainframes und Supercomputern. Solaris ist weltweit die derzeit meistverwendete Unix-Version für große Netzwerke und Internet-Websites. Sun hat auch die Java-Technologie mit dem Slogan »Write Once, Run Anywhere« entwickelt.

Während die Windows-Betriebssysteme von Microsoft in Unternehmens-LANs sehr beliebt sind, läuft das Internet weitgehend auf leistungsstarken Unix-Systemen. Zwar denken viele bei Unix sofort an teure Hardware und die berüchtigte »Benutzerunfreundlichkeit«, aber die Entwicklungen der letzten Jahre und insbesondere die Einführung von Linux haben dieses Bild beträchtlich gewandelt.

Die Herkunft von Linux

1991 begann ein finnischer Student namens Linus Torvalds mit der Arbeit an einem Betriebssystem für einen Computer auf Intel 80386-Basis. Frustriert von den Möglichkeiten der Desktop-Betriebssysteme wie DOS und den Lizenzierungsproblemen mit kommerziellen Unix-Versionen, machte sich Torvalds daran, ein Betriebssystem zu entwickeln, das in der Betriebsweise »wie Unix« war, aber offenen und vollständig kostenlosen Code verwendete.

Auch wenn dies nicht Torvalds ursprüngliche Absicht war, so führte seine Arbeit doch zum gemeinsamen Bestreben von Benutzern aus aller Welt, Linux zu entwickeln – ein Open-Source-Betriebssystem, das wie Unix aussah und sich auch »so anfühlte«. In den späten Neunzigerjahren war Linux bereits eine realistische Alternative zu Unix auf Servern und Windows auf dem Desktop. Die Popularität von Linux hat nebenbei auch dazu beigetragen, das Interesse an Unix-Distributionen wie FreeBSD und Sun Solaris für den Einsatz auf dem Desktop zu steigern. Linux-Versionen laufen heute auf fast allen 32-Bit-Prozessoren wie dem Intel 80x86, dem Motorola 68000, dem Alpha und dem PowerPC.

Wie bei Unix gibt es auch bei Linux eine Vielzahl verschiedener Versionen. Einige stehen als kostenloser Web-Download zur verfügen, andere werden kommerziell vertrieben. Die folgende Liste enthält einige der populärsten Linux-Versionen:

- Red Hat Linux (Vertrieb durch Red Hat Software)
- SCOLinux (Vertrieb durch SCO)
- Xandros Linux
- Slackware
- Debian GNU/Linux
- SuSE Linux (Vertrieb durch Novell)

Linux ist eines der leistungsfähigsten und zuverlässigsten Betriebssysteme weltweit. Aufgrund dieser Tatsache hat es sich als Plattform für Power-Benutzer und im Bereich der Unternehmensserver vielfach durchsetzen können. Weniger häufig wird Linux als Desktop-Betriebssystem in Unternehmen eingesetzt: Obwohl grafische Oberflächen verfügbar sind, welche die Benutzerfreundlichkeit von Linux erhöhen, halten gerade Anfänger im Computerbereich den Umgang mit Linux für schwieriger als den mit Mac OS oder Windows. Zurzeit arbeiten viele Hersteller (z. B. Red Hat, SuSE, SCO und Xandros) daran, Linux zu einer brauchbaren Alternative für den Desktop zu machen.

Bei der Implementierung von Linux auf einem Desktop-System ist in erster Linie die Anwendungsunterstützung zu beachten. Das Angebot von für die Unternehmensproduktivität wichtigen Anwendungen ist im Vergleich zu Windows eingeschränkt. Einige Hersteller bieten aber Software zur Windows-Emulation (z. B. WABI und WINE) an, welche die Ausführung vieler Windows-Anwendungen unter Linux ermöglicht. Hinzu kommt, dass viele Hersteller wie etwa Corel Linux-Versionen ihrer Office-Produkte und anderer beliebter Softwarepakete anbieten.

Netzwerkbetrieb mit Linux

Die Linux-Distributionen enthalten Netzwerkkomponenten, welche die Anbindung an ein LAN und die Herstellung einer Einwahlverbindung zum

Internet oder einem anderen Netzwerk ermöglichen. TCP/IP beispielsweise ist nicht als separates Subsystem implementiert, sondern direkt in den Linux-Kernel integriert.

Als Desktop-Betriebssystem und Netzwerkclient weist Linux die folgenden Vorteile auf:

- Es ist ein echtes 32-Bit-Betriebssystem.
- Es unterstützt präemptives Multitasking und virtuellen Speicher.
- Es steht – ebenso wie andere Unix-Versionen, z. B. FreeBSD und NetBSD – kostenlos unter der GNU GPL (General Public License) zur Verfügung. Da Linux Open-Source-Software ist, kann der Quellcode nach Bedarf an bestimmte Anforderungen angepasst werden. Ferner kann Linux frei weitergegeben werden. Dieses Konzept steht im Gegensatz zu kommerzieller Software, deren Quellcode nicht öffentlich verfügbar ist und für die jeder Benutzer eine Lizenzgebühr bezahlen muss. Kommerzielle Software fällt unter das Urheberrecht, das dem Benutzer Einschränkungen zu Quellcode und Distribution auferlegt. Linux kann kostenfrei von diversen Websites heruntergeladen werden.

Linux-Distributionen

Viele kommerzielle Unternehmen und gemeinnützige Organisationen bieten Linux mit verschiedenen Kombinationen von Anwendungen, Utilitys und anderer Software an. Eine solche Kombination aus Betriebssystem und Software nennt man Distribution. Red Hat beispielsweise bietet ein Bündel aus Linux-CDs, Quellcode und Handbüchern nebst einer Sammlung von Anwendungen und anderen Produkten zu einem bescheidenen Preis an. Zu den genannten Zusatzprodukten gehören eine Office-Suite, eine Auswahl grafischer Desktops, Webserver-Software usw. In eingeschränktem Maße ist auch ein Kundensupport enthalten. Red Hat liefert das StarOffice-Paket als Produktivitätssoftware aus.

Die wesentliche Komponente jeder Distribution ist der Linux-Kernel. Neben dem Kernel und den Anwendungen gehören zu einer Distribution Installationswerkzeuge, der Boot-Lader und Hilfsprogramme. Während einige Distributionen grafikorientiert sind und auf neue Benutzer zielen, sind andere einfacher gehalten und eher für Entwickler sowie für Benutzer gedacht, die bereits mit Unix vertraut sind. Die folgende alphabetische Liste enthält einige der gängigen Linux-Distributionen sowie die zugehörigen Websites:

- **Debian GNU/Linux.** *http://www.debian.org*
- **Mandrake Linux.** *http://www.mandrakelinux.com*

- **Red Hat Linux.** *http://www.redhat.com*
- **SCO OpenLinux.** *http://www.sco.com*
- **Slackware Linux.** *http://www.slackware.com*
- **SuSE Linux.** *http://www.suse.com*
- **Turbo Linux.** *http://www.turbolinux.com*
- **United Linux.** *http://www.unitedlinux.com*
- **Xandros Desktop Linux.** *http://www.xandros.com*

Grafische Benutzeroberflächen für Linux und Unix

Sowohl Unix als auch Linux können grafische Benutzeroberflächen ausführen. Da es so viele verschiedene Versionen sowohl von Unix als auch von Linux gibt, stehen Dutzende verbreiteter grafischer Oberflächen zur Auswahl. So installiert beispielsweise die Red Hat-Distribution 8.x standardmäßig die GNOME Desktop-Umgebung (Abbildung 15.9) und verwendet GNOME als Standardoberfläche für alle Benutzer.

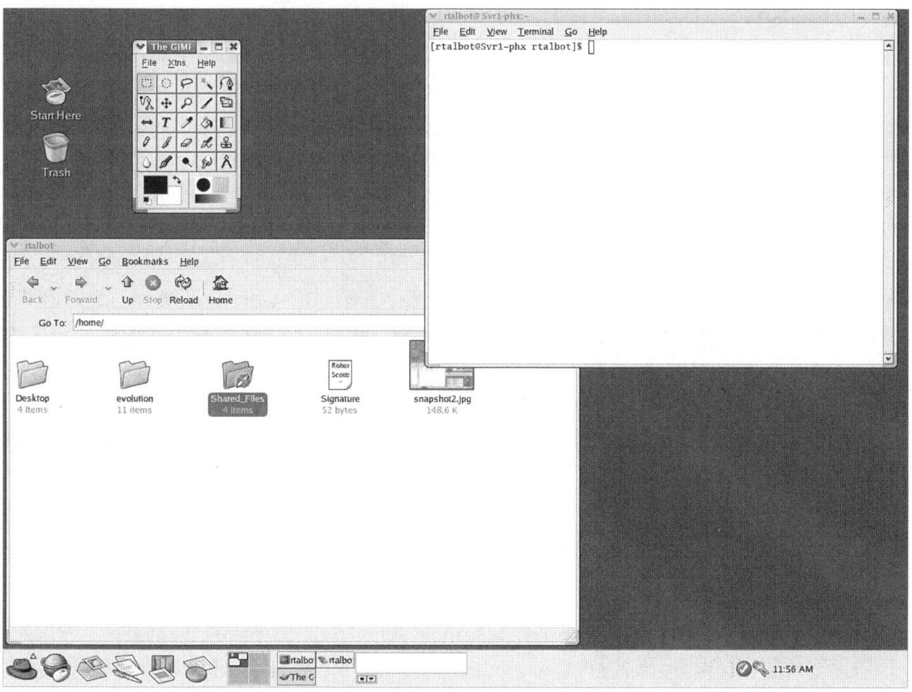

Abbildung 15.9: GNOME Desktop-Umgebung

Zwar können auch andere Desktop-Umgebungen wie KDE (K Desktop Environment, Abbildung 15.10) für Linux konfiguriert und verwendet werden, aber GNOME wird zunehmend als »Standardoberfläche« für Unix und Linux betrachtet.

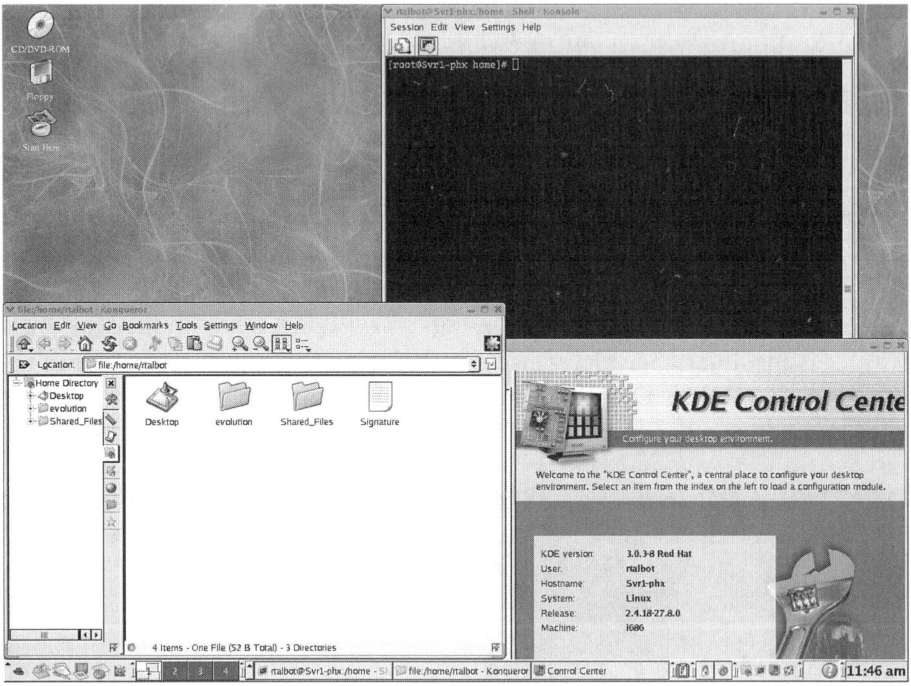

Abbildung 15.10: Der KDE-Desktop

Sowohl Unix als auch Linux verwenden zur Anzeige der Benutzeroberfläche das X-Window-System. Hierbei handelt es sich um eine Software, die mit der Systemhardware und Grafikanwendungen (einschließlich dem Window-Manager) arbeitet. Der Window-Manager ist die Software, die für Größe, Position und Aussehen der Grafikfenster zuständig ist, in denen Programme ausgeführt werden.

15.1.7 Macintosh OS X

Apple Macintosh-Computer wurden für einen einfachen Netzwerkbetrieb in einer Peer-to-Peer-Umgebung (d. h. einer Arbeitsgruppenumgebung) entwickelt. Tatsächlich sind Netzwerkschnittstellen bereits in der Hardware enthalten, und die entsprechenden Softwarekomponenten sind Bestandteil des Macintosh-Betriebssystems. Neben Ethernet- sind auch Token Ring-Adapter für den Macintosh erhältlich.

Der Macintosh – oft kurz als »Mac« bezeichnet – ist in vielen Bildungseinrichtungen und in den Grafikabteilungen der Unternehmen weit verbreitet. Mehrere Macs können zu Arbeitsgruppen zusammengeschlossen werden und dann auf AppleShare-Dateiserver zugreifen. Außerdem können sie in PC-LANs eingebunden werden, in denen Microsoft-, NetWare- und Unix-Server eingesetzt werden.

Mac OS X, das Betriebssystem des Macintosh, wird manchmal auch als Apple System 10 bezeichnet. Einige seiner Funktionen sind in der grafischen Oberfläche mit dem Namen Aqua enthalten. Äußerlich erinnert Aqua an eine Mischung aus Microsoft Windows XP und einer auf dem X-Window-System basierenden Linux-Oberfläche. Zweck von Mac OS X ist die Bereitstellung von Funktionen wie Internet, Video- und Fotobearbeitung sowie Spiele für den Heimcomputer; gleichzeitig bietet das Betriebssystem aber auch die leistungsfähigen und flexiblen Tools, die IT-Profis von ihm erwarten.

Mac OS X ist vollständig kompatibel mit älteren Versionen des Mac-Betriebssystems. Es enthält eine neue Funktion, die AppleTalk- und Windows-Konnektivität bietet. Das Kernbetriebssystem von Mac OS X heißt Darwin. Darwin basiert auf Unix und ist ein mächtiges System, das Stabilität und Leistungsfähigkeit bietet. Diese Erweiterungen statten Mac OS X mit Funktionen wie Speicherschutz, präemptivem Multitasking, fortschrittlicher Speicherverwaltung und symmetrischem Multiprocessing aus. Aufgrund dessen ist Mac OS X eine ernsthafte Konkurrenz auf dem Markt der Betriebssysteme.

15.2 Das Konzept der Serverdienste

Netzwerkbetriebssysteme stellen für Clients und Peers Netzwerkdienste bereit. Netzwerkdienste umfassen das WWW, die gemeinsame Nutzung von Dateien, den Mailaustausch, Verzeichnisdienste, Dienste für die Remote-Verwaltung und Druckdienste. Die Remote-Verwaltung ist ein mächtiger Dienst, mit dessen Hilfe Administratoren vernetzte Systeme konfigurieren können, die viele Kilometer voneinander entfernt sind. Es ist wichtig zu wissen, dass diese Netzwerkprozesse unter Windows 2000 als »Dienste«, unter Unix und Linux hingegen als »Daemons« bezeichnet werden; sie alle haben mehr oder minder die gleichen Funktionen, aber die Art und Weise, wie sie geladen werden und mit dem Netzwerkbetriebssystem zusammenarbeiten, unterscheidet sich.

Je nach verwendetem Netzwerkbetriebssystem kann es sein, dass einige dieser wichtigen Netzwerkprozesse während einer Standardinstallation bereits aktiviert werden. Die meisten populären Netzwerkprozesse verwenden dabei die TCP/IP-Protokollfamilie. Da TCP/IP jedoch ein offener und weithin bekannter Protokollsatz ist, sind TCP/IP-basierte Dienste besonders anfällig für unautorisierte Scans und böswillige Angriffe.

DoS-Angriffe (Denial of Service, Dienstverweigerung), Computerviren und sich schnell ausbreitende Internetwürmer haben dazu geführt, dass die Entwickler bestimmte Dienste eines Netzwerkservers mittlerweile nicht mehr standardmäßig starten lassen. Dies gilt etwa für die letzten Versionen populärer Netzwerkbetriebssysteme wie Windows 2000 und Red Hat Linux 8.X, bei denen wichtige Netzwerkdienste manuell aktiviert werden müssen.

15.2.1 Druckdienste

Wenn ein Benutzer ein Dokument in einer vernetzten Druckumgebung ausdruckt, wird der Druckauftrag an die passende Warteschlange des gewählten Druckers gesendet. Druckerwarteschlangen stapeln die eingehenden Druckaufträge und verarbeiten sie in der Reihenfolge ihres Eintreffens, d. h., wenn ein Auftrag an das Ende der Schlange angehängt wird, werden zunächst alle vor ihm in der Schlange vorhandenen Aufträge gedruckt. Das Warten auf die Erledigung eines Druckauftrags kann abhängig davon, wie umfangreich die in der Schlange bereits vorhandenen Aufträge sind, recht lange dauern. Ein Netzwerkdruckdienst bietet Systemadministratoren alle notwendigen Werkzeuge zur Verwaltung einer großen Anzahl von Druckaufträgen im Netzwerk. Diese Tools ermöglichen die Priorisierung, Unterbrechung und Entfernung von Druckaufträgen, die in der Warteschlange für den Ausdruck stehen.

15.2.2 Gemeinsame Dateinutzung

Die Funktion zur gemeinsamen Nutzung von Dateien über ein Netzwerk ist einer der wichtigsten Netzwerkdienste. Mittlerweile werden viele verschiedene Protokolle und Anwendungen für diese Funktion verwendet. In einem Firmen- oder Heimnetzwerk werden Dateien normalerweise mit Hilfe der Windows-Dateifreigabe bzw. des NFS-Protokolls (Network File Sharing) freigegeben. In solchen Umgebungen weiß ein Endbenutzer oft nicht, ob sich die bearbeitete Datei auf der lokalen Festplatte oder auf einem Remote-Server befindet. Mit Hilfe der Windows-Dateifreigabe bzw. des NFS-Protokolls können Benutzer Dateien in Remote-Verzeichnissen leicht erstellen, verschieben und löschen.

15.2.3 FTP und Dateiübertragungen

In vielen Organisationen werden externen Mitarbeitern, Kunden oder der Öffentlichkeit Dateien via FTP zur Verfügung gestellt. FTP-Dienste werden der Öffentlichkeit auch in Verbindung mit Webdiensten angeboten. So kann beispielsweise ein Benutzer eine Webseite lesen, feststellen, dass ein bestimmtes Software-Update vorhanden ist, und dieses Update dann direkt via FTP herunterladen. In kleineren Unternehmen können FTP- und HTTP-Dienste auf demselben Server bereitgestellt werden, in großen Firmen hingegen sind häufig dedizierte FTP-Server vorhanden.

Zwar muss sich der FTP-Client normalerweise anmelden, aber viele FTP-Server sind so konfiguriert, dass sie den anonymen Zugriff gestatten. In diesem Fall muss ein Benutzer nicht über ein Benutzerkonto auf dem System verfügen. Das FTP-Protokoll erlaubt Benutzern das Hochladen, Umbenennen und Löschen von Dateien, weswegen Administratoren bei der Konfiguration eines FTP-Servers sorgfältig vorgehen müssen, um alle Rechte für die Dateien richtig zu setzen.

FTP ist ein sitzungsorientiertes Protokoll: Clients müssen in der Anwendungsschicht eine Sitzung mit dem Server starten und sich authentifizieren, erst dann können sie Aktionen wie das Hoch- oder Herunterladen von Dateien durchführen. Ist die Sitzung des Clients eine Zeit lang inaktiv, dann trennt der Server die Verbindung. Den zulässigen Inaktivitätszeitraum nennt man Leerlaufzeit. Die Länge der FTP-Leerlaufzeit hängt von der jeweiligen Software ab.

15.2.4 Webdienste

Das World Wide Web ist heute der wichtigste aller Netzwerkdienste. Innerhalb von weniger als zehn Jahren hat das WWW es geschafft, zu einem globalen Netzwerk für Informationen, Handel, Bildung und Unterhaltung zu werden. Millionen von Unternehmen, Organisationen und Einzelpersonen haben heute Websites im Internet. Websites sind Sammlungen von Webseiten, die auf einem oder mehreren Servern gespeichert sind.

Das WWW basiert auf einem Client-Server-Modell: Clients bauen TCP-Sitzungen mit Webservern auf. Ist eine Sitzung hergestellt, dann kann der Client Daten vom Server abrufen. Clientanforderungen und serverseitige Datenübertragungen werden in der Regel mit Hilfe von HTTP gesteuert. Webdienste basieren heutzutage nicht mehr nur auf HTML-Seiten, die von Webbrowsern dargestellt werden, sondern es werden auch XML-Skripte erzeugt, die dann von Computerprogrammen verarbeitet werden. Weiter oben im Abschnitt »Windows Server 2003« haben wir ja bereits gesehen, wie Server XML in Verbindung mit Webdiensten verwenden. Als Webclient-Software werden grafikbasierte Webbrowser wie Mozilla oder der Microsoft Internet Explorer verwendet.

Webseiten werden auf Computern abgelegt, auf denen eine Webdienstsoftware läuft. Die beiden wichtigsten Softwarepakete für Webserver sind Microsoft IIS (Internet Information Services) und Apache Web Server. Microsoft IIS läuft nur auf einer Windows-Plattform, während Apache Web Server meist auf Unix- und Linux-Plattformen ausgeführt wird. Es gibt aber auch Dutzende anderer Webserverprogramme: Für praktisch jedes verfügbare Betriebssystem ist auch ein Webserverdienst vorhanden.

15.2.5 DNS

DNS (Domain Name Service) übersetzt Internetnamen wie *www.cisco.com* in IP-Adressen. Viele Anwendungen sind auf die Verzeichnisdienste von DNS angewiesen, z. B. Webbrowser, E-Mail-Clients und FTP-Programme. Mit dem DNS-Protokoll stellen diese Clients Anfragen an DNS-Server im Netzwerk zur Übersetzung von Namen in IP-Adressen. Erst mit Hilfe dieser IP-Adressen können Anwendungen dann ihre Daten versenden. Ohne diesen Auskunftsdienst (engl. *Lookup*) könnte das Internet heute praktisch nicht mehr verwendet werden.

15.2.6 DHCP

Der Zweck von DHCP besteht darin, einzelnen Computern in einem IP-Netzwerk die automatische Übernahme ihrer TCP/IP-Konfigurationen mit Hilfe eines oder mehrerer DHCP-Server zu ermöglichen. Diese DHCP-Server verfügen so lange über keinerlei exakte Daten zu den einzelnen Computern, bis diese Informationen anfordern. Das verringert den Aufwand bei der Administration eines großen IP-Netzwerks. Das wichtigste Datenelement, das auf diese Weise übergeben wird, ist die IP-Adresse, die den Host im Netzwerk identifiziert. DHCP ermöglicht die Wiederherstellung und die automatische Erneuerung von IP-Adressen mit Hilfe einer Leasingmethode. Hierbei wird eine IP-Adresse nur für eine bestimmte Zeit zugewiesen; ist diese Zeit abgelaufen, dann wird bei Bedarf eine neue Adresse angefordert und zugewiesen. Diese DHCP-Serverfunktion entlastet den Systemadministrator und spart Zeit, die sonst zur Administration des Adressierungssystems notwendig ist.

15.3 Netzmanagement

Je größer ein Netzwerk wird und je schneller es sich entwickelt, desto eher wird es zu einer unternehmenskritischen und unverzichtbaren Ressource der betreffenden Organisation (Abbildung 15.11). Allerdings steigt auch die Fehlerwahrscheinlichkeit im gleichen Maße, wie der Umfang der Ressourcen, die das Netzwerk seinen Benutzern anbietet, und die Komplexität des Netzwerks selbst zunehmen. Der Verlust von Netzwerkressourcen oder gar eine schwache Netzwerkleistung sind jedoch für die Benutzer unannehmbar. Der Netzwerkadministrator muss das Netzwerk also aktiv verwalten, Probleme diagnostizieren, negative Situationen bereits im Vorfeld vermeiden und den Benutzern die bestmögliche Netzwerkleistung liefern. Es gibt einen Punkt, an dem ein Netzwerk zu groß wird, um es ohne entsprechende Tools für das Netzmanagement noch verwalten zu können.

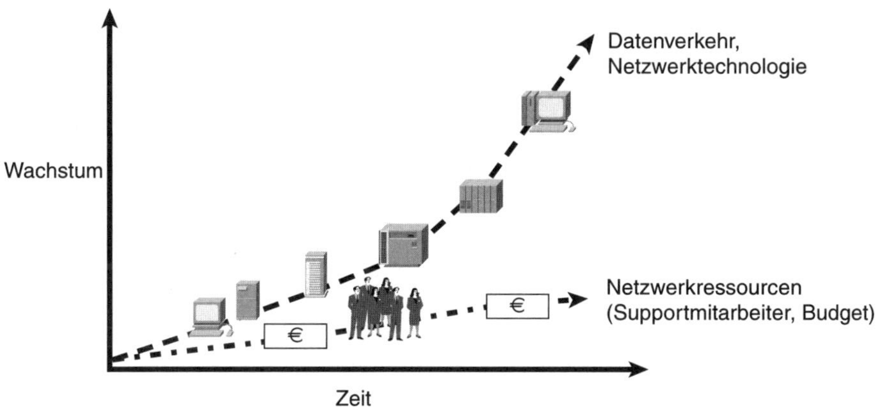

Abbildung 15.11: Entwicklung eines Netzwerks

Zum Netzmanagement gehören die folgenden Aufgaben:

- Überwachung der Verfügbarkeit des Netzwerkes
- automatische Reaktion auf bestimmte Ereignisse
- Überwachung der Antwortzeiten
- Sicherheitsfunktionen
- Umleitung von Datenverkehr
- Wiederherstellungsoptionen für den Notfall
- Benutzerregistrierung

Es gibt eine Reihe von Zielen, die als treibende Kraft hinter dem Netzmanagement stehen:

- **Kontrolle der Unternehmenswerte.** Ohne eine effiziente Kontrolle der Netzwerkressourcen können die entsprechenden Investitionen sich nicht in der von der Geschäftsleitung vorgesehenen Weise amortisieren.
- **Kontrolle der Komplexität.** Angesichts eines massiven Wachstums in den Bereichen der Netzwerkkomponenten, Benutzer, Schnittstellen, Protokolle und Anbieter kann der Kontrollverlust über das Netzwerk und seine Ressourcen die Verwaltung erschweren oder unmöglich machen.
- **Optimierung der Dienste.** Wenn das Netzwerk wächst und die Ressourcen stärker verteilt werden, erwarten Benutzer die gleiche – wenn nicht sogar eine verbesserte – Qualität der angebotenen Dienste.
- **Ausgleich der unterschiedlichen Bedürfnisse.** Benutzer müssen im vorgesehenen Maße Zugriff auf verschiedene Anwendungen erhalten. Dabei sind die unterschiedlichen Anforderungen in den Bereichen Leistung, Verfügbarkeit und Sicherheit zu beachten.
- **Verringerung der Ausfallzeiten.** Durch ein redundantes Netzdesign ist eine hohe Verfügbarkeit der Ressourcen sicherzustellen.
- **Kostenkontrolle.** Die Ressourcenauslastung ist zu überwachen und zu steuern, damit die Bedürfnisse der Benutzer zu angemessenen Kosten erfüllt werden.

15.3.1 Das Netzmanagementmodell der OSI-Gruppe

Aus den genannten Faktoren ergab sich die Notwendigkeit einer eingehenderen Analyse dieser Anforderungen. Deswegen richtete die ISO (International Organization for Standardization) ein Komitee unter Leitung der OSI-Gruppe ein, das ein Modell für das Netzmanagement entwerfen sollte. Dieses Modell besteht aus vier Teilen:

- Organisation
- Information
- Kommunikation
- Funktion

Abbildung 15.12 zeigt das Netzmanagementmodell von oben nach unten, aufgeteilt in vier Untermodelle in der Art und Weise, wie es vom OSI-Standard bekannt ist:

- **Organisationsmodell.** Dieses Modell beschreibt die Komponenten des Netzmanagements (Manager, Agent usw.) und ihre Beziehungen zueinander. Je nach Anordnung dieser Komponenten entstehen unterschiedliche Architekturtypen, die im Verlauf dieses Kapitels noch beschrieben werden.
- **Informationsmodell.** Dieses Modell beschreibt die Struktur und Speicherung von managementbezogenen Daten zu Netzwerkobjekten. Diese Daten werden in einer Datenbank namens MIB (Management Information Base, Managementdatenbank) abgelegt. Der Industriestandard definiert Syntax und Semantik der Managementdaten, die in der MIB gespeichert sind, anhand des SMI-Standards (Structure of Management Information, Managementdatenstruktur). Auch MIB und SMI werden im weiteren Verlauf noch zu behandeln sein.
- **Kommunikationsmodell.** In diesem Modell wird beschrieben, wie die Managementdaten zwischen dem Agenten- und dem Managementprozess ausgetauscht werden sollen. Hier geht es um das Transportschicht- und das Anwendungsschichtprotokoll sowie um Befehle und Antworten, die zwischen Peers ausgetauscht werden.
- **Funktionsmodell.** Dieses Modell behandelt die Netzmanagementanwendungen, die auf der NMS (Network Management Station, Netzmanagementstation) gespeichert sind. Das OSI-Netzmanagementsystem definiert fünf Funktionsbereiche:
  - Fehler
  - Konfiguration
  - Abrechnung
  - Leistung
  - Sicherheit[1]

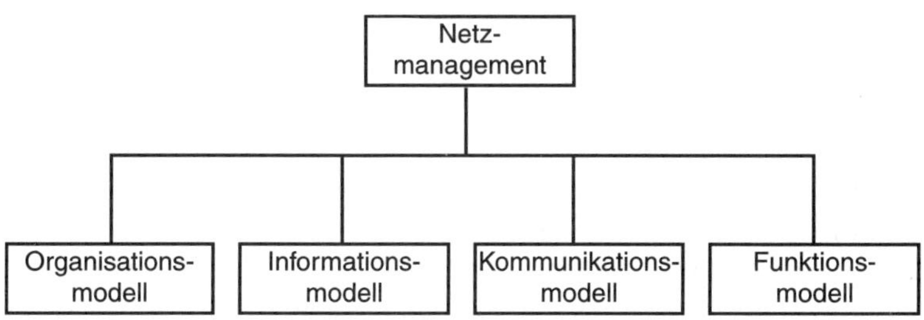

Abbildung 15.12: Netzmanagementmodelle

1. Nach den Anfangsbuchstaben der englischen Bezeichnungen dieser Funktionen wird das Modell auch als FCAPS-Modell bezeichnet (*Fault, Configuration, Accounting, Performance, Security*).

Dieses Netzmanagementmodell ist unter den Herstellern weithin akzeptiert, denn es gilt als sinnvolle Beschreibung der Anforderungen an ein Netzmanagementsystem.

15.3.2 SNMP und CMIP

Um die Interoperabilität des Netzmanagements über viele unterschiedliche Netzwerkplattformen hinweg zu ermöglichen, werden Standards benötigt, die von den Anbietern implementiert und beachtet werden können. Zwei Standards haben sich durchgesetzt:

- **SNMP (Simple Network Management Protocol).** Der Standard in der IETF-Community.
- **CMIP (Common Management Information Protocol).** Der Standard im Bereich der Telekommunikation.

SNMP bezieht sich eigentlich auf einen Satz von Standards für das Netzmanagements, d. h., es enthält ein Protokoll, die Spezifizierung einer Datenbankstruktur und einen Satz von Datenobjekten. SNMP wurde 1989 als Standard für TCP/IP- Netzwerke übernommen und ist seither recht populär. Eine Aktualisierung namens SNMPv2c (SNMP Version 2c) wurde 1993 eingeführt. SNMPv2c unterstützt u. a. zentralisierte und verteilte Netzmanagementstrategien und enthält Verbesserungen in der SMI, beim Protokollbetrieb, in der Managementarchitektur und bei der Sicherheit. Es ist für den Einsatz sowohl in OSI- als auch in TCP/IP-basierten Netzwerken vorgesehen. Inzwischen wurde auch SNMPv3 verabschiedet. SNMPv3 beseitigt sicherheitstechnische Mängel von SNMPv1 und SNMPv2c, indem es über die Authentifizierung und die Verschlüsselung von Paketen über das Netzwerk einen sicheren Zugriff auf MIBs ermöglicht.

CMIP ist ein Protokoll für das OSI-Netzmanagement, das durch die ISO für die Überwachung und Steuerung heterogener Netzwerke entwickelt und standardisiert wurde.

Funktionsweise von SNMP

SNMP ist ein Protokoll der Anwendungsschicht, dessen Zweck darin besteht, den Austausch von Managementdaten zwischen den Netzwerkgeräten zu steuern. Zu diesen Daten gehört zum Beispiel die Anzahl der Datenpakete, die über eine Schnittstelle gesendet werden, oder die Anzahl offener TCP-Verbindungen. Netzwerkadministratoren können mit solchen Daten die Netzwerkleistung einfacher beurteilen und Probleme schneller ermitteln bzw. beseitigen.

Heute ist SNMP das verbreitetste Protokoll zur Verwaltung verschiedener Netzwerke und wird in der Wirtschaft, an Hochschulen und an Forschungseinrichtungen eingesetzt. Die Bestrebungen zur Standardisierung gehen weiter, auch wenn die Hersteller immer modernere SNMP-Managementanwendungen entwickeln. SNMP ist als Protokoll sehr einfach aufgebaut, doch seine realisierten Funktionen sind sehr komplex und leistungsfähig.

Das Organisationsmodell für das SNMP-basierte Netzmanagement enthält vier Elemente:

- NMS (Network Management Station)
- Managementagent
- MIB (Management Information Base)
- Netzmanagementprotokoll

Die NMS ist meist eine eigenständige Workstation, sie kann aber auch über mehrere Systeme implementiert werden. Zur NMS gehört eine Sammlung von Programmen, die als Netzmanagementanwendungen bezeichnet werden. Eine Netzmanagementanwendung hat eine grafische Oberfläche, mit deren Hilfe autorisierte Netzwerkmanager das Netzwerk administrieren können. Die Anwendung verarbeitet Benutzerbefehle und sendet Instruktionen an Managementagenten im gesamten Netzwerk. Die Managementagenten arbeiten auf allen SNMP-fähigen Geräten: Hosts, Routern, Bridges und Hubs. Sie antworten auf Daten- und Aktionsanfragen seitens der NMS (das so genannte Polling) und können auch unaufgefordert wichtige Daten (engl. *Traps*) an die NMS zurückschicken. Die gesamten Managementdaten eines Agenten werden in der MIB dieses Agenten gespeichert. Ein Agent kann dabei die folgenden Werte beobachten:

- Anzahl und Status der virtuellen Leitungen
- Anzahl bestimmter Typen empfangener Fehlermeldungen
- Anzahl der eingehenden und ausgehenden Bytes und Pakete
- maximale Länge der Ausgabewarteschlange (bei Routern und anderen Netzkopplungsgeräten)
- gesendete und empfangene Broadcast-Meldungen
- aktivierte und deaktivierte Netzwerkschnittstellen

Die NMS führt eine Überwachungsfunktion aus, indem sie Werte aus der MIB abruft. Sie kann dann eine bestimmte Aktion auf einem Agenten ausführen lassen oder dessen Konfiguration ändern. Die Kommunikation zwischen Manager und Agent erfolgt mit Hilfe SNMP über UDP (Ports 151/152). Dabei werden drei SNMP-Meldungen unterschieden:

- **Get.** Ermöglicht der NMS den Abruf eines Wertes von MIB-Objekten auf dem Agenten.
- **Set.** Ermöglicht der NMS das Setzen eines Wertes für MIB-Objekte auf dem Agenten.
- **Trap.** Ermöglicht dem Agenten das Übermitteln von Mitteilungen zu wichtigen Ereignissen an die NMS.

Dieses Modell wird als 2-Ebenen-Modell bezeichnet und ist in Abbildung 15.13 dargestellt. Ein solches Modell setzt allerdings voraus, dass alle Netzwerkelemente mit SNMP verwaltet werden können. Dies ist aber nicht immer der Fall, denn manche Geräte weisen eine proprietäre Verwaltungsoberfläche auf. In solchen Fällen wird ein 3-Ebenen-Modell benötigt (Abbildung 15.14). Ein Netzwerkmanager, der Daten erhalten oder den proprietären Knoten steuern will, kommuniziert mit einem Proxyagenten. Dieser Proxyagent übersetzt die Anforderung des Managers in eine für das Zielsystem verständliche Form und verwendet das jeweils geeignete Managementprotokoll zur Kommunikation mit dem Zielsystem. Dessen Antworten werden dann vom Proxy wieder in SNMP-Meldungen übersetzt und an den Manager weitergeleitet.

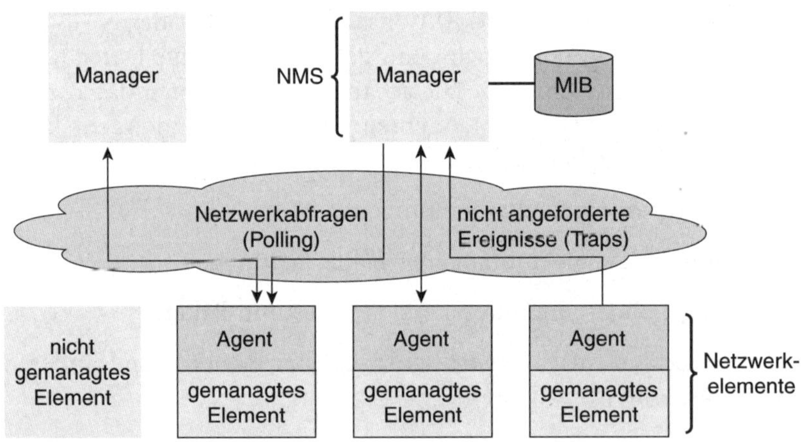

Abbildung 15.13: Komponenten des 2-Ebenen-Organisationsmodells

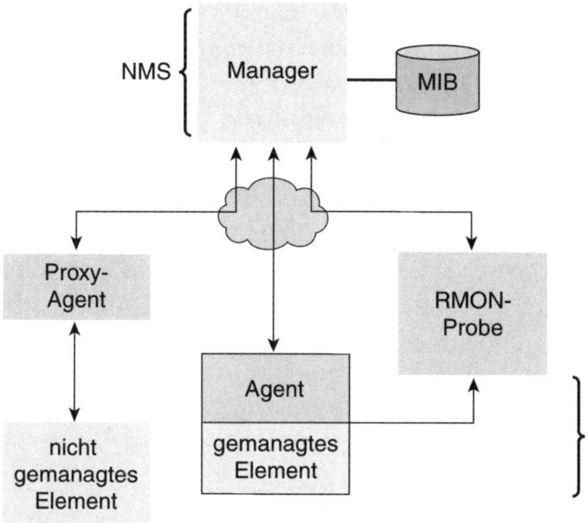

Abbildung 15.14: Komponenten des 3-Ebenen-Organisationsmodells

Eine weitere Netzmanagementanwendung ist das Auslagern von Netzmanagementfunktionen an eine RMON-Probe[1]. Die Probe sammelt die Managementdaten lokal, und der Manager ruft dann regelmäßig eine Übersicht der ermittelten Daten ab.

Die NMS kann eine gewöhnliche Workstation sein, auf der ein Standardbetriebssystem läuft (Abbildung 15.15). Sie benötigt normalerweise einen sehr großen Arbeitsspeicher, um alle Managementanwendungen aufnehmen zu können, die gleichzeitig ausgeführt werden müssen. Der Manager führt einen Standardprotokollstapel (z. B. TCP/IP) aus. Die Netzmanagementanwendungen sind auf das Hostbetriebssystem und die Kommunikationsarchitektur angewiesen. Beispiele für Netzmanagementanwendungen sind CiscoWorks2000, HP OpenView und SNMPc.

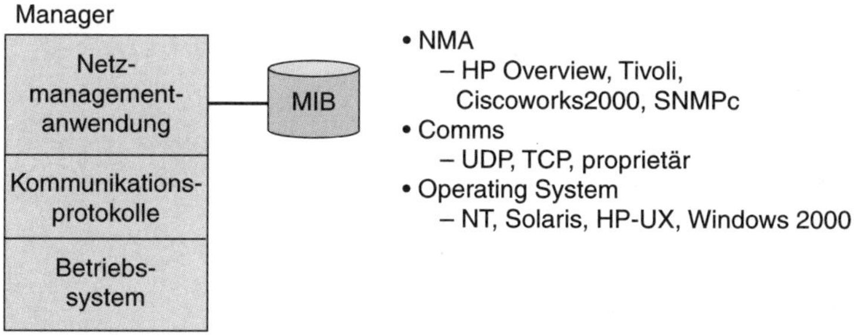

Abbildung 15.15: Organisationsmodell

1. *probe* (engl.): Sonde

Wie bereits beschrieben, kann der Manager eine eigenständige, zentrale Workstation sein, die Anfragen an alle Agenten unabhängig von deren Standort versendet (Abbildung 15.16). In einem verteilten Netzwerk ist eine dezentrale Architektur mit lokaler NMS an jedem Standort sinnvoller. Diese verteilten NMS können in einer Client-Server-Architektur agieren, in der eine NMS als Hauptserver fungiert; die übrigen sind Clients, die ihre Daten zur zentralen Speicherung an den Hauptserver übermitteln (Abbildung 15.17). Eine Alternative besteht darin, dass alle verteilten NMS die gleiche Zuständigkeit haben und mit jeweils eigener Managementdatenbank ausgestattet sind; die Managementdaten werden in diesem Fall über Peer-NMS verteilt (Abbildung 15.18).

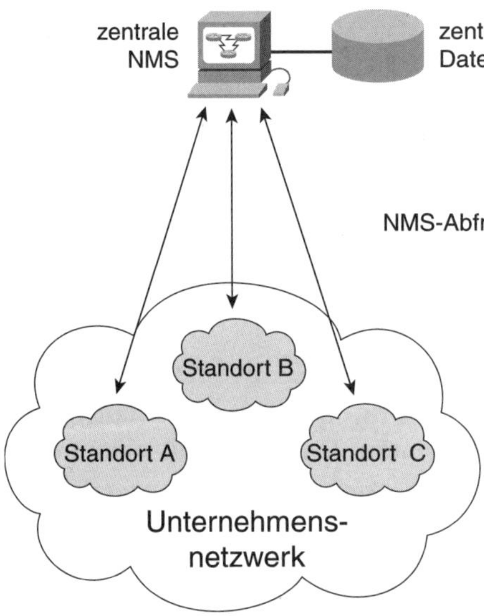

Abbildung 15.16: Zentralisierte Netzmanagementarchitektur

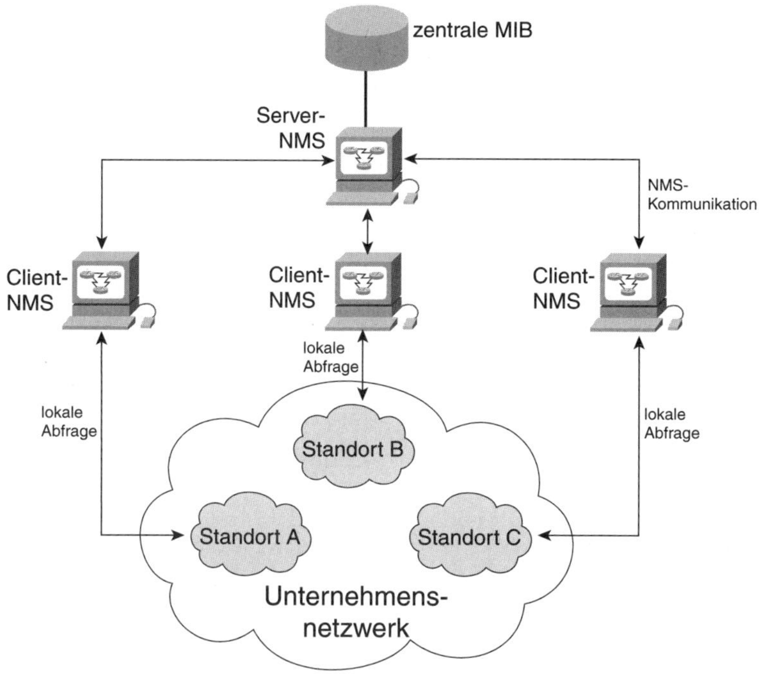

Abbildung 15.17: Hierarchische Netzmanagementarchitektur

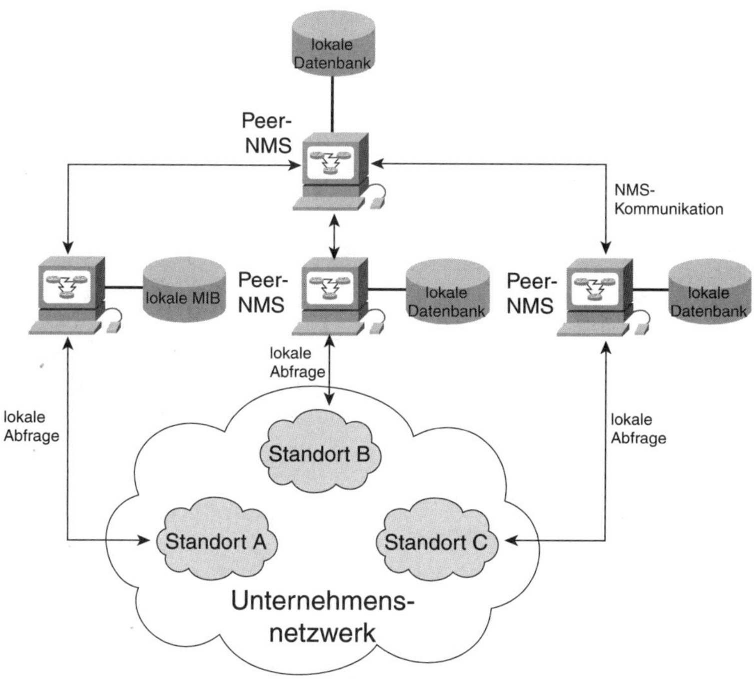

Abbildung 15.18: Verteilte Netzmanagementarchitektur

Struktur der Managementdaten und MIBs

Eine MIB wird zur Speicherung der strukturierten Daten verwendet, die Netzwerkelemente und deren Attribute abbilden. Die Struktur wird in der SMI definiert. Diese Definition umfasst unter anderem, welche Datentypen zur Speicherung eines Objekts verwendet werden, wie diese Objekte benannt und wie sie für die Übertragung durch das Netzwerk kodiert werden.

MIBs sind sehr strukturierte Speicher für Daten zu einem Gerät. Es existieren zwar viele Standard-MIBs, noch häufiger aber trifft man auf sehr viele proprietäre MIBs – zu viele, als dass man die Geräte verschiedener Hersteller einheitlich administrieren könnte. Die ursprüngliche SMI-MIB war in acht Gruppen mit insgesamt 114 verwalteten Objekten unterteilt. Diese MIB-I wurde inzwischen durch eine MIB-II ersetzt, in der weitere Gruppen hinzugefügt wurden.

Alle verwalteten Objekte in der SNMP-Umgebung werden in einer hierarchischen Baumstruktur angeordnet (Abbildung 15.19). Die Endknoten dieser Baumstruktur sind die eigentlichen verwalteten Objekte, von denen jedes eine Ressource, eine Aktivität oder eine zugehörige Information darstellt, die verwaltet werden muss. Eine eindeutige, punktnotierte Objektkennung identifiziert jedes einzelne Verwaltungsobjekt. Jede Kennung wird unter Verwendung von ASN.1 (abstrakte Syntaxnotation) beschrieben.

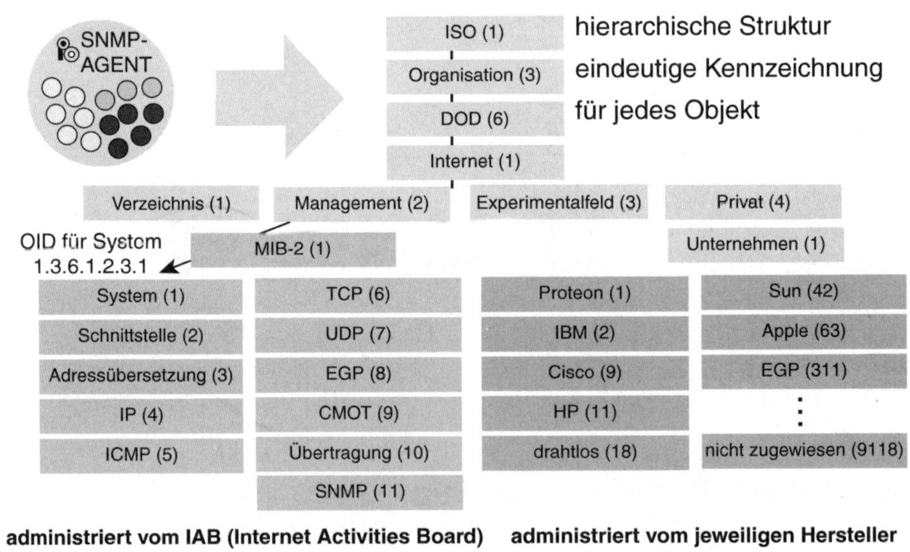

Abbildung 15.19: Objektkennungen

SNMP verwendet diese Objektkennungen zur Benennung der zu ermittelnden oder zu ändernden MIB-Variablen. Öffentlich zugängliche Objekte werden durch MIBs beschrieben, die in RFCs definiert sind. Alle Anbieter sind aufgefordert, ihre MIB-Definitionen bekannt zu machen. Hat ein Anbieter eine Unternehmenskennung erhalten, dann ist er für die Erstellung und Pflege »seiner« Bereiche in der Baumstruktur zuständig.

Das SNMP-Protokoll

Der Managementagent ist eine Softwarefunktion, die in die meisten Netzwerkgeräte – Router, Switches, Hubs, Drucker und Server – integriert ist (Abbildung 15.20). Er ist zuständig für die Verarbeitung von SNMP-Anfragen durch den Manager sowie für die Ausführung von Routinen zur Kontrolle oder Steuerung der Variablen, die in den verschiedenen unterstützten MIBs definiert sind.

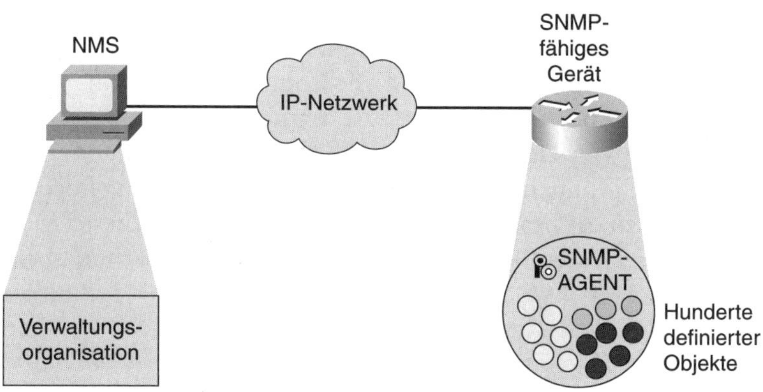

Abbildung 15.20: Objektkennungen

Die Kommunikation zwischen Manager und Agent wird durch SNMP vereinfacht. Einfach (engl. *Simple*) ist dieses Protokoll deswegen, weil die Anzahl der Meldungstypen, die Teil der Originalspezifikation SNMPv1 waren, vergleichsweise niedrig ist. Man verfolgt dabei das Ziel, den Entwicklern die Integration von Managementfunktionen in die Netzwerkgeräte zu erleichtern.

Drei Arten von SNMP-Meldungen werden durch die NMS versendet: *GetRequest*, *GetNextRequest* und *SetRequest* (Abbildung 15.21). Der Agent bestätigt alle drei Meldungen durch eine *GetResponse*-Meldung. Ferner kann der Agent als Reaktion auf ein Ereignis, das die MIB und die ihr zugrunde liegenden Ressourcen betrifft, auch eine *Trap*-Meldung ausgeben.

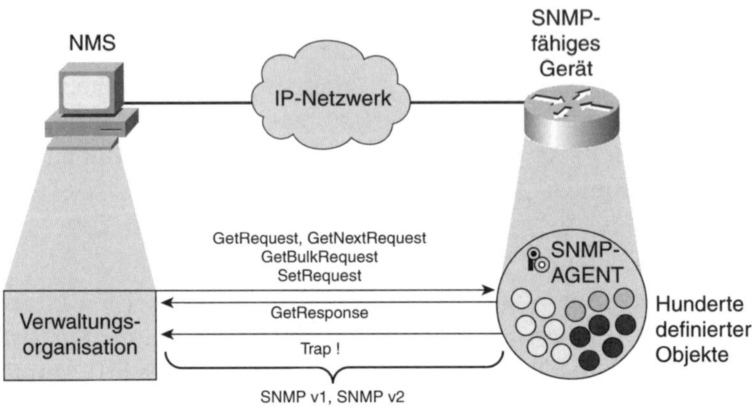

Abbildung 15.21: Objektkennungen

Die Entwicklung von SNMPv2c war die logische Konsequenz aus den Beschränkungen, die bei SNMPv1 im Laufe der Zeit erkannt worden waren. Die augenfälligsten Erweiterungen waren die Einführung des Meldungstyps *GetBulkRequest* und die Ergänzung von 64-Bit-Zählern. Das Abrufen von Daten mit *GetRequest* und *GetNextRequest* hatte sich als ineffiziente Methode der Sammlung von Daten aus den Tabellenstrukturen der Geräte erwiesen. Mit SNMPv1 konnte immer nur eine Variable gleichzeitig abgerufen werden. *GetBulkRequest* beseitigt diesen Mangel, denn mit dieser Meldung lassen sich größere Datenblöcke über eine einzige Anforderung abrufen. Hinzu kommen die 64-Bit-Zähler für die MIB, die ein Problem mit zu schnell überlaufenden Zählern beseitigen; dieses Problem tritt bei hohen Übertragungsraten (z. B. Gigabit-Ethernet) auf.

Als Verwaltungseinheit dient die NMS (Abbildung 15.22): Sie ist für die Anforderung von Daten der Agenten zuständig. Diese Anforderungen erfolgen sehr speziell. Die NMS verarbeitet die empfangenen Daten dann auf mehrere spezifische Arten. Sie können die abgerufenen Daten zur späteren Analyse protokollieren, in grafischer Darstellung anzeigen oder mit vorkonfigurierten Werten vergleichen, um zu überprüfen, ob ein bestimmter Schwellenwert überschritten wurde.

Nicht alle Managementfunktionen basieren auf dem Abruf von Daten. Es lassen sich mit Hilfe der NMS umgekehrt auch bestimmte Variablen im verwalteten Gerät ändern, was eine Konfiguration dieses Geräts ermöglicht.

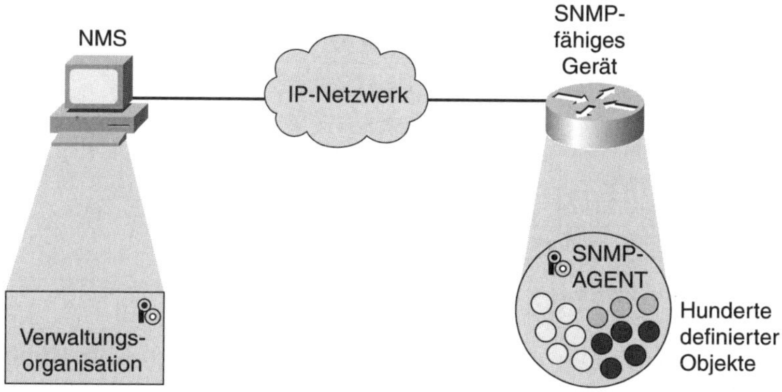

Abbildung 15.22: Objektkennungen

Die Kommunikation zwischen NMS und verwaltetem Gerät erzeugt zusätzlichen Datenverkehr im Netzwerk. Deshalb sollten Sie beim Aktivieren des SNMP-Managements im Netzwerk Umsicht walten lassen, denn aggressive Überwachungsstrategien können die Netzwerkleistung erheblich beeinträchtigen. Die Bandbreitenauslastung steigt, was gerade in WAN-Umgebungen zu Problemen führen kann. Eine weitere Folge betrifft die überwachten Geräte selbst, denn diese müssen die Anforderungen der NMS verarbeiten – die eigentlichen Produktionsdienste dürfen davon nicht betroffen sein.

Daten sollten grundsätzlich so selten wie möglich abgerufen werden. Aus diesem Grunde sollten Sie ermitteln, welche Geräte und Leitungen kritisch sind und wie häufig die Daten tatsächlich ermittelt werden müssen.

SNMP verwendet UDP als Transportprotokoll. Deswegen können SNMP-Meldungen verloren gehen. SNMP bietet keine garantierte Datenauslieferung, d. h., es fällt in die Zuständigkeit der Anwendung, die SNMP verwendet, wie mit verlorenen Protokolldateneinheiten zu verfahren ist.

Jede SNMP-Meldung enthält eine unverschlüsselte Zeichenkette – den so genannten Community-String –, die ein Passwort enthält, um den Zugriff auf die verwalteten Geräte zu beschränken (Abbildung 15.23). Ursprünglich war es zwar ein angenehmer Umstand, dass der Community-String unverschlüsselt ist, aber genau dies führt auch zu Sicherheitsproblemen. Die aktuelle Version SNMPv3 enthält Verbesserungen mit dem Augenmerk auf Sicherheitsfragen.

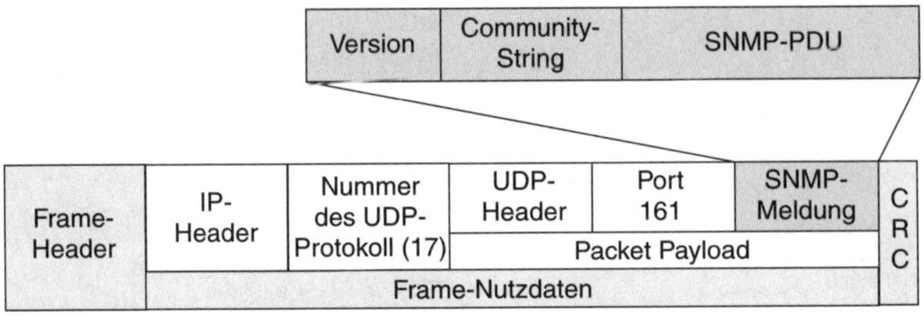

Abbildung 15.23: Objektkennungen

Ein Beispiel für das Aussehen einer SNMPv2c-Meldung zeigt Abbildung 15.24. RFC 1157 bietet eine detaillierte Erläuterung des Protokolls.

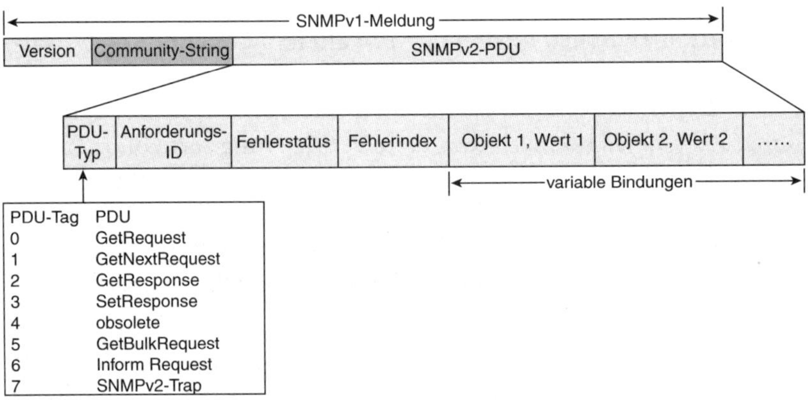

Abbildung 15.24: Objektkennungen

Die Tatsache, dass der Community-String unverschlüsselt ist, ist für diejenigen, welche die IP-Protokollsuite kennen, nicht weiter erstaunlich: Mit Ausnahme der Sicherheitsauthentifizierung und den Verschlüsselungsspezifikationen sind alle Felder dieser Protokollfamilie unverschlüsselt.

Der Community-String war eigentlich als Platzhalter für Sicherheitsfunktionen gedacht, die ursprünglich von der SNMPv2-Arbeitsgruppe ratifiziert werden sollten. Diese Arbeit wurde aber sehr schnell an die SNMPv3-Arbeitsgruppe übergeben. Alle SNMP-basierten Managementanwendungen müssen so konfiguriert werden, dass sie die passenden Community-Strings benutzen. Manche Organisationen ändern die Werte der Community-Strings regelmäßig, um das Risiko böswilliger Aktivitäten zu verringern, die eine unautorisierte Verwendung des SNMP-Dienstes ermöglicht.

Trotz dieser mit der Authentifizierung über den Community-String verbundenen Schwäche basieren die Managementstrategien nach wie vor auf SNMPv1. Cisco-Geräte unterstützen SNMPv3-Meldungstypen und insofern auch die verbesserten Sicherheitsfunktionen; leider wird das von den meisten Managementsoftwareanwendungen nicht genutzt (Abbildung 15.25).

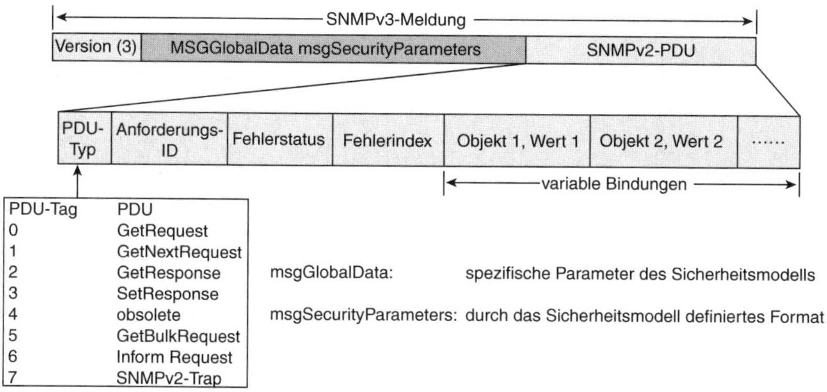

Abbildung 15.25: SNMPv3-Paketaufbau

SNMP konfigurieren

Damit die NMS mit den Netzwerkgeräten kommunizieren kann, muss SNMP an diesen Geräten einschließlich der SNMP-Community-Strings aktiviert sein. Nachfolgend finden Sie eine Übersicht zur Befehlszeilensyntax, die für diese Konfiguration benötigt wird.

Es werden mehrere Read-Only-Strings (dt. *schreibgeschützte Strings*) unterstützt. Standardmäßig heißt dieser Community-String bei den meisten Systemen *public*. Diesen Vorgabewert in Unternehmensnetzwerken zu verwenden, ist nicht ratsam. Um den vom Agenten verwendeten schreibgeschützten Community-String zu ändern, verwenden Sie folgenden Befehl:

```
Router(config)#snmp-server community string ro
```

`string` ist dabei der Community-String, der als Passwort agiert und den Zugriff auf das SNMP-Protokoll ermöglicht. Das Schlüsselwort `ro` legt den schreibgeschützten Zugriff fest.

Es werden auch mehrere Read-Write-Strings (dt. *Schreiblese-Strings*) unterstützt. Alle SNMP-Objekte stehen für Schreibzugriff zur Verfügung. Standardmäßig heißt dieser Community-String bei den meisten Systemen *private*. Auch diesen Vorgabewert sollten Sie nicht in Unternehmensnetzwerken verwenden. Um den vom Agenten verwendeten Read-Write-String zu ändern, verwenden Sie folgenden Befehl:

```
Router(config)#snmp-server community string rw
```

Das Schlüsselwort `rw` verweist auf den Schreiblesezugriff. Autorisierte Managementstationen können MIB-Objekte abfragen und ändern.

Weitere Zeichenketten werden zur Angabe des Standorts eines verwalteten Geräts und des Systemkontakts für dieses Gerät benutzt:

```
Router(config)#snmp-server location text
Router(config)#snmp-server contact text
```

text ist die Zeichenkette, die den Systemstandort angibt. Diese Werte werden in den MIB-Objekten *sysLocation* bzw. *sysContact* gespeichert.

RMON

RMON (Remote Monitoring) ist beim Management von Netzwerken ein wesentlicher Schritt nach vorn. RMON definiert eine RMON-MIB, welche die MIB-II ergänzt und dem Netzmanager wesentliche Informationen zum Netzwerk liefert. Das Bemerkenswerteste an RMON ist die Tatsache, dass es, obwohl es einfach nur die Spezifikation einer MIB ist und keine Änderungen am zugrunde liegenden SNMP-Protokoll vornimmt, die SNMP-Funktionalität erheblich erweitert.

Der RMON-Standard war ursprünglich in RFC 1271 definiert (heute RFC 1757). Sein Zweck besteht darin, proaktive Überwachungs- und Diagnosefunktionen für verteilte LANs bereitzustellen. Die so genannten Agenten oder Probes, die sowohl als externe RMON-Hardware als auch in Netzwerkgeräte integriert existieren, ermöglichen in kritischen Netzwerksegmenten die Erstellung benutzerdefinierter Alarmfunktionen und die lokale Bildung wichtiger Statistiken im RMON-Agent durch die Analyse aller Frames im Segment.

Der RMON-Standard unterteilt die Überwachungsfunktionen in neun Gruppen für Ethernet. Eine zehnte Gruppe wurde in RFC 1513 hinzugefügt, damit auch Token Ring-spezifische Parameter berücksichtigt werden. Der RMON-Standard wurde als verteilte Computerarchitektur entwickelt, in der Agenten und Probes via SNMP mit einer zentralen Managementstation (einem Client) kommunizieren. Diese Agenten definieren SNMP-MIB-Strukturen für alle neun bzw. zehn RMON-Gruppen (für Ethernet bzw. Token Ring) und ermöglichen so die Interoperabilität RMON-basierter Diagnosewerkzeuge.

Die folgenden RMON-Gruppen sind definiert:

- **Statistikgruppe.** Erstellt Auslastungs- und Fehlerstatistiken für das überwachte Subnetz oder Segment (z. B. Bandbreitenauslastung, Broadcasts und Multicasts, CRC-Prüfsummen und Fragmente).
- **History-Gruppe.** Entnimmt regelmäßig statistische Stichproben aus der Statistikgruppe und speichert diese zur späteren Analyse (z. B. Auslastung, Anzahl der aufgetretenen Fehler und Anzahl der Pakete).

- **Alarmgruppe.** Ermöglicht dem Administrator die Konfiguration eines Abfrageintervalls und eines Schwellenwerts für die Aufzeichnung des vom Agenten überwachten Objekts (z. B. absolute oder relative Werte oder das Über- oder Unterschreiten eines Schwellenwerts).
- **Hostgruppe.** Messung verschiedener Datenverkehrstypen von und zu den an das Netzwerk angeschlossenen Hosts (z. B. gesendete und empfangene Pakete, gesendete und empfangene Bytes, Fehler, Broadcast- und Multicast-Pakete).
- **Host-TopN-Gruppe.** Erstellt eine Rangliste basierend auf den Hostgruppenstatistiken.
- **Matrixgruppe.** Speichert Fehler- und Auslastungsstatistiken für zwei Kommunikationspartner im Netzwerk (z. B. Fehler, Bytes und Pakete).
- **Filtergruppe.** Filtert aus einen Paketstrom diejenigen Frames aus, die einem vom Benutzer festgelegten Muster entsprechen.
- **Capture-Gruppe.** Definiert, wie Pakete, die den Filterkriterien entsprechen, intern zwischengespeichert werden.
- **Event-Gruppe.** Protokollierung von Ereignissen (Traps) einschließlich Datum und Uhrzeit (z. B. die Erzeugung angepasster Berichte basierend auf dem Alarmtyp).

Syslog

Der Protokolldienst Syslog basiert bei Cisco auf dem gleichnamigen Unix-Programm. Systemereignisse werden normalerweise auf der Systemkonsole angezeigt, sofern diese Funktion nicht deaktiviert ist. Das Utility Syslog ist eine Methode, mit der Anwendungen, Prozesse und das Betriebssystem Aktivitäten und Fehlerbedingungen protokollieren. Über das Syslog-Protokoll senden Cisco-Geräte diese Meldungen unaufgefordert an eine NMS.

Jede Syslog-Meldung wird zum Zeitpunkt der Protokollierung mit dem Zeitstempel, der *Facility* (Quelle der Meldung), der Priorität und einer Textmeldung versehen. Diese Meldungen sind manchmal das einzige Mittel, um Einsicht in das Fehlverhalten eines Geräts zu erhalten.

Die Priorität gibt an, wie ernst die Ursache der Fehlermeldung ist (Abbildung 15.26). Es werden acht Prioritäten (0–7) unterschieden, wobei 0 die kritischste und 7 die am wenigsten kritische Stufe ist:

- 0: *Emergency* (Notsituation)
- 1: *Alert* (Alarmmeldung)
- 2: *Critical* (kritische Situation)

- 3: *Error* (Fehler)
- 4: *Warning* (Warnung)
- 5: *Notification* (Mitteilung)
- 6: *Informational* (Information)
- 7: *Debugging* (Fehlerbereinigung)

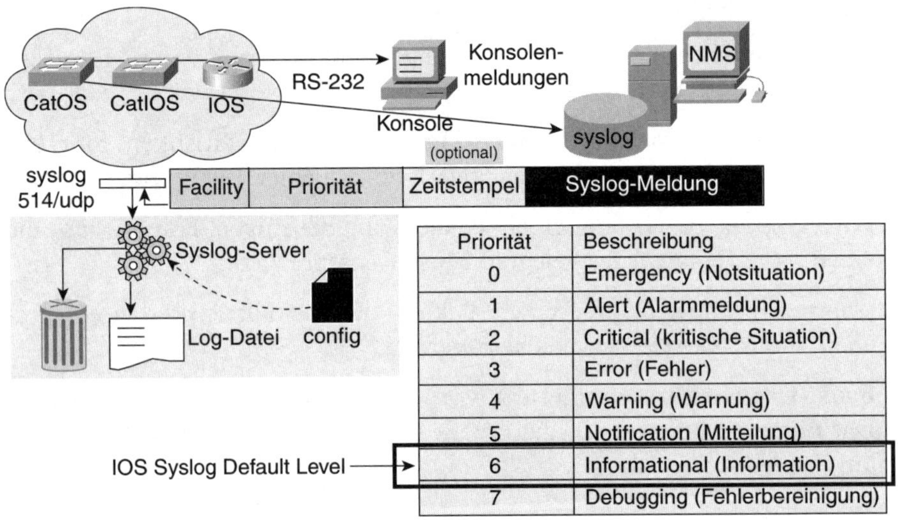

Priorität	Beschreibung
0	Emergency (Notsituation)
1	Alert (Alarmmeldung)
2	Critical (kritische Situation)
3	Error (Fehler)
4	Warning (Warnung)
5	Notification (Mitteilung)
6	Informational (Information)
7	Debugging (Fehlerbereinigung)

Abbildung 15.26: Syslog

Die Felder für Facility und Priorität werden zur Verarbeitung der Meldungen verwendet. Die Facility-Typen *Local 0* bis *Local 7* ermöglichen eine anwenderspezifische Verarbeitung der Syslog-Meldungen. Die Cisco IOS Software verwendet als Standardwert die Priorität 6; diese Einstellung kann aber konfiguriert werden.

Damit die NMS die Systemmeldungen eines Gerätes empfangen und aufzeichnen kann, muss Syslog an den Geräten konfiguriert werden. Der folgende Abschnitt beschreibt, wie diese Konfiguration über die Befehlszeile erfolgt.

Um die Protokollierung an allen unterstützten Geräten zu aktivieren, geben Sie folgenden Befehl ein:

```
Router(config)#logging on
```

Wenn Sie Protokollmeldungen an einen Syslog-Serverhost (z. B. CiscoWorks2000) senden wollen, verwenden Sie folgenden Befehl:

```
Router(config)#logging hostname | ip-adresse
```

Die Priorität können Sie mit diesem Befehl auf Stufe 6 (*Informational*) setzen:

```
Router(config)#logging trap informational
```

Um eine Syslog-Meldung mit einem Zeitstempel zu versehen, geben Sie folgenden Befehl ein:

```
Router(config)#service timestamps log datetime
```

15.4 Zusammenfassung

In diesem Kapitel werden die folgenden Sachverhalte erläutert:

- Funktionen von Workstations und Servern
- Rollen der verschiedenen Geräte in einer Client-Server-Umgebung
- Entwicklung von Netzwerkbetriebssystemen
- Übersicht zu Windows-Plattformen
- Übersicht der Alternativen zu Windows-Betriebssystemen
- Motive für ein Netzmanagement
- Schichten des OSI-Netzmanagementmodells
- Arten und Anwendung von Netzwerkmanagementtools
- Rolle von SNMP und CMIP bei der Netzwerküberwachung
- Datenerfassung und Problemaufzeichnung durch Managementsoftware
- Erstellung von Statistiken zur Netzwerkleistung

Um den hier erlernten Stoff zu vertiefen, beachten Sie bitte auch die diesem Kapitel zugeordneten Videos, Photo-Zooms und E-Labs auf der CD-ROM.

15.5 Lernzielkontrolle

1. Was für eine Beziehung zwischen Endstationen entsteht in einem Peer-to-Peer-Netzwerk?

   a) Client-Client-Beziehung

   b) Client-Server-Beziehung

   c) Server-Server-Beziehung

   d) Server-Internet-Beziehung

2. Wovon hängt die Fähigkeit eines Benutzers, auf bestimmte Dateien zugreifen zu können, in einem Client-Server-Netzwerk ab?
   a) Zugriff
   b) Rechte
   c) Fähigkeiten
   d) Sicherheiten
3. Welches Protokoll unterstützt das Netzmanagement?
   a) SMTP
   b) NFS
   c) SNMP
   d) FTP
   e) IPX
4. RMON ist eine Erweiterung welchen Protokolls?
   a) SNMP
   b) UDP
   c) IPX
   d) PING
   e) SMTP
5. Wie werden Remote-Daten mit Hilfe von RMON erfasst?
   a) Über Befehle.
   b) Über Tabellen.
   c) Über Listen.
   d) Über Probes.
   e) Durch Benutzerinteraktion.
6. Die Kosten für welche Hardware, die für unternehmenskritische Anforderungen benötigt wird, müssen zu den Wartungskosten des Netzwerks addiert werden?
   a) redundante Hardware
   b) teure Hardware
   c) mechanische Hardware

   d) Sicherheitshardware
   e) Schweißwerkzeug
7. Welche Erweiterungen verbessern SNMPv2 gegenüber SNMPv1?
   a) RW-Community-String
   b) *GetBulkRequest*
   c) *GetNextRequest*
   d) 64-Bit-Zähler
8. Welcher Befehl definiert einen RW-Community-String?
   a) `Router(config)#`**`snmp-server community`** *`string`* **`ro`**
   b) `Router(config-snmp)#`**`server community`** *`string`* **`rw`**
   c) `Router(config)#`**`snmp-server community`** *`string`* **`rw`**
   d) `Router#`**`server community`** *`string`* **`rw`**
9. Wodurch ist RMON gekennzeichnet?
   a) RMON ist eine Erweiterung von MIBII.
   b) RMON arbeitet nicht mit Probes zusammen.
   c) RMON ermöglicht die Speicherung von Statistiken lokal im Agenten.
   d) Es gibt zwölf RMON-Gruppen.

Teil III

CCNA-Zusatzmaterialien

Lernziele:

Wenn Sie dieses Kapitel gelesen haben, werden Sie Aufgaben in Zusammenhang mit den folgenden Bereichen erledigen können:

- Netzwerkdokumentation
- Netzwerksicherheit
- Umgebungsbedingungen
- Leistungsfähigkeit des Netzwerks
- Serveradministration
- Netzüberwachung
- Problembehebung im Netzwerk

Kapitel 16

Netzmanagement

Sie sind jetzt an einem Punkt angekommen, an dem Sie wissen, wie Sie ein Netzwerk entwerfen und aufbauen können: Sie sind in der Lage, die Kabel für eine strukturierte Verkabelung auszuwählen, sie zu installieren und zu testen, und wissen, wie Sie Anschlussräume am besten aussuchen. Allerdings sind Netzdesign und -implementierung nur ein Teil dessen, was Sie umsetzen müssen; Sie müssen ferner die Wartung und Verwaltung des Netzwerks beherrschen und alle Hauptfunktionen ständig aufrechterhalten können. Das Feld des Netzmanagements umfasst noch weitere Bereiche, z. B. die Netzwerkdokumentation, die Netzwerksicherheit, die Wartung des Netzwerks und die Serveradministration und -wartung. Diese Liste ist zwar keinesfalls vollständig, aber an dieser Stelle bereits fast zu lang, um für ein größeres Netzwerk komplett von einem Mitarbeiter bearbeitet zu werden. Jedes der aufgelisteten Themen ist gleichermaßen wichtig und keines sollte vernachlässigt werden.

Wir stehen hier vor dem Problem, dass viele Administratoren den Eindruck haben, ihre Arbeit sei vorbei, sobald das Netzwerk einwandfrei läuft. Die Wahrheit könnte ferner nicht liegen: Wenn die Netzwerkkonfiguration abgeschlossen ist, fängt die »richtige« Arbeit des Administrators erst an: ggf. auftretende Probleme beseitigen können, die Konfiguration des Netzwerks zu ändern oder das Netzwerk zu erweitern, um neue Anforderungen erfüllen zu können. In diesem Kapitel werden Sie deswegen einiges zur Verwaltung des Netzwerks mit Hilfe von Methoden der Dokumentation, der Überwachung sowie der Fehlersuche und -behandlung erfahren.

16.1 Netzwerkdokumentation

Die erste und wichtigste Komponente eines guten Netzwerks ist die Dokumentation. Sie ist die Aufgabe, über die am meisten geredet wird – und die am häufigsten übersehen wird! Die Dokumentation ist das »Gedächtnis« des Netzwerkadministrators. Sie besteht natürlich zunächst einmal aus dem

Laborbuch, aber das ist bei weitem nicht alles; wichtig sind auch die folgenden Elemente der Dokumentation:

- Pläne, aus denen der Verlauf der Kabelführung ersichtlich wird
- Angaben zu Typ, Länge und Anschlussstecker der Kabel
- Angaben zu den Standorten und Kennzeichnungen der Anschlussdosen und Verteilerfelder
- Beschriftungssystem zur eindeutigen Kennzeichnung aller Leitungen

16.1.1 Haupt- und Zwischenverteilerplan

Dieses Dokument bietet einen physischen und logischen Überblick über den Hauptverteiler und alle im Netzwerk vorhandenen Zwischenverteiler. Ein Zwischenverteiler ist ein Kabelgestell, über das die Verkabelung zwischen Hauptverteiler und Endgeräten erfolgt. Kabel, die in ein Gebäude eintreten, werden zunächst zentral an einen Hauptverteiler angeschlossen; die Kabelwege führen von dort aus weiter über einen oder mehrere Zwischenverteiler bis hin zu den einzelnen Workstations. So kann beispielsweise im Erdgeschoss eines Firmengebäudes ein Hauptverteiler aufgestellt sein; in jedem weiteren Stockwerk steht dann ein Zwischenverteiler, der mit dem Hauptverteiler verbunden ist. Zur Dokumentation gehören Angaben zur Anordnung der Geräte in den Einbaurahmen sowie zu den Aufstellungsorten von Hilfsgeräten und Servern in den Verteilerräumen, den Beschriftungen der Verteilerfelder zwecks Identifizierung der Kabelenden sowie den Beschriftungs- und Konfigurationsdetails zu allen Geräten im Verteilerraum.

16.1.2 Konfigurationsangaben zu Servern und Workstations

Zu allen Hosts im Netzwerk – Servern wie Workstations – sollten entsprechende Formulare ausgefüllt werden. Die Konfigurationsangaben sind standardisiert und beinhalten Daten zu Hersteller und Modell des Computers, seine Seriennummer, Diskettenlaufwerke, Festplatten, DVD- und CD-ROM-Laufwerke, Sound- und Netzwerkkarten, RAM und weitere physische Merkmale (siehe Abbildungen 16.1 und 16.2). Ferner sind auch Informationen zur Konfiguration enthalten, z. B. zu den Interrupts und den Speicherbereichen, die von den einzelnen Peripheriekarten benutzt werden, zur DMA-Fähigkeit der Laufwerke usw.

Hardwarekonfiguration des Computers

Dateiserver oder Workstation	
Standort	
Hersteller, Modell	
Seriennummer	
Inventarnummer	

Wechsellaufwerke

Hersteller	Laufwerks-buchstabe	Kapazität	intern/extern	Laufwerks-schacht

Festplattenlaufwerke

Hersteller	Laufwerks-buchstabe	Kapazität	intern/extern	Laufwerks-schacht

Speicher aktuell/maximal:	Aktuell:	Maximal:

Peripheriekarten

Hersteller	Modell	Typ	IRQ	DMA	(unterste) Speicheradresse

Netzwerkkarten

Modell	MAC-Adresse	IP-Adresse/ Subnetzmaske	LAN-Treiber	IRQ	DMA	(unterste) Speicheradresse

Anmerkungen:

Abbildung 16.1: Formular »Hardwarekonfiguration des Computers«

Druckerkonfiguration						
Standort						
Hersteller, Modell						
Seriennummer						
Inventarnummer						
Druckerkennung						
Speicher aktuell/maximal	Aktuell:			Maximal:		
Druckerschächte:	Papiertyp Schacht 1:		Papiertyp Schacht 2:		Papiertyp Schacht 3:	
Druckerkonfiguration						
seriell	Port	Baudrate	Stopbits	Parität	Xon/Xoff	IRQ
parallel	Port	Polling				IRQ
Netzwerk	IP-Adresse	Subnetzmaske	MAC-Adresse			
Warteschlangen						
Drucker-Operatoren						
Anmerkungen:						

Abbildung 16.2: Formular »Druckerkonfiguration«

Abschließend enthält das Dokument Angaben zum Standort, zum Benutzer und zur Netzwerkkennung (IP-/MAC-Adresse, Subnetz und Topologie) des Rechners. Sie sollten außerdem in jedem Fall das Kaufdatum und die Garantiedaten im Fragebogen festhalten.

16.1.3 Softwarelisten

Auch eine Auflistung der gesamten auf einem Rechner installierten Standard- und Spezialsoftware ist notwendig, um für alle Softwarepakete die Standardinstallationsdaten zu dokumentieren (Abbildung 16.3). Zu dieser Liste gehören Angaben zum Betriebssystem und zur Anwendungssoftware.

Softwarekonfiguration des Computers					
Inventarnummer					
Betriebssystem(e)					
Hersteller	Version	Service-Updates	Netzwerkfähigkeit gegeben?	Sicherheit	
Anwendungssoftware					
Hersteller	Version	Service-Updates	Netzwerkfähigkeit gegeben?	Installationsverzeichnis	Datenverzeichnis

Abbildung 16.3: Formular »Softwarekonfiguration des Computers«

16.1.4 Wartungsaufzeichnungen

Es empfiehlt sich, eine Liste aller Reparaturarbeiten zu führen, die an den Geräten im Netzwerk durchgeführt wurden (Abbildung 16.4). Eine solche Liste erleichtert dem Administrator die Einschätzung möglicher zukünftiger Probleme in Zusammenhang mit vorhandener Hard- und Software.

Reparaturarbeiten (Computer)				
Inventarnummer			Datum	
Art des Problems	Hardware:		Software:	
Problembeschreibung				
Garantiefall	Ja	Nein	Reparaturort:	
Reparaturbeschreibung				
Kostenstelle				
Auftraggeber				
Reparatur durchgeführt bis				
Anmerkungen				

Abbildung 16.4: Formular »Computerreparatur«

16.1.5 Sicherheitsmaßnahmen

In diesem Dokument finden sich nicht nur Angaben zu den softwareseitigen Sicherheitsrichtlinien (z. B. Benutzerrechte, Passwortdefinitionen und Firewall-Listen), sondern auch zu physischen Sicherheitsmaßnahmen (Abbildungen 16.5 und 16.6). Zu diesen gehören so einfache Dinge wie die Überprüfung, wie die Räume der MDFs und IDFs verschlossen werden, oder die Frage, wer warum Zutritt zu diesen Räumen hat (und zwar physisch wie auch via Remote-Zugriff über das Netzwerk) und wie die Hosts geschützt sind (Sicherheitsverkabelung, Alarmanlagen).

Netzwerksicherheit: Räume					
Raum Nr.				**Datum**	
Physische Sicherheit	Türschloss	Fenster	abgehängte Decke	Feuerschutzmaßnahmen	Schränke verschlossen
Bandsicherung Server					
Name des Servers	Typ	Medien	entfernter Lagerungsort	Name des Bandsatzes	Beginn (Wochentag)
Server Nr. 1					
Server Nr. 2					
Server Nr. 3					
Zugangsberechtigte	Name		Abteilung		Funktion
Anmerkungen					

Abbildung 16.5: Formular »Netzwerksicherheit: Räume«

Netzwerksicherheit: Benutzer				
Raum Nr.			**Datum**	
Benutzername			**Benutzerkennung**	
Abteilung			Abteilungsleiter	
Passwortlänge			Benutzerverzeichnis	
Kennung gültig bis			lokaler Zugang	
zulässige Uhrzeiten (von ... bis)			Druckerzugang	
Netzwerkzugriff			Administrativer Zugriff	
Einschließlich folgender Gruppen:	Gruppenname	Rechte	lokal/global	Beschränkungen
Rechte und Pflichten im Netzwerk				
Anmerkungen				

Abbildung 16.6: Formular »Netzwerksicherheit: Benutzer«

16.1.6 Benutzerordnung

Die Richtlinien der Benutzerordnung sind Dokumente, die dem Netzwerkadministrator die Arbeit erleichtern und für den Betrieb des Netzwerks sehr wichtig sind. Sie enthalten Informationen darüber, wie Benutzer mit dem Netzwerk umgehen dürfen, d. h., sie geben an, was im Netzwerk zulässig bzw. was unzulässig ist. Ferner finden sich hier Angaben über die Sanktionen, mit denen Benutzer rechnen müssen, welche die Richtlinien verletzen. Weitere Aspekte sind etwa die Mindestlänge von Benutzerkennungen und -passwörtern und Regeln zur Wahl eines Passworts.

Benutzerrichtlinien müssen in Zusammenarbeit mit der Leitung der Organisation erstellt werden, um zu gewährleisten, dass sie angemessen und auch durchsetzbar sind. Als Netzwerkadministrator ist es Ihr Ziel, ein möglichst sicheres und funktionsfähiges Netzwerk für Ihre Firma oder Institution zu betreiben; dabei muss sichergestellt sein, dass Ihre Netzwerkrichtlinien den Vorgaben Ihrer Organisation nicht widersprechen und dass Benutzer nicht von den benötigten Ressourcen ausgeschlossen werden.

Die in den aufgeführten Dokumenten vorhandenen Informationen bilden die Netzwerkdokumentation Ihres Systems. Diese Dokumentation gibt Ihnen die Sicherheit, dass Wartung und Aktualisierung des Netzwerks in geordneter Art und Weise ablaufen. Zudem stellt sie einen Fixpunkt dar, an den der Administrator immer dann zurückkehren kann, wenn ein Upgrade fehlgeschlagen oder die Wiederherstellung nach einem Netzwerkausfall erforderlich ist.

Ein letzter wesentlicher Aspekt der Netzwerkdokumentation ist die Notwendigkeit ihrer ständigen Aktualisierung, d. h., alle Upgrades und Konfigurationsänderungen im Netzwerk müssen eingepflegt werden, da sie andernfalls für die aktuelle Arbeit am Netzwerk nicht zur Verfügung stehen.

16.2 Netzwerksicherheit

Zum Bereich der Netzwerksicherheit gehören zwei wesentliche Komponenten: die Verhinderung unautorisierten Zugriffs auf das Netzwerk und die Gewähr, dass sich die Netzwerkdaten nach Eintritt eines Katastrophenfalls wiederherstellen lassen.

16.2.1 Absicherung gegen unbefugten Zugriff

Der erste Teil der Netzwerksicherheit behandelt die Frage, wie man das Netzwerk möglichst sicher gegen unbefugten Zugriff machen kann. Dies geschieht grundsätzlich mit Hilfe der oben beschriebenen Sicherheitsrichtlinien. Man implementiert Passwörter mit einer Mindestlänge und einem Maximalalter, verlangt eindeutige Passwörter (d. h., das gleiche Passwort darf nicht mehrmals verwendet werden) und erlaubt Benutzern – abhängig vom Nutzungsbedarf – lediglich zu bestimmten Tageszeiten die Anmeldung am Netzwerk. All diese Parameter lassen sich vom Netzwerkadministrator steuern und werden durch das Netzwerkbetriebssystem umgesetzt.

Zu diesem Themenkreis gehört auch die Notwendigkeit, dass die Benutzer die Netzwerkrichtlinien der Organisation kennen *und* befolgen. Eine Richtlinie könnte beispielsweise anordnen, dass alle normalen Wörter einer Sprache als Passwörter nicht zulässig sind; eine andere wiederum könnte vorsehen, dass sich Benutzer immer dann, wenn sie ihren Netzwerkarbeitsplatz verlassen, abmelden oder einen passwortgeschützten Bildschirmschoner aktivieren müssen. Regeln dieser Art können Benutzer aber nur befolgen, wenn sie die gültigen Netzwerkrichtlinien kennen.

16.2.2 Datenwiederherstellung

Das zweite Gebiet der Netzwerksicherheit – die Datenwiederherstellung – behandelt alle Fragen, die zur Vermeidung von Datenverlusten behandelt werden müssen. Es gibt für dieses Ziel eine Reihe von Ansätzen, und normalerweise verwendet man zum Schutz seiner Daten immer gleich mehrere dieser Methoden. Abbildung 16.7 zeigt drei verbreitete Datensicherungsmethoden: die Bandsicherung von Daten, fehlertolerante Festplattenkonfigurationen und der Einsatz unterbrechungsfreier Stromversorgungen (USVs) zwecks Verhinderung von Systemabschaltung infolge eines Stromausfalls. Wir werden die ersten beiden Methoden im Verlauf der folgenden Abschnitte näher erläutern; der dritte Ansatz wird im Abschnitt »Umgebungsbedingungen« behandelt werden.

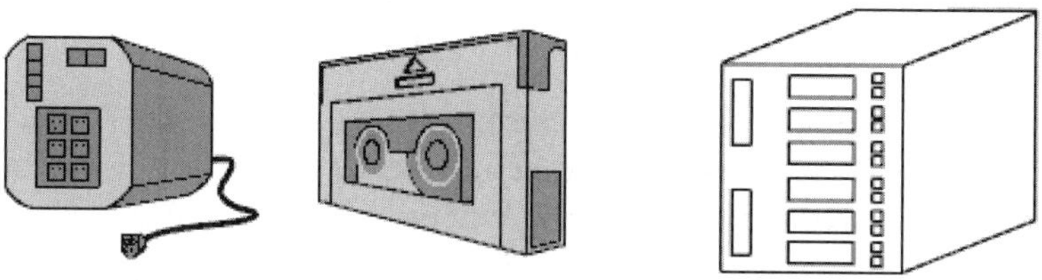

Abbildung 16.7: USV, Sicherungsband und Festplatten-Array

Der Begriff der Datensicherung beschreibt einen Vorgang, bei dem alle gespeicherten Daten auf ein Magnetband oder ein anderes Sicherungsmedium (z. B. Wechseldatenträger, CD-ROM oder DVD-ROM) dupliziert werden. Man verwendet Bänder aus Kosten- und Kapazitätsgründen, denn sie sind weitaus preiswerter und weisen eine wesentlich höhere Speicherkapazität auf als vergleichbare andere Wechselmedien. Für die normale Datenspeicherung verwendet man Bänder hingegen nicht, da sie den Nachteil aufweisen, Daten nur sequenziell speichern zu können – etwa so, wie Musik auf eine Kassette aufgezeichnet wird. Das bedeutet, dass es ebenso schwierig ist, eine bestimmte Datei auf dem Band zu suchen wie einen bestimmten Titel auf der Kassette; weil bei Bandlaufwerken Daten aber nicht nur sequenziell aufgezeichnet, sondern auf die gleiche Weise wiederhergestellt werden, stellt dies kein Problem dar. Während Bänder als Sicherungsmedien für Server besonders geeignet sind, stellen CD- und DVD-Brenner eine einfache und preiswerte Alternative zur Sicherung von Workstations dar.

Es ist wichtig, das Backup auf Magnetband so vollständig und schnell wie möglich zu erstellen, denn der Sicherungsvorgang beansprucht extrem viel Systemressourcen (d. h. Netzwerkbandbreite und Prozessorleistung bei Servern). Um die Effizienz bei der Sicherung zu steigern, wurden verschiedene Arten von Backups entwickelt. Die meisten dieser Backup-Methoden arbeiten mit einem bestimmten Flag oder Schalter, dem so genannten Archivbit. Das Archivbit wird zusammen mit der Datei gespeichert und wird immer dann gesetzt, wenn die Datei erstellt bzw. modifiziert wird. Daher weiß der Sicherungsprozess, ob eine Datei gesichert werden muss oder nicht. Während der Speicherung der Datei auf das Band wird das Flag normalerweise gelöscht, wodurch signalisiert wird, dass die Datei gesichert wurde.

Die meisten Organisationen empfehlen die Lagerung der Bänder in einem feuersicheren Tresor oder eine externe Lagerung (d. h. außerhalb des Firmengeländes), um Verluste durch Feuer- oder Wasserschäden zu vermeiden.

Sicherungsmethoden

Es gibt fünf verschiedene Sicherungsmethoden:

- **Vollständige Sicherung.** Alle Dateien auf der Festplatte werden auf das Band kopiert. Das Archivbit aller Dateien wird gelöscht.
- **Inkrementelle Sicherung.** Bei dieser Sicherungsform werden alle Dateien gesichert, die seit der letzten vollständigen Sicherung erstellt oder geändert wurden. Zwei Dinge sind bei der inkrementellen Sicherung zu beachten:
  - Sie funktioniert nur in Verbindung mit einer vollständigen Sicherung.
  - Die Archivbits aller seit der letzten vollständigen Sicherung erstellten oder geänderten Dateien werden zurückgesetzt, d. h., bei der nächsten inkrementellen Sicherung werden diese Dateien gespeichert.
- **Differenzielle Sicherung.** Dieser Sicherungstyp sichert alle Dateien, die seit der letzten vollständigen Sicherung erstellt oder geändert wurden. Das klingt zwar auf den ersten Blick so, als seien inkrementelle und differenzielle Sicherung identisch, aber im Unterschied zur inkrementellen Sicherung werden die Archivbits hier nicht zurückgesetzt; das wiederum bedeutet, dass bei jeder Anfertigung eines differenziellen Backups alle Dateien gespeichert werden, die seit der letzten *vollständigen* Sicherung geändert wurden (und zwar auch dann, wenn sie seit der letzten differenziellen Sicherung *nicht* geändert wurden).
- **Kopie.** Hier werden vom Benutzer gewählte Dateien auf Band gesichert. Das Archivbit wird nicht gelöscht.
- **Tägliche Sicherung.** Dieser Sicherungstyp sichert nur Dateien, die am Tage der Sicherung geändert wurden. Auch hier wird das Archivbit nicht gelöscht.

Die ersten drei Sicherungstypen sind weit verbreitet. Wir wollen nachfolgend die Durchführung einer inkrementellen und einer differenziellen Sicherung am Beispiel erläutern.

Um eine inkrementelle Sicherung durchzuführen, fertigen Sie zunächst am Montag eine vollständige Sicherung an. Auf diese Weise werden alle Archivbits gelöscht. Am Dienstag fertigen Sie auf einem anderen Sicherungsband eine inkrementelle Sicherung an. Hierdurch werden alle Dateien gespeichert, die am Dienstag modifiziert wurden; die entsprechenden Archivbits werden gelöscht. Dieser Prozess wird an den weiteren Werktagen der Woche jeweils mit einem neuen Band wiederholt. Auf diese Weise erhalten Sie ein vollständiges Backup aller im Laufe der Woche geänderten und erstellten Dateien. Am folgenden Montag starten Sie diese Vorgehensweise von neuem.

Der Vorteil dieses Sicherungssystems besteht darin, dass die Zeit, die pro Tag für die Sicherung benötigt wird, insgesamt gesehen vergleichsweise kurz ist und die Auswirkungen auf die Netzwerkressourcen begrenzt sind. Nachteilig ist, dass Sie, wenn eine Sicherung wiederhergestellt werden muss, zunächst das letzte vollständige Backup und danach *alle* inkrementellen Sicherungsbänder in der richtigen Reihenfolge wieder aufspielen müssen, was sehr zeitaufwändig ist. Überdies gehen, wenn ein Band beschädigt sein sollte, Daten verloren.

Um ein differenzielles Backup anzufertigen, erstellen Sie am Montag zunächst wieder eine vollständige Sicherung, um die Archivbits aller Dateien zu löschen. Am Dienstag fertigen Sie auf einem anderen Sicherungsband eine differenzielle Sicherung an. Hierdurch werden alle Dateien gespeichert, die am Dienstag modifiziert wurden; die entsprechenden Archivbits werden jedoch nicht gelöscht. Dieser Prozess wird an den weiteren Werktagen der Woche jeweils mit dem Band wiederholt, auf dem die erste differenzielle Sicherung (vom Dienstag) gespeichert ist. Auch auf diese Weise erhalten Sie ein vollständiges Backup aller im Laufe der Woche geänderten und erstellten Dateien.

Der Vorteil dieser Methode besteht im geringen Materialaufwand, denn Sie benötigen zur Herstellung des Backups und der Wiederherstellung der Daten jeweils nur zwei Bänder. Von Nachteil ist, dass jeden Tag auch solche Dateien gespeichert werden, die bereits tags zuvor gesichert wurden, wodurch die Auswirkungen auf die Netzwerkressourcen relativ gesehen schlechter sind. Ferner sind, wenn Sie Daten etwa am Freitag wiederherstellen wollen und das Band beschädigt ist, die Daten von vier Werktagen verloren und müssen erneut eingegeben werden.

Ein weiterer wesentlicher Gesichtspunkt bei der Sicherung betrifft Daten, die auf Benutzerworkstations gespeichert sind. Müssen diese Daten gesichert werden und, wenn ja, wie? Die auf Workstations gespeicherten Daten sind in der Regel genauso wichtig wie die auf den Netzwerkservern gespeicherten Daten (wenn nicht sogar wichtiger). Welche Sicherungsmethode hier angewandt wird, hängt von den Umständen ab. Im Folgenden wollen wir verschiedene Szenarios für die Workstationsicherung betrachten.

Die erste Methode wird für eine Workstation benutzt, auf der eine große Menge von Daten erstellt und verarbeitet wird, die aber nur auf dieser einen Workstation benötigt werden. In einem solchen Fall empfiehlt sich die Verwendung eines separaten, direkt angeschlossenen Bandlaufwerks, denn hiermit lassen sich große Datenmengen sichern, und der Netzdurchsatz wird hierdurch nicht beeinträchtigt. Der Nachteil dieser Methode besteht darin, dass die Verantwortung für die Sicherung in den Händen des Benutzers liegt.

Eine andere Möglichkeit der Workstationsicherung ist das Kopieren aller relevanten Dateien auf ein Wechselmedium wie etwa eine Diskette oder ein ZIP-Medium. Das spart zwar Zeit und Geld und ist überdies weniger kompliziert als eine Bandsicherung, aber nach wie vor ist der Benutzer für die Sicherung verantwortlich.

Die letzte Sicherungsmethode besteht in der Erstellung von Verzeichnissen auf dem Server, in die alle Benutzer ihre jeweiligen Daten speichern können. Auf diese Weise wird der Benutzer von der Verantwortung für die Sicherung entbunden, denn diese erfolgt im Zuge der Serversicherung. Auch wird keine zusätzliche Hardware mehr benötigt, um Sicherungen für jede Workstation individuell anzufertigen. Der Nachteil dieser Lösung ist, dass Richtlinien zur Datenspeicherung auf dem Server klar definiert werden müssen. Jeder Benutzer muss wissen, wo er seine Daten speichern darf, um sicherzustellen, dass diese Speicherung korrekt erfolgt. Ein weiteres Problem stellt sich bei Ausfällen im Netzwerk, denn dann kann der Benutzer möglicherweise nicht auf seine Daten zugreifen bzw. sie nicht sichern.

Wie Sie sehen, gibt es in Zusammenhang mit jeder der Lösungen auch Probleme. Für jede Situation gibt es – auch abhängig von der Umgebungssituation – eine geeignete Lösung; die einzige »falsche« Lösung besteht darin, die Notwendigkeit einer Sicherung aller Daten im System schlichtweg zu ignorieren.

Redundanzmethoden

Eine weitere Methode zum Schutz der Daten ist die Verwendung fehlertoleranter Datenspeicher. Man klassifiziert diese Speichergeräte nach RAID-Typen (Redundant Array of Inexpensive Disks), wobei die Typen (»Levels«) RAID 0 bis RAID 10 unterschieden werden. Wir werden die wesentlichen RAID-Typen kurz beschreiben:

- **RAID 0.** Die Daten werden streifenweise auf den Datenträgern verteilt. Es gibt keine Paritätsangaben und insofern auch keine Redundanz.
- **RAID 1.** Diese Datenträger verwenden das Prinzip des Spiegelns (*Mirroring* oder *Duplexing*), um Daten auf zwei identische Partitionen zu schreiben, die sich auf getrennten Festplatten befinden. Auf diese Weise entsteht ein automatisches Backup. Beim Duplexing werden zwei Festplatten benutzt, die – im Unterschied zum Mirroring – auch an jeweils getrennte Festplatten-Controllerkarten angeschlossen sind; dadurch wird

vermieden, dass die Controllerkarte zur fehlerkritischen Komponente wird (dies ist bei der einfachen Spiegelung möglich).

- **RAID 2.** Hierbei werden Daten über mehrere Festplatten verteilt, wobei auch eine Fehlerprüfung durchgeführt wird. Dieses Prinzip wird heute nicht mehr verwendet, da hierfür an den Festplatten umfassende Modifikationen vorgenommen werden müssen.
- **RAID 3.** Verteilt die Daten wie bei RAID 1 auf mehrere Festplatten, allerdings wird immer nur ein Byte gleichzeitig gespeichert, und es ist überdies ein eigenes Paritätslaufwerk vorhanden. Hierbei handelt es sich um eine gute, aber recht teure Redundanzmethode (weswegen sie auch nicht besonders häufig verwendet wird).
- **RAID 4.** Hier werden die Daten sektorweise auf mehrere Stripeset-Datenträger verteilt, und auch hier gibt es ein eigenes Paritätslaufwerk. Diese Variante ist nicht nur sehr teuer, sondern die Daten werden auch nur sehr langsam auf die Festplatte geschrieben. Deswegen wird auch diese Methode nicht besonders häufig eingesetzt.
- **RAID 5.** Hier werden sowohl Nutz- als auch Paritätsdaten auf mehrere Festplatten (mindestens drei) verteilt. Durch Verteilung der Paritätsdaten auf alle Festplatten wird kein separates Paritätslaufwerk benötigt, und dennoch wird die Datenredundanz vollständig erreicht. Hier sind die Schreib- und Leseraten durch die gleichmäßige Verteilung auf alle Festplatten vergleichsweise gut, auch die Kosten sind nicht so hoch wie bei anderen Lösungen. Ein weiterer Aspekt, der bei RAID 5 zu beachten ist: Bei Windows NT-Systemen dürfen Boot- und Systempartition nicht in einem RAID 5-Array liegen.

Es gibt noch weitere RAID-Levels, aber diese wollen wir hier nicht ansprechen. Tatsächlich unterstützen nicht alle Netzwerkbetriebssysteme die hier vorgestellten Typen vollständig; die meistunterstützten sind RAID 0, RAID 1 und RAID 5. Die wesentlichen Punkte, die Sie sich in diesem Zusammenhang merken sollten, sind, dass RAID 0 geschwindigkeitsoptimiert ist und *keine* Redundanz bietet, während RAID 1 vollständige Redundanz implementiert, aber doppelt so viel Speicherkapazität benötigt, da alle Daten auf zwei getrennte Festplatten geschrieben werden (dieser Ansatz macht die Festplatten-Controllerkarte zur fehlerkritischen Komponente, sofern nicht – wie beim Duplexing – auch zwei getrennte Controller benutzt werden).

RAID 5 benötigt mindesten drei Festplatten (vier in Windows NT-Systemen, da die System- und die Boot-Partition nicht in einem RAID-Array liegen dürfen). Die Partitionsgrößen müssen auf allen Festplatten identisch sein.

RAID 5 ist sehr beliebt, denn es ermöglicht ein sehr schnelles Lesen der Daten von der Festplatte und verbessert auf diese Weise den Durchsatz im Netzwerk.

Wenn Sie RAID 5 unter Windows NT nutzen und die vollständige Redundanz implementieren wollen, dann müssen Sie mit mindestens fünf Festplatten arbeiten: Die ersten beiden Festplatten konfigurieren Sie als RAID 1-Datenträger (für das Mirroring) und bringen hierauf die Boot- und die Systempartition unter, während die anderen drei als RAID 5-Array eingerichtet werden. Auf diese Weise profitieren Sie bei vollständiger Redundanz auch von den Geschwindigkeitsvorteilen, die RAID 5 bietet.

Der letzte Begriff, den wir bei der Beschreibung der Festplattenspeicherung noch erläutern müssen, ist der des Volumes (Datenträgersatz). Dieser Begriff bezeichnet eine physische Speichereinheit. Das Volume kann einzelne Speicherbereiche mehrerer Festplatten umfassen, auf die dann als eine Einheit Bezug genommen wird. Diese Information ist für Netzwerker wichtig, denn Volumes werden in Netzwerken recht häufig eingesetzt. Volumes bieten für sich genommen keine Redundanz; sie stellen lediglich eine Möglichkeit dar, große Speicherbereiche als eine Einheit zu betrachten.

16.3 Umgebungsbedingungen

Ein weiterer Aspekt des Netzmanagements ist die Beschäftigung mit den Umgebungsbedingungen, die sich auf das Netzwerk auswirken können. Die Einflussnahme auf diese Bedingungen hat ein stabileres und zuverlässigeres Netzwerk zum Ergebnis.

Wenn Sie neue Geräte installieren, folgen Sie immer den Konfigurationsanweisungen im Handbuch. Dadurch vermeiden Sie viele Probleme, die entstehen können, wenn Sie aufs Geradewohl vorgehen. Vergewissern Sie sich, dass der Netzschalter eines Geräts abgeschaltet ist, bevor Sie es an die Steckdose anschließen. Gleiches gilt auch, wenn Sie eine Erweiterungskarte für einen Computer einbauen müssen: Stellen Sie auch hier zunächst sicher, dass der Computer abgeschaltet (und vom Netz getrennt) ist, bevor sie die Karte installieren. Außerdem müssen Sie sich zuerst entladen, bevor Sie Komponenten berühren. Verwenden Sie hierzu am besten ein Erdungsarmband. Ohne richtige Erdung können sich bei Ihnen Spannungen von bis zu 20.000 Volt aufbauen – und zwar schon dann, wenn Sie in Schuhen mit Ledersohlen auf einem Synthetikteppich laufen oder in Ihrem Plastikstuhl hin und her rutschen, um eine bequeme Position zu finden.

Ein anderer Grund für statische Elektrizität ist eine zu geringe Luftfeuchtigkeit. Achten Sie deswegen darauf, dass in Räumen, in denen sich Geräte befinden, immer eine angemessene Temperatur und Luftfeuchtigkeit herrschen. Statische Ladungen sind hinterhältig; Sie bemerken sie die Schäden, die sie verursachen, oft erst Jahre später. Eine einfache statische Entladung kann so elektrische Komponenten (z. B. ICs) in Netzwerkgeräten und Computern zerstören oder ihre Lebensdauer verkürzen. Aus diesem Grund ist neben dem Einsatz von Antistatikarmbändern auch der von Antistatikfußmatten empfohlen.

Achten Sie darauf, dass Tastaturen, Laufwerke und Lüftungsschlitze sich nicht mit Staub oder Schmutz zusetzen. Es ist wichtig, die Umgebung der empfindlichen Geräte sauber zu halten. Rauchen Sie in Computerräumen nicht, denn die im Zigarettenrauch enthaltenen Nikotin- und Teerpartikel legen sich als dünner Schmierfilm über die Geräte und führen früher oder später zu Schäden. Stellen Sie niemals Tassen und Becher mit Kaffee, Erfrischungsgetränken oder anderen Flüssigkeiten auf oder neben die Geräte; wenn Flüssigkeit verschüttet wird und in das Geräteinnere eindringt, treten in aller Regel Kurzschlüsse auf (in manchen Fällen besteht sogar Brandgefahr)!

Zur Vermeidung von Überhitzung verfügen die meisten Geräte über integrierte Lüfter. Achten Sie darauf, die Lüftungsschlitze der Geräte nicht zu blockieren, sondern lassen Sie ausreichend Platz vor diesen Schlitzen, und ergreifen Sie weitere Maßnahmen, um eine Überhitzung zu vermeiden. Außerdem sollten Sie sich vergewissern, dass der Computer auf einer stabilen Unterlage steht. Erschütterungen und Vibrationen können dazu führen, dass sich Komponenten im Computerinneren aus ihrer Befestigung lösen.

16.3.1 Stromversorgung

Schützen Sie Ihre Geräte vor Störungen, die in den Elektroleitungen auftreten können. Die einfachste Möglichkeit hierzu ist die von anderen Verbrauchern getrennte Versorgung von Netzwerkgeräten und Computern aus separaten Stromkreisen. Hierdurch können Sie einige, aber nicht alle Probleme der Versorgung mit elektrischem Strom lösen; deswegen nennen wir nachfolgend einige Geräte, mit denen Sie Ihre Geräte vor Störungen im Elektrizitätsnetz schützen können:

- **Trenntrafo.** Fängt Spannungsspitzen und hochfrequente Störungen ab.
- **Regulator.** Erhält über längere Zeit hinweg eine konstante Ausgangsspannung auch bei Auftreten von Schwankungen in der Netzspannung aufrecht. Mit Regulatoren werden Probleme wie Spannungseinbrüche und -spitzen eliminiert.
- **Line-Conditioner.** Dies ist ein Regulator mit integriertem Trenntrafo.

- **Unterbrechungsfreie Stromversorgung.** Genau genommen ist eine USV ein Ladegerät mit einem Akku, der seinerseits den Computer betreibt. Auf diese Weise läuft der Rechner auch bei Auftreten eines Stromausfalls weiter.

16.3.2 EMI und RFI

Eine andere Ursache von Problemen bei der Netzwerkkommunikation können die verwendeten Geräte selbst sein. Bestimmte Computerkomponenten wie etwa Netzteile oder Monitore, aber auch Leuchtstofflampen, große Elektromotoren und Stromkabel können elektromagnetische Interferenz (EMI) oder Hochfrequenzinterferenz (RFI) verursachen, die von anderen Geräten und von unsachgemäß geschirmten Kabeln aufgenommen wird. Ein solches Problem ist schwer festzustellen, denn oft fallen Komponenten eines Geräts aus, während dem Anschein nach eine andere Gerätekomponente Grund für den Funktionsausfall ist. Die korrekte Diagnose solcher Probleme ist ohne Verwendung entsprechender Messtechnik und Diagnosesoftware oft nicht möglich.

16.3.3 Viren

Alle bislang beschriebenen Faktoren, welche die Netzwerkleistung beeinträchtigen können, stehen in Zusammenhang mit den physischen Gegebenheiten des Netzwerks. Der letzte Aspekt jedoch, den wir behandeln wollen, ist eine Software oder – um es genauer zu sagen – eine Art von Software, deren einziger Zweck darin besteht, den Betrieb eines Netzwerks zu stören. Die Rede ist von den verschiedenen Varianten »infektiöser« Software:

- Ein Wurm ist ein Programm, das sich selbstständig in einem Netzwerk ausbreitet. Dies geschieht in der Regel dadurch, dass es sich selbst in den Speicher aller betroffenen Computer kopiert. Diese Duplizierung kann auf einem Computer derart häufig stattfinden, dass er abstürzt. Würmer werden manchmal auch in Form von *Wurmsegmenten* geschrieben. Sie werden unbemerkt in das Netzwerk eingeschleust – entweder »zum Spaß« oder mit dem Ziel, Daten zu zerstören. Der Begriff »Wurm« entstammt übrigens einem Science-Fiction-Roman.

- Ein Virus ist ein Programm, das Computerdateien (üblicherweise ausführbare Programme) »infiziert«, indem es Kopien seiner selbst in diese Dateien einfügt. Dies erfolgt meist auf eine Weise, dass der Virencode ausgeführt wird, sobald die Datei in den Speicher geladen wird, d. h., er kann dann wieder andere Dateien infizieren usw. Viren haben häufig schädliche Nebenwirkungen – manchmal gewollt, manchmal nicht. Die neueste Variante zur Verbreitung von Viren besteht darin, sie als Mailanhänge über das Internet zu versenden.

- Ein trojanisches Pferd (manchmal auch kurz »Trojaner« genannt) ist ein destruktives Programm, das sich als Spiel, Utility oder Anwendung tarnt. Wenn es ausgeführt wird, scheint es zwar die »offizielle« Funktion zu erfüllen, aber im Hintergrund werden ganz andere – teils zerstörerische – Vorgänge ausgeführt.
- Ein Backdoor-Programm (dt. *Hintertür*) nutzt eine Sicherheitslücke im System, die von Entwicklern bewusst oder durch einen Programmierfehler geschaffen wird, um einen Zugang zum System zu erhalten. Einige Betriebssysteme werden standardmäßig zum Beispiel mit privilegierten Konten installiert, die für die Wartung durch Außendiensttechniker oder Serviceprogrammierer implementiert sind. Nicht benötigte Standardkonten sollten Sie entfernen. Ein Backdoor-Programm ist kein Virus (und auch kein trojanisches Pferd), sondern ein allgemeines Sicherheitsproblem.

Beachten Sie die folgenden Tipps, um eine Infektion Ihres Netzwerks oder einzelner Computer zu verhindern:

- Seien Sie misstrauisch gegenüber Software, deren Herkunft Sie nicht genau kennen. Programme, die über illegale Kanäle vertrieben werden, gehören zu den häufigsten Virenträgern, denn derartige Software wird nicht auf Viren überprüft.
- Seien Sie wachsam, wenn Benutzer eigene Speichermedien auf den Netzwerkcomputern einsetzen. Jede Art von Datei kann mit einem Virus infiziert sein, d. h. nicht nur Programme, sondern auch offensichtlich harmlose Daten können Virenträger sein – sogar Grafikdateien im JPEG-Format!
- Setzen Sie auf allen Computern eine aktuelle Version eines Virenprüfprogramms ein. Solche Programme werden von vielen Herstellern angeboten.

Es gibt eine Reihe weiterer Wege zur Erkennung und Verhütung von Viren, die hier nicht genannt werden können. Im Internet finden Sie eine Vielzahl von Artikeln und Hinweisen zu diesem Thema.

16.4 Leistungsfähigkeit des Netzwerks

Neben Sicherheitsaspekten und Redundanz ist die Leistungsfähigkeit des Netzwerks ein weiterer wesentlicher Faktor des Netzmanagements. Die Leistungsfähigkeit ist ein Maß für die Schnelligkeit und Zuverlässigkeit des Netzwerks. Man kann diesen Sachverhalt mit dem Auto vergleichen: Bei einem guten Fahrzeug erwartet man, dass es sich verschließen lässt (Sicherheit) und über einen Ersatzreifen verfügt (Zuverlässigkeit). Dies ist aber nur eine Seite des Fahrzeugs; wichtig ist etwa auch die Beschleunigung von 0 auf 100 km/h (Schnelligkeit) und die Tatsache, dass das Auto stehen bleibt, wenn Sie die Bremsen betätigen (Zuverlässigkeit).

Diese Leistungsaspekte müssen Sie überprüfen, wenn Sie wissen wollen, ob die Leistungsfähigkeit Ihres Netzwerks ausreichend ist. Um unsere Analogie fortzusetzen: Wenn Sie mit Ihrem Auto nicht zufrieden sind, dann können Sie es zu einer Firma bringen, die es veredelt (d. h., die Motorleistung erhöht usw.). Der Unterschied zwischen Netzwerken und Autos besteht darin, dass die meisten Fahrzeugmodelle eine Standardleistung erbringen; die meisten Netzwerke hingegen tun genau dies nicht. Jede Kombination aus Computer- und Netzwerkhardware, Software und Kabelmedien wird eine andere Leistung erbringen. Dies lässt uns schlussfolgern, dass wir ein Vergleichsmaß haben müssen, anhand dessen wir feststellen können, ob die Leistung unseres Netzwerks ausreichend oder gut ist oder eben nicht. Dieses Vergleichsmaß ist die so genannte Baseline. Eine Baseline wird ermittelt, nachdem das Netzwerk korrekt installiert und konfiguriert wurde.

Zur Bestimmung der Baseline kann ein Netzüberwachungspaket oder -Tool wie etwa LANMeter von Fluke oder der in Windows 2000 integrierte Netzwerkmonitor benutzt werden. Solche Programme zeichnen verschiedene Leistungsdaten des Netzwerks auf, z. B. die prozentuale Auslastung, die Anzahl der Kollisionen und der fehlerhaften Frames und das Ausmaß des Broadcast-Verkehrs. Diese bei optimiertem Normalbetrieb (eben unmittelbar nach Installation und Konfiguration) ermittelten Werte sind die Baseline, die dem Netzwerkadministrator jederzeit einen Vergleich mit den aktuellen Werten und darauf basierend entsprechende Schlussfolgerungen über den Zustand des Netzwerks ermöglicht.

Wenn das Netzwerk nun wächst und sich verändert, dann muss die Baseline – wie jede andere Dokumentation auch – in regelmäßigen Abständen aktualisiert werden. Bei System-Upgrades darf man nicht vergessen, dass nicht nur die Hardware aktualisiert werden muss, sondern auch der Treiber, der die Hardware steuert. Der alte Hardwaretreiber kann die neuen Features vielleicht nicht steuern und ist schlimmstenfalls sogar inkompatibel; dies könnte sich drastisch auf die Netzwerkleistung auswirken. Wenn ein Update oder ein neues Programm installiert wird, dann müssen bei bestimmten Betriebssystemen die Service-Packs erneut installiert werden, denn es muss verhindert werden, dass Dateien, die Teil der neuen Programminstallation sind, oder solche, die älter sind als die Dateien der Service-Packs, Probleme im Netzwerk verursachen.

Wenn Sie Änderungen im Netzwerk vornehmen (z. B. den Umzug eines Servers von einem Standort an einen anderen; Abbildung 16.8), dann müssen Sie das Gerät am neuen Standort auf korrekten Betrieb prüfen, bevor Sie die Baseline ändern. Dies gilt insbesondere, wenn Sie Änderungen vornehmen, um den Netzwerkverkehr in einem bestimmten Segment zu reduzieren. Ein Gerät, das im alten Segment noch einwandfrei gearbeitet hat, muss dies nicht unbedingt auch im neuen Segment tun, und dieser Umstand könnte sich wiederum auf die Leistung des Netzwerks auswirken. Überprüfen Sie den Betrieb eines Geräts am neuen Standort – insbesondere seine Netzwerkfunktionalität und die auf ihm ausgeführten Anwendungen – deswegen sorgfältig.

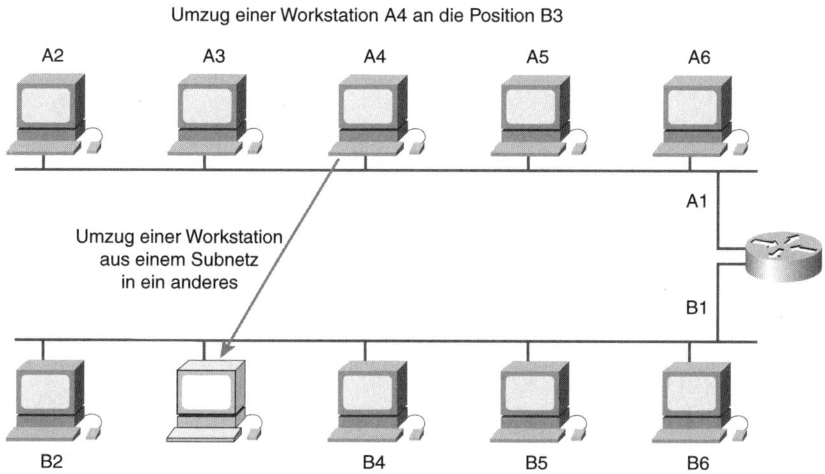

Abbildung 16.8: PC, der in ein anderes Segment »umzieht«

16.5 Serveradministration

Alle Netzwerkadministratoren müssen die beiden gängigen Netzwerktypen kennen: Peer-to-Peer- und Client-Server-Netzwerke.

16.5.1 Peer-to-Peer-Netzwerke

Abbildung 16.9 zeigt ein Peer-to-Peer-Netzwerk, das auch Workgroup-Netzwerk genannt wird. Solche Netzwerke sind in erster Linie für eine geringe Zahl von Workstations gedacht (Microsoft empfiehlt eine Anzahl von maximal zehn Benutzern in einem Peer-to-Peer-Netzwerk).

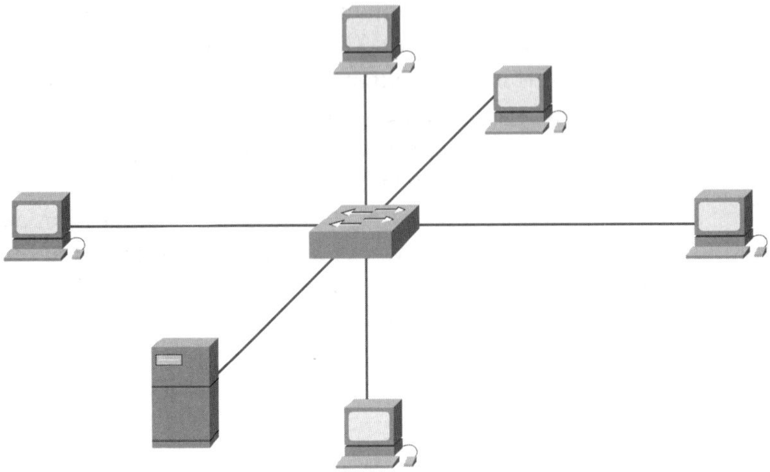

Abbildung 16.9: Peer-to-Peer-Netzwerk

Die Vorteile eines Peer-to-Peer-Netzwerks bestehen darin, dass es preiswerter zu erstellen und zu betreiben ist als ein Client-Server-Netzwerk, dass Benutzer ihre eigenen Ressourcen steuern können, dass kein dedizierter Server vorhanden sein muss und für den Betrieb – abgesehen von einem passenden Betriebssystem – keine weitere Software benötigt wird.

Nachteilig wirkt sich aus, dass keine zentrale Verwaltungsmöglichkeit vorhanden ist und jeder Benutzer Kennungen für jeden anderen Benutzer konfigurieren muss, der auf Ressourcen seines Rechners zugreift. Jedes Mal, wenn ein Benutzer sein Passwort ändert, müssen die Passwörter für alle gemeinsam genutzten Ressourcen einzeln geändert werden. Wenn eine Workstation mit freigegebenen Ressourcen abgeschaltet wird oder anderweitig ausfällt, dann stehen diese Ressourcen nicht zur Verfügung. Der letzte Nachteil wurde bereits oben genannt: Wenn bereits mehr als zehn Benutzer vorhanden sind oder erkennbar ist, dass in absehbarer Zukunft mehr als zehn Benutzer vorhanden sein werden, dann ist das Peer-to-Peer-Netzwerk keine gute Wahl.

Betriebssysteme, mit denen sich Peer-to-Peer-Netzwerke realisieren lassen, sind Windows 95/98/ME und LANtastic.

16.5.2 Client-Server-Netzwerke

Der zweite grundlegende Netzwerktyp ist das Client-Server-Netzwerk (Abbildung 16.10). Das Herz solcher Netzwerke sind Netzwerkbetriebssysteme. Ein solches Betriebssystem steuert die Ressourcen im LAN und verwaltet es auch.

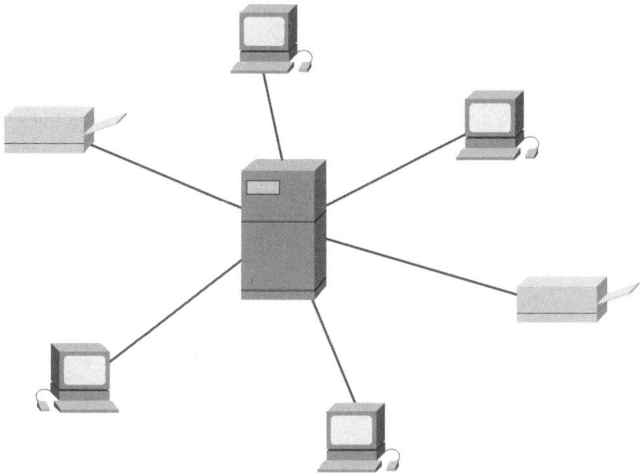

Abbildung 16.10: Client-Server-Netzwerk

Zu den Vorteilen von Client-Server-Netzwerken gehören eine zentrale Verwaltung, ein gute Sicherheitsimplementierung und das Ressourcenmanagement. Ferner lassen sich für die Benutzer Ressourcen über dedizierte Server einfacher bereitstellen, und der Ressourcenzugriff erfolgt mit Hilfe einer einheitlichen Netzwerkkennung und eines einheitlichen Passworts.

Nachteilig an Client-Server-Netzwerken ist das Vorhandensein einer fehlerkritischen Komponente im Netzwerk, d. h., wenn der Server ausfällt, dann können die Clients nicht mehr auf die Serverressourcen zugreifen. In bestimmten Konfigurationen kann es sogar vorkommen, dass die Clients ohne einen Server gar nicht mehr betrieben werden können. Für Betrieb und Wartung des Netzwerks werden nun speziell ausgebildete Administratoren benötigt. Neben dem Bedarf an spezieller Netzwerkhardware und -software ist es dieser Umstand, der die Betriebskosten für ein Client-Server-Netzwerk ansteigen lässt. Doch trotz dieser Nachteile sind Client-Server-Netzwerke die einzige Wahl für Organisationen (Unternehmen wie Institutionen) mit mehr als zehn Benutzern. Zu den Betriebssystemen für Client-Server-Netzwerke gehören Mac OS X, Unix, Novell NetWare sowie Windows NT, Windows 2000 und Windows XP.

Unix

Das Betriebssystem Unix ist in vielen Varianten verfügbar, die von unterschiedlichsten Firmen implementiert wurden. Zu den Unix-Anbietern gehören Sun Microsystems, IBM, Hewlett-Packard und SCO (Santa Cruz Operation). Ferner gibt es auch kostenlose Unix-Versionen wie etwa FreeBSD oder das derzeit sehr populäre Linux.

Unix ist ein Multiuser-Betriebssystem, das Multiprocessing, Multitasking und Multithreading von Anwendungen unterstützt. Es ist kernel-basiert, d. h., die Hardwareschicht ist von der Anwendungsschicht strikt getrennt. Ferner wird bei Unix meistens das Dateisystem NFS (Network File System; dies ist die Dateisystemimplementierung von Sun Microsystems) verwendet, denn dieses Dateisystem ermöglicht einen gesicherten Zugriff sowohl auf Dateien als auch auf Verzeichnisse auf dem Server. Außerdem ermöglicht Unix bereits auf Betriebssystemebene eine zentrale Einrichtung von Benutzern und Ressourcen.

Da mehrere unterschiedliche Unix-Versionen erhältlich sind, ist es schwierig, alle Varianten und Releases dieser Software miteinander zu vergleichen; obige Aufzählung gibt einen Überblick über die Eigenschaften, die allen Unix-Derivaten gemein sind. Welche Clients für Unix-Netzwerke am geeignetsten sind, hängt in diesem Fall spezifisch davon ab, von welchem Hersteller die verwendete Unix-Variante stammt.

Novell NetWare

In Zusammenhang mit NetWare und Windows 2000 sind auch die verschiedenen Versionen zu untersuchen, die im Laufe der Jahre auf den Markt gekommen sind. Wir wollen dabei zunächst Novell NetWare betrachten. Die verschiedenen zu berücksichtigenden Versionen sind 3.x, 4.x, 5.x und 6.x; sie unterscheiden sich im Wesentlichen in der Handhabung der Verzeichnisdienste.

NetWare Version 3.12 verwendet zur Verwaltung vieler Benutzer und Ressourcen ein Objekt namens Bindery. Der Nachteil dabei besteht darin, dass Bindery-Dienste ein serverzentriertes Netzwerk erzeugen, bei dem der Schwerpunkt auf dem einzelnen Server als Mittelpunkt liegt; deswegen kann es in Netzwerken mit mehreren Servern zu Problemen kommen. Zwar können Passwörter serverübergreifend synchronisiert werden, aber jeder Server muss für jeden Benutzer über eine eigene Kennung verfügen; damit ist der eigentliche Zweck eines solchen Netzwerks – die zentralisierte Verwaltung – zunichte gemacht. Man muss allerdings fairerweise zugeben, dass die Ausbreitung von Multiservernetzen zum Zeitpunkt des Erscheinens von NetWare 3.12 noch gar nicht abzusehen war. Die notwendigen Änderungen lieferte dann NetWare Version 4.11 nach.

Die NetWare-Versionen 4.11, 5.0 und 6.0 verwenden zur Verwaltung von Benutzern und Ressourcen ein Objekt namens NDS (Novell Directory Services). Der Vorteil im Vergleich zu Version 3.12 besteht darin, dass NDS ein netzwerkzentriertes Netzwerk erstellt, d. h., das gesamte Netzwerk stellt den

Steuermechanismus dar. Diese Schwerpunktlegung konzentriert das Netzmanagement auf einen einzelnen Punkt, und im Kontext des Netzwerks werden alle Server als reine Netzwerkobjekte betrachtet. Auf diese Weise ist etwa eine Autorisierung von Benutzern für den Zugriff auf Ressourcen im gesamten Netzwerk mit Hilfe einer einheitlichen Kombination aus Kennung und Passwort möglich. Auch Organisation und Administration des Netzwerks werden entschieden vereinfacht.

Alle Versionen von NetWare arbeiten mit einer Kombination aus zwei Dateidiensten. Der erste Dateidienst ist FAT (File Allocation Table; das Dateisystem, das auch unter DOS und damit unter Windows 95/98/ME verwendet wird), der zweite DET (Directory Entry Table), ein proprietäre Dateisystem von Novell, das Sicherheitsfunktionen für Dateien und Verzeichnisse auf dem Server bietet. NetWare-Clients gibt es als Versionen für Windows, DOS, Macintosh und OS/2. NetWares Erfolg ist auf seine Überlegenheit bei der Ressourcenverwaltung von Dateien und Benutzern zurückzuführen.

Windows NT/2000

Windows NT 4.0 und Windows 2000 (eigentlich Windows NT 5.0) sind die letzten Betriebssysteme, die wir an dieser Stelle behandeln wollen. Sowohl Windows NT 4.0 Server als auch Windows NT 4.0 Workstation wurden mit der Bedienoberfläche von Windows 95 ausgestattet, um »Look & Feel« bei allen Windows-Versionen konsistent zu halten. Das Benutzer- und Ressourcenmanagement erfolgt bei Windows NT über so genannte Domänen (Abbildung 16.11). Eine Domäne ist eine logische Benutzer- und Ressourcengruppe, die von einem bestimmten Server – dem PDC (Primary Domain Controller, primärer Domänencontroller) – gesteuert wird. Domänen unterstützen auch den Einsatz von Sekundärservern, die BDCs heißen (Backup Domain Controller, Reservedomänencontroller). BDCs sorgen für einen Lastausgleich des PDC und bieten für Benutzer- und Ressourcenobjekte Redundanz.

Es gibt noch einen dritten in einer Domäne zulässigen Servertyp, den allein stehenden Server. Dieser Server dient in erster Linie der Unterstützung einer einzelnen bestimmten Anwendung und der Aufnahme von Ressourcen für diese Anwendung.

Eine Variante der Domäne ist das Multidomänenmodell. In diesem Modell sind getrennte Domänen über Vertrauensbeziehungen miteinander verbunden; es ermöglicht Benutzern, für den Ressourcenzugriff Domänengrenzen zu überschreiten.

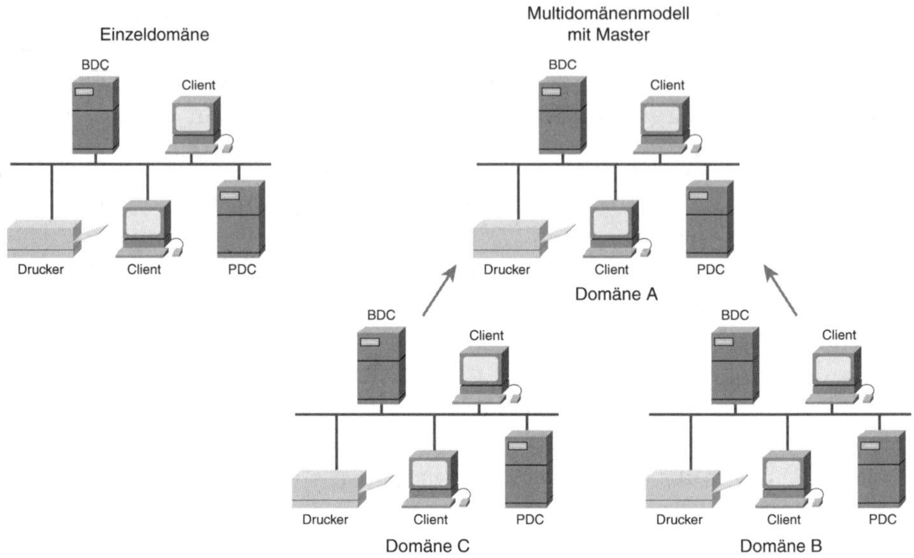

Abbildung 16.11: Einzel- und Multidomänenstrukturen unter Windows NT 4.0

Die Verwaltungsstruktur unter Windows 2000 Server, dem Nachfolger von Windows NT 4.0, hat die Domänen durch Active Directory ersetzt. Active Directory basiert – ähnlich wie NDS – nicht auf einem domänenzentrierten, sondern auf einem netzwerkzentrierten Modell.

Wie Unix ist auch Windows NT ein Multiuser-Betriebssystem, das Multiprocessing, Multitasking und Multithreading von Anwendungen unterstützt. Windows NT ist – wie Unix – zwecks Vermeidung von Hardwareproblemen kernel-basiert und verwendet die Dateisysteme FAT (genauer: FAT16) und NTFS (New Technology File System), das proprietäre NT-Dateisystem. Für FAT bietet Windows NT Sicherheit nur für Verzeichnisse (Ordner), nicht jedoch für einzelne Dateien; NTFS hingegen erlaubt Sicherheit und die Konfiguration von Berechtigungen sowohl auf der Datei- als auch auf der Verzeichnisebene.

Der Grund dafür, dass Windows NT diese beiden Dateisysteme unterstützt, ist seine Fähigkeit, auf ein und demselben Computer mit anderen Betriebssystemen zu koexistieren. Das bedeutet nicht, dass mehrere Betriebssysteme gleichzeitig ausgeführt werden können, sondern dass der Rechner unter Windows NT *oder* unter einem anderen System läuft. Damit aber dieses andere Betriebssystem auf Dateien zugreifen kann, musste auch das FAT-Dateisystem implementiert werden. Nur ein Beispiel: Windows 95 und Windows 98 unterstützen das Dateisystem FAT32, Windows NT hingegen nicht. Wenn also Windows NT und Windows 95 auf einem Rechner verwendet werden, dann ist FAT16 der kleinste gemeinsame Nenner beim Dateisystem. Das Netz mit Windows NT funktioniert am besten mit dem proprietären Client Windows NT Workstation, verträgt sich aber auch mit Windows für Workgroups, Windows 95/98 und Macintosh.

Es spielt für den Betrieb des Netzwerks eine untergeordnete Rolle, welches Netzwerkbetriebssystem Sie verwenden, seine Hauptfunktion besteht immer in der Steuerung des Netzwerks. Dieses wird mit Hilfe von Benutzerrechten, Konten, Kennungen (Benutzernamen), Passwörtern und Gruppen sowie mit Systemprofilen und Richtlinien erreicht. All diese Begriffe werden wir im Folgenden näher erläutern.

16.5.3 Steuerung des Netzwerks

Mit einem Anmeldenamen (Kennung) weist sich ein Benutzer gegenüber dem Netzwerksystem aus. Er wird durch die Kombination aus diesem Namen und einem Passwort durch das Netzwerkbetriebssystem identifiziert und erhält dann Zugriff auf die Ressourcen des Netzwerks. Anhand der Kennung können Benutzeraktionen im Netzwerk nachvollzogen werden, d. h., jeder Benutzer ist für die Handlungen verantwortlich, die unter seiner Kennung im Netzwerk durchgeführt werden (dieser Umstand sollte in den Sicherheitsanweisungen, die weiter oben in diesem Kapitel erläutert wurden, vermerkt werden).

Die Tatsache, dass ein Benutzer eine Kennung hat, bedeutet aber noch nicht, dass er frei auf alle Ressourcen im Netzwerk zugreifen kann; welche Ressourcen einem Benutzer zur Verfügung stehen, wird durch die Benutzerrechte bestimmt. Diese Benutzerrechte konfiguriert ein Administrator so, dass dem Benutzer der Zugriff auf bestimmte Ressourcen entweder gestattet oder verweigert wird. Wenn beispielsweise ein Benutzer am Netzwerk angemeldet ist und sich in diesem Netzwerk auch ein Drucker befindet, dann bedeutet dies noch lange nicht, dass der Benutzer Dokumente auf diesem Drucker ausdrucken darf; verfügt er nämlich nicht über die notwendigen Rechte, dann wird ihm der Zugriff auf den Drucker verweigert. Gleiches gilt neben Drucken auch für Nutz- und Programmdateien sowie sämtliche anderen Ressourcen im Netzwerk.

Bei der Zuweisung von Benutzerrechten kann der Administrator vor einem Problem stehen: Befinden sich nämlich in seinem Netzwerk sehr viele Benutzer, dann verbringt er die meiste Zeit damit, für jeden einzelnen Benutzer Rechte zu konfigurieren bzw. zu modifizieren. Dieses Problem wird durch den Einsatz von Gruppen gelöst.

Eine Gruppe ist eine logische Einheit von Benutzern im Netzwerk. Benutzerrechte und Berechtigungen werden nicht den einzelnen Mitgliedern der

Gruppe, sondern der Gruppe als Ganzes verliehen. Wenn ein Benutzer die Rechte benötigt, die eine bestimmte Gruppe hat, dann wird er dieser Gruppe zugeordnet und erhält die entsprechenden Rechte. Gleiches gilt auch, wenn die Berechtigungen für den Zugriff auf eine bestimmte Ressource sich ändern: In diesem Fall werden die Rechte für die Gruppe geändert und gelten fortan für alle Mitglieder dieser Gruppe. Natürlich kann man weiterhin einzelnen Benutzern individuell Rechte zuweisen, aber die effizientere Art der Rechteverwaltung in großen Netzwerken ist der Einsatz von Gruppen.

Die Begriffe Richtlinie und Profil haben nichts mit Systemressourcen zu tun, sondern damit, wie Benutzer mit ihrer Workstation arbeiten. Mit Hilfe eines Profils kann ein Benutzer seine »eigene« Bedienoberfläche individuell konfigurieren und diese dann an jedem Computer im Netzwerk benutzen; man nennt diese Art des Profils Roaming-Profil (auch »servergespeichertes« Profil). Eine andere Art des Profils verfolgt genau den umgekehrten Ansatz: Alle Benutzer arbeiten an allen Rechnern mit der gleichen Bedienoberfläche und haben keine Möglichkeit, diese zu ändern. Dieses verbindliche Profil wird in Situationen verwendet, in denen viele Benutzer einen einzigen Computer nutzen müssen. Wenn ein Benutzer immer am gleichen Rechner arbeitet und niemals einen anderen benutzt, dann kann man für ihn auch ein lokales Profil erstellen, das nicht – wie die ersten beiden Profiltypen – im Netzwerk, sondern auf dem lokalen Rechner selbst gespeichert wird.

Der Begriff Richtlinien bezieht sich auf die Ressourcenkontrolle bei lokalen Computern. Eine Richtlinie, die es einem Benutzer untersagt, Daten auf der Festplatte oder mit dem Diskettenlaufwerk seines lokalen Computers zu speichern, kann die Datensicherheit erheblich verbessern, denn sie verhindert, dass Daten kopiert werden und dann aus der Organisationsumgebung herausgelangen können. Richtlinien können aber auch unterbinden, dass Benutzer unbeabsichtigt Änderungen an ihrer Systemkonfiguration vornehmen. Einstellungen etwa der Grafik- oder Netzwerkkarte oder die Festplattenkonfiguration sind Elemente, welche die überwiegende Mehrheit der Benutzer nicht zu ändern braucht; wenn daran Änderungen vorgenommen werden, dann kann dies viel unnötige Arbeit seitens der Administration (Helpdesk, Netzwerkadministrator) zur Folge haben.

Alle beschriebenen Aspekte lassen sich wie folgt zusammenfassen: Netzwerkrechte, Benutzernamen und Passwörter, Gruppen, Profile und Richtlinien stellen Hilfsmittel dar, mit denen der Systemadministrator den Zugriff auf die Netzwerkdienste ebenso wie Änderungen an lokalen Workstations steuern und einschränken kann. Die Tatsache, dass man selbst Netzwerkadministrator ist, äußert sich auch nur als ein Satz von Rechten und Privilegien, die man im Netzwerk genießt. Nicht alle Benutzer dürfen Rechte und Privilegien anderer Nutzer verändern; diese Befugnis ist bestimmten Gruppen mit Administratorrechten vorbehalten. Wenn Sie Mitglied einer Gruppe sind, die über Administratorrechte verfügt, dann sind Sie auch ein Administrator.

16.6 Die administrative Seite des Netzmanagements

Es ist wichtig, wie man ein Netzwerk sieht. Ein *Netzwerk* ist eine Ansammlung von Computern, die untereinander verbunden sind und auf diese Weise Kommunikation ermöglichen. Wenn ein Netzwerkadministrator sich ein Netzwerk ansieht, dann sollte er es als Einheit betrachten, nicht als Summe voneinander getrennter Komponenten: In einem Netzwerk beeinflusst *jedes* Gerät andere Geräte und auch das Netzwerk als Ganzes. Abbildung 16.12 zeigt, dass in einem Netzwerk kein Element isoliert dasteht.

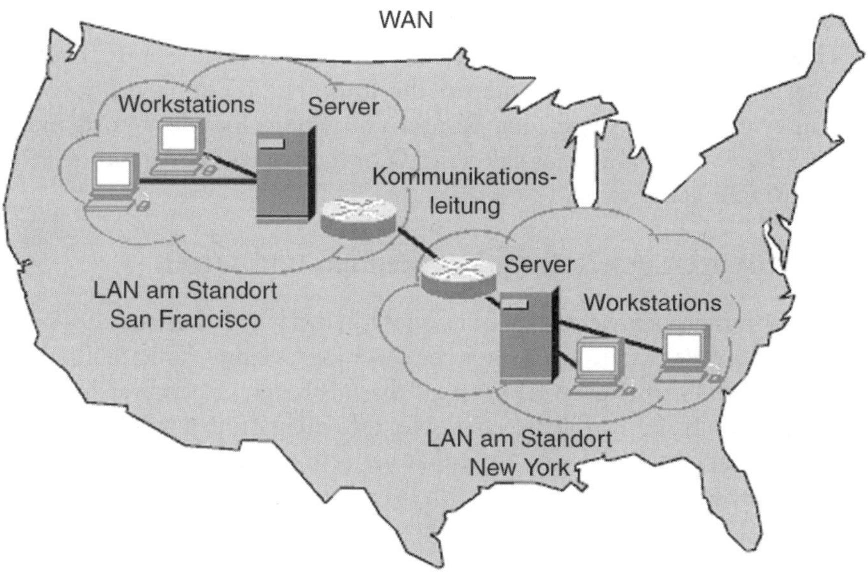

Abbildung 16.12: Einfache Netzwerkkonfiguration

In diesem Fall stellt etwa das Auto eine passende Analogie zum Netzwerk dar. Ein Auto ist eine Ansammlung von Teilen, die in ihrer Summe den Transport ermöglichen. Der Motor stellt die für die Bewegung des Autos notwendige Leistung bereit, ist aber seiner Funktion beraubt, wenn das Benzin ausgeht oder die Reifen ohne Luft sind. Auch die Bremsen sind wichtige Komponenten, sind aber wirkungslos, wenn das Bremssystem die auf das Bremspedal ausgeübte Kraft nicht überträgt. Wenn nicht alle Komponenten zusammenarbeiten, dann kann das Auto die gewünschte Funktion – den Transport – nicht erfüllen.

Gleiches gilt auch für ein Netzwerk. Wenn der Netzwerkserver für die Arbeit mit dem IPX/SPX-Protokoll konfiguriert ist, die Hosts jedoch nicht, dann wird eine Kommunikation zwischen diesen nicht stattfinden. Funktioniert das System einwandfrei und der Administrator ändert Protokolle nur an einem Ende des Systems, dann ist die gesamte Funktionsfähigkeit nicht mehr gegeben. Wie bereits gesagt: Ein Gerät wirkt sich immer auf die Funktion anderer Geräte aus.

Ein weiteres Beispiel ist ein DNS-Server, der über eine bestimmte IP-Adresse erreicht werden kann. Sie haben nun all Ihre Hosts so konfiguriert, dass sie diesen DNS-Server unter der genannten Adresse suchen. Wenn nun ein Netzwerktechniker die IP-Adresse des Servers ändert, ohne die entsprechenden Angaben bei den Hosts anzupassen, dann können die Hosts auch nicht mehr auf DNS-Dienste zugreifen.

Denken Sie immer daran, das Netzwerk bei der Arbeit als Einheit zu betrachten, nicht als eine Gruppe miteinander verbundener Geräte. Dies gilt auch für WAN-Verbindungen, die für die Internetanbindung benutzt werden. Änderungen, die Sie an den Routern an Ihrem Standort vornehmen, können Effizienz und Zuverlässigkeit der Kommunikation im gesamten System beeinträchtigen.

16.6.1 Grenzen des Netzwerks erkennen und setzen

In einem Unternehmensnetzwerk ist es wichtig, dass die Mitglieder des Netzwerkteams ihre Pflichten genau kennen. Gehört es zum Aufgabenbereich, Probleme an einem Benutzerdesktop zu diagnostizieren, oder reicht es aus festzustellen, dass die Probleme eines Nutzers nichts mit der Kommunikation zu tun haben? Endet der Aufgabenbereich bereits am Anschluss der Horizontalverkabelung in einem Raum oder erst bei der Netzwerkkarte im Computer?

Solche Definitionen sind für die Netzwerkabteilung wichtig, denn sie wirken sich auf die Aufgabenbereiche der einzelnen Mitarbeiter und die Kosten für das Netzwerk aus. Je größer die Verantwortung der Netzwerktechniker, desto höher auch die Ressourcenkosten. Stellen Sie sich beispielsweise einmal eine Person vor, die ein Restaurant betreibt und ganz allein für alle anfallenden Aufgaben zuständig ist: Kochen, Servieren, Abspülen und Abwicklung aller anfallenden Kosten. Die Personalkosten für ein solches Restaurant wären extrem niedrig, aber Wachstum und Expansion sind nicht möglich, bis der Besitzer Köche, Kellner, Spülhilfen und einen Geschäftsführer anstellt. Wenn die Aufgaben verteilt sind, können im Restaurant mehr Kunden effizienter bedient werden. Der Nachteil besteht hierbei natürlich in den parallel zu Wachstum und Expansion steigenden Personalkosten.

Gleiches gilt auch für den Netzwerksupport: Er kann entweder Ansprechpartner für *alle* Aspekte des Netzwerks sein oder sich auf einige bestimmte Komponenten beschränken. Die Aufgabenbereiche müssen separat für jede Abteilung definiert und durchgesetzt werden. Der Schlüssel zum Verständnis dieser gegenseitigen Abhängigkeiten besteht darin zu sehen, dass zu große Verantwortlichkeiten die Ressourcen der Abteilung überlasten können, während zu kleine Aufgabenbereiche ein effizientes Troubleshooting im Netzwerk schwierig gestalten können.

16.6.2 Kosten eines Netzwerks

Die Netzwerkadministration umfasst eine Reihe von Pflichten, darunter auch die Kostenanalyse. Dazu gehört nicht nur die Bestimmung der Kosten für Netzdesign und -implementierung, sondern auch jener für Wartung, Aktualisierung und Überwachung des Netzwerks. Die Ermittlung der Kosten für die Netzwerkinstallation stellt die meisten Netzwerkadministratoren nicht vor besondere Probleme; die Gerätekosten sind recht schnell ermittelt, und auch die Arbeitskosten lassen sich auf der Basis fester Tarife ziemlich genau kalkulieren.

Leider sind die Kosten für den Bau des Netzwerks erst der Anfang; es sind weitere Faktoren zu berücksichtigen, die Kosten verursachen können:

- Wachstum des Netzwerks im Laufe der Zeit
- Schulung von Technikern und Benutzern
- Reparaturen
- Softwareumstellungen

Diese Kosten sind weitaus schwieriger abzuschätzen als die Kosten für den Aufbau des Netzwerks. Der Netzwerkadministrator muss die Kosten für das Wachstum des Netzwerks aus Entwicklungen in der Firmengeschichte und Wachstumstendenzen erschließen. Er muss sich ständig mit neuer Hard- und Software befassen, um entscheiden zu können, ob und wann diese zu implementieren ist und inwieweit die Mitarbeiter für die Arbeit mit diesen neuen Technologien geschult werden müssen.

Zu den Wartungskosten des Netzwerks gehören auch die Ausgaben für zusätzliche redundante Geräte bei produktionskritischen Funktionen. Stellen Sie sich einmal vor, Sie betreiben einen Online-Shop, dessen Internetanbindung über genau einen Router erfolgt; fällt dieser Router nun aus, dann ist Ihr Unternehmen vorübergehend aus dem Geschäft – so lange, bis Sie den Router ausgetauscht haben. Dies kann im schlimmsten Fall finanzielle Verluste von mehreren tausend Euro nach sich ziehen. Der versierte Netzwerkadministrator hat für solche Fälle immer einen Ersatz-Router zur Hand, um die Ausfallzeit möglichst kurz zu halten.

16.6.3 Fehlerberichte

Wie wir bereits sehr häufig angemerkt haben, gehört zu einem effizienten Netzmanagement eine umfassende Dokumentation. Deswegen sollten Sie, wenn Fehler auftreten, diese in einem Fehlerbericht vermerken (Abbildung 16.13). In diesem Dokument notieren Sie alle für ein Netzwerkproblem wesentlichen Informationen sowie Angaben zur Diagnose und Behebung des Problems. Fehlerberichte können der Geschäftsleitung als Grundlage für die Anstellung weiterer Mitarbeiter, den Erwerb neuer Geräte und die Durchführung von Schulungsmaßnahmen dienen. Ferner können Sie Fehlerberichte als Referenz benutzen, wenn etwa ein Problem, das Sie schon einmal gelöst wurde, an anderer Stelle erneut auftritt.

Reparaturarbeiten Nur ein Formular pro Computer				
Inventarnummer			Datum	
Art des Problems	Hardware:		Software:	
Problembeschreibung				
Garantiefall	Ja	Nein	Reparaturort:	
Reparaturbeschreibung				
Name des Technikers				
Kostenstelle (Abteilung)				
Auftraggeber				
Anmerkungen				

Abbildung 16.13: Formular »Fehlerbericht«

Die bisherigen Ausführungen in diesem Kapitel waren eher allgemein gehalten. Nun wollen wir die Tools kennen lernen, die zur Überwachung und Problemdiagnose in einem WAN eingesetzt werden können.

16.7 Netzwerküberwachung

Es gibt eine Reihe von Gründen zur Netzwerküberwachung, deren wichtigste die Voraussage von Veränderungen in Bezug auf zukünftiges Wachstum und die Erkennung unerwarteter Änderungen beim Netzwerkstatus sind. Zu diesen unerwarteten Änderungen gehören etwa der Ausfall eines Routers oder Switchs, der illegale Zugriff auf das Netzwerk (etwa durch einen Hacker) oder die Unterbrechung einer Datenleitung. Könnte der Administrator das Netzwerk nicht überwachen, dann könnte er auf Probleme erst dann reagieren, wenn diese auftreten, statt sie präventiv zu vermeiden.

Weiter oben in diesem Kapitel haben wir den Schwerpunkt auf LANs gelegt. Viele der Methoden, die dort beschrieben wurden, gelten gleichermaßen auch für die Überwachung eines WAN. Einer der wesentlichen Unterschiede zwischen WANs und LANs ist der Standort der Geräte; deswegen sind Platzierung und Einsatz der Überwachungswerkzeuge für den kontinuierlichen Betrieb des WAN von wesentlicher Bedeutung.

16.7.1 Verbindungen überwachen

Eine der einfachsten Formen der Verbindungsüberwachung findet tagtäglich in Netzwerken statt. Der Vorgang, bei dem Benutzer sich am Netzwerk anmelden, stellt sicher, dass die Verbindungen einwandfrei arbeiten. Dies ist allerdings keine sehr effiziente oder bevorzugte Methode der Verbindungsüberwachung. Es gibt einfache Programme, in die ein Netzwerkadministrator eine Liste von IP-Adressen eingeben kann, die dann mit `ping`-Befehlen regelmäßig abgefragt werden. Wenn ein Problem auftritt, erkennt der Administrator dieses sofort an der Ausgabe des `ping`-Befehls. Dies ist eine sehr ineffiziente und primitive Art der Netzwerküberwachung, aber es ist besser als gar nichts.

Ein weiterer Aspekt dieser Art der Überwachung ist die Tatsache, dass lediglich ein Kommunikationsausfall erkannt wird, der *irgendwo* zwischen der Überwachungsstation und dem Zielgerät aufgetreten ist; wo genau der Ausfall vorliegt – ob bei einem Router, einem Switch oder gar einem ganzen Netzwerksegment –, gibt `ping` nicht preis.

Eine derartige Überwachung aller Hosts in einem WAN ist sehr ressourcenaufwändig. Die Übermittlung von `ping`-Befehlen an alle Geräte in einem 3.000 Hosts umfassenden Netzwerk »frisst« die Systemressourcen geradezu. Empfehlenswerter ist es da, nur die wichtigen Hosts, Server, Router und Switches zu überprüfen und ihre Konnektivität sicherzustellen. Solche `ping`-Tests sind allerdings nur dann zuverlässig, wenn alle Workstations unterbrechungsfrei laufen; deswegen ist auch diese Methode nur dann empfehlenswert, wenn keine andere verfügbar ist.

16.7.2 Verkehrsüberwachung

Die Überwachung des Netzwerkverkehrs ist eine gehobenere Art der Netzwerküberwachung. Hierbei werden der tatsächliche Paketverkehr im Netzwerk überwacht und auf dieser Basis Berichte erstellt. Programme wie der Netzwerkmonitor von Microsoft Windows 2000 oder der Network Analyzer von Fluke werden für diese Art der Überwachung verwendet. Solche Programme erkennen nicht nur ausgefallene Geräte, sondern ermitteln auch überlastete oder fehlkonfigurierte Komponenten. Nachteilig an dieser Art von Programmen ist die Tatsache, dass sie in der Regel immer nur in einem Netzwerksegment gleichzeitig tätig sind; wenn Daten über andere Segmente gesammelt werden müssen, dann muss die Software in den jeweiligen Segmenten benutzt werden. Diesen Nachteil kann man allerdings durch den Einsatz von Agenten in entfernten Netzwerksegmenten beheben (Abbildung 16.14). Die Betriebssysteme verschiedener Geräte – z. B. Switchs und Router – sind in der Lage, Verkehrsstatistiken zu erzeugen und zu übermitteln. Wie aber können die Daten nun an einem zentralen Standort gesammelt und organisiert werden, damit sie für den Netzwerkadministrator auch von Nutzen sind? Die Antwort heißt SNMP.

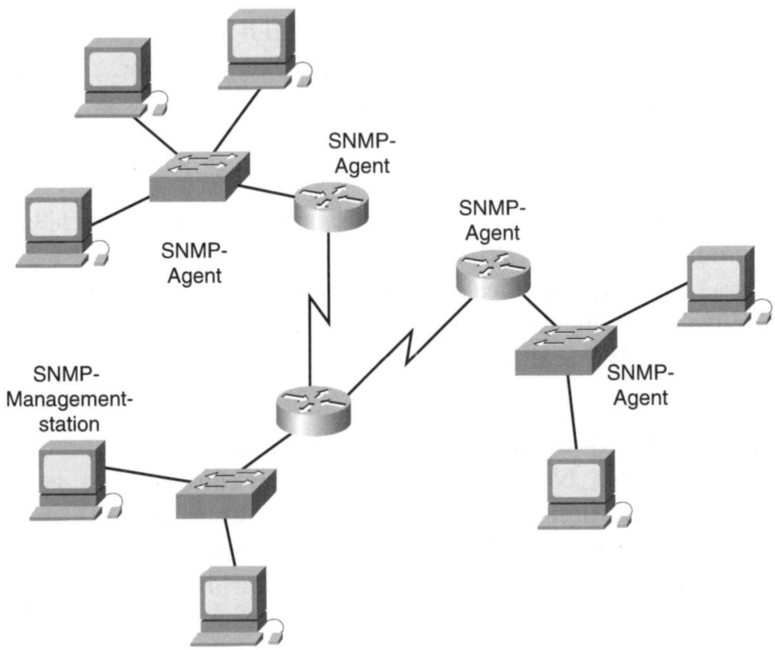

Abbildung 16.14: SNMP-Struktur

16.7.3 Das SNMP-Protokoll

Das SNMP-Protokoll (Simple Network Management Protocol) ist ein Protokoll, das die Übertragung statistischer Daten über das Netzwerk an eine zentrale Verwaltungskonsole gestattet. SNMP ist eine Komponente der NMA (Network Management Architecture, Netzmanagementarchitektur), die aus den folgenden vier Elementen besteht:

- **Managementstation.** Die Schnittstelle des Netzmanagers zum Netzwerksystem. Die Managementstation stellt die Programme zur Datenmanipulation und Netzwerksteuerung bereit und führt außerdem die MIBs (siehe unten) aller verwalteten Geräte.
- **Managementagent.** Diese Komponente ist auf den verwalteten Geräten vorhanden. Bridges, Router, Hubs und Switches können SNMP-Agenten enthalten und so eine Steuerung über die Managementstation gestatten. Der Managementagent arbeitet auf zweierlei Art mit der Managementstation zusammen:
  - **Polling.** Die Managementstation ruft die Daten beim Agenten ab, und dieser übergibt die angeforderten Daten dann an die Managementstation.
  - **Trapping.** Hierbei handelt es sich um eine Methode, die den Verkehr im Netzwerk und die Belastung der zu überwachenden Geräte verringern soll. Die Managementstation ruft die Daten nicht ständig in bestimmten Intervallen ab, sondern es werden auf dem verwalteten Gerät Schwellenwerte (d. h. Maximal- oder Minimalwerte) eingestellt. Wird der Schwellenwert eines Geräts überschritten, dann sendet dieses eine Hinweismeldung an die Managementstation. Auf diese Weise wird das ständige, regelmäßige Abfragen aller verwalteten Geräte im Netzwerk vermieden.

    Das Trapping ist in Netzwerken mit einer großen Anzahl zu verwaltender Geräte vorteilhaft. Der SNMP-Verkehr im Netzwerk wird reduziert, weswegen mehr Bandbreite für den Datentransport zur Verfügung steht.
- **MIB (Management Information Base).** Die MIB hat eine Datenbankstruktur und ist auf allen überwachten Geräten vorhanden. Die Datenbank enthält eine Reihe von Objekten, bei denen es sich um Daten zu den Ressourcen des überwachten Geräts handelt. Zu den Kategorien in der MIB gehören etwa Daten zu Ports oder zu einzelnen Protokollen (TCP, ICMP usw.).
- **Netzmanagementprotokoll.** Hier wird SNMP benutzt. SNMP ist ein Protokoll der Anwendungsschicht, dessen Zweck der Austausch von Daten

zwischen der Managementstation und dem Agenten ist. SNMP verfügt über drei Methoden:

- **GET:** Übermittelt die Daten des Agenten zur Managementkonsole.
- **PUT:** Erlaubt über die Managementstation das Einstellen von Objektwerten am Agenten.
- **TRAP:** Ermöglicht Mitteilungen zu wichtigen Ereignissen vom Agenten an die Managementstation.

Das Wesentliche beim SNMP-Protokoll ist – wie der Name schon sagt –, dass es *einfach* strukturiert ist (diese Aussage bezieht sich allerdings nur auf den Aufbau des Protokolls selbst, nicht auf seine Anwendung). Als SNMP entwickelt wurde, war es eigentlich nur für den vorübergehenden Einsatz gedacht und sollte bereits in absehbarer Zeit wieder ersetzt werden; ähnlich wie TCP/IP ist aber auch SNMP zu einem wichtigen Standard bei der Konfiguration des Internet- und Intranetmanagements geworden.

In den letzten paar Jahren wurden an SNMP einige Erweiterungen vorgenommen, um seine Überwachungs- und Managementfähigkeiten zu verbessern. Eine der wichtigsten Erweiterungen ist RMON (Remote Monitoring, Fernüberwachung). Die RMON-Erweiterungen erlauben es Ihnen, das Netzwerk als Ganzes zu betrachten und nicht in Form einzelner Netzwerkgeräte.

16.7.4 RMON

Beim RMON werden Daten von so genannten RMON-Probes[1] gesammelt, welche die gleiche Funktion haben wie die SNMP-Agenten. Der Unterschied besteht darin, dass die Probes über RMON-Funktionen verfügen, Agenten jedoch nicht.

Auch bei der Arbeit mit RMON erfolgt die Datensammlung an einer zentralen Managementkonsole. In jedem Netzwerksegment ist eine RMON-Probe vorhanden: entweder als zusätzliches Gerät oder auf speziell dafür verwendeten Hosts oder Servern, aber auch auf Standardnetzwerkgeräten wie Routern oder Switches. Die RMON-Probes sammeln die gewünschten Daten zu jedem Segment und leiten sie dann an die Managementkonsole weiter. Dank der Einsatzmöglichkeit redundanter Managementkonsolen wird das Netzmanagement in zweierlei Hinsicht optimiert: Erstens können mehrere Netzwerkadministratoren an unterschiedlichen physischen Standorten ein Netzwerk gemeinsam überwachen und verwalten, und zweitens stellt Redundanz immer ein Sicherheitsmerkmal dar – wenn eine Konsole ausfällt, kann das

1. *probe* (engl.): Sonde

Netzwerk immer noch über die andere Konsole überwacht und gesteuert werden, bis die erste Konsole wieder einsatzfähig ist (Abbildung 16.15).

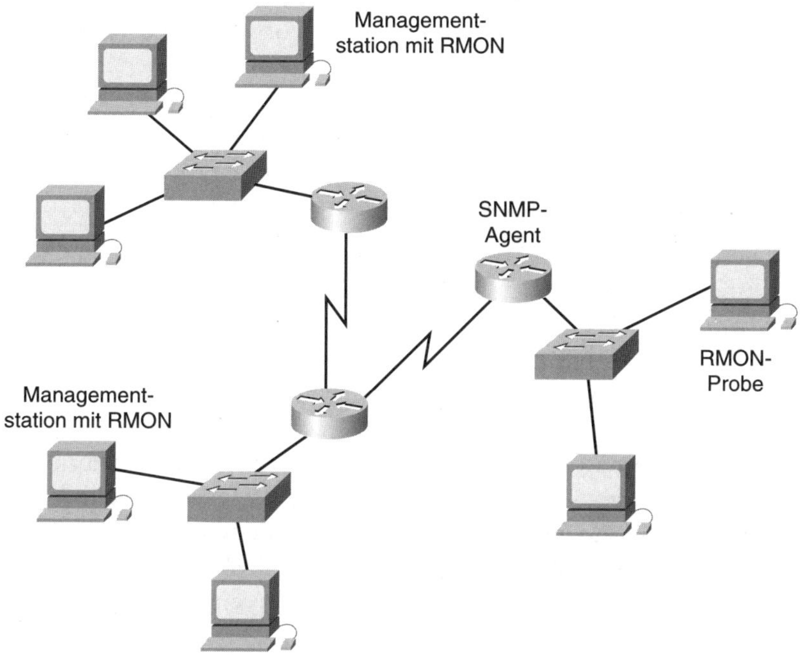

Abbildung 16.15: Netzwerk mit zwei Managementkonsolen

Die RMON-Erweiterung des SNMP-Protokolls hat zur Einführung neuer Datenkategorien geführt, die der MIB-Datenbank weitere Gruppen hinzufügen. Alle wichtigen Kategorien sind in der nachfolgenden Liste aufgeführt:

- **Statistics.** Diese Gruppe enthält Statistiken für alle beobachteten Subnetze. Hierzu gehören (inkrementelle, bei null beginnende) Zähler für Bytes, Pakete, Fehler und Rahmengrößen. Der zweite Typ der Datenreferenz ist eine Indextabelle. Die Tabelle enthält jedes überwachte Ethernet-Gerät, wodurch es möglich ist, auch für jedes dieser Geräte separate Zähler einzurichten. Die *Statistics*-Gruppe bietet einen Überblick über die Gesamtbelastung und Funktionsfähigkeit eines Subnetzes, indem sie unterschiedliche Arten von Fehlern misst (z. B. CRCs, Kollisionen sowie zu kurze und zu lange Pakete).
- **History.** Diese Gruppe enthält eine Datentabelle, in der über eine angegebene Zeit hinweg Werte der in der *Statistics*-Gruppe vorhandenen Zähler aufgezeichnet werden. Standardmäßig werden die Werte alle 30 Minuten (1.800 Sekunden) notiert, und die Vorgabegröße der Tabelle beträgt

50 Einträge (hieraus ergibt sich eine kontinuierliche Überwachungszeit von 25 Stunden).

Soll die History für einen bestimmten Zähler erstellt werden, so wird ein neuer Wert in die Tabelle eingetragen. Dieser Vorgang wiederholt sich, bis alle 50 Einträge zugewiesen sind. Für jeden nachfolgend neu erstellten Eintrag wird dann der jeweils älteste Eintrag in der Tabelle gelöscht. Diese Daten geben einen Gesamtüberblick über das Netzwerk und können mit der Baseline des Netzwerks verglichen werden – z. B. zum Troubleshooting oder zur Aktualisierung der Baseline.

- **Alarm.** Diese Gruppe verwendet benutzerspezifische Schwellenwerte. Wenn die überwachten Datenzähler diese Schwellenwerte überschreiten, dann wird eine Hinweis- oder Warnmeldung an zuvor spezifizierte Empfänger gesendet. Dieser auch als Error-Trapping bezeichnete Vorgang ermöglicht die Automatisierung zahlreicher Netzwerküberwachungsfunktionen. Nun muss ein Benutzer das Netzwerk nicht mehr ständig und direkt beobachten oder Netzwerkprobleme erkennen, sondern das Netzwerk selbst sendet Meldungen an die Mitarbeiter, wenn Fehler aufgetreten sind oder – was noch wichtiger ist – bevorstehen. Hierbei handelt es sich um eine wesentliche Komponente der Problemprävention.
- **Host.** Diese Gruppe enthält Zähler zu allen im Subnetzsegment erkannten Hosts. Zu den Kategorien dieser Gruppe gehören Pakete, Oktette, Fehler und Broadcasts. Daraus ergeben sich Zähler beispielsweise für die Gesamtzahl der Pakete, die Anzahl der empfangenen und gesendeten Pakete und viele andere Objekte.
- **Host TOPN.** Diese Gruppe fertigt Berichte zu einer Anzahl von Hosts an, die in einer Statistik zu einem bestimmten Parameter ganz oben stehen. Hiermit ließe sich etwa ein Bericht zu denjenigen zehn Hosts erstellen, die an einem Tag die meisten Broadcasts erzeugt haben; ein anderer Bericht könnte etwa die Hosts beschreiben, die im Laufe des Tages die meisten Pakete verschickt haben. Diese Kategorie stellt eine einfache Möglichkeit dar zu ermitteln, wer das gewählte Subnetz mit welchem Datentyp am stärksten belastet.
- **Matrix.** Hier wird die Datenkommunikation zwischen zwei Hosts im Subnetz aufgezeichnet. Die Daten werden in Form einer Matrix (d. h. einer mehrdimensionalen Tabelle) gespeichert. Hiermit lassen sich z. B. Berichte dazu erstellen, welcher Host einen Server nutzt. Andere Berichte sind durch Reorganisation der Reihenfolge in der Matrix möglich: Ein Bericht könnte alle Benutzer eines bestimmten Servers anzeigen, während ein anderer Bericht alle Server angibt, die von einem bestimmten Host verwendet werden.

– **Filter.** Hiermit wird einer Managementkonsole die Möglichkeit an die Hand gegeben, eine RMON-Probe mit der Sammlung ausgewählter Pakete von einer bestimmten Schnittstelle eines bestimmten Subnetzes zu beauftragen. Diese Auswahl basiert auf dem Einsatz zweier Filter, nämlich des Daten- und des Statusfilters. Der Datenfilter überprüft bestimmte Datenmuster auf Übereinstimmung, was die Auswahl der Daten ermöglicht, während der Statusfilter auf dem Typ der beobachteten Daten basiert, z. B. ein gültiges oder ein Prüfsummenpaket. Durch Verknüpfungen dieser Filter mit dem logischen UND oder ODER lassen sich sehr komplexe Bedingungen erstellen. Die *Filter*-Gruppe ermöglicht dem Netzwerkadministrator einen selektiven Blick auf unterschiedliche Pakettypen und erleichtert so Netzwerkanalyse und Troubleshooting.

– **Packet Capture.** Diese Gruppe erlaubt dem Administrator die Angabe einer Methode, die zur Erfassung der mit der *Filter*-Gruppe gewählten Pakete verwendet werden soll. Durch Erfassung der angegebenen Pakete kann der Administrator einen genaueren Blick auf die mit dem einfachen Filter übereinstimmenden Pakete werfen. Die *Packet Capture*-Gruppe gibt auch die Gesamtzahl der einzelnen erfassten Pakete an.

– **Event.** Diese Gruppe enthält Ereignisse, die von anderen Gruppen in der MIB-Datenbank erzeugt wurden. Ein Beispiel hierfür wäre ein Zähler für das Überschreiten eines Schwellenwerts durch einen etwa in der *Alarm*-Gruppe definierten Zähler. Dieser Vorgang würde ein Ereignis ist der *Event*-Gruppe erzeugen; dieses Ereignis könnte wiederum einen anderen Vorgang auslösen, so etwa den Versand einer Hinweis- oder Warnmeldung an alle Empfänger, die in der *Alarm*-Gruppe definiert wurden, oder die Erstellung eines Protokolleintrags in der Ereignistabelle. Ein Ereignis wird für alle Vergleichsoperationen in den RMON-MIB-Erweiterungen generiert.

– **Token Ring.** Diese Gruppe enthält spezielle Zähler für Token-Ring-Netzwerke. Ähnlich wie die Gruppen *Ethernet Statistics* und *History*, die speziell auf Ethernet-Netzwerke zugeschnitten sind, erstellt die *Token Ring*-Gruppe Zähler für Überwachung und Verwaltung von Token Ring-Netzwerken durch RMON.

RMON ist eine Erweiterung des SNMP-Protokolls, d. h., auch wenn RMON die Betriebs- und Überwachungsfähigkeiten von SNMP erweitert, so benötigt es doch immer noch SNMP, um überhaupt funktionieren zu können. Es gibt auch überarbeitete Versionen namens SNMPv2 und RMON2, die aber im Curriculum nicht vollständig behandelt werden.

16.8 Troubleshooting in Netzwerken

Irgendwas wird schief gehen! Auch wenn Sie das Netzwerk überwachen, Ihre Geräte zuverlässig arbeiten und die Benutzer nur mit Sorgfalt vorgehen, wird irgendwann irgendetwas schief gehen. Jeder Netzwerkadministrator benötigt die Fähigkeit, auftretende und womöglich einen Netzwerkausfall verursachende Probleme zu analysieren, zu beheben und den Betrieb wiederherzustellen – und das noch unter entsprechendem Zeitdruck, denn schließlich geht dem Unternehmen durch den Ausfall eventuell viel Geld verloren.

In diesem Abschnitt wollen wir Ihnen Methoden und Werkzeuge zur Behebung von Problemen in einem Netzwerk vorstellen. Es handelt sich dabei um viele bereits bekannte und auch einige neue Ansätze. Wie bereits gesagt, sind diese einfachen Methoden oftmals die besten, um das Netzwerk wieder zum Laufen zu bringen.

Die erste und wichtigste Methode beim Troubleshooting ist der Einsatz Ihres Laborbuchs und ein schriftliches Protokoll Ihrer Vorgehensweise. Diese Aufzeichnungen können Ihnen einen klaren Pfad zur Problemdiagnose weisen: Hier vermerken Sie, was Sie schon gemacht haben und welche Wirkungen Ihre Maßnahmen hatten. Notizen können enormen Wert haben, denn auf diese Weise vermeiden Sie es, Schritte, die sich zuvor schon als wirkungslos herausgestellt hatten, unnötig zu wiederholen. Notizen sind aber auch wichtig, wenn Sie die Problemlösung einer anderen Person übergeben. Diese sollte nicht all die Schritte, die Sie bereits unternommen haben, noch einmal durchführen müssen. Wenn das Problem gelöst ist, sollten Sie Ihre Notizen gemeinsam mit Angaben zur Lösung des Problems archivieren, um darauf zurückgreifen zu können, falls dieses (oder ein ähnliches) Problem in Zukunft noch einmal auftreten sollte.

Ein weiteres wesentliches Element der Problemprävention ist die *Beschriftung*. Beschriften Sie alles und jedes, auch (und vor allem) die beiden Enden einer Horizontalinstallationsstrecke. Die Beschriftung sollte dabei nicht nur aus einer Kabelnummer bestehen, sondern auch Angaben zum Standort des anderen Kabelendes und zur Kabelfunktion (z. B. *Sprache*, *Daten* oder *Video*) enthalten. Eine solche Beschriftung kann in manchen Fällen wertvoller sein als ein Verkabelungsplan, denn sie befindet sich am Ort des Geschehens und nicht in irgendeiner Schublade. Neben den Kabeln sollten Sie aber auch alle Ports von Hubs, Switches und Routern mit Angaben zu Standort, Zweck und Verbindungspunkt beschriften, um so Probleme noch einfacher lösen zu können.

Schließlich sollten auch alle anderen an das Netzwerk angeschlossenen Komponenten mit Angaben zu ihrem Standort und Einsatzzweck beschriftet werden. Mit einem solchen Beschriftungssystem lassen sich alle Komponenten bei Bedarf im Netzwerk auffinden, und der Einsatzzweck kann sofort erkannt werden. Mit einer Kombination aus angemessener Beschriftung und der Netzwerkdokumentation, die bei Aufbau bzw. Upgrade des Netzwerks erstellt wurde, können Sie sich ein Bild von allen Geräten im Netzwerk und ihrer Beziehungen zueinander verschaffen. Natürlich – und auch das wurde bereits erwähnt – ist eine Dokumentation nur so gut, wie sie auch aktuell ist. Alle im Netzwerk vorgenommenen Änderungen müssen sowohl an den betroffenen Geräten bzw. Kabeln als auch in der schriftlichen Dokumentation festgehalten werden.

16.8.1 Der Vorgang des Troubleshootings

Der erste Schritt beim Troubleshooting im Netzwerk ist die Definition des Problems. Diese Definition kann auf vielen unterschiedlichen Quellen basieren, z. B. einem Fehlerbericht des Helpdesks, dem ein Problem gemeldet wurde, oder einem Telefonat mit diesem Benutzer, um weitere Fakten zu diesem Problem zu ermitteln. Tools zur Netzwerküberwachung können Ihnen einen weiteren Überblick über ein zu behebendes Problem vermitteln. Auch eigene oder Beobachtungen anderer Benutzer können informativ sein. Wenn Sie alle zugehörigen Informationen berücksichtigen und richtig einschätzen, dann haben Sie eine wesentlich umfassendere Sicht des Problems, als wenn Sie versuchen, es ohne Informationsermittlung zu lösen.

Wir betrachten das Troubleshooting als systematischen Prozess, der zur Lösung eines Problems im Netzwerk durchgeführt wird. Ein guter Ausgangspunkt hierfür ist die wissenschaftliche Methode. Die folgende Liste zeigt, wie Sie das Troubleshooting anhand dieser Methode durchführen:

1. Erkennen Sie ein Problem in Zusammenhang mit dem Netzwerk oder seinen Benutzern.
2. Sammeln Sie Daten zu diesem Problem.
3. Analysieren Sie die Daten, und versuchen Sie, eine mögliche Lösung für das Problem zu formulieren.
4. Implementieren Sie diese Lösung im Netzwerk, um das Problem zu lösen.
5. Wenn das Problem nicht gelöst ist, machen Sie die Änderungen von Schritt 4 rückgängig, und ändern Sie die Daten.
6. Fahren Sie fort mit Schritt 3.

16.8.2 Troubleshooting-Methoden

Die erfolgversprechendsten Methoden für das Troubleshooting im Netzwerk sind das Ausschlussverfahren und das Divide-and-Conquer-Verfahren. Diese beiden Ansätze werden in den folgenden Abschnitten erläutert.

Ausschlussverfahren

Wir wollen diese Methode der Problembehebung an einem Beispiel erklären. Sie arbeiten in der Netzwerksupportabteilung einer Firma. Ein Benutzer Ihres Netzwerks beschwert sich beim Helpdesk darüber, dass er mit seinem Computer nicht mehr ins Internet kommt. Der Helpdesk füllt den Fehlerbericht aus und leitet ihn an Sie weiter.

Nun rufen Sie den Benutzer an und befragen ihn. Er teilt Ihnen mit, dass er seine Vorgehensweise zur Verbindung mit dem Internet in keinem Punkt geändert hat. Sie überprüfen nun das Hardwareprotokoll für das Netzwerk und stellen fest, dass der Computer des Benutzers am vorhergehenden Abend aktualisiert wurde.

Ihre erste potenzielle Lösung geht nun davon aus, dass der Netzwerktreiber des Rechners nicht korrekt konfiguriert wurde. Sie begeben sich zu diesem Computer und überprüfen die Netzwerkkonfigurationsdaten. Diese scheinen in Ordnung zu sein, weswegen Sie einen `ping`-Befehl an den Server in diesem Subnetz senden (Listing 16.1); dieser reagiert jedoch nicht.

Listing 16.1: Ausgabe eines fehlgeschlagenen `ping`-Befehls (Zeitüberschreitung)

```
C:/ping 110.0.1.1
Ping wird ausgeführt für 110.0.0.1 mit 32 Bytes Daten:
Zeitüberschreitung der Anforderung.
Zeitüberschreitung der Anforderung.
Zeitüberschreitung der Anforderung.
Zeitüberschreitung der Anforderung.
Ping-Statistik für 110.0.0.1:
Pakete: Gesendet = 4, Empfangen = 0, Verloren = 4 (100% Verlust)
```

Der nächste Schritt besteht darin nachzusehen, ob das Workstationkabel überhaupt angeschlossen ist. Sie überprüfen beide Enden des Kabels und schicken erneut – und wiederum erfolglos – einen `ping`-Befehl an den Server. Den nächsten `ping`-Befehl schicken Sie an die Adresse 127.0.0.1, die Loopback-Adresse des Computers (Listing 16.2). Dieser Befehl wird erfolgreich verarbeitet, weswegen ein Problem zwischen Computer, Treiberkonfiguration und Netzwerkkarte ausgeschlossen ist.

Listing 16.2: Ausgabe von ping *an die Loopback-Adresse*

```
C:/ping 127.0.0.1
Ping wird ausgeführt für 110.0.0.1 mit 32 Bytes Daten:
Antwort von 127.0.0.1: Bytes=32 Zeit<1ms TTL=128
Antwort von 127.0.0.1: Bytes=32 Zeit<1ms TTL=128
Antwort von 127.0.0.1: Bytes=32 Zeit<1ms TTL=128
Antwort von 127.0.0.1: Bytes=32 Zeit<1ms TTL=128
Ping-Statistik für 127.0.0.1:
Pakete: Gesendet = 4, Empfangen = 4, Verloren = 0 (0% Verlust)
```

Als Nächstes überprüfen Sie den Server im Netzwerksegment auf potenzielle Probleme. Am benachbarten Schreibtisch befindet sich ein weiterer vernetzter Computer, von dem aus Sie einen `ping`-Befehl an die Adresse des Servers schicken (Listing 16.3) – diesmal mit positivem Ergebnis. Der Server, der Backbone und die Verbindung zwischen diesen sind also in Ordnung.

Listing 16.3: Ausgabe eines erfolgreichen ping*-Befehls*

```
C:/ping 110.0.1.1
Ping wird ausgeführt für 127.0.0.1 mit 32 Bytes Daten:
Ping wird ausgeführt für 110.0.0.1 mit 32 Bytes Daten:
Antwort von 110.0.0.1: Bytes=32 Zeit<1ms TTL=128
Antwort von 110.0.0.1: Bytes=32 Zeit<1ms TTL=128
Antwort von 110.0.0.1: Bytes=32 Zeit<1ms TTL=128
Antwort von 110.0.0.1: Bytes=32 Zeit<1ms TTL=128
Ping-Statistik für 110.0.0.1:
Pakete: Gesendet = 4, Empfangen = 4, Verloren = 0 (0% Verlust)
```

Nun begeben Sie sich zum Zwischenverteiler, ändern den Port der Workstation und versuchen danach erneut, von der Workstation aus einen `ping`-Befehl an den Server zu senden (Listing 16.4). Das funktioniert nach wie vor nicht, woraus sich ergibt, dass die Fehlersuche auf die Horizontalverkabelung oder das Patchkabel für die Workstation beschränkt werden kann. Sie gehen also abermals zum IDF, schließen das Kabel wieder an den ursprünglichen Port an und besorgen sich ein anderes Patchkabel.

Listing 16.4: Ausgabe eines fehlgeschlagenen ping*-Befehls*

```
C:/ping 110.0.1.1
Ping wird ausgeführt für 110.0.0.1 mit 32 Bytes Daten:
Zeitüberschreitung der Anforderung.
Zeitüberschreitung der Anforderung.
Zeitüberschreitung der Anforderung.
Zeitüberschreitung der Anforderung.
Ping-Statistik für 110.0.0.1:
Pakete: Gesendet = 4, Empfangen = 0, Verloren = 4 (100% Verlust)
```

Nun gehen Sie wieder zur Workstation, tauschen das Kabel aus und senden den obligatorischen ping-Befehl (Listing 16.5). Dieses Mal kommt die Verbindung zustande – das Problem ist gelöst.

Listing 16.5: Ausgabe eines erfolgreichen ping-Befehls

```
C:/ping 110.0.1.1
Ping wird ausgeführt für 127.0.0.1 mit 32 Bytes Daten:
Ping wird ausgeführt für 110.0.0.1 mit 32 Bytes Daten:
Antwort von 110.0.0.1: Bytes=32 Zeit<1ms TTL=128
Antwort von 110.0.0.1: Bytes=32 Zeit<1ms TTL=128
Antwort von 110.0.0.1: Bytes=32 Zeit<1ms TTL=128
Antwort von 110.0.0.1: Bytes=32 Zeit<1ms TTL=128
Ping-Statistik für 110.0.0.1:
Pakete: Gesendet = 4, Empfangen = 4, Verloren = 0 (0% Verlust)
```

Der letzte Schritt besteht nun darin, die Problemlösung im Fehlerbericht zu dokumentieren und diesen dann an den Helpdesk zurückzugeben, damit dieser das Problem als erledigt abhaken kann.

Wie Sie sehen, zeigt dieses Beispiel einen sehr einfachen Prozess, in dessen Verlauf alle potenziellen Problemursachen nach und nach ausgeschlossen werden. Alle möglichen Probleme wurden nacheinander behandelt und individuell ausgesondert. Wenn Sie mehrere Änderungen gleichzeitig vornehmen, kann dieser Prozess durcheinander geraten, und die Lösung kann nicht präzise definiert werden. Wenn Lösungsansätze versucht und nachfolgend als nicht der Problemlösung dienlich erkannt wurden, wurden die Daten neu bewertet und neue Lösungsansätze formuliert. Dieser Prozess dauerte so lange, bis das tatsächliche Problem gefunden und eliminiert war. Danach wurde die Lösung für zukünftige Verwendung dokumentiert.

Es spielt keine Rolle, welche Arten von Problemen in einem Netzwerksystem auftreten: Der Lösungsprozess ist immer der gleiche – wie in diesem Kapitel beschrieben.

Das Divide-and-Conquer-Verfahren

Sie haben zwei getrennte Netzwerke, die einwandfrei arbeiten (Abbildung 16.16). Nun wollen Sie beide Netzwerke miteinander verbinden, aber nachdem Sie diese Verbindung hergestellt haben, fällt das neue Gesamtnetzwerk aus (Abbildung 16.17). Hier verwenden Sie das Divide-and-Conquer-Verfahren (dt. etwa *teilen und herrschen*).

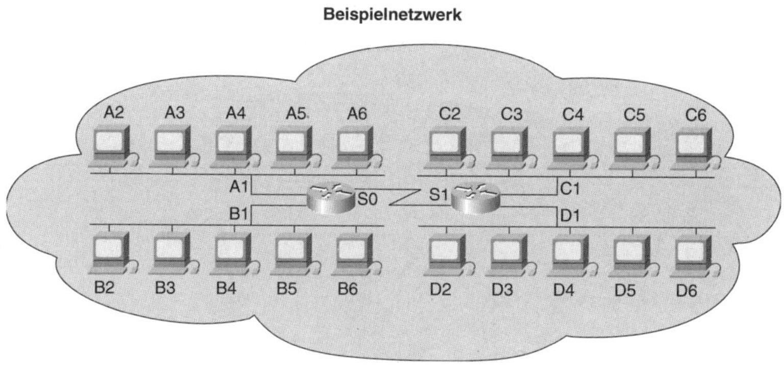

Abbildung 16.16: Beispielnetzwerk

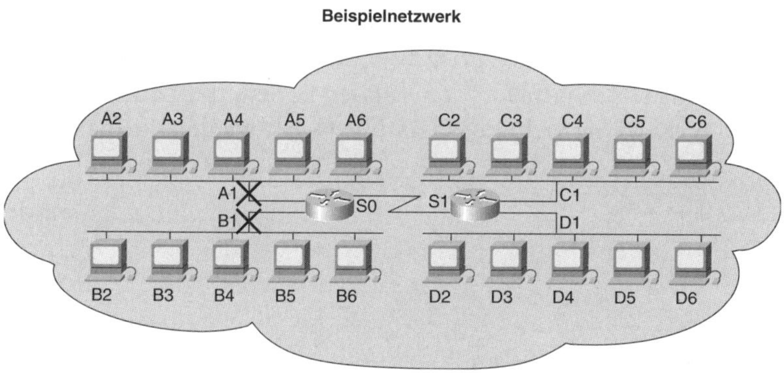

Abbildung 16.17: Netzwerk ohne Subnetze A und B

Der erste Schritt zur Behebung dieses Problems besteht darin, die Verbindung der beiden ursprünglichen Netzwerke rückgängig zu machen und dann zu überprüfen, ob sie in diesem getrennten Zustand wieder einwandfrei funktionieren. Ist dies der Fall, dann entfernen Sie an einem der Verbindungs-Router alle Subnetzverbindungen und schließen ihn dann an das andere Netzwerk an. Vergewissern Sie sich, dass das Netzwerk weiterhin funktioniert.

Sollte das Netzwerk noch funktionieren, dann verbinden Sie nach und nach die abgetrennten Subnetze wieder mit dem Router – und zwar so lange, bis das Gesamtsystem wieder ausfällt (Abbildung 16.18). Trennen Sie das zuletzt angeschlossene Subnetz wieder ab, und prüfen Sie, ob das Gesamtnetzwerk danach wieder normal arbeitet.

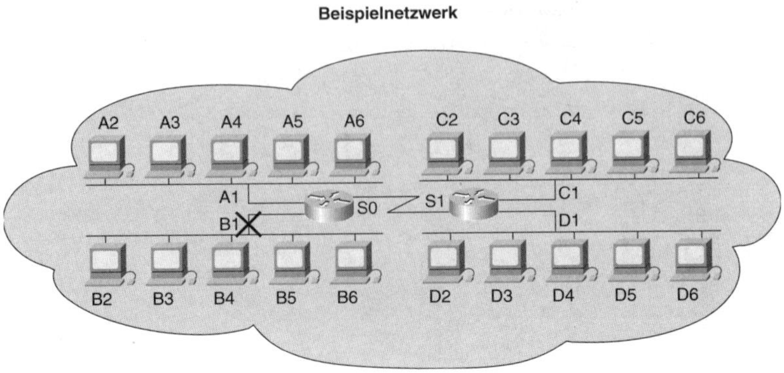

Abbildung 16.18: Netzwerk ohne Subnetz B

Funktioniert das Netzwerk wieder einwandfrei, dann trennen Sie alle Hosts im Netzwerksegment ab (Abbildung 16.19), und schließen Sie sie dann nacheinander wieder an, bis das Netzwerk wieder ausfällt (Abbildung 16.20). Sobald Sie das fehlerhafte Gerät gefunden haben, trennen Sie es wieder ab, und vergewissern Sie sich, dass das Netzwerk wieder normal funktioniert.

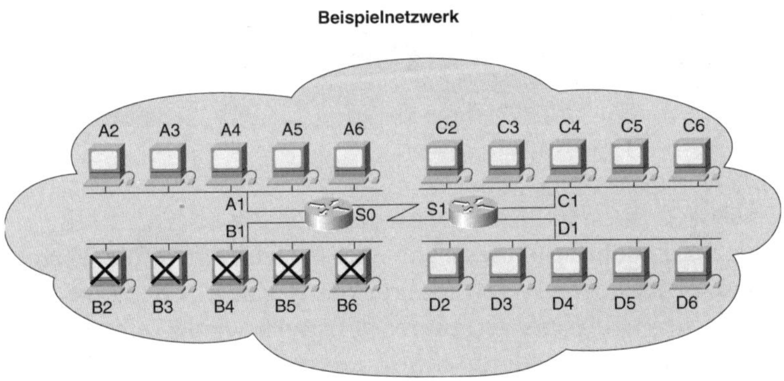

Abbildung 16.19: Netzwerksegment B ohne Hosts

Wenn das Netzwerk nun wieder normal funktioniert, haben Sie die fehlerhafte Komponente gefunden. Sie können versuchen herauszufinden, warum dieses Gerät für einen Totalausfall des Gesamtnetzwerks gesorgt hat. Scheint das Gerät selbst aufgrund der Analyse fehlerfrei zu sein, dann ist es möglich, dass der Fehler durch die Verbindung dieses Geräts mit einem anderen im zweiten Ursprungsnetzwerk ausgelöst wurde.

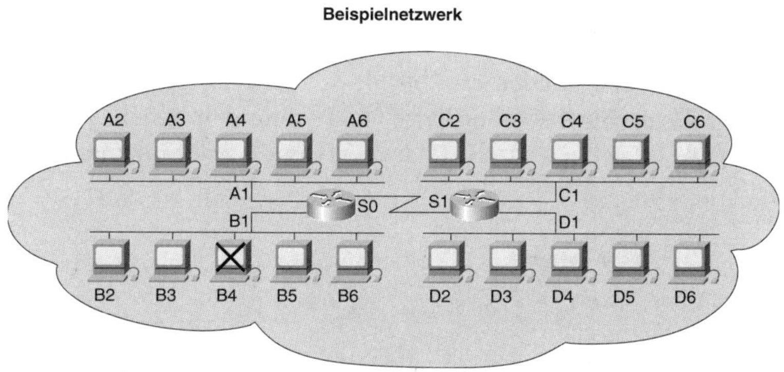

Abbildung 16.20: Netzwerksegment B ohne einen Host

Um den zweiten Verursacher zu finden, wiederholen Sie nun den beschriebenen Vorgang. Schließen Sie also zuerst den Host, der den Netzausfall verursacht hat, wieder an. Trennen Sie dann alle Subnetze vom anderen Router (Abbildung 16.21). Vergewissern Sie sich, dass das Netzwerk wieder funktioniert.

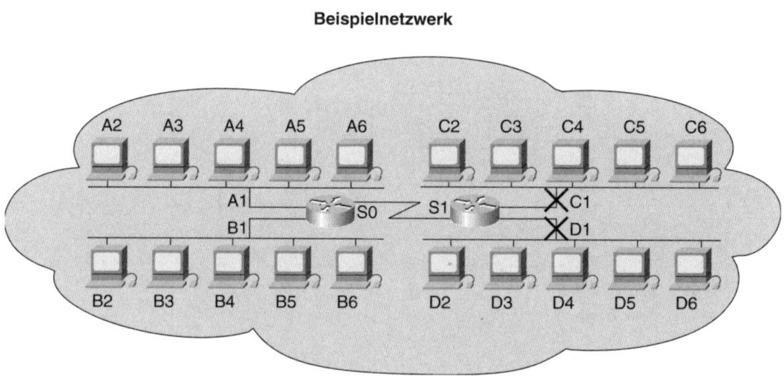

Abbildung 16.21: Netzwerk ohne Subnetze C und D

Arbeitet das Netzwerk wieder, dann verbinden Sie die Subnetze nacheinander wieder mit dem Router, bis das Gesamtsystem ausfällt. Entfernen Sie das zuletzt angeschlossene Subnetz, und prüfen Sie, ob das Gesamtnetzwerk wieder funktioniert.

Funktioniert das Netzwerk wieder einwandfrei, dann trennen Sie wieder alle Hosts im Netzwerksegment ab (Abbildung 16.22) und schließen sie anschließend nacheinander wieder an, bis das Netzwerk erneut ausfällt (Abbildung 16.23). Wenn Sie das fehlerhafte Gerät gefunden haben, trennen Sie es ab, und vergewissern Sie sich, dass das Netzwerk wieder normal funktioniert.

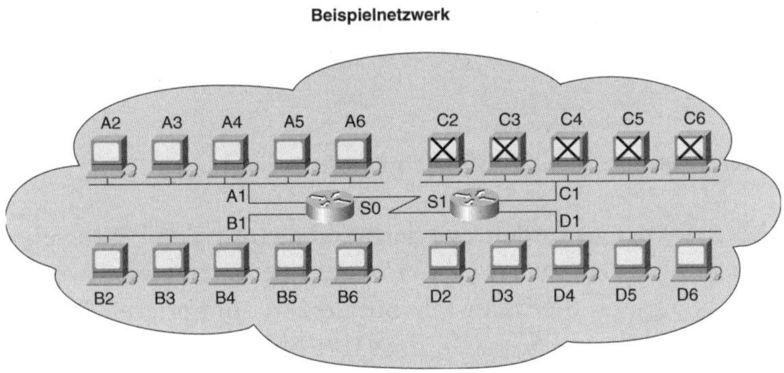

Abbildung 16.22: Netzwerksegment C ohne Hosts

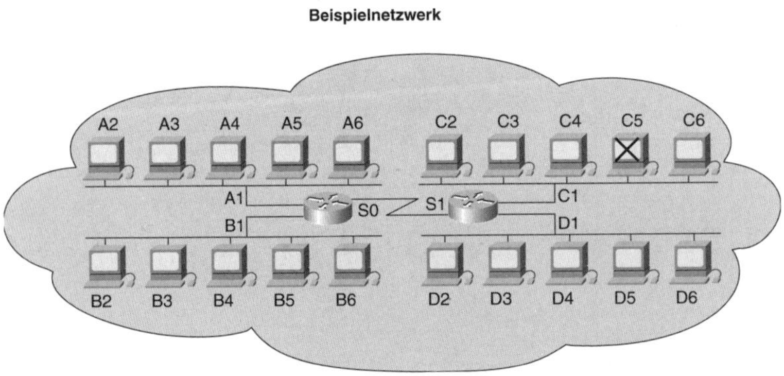

Abbildung 16.23: Netzwerksegment C ohne einen Host

Wenn das Netzwerk jetzt wieder normal arbeitet, haben Sie das zweite fehlerhafte Gerät ermittelt. Sie können versuchen herauszufinden, warum das Gerät für einen Totalausfall des Gesamtnetzwerks gesorgt hat. Scheint das Gerät selbst aufgrund der Analyse fehlerfrei zu sein, dann versuchen Sie herauszufinden, warum es zwischen den beiden ermittelten Hosts zu einem Konflikt kommt. Können Sie diesen Konflikt lösen, dann können Sie beide Stationen wieder in das Netzwerk integrieren, das auch danach noch einwandfrei funktionieren wird (Abbildung 16.24).

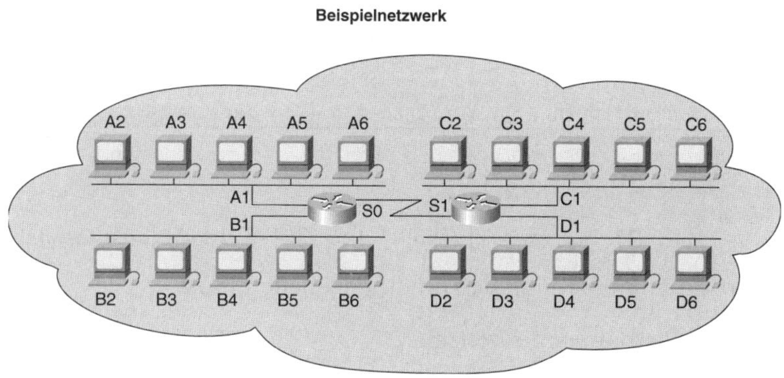

Abbildung 16.24: Funktionsfähiges Gesamtnetzwerk

16.8.3 Software-Tools

Zusätzlich zu den beschriebenen Methoden können Sie auch Software-Tools zum Troubleshooting im Netzwerk einsetzen. Diese Programme sind für die Problembehebung in LANs recht nützlich, und bei Problemen in WANs sind sie nahezu unverzichtbar. Sie werden die Befehle kennen lernen, die einem Netzwerkadministrator von den meisten Clientbetriebssystemen zur Verfügung gestellt werden: `ping`, `tracert` (`traceroute`), `telnet`, `netstat`, `arp` und `ipconfig` (`winipcfg`).

ping

`ping` sendet ICMP-Echopakete, um die Verbindung zu einem entfernten Host zu überprüfen. Die Ausgabe zeigt an, ob der `ping`-Befehl erfolgreich war (Listing 16.6), denn hier wird die Anzahl der Pakete angezeigt, auf die eine Antwort erhalten wurde, und die Zeit, die für diese Beantwortung benötigt wurde.

Listing 16.6: Ausgabe des Befehls `ping`

```
C:/ping 127.0.0.1
Ping wird ausgeführt für 110.0.0.1 mit 32 Bytes Daten:
Antwort von 127.0.0.1: Bytes=32 Zeit<1ms TTL=128
Antwort von 127.0.0.1: Bytes=32 Zeit<1ms TTL=128
Antwort von 127.0.0.1: Bytes=32 Zeit<1ms TTL=128
Antwort von 127.0.0.1: Bytes=32 Zeit<1ms TTL=128
Ping-Statistik für 127.0.0.1:
Pakete: Gesendet = 4, Empfangen = 4, Verloren = 0 (0% Verlust)

C:/ping 110.0.1.1
Ping wird ausgeführt für 110.0.0.1 mit 32 Bytes Daten:
Zeitüberschreitung der Anforderung.
Antwort von 140.189.8.65: Ziel nicht erreichbar
Zeitüberschreitung der Anforderung.
```

Listing 16.6: Ausgabe des Befehls `ping` *(Forts.)*

```
Zeitüberschreitung der Anforderung.
Ping-Statistik für 110.0.0.1:
Pakete: Gesendet = 4, Empfangen = 1, Verloren = 3 (75% Verlust)
```

Der Befehl hat die folgende Syntax:

ping [**-t**] [**-a**] [**-n** *anzahl*] [**-l** *laenge*] [**-f**] [**-i** *ttl*] [**-r** *anzahl*] *empfaenger*

- `-t`: Sendet fortlaufend `ping`-Signale zum angegebenen Host.
- `-a`: Adressen zu Hostnamen auswerten.
- `-n`: Anzahl zu sendender Echo-Anforderungen.
- `-l`: Pufferlänge senden.
- `-f`: Flag für »Do Not Fragment« setzen (nicht fragmentieren).
- `-i`: Time-to-Live.
- `-r`: Route für Anzahl Abschnitte aufzeichnen.
- `empfaenger`: Gibt den entfernten Host, an den der `ping`-Befehl gesendet werden soll, als Domänennamen oder IP-Adresse an.

tracert (traceroute)

`tracert` (`traceroute`) ermittelt den Pfad, den ein Paket zu seinem Empfänger nimmt. Listing 16.7 zeigt die Ausgabe des Befehls.

Listing 16.7: Ausgabe des Befehls `tracert`

```
C:/tracert cisco.com

Routenverfolgung zu Cisco.com [192.31.7.130]
über maximal 30 Abschnitte:
1   1 ms   <10ms  <10ms  198.150.221.254
2   2ms    1ms    2ms   198.150.15.252
3   4ms    2ms    2ms   198.150.12.1
4   23ms   4ms    4ms   ArizonaStateUniversity –s1 -0 -1.core.azst.net
[140.189.64.9]
5   4ms    5ms    5ms   ArizonaStateUniversityISP –atm1 -0 -3.core.azst.net
[140.189.8.65]
6   8ms    14ms   8ms   APhoenix1.core0.nap.net [207.227.0.201]
7   9ms    10ms   10ms   4.0.5.233
8   64ms   64ms   67ms   p2-1.paloalto-nbr2.bbnplanet.net [4.24.7.18]
9   67ms   65ms   69ms   p0-0-0.paloalto.cr18.bbnplanet.net [4.0.3.86]
10  66ms   75ms   75ms   h1-0. cisco bbnplanet.net [4.1.142.238]
11  66ms   68ms   70ms   Sty.cisco.com [192.31.7.39]
12  67ms   77ms   76ms   CISCO.COM [192.31.7.130]
```

Der Befehl hat die folgende Syntax:

tracert [**-d**] [**-h** *hops_max*] [**-j** *host-liste*] [**-w** *timeout*] *empfängername*

- -d: Adressen nicht zu Hostnamen auswerten.
- -h: Maximale Anzahl an Hops bei Zielsuche.
- -j: »Loose Source Route« gemäß Host-Liste.
- -w: Timeout in Millisekunden für eine Antwort.
- empfängername: Zu ermittelnder Remote Host (Domänenname oder IP-Adresse).

telnet

Hierbei handelt es sich um ein Terminalemulationsprogramm, mit dem Sie interaktive Befehle auf dem Telnet-Server ausführen können. Es werden keine Daten übergeben, bis eine Verbindung aufgebaut ist; bricht die Verbindung ab, so erhalten Sie eine entsprechende Meldung. Dies ist praktisch, um an einem entfernten Host die konfigurierten Anmeldeparameter zu testen.

netstat

netstat zeigt Protokollstatistiken und aktuelle TCP/IP-Netzwerkverbindungen an (Listing 16.8).

Listing 16.8: Ausgabe des Befehls netstat

```
C:\netstat -a
Active Connections
  Proto  Lokale Adresse              Remoteadresse          Status
  TCP    matc-tag-phx:epmap          matc-tag-phx:0         ABHÖREN
  TCP    matc-tag-phx:microsoft-ds   matc-tag-phx:0         ABHÖREN
  TCP    matc-tag-phx:1028           matc-tag-phx:0         ABHÖREN
  TCP    matc-tag-phx:1041           matc-tag-phx:0         ABHÖREN
  TCP    matc-tag-phx:1073           matc-tag-phx:0         ABHÖREN
  TCP    matc-tag-phx:1074           matc-tag-phx:0         ABHÖREN
  TCP    matc-tag-phx:netbios-ssn    matc-tag-phx:0         ABHÖREN
  TCP    matc-tag-phx:1036           matc-tag-phx:0         ABHÖREN
  TCP    matc-tag-phx:1073           64.12.28.63:5190       HERGESTELLT
  TCP    matc-tag-phx:1074           64.12.27.164:5190      HERGESTELLT
  TCP    matc-tag-phx:1121           baym-cs39.msgr.hotmail.com:1863
HERGESTELLT
  TCP    matc-tag-phx:2025           currdev1.cisco.com:netbios-ssn
HERGESTELLT
  UDP    matc-tag-phx:epmap          *:*
  UDP    matc-tag-phx:microsoft-ds   *:*
  UDP    matc-tag-phx:isakmp         *:*
  UDP    matc-tag-phx:1030           *:*
```

Listing 16.8: Ausgabe des Befehls netstat *(Forts.)*

```
UDP    matc-tag-phx:1034          *:*
UDP    matc-tag-phx:1046          *:*
UDP    matc-tag-phx:1900          *:*
```

Der Befehl hat die folgende Syntax:

netstat [**-a**] [**-e**] [**-n**] [**-s**] [**-p** *protokoll*] [**-r**] [*intervall*]

- -a: Zeigt den Status aller Verbindungen an (Verbindungen des Servers werden normalerweise nicht angezeigt).
- -e: Zeigt die Ethernet-Statistik an. Kann mit der Option -s kombiniert werden.
- -n: Zeigt Adressen und Anschlüsse numerisch an.
- -p: Zeigt Verbindungen für das mit protokoll angegebene Protokoll an. protokoll kann TCP oder UDP sein. Bei Verwendung mit der Option -s kann protokoll TCP, UDP oder IP sein.
- -r: Zeigt den Inhalt der Routing-Tabelle an.
- -s: Zeigt Statistiken protokollweise an. Standardmäßig werden TCP, UDP und IP angezeigt. Mit der Option -p können Sie dies weiter einschränken.
- intervall: Zeigt die gewählte Statistik nach der mit intervall angegebenen Anzahl Sekunden erneut an. Drücken Sie Strg C zum Beenden der Intervallanzeige. Ohne Intervallangabe werden die aktuellen Konfigurationsinformationen einmalig angezeigt.

arp

arp ermittelt Hardwareadressen lokaler Hosts und das Default-Gateway. Sie können sich den ARP-Cache anzeigen lassen und nach ungültigen oder doppelten Einträgen suchen (Listing 16.9).

Listing 16.9:Ausgabe des Befehls arp

```
C:arp -a
Schnittstelle: 192.168.1.101 --- 0x2
  Internetadresse       Physische Adresse     Typ
  192.168.1.1           00-04-5a-2f-28-29     dynamisch
C:\
```

Der Befehl hat die folgende Syntax:

```
arp -a [ip-adresse] [-N [schnittstelle]]
arp -d ip-adresse [schnittstelle]
arp -s ip-adresse eth_adresse [schnittstelle]
```

- `-a` oder `-g`: Zeigt den aktuellen Inhalt des ARP-Caches an.
- `-d`: Löscht den durch `IP_Adr` angegebenen Host-Eintrag.
- `-s`: Fügt im Cache einen statischen Hosteintrag hinzu.
- `-N`: Zeigt die ARP-Einträge für die angegebene physikalische Adresse an.
- `ip-adresse`: Gibt eine IP-Adresse im punktgetrennten Dezimalformat an.
- `schnittstelle`: Gibt die IP-Adresse an, deren Cache modifiziert werden soll.
- `eth_adresse`: Gibt die MAC-Adresse im bindestrichgetrennten Hexadezimalformat an.

`ipconfig` (Windows NT/2000)/`winipcfg` (Windows 95/98)

Diese Windows-Utilitys zeigen IP-Adressinformationen für die lokalen Netzwerkadapter oder eine angegebene Netzwerkkarte an. Die Syntax sieht wie folgt aus:

```
ipconfig [/all | /renew [adapter] | /release [adapter]]
```

- `/all`: Alle Informationen werden ausgegeben.
- `/renew`: Aktualisiert die DHCP-Lease-Informationen für den angegebenen Adapter oder – falls kein Adapter angegeben ist – für alle lokalen Adapter.
- `/release`: Gibt DHCP-Lease-Informationen frei und deaktiviert so TCP/IP an diesem Adapter.

Dies sind die grundlegenden, immer verfügbaren Tools, mit denen der Netzwerkadministrator das Netzwerk von außerhalb überwachen und ggf. steuern kann. Bei der Verwendung von SNMP und RMON müssen geeignete Sicherheitsmaßnahmen implementiert werden, um einen Netzwerkzugriff durch Unbefugte zu verhindern.

16.9 Zusammenfassung

Nachdem Sie dieses Kapitel im Lehrbuch gelesen haben,

- kennen Sie die administrative Seite des Netzmanagements,
- wissen Sie, wie man ein Netzwerk abgrenzt,
- können Sie die Kosten eines Netzwerks einschätzen,
- wissen Sie über die Fehlerdokumentation Bescheid,
- können Sie ein Netzwerk betreiben und dabei die Zustands-, Verbindungs- und Verkehrsüberwachung einsetzen,
- kennen Sie das SNMP-Protokoll und RMON,
- wissen Sie, wie man Fehler im Netzwerk sucht, Probleme behebt und welche Software-Tools man dazu einsetzen kann.

Lernziele:

Wenn Sie dieses Kapitel gelesen haben, werden Sie

- die Themen kennen, die in der CCNA-Prüfung abgefragt werden,
- wissen, welche Themen Sie lernen und besonders beachten müssen, um die CCNA-Prüfung zu bestehen.

Kapitel 17

Zusammenfassung des Stoffes für die CCNA-Prüfung

Dieses Kapitel soll Ihnen als allgemeiner Überblick bei der Vorbereitung auf die CCNA-Prüfung dienen. Der erste Schritt dieser Vorbereitung ist die Wiederholung der Prüfungsziele in Verbindung mit den Themen des Lehrplans. Dieses Kapitel präsentiert Ihnen eine Wiederholung der Themen, die in der CCNA-Prüfung abgefragt werden, und hilft Ihnen dadurch bei der Prüfungsvorbereitung.

17.1 Das OSI-Modell

Der wesentliche Zweck von Kommunikationsprotokollen besteht darin, einer Anwendung die Kommunikation mit einer auf einem anderen Computer ausgeführten Anwendung zu ermöglichen, und zwar unabhängig von Hardwareplattform und Betriebssystem der beiden beteiligten Computer. In der Prüfung werden mit Sicherheit Fragen zu den sieben OSI-Schichten gestellt werden, die Sie als Netzwerktechniker beherrschen müssen.

17.1.1 Anwendungsschicht (Schicht 7)

Die Anwendungsschicht beinhaltet den Kommunikationspartner und stellt Funktionen für bestimmte Anwendungsdienste bereit, z. B. Dateiübertragung und virtuelle Terminals. Zu den typischen TCP/IP-Anwendungen gehören die folgenden:

- Telnet
- FTP (File Transfer Protocol)
- TFTP (Trivial File Transfer Protocol)
- SMTP (Simple Mail Transfer Protocol)
- SNMP (Simple Network Management Protocol)
- HTTP (Hypertext Transfer Protocol)

- BOOTP (Bootstrap Protocol)
- DHCP (Dynamic Host Configuration Protocol)

17.1.2 Darstellungsschicht (Schicht 6)

Die Darstellungsschicht ermöglicht Kommunikationsdienste, indem sie transparent Daten, Video, Sound und Grafiken in ein für die Übertragung geeignetes Format (und wieder zurück) konvertiert. Außerdem ist diese Schicht für die Datenkomprimierung und -dekomprimierung sowie die Ver- und Entschlüsselung zuständig.

Zwar gibt es spezielle Darstellungsschichtprotokolle, aber meistens sind diese in vorhandene Anwendungsschichtprotokolle integriert. Zu den Standards der Darstellungsschicht gehören die folgenden:

- Textformate: ASCII, EBCDIC
- Grafikformate: TIFF, JPEG, GIF, PICT
- Soundformate: MIDI, MPEG, QuickTime

17.1.3 Sitzungsschicht (Schicht 5)

Die Sitzungsschicht steuert den Dialog zwischen Geräten oder Hosts. Hier werden Sitzungen zwischen Anwendungen gestartet, verwaltet und beendet. Zu den Protokollen der Sitzungsschicht gehören die folgenden:

- NFS (Network File System)
- SQL (Structured Query Language)
- RPC (Remote Procedure Call)
- X-Window-System
- ASP (AppleTalk Session Protocol)
- SCP (Session Control Protocol)

17.1.4 Transportschicht (Schicht 4)

Die Transportschicht ist zuständig für die Ende-zu-Ende-Übermittlung von Informationen. Dazu gehören auch Informationen zur Fehlerbeseitigung und zur Flusskontrolle.

Es gibt zuverlässige und nichtzuverlässige Protokolle in der Transportschicht. Die nichtzuverlässigen Protokolle sind nur eingeschränkt oder gar nicht zuständig für die Herstellung von Verbindungen, Bestätigung, Sequenzierung und Flusskontrolle; sie überlassen diese Aufgaben Protokollen anderer Schichten. Zuverlässige Transportschichtprotokolle hingegen sind verantwortlich für:

- Auf- und Abbau von Verbindungen (z. B. durch Drei-Schritte-Handshake)
- Datenübertragung
- Bestätigung erhaltener und nicht erhaltener Daten
- Sicherstellung, dass Pakete, die in der falschen Reihenfolge eintreffen, wieder in die richtige Reihenfolge gebracht werden können
- Flusskontrolle (z. B. Fenstergröße)

Das zuverlässige TCP/IP-Transportschichtprotokoll ist TCP (Transmission Control Protocol), das von Diensten wie FTP, Telnet und HTTP benutzt wird. Das nichtzuverlässige TCP/IP-Transportschichtprotokoll ist UDP (User Datagram Protocol), das von Protokollen und Diensten wie TFTP, SNMP, NFS, DNS und dem Routing-Protokoll RIP verwendet wird. Ferner gibt es noch das SPX-Protokoll (Sequenced Packet Exchange) von Novell.

17.1.5 Vermittlungsschicht (Schicht 3)

Die Vermittlungsschicht bietet Konnektivität und Pfadauswahl zwischen zwei Endsystemen (dem ursprünglichen Absender und dem endgültigen Empfänger), die sich auch in geografisch weit voneinander entfernten Netzwerken befinden können. Die Vermittlungsschichtadressierung ermöglicht eine Angabe der Adressen der beiden beteiligten Endsysteme (bei TCP/IP sind dies die IP-Adressen); diese Adressen werden während des Transports im Pfad nicht verändert.

Zu den Vermittlungsschichtprotokollen gehören die folgenden:

- IP (Internet Protocol)
- IPX (Internetwork Packet Exchange) von Novell
- ARP (Address Resolution Protocol)
- RARP (Reverse Address Resolution Protocol)
- ICMP (Internet Control Message Protocol)

17.1.6 Sicherungsschicht (Schicht 2)

Die Sicherungsschicht ermöglicht einen zuverlässigen Datentransport über eine physische Verbindung. Dabei ist sie für die physische Adressierung (im Gegensatz zur logischen Adressierung), für die Netzwerktopologie, die Leitungsnutzung, die Fehlermitteilung, die geordnete Übermittlung von Frames und die Flusskontrolle zuständig.

Die Sicherungsschicht transportiert einen Frame von einem Knoten zum nächsten, d. h. von Host zu Host, Host zu Router, Router zu Router oder Router zu Host. Die Sicherungsschichtadressen ändern sich normalerweise bei jedem Übertragungsvorgang, d. h., als Absenderadresse wird die Adresse des aktuellen Geräts angegeben, als Empfängeradresse die Adresse des nächsten Hops. Bei Ethernet sind es die MAC-Adressen von Absender und Empfänger.

Zu den Sicherungsschichtprotokollen gehören die folgenden:

- Ethernet
- IEEE 802.3
- Token Ring
- IEEE 802.5
- HDLC (High-Level Data Link Control)
- PPP (Point-to-Point Protocol)

17.1.7 Bitübertragungsschicht (Schicht 1)

Die Bitübertragungsschicht definiert die elektrischen, mechanischen, prozeduralen und funktionalen Spezifikationen zur Aktivierung, Aufrechterhaltung und Deaktivierung einer physikalischen Verbindung zwischen Endsystemen. Zu diesen Merkmalen gehören etwa Spannungspegel, zeitlicher Verlauf von Spannungsänderungen, physikalische Datenraten, maximale Übertragungsentfernungen, physische Anschlüsse und ähnliche Attribute.

Zu den Standards der Bitübertragungsschicht gehören die folgenden:

- 10BaseT
- 100BaseTX
- V.35
- RS232

17.2 Bridging und Switching

In dieser Wiederholung zum LAN-Switching werden Sie sehen, dass eine Möglichkeit zur Reduzierung des konkurrierenden Zugriffs im Netzwerk darin besteht, statt Hubs Switches zu verwenden, wo immer dies möglich ist.

Ferner sollten Sie, um die Effizienz des Switchings zu erhöhen, einen Switch mit folgenden Merkmalen benutzen:

- Switch-Ports und Hostnetzwerkkarten gemäß Fast Ethernet-Standard (100 Mbit/s)
- Vollduplexkommunikation
- Cut-Through-Switching

17.2.1 Vollduplex- und Halbduplexkommunikation bei Ethernet

Man unterscheidet zwischen zwei Arten der Ethernet-Kommunikation:

- Halbduplexkommunikation
- Vollduplexkommunikation

Bei der Halbduplexkommunikation können zwei oder mehr Geräte miteinander kommunizieren, wobei aber immer nur ein Gerät zur gleichen Zeit Daten senden kann (Abbildung 17.1). Versuchen mehrere Geräte gleichzeitig zu kommunizieren, dann tritt eine Kollision auf. In diesem Fall unterbrechen die an der Kollision beteiligten Geräte die Übertragung, und auf der Basis eines Zufallsalgorithmus in jeder Netzwerkkarte wird bestimmt, welches Gerät zuerst senden darf.

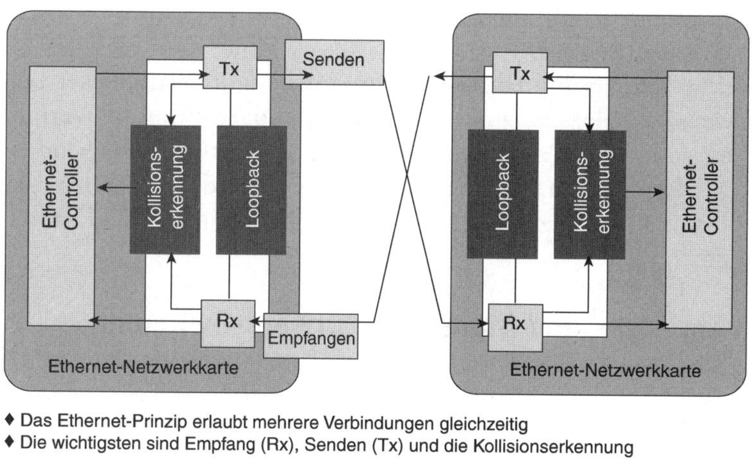

Abbildung 17.1: Halbduplexkommunikation (Standard-Ethernet)

Hosts, die an einen Hub angeschlossen sind, dürfen nur im Halbduplexmodus arbeiten, denn sie müssen das Auftreten einer Kollision erkennen (und die Übertragung daraufhin abbrechen) können.

Die Vollduplexkommunikation erlaubt zwei Geräten die gleichzeitige Kommunikation in beide Richtungen miteinander (Abbildung 17.2). Eine der Einschränkungen von Vollduplex-Ethernet besteht darin, dass nur ein Gerät an den Switch-Port angeschlossen sein darf. Dieses Gerät kann ein Computer, ein Drucker, ein Router oder ein anderer Switch sein. Wenn Sie einzelne Geräte an Switch-Ports (nicht an Hubs) angeschlossen haben, dann empfiehlt sich der Betrieb im Vollduplexmodus.

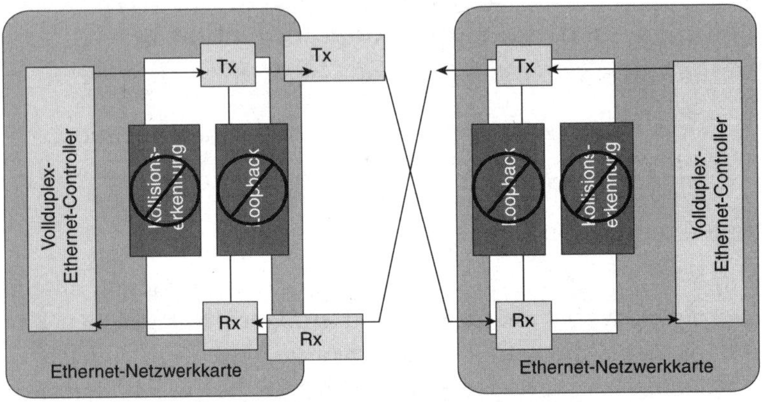

- Sendeleitung ist direkt mit Empfangsleitung verbunden
- keine Kollisionen
- erhebliche Leistungsverbesserung
- Beseitigt konkurrierenden Zugriff bei Ethernet-Point-to-Point-Verbindung
- Verwendet einen einzelnen Port für jede Vollduplexverbindung

Abbildung 17.2: Vollduplexkommunikation

Beim Vollduplexbetrieb verdoppelt sich der mögliche Durchsatz dieser Leitung. Beispielsweise würde der Durchsatz einer Standard-Ethernet-Verbindung (10 Mbit/s) sich auf 20 Mbit/s verdoppeln – 10 Mbit/s für das Senden, 10 Mbit/s für das Empfangen. In einer Vollduplexverbindung treten praktisch keine Kollisionen auf, weil sich nur zwei Geräte in der Kollisionsdomäne befinden.

17.2.2 Cut-Through- und Store-and-Forward-Switching im LAN

Man unterscheidet zwei grundlegende Arten des Switchings voneinander, nämlich das Cut-Through-Switching und das Store-and-Forward-Switching. Bei manchen Switches kann die Auswahl der verwendeten Methode für jeden Port separat festgelegt werden.

Store-and-Forward-Switching

Das Store-and-Forward-Switching ist bei den meisten Switches die voreingestellte Switching-Methode. Bevor ein Switch einen Ethernet-Frame an eine andere Schnittstelle weiterleitet (indem er die Empfänger-MAC-Adresse in seiner Adresstabelle verwendet), kopiert er den gesamten Frame in seinen Puffer und vergleicht die im Frame enthaltene Rahmenprüfsumme mit dem selbst berechneten Prüfergebnis. Stimmen beide Werte überein, so wird der Frame über den passenden Port weitergeleitet, andernfalls wird er verworfen. Die Überprüfung der Rahmenprüfsumme braucht zwar etwas Zeit (d. h., die durch den Switch verursachte Latenz wird größer), aber alle Fehler werden ausgefiltert.

Cut-Through-Switching

Es gibt bei den meisten Cisco-Routern zwei Methoden des Cut-Through-Switchings:

- Fast-Forward-Switching
- Fragment-Free-Switching

Das Fast-Forward-Switching beginnt mit der Weiterleitung eines Frames über den richtigen Switch-Port, sobald die Schicht-2-Empfängeradresse ausgelesen und in der Adresstabelle ermittelt wurde. Der Frame wird also bereits wieder ausgegeben, bevor er überhaupt vollständig empfangen wurde. Hierbei wird die Rahmenprüfsumme nicht berechnet, d. h., es gibt keine Fehlerkontrolle.

Das Fragment-Free-Switching arbeitet wie das Fast-Forward-Switching, wartet jedoch, bis die ersten 64 Bytes des Frames empfangen wurden, bevor die ersten Bytes wieder über den ausgehenden Switch-Port gesendet werden (gemäß den Ethernet- und 802.3-Spezifikationen sollten Kollisionen während dieser ersten 64 Bytes eines Frames erkannt werden). Wie beim Fast-Forward-Switching wird auch beim Fragment-Free-Switching die Rahmenprüfsumme nicht berechnet, d. h., es gibt keine Fehlerkontrolle. Das Fragment-Free-Switching arbeitet zwar schneller als das Store-and-Forward-Switching, aber langsamer als das Fast-Forward-Switching.

17.2.3 Betrieb und Vorteile von VLANs

Es gibt verschiedene Gründe für den Einsatz von VLANs (virtuellen LANs), so z. B. die Erstellung getrennter Broadcast-Domänen innerhalb eines geswitchten Netzwerks. Zur Weitergabe von Daten zwischen unterschiedlichen VLANs werden Router benötigt.

Man kann sich ein VLAN als Subnetz vorstellen. Es gibt verschiedene Wege zur Implementierung von VLANs – der gängigste besteht darin, Subnetze separaten VLANs zuzuteilen.

Gäbe es keine Möglichkeit, VLANs zu bilden, dann würde ein Schicht-2-Broadcast (z. B. eine ARP-Anfrage) von allen Hosts im geswitchten Netzwerk gesehen werden. In einem großen derartigen Netzwerk könnten ARP-Anfragen unnötig Netzwerkbandbreite und Prozessorzyklen auf den Hosts verbrauchen. Normalerweise lässt sich die Ausbreitung von Schicht-2-Broadcasts nur mit Routern unterbinden.

Beachten Sie, dass die Hosts in Abbildung 17.3 sich zwar in verschiedenen Subnetzen befinden, aber dass die ARP-Anfrage von allen Computern empfangen wird. Dies kann insbesondere in einem Netzwerk mit Rechnern unter Windows ein Problem werden, denn diese Computer behalten ARP-Einträge nur für 120 Sekunden in der entsprechenden Tabelle. Wenn ein Windows-Computer länger als zwei Minuten nicht mit einem anderen Gerät kommuniziert hat, wird die Verknüpfung der IP-Adresse dieses Geräts mit der entsprechenden MAC-Adresse aus der ARP-Tabelle gelöscht. Muss der Host dann später wieder mit diesem Gerät kommunizieren, dann muss er erneut eine ARP-Anfrage stellen. Im Gegensatz dazu sind die ARP-Tabelleneinträge bei Unix-Computern für zwanzig Minuten gültig.

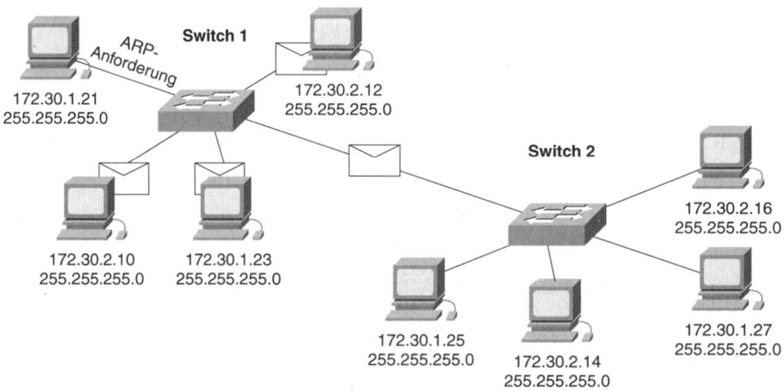

- 2 Subnetze
- Mehrere Kollisionsdomänen
- 1 Switch pro Port
- 1 Broadcast-Domäne

Abbildung 17.3: Zwei geswitchte Netzwerke

17.3 Geroutete Protokolle

Diese Wiederholung zu den gerouteten Protokollen deckt die folgenden Themenbereiche ab, die auch Bestandteil der CCNA-Prüfung sein werden:

- IP-Adressklassen, Subnetze und private Adressen
- Konfiguration von IP-Adressen
- Problembehebung bei IP-Adresssystemen
- Entwicklung eines IP-Adressschemas für bestimmte Anforderungen
- Einsatzbereiche der verschiedenen Protokolle in der TCP/IP-Anwendungsschicht
- Konvertierung zwischen Dezimal-, Hexadezimal- und Binärzahlen
- Definition von Flusskontrolle und Beschreibung der drei in der Netzwerktechnik verwendeten Grundmethoden
- Erläuterung der Funktionen von Protokollen der TCP/IP-Netzwerk- und Transportschicht

17.3.1 IP-Adressklassen, Subnetze und private Adressen

Wie kann ein Benutzer ermitteln, welcher Teil einer IP-Adresse das Netzwerk und welcher einen bestimmten Host bezeichnet? Die Antwort gaben zunächst die Entwickler des Internets, die davon ausgingen, dass es Netzwerke unterschiedlicher Größe geben müsste; die »Größe« basierte dabei auf der Anzahl der Computer (Hosts), die im jeweiligen Netzwerk enthalten war (Tabelle 17.1).

Tabelle 17.1: IP-Adressklassen

Adressklasse	Anzahl der Netzwerke	Anzahl der Hosts pro Netzwerk
A	126	16.777.216
B	16.384	65.535
C	2.097.152	254
D (Multicast)	–	–

Man ging davon aus, dass die Anzahl der Netzwerke, die mehrere Millionen Computer umfassen würden, vergleichsweise gering sein würde; größer wäre bereits die Menge mittelgroßer Netze mit einigen tausend Computern, und es würde auch sehr viele kleine Netzwerke mit nur maximal wenigen hundert Rechnern geben – das waren die Annahmen, auf denen die nachfolgenden Entwicklungen basieren.

Aus diesem Grund wurden die verfügbaren IP-Adressen in Klassen unterteilt, mit deren Hilfe große Netzwerke (Klasse-A-Netze), mittelgroße Netzwerke (Klasse-B-Netze) und kleine Netzwerke (Klasse-C-Netze) definiert werden sollten (Tabelle 17.2). Die Klasse einer IP-Adresse zu erkennen, ist der erste Schritt bei der Ermittlung der Netz- und Hostadressen.

Tabelle 17.2: Adressklasse ermitteln

Adressklasse	Führende Bits	Adressbereich des ersten Oktetts	Anzahl der Bits in der Netzwerkadresse
A	0	0–127*	8
B	10	128–191	16
C	110	192–223	24
D (Multicast)	1110	224–239	

* Die Klasse A umfasst Netzwerkadressen, deren erstes Bit 0 ist. Zwar beginnt auch die Netzwerkadresse 127 mit einem 0-Bit, aber diese Adresse ist speziellen Zwecken vorbehalten. Dies ist der Grund dafür, dass Klasse A nur 126 und nicht 127 Netzwerke enthält.

Aufgabe von IP ist die Weiterleitung von Paketen aus dem Netzwerk, aus dem sie stammen, zum Zielnetzwerk. Aus diesem Grund muss das Adresssystem eine Kennung sowohl für das Absender- als auch für das Empfängernetzwerk enthalten. Mit Hilfe der Empfängerkennung kann IP das Paket korrekt ausliefern. Trifft das Paket an einem Router ein, der mit dem Zielnetzwerk verbunden ist, dann muss IP in der Lage sein, den Empfängerhost in diesem Netzwerk zu ermitteln. Das funktioniert ähnlich wie bei der Post: Mit Hilfe einer PLZ-Angabe werden Briefe an Sie zunächst zur regionalen Postverteilstelle und dann zur lokalen Poststelle weitergeleitet. Von dort aus kann der Briefträger in einem zweiten Schritt dank der Angabe einer Straße und der Hausnummer diese Briefe in Ihren Hausbriefkasten befördern.

Diesem Ansatz entsprechend besteht jede IP-Adresse aus zwei Teilen. Einer dieser Teile bezeichnet das Netzwerk, in dem das Empfängersystem angeschlossen ist, der andere identifiziert eben dieses Empfängersystem. Man bezeichnet solche Adressen als hierarchische Adressen, da es zwei unterschiedliche Adressebenen gibt. Bei IP-Adressen sind diese beiden Ebenen in einer Adressnummer zusammengefasst. Diese Nummer muss eindeutig sein, da die doppelte Vergabe einer Adresse unzulässig ist.

Die ursprüngliche zweistufige Hierarchie des Internets setzte voraus, dass an jedem Standort nur ein Netzwerk vorhanden sei. Insofern würde jeder Standort auch nur eine einzelne Internetverbindung benötigen. Seinerzeit waren dies völlig normale Voraussetzungen. Im Laufe der Zeit jedoch reifte die Netzwerktechnik und wurde immer komplexer. Bereits 1985 konnte man nicht mehr davon ausgehen, dass eine Organisation lediglich ein einziges Netzwerk betreibt und dass sie sich mit einer einzigen Verbindung zum Internet zufrieden gibt.

Als an Standorten mehrere Netzwerke entstanden, wurde den Betroffenen der IETF klar, dass eine Methode zur Separierung der vielen logischen Netzwerke benötigt wurde, die als Teilmengen auf der zweiten Internetebene entstanden; andernfalls würde es keine effiziente Möglichkeit zum Routing von Daten zu bestimmten Endsystemen geben, die sich an Standorten mit mehreren Netzwerken befinden.

17.3.2 Subnetzbildung

Eine Beschreibung von TCP/IP wäre ohne die Darstellung von Subnetzen nicht vollständig. Für Sie als Systemadministrator ist es wichtig, die Subnetzbildung als Möglichkeit zur Unterteilung und Adressierung separater Netzwerke im gesamten LAN zu verstehen. Die Subnetzbildung ist insbesondere in kleinen Netzwerken nicht immer notwendig, in großen hingegen ist sie praktisch unumgänglich.

Um eine Subnetzstruktur zu erstellen, müssen durch Unterteilung des oder der Hostoktette bestimmte Hostbits als Netzwerkbits zugewiesen werden. Diesen Vorgang bezeichnet man häufig als das »Borgen« von Bits. Den Startpunkt dieses Vorgangs bildet immer das höchstwertige Hostbit (welches das ist, hängt natürlich von der IP-Klasse ab).

Die Subnetzbildung bietet aber nicht nur Funktionen für die LAN-Verwaltung, sondern erlaubt dem Netzwerkadministrator auch die Begrenzung von Broadcasts und die Absicherung des LAN auf unterer Ebene. Sicherheit ist deshalb durch die Subnetzbildung realisierbar, weil der Zugriff auf andere Subnetze mit Hilfe eines Routers erfolgt. Ein Netzwerkadministrator kann ACLs konfigurieren, die den Zugriff auf ein Subnetz basierend auf verschiedenen Kriterien zulassen oder verweigern. Besitzer verschiedener großer Klasse-A- und Klasse-B-Netzwerke haben festgestellt, dass sich die Subnetzbildung auch finanziell für die Organisation auszahlen kann – indem man ohnehin unbenutzte IP-Adressen vermietet oder verkauft.

In Umgebungen mit mehreren Netzwerken ist jedes Subnetz über einen gemeinsamen Punkt – einen Router (Abbildung 17.4) – mit dem Internet verbunden. Wie die Netzwerkumgebung intern genau aussieht, ist für das Internet nicht von Belang: Die einzelnen Komponenten bilden ein privates Netzwerk, das in der Lage ist (oder sein sollte), seine eigenen Datagramme auszuliefern. Aus diesem Grund ist es für den Betrieb des Internets notwendig, den Gateway-Router des jeweiligen Netzwerks erreichen zu können.

Innerhalb des Firmennetzwerks können mit Hilfe des Hostanteils der IP-Adresse Subnetze zur Unterteilung des Netzes gebildet werden.

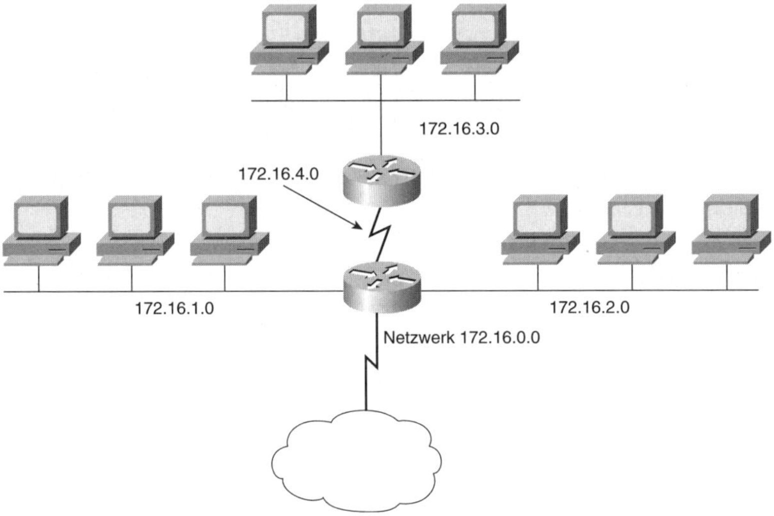

Abbildung 17.4: Subnetze

Da die Subnetzadresse dem Hostanteil von Klasse-A-, Klasse-B- und Klasse-C-Adressen entnommen wird, wird sie meist lokal – vom Netzwerkadministrator – zugewiesen. Wie die anderen Teile der IP-Adresse muss jede Subnetzadresse in ihrem Bereich eindeutig sein (Abbildung 17.5).

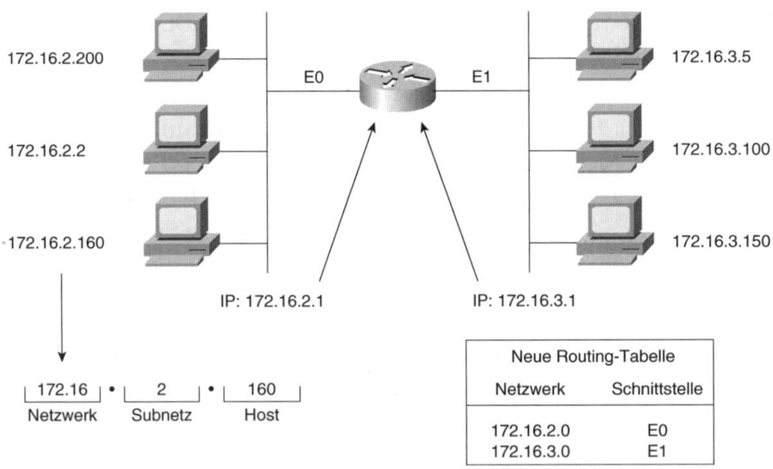

Abbildung 17.5: Subnetzadresse

Ähnlich wie CIDR, IPv6 und private Adressen stellt die Subnetzbildung eine Möglichkeit zur Einsparung von IP-Adressen dar. Diese Methode der Unterteilung vollständiger Netzwerkadressen in kleinere Teile hat bislang den vollständigen Verbrauch aller IP-Adressen verhindert. Abbildung 17.6 zeigt ein Klasse-B-Netzwerk (131.108.0.0), das in drei Subnetze unterteilt ist.

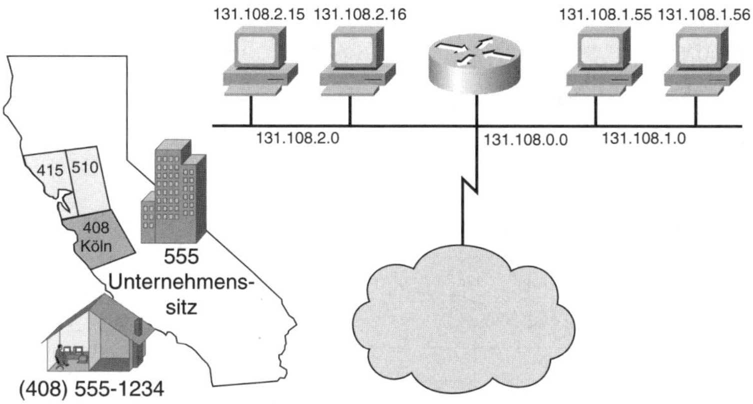

Abbildung 17.6: Adressierung mit Subnetzen

Um eine Subnetzadresse zu erstellen, »leiht« sich der Administrator Bits von der ursprünglichen Host-ID und definiert diese dann als Subnetzfeld (Tabelle 17.3). Hierzu müssen mindestens zwei Bits herangezogen werden. Würde man ein Subnetz nämlich nur mit einem Bit erstellen wollen, dann hätte man nur eine Netzwerk- und eine Broadcast-Nummer (d. h. das Netzwerk .0 und das Netzwerk .255). Umgekehrt kann zur Subnetzbildung maximal eine Anzahl von Bits herangezogen werden, die der Anzahl der Bits in der Host-ID abzüglich 2 entspricht. In dem in der Tabelle gezeigten Beispiel einer IP-Adresse der Klasse C wurden mehrere Bits der Host-ID für das Subnetzfeld geliehen.

Tabelle 17.3: Subnetzadressen

Dezimalnotation des ersten Oktetts	Anzahl der Subnetze	Anzahl der Klasse-A-Hosts pro Subnetz	Anzahl der Klasse-B-Hosts pro Subnetz	Anzahl der Klasse-C-Hosts pro Subnetz
.192	2	4.194.302	16.382	62
.224	6	2.097.150	8.190	30
.240	14	1.048.574	4.094	14
.248	30	524.286	2.046	6
.252	62	262.142	1.022	2
.254	126	131.070	510	–
.255	254	65.534	254	–

17.3.3 Konvertierung zwischen Dezimal-, Hexadezimal- und Binärzahlen

Wie bei den meisten mathematischen Problemen führen auch bei der Konvertierung von Dezimal- zu Binärzahlen (und umgekehrt) viele Wege zum Ziel. In diesem Abschnitt werden Sie dazu eine Methode kennen lernen.

Um eine Dezimalzahl in eine Binärzahl zu konvertieren, müssen Sie zunächst die größte Zweierpotenz finden, die in diese Dezimalzahl »passt« (Tabelle 17.4).

Tabelle 17.4: 2-Byte-/16-Bit-Zahl

2^{15}	2^{14}	2^{13}	2^{12}	2^{11}	2^{10}	2^9	2^8	2^7	2^6	2^5	2^4	2^3	2^2	2^1	2^0
32.678	16.384	8.192	4.096	2.048	1.024	512	256	128	64	32	16	8	4	2	1

Manchmal ist der größte in einem Byte speicherbare Wert (255) jedoch nicht ausreichend für die gegebene Wertemenge. In diesem Fall muss man Bytes zusammenfassen, d. h., statt zwei 8-Bit-Zahlen verwendet man eine 16-Bit-Zahl, statt drei 8-Bit-Zahlen eine 24-Bit-Zahl usw. Hier gilt die gleiche Regel wie bei den 8-Bit-Zahlen: Sie multiplizieren den Wert der vorangehenden Position mit 2, um den Wert der aktuellen Spalte zu erhalten. Tabelle 17.5 dokumentiert diese Werte (beginnend mit einer 2-Byte- bzw. 16-Bit-Zahl); Sie sollten sie kennen, da sie für das Verständnis der Adressierung von Subnetzen sehr wichtig sind.

Da beim Arbeiten mit Computern häufig Bytes mit im Spiel sind, ist es am einfachsten, mit Bytegrenzen zu beginnen und von dort aus zu rechnen. Um dies besser demonstrieren zu können, wollen wir ein paar Berechnungsbeispiele durchführen. Zunächst wollen wir die Zahl 6.783 umwandeln (Tabelle 17.5). Da diese Zahl größer ist als 255 – der größte mit einem Byte darstellbare Wert –, verwenden wir zur Berechnung zwei Bytes. Beginnen Sie die Umwandlung bei 2^{15}.

Tabelle 17.5: Umwandlung Dezimal- in Binärwert

Potenz der Position	Dezimalwert	Positionswert	Binärwert	Rest
2^{15}	6.783	32.678	0	6.783
2^{14}	6.783	16.384	0	6.783
2^{13}	6.783	8.192	0	6.783
2^{12}	6.783	4.096	1	2.687
2^{11}	2.687	2.048	1	639
2^{10}	639	1.024	0	639

Tabelle 17.5: Umwandlung Dezimal- in Binärwert (Forts.)

Potenz der Position	Dezimalwert	Positionswert	Binärwert	Rest
2^9	639	512	1	127
2^8	127	256	0	127
2^7	127	128	0	127
2^6	127	64	1	63
2^5	63	32	1	31
2^4	31	16	1	15
2^3	15	8	1	7
2^2	7	4	1	3
2^1	3	2	1	1
2^0	1	1	1	0

Das Ergebnis lautet also:

6.783 = 00011010 01111111

Das zweite Beispiel betrifft die Zahl 104. Da diese kleiner ist als 255, reicht uns zur Konvertierung ein Byte aus (Tabelle 17.6).

Tabelle 17.6: Konvertierung einer 8-Bit-Zahl

Potenz der Position	Dezimalwert	Positionswert	Binärwert	Rest
2^7	104	128	0	104
2^6	104	64	1	40
2^5	40	32	1	8
2^4	8	16	0	8
2^3	8	8	1	0
2^2	0	4	0	0
2^1	0	2	0	0
2^0	0	1	0	0

Folglich gilt:

104 = 01101000

Diese Vorgehensweise funktioniert bei allen Dezimalzahlen. Nehmen wir einmal die Dezimalzahl 1.000.000 (eine Million). Da diese Zahl größer ist als der größte mit zwei Bytes darstellbare Wert (65.535), benötigen Sie mindestens drei Bytes. Durch Multiplikation mit 2 erhalten Sie den Wert 2^{23} =

8.388.608, d. h., der größte mit drei Bytes darstellbare Wert ist 16.777.215. Wenn Sie den oben beschriebenen Vorgang nun vollständig durchführen, werden Sie am Ende feststellen, dass der Dezimalzahl 1.000.000 die Binärzahl 00001111 01000010 01000000 entspricht.

Die Umwandlung von Binär- und Dezimalzahlen verläuft genau umgekehrt. Setzen Sie einfach die Binärzahl in die Berechnungstabelle ein, und addieren Sie, wenn eine Binärstelle den Wert 1 hat, den entsprechend zugeordneten Dezimalwert der Summe hinzu. Tabelle 17.7 zeigt ein Beispiel hierfür, nämlich die Konvertierung der Binärzahl 00000100 00011101 in ihr Dezimaläquivalent 1053.

Tabelle 17.7: Konvertierung einer 16-Bit-Zahl

Potenz der Position	Dezimalwert	Positionswert	Binärwert	Rest
2^{15}	0	32.678	0	0
2^{14}	0	16.384	0	0
2^{13}	0	8.192	0	0
2^{12}	0	4.096	0	0
2^{11}	0	2.048	0	0
2^{10}	0	1.024	1	1.024
2^{9}	1.024	512	0	1.024
2^{8}	1.024	256	0	1.024
2^{7}	1.024	128	0	1.024
2^{6}	1.024	64	0	1.024
2^{5}	1.024	32	0	1.024
2^{4}	1.024	16	1	1.040
2^{3}	1.040	8	1	1.048
2^{2}	1.048	4	1	1.052
2^{1}	1.052	2	0	1.052
2^{0}	1.052	1	1	1.053

17.4 Routing-Protokolle

Ein Protokoll ist ein auf Standards basierender Satz von Regeln, der bestimmt, wie Computer über Netzwerke miteinander kommunizieren. Ferner dient ein Protokoll auch als gemeinsamer Nenner oder Medium, über das unterschiedliche Anwendungen, Hosts oder Systeme kommunizieren können. Wenn Computer miteinander kommunizieren, tauschen sie Datenmeldungen aus. Um diese Meldungen in Empfang nehmen und verarbeiten zu können, müssen die Computer wissen, wie die verschiedenen Meldungen definiert sind und was sie bedeuten. Beispiele für Vorgänge, bei denen Meldungen ausgetauscht werden, sind das Herstellen einer Verbindung mit einem entfernten Computer, das Senden und Empfangen von E-Mail und die Übertragung von Daten und Dateien.

Ein Protokoll beschreibt

- das Format, das eine Meldung aufweisen muss,
- die Art und Weise, wie Computer Meldungen innerhalb des Kontexts einer bestimmten Handlung (z. B. des Übertragens von Nachrichten über ein Netzwerk) austauschen.

Aufgrund der Ähnlichkeit von gerouteten bzw. routbaren Protokollen und Routing-Protokollen werden diese Begriffe häufig miteinander verwechselt. Deswegen wollen wir sie genauer beschreiben:

- Als geroutetes Protokoll (manchmal auch »routbares« Protokoll) bezeichnet man jedes Netzwerkprotokoll, in dessen Vermittlungsschichtadresse ausreichend Informationen enthalten sind, um ein Paket auf der Grundlage eines Adressierungssystems von einem Host an einen anderen Host weiterzuleiten. Geroutete Protokolle definieren das Format und die Verwendung der Felder in einem Paket. Die Pakete werden generell von einem Endsystem zum anderen übertragen. Geroutete Protokolle verwenden zur Weiterleitung von Paketen eine Routing-Tabelle. Beispiele für geroutete Protokolle finden Sie in Abbildung 17.7; zu ihnen gehören IP, Novell IPX (Internetwork Packet Exchange), AppleTalk und DECnet.

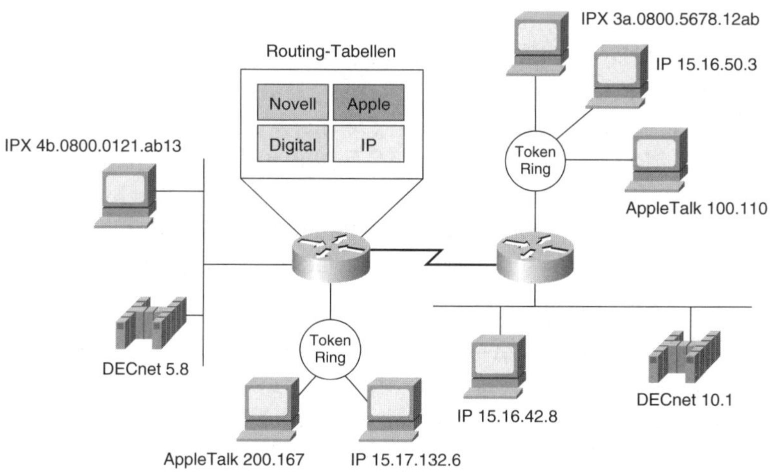

Abbildung 17.7: Geroutete Protokolle

– Ein Routing-Protokoll hingegen ist ein Protokoll, das ein geroutetes Protokoll unterstützt, indem es Methoden zur netzweiten Nutzung von Routing-Informationen bereitstellt. Dazu werden Routing-Protokollmeldungen zwischen den beteiligten Routern ausgetauscht. Routing-Protokolle ermöglichen Routern die Kommunikation mit anderen Routern zum Zweck der Aktualisierung der Routing-Tabellen. Beispiele für TCP/IP-Routing-Protokolle sind RIP (Routing Information Protocol), IGRP (Interior Gateway Routing Protocol), EIGRP (Enhanced IGRP) und OSPF (Open Shortest Path First).

Damit ein Protokoll routbar ist, muss der Administrator in der Lage sein, jedem einzelnen Gerät eine eindeutige Netzwerkadresse sowie eine Host- oder Knotenadresse zuzuweisen. Einige Protokolle wie etwa IPX setzen lediglich voraus, dass ein Administrator eine Netzwerkadresse zuweist; als Hostadresse wird dann die physikalische Adresse (MAC-Adresse) des Hosts verwendet. Andere Protokolle – beispielsweise IP – verlangen jedoch die Angabe einer vollständigen Adresse und einer Subnetzmaske.

Sowohl die IP-Adresse als auch die Netzwerkmaske müssen einem gerouteten Netzwerk zugeordnet sein. Eine Netzwerkmaske trennt die 32 Bits umfassende IP-Adresse in einen Netz- und einen Hostanteil auf. IPX benutzt keine Netzwerkmaske, sondern verwendet die vom Administrator zugewiesene Netzwerkadresse ergänzt durch die MAC-Adresse, um die vollständige Adresse zu erstellen. Bei IP-Adressen hingegen wird die Netzwerkadresse durch einen Vergleich der Adresse mit der Netzwerkmaske ermittelt.

Eine Netzwerkmaske erlaubt die Behandlung von Gruppen aufeinander folgender IP-Adressen als Einheit. Wenn eine solche Gruppenbildung nicht zulässig wäre, müsste jeder Host individuell geroutet werden, was bei Millionen von Hosts im Internet nicht möglich ist. Alle 254 Hosts in der Serie 192.168.10.1 bis 192.168.10.254 lassen sich durch die Netzwerkadresse 192.168.10.0 darstellen. Auf diese Weise können Daten unter Verwendung der Netzwerkadresse an jeden dieser Hosts gesendet werden; Routing-Tabellen müssen also nur den Eintrag 192.168.10.0 und nicht 254 einzelne Einträge benutzen. Diese Adressierung entspricht den Vorgaben des ISC (Internet Software Consortium, *http://www.isc.org*). Damit das Routing überhaupt funktioniert, *muss* diese Form der Gruppenbildung verwendet werden.

Routing ist eine Funktion der OSI-Schicht 3. Es fungiert als hierarchisches Organisationssystem, das die Zusammenfassung einzelner Adressen zu Gruppen und deren Behandlung als Einheit ermöglicht, bis die tatsächliche Endadresse für die Auslieferung der Daten an den eigentlichen Empfänger benötigt wird. Unter dem Begriff »Routing« versteht man die Ermittlung des effizientesten Pfades von einem Gerät zum anderen (Abbildung 17.8). Das Gerät, das diesen Vorgang durchführt, bezeichnet man als Router.

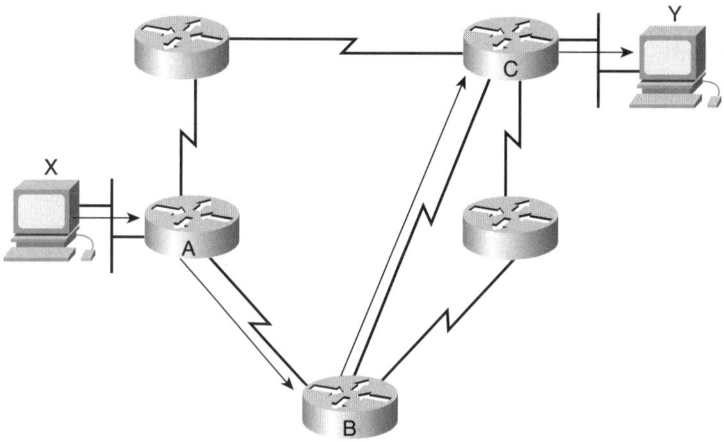

Abbildung 17.8: Protokolleinsatz in der Vermittlungsschicht

Ein Router hat zwei Hauptfunktionen:

- Er muss Routing-Tabellen führen und sicherstellen, dass andere Router von Änderungen in der Netzwerktopologie erfahren. Diese Funktion wird mit Hilfe eines Routing-Protokolls realisiert, das diese Änderungen anderen Routern mitteilt.
- Wenn Pakete an der Schnittstelle eintreffen, muss der Router anhand der Routing-Tabelle bestimmen, wohin diese weitergeleitet werden müssen. Er überträgt sie dann an die passende Schnittstelle, ergänzt das hierfür notwendige Framing und sendet den Frame.

Ein Router ist ein Gerät der Vermittlungsschicht, das eine oder mehrere Routing-Metriken zur Bestimmung des optimalen Pfades verwendet, über den die Netzwerkdaten weitergeleitet werden sollen. Unter der Metrik versteht man einen Wert, der angibt, wie wünschenswert die Übertragung über eine bestimmte Schnittstelle ist. Routing-Protokolle verwenden verschiedene Kombinationen von Kriterien, um die Metrik zu ermitteln (Abbildung 17.9).

Metriken wie die Anzahl der Hops, Bandbreite, Verzögerung, Zuverlässigkeit, Last und Kosten werden in unterschiedlichen Kombinationen berechnet, um den besten Pfad durch einen Netzwerkverbund zu bestimmen. Router treffen hinsichtlich des besten Transportpfades für Daten in einem Netzwerkverbund logische Entscheidungen und führen die Weiterleitung der Pakete zu den geeigneten Ausgangsports durch, wo sie dann für die Übertragung gekapselt werden. Der Kapselungs- und Entkapselungsprozess findet jedes Mal statt, wenn ein Paket einen Router passiert und die Daten von einem Gerät zum nächsten übertragen werden (Abbildung 17.10). Bei der Kapselung wird der Datenstrom in Abschnitte unterteilt, die passenden Header und Trailer werden hinzugefügt, und dann werden die Daten gesendet. Bei der Entkapselung geschieht das Umgekehrte, d. h., die Header und Trailer werden entfernt, und dann werden die Daten wieder zu einem kontinuierlichen Datenstrom zusammengefügt. Router akzeptieren Frames von LAN-Geräten (z. B. Workstations) und leiten diese basierend auf der Schicht-3-Information weiter durch das Netzwerk.

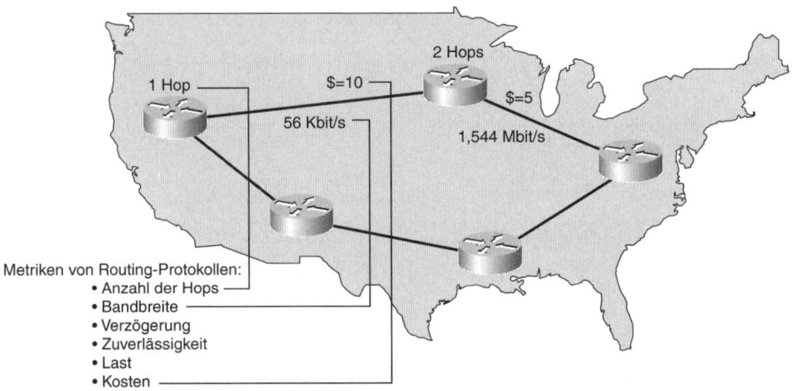

Abbildung 17.9: Metriken von Routing-Protokollen

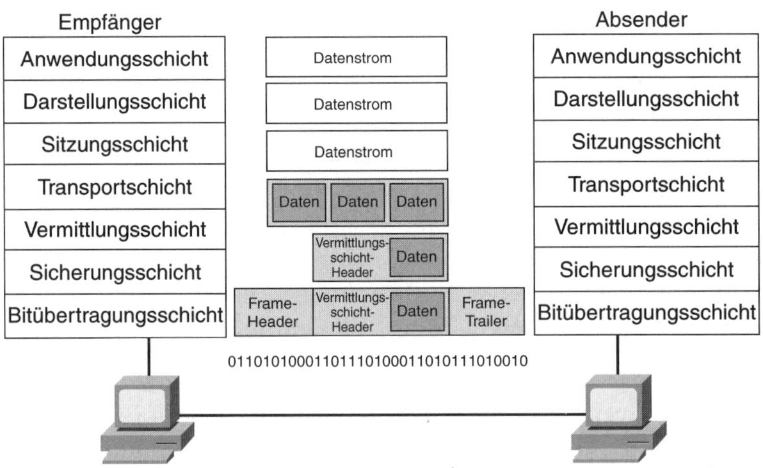

Abbildung 17.10: Kapselung

Dieser Abschnitt konzentriert sich auf das meistverwendete routbare Protokoll: IP. Aber auch wenn der Schwerpunkt auf IP liegt, ist es doch wichtig zu wissen, dass es andere routbare Protokolle wie IPX/SPX und AppleTalk gibt.

Protokolle wie IP, IPX/SPX und AppleTalk bieten Unterstützung für die Schicht 3 und sind insofern routbare Protokolle. Es gibt auch andere Protokolle, welche die Vermittlungsschicht nicht unterstützen; diese heißen »nichtgeroutete« Protokolle. Das gängigste Beispiel für solche Protokolle ist NetBEUI. Hierbei handelt es sich um ein kleines, schnelles und effizient arbeitendes Protokoll, dessen Einsatz aus genau diesen Gründen auf ein Segment beschränkt ist.

17.4.1 Interne und Externe Routing-Protokolle

Router benutzen Routing-Protokolle, um Routing-Informationen auszutauschen, d. h., Routing-Protokolle bestimmen, wie geroutete Protokolle zu routen sind. Abbildung 17.11 zeigt die beiden zu unterscheidenden Typen von Routing-Protokollen, nämlich IGP (Interior Gateway Protocol) und EGP (Exterior Gateway Protocol). Diese Protokollfamilien sind nach ihrem Bezug auf autonome Systeme klassifiziert.

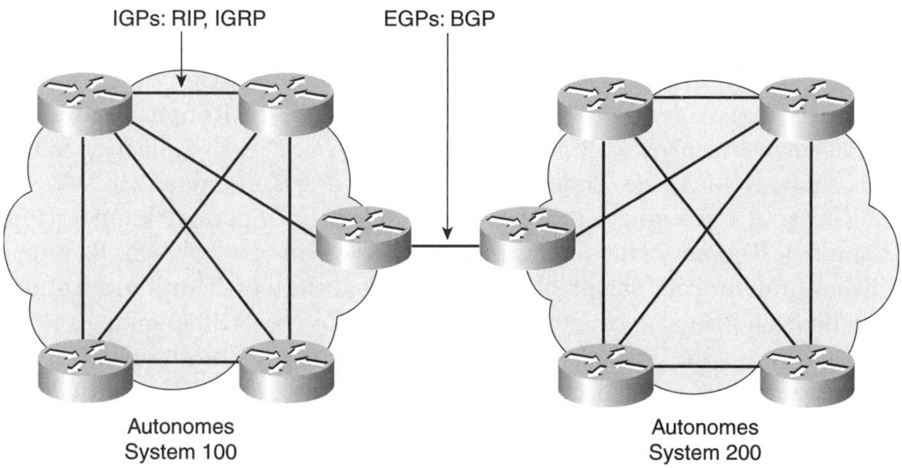

Abbildung 17.11: IGP- und EGP-Protokolle

Ein autonomes System ist ein Netzwerk oder ein Netzwerkverbund, der sich unter der administrativen Kontrolle einer einzelnen Instanz befindet (z. B. die Domäne *cisco.com*). Autonome Systeme bestehen aus Routern, die nach außen eine konsistente Routing-Ansicht zeigen. Die IANA weist regionalen Registrierstellen Nummern zur Vergabe an autonome Systeme zu. Diese Registrierstellen sind die ARIN für Nord- und Südamerika sowie Afrika (Kontakt: *hostmaster@arin.net*), die RIPE-NCC in Europa (*ncc@ripe.net*) und die AP-NIC für den asiatischen und pazifischen Raum (*admin@apnic.net*). Bei den Nummern handelt es sich um 16-Bit-Zahlen. Ein Routing-Protokoll wie etwa BGP setzt voraus, dass Sie diese weltweit eindeutige, zugewiesene Nummer in Ihrer Konfiguration des EGP benutzen.

IGP-Protokolle routen Daten innerhalb autonomer Systeme. Zu dieser Protokollfamilie gehören die folgenden Protokolle:

- RIP und RIPv2
- IGRP
- EIGRP
- OSPF
- ISIS

EGP-Protokolle routen Daten zwischen autonomen Systemen. Der am weitesten verbreitete Vertreter der EGP-Protokolle ist BGP (Border Gateway Protocol).

17.4.2 Distanzvektorprotokolle

Beim Distanzvektor-Routing werden für jede Verbindung im Netzwerkverbund eine Richtung (Vektor) und eine Distanz bestimmt. Distanzvektoralgorithmen senden regelmäßig (d. h. etwa alle 30 Sekunden) die Routing-Tabelle teilweise oder vollständig an ihre benachbarten Router. Router, die ein Distanzvektorprotokoll ausführen, senden diese regelmäßigen Updates auch dann, wenn keine Änderungen im Netzwerk aufgetreten sind. Wenn ein Router die Routing-Tabelle seines Nachbarn empfängt, kann er alle bekannten Routen überprüfen und bei Bedarf in der lokalen Routing-Tabelle Änderungen entsprechend den aktualisierten Informationen des benachbarten Routers vornehmen. Diesen Vorgang bezeichnet man als *Routing by Rumor* (dt. etwa »auf Gerüchten basierendes Routing«), denn die Sichtweise eines Routers auf das Netzwerk basiert auf der Perspektive, die sein Nachbar von der Netzwerktopologie hat. Distanzvektorprotokolle verwenden zur Ermittlung der optimalen Pfade den Bellman-Ford-Algorithmus.

Die folgenden Protokolle gehören zu den Distanzvektorprotokollen:

- **RIP (Routing Information Protocol).** RIP ist ein sehr verbreitetes IGP im Netzwerkbereich und verwendet die Anzahl der Hops als Metrik.
- **IGRP (Interior Gateway Routing Protocol).** Dieses IGP wurde einst von Cisco entwickelt, um Probleme in Zusammenhang mit dem Routing in großen, heterogenen Netzwerken zu lösen.

Von IGRP und RIP verwendete Routing-Metriken

Wenn ein Routing-Algorithmus eine Routing-Tabelle aktualisiert, dann besteht sein primäres Ziel darin, die Pfadinformationen zu ermitteln, die für die Routing-Tabelle am geeignetsten sind. Dabei interpretiert jeder Routing-Algorithmus auf seine Weise, was als »das Geeignetste« zu betrachten ist. Für jeden Pfad durch das Netzwerk generiert der Algorithmus einen Wert, die so genannte Metrik. Komplexe Routing-Algorithmen können die Routenauswahl basierend auf mehreren Metriken vornehmen, d. h., sie fassen die verschiedenen Metriken zu einer Kombinationsmetrik zusammen. Ein Pfad ist dabei umso besser, je niedriger seine Metrik ist (Abbildung 17.12).

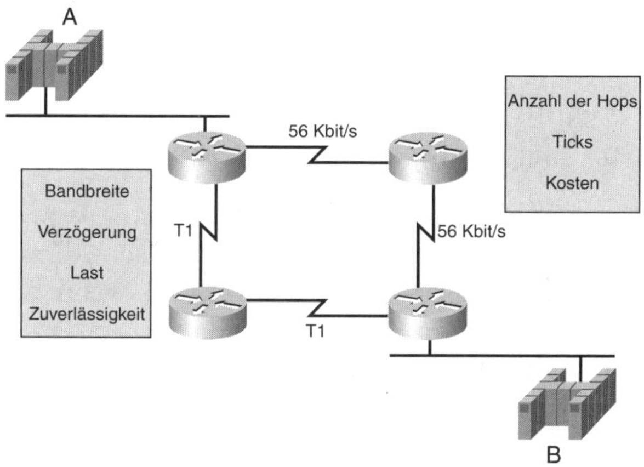

Abbildung 17.12: Routing-Metriken

Metriken lassen sich sowohl auf der Basis eines einzelnen Merkmals als auch basierend auf mehreren Eigenschaften des Pfades errechnen. Folgende Eigenschaften benutzen Routing-Protokolle zur Ermittlung der Metrik von Verbindungen:

- **Bandbreite.** Die Datenkapazität einer Verbindung. Beispielsweise ist eine Ethernet-Leitung mit 10 Mbit/s einer ISDN-Verbindung mit 64 Kbit/s vorzuziehen.
- **Verzögerung.** Zeit, die benötigt wird, um ein Paket über die jeweiligen Verbindungen vom Absender zum Empfänger zu übermitteln. Die Verzögerung hängt ab von der Bandbreite der Leitungen, den Warteschlangen der Ports an jedem Router, dem Gesamtdatenaufkommen im Netzwerk und der physischen Entfernung.
- **Last.** Umfang der Aktivitäten an einer Netzwerkressource (z. B. ein Router oder eine Leitung).

- **Zuverlässigkeit.** Bezeichnet in der Regel die Fehlerrate der Netzwerkverbindung.
- **Zahl der Hops.** Anzahl der Router, die ein Paket auf seinem Weg passieren muss, bevor es zum Empfänger gelangt. Jeder Router, den die Daten passieren müssen, ist ein Hop. Wenn von einem Pfad mit vier Hops die Rede ist, dann bedeutet dies, dass die Daten vier Router passieren müssen, bevor sie den endgültigen Empfänger erreichen. Führen mehrere Pfade zum Empfänger, dann wählt der Router den Pfad mit der geringsten Anzahl der Hops.
- **Kosten.** Ein frei einstellbarer Wert, der normalerweise auf der Bandbreite, finanziellen Aufwendungen u. Ä. basiert und vom Netzwerkadministrator zugewiesen wird.

17.4.3 Vergleichende Gegenüberstellung der Funktionsweise von Distanzvektor-, Link-State- und Hybridprotokollen

Link-State-Protokolle wurden entwickelt, um die durch Distanzvektorprotokolle auferlegten Beschränkungen zu umgehen. Sie reagieren schnell auf Änderungen im Netzwerk, senden Trigger-Updates nur dann, wenn die Netzwerktopologie tatsächlich geändert wurde, und periodische Updates – so genannte Refreshs – in langen Zeitabständen (alle 30 Minuten).

Wenn eine Verbindung ihren Status ändert, erstellt das Gerät, das diese Änderung erkannt hat, ein LSA (Link-State-Advertisement, Anzeige des Routenstatus) zu einer Route, und dieses LSA wird dann an alle benachbarten Geräte übermittelt. Jedes Routing-Gerät aktualisiert anhand des LSA die Topologiedatenbank und leitet es danach seinerseits an alle Nachbarn weiter. Dieses Fluten des LSA ist notwendig, um sicherzustellen, dass alle Routing-Geräte ihre Datenbanken aktualisieren, bevor sie eine aktuelle Routing-Tabelle erstellen, welche die neue Topologie berücksichtigt (Abbildung 17.13).

Die Link-State-Datenbank dient als Grundlage zur Berechnung der optimalen Pfade durch das Netzwerk. Link-State-Router finden diese Pfade durch Anwendung des SPF-Algorithmus (Shortest Path First) auf die Link-State-Datenbank, um so einen SPF-Baum zu erstellen. Die besten (d. h. kürzesten) Pfade werden dann aus dem SPF-Baum ausgewählt und in der Routing-Tabelle abgelegt.

Zu den Link-State-Protokollen gehören OSPF und IS-IS (Abbildung 17.14).

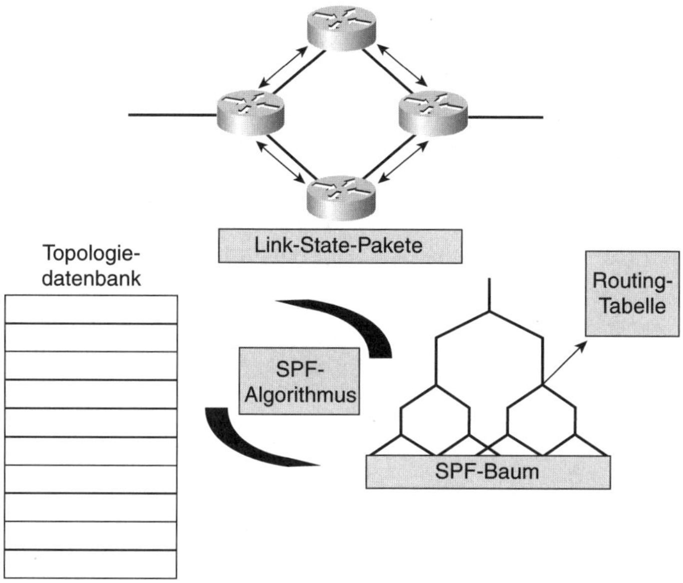

Abbildung 17.13: Link-State-Protokolle

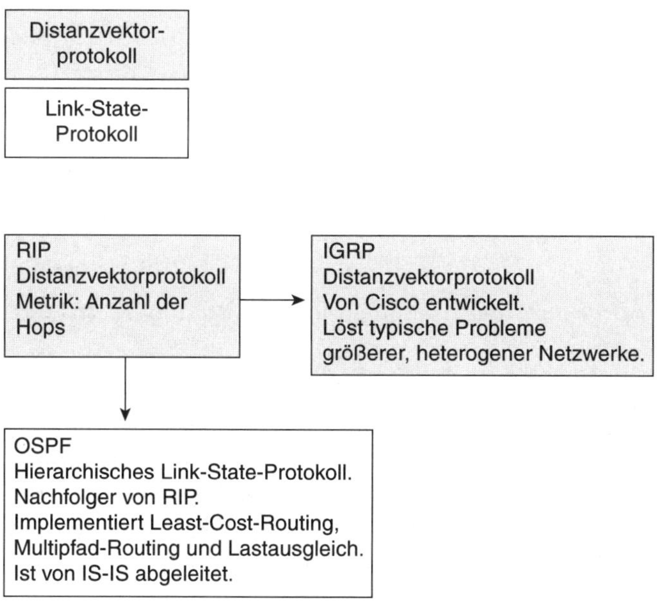

Abbildung 17.14: Link-State-Protokolle

RIP verwendet die Anzahl der Hops zur Ermittlung von Richtung und Länge der Verbindungen im Netzwerkverbund (Abbildung 17.15). Wenn mehrere Pfade zum Ziel vorhanden sind, wählt RIP denjenigen mit den wenigsten Hops. Da allerdings die Anzahl der Hops die einzige von RIP verwendete Metrik ist, wird hierbei nicht unbedingt der schnellste Pfad zum Empfänger gewählt. RIPv1 verwendet nur klassenorientiertes Routing, d. h., alle Geräte im Netzwerk müssen die gleiche Subnetzmaske benutzen, weil RIPv1 keine Subnetzinformationen mit dem Routing-Update übermittelt.

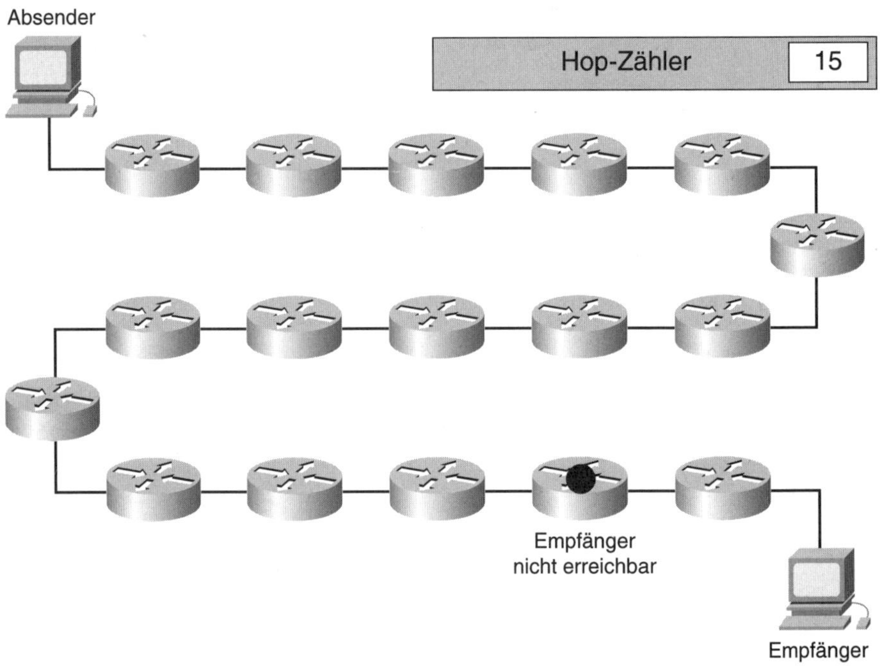

Abbildung 17.15: RIP verwendet die Anzahl der Hops als Routing-Metrik.

RIP

RIPv2 bietet so genanntes Präfix-Routing und sendet Subnetzdaten mit den Routing-Updates, unterstützt also die Verwendung klassenlosen Routings. Bei klassenlosen Routing-Protokollen können unterschiedliche Subnetze innerhalb eines Netzwerks auch unterschiedliche Subnetzmasken haben. Die Verwendung verschiedener Subnetzmasken innerhalb eines einzigen Netzwerks nennt man VLSM (Variable Length Subnet Masking).

IGRP

IGRP ist ein Distanzvektorprotokoll, das den schnellsten Pfad basierend auf der Verzögerung, der Bandbreite, der Last und der Zuverlässigkeit auswählen kann. Standardmäßig verwendet IGRP nur die Bandbreite und die Verzögerung als 24-Bit-Metriken. Ferner hat IGRP eine wesentlich höhere Obergrenze für die Anzahl der Hops als RIP, erlaubt also eine bessere Skalierung des Netzwerks. IGRP verwendet nur klassenorientiertes Routing.

EIGRP

Wie IGRP ist auch EIGRP (Enhanced Interior Gateway Routing Protocol) ein proprietäres Cisco-Protokoll. Es handelt sich hierbei um eine fortgeschrittene IGRP-Version mit 32-Bit-Metrik. Im Wesentlichen bietet EIGRP überlegene Betriebseigenschaften durch schnellere Konvergenz und einen geringeren Bandbreitenbedarf für Steuerdaten. EIGRP ist ein fortschrittliches Distanzvektorprotokoll und verwendet auch einige Funktionen, die man von Link-State-Protokollen kennt. Insofern wird EIGRP auch als Hybridprotokoll bezeichnet.

OSPF

OSPF (Open Shortest Path First) ist ein Link-State-Protokoll, das von der IETF im Jahre 1988 entwickelt wurde, um die Anforderungen großer, skalierbarer Internetworks zu erfüllen, die RIP überforderten. Die aktuelle Version OSPFv2 wird in RFC 2328 beschrieben. OSPF ist ein IGP, d. h., es tauscht Routing-Informationen unter Routern aus, die zum gleichen autonomen System gehören.

IS-IS

IS-IS (Intermediate System-to-Intermediate System) ist das dynamische Link-State-Protokoll für den OSI-Protokollstapel. Als solches verteilt es Informationen für das Routing von CLNP-Daten (Connectionless Network Protocol) in ISO-kompatiblen CLNS-Umgebungen (Connectionless Network Service).

Integriertes IS-IS ist eine Implementierung dieses Protokolls für das Routing mehrerer Netzwerkprotokolle. Diese Variante kennzeichnet CLNP-Routen mit Informationen zu IP-Netzwerken und Subnetzen und stellt in der IP-Welt eine Alternative zu OSPF dar, weil es gemischtes CLNS- und IP-Routing innerhalb eines Protokolls ermöglicht: Integriertes IS-IS kann sowohl für reines IP-Routing als auch für reines ISO-Routing oder eine Mischung der beiden verwendet werden.

BGP

BGP (Border Gateway Protocol) ist ein EGP-Protokoll. Es tauscht Routing-Informationen zwischen autonomen Systemen aus und garantiert gleichzeitig eine schleifenfreie Pfadauswahl. BGP ist das von großen Firmen und Internet-Providern meistverwendete Protokoll zur Verteilung von Routen im Internet.

BGP4 ist die erste BGP-Version, die CIDR (Classless Interdomain Routing, klassenloses domänenübergreifendes Routing) und Routen-Aggregation (d. h. die gleichzeitige Verwendung mehrerer Routen) unterstützt. Anders als gängige IGPs wie RIP, OSPF und EIGRP verwendet BGP keine Metriken wie Anzahl der Hops, Bandbreite oder Verzögerung, sondern trifft seine Entscheidungen basierend auf Richtlinien oder Regeln im Netzwerk, wobei verschiedene BGP-Pfadattribute zum Einsatz kommen.

17.5 WAN-Protokolle

Dieser Abschnitt zu WAN-Protokollen behandelt die folgenden Themen, die auch Bestandteil Ihrer CCNA-Prüfung sein werden:

- Begriffe und Eigenschaften von Frame Relay
- Konfiguration von Frame Relay-LMIs, Maps und Subschnittstellen
- ISDN-Protokolle, Funktionsgruppen, Referenzpunkte und Kanäle
- Unterscheidung zwischen verschiedenen WAN-Diensten (LAPB, Frame Relay,
  ISDN/LAPD, HDLC, PPP und DDR)
- Einsatz von PPP zur Kapselung von WAN-Daten auf Cisco-Routern
- Verwendung der `show`-Befehle zur Anzeige von Netzwerkbetriebsparametern zur Erkennung von Fehlern
- Konfiguration des ISDN-Basisanschlusses und von Legacy-DDR
- Konfiguration einer seriellen Verbindung mit PPP-Kapselung

17.5.1 Frame Relay: Begriffe und Eigenschaften

Angesichts der steigenden Nachfrage nach einer Paketvermittlung mit höherer Bandbreite und geringerer Latenz benötigten die Kommunikationsprovider eine neue Lösung; deswegen wurde Frame Relay entwickelt (Abbildung 17.16). Die Netzwerkstruktur ähnelt hierbei zwar der von X.25, aber die verfügbaren Datenraten liegen bei bis zu 4 Mbit/s, und manche Provider bieten noch höhere Raten an.

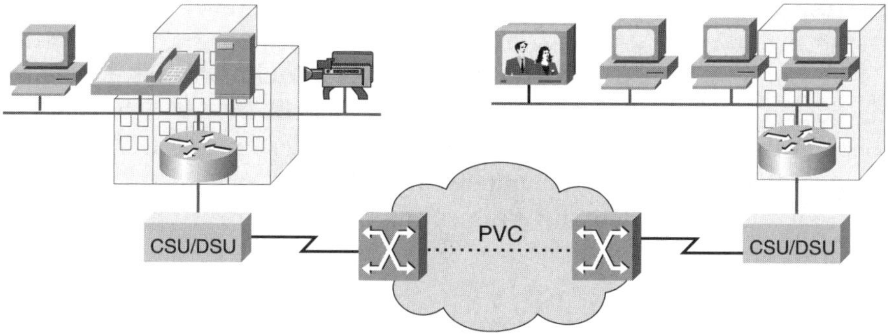

Abbildung 17.16: WANs mit Frame Relay

Frame Relay unterscheidet sich erheblich von seinem Vorgänger X.25. Der wichtigste Unterschied besteht darin, dass Frame Relay in der Sicherungsschicht ein wesentlich einfacheres Protokoll verwendet. Der Begriff *Frame* wird für Dateneinheiten in der Sicherungsschicht verwendet.

Frame Relay implementiert keine Fehler- oder Flusskontrolle. Die vereinfachte Handhabung von Frames verringert zudem die Latenz, und Maßnahmen zur Verhinderung von Frame-Staus an Switches im Pfad verringern den Jitter.

Die meisten Frame Relay-Verbindungen basieren auf PVCs (statt SVCs). Die Verbindung zur Netzwerkgrenze ist vorwiegend eine Standleitung. Der ISDN-D-Kanal wird verwendet, um eine SVC über einen oder mehrere B-Kanäle zu realisieren. Die Tarife bei Frame Relay basieren auf der Kapazität des Anschlussports und der vertraglich vereinbarten maximalen Kapazität (CIR, Committed Information Rate) für die verschiedenen PVCs über diesen Port.

Frame Relay bietet permanente, gemeinsame Konnektivität mit mittlerer Bandbreite für Sprache und Datenverkehr. Die Technologie ist ideal für die Verbindung mehrerer Unternehmens-LANs. Der Router im LAN benötigt lediglich eine einzige Schnittstelle (und zwar auch dann, wenn mehrere VCs verwendet werden) sowie eine kurze Zugangsleitung (Teilnehmeranschlussleitung) zur Grenze des Frame Relay-Netzwerks, was kostengünstige Verbindungen zwischen weit verstreuten LANs ermöglicht.

17.5.2 Unterscheidung zwischen verschiedenen WAN-Diensten

Daten werden aus der Vermittlungsschicht in die Sicherungsschicht übergeben, um über eine physische Leitung – meist eine Point-to-Point-Verbindung – ausgeliefert zu werden. Die Sicherungsschicht baut dann um diese Vermittlungsschichtdaten herum einen Rahmen (engl. *Frame*) auf, um die notwendigen Test- und Steuerfunktionen zu implementieren. Jeder WAN-Verbindungstyp benutzt ein Schicht-2-Protokoll zur Kapselung der Daten in der WAN-Verbindung. Um sicherzustellen, dass das korrekte Protokoll benutzt wird, müssen Sie für jede serielle Schnittstelle am Router den richtigen Typ des Schicht-2-Frames konfigurieren. Die Auswahl des Protokolls hängt von der verwendeten WAN-Technik und den angeschlossenen Kommunikationsgeräten ab, meist werden die Frames aber nach dem HDLC-Standard erstellt.

Das HDLC-Framing ist so aufgebaut, dass es eine zuverlässige Auslieferung der Daten auch über unzuverlässige Verbindungen ermöglicht, weswegen es Signalisierungsmethoden für Fluss- und Fehlersteuerung enthält. Der Frame startet und endet immer mit einem 8-Bit-Flag, welches das Bitmuster 01111110 ($7E_{16}$) aufweist. Da es durchaus wahrscheinlich ist, dass dieses Datum auch in den Nutzdaten auftaucht, fügt das sendende HDLC-System auf alle fünf Einserbits im Datenfeld immer ein Nullbit ein, d. h., in der Praxis kann die Flagsequenz nur am Ende von Frames auftreten. Das empfangende System entfernt die eingefügten Bits dann wieder. Werden Frames unmittelbar aufeinander folgend übertragen, dann wird das Endflag des ersten Frames als Startflag des folgenden benutzt.

Das Adressfeld wird bei WAN-Leitungen zwar nicht benötigt (weil es sich hierbei fast immer um Point-to-Point-Verbindungen handelt), aber es ist nichtsdestoweniger vorhanden und kann ein oder zwei Bytes umfassen. Das Steuerfeld gibt den Frame-Typ an; dabei wird unterschieden zwischen den Typen *Information* (enthalten Daten der Vermittlungsschicht), *Supervisory* (steuern den Fluss der Daten-Frames und fordern im Fehlerfalle eine Neuübertragung an) und *Unnumbered* (übertragen Informationen zur Leitungskonfiguration). Das Steuerfeld ist normalerweise ein Byte lang, kann aber bei Systemen, welche die dynamische Fenstertechnik (»Sliding Windows«) intensiv nutzen, auch zwei Bytes umfassen. Gemeinsam bilden Adress- und Steuerfelder den Frame-Header.

Auf das Steuerfeld folgen die gekapselten Daten und darauf ein FCS-Feld (Frame Check Sequence, Frame-Prüffeld), das auf einer CRC-Methode (Cyclic Redundancy Check) basiert und zwei oder vier Bytes umfasst. Diverse Sicherungsschichtprotokolle arbeiten auch mit Untervarianten oder proprietären Versionen von HDLC (Abbildung 17.17). So weisen etwa sowohl PPP (Point-to-Point Protocol) als auch die Cisco-Version von HDLC ein zusätzliches Feld im Header auf, welches das Vermittlungsschichtprotokoll der gekapselten Daten angibt.

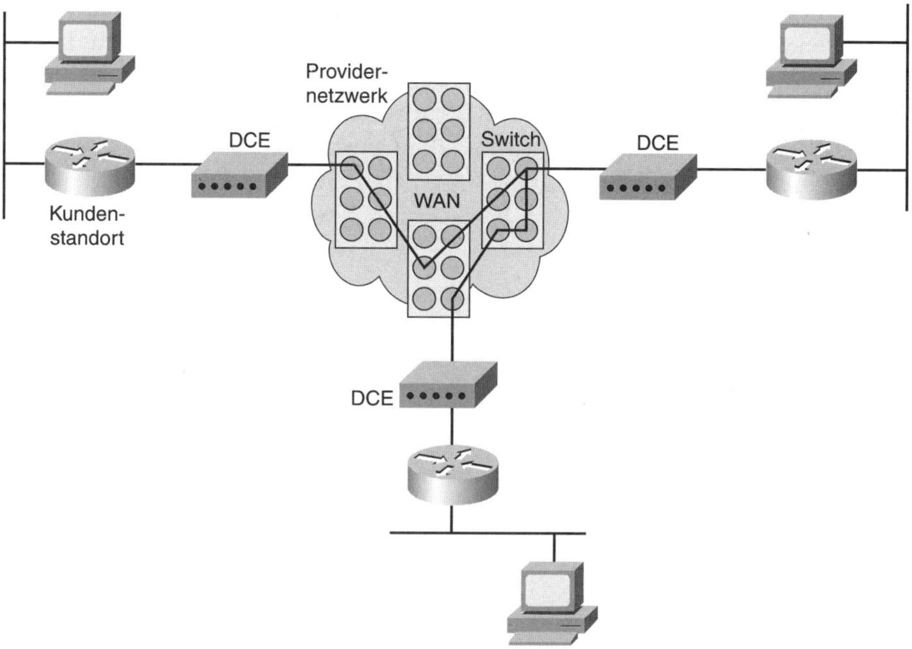

Abbildung 17.17: Kapselungsformate bei WAN-Frames

17.5.3 ISDN-Basisanschluss und Legacy-DDR konfigurieren

Die internen Verbindungen oder Leitungsbündel des Telefonnetzes übertragen heute nicht mehr nur analoge Signale nach dem Frequenzmultiplexverfahren, sondern digitale TDM-Signale. Der nächste sich anbietende Schritt besteht also darin, auch der Teilnehmeranschlussleitung eine Übertragung digitaler Signale zu ermöglichen und so geswitchte Verbindungen mit höherer Kapazität zu realisieren.

Mit Hilfe von ISDN (Integrated Services Digital Network) verwandelt sich die Anschlussleitung in eine digitale TDM-Verbindung. Über B-Kanäle (Bearer Channels) werden mit je 64 Kbit/s Sprache oder Daten übertragen, während ein D-Kanal (Delta Channel) die Signalisierung für den Verbindungsaufbau und andere Funktionen übernimmt.

ISDN-Basisanschlüsse (BRI, vom engl. Begriff *Basic Rate Interface*) sind für Privatanwender und kleine Unternehmen gedacht. Sie bieten zwei B-Kanäle sowie einen D-Kanal mit 16 Kbit/s. In größeren Installationen verwendet man dagegen den ISDN-Primärmultiplexanschluss (PRI, vom engl. Begriff *Primary Rate Interface*). Dieser stellt in Nordamerika 23 B-Kanäle sowie einen D-Kanal bereit, was eine Gesamtübertragungsrate von 1,544 Mbit/s ermöglicht (hierbei ist ein gewisser Overhead für die Synchronisation bereits berücksichtigt). In Europa, Australien und anderen Teilen der Welt hingegen bietet der Primärmultiplexanschluss 30 B-Kanäle und einen D-Kanal, also eine Gesamtrate von 2,048 Mbit/s (einschließlich des Synchronisations-Overheads). Der D-Kanal des Primärmultiplexanschlusses bietet 64 Kbit/s (Abbildung 17.18). Beachten Sie, dass die Übertragungsrate eines nordamerikanischen Primärmultiplexanschlusses der einer T1-Verbindung entspricht, die des internationalen Primärmultiplexanschlusses der einer E1-Verbindung.

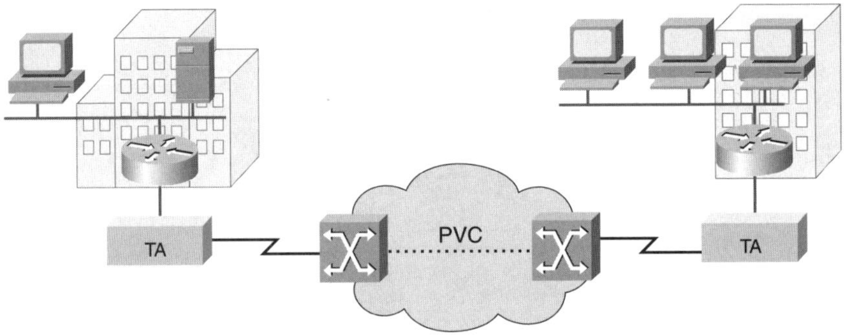

Abbildung 17.18: ISDN-Kanäle

Beim Basisanschluss ist der D-Kanal mit der Steuerung der beiden B-Kanäle nicht ausgelastet. Deswegen ermöglichen manche Provider die Übertragung von Daten mit niedrigen Bitraten über diesen Kanal, z. B. X.25-Verbindungen mit 9,6 Kbit/s.

In kleinen WANs stellt der ISDN-Basisanschluss eine ideale Verbindungsmethode dar. Er benötigt für den Verbindungsaufbau relativ wenig Zeit (meist unter einer Sekunde), und bereits ein B-Kanal mit 64 Kbit/s bietet eine größere Kapazität als eine analoge Modemverbindung. Abbildung 17.19 zeigt WANs, die ISDN einsetzen.

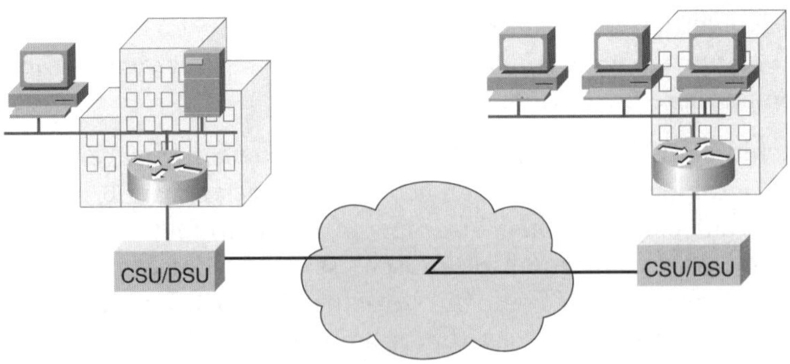

Abbildung 17.19: WANs mit ISDN

Wird mehr Kapazität benötigt, dann kann ein zweiter B-Kanal aktiviert werden, was zu einer Gesamtkapazität von 128 Kbit/s führt. Zwar sind diese Raten für Videoanwendungen ungeeignet, erlauben aber bereits gleichzeitige Sprachkommunikation zusätzlich zur Datenübertragung.

Eine früher häufig anzutreffende ISDN-Anwendung besteht darin, bei Bedarf Zusatzkapazitäten für eine vorhandene Standleitung bereitzustellen. Die Standleitung ist so dimensioniert, dass sie ein durchschnittliches Datenverkehrsaufkommen verarbeiten kann; in Spitzenzeiten wird dann die ISDN-Leitung hinzugeschaltet. Auch als Reserveleitung kann ISDN dienen, wenn eine Standleitung einmal ausfallen sollte.

Bei den Tarifen liegt ein einzelner ISDN-B-Kanal in einer ähnlichen Preiskategorie wie eine analoge Telefonverbindung. Das bedeutet, dass der gleichzeitige Einsatz zweier Verbindungen mit je 64 Kbit/s etwa doppelt so teuer ist.

Beim ISDN-Primärmultiplexanschluss können mehrere B-Kanäle zwischen zwei Endpunkten hergestellt werden, die dann latenz- und jitterfrei Videokonferenzen oder Datenverbindungen mit hoher Bandbreite ermöglichen. Allerdings können mehrere derartige Langstreckenverbindungen schnell recht teuer werden.

17.6 Konfigurationsdateien mit TFTP verwalten

Bei Cisco-Routern und -Switches befindet sich die aktive Konfiguration im RAM. Die Standardposition für die Startkonfiguration eines Routers oder Switchs ist das NVRAM. Für den Fall, dass diese Konfiguration verloren geht, sollten Sie über eine Sicherungskopie verfügen. Sie können die aktuelle Kopie der Konfiguration auf einem TFTP-Server speichern. Zu diesem Zweck verwenden Sie den Befehl `copy running-config tftp`. Gehen Sie wie folgt vor:

1. Geben Sie den Befehl `copy running-config tftp` ein.
2. Geben Sie die IP-Adresse des TFTP-Servers ein, auf dem Sie die Konfigurationsdatei speichern wollen.
3. Geben Sie einen Namen für die Konfigurationsdatei ein.
4. Bestätigen Sie die einzelnen Eingaben jeweils mit `yes`.

Der Ablauf ist auch in Listing 17.1 dargestellt.

Listing 17.1: Ausgabe von `copy running-config tftp`

```
Cougar# copy running-config tftp
Address or name of remote host [] 192.168.119.20
Destination file name [Cougar-config]?
!!!!!!!!!!!!!!!!!!!!!!!!
624 bytes copied in 7.05 secs
Cougar#
```

Sie können eine Datei, die Sie auf einem TFTP-Server gespeichert haben, natürlich auch wieder vom Router aus abrufen. Gehen Sie hierzu wie folgt vor:

1. Geben Sie den Befehl `copy tftp running-config` ein.
2. Wählen Sie am Systemprompt eine Host- oder Netzwerkkonfigurationsdatei aus.
3. Geben Sie am Systemprompt die IP-Adresse des TFTP-Servers ein, auf dem die Konfigurationsdatei gespeichert ist.
4. Geben Sie nun am Systemprompt entweder den Namen der Konfigurationsdatei ein, oder bestätigen Sie den Vorgabenamen.
5. Bestätigen Sie den Konfigurationsdateinamen und die Serveradresse, die vom System angezeigt werden.

Listing 17.2 zeigt den Vorgang der Wiederherstellung der aktuellen Konfigurationsdatei von einem TFTP-Server.

Listing 17.2: Ausgabe von `copy tftp running-config`

```
Cougar# copy tftp running-config
Address or name of remote host [] 192.168.119.20
Source filename []? Cougar-confg
Destination filename [running-config]?
Accessing tftp://192.168.119.20/GAD-confg...
Loading GAD-confg from 192.168.119.20 (via FastEthernet 0/0):
    !!!!!!!!!!!!!!!!!!!!!!!!!!!!!!!!
[OK-624 bytes]
624 bytes copied in 9.45 secs
Cougar#
```

17.6.1 Cisco IOS Software-Images mit TFTP laden

Wenn Sie die Sicherungsversion der Cisco IOS Software laden müssen, verwenden Sie eine andere Variante des copy-Befehls: Mit `copy tftp flash` können Sie ein zuvor auf den TFTP-Server hochgeladenes Image wieder herunterladen. Wenn Sie `copy tftp flash` eingegeben haben, erfolgt zunächst die

Abfrage der IP-Adresse (oder des Namens) des TFTP-Servers. Diese Adresse kann auch einen anderen Router bezeichnen, der über ROM oder Flashspeicher ein Software-Image anbietet. Nachfolgend werden Sie aufgefordert, den Dateinamen des Images einzugeben. Listing 17.3 zeigt die Ausgabe eines Vorgangs, bei dem ein Systemimage namens *C4500-I* in den Flashspeicher kopiert wird.

Listing 17.3: Ausgabe des Befehls `copy tftp flash`

```
Router# copy tftp flash
IP address or name of remote host [255.255.255.255]? 172.16.13.111 Name of
tftp filename to copy into flash []? c4500-I
copy C4500-I already exists; it will be invalidated!
Copy C4500-I from 172.16.13.111 into flash memory? [confirm] xxxxxxxx bytes
available for writing without erasure.
erase flash before writing? [confirm]
Clearing and initializing flash memory [please wait] #### ...<Ausgabe unter-
drückt>...## Loading from 172.16.13.111: !!!!!!!!!!!!!!!!!!!!!!!!!!!
!!!!!!! ...<Ausgabe unterdrückt>... [OK - 324572/524212 bytes]
Verifying checksum...
VVVVVVVVVVVVVVVVVVVVVVVVVVVVVVVVVVVVVVVVVVVVVVVVVVVVVVVVV
VVVVVVVVV ...<Ausgabe unterdrückt>...
Flash verification successful. Length = 1204637, checksum = 0x95D9
```

Wenn Sie versuchen, eine Datei in den Flashspeicher zu kopieren, die dort bereits vorhanden ist, dann wird Ihnen eine Meldung angezeigt, dass eine Datei gleichen Namens bereits existiert. Wenn Sie den Kopiervorgang fortsetzen, wird diese Datei gelöscht. Ist für beide Dateien ausreichend Platz im Flashspeicher vorhanden, dann verbleibt die alte Datei zwar dort, aber sie wird zugunsten der neuen Version als ungültig gekennzeichnet (wenn Sie den Befehl `show flash` eingeben, wird das alte Image mit dem Vermerk `[deleted]` angezeigt). Wenn Sie den Kopiervorgang hingegen abbrechen, dann wird die neue Datei mit diesem Vermerk versehen, weil sie nicht vollständig kopiert wurde und deswegen ungültig ist. In diesem Fall ist die Originaldatei noch im Speicher vorhanden und kann vom System benutzt werden.

17.6.2 Konfigurationsdateien verwalten

Das Aufzeichnen der Ausgabe des Befehls `show running-config` stellt eine andere Möglichkeit dar, eine Sicherungskopie der Konfiguration zu erstellen. Sie können diese Sicherung im Rahmen einer Terminalsitzung anfertigen, indem Sie die Ausgabe in eine Textdatei speichern. Allerdings muss die Datei anschließend teilweise editiert werden, bevor Sie mit ihrer Hilfe die Router-Konfiguration wiederherstellen können. Abbildung 17.20 zeigt ein Beispiel für das Aufzeichnen von Konfigurationen.

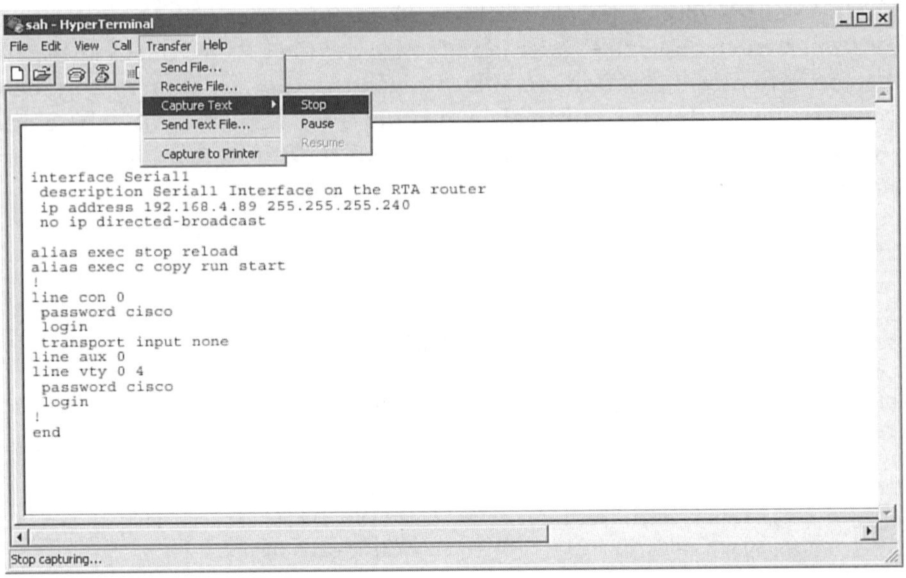

Abbildung 17.20: Aufzeichnung einer Konfigurationsdatei

Um die in HyperTerminal angezeigte Konfiguration in einer Textdatei aufzuzeichnen, gehen Sie wie folgt vor:

1. Wählen Sie ÜBERTRAGUNG.
2. Wählen Sie TEXT AUFZEICHNEN.
3. Geben Sie einen Namen für die Datei an, in der die aufgezeichnete Konfiguration gespeichert werden soll.
4. Wählen Sie STARTEN, um die Aufzeichnung zu starten.
5. Zeigen Sie die Konfiguration auf dem Bildschirm an, indem Sie den Befehl `show running-config` eingeben.
6. Betätigen Sie bei jeder Anzeige von `-More-` die Leertaste, um die Anzeige der Konfigurationsdatei bis zum Ende fortzusetzen. Die vorherige Eingabe des Befehls `terminal length 0` vermeidet dabei die seitenweise Ausgabe. Der Befehl `terminal length 24` setzt anschließend auf die seitenweise Bildschirmausgabe zurück.
7. Wenn die Konfiguration vollständig angezeigt wurde, beenden Sie die Aufzeichnung wie folgt:
   a) Wählen Sie ÜBERTRAGUNG.
   b) Wählen Sie TEXT AUFZEICHNEN.
   c) Wählen Sie BEENDEN.

Wenn die Aufzeichnung abgeschlossen ist, müssen Sie die Konfigurationsdatei bearbeiten, um zusätzlichen Text zu entfernen. Um eine Datei zu erstellen, die wieder in den Router kopiert werden kann, müssen Sie aus der aufgezeichneten Datei alle nicht benötigten Informationen entfernen. Sie können zudem Kommentare in den Text integrieren, um die verschiedenen Teile der Konfiguration zu erklären. Eine Kommentarzeile beginnt immer mit einem Ausrufezeichen (`!`).

Bearbeiten Sie die Konfigurationsdatei mit einem Texteditor wie etwa dem Windows-Editor. In diesem Fall gehen Sie wie folgt vor:

1. Klicken Sie im Editor auf DATEI/ÖFFNEN.
2. Suchen und selektieren Sie die aufgezeichnete Datei.
3. Klicken Sie auf ÖFFNEN.

Die Zeilen, die zu löschen sind, enthalten Folgendes:

- `show running-config`
- `Building configuration...`
- `Current configuration:`
- `- More -`

Ferner sind alle Zeilen nach dem Wort `end` zu löschen.

Am Ende der einzelnen Schnittstellensektionen müssen Sie den Befehl `no shutdown` ergänzen. Klicken Sie dann auf DATEI/SPEICHERN, um die bereinigte Konfigurationsdatei zu speichern.

Nachfolgend können Sie die mit HyperTerminal gesicherte Konfiguration wiederherstellen. Allerdings müssen Sie vor der Wiederherstellung ggf. noch vorhandene Konfigurationen vom Router löschen. Dies kann durch Eingabe des Befehls `erase startup-config` im privilegierten Modus und nachfolgendem Router-Neustart mittels `reload` geschehen.

Nach Entfernung einer vorhandenen Konfiguration können Sie HyperTerminal verwenden, um die gewünschte Konfiguration wiederherzustellen. Sie kopieren die »saubere« Sicherung der Konfiguration wie folgt auf den Router:

1. Wechseln Sie in den globalen Konfigurationsmodus.
2. Wählen Sie in HyperTerminal ÜBERTRAGUNG/DATEI SENDEN/TEXTDATEI.
3. Wählen Sie in der Liste den Namen der gespeicherten Konfigurationsdatei.

4. Die Zeilen der Datei werden am Router automatisch so eingegeben, als ob sie eingetippt würden.
5. Suchen Sie nach möglicherweise vorhandenen Fehlern.
6. Wenn die Konfiguration eingegeben wurde, betätigen Sie [Strg][Z], um den globalen Konfigurationsmodus zu verlassen.
7. Stellen Sie die Startkonfiguration mit Hilfe des Befehls `copy running-config startup-config` wieder her.

17.6.3 Cisco IOS Software-Images mit TFTP kopieren

Gelegentlich muss das Cisco IOS Software-Image am Router aktualisiert oder wiederhergestellt werden. Wenn ein Router zum ersten Mal benutzt wird, sollte die Cisco IOS Software mit Hilfe des Befehls `copy flash tftp` auf einem TFTP-Server gesichert werden. Dieses Image kann dann gemeinsam mit anderen Software-Images auf einem zentralen Server abgelegt werden, um später die Images auf Routern und Switches im Netzwerk wiederherzustellen.

Auf diesem Server muss der TFTP-Dienst ausgeführt werden. Sie können die Aktualisierung der Cisco IOS Software im privilegierten Modus mit dem Befehl `copy tftp flash` starten (Listing 17.4).

Listing 17.4: Ausgabe des Befehls `copy tftp flash`

```
Cougar# copy tftp flash
Address or name of remote host []? 192.168.119.20
192.168.119.20 C2600-js-l_121-3.bin
Destination filename [C2600-js-l_121-3.bin]?
Accessing tftp://192.168.119.20/ C2600-js-l_121-3.bin
Erase flash: before copying? [confirm]
Erasing the flash file system will remove all files
Continue? [confirm]
Erasing device  eeeeee…eeeeeeeeeeeee...erased
Loading C2600-js-l_121-3.bin from 192.168.119.20 (via FastEthernet 0/0):
     !!!!!!!!!!!!!...!!!!!!!!!!!!!!!!!
Verifying Check sum.........................OK
[OK-8906589 bytes]
8906589 bytes copied in 277.45 secs
Cougar#
```

Der Router fordert Sie nun auf, die IP-Adresse des TFTP-Servers einzugeben. Wenn Sie nachfolgend den Dateinamen des Cisco IOS Software-Images auf dem Server eingegeben haben, kann es sein, dass der Router Sie zum Löschen des Flashspeichers auffordert (dies ist insbesondere dann der Fall, wenn nicht genug Speicher zum Aufspielen des neuen Images zur Verfügung steht). Der Fortschritt beim Löschen des Flashspeichers wird durch aufeinander folgende Buchstaben e angezeigt.

Für jedes Datagramm der Cisco IOS Software-Imagedatei, das heruntergeladen wurde, wird ein Ausrufezeichen (!) angezeigt. Das Software-Image ist mehrere Mbyte groß, d. h., es kann eine Zeit lang dauern, bis es vollständig heruntergeladen wurde.

Das neue Flashimage wird nach dem Download überprüft, danach kann der Router neu gestartet werden und verwendet nachfolgend das neue Cisco IOS Software-Image.

17.7 ICMP

IP ist eine nichtzuverlässige Methode zur Auslieferung von Netzwerkdaten. Es handelt sich dabei um ein Best-Effort-Transportsystem: IP bietet auch bei Auftreten von Schwierigkeiten im Netzwerk keine Möglichkeit sicherzustellen, dass die Daten tatsächlich ausgeliefert werden. Wenn ein Zwischengerät – z. B. ein anderer Router – ausfällt oder das Zielgerät vom Netzwerk getrennt ist, werden die Daten nicht ausgeliefert.

Hinzu kommt, dass IP in seinem grundsätzlichen Aufbau keine Methode der Benachrichtigung des Absenders für den Fall der Nichtauslieferung bereithält. ICMP ist die Komponente des TCP/IP-Protokollstapels, die diesen Mangel des IP-Protokolls behebt. ICMP löst nicht das IP innewohnende Problem der Unzuverlässigkeit, sondern sendet einfach Fehlermeldungen an den Absender der Daten, die angeben, dass es Probleme mit der Datenauslieferung gegeben hat. Abbildung 17.21 zeigt, wo ICMP im TCP/IP-Modell einzuordnen ist.

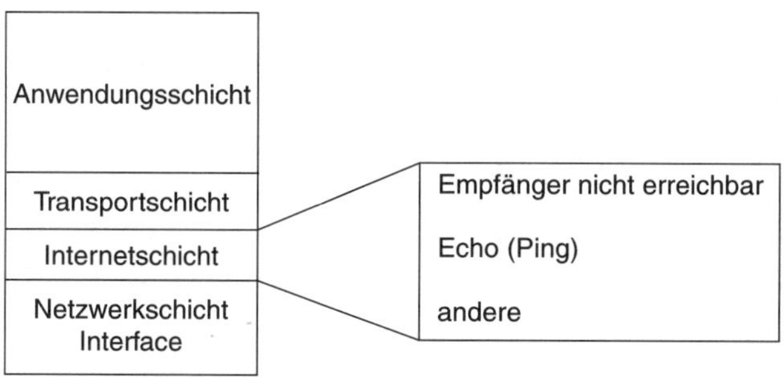

Abbildung 17.21: ICMP

17.7.1 Auslieferung von ICMP-Meldungen

ICMP-Meldungen werden mit dem IP-Protokoll zugestellt. Sie sind genauso wie andere mit IP übertragene Daten in Datagramme gekapselt. Tabelle 17.8 zeigt die Kapselung eines ICMP-Pakets im Datenbereich des IP-Datagramms.

Tabelle 17.8: ICMP-Kapselung

Frame-Header	IP-Datagramm-Header	ICMP-Header	ICMP-Daten
Frame-Header	IP-Datagramm-Header	Datenbereich des IP-Datagramms	
Frame-Header	Datenbereich des Frames		

Wenn Daten die Vermittlungsschicht erreichen, werden sie im Datagramm gekapselt. Von dort aus gelangen das Datagramm und die in ihm gekapselten Daten in die Sicherungsschicht und werden als Frame gekapselt. ICMP-Meldungen haben eigene Header-Daten, die jedoch gemeinsam mit den ICMP-Daten wie alle anderen Daten auch im Datagramm gekapselt werden. ICMP-Meldungen werden also wie alle anderen Daten auch übertragen und sind insofern anfällig für die gleichen Fehler. Auf diese Weise entsteht ein Szenario, in dem Fehlermeldungen weitere Fehlermeldungen erzeugen, was zu einer zunehmenden Belastung in einem ohnehin schon labilen Netzwerk führt. Aus diesem Grund werden bei Fehlern, die durch ICMP-Meldungen entstehen, keine neuen ICMP-Meldungen erzeugt, d. h., es ist durchaus möglich, dass ein Übertragungsfehler auftritt, der aber dem Absender der Daten nicht gemeldet wird.

17.7.2 Fehlerbenachrichtigung und Fehlerkorrektur

ICMP ist ein Fehlerbenachrichtigungsprotokoll für IP. Wenn bei der Übertragung von Datagrammen ein Fehler auftritt, meldet ICMP diesen Fehler dem Absender des Datagramms. Angenommen, Workstation 1 in Abbildung 17.22 schickt ein Datagramm an Workstation 6. Wenn die entsprechende Schnittstelle am Router C ausfällt, sendet dieser mit Hilfe von ICMP eine Meldung, die besagt, dass das Datagramm nicht ausgeliefert werden konnte, zurück an Workstation 1.

Im gezeigten Beispiel versucht ICMP *nicht*, das Problem mit der Schnittstelle von Router C zu beheben, das Ursache für die Nichtauslieferung des Datagramms ist. Das ist auch gar nicht die Aufgabe von ICMP, sondern das Protokoll kann lediglich Fehler an Workstation 1 zurückmelden.

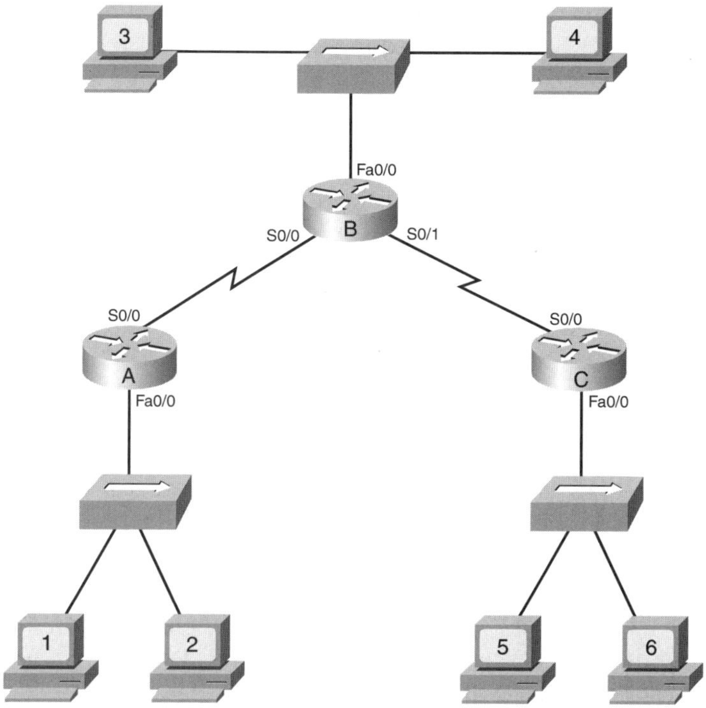

Abbildung 17.22: Fehlerbenachrichtigung

17.8 Nicht erreichbare Netzwerke

Die Kommunikation in Netzwerken hängt von verschiedenen Grundbedingungen ab:

- Der TCP/IP-Protokollstapel muss bei Absender und Empfänger einwandfrei konfiguriert sein. Hierzu gehören die Installation von TCP/IP und die korrekte Konfiguration von IP-Adresse und Subnetzmaske. Ferner muss ein Default-Gateway vorhanden sein, wenn Datagramme zu Empfängern außerhalb des lokalen Netzwerks gesendet werden sollen.
- Netzkopplungsgeräte müssen aufgestellt werden, damit Datagramme vom sendenden Gerät und Netzwerk zum Zielnetzwerk gelangen können. Diese Funktion wird meist von Routern erfüllt.
- Für die Schnittstellen des Routers muss das TCP/IP-Protokoll korrekt konfiguriert sein. Ferner muss ein geeignetes Routing-Protokoll ausgeführt werden, oder es müssen statische Routen konfiguriert sein.

Wenn diese Bedingungen nicht erfüllt sind, kann die Netzwerkkommunikation nicht stattfinden. Dies kann etwa der Fall sein, wenn beispielsweise der Absender das Datagramm an eine nicht vorhandene IP-Adresse oder an ein

Gerät schickt, das aus dem Netzwerk entfernt wurde. Auch Router können Fehlerquellen sein, wenn z. B. eine Verbindungsschnittstelle ausgefallen ist oder der Router nicht über ausreichende Informationen verfügt, um das Zielnetzwerk ausfindig zu machen. Wenn kein Zugriff auf das Zielnetzwerk möglich ist, spricht man von einem nicht erreichbaren Netzwerk.

Es gibt mehrere Arten von Unzustellbarkeitsmeldungen:

- **Netzwerk nicht erreichbar.** Diese Meldung lässt auf Routing- oder Adressprobleme schließen.
- **Host nicht erreichbar.** Diese Meldung hängt häufig mit Auslieferungsproblemen (z. B. einer falschen Subnetzmaske) zusammen.
- **Protokoll nicht erreichbar.** Diese Meldung lässt darauf schließen, dass der Empfänger das im Paket spezifizierte Protokoll der übergeordneten Schicht nicht unterstützt.
- **Port nicht erreichbar.** Diese Meldung verweist auf einen nicht erreichbaren TCP-Port (Socket).

Die Abbildungen 19.24 und 19.25 zeigen einen Router, der ein Paket erhält, das er dem gewünschten Adressaten nicht ausliefern kann. Das Paket kann beispielsweise unzustellbar sein, weil keine Route zum Empfänger bekannt ist. Aus diesem Grund sendet der Router die Meldung »Host nicht erreichbar« an den Absender.

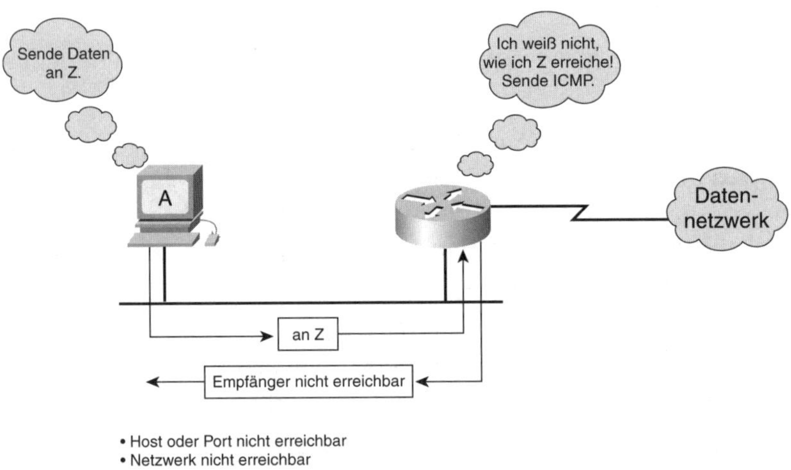

Abbildung 17.23: ICMP

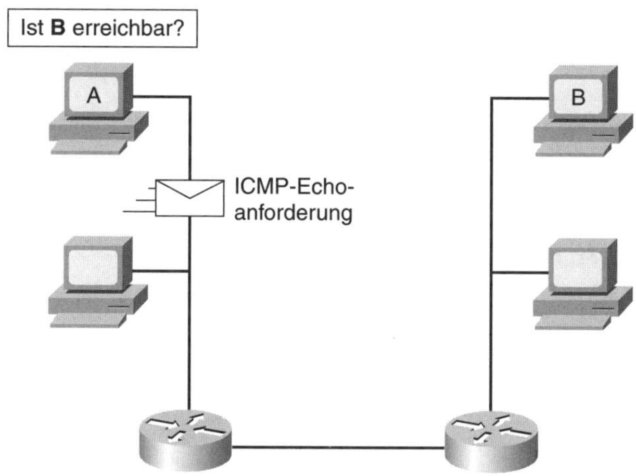

Abbildung 17.24: ICMP

17.8.1 Mit ping die Erreichbarkeit des Empfängers testen

Mit dem ICMP-Protokoll kann die Erreichbarkeit eines bestimmten Empfängers überprüft werden. Abbildung 17.25 zeigt die Verwendung des Protokolls zum Absetzen einer Echoanforderung an das Empfängergerät. Wenn der Empfänger die ICMP-Echoanforderung erhält, formuliert er eine Echoantwortmeldung, die er dann an den Absender der Echoanforderung schickt. Erhält der Absender die Echoantwort zurück, dann bestätigt dies, dass der Empfänger mit Hilfe des IP-Protokolls erreicht werden kann.

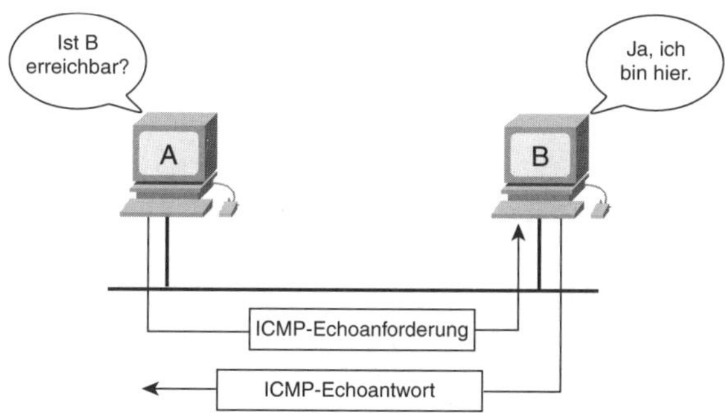

Abbildung 17.25: Echoanforderung

Die Echoanforderung wird normalerweise mit dem Befehl `ping` durchgeführt (Listing 17.5). Im gezeigten Beispiel wird der Befehl mit der IP-Adresse des Empfängergeräts verwendet.

Listing 17.5: Ausgabe des ICMP-Befehls `ping`

```
C:\>ping 198.133.219.25

Pinging 198.133.219.25 with 32 bytes of data:

Reply from 198.133.219.25: bytes=32 time=30ms TTL=247
Reply from 198.133.219.25: bytes=32 time=20ms TTL=247
Reply from 198.133.219.25: bytes=32 time=20ms TTL=247
Reply from 198.133.219.25: bytes=32 time=20ms TTL=247

Ping statistics for 198.133.219.25:
    Packets: Sent = 4, Received = 4, Lost = 0 (0% loss),
Approximate round trip times in milli-seconds:
    Minimum = 20ms, Maximum =  30ms, Average =  22ms

C:\>
```

Der Befehl `ping` kann aber auch wie in Listing 17.6 gezeigt mit dem DNS-Namen des Zielgeräts verwendet werden (hierfür muss DNS verfügbar sein). In diesen auf Workstations realisierten Beispielen sendet der `ping`-Befehl vier Echoanforderungen und erhält vier Antworten zurück, wodurch die IP-Konnektivität zwischen den beiden Geräten bestätigt wird. Tabelle 17.9 zeigt die Rückgabecodes, die erzeugt werden, wenn `ping`-Befehle zwischen Cisco-Geräten ausgetauscht werden.

Listing 17.6: Ausgabe des ICMP-Befehls `ping` *bei Cisco-Geräten*

```
C:\>ping www.cisco.com

Pinging www.cisco.com [198.133.219.25] with 32 bytes of data:

Reply from 198.133.219.25: bytes=32 time=30ms TTL=247
Reply from 198.133.219.25: bytes=32 time=20ms TTL=247
Reply from 198.133.219.25: bytes=32 time=20ms TTL=247
Reply from 198.133.219.25: bytes=32 time=20ms TTL=247

Ping statistics for 198.133.219.25:
    Packets: Sent = 4, Received = 4, Lost = 0 (0% loss),
Approximate round trip times in milli-seconds:
    Minimum = 20ms, Maximum =  30ms, Average =  22ms

C:\>
```

Tabelle 17.9: Rückgabecodes für den Cisco-Befehl `ping`

Code	Bedeutung	Mögliche Ursache(n)
`!`	Jedes Ausrufezeichen symbolisiert den Empfang einer ICMP-Echoantwort.	Der Befehl wurde einwandfrei ausgeführt.
`.`	Jeder Punkt signalisiert, dass der Netzwerkserver die zulässige Zeit überschritten hat, während er auf die Antwort wartete.	Diese Meldung kann eine Reihe von Ursachen haben: • `ping` wurde von einer ACL oder einer Firewall geblockt. • Ein Router im Pfad kannte keine Route zum Empfänger und hat keine ICMP-Meldung »Destination Unreachable« (»Empfänger nicht erreichbar«) zurückgeschickt. • Im Pfad ist ein physisches Verbindungsproblem aufgetreten.
`U`	Eine ICMP-Meldung »Destination Unreachable« (Empfänger nicht erreichbar) wurde empfangen.	Ein Router im Pfad kannte keine Route zum Empfänger.
`C`	Eine ICMP-Meldung »Source Quench« (Quellreduzierung) wurde empfangen.	Ein Gerät im Pfad – möglicherweise sogar der Empfänger selbst – empfängt zu viele Daten. Überprüfen Sie die Eingabewarteschlangen.
`&`	Eine ICMP-Meldung »Time Exceeded« (Zeitüberschreitung) wurde empfangen.	Eine Routing-Schleife kann aufgetreten sein.

17.9 ACLs

Netzwerkadministratoren müssen Maßnahmen ergreifen, um einen unerwünschten Zugriff auf ihr Netzwerk zu verhindern, ohne den regulären Zugriff zu beeinträchtigen. Dabei sind Sicherheitsfunktionen wie Passwörter, Callback oder physische Trennung zwar hilfreich, aber oft fehlen ihnen die Flexibilität der grundlegenden Datenfilterung und spezielle Steuerfunktionen, die sich viele Administratoren wünschen. Es sind beispielsweise Situationen vorstellbar, in denen ein Administrator von außen kommende Telnet-Verbindungen in sein LAN unterbinden möchte, während er gleichzeitig aus seinem Netzwerk den Zugriff auf das Internet ermöglichen will.

Router bieten grundlegende Filterfunktionen – wie z. B. die Blockierung von Internetverkehr – über ACLs (Access Control Lists, Zugriffssteuerungslisten). Eine ACL ist eine Folge von `permit`- oder `deny`-Anweisungen (d. h. Anweisungen zur Zugriffserlaubnis bzw. -blockierung), die auf Adressen oder Protokolle übergeordneter Schichten angewandt werden. In diesem Abschnitt werden wir wiederholen, wie Standard-ACLs und erweiterte

ACLs als Mittel zur Steuerung des Datenverkehrs im Netzwerk verwendet werden und wie ACLs einen Aspekt einer Sicherheitslösung bilden.

Ferner finden Sie hier Hinweise, Überlegungen, Empfehlungen und allgemeine Richtlinien zur Verwendung von ACLs sowie Befehle und Konfigurationen, die zur Erstellung von ACLs benötigt werden. Abschließend werden wir ein paar Beispiele für Standard-ACLs und erweiterte ACLs betrachten und lernen, wie ACLs auf Router-Schnittstellen angewandt werden.

Es ist wichtig, ACLs korrekt zu konfigurieren und zu wissen, wo man sie im Netzwerk einsetzt. ACLs erfüllen in einem Netzwerk mehrere Aufgaben, so z. B. die folgenden:

- Filtern interner Pakete
- Schutz des internen Netzwerks vor unzulässigen Zugriffen aus dem Internet
- Beschränkung des Zugriffs auf virtuelle Terminalports

17.9.1 Überblick auf ACLs

ACLs sind Listen von Anweisungen, die auf eine Router-Schnittstelle angewandt werden. Diese Listen sagen dem Router, welche Arten von Paketen angenommen bzw. abgewiesen werden. Die Annahme oder Verweigerung kann auf bestimmten Kriterien basieren, so z. B. der Absender- oder Empfängeradresse oder der TCP- bzw. UDP-Portnummer.

Mit ACLs können Sie den Datenverkehr verwalten und bestimmte Pakete untersuchen, indem Sie eine ACL mit einer Router-Schnittstelle verknüpfen. Der gesamte Verkehr, der die Schnittstelle passiert, wird im Hinblick auf die in der ACL spezifizierten Kriterien überprüft.

ACLs lassen sich für alle gerouteten Netzwerkprotokolle erstellen (z. B. IP oder IPX), um Pakete auszufiltern, wenn diese den Router passieren. ACLs lassen sich am Router konfigurieren, um den Zugriff auf ein Netzwerk oder Subnetz zu steuern.

ACLs filtern Netzwerkverkehr, indem sie steuern, ob geroutete Pakete weitergeleitet oder an den Schnittstellen des Routers blockiert werden. Der Router untersucht jedes Paket, um auf der Basis der in der ACL festgelegten Bedingungen festzustellen, ob er es weiterleiten oder verwerfen muss. Bei diesen Bedingungen kann es sich um die Absender- oder Zieladresse des Pakets, die Art des übergeordneten Protokolls u. Ä. handeln.

ACLs werden protokollbasiert definiert, d. h., Sie müssen, wenn Sie den Datenfluss an einer Schnittstelle steuern wollen, für jedes Protokoll, das an dieser Schnittstelle aktiviert ist, eine ACL festlegen[1]. Wenn Ihre Router-Schnittstelle beispielsweise für IP, AppleTalk und IPX konfiguriert ist, dann müssen Sie mindestens drei ACLs definieren. Wie Abbildung 17.26 zeigt, sind ACLs ein hervorragendes Tool zur Netzwerksteuerung, denn sie bieten die Flexibilität, Pakete auszufiltern, die über eine Router-Schnittstelle empfangen oder gesendet werden.

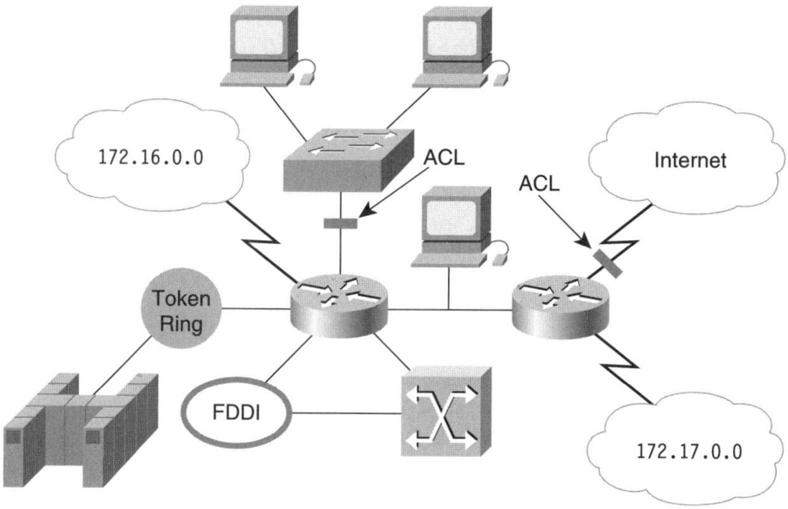

Abbildung 17.26: ACL (Beispiel)

17.9.2 Gründe für den Einsatz von ACLs

Es gibt eine ganze Reihe von Gründen für die Erstellung von ACLs. Wir wollen hier einige vorstellen:

- **Mit ACLs können Sie den Netzwerkverkehr verringern und die Leistungsfähigkeit des Netzwerks verbessern.** Sie können beispielsweise festlegen, dass Pakete eines bestimmten Protokolls von einem Router bevorzugt verarbeitet werden sollen. Man nennt dies Queuing (Warteschlangenbildung). Das Queuing gewährleistet, dass Router solche Pakete, die nicht sofort benötigt werden, später verarbeiten. Dadurch wird der Datenverkehr im Netzwerk verringert, und eine Netzüberlastung wird vermieden.
- **ACLs ermöglichen eine Kontrolle des Datenflusses.** Sie können etwa den Inhalt von Routing-Updates einschränken oder verringern. Mit solchen

1. Beachten Sie, dass ACLs in der Terminologie einiger Protokolle auch als »Filter« bezeichnet werden.

Beschränkungen können Sie verhindern, dass Informationen über bestimmte Netzwerke oder Subnetze sich im Netzwerk ausbreiten.

- **ACLs bieten ein Grundmaß an Netzwerksicherheit.** Sie können z. B. einem bestimmten Host erlauben, auf einen Teil Ihres Netzwerks zuzugreifen, während ein anderer Host dies nicht darf.
- **ACLs bestimmen, welche Datentypen an den Router-Schnittstellen weitergeleitet bzw. gefiltert werden.** Sie können beispielsweise festlegen, dass E-Mail-Daten geroutet werden, während Telnet-Verkehr blockiert wird.

17.10 Grundlagen zu Cisco-Geräten, der Cisco IOS Software und Netzwerken

Diese Wiederholung zu den Grundlagen von Cisco-Geräten, der Cisco IOS Software und der Netzwerktechnik deckt die folgenden Themenbereiche ab, die Bestandteil der CCNA-Prüfung sein werden:

- Beschreibung von Router-Elementen (RAM, ROM, Flashspeicher, NVRAM, Konfigurationsregister)
- Konfiguration von Router-Passwörtern, -IDs und Bannern
- Verwendung der kontextsensitiven Hilfefunktion
- Verwendung von Funktionen für Befehlsverlauf und -bearbeitung
- Durchführung der Erstkonfiguration eines Routers (einschließlich der Verwendung des Setup-Modus)
- Nutzung der `show`-Befehle zur Anzeige grundlegender Netzwerkbetriebsparameter
- Beschreibung der Router-Bootsequenz
- Herstellung einer Verbindung von einem Host zum entsprechenden Netzwerkgerät zwecks Durchführung von Konfigurationsaufgaben
- Gegenseitige Verbindung von Netzwerkgeräten entsprechend offener Standards

17.10.1 Bootvorgang des Routers

Jedes Mal, wenn ein Router eingeschaltet wird, durchläuft er die folgende Startsequenz:

1. Der Router absolviert den Einschaltselbsttest, um die Grundfunktionen von Prozessor, Speicher und Ports zu überprüfen.

2. Um sicherzustellen, dass der Bootstrap korrekt geladen wurde, wird das Boot-Image ausgeführt und sucht nach einem gültigen Image der Cisco IOS Software (d. h. des Router-Betriebssystems). Die Herkunft des IOS-Images – wahlweise der Flashspeicher oder ein TFTP-Server – wird durch die Einstellung im Konfigurationsregister bestimmt. Standardmäßig hat das Konfigurationsregister den Wert *0x2102*, der angibt, dass der Router versuchen soll, ein IOS-Image aus dem Flashspeicher zu laden.
3. Wurde nach fünf Versuchen kein gültiges IOS-Image im Flashspeicher gefunden, dann schaltet der Router in den ROM-Modus um; dieser Modus kann zur Installation oder Aktualisierung eines IOS-Images verwendet werden.
4. Wird ein gültiges IOS-Image gefunden, dann sucht der Router nach einer gültigen Konfigurationsdatei.
5. Wird im NVRAM keine gültige Konfigurationsdatei gefunden, dann sucht der Router an allen Ports nach einem TFTP-Server. Wird keine Konfigurationsdatei gefunden, dann führt der Router den Setup-Dialog aus, d. h., die Konfiguration wird dann manuell durchgeführt.

Die in den Listings 19.7 und 19.8 gezeigten Meldungen variieren je nach vorhandenen Router-Schnittstellen und der verwendeten IOS-Version. Die Listings sind beispielhaft gedacht und müssen nicht unbedingt die tatsächliche Ausgabe an der Konsole wiedergeben.

Listing 17.7: NVRAM ungültig

```
System Bootstrap, Version X.X(XXXX) [XXXXX XX], RELEASE SOFTWARE
Copyright (c) 1986-199X by Cisco Systems
2500 processor with 4096 Kbytes of main memory

Notice: NVRAM invalid, possibly due to write erase.

--- Ausgabe unterdrückt ---
```

Listing 17.8: Urlader und Cisco IOS Software-Version

```
--- Ausgabe unterdrückt ---
IOS (tm) X000 Software (XXX-X-X), Version XX.X(XXXX) [XXXXX XXX]
Copyright (c) 1986-199X by Cisco Systems, Inc.
```

Beachten Sie in Listing 17.7, dass das NVRAM ungültig ist; so etwas kann aufgrund eines Löschvorgangs der Fall sein. Diese Meldung teilt dem Benutzer mit, dass entweder der Router noch nie konfiguriert oder dass das NVRAM gelöscht wurde. Ein Router kann nicht verwendet werden, wenn er nicht zuvor konfiguriert wurde.

In Listing 17.8 kann der Benutzer die Bootstrap-Version und die IOS-Software-Version ermitteln, die der Router verwendet. Ferner kann der Benutzer auch das Router-Modell, den Prozessor und die Größe des Speichers bestimmen. Weitere Informationen, die in dieser Ausgabe aufgeführt sind, geben unter anderem an,

- wie viele Ports der Router hat,
- über wie viele und welche Schnittstellen der Router verfügt,
- wie viel NVRAM eingebaut ist,
- wie viel Flashspeicher eingebaut ist.

17.10.2 HyperTerminal-Sitzung aufbauen

Alle Cisco-Router bieten einen asynchronen seriellen EIA/TIA-232-Konsolenanschluss (RJ-45). Um ein Konsolenterminal (d. h. ein ASCII-Terminal oder einen PC, auf dem eine Terminalemulation ausgeführt wird) mit dem Konsolenanschluss zu verbinden, werden Kabel und Adapter benötigt. Zum Anschluss eines PCs verwenden sie ein Rollover-Kabel (RJ45 auf RJ45) mit einem Adapter RJ45 auf DB9 oder RJ45 auf DB25.

Die Standardparameter für die Ansteuerung des Konsolenanschlusses lauten: 9.600 Baud, 8 Datenbits, keine Parität, 1 Stoppbit, keine Flusskontrolle (der Konsolenport unterstützt keine Hardwareflusskontrolle).

Gehen Sie wie folgt vor, um ein Terminal an den Konsolenport des Routers anzuschließen:

1. Schließen Sie das Terminal bzw. den PC über ein Rollover-Kabel (RJ45 auf RJ45) und einen Adapter RJ45 auf DB9 oder RJ45 auf DB25 an.
2. Konfigurieren Sie das Terminal bzw. die Terminalemulationssoftware für eine Verbindung mit 9.600 Baud, 8 Datenbits, ohne Parität, mit einem Stoppbit und ohne Flusskontrolle.

Tabelle 17.10 enthält eine Liste mit Betriebssystemen und den für diese vorhandenen Terminalemulationsprogrammen.

Tabelle 17.10: Verfügbare Terminalemulationssoftware

Betriebssystem	Software
Windows 9x/NT/2000/XP	HyperTerminal (Bestandteil von Windows), ProComm Plus
Windows 3.1	Terminal (Bestandteil von Windows)
Macintosh	ProComm, VersaTerm, ZTerm (separat erhältlich)

17.10.3 Am Router anmelden

Um Cisco-Router konfigurieren zu können, müssen Sie die Konfiguration entweder lokal über ein angeschlossenes Terminal steuern oder einen Netzwerkzugriff mit Telnet auf den Router durchführen. Bevor Sie an einem Router Befehle eingeben können, müssen Sie sich zunächst einmal anmelden.

Aus Sicherheitsgründen hat der Router zwei unterschiedliche Zugriffsmodi (Listing 17.9):

- **Benutzermodus.** In diesem Modus wird normalerweise der Router-Status überprüft. Änderungen an der Konfiguration sind nicht möglich.
- **Privilegierter Modus.** In diesem Modus können Sie die Router-Konfiguration modifizieren.

Nach dem Anmelden wird der Prompt (Eingabeaufforderung) des Benutzermodus angezeigt. Die in diesem Modus verfügbaren Befehle bilden eine Teilmenge der Befehle, die im privilegierten Modus vorhanden sind. In erster Linie bieten die Befehle des Benutzermodus Möglichkeiten zur Darstellung von Informationen, ohne die Konfigurationseinstellungen des Routers ändern zu können.

Listing 17.9: Router-Modi

```
Router
!Benutzermodus
Router>enable
Password:
Router#
!Privilegierter Modus
Router>disable
Router>
```

17.10.4 Befehlsliste für den Benutzermodus

Wenn Sie im Benutzermodus oder im privilegierten Modus ein Fragezeichen (?) an der Eingabeaufforderung eingeben, dann wird eine praktische Liste der verfügbaren Befehle angezeigt (Listing 17.10). Beachten Sie die Meldung `--More--` in der Beispielausgabe. Da immer nur 22 Zeilen gleichzeitig angezeigt werden, erscheint diese Meldung, wenn mehrere Bildschirmseiten als Ausgabeergebnis vorhanden sind, d. h., es folgen weitere Ausgabezeilen.

Listing 17.10: Befehle im Benutzermodus

```
Router#?
Exec commands:
access-enable    Create a temporary Access-List entry
access-profile   Apply user-profile to interface
access-template  Create a temporary Access-List entry
archive          manage archive files
bfe              For manual emergency modes setting
cd               Change current directory
clear            Reset functions
clock            Manage the system clock
configure        Enter configuration mode
connect          Open a terminal connection
copy             Copy from one file to another
debug            Debugging functions (see also 'undebug')
delete           Delete a file
dir              List files on a filesystem
disable          Turn off privileged commands
disconnect       Disconnect an existing network connection
elog             Event-logging control commands
enable           Turn on privileged commands
erase            Erase a filesystem
exit             Exit from the EXEC
help             Description of the interactive help system

--More–
isdn             Make/disconnect an isdn data call on a BRI interface
lock             Lock the terminal
login            Log in as a particular user
logout           Exit from the EXEC
more             Display the contents of a file
mrinfo           Request neighbor and version information from a multicast router
mrm              IP Multicast Routing Monitor Test
mstat            Show statistics after multiple multicast traceroutes
mtrace           Trace reverse multicast path from destination to source
name-connection  Name an existing network connection
no               Disable debugging functions
pad              Open a X.29 PAD connection
ping             Send echo messages
ppp              Start IETF Point-to-Point Protocol (PPP)
pwd              Display current working directory
reload           Halt and perform a cold restart
resume           Resume an active network connection
rlogin           Open an rlogin connection
rsh              Execute a remote command
send             Send a message to other tty lines
setup            Run the SETUP command facility
show             Show running system information

--More–
```

Listing 17.10: Befehle im Benutzermodus (Forts.)

```
slip            Start Serial-line IP (SLIP)
start-chat      Start a chat-script on a line
systat          Display information about terminal lines
telnet          Open a telnet connection
terminal        Set terminal line parameters

test            Test subsystems, memory, and interfaces
traceroute      Trace route to destination
tunnel          Open a tunnel connection
udptn           Open an udptn connection
undebug         Disable debugging functions (see also 'debug')
verify          Verify a file
where           List active connections
write           Write running configuration to memory, network, or terminal
x28             Become an X.28 PAD
x3              Set X.3 parameters on PAD
```

Wann immer `--More--` angezeigt wird, können Sie die Leertaste betätigen, um die nächste Bildschirmseite aufzurufen. Wollen Sie immer nur eine Zeile weiterschalten, dann betätigen Sie stattdessen die Eingabetaste. Um zur Eingabeaufforderung zurückzukehren, betätigen Sie eine beliebige andere Taste.

Um den privilegierten Modus aufzurufen, geben Sie an der Eingabeaufforderung den Befehl `enable` (oder kurz `ena`) ein. Sie werden nun zur Eingabe des Kennworts aufgefordert. Wenn Sie an der Router-Eingabeaufforderung im privilegierten Modus das Fragezeichen (`?`) eingeben, dann wird eine längere Befehlsliste angezeigt als die im Benutzermodus (Listing 17.11).

Listing 17.11: Befehle im privilegierten Modus

```
Cisco#?
Exec commands:
  access-enable    Create a temporary Access-List entry
  access-profile   Apply user-profile to interface
  access-template  Create a temporary Access-List entry
  archive          manage archive files
  bfe              For manual emergency modes setting
  cd               Change current directory
  clear            Reset functions
  clock            Manage the system clock
  configure        Enter configuration mode
  connect          Open a terminal connection
  copy             Copy from one file to another
  debug            Debugging functions (see also 'undebug')
  delete           Delete a file
  dir              List files on a filesystem
  disable          Turn off privileged commands
  disconnect       Disconnect an existing network connection
```

Listing 17.11: Befehle im privilegierten Modus (Forts.)

```
  elog                Event-logging control commands
  enable              Turn on privileged commands
  erase               Erase a filesystem
  exit                Exit from the EXEC
  help                Description of the interactive help system
 --More--
```

Die Bildschirmausgabe kann abhängig von der Router-Konfiguration und der Version der Cisco IOS Software abweichen.

17.10.5 IOS-Editierbefehle verwenden

Die Benutzeroberfläche beinhaltet einen erweiterten Modus, in dem eine Reihe von Editierfunktionen vorhanden ist, mit denen Sie eine Befehlszeile bei der Eingabe bearbeiten können. Benutzen Sie diese (in Tabelle 17.11 gezeigten) Tastaturbefehle, um den Cursor in der Befehlszeile bewegen und Änderungen oder Korrekturen vornehmen zu können. Der erweiterte Editiermodus wird zwar in der aktuellen Softwareversion automatisch aktiviert, aber Sie können ihn auch deaktivieren, wenn Sie Skripte verfasst haben, die bei aktiviertem erweiterten Editiermodus nicht funktionieren. Um diesen Modus zu deaktivieren, geben Sie im privilegierten Modus an der Eingabeaufforderung den Befehl `terminal no editing` ein.

Tabelle 17.11: Editierbefehle

Befehl	Beschreibung
Strg A	Springt zum Anfang der Kommandozeile.
Strg E	Springt zum Ende der Kommandozeile.
Esc B	Springt zum vorherigen Wort.
Esc F	Springt zum folgenden Wort.
Strg F	Springt zum vorherigen Zeichen.
Strg B	Springt zum folgenden Zeichen.

Der Editierbefehlssatz ermöglicht ein horizontales Scrolling (Bildschirmrollen) für Befehle, deren Länge den Bereich einer Bildschirmzeile überschreitet. Wenn der Cursor den rechten Rand erreicht, wird die Befehlszeile um zehn Zeichen nach links verschoben. Sie können bei einer Verschiebung die ersten zehn Zeichen der Zeile zwar nicht direkt sehen, aber Sie können die Zeile mit den entsprechenden Befehlen wieder nach links verschieben. Betätigen Sie dazu mehrere Male die Tastenkombination Strg B oder die Taste ←, bis der Cursor sich wieder am Anfang der Zeile befindet (alternativ können Sie natürlich auch die Tastenkombination [Strg][A] benutzen, um zum Anfang der Zeile zu springen).

17.10.6 Die IOS-History

Die Benutzerschnittstelle erstellt eine History der von Ihnen eingegebenen Befehle, d. h., sie zeichnet alle Befehle in einer Protokollierungsdatei auf. Diese Funktion ist besonders praktisch, um lange oder komplexe Befehle oder Einträge wiederzuverwenden. Sie können mit den History-Befehlen

- die Größe des History-Puffers einstellen,
- Befehle wiederverwenden,
- die History-Funktion abschalten.

Standardmäßig ist die History-Funktion aktiv, und das System zeichnet jeweils zehn Befehlszeilen im Puffer auf. Um die Anzahl der während einer Sitzung aufgezeichneten Zeilen zu ändern, verwenden Sie die Befehle `terminal history size` oder `history size`. Die maximale Anzahl speicherbarer Befehle beträgt 256. Listing 17.12 zeigt die History-Befehle.

Tabelle 17.12: History-Befehle

Befehl	Beschreibung
[Strg][P] oder [↑]	Wiederholt den Befehl vor dem derzeit gewählten Befehl.
[Strg][N] oder [↓]	Wiederholt den Befehl nach dem derzeit gewählten Befehl.
`show history`	Zeigt den Befehlspuffer an.
`terminal history [size` *Anzahl Zeilen*`]`	Bestimmt die Größe des Befehlspuffers.
`no terminal editing`	Deaktiviert die erweiterten Editierfunktionen.
`terminal editing`	Aktiviert die erweiterten Editierfunktionen erneut.
[Tab]	Vervollständigt die Eingabe.

Um Befehle aus dem History-Puffer beginnend mit dem zuletzt eingegebenen Befehl wiederzuverwenden, betätigen Sie die Tastenkombination [Strg][P] oder die Taste [↑], um in umgekehrter zeitlicher Reihenfolge die Befehle aufzurufen. Mit der Tastenkombination [Strg][N] oder der Taste [↓] rufen Sie Befehle nacheinander in der zeitlichen Reihenfolge auf.

Wenn Sie Befehle eingeben, können Sie zunächst die ersten Zeichen eines Befehls eingeben und dann die Taste [Tab] betätigen. Die Bedienoberfläche vervollständigt dann die Eingabe automatisch. Wenn die eingegebenen Buchstaben den Befehl eindeutig bezeichnen, dient die Betätigung von [Tab] lediglich der visuellen Bestätigung, dass der Router den gewünschten Befehl verstanden hat.

Auf den meisten Computern stehen zusätzliche Auswahl- und Kopierfunktionen zur Verfügung. Eine ältere Befehlszeichenkette kann kopiert und dann als aktueller Befehlseintrag eingefügt werden.

17.10.7 Aufgabe der Cisco IOS Software

Wie jeder Computer kann auch ein Router oder Switch nicht ohne Betriebssystem funktionieren. Cisco bezeichnet sein Betriebssystem als das »Cisco Internetwork Operating System«, kurz Cisco IOS Software. Diese Software ist Bestandteil der Softwarearchitektur fast aller Cisco-Router und Catalyst-Switches. Ein Router funktioniert nicht, solange seine Cisco IOS Software nicht geladen ist. Ohne Betriebssystem ist die Hardware funktionslos. Cisco IOS Software bietet die folgenden Netzwerkdienste:

- grundlegende Routing- und Switching-Funktionen
- zuverlässigen und sicheren Zugriff auf Netzwerkressourcen
- Skalierbarkeit des Netzwerkes

17.10.8 Betrieb der Cisco IOS Software

Geräte, die unter der Cisco IOS Software laufen, weisen drei getrennte Betriebsumgebungen oder -modi auf:

- ROM-Monitor
- Boot-ROM
- Cisco IOS

Der Startprozess des Routers wird normalerweise zunächst in das RAM geladen und agiert dort in einer dieser Betriebsumgebungen. Die Einstellung des Konfigurationsregister kann vom Systemadministrator verwendet werden, um festzulegen, welcher dieser Modi beim Laden vom Router verwendet wird.

Der ROM-Monitor führt den Bootstrap-Prozess aus und bietet Funktionalität und Diagnoseroutinen auf niedriger Ebene. Er wird verwendet, um das System nach Fehlern wiederherzustellen oder ein verloren gegangenes Passwort zu ermitteln bzw. wiederherzustellen. Der Zugriff auf den ROM-Monitor ist nicht über einen Netzwerkport, sondern nur im Rahmen einer Konsolenverbindung möglich.

Wenn der Router im Boot-ROM-Modus läuft, stehen nur einige wenige Funktionen der Cisco IOS Software zur Verfügung. Boot-ROM erlaubt

Schreiboperationen in den Flashspeicher und wird in erster Linie verwendet, um ein Cisco IOS Software-Image zu ersetzen, das im Flashspeicher abgelegt ist. Das Image kann im Boot-ROM-Modus mit Hilfe des Befehls `copy tftp flash` modifiziert werden, der ein auf einem TFTP-Server gespeichertes IOS-Image in den Flashspeicher des Routers schreibt.

Im Normalbetrieb benötigt ein Router das vollständige Cisco IOS Software-Image aus dem Flashspeicher. Bei manchen Geräten wird das IOS direkt aus dem Flashspeicher heraus ausgeführt. Die meisten Cisco-Router allerdings verwenden eine Kopie des Cisco IOS Software-Images, die in das RAM geladen und dort auch ausgeführt wird. Einige Cisco IOS Software-Images werden in komprimierter Form im Flashspeicher abgelegt und müssen beim Kopieren ins RAM entpackt werden.

Um das Cisco IOS Software-Image und die ausgeführte Version anzuzeigen, verwenden Sie den Befehl `show version`, der zudem die Einstellung des Konfigurationsregisters darstellt. Der Befehl `show flash` in Listing 17.12 überprüft, ob das System über ausreichend viel Speicher verfügt, um ein neues Cisco IOS Software-Image zu laden.

Listing 17.12: Cisco IOS Software-Image anzeigen

```
Cisco>show flash

System flash directory:
File  Length   Name/status
  1   8022152  /c2500-i-l.121-16.bin
[8022216 bytes used, 366392 available, 8388608 total]
8192K bytes of processor board System flash (Read ONLY)
```

17.10.9 Eigenschaften der Cisco IOS Software

Cisco bietet IOS Software-Images mittlerweile für eine große Zahl von Plattformen, auf die man in vielen Cisco-Geräten im Netzwerk treffen kann. Um den Betrieb des Cisco IOS für diese unterschiedlichen Plattformen zu optimieren, entwickelt Cisco fortwährend verschiedene Images der IOS Software. Diese Images sind auf die jeweilige Plattform zugeschnitten, d. h., sie berücksichtigen Speicherressourcen, spezielle Eigenschaften der Geräte und Anforderungen der Benutzer an diese Systeme.

Zahlreiche Cisco IOS Software-Images existieren für die verschiedenen Cisco-Modelle und jeweils für die so genannten Feature-Sets. Die zugrunde liegende Struktur der Konfigurationsbefehle ist jedoch immer dieselbe. Wenn Sie also Konfiguration und Problembehebung an einem Cisco-Gerät beherrschen, können Sie Ihre Kenntnisse ohne große Schwierigkeiten auf eine Vielzahl anderer Produkte dieses Herstellers übertragen.

Die Dateibezeichnung unter Cisco IOS Release 11.2 besteht aus drei Teilen:

- der Plattform, auf der das Image läuft,
- einem Buchstabe (oder einer Abfolge von Buchstaben), mit denen die speziellen Fähigkeiten und Eigenschaften identifiziert werden, die durch das Image unterstützt werden,
- speziellen Angaben dazu, wo das Image ausgeführt werden kann und ob es komprimiert oder gepackt wurde.

Die Namensgebung der IOS Software, Image-Inhalte und andere Details können von Cisco zu jedem Zeitpunkt bei Bedarf geändert werden.

Wenn Sie die Optionen ausgewählt haben, die den Anforderungen Ihres Netzwerks entsprechen, entscheiden Sie sich für eine IOS Software-Version, die von Ihrer Hardware unterstützt wird. Die softwareseitigen Anforderungen der einzelnen Geräte sind im Bereich »Cisco Product Documentation« der Dokumentations-CD aufgeführt. Der Cisco Software Advisor ist ein interaktives Programm, mit dem Sie online über einen registrierten Zugang die aktuellen Informationen ermitteln können.

17.10.10 Der Befehl show version

Der Befehl `show version` zeigt Informationen zur auf dem Router installierten IOS-Software-Version an. Hierzu gehören auch Angaben zum Konfigurationsregister und zur Einstellung des Boot-Feldes:

- Version der Cisco IOS Software und weitere Informationen
- Version des Bootstrap-ROM
- Version des Boot-ROM
- Betriebszeit des Routers seit dem letzten Neustart
- Methode des letzten Neustarts
- Dateiname und Speicherort des System-Images
- Router-Plattform
- Einstellung des Konfigurationsregisters

17.10.11 Bedienoberfläche des Routers

Die Cisco IOS Software verwendet eine Kommandozeilenschnittstelle (CLI) als traditionelle Konsolenumgebung. Cisco IOS Software ist eine zentrale Technologie, die bei praktisch allen Cisco-Produkten zum Einsatz kommt. Die Bedienmerkmale können allerdings je nach dem Gerät, auf dem sie verwendet wird, variieren.

Auf diese CLI-Umgebung ist über mehrere Wege ein Zugriff möglich:

- **Über eine Konsolensitzung.** Eine Konsole verwendet eine serielle Verbindung mit niedriger Datenrate, die direkt von einem Computer oder Terminal zum Konsolenport des Routers geschaltet wird. Diese Methode benötigt keine Konfiguration der Netzwerkdienste am Router.
- **Über eine Einwahlverbindung mit einem Modem oder Nullmodem, das an den AUX-Port des Routers angeschlossen ist.** Auch diese Methode setzt keine Konfiguration der Netzwerkdienste am Router voraus.
- **Durch eine Telnet-Verbindung zum Router als virtuellem Terminal.** Um eine Telnet-Sitzung mit dem Router starten zu können, muss IP für mindestens einen Port konfiguriert worden sein. Ferner müssen für virtuelle Terminalsitzungen auch Login und Passwörter konfiguriert sein.

Benutzeroberfläche und Modi beim Router

Das Cisco CLI verwendet eine hierarchische Struktur. Diese Struktur sieht unterschiedliche Modi zur Lösung bestimmter Aufgaben vor. Der Schnittstellenkonfigurationsmodus beispielsweise muss aufgerufen werden, um einen Router-Port konfigurieren zu können. Alle Eingaben, die im Schnittstellenkonfigurationsmodus gemacht werden, gelten nur für den jeweils ausgewählten Port. Jeder Befehlsmodus wird durch einen bestimmten Prompt angezeigt und erlaubt nur Befehle, die für den aktiven Modus zulässig sind.

Die Cisco IOS Software enthält einen Befehlsinterpreter namens *Command Executive* (kurz EXEC). Nach Eingabe eines Befehls wird dieser von EXEC ausgewertet und dann ausgeführt.

Aus Sicherheitsgründen bietet EXEC zwei Zugriffsebenen, nämlich den Benutzer- und den privilegierten Modus (Enable-Modus). Der Benutzermodus bietet nur einen eingeschränkten Befehlssatz und wird aufgrund dessen auch als »Nur-Lese-Modus« bezeichnet. Er erlaubt keine Befehle zur Änderung der Router-Konfiguration. Sie erkennen den Benutzermodus am Prompt >.

17.10.12 Probleme mit der Cisco IOS Software beheben

Es gibt eine Reihe von Faktoren, die verhindern können, dass ein Router einwandfrei startet:

- Konfigurationsdatei mit fehlender oder falscher `boot system`-Anweisung
- falscher Wert im Konfigurationsregister
- beschädigtes Image im Flashspeicher
- Hardwareausfall

Wenn der Router startet, sucht er in der Konfigurationsdatei nach einer Anweisung zum Startsystem (`boot system`). Diese Anweisung veranlasst den Router, von einem anderen Image (statt von dem im Flashspeicher abgelegten Image der Cisco IOS Software) zu starten. Um die Herkunft des Boot-Images zu ermitteln, geben Sie den Befehl `show version` ein, und suchen Sie nach der Zeile, welche die Herkunft des Boot-Images angibt (Listing 17.13).

Listing 17.13: Herkunft des Boot-Images

```
Cisco> show version
--- Ausgabe unterdrückt ---

ROM: System Bootstrap, Version 11.0(10c), SOFTWARE
BOOTLDR: 3000 Bootstrap Software (IGS-BOOT-R), Version 11.0(10c), RELEASE SOFTWA
RE (fc1)
```

Eine falsche Einstellung des Konfigurationsregisters verhindert ebenfalls, dass die Cisco IOS Software aus dem Flashspeicher geladen werden kann. Der dort abgelegte Wert sagt dem Router, wo er das Image der Cisco IOS Software abrufen soll. Auch hier verwenden Sie den Befehl `show version`, um den Registerinhalt zu ermitteln (er befindet sich in der letzten Zeile der Ausgabe, siehe Listing 17.14).

Listing 17.14: Konfigurationsregister

```
Cisco> show version
---- Ausgabe unterdrückt ---

Configuration register is 0x2102
```

Tabelle 17.13 listet weitere hilfreiche Router-Statusbefehle auf.

Tabelle 17.13: Befehle zum Router-Status

Befehl	Beschreibung
`show version`	Zeigt die Konfiguration der Systemhardware, die Softwareversion, Namen und Herkunft von Konfigurationsdateien und die Boot-Images an. Ferner wird die Ursache des letzten Systemstarts angegeben.
`show processes`	Zeigt Informationen über die aktiven Prozesse an.
`show protocols`	Zeigt die konfigurierten Protokolle an. Angezeigt wird der Status aller konfigurierten Vermittlungsschichtprotokolle (d. h. Protokolle der Schicht 3).
`show memory`	Zeigt Statistiken über den Speicher des Routers an.
`show stacks`	Zeigt die Verwendung des Stapels durch Prozesse und Interrupt-Routinen an.

Tabelle 17.13: Befehle zum Router-Status (Forts.)

Befehl	Beschreibung
`show buffers`	Zeigt Statistiken für die Puffer-Pools auf dem Router an.
`show flash`	Zeigt Informationen über den Flashspeicher an.
`show running-config` (bei Cisco IOS-Version 10.3 oder früher: `write term`)	Zeigt die aktive Konfigurationsdatei an.
`show startup-config` (bei Cisco IOS-Version 10.3 oder früher: `show config`)	Zeigt die Backup-/Startkonfigurationsdatei an.
`show interface`	Zeigt Statistiken für alle am Router konfigurierten Schnittstellen an.

Der korrekte Wert hängt von der jeweiligen Hardwareplattform ab. Der Dokumentation der Cisco IOS Software sollte ein Ausdruck der Ausgabe von `show version` beiliegen. Steht dieser Ausdruck nicht zur Verfügung, dann finden Sie entsprechende Angaben zum Konfigurationsregister auf der Dokumentations-CD oder auf der Website *http://www.cisco.com*. Korrigieren Sie ggf. den Wert, und starten Sie den Router dann neu.

Wenn immer noch ein Problem vorhanden ist, ist möglicherweise die Image-Datei im Flashspeicher beschädigt. In diesem Fall wird während des Startvorgangs eine Fehlermeldung angezeigt, die etwa so aussehen kann:

```
open: read error...requested 0x4 bytes, got 0x0
trouble reading device magic number
boot: cannot open "flash:"
boot: cannot determine first file name on device "flash:"ú
```

Wenn das Flashspeicher-Image beschädigt ist, muss ein neues Cisco IOS Software-Image in den Router geladen werden.

Wenn all diese Schritte das Problem nicht lösen, liegt am Router möglicherweise ein Hardwarefehler vor. In diesem Fall müssen Sie sich an den technischen Support von Cisco wenden. Zwar sind Hardwarefehler selten, aber Sie müssen sie in Ihre Überlegungen zur Fehlersuche einbeziehen.

17.11 Zusammenfassung

Dieses Kapitel vermittelt einen Einblick in die wesentlichen Lernziele und Themen, die bei der CCNA-Prüfung besondere Bedeutung haben. Zwar enthält dieses Kapitel keine vollständige Übersicht über alle Prüfungsstoffbereiche, aber es bietet kurze Zusammenfassungen der Hauptthemen. Denken Sie immer daran, dass Sie Befehle, Konzepte und Szenarios sehr intensiv studieren müssen, um angemessen auf die CCNA-Prüfung vorbereitet zu sein.

Teil IV

Anhänge

Glossar

0...9

2B+D Bezeichnet in Zusammenhang mit dem BRI-Dienst von ISDN zwei B-Kanäle und einen D-Kanal.

802.1Q Ein Trunking-Protokoll, das Datenverkehr aus mehr als einem Subnetz über ein einziges Kabel übertragen kann. Das IEEE 802.1Q-Komitee hat diese Methode für das Multiplexing von VLANs definiert, um eine Unterstützung von VLANs unterschiedlicher Hersteller zu ermöglichen.

A

Access Control List Siehe ACL.

Access-Layer Layer, der den Datenverkehr der Endgeräte in das Netzwerk aufnimmt und nach vorgesehenen Richtlinien weiterleitet. Der Access-Layer ermöglicht Benutzern den Direktzugriff auf Netzwerkdienste.

Access-VPN VPN, das Remote-Zugriff auf ein Firmenintranet oder -extranet über ein in der Regel öffentliches Netzwerk mit den gleichen Sicherheitsrichtlinien wie über ein privates Netzwerk ermöglicht.

Accounting (auch Auditing oder Berichterstellung) Vorgang der Überwachung der Benutzeraktivitäten während des Zugriffs auf Netzwerkressourcen. Aufgezeichnet werden können u. a. die Aufenthaltsdauer im Netzwerk, die dort angeforderten Dienste und die während der Sitzung übertragene Datenmenge.

ACL (Access Control List, Zugriffssteuerungsliste) Datensatz, der das Betriebssystem eines Computers oder Netzwerkgeräts über die Berechtigungen oder Zugriffsrechte in Kenntnis setzt, die ein Benutzer oder eine Gruppe für ein bestimmtes Systemobjekt (z. B. eine Datei oder ein Verzeichnis) hat. Ermöglicht die Steuerung oder Einschränkung des Netzwerkverkehrs. Eine ACL vergleicht verschiedene Kriterien mit einem definierten Regelsatz.

Address Resolution Protocol Siehe ARP.

Anwendungsschicht Schicht 7 des OSI-Referenzmodells. Diese Schicht stellt Netzwerkdienste für Benutzeranwendungen bereit. Eine Textverarbeitung beispielsweise kann in dieser Schicht auf Dateiübertragungsdienste zugreifen.

Architecture for Voice, Video and Integrated Data Siehe AVVID.

Archivbit Wird zusammen mit einer zu sichernden Datei gespeichert und immer dann gesetzt, wenn die Datei erstellt bzw. modifiziert wird. Daher weiß der Sicherungsprozess immer gleich, ob eine Datei gesichert werden muss oder nicht.

ARP (Address Resolution Protocol) Ein Internetprotokoll, mit dessen Hilfe die zu einer IP-Adresse gehörende MAC-Adresse ermittelt werden kann. ARP ist in RFC 826 definiert.

Asymmetrisches Switching Switching zwischen Ports ungleicher Bandbreite (z. B. eine Kombination aus Ports mit 10 und mit 100 Mbit/s).

Asynchronous Transfer Mode Siehe ATM.

ATM (Asynchronous Transfer Mode) Internationaler Standard zum Zellen-Switching, bei dem mehrere Diensttypen (z. B. Sprache, Video oder Daten) in Zellen mit fester Länge (53 Bytes) befördert werden. Die feste Länge der Zellen erlaubt ihre Verarbeitung durch Hardwarekomponenten und reduziert dadurch Übertragungsverzögerungen. ATM wurde für die Nutzung von Hochgeschwindigkeitsübertragungsmedien wie E3, T3 und SONET optimiert.

Attachment Unit Interface Siehe AUI.

Auditing Siehe Accounting.

AUI (Attachment Unit Interface) Eine heute nicht mehr verwendete IEEE 802.3-konforme Schnittstelle zwischen einer MAU und einer Netzwerkkarte. Der Begriff AUI bezeichnet auch einen rückwärtigen Anschluss, an den ein Transceiver direkt oder über ein AUI-Kabel (auch als Transceiver-Kabel bezeichnet) angeschlossen werden kann. AUI-Ports findet man beispielsweise bei 10-Mbit/s-Schnittstellen von Routern, Netzwerkkarten und Repeatern. Mit dem passenden Transceiver kann man das Netzwerkgerät sehr einfach an das vorhandene Medium (z. B. Kupfer oder Glasfaser) anschließen.

Äußere globale Adresse IP-Adresse, die einem Host im äußeren Netzwerk von seinem Besitzer zugewiesen wird.

Äußere lokale Adresse IP-Adresse eines äußeren Hosts, die den Hosts im inneren Netzwerk bekannt ist.

Authentifizierung In der Sicherheitstechnik die Verifizierung der Identität einer Person oder eines Vorgangs. Die Authentifizierung erfolgt normalerweise mit Hilfe eines Benutzernamens und eines Passworts.

Autorisierung Vorgang des Gewährens oder Verweigerns des Zugriffs auf eine Netzwerkressource.

AVVID (Architecture for Voice, Video and Integrated Data) Diese IP-basierte Kommunikationslösung von Cisco verknüpft Sprach-, Video- und Datendienste miteinander. Es handelt sich um eine auf Standards basierende Architektur für konvergente Sprach-, Daten- und Video-Netzwerke.

Backbone Der strukturelle Kern eines Netzwerks. Über den Backbone sind alle Komponenten eines Netzwerks miteinander verbunden, so dass eine optimale Kommunikation stattfinden kann.

Backup Designated Router Siehe BDR.

Backward Explicit Congestion Notification Siehe BECN.

Baseline Auf Leistungsdaten basierende Vergleichsgrundlage. Eine Baseline wird ermittelt, nachdem das Netzwerk korrekt installiert und konfiguriert wurde. Sie kann dann später mit zukünftigen Werten verglichen werden.

Basic Rate Interface Siehe BRI.

Basisanschluss Siehe BRI.

Bc (Committed Burst, maximaler Burst) Die maximale garantierte Anzahl von Bits, die ein Frame-Relay-Netzwerkverbund vertragsgemäß annehmen und übertragen kann.

BDR (Backup Designated Router, designierter Reserve-Router) Backup-DR.

Be (Excess-Burst) Metrik in Frame-Relay-Netzwerkverbunden. Bezeichnet die maximale Anzahl über die CIR hinausgehender (d. h. nicht garantierter) Bits, die der Frame Relay-Switch bei der Übertragung zu senden versucht. Der Excess-Burst ist normalerweise auf die Portgeschwindigkeit der Teilnehmeranschlussleitung beschränkt. Diese auch als »Be« notierten Daten werden mit einer geringeren Wahrscheinlichkeit als Bc ausgeliefert. Das Netzwerk behandelt Be-Daten als Daten, die bei Bedarf verworfen werden können.

BECN (Backward Explicit Congestion Notification) Ein Bit, das von Frame Relay-Netzwerken in Frames gesetzt wird, die in entgegengesetzter Richtung von Frames übertragen werden, die auf einen überlasteten Pfad stoßen. Datenendgeräte, die Frames mit gesetztem BECN-Bit empfangen, können dann Protokolle übergeordneter Ebenen anweisen, die notwendigen Flusssteuerungsmaßnahmen zu ergreifen.

Benutzerrichtlinien Dokumente, die Informationen darüber enthalten, wie Benutzer mit dem Netzwerk umgehen dürfen, d. h. vorschreiben, was im Netzwerk zulässig bzw. was unzulässig ist.

Berichterstellung Siehe Accounting.

Best-Effort-Transport Transportmethode, die verwendet wird, wenn ein Netzwerk keine Gewährleistung zu Verfügbarkeit, Verzögerung oder Durchsatz des Datentransports geben kann. Das Netzwerk liefert die Daten entsprechend der aktuell vorhandenen Lastsituation aus.

BID (Bridge-ID) Nummer, welche die Bridge oder die Switches zur Ermittlung der Priorität und zur Auswahl von Root-Bridge oder -Switch verwenden. Die Root-Bridge ist die Bridge mit der niedrigsten BID.

Bindery Objekt, das NetWare Version 3.12 zur Verwaltung der Benutzer und Ressourcen verwendet. Der Nachteil dabei besteht darin, dass Bindery-Dienste ein serverzentriertes Netzwerk erzeugen, bei dem der Schwerpunkt auf dem einzelnen Server als Mittelpunkt liegt.

Bitübertragungsschicht Schicht 1 des OSI-Referenzmodells. Diese Schicht definiert die elektrischen, mechanischen, prozeduralen und funktionalen Spezifikationen zur Aktivierung, Aufrechterhaltung und Deaktivierung einer physikalischen Verbindung zwischen den Endsystemen.

BOOTP (Bootstrap Protocol) Wurde 1985 in RFC 951 definiert und bietet nur über einen Teil der Funktionen seines Nachfolgers DHCP. Beide Protokolle verwenden die Ports 67 und 68, die deswegen auch als »BOOTP-Ports« bezeichnet werden.

Bootstrap Protocol Siehe BOOTP.

BPDU (Bridge Protocol Data Unit, Bridge-Protocol-Dateneinheit) Ein Hello-Paket des Spanning-Tree-Protokolls, das in konfigurierbaren Intervallen gesendet wird, um innerhalb eines Netzwerks Informationen über Bridges auszutauschen.

Brechung Krümmung des Lichtstrahls, wenn er beim Wechsel zwischen zwei Materialien die Geschwindigkeit ändert.

Brechungsindex Der Brechungsindex eines Materials ist das Verhältnis zwischen der Lichtgeschwindigkeit im Vakuum und der Ausbreitungsgeschwindigkeit des Lichtes im Material.

BRI (Basic Rate Interface, Basisanschluss) Eine ISDN-Schnittstelle, die aus zwei B-Kanälen und einem D-Kanal besteht und der leitungsvermittelten Sprach-, Bild- und Datenkommunikation dient.

Bridge Ein Gerät, das zwei Netzwerksegmente, die das gleiche Kommunikationsprotokoll verwenden, miteinander verbindet und Pakete zwischen ihnen übergibt. Bridges sind Geräte der Sicherungsschicht (Schicht 2) des OSI-Modells. Eine Bridge ist für die Filterung, Weiterleitung oder Fluten eines eingehenden Frames basierend auf dessen MAC-Adresse zuständig.

Bridge Protocol Data Unit Siehe BPDU.

Bridge-ID Siehe BID.

Bridging Eine Technologie, die es einer Bridge ermöglicht, zwei oder mehr LAN-Segmente miteinander zu verbinden, ohne die Broadcast-Domäne zu vergrößern.

Broadcast Datenpaket, das an alle Knoten in einem Netzwerk gesendet wird. Broadcasts werden durch eine Broadcast-Adresse bezeichnet. Siehe auch Broadcast-Adresse, Broadcast-Domäne, Broadcast-Sturm.

Broadcast-Adresse Eine besondere Adresse, die für die Übermittlung einer Nachricht an alle Stationen reserviert ist. Eine Broadcast-Adresse ist eine IP- oder eine MAC-Adresse für alle Knoten des jeweiligen Netzabschnittes. Siehe auch Broadcast.

Broadcast-Domäne Die Gruppe der Geräte, die Broadcast-Frames von jedem Gerät innerhalb dieser Gruppe empfangen können. Broadcast-Domänen werden normalerweise von Routern begrenzt, weil Router Broadcast-Frames nicht weiterleiten.

Broadcast-Sturm Ein unerwünschtes Netzwerkereignis, bei dem viele Broadcasts gleichzeitig in alle Netzwerksegmente gesendet werden. Ein Broadcast-Sturm benötigt sehr viel Bandbreite und verursacht durch Zeitüberschreitungen (Timeouts) normalerweise den Ausfall im Netzwerk.

Brouter (Bridging Router) Kombination aus Router und Bridge. Ein Brouter agiert als Router für geroutete Protokolle und als Bridge für nicht geroutete Protokolle.

Bustopologie Eine lineare LAN-Architektur, bei der von Netzwerkstationen gesendete Datenströme sich über die gesamte Länge des Mediums ausbreiten und von allen anderen Stationen empfangen werden können. Siehe auch Sterntopologie.

C

Callback Siehe Rückruf

CAM (Content-Addressable Memory, inhaltsadressierter Speicher) Speicher, auf den der Zugriff basierend auf dem Inhalt (und nicht auf der Speicheradresse) erfolgt.

Carrier Sense Multiple Access/Collision Detect Siehe CSMA/CD.

CDP (Cisco Discovery Protocol) Proprietäre Funktion, die Netzwerkadministratoren den Zugriff auf die wichtigsten Konfigurationswerte direkt angeschlossener Router und Switches ermöglicht.

Challenge Handshake Authentication Protocol Siehe CHAP.

Channel Service Unit/Digital Service Unit Siehe CSU/DSU.

CHAP (Challenge Handshake Authentication Protocol) Eine Sicherheitsfunktion, die in PPP-Verbindungen den unbefugten Zugriff verhindert. CHAP selbst verhindert keinen nichtautorisierten Zugriff, identifiziert aber den Remote-Benutzer; der Router oder Access-Server bestimmt dann, ob dieser Benutzer Zugriff erhalten darf oder nicht.

Chiffrierte Daten Daten, die verschlüsselt wurden.

Chipkarte Physisches Gerät etwa von Kreditkartengröße, das zur Beschränkung des Zugriffs auf Computer oder Räume verwendet werden kann.

CIDR (Classless Interdomain Routing) Eine Adressierung, die bei klassenlosen Routing-Protokollen mit der Zusammenfassung von Routen arbeitet. CIDR verringert die Anzahl der erforderlichen Routing-Einträge von Core-Routern. Bei Verwendung von CIDR erscheinen mehrere IP-Netzwerke von außen wie ein einzelnes, großes Netz.

CIR (Committed Information Rate) Die Datenrate (in Bit/s), die der Frame-Relay-Switch bei der Übertragung von Daten einzuhalten garantiert.

Cisco Discovery Protocol Siehe CDP.

Cisco IOS (Internetwork Operating System) Systemsoftware, die für die Funktionalität, Skalierbarkeit und Sicherheit aller Produkte der CiscoFusion-Architektur verantwortlich ist. Das Cisco IOS ermöglicht zentrale, integrierte und automatisierte Installation und Verwaltung von großen Netzwerken und unterstützt eine Vielzahl von Protokollen, Medien, Diensten und Plattformen.

Classless Interdomain Routing Siehe CIDR.

Committed Burst Siehe Bc.

Committed Information Rate Siehe CIR.

Content-Addressable Memory Siehe CAM.

Core-Layer Der Backbone eines geswitchten Campusnetzwerks. Die Switches in dieser Schicht können verschiedene Schicht-2/3-Technologien verwenden.

CPE (Customer Premises Equipment, Geräte am Kundenstandort) Übertragungseinrichtungen wie Terminals, Telefone und Modems, die dem Kunden von der Telefongesellschaft zur Miete oder zum Kauf bereitgestellt und am Kundenstandort installiert und an das Netzwerk des Providers angeschlossen werden.

CSMA/CD (Carrier Sense Multiple Access/Collision Detect) Eine Medienzugriffsmethode, bei der Geräte, die zur Datenübertragung bereit sind, zunächst den Datenkanal auf einen Träger (Carrier) überprüfen. Wird eine gewisse Zeit lang kein Carrier erkannt, dann kann ein Gerät die Übertragung starten. Wenn zwei Geräte die Übertragung gleichzeitig starten, tritt eine Kollision auf, die von den beiden beteiligten Geräten erkannt wird. Diese Kollision sorgt dafür, dass die Neuübertragung der Daten von diesen Geräten um einen zufälligen Zeitwert verzögert wird. CSMA/CD wird von Ethernet und IEEE 802.3 benutzt.

CSU/DSU (Channel Service Unit/Digital Service Unit) Eine digitale Schnittstelleneinrichtung, die Endgeräte mit der digitalen Teilnehmerleitung verbindet.

Customer Premises Equipment Siehe CPE.

Cut-Through-Switching Methode zur Weiterleitung von Daten durch einen Switch, bei der das Datenpaket den Switch am Ausgangsport schon wieder verlassen kann, bevor das Paket über den Eingangsport vollständig empfangen wurde. Ein Gerät, das mit Cut-Through-Switching arbeitet, verarbeitet Pakete und leitet sie weiter, sobald die Empfängeradresse gelesen und der richtige Ausgang ermittelt wurde. Wird auch als »On-the-Fly-Paketvermittlung« bezeichnet.

D

Dämpfung Energieverlust bei der Ausbreitung von Kommunikationssignalen. Die Dämpfung ist eine natürlich Folge der Signalübertragung über lange Strecken.

Darstellungsschicht Schicht 6 des OSI-Referenzmodells. In dieser Schicht werden die Darstellung der Daten und der Code formatiert sowie die Datenübertragungssyntax ausgehandelt. Die Darstellungsschicht gewährleistet, dass Daten, die aus dem Netzwerk empfangen werden, von einer Anwendung benutzt und umgekehrt Daten, die von der Anwendung stammen, ins Netzwerk weitergeleitet werden können.

Data Communication Equipment Siehe DCE.

Data Terminal Equipment Siehe DTE.

Datagramm Eine logische Informationseinheit, die in der Vermittlungsschicht vor der Herstellung der virtuellen Verbindung über ein Übertragungsmedium gesendet wird. IP-Datagramme sind die wichtigsten Informationseinheiten im Internet. Weitere Begriffe zur Beschreibung von logischen Informationsgruppen in den verschiedenen Schichten des OSI-Referenzmodells sind Zelle, Frame, Nachricht, Paket und Segment.

Data-Link Connection Identifier Siehe DLCI.

Datenträger Physische Speichereinheit.

Datenverkehrsüberwachung Eine komplexe Methode der Netzwerküberwachung, die den Datenverkehr im Netzwerk auf Paketebene überwacht und darauf basierend Berichte erstellt.

DCE (Data Communication Equipment, Datenübertragungseinrichtungen) Geräte und Verbindungen eines Kommunikationsnetzwerks, die das netzwerkseitige Ende der Benutzer-Netzwerk-Schnittstelle bilden. DCE-Geräte stellen eine physische Verbindung zum Netzwerk des Providers her, leiten Daten weiter und liefern ein Taktsignal zur Synchronisierung der Datenübertragung zwischen DCE- und DTE-Geräten. Modems und Netzwerkkarten sind Beispiele für DCE-Einrichtungen.

Default-Gateway Router-Schnittstelle, die von den Teilnehmern im Netzwerk für alle Ziele außerhalb des eigenen IP-Netzwerks angesprochen wird.

Default-Route Ein Eintrag in einer Routing-Tabelle, der zur Weiterleitung von Frames verwendet wird, für die in der Routing-Tabelle kein nächster Hop explizit vorhanden ist.

Default-Router Router, der über mindestens eine als Default-Gateway benutzte Schnittstelle verfügt.

Dense Wavelength Division Multiplexing Siehe DWDM.

Designated Router Siehe DR.

Designated Bridge Bridge, die bei der Weiterleitung eines Frames aus einem Segment zur Root-Bridge die geringsten Pfadkosten hat.

Designierter Backup-Router Siehe BDR.

DHCP (Dynamic Host Configuration Protocol) Methode zur dynamischen Zuweisung der Netzwerkkonfiguration wie zum Beispiel IP-Adresse, Gateway usw. Damit können Adressen automatisch neu vergeben werden, sobald Hosts sie nicht mehr benötigen.

Dienstgüte Siehe QoS.

Diffusing Update Algorithm Siehe DUAL.

Digitale Signatur System, bei dem Dokumente oder E-Mails mit einem privaten Schlüssel verschlüsselt werden.

Dispersion Phänomen unterschiedlicher Laufzeiten von TDM-Signalen bedingt durch variierende Eintrittswinkel in die Glasfaser. Verursacht gewisse Mindestabstände zwischen den Datenbits zur sicheren Übertragung und damit auch die Datenrate.

Distanzvektorprotokolle Routing-Protokolle, welche die Anzahl der Hops in einer Route überprüfen, um den kürzesten Pfad zu ermitteln. Diese Protokolle senden ihre Routing-Tabellen vollständig an ihre unmittelbar benachbarten Router. Distanzvektorprotokolle sind zwar anfällig für Routing-Schleifen, benötigen aber weniger Rechenleistung als Link-State-Protokolle. Auch als Bellman-Ford-Routing-Algorithmus bekannt.

Distribution-Layer Schicht, in der die Verteilung der Netzwerkdienste auf verschiedene LANs innerhalb einer WAN- oder LAN-Umgebung erfolgt. In dieser Schicht findet normalerweise die Steuerung von Paketen durch ACLs statt.

DLCI (Data-Link Connection Identifier) Eine Zahl, die eine PVC oder eine SVC in einem Frame-Relay-Netzwerk kennzeichnet. In der grundlegenden Frame-Relay-Spezifikation sind DLCIs von lokaler Bedeutung (d. h., angeschlossene Geräte können unterschiedliche DLCI-Werte in derselben Verbindung verwenden). In der erweiterten LMI-Spezifikation hingegen haben DLCIs globale Bedeutung, können also einzelne Endgeräte separat bezeichnen.

DR (Designated Router) OSPF-Router, der LSAs für ein Multiaccess-Netzwerk sendet und andere besondere Aufgaben bei der Ausführung von OSPF wahrnimmt. Jedes Multiaccess-Netzwerk mit OSPF mit mindestens zwei angeschlossenen Routern weist einen DR auf, der mit dem *Hello*-Protokoll ausgewählt wird. Der DR ermöglicht eine Verringerung der Anzahl der in einem solchen Netzwerk benötigten Nachbarschaften und damit auch die Menge des durch das Routing-Protokoll ausgelösten Datenverkehrs und die Größe der Topologiedatenbank.

DTE (Data Terminal Equipment, Endgerät) Ein Gerät am benutzerseitigen Ende einer Kommunikationsverbindung zum WAN. Kann als Datensender, Datenempfänger oder beides genutzt werden kann. Ein DTE-Gerät wird über ein DCE-Gerät (z. B. ein Modem) an ein Datennetzwerk angeschlossen und verwendet normalerweise die von diesem DCE-Gerät vorgegebene Taktung. Zu den Endgeräten gehören u. a. Computer, Router und Multiplexer.

DUAL (Diffusing Update Algorithm) In EIGRP verwendeter Konvergenzalgorithmus, der einen durchgehend schleifenlosen Betrieb auch während der Routenberechnung gewährleistet und es allen an einer Topologieänderung beteiligten Routern ermöglicht, sich gleichzeitig zu synchronisieren, während nicht betroffene Router unbeteiligt bleiben.

DWDM (Dense Wavelength Division Multiplexing) Technologie, die mehrere Signale gleichzeitig über verschiedene Wellenlängen überträgt und so die Verwendung einer Glasfaser mehrfach gestattet.

Dynamic Host Configuration Protocol Siehe DHCP.

Dynamisches Routing Routing, das sich automatisch auf Änderungen in der Netzwerktopologie oder im Datenaufkommen einstellt. Wird auch als »adaptives Routing« bezeichnet.

E

Echo Entsteht u. a. durch Umsetzung von einer zweiadrigen auf eine vieradrige Leitung (Teilnehmeranschlussleitung) unter Missachtung der Impedanz.

EIGRP (Enhanced Interior Gateway Routing Protocol) Eine von Cisco entwickelte erweiterte Version des IGRP-Protokolls. Kennzeichen sind hervorragende Konvergenzeigenschaften und Leistungsfähigkeit. Es kombiniert die Vorteile von Link-State-Protokollen mit denen von Distanzvektorprotokollen.

Ende-zu-Ende-Flusskontrolle Siehe FECN.

Endflächentrennung von Glasfasern Tritt auf, wenn zwei Glasfaserenden voneinander getrennt werden; es entstehen bei der Ausbreitung des Lichts Verluste, wenn es aus dem ersten Kern austritt.

Endgerät Siehe DTE.

Enhanced Interior Gateway Routing Protocol Siehe EIGRP.

Entschlüsselungsgerät Gerät, das empfangene Daten lesbar macht, bevor es sie an eine Anwendung übergibt. Als Ver- und Entschlüsselungsgeräte können Router, Server, Endsysteme oder dedizierte Einrichtungen dienen.

Erweiterte ACL Eine ACL, die das Vorhandensein von Absender- und Empfängeradresse überprüft.

Ethernet Spezifikation für Basisband-LANs, die von Xerox erfunden und gemeinsam mit Intel und DEC (Digital Equipment Corporation) in den Achtzigerjahren entwickelt wurde. Ethernet verwendet CSMA/CD und kann auf verschiedenen Medien mit einer Übertragungsrate von 10 Mbit/s übertragen werden. Die Ethernet-Spezifikation ähnelt der IEEE 802.3-Spezifikation.

Excess Burst Siehe Be.

Extranet-VPN Verbindet Kunden, Lieferanten, Geschäftspartner oder Benutzer über eine öffentliche Infrastruktur durch dedizierte Verbindungen zu einem Firmenintranet.

F

Fast Ethernet Dieser Begriff bezeichnet alle Ethernet-Spezifikationen, die mit Übertragungsraten von 100 Mbit/s arbeiten. Fast Ethernet bietet eine Geschwindigkeit, die zehnmal so hoch ist wie die von 10BaseT, während es wichtige Funktionen wie das Frame-Format, MAC-Methoden und MTU beibehält. Dank dieser Ähnlichkeiten können vorhandene 10BaseT-Anwendungen und Tools zur Netzwerkadministration in Fast-Ethernet-Netzwerken weiterverwendet werden. Basiert auf einer Erweiterung der IEEE 802.3-Spezifikation. Siehe auch Ethernet.

Fast-Forward-Switching Switching, bei dem durch Weiterleitung eines Pakets unmittelbar nach Erhalt der Empfängeradresse eine niedrige Latenz erzielt wird.

FCS (Frame Check Sequence, Rahmenprüfsequenz) Zusatzzeichen, die einem Frame zum Zweck der Fehlerkontrolle hinzugefügt werden. Bei HDLC- und Frame-Relay-Frames wird der Standard-CRC (Cyclic Redundancy Check) verwendet. Die FCS erkennt Bitfehler, die im Frame zwischen dem Startflag und der FCS auftreten; sie ist nur bei Frames sinnvoll, die nicht mehr als 4.096 Oktette umfassen.

FD (Feasible Distance) Der niedrigste berechnete Metrikwert zu einem Ziel.

FDM (Frequency-Division Multiplexing, Frequenzmultiplex) Eine Multiplexmethode, die mehrere Datenströme zur Übertragung über ein Kommunikationsmedium frequenzbasiert zusammenfasst. FDM weist jedem Datenstrom eine diskrete Trägerfrequenz zu und vereinigt dann die modulierten Trägerfrequenzen für die Übertragung. TV-Sender beispielsweise verwenden FDM zur gleichzeitigen Übertragung mehrerer Programme.

Feasible Distance Siehe FD.

Feasible Successor Siehe FS.

FECN (Forward Explicit Congestion Notification, Ende-zu-Ende-Flusskontrolle) Ein Bit, das in Frame-Relay-Netzwerken gesetzt wird, die auf einen überlasteten Pfad stoßen. Die Meldung erfolgt in Flussrichtung der Daten. DTE-Geräte, die Frames mit gesetztem FECN-Bit empfangen, können nach Bedarf Protokolle höherer Ebenen anweisen, Maßnahmen zur Flusskontrolle zu ergreifen.

Fenster Anzahl der Oktette, die ein Absender akzeptieren kann.

Firewall Ein oder mehrere Router oder Access-Server, die als Puffer zwischen einem privaten Netzwerk und einem oder mehreren öffentlichen Netzwerken dienen sollen. Ein Firewall-Router gewährleistet mit Hilfe von ACLs und anderen Methoden die Sicherheit des privaten Netzwerks.

Flash-Speicher Ein spezieller EEPROM-Baustein, der blockweise (statt byteweise) gelöscht und programmiert werden kann. Bei vielen modernen PCs ist das BIOS auf einem Flash-Speicher abgelegt und kann auf diese Weise bei Bedarf problemlos aktualisiert werden. Ein solches BIOS bezeichnet man auch als Flash-BIOS. Flash-Speicher wird auch in Modems gerne eingesetzt, denn es ermöglicht den Modemherstellern die schnelle Unterstützung neuer Protokolle nach deren Standardisierung.

Flooding Eine Weiterleitungsmethode bei Switches und Bridges. Hierbei werden Daten, die an einer Schnittstelle eingehen, über alle anderen Schnittstellen des Geräts ausgegeben.

Flusskontrolle Eine Technik, mit der sichergestellt werden soll, dass eine sendende Einheit nicht zu viele Daten hintereinander an eine Empfängereinheit sendet. Wenn die Puffer des Empfängers voll sind, sendet dieser eine Meldung an den Absender, um die weitere Übertragung zu unterbrechen, bis die Daten in den Puffern verarbeitet sind. In IBM-Netzwerken wird diese Technik als »Pacing« bezeichnet.

Forward Explicit Congestion Notification Siehe FECN.

Fragment-Free-Switching Eine Switching-Methode, die Kollisionsfragmente ausfiltert, bevor die Weiterleitung beginnt. Kollisionsfragmente stellen die Mehrzahl der Paketfehler dar.

Frame Check Sequence Siehe FCS.

Frame Relay Ein als Industriestandard geltendes Switching-Protokoll der Sicherungsschicht, das mit Hilfe der HDLC-Kapselung mehrere virtuelle Leitungen zwischen miteinander verbundenen Geräten verwalten kann. Frame Relay ist effizienter als X.25 und gilt deswegen allgemein auch als Nachfolger dieses Standards.

Frequency-Division Multiplexing Siehe FDM.

Frequenzmultiplex Siehe FDM.

FS (Feasible Successor, FS-Route) Eine Reserveroute. Solche Routen werden gleichzeitig mit den Successor-Routen ermittelt, aber nur in der Topologietabelle abgelegt.

G

Gateway Knoten in einem Netzwerk, der als Eintrittspunkt in ein anderes Netzwerk dient. In Unternehmensnetzwerken ist das Gateway ein Computer, der den Verkehr von einer Workstation zum Intranet bzw. Extranet routet, während es bei Heimkonfigurationen normalerweise ein Gerät des Providers ist, das den Benutzer mit dem Internet verbindet.

Geheimer Schlüssel Eine Nachricht wird durch Verschlüsselung mit Hilfe eines entsprechenden Algorithmus geschützt. Die Botschaft ist dann auch für einen Unbefugten nicht zu entschlüsseln, wenn er zwar den Algorithmus kennt, aber nicht über den Schlüssel verfügt.

Geheimzahl Siehe PIN.

Gigabit-Ethernet Dieser Begriff bezeichnet alle Ethernet-Spezifikationen, die mit Übertragungsraten von 1000 Mbit/s arbeiten. Gigabit-Ethernet bietet eine Geschwindigkeit, die zehnmal so hoch ist wie die von Fast Ethernet.

H

Halbduplex Im Halbduplexbetrieb werden Daten zwischen zwei Stationen immer nur in eine Richtung gleichzeitig übertragen.

Header Steuerdatensatz, der den Benutzerdaten bei der Kapselung für die Netzwerkübertragung vorangestellt wird.

Hello-Protokoll Protokoll, mit dem OSPF-Systeme Nachbarbeziehungen herstellen und unterhalten.

Hop Ein Netzwerkkoppelelement (z. B. Router) auf dem Pfad eines Datenpakets zwischen zwei Kommunikationspartnern.

Host Ein an ein TCP/IP-Netzwerk (z. B. das Internet) angeschlossener Computer. Jeder Host hat eine eindeutige IP-Adresse.

HOSTS (Datei) Eine Datei mit IP-Adressübersetzungen für statisch konfigurierte Hostnamen. Die Datei HOSTS kann von jedem IP-Protokollstapel eines Hosts verwendet werden. Sofern vorhanden, wird sie für die Namensauflösung verwendet, bevor eine externe DNS-Suche durchgeführt wird.

Hub Allgemeine Bezeichnung für ein Gerät, das sich im Mittelpunkt eines Netzwerks mit Sterntopologie befindet.

Hybrid-Protokolle Routing-Protokolle, die Eigenschaften von Link-State- und Distanzvektorprotokollen vereinen.

I

ICMP (Internet Control Message Protocol) Ein Internetprotokoll der Schicht 3, das Fehlermeldungen und andere Informationen in Zusammenhang mit der Verarbeitung von IP-Paketen liefert. ICMP ist in RFC 792 dokumentiert.

IEEE (Institute of Electrical and Electronic Engineers) Eine Organisation, zu deren Aktivitäten auch die Entwicklung von Kommunikations- und Netzwerkstandards gehört. Die LAN-Standards des IEEE sind heutzutage die vorherrschenden Standards.

IEEE 802.3 Ein LAN-Protokoll des IEEE, das eine Implementierung der Bitübertragungsschicht und der MAC-Teilschicht der Sicherungsschicht definiert. IEEE 802.3 verwendet den CSMA/CD-Zugriff, ist für eine Vielzahl von Übertragungsraten und für verschiedenste physikalische Medien verabschiedet. Erweiterungen dieses Standards definieren ferner Implementierungen für Fast Ethernet, Gigabit-Ethernet und 10-Gigabit-Ethernet. Zu den Varianten der ursprünglichen IEEE 802.3-Spezifikation gehören 10Base2, 10Base5, 10BaseF, 10BaseT und 10Broad36, zu Fast Ethernet 100BaseTX und 100BaseFX. Gigabit-Ethernet umfasst 1000BaseT, 1000BaseLX und 1000BaseSX. Zur neuesten Entwicklung 10Gigabit-Ethernet gehören 10GBase-SX, 10GBase-LX und 10GBase-EX mit weiteren Spezifikationen.

IGRP (Interior Gateway Routing Protocol) Ein von Cisco entwickeltes Routing-Protokoll, das für Routing in großen, heterogenen Netzwerken geeignet ist. Der Nachfolger von IGRP ist EIGRP.

Inhaltsadressierter Speicher Siehe CAM.

Innere globale Adresse In einer NAT-Konfiguration die IP-Adresse, in welche die innere lokale Adresse übersetzt wird.

Innere lokale Adresse In einer NAT-Konfiguration die IP-Adresse, die übersetzt wird.

Inside-Global-Adresse Siehe Innere globale Adresse.

Inside-Local-Adresse Siehe Innere lokale Adresse.

Institute of Electrical and Electronic Engineers Siehe IEEE.

Integrated Services Digital Network Siehe ISDN.

Interior Gateway Routing Protocol Siehe IGRP.

Interne Totalreflexion Prozess, bei dem im Übertragungsmedium Glasfaser die Lichtsignale von der Grenzfläche zwischen Kern und Schirmung des Glasfaserkabels vollständig zurückgeworfen werden.

Internet Control Message Protocol Siehe ICMP.

Internet-Provider Anbieter von Einwahldiensten. Der Provider kann selbst Onlinedienste anbieten oder den Einwahlbenutzer an einen Backbone-Betreiber (z. B. Telekom) weiterleiten.

Internetwork Operating System Siehe Cisco IOS.

Inter-Switch Link Siehe ISL.

Intranet-VPN Verbindet Hauptstandorte, entfernte Büros und Zweigstellen von Unternehmen über eine öffentliche Infrastruktur durch dedizierte Verbindungen miteinander.

Intrusion Detection Echtzeitüberwachung von Netzwerkaktivitäten und Analyse der Daten im Hinblick auf potenzielle Sicherheitslücken und im Gange befindliche Angriffe.

IOS Siehe Cisco IOS.

IP Contact Center Siehe IPCC.

IP Security Protocol Siehe IPSec.

IP-Adresse Eine 32-Bit-Adresse, die einem TCP/IP-Host zugewiesen wird. Jede IP-Adresse (die auch als »Internetadresse« bezeichnet wird) gehört einer von fünf Klassen (Klasse A bis E) an und wird im dezimalen Punktformat notiert (d. h. als vier Oktette, die durch Punkte getrennt sind). Jede Adresse besteht aus einer Netzwerknummer, einer optionalen Subnetznummer und einer Hostnummer. Die Netzwerk- und Subnetznummern werden für das Routing verwendet, die Hostnummer für die Adressierung eines einzelnen Hosts innerhalb des Netzwerks oder Subnetzes. Zur Extrahierung von Informationen über Netzwerk und Subnetz aus der IP-Adresse verwendet man eine Subnetzmaske.

IPSec (IP Security Protocol) Satz offener Standards, der Datenvertraulichkeit, Datenintegrität und Authentifizierung zwischen den beteiligten Peers in der IP-Schicht bietet.

ISDN (Integrated Services Digital Network) Ein von Telefonnetzbetreibern angebotenes Kommunikationsprotokoll, das die Übertragung von Daten, Sprache und anderen Informationen über Telefonleitungen ermöglicht.

ISL (Inter-Switch Link) Ein proprietäres Trunking-Protokoll von Cisco, das Switches miteinander verbindet und VLAN-Daten über Trunk-Leitungen zwischen den Switches überträgt.

J

Jitter Bezeichnet das Phänomen der netzwerkbedingt schwankenden zeitlichen Abstände, in denen die Pakete beim Empfänger eintreffen.

K

Kapselungsprotokoll Ein Protokoll für den Rahmen, der die Nutzdaten einschließt. Beispiele für Kapselungsprotokolle sind Frame Relay, PPP oder Tunnelprotokolle, die den Aufbau, die Aufrechterhaltung und den Abbau eines Tunnels steuern. Cisco unterstützt verschiedene Kapselungsprotokolle (z. B. L2F) für virtuelle Wähldienste.

Kerberos Authentifizierungssystem, das Sicherheit vom Benutzer zum Host für Protokolle auf der Anwendungsebene (z. B. FTP oder Telnet) bietet.

Klartext Nicht verschlüsselte Daten.

Kollision Bei Ethernet das Ergebnis der gleichzeitigen Datenübertragung durch zwei Stationen im Segment. Die Frames der beiden Geräte kollidieren im physikalischen Medium und werden dabei beschädigt.

Kollisionsdomäne Bei Ethernet ein Netzwerkbereich, in dem sich kollidierte Frames ausbreiten. Repeater und Hubs leiten Kollisionen weiter, LAN-Switches, Bridges und Router hingegen nicht. Wird auch als Bandbreitendomäne bezeichnet.

Konvergentes Netzwerk Unternehmensweites globales Netzwerk für Daten-, Sprach- und Videoanwendungen.

Konvergenz Zustand, bei dem allen beteiligten Netzkopplungsgeräten nach einer Änderung im Netzwerk die neue Topologie bekannt ist. Für eine schnelle Konvergenz ist ein optimaler

Algorithmus auf den beteiligten Geräten erforderlich.

L

L2TP (Layer 2 Tunneling Protocol) Eine Erweiterung von PPP, die Internet-Providern den Betrieb von VPNs ermöglicht. L2TP fasst die wichtigsten Merkmale zweier anderer Tunneling-Protokolle zusammen: Microsoft PPTP und Cisco L2F. Wie PPTP setzt L2TP voraus, dass die Router des Providers das Protokoll unterstützen.

LAN (Local-Area Network) Ein Netzwerk für Datenübertragungen mit hohen Übertragungsraten und niedriger Fehlerrate, das ein vergleichsweise kleines geografisches Gebiet abdeckt (Ausdehnung bis zu wenigen tausend Metern). LANs verbinden Workstations, Peripheriegeräte, Server und andere Geräte innerhalb eines Gebäudes oder eines anderen räumlich begrenzten Bereichs miteinander. LAN-Standards definieren Verkabelung und Signalisierung in der Bitübertragungs- und der Sicherungsschicht des OSI-Modells. Verbreitete LAN-Technologien sind Ethernet, FDDI und Token Ring.

LAN-Switch Ein Koppelelement, das Pakete zwischen Segmenten sehr schnell weiterleitet. Bei den meisten LAN-Switches erfolgt diese Weiterleitung auf der Basis der MAC-Adressen. LAN-Switches werden häufig entsprechend der Methode kategorisiert, die sie zur Weiterleitung verwenden (Cut-Through-Switches oder Store-and-Forward-Switching). Ein Beispiel für einen sehr großen LAN-Switch ist der Cisco Catalyst 6500.

LAPB (Link Access Procedure, Balanced) Ein Sicherungsschichtprotokoll im X.25-Protokollstapel. LAPB ist ein bitorientiertes Protokoll, das von HDLC abgeleitet wurde.

LAPD (Link Access Procedure, D-Kanal) Ein Sicherungsschichtprotokoll für den D-Kanal von ISDN. LAPD wurde von LAPB abgeleitet und ist in erster Linie dazu gedacht, die Signalisierungsanforderungen der ISDN-Grundfunktionen zu erfüllen. Die Definition erfolgte in den ITU-T-Empfehlungen Q.920 und Q.921.

Latenz Latenzzeit ist allgemein die Zeitdauer zwischen Aktion und Reaktion. Bei Netzwerkgeräten ist es die Verzögerungszeit zwischen dem Eingang und dem Ausgang der Datensignale.

Laufzeit Die Zeit, die Daten für die Durchquerung eines Netzwerks vom Absender bis zum Empfänger benötigen.

Layer 2 Tunneling Protocol Siehe L2TP.

LCP (Link Control Protocol) Ein Protokoll, das eine Methode für Aufbau, Konfiguration, Aufrechterhaltung und Abbau einer Punkt-zu-Punkt-Verbindung bereitstellt.

Leitung Ein Kommunikationspfad zwischen zwei oder mehr Endpunkten.

Leitungsbündel Einzelne Übertragungsstrecke zwischen zwei Punkten (meist Switching-Zentren), auf der logisch getrennte Kanäle vorhanden sind.

Leitungsbündelung Methode zur physischen und logischen Verbindung zwischen zwei Switches, über die logisch voneinander getrennte Daten übertragen werden. Ein Backbone besteht aus mehreren Trunks.

Leitungsvermittlung Ein Leitungssystem, bei dem ein dedizierter physikalischer Leitungspfad für die Dauer der Verbindung zwischen dem Absender und dem Empfänger vorhanden sein muss. Wird überwiegend für das Telefonnetz eingesetzt.

Link Access Procedure, Balanced Siehe LAPB.

Link Access Procedure, D-Kanal Siehe LAPD.

Link Control Protocol Siehe LCP.

Link-State Advertisement Siehe LSA.

Link-State-Protokolle Routing-Protokolle, die eine konsistente Ansicht (Topologie) des Netzwerks erstellen und aus diesem Grund unempfindlich gegenüber Routing-Schleifen sind; diesen Vorteil erkaufen sie sich im Vergleich zu Distanzvektorprotokollen mit einem größeren Rechenleistungsbedarf und einer höheren Anzahl von Aktualisierungen im Netzwerk. Jeder Router gibt die Informationen der berechneten Kosten zum Erreichen seiner Nachbarn als Broadcast oder Multicast an alle Knoten im Netzwerk weiter.

LLC (Logical Link Control) Die obere der beiden Teilschichten der Sicherungsschicht nach Definition durch das IEEE. Die LLC-Teilschicht ist für Fehlerkontrolle, Flusskontrolle, Framing und MAC-Teilschichtadressierung zuständig. Das verbreitetste LLC-Protokoll ist IEEE 802.2, von dem es sowohl verbindungsorientierte als auch verbindungslose Varianten gibt.

LMI (Local Management Interface) Ein Satz von Erweiterungen zur ursprünglichen Frame-Relay-Spezifikation. LMI unterstützt eine Keepalive-Methode, die den Datenfluss sicherstellt, eine Multicast-Methode, die dem Gerät seine lokale DLCI und die Multicast-DLCI übergibt, globale Adressierung (DLCIs in Frame-Relay-Netzwerken sind nicht mehr auf lokale Bedeutung beschränkt) und einen Statusmechanismus, der kontinuierlich einen Statusbericht zu den aktiven DLCIs erstellt.

Local Management Interface Siehe LMI.

Local-Area Network Siehe LAN.

Logical Link Control Siehe LLC.

Lokale Zugriffsrate Die Taktrate (Portgeschwindigkeit) der Verbindung (Teilnehmerleitung) zur Frame-Relay-Wolke. Dabei handelt es sich um die Geschwindigkeit, mit der Daten in das Netzwerk oder aus diesem heraus gelangen.

Loopback Spezielle IP-Adresse (127.0.0.1), die für die interne Software-Loopback-Schnittstelle eines Geräts vorgesehen ist. Der Loopback-Schnittstelle ist keine Hardware zugewiesen. Bei Routern können zu Testzwecken oder zur Stabilitätsverbessung bestimmter Routing-Protokolle weitere Loopback-Schnittstellen konfiguriert werden.

LSA (Link-State Advertisement) Ein Broadcast-Paket, das von Link-State-Protokollen verwendet wird und Informationen über benachbarte Router und Pfadkosten enthält. Mit Hilfe empfangener LSAs aktualisieren Router ihre Routing-Tabellen.

M

MAC (Media Access Control) Teil der Sicherungsschicht, der die 48-Bit-Adresse des Absenders und Empfängers sowie die Methode enthält, wie die Erlaubnis für die Übertragung erlangt werden muss.

MAC-Adresse Eine standardisierte Adresse der Sicherungsschicht, die für jeden Port und jedes Gerät benötigt wird, das Bestandteil eines LAN ist.

Koppelelemente im Netzwerk verwenden diese Adressen zur Zuordnung bestimmter Ports im Netzwerk und zur Erstellung und Aktualisierung von Switching-Tabellen und Datenstrukturen. MAC-Adresse haben eine Länge von sechs Bytes und werden im herstellerspezifischen Teil durch die IEEE vorgeschrieben. Sie werden auch als Hardwareadressen oder physische Adressen bezeichnet.

Makrokrümmung Makrokrümmung (engl. *Macrobending*) ist im Unterschied zu Mikrokrümmungen eine makroskopische axiale Abweichung einer Faser von einer geraden Linie. Wenn man ein Glasfaserkabel verbiegt, dann kann dies dazu führen, dass ein Teil der Lichtstrahlen den kritischen Winkel überschreitet, d. h., das Licht »versickert« in der Schirmung.

MAU (Media Attachment Unit) Ein in Ethernet- und IEEE 802.3-Netzwerken benutztes Gerät, das eine Schnittstelle zwischen dem AUI-Port einer Station und dem Ethernet-Medium bereitstellt. Die MAU kann entweder in die Netzwerkkarte integriert oder ein separates Gerät sein und ist für Funktionen der Bitübertragungsschicht zuständig, so etwa die Konvertierung digitaler Daten für das Medium an der Ethernetchnittstelle, die Kollisionserkennung und die Einspeisung von Bits ins Netzwerk. Wird manchmal auch als »Transceiver« oder »Media Access Unit« bezeichnet.

Maximaler Burst Siehe Bc.

Media Access Control Siehe MAC.

Media Attachment Unit Siehe MAU.

Mikrobiegung Die Mikrobiegung (engl. *Microbending*) führt dazu, dass das Licht den kritischen Winkel überschreitet und aus dem Kern gelangt. Mikrobiegungen sind mikroskopisch klein und für das bloße Auge nicht sichtbar.

Mikrosegmentierung Die Unterteilung eines Netzwerks in kleinere Segmente, die normalerweise mit dem Ziel der Erhöhung der Gesamtbandbreite im Netzwerk erfolgt.

Multiaccess-Netzwerk Netzwerk, das den gleichzeitigen Anschluss und die Kommunikation mehrerer Geräte ermöglicht.

Multidomänenmodell In diesem Modell sind getrennte Domänen über Vertrauensbeziehungen miteinander verbunden; es ermöglicht Benutzern, für den Ressourcenzugriff die Domänengrenze zu überschreiten.

Multimode-Glasfaser Glasfaserkabel, das die Ausbreitung mehrerer Lichtfrequenzen unterstützt.

N

Nachbartabelle Tabelle, mit deren Hilfe Router unter EIGRP die Listen benachbarter Router pflegen. Für jedes von EIGRP unterstützte Protokoll ist eine Nachbartabelle vorhanden.

NAS (Network Access Server, Netzwerkzugangsserver) Telekommunikationsgerät, das die Einwahlanforderung über analoge Leitungen (Telefonnetz) oder digitale Verbindungen (ISDN) entgegennimmt.

NAT (Network Address Translation, Netzadressübersetzung) Methode, mit welcher der Bedarf an global eindeutigen IP-Adressen verringert wird. NAT ermöglicht Endgeräten mit privaten IP-Adressen die Herstellung einer Internetverbindung, indem sie diese privaten Adressen in einen global routbaren Adressraum übersetzt.

NCP (Network Control Program) Ein Programm, das den Datenfluss zwischen einem Kommunikations-Controller und anderen Netzwerkressourcen routet und steuert.

NDS (Novell Directory Services) Novell Netware-Server verwenden diesen Verzeichnisdienst zur Verwaltung von Benutzern und Ressourcen. Der Vorteil im Vergleich zu Version 3.12 besteht darin, dass NDS einen netzwerkzentrierten Verzeichnisdienst erstellt, d. h., das gesamte Netzwerk stellt den Steuermechanismus dar.

Network Access Server Siehe NAS.

Network Address Translation Siehe NAT.

Network Control Program Siehe NCP.

Network File System Siehe NFS.

Network Termination Type 1/2 Siehe NT1/NT2.

Netzadressübersetzung Siehe NAS.

Netzwerk Eine Gruppe von Computern, Druckern, Routern, Switches und anderen Geräten, die miteinander über dasselbe Übertragungsmedium kommunizieren können.

Netzwerkkarte Eine Platine, die in ein Computersystem eingebaut wird und diesem Funktionen für die Netzwerkkommunikation bereitstellt. Manchmal auch »Netzwerkadapter« genannt.

Netzwerkzugangsserver Siehe NAS.

NFS (Network File System) NFS gewährt Benutzern Berechtigungen für bestimmte Teile des Dateisystems und steuert die Sicherheit von Unix-Systemen.

Nichtflüchtiges RAM Siehe NVRAM.

Nonrepudiation Ein System, mit dessen Hilfe Dritte nachweisen können, dass eine Transaktion zwischen zwei Parteien stattgefunden hat.

Novell Directory Services Siehe NDS.

NT1 (Network Termination Type 1) Ein Gerät, über das die ISDN-Teilnehmerverkabelung (4-Drahtleitung) mit dem normalen Teilnehmeranschluss (2-Drahtleitung) verbunden wird.

NT2 (Network Termination Type 2) Eine Einrichtung, die den Verkehr zwischen dem NT1 und verschiedenen Teilnehmergeräten steuert. Das NT2 ist ein intelligentes Gerät, das Switching ermöglicht und Konzentrationsfunktionen bietet.

NVRAM (nichtflüchtiges RAM) RAM-Speicher, dessen Inhalt auch nach dem Ausschalten des Geräts erhalten bleibt.

O

Öffentliches Datennetz Ein durch den Staat oder einen Privatkonzern betriebenes öffentliches Netzwerk, dessen Zweck darin besteht, Computerkommunikation (meist kostenpflichtig) für jedermann zu realisieren. Öffentliche Datennetze ermöglichen auch kleinen Organisationen die Erstellung eines WAN, ohne dass hohe Kosten für Fernleitungen entstehen.

Open Shortest Path First Siehe OSPF.

Optischer Filter Optische Filter werden in Glasfasernetzen zur Unterscheidung und Separierung verschiedener Wellenlängen verwendet.

Optischer Verstärker Gerät, das ein optisches Eingangssignal im Terahertzbereich (THz) mit einer Wellenlänge von knapp 1550 nm verstärkt, das ein praktisch ideales Rauschverhalten, eine geringe Signalverzerrung und Übersprechen und eine hohe nutzbare Ausgangsleistung aufweist.

Optoelektronischer Konverter Prozess, bei dem ein als Halbleiter ausgeführter Receiver Licht in ein entsprechendes elektrisches Signal umwandelt

OSPF (Open Shortest Path First) Ein hierarchisches Link-State-Routing-Protokoll, das in der Internet-Community als Nachfolger des RIP-Protokolls vorgeschlagen wurde. Zu den Merkmalen von OSPF gehören Least-Cost-Routing, Multipfad-Routing und Lastverteilung.

Outside-Global-Adresse Siehe Äußere globale Adresse.

Outside-Local-Adresse Siehe Äußere lokale Adresse.

Overloading (auch PAT, Port Address Translation) Hierbei wird mit Hilfe unterschiedlicher TCP-Portnummern einer Gruppe interner Hosts die Kommunikation mit externen Hosts durch die »gemeinsame« Nutzung der Overloading-Adresse ermöglicht (NAT-Konfiguration).

P

Paket Eine logische Gruppierung von Informationen, die aus einem Header mit Steuerinformationen und (normalerweise) den Benutzerdaten besteht. Der Begriff wird meist für Dateneinheiten in der Vermittlungsschicht benutzt. Weitere Begriffe zur Beschreibung von logischen Informationsgruppen in den verschiedenen Schichten des OSI-Referenzmodells sind Datagramm, Frame, Nachricht und Segment.

Paketfilter Filter, der an Routern und anderen Netzwerkgeräten so konfiguriert werden kann, dass er von bestimmten Adressen oder Diensten stammende Pakete zulassen oder abweisen kann. Paketfilter optimieren Authentifizierungs- und Autorisierungsmethoden.

Paketvermittlung Eine netzwerktechnische Verfahrensweise, bei der Knoten durch die Sendung von Paketen die verfügbare Bandbreite gemeinsam nutzen.

PAP (Password Authentication Protocol) Ein Authentifizierungsprotokoll, dass PPP-Peers die gegenseitige Authentifizierung gestattet. Der Remote-Router, der mit dem lokalen Router eine Verbindung herzustellen versucht, muss zunächst eine Authentifizierungsanfrage stellen. Anders als CHAP leitet PAP das Kennwort und den Host- oder Benutzernamen unverschlüsselt weiter. PAP selbst verhindert keinen nichtautorisierten Zugriff, identifiziert aber den Remote-Knoten; der Router oder Access-Server bestimmt dann, ob dieser Knoten Zugriff erhalten darf oder nicht. PAP unterstützt nur PPP-Leitungen.

Passagierprotokoll Gekapseltes Originalprotokoll, mit dem beim Tunneling die Daten – z. B. IP, IPX oder ein Textdialog – transportiert werden.

Password Authentication Protocol Siehe PAP.

PAT Siehe Overloading.

PDU (Protocol Data Unit) Die im OSI-Modell verwendete Bezeichnung für eine Transporteinheit, z.B. ein Frame, Paket, Segment usw.

Permanent Virtual Connection Siehe PVC.

Personal Identification Number Siehe PIN.

Pfadermittlung Entscheidung darüber, welchen Pfad der Datenverkehr durch die Netzwerkwolke zu nehmen hat. Die Pfadermittlung findet in der Vermittlungsschicht des OSI-Referenzmodells statt.

Physische Sicherheit Bezeichnet den eingeschränkten Zugang zu den wesentlichen Netzwerkressourcen, indem diese hinter verschlossenen Türen gehalten werden, sowie den Schutz dieser Ressourcen vor Naturkatastrophen wie Überschwemmungen, Feuer, Stürmen und Erdbeben.

PIN (Personal Identification Number, Geheimzahl) Erste Sicherheitsebene, die dem Benutzer eine Berechtigung zur Verwendung einer Secure-Card erteilt. Die Karte erstellt dann ein Einmalpasswort, mit dem der Zugriff auf das Unternehmensnetzwerk für eine begrenzte Zeit möglich ist.

Point-to-Point Protocol Siehe PPP.

Point-to-Point-Kommunikation Direkte Kommunikation zwischen einem Sender und einem Empfänger.

Port Schnittstelle an einem Netzkopplungsgerät (z. B. einem Router) oder RJ45-Buchse in einem Patchfeld. Computer, die an diese Buchsen angeschlossen sind, werden mit Hilfe von Patchkabeln miteinander verbunden. Über diese Verbindungen werden LANs miteinander verkabelt.

Port Address Translation Siehe Overloading.

`portfast` Befehl, der dazu führt, dass ein Switch-Port unter Umgehung der Zustände *Listening* und *Learning* direkt in den Status *Forwarding* des STP-Protokolls wechselt.

PPP (Point-to-Point Protocol) Der Nachfolger des SLIP-Protokolls. PPP ist ein Protokoll, das Verbindungen zwischen Routern oder von Hosts zu Netzwerken über synchrone und asynchrone Leitungen ermöglicht.

Primärmultiplexanschluss Eine ISDN-Schnittstelle für Primärmultiplexzugriff besteht aus einem einzelnen D-Kanal (64 Kbit/s) sowie 23 (T1) bzw. 30 (E1) B-Kanälen für Sprache und Daten.

Profile System, das Benutzern die Personalisierung von Benutzeroberflächen und anderen Einstellungen auf einem Computer und die nachfolgende Verwendung dieser Einstellungen auf anderen Computern im Netzwerk gestattet.

Prozesskennung (Prozess-ID) Die Prozesskennung wird während der OSPF-Konfiguration zugewiesen und dient der Unterscheidung mehrerer OSPF-Prozesse am gleichen Router.

PVC (Permanent Virtual Connection, virtuelle Festverbindung) Eine virtuelle Verbindung, die dauerhaft hergestellt ist. Es gibt keine Verlustzeiten durch Auf- und Abbau einer Verbindung.

Q

Q.931 Ein Protokoll, das die Signalisierung von Endgerät zum lokalen ISDN-Switch übernimmt. Q.931 definiert keine Ende-zu-Ende-Signalisierung: Die verschiedenen ISDN-Anbieter und Switch-Typen dürfen unterschiedliche Implementierungen von Q.931 benutzen (und tun dies auch).

QOS Funktionen, welche die Bereitstellung zuverlässiger Dienste sowohl für unternehmens- als auch für zeitkritische Anwendungen (z. B. VoIP) sicherstellen. Bei aktivierter QoS bleibt die Sprachqualität auch bei schwankender Netzwerkbelastung gleich bleibend hoch. Wird QoS hingegen nicht aktiviert, dann sinkt die Sprachqualität, wenn die Netzwerkbelastung sich erhöht.

R

RADIUS (Remote Authentication Dial-In User Server) Sicheres Authentifizierungsprotokoll, das dem Administrator den Aufbau einer zentralisierten Datenbank von Benutzerdaten ermöglicht. Hier finden sich Authentifizierungs- und Konfigurationsdaten sowie Angaben dazu, auf welche Dienste (z. B. PPP, Telnet, *rlogin* usw.) ein Benutzer zugreifen darf.

Rahmenprüfsequenz Siehe FCS.

RAID (Redundant Array of Inexpensive Disks) Festplattenkategorie, bei der mindestens zwei Festplatten zur Verbesserung der Ausfallsicherheit eingesetzt werden. RAID-Festplatten werden häufig auf Servern und in Speicher-Arrays eingesetzt.

RAM (Random-Access Memory) Flüchtiger Speicher, der von einem Mikroprozessor beschrieben und ausgelesen werden kann.

Random-Access Memory Siehe RAM.

Rapid Spanning Tree Protocol Siehe RSTP.

RARP (Reverse Address Resolution Protocol) Ein Protokoll im TCP/IP-Protokollstapel, das eine Methode zur Ermittlung der IP-Adresse eines Gerätes ausgehend von seiner MAC-Adresse bereitstellt.

RD (Reported Distance, gemeldete Entfernung) Entfernung, die ein direkter Nachbar zu einem bestimmten Ziel gemeldet hat.

Redundant Array of Inexpensive Disks Siehe RAID.

Referenzpunkt (ISDN) Referenzpunkte charakterisieren die physischen und elektrischen Eigenschaften der verschiedenen ISDN-Schnittstellen entsprechend der ITU-Empfehlung I.411. Es gibt die Referenzpunkte V, U, T, S und R.

Reflexion Lichtstrahl, der an der Grenzfläche zwischen zwei Materialien im gleichen Winkel zurückgeworfen wird, in dem er auftrifft. Reflexion findet beispielsweise statt, wenn der Strahl einer Taschenlampe auf einen Spiegel oder ein Fenster trifft.

Remote Authentication Dial-In User Server Siehe RADIUS.

Remote Monitoring Siehe RMON.

Remote-Benutzer Client, der sich via ISDN, analogem Modem oder DSL wahlweise von einem Heimarbeitsplatz oder einem anderen Remote-Standort aus einwählt.

Repeater Ein Gerät, das elektrische Signale zwischen zwei Netzwerksegmenten regeneriert und weitersendet.

Reported Distance Siehe RD.

Repudiation Eine Systemfunktion, mit deren Hilfe Sie verhindern, dass Dritte nachweisen können, dass eine Kommunikation zwischen zwei Parteien stattgefunden hat.

Reverse Address Resolution Protocol Siehe RARP.

RIP (Routing Information Protocol) Ein Routing-Protokoll, das ursprünglich für Unix BSD-Systeme entwickelt wurde. Es handelt sich hierbei um das heute verbreitetste IGP-Protokoll für Netzwerkgeräte. RIP verwendet die Anzahl der Hops als Routing-Metrik.

RMON (Remote Monitoring) Erweiterungen von SNMP, die es erlauben, das Netzwerk als Ganzes und nicht in Form einzelner Netzwerkgeräte zu betrachten.

Routbares Protokoll Protokoll, das von einem Router geroutet werden kann. Ein Router muss das logische Netzwerk so interpretieren können, wie es durch dieses routbare Protokoll vorgegeben ist. Zu den routbaren Protokollen gehören AppleTalk, DECnet und IP.

Routenauthentifizierung Form der Authentifizierung, die verwendet wird, damit Router untereinander Routing-Updates akzeptieren.

Route-Prozessor Schicht-3-Komponente, die Systemspeicher und den Systemprozessor enthält.

Routenzusammenfassung Zusammenfassung der von OSPF und IS-IS bekannt gegebenen Netzwerkadressen. Bei OSPF führt dies dazu, dass der Area-Border-Router anderen Areas eine Gesamtroute bekannt gibt.

Router Ein Gerät der Vermittlungsschicht, das auf der Basis einer oder mehrerer Metriken den optimalen Pfad für den weiterzuleitenden Datenverkehr bestimmt. Router leiten Pakete auf der Basis der Schicht-3-Information von einem Netzwerk in ein anderes weiter. Manchmal bezeichnet man Router auch noch als »Gateways«.

Router-Kennung (Router-ID) IP-Adresse, die einen Router bezeichnet, der an OSPF teilnimmt. Als Router-ID wird entweder die höchste IP-Adresse einer aktiven Schnittstelle oder vorrangig die Adresse einer konfigurierten Loopback-Schnittstelle verwendet.

Routing Information Protocol Siehe RIP.

Routing-Protokoll Ein Protokoll, das Routing über die Implementierung eines speziellen Routing-Protokolls ermöglicht. Zu den Routing-Protokollen gehören IGRP, OSPF und RIP.

Routing-Tabelle Eine Tabelle, in der ein Router (oder ein anderes Netzkopplungsgerät) die Routen zu bestimmten Netzwerkempfängern sowie ggf. auch Metriken speichert, die diesen Routen zugeordnet sind.

RSTP (Rapid Spanning Tree Protocol) RSTP definiert zusätzliche Rollen und Zustände für einen Port, z. B. *Discarding*, *Learning* und *Forwarding*.

RTP (Reliable Transport Protocol) Protokoll der Transportschicht, das u. a. eine geordnete Auslieferung von EIGRP-Paketen an alle Nachbarn gewährleistet.

Rückruf Authentifizierungsmethode, bei der, nachdem ein Benutzer sich eingewählt und authentifiziert hat, die Anrufverbindung vom System getrennt und der Anrufer dann über eine neue Verbindung zurückgerufen wird.

S

Samba Siehe SMB.

Schichtenbildung Die Trennung der Netzwerkfunktionen, wie sie im OSI-Referenzmodell durchgeführt wird. Sie vereinfacht die Aufgaben, die zwei Computer erfüllen müssen, um miteinander kommunizieren zu können.

Schnittstelle
1. Verbindung zwischen zwei Systemen oder Geräten.
2. Beim Routing eine Netzwerkverbindung.

Schrägtrennung von Glasfasern Tritt auf, wenn die Anschlusstechnik eines Glasfaserkabels abgenutzt ist und aufgrund dessen ein Spiel zwischen den beiden Glasfasern ermöglicht. Es kann dann zu Lichtverlusten kommen, weil die Ausrichtung der Fasern nicht einwandfrei ist.

SDH (Synchronous Digital Hierarchy) Dieser Begriff wird als internationales Äquivalent für SONET verwendet.

Segment Ein Bereich eines Netzwerks, der durch Bridges, Router und Switches begrenzt ist.

Service Profile Identifier Siehe SPID.

Service-Level Agreement Siehe SLA.

Shortest Path First Siehe SPF.

SIA (Stuck in Active) Status, der einer Route zugewiesen wird, wenn ein oder mehrere Router, an die eine Anfrage gesendet wurde, nicht innerhalb des für den aktiven Status gültigen Maximalzeitraums von 180 Sekunden (drei Minuten) antworten.

Sicherheitskonzept Dokument, das die Gegebenheiten beschreibt, die in einer Organisation vorhanden sein müssen, damit die Sicherheitsanforderungen als erfüllt betrachtet werden können.

Sicherheitsrichtlinie Richtlinie, die festlegt, ob in einem Netzwerk alle eingehenden Pakete mit Ausnahme der spezifizierten Pakete abgelehnt oder aber umgekehrt angenommen werden.

Sicherheitsüberprüfung Prozess, bei dem das Netzwerk intern von Experten untersucht wird, die mit den Exploits und Methoden vertraut sind, die Eindringlinge beim Versuch des Einbruchs in Netzwerke verwenden.

Sicherung Der Vorgang der Duplizierung aller gespeicherten Daten auf Magnetband oder ein anderes Speichermedium wie Wechseldatenträger, CD-ROM oder DVD-ROM.

Sicherungsschicht Schicht 2 des OSI-Referenzmodells. Diese Schicht sorgt für eine zuverlässige Übertragung von Daten über eine physikalische Verbindung. Aufgaben der Sicherungsschicht sind die physikalische Adressierung, die Netzwerktopologie, Leitungskonsistenz, Fehlerbenachrichtigung, geordnete Auslieferung von Frames und Flusskontrolle. Das IEEE hat diese Schicht in zwei Teilschichten unterteilt, nämlich die MAC- und die LLC-Teilschicht. Die Sicherungsschicht entspricht der Data-Link-Schicht des SNA-Modells.

Simple Network Management Protocol Siehe SNMP.

Singlemode-Glasfaser In Singlemode-Glasfaser wird immer nur ein Signalmodus pro Faser übertragen. Sie lässt nur im Faserkern einen Pfad zu, über den sich das Licht ausbreiten kann. Das gesamte Signal wird mit konstanter Übertragungsgeschwindigkeit in der Faser transportiert – ein Umstand, der wesentlich höhere Datenraten ermöglicht.

Sitzungsschicht Schicht 5 des OSI-Referenzmodells. Diese Schicht ermöglicht die Initiierung, Durchführung und Verwaltung von Sitzungen.

SLA (Service-Level Agreement) Juristische Übereinkunft, welche die vertraglichen Vereinbarungen zur Qualität der Leistungen zwischen einem Provider und dem Leistungsnehmer (Nutzer) spezifiziert.

SMB (Server Message Block Protocol) Microsoft-Netzwerke arbeiten mit dem SMB-Protokoll. Der Protokollcode ist frei verfügbar, daher gibt es eine Reihe von Implementationen auf Unix- und Linux-Systemen (z. B. Samba) für die Zusammenarbeit mit Microsoft-Clients und -Servern.

Sniffer Programm oder Gerät, das Datenverkehr im Netzwerk überwacht.

SNMP (Simple Network Management Protocol) Protokoll, das die Versendung statistischer Daten über das Netzwerk an eine zentrale Managementkonsole ermöglicht.

SONET (Synchronous Optical Network) In Nordamerika verwendeter Standard zur synchronen Datenübertragung über optische Medien.

Spanning-Tree Protocol Ein auf dem Spanning-Tree-Algorithmus basierendes Bridge-Protokoll, das es einer selbstlernenden Bridge ermöglicht, durch Erstellung eines Spanning-Trees Schleifen in der Netzwerktopologie zu vermeiden. Bridges tauschen mit anderen Bridges BPDU-Meldungen aus, um Schleifen zu erkennen, und entfernen diese dann durch Deaktivieren der entsprechenden Bridge-Schnittstellen. Der Begriff Spanning-Tree Protocol bezeichnet sowohl das Protokoll in IEEE 802.1 als auch das frühere, von DEC entwickelte Protokoll, auf dem ersteres basiert. Die IEEE-Version unterstützt Bridge-Domänen und ermöglicht der Bridge die Erstellung einer schleifenfreien Topologie über ein erweitertes LAN; die DEC-Version wird im Allgemeinen nicht mehr benutzt.

Speicherpufferung Eine Puffertechnik, bei der Pakete für die Weiterleitung im Speicher abgelegt werden.

SPF-Algorithmus (Shortest Path First) Ein Routing-Algorithmus, der die Pfadlänge überprüft, um einen Spanning-Tree mit den kürzesten Pfaden zu erstellen. SPF ist Bestandteil vieler Link-State-Protokolle und wird auch als »Dijkstras Algorithmus« bezeichnet.

SPID (Service Profile Identifier) Eine Nummer, mit der manche Dienstanbieter in Nordamerika die Dienste definieren, die ein ISDN-Gerät nutzt. Ein ISDN-Gerät verwendet SPIDs, wenn es die Verbindung zum Switch des Anbieters initialisiert.

Statisches Routing Routing, das explizit konfiguriert und in die Routing-Tabelle eingetragen wurde. Statische Routen haben Vorrang vor Routen, die von dynamischen Routing-Protokollen ausgewählt wurden.

Sterntopologie Eine LAN-Topologie, bei der alle Endpunkte im Netzwerk über Punkt-zu-Punkt-Verbindungen an einen zentralen Switch angeschlossen sind. Eine Ringtopologie, die als Stern strukturiert ist, implementiert anstelle der Punkt-zu-Punkt-Verbindungen einen unidirektionalen Stern als geschlossenen Kreis. Siehe auch Bustopologie.

Store-and-Forward-Switching Eine Methode zur Paketvermittlung, bei der Frames vollständig verarbeitet werden, bevor sie an den passenden Port weitergeleitet werden. Zu dieser Verarbeitung gehören die Berechnung der CRC-Prüfsumme und die Überprüfung der Empfängeradresse. Ferner müssen Frames vorübergehend gespeichert werden, bis Netzwerkressourcen (wie z. B. eine unbenutzte Verbindung) für die Weiterleitung der Nachricht verfügbar werden.

Stub-Netz Ein Netzwerk, das lediglich über eine Verbindung zu einem Router verfügt.

Stuck in Active Siehe SIA.

Subnetz Ein Netzwerk, das in eine Reihe kleinerer Netzwerke (Subnetze) gegliedert ist.

Subnetzmaske Eine Maske, die zur Trennung von Netzwerk- und Subnetzadresse innerhalb einer IP-Adresse dient.

Subschnittstelle Eine von mehreren virtuellen Schnittstellen an einer einzigen physikalischen Schnittstelle.

Successor Route, die als primäre Route zu einem Ziel ausgewählt ist.

Supernetzbildung Verwendung einer Bitmaske zur Zusammenfassung mehrerer klassenorientierter Netzwerke unter einer einzelnen Netzwerkadresse.

SVC (Switched Virtual Connection, virtuelle Wählverbindung) Eine virtuelle Verbindung, die dynamisch und nach Bedarf hergestellt und nach Beendigung der Übertragung gekappt wird. SVCs werden in Situationen verwendet, in denen die Datenübertragung nur sporadisch stattfindet.

Switch Ein Netzwerkgerät, das Frames auf der Basis der in jedem Frame enthaltenen Zieladresse filtert, weiterleitet oder flutet. Der Switch agiert in der Sicherungsschicht des OSI-Referenzmodells.

Switched Virtual Connection Siehe SVC.

Switching Vorgang, bei dem ein an einer Schnittstelle eingehender Frame an eine andere Schnittstelle sehr schnell weitergeleitet und ausgegeben wird.

Symmetrischer Schlüssel Methode zur Verschlüsselung, bei welcher der Empfänger und der Absender denselben geheimen Schlüssel verwenden.

Symmetrisches Switching Switching-Methode, die geswitchte Verbindungen zwischen Ports gleicher Bandbreite ermöglicht.

Synchronous Digital Hierarchy Siehe SDH.

Synchronous Optical Network Siehe SONET.

T

TA (Terminaladapter) Ein Gerät, mit dem ISDN-BRI-Verbindungen an Nicht-ISDN-Schnittstellen (z. B. EIA/TIA-232) angeschaltet werden können. Wird auch als ISDN-Modem bezeichnet.

TACACS (Terminal Access Controller Acccss Control System) Ein Protokoll und Server, welche die Verwaltung einer großen Anzahl von Router- und Switch-Anmeldenamen und -Passwörtern in einer zentralisierten Datenbank ermöglichen. TACACS bietet überdies Auditing-Funktionen.

TDM (Time-Division Multiplexing) Methode, bei der die Daten mehrerer Kanäle auf einer Leitung transportiert werden, indem ihnen verschiedene Zeitabschnitte zugewiesen werden. Die Bandbreite wird jedem Kanal unabhängig davon zugewiesen, ob auf ihm Daten zu übertragen sind oder nicht.

TE1 (Terminal Equipment Type 1) Ein Endgerät, das mit ISDN kompatibel ist und mit einem Netzwerkanschluss des Typs 1 oder 2 verbunden werden kann.

TE2 (Terminal Equipment Type 2) Ein Gerät, das nicht mit dem ISDN-Netzwerk kompatibel ist und deswegen einen Terminaladapter benötigt.

Terminal Access Controller Access Control System Siehe TACACS.

Terminal Equipment Type 1/2 Siehe TE1/TE2.

Terminaladapter Siehe TA.

TFTP (Trivial File Transfer Protocol) Eine vereinfachte Version des FTP-Protokolls, welche die Übermittlung von Dateien von einem Computer (TFTP-Server) über ein Netzwerk zu einem anderen Computer (TFTP-Client, z. B. ein Router) ermöglicht, ohne dass eine Benutzerauthentifizierung stattfindet.

Time To Live Siehe TTL.

Time-Division Multiplexing Siehe TDM.

Topologietabelle (EIGRP) Tabelle, die aus allen EIGRP-Routing-Tabellen im autonomen System besteht. Sie informiert den Router über alle Empfängerrouten im AS.

Traditionelles Netzwerk Netzwerke, die innerhalb eines Unternehmens für Daten-, Sprach- und Videoanwendungen bereitgestellt werden. Solche Netze sind autonom entstanden und werden isoliert betrieben. Sie werden häufig von verschiedenen Abteilungen administriert.

Trägerprotokoll Protokoll, das ein gekapseltes Protokoll überträgt. Das erste von L2TP verwendete Trägerprotokoll ist IP, denn es hat robuste Routing-Fähigkeiten, wird medienübergreifend praktisch überall unterstützt und außerdem im Internet flächendeckend eingesetzt.

Transceiver Gerät, das Daten ins Netzwerk sendet und aus diesem empfängt. Ein Transceiver kann auf zweierlei Weise mit der Netzwerkkarte verbunden sein, nämlich als integrierte Komponente oder als externes Gerät. Vgl. MAU.

Transmitter Lichtquelle (z. B. eine Glühbirne).

Transportschicht Schicht 4 des OSI-Referenzmodells. Diese Schicht segmentiert die Daten in einen Datenstrom und setzt sie beim Empfänger wieder zusammen. Ferner ermöglicht sie einer Sicherstellung der Verbindung und des zuverlässigen Transports.

Trivial File Transfer Protocol Siehe TFTP.

Trojanisches Pferd Destruktives Programm, das sich als Spiel, Utility oder Anwendung tarnt. Wenn es ausgeführt wird, scheint es zwar die »offizielle« Funktion zu erfüllen, aber im Hintergrund werden ganz andere – teils zerstörerische – Vorgänge ausgeführt.

Trunk Siehe Leitungsbündel.

Trunking Siehe Leitungsbündelung.

TTL (Time To Live) Feld im IP-Header, das die Gültigkeitsdauer eines Pakets anzeigt.

Tunneling Vorgang, bei dem Datenpakete unterschiedlicher Protokolle in der gleichen Schicht ineinander gekapselt werden, d. h., die Daten eines Paketes werden in das zweite Paket »eingebaut«. In Schicht 2 gibt es die Tunnelprotokolle PPTP (Microsoft), L2F (Cisco) und L2TP, in Schicht 3 IPSec (IETF) und das dazu inkompatible GRE.

Tunnelschnittstellen Eingangs- und Ausgangspunkte des VPN-Tunnels. Die Tunnelschnittstelle ähnelt einer Hardwareschnittstelle, wird aber innerhalb einer Software konfiguriert.

U

Überlastung Datenaufkommen, das die Netzwerkkapazität überschreitet.

Unified-Messaging Fasst Voice-Mail, E-Mail und Fax in einer Anwendungssuite zusammen.

Unternehmens-Gateway Der Kommunikationsserver, der den Zugriff auf die Dienste ermöglicht, die der Remote-Benutzer anfordert. Diese Dienste können sowohl Unternehmensressourcen als auch die anderer Internet-Provider sein.

Unternehmensnetzwerk Das Netzwerk eines Unternehmens, einer Institution, Schule oder einer anderen Organisation, die ihre Daten, Datenkommunikation, Datenverarbeitung und Dateiserver zentral administriert.

Unternehmensserver Ein Server, der alle Benutzer im Netzwerk durch die Bereitstellung von Diensten wie E-Mail oder DNS (Domain Name System) unterstützt.

V

Variable-Length Subnet Mask Siehe VLSM.

Verbindung Ein Netzwerkkommunikationskanal, der aus einer Leitung oder einem Übertragungspfad und allen zugehörigen Geräten zwischen einem Absender und einem Empfänger besteht. Wird manchmal auch als »Leitung« bezeichnet.

Verkabelungsplan Ein Übersichtsgrundriss, aus dem hervorgeht, wo sich Installationsstrecken befinden und in welche Räume diese führen.

Vermittlungsschicht Schicht 3 des OSI-Referenzmodells. Diese Schicht vermittelt Konnektivität und Pfadauswahl zwischen zwei Endsystemen. Die Vermittlungsschicht ist diejenige Schicht, in der das Routing stattfindet, und entspricht der Path-Control-Schicht des SNA-Modells.

Vermittlungsstelle Die lokale Anschlussstelle des Telefonnetzbetreibers, an die alle Teilnehmeranschlussleitungen eines bestimmten Ortsbereichs angeschlossen sind und in der die Vermittlung von Teilnehmerverbindungen stattfindet.

Verschlüsselung Ein Vorgang, bei dem Daten so kodiert werden, dass sie von niemand anderem als dem gewünschten Empfänger gelesen werden können.

Verschlüsselungsgerät Gerät zur Verschlüsselung von Daten vor der Übertragung durch das Netzwerk.

Virtual Private Network Siehe VPN.

Virtuelle Festverbindung Siehe PVC.

Virtuelle Wählverbindung Siehe SVC.

Virtuelles LAN Siehe VLAN.

Virus Programm, das Computerdateien (üblicherweise ausführbare Programme) »infiziert«, indem es Kopien seiner selbst in diese Dateien einfügt. Dies erfolgt meist auf eine Weise, dass der Virencode ausgeführt wird, sobald die Datei in den Speicher geladen wird, d. h., er kann dann wieder andere Dateien infizieren usw.

VLAN (virtuelles LAN) Eine Gruppe von Geräten in einem LAN, die mit Hilfe einer Managementsoftware auf einem Switch so konfiguriert werden, dass sie miteinander ein separates Netz bilden, obwohl sie sich in unterschiedlichen LAN-Segmenten befinden.

VLAN Trunking Protocol Siehe VTP.

VLSM (Variable-Length Subnet Mask) Ermöglicht die Angabe unterschiedlicher Subnetzmasken für die gleiche Netzwerknummer in verschiedenen Subnetzen. VLSM optimiert den verfügbaren Adressraum.

VoFR (Voice over Frame Relay) Technologie, die Sprache und Daten im

Sprachband (d. h. Fax und Analogmodem) mit Datendiensten über ein Frame-Relay-Netzwerk zusammenführt.

Voice over Frame Relay Siehe VoFR.

Voice over IP Siehe VoIP.

VoIP (Voice over IP) Sprachübertragung über IP funktioniert genauso wie jede andere Übertragung. Wird Sprache übertragen, dann durchläuft auch sie den IP-Stapel und wird dabei in IP-, UDP- und RTP-Headern gekapselt. Auf Empfängerseite werden die Sprachsignale dann wieder entkapselt.

Vollduplex Fähigkeit der gleichzeitigen bidirektionalen Datenübertragung zwischen einem Sender und einem Empfänger.

VPN (Virtual Private Network) Privates Netzwerk, das innerhalb einer öffentlichen Netzwerkinfrastruktur (z. B. dem Internet) aufgebaut wird.

VTP (VLAN Trunking Protocol) VTP verringert den Administrationsaufwand in einem geswitchten Netzwerk. Wenn Sie ein neues VLAN auf einem VTP-Server erstellen, wird dieses über alle Switches in der Domäne verteilt und muss insofern nicht mehr überall konfiguriert werden. VTP ist ein proprietäres Protokoll von Cisco und wird von den meisten Geräten der Catalyst-Serie unterstützt.

W

Warteschlange 1. Allgemein eine geordnete Liste von Elementen, die auf ihre Verarbeitung warten.

2. Beim Routing eine Anzahl von Paketen, die auf die Weiterleitung über eine Router-Schnittstelle warten.

Warteschlangenbildung Ein Vorgang, bei dem ACLs auf der Basis eines Protokolls oder von Absender- bzw. Empfängeradressen bestimmte Pakete festlegen, die vom Router vorrangig vor allen anderen Daten verarbeitet werden müssen.

Wavelength Division Multiplexing Siehe WDM.

WDM (Wavelength Division Multiplexing) Technologie, bei der zwei Lichtwellenlängen gleichzeitig über eine Glasfaser übertragen werden, ohne sich gegenseitig zu beeinträchtigen.

Wurm Programm, das sich selbst auf Computern verbreitet, indem es sich selbst in den Speicher aller betroffenen Computer kopiert. Diese Duplizierung kann auf einem Computer derart häufig stattfinden, dass er abstürzt.

Z

Zugriffssteuerungsliste Siehe ACL.

Anhang A

Lernzielkontrolle: Die Antworten

In diesem Anhang finden Sie die Antworten zu den Fragen der Lernzielkontrolle, die sich am Ende der jeweiligen Kapitel befindet.

Kapitel 1

1. Welche der folgenden Adressen sind gültige Subnetzadressen, wenn von der Adresse 172.17.15.0/24 mit weiteren vier Bits Subnetze gebildet werden? Wählen Sie **zwei** Antworten!

   a) 172.17.15.0

   d) 172.17.15.96

2. Welche Subnetzmaske ist die effizienteste bei Point-to-Point-WAN-Verbindungen?

   c) 255.255.255.252

3. Welche der folgenden sind Merkmale von CIDR? Wählen Sie **alle zutreffenden** Antworten!

   b) Supernetzbildung

   d) Routenzusammenfassung

4. Wie heißt die zusammengefasste Adresse für die Netzwerke 172.21.136.0/24 und 172.21.143.0/24?

   a) 172.21.136.0/21

5. Welches Routing-Protokoll enthält keine Subnetzinformationen in den Routing-Updates?

   c) RIPv1

6. Welche Methode stellt eine Ansammlung von (Netzwerk-)IP-Adressen innerhalb einer einzelnen (Netzwerk-)IP-Adresse dar?

   d) Routenzusammenfassung

Kapitel 2

1. In welchem Zustand befinden sich OSPF-Netzwerk-Router nach der Wahl von DR und BDR?

   a) *ExStart*

2. Mit welchem OSPF-Pakettyp werden Nachbarschaftsbeziehungen normalerweise hergestellt und aufrechterhalten?

   c) Hello

3. Worauf basiert die OSPF-Standardkostenmetrik?

   b) Bandbreite

4. Welche Multicast-Adresse repräsentiert alle OSPF-Router?

   d. 224.0.0.5

5. Mit welchem Befehl kann man die OSPF-Priorität an einer Schnittstelle ändern?

   b) `ip ospf priority` *`nummer`*

6. Welche Multicast-Adresse wird zum Versand von LSUs an alle DR- und BDR-Router verwendet?

   a) 224.0.0.6

7. Welche Gemeinsamkeit weisen NBMA-Netzwerke auf?

   b) Sie unterstützen mehr als zwei Router.

8. Welcher Befehl ermöglicht OSPF-Routern den Austausch von Routing-Updates ohne Multicasts?

   a) `ip ospf neighbor`

9. Welcher Befehl zeigt an, welche Routen ein Router kennt und wie er sie erlernt hat?

   b) `show ip route`

Kapitel 3

1. Wie konfigurieren Sie die automatische Übergabe von Routen zwischen IGRP und EIGRP?

   c) Sie konfigurieren die beiden Protokolle mit identischer AS-Nummer.

2. Welches Protokoll kombiniert die Vorteile von Link-State- und Distanzvektorprotokollen?

   d) EIGRP

3. Welcher Algorithmus wird für eine schnelle Konvergenz verwendet?

   b) Diffusing Update-Algorithmus

4. Welches Protokoll unterstützt EIGRP mit Hilfe von PDMs?

   c) IPX

5. Welche Tabelle enthält die Routeneinträge zu allen Empfängern, die der Router erlernt hat, und ist für jedes konfigurierte Routing-Protokoll separat vorhanden?

   b) Routing-Tabelle

6. Welche der folgenden Komponenten stellt bei EIGRP die Nachbarschaftsbeziehungen her?

   b) *Hello*-Pakete

7. Welche der folgenden Komponenten gewährleistet die geordnete Auslieferung der EIGRP-Pakete an alle Nachbarn?

   d) RTP-Protokoll

8. Was tut der DUAL-Algorithmus, nachdem er alle Routen ermittelt, sie miteinander verglichen und sichergestellt hat, dass keine Schleifen vorhanden sind?

   a) Er fügt bis zu vier Pfade mit den geringsten Kosten in die Routing-Tabelle ein.

9. Wie verhindert EIGRP das Auftreten von Routing-Schleifen bei externen Routen?

   d) EIGPR speichert alle Nachbarrouten, für die in der Routing-Tabelle Schleifen ermittelt wurden.

10. Wie lang ist das *Hello*-Intervall bei Verbindungen mit hohen Bandbreiten, also etwa seriellen Point-to-Point- oder Multipoint-Verbindungen?

    a) 5 Sekunden

Kapitel 4

1. Welche der folgenden Broadcast-Methoden verwendet ein Ethernet-Medium für Versand und Empfang von Daten an alle Knoten im Netzwerk?

   b) Daten-Frame

2. Welche(s) der folgenden gehört zu den Merkmalen der Mikrosegmentierung?

   d) A und B

3. Was sind LAN-Switches?

   d) Multiport-Bridges, die in Schicht 2 agieren

4. Für welche der folgenden Gegebenheiten ist asymmetrisches Switching optimiert?

   a) Client-Server-Netzwerkverkehr, bei dem der »schnelle« Switch-Port an den Server angeschlossen ist

5. Beschreiben Sie den Betrieb von Vollduplex- und Halbduplex-Ethernet.

   Beim Halbduplex-Ethernet verwenden Sende- und Empfangsleitungen wechselseitig das gleiche gemeinsame Medium. Beim Vollduplex-Ethernet hingegen sind Sende- und Empfangsleitungen voneinander getrennt, d. h., es gibt keinen konkurrierenden Medienzugriff.

6. Beschreiben Sie die wesentliche Funktion des Spanning-Tree-Protokolls.

   Die Hauptfunktion des Spanning-Tree-Protokolls besteht darin, redundante Pfade mit Switches oder Bridges zu ermöglichen, ohne dass logische Schleifen im Netzwerk entstehen.

7. Wie erscheint jedes Segment in einem Netzwerk, das mit Switches segmentiert ist?

   c) Als Kollisionsdomäne.

8. Welche der folgenden Aussagen ist zutreffend?

   d) Alle genannten.

9. Welche der folgenden sind Auswirkungen der Netzüberlastung?

   e) Alle genannten.

10. Host A sendet Daten an einen zweiten Host B. Dabei erfolgt die Kommunikation derart, dass Host A mit der Übertragung von Datenpaketen aufhört, woraufhin Host B mit der Übertragung beginnt. Umgekehrt startet Host A auch erst dann wieder mit der Datenübertragung, wenn Host B diese abgeschlossen hat. Wie nennt man diese Art der Übertragung?

    b) Halbduplexübertragung

11. Welche der folgenden Aussagen zur Weiterleitung von Paketen in einem LAN ist nicht zutreffend?

    d) Beim Cut-Through-Switching wird die Pufferung benötigt, wenn die Netzwerkverbindung langsam ist.

12. Welche der folgenden Aussagen trifft auf einen LAN-Switch zu?

    b) LAN-Switches sind sehr schnelle Multiport-Bridges.

13. Wie viele Kollisionsdomänen werden mit einem LAN-Switch mit 16 Ports erstellt?
    d) 16
14. Was geschieht in einem Segment, wenn man mit LAN-Switches eine virtuelle Verbindung herstellt?
    d) Die verfügbare Bandbreite wird erhöht.
15. Wie erlernen Switches die Adressen von Geräten, die an ihre Ports angeschlossen sind?
    b) Switches lesen die Absenderadresse von Paketen aus, die über einen Port empfangen werden.
16. Worin besteht der Zweck des symmetrischen Switchings?
    Es ermöglicht die Verbindung von Ports gleicher Bandbreite.
17. Welches Gerät ermöglicht die logische Segmentierung eines LAN?
    a) Router
18. Auf welche Weise segmentiert ein Router ein LAN?
    d) A und B.
19. Welcher der folgenden Punkte ist *kein* Vorteil der Implementierung von Schicht-3-Geräten in Ihr LAN?
    d) Die Implementierung vergrößert das LAN.
20. Welcher der folgenden ist ein Beispiel für einen Unternehmensserver?
    b) DNS-Server für einen Schulamtsbezirk

Kapitel 5

1. Was stellt der Access-Layer dar?
   a) Anschlussbereich für Benutzer und Server an das Netzwerk
2. Welche der folgenden Aussagen ist zutreffend?
   b) Der Core-Layer agiert als sehr schneller Switching-Backbone zur Weiterleitung von Datenverkehr von einem Bereich in einen anderen.
3. Welches der folgenden ist ein Vorteil der Implementierung von Schicht-3-Geräten in Ihrem LAN?
   d) Alle genannten.
4. Welches der folgenden Geräte ermöglicht die logische Segmentierung eines LAN?
   a) Router

5. Was geschieht bei der Mikrosegmentierung mit Switches?
   c) Es entstehen zusätzliche Kollisionsdomänen.

Kapitel 6

1. Welche der folgenden gehören zu den Merkmalen der Mikrosegmentierung? Wählen Sie alle zutreffenden.
   a) dedizierte Pfade zwischen Absender- und Empfängerhost
   b) mehrere Datenverkehrspfade innerhalb des Switchs
2. Was sind LAN-Switches?
   d) Multiport-Bridges, die in Schicht 2 agieren
3. Für welche der folgenden Gegebenheiten ist asymmetrisches Switching optimiert?
   a) Client-Server-Netzwerkverkehr, bei dem der »schnelle« Switch-Port an den Server angeschlossen ist
4. 1) Bei welchem Switching-Typ überprüft der Switch die Zieladresse und beginnt sofort mit der Übertragung? 2) Bei welchem Switching-Typ empfängt der Switch zunächst den vollständigen Frame, bevor er ihn weiterleitet?
   b) 1) Cut-Through-Switching – 2) Store-and-Forward-Switching
5. Fragment-Free- und Fast-Forward-Switching sind zwei Formen welches Switching-Typs?
   c) Cut-Through-Switching
6. Mit welchem Kabel schließen Sie eine Workstation an einen Switch an?
   a) Straight-Through-Kabel
7. Welche Kommunikationsmethode wird durch je einen sendenden und einen empfangenden Host charakterisiert?
   b) Unicasting

Kapitel 7

1. Zweck redundanter Topologien ist die Beseitigung von Netzwerkausfällen, die von bestimmten Komponenten verursacht werden. Wie heißen diese Komponenten?
   a) fehlerkritische Komponenten
2. Was ist der Zweck von STP?
   b) Aufrechterhaltung eines schleifenlosen Netzwerks

3. Was müssen Sie tun, wenn die Netzwerktopologie sich ändert, damit ein schleifenfreies Netzwerk erhalten bleibt?
   d) Sie müssen nichts tun. STP konfiguriert die Ports von Switch oder Bridge automatisch.
4. Was sind alle Ports an der Root-Bridge?
   c) designierte Ports
5. Wie wählt STP den Root-Port an einer Non-Root-Bridge aus?
   b) Der Root-Port ist der Pfad mit dem niedrigsten Kostenfaktor von der Non-Root-Bridge zur Root-Bridge.
6. Welche Bridge wählt STP als Root-Bridge aus?
   b) Die Bridge mit der niedrigsten BID.
7. Woraus setzt sich die STP-BID zusammen?
   b) Bridge-Priorität und MAC-Adresse der Bridge
8. In welchem Status kann ein Port seine MAC-Adresstabelle weitergeben, nicht aber Benutzer-Frames weiterleiten?
   a) *Learning*
9. Wie hoch sind die Kosten für eine 100-Mbit/s-Leistung entsprechend der aktualisierten IEEE-Spezifikation?
   c) 19
10. Wie ist die Konvergenz in Bezug auf STP definiert?
    d) Alle Ports sind in den Status *Forwarding* oder *Blocking* übergegangen.
11. Wie hoch ist der Wert *Max Age* bei STP standardmäßig?
    c) 20 Sekunden
12. Wie heißt bei RSTP das Äquivalent zum STP-Status *Blocking*?
    c) *Discarding*
13. Welchen Zustand hat bei RSTP der Weiterleitungsport, der für jedes geswitchte LAN-Segment ausgewählt wird?
    d) designierter Port
14. Wie realisiert STP ein schleifenloses Netzwerk?
    c) Indem es einige Ports in den Status *Blocking* versetzt.

Kapitel 8

1. Welche Probleme im Netzwerk können mit VLANs gelöst werden?
   d) Alle genannten.
2. Als was kann ein VLAN bezeichnet werden?
   a) Broadcast-Domäne
3. Was ist die Aufgabe eines Routers in VLAN-Topologien?
   d) Alle genannten.
4. Was bezeichnet der Begriff der »Mikrosegmentierung mit Skalierbarkeit«?
   a) Die Fähigkeit, Netzwerke zu vergrößern, ohne die Größe der Kollisionsdomänen zu erhöhen.
5. Für welche der folgenden Aufgaben stellen Switches als zentrale Komponenten von VLANs die notwendigen Voraussetzungen bereit?
   d) Alle genannten.
6. Was für ein Segment, das an was für einen Port angeschlossen ist, kann nur einem einzelnen VLAN zugeordnet werden?
   c) Hub-Segment und Switch-Port
7. Welches der folgenden ist *kein* Vorteil statischer VLANs?
   d) Sie konfigurieren Ports automatisch immer dann, wenn neue Stationen hinzugefügt werden.
8. Welches der folgenden ist ein Kriterium, auf dem ein VLAN gebildet werden kann?
   d) Alle genannten.
9. Welches der folgenden ist ein Vorteil des Hinzufügens eines VLAN? Wählen Sie **alle zutreffenden** Antworten!
   b) Broadcasts lassen sich steuern.
   c) Vertrauliche Daten können geschützt werden.
   d) Physische Grenzen, welche die Gruppierung bestimmter Benutzer verhindern, lassen sich überwinden.
10. Welche der folgenden Aussagen zu VLANs ist *nicht* zutreffend?
   c) Bridges stellen eine der zentralen Komponenten in der VLAN-Kommunikation dar.

11. Welche Schicht-2-Funktion eines Switchs gestattet Ihnen die problemlose Zuordnung von Geräten, die sich in verschiedenen IP-Subnetzen befinden?

    d) VLANs

12. Welches Gerät wird benötigt, um ein Paket von einem VLAN zu einem anderen zu senden?

    b) Router

13. In welcher Schicht des OSI-Referenzmodells findet das Frame-Tagging statt?

    b) Schicht 2

14. 1) Was ermöglicht Switches, Adresstabellen gemeinsam zu nutzen? 2) Was weist jedem Frame eine benutzerdefinierte VLAN-Kennung zu?

    c) 1) Frame-Filterung. 2) Frame-Tagging

15. Warum soll man VLANs benutzen?

    d) Antworten A und B.

Kapitel 9

16. Worin besteht der wesentliche Vorteil bei der Verwendung einer Trunk-Leitung?

    b) Die Verwendung von Router- und Switch-Ports wird effizienter gestaltet.

17. Welches Protokoll überträgt mehrere VLANs über einen einzelnen Trunk?

    c) 802.1Q

18. Welches proprietäre Cisco-Protokoll wurde entwickelt, um Daten mehrerer VLANs zu übertragen?

    d) ISL

19. Um einen VLAN-Trunk an einem IOS-basierten Switch zu erstellen oder zu konfigurieren, muss zunächst der Port als Trunk-Port konfiguriert und dann das Trunking-Protokoll angegeben werden.

    a) Die Aussage trifft zu.

20. In Frames welchen Protokolls werden VTP-Meldungen alternativ zum ISL-Protokoll gekapselt?

    a) IEEE 802.1Q

21. Welche Informationen gibt ein Catalyst-Switch über seine Trunk-Ports weiter?
    d) Alle genannten.
22. In welchen Modi können VTP-Switches betrieben werden?
    d) In allen genannten.
23. In Ihrer Verwaltungsdomäne können zwei verschiedene VTP-Versionen laufen, nämlich VTP Version 1 und VTP Version 2. Die beiden Versionen sind interoperabel.
    b) Die Aussage trifft nicht zu.
24. Welchen Befehl verwenden Sie zur Erstellung einer VTP-Domäne?
    d) `Switch(vtp)#`**`vtp domain Cisco`**
25. Was leitet ein Switch neben Broadcasts standardmäßig ins gesamte Netzwerk weiter?
    a) unbekannte Frames
26. In welchem Bereich wird durch Aktivierung des VTP-Prunings an einem VTP-Server das Pruning aktiviert?
    c) Verwaltungsdomäne
27. Was wird in geswitchten Netzwerken verwendet, um die Kommunikation zwischen VLANs zu ermöglichen?
    a) Route-Prozessormodul

Kapitel 10

1. Wer weist die privaten Adressen zu?
   a) Netzwerkadministrator (nach RFC 1918)
2. Welche der folgenden sind gültige private Adressen nach RFC 1918?
   b) 10.0.0.0/8
   c) 192.168.0.0/16
   d) 172.16.0.0/12
3. Ein Unternehmen betreibt einen eigenen öffentlichen Webserver und möchte NAT implementieren. Welcher NAT-Typ sollte für den Webserver benutzt werden?
   b) statische NAT
4. Welche der folgenden Anwendungen unterstützt Cisco IOS-NAT?
   a) ICMP
   d) FTP (einschließlich der Befehle `PORT` und `PASV`)

5. Welche der folgenden Datenverkehrstypen unterstützt Cisco IOS-NAT *nicht*?

   b) DNS-Zonentransfers

   c) BOOTP

6. Welche der folgenden Methoden wird von BOOTP und welche von DHCP unterstützt?

   BOOTP unterstützt statische Zuordnungen, DHCP unterstützt dynamische Zuordnung.

7. Bringen Sie die folgenden DHCP-Meldungen in die richtige Reihenfolge, in der sie im DHCP-Prozess auftauchen.

   d) DHCPDISCOVER

   c) DHCPOFFER

   b) DHCPREQUEST

   a) DHCPACK

8. Wofür steht das Akronym »DHCP«?

   a) Dynamic Host Configuration Protocol

9. NAT ermöglicht das Einsparen legal registrierter Adressen durch die Privatisierung von Intranets.

   a) Die Aussage trifft zu.

10. DHCP ist nicht für den Einsatz zur Konfiguration von Routern, Switches und Servern gedacht, denn diese Hosts benötigen statische IP-Adressen.

    a) Die Aussage trifft zu.

Kapitel 11

1. Für welche der folgenden Datenverkehrstypen sind analoge Wählverbindungen ungeeignet?

   d) Video

2. Welche der folgenden Aussagen zu ISDN ist zutreffend?

   a) Der ISDN-Basisanschluss bietet zwei B-Kanäle und einen D-Kanal.

3. Was für eine Leitung ist eine Standleitung, die einen einzelnen dauerhaften WAN-Kommunikationspfad vom Kunden zum Remote-Netzwerk bereitstellt?

   a) Point-to-Point-Leitung

4. Welche der folgenden Aussagen zu X.25-Netzwerken ist nicht zutreffend?

   b) Datenpakete werden nicht verzögert.

5. Wie realisiert Frame Relay mehrere gleichzeitige Kommunikationsvorgänge über eine einzige physische Verbindung?

   a) Die Verbindungen erfolgen im Multiplexbetrieb.

6. Welche der folgenden Aussagen zur ATM-Technologie ist *nicht* zutreffend?

   d) ATM-Zellen haben immer eine feste Länge von 35 Bytes.

7. Wie heißen Geräte am Kundenstandort, die an die Vermittlungszentrale eines Providers angebunden sind?

   c) CPE

8. Wie heißen Geräte, die Daten über die Teilnehmeranschlussleitung versenden?

   b) DCE

9. Wie heißen Kundengeräte, die Daten an DCE-Geräte übergeben?

   a) DTE

10. Was wird für digitale Leitungen benötigt?

    a) CSU und DSU

11. Was wird für analoge WAN-Dienste benötigt?

    c) Modem

12. Welche der folgenden Technologien gehört nicht zu den leitungsvermittelten Verbindungen?

    d) SONET

13. Wie heißen Routen in einem paketvermittelten Netzwerk, die hergestellt werden, wenn die Switches gestartet werden?

    a) PVC

14. Wie heißen Routen in einem paketvermittelten Netzwerk, die bei Bedarf hergestellt werden?

    b) SVC

15. Welcher Diensttyp charakterisiert eine ISDN-Verbindung?

    c) synchrone Wählverbindung

16. Welches der folgenden ist ein DCE-Gerät?

    b) Modem

17. In welcher OSI-Schicht agiert PPP?

    b) Sicherungsschicht

18. In welcher der folgenden Schichten operiert Frame Relay?
    b) Schicht 2
19. Woraus besteht der ISDN-Basisanschluss?
    b) 2 B-Kanäle und 1 D-Kanal

Kapitel 12

1. Worin besteht der erste Schritt bei der Herstellung einer Verbindung über PPP?
   d) Der anfragende PPP-Knoten sendet LCP-Frames, um die Datenverbindung zu konfigurieren.
2. Was geschieht bei PPP, wenn LCP eine Verbindung abbaut?
   d) LCP informiert die Protokolle der Vermittlungsschicht über den Verbindungsabbau.
3. Welches der folgenden ist ein von PPP unterstütztes Vermittlungsschichtprotokoll?
   d) Alle genannten.
4. Welche der folgenden Aufgaben erfüllt ein NCP?
   b) Kapselung verschiedener Protokolle
5. Welches Feld eines PPP-Frames zeigt, ob IPX oder TCP/IP transportiert werden?
   c) Protokollfeld
6. Wann wird in der Regel PPP an einer lokalen Workstation für eine Internetverbindung benutzt?
   c) Wenn die Workstation eine Wählverbindung zum Internet braucht.
7. Welche der folgenden Aufgaben erfüllt LCP?
   a) Aufbau, Aufrechterhaltung und Abbau der Punkt-zu-Punkt-Verbindung
8. Aus wie vielen Phasen setzt sich eine PPP-Sitzung zusammen?
   c) 4
9. Welche Art des Handshakes findet statt, wenn PAP als Authentifizierungsprotokoll für PPP benutzt wird?
   b) Zwei-Schritte-Handshake

10. Mit welchem Router-Befehl können Sie den Status von LCP und NCP für PPP überprüfen?

    c) `router#` **`show interfaces`**

11. Welches Protokoll würden Sie verwenden, um eine Remote-Verbindung über ISDN zu realisieren?

    a) PPP

12. Welches PPP-Merkmal wird ausgenutzt, wenn PPP eine Lastverteilung über mehrere Verbindungen durchführt?

    d) Multilink-Funktion

13. Wenn eine PPP-Verbindung aufgebaut wird, muss sie über LCP zunächst geöffnet werden. Wie wird danach fortgefahren?

    a) Zunächst werden die Konfigurationsparameter ausgehandelt, danach wird ein Frame zur Bestätigung der Konfiguration gesendet und empfangen.

Kapitel 13

1. Über welchen ISDN-Kanal werden die Daten übertragen?

   c) B-Kanal mit einer Kapazität von 64 Kbit/s

2. Welcher Kanal wird für die ISDN-Außerbandsignalisierung verwendet?

   d) Delta-Kanal

3. Welches ist der erste dynamisch zugewiesene TEI-Wert?

   a) 64

4. Welche Methode wird verwendet, um Steuerdaten zwischen zwei ISDN-Switches zu übertragen?

   b) SS7

5. Welches ist der wesentliche Zweck des D-Kanals bei der Verarbeitung eines ISDN-Anrufs?

   d) Übertragung von Rufsignalen

6. Welche ISDN-Schnittstelle benötigen Sie, wenn Sie einen Router in Nordamerika als Einwahlserver verwenden wollen, der einen ISDN-Basisanschluss nutzt?

   b) ISDN BRI U

7. Was bedeutet das Vorhandensein einer U-Schnittstelle an einem Router?

   c) Er verfügt über ein integriertes NT1.

8. Welche der folgenden Switch-Typen wird beim ISDN-Basisanschluss in Europa verwendet?
   a) Net3
   b) Net5
   d) VN3
9. Wer vergibt die SPIDs?
   c) ISDN-Provider
10. Wofür wird DDR verwendet?
    b) temporäre Netzwerkverbindungen mit geringem Datenaufkommen über ISDN
11. Welche der folgenden Aussagen zu DDR sind nicht zutreffend? Wählen Sie *vier* Antworten aus.
    b) DDR erstellt Festverbindungen zwischen zwei Standorten.
    c) DDR ermöglicht einem Router lediglich die Verbindung mit einem Endpunkt.
    e) DDR ist eine geeignete Technologie für einen Webserver mit fester Internetanbindung.
    f) DDR kann nur für ISDN eingesetzt werden.
12. Welches ist die wesentliche Einschränkung von Legacy-DDR?
    c) Die Konfiguration wird direkt auf die physische Schnittstelle angewendet.

Kapitel 14

1. Wie realisiert Frame Relay mehrere gleichzeitige Kommunikationsvorgänge über eine einzige physische Verbindung?
   b) Die Verbindungen erfolgen im Multiplexbetrieb.
2. Welche der folgenden Protokolle benutzt Frame Relay für die Fehlerkorrektur?
   b) Protokolle der oberen Schichten
3. Wie gibt Frame Relay seinen DLCIs eine globale Bedeutung?
   c) Es werden Multicasts gesendet.
4. Wie heißt die garantierte Datenrate, mit der ein Frame Relay-Switch Daten überträgt?
   a) CIR (Committed Information Rate)

5. Wer darf DLCI-Nummern zuweisen?

   d) Service-Provider

6. In welchem der folgenden Felder des Frame Relay-Headers sind die DLCI-Daten enthalten?

   b) Adressfeld

7. Was benutzt Frame Relay, um PVCs aufrechtzuerhalten?

   c) Keepalives

8. Wofür benötigt Frame Relay Inverse ARP-Anforderungen?

   d) Für die Zuordnung von IP-Adressen zu DLCIs.

9. Welches der folgenden Elemente verwendet Frame Relay zur Bestimmung des nächsten Hops?

   c) Frame Relay-Map

10. Warum verwendet Frame Relay das Split-Horizon-Verfahren?

    b) Vermeidung von Routing-Schleifen

11. In welcher der folgenden Schichten operiert Frame Relay?

    b) Schicht 2

12. Welche der folgenden Aussagen ist zutreffend?

    b) Die ersten Vorschläge für Frame Relay-Standards wurden von der CCITT erarbeitet.

13. Welcher Befehl wird (an der Eingabeaufforderung) benutzt, um den Konfigurationsmodus für die serielle Schnittstelle Frame Relay zu aktivieren?

    d) `# interface serial0`

14. Was genau bedeutet nach der Ausführung des Befehls `show interface serial 0` die Meldung `Serial line is up, line protocol is up`?

    c) Die Frame Relay-Verbindung ist aktiv.

15. Was bewirkt der Befehl `show interfaces serial`?

    a) Er zeigt Informationen über den Multicast-DLCI, die an der für Frame Relay konfigurierten seriellen Schnittstelle verwendeten DLCIs und den für das LMI verwendete LMI-DLCI an.

16. Was sind FECN und BECN?

    b) Überlastmitteilungsmechanismen

17. Was ist für virtuelle Frame Relay-Verbindungen zutreffend?
    d) Sie realisieren einen logischen, bidirektionalen Kommunikationspfad zwischen Netzwerkgeräten.
18. Warum implementiert Frame Relay eine CRC-Prüfsumme?
    b) Zur Durchführung einer Fehlerprüfung.
19. Welches der folgenden ist *keine* LMI-Erweiterung?
    a) algorithmisch generierte MAC-Adressen

Kapitel 15

1. Was für eine Beziehung zwischen Endstationen entsteht in einem Peer-to-Peer-Netzwerk?
   a) Client-Client-Beziehung
2. Wovon hängt die Fähigkeit eines Benutzers, auf bestimmte Dateien zugreifen zu können, in einem Client-Server-Netzwerk ab?
   b) Rechte
3. Welches Protokoll unterstützt das Netzmanagement?
   c) SNMP
4. RMON ist eine Erweiterung welchen Protokolls?
   e) SMTP
5. Wie werden Remote-Daten mit Hilfe von RMON erfasst?
   d) Über Probes.
6. Die Kosten für welche Hardware, die für unternehmenskritische Anforderungen benötigt wird, muss zu den Wartungskosten des Netzwerks addiert werden?
   a) redundante Hardware
7. Welche Erweiterungen verbessern SNMPv2 gegenüber SNMPv1?
   b) GetBulkRequest
   d) 64-Bit-Zähler
8. Welcher Befehl definiert einen RW-Community -String?
   c) `Router(config)#`**`snmp-server community`** *`string`* **`rw`**
9. Wodurch ist RMON kennzeichnet?
   a) Erweiterung von MIBII
   c) Ermöglicht Speicherung von Statistiken lokal im Agenten.

Anhang B

Inhalt CD-ROM CCNA 3 und 4

B.1 e-Lab Activities

Die e-Lab Activities enthalten kleine, kurze Übungen zu dem jeweiligen Stoff in Form von Zuordnungsaufgaben, Kreuzworträtseln u. ä. sowie Befehlseingaben und Konfigurationsaufgaben in Form von e-Labs:

2.2 Using `ip route` Command

3.1 Link State Routing Overview

3.2 OSPF Terminology Crossword Puzzle

3.3 Configuring OSPF in a Single Area

3.4 `router igrp`

4.1 Configuring EIGRP in an Autonomous System

5.1 Device Function at Layers

5.2 Full Duplex Ethernet / Ethernet Media

6.1 The Three Layer Design Model

7.1 Switched and Collision Domain

8.1 Spanning Tree States

9.1 VLAN Operation

10.1 Inter-VLAN Routing

11.1 Basic Network Adress Translation

11.2 Network Adress Translation with Overload (NAT)

12.1 The Basic Steps in WAN Design

13.1 `show interface`

13.2 `ppp chap hostname`

13.3 `username` *name* `password` *password*

14.1 `isdn switch-type`

14.2 `show isdn status`

14.3 `isdn spid`

15.1 `show frame relay map`

15.2 `show frame relay pvc`

15.3 Frame Relay Configuration

B.2 Test Engine

Enthält eine Sammlung von 500 Fragen (Multiple-Choice), die den im CCNA-Kurs behandelten Lehrstoff vertiefen. Der Lernmodus erlaubt eine freie Auswahl der Lernabschnitte, bietet eine kurze Hilfe zur richtigen Antwort und am Ende erhalten Sie eine Auswertung des Übungsergebnisses.

Im Examensmodus müssen Sie die Antworten ähnlich wie bei der CCNA-Zertifizierung in einem Zeitlimit (hier 90 Minuten) beantworten. Sie erhalten am Ende eine Auswertung über die falsch beantworteten Fragen und Hinweise zu den Abschnitten des Stoffes, die Sie noch einmal zusätzlich studieren sollten.

B.3 PhotoZooms

Die hier enthaltenen Fotos und Darstellungen vertiefen den Lehrstoff durch praktische Beispiele von Geräten und anderen Bauteilen aus dem Bereich Netzwerktechnik. Diese Komponenten können durch Zoomfunktionen und rückseitige Darstellungen von allen Seiten detailliert betracht werden:

1.1 Network Interface Card

1.2 Cisco Router 1721

5.1 Cisco 1503 Micro hub

5.2 Cisco Router 2621

5.3 Cisco Router 3640

6.1 Cisco Catalyst 1912

6.2 Cisco Catalyst 2950

6.2 Cisco Catalyst 4006

13.1 DTE-DCE-Cable

16.1 Server Component

B.4 Videos

Die Videos enthalten kurze Video-Clips mit Erklärungen zum jeweiligen Thema. Sie veranschaulichen die Funktionsweise des Netzwerkes in kurzen, ca. 30 bis 60 Sekunden langen prägnanten Darstellungen.

1.1 Path Determination

1.2 ICMP Destination

3.1 Link State Algorithm

3.2 OSPF LSA

3.3 OSPF Hello

4.1 Meet the CSU/DSU

5.1 Switch Segmentation

5.2 Store and Forward

5.3 Cut Trough

5.4 Switching Overview

12.1 Dedicated vs. Switched WAN Technologies

12.2 The Hierachical network Design

12.3 WAN-Service Provider/Subscriber Physical Interface

13.1 PPP Overview

13.2 Multilink

13.3 LAPB

13.4 PPP Components

13.5 PPP Link Establishment

14.1 ISDN Overview

14.2 ISDN BRI

14.3 ISDN PRI

14.4 DDR

15.1 PVC

15.2 SVC

15.3 FECN Frame Relay

B.5 Additional Resources I

Dieser Abschnitt enthält zunächst zwei komplexe, umfangreiche Aufgabenstellungen, die in Form einer Projektarbeit von mehreren Schülern gemeinsam bearbeitet, gelöst und dann im Netzwerklabor aufgebaut und getestet werden können:

CCNA 3 Case Study (Access Control Lists – ACLs)

CCNA 4 Case Study (WANs)

B.6 Additional Resources II

Im Ordner *Buchdaten* finden Sie einige zusätzliche, interessante Kapitel (deutsch) und Zusammenfassungen, die den Inhalt des CCNA-Curriculums weiterführen und vertiefen:

1. Grundlagen zu Glasfasernetzen
2. Einführung in konvergente Netzwerke
3. Strategien für Netzwerksicherheit und Netzmanagement
4. VPNs

Anhang C

CCNA3-Befehlstabelle: RIPv2, OSPF, EIGRP,VLAN, STP, VTP

Routing Protokoll RIP	Aktion	Kapitel
`Router(config)#` **`ip subnet-zero`**	Subnetz Null erlauben	1.3.1
`Router(config)#` **`router rip version 2`**	Aktiviert RIP v2 als Routingprotokoll	1.5.4

Routing Protokoll OSPF	Aktion	Kapitel
`Router(config)#` **`router ospf`** *`prozess-id`*	Aktiviert das OSPF-Routing	2.3
`Router(config-router)#` **`network`** *`adresse wildcard-maske`* **`area`** *`area-id`*	Konfiguriert die an OSPF teilnehmenden Netzwerke	2.3
`Router(config-router)#` **`log-adjacency-changes`**	Zeigt Änderung von OSPF-Nachbarbeziehungen an	-
`Router(config-if)#` **`ip ospf priority`** *`nummer`*	Konfiguriert die Priorität (0 bis 255) für dieses Netzwerksegment	2.3.2
`Router(config-if)#` **`bandwidth`** *`bandbreite`* `Router(config-if)#` **`ip ospf cost`** *`nummer`*	Konfiguriert für OSPF die Bandbreite der Schnittstelle **oder** Konfiguriert für OSPF die Kosten (0 bis 65535)	2.3.3
`Router(config)#` **`interface loopback`** *`nummer`* `Router(config-if)#` **`ip address`** *`adresse maske`*	Aktiviert eine Loopback-Adresse (OSPF Stabilität)	2.3.1

Routing Protokoll OSPF (Forts.)	Aktion	Kapitel
Router(config-if)# **ip ospf authentication-key** *passwort*	Konfiguriert die OSPF-Authentifizierung	2.3.4
Router(config-router)# **area** *area-id* **authentication**	Aktiviert die Authentifizierung für eine OSPF-Area	
Router(config-if)# **ip ospf message-digest-key** *schlüssel-id* **md5** *passwort*	Konfiguriert die verschlüsselte OSPF-Authentifizierung	2.3.4
Router(config-router)# **area** *area-id* **message-digest**	Aktiviert die MD5-Verschlüsselung für eine OSPF-Area	
Router(config-if)# **ip ospf hello-interval** *sekunden*	Konfiguriert das Hello-Intervall (10/30 s)	2.3.5
Router(config-if)# **ip ospf dead-interval** *sekunden*	Konfiguriert das Dead-Intervall (10/30 s)	2.3.5
Router(config-router)# **ip route 0.0.0.0 0.0.0.0** [*schnittstelle*|*nächster_hop*]	Konfiguriert eine Default-Route	2.5
Router(config-router)# **default-information originate**	Propagiert die Default-Route in der OSPF-Domäne	
Router# **show ip ospf interface**	Verifiziert, ob Schnittstelle in der gewünschten Area konfiguriert	2.7
Router# **show ip ospf**	Zeigt Statistik und Status des OSPF-Prozesses	2.7
Router# **show ip ospf neighbor [detail]**	Gibt detaillierte Listen der Nachbarn, der Prioritäten und Zustände aus	2.7
Router# **show ip ospf database**	Zeigt den Inhalt der OSPF-Topologiedatenbank	2.7
Router# **debug ip ospf events|adj**	Debugging von OSPF-Aktivitäten	2.7

Routing Protokoll EIGRP	Aktion	Kapitel
Router(config)# **router eigrp** *as-number*	Aktiviert EIGRP-Routing und definiert ein AS	3.6.1
Router(config-router)# **network** *address [network-mask]*	Konfiguriert die an EIGRP teilnehmenden Netzwerke	3.6.1
Router(config-router)# **eigrp log-neighbor-changes**	Zeigt Änderung von EIGRP-Nachbarbeziehungen an	3.6.1
Router(config-router)# [**no**] **auto-summary**	Automatische Zusammenfassung der EIGRP-Routen	3.6.5
Router(config-if)# **ip summary-address eigrp** *as-nummer ip-adresse subnetzmaske* [*administrative-distanz*]	Zusammenfassung der propagierten EIGRP-Routen für eine Schnittstelle	3.6.5
Router# **show ip eigrp neighbors** [typ nummer] [**details**]	Zeigt die EIGRP-Nachbartabelle [einer Schnittstelle]	3.7
Router# **show ip eigrp interfaces** [**details**]	Zeigt EIGRP-Statistik und Status	3.7
Router# **show ip eigrp topology**	Zeigt alle FS-Routen in der EIGRP-Topologietabelle	3.7
Router# **show ip eigrp traffic**	Zeigt die Anzahl der gesendeten und empfangenen EIGRP-Pakete	3.7
Router# **debug eigrp fsm**	Debugging der FSM-Aktivitäten unter EIGRP	3.7
Router# **debug eigrp packet**	Debugging der EIGRP-Pakete	3.7

Routing Protokolle Troubleshooting	Aktion	Kapitel
Router# **clear ip route** [*.*|*a.b.c.d*]	Löscht die Routen (alle oder zu Netzwerk a.b.c.d)	2.7
Router# **show ip protocols**	Zeigt Werte zu den aktiven Routing-Protokollen	1.5.5
Router# **show ip route** [*protocol*]	Zeigt die aktuelle Routingtabelle [rip, igrp, eigrp, ospf etc.]	1.5.5

Switch Configuration IOS based	Aktion	Kapitel
Switch_2950# **delete flash:vlan.dat**	Entfernt die aktuelle VLAN- Konfiguration	6.2.1
Switch_2950# **erase startup-config**	Löscht die Startkonfiguration	
Switch_1900# **delete nvram**	Löscht die Start- und die VLAN-Konfiguration (1900)	6.2.1
Switch_1900# **delete vtp**	Löscht die VTP-Information (1900)	
Switch(config)# **interface VLAN1**	Konfiguriert das Management VLAN (default VLAN1)	6.2.3
Switch(config-if)# **ip address** *adresse maske* **[secondary]**	Konfiguriert die [sekundäre] IP-Addresse für VLAN1	
Switch(config)# **ip default-gateway**	Konfiguriert das Default-Gateway für VLAN1	
Switch(config)# **interface eth|fa|gi** *slot/nummer*	Konfiguriert einen Ethernet-Switch-Port	6.2.4
Switch(config-if)# **duplex auto|half|full**	Aktiviert den Duplex-Modus	
Switch(config-if)# **speed auto|10|100|1000**	Konfiguriert die Port-Geschwindigkeit	
Switch(config)# **[no] ip http server**	[De]Aktiviert den HTTP-Server für die IOS-ClickStart-Software	6.2.5
Switch(config)# **ip http port** *nummer*	Konfiguriert den HTTP-Port (0 to 65535) des Servers	
Switch(config)# **mac address-table static** *mac-adresse* **vlan** *vlan-id* **interface** *int-id*	Konfiguriert eine statische MAC-Adresse für einen Switch-Port	6.3.1
Switch# **show mac-address-table [dynamic|static]**	Zeigt die vom Switch gelernten MAC-Adressen	6.3
Switch# **clear mac-address-table [dynamic address** *mac-adresse*]	Löscht die dynamische gelernten MAC-Adressen	6.3
Switch(config-if)# **switchport port-security**	Aktiviert die Port-Security	6.3.2

Switch Configuration IOS based (Forts.)	Aktion	Kapitel
Switch(config-if)# **switchport port-security violation shutdown|trap**	Definiert eine Aktion bei Security-Verletzung	6.3.2
Switch_1900(config-if)# **port secure [max-mac-count** *nummer*]	Aktiviert die Port-Security (1900)	6.3.2
Switch(config-if)# **switchport port-security maximum** *nummer*	Konfiguriert die maximale Zahl der gelernten MAC-Addressen eines Ports	6.3.2
Switch(config-if)# **switchport port-security mac-address sticky**|*mac-adresse*	Konfiguriert eine sichere MAC-Adresse für den Port (dynamisch oder statisch)	6.3.2
Switch# **show port-security** [**interface eth|fa|gi** *slot/nummer*] [**address**]	Zeigt die Port-Security Einstellung für eine Schnittstelle oder für den Switch	6.3.2
Switch# **show controllers ethernet-controller eth**|**fa**|**gi** *slot/nummer*	Zeigt Fehler (Alignments, verzögerte, abgewiesene Frames etc.)	-
Switch# **show interface** [**eth**|**fa**|**gi** *slot/nummer* | **vlan** *vlan*]	Zeigt den administrativen und aktuellen Port Status	6.1.6
switch: **flash_init** switch: **load_helper** switch: **dir flash** switch: **rename flash:config.text flash:config.old** switch: **boot** Switch# **rename flash:config.old flash:config.text** Switch# **copy flash:config.text system:running_config** Switch(config)# **no enable secret** Switch(config)# **enable password** *Cisco*	Passwort Wiederherstellung 2950: 1. Switch einschalten und »MODE«-Taste drücken 2. Initialisieren des Filesystems und laden des IOS 3. Konfigurationsdatei umbenennen 4. Switch booten 5. Datei config.old zurückbenennen 6. Konfigurationsdatei in Speicher kopieren 7. Passwort neu setzen	6.4.1
Switch# **show flash**	Zeigt (IOS-)Dateien im Flashspeicher	17.10.8
Switch# **show boot**	Zeigt die Boot-Information	-

Spanning-Tree Protocol (IOS)	Aktion	Kapitel
`Switch(config)#` **`spanning-tree`** `[`**`vlan`** *`stp-liste`*`]` **`priority`** *`nummer`*	Konfiguriert die Switch-Priorität für eine Spanning-Tree-Instanz (0 to 65535)	7.3.1
`Switch(config-if)#` **`spanning-tree`** `[`**`vlan`** *`stp-liste`*`]` **`cost`** *`nummer`*	Konfiguriert die Kosten für eine Schnittstelle (0 to 65535)	7.3.4
`Switch#` **`show spanning-tree`** `[`**`brief`**`|`**`summary`**`|`**`vlan`** *`stp-liste`*`]`	Zeigt die STP-Information für eine Spanning-Tree-Instanz	-

VLANs (IOS)	Aktion	Kapitel
`Switch#` **`vlan database`**	Aufruf des VLAN-Konfigurationsmodus	8.8.1
`Switch(vlan)#` **`vlan`** *`vlan`* `[`**`name`** *`name`*`]`	Erzeugt ein VLAN [mit Namen]	
`Switch(vlan)#` **`no vlan`** *`vlan`*	Löscht ein VLAN	
`Switch(vlan)#` **`apply`**`|`**`abort`**	Übernimmt oder verwirft die VLAN-Änderungen	
`Switch(config-if)#` **`switchport access vlan`** *`vlan`*	Ordnet ein VLAN dieser Schnittstelle zu	
`Switch(config-if)#` **`switchport mode access`**`|`**`trunk`**	Konfiguriert einen Port als Access- oder Trunk-Port	
`Switch(config-if)#` **`switchport trunk encapsulation negotiate`**`|`**`isl`**`|`**`dot1q`**	Konfiguriert ein Trunk-Protokoll	9.1.5
`Switch#` **`show vlan`** `[`**`brief`**`]`	Zeigt die Einstellungen der VLAN-Konfiguration	6.1.3
`Switch#` **`show interfaces`** `[`*`mod/port`*`]` **`trunk`**	Zeigt die Einstellungen der Trunk-Konfiguration	-
`Switch#` **`show interfaces capabilities`** `[`*`mod/port`*`]`	Zeigt die Konfigurationsmöglichkeiten für eine Schnittstelle (6500)	9.1.5
`Switch_1900(config-if)#` **`vlan static`** *`vlan-nummer`*	Ordnet ein VLAN dieser Schnittstelle zu (1900)	

VLANs (IOS) (Forts.)	Aktion	Kapitel
`Switch_1900#` **`show vlan-membership`**	Zeigt die Einstellungen der VLAN-Konfiguration (1900)	-
`Switch#` **`debug sw-vlan|events|management packets|vtp`**	Debugging der Aktivitäten des VLAN-Managers	-

VLAN Trunking Protocol (IOS)	Aktion	Kapitel
`Switch(vlan)#` **`vtp v2-mode`**	Aktiviert die VTP version 2	9.2.8
`Switch(vlan)#` **`vtp domain`** *`domäne`*	Erzeugt eine VTP-Management-Domäne	9.2.8
`Switch(vlan)#` **`vtp client|server|transparent`**	Konfiguriert den VTP-Modus Client, Server oder transparent	9.2.8
`Router(config)#` **`interface eth|fa|gi`** *`slot/port.subschnittstellen-nummer`* `Router(config-subif)#` **`encapsulation dot1q|isl`** *`vlan`* `[`**`native`**`]` `Router(config-subif)#` **`ip address`** *`adresse maske`*	Konfiguriert eine Sub-Schnittstelle Konfiguriert das Trunk-Protokoll auf der Sub-Schnittstelle (Router) Konfiguriert eine IP-Adresse für diese Sub-Schnittstelle	9.3.5
`Switch#` **`show vtp counters`**	Zeigt die VTP-Statistik	9.2.8
`Switch#` **`show vtp status`**	Zeigt die VTP-Konfiguration	9.2.8

Switch Configuration (Cat-OS)	Aktion	Kapitel
`Switch>(enable)` **`clear config`** `[`**`all`**`]`	Löscht die Konfiguration	-
`Switch>(enable)` **`show config`** `[`**`all`**`]`	Zeigt die Konfiguration	-
`Switch>(enable)` **`set system name`** *`hostname`*	Gibt dem Switch einen Namen	-
`Console>(enable)` **`set password`**	Definiert VTY- und Konsolen-Passwort	-
`Console>(enable)` **`set enablepass`**	Definiert Passwort für privilegierten Modus	-

Switch Configuration (Cat-OS) (Forts.)	Aktion	Kapitel
`Console>` **`enable`** `Console>(enable)` **`set password`** `Console>(enable)` **`set enablepass`**	Passwort Wiederherstellung: In den ersten 30 Sekunden nach dem Booten ist kein Passwort aktiv. Jeweils Return drücken, um die Passworte zu löschen	-
`Switch>(enable)` **`set interface sc0`** `[`*`vlan`*`]` *`adresse maske`*	Konfiguriert die IP-Addresse (default VLAN 1)	-
`Switch>(enable)` **`set ip route default`** *`ip-addr`*	Konfiguriert ein Default-Gateway	-
`Switch>(enable)` **`set port enable`**	Aktiviert den Port ('no shutdown')	-
`Switch>(enable)` **`set port duplex`** *`mod/port`* **`auto`**`|`**`full`**`|`**`half`**	Aktiviert den Duplex-Modus	-
`Switch>(enable)` **`set port speed`** *`mod/port`* **`10`**`|`**`100`**`|`**`auto`**	Konfiguriert die Port-Geschwindigkeit	-
`Switch>(enable)` **`show port`** `[`**`name`** *`mod/port`*`]`	Zeigt den konfigurierten und aktuellen Betriebszustand des Ports	-

Spanning-Tree Protocol (Cat-OS)	Aktion	Kapitel
`Switch>(enable)` **`set spantree enable`**`|`**`disable`** `[`**`all`**`|`*`mod/port`*`]`	(De)Aktiviert den Spanning-Tree-Modus	-
`Switch>(enable)` **`set spantree portpri`** *`mod/port priority`*	Konfiguriert die Priorität für Spanning-Tree (0 to 65535)	-
`Switch>(enable)` **`set spantree portcost`** *`mod/port cost`*	Setzt die Kosten für einen Port (1 to $2*10^8$)	-
`Switch>(enable)` **`show spanntree`** `[`*`mod/port`*`]`	Zeigt die Spanning-Tree-Information [für einen Port]	-

VLANs (Cat-OS)	Aktion	Kapitel
Switch>(enable) **set vlan** *vlan* [**name** *name*]	Erzeugt ein VLAN [mit Namen]	-
Switch>(enable) **set vlan** *vlan mod/port,list*	Ordnet ein VLAN dem Port zu	-
Switch>(enable) **clear vlan** *vlan*	Entfernt ein VLAN	8.8.4
Switch>(enable) **set trunk** *mod/port* [**on**|**off**|**desirable**|**auto**|**nonegotiate**	Aktiviert Trunking auf dem Port	9.1.5
Switch>(enable) **set trunk** *mod/port* [**negotiate**|**isl**|**dot1q**]	Konfiguriere ein Trunk-Protokoll auf dem Port	9.1.5
Switch>(enable) **show vlan**	Zeigt die VLAN-Konfiguration	-
Switch>(enable) **show trunk**	Zeigt die Trunk-Ports	-
Switch>(enable) **show interface**	Zeigt die Einstellungen der Netzwerkschnittstelle(n)	-

VLAN Trunking Protocol (Cat-OS)	Aktion	Kapitel
Switch>(enable) **set vtp v2 enable**	Konfiguriert VTP Version 2	9.1.4
Switch>(enable) **set vtp** *domain-name* **passwd** *passwort*	Definiert eine VTP-Management-Domäne	9.1.4
Switch>(enable) **set vtp mode client**|**server**|**transparent**|**off**	Konfiguriert den VTP-Modus	9.2.5
Switch>(enable) **show vtp domain**	Zeigt die VTP-Domäne	9.2.8
Switch>(enable) **show vtp statistics**	Zeigt die VTP-Statistik	9.2.8
Switch>(enable) **show vtp counters**	Zeigt die VTP-Zähler	-

Anhang D

CCNA4-Befehlstabelle: NAT, DHCP, PPP, ISDN, FR, SNMP

NAT	Aktion	Kapitel
Router(config)# **ip nat inside source static** *loacal-ip global-ip*	Konfiguriert statisches NAT	10.2.2
Router(config)# **ip nat pool** *name start-ip end-ip* {**netmask** *maske*|**prefix-length** präfixlänge}	Definiert einen Pool globaler Adressen für dynamisches NAT	10.2.2
Router(config)# **access-list** *acl-nummer* **permit** *absender* [*absender-wildcard*]	Definiert die Adressen, die der Router mit NAT übersetzt	
Router(config)# **ip nat inside source list** *acl-nummer* **pool** *name*	Aktiviert dynamische Adressübersetzung	
Router(config-if)# **ip nat inside**	Verwendet die NAT-Schnittstelle als 'inside'	10.2.2
Router(config-if)# **ip nat outside**	Verwendet die NAT-Schnittstelle als 'outside'	
Router(config)# **ip nat inside source list** *acl-nummer* **pool** *name* **overload**	Konfiguriert NAT-Overloading	10.2.2
Router(config)# **ip nat inside source list** *acl-nummer* **interface** *typ nummer* **overload**	Konfiguriert NAT-Overloading mit Angabe der Schnittstelle	10.2.2
Router# **show ip nat translations [verbose]**	Zeigt aktive Übersetzungen an	10.2.3
Router# **show ip nat statistics**	Zeigt Übersetzungsstatistiken an	10.2.3
Router# **clear ip nat translation ***	Löscht alle dynamisch übersetzten Adresseinträge	10.2.3

NAT (Forts.)	Aktion	Kapitel
Router# **clear ip nat translation inside** *globale-ip lokale-ip* [**outside** *lokale-ip globale-ip*]	Löscht einen einfachen dynamischen NAT-Eintrag	10.2.3
Router# **debug ip nat** [**detailed**]	Debugging des NAT-Betriebs	10.2.4

DHCP	Aktion	Kapitel
Router(config)# **ip dhcp pool** *pool-name*	Aktiviert den DHCP-Server	10.3.5
Router(dhcp-config)# **network** *netzwerk* [*maske*|präfixlänge]	Definiert den Adressbereich des DHCP-Servers	
Router(config)# **dhcp excluded-address** *ip-adresse* [*end-ip-adresse*]	Ausschluss bestimmter Adressen von der DHCP-Vergabe	10.3.5
Router(dhcp-config)# **default-router** *adresse* [...*adresse8*]	Konfiguriert das Default-Gateway für den DHCP-Clienten	10.3.5
Router(dhcp-config)# **dns-server** *adresse* [...*adresse8*]	Konfiguriert DNS für den DHCP-Clienten	10.3.5
Router(dhcp-config)# **netbios-name-server** *adresse* [...*adresse8*]	Konfiguriert WINS für den DHCP-Clienten	10.3.5
Router(dhcp-config)# **domain-name** *domäne*	Konfiguriert den Domänennamen für den DHCP-Clienten	10.3.5
Router(dhcp-config)# **lease** *tage* [*stunden*| minuten]| **infinite**	Setzt die Dauer der Lease für den DHCP client (default: 24 h)	10.3.5
Router(config)# **ip helper-address** *adresse*	Weiterleiten von Broadcastpaketen an den DHCP-Server	10.3.8
Router(config)# [**no**] **service dhcp**	Aktiviert den DHCP-Server.	10.3.5
Router# **show ip dhcp binding**	Zeigt die Liste der DHCP-Bindungen	10.3.6
Router# **show ip dhcp server statistics**	Zeigt DHCP-Statistiken an	10.3.6

DHCP (Forts.)	Aktion	Kapitel
Router# **debug ip dhcp server events| packets**	Debugging der DHCP-Ereignisse oder aller DHCP-Pakete	10.3.7

PPP	Aktion	Kapitel
Router(config-if)# **encapsulation hdlc|ppp|slip**	Konfiguriert Kapselung für die Schnittstelle zu HDLC, PPP oder SLIP (default HDLC)	12.9.1
Router(config)# **username** *username* **password** *passwort*	Konfiguriert eine lokale Benutzerdatenbank *username:* Hostname *passwort:* Identisch auf beiden Routern	12.10.2
Router(config-if)# **ppp authentication** {**chap** | **chap pap** | **pap chap** | **pap**}	Aktiviere CHAP- oder PAP-Authentizierung	12.10
Router(config-if)# **ppp pap sent-username** *username* **password** *passwort*	Sende mit PAP eine separate Username/ Passwort-Kobination	12.10.2
Router(config-if)# **ppp compression predictor|stacker**	Aktiviert Predictor- oder Stack-Komprimierung	-
Router(config-if)# **ppp quality** *prozent*	Definiert die Mindestqualität der Verbindung	12.10
Router(config-if)# **ppp multilink**	Aktiviere Multilink (Lastverteilung)	12.10
Router# **show interfaces serial** *slot/nummer*	Zeigt den Zustand der Schnittstelle (up/down)	12.9.2
Router# **show controllers serial** *slot/nummer*	Zeigt Takt und angeschlossenes Kabel (DCE/DTE)	12.9.2
Router# **debug serial interface**	Zeigt HDLC-Keepalive-Pakete	12.9.2
Router# **debug ppp [errors|packet|negotiation|authentication]**	Zeigt PPP Fehler [PPP Pakete|Verhandlungsoption| PAP oder CHAP Handshake]	12.9.2
Router# **debug serial interface**	Zeigt HDLC-Keepalive-Pakete	12.9.2

ISDN BRI and legacy DDR	Aktion	Kapitel
Router(config)# **isdn switch-type** *typ* *basic-ni[2|3]* *basic-net3*	Setzt alle ISDN-Schnittstellen für den gleichen Switch-Typ:_ National ISDN (US) NET3-Euro ISDN and U.K.	4.3.2
Router(config)# **interface bri** *slot/port*	Konfigurationsmodus der ISDN Schnittstelle	4.2.1
Router(config-if)# **isdn switch-type** *typ*	Konfiguriert nur diese ISDN-Schnittstelle für einen Switch-Typ	4.2.1
Router(config-if)# **isdn spid1|spid2** *spid-nummer [ldn]*	Setzt SPIDs und LDNs auf dem ersten oder zweiten Kanal	4.2.1
Router(config-if)# **encapsulation ppp**	Aktiviert PPP	4.3.4
Router(config-if)# **ppp authentication chap|pap**	Auswahl der PPP-Authentifizierung	4.3.4
Router(config-if)# **ip address** *addresse maske*	Konfiguriert eine IP-Adresse	4.3.5
Router(config-if)# **dialer group** *gruppen-nummer*	Ordnet die Schnittstelle einer Dialer-Liste zu	4.3.5
Router(config-if)# **dialer map** *protokoll nächster-hop-adresse* [**name** *hostname*] [**speed** *speed*] [**broadcast**] *ruf-nummer*	Initiiert einen Ruf mit 56 oder 64 kbps (default 64 kbps)	4.3.5
Router(config-if)# **dialer idle-timeout** *sekunden*	Definiere die inaktive Zeit, bevor die Leitung unterbrochen wird	4.3.5
Router(config)# **ip route** *adressepp maske nächste-hop-adresse* [*distanz*]	Konfiguriert die IP-Route zum Ziel	4.3.3
Router(config)# **dialer list** *gruppen-nummer* **protocol** *protokoll* **permit**	Definiere 'interessanten' Verkehr für den Ruf durch ein Protokoll **oder**	4.3.4
Router(config)# **dialer list** *gruppen-nummer* **protocol** *protokoll* **list** *acl-nummer*]	Definiere 'interessanten' Verkehr durch eine ACL	4.3.4
Router# **clear interface bri** [*slot/port*]	Reset der BRI-Schnittstelle, sendet die SPIDs zum Switch des Providers	-

ISDN BRI and legacy DDR (Forts.)	Aktion	Kapitel
Router# **show isdn status bri** [*slot/port*]	Zeigt Statusinformationen der Schicht 1, 2, und 3	4.2.3
Router# **isdn test call interface** *slot/port ruf-nummer*	Testanruf	4.2.3
Router# **show interface bri** [*slot/port* **1 2**]	Zeigt Information über den D- oder B-Kanal	4.2.3
Router# **show isdn active**	Zeigt Informationen zur aktiven Verbindung	4.2.3
Router# **debug isdn events**	Debugging von ISDN (Ruf, MLP etc.)	4.2.4
Router# **debug isdn q921|q931**	Debugging von ISDN-Ereignissen des D-Kanals auf Schicht 2 oder 3	4.2.4

ISDN PRI	Aktion	Kapitel
router(config)# **isdn switch-type** *typ* *pri-ni* *pri-net5*	Konfiguriert alle ISDN-Schnittstellen für den gleichen Switchtyp National ISDN (US) Euro-ISDN PRI	4.2.2
router(config)# **controller t1|e1** {*slot/port|unit nummer*}	Konfigurationsmodus für einen Controller T1(US) oder E1(Europa)	4.2.2
router(config-controller)# **framing sf|esf**	Aktiviert den Framtyp (T1) sf: Super frame (ältere T1) esf: Extended Super Frame	4.2.2
router(config-controller)# **framing crc4|no-crc4**	Aktiviert den Framtyp (E1), CRC 4	4.2.2

ISDN PRI (Forts.)	Aktion	Kapitel
router(config-controller)# **linecode ami|b8zs|hdb3**	Aktiviert die Signalisierung auf Schicht 1, alternate mark inversion (T1), binary-8-substitution (T1), high-density Bipolar 3 (E1)	4.2.2
router(config-controller)# **clock source line [primary|secondary] |internal}**	Konfiguriert den Takt T1 (7000, 3600, 4000)	4.8.3
router(config-controller)# **pri-group [timeslots** *range*]	Konfiguriert die Schnittstelle für PRI und die Anzahl der Zeitfenster (1-24 oder 1-31)	4.2.2
router(config)# **interface serial slot/ {port:|unit: 23|15}**	Setzt eine Schnittstelle als PRI D-Kanal (E1/ T1)	4.2.2

Dialer Profiles	Aktion	Kapitel
router(config)# **interface dialer** *number*	Konfiguriert eine Dialer-Schnittstelle	4.3.7
Router(config-if)# **ip address** *adresse maske*	Konfiguriert die IP-Adresse	
Router(config-if)# **encapsulation ppp**	Aktiviert PPP	
router(config-if)# **dialer string** *ruf-nummer*	Konfiguriert die Telefonnummer	4.3.7
router(config-if)# **dialer remote-name** *username*	Konfiguriert den Authentifizierungsnamen des Remote-Routers	4.3.7
router(config-if)# **dialer pool** *nummer*	Setzt eine Dialerpool-Nummer für das Dialer-Profil (1 to 255)	4.3.7
router(config-if)# **dialer idle timeout** *sekunden*	Definiert die inaktive Zeit, bevor die Leitung unterbrochen wird	4.3.7
Router(config)# **interface bri** *slot/port*	Konfigurationsmodus für die ISDN-Schnittstelle	4.3.7
router(config-if)# **dialer pool-member** *nummer* **[priority** *priorität*]	Ordnet die Schnittstelle einem Dialer-Pool zu: 1 bis 255, Priorität: 0 (default) bis 255 (hoch)	4.3.7

Dialer Profiles (Forts.)	Aktion	Kapitel
router# **show dialer**	Zeigt Information der DDR-Schnittstelle	4.3.7
router# **debug dialer events|packets**	Zeigt den Grund der Dialer-Auslösung bzw. Dialer-Pakete	4.3.7

Frame Relay	Aktion	Kapitel
Router(config-if)# **encapsulation frame-relay [cisco|ietf]**	Aktiviert Frame-Relay-Kapselung (default cisco)	5.2.1
Router(config-if)# **frame-relay lmi-type ansi|cisco|q933a**	Konfiguriert den LMI-Typ (IOS 11.1 or earlier), default cisco	5.2.1
Router(config-if)# [**no**] **keepalive** *sekunden*	[De]Aktiviert LMI durch Keep-Alive	5.2.2
Router(config-if)# **frame-relay map** *protokoll protokoll-adresse dlci* [**broadcast**]	Konfiguriert eine Frame-Relay-Map (nur erforderlich wenn kein LMI oder Inverse ARP)	5.2.2
Router(config-if)# **interface serial** *nummer.subschnittstellen-nummer* **multipoint|point-to-point**	Konfiguriert eine Multipoint- oder Point-to-Point-Subschnittstelle	5.2.5
Router(config-if-sub)# **frame-relay interface-dlci** *dlci*	Ordnet eine DLCI einer Subschnittstelle zu (erforderlich)	
Router(config-if-sub)# **ip address** *adresse maske*	Konfiguriert eine IP-Adresse auf einer Point-to-Point Subschnittstelle	
Router# **show interface serial** [*typ nummer*]	Zeigt Information zur Kapselung, Schicht 1/2, benutzte DLCIs, und LMI-Typ	5.2.6
Router# **show frame-relay pvc** [*typ nummer* [*dlci*]]	Zeigt Statistik von PVCs	5.2.6
Router# **show frame-relay map**	Zeigt Map-Einträge	5.2.6
Router# **clear frame-relay-inarp**	Löscht Frame-Relay-Maps (erzeugt durch Inverse ARP)	5.2.6

Frame Relay (Forts.)	Aktion	Kapitel
`Router#` **`debug frame-relay lmi`**	Debugging von LMI-Übertragungen	5.2.7

SNMP	Aktion	Kapitel
`Router(config)#` **`snmp-server community`** *`name`* **`ro`**`|`**`rw`**	Konfiguriert die Read-Only- oder Read-Write-Community für SNMP	6.2.7
`Router(config)#` **`snmp-server location`**`|` **`contact`** *`text`*	Setzt die Systeminformationen	6.2.7
`Router(config)#` **`logging on`**	Aktiviert Loginformationen	6.2.9
`Router(config)#` **`logging`** *`hostname`*`|`*`ip-adresse`*	Sendet Log-Informationen zu einem Syslog-Server	6.2.9
`Router(config)#` **`logging trap informational`**	Setzt die Priorität auf Stufe 6 (informell)	6.2.9
`Router(config)#` **`service timestamps log datetime`**	Sendet Loginformationen mit Zeitstempel	6.2.9

Stichwortverzeichnis

K

L

W